蔡启瑞 院士论文选集

【上册】

厦门大学出版社　国家一级出版社
XIAMEN UNIVERSITY PRESS　全国百佳图书出版单位

谨以此文集

热烈庆贺蔡启瑞先生百岁华诞
暨厦门大学催化学科创建五十五周年

《蔡启瑞院士论文选集》编辑小组

厦门大学化学系催化科学与工程研究所

物理化学研究所

固体表面物理化学国家重点实验室

醇醚酯化工清洁生产国家工程实验室

厦门大学化学化工学院

2013年11月

蔡启瑞院士

《院士文库·厦门大学专辑》出版说明

院士，是国家的宝贵财富，是推动科技进步和经济社会发展的重要力量。

在全国1 000多位"两院"院士中，厦门大学有12位。他们是：化学化工学院的蔡启瑞、田昭武、张乾二、黄本立、万惠霖、赵玉芬、郑兰荪、田中群；生命科学学院的 唐仲璋 、唐崇惕、 林鹏 ；海洋与地球学院的焦念志。而在计算机、材料科学、海洋生物等研究领域，厦门大学还引进了新的人才机制，先后聘请了10余位双聘院士。

几十年来，这些院士辛勤耕耘于科学园地，孜孜努力于科研创新，不仅为国家培养了大批专业人才，而且为我国科学技术的繁荣与发展做出了突出的贡献。他们的科学精神，他们的聪明智慧，他们的创新成果，不仅是厦门大学的宝贵财富，也是全体教育、科研工作者学习的榜样。

1931年，著名教育家梅贻琦在出任清华大学校长时曾经这样说过："所谓大学者，非谓有大楼之谓也，乃有大师之谓也。"回顾厦门大学创办与发展的历程，人们不能不对此感同身受，钦服之至。

86年前，在我们国家和民族处于贫穷落后、灾难深重的年代，陈嘉庚先生基于"教育救国"的理念，毅然倾资创办了厦门大学。他在发起人会议上慷慨陈述："今日国势危如累卵，所赖以维持者，惟此方兴之教育与未死之民心耳。""民心不死，国脉尚存，以四万万之民族，决无甘居人下之理。"

为了不甘居人下，为了实现"南方之强"的目标，厦门大学在创办之初，就十分注重招揽名师执教，并把"研究高深学术，养成专门人才，阐扬世界文化"作为自己的三大任务。一时之间，群贤毕至，名流云集，如文学家鲁迅，动物学家何博礼，植物学家钟心煊，数学家姜立夫，化学家刘树杞，物理学家朱志涤等等。这些国内第一流的名师为厦大的初创和人才培养奠定了良好的基础。

此后，一代代的名师前赴后继，悉心传道、授业、解惑，培养出包括物理学家谢希德、经济学家许涤新、化学家卢嘉锡、数学家陈景润、遗传学家方宗熙、水生物学家伍献文等在内的一大批很有影响力的专业人才，他们为国家的进步和科学的发展做出了不可磨灭的贡献。

"名师出高徒"。名师的传承、交流、融汇正是一所国际高水平大学生生不息的源泉。今天，厦门大学化学化工学院能够拥有8位院士，在全国高校化学化工学院中名列前茅，能够在物理化学的三个分支学科——催化化学、电化学、结构与量子化学领域，形成自己的创新优势和研究特色，并蜚声海内外；而在生物学研究领域，3位院士能够在寄生虫及红树林研究方面独树一帜，这不能不说与名师间的传承效应、群体效应有很大的关系。另一方面，"双聘院士"的引进，不仅弥补了厦大在一些研究领域的薄弱环节，而且为不同高校和科研机构之间的学术交流提供了一个很好的"平台"。毫无疑问，这些院士的创新精神和学术影响力，已远远超出了自己的专业领域，而成为不同领域科学工作者不可或缺的科学素养。

厦门大学出版社历来把弘扬科学精神和出版优秀的学术著作，作为自己矢志追求的目标。

为了展示"两院"院士国际领先的学术水平和求实探索的科学精神,同时也为了向学界提供更为系统、完整的专业论著,厦门大学出版社决定倾力编辑、出版一套《院士文库》丛书;而首编便是即将呈现在读者面前的《院士文库·厦门大学专辑》。

该专辑所选论著有的发表时间较为久远,有的作者已经去世。在编辑出版时,我们既注重整套专辑及丛书风格的统一,又注重时代痕迹的保留。为此,在重新录入时,对书眉、标题字体以及参考文献的格式加以统一;但对发表在上个世纪不同杂志上的论文则依然保留了当时的简化字、字符、量纲以及体例,尽量使其原汁原味。

希望本文库的出版能对相关学科的科研起到一定的推动作用,尤其能使后辈学人从中汲取科学的营养,领略院士们的治学精粹,为学术的传承与创新"牵线搭桥",为新一代大师的不断涌现推波助澜。

如是,则读者幸甚,作者幸甚,编者幸甚!

《院士文库》编委会
2007 年 10 月

《蔡启瑞院士论文选集》代序

　　恩师蔡启瑞先生 1913 年农历十一月初六出生于福建省同安县（今厦门市翔安区）马巷镇番薯市五甲尾一个华侨店员家庭。

　　在恩师百岁高寿的 2013 年，厦门大学在 4 月 6 日 92 周年校庆庆典上，将首次设立的厦门大学最高奖"南强杰出贡献奖"颁给了恩师，以表彰恩师为国家和人民以及学校和科学所做出的卓越贡献，颁奖辞赞曰："蔡启瑞先生，中国科学院院士，德高望重的物理化学家、分子催化专家。在他心里，国家民族为重，个人利益为轻。为了祖国的召唤，他执意回国；为了国家的需要，他毅然转行。催化学科，他是奠基人；物化研究，他是引领者；工科发展，他是开拓者。他呕心沥血，携手攀登，他在厦大领衔创建了中国高校第一个催化教研室、厦大第一个国家重点实验室、福建省首个国家工程实验室，圆了几代人梦寐以求的'化学梦'，奠定了厦大化学学科的一流地位。他为人平和，谦逊礼让，如清泉般透彻。他以身作则，提携后辈，像泰山般厚道。古人赞曰：'仁者寿！'先生以百岁的实践证明古人之云然也！"

　　在恩师百岁高寿的 2013 年，我们怀着感恩和崇敬之心，迎来了《蔡启瑞院士论文选集》的正式出版。论文集收录了：从恩师署名的 380 篇有关论文中选出的 225 篇全文，论文（著）总目，专利目录（发明专利 19 项，实用新型 2 项，已授权 18 项），主要活动年表（学习、教学、科研和学术活动，以及主要社会职务和主要奖项），指导研究生名单，个人照、工作照、活动照和生活照。特别令人欣喜的是，在老科学家（蔡启瑞）学术成长资料采集工程小组的努力下和厦门大学美洲校友会的支持下，论文集首次收录到恩师作为厦门大学第 12 届毕业生、在张怀朴教授指导下于 1937 年 6 月 11 日完成的厦门大学理学学士学位论文 *ELECTROMETRIC DETERMINATION OF THE HYDROLYSIS OF ZINC AND CADMIUM NITRATES*（《硝酸锌和硝酸镉水解的量电法测定》），以及在马克（E. Mack,Jr）、哈里斯（P. M. Harris）和纽曼（M. S. Newman）教授的指导下于 1950 年 3 月完成的美国俄亥俄州立大学（Ohio State University）化学领域的哲学博士学位（Ph. D. ）论文 *A STUDY OF MAC-RO-RING CLOSURE IN HETEROGENEOUS REACTIONS：SURFACE FILMS OF HIGH POLYMETHYLENE DICARBOXYLIC ACIDS AND GLYCOLS*（《多相反应中大环闭合的研究：高聚亚甲基二羧酸和二元醇的表面膜》）。

　　因篇幅所限，论文集仅是恩师部分学术成就的反映。论文集的宗旨在于给后人以启示，为后人之所用。为此，论文集特别将厦门大学化学系催化教研室和物理化学研究所催化研究室撰写的《祝贺蔡启瑞教授从事化学工作五十年》（《卢嘉锡/蔡启瑞教授从事化学工作五十年纪念册》，1986 年），厦门大学化学系催化教研室、物理化学研究所催化研究室和化工系工业催化教研室撰写的《我国分子催化的奠基人之一蔡启瑞教授》（《庆贺蔡启瑞教授八秩华诞》，1994 年），《祝贺我国著名物理化学家,中国科学院院士蔡启瑞教授九十华诞暨执教五十八年》(《化学学报》,2004 年,第 62 卷,第 18 期)以及经恩师蔡启瑞先生亲自审订的《20 世纪中国知名科学家学术成就概览·化学卷·第一分册》中的"蔡启瑞"篇(科学出版社,2011 年,第 1 版)转载于论文集部首,以便更好和简要地反映恩师的主要成就。更详细的资料可参阅今后可能出版的老科学家(蔡启瑞)学术成长资料采集工程的研究报告《蔡启瑞传》。

恩师蔡启瑞先生一生平和朴实、谦逊礼让、学风正派、为人正直、淡泊名利,是学术界公认的德高望重的学术大师。学如流水行云,德比松劲柏青,探赜索隐老而弥笃,立志创新志且益坚,这些科教界名流的题词嘉勉是对恩师学识和师德的赞许,是对恩师的大胆假设、小心求证、不迷信权威、勇于创新的科学研究素质的评价,是对恩师学术道德和为人风范的写照。

在恩师百岁高寿的 2013 年,论文集得以顺利出版,要感谢厦门大学化学系催化科学与工程研究所、论文集编辑小组以及厦门大学出版社同仁们的辛勤工作,还要感谢厦门大学特批的出版基金资助。因恩师蔡启瑞先生正在住院康复中,不便亲自写序,嘱生代笔,学生师从恩师几十载催化研究,受益良多,代序之言中不妥之处,还请不吝指教。

廖代伟　万惠霖

2013 年 4 月于厦门大学化学楼

目 录

（上册）

■ **本文原载：** 卢嘉锡
蔡启瑞 教授从事化学工作五十年纪念册(1986 年)。

祝贺蔡启瑞教授从事化学工作五十年

厦门大学 化 学 系 催 化 教 研 室
物理化学研究所催化研究室

　　岁月流逝,光阴荏苒,蔡先生从事化学工作已经五十年了。本文简要记叙了他在科研、教学方面的丰硕业绩和报效祖国、献身事业的高尚情怀,以此作为献给我们敬爱的老师的一束小花!

　　蔡先生于 1913 年年底出生于厦门市同安县马巷镇的一个华侨店员家中。在他一岁半时,他的远渡重洋、在异国他乡谋生的父亲就不幸过早地离开了人世。他母亲人穷志不短,含辛茹苦地在他 8 岁那年送他上了学堂。家境的贫寒、时世的艰辛,使得他那幼小的心灵能够深刻体会慈母的厚爱,从而专心致志、勤勉攻读。中小学时代,他是位品学兼优的好学生,进入厦门大学攻读化学学科后则成为爱国华侨陈嘉庚先生设立的"免费奖学金"和"嘉庚奖学金"的屡屡获得者。因而在大学毕业后受聘于母校担任化学系助教。不久,在《厦大理工论丛》上发表了在张怀朴教授指导下完成的《电位法研究硝酸锌》和《硝酸镉水解》两篇处女作。随后,在著名化学家傅鹰教授指导下,他撰写了《有机酸混合物萃取分析法》一文,在美国《分析化学杂志》上发表。1940 年初被提升为化学系讲师,并在 1947 年春被选派赴美留学,在俄亥俄州立大学研究生院深造,3 年后获化学方面的哲学博士学位。

　　此时,他虽身居异邦,但他的心却一刻也没有离开自己的祖国和人民。奋发学习、报效祖国是他唯一的心愿。因此,他曾为祖国在翻天覆地的变革中于 1949 年获得新生而感到无限的喜悦和欣慰。1950 年 4 月 6 日,借母校厦门大学 29 周年校庆的机会,在大洋彼岸,他发回了一封寄托了无限深情的电报"祖国大地皆春,我怀念你啊,祖国!"短短几句言辞,表达了这位海外学人对伟大祖国和祖国解放事业何等深切的爱、何等诚挚之情啊!或许我们可以说,正是从青少年时代开始,他在对科学知识执着追求的同时,始终把祖国和人民装心间。读遍万卷书,炼就赤子心,从而为他今日成为遐迩闻名的科学家、教育家,并成为情操高尚、信受敬重的共产党员奠定了坚实的基础。

　　在取得博士学位以后,蔡先生看到结构化学在化学学科的发展中起着越来越重要的作用,所以暂时压抑自己那归心似箭的情感,决定先接受俄亥俄州立大学化学系一年聘请,一边从事结构化学的研究工作,一边办理回国的手续。谁料就在这一年朝鲜半岛战事发生,当时的美国政府出于对我新生的人民共和国的敌视,不发给他离境签证,以此阻挠他回国服务。这种人为的藩篱,使他不得不又在美国羁留了 6 个年头。在这期间,他在结晶化学研究上取得了重要进展:对离子晶体的极化现象、晶体结构和极化能的关系,以及含部分金属键的晶体作了有益的探索,为后来的络合催化理论和化学模似生物固氮的研究打下了基础。这方面的论文先后发表在美国《物理化学杂志》上,还应邀在美国化学年会上宣谈,受到好评,也深得导师的赏识,并一再挽留他继续留下。这时,尽管他个人的收入已相当可观,有着较优裕的生活条件,也尽管他的回国申请一次又一次地受到当时美国政府的刁难,但是,他向往新生的祖国、回国工作的决心始终没有动摇。他坚持年年递上离境申请,表明自己不可动摇的决心。1956 年,他这一朝思暮想的夙愿终于变成了现实,回到了久别的祖国,回到了哺育他成长的母校——厦门大学,受到了王亚南校长的亲自迎接。当组织上根据他的才学决定给他二级教授待遇时,他却坚持不受,直到最后改为三级。他认为自己虽是从国外归来,也应当和新中国成立以来一直为年轻的共和国出力流汗、艰苦创业的同志们同工同酬,而不能有所特殊。

回国后,蔡先生不分昼夜地工作。不久,他陆续在《中国科学》、《厦门大学学报》上发表了数篇结构化学方面很有见地的论文。当他看到我国的化学工业和炼油工业还十分落后,意识到要改变这种状况非发展催化科学不可时,便主动请缨,承担组建我校催化教研室,这是我国最早开展催化科学研究的基地之一,卢嘉锡先生当时在厦大主持理科工作,也给他以热忱支持。1958 年曾受国家委托,作为团长率领我国催化学科代表团赴苏联考察。

60 年代起,蔡先生根据福建省的资源特点和我国新油田发现的形势,在厦门大学化学系先后主持开展了乙炔化学和石油烯烃化学催化剂的研制和催化作用的研究。在此基础上,他以其渊博的学识和在科学研究道路上锐意进取、勇于开拓的精神,在国际上相当早地提出络合催化的理论概念,系统总结出络合催化可能产生的"四种效应",即络合活化作用、对反应方向和产物结构的选择作用、通过价态可变的活性中心和其他配位体促进电子传递的作用、实现电子和能量偶联传递的作用。尤其可贵的是:他很早就注意到过渡金属化合物的配位络合催化作用及其与金属酶催化作用和过渡金属催化作用之间的关联,从而形成了以他为代表的厦门大学催化研究的理论特色,在催化研究中,他充分运用了分子轨道理论和价键理论(包括金属有机价键理论)的知识,成为我国在分子水平上研究催化作用机理和催化反应机理的杰出奠基人之一。此外,他还对一些重要的络合催化机理提出了创见性的看法。比如,在 60 年代,他通过缜密的思考和富有说服力的分析,对烯烃氧化取代反应(Smidt 反应)的氢转移机理提出了崭新的看法;70 年代,国际上对烯烃歧化机理的讨论尚处于众说纷纭、莫衷一是的阶段,蔡先生则对当时并未引起人们注意的金属卡宾络合物中间态邻位缩合链式反应机理给予支持;同时,他认为侧基络合是氢分子最可能的络合活化方式。这些见解尔后都得到国外发表的实验(包括动态实验)结果的支持和国际学术界的公认。络合催化理论的研究获 1982 年全国自然科学奖三等奖。

1972 年,在科学院主持下,由吉林大学唐敖庆教授等发起搞固氮研究时,蔡先生认为生物固氮是能全面体现络合催化"四种效应"的一个典型例子,化学模拟生物固氮的研究具有重大的理论和实际意义。他积极响应倡议,到长春参加我国第一次固氮会议。

由于唐敖庆先生、卢嘉锡先生和蔡先生的联袂参加,共襄化学模拟生物固氮的方略,我国的固氮研究队伍从一开始就名师荟萃,阵营强大,姐妹篇《化学模拟生物固氮的化学键问题》、《化学模拟生物固氮的结构化学问题》和《化学模拟生物固氮的络合催化问题》妙语连珠,交相辉映,一时传为佳话。

1973 年,他和卢先生从稍微不同的角度在国际上最早地提出原子簇结构的固氮酶活性中心模型,他还提出了生物固氮过程中具有创新性见解的 ATP 驱动电子传递机理,并和他的同事和学生成功地进行了该电子传递的化学模拟研究。1978 年和 1980 年,他两度应邀参加国际固氮会议,得到了很高评价。蔡先生从他所提出的模型出发,认为除分子氮外,腈和异腈等也能形成三核络合物,这些预断后来都得到实验的证实。含二硫配体的固氮酶活性中心模型的提出是蔡先生在最近两年研究的又一重要进展。固氮研究丰富了络合催化的理论体系,带动了有关原子簇的合成和结构化学、电催化和光电催化的发展。

在取得引人瞩目的研究成果之后,蔡先生将求索的范围从酶催化固氮成氨扩大到非酶催化固氮成氨的研究上。他认为在氨合成铁系催化剂上,氮分子很可能也是通过多核络合而得到活化的,而这正好可以说明几个低密勒指数晶面对分子氮的化学吸附和氨合成的活性的巨大差异。在1973年的全国固氮会议上,他提出了这一初步设想。1980年,他在日本参加第七届国际催化会议后,应邀参加固氮专题讨论时,明确提出了如何进行验证的实验构想。据此,他和他的同事及学生通过现场激光拉曼光谱和红外光谱的联合运用,得到了氨合成反应的缔合式机理为其主要反应途径的新论据,并为采用现场激光拉曼光谱法研究催化机理在国际上提供了第一个成功的例子。这方面的研究获得1985年国家教委科技进步奖二等奖,论文发表在《中国科学》上,并为《中国科学进展》撰写了一篇综评。

近几年来,蔡先生通过对我国可燃性矿物资源结构的了解、出国考察和学术交流,力主在能源化工建设中应当充分重视煤炭资源的开发利用,非常赞赏中央领导同志关于"大搞煤化工"、山西能源化工基地建设的关键问题是催化理论问题等高瞻远瞩的批示和谈话。他一方面不断吁请有关领导重视、组织一碳化学的基础研究,同时在厦门大学催化教研室和研究室内主持开展了由合成气制取低碳混合醇、金属-氧化物(助催剂或载体)强相互作用等研究。他以本单位的实验工作为基础,旁征博引,进行由此及彼、由表及里的加工,对等电子结构的一氧化碳和氮分子在过渡金属催化剂上的加氢转化进行了深入的关联。鉴于这两种分子分别加氢为甲烷(或含氧化合物,或其他烃分子)和氨的情况下,在许多方面(如反气同位素效应,氢对氮同位素交换和一氧化碳歧化的促进作用,和催化剂表面的主要化学吸附物种等)都具有相似的机理特征,蔡先生及其同事提出了在甲烷化和费托合成等反应中以缔合式机理为主要途径、解离式机理作次要途径、在缔合式机理中以一氧化碳的部分加氢或氢解作为速率控制步骤的独特见解。这一工作去年曾代表我国在中日美三国催化会议上作大会报告,今年又在第二十四届国际配位化学会议上进行了交流。

蔡先生从青年时代起,曾担任过化学系多门基础课的教学,嗣后,又在有机化学、结构化学、催化化学等领域从事研究工作,因而基础宽厚、学识渊博,加之他才思敏捷、勤奋好学,常能在科学研究的王国里举一反三、匠心独运,使得凡是在学术上接触过他的人都为之叹服,留下深刻的印象。我们在这里不打算一一列举对他的褒奖之词,只略举几例以作说明。联合国教科文组织的专家在对厦大进行访问以后,对蔡先生的才华十分赏识,特拨大笔专款支持我校的催化和固氮研究工作。去年,澳大利亚科学院院长贝尔其教授受该组织委托再度来到厦大,对参与接待的同志说,蔡教授确实是做了非常出色的工作。我国著名物理化学家唐有祺教授今年在我校作学术报告时曾说:我们这一辈的人都知道,蔡先生的学术思想是非常活跃的。尽管他在1956年回国后的近10年里,研究手段匮乏,尽管在年富力强之时由于十年动乱而使岁月蹉跎,但在他的科研道路上仍结下了累累硕果,发表论文达50余篇。由于他在学术上的造诣和威望,他曾任厦门大学副校长,国务院学位委员会第一届委员、理科评议组成员,厦门大学自然科学学术委员会主任,国家科学技术委员会化学组成员。现任中国化学会理事,福建省化学会名誉理事长,国际催化大会理事会理事。

在蔡先生指导下,催化教研室和研究室的研究课题涉及石油化工、一碳化学、精细化工、仿生催化、电催化和光催化等领域,成为我国重要的催化研究基地之一。在取得丰硕的理论成果的同时,新型、高效催化剂的研制也取得了很大成绩。在乙炔化学方面,研制出了两种创新的催化剂,并分别成功地进行了百吨级和 400 吨级的扩大生产试验,是重要的技术储备;在石油化工方面,研制出了两种达到 80 年代水平的高效催化剂,其中一种在国内多家工厂使用,效果良好,另一种催化剂已获得专利。此外,还有几种重要催化剂的研制和有关的应用基础研究也已取得重要进展。1978 年以来,本室研究成果获部、省级以上奖励共 16 项次。

蔡先生在教育方面也是成绩卓著的。他在 1956 年回国后就承担培养结构化学研究生的工作,1957 年开始招收催化研究生,1982 年起招收博士研究生。1985 年经国家科委批准,厦门大学以催化、电化学、结构—量子化学为主攻方向的物理化学专业成为我国博士后科研流动站的首批建站单位之一,现在第一位博士后科研人员在蔡先生和张乾二教授指导下正在开展有关原子簇的结构与催化性能的研究工作。到目前为止,蔡先生及其指导的催化室已培养硕士研究生 40 余名,博士研究生 2 名,分别正在培养的硕士生 19 名,博士生 9 名,其中 2 名分别被推荐到美国斯坦福大学和英国加的夫大学师承 I. 所罗门教授和 M. W. 罗伯茨教授攻读博士学位。

蔡先生主持建立的催化教研室和研究室,不仅历年为国家输送一定数量的本科毕业生和研究生,并曾三次接受原高教部、教育部和国家教委的委托,先后举办催化讨论班、进修班和现代催化研究方法研讨班,为全国有关高校、科研单位培养催化科学中、高级人才,促进了各地催化研究和教育事业的发展。经过几十年的勤奋耕耘,而今,蔡先生的学生遍布全国各地,其中许多人已是这些单位的学术带头人和栋梁之才了。

蔡先生重才,始终认为人才是发展我国各项事业的保证。他曾说过,仪器设备,特别是先进的仪器设备无疑是重要的,但人才和仪器设备相比,人才更为重要。他爱才,为了使一些优秀的人才得到培养,他曾忍受过来自"左"的方面的压力,并千方百计地为之创造学习和研究条件,义无反顾。为了使在光电子能谱方面学有专长的英籍华裔学者区泽棠博士遂其回国工作的愿望,从联系、请申办理到回国后的接待和生活、工作安排均一一过问,有时甚至事必躬亲;为了使在国外攻读博学位的十几名研究生在学成之后回国工作,多次嘱咐他的学生要与这些同志加强联系,介绍祖国的新貌和学校的发展,其爱才之心感人至深。他精心育才,十分重视德才兼备人才的培养。他对每一个研究生的长处和短处都了如指掌,并及时加以疏导,使之能健康成长。

回国后,蔡先生先后为本科生、研究生和催化讨论班开设过"物理化学选读"、"量子化学"、"分子振动"和"催化理论"等课程,但他对学生的教育和培养,更多的是在课堂之外。在他看来,青出于蓝而胜于蓝,是自然发展的法则,只有这样,科学才能发展,祖国才能腾飞。他总是鼓励他的学生和助手广开思路,敢想敢闯,衷心希望他们超过自己,并竭诚奖掖后学,殷殷提携;他平易近人,诲人不倦。每当向他请教问题时,他总是娓娓而谈,不厌其详,那透彻的分析和精彩的关联,使人受益良深。一般说来,他并不太擅长讲台上的言辞,但长于逻辑思维和文字表达,他撰写文章时,总是反复推敲、多次修改,做到结构严密、文字洗练,其科学的方法论、严谨的治学态度和求实精神跃然纸上。这对他的学生们来说无疑也是一种熏陶,从而促进了教学和科研质量的提高。前年,美国著名学府斯坦福大学化学系的霍奇逊教授来厦大讲学,非常有兴趣地列席了蔡先生指导的 2 名硕生研究生的毕业论文答辩。在他返回美国后给联合国教科文组织写的一份报告材料中说,中国硕士研究生的水平是这样地高,这是他始料不及的。他认为,这里的研究生水平完全可以和中国以外的任何好的大学相媲美。几年前,美国驻华使馆前科技文化参赞施呢泼教授曾为洛杉矶的教授们举行过一次报告会,介绍中国的文化与教育,认为蔡先生是中国几位了不起的教育家之一。这是对蔡先生呕心沥血培育人才业绩的高度评价。

蔡先生现为中共党员,厦大化学系一级教授。曾被选为第二届全国政治协商会议特邀代表,第三、四、五届全国人民代表大会代表,荣膺过厦门市劳模、福建省劳模和全国劳模等光荣称号。这固然是因为他在科研、教学上做出了卓越的贡献,但他献身事业的精神和高尚情操也是获此殊荣的重要原因。下面记叙的是发生在 1979 年初夏的事。

长期废寝忘食地工作,使得蔡先生在 70 年代的最后一个夏天病倒了。从市到省的有关医院的诊断表明,很可能是胃癌,必须立即开刀抢救!消息从福州传到校园,师生员工无不震惊,一种巨大的损失感攫住了人们的心。此时此刻,面对着死神威胁的蔡先生考虑的并不是个人的安危,他最大的遗憾是不得不离开实验室,中断自己挚爱的事业。或许剩下的时间不多了,他想到了自己在即将开办的全国催化进修班上承担的教学工作,想到了在他精心培养下迅速成长、但在当时还较稚嫩的中青年一代能否将厦大的催化研究继往开来……。他忍着病痛,在病榻上坚持给党组织写信,对许多重大的问题提出建议、作出安排。他把主要的助手紧急召集到福州,在手术前作周密细致、语重心长的交代。他没有要自己的儿女来到身旁,并不是对他的家庭无所牵挂、对儿女们无所眷念,但在他看来,事业高于天伦之情,他只能作这样的选择。看到同志们泪水盈眶,一个个忧虑之情溢于言表,他反而宽慰大家:"工作要紧,不要为我担忧。"这感人肺腑之言反映出他那金子般的报国之心。手术结果,癌症的怀疑排除了,同志们喜出望外,奔走相告,他的助手们在返校途经泉州时,特意在福人颐酒楼庆贺了一番。一位受人尊敬的师长的安危牵动了多少人的心啊!

无论在生死关头,还是日常的一言一行,蔡先生总是严于律己。1963 年,他的大儿媳在厦大化学系毕业,毕业分配时他正好出差在外,特地拍来电报,鼓励儿媳服从祖国需要,他的儿媳就是这样到北方工作的。1972 年,我国第一次固氮会议在长春召开,他告别了正因重病卧床的母亲,以其花甲之年挤在硬席车厢里长途颠簸,准时赴会。这些年来,他多次应邀出国访问、参加学术交流,每次都很节省,用节省下来的外汇为公家添置所需的器材、图书,从未为自己买过一件东西,他钟爱的小女儿想要一个简易计算器,都始终未能如愿。他心中装的是实验室的工作和有关数据,每次出差归来,不管多少劳累,总是把行李一放,就直奔实验室。这样的事迹举不胜举。

早在 1981 年,蔡先生就主动正式提出辞去所兼任的副校长等职务。他认为我们的事业是空前伟大的,应该让年富力强的有为人才走上第一线。在田昭武教授就任厦大校长后,他们相互尊重,时常就科研、实验室建设、人才引进等问题进行切磋。蔡先生在全心全意当好田校长的参谋、顾问这方面,再次表现了一位无产阶级知识分子的坦荡胸怀和高尚的情操。

最后谨以拙作一首献给卢先生、蔡先生:

　　教研化学五十年　　从来登攀敢居先

　　老骥犹有千里志　　吾辈更须猛着鞭

祝敬爱的卢先生和蔡先生健康长寿!

■ **本文原载**：庆贺蔡启瑞教授八秩华诞纪念册（1994 年）。

我国分子催化的奠基人之一蔡启瑞教授

厦门大学
化 学 系 催 化 教 研 室
物 理 化 学 研 究 所 催 化 研 究 室
化 工 系 工 业 催 化 教 研 室

1914 年 1 月 7 日[①]，蔡启瑞出生于福建省同安县马巷镇一个华侨店员家庭。幼年丧父，家境贫寒，8 岁上学。1929 年肄业于集美中学，随后辍学。1934 年考入厦门大学化学系，多次获得陈嘉庚设立的"免费奖学金"和"嘉庚奖学金"；1937 年获厦门大学理学士；1937—1947 年，任厦门大学化学系助教、讲师。在这期间，在张怀朴教授指导下完成了《电位法研究硝酸锌》和《硝酸镉水解》两篇论文，发表于《厦大理工论丛》；在傅鹰教授指导下撰写了《有机酸混合物萃取分析法》一文，发表于美国《分析化学杂志》。1947 年 3 月被选派赴美留学，在马克（E. Mack, Jr）、哈里斯（P. M. Harris）和纽曼（M. S. Newman）教授指导下从事多亚甲基长链二醇及二羧酸的 L-B 膜行为的研究工作，1950 年在俄亥俄州立大学获化学哲学博士学位。鉴于结构化学在化学学科中的重要性，此后他选择了结构化学方面的研究工作。1950—1953 年因抗美援朝战争，在美国多羁留了 6 年。这期间，在哈里斯教授指导下，进行铯氧化物（氧化物，亚氧、过氧和超氧化物）的结构研究，对离子晶体的极化现象，晶体结构和极化能的关系，以及含部分金属键的晶体，作了有益的探索。在结构化学、离子电子极化、金属-金属键和物理有机等方面的精深素养为后来所从事的催化研究打下了扎实的基础。他虽身居异邦，却为祖国在 1949 年获得新生而感到无限欣慰和喜悦。在母校厦门大学 29 周年校庆之际（1950 年 4 月），他从大洋彼岸发回了一封寄托无限深情的电报："祖国大地皆春，我怀念你啊，祖国！"片言只语，表达了这位海外学人对伟大祖国和祖国解放事业深切的爱。尽管此时他在国外的生活条件相当优裕，但报效祖国之心始终没有动摇，坚持年年递交离境申请，直到 1956 年，才获准回国。从此，步入了他人生的一个新的里程——为振兴科学和建设祖国而不倦求索。回国至今，他一直任教于厦门大学。现任中国科学院化学学部委员，中国化学会理事，福建省化学会名誉理事长，厦门大学一级教授；历任厦门大学副校长，校学术委员会主任（1974—1982 年），国际催化大会理事会理事（1984—1988 年），国务院学位委员会第一届委员，理科评议组成员，国家科学技术委员会化学组成员，厦门市科协主席，并多次率团出国进行学术访问、考察，或参加国际学术会议。

---

① 编者按：最近，经老科学家学术成长资料采集工程（蔡启瑞小组）考证，蔡启瑞的出生日期为 1913 年农历 11 月初六，换算为新历是 1913 年 12 月 3 日。

丰富和发展了络合催化的理论体系

蔡启瑞教授回国初期的科研工作包括 α-TiCl$_3$ 等层状晶体和钛酸钡铁电晶体的极化能和晶格能的理论计算，提出计算式。20 世纪 60 年代以来，他一直致力于络合催化的理论研究。早在 1964 年，他在国际上较早地提出络合活化催化作用的理论概念，系统地阐述了过渡金属化合物催化剂对不饱和有机物以及一氧化碳的络合活化催化作用，总结出络合催化可能产生的"四种效应"，即络合活化作用，对反应方向和产物结构的选择作用，实现电子传递的作用和电子与能量偶联传递的作用，并应用络合活化概念深入关联了许多类型的均相催化、多相催化和金属酶催化作用。

化学模拟生物固氮研究，是具有重大理论意义和实践意义的课题。1972 年，在中国科学院主持下，他与唐敖庆、卢嘉锡两教授联袂参加化学模拟生物固氮的研究工作。他以已知的十几种固氮酶底物的酶促反应作为化学探针并根据络合催化原理，和卢嘉锡教授分别从稍微不同的角度在国际上最早地提出多核原子簇结构的固氮酶活性中心模型，和已知的固氮酶底物（包括后来发现的新底物环丙烯）的多核配位活化模式；后来，根据国际上有关固氮酶研究的科学实验进展，将这一模型作了演进，为设计合成模型化合物和开展化学模拟指出方向。同时，他还提出了三磷酸腺苷驱动的电子与能量偶联传递机理及其化学模拟方法。近一年来，基于 Rees 等和 Bolin 等发表的固氮酶钼铁蛋白 2.7 到 2.2 Å 分辨率的 X-射线晶体结构分析结果，和 Kim、Rees 提出的 M-簇 K-R 模型，蔡启瑞教授对其中"Y"的归属，N≡N、HC≡CH 及其他底物的配位模式，高柠檬酸盐的取向及其与 CO 的抑制行为和放氢中心的关联又进行了深入的钻研，得出了满意的解释。"探赜索隐"，是他近 20 年来进行固氮研究的生动写照。化学模拟生物固氮为全面体现络合催化可能产生的"四种效应"提供了一个具体例子，这方面的创新性研究进一步丰富和发展了络合催化的理论体系。

我国在分子水平上研究催化作用和催化反应机理的奠基人之一

工业氨合成铁催化剂的发现，已有 80 年历史。但有关的催化机理研究和学术上的争论一直延续下来，成为当今多相催化研究的重要课题之一。1980 年，在东京召开的第七届国际催化大会会后的固氮专题讨论中，蔡启瑞教授提出了 N$_2$ 在 α-Fe(111) 面的多核吸附模式，并与 N$_2$ 在固氮酶活性中心上的 $\mu_3(\eta^2)$ 络合方式进行了类比。此后，他指导下的研究集体，采用原位激光拉曼光谱方法，首次测得氮合成反应条件下催化剂表面主要化学吸附物种是两种 H(α) 和两种 N$_2$(α)，而不是 NH(α) 或 N(α)，从实验上否定了为解释已知的氘反同位素效应，基于解离式机理而提出的关于 NH(α) 或 N(α) 是主要含氮吸附物种的假设，为采用拉曼光谱方法研究催化机理在国际上提供了第一个成功的例子。他还进一步提出了原子簇活性中心多核吸附活化分子氮、降低部分加氢过渡态位能的看法，并进行了反应能学分析，说明 N$_2$ 先部分加氢成 N$_2$H((α) 或 N$_2$H$_2$(α) 再断裂 N-N 键较直接断裂 N≡N 键来得省力，即缔合式反应途径为主要反应途径。80 年代末，P. Biloen 等采用同位素切换技术，分别以 ^{14}N$_2$ 和 ^{15}N$_2$ 作为合成氨氮源的实验结果，为上述论点提供了直接的实验证据。

此外，他还对一些重要的络合催化反应机理提出过有创见的看法。比如，在 60 年代，他通过缜密的思考和富有说服力的分析,对烯烃氧化取代反应(Smidt 反应)的氢转移机理提出了崭新的看法;70 年代,国际上对烯烃歧化机理的讨论尚处于众说纷纭、莫衷一是的阶段,蔡启瑞教授则对当时并未引起人们注意的金属卡宾络合物中间态邻位缩合链式反应机理给予支持。同时,他认为侧基络合是氢分子最可能的络合活化方式。这些见解尔后都得到国外发表的实验结果的支持和国际学术界的承认。十几年前他预言的 $N\equiv N$,$RC\equiv N$ 和 $RN\equiv C$ 等固氮酶底物可能采取的 μ_3-型配位方式也已为后来国外发表的相应 μ_3-型配合物的成功合成所证实。

近几年来,他在厦门大学主持开展了由合成气制取甲醇、乙醇,和金属-氧化物协同催化作用的研究,对等电子结构的一氧化碳和氮分子在过渡金属催化剂上的氢助解离机理进行了深入关联,提出了有关金属与氧化物协同催化作用的本质主要在于稳定 CO 部分加氢的高位能中间态(如甲酰基和金属氧卡宾)的重要观点[前不久,J. Y. Lin 和 E. I. Solomon 等关于 CO 在 CuCl(111) 和 ZnO(1010) 面吸附的深入研究为此提供了佐证],并采用原位化学捕获和同位素方法成功地证实了他所提出的由合成气制取乙醇的所有中间态和催化反应机理。近年来,在甲烷氧化偶联及其他轻质烷烃氧化脱氢方面,他提出了非还原性稀土基复氧化物催化剂上甲烷、乙烷的氧助活化机理和催化剂分子设计及研制的某些独到的构思。

以上有关络合催化作用,$N\equiv N$ 与 $C\equiv O$ 的氢助活化,和甲烷及其他轻质烷烃的氧物种控制的选择性转化等研究工作的理论和实践,形成了以蔡启瑞教授为代表的厦门大学催化研究的特色,其工作在系统性和创新性方面均达到国际先进水平。在催化研究中,蔡启瑞教授充分应用分子轨道理论、价键理论和结构化学的知识,成为我国在分子水平上研究催化作用和催化反应机理的卓越奠基人之一。其科研成果先后两次荣获国家自然科学奖三等奖:一是《络合催化理论的研究》(1982 年),另一是《在固氮酶作用下和铁催化剂作用下固氮成氨的研究》(1987 年)。

对大化工发展战略提出有指导意义的见解

蔡启瑞教授曾多次参加国家有关的中长期科技发展规划的制定工作。近年来,通过出国考察和学术交流,从世界能源化工科技发展的总趋势和我国可燃性矿物资源结构的国情特点出发,力主在能源化工建设中充分重视煤炭、天然气资源的开发利用,建议实行"油煤气并举,燃化塑结合"的能源化工原料技术路线;协调配套发展重有机、专用和精细石油化学品的生产,以提高我国化学工业在国际上的竞争力并改善其经济效益;在搞好炼油和石油化工的同时,组织碳一化学化工的研究和技术开发,发展煤基甲醇等代用动力燃料以节约石油作化工原料之用,发展甲烷氧化偶联及乙烷氧化脱氢制乙烯的新技术以解决石化工业大量乙烯的缺口,等等。这一系列有关大化工的战略设想都有指导意义。

培育人才　无私奉献

蔡启瑞教授在教育方面成绩同样是卓著的。1956 年他回国后就承担培养结构化学研究生的工作,1957 年开始招收催化研究生,1982 年起招收博士研究生,1986 年开始接受博士后科研流动站人员在其指导下开展科研工作。1956 年以来,他及其指导下的催化室共招收研究生 70 余名,已有 50 余名毕业获硕士学位,10 余名毕业获博士学位。此外,曾三次接受原高教部、教育部和国家教委的委托,先后举办催化讨论班、进修班和现代催化研究方法研讨班,为全国有关高校、科研单位培养催化科学中、高级人才,促进了催化研究和教育事业的发展。为了使一些优秀的人才得到培养,他千方百计地为之创造学习和研究条件。他精心育才,十分重视德才兼备人才的培养。他对他的每一个学生的长处和短处都了如指掌,及时加以疏导,使之能健康成长。在他看来,青出于蓝而胜于蓝,是自然发展的规律。他总是鼓励他的学生、助手广开思路,敢想敢闯,衷心希望他们超过自己,并竭诚奖掖后学,诲人不倦。1984 年美国斯坦福大学化学系的霍奇逊(K. O. Hodgson)教授来厦门大学讲学时,列席了蔡启瑞教授指导的两名硕士研究生的论文答辩。他返回美国后在给世界银行写的一份报告中说,厦门大学硕士研究生的水平,可以和中国以外的任何大学的硕士研究生相比;中国硕士研究生的水平这样的高是他始料不及的。美国驻华使馆前科技文化参赞施呢泼(O. Schnepp)教授曾为洛杉矶的教授们举行过一次报告会,介绍中国的文化教育,认为蔡启瑞是中国几位了不起的教育家之一。而今,蔡启瑞的学生遍布全国,其中许多人已成为有关单位的学术带头人。

蔡启瑞教授严于律己,无私奉献。刚回国时,组织上决定给他二级教授待遇,他坚持要求改为三级。他认为自己虽是从国外归来,也应当和中华人民共和国成立以来一直为年轻的共和国出力流汗、艰苦创业的同事们同工同酬,而不能有所特殊。近年来,他多次出国访问讲学或参加学术会议,每次节省下来的外汇都如数上缴或用于购置实验室用器材。1979 年初夏,他病倒了,初步诊断可能是胃癌,消息传到校园,师生员工无不震惊,一种巨大的损失感攫住人们的心。面对死神的威胁,他考虑的不是个人的安危,他最大的遗憾莫过于不得不离开实验室,中断自己挚爱的事业。他坚持在病榻上给党组织写信,对许多重大问题提出建议;临手术前,把主要的助手紧急召集到福州,对工作作了周密细致的交待。他并不是对他的家庭无所牵挂,对儿女们无所眷念,但在他看来,事业高于天伦之情。看到同志们泪水盈眶,忧虑之情溢于言表,他反而劝慰大家:"工作要紧,不要为我担心。"手术结果,癌症的怀疑排除了。同志们如释重负,奔走相告,额手相庆。蔡启瑞教授现已年届八旬,但他在科学研究的园地里仍不倦耕耘着。他每天都去实验室,常常到下午 2 点和晚上 10 点钟以后才回家吃午饭和晚饭,晚上常工作到下半夜。他年轻时,喜欢下中国象棋、打桥牌,留美期间,在俄亥俄州首府报纸专栏上的难题征解时,曾多次破解获奖,颇有些"名气"。时至晚年,为搞好科研和培育人才,他却根本无暇顾及这些业余爱好了。

蔡启瑞教授于 1978 年光荣地加入中国共产党。曾被选为第二届全国政协特邀代表,第三、四、五届全国人大代表,荣获厦门市劳模、福建省劳模和全国劳模等光荣称号。

"学如流水行云,德比松劲柏青",我国化学大师唐敖庆教授的这两句题词是对蔡启瑞教授学问和师德最贴切的赞誉。我们——蔡启瑞教授亲手创建的催化学科群体的全体成员,衷心祝福我们敬爱的老师松鹤延年,健康长寿!

■ **本文原载**:《化学学报》2004 年第 62 卷,第 18 期,祝贺蔡启瑞院士九十华诞(专刊)。

祝贺我国著名物理化学家,
中国科学院院士蔡启瑞教授九十华诞暨执教五十八年

　　2004 年是著名物理化学家、我国分子催化主要奠基人之一、中国科学院资深院士蔡启瑞教授九十华诞暨执教五十八年。蔡启瑞教授 1950 年获美国俄亥俄州立大学化学哲学博士学位。1956 年回到祖国后,重点从事催化化学的科研和教学工作,为我国催化化学的发展做出重要贡献。他较早地总结出络合(配位)活化催化作用的概念,并用于关联某些类型的均相催化、多相催化和金属酶催化。在"化学模拟生物固氮研究"中,在国际上较早提出固氮酶活性中心的活口类立方烷原子簇结构模型和多核络合活化分子氮的酶催化机理,并与氨合成铁催化剂的催化机理相关联。提出联用原位拉曼光谱与红外光谱观测氨合成反应中分子氮的反应中间体。1985—1987 年,设计实验验证了分子氮对二氘代乙炔(DC≡CD)的竞争抑制能明显降低底物顺式加氢的选择性,使产物中反式二氘代乙烯(HDC=CHD)含量提高一个数量级;由此可推断在固氮酶反应中 N≡N 的多核配位活化模式;并提出以氢键串联的两条质子同步传递链的见解。在"七五"基金重大项目碳一化学研究中,对铜-锌基催化剂上和铑基催化剂上 CO 加氢分别制甲醇和乙醇的催化机理,提出通过偶极与离子电荷相互作用、以降低 CO 加氢成甲酰基中间体的能垒,为离子型助催剂的主要作用本质;并用化学捕获方法阐明 CO 加氢制乙醇的反应历程经过甲酰基-亚甲基-乙烯酮-乙酰基等中间体。多次建议电力、燃料、化工联产,优化利用化石燃料资源,和发展甲醇汽车与甲醇燃料电池。获得国家自然科学三等奖三项(1982 年,1987 年和 1995 年),何梁何利基金科学与技术进步奖(1999 年)及省部级奖励多项;培养硕士、博士研究生和博士后人员 60 名。值此蔡启瑞教授九十华诞暨执教五十八年之际,特出版学术论文专辑以志庆贺。

固体表面物理化学国家重点实验室
厦门大学化学化工学院
《化学学报》编辑部
2004 年 9 月

■ **本文原载**:《20 世纪中国知名科学家学术成就概览·化学卷·第一分册》"蔡启瑞"篇(科学出版社,2011 年 3 月,第 1 版,北京)。

蔡 启 瑞

蔡启瑞(1914—　　)[①],福建同安人。物理化学家,中国催化科学研究与配位催化理论概念的奠基人和开拓者。1980 年当选为中国科学院学部委员(院士)。1950 年获美国俄亥俄州立大学哲学博士学位。1956 年回国后,开展了钛酸钡晶体和 α-$TiCl_3$ 晶体的极化能、晶格能和晶体场分裂等的研究;为了解决乙炔路线制合成橡胶单体的关键技术问题,带领团队研发出负载型氧化锌和负载型氧化铌两种新催化剂;提出配位活化等四种配位催化作用效应;对酶促生物固氮、金属催化 N_2 加氢与金属催化 CO 加氢三类重要反应进行了广泛关联与精确示异,从某些类型离子晶体极化情况和极化能的系统研究出发,推广到反应过渡态出现极化情况的研究,提出偶极-离子电荷相互作用是离子型助催剂的作用本质等新见解;运用原位化学捕获、同位素示踪、模型反应、原位分子光谱和量子化学计算,发展了分子催化研究方法;利用固氮酶底物与底物的竞争抑制为化学探针,提出乙炔高顺式加氘的笼内配位模式,从而推断固氮酶反应中 M 簇笼中心不可能有原子 x 存在;碳一化学方面,提出铑与 B 族氧化物复合催化剂上合成气制乙醇的亚甲基-乙烯醛机理,指出因醛与烯醇的结构互变异构动态平衡,进一步加氢碳链不会再增长。厦门大学教授,曾任厦门大学副校长等职。

一、成长经历

蔡启瑞,1914 年 1 月 7 日[②]出生于福建省同安县(今为厦门市翔安区)马巷镇一个华侨店员家庭。祖父曾开饼店,逝世后家道中落,父亲到安南(越南)谋生。在蔡启瑞一岁半时,远在异国他乡的父亲就不幸去世,母亲在国内含辛茹苦做裁缝工抚育他长大。他 8 岁入学,其间曾因家贫而停学,到布店当过学徒。后得小学班主任黄固吾的帮助,得以进入集美中学,初中肄业。

在集美中学高中一年级时,全班年龄最小、成绩最好的蔡启瑞当上班长,后因学潮,全班被停办。但校主陈嘉庚勤俭朴素的生活作风与倾资兴学的爱国精神和高尚情操已深深烙印在了蔡启瑞的心

---

① 编者按:应为(1913—　　)。见第 6 页脚注。
② 编者按:应为 1913 年 12 月 3 日。见第 6 页脚注。

中,成为他一生为人处世的典范。1929年,他考进厦门大学预科,1931年自动升进本科化学系,后因病休学两年,1934年复学。从此,蔡启瑞踏上了他为之奋斗终生的化学科学征途。

在大学期间,蔡启瑞学习勤奋、品学兼优,曾获陈嘉庚设立的嘉庚奖学金一次和清寒学生免费奖学金多次。1937年以优异成绩毕业,获厦门大学理学士学位,后留校任教,曾任无机化学、有机化学、分析化学、物理化学、结构化学等当时化学系各门课程的助教,这为他拥有化学领域全面的基础知识和实验技能打下了坚实的基础。

1938年,蔡启瑞与集美幼师毕业的陈金銮①喜结良缘。陈金銮的父亲曾是蔡启瑞的数学老师,当时,陈家较殷富,蔡家很贫穷,但她父亲看中了蔡启瑞的人品学识,遂将自己端庄秀丽的爱女介绍给蔡启瑞。蔡陈婚后育有二子二女。陈金銮非常贤惠,在当时极其艰苦的环境下,悉心顾家、培育子女,全力支持蔡启瑞的工作。这是成功男人背后之女人的一段佳话。

1940年初,蔡启瑞晋升为讲师。抗日战争期间,厦门大学内迁福建长汀山区,在黑暗的防空洞和简陋的实验室里,蔡启瑞在傅鹰指导下,完成了有机酸混合物萃取分析的论文,发表于美国 *Analytical Chemistry* 上。时任校长的萨本栋在国难的艰苦条件下,行政教学重担双肩挑,把厦门大学办成了国内一流的理工文法商综合性大学。为教育鞠躬尽瘁、死而后已的萨本栋精神指引了蔡启瑞一生的教育事业。

1947年春,蔡启瑞作为当时中国政府选派赴美留学的20名学子之一,被厦门大学(仅一个名额)选派到美国俄亥俄州立大学(Ohio State University)深造。在 E. 马克(E. Mack,Jr.)、P. M. 哈里斯(P. M. Harris)和 M. S. 纽曼(M. S. Newman)的指导下,从事多亚甲基长链二醇及二羧酸的 L-B 膜的研究。他自己动手吹制玻璃实验器具系统、勤奋地研究,于1950年4月获俄亥俄州立大学化学领域的哲学博士学位。后在哈里斯的挽留下,蔡启瑞在该校从事铯氧化物晶体结构测定这一很具挑战性的结构化学博士后研究,1952年被聘为助理研究员(Research Associate),在美国 *Journal of Physical Chemistry* 上发表了 Cs_2O 和 Cs_3O 晶体结构的两篇论文。这一系列研究使蔡启瑞深感含有极化率很高的阳离子化合物结构化学的丰富多彩,尤其是曾用作夜明镜主要材料的夹心面包型的 Cs_2O(反 $CdCl_2$ 型晶体结构),表现出特殊的光学性能,但他更感兴趣的是该晶体有相当大的极化能。这些研究工作进一步提高了蔡启瑞在结构化学和物理有机化学等领域的精深素养,也为他后来从事分子水平上的催化科学研究奠定了扎实的理论基础。

在美国学习与工作期间,科研之余的蔡启瑞是下象棋、打桥牌的高手,也是破解俄亥俄州首府报纸专栏上桥牌有奖征解难题的高手。当得知新中国成立的振奋人心的消息时,他已按捺不住回国参加新中国建设的火热的心。而此时在博士后工作期间,因抗美援朝战争爆发,美国政府规定在美留学的理工科中国学生一律不准返回中华人民共和国,他不得不滞留在美国。

1950年4月,母校厦门大学29周年校庆之际,蔡启瑞从大洋彼岸发回了"祖国大地皆春,我怀念你啊,祖国!"的电报。他坚持年年递交离境申请,直到获准回国。1956年3月下旬,戈登将军号轮船上的蔡启瑞遥望着茫然不见边际的太平洋,思绪万千、归心似箭。他回想起9年前与挚友顾瑞岩相伴乘同一条船沿同一航线赴美的情景,而这次他是和归国留学生及其家属做伴一起返回祖国。他又想起,家里亲人生活条件很差,这9年是如何熬过来的?他恨不得早一点回到他们的身边!而平静

---

① 编者按:最近,经考证,"銮"应为"鸾"。

的海洋航行令他思考最多的,还是"我现在已进入中年,今后如何报答祖国","我一定要根据国情和自己的能力,主动了解哪些急要任务是我最有可能效力承担的,以便事先做充分准备"。

1956年4月蔡启瑞回到祖国家乡亲人身边和母校厦门大学,受到王亚南校长和师友们的热烈欢迎,后赴北京归国留学生招待所报到。当时,卢嘉锡和傅鹰正在参加制订中国"十二年科学技术发展远景规划",其主旨是"任务带学科"。蔡启瑞认识到,新中国百事待举,应根据国情,先完成国家需求的急要任务,然后在实践的基础上进行总结,提高理性认识,以促进学科的发展。为进一步了解国情,蔡启瑞赴长春请教唐敖庆,参观了吉林大学和中国科学院长春应用化学研究所,并在北京参观访问,后回到厦门大学担任结构化学的教学和科研工作一年。

回国后的最初几年,他深入开展了离子晶体极化现象的系统理论研究。蔡启瑞及其学生估算了钛酸钡晶体的天然极化、极化能和晶格能,以及 $\alpha\text{-}TiCl_3$ 晶体的极化能、晶格能和晶体场分裂等。在后来的催化研究中,他又将这一结构化学的知识,推广应用到对极化情况较显著的反应中间体与离子型助催剂的偶极-离子电荷作用本质的阐释中,合理解答了百年来争论不休的工业氨合成催化机理,其中包括,用点阵和的计算法解释了活化能可降低约50 kJ/mol的理由。

时任厦门大学理学院院长的卢嘉锡已培养了不少优秀人才,建立了物理化学二级学科中的物质结构和他的一名高徒开展的电化学三级学科,正准备由他的另一名高徒发展量子化学—理论化学三级学科。蔡启瑞对结构化学和物理有机化学及反应机理都有兴趣,有先发展有机催化,然后再转催化学科的想法。王亚南和卢嘉锡得知他的想法后,都大力支持发展催化三级学科。当时,中国的催化科学领域还很薄弱,尤其是高校。1957年,蔡启瑞试招收了一名催化专业研究生。1958年,蔡启瑞与中国科学院石油研究所、中国科学院应用化学研究所、化工部化工研究院各一位同仁,赴莫斯科进行催化方面的参观访问,他们看到那时苏联许多催化学派学术争鸣非常活跃,深感我们也要解放思想,锐意创新。1958年秋,蔡启瑞在厦门大学组建了中国高校第一个催化教研室,开创了中国催化科学领域的教学与研究基地。此后,蔡启瑞一直在厦门大学从事教学和科研工作,毕生奋斗在催化科学研究的第一线。他提倡锐意创新、细心求是、跨学科大协作团队精神。为中国开创催化科学基础和应用研究做出了贡献,培养了大批催化科教人才。

蔡启瑞现为厦门大学化学系一级教授、中国科学院院士。曾任厦门大学副校长、校学术委员会主任、固体表面物理化学国家重点实验室学术委员会主任、第八届国际催化大会理事会理事等。1979年荣获全国劳动模范称号。

二、主要研究领域和科技成就

(一)以任务带动学科建设阶段

蔡启瑞的应用催化工作的最初十年,以国家任务带动学科建设,为了解决乙炔路线制合成橡胶单体的关键技术问题,带领团队成功研制出负载型氧化锌和负载型氧化铌两种新催化剂,并发表了两篇重要文章,全面完成了任务带学科的任务。

20世纪60年代,由于缺乏石油资源,中国制定了以乙炔为基础的基本有机合成和"三大合成材料"发展策略。化工部也通过教育部给厦门大学下达了"建设以乙炔为基础的基本有机合成,解决合成橡胶单体生产的关键技术问题"的任务。蔡启瑞注意到,新中国军需民用不能缺少橡胶,但海运受阻,而业已探明的大庆油田的成功开发尚有待时日,目前最现实的应急措施是仿效二战期间德国发展通用型的丁苯橡胶和耐磨顺丁橡胶,其关键技术问题是苯乙烯和丁二烯单体的合成。化工部上海化工研究院在 1960 年左右发明了乙炔三聚成苯的负载型氧化铬催化剂,活性和选择性都很高,他们合理地认为,在乙炔气氛中,六价的铬可能先被还原为五价,但该催化剂寿命太短,难以实现工业化,急需革新。乙炔水合制乙醛是生产丁二烯单体和醋酸乙烯单体的关键一步,原拟沿用德国的硫酸汞-酸液相催化剂,但汞盐催化剂有剧毒,危害工人健康,生产乙醛和醋酸的吴淞化工厂技术科长来反映,希望能革新;衢州化工厂技术科长后也反映,苏联在试用磷酸镉钙、磷酸锌钙固体催化剂替代汞盐液相催化剂,但这两种固体催化剂机械强度都太低,前者毒性虽较小,但活性也较低,后者虽基本无毒,但活性更低。

此时,刚建立四五年的厦门大学催化教研室在国家科委九局和教育部的大力支持下,正在主办以教育部系统为主的全国催化学术讨论班。蔡启瑞深感国家需求的迫切,他白天给讨论班讲述配位活化催化作用原理,晚上则带领厦门大学催化团队和讨论班学员,基于化学元素周期律和配位活化催化作用原理,进行乙炔合成苯及乙炔水合制乙醛新催化剂的探索实验。

蔡启瑞认为五价铬的氧化物氧化能力可能还是太强,可按元素周期律试用周期表上与铬邻近的铌氧化物(Nb_2O_5)作催化剂。测试结果表明,氧化铌催化剂活性非常平稳,选择性很高,产品纯度高。当天晚上,围观测试试验的蔡启瑞和催化组及催化讨论班的成员们都欢呼起来。1966 年,蔡启瑞和团队部分成员又到厦门第三化工厂成功进行了年产超纯苯 100 t 的小型生产试验。至此,上海化工研究院发明乙炔三聚成超纯苯的催化剂,厦门大学加以革新,使其很可能实现工业化,而成为世界第一号的乙炔三聚成超纯苯的自主创新催化剂,这是多么令人扬眉吐气的事!有了超纯苯,生产乙苯和苯乙烯就比较容易,苯也可以用于生产尼龙-6。

1967 年蔡启瑞自赴衢州化工厂参加磷酸镉钙和磷酸锌钙催化剂的试验后认为,这两种催化剂只能用作固定床催化剂。他考虑到,汞、镉、锌盐催化剂的毒性和催化活性高低顺序符合元素周期表规律,这些催化剂的催化作用显然主要是过渡金属阳离子对炔键的配位络合活化作用,因而可以试用氧化锌代替锌盐;要提高固体催化剂的活性和机械强度,可试用高强度和适当大比表面的硅胶小球,氧化锌略带碱性可较好地负载在硅胶小球上。乙炔水合制乙醛的催化剂也就这样革新解决了。后来,蔡启瑞及其同事趁下厂学工之便到厦门杏林醋酸厂顺利进行了年产乙醛 300 t 级的流化床小型生产试验。

负载型氧化锌催化剂后由厦门大学化工厂生产,供应了国内 10 多个小醋酸厂达五六年之久,这种催化剂活性稳定、制作简单、售价便宜,化工部第八设计院进行了扩大生产试验,对该催化剂的技术经济评价相当高。当时尚无申请催化剂专利的概念,蔡启瑞亲自撰写的氧化铌催化剂和氧化锌催化剂的研究论文,以有关工厂和厦门大学化学系署名分别发表在《中国科学》和《化学学报》上,首次引用 Diels-Alder 反应,合理说明了乙炔三聚芳构化成纯苯的机理、丙炔三聚成 1,3,5-三甲苯与 1,2,4-三甲苯实验结果的产率比例与空间位阻的关系,而 30 年后的 2010 年才有人称这种反应属于"click chemistry"。值得欣慰的是,这些论文信息传布得相当快,来索要资料的不少,有一定影响力。虽然后来因大庆油田开发成功,中国贫油面貌有所改变,合成橡胶单体的生产也由乙炔路线改为石油路线,这两种新催化剂没有能得到更大规模的应用。但天然气副产乙炔,乙炔水合所制的乙醛可用于生产醋酸、醋酸乙烯单体和维尼龙合成纤维等，廉价稳定的氧化锌催化剂在今天仍有用武之地。

同时，蔡启瑞深入催化机理研究，提出络合（今称配位）活化催化作用的理论概念，总结了配位催化作用可能产生的配位活化、结构定向、电子传递（后来又作了重要发展，总结为电子与质子传递或偶联传递）及其与能量偶联的传递等四种效应，将均相催化、多相催化和金属酶催化作用有机关联起来并精确示异，奠定了中国在分子水平上研究催化作用和反应机理的理论基础和严谨思维方法的基础，带动了中国催化学科的发展。

（二）不能忽视基础研究，要求理论联系实际阶段

蔡启瑞认为这是我国科技工作政策的一次重要转折和发展。他紧跟政策主旨，30多年投入了大部分心力搞好这方面的本职工作。对金属酶促生物固氮、金属（Fe、Ru、Co-Mo 等）催化工业氨合成与金属（Fe、Cc、Ni、Pd、Pt 等）催化 CO 加氢三类非常重要的催化反应进行了广泛关联与精确示异。

1971年，北京大学校长周培源上书国务院周恩来总理，正直地详陈不能忽视基础研究的原因。周总理阅后立即批示，大意为：不能忽视基础研究，要求理论联系实际。蔡启瑞认识到，中国是发展中国家，生产技术等方面还很落后，基础研究不能忽视，可是中国还很贫穷落后，没有本钱搞"象牙之塔"的基础研究，国家需要的基础研究必须、而且能够作为生产技术等方面自主创新思路的指路明灯，否则永远跟不上发达国家，这是中国科技工作政策的一个新的重要转折和发展。

他奋身投入中国科学院生物学部过兴先与吉林大学唐敖庆发起、组织的化学模拟生物固氮全国跨学科大协作研究项目。1972年，蔡启瑞与带过他做物理化学实验的挚友卢嘉锡不约而同地乘坐硬席赴长春参与项目规划工作，这个项目后来得到国家和联合国教科文组织的资助。经过20年的催化学科发展奋斗，蔡启瑞对于工业氨合成这个多相催化的经典例子已相当熟悉，他想：我们现在对于酶促生物固氮体系虽较生疏，但我们可以边学习，边从工业氨合成催化剂中对已发展和正在发展的几种催化剂体系（Fe、Ru、Co-Mo）"为什么都是结构敏感型的"、"其中有什么共同的特点"进行广泛关联和精确示异，然后再与显然也是多核结构的固氮酶作比较，以获得较多的信息。在这方面，我们有结构化学、理论化学和催化科学三结合的优势，这是很难得的。

过渡金属催化剂上氮加氢合成氨反应是奠定多相催化基础的重大研究课题，近百年来，关于其催化作用机理仍存争议，是一个还没有定论的充满了挑战性的课题。业界已提出的见解大体可归纳为两种机理：分子态化学吸附氮解离为原子态化学吸附氮是速率控制步骤的解离式机理和分子态化学吸附氮第一步加氢是速率控制步骤的缔合式机理。争论的焦点在于氢是否参与了速率控制步骤。蔡启瑞认为，足够活化的分子态化学吸附氮加氢氢解（hydrogenalysis）成氨的缔合式途径是值得加以考虑和验证的。

同时，化学模拟生物固氮的研究进展表明，N_2 在固氮酶活性中心上的配位模式是钼铁原子簇活性中心多核三角棱柱单盖帽型的（$MoFe_6$），在深度加电子和质子还原后吸附活化分子态氮，蔡启瑞认为，这可与 N_2 在 α-Fe(111) 面多核（7Fe）吸附模式的簇结构敏感性进行类比，开展酶催化固氮成氨与非酶催化合成氨的关联研究，可以相互借鉴，将更有利于固氮和氨合成催化作用的阐释。具有科学哲学素养的蔡启瑞在这样思考、大胆假设后，便指导他所带领的厦门大学催化团队，精心设计实验方案，小心求证，探索这二者之间的关联与示异。

虽然，当时包括催化界一些权威学者在内的多数人赞同过渡金属催化剂上氮加氢合成氨反应是

解离式机理的观点,但蔡启瑞从不迷信权威,他认真仔细地分析了现有的实验证据后发现,如果按照解离式机理,就不可能圆满地解释所有的重要实验现象,如既要符合反应计量数为一,又要符合氘反应同位素效应以及吸附氢促进氮的吸附等重要实验事实。而如果按照缔合式机理,则可以较合理地同时解释这些已知的实验事实。随后蔡启瑞又通过相关键能值的估算,发现缔合式途径在反应能量上有利得多。他认为,缔合式途径是一个连续加氢氢解的过程。即,被化学吸附活化的 N_2 连续加氢到一个 N 的价态饱和而成 NH_3 逸去,另一个 N 也继续加氢到价态饱和成 NH_3 而逸去;同时,因不断有其他 N_2 进到催化剂的铁原子簇活性位附近等待竞争配位,而体积较小的溢流氢也可以闯到铁原子簇活性位的多个 Fe 上与 NH_3 竞争配位,加速了 NH_3 的逸出;而后空出的簇活性位再配位活化吸附另一个 N_2,进行新一轮连续加氢氢解成氨的过程。

蔡启瑞指出,在清洁的铁单晶或多晶上,于超高真空等远离真实反应条件下氮分子迅速解离的检测结果并不能反映反应条件下的真实情况。事实表明,在高覆盖度和大量化学吸附氢存在时,氮分子的直接解离将更加困难。因此,涉及小分子的重要多相催化反应机理研究的关键是反应条件下催化剂表面化学吸附物种和中间态物种及其配位模式的确定。1978 年以来,蔡启瑞指导开展了运用原位动态激光拉曼光谱和傅里叶变换红外光谱互补方法、原位化学捕获方法和同位素示踪方法等检测催化剂表面化学吸附物种和中间态物种的研究工作,从实验结果出发,结合结构化学知识和原子簇模型的量子化学计算与反应能学分析,对催化剂表面化学吸附物种和中间态物种进行了正确的指认,进而对催化反应机理作了合理的阐释。这一实验与理论相结合的研究方法在氮加氢合成氨以及随后在一氧化碳加氢合成乙醇的催化反应研究中都取得了成功的经验,并被推广应用到其他分子催化反应机理的研究中。

蔡启瑞指导下的研究团队,用激光拉曼光谱和傅里叶变换红外光谱方法证实了氨合成反应条件下铁催化剂表面主要的化学吸附物种是分子态氮而不是原子态氮或 NH;用氘同位素实验方法证实了在铁基和钌基氨合成催化剂上,无论是否有促进剂,都存在强的氘反应同位素效应,而且这种氘反应同位素效应主要是动力学效应,说明氢/氘参与了速率控制步骤。这些实验事实都支持了蔡启瑞提出的缔合式机理。同时,蔡启瑞指出,原本没有极性的分子态化学吸附氮,第一次加氢后就呈现出极性,氮负氢正,极性正端 $H^{\delta+}$ 在外,离子型助催化剂 K_2O 或 KOH 通过负端,氧离子或氢氧离子尽可能接近过渡态偶极的正端 $H^{\delta+}$ 来降低反应位能,而正离子则越大越好,越大越不能靠近反应过渡态偶极的正端 $H^{\delta+}$ 而相斥,越不会抵消正端与负离子相吸的助催化作用。

1976 年,蔡启瑞在《中国科学》第 4 期上发表了《固氮酶的活性中心模型和催化作用机理》一文,从配位催化角度提出了固氮酶活性中心模型和电子传递机理的设想,对活性中心结构及其参数进行了合理的描述。以已知的固氮酶底物的酶促催化反应为化学探针,并根据配位催化原理和结构化学理论,蔡启瑞与卢嘉锡分别提出了多核原子簇结构的固氮酶活性中心模型,即厦门模型和福州模型,这两个模型后经演化、改进,又融合为福建模型。蔡启瑞及时跟踪国际上的最新晶体结构分析和化学探针等实验结果,对国际上陆续报道的实验和理论研究结果作了合理阐释,他利用固氮酶底物与底物的竞争抑制作为化学探针以获得乙炔 95% 以上高顺式加氘在 M 簇笼内的配位模式,从而推断出固氮酶反应中 M 簇笼中心不可能有原子 x 存在。实验表明,当底物 N_2 与底物 C_2H_2 之比加大时,乙炔顺式加氘的选择性就明显降低,最低为 50% 顺式。这显然是 N_2 与 C_2H_2 竞争抑制的结果,因为较多的 C_2H_2 被迫在笼外与相邻的 Fe 配位加氘而不受笼的约束,加上一个氘后可以较自由地旋转到氘上氢下,另一端再加氘是氢上氘下,而成为反式的 $C_2H_2D_2$。

生物固氮反应中钼铁固氮酶的酶促机理是配位催化作用的典型例子。1963 年全国催化会议在兰州召开,明确了厦门大学发展配位催化理论的方向。蔡启瑞将可在常温常压下固氮成氨的固氮酶的化学模拟与必须在高温高压下才能合成氨的氨合成催化剂的改进,有机地关联起来一起研究。这一领域的丰硕研究成果体现了配位催化作用可能产生的四种效应,丰富和发展了配位催化的理论概念。

N_2 与 CO 是电子数相同、均具三重键的同核与异核的双原子分子,二者的电子结构和配位化学行为应有可相比之意义。这两种似异兼具分子的加氢过程,一是固氮成氨,一是固碳成醇,其研究分别导致了氨合成(Haber-Bosch 过程)和费托合成(Fischer-Tropsch 过程)等重要化工过程的开发,大大推动了催化科学的发展。当时,关于 CO 加氢制乙醇这一反应的机理也还不清楚,同样存在着解离式机理与缔合式机理的争议。蔡启瑞基于配位催化理论概念,认为这两种双原子分子的加氢过程必存在相似与示异之处,应该将它们关联起来研究,彼此呼应,将更有利于这两个重要催化反应机理的阐释。

在蔡启瑞指导下,厦门大学研究团队成功研发了硅胶负载型 $Rh\text{-}MO_x$(M 是 B 族过渡金属,如 Zr、Ti、Nb、Mn)催化剂,发现助催剂 MO_x 对催化活性和选择性具有显著影响,是金属-氧化物助催剂-载体之间强相互作用(SMSI 或 SMPI)的典型,但这一多相多步骤催化作用机理仍未能得到圆满的阐释。1978—1988 年,国际上不少催化工作者都在钻研其机理,如 M. Ichikawa 进行了以 B 族过渡金属($Mn^{II\text{-}IV}$,Zr^{IV},Ti^{IV},$Nb^{V\text{-}IV}$)氧化物作为助催剂的负载型铑催化剂上合成气制乙醇的研究,实验结果表明,以 MnO 作为 MO_x 的铑催化剂,其乙醛和乙醇的得率最高;在第八届(1984 年,柏林)和第九届(1988 年,加拿大)国际催化会议上,他们提出了原子簇催化作用和 CO 解离式反应机理。

但蔡启瑞比较了合成气制醇类反应与工业氨合成中的金属氧化物助催剂的作用机理,指出反应过渡态的偶极变化及正负端方向与助催剂的电荷或偶极方向对于降低反应活化能是很重要的因素。他提出,在上述(助催剂-催化剂)/载体体系上 CO 加氢制乙醇、乙醛反应的第一步应该是先由溢出的 H 将 MO_x 还原为 MO_xH,然后 $Rh\underline{CO}$(下画线表示与催化剂活性中心金属原子配位键合的原子,下同)加氢生成甲酰基 $H\underline{CO}$,这是 $\underline{CO}$ 加氢的缔合式机理,MO_xH 对这一步有助催化作用。蔡启瑞认为,助催剂还协助甲酰基在 Rh 上加 H 转化为亚甲基($\underline{CH_2}$),$\underline{CH_2}$ 会快速吸附 CO 成烯酮基或烯醛基($H_2\underline{C}=\underline{C}^{\delta+}=O^{\delta-}$),因为这是二价对二价的结合,应该比单价的 $\underline{CH_3}$ 结合 CO 成乙酰基($\underline{CH_3CO}$)要快得多。蔡启瑞对 MO_x 为 Nb_2O_5 的负载型 $Rh\text{-}MO_x$ 体系制乙醇、乙醛反应中的助催剂状态和反应性能进行了仔细分析:参考有关手册,部分离子化的 Nb^V、Nb^{IV} 与 O^{II} 半径估计分别约为 0.069 nm、0.074 nm 与 0.132 nm,阴阳离子体积相差近一倍,晶体中阳离子几乎为阴离子所包围,不必再考虑 H 能在 Rh 和 Nb^{IV} 之间搭桥;$Nb_2^{IV}O_5^{II}H_2$ 很可能是 $Nb_2^{IV}O_3^{II}(O^{\delta-}H^{\delta+})_2$,其偶极 $H^{\delta+}$ 端可比 Nb^{IV} 更靠近将要生成的烯醛基 $Rh\underline{CH_2}=\underline{C}^{\delta+}=O^{\delta-}$ 的 $O^{\delta-}$ 端;如果 $O^{\delta-}H^{\delta+}$ 与将要生成的 $\underline{C}^{\delta+}=O^{\delta-}$ 几近直线的异极相向、形成接近氢键形式的相吸引,就能比较有效地促进乙烯醛的生成。这就是蔡启瑞所坚持的亚甲基-乙烯醛(酮)机理。这样一来,CO 加氢制乙醇的反应机理问题就完全可以得到合理的解决,因为只要记住物理有机反应机理所熟知的醛(或酮,各有一个羰基)-烯醇互变异构动态平衡可逆反应,就知道进一步加氢可得到乙酰基,再连续加氢就得到乙醇,而如只加 H 就得到乙醛,加甲醇则得到醋酸甲酯,乙醛与醋酸甲酯的相对得率取决于反应物中 $\underline{H}$ 与甲醇的原子/分子比。

蔡启瑞指导下的厦门大学研究团队用原位化学捕获法、同位素法和红外光谱法确定了反应过程 C_1 物种 $H\underline{C}O$ 和 $\underline{C}H_2$，C_2 物种 $H_2\underline{C}=C=O$ 和 $CH_3\underline{C}O$，首次发现后者是前者的加氢产物，支持了蔡启瑞坚持的亚甲基-乙烯醛(酮)机理。为了进一步加以证实，他们改进了原位化学捕获法为竞争性原位化学捕获法，用负载型原子簇化合物中的 $\underline{C}H_2$ 基团模拟反应中间物，设计了以不转化 CO 为 C_1 物种的模型簇合物 $Fe_2(\mu\text{-}CH_2)(CO)_8/SiO_2$ 来代替催化剂进行相同的反应和捕获，得到相同的结果，从而用模型反应证实了上述的催化作用机理。

蔡启瑞指出，在 N_2 或 CO 这两种同电子数的并各具三重键的同核或异核反应分子的配位催化加氢反应中，如关键步骤的中间态有较大的偶极矩变化，则偶极与电荷的相互作用以降低反应能垒往往是金属氧化物助催化剂作用的主要原理，这原理对于助催化剂的选择具有普遍的指导意义。合成气制乙醇反应的 CO 缔合式加氢机理与氨合成中的 N_2 缔合式加氢机理类似，金属氧化物助催化剂都是通过偶极相互作用来起促进作用的。但 CO 第一次加氢后呈现出的极性是羰基负端 $O^{\delta-}$ 极性朝外，通过正端来降低反应位能，这与 N_2 加氢有所不同。蔡启瑞合理阐明了长期争论的氮加氢成氨与 CO 加氢制乙醇的催化反应机理，并为研制优良催化剂提供了科学依据。

综上所述，近 30 多年来，蔡启瑞致力于有关配位催化理论概念的系列研究和实践，并在分子水平上深入研究催化作用和催化机理，取得了丰硕成果，具有丰富催化理论的科学意义。

(三)参与领导 C_1(碳一)化学研究工作，致力于能源催化化工技术，指导化石资源综合优化利用

蔡启瑞参与领导 C_1 化学研究工作，阐明复合催化剂(金属催化剂-B 族过渡金属氧化物助催化剂-载体)中强相互作用的本质及合成气制乙醇催化作用机理，致力于能源催化化工技术，指导化石资源综合优化利用。

1973 年开始出现的第一次石油危机催生了 C_1 化学，也引起了人们对于节能减排和低碳环保的注意。蔡启瑞参与领导了中国的碳一化学研究工作，指导开展了合成气制乙醇、甲醇的催化机理研究，对复合催化剂中的金属催化活性中心-B 族过渡金属氧化物助催化剂-载体之间的强相互作用提出了创新性的独到见解。他深入能源与化工领域，提出化石资源(煤、天然气、石油)综合优化利用的重要学术见解。

过渡金属催化剂上合成气 $CO+H_2$ 制乙醇是 C_1 化学中具有实用和理论意义的重要课题之一，对优化利用煤和天然气资源，改变能源结构具有重要意义。1987—1992 年"七五"期间，蔡启瑞和彭少逸一起主持了由厦门大学、中国科学院山西煤炭化学研究所、清华大学、中国科学院大连化学物理研究所、中国科学院化学研究所、南京大学、中国科学院福建物质结构研究所等单位参加的国家自然科学基金重大项目"C_1 化学的基础研究"，并与他共同主编了《碳一化学中的催化作用》一书，反映了中国学者在该领域的重要研究成果和进展，促进了 C_1 化学后来在中国的发展。

碳是地球能源资源的最重要元素。简言之，碳一(C_1)化学就是 CH_4 以及合成气中的 CO、CO_2 等含一个碳原子的小分子为主要反应物的催化转化反应化学。C_1 化学的基础研究在煤基能源代用燃料和化工材料方面具有很重要的战略意义和广阔的应用背景。C_1 化学的关键性科学问题是催化剂的作用机理和催化理论，如：催化剂电子结构和几何结构与 C_1 主要反应物的临氢、临水蒸气，或临

氧催化转化中活性和选择性控制因素的关系,金属-载体或金属-促进剂的强相互作用与协同催化作用等当今催化理论中最活跃的一些研究领域。

蔡启瑞认为,如上节所述的合成气制乙醇的催化剂实际上是一种复合催化剂,其助催剂与金属催化剂用量按摩尔算大约相等,且每一轮都经过氧化还原催化循环,这与工业氨合成的金属催化剂不同,后者助催剂用量很少,且在每一轮催化循环中助催剂的化学状态基本不变。前已述及,蔡启瑞认为合成气制乙醇的催化作用机理是按照亚甲基-乙烯醛(酮)机理进行的,生成乙烯醛或乙烯醛基后,碳链就不会再向上长了。因为氧上加氢(无论是溢流的氢,还是醇基的氢)就形成烯醇,烯醇快速异构化就形成乙醛或乙醛基,后者再加氢就产生乙醇或乙醛。一步或两步生成乙醛都算是原位的正常反应,因为催化剂表面存在大量的 CO、H 和 HCO 吸附物种。蔡启瑞指出,在醛(酮)与烯醇之间的结构互变异构化动态平衡可逆反应中,平衡点很靠近醛(酮)一边,烯醇仅占 $1\% \sim 2\%$ 或更少,这用氘示踪和原位红外光谱应能检测得出。

蔡启瑞指导的合成气制乙醇催化作用机理的研究被评价为中国 C_1 化学最重要的进展之一,获教育部科技进步奖一等奖和国家自然科学奖三等奖。这一成果曾获同行重视,本拟推荐申报国家自然科学奖二等奖,但蔡启瑞觉得工作美中尚有不足之处,而主动改为申报三等奖。

蔡启瑞围绕国家可持续发展战略目标,从我国煤炭资源丰富、而石油和天然气资源相对较少的国情出发,认为我国应尽可能绕过工业化国家燃化工业数十年来过分依靠石油为原料的老路,要及时走油(气)、煤并举,燃、化结合,优化和洁净利用我国化石燃料资源的途径,提出了优化利用化石燃料资源,创建能源化工先进体系的主张,建议发展煤集成气化联合循环发电、高效联产甲醇/二甲醚等,发展适合国情的甲醇汽车和甲醇燃料电池,分两步实现绿色能源和绿色汽车。

(四)学如流水行云,德比松劲柏青,探赜索隐老而弥笃,立志创新志且益坚

蔡启瑞身教言教,培养了一大批有理论基础和实践经验的催化科教人才。他 1957 年开始招收催化硕士研究生,1982 年始招博士研究生,1986 年起接受博士后研究人员。蔡启瑞所领导的厦门大学催化研究团队,曾三次受原高教部、教育部和国家教委的委托,先后举办催化讨论班、进修班和现代催化研究方法研讨班,为全国有关高校和科研单位培养了大批催化科学领域的中、高级人才,有效促进了中国催化研究与应用及催化学科教育事业的发展。

蔡启瑞学到老用到老,他 80 岁才学计算机,但他能用电脑软件画出连年轻人也自叹不如的精致的化学模型结构图和反应机理图。如今,人们有时还可在厦门大学化学楼看到正在讨论科研工作的 96 岁高龄的蔡启瑞。他一丝不苟的严谨学风在本文稿的完成过程中也足见一斑,为了总结和确切表达他的学术思想以为后人所用,他常常半夜起来在电脑前打字到午夜,给撰写者提供了近 3 万字的科技成就参考资料,以致他双腿脚肿胀得让人不忍目睹!他为人非常诚实低调,再三向撰写者强调:十分成就写六七分就好,不要把集体成绩归到他一个人,不要把别人成绩归到他,主要真实地写学术上的思想和见解,不要夸大其词。

蔡启瑞一生平和朴实、谦逊礼让、学风正派、为人正直、淡泊名利、一心为公,是学术界公认的德高望重学术大师,实例不胜枚举,电视、报纸多有报道。当年,蔡启瑞与唐敖庆、卢嘉锡亲密合作,共同领导中国的化学模拟生物固氮研究工作,遗憾的是,卢嘉锡和唐敖庆先后于 2001 年和 2008 年因病逝世。蔡启瑞思念故友挚情,深感自身重任,曾刊登在中国教育报上的他的一首赋诗:"欣闻立项后争先,'基础''支农'宜两兼。固氮玄机凭巧探,'科坛奥运'盼加鞭!才人辈出风骚领,捷报频传心

志坚。故友凋零情义在,岂甘衰朽惜残年!"生动体现了蔡启瑞这位古稀长者生命不息科研不止的拼搏精神。

"学如流水行云,德比松劲柏青,攀登跨越高岭,育才灿烂群星"、"探赜索隐老而弥笃,立志创新志且益坚"等科教界数位名人的题词是对蔡启瑞学识和师德的赞许,是对蔡启瑞的大胆假设、小心求证、不迷信权威、勇于创新的科学研究素养的评价,是对蔡启瑞学术道德和为人风范的写照。蔡启瑞一生宽诚待人、严于律己,他坚持说这是对他的嘉勉,还须努力齐勉。

三、蔡启瑞主要论著

Tsai K R,Harris P M,Lassettre E N. 1956. The crystal structure of cesium monoxide. J Phys Chem,60:338-344.

林建新,蔡启瑞. 1962. 钛酸钡晶体的天然极化、极化能和晶格能. 厦门大学学报(自然科学版). 9(2):79-86.

蔡启瑞. 1964. 络合活化催化作用. 厦门大学学报(自然科学版),11(2):23-40.

Tsai C J. 1964. Estimation of repulsive exponents in the calculation of lattice energies of ionic crystals. Sci Sin,13(1):47-60.

周泰锦,万惠霖,蔡启瑞. 1964. α-TiCl$_3$ 电子能级的晶体场分裂. 厦门大学学报(自然科学版),11(2-3):1-8.

厦门大学化学系催化教研室. 1973. 过渡金属化合物催化剂络合活化催化作用(Ⅰ)——负载型氧化铬和氧化铌催化剂的研究与炔类环聚芳构化催化反应机理. 中国科学(A辑),16(4):373-388.

厦门冰醋酸厂,厦门橡胶厂,厦门大学化学系. 1975. 络合活化催化作用Ⅱ. 乙炔气相水合制乙醛锌系催化剂的研究. 化学学报,33(2):113-124.

厦门大学化学系催化教研室固氮研究组. 1976. 固氮酶的活性中心模型和催化作用机理. 中国科学(A辑),19(5):479-491.

Tsai K R,Newman M S. 1980. A novel synthesis of l,21-heneicosanedioic acid. J Org Chem,45:4785-4786.

Tsai K R. 1980,Development of a model of nitrogenase active-center and mechanism of nitrogenase catalysis//Newton W E,Orme-Johnson W H. Nitrogen Fixation. Baltimore:University Park Press,1:373-378.

Tsai K R,Wan H L. 1982. Coordination catalysis by transition metal complexes:Nitrogenase catalysis and its chemical modeling//Tsutsui M,Ishii Y,Huang Y Z. Fundamental Research in Organometallis Chemistry. New York:Science Press:1-12.

厦门大学固氮研究组. 物理化学研究所. 1982. 酶催化与非酶催化固氮成氨. 厦门大学学报(自然科学版),21(4):424-442.

廖代伟,张鸿斌,王仲权等. 1986. 氨合成铁催化剂上化学吸附物种的 Raman 光谱. 中国科学(B辑),29(7):673-680.

林建毅,顾桂松,刘金波等.1986. XPS 研究合成气制醇的 Rh-Nb$_2$O$_5$/SiO$_2$ 催化剂的金属-助催剂-载体的相互作用.催化学报,7(2):118-123.

Liao D W, Zhang H B, Wang Z Q, et al. 1987. Raman-spectra of chemisorbed species on ammonia-synthesis iron catalysts. Sci Sin. B,30(3):246-255.

Liu J P, Wang H Y, Fu J K, et al. 1988. In-situ chemical trapping of ketene intermediate in syngas conversion to ethanol over promoted rhodium catalysts//Phillips M J, Ternan M. Proc-Int Congr Catal,9th(1988). Otta-wa:Chemical Institute of Canada,2:735-742.

周朝晖,高景星,李玉桂等.1990. 重氧水和合成气与卡宾簇合物的模型反应研究铑催化乙醇合成机理.分子催化,4(4):257-262.

Wang H Y, Liu J P, Fu J K, et al. 1992. Study on the mechanism of ethanol synthesis from syngas by in-situ chemical trapping and isotopic exchange-reactions. Catal Lett,12(1-3):87-96.

Tsai K R, Wan H L. 1995. On the structure-function relationship of nitrogenase m-cluster and p-cluster-pairs. J Cluster Sci. 6(4):485-501.

Wan H L, Huang J W, Zhang F Z, et al. 1998. Molecular recognition in nitrogenase catalysis and two proton-relay pathways from p-cluster to m-center//Elmerich C, Kondorosi A, Newton W E. Biological Nitrogen Fixation for the 21st Century(Proc. llth ICNF). Paris:Kluwer Academic. 31:78-79.

主要参考文献

[1]郑国汉.1980. 乙炔水合制乙醛工业化前景的技术经济评价.石油化工,9:594-598.

[2]周公度.1982. 无机结构化学(无机化学丛书第 11 卷第 31 专题).北京:科学出版社.

[3]Sachtler W M H, Shriver D F, Ichikawa M. 1986. The formation of C$_2$-oxygenates from synthesis gas over oxide-supported rhodium. Reply to van der Lee and Ponec. J Catal,99(2):513-514.

[4]Mak T C W, Zhou G D. 1992. Crystallography in Modem Chemistry. New York:John Wiley & Sons.

[5]Sumerlin B S, Vogt A P. 2010. Macromolecular engineering through click chemistry and other efficient transformations. Macromolecules,43:1-13.

撰写者

　　廖代伟(1945—　　),福建建宁人。厦门大学化学系教授。从事催化科学研究。是蔡启瑞在中国指导的第一位博士研究生。

■ 本文原载：Analytical Chemistry，1949，21，pp. 818~821.

Analysis of Mixtures of Organic Acids by Extraction

K. R. Tsai, *National Amoy University, Amoy, China*

Ying Fu, *University of Michigan, Ann Arbor, Mich.*

Abstract　The extraction method for the analysis of fatty acid mixtures has been critically studied. The effects of dissociation and association of the acids and of the ratios of the volume of extractant to that of the aqueous solution on the accuracy of analysis have been expressed in the form of Equations 10 and 13. In the case of ternary mixtures better results are obtained by the back-extraction of the organic layer with water or dilute aqueous solution than by the extraction of the aqueous solution repeatedly with organic solvent. The method has been successfully applied to the analysis of binary mixtures of acetic, propionic, and butyric acids, and to the ternary mixtures of the above acids either in the absence or in the presence of formic acid.

IN MANY industrial processes, such as wood distillation and fermentation, one often encounters mixtures of substances, especially of organic acids, whose properties are similar. A simple and rapid method for the routine analysis of such systems is highly desirable.

Most of the available methods are based chiefly on differences in solubilities, boiling points, steam volatilities, and capacities to form azeotropic mixtures. In view of the fact that the distribution coefficients of organic compounds between immiscible solvents often differ widely even with homologous substances, and their determination, in the case of acids, involves no manipulation more complicated than ordinary titration, a method based on the distribution principle would seem to have advantages over those mentioned, at least in so far as simplicity and rapidity are concerned. Such a method was proposed by Behrens[1] in 1926 and later improved bv Werkman and associates[4,5,8].

A mixture of qualitatively known acids, such as an aqueous solution of acetic and propionic acids, whose initial total but not the individual concentrations are known, is extracted with an immiscible organic solvent and the final total concentration after extraction is determined. With the two known total concentrations two equations can be written involving two unknowns, the initial individual concentrations, and, therefore, the unknowns can be evaluated. With three-acid systems, the original mixture is extracted twice with different amounts of organic solvent. In principle, $n-1$ extractions are required to determine the n initial concentrations. The precision and applicability of this procedure have been studied by Malm, Nadeau, and Genung[3] in a comprehensive paper with extensive bibliography.

Even though capable of yielding satisfactory results, this procedure has one serious drawback, in that any experimental error in the analysis may be greatly magnified in the final results. This can be remedied by submitting the procedure to a critical analysis. Once the basic principles are clear, other extraction methods of analytical importance may be developed to suit the purpose at hand.

DERIVATION OF EQUATIONS

When an aqueous solution of an organic acid is shaken with an immiscible organic solvent at constant temperature, the relationship between the equilibrium concentrations, C' of the organic phase and C of the aqueous phase, is given by the familiar distribution law of Nernst:

$$\frac{C'(1-\beta)}{C(1-\alpha)} = \kappa \tag{1}$$

where β and α are, respectively, the degrees of association and dissociation of the acid and κ is the distribution constant. Let C^0 and V^0 be the original concentration and volume of the aqueous solution, and V and V' the volumes of the aqueous and organic phases after equilibrium has been reached; then

$$V^0 C^0 = VC + V'C' \tag{2}$$

as the total amount of the acid must remain constant. combining these two equations one has

$$C = \frac{C^0}{(V/V^0) + \kappa(V'/V^0)(1-\alpha)\ /\ (1-\beta)} \tag{3}$$

If the solution is sufficiently dilute, V/V^0 and κ are practically constant. By assuming α and β to be small compared with unity, Equation 3 can be written in the following simpler form:

$$C = eC^0 \tag{4}$$

where the extraction constant, e, represents the fraction of the original acid remaining in the aqueous phase after the extraction, and has a constant value for a fixed V'/V^0.

If the original aqueous solution contains more than one acid, say acetic, propionic, butyric, ..., Nernst's law of independent distribution, which states that Equation 4 is separately applicable to the individual acids, leads to the following expression:

$$C = C_a + C_p + C_b + \cdots = aC_a^0 + pC_p^0 + bC_b^0 + \cdots \tag{5}$$

where C is the total acid concentration of the aqueous phase after extraction, a, p, b, ... are the extraction constants for acetic, propionic, butyric, and other acids, and the subscripts indicate the respective individual acids. The initial condition

$$C^0 = C_a^0 + C_p^0 + C_b^0 \cdots \tag{6}$$

together with Equation 5 enables us to calculate the original concentrations of the individual acids in the mixture. Thus for a mixture of acetic and propionic acids, one has

$$C^0 = C_a^0 + C_p^0$$
$$C = aC_a^0 + pC_p^0 \tag{7}$$

a system of two equations with two unknowns, C_a^0 and C_p^0. Having determined the two total concentrations, C^0 and C, and the two extraction constants, a and p, C_a^0 and C_p^0 can be easily calculated. If the original solution contains acetic, propionic, and butyric acids, the required equations are furnished by submitting the mixture to two separate extractions with different volumes of organic liquid. The available equations are:

$$C^0 = C_a^0 + C_p^0 + C_b^0$$
$$C_1 = a_1 C_a^0 + p_1 C_p^0 + b_1 C_b^0 \tag{8}$$
$$C_2 = a_2 C_a^0 + p_2 C_p^0 + b_2 C_b^0$$

where subscripts 1 and 2 refer to the first and second extractions. Following Osburn, Wood, and Werkman, these equations are converted into more convenient forms by multiplying with $100/C^0$. For instance, in place of Equation 8 one has

$$100 = 100 C_a^0/C^0 + 100 C_p^0/C^0 + 100 C_b^0/C^0 = A + P + B$$

$$E_1 = 100C_1/C^0 = a_1A + p_1P + b_1B \tag{9}$$
$$E_2 = 100C_2/C^0 = a_2A + p_2P + b_2B$$

where A, P, and B are the mole percentages of these acids in the original mixture, and the first and second extraction coefficients, E_1 and E_2, represent the mole percentage of the total acids remaining in the aqueous phase after the first and second extractions.

ANALYSIS OF THE METHOD

The applicability of this method depends on the constancy of the extraction constants, a, p, b, etc. As shown in Equation 3, these constants are functions of $k, V/V^0, V'/V^0, \alpha$, and β, all of which vary with concentration. (The distribution constant is usually identified with C'/C. As long as activity and concentration are identical, κ is independent of concentration. Because activity and concentration are no longer identical at higher concentrations, κ will not remain constant over a wide range of concentrations.) Therefore, it is relevant to examine the situation more closely. Experience shows that when the solutions are sufficiently dilute, κ is practically a constant, $V/V^0 \approx 1$, and $V'/V^0 \approx V'^0/V^0$ (V'^0 is the volume of the organic extracting liquid) if the organic liquid has been first saturated with water. With such weak acids as we are dealing with here, the α of any particular acid is small compared with unity even when the concentration of that acid is very low. The degree of association of any organic acid depends on the concentration of the acid in, and the nature of, the organic solvent. By proper choice of the extracting agent, it is possible either to eliminate the association entirely or to reduce it to a very low value. Therefore, by using sufficiently dilute solutions and proper extracting agent, we may assume, at least as a first approximation, the extraction constants to remain practically unchanged.

In the determination of the extraction constants, standard solutions of a single acid, whose concentration has been adjusted to the same value as that of the unknown mixture, were extracted with definite volumes of an organic solvent. Because the final concentrations of the standard and the unknown are not the same, the α's and β's in the mixture will not be the same as the α^0's and β^0's of the standard. It is interesting to investigate how these deviations would affect the accuracy of the analysis.

The relationship between the extraction coefficient (E_1 or E_2) and the variations of α's and β's is given by the following equation:

$$\Delta E = (V'/V^0)[\alpha^2 k_a(\alpha_a - \alpha_a^0)A + p^2 k_p(\alpha_p - \alpha_p^0)P + b^2 k_b(\alpha_b - \alpha_b^0)B] - (V'/V^0)[\alpha^2 k_a(\beta_a - \beta_a^0)A + p^2 k_p$$
$$(\beta_p - \beta_p^0)P + b^2 k_b(\beta_b - \beta_b^0)B] \tag{10}$$

In a mixture of several weak monobasic acids the degree of dissociation, α_i of acid i is given by

$$\alpha_i = \left[\frac{K_i}{C_i + \sum_j (K_j/K_i)C_j}\right]^{1/2} \tag{11}$$

where the K's are the dissociation constants of the acids, i, j, etc. From this equation it is evident that α_i will be greater or smaller than α_i^0 as K_j/K_i is smaller or greater than unity. In the present case, the K's stand in the following order:

$$K_a > K > K$$

Therefore, the signs of $(\alpha_a - \alpha_p^0)$ and $(\alpha_p - \alpha_p^0)$ will always be opposite each other. Thus the errors due to the variations in α's tend to neutralize each other to some extent. By using the experimental values of extraction and distribution constants, the corrections for E due to the variation of α's have been calculated for several volume ratios. It was found that they are always small negative quantities. The degrees of association, β and β^0, of acetic acid, say, can be expressed as follows:

3

$$\beta_a = K_A C'_a (1-\beta_a)^2 \approx K_A \alpha \kappa_a C^0 (A/100)(1-\beta_a)^2$$
$$\beta_a^0 = K_A \alpha \kappa_a (100/100)(1-\beta_a^0)^2 \tag{12}$$

where K_A is the association constant of acetic acid in the organic phase. It follows, therefore, that β's are always smaller than β^0's, and the errors due to these variations are always small positive quantities, if the association is not too large. Thus the errors due to the variations of α's and β's partially compensate each other. Even though these errors are not serious under proper conditions, it is gratifying to know that there is some compensation. However, the above conclusion applies only to small values of α and β. With highly associated and dissociated substances, further analysis is required.

This method has the danger of magnifying the experimental errors. The reason for this will become clear from the following equations relating A, P, and B with the extraction coefficients, E_1 and E_2:

$$\frac{\partial A}{\partial E_1} = \frac{p_2 - b_2}{\Delta}, \quad \frac{\partial P}{\partial E_1} = \frac{a_2 - b_2}{\Delta}, \quad \frac{\partial B}{\partial E_1} = \frac{p_2 - a_2}{\Delta}$$
$$\frac{\partial A}{\partial E_2} = \frac{b_1 - p_1}{\Delta}, \quad \frac{\partial P}{\partial E_2} = \frac{b_1 - a_1}{\Delta}, \quad \frac{\partial B}{\partial E_2} = \frac{a_1 - p_1}{\Delta} \tag{13}$$

where Δ represents the following determinant:

$$\Delta \equiv \begin{vmatrix} 1 & 1 & 1 \\ a_1 & p_1 & b_1 \\ a_2 & p_2 & b_2 \end{vmatrix} = \frac{(a_1 - b_1)(p_1 - b_1)}{(a_2 - b_2)(p_2 - b_2)}$$

Evidently, in order to obtain the maximum accuracy, the two sets of extraction constants should be of such values that the absolute values for the above partial differential coefficients are as small as possible. Insufficient attention to this point will lead to large errors, especially when the percentage of the acid is low. As an illustration, the following case may be cited.

Using isopropyl ether as the extracting agent and adopting $(V'/V^0)_1 = 20/100$ and $(V'/V^0)_2 = 100/60$, the following extraction constants have been obtained:

$$a_1 = 0.89 \qquad p_1 = 0.78 \qquad b_1 = 0.57$$
$$a_2 = 0.58 \qquad p_2 = 0.27 \qquad b_2 = 0.10$$

With these values, Equation 13 gives

$$\partial A/\partial E_1 = -0.37, \quad \partial P/\partial E_1 = -10, \quad \partial B/\partial E_1 = 6.7$$

For a mixture containing $90\% A, 5\% P$, and $5\% B$, the calculated E_1 should be 86.7. If the experimental value happens to be 86.4, an error of 3 parts per 1000 which is within the ordinary limit of accuracy of volumetric analysis, the calculated value of P from the analysis would be 8% instead of the correct 5%.

From the above example, it is evident that the success of this method of analysis depends chiefly on the proper choice of the extraction constants. Ordinarily, the variations of the extraction constants are achieved by changing the volume ratios, V'^0/V^0. From the authors' experience this procedure does not furnish enough variation, as the two sets of extraction constants are more or less similar. However, there are other ways to establish the variations of these two sets of constants.

1. The aqueous solution is submitted to two separate extractions with diferent organic solvents. The disadvantage of this procedure is that two different sets of distribution constants will be required.

2. After the first extraction, the aqueous layer is again extracted with the organic solvent. Here the second extraction constant, say a_2, is related to the first by the following equation:

$$a_2 = \frac{a_1}{(V/V^0)_2 + (V'/V^0)_2 \{(1-\alpha_a)/(1-\beta_a)\}_2 \kappa_a} \tag{14}$$

Simple calculation will show that this procedure will not be able to furnish the desired range of variation.

3. The organic layer from the first extraction is extracted back with water and the resulting aqueous layer is titrated. In this case, the second constant is related with the first, by

$$a_2 = \frac{a_1 \{(1-\alpha_a)/(1-\beta_a)\}_1 \kappa_a}{(V/V')_2 + \{(1-\alpha_a)/(1-\beta_a)\}_2 \kappa_a} \tag{15}$$

Apparently this procedure is able to furnish the widest range of variation of the constants. In practice, the following procedure has been found satisfactory. After the first set of extraction constants has been obtained, a few sets of provisional second extraction constants were roughly calculated by means of Equation 15, omitting α and β, for different volume ratios $(V'/V^0)_2$. From these values the particular volume ratio corresponding to the most favorable set of constants-i. e., the set that yields the smallest values for the partial differential coefficients of Equation 13-was adopted for the actual determination of the second extraction constants. By this procedure the following data were obtained at 15℃. :

$$(V'/V^0)_1 = 0.6, \quad a_1 = 0.90, \quad p_1 = 0.67, \quad b_1 = 0.37$$
$$(V'/V^0)_2 = 3.0, \quad a_2 = 0.30, \quad p_2 = 0.48, \quad b_2 = 0.33$$

With these values Equation 13 gives

$$\partial A/\partial E_1 = 1.7, \quad \partial P/\partial E_1 = -0.3, \quad \partial B/\partial E_1 = 2.0$$

which evidently are more satisfactory than those cited previously.

Another point may be noted here. Because the second extraction has to start with an organic layer of different initial total acid concentration, there is no compensation for the errors arising from the variations of α's and β's. In order to minimize this source of error the procedure may be slightly modified by using dilute sulfuric acid instead of water as the extracting agent. The amount of sulfuric acid remaining in the aqueous layer may be determined by running a blank. Using solutions of low initial concentrations is also advantageous.

With the same organic extracting agent and the same volume ratios, the extraction constants of formic acids have been found to be $f_1 = 0.91, f_2 = 0.30$. The distribution constant is 0.16. These values are very close to those of acetic acid; hence formic acid cannot be determined by this method in the presence of acetic acid, and vice versa. However, formic acid can be easily determined by other methods without affecting the other acids in the series. In that case, the formic acid can be treated as a known quantity and the other acids determined by this method with the following modified equations:

$$100 = (F+A)+P+B$$
$$E_1 - (f_1 - a_1)F \equiv E_1' = a_1(A+F)+p_1 P+b_1 B \tag{16}$$
$$E_2 - (f_2 - a_2)F \equiv E_2' = a_1(A+F)+p_2 P+b_2 B$$

where E_1' and E_2' may be called the corrected extraction coefficients.

EXPERIMENTAL PROCEDURE

Ⅰ. Analysis of Acetic, Propionic, and Butyric Acids in Absence of Formic Acid. (a). DETERMINATION OF EXTRACTION CONSTANTS. Titrate 25 ml. of the standard solution of each acid with carbon dioxide-free standard sodium hydroxide solution (approximately 0.025 N) to the phenolphthalein end point. Denote the volume of the alkali used by V^0. Shake 200 ml. of the standard solution and 120ml. of water-saturated isopropyl ether in a 500-ml. separatory funnel vigorously for 2 or 3 minutes, and allow to stand in a thermostat for 5 minutes. By this time the mixture will separate into two layers. Titrate 25ml. of the aqueous layer with the same alkali and designate the titer by V_1:

$$V_1 \times 100/V_0 = a_1 (p_1 \text{ or } b_1)$$

Shake 100 ml. of the ethereal layer with 30 ml. of dilute sulfuric acid (0. 002 to 0. 005 N) vigorously in a dry separatory funnel for 2 to 3 minutes and let it stand for 5 minutes. Titrate 25 ml. of the aqueous layer with standard alkali and denote the titer by V_2. To determine the blank correction due to the sulfuric acid, extract 30 ml. of the dilute acid with 100 ml. of the water-saturated isopropyl ether and titrate 25 ml. of the aqueous layer with standard alkali. Denote the volume used as V_B.

$$(V_2 - V_B) \times 100/V_0 = a_2 (p_2 \text{ or } b_2)$$

(b). DETERMINATIONS OF EXTRACTION COEFFICIENTS. Using the "unknown" mixture instead of the standard single acids, the first and second extraction coefficients, E_1 and E_2, are determined by the procedure given in (a) [The V's are, of course, different from those in (a).]:

$$E_1 = V_1 \times 100/V_0$$
$$E_2 = (V_2 - V_B) \times 100/V_0$$

the total concentration of the unknown being about 0. 05 M. After the extraction constants and coefficients have been determined, the individual initial concentrations may he calculated either by Equation 9 or by the nomogram method of Osburn, Wood, and Werkman[4,5,8].

Ⅱ. Determination of Acetic, Propionic, and Butyric Acids in Presence of Formic Acid. The extraction constants of the different acids and the extraction coefficients are determined by the same procedure as in I. Determine the mole percentage of formic acid by any known method and calculate the corrected estraction coefficients, E_1' and E_2', by

$$E_1' = E_1 - (f_1 - a_1) F$$
$$E_2' = E_2 - (f_2 - a_2) F$$

Ⅲ. Analysis of Binary Mixtures of Acetic, Propionic, and Butyric Acids, Using Isoamyl Alcohol as Extracting Agent. Titrate 10 ml. of the acid solution (standard single acid or unknown mixture) with carbon dioxide-free sodium hydroxide and designate the titer as V_0. Pipet 50 ml. of the acid solution and 50 ml. of water-saturated isoamyl alcohol into a dry separatory funnel, shake vigorously for 2 to 3 minutes, and allow to stand in a thermostat until the two layers become clear (about half an hour). Titrate 10-ml. portions of the aqueous layer with standard alkali and designate the titer as V_1.

$$V_1 \times 100/V_0 = a (p, b, \text{or } E)$$

The composition of the unknown mixture can be obtained either algebraically from the following equations:

Table Ⅰ First and Second Extraction Constants of Acetic, Propionic, Butyric, and Formic Acids, at $15° = 0.5℃$.

$$\frac{\text{Ml. of isopropyl ether}}{\text{Ml. of acid solution}^a} \left(\frac{V_0'}{V_0}\right)_1 = \frac{120}{200} \quad \frac{\text{Ml. of ether layer}}{\text{Ml. of 0. 005 N } H_2SO_4 b} \left(\frac{V_0'}{V_0}\right)_2 = \frac{100}{30}$$

First extraction	a_1	88. 7	Second extraction	a_2	32. 7
constants	p_1	67. 2	constants	p_2	48. 9
	b_1	37. 4		b_2	33. 3
	f_1	90. 0		f_2	30. 5

a Initial concentration $= 0. 0500$ M.

b Initial concentration $= 0. 00500$ N.

Equilibrium concentration of H_2SO_4 in aqueous layer $= 0. 00472$ N.

Table Ⅱ   Analyses of Mixtures of Three (without Formic) or Four (Including Formic, Known Amount) Fatty Acids

(Extractant, isopropyl ether)

Mixture	Composition Taken				First Extraction Coefficient			Second Extraction Coefficient			Composition Found			
	F	A	P	B	E_1 calcd.	E_1 obsd.	E_1'	E_2 calcd.	E_2 obsd.	E_2'	F^u	A	P	B
1	10	80	5	5	85.2	85.4	85.3	33.3	33.5	33.7	10	80	6	4
2	20	60	10	10	81.7	82.1	81.8	33.9	33.7	34.1	20	61	9	10
3	30	50	10	10	81.8	82.4	82.0	33.7	33.8	34.5	30	50	11	9
4	40	40	5	15	80.5	80.8	80.3	32.7	32.8	33.7	40	40	6	14
5	50	30	15	5	83.6	83.5	82.9	34.1	34.3	35.4	50	29	16	5
6	...	50	10	40	66.0	66.2	...	34.6	34.5	...	...	51	10	39
7	...	25	25	50	57.7	57.8	...	37.1	37.3	...	...	24	26	50
8	...	30	30	40	61.7	61.9	...	37.7	37.8	...	...	30	30	40

^aF treated as known.

$(V/V')_1 = 200/120, (V'/V)_2 = 100/30.$

Table Ⅲ   Binary Mixture of Acetic, Propionic, and Butyric Acids

(Representative analyses, using isoamyl alcohol as extracting solvent in proportion of 50 ml. of alcohol to 50 ml. of acid. $a = 51.6, p = 25.1, b = 9.77$ at $24 = 0.2°C$. $C^0 = 0.2000$ N)

Mixture	NO.	Mole yo of First Acid	
		Taken	Found
Acetic-propionic	1	10.0	10.4
	2	20.0	19.6
	3	80.0	80.4
	4	90.0	90.3
Propionic-butyric	1	10.0	10.3
	2	20.0	20.5
	3	80.0	80.4
	4	90.0	90.4
Acetic-butyric	1	10.0	10.3
	2	20.0	20.3
	3	80.0	80.0
	4	90.0	90.1

$$100 = A + P$$

$$E = aA + pP$$

or graphically by plotting E vs. A or P. From such curves the composition of a binary mixture can be read off directly once the E-composition relationship has been ascertained.

Results of representative analyses using the above procedure are given in Tables Ⅰ to Ⅲ.

DISCUSSION

The above results were obtained during the early stages of this investigation. Later experience showed that with more careful temperature control it was possible to increase the precision of analysis appreciably.

This method can be applied to other systems than homologous acids. The main requirement is that the distribution and extraction constants of the various components should not be too close to each other. This is true also for any other method, such as partition chromatography[6] or countercurrent extraction[7], in which distribution plays a role.

In common with many physicochemical methods of analysis, this procedure presupposes the mixture to be known qualitatively. If some unsuspected acid is present in the mixture, this method will obviously lead to erroneous results. This problem has been partially solved by Osburn, Wood, and Werkman by comparing the experimental extraction coefficient with the calculated value obtained from a separate extraction with varying amounts of extracting agent. If the qualitative nature of the mixture differs from that assumed, the two values would not agree. As these investigators pointed out, this is a safeguard but not a remedy, as it does not give the identity of the foreign acid. Therefore, in applying this method to industrial or natural products, it is necessary to submit the mixture to a preliminary qualitative examination by either physical or chemical methods.

The discussion on the effect of association makes it evident that one should use only those organic liquids in which the association is either totally absent or only very small. From this standpoint such polar solvents as the higher alcohols naturally suggest themselves. But other requirements may impose a limitation on the choice of extractants. For example, amyl alcohol would be a good solvent were it not for the fact that with this liquid it takes a long time for the two layers to separate clearly. [Recently it was found that if the volume ratio of alcohol to water is about 1 to 1, the two layers will separate sharply in a short time. But in view of the recent work of Bush and Densen[2] this may not be the desired ratio.] In ethyl ether, used by both Behrens and Werkman, the association of fatty acids is not serious, but the solvent is too volatile to be conveniently handled as, according to the procedure recommended, definite volumes of the organic phase have to be transferred from one separatory funnel to another. Isoamyl ether has been tried and rejected because fatty acids are highly associated in this solvent.

In the authors' experience, isopropyl ether, first used by Werkman, is a good extractant, as the association of fatty acids in this liquid is slight and the separation into two phases is rapid. Before use, it should be saturated with water in order to minimize the volume change during extraction. The used solvent may be recovered by washing with dilute alkali and water, drying, and distilling. It may be kept in a colored bottle for a long time without deteriorating or developing acidity. Esters have been used by Malm and associates[3], who obtained good results with *n*-butyl and *n*-propyl acetates. Using two parts of butyl acetate to one of water, the spread in values for the extraction constants, a, p, and b is greater than those obtained with amyl alcohol as recorded in Table Ⅲ.

If the degree of dissociation of an acid is high, the extraction constant varies with concentration and the present method cannot be used without modification.

In principle, this method should be applicable to mixtures containing any number of acids; but in practice, the accuracy of analysis decreases as the number of extractions is increased because the concentration of the aqueous layer is too dilute for accurate titration. With systems containing four or more acids it is advisable to extract two portions of the aqueous mixtures separately with different organic solvents instead of extracting one aqueous solution repeatedly.

NOMENCLATURE

$A, P, B, F=$ mole percentage of acetic, propionic, butyric, and formic acids in original mixture

$a, p, b, f=$ extraction constants for above acids

$C=$ equilibrium total concentration of aqueous phase

$C_a, C_p, C_b=$ equilibrium concentration of acetic, propionic, and butyric acids in aqueous phase

$C'=$ equilibrium total concentration of organic phase

$C^0=$ initial total concentration of aqueous phase

$C_a^0, C_p^0, C_b^0=$ initial concentration of acetic, propionic, and butyric acids in aqueous phase

$E_1, E_2=$ first and second extraction coefficients

$E_1', E_2'=$ extraction coefficients corrected for formic acid

$e=$ extraction constant in general

$K_A=$ association constant of an organic acid

$K_i, K_j=$ dissociation constants of acids i and j

$k=$ distribution constants

$V=$ volume of aqueous phase after extraction

$V'=$ volume of organic phase

$V^0=$ initial volume of aqueous phase

$\alpha=$ degree of dissociation

$\alpha^0=$ degree of dissociation in standard solution

$\beta=$ degree of association

$\beta^0=$ degree of association in standard solution

Subscripts a, p, b, f signify acetic, propionic, butyric, and formic acids.

Subscripts 1 and 2 signify the first and second extractions.

ACKNOWLEDGMENT

A grant from the Horace H. Rackham School of Graduate Studies of the University of Michigan is gratefully acknowledged by the senior author. He also wishes to thank Mrs. F. E. Bartell for many suggestions in the preparation of the manuscript.

LITERATURE CITED

[1] Behrens, W. U., Z. anal. Chem., **69**, 17 (1926).

［2］Bush and Densen, ANAL CHEM., **20**, 121 (1948).

［3］Malm, C. J., Nadeau, G. F., and Genung, L. B., IND ENG. CHEM., ANAL. ED., **14**, 292 (1942).

［4］Osburn, C. L., and Werkman. C. H., Ibid., **3**, 264 (1931).

［5］Osburn, C. L., Wood, H. G., and Werkman, C. H., Ibid., **8**, 270(1936).

［6］Ramsey, L. L., and Patterson, W. I., J. Assoc. Offic. Agr. Chemists, **28**, 664 (1945).

［7］Sato, Y., Barry, G. T., and Craig, L. C., J. Biol. Chem., **170**, 501(1947).

［8］Werkman, C. H., IND. ENG. CHEM., ANAL. ED., **2**, 302 (1930).

■ 本文原载:Journal of Physical Chemistry,1956,60,pp. 338～344.

The Crystal Structure of Cesium Monoxide[*]

Khi-Ruey Tsai, P.M.Harris, E.N.Lassettre

(Contribution from the Department of Chemistry,
The Ohio State University, Columbus, Ohio)
Received August 18, 1955

Abstract The anti-CdCl$_2$ type layer structure[1] (D_{3d}^5 — R$\bar{3}$m) of dicesium monoxide (Cs$_2$O) has been confirmed by X-ray single-crystal work. The variable parameter for the positions of the cesium atoms is found to be $n=0.256$, instead of $u=1/4$ (powder work[1]), which fails to account for some of the weak powder lines[2]. The abnormally large cesium-cesium distance (Cs$^+$—Cs$^+$ = 4.19 Å) between layers and the slightly shortened cesium-oxygen distance (Cs$^+$—0$^-$ = 2.86 Å.) indicate that the cesium ions are highly polarized in this layer crystal.

Introduction

The monoxide of cesium, Cs$_2$O, is believed to play an important role in Cs—O—Ag photocathodes[3]. This oxide,orange yellow at room temperature,is also known to exhibit color changes upon heating and cooling[2,4]. It is the only compound which has been assigned an anti-CdCl$_2$ type layer structure[1]. However,there has been some doubt[2] about this assigned structure which is based upon X-ray powder data. A further study of the structure of this oxide by means of single crystal work thus appeared to be desirable.

Preparation of Dicesium Monoxide and Analysis of the Samples. —This monoxide was prepared by distilling a lower suboxide of cesium (Cs$_7$O$_2$) in a Pyrex vessel at 180～190° until no more cesium appeared to condense on the aircooled trap. The suboxide (Cs$_7$O$_2$),in turn,was prepared by direct combination of pure cesium with the calculated amount of pure oxygen admixed with a small amount of argon,the procedure being the same as described for the preparation of tricesium monoxide,Cs$_3$O[5].

The monoxide thus obtained was in the form of polycrystalline,laminated plates,orange yellow at room temperature,cherry red above 180°,and lemon yellow at Dry Ice tempeerature. It was readily pulverized by shaking with glass beads in a thoroughly degassed Pyrex tube.

On account of the small weight percentage (5.7%) of oxygen in dicesium monoxide, the composition of the sample cannot be accurately determined by alkalimetric determination of the cesium content alone. In the present investigation,the alkalimetric determination was supplemented by determination of excess cesium,or excess oxygen. The amount of gas evolved upon decomposition of the

* Thie work was supported by the U. S. Army Engineer Corpe under contract DA-44-009-eng-405 and by the University Committee for Allocation of Research Foundation Grants.

sample in thoroughly degassed Pyrex vessels was measured by means of a Topler pump and a McLeod gage, and the resulting alkaline solution titrated. Any excess cesium in the sample would produce an equivalent amount of hydrogen, whereas the presence of peroxides would be indicated by the liberation of oxygen. A sample of dicesium monoxide (orange yellow, crystalline powder) thus analyzed gave 0. 001 mole of gas for each mole of the monoxide, showing an almost stoichiometric compound. A separate preparation yielded a sample (also orange yellow, crystalline powder) which gave 0. 014 mole of gas for each mole of the monoxide; the gas was not identified, but was assumed to be oxygen due to a small leakage of atmospheric oxygen into the sample tube. This latter sample showed five extra powder-lines (weak), which were also present in X-ray powder photographs of other Cs_2O samples known to be partially oxidized due to inadequate protection against atmospheric oxygen. However, both the pure and the partially oxidized sample were found to be diamagnetic, $\chi_g = -0. 20 \times 10^{-6}$ c. g. s. unit per gram.

Re-examination of the Powder Pattern. —The X-ray powder pattern of dicesium monoxide was first re-examined, using Cu Ka radiation and an 11. 4-cm. camera, the finely pulverized sample being sealed in a thin-walled Pyrex capillary tube of about 0. 2 mm. diameter. The higher resolution of the camera made it possible to observe many weak powder lines besides those observed by Brauer.[2] However, the powder pattern could still be indexed by the rhombohedral system with a hexagonal c/a ratio of 4. 46 instead of 2. 30 as employed by Helms and Klemm.[1] (Helms and Klemm's reported c/a ratio is for a hexagonal pseudo cell containing 3Cs; those weak powder lines which cannot be indexed by employing this c/a ratio have odd l-indices (hexagonal).) This shows that the 2Cs cannot be in a bodycentered rhombohedral setting; in other words, the parameter, $u = 1/4$, given by Helms and Klemm is not quite correct.

When a freshly pulverized sample was used, the powder lines derived from lattice planes parallel, or nearly parallel to the c-axis (i, e., those lattice planes with small l-indices) became considerably weakened, indicating a shearing disorder in the directions parallel to the basal plane. If the sample was annealed by heating for about an hour at 150°, or simply was allowed to stand at room temperature for a few days, and then photographed, the intensity distribution of the powder lines became normal, indicating that the shearing disorder resulting from mechanical disturbance could be removed by annealing. This together with the fact that the monoxide tends to crystallize in laminated plates with more or less perfect basal cleavage leaves little doubt that a layer structure is correct.

The present powder data give $a = 4. 256 \pm 0. 004$ Å., $c = 18. 99 \pm 0. 02$ Å., for a hexagonal unit cell containing three Ca_2O "molecules. "The calculated density is 4. 71 g. /cc. as compared with 4. 60 g. /cc. observed by Helms and Klemm.[1] Based upon an $anti$-$CdCl_2$ type structure (D_{3d}^5; 2Cs$^+$ at uuu and $\bar{u}\bar{u}\bar{u}$, O$^-$ at 000.), the relative intensities of the powder lines were calculated from the expression.

$$I_{calc} \propto \frac{1+\cos^2 2\theta}{\sin^2 \theta \cos \theta} p (f_0 + 2f_{Ca} \cos 2\pi l u)^2$$

no corrections for the absorption and temperature factors being made. As shown in table I, with $u = 0. 256$, the agreement between the observed and the calculated intensities is quite satisfactory. However, the $(hk. 0)$-reflections (or $(hk. l)$-reflections with small l) appear to have a slightly higher temperature factor (B_T) than the $(00. l)$-reflection (or $(h0. l)$-reflections with small h and large l), indicating that there might still be an appreciable shearing disorder in the powder sample. Helms and Klemm[1] and Brauer[2] reported the $(10. 2)$-, $(00. 6)$-, and $(10. 4)$-powder line intensities as about equal; this indicates that they must have used freshly pulverized powder samples. In interpreting the intensity data from the powder sample of a layer crystal, special attention should be paid to the mechanical treatment of the sample.

Single Crystal Work. —Single crystals of dicesium monoxide were obtained by distillation-decomposition of a suboxide (Cs_7O_2) in Pyrex capillaries at 170~180°. The orange-yellow crystal used in the present investigation was a thin, almost rectangular plate with the dimensions and crystallographic geometry shown in Fig. 1.

Table I X-Ray Powder Data for Cesium Monoxide

Hexagonal indices				Rhombohedal indices			Planar spacings, d		Relative intensities		
									Obsd.	Calcd.	
h	k	i		H	K	L	Obsd.	Calcd.[a]	Obsd.	u=0.255	u=0.255
0	0	0	3	1	1	1	6.33	6.330	5	5.0	6.2
1	0	$\bar{1}$	1	1	0	0		3.620	..	0.3	0.2
1	0	$\bar{1}$	$\bar{2}$	1	1	0	3.433	3.435	100	100	100
0	0	0	6	2	2	2	3.159	3.165	25	27	26
1	0	$\bar{1}$	4	2	1	1	2.911	2.911	100	88	88
1	0	$\bar{1}$	$\bar{5}$	2	2	1	2.638	2.643	1	0.6	0.9
1	0	$\bar{1}$	7	3	2	2	2.177	2.185	3	2.6	3.5
1	1	$\bar{2}$	0	1	0	$\bar{1}$	2.124	2.128	25	35	35
0	0	0	9	3	3	3		2.110	..	0.5	0.8
1	1	$\bar{2}$	3	2	1	0		2.017	..	1.1	1.4
1	0	$\bar{1}$	$\bar{8}$	3	3	2	1.995	1.995	20	25	24
2	0	$\bar{2}$	$\bar{1}$	1	1	$\bar{1}$		1.835	..	0.1	0
2	0	$\bar{2}$	2	2	0	0	1.806	1.810	10	16	16
1	1	$\bar{2}$	6	3	2	1	1.766	1.766	20	29	29
2	0	$\bar{2}$	$\bar{4}$	2	2	0	1.717	1.718	10	17	17
1	0	$\bar{1}$	10 }	4	3	3 }	1.688	1.688 }	10	11 }	11 }
2	0	$\bar{2}$	5	3	1	1		1.684		0.2	0.3
0	0	0	12	4	4	4	1.580	1.583	5	3.8	3.5
1	0	$\bar{1}$	$\bar{11}$	4	4	3	1.559	1.563	2	1.8	2.4
2	0	$\bar{2}$	7	3	3	1		1.525	..	0.7	1.0
1	1	$\bar{2}$	9	4	3	2	1.497	1.498	1	1.1	1.7
2	0	$\bar{2}$	8	4	2	2	1.457	1.456	5	9.2	8.8
2	1	$\bar{3}$	1	2	0	$\bar{1}$		1.390	..	0	0
2	1	$\bar{3}$	$\bar{2}$	2	1	$\bar{1}$	1.378	1.379	10	14	14
1	0	$\bar{1}$	13	5	4	4	1.359	1.359	1	0.9	1.3
2	1	$\bar{3}$	4	3	1	0	1.336	1.337	10	14	14
2	0	$\bar{2}$	10	4	4	2	1.324	1.323	3	5.1	4.9
2	1	$\bar{3}$	5	3	2	0		1.308	..	0.2	0.3
1	0	$\bar{1}$	14 }	5	5	4 }	1.269	1.273 }	20	4.3 }	3.9 }
1	1	$\bar{2}$	12	5	4	3		1.270		11	10
0	0	0	15	5	5	5		1.266	..	0.4	0.6
2	0	$\bar{2}$	11	5	3	3		1.260	..	0.8	1.1
2	1	$\bar{3}$	7	4	2	1		1.239	..	0.7	1.0
3	0	$\bar{3}$	0	2	$\bar{1}$	$\bar{1}$	1.229	1.229	3	5.6	5.6
3	0	$\bar{3}$	3 }	3	0	0 }	1.206		..	0.1	0.2
0	3	$\bar{3}$	3	2	2	$\bar{1}$					

续表

Hexagonal indices				Rhombohedal indices			Planar spacings, d		Relative intensities		
										Calcd.	
h	k	i		H	K	L	Obsd.	Calcd.[a]	Obsd.	u=0.255	u=0.255
2	1	$\bar{3}$	$\bar{8}$	4	3	1	1.201	1.202	10	9.4	9.1
3	0	$\bar{3}$	6	4	1	1		1.146		7.1	7.0
0	3	$\bar{3}$	6	3	3	0	1.144		5		
2	0	$\bar{2}$	$\overline{13}$	5	5	3		1.145		0.6	0.8
1	0	$\bar{1}$	16	6	5	5	1.125	1.129	2	3.2	2.8
2	1	$\bar{3}$	10	5	3	2		1.123		6.4	6.1
2	0	$\bar{2}$	14	6	4	4	1.093	1.093	1	2.6	2.4
1	1	$\bar{2}$	15	6	5	4		1.088		1.8	2.5
2	1	$\bar{3}$	11	5	4	2		1.085	..	1.1	1.5
1	0	$\bar{1}$	17	6	6	5	1.069	1.069	1	0.8	1.2
2	2	$\bar{4}$	0	2	0	$\bar{2}$		1.064		3.8	3.8
3	0	3	9	5	2	2		1.062	..	0.4	0.6
0	3	$\bar{3}$	9	4	4	1					
0	0	0	18	6	6	6		1.055	..	0.7	0.6
2	2	$\bar{4}$	3	3	1	$\bar{1}$		1.049	..	0.2	0.2
3	1	$\bar{4}$	$\bar{1}$	2	1	$\bar{2}$		1.021	..	0	0
3	1	$\bar{4}$	2	3	0	$\bar{1}$	1.015	1.017	1	6.0	6.0
2	2	$\bar{4}$	6	4	2	0		1.009	..	5.7	5.6
2	1	$\bar{3}$	13	6	4	3		1.009		0.9	1.3
3	1	$\bar{4}$	$\bar{4}$	3	2	$\bar{1}$	0.908	0.999	2	6.9	6.9
2	0	$\bar{2}$	$\overline{16}$	6	6	4		0.998		2.7	2.4

[a] Based upon $a=4.256$ Å., $c=18.90$ Å.

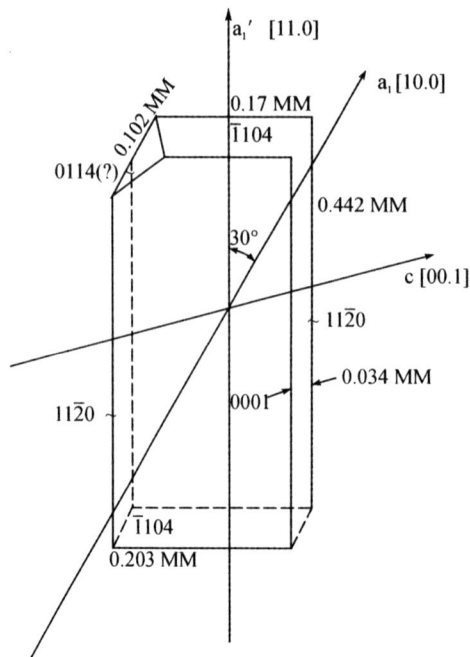

Fig. 1　Diagram of single crystal employed

The following rotation photographs were taken : (a) Cu Kα radiation with the hexagonal base diagonal [11. 0]as the rotation axis; (b) Cu Kα radiation with the hexagonal a-axis[10. 0]as the rotation axis; and (c) Mo Kα radiation with the hexagonal a-axis[10. 0]as the rotation axis. The rotation spots were readily indexed, the hexagonal base diagonal being equivalent to the a-axis of a larger hexagonal unit cell ($h' = 2h + k, k' = k - h, l' = l; a' = \sqrt{3}\ a$). The relative intensities were estimated visually by comparison with a blackening scale and measurement of the areas of the rotation spots.

The rotation photographs exhibit layer disorder similar to that recently described by Brindley and Ogilvie[6] for brucite, a CdI_2-type layer crystal. On both the[10. 0]rotation photograph and the [11. 0] rotation photograph, the (hk. 0)-reflections appear as sharp spots, while the (00. l)-reflections appear as extended arcs. According to Brindley's interpretation the resulting angular displacement of the c-axis is approximately 2°.

Laue photographs taken along the c-axis, consisting essentially of streaks because of the slight disorder, indicate a D_{3d} diffraction symmetry. This confirms the D_{3d}^5—$R\bar{3}m$ rhombohedral space group, there being only one Cs_2O "molecule" in the rhombohedral unit cell.

Treatment of the Single Crystal Data. (A) The Absorption Factor. —For a crystal containing a high percentage of heavy atoms, the absorption correction becomes very important even though the crystal is very thin. Hendershot[7] has described an analytical method for computing the absorption factor for a rotating crystal bounded by polygonal faces. The formulas apply to the zerolayer reflections only. The graphical method recently described by Howells[8] is rather time-consuming.

For a thin crystal plate with rectangular crosssection and high absorbing power, the estimation of the absorptioii factor can be done analytically with much less labor than that required for a graphical computation. The crystal employed in the present experiment can he treated as a thin rectangular plate with wedge-like top and bottom sections. For the case of rotation about the [11. 0]axis, the major portion of the crystal is one of constant cross-section perpendicular to the rotation axis. This cross-section may be divided by the projections of the incident and reflected X-ray beams into appropriate regions for integrations of the absorption integral. For fixed hk, the absorption factor Ahk. l can be plotted as a function of the l-indices. This is illustrated in Fig. 2. An abrupt change in the slope of the curve indicates a change in the type of reflection.

In the case of Mo Ka radiation ($\mu = 192$cm. $^{-1}$)and rotation about the[10. 0]-axis, the crystal can be treated as a thin rectangular plate, contribution from the wedge-like edges being negligible. The crystal is divided into one parallelopiped (central) section and two triangular prismatic sections since the rotation axis is now inclined 30° to the[11. 0]edges. However, in the case of internal reflection through both major faces of the crystal plate, good approximation can usually be obtained by merely integrating through the thickness of the crystal plate.

(B) The Temperature Factor and the Scale Factor. —The *anti*-$CdCl_2$ structure (D_{3d}^5) has only one variable parameter, u, which has been shown by the powder data to be about 0. 256. From the single-crystal intensity data, the observed structure amplitudes (including the inherent temperature factor) were calculated, taking $1/2\ \phi 11$. $0 = 85$(F_{11} is independent of u) as an arbitrary basis in order to give a scale factor, K, close to unity. Based upon these values of ϕ, an electron density line-section along the c-axis was constructed; from the position of the Cs peak, u was again found to be close to 0. 256. The structure factors, F_c, for $u = 0$. 255 and $u = 0$. 256 were then calculated using Thomas-Fermi scattering factor for the cesium atom (for sin $\theta/\lambda > 0$. 2) and Hartree scattering factor for the oxide ion as given in the International Tabellen. F_c, based upon $u = 0$. 256 gave a slightly better agreement with the observed structure factors. A least-squares treatment of the values of $\log_{10}(\phi/F_c)$ *versus* corresonding values of $\sin^2\theta/\lambda^2$ gave $K=0.829$ and $B_T = 3.24 \times 10^{-16}$ cm.^{2}.

Using these values of K and B_T, the observed structure factors, F_0, were calculated from ϕ by means of the expression: $\phi = KF_0 \exp(-B_T(\sin^2\theta/\lambda^2))$. The reliability factor, $\sum(|F_0| - |F_c|) \div \sum|F_c|$, was found to be 0.13.

(C) Electron Density Maps. —Figure 3 shows the calculated and the observed electron density line section along the c-axis. $\rho_c(00z)$ was constructed from the calculated structure amplitudes, $F'_c = F_c \exp(-B_T(\sin^2\theta/\lambda^2))$, based upon $u = 0.256$, $B_T = 3.24 \times 10^{-16}$ cm.^{2}, and Thomas-Fermi atomic scattering factors; while $\rho_0(00z)$ was constructed from the observed structure amplitudes $F'_0 = \phi/K = F_0 \exp(-B_T(\sin^2\theta/\lambda^2))$, given in Table II, together with interpolated values of F'_0 (assumed equal to F'_0) for the weak, unobserved reflections. The weak, unobserved reflections, however, can be neglected without producing significant changes in the essential feature of the $\rho_0(00z)$ curve, Both sets of structure amplitudes, F'_0 and F'_0, cover the same region in the reciprocal lattice corresponding to $\sin^2\theta/\lambda^2 = 0$ to 0.642, so that the series termination errors in ρ_c-$(00z)$ and $\rho_0(00z)$ may be assumed to be approximately the same.

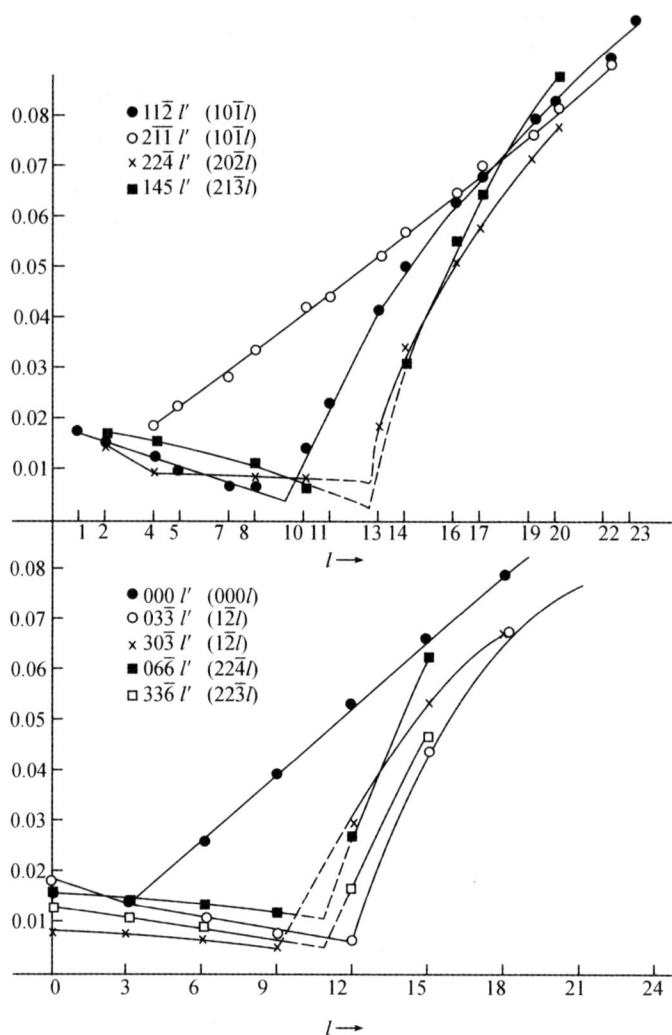

Fig. 2　Calculated absorption factors versus *l*-indices for the [11.0]rotation photograph taken with CuKα radiation.

A plane-section of electron-density, $\sigma(x0z)$, based upon the observed structure amplitude, F'_0, alone (Fig. 4), shows that: (1) the outer-shell of the cesium ion appears to be elongated along the c-axis; and that (2) the lower electron density region, between zero and 3e/ Å.^{3}, also appears to be more extended on the side toward the neighboring Cs$^+$-layer, than on the side toward the neighboring Olayer. These two points also can be seen readily from Fig. 3, by comparing the values of the electron density difference function, $\rho_0(00z)$-$\rho_c(00z)$, on both sides of the cesium nucleus. Their significance will be discussed presently.

(D) Interionic Distances, -With $u = 0.256 \pm 0.001$, $a = 4.256 \pm 0.004$ Å., and $c = 18.99 \pm 0.002$ Å., the observed interionic distances were found to be Cs$^+$ $-$ O$^-$ = 2.86 ± 0.01 Å. and Cs$^+$ $-$ Cs$^+$ = 4.19 ± 0.02A., as compared with 3.09 and 3.38 Å., respectively, calculated from Pauling crystal radii.[9]

(1) Apparent Elongation of the Charge Distribution of the Cesium Ion along the c-Axis. This elongation of the charge distribution would seem to indicate that the thermal vibration in the direction of the c-axis is considerably greater than that in the directions of the a-axis, as would be expected for this

type of layer crystal. However, the agreement between F_0 and F_c in the higher $\sin^2\theta/\lambda^2$ region appears to be generally good; in fact, better than that between F_0 and F_c in the lower $\sin^2\theta/\lambda^2$ region. Hence the "effective" temperature factor, which includes the effect due to any slight disorder of the crystal, cannot be very far from isotropic.

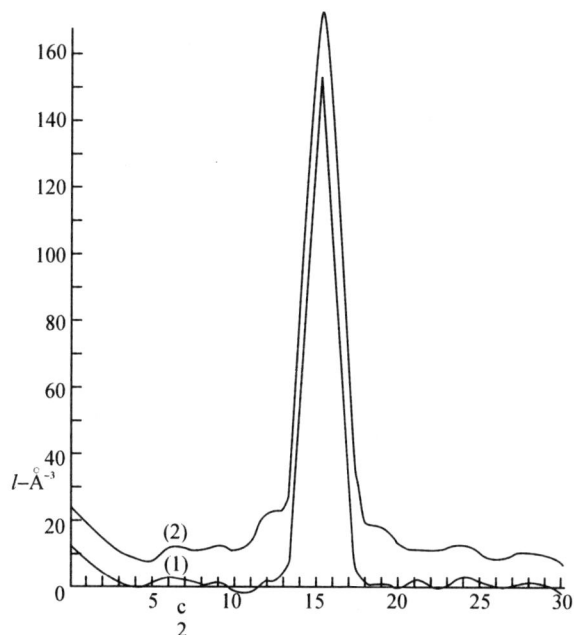

Fig. 3 Electron density line-sections along c-axis from the observed and calculated structure factors: $1, P_0(00Z); 2, P_2(002)+10$.

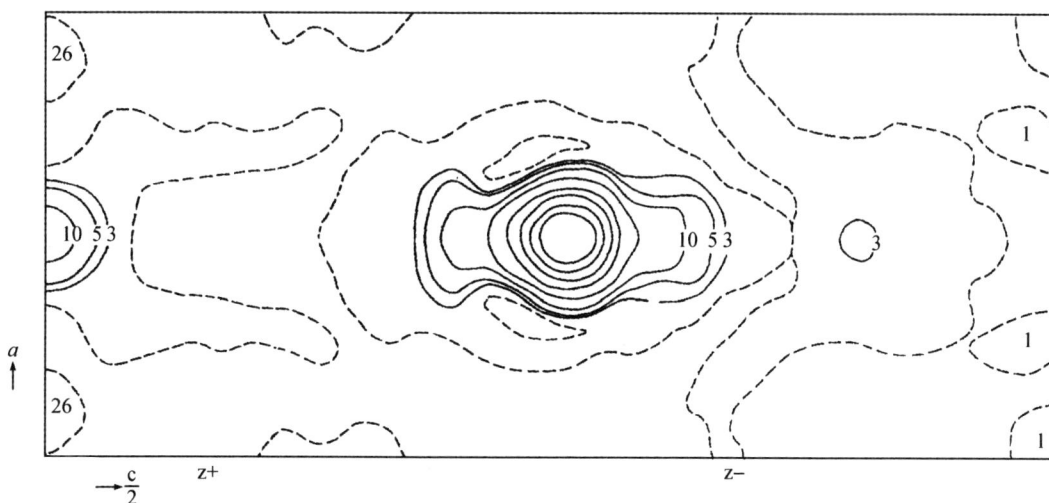

Fig. 4 Electron density (XOY) section. The zero contours are dotted; maximum depths of the negative valleys are-2.7 to -3.0 e- Å. $^{-3}$ Unlabeled contours around the cesium nucleus are 100, 80, 60, 40 and 20 e- Å. $^{-3}$ The z-coördinate of the adjacent Cs^+ layer is indicated by z^+; that of the adjacent O^- layer by z^-. The cell constants are $a=4.256$ Å. and $c=18.99$ Å

Table Ⅱ Observed and Calculated Structure Factors

Hexagona indices				Intensity, I_{obs}	Layer, rotation photograph	Absorption factor. A	Strueture factors Obsd. $1/2F_6$	Strueture factors calcd. $1/3F_c$ (u=0.256)
h	k	i						
0	0	0	3	1.8	0,(a)	0.0136	8.6	20
1	0	$\bar{1}$	1	...			...	3.3
1	0	1	2	200	1,(a)	.0154	114	−87
				122	0,(b)	.54		
0	0	0	6	100	0,(a)	.020	70	−84
				100	0,(c)			
1	0	$\bar{1}$	4	92	1,(a)	.014	109	96
				92	0,(b)	.48		
1	0	$\bar{1}$	$\bar{5}$	...			...	−11
1	0	$\bar{1}$	7	2.2	2,(a)	.028	24	27
				2.9	0,(b)	.38		
1	1	$\bar{2}$	0	141	0,(a)	.019	123	88
				134	3,(a)	.0086		
				93	1,(b)	.57		
0	0	0	9	9.0	0,(a)	.040	22	−23
1	1	$\bar{2}$	3	3.1	0,(a)	.0136	18	14
				3.4	3,(a)	.0086		
1	0	$\bar{1}$	8	7.5	1,(a)	.0061	69	82
				32	2,(a)	.033		
				18	0,(b)	.35		
2	0	$\bar{2}$	$\bar{1}$	...			...	1.1
2	0	$\bar{2}$	2	45	2,(a)	.0146	96	−74
				34	0,(b)	.56		
1	1	$\bar{2}$	6	37	0,(a)	.0114	77	−71
				18	3,(a)	.0068		
				50	1,(b)	.46		
2	0	$\bar{2}$	$\bar{4}$	22	2,(a)	.0089	92	79
				28	0,(b)	.54		
1	0	$\bar{1}$	10	11	1,(a)	.0143	55	−67
				15	2,(a)	.040		
				4.6	1,(b)	.23		
2	0	$\bar{2}$	$\bar{5}$	...			...	−10
0	0	0	12	39	0,(a)	.053	62	70
				ca.4.4	0,(b)	.24		
1	0	$\bar{1}$	$1\bar{1}$	3.9	1,(a)	.024	30	33
				4.1	2,(a)	.945		
				ca.1.0	0,(b)	.27		
2	0	$\bar{2}$	$\bar{7}$	2	0,(c)		26	22
1	1	$\bar{2}$	9	0.6	0,(a)	.0089	19	−21
				3.4	3,(a)	.0058(?)		
				1.9	1,(b)	.39		

续表

Hexagonal indices h k i				Intensity, I_{obs}	Layer, rotation photograph	Absorption factor. A	Structure factors Obsd. $1/2F_6$	calcd. $1/3F_c$ (u=0.256)
2	0	2̄	8	5, 0	2,(a)	.0089	65	70
				9. 6	0,(b)	.46		
2	1	3̄	1	...			...	0. 4
2	1	3̄	2̄	17	1,(a)	.018	85	−65
				15	1,(b)	.55		
1	0	1̄	13	4. 9	1,(a)	.033	32	−29
				3. 8	2,(a)	.053		
				0. 6	0,(b)	.25		
2	1	3	4	11. 4	1,(a)	.015	78	70
				11	1,(b)	.54		
2	0	2	10	4. 1	0,(b)	.43	54	−60
				ca.1. 5	2,(a)	.0079(?)		
2	1	3̄	5̄	...			...	−10
1	0	1̄	1̄4	16	1,(a)	.050	58	−54
				10	2,(a)	.057		
1	1	2̄	12	ca.3. 6(?)	0,(a)	.0064(?)	60	62
				27	3,(a)	.030		
0	0	0	15	3. 6	0,(c)	ca..066	30	38
				ca.3. 6(?)	0,(a)	.066		
				ca.0. 4	0,(b)	.29		
2	0	2̄	11	ca.0. 5	0,(b)	.41	22	29
2	1	3̄	7	0. 3	1,(a)	.50	22	19
				0. 4	1,(b)	.50		
3	0	3̄	0	7. 7	3,(a)	.0136	74	67
				8. 4	0,(b)	.55		
3	0	3̄	3	0. 7	0,(c)		11	10
2	1	3̄	3̄	3. 5	1,(a)	.0107	63	63
				5. 2	1,(b)	.49		
3	0	3̄	6	6. 1	3,(a)	.0093	58	−58
				6. 2	0,(b)	.51		
2	0	2̄	13	1. 5	2,(a)	.019	31	−27
1	0	1	16	1. 2	1,(a)	.063	55	53
				7. 2	2,(a)	.064		
2	1	3̄	10	1. 3	1,(a)	.0064	55	−55
2	0	2	14	6. 4	2,(a)	.035	52	−50
				1. 3	0,(b)	.35		
2	1	3̄	1̄1	ca.0. 4	1,(b)	.44	24	27
1	1	2	15	ca.0. 6	1,(b)	(.25)		
				4. 2	0,(a)	.044	36	35
				16	3,(a)	.054		
1	0	1̄	17	6. 3	1,(a)	.068	44	−34
				4. 5	2,(a)	.070		

续表

Hexagonal indices			Intensity, I_{obs}	Layer, rotation photograph	Absorption factor. A	Structure factors Obsd. $1/2F_6$	calcd. $1/3F_c$ (u=0.256)
h	k	i					
2 2 $\bar4$ 0			3.8	0,(a)	.017	64	62
3 0 $\bar3$ 9			...			...	−18
0 0 0 18			6.5	0,(a)	.079	40	−44
2 2 $\bar4$ 3			...			...	9
3 1 $\bar4$ $\bar1$			...			...	−0.2
3 1 $\bar4$ 2			3.4	2,(a)	.016	63	−56
			2.3	1,(b)	.54		
2 2 $\bar4$ 6			3.5	0,(a)	.014	48	−54
2 1 $\bar3$ 13			...			...	−25
3 1 $\bar4$ $\bar4$			2.1	1,(b)	.54	60	59
2 0 $\bar2$ $\bar{16}$			ca. 6	2,(a)	.051	46	49
3 1 $\bar4$ 5			...			...	−9
2 1 $\bar3$ $\bar{14}$			3.3	1,(a)	.031	48	−47
3 0 $\bar3$ 12			9.0	3,(a)	.017	57	53
			2.0	0,(b)	.45		
1 0 $\bar1$ 19			6.6	1,(a)	.076	46	39
			4.4	2,(a)	.076		
3 1 $\bar4$ $\bar7$			...				17
2 0 $\bar2$ 17			3.4	2,(a)	.059	32	−32
2 2 $\bar4$ $\bar9$			...			...	−17
1 1 2 18			11	0,(a)	.068	45	−41
			16	3,(a)	.066		
3 1 $\bar4$ 8			1.1	1,(b)	.50	51	55
4 0 $\bar4$ 1			...			...	−0.5
1 0 $\bar1$ 20			7.5	1,(a)	.083	44	42
			4.0	2,(a)	.082		
4 0 $\bar4$ 2			1.5	0,(b)	.54	60	−53
2 1 $\bar3$ 16			6.5	1,(a)	.055	49	46
4 0 $\bar4$ 4			1.4	0,(b)	.53	58	55
0 0 0 21			5.1	0,(a)	.091	36	−37
3 1 $\bar4$ $\bar{10}$			0.8	1,(b)	.48	46	−49
$\bar4$ 0 $\bar4$ 5			...			...	−8
2 2 $\bar4$ 12			3.1	0,(a)	.028	37	50
3 0 $\bar3$ 15			7.9	3,(a)	.048	34	30
3 1 $\bar4$ 11			...			...	23
2 0 $\bar2$ 19			4.5	2,(a)	.071	34	37
4 0 $\bar4$ 7			...			...	16
2 1 $\bar3$ 17			2.9	1,(a)	.065	32	−30
4 0 $\bar4$ 8			1.0	0,(b)	.050	65	52
3 2 $\bar5$ 1			...			...	−0.3
2 0 $\bar2$ 20			4.3	2,(a)	.078	31	40

续表

Hexagonal indices				Intensity, I_{obs}	Layer, rotation photograph	Absorption factor. A	Structure factors	
h	k	i					Obsd. $1/2F_6$	calcd. $1/3F_c$ (u=0.256)
3	2	$\bar{5}$	2	ca.1.6	1,(a)	.016	57	−50
1	0	$\bar{1}$	22	ca.5.4	2,(a)	.092	30	−33
				1.7	2,(a)	.091		
3	1	$\bar{4}$	$\bar{13}$	1.1	2,(a)	.042	22	−23
3	2	$\bar{5}$	4	ca.0.7	2,(b)	.50	58	53
1	1	2	21	11	0,(a)	.076	35	−35
				16	3,(a)	.079		
4	0	$\bar{4}$	10	0.7	0,(b)	.48	50	−46
				1.0	0,(c)			
3	2	$\bar{5}$	$\bar{5}$	...			...	−8
3	1	$\bar{4}$	14	6.5	2,(a)	.054	41	−42
2	2	$\bar{4}$	15	3.9	0,(a)	.064	24	29
4	0	$\bar{4}$	$\bar{11}$	...			...	22
2	1	$\bar{3}$	19	5.6	1,(a)	.080	35	35
3	2	$\bar{5}$	7	...			...	15
1	0	$\bar{1}$	23	8.5	1,(a)	.101	35	40
				5.1	2,(a)	.101		
4	1	$\bar{5}$	0	0.7	1,(b)	.54	63	52
3	0	$\bar{3}$	18	11	0,(c)		31	−38
4	1	$\bar{5}$	3	...			...	7
3	2	$\bar{5}$	8	ca.2.5	1,(a)	.0143(?)	52	49
4	0	$\bar{4}$	13	...			...	−22
0	0	0	24	6.5	0,(a)	.104	29	32
2	1	$\bar{3}$	20	8.2	1,(a)	.089	37	38
2	0	$\bar{2}$	$\bar{22}$	8.0	0,(c)		32	−32
4	1	$\bar{5}$	6	0.5	1,(b)	.500	41	−46

Since the observed values of $F_{00.l}^2$ are significantly too small at small values of $\sin\theta/\lambda$ and higher values of I_{obsd} relative to the observed values of $F_{hk.0}^2$, it is, natural to suppose that this is a result of extinction due to higher degree of perfection of the crystal in the direction of the c-axis. This is consistent with a model of the crystal having a slight layer-shearing disorder perpendicular to the c-axis, or a dislocation disorder, which affects the alignment of the (hk,0)-planes more than it does that of the (00.1)-planes.

B. Polarization of the Cesium Ions in the Layer Lattice. -Thg abnormally large $Cs^+ - Cs^+$ distance (4.19 Å. as compared with $2r_{Cs^+} = 3.38$ Å.), the slight shortening of the $Cs^+ - O^-$ distance o(2.86 Å. as,compared with $r_{Cs^+} + r_{o^-} = 1.69$ Å. $+ 1.40$ Å. $= 3.09$ Å.), and the appreciably higher electron density in the outer-shell of the cesium ion on the side toward the neighboring Cs^+-layer than on the side toward the neighboring O^--layer,all indicate that the cesium ions must be highly polarized in the layer crystal of cesium monoxide. The observed parameter, (u=0.256) and interionic distances ($Cs^+ - O^- = 2.86$ Å., $Cs^+ - Cs^+ = 4.19$ Å.) should correspond to a maximum lattice energy of the crystal consisting of the Madelung, the polarization, the van der Waals, and the repulsive energy terms. The result (to be published later) of a calculation of the lattice energy of the crystal as a function of the parameter, u, shows that this is actually the case.

It is to be noted that, in the case of the following $CdCl_2$-type layer crystals : $CdCl_2$, $CoCl_2$, $FeCl_2$, $MgCl_2$, $NiCl_2$, $ZnCl_2$, $NiBr_2$, $CdBr_2$, $MnCl_2$, the observed inter-layer halide-halide distances all appear to be about normal ($Cl^- - Cl^- = 3.6$ Å., $Br^- - Br^- = 3.9$ Å., based upon the cell constants and parameters given in Wyckoff's "Crystal Structures")[10] ; and in the case of NiI_2, another $CdCl_2$-type layer crystal with a highly polarizable anion, the observed interlayer $I^- - I^-$ distance (3.97 Å.) is even considerably smaller than that calculated from the crystal radius of the iodide ions ($2rI^- = 4.32$ Å.), in spite of the anionic contact. This is not surprising, however, in view of the fact that the polarizing fields (contributed mainly from three neighboring cations, M^{++}) acting on the halide ions in the $Cd-Cl_2$-type layer crystals are in reversed directions to the polarizing field (contributed mainly from the three neighboring anions, O^-) acting on the cesium ions at corresponding positions in the *anti*-$CdCl_2$ type layer crystal, Cs_2O.

Aclmowledgment. -The valuable help rendered by Dr. Donald Tuomi in connection with this work is acknowledged with great pleasure.

LITERATURE CITED

[1] A. Helms and W. Klemm, Z. anorg. Chem., **442**, 33 (1939).

[2] V. G. Brauer, ibid, **255**, 101 (1947).

[3] V. K. Zworykin and E. G. Ramberg, "Photo-eleotricity and Ite Applications," John Wiley and Sons, Inc., New York, N. Y., 1949, p. 46.

[4] E. Rengade, Ann. Chem. Phys., 11, 348 (1907) ; Bull. soc. chim. phys., **69**, 667(1907).

[5] Recent. investigation in this Laboratory, to be reported in a separate article.

[6] G. W. Brindley and G. J. Ogilvie. Acta Crust., **5**, 412 (1952).

[7] O. P. Hendershot. Rev. Sci. Inslr., **8**, 324 (1937).

[8] R. G. Howella, Acta Cryst., **3**, 366 (1950).

[9] L. Pauling, "The Nature of the Chemical Bond," 2nd ed., Cornell Univ. Press, Ithaca. N. Y., 1940, p. 346.

[10] R. W. G. Wyckoff. "Crystal Structures." Vol. I, Table Ⅳ. Interscience Publishers, New York. N. Y., 1948. p. 7.

■ 本文原载：Journal of Physical Chemistry, 1956, 60, pp. 345~347.

The Crystal Structure of Tricesium Monoxide[*]

Khi-Ruey Tsai, P. M. Harris, E. N. Lassettre

(Contribution from the Department of Chemistry,
The Ohio State University, Columbus, Ohio)
Received August 18, 1955

Abstract　Tricesium monoxide, Cs_2O_2, has been prepared and found to possess many metallic properties, a D_{6h}^3-C_m^- cm structure with two molecules per unit cell. The observed interatomic distances indicate that the bond between cesium and oxygen is ionic as in the crystal of cesium monoxide, while the bond between cesium and cesium is metallic.

Introduction

The existence of four suboxides of cesium, Cs_7O, Cs_4O, Cs_7O_2 and Cs_3O, was first discovered by Rengade,[1] through thermal analysis of the cesium-oxygen system. Part of the phase diagram (from Cs to $CsO_{0.25}$) has been substantiated recently by Brauer[2] by means of X-ray powder diagrams and measurement of the resistivity-temperature coefficients of the samples. Brauer observed, however, that Cs_4O gave an abnormal X-ray powder pattern consisting of only two lines.

No structure work on any of these suboxides has been recorded in the literature, despite the fact that they are of great interest from the point of view of valency and structural chemistry.

Experimental

(a) Preparation of Tricesium Monoxide, Cs_3O. —The suboxide was prepared by direct combination of pure cesium with the calculated amount of pure oxygen admixed with a small amount of argon, which served as an inert gas to prevent excessive volatilization of the alkali metal. Toward the later stage of the oxidation, the reaction temperature was raised to 170° to decompose any higher oxides of cesium. The molten reaction product was allowed to solidify and cool to room temperature. It was pulverized in dried argon purified by passing through copper turnings at 350°.[2]

Crystalline samples of tricesium monoxide were also prepared by distilling small amounts of a lower suboxide, Cs_7O_2, in thin-walled Pyrex capillaries (sealed *in vacuo*) at 120—130°. In the distillation process, however, yellowish films of cesium monoxide were also formed above the dark greenish crystals of tricesium monoxide. The lower suboxide, Cs_7O_2, was prepared by direct combination of pure cesium

[*]　This work was supported both by the University Committee for Allocation of Research Foundation Grants and by the U. S. Army Engineer Corps under Contract DA 44-009-eng-405.

and oxygen in the presence of a small amount of argon.

(b) Study of the Crystal Properties. —The tricesium monoxide prepared by direct combination of the elements was obtained as a dark greenish, translucent solid, with a metallic luster, soft and malleable, difficult to pulverize. Analyzed by decomposition with water, the sample gave 0.337 equivalent of hydrogen for each equivalent of total alkali; hence the composition was $CsO_{0.332}$. The method of analysis is similar to that recently described by Libowitz[3] for determining the excess of metallic barium in barium oxide crystals.

The following physical properties were observed :

(1) Dark greenish, translucent solid; m. p. *ca.* 165°, as observed in Pyrex capillary tube.

(2) Density:2.73±0.03 g. /cc. at 30.2°, determined by displacement of dried, oxygen-free toluene in a pyknometer.

(3) Magnetic susceptibility at 30° $\chi_m = 61 \times 10^{-6}$ c. g. s. /unit per mole, as compared with $\chi_m = (29 - 2 \times 35 - 10) \times 10^{-5} = -51 \times 10^{-6}$ c. g. s. unit calculated from Wiedeman's law for $Cs_2O + Cs$, and with $\chi_m = 29 \times 10^{-6}$ c. g. s. unit for metallic cesium. The magnetic measurement was done by the standard Gouy method. [4]

(4) Electrical resistivity at 30°: 7.21×10^{-6} ohm-cm. (as compared with 2.08×10^{-6} ohm-cm. for metallic cesium at 18°); resistivity-temperature coefficient: $a = 0.0025$ per degree. The measurement was done potentiometrically by determining the voltage-drop across a column of solidified suboxide in a conductivity pipet standardized with mercury. These observations definitely show that Cs_2O possesses the physical properties characteristic of an alkali metal.

(c) X-Ray Diffraction Experiments. —Debye-Scherrer diagrams of tricesium monoxide were obtained with Cu Kα radiation and with Mo Kα radiation in an 11.4-cm. camera at room temperature. The pattern was readily indexed graphically by the simple hexagonal system with a c/a ratio of 0.86.

A highly imperfect crystal of tricesium monoxide was obtained by melting a small sample in a thin-walled Pyrex capillary tube and allowing it to cool very slowly to 150 °. The crystal was of irregular shape with one (hexagonal) α-axis approximately parallel to the length of the capillary. A rotation photograph taken with Cu Kα radiations and with an a-axis as the rotation axis confirmed the hexagonal symmetry with a glide extinction of the (h0. l)-and (0k. l)-type with odd l-indices. The cell constants are $a = 8.78 \pm 0.01$ Å. $c = 7.52 \pm 0.01$ Å. The calculated density for two molecules (Cs_3O, formula wt. = 414.73) per unit cell is $d_{calc} = 2.74$ g. /cc., as compared with $d_{obs.} = 2.73 \pm 0.03$ g. /cc. at 30.2°.

Determination of the Structure. —The presence of strong *hhl*-reflections with off *l*-indices and the systematic absence of (h0. l)-and (0k. l)-reflections with odd indices show the presence of a ($1\bar{1}.0$)-glide, rather than a (11.0)-glide (equivalent to a (10.0)-glide). Hence the possible space group symmetries[5] are $D_{3d}^4 - D_{3c}^-$, C_{6v}^3 C 6cm, $D_{6h}^3 - C6/mcm$. The shortness of the c-axis and the strong (10.0)-reflection eliminate the possibility of putting the six cesium atoms at the combined two and four equivalent positions possible with these space-groups. Thus the cesium atoms must lie on six equivalent positions. This means that the six cesium atoms in the hexagonal unit cell of the suboxide are crystallographically alike.

The two space groups, D_{3d}^4 and D_{6h}^3, give the same set of six equivalent positions: $uu0$; $0\bar{u}0$; $\bar{u}00$; $\overline{uu}^1/2$; $0u^1/2$; $u0^1/2$. The six equivalent positions possible with the space group C_{6h}^3 differ from this set only in the choice of the origin along the c-axis. The relative intensities of the (10.0)-and (11.0)-powder lines are approximately in the ratio of 5:1. This fixes u at about 0.24. With this approximate parameter for the positions of the cesium atoms, and assuming that the observed extinctions are true, the only reasonable positions for the two oxygen atoms are $00\frac{1}{4}$ and $00\frac{3}{4}$, corresponding to a D_{6h}^3 structure. Comparison of the observed and calculated intensities of the powder lines (Table I) gives $u = 0.250 \pm 0.001$. Based upon this structure and with $u = 1/4$ for the parameter of the cesium atoms, the calculated relative intensities of the rotation spots were also found to be in good qualitative agreement with the observed values obtained by visual estimation with the triple-film technique. However, in some cases, such as the (11.0)-, (11.1)-. and (11.3)-reflections on the Cu Kα rotation photograph, the absorption ($\mu = 894$ cm.$^{-1}$) appeared to be quite appreciable. Unfortunately, it was not possible to correct for absorption because of the irregular shape of the crystal.

Table I   Observed and Calculated Intensities of X-Ray Powder Li Nnes of Tricesium Monoxide

Hexagonal indices, hk.l	Planar spacings, d Calcd.	Obsd.	Relative intensities Iobsd.	Relative intensities calcd., calcd. $\mu=(1/4-1/360)$		$\mu=1/4$	$\mu=(1/4+1/360)$
10.0	7.6	7.62	60	62.6		57.6	52.9
00.1	7.52			0		0	0
10.1	5.35			0		0	0
11.0	4.39	4.39	10	8.5		9.1	9.6
20.0	3.801			6.4			
11.1	3.793	3.80 (broad)	100	69.3	100	100	100
00.2	3.760			24.3			
20.1	3.393						
10.2	3.371	3.37	10	10.2		9.2	8.2
21.0	2.875			6.9			
11.2	2.857	2.87	15	10.5	17.4	17.2	17.0
21.1	2.684			59.3			
20.2	2.673	2.68	50	9.2	68.5	65.0	61.6
30.0	2.535	2.54	2	3.0		3.8	4.4
00.3	2.507			0		0	0
30.1	2.402			0		0	0
10.3	2.380			0		0	0
21.2	2.283	2.28	5	12.0		11.2	10.2
22.0	2.195			1.5		1.5	1.4
11.3	2.176	2.175	5	15.3		15.5	15.7
31.0	2.109			4.1			
22.1	2.108	2.103	5	0	6.0	7.0	7.8
30.2	2.101			1.9			
20.3	2.092			0		0	0
31.1	2.031			0		0	0
40.0	1.901			12.2			
22.2	1.896	1.891 (broad)	15	3.2	40.1	38.8	37.0
21.3	1.889			21.0			
00.4	1.880			3.7			
40.1	1.844			0		0	0

续表

Hexagonal indices, $hk.l$	Planar spacings, d		Relative intensities $I_{obsd.}$	Relative intensities calcd., calcd.		
	Calcd.	Obsd.		$\mu=(1/4-1/360)$	$\mu=1/4$	$\mu=(1/4+1/360)$
31.2	1.840			3.4		
10.4	1.826	1.833	2	3.0	6.4	6.4	6.3
32.0	1.744			1.4		
11.4	1.728	1.74(?)	1(?)	1.4	2.8	2.9	3.0
32.1	1.699			13.3		
40.2	1.697	1.696	10	14.4	29.1	29.0	28.8
20.4	1.685			1.4		

Since the diffracting power of the oxygen atoms is very small compared with that of the cesium atoms, the possibilities of placing the two oxygen atoms at positions other than those required by the observed extinctions must be examined. Thus with $u=1/4$ for the parameter of the cesium atoms, we still have to consider the possibilities of putting the two oxygen atoms at one of the following two sets of two equivalent positions: (1) 1/3,2/3,1/4;2/3,1/3,3/4, for a $D_6^6-C6_32$ structure, in which the Cs—O distance would be 3.84 Å.; or (2) 1/3,2/3,0;2/3,1/3,1/2; for a $C_{6h}^2-C6_3/m$ structure, with Cs—O =3.35 Å. However, comparison of the calculated (10.0)-, (10.1)-, (11.0)-, and (10.2)-powder-line intensities for these two structures with the observed intensities ((10.1)-reflection absent) shows that these two structures must be ruled out in favor of the D_{6h}^3-C6/mcm structure.

The X-ray powder and single-crystal data are given in Tables Ⅰ and Ⅱ. The powder data indicate an abnormally high temperature factor, B_T, of the order of 10×10^{-16} cm.^{2}, probably due to lattice defects. The absorption correction for the powder sample appeared to be small (from comparison of the Cu Kα and Mo Kα photographs), since the sample was spread out in a thin film of small crystallites on the wall by rapid melting and cooling in the capillary tube.

Table Ⅱ **Observed and Calculated Intensities of Bragg Spots on Rotation Photographs of Tricesium Monoxide Crystal**

(Cu Kα radiation, a-axis rotation.)

Hexagonal Indices, $hk.l$	Reciprocal lattice coordinates		Intensities, I	
	$\xi(\parallel$ to a)	$\xi(\perp$ to a)	Obsd.	Calcd. $(u=1/4)$
01.0	0	2.0	50	37
02.0 00.2 }β	0		3	
02.0 00.2 }	0	4.1	100	100
01.2	0	4.6	10	14
02.2	0	5.7	14	16
03.0	0	6.1	2	7
03.2	0	7.3	1	6
04.0	0	8.2	5	31
00.4	0	8.3	4	31
01.4	0	8.4	1	7
04.2 02.4 }	0	9.1	6	46

续表

Hexagonal Indices, $hk.l$	Reciprocal lattice coordinates		Intensities, I	
	$\xi(\parallel$ to a)	$\xi(\perp$ to a)	Obsd.	Calcd. $(u=1/4)$
10.0	1.76	1.0	75	76
11.0	1.76	3.0	4	14
11.1	1.76	3.6	63	100
10.2	1.76	4.2	17	15
12.0 \ 11.2	1.76	5.1	21	26
12.1	1.76	5.5	28	53
12.2	1.76	6.5	6	12
11.3	1.76	6.8	8	35
13.0	1.76	7.3	3	5
12.3	1.76	7.9	9	26
13.2 \ 10.4	1.76	8.2	3	12
$2\bar{1}.0$	(3.52)	i(out of range)	..	..
20.0 \ $\bar{2}1.1$	3.52	2.0	80	116
21.0 \ $\bar{2}1.2$	3.52	4.1	8	20
21.1 \ 20.2	3.52	4.6	54	86
21.2	3.52	5.7	5	14
22.0 \ $\bar{2}1.3$	3.52	6.2	9	24
22.2 \ 21.3	3.52	7.4	6	38
23.1 \ 20.4	3.52	8.4	7	26
$3\bar{1}.0$	(5.27)	i(out of range)	..	..
$3\bar{1}.1$	5.27	2.3	77	171
30.0	5.27	3.1	5	16
$3\bar{1}.2$	5.27	4.2	9	21
31.0 \ 30.2	5.27	5.1	3	17
$3\bar{1}.3$	5.27	6.3	7	36
31.2	5.27	6.6	2	6
32.1	5.27	7.4	6	26

The observed interatomic distances are shown in Fig. 1. The Cs—O distance in tricesium monoxide, Cs_3O, is very close to the observed Cs^+—O^- distance in the cesium monoxide (Cs_2O) layer crystal, indicating that the Cs—O bond in tricesium monoxide is ionic; while the Cs—Cs distance is about 8% higher than the interatomic distances in metallic cesium (Cs—Cs = 5.36 Å., at room temperature), probably due to the polarizing effect of the oxide ions. In view of the observed metallic properties of the suboxide, the observed Cs—Cs distance suggests that the Cs—Cs bonds in Cs_3O crystals have metallic character. The structure can be regarded as consisting of hexagonal columns of Cs_3^+O (formed by piling up the hypothetical pyramidal tricesiumoxonium ions, Cs_3^+O, according to the symmetry of a 6_3 screw axis), the columns being bonded together by "metallic" electrons.

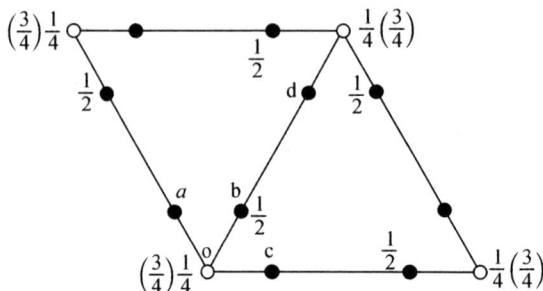

Fig. 1 **Diagram showing the positions of the cesium and the oxygen atoms (denoted, respectively, by the closed and the open circles) in the hexagonal unit cell Cs_3O crystal at room temperature. The observed cell constants and internuclear distances are: $a = 8.78 \pm 0.01$ Å., $c = 7.52 \pm 0.01$ Å., $u = 0.250 \pm 0.001$.; $\overline{ao} = 2.89 \pm 0.02$ Å. (cf. $Cs^+ - O^- = 2.86 \pm 0.01$ Å. in Cs_2O crystal)[7]; $\overline{ab} = 4.34 \pm 0.03$ Å. (cf. $Cs^+ - Cs^+ = 4.19 \pm 0.02$ Å. in Cs_2O crystal)[7]; $ad = 5.80 \pm 0.04$. Å., $\overline{bd} = 5.78 \pm 0.05$ Å. (cf. $Cs - Cs = 5.36$ Å. in metallic cesium).**

Brauer[3] has observed that the lower suboxides of cesium (Cs_4O, and other suboxides lower in oxygen content) are metallic (electrical) conductors. Probably these also possess partial metallic structures. Silver subfluoride, Ag_2F, has also been found by Terry and Diamond[6] to possess metallic properties and partial metallic structure ($anti$-CdI_2 structure) in which the Ag-F distance is about the same as that in silver fluoride (AgF) crystals and the Ag-Ag distance the same as that in metallic silver. Thus the metal suboxides and subhalides probably belong to the same class as far as structure chemistry is concerned. Further study of this class compounds appears to be desirable.

Our thanks are due Dr. D. Tuomi for his valuable help in connection with this work.

LITERATURE CITED

[1] E. Rengade. Bull. soc. chim., **5**, 994 (1909).

[2] V. G. Brauer, Z. anorg. Chem., **255**, 101 (1947).

[3] C. G. Libowits, J. Am. Chem. Soc., **75**, 1501 (1953).

[4] L. G. Gouy, Compt. rend., **109**, 935 (1889).

[5] "International Tabellen sur Bestimmung von Kristallstrukturen." Bd. 1, Gebruder Borntraeger, Berlin, 1935.

[6] H. Terry and H. Diamond, J. Chem. Soc., 2820 (1928).

本文原载:《厦门大学学报》(自然科学版)第 9 卷第 4 期(1962),第 291~301 页。

多重性催化剂的研究(Ⅰ)
氧化物催化剂的醛(酮)醇氢转移活性
中心和脱水活性中心的本质

黄聪堂　　傅文通[①]　　蔡启瑞

(华东物质结构所催化电化学研究室　厦门大学化学系)

摘　要　本文应用动力学和气相色谱分析方法研究了 MgO,MgO—ZnO,Al$_2$O$_3$,SiO$_2$,ZrO$_2$,SiO$_2$—ZrO$_2$(5%~72%ZrO$_2$)等氧化物催化剂对异丙醇与丁酮的醛(酮)醇氢转移的催化活性。并用吡啶选择中毒方法探讨了醛(酮)醇氢转移活性中心和醇脱水活性中心的本质。实验结果表明 MgO,Al$_2$O$_3$,SiO$_2$—ZrO$_2$(5%~50%ZrO$_2$)等催化剂皆具有很强的氢转移催化活性,少量吡啶对 SiO$_2$—ZrO$_2$ 的氢转移催化活性无明显影响。这种活性中心作用力可能和镁、铝、锆化合物对醛酮类的特殊络合能力有关。根据仲丁醇脱水成三种异构烯的产物分量分布,以及吡啶选择中毒实验结果看来,具有脱氢作用力的 MgO,MgO—ZnO,和 ZrO$_2$ 催化剂的脱水活性中心与具有强的脱水性能的 Al$_2$O$_3$,SiO$_2$—ZrO$_2$,SiO$_2$ 等催化剂的脱水活性中心性质显然不同。

一、引言

重有机合成中从原料到产品往往要经过一系列的元反应步骤,如能找到具有多种催化能力的多重性催化剂,在同一反应器中一次完成几个元反应步骤,就可大大提高生产效率。由酒精制丁二烯、乙醇制丙酮、乙炔制丙酮、烷烃脱氧芳构化、丙烯氨气化制丙烯腈等过程就是使用多重性催化剂,但这种例子尚不多,为了发展多重性催化剂,必须进行这方面的系统研究工作。

在 Лебедев 催化剂上由乙醇合成丁二烯的过程系通过下面四个元反应步骤[1,2]:

$$CH_3CH_2OH \rightarrow CH_3CHO + H_2 \qquad (醇脱氢)$$

$$CH_3CHO + CH_3CHO \rightarrow CH_3CH{=}CHCHO + H_2O \qquad (醇醛缩合)$$

$$CH_3CH{=}CHCHO + CH_3CH_2OH \rightarrow CH_3CH{=}CHCH_2OH + CH_3CHO \qquad (醛醇氢转移)$$

$$CH_3CH{=}CHCH_2OH \rightarrow CH_2{=}CH{-}CH{=}CH_2 + H_2O \qquad (脱水)$$

催化剂可能具有一种多重性能的活性中心,但更大的可能性是,几种不同性能的活性中心分别起着作用。

这几种活性中心的绝对的和相对的强度决定着催化剂的活性、选择性、和结焦速率,如果脱水活性中心太强,则必致有大量乙醇分解为乙烯,因而降低了丁二烯的产率。如果醇醛缩合活性中心较醛醇氢转移活性中心强得多,则巴豆醛易于进一步缩合成为不易挥发的高聚物[3],停留在催化剂上而结焦。关于

---

① 参加本工作者尚有林瑞霞、黄亚敏。

乙醛,巴豆醛在 Лебедев 催化剂上的易于结焦,已有 вадандив[4] 和 Ротинский 等[5] 用 C^{14} 示踪方法证明。

为了科学地选择多重性催化剂,必须深入研究各种活性中心的本质,以及它们之间的依存关系.

大多数氧化物催化剂都具有脱水、脱氢的催化活性,其相对强度随催化剂的化学组成,制备方法、和实验条件而不同,但主要决定于它们的化学性质[5]。这方面的研究已有不少文献[5,6,7],一般认为脱水中心是属于酸性中心性质[5,7];而脱氢中心则可能是属于电子转移型[5,6,8]的吸附中心.

一般的碱性氧化物都具有醇醛缩合的催化活性,因此 Лебедев 催化剂(主要组分之一可能是氧化镁)上的醇醛缩合活性中心可能是属于碱性的。这种活性中心相当强,在这上面巴豆醛易于进一步缩合为高聚物[2]。因此催化剂的接触周期一般只有十来小时,用于二步法(Остромъгсленский 过程)合成丁二烯的硅—钽、硅—锆氧化物催化剂也有相当好的醇醛缩合催化活性,但是这种活性中心可能不是碱性的[9]。最近 Макавов,Воресков,даисвко[7] 的研究指出,硅锆催化剂具有酸性的脱水中心,但尚未能确定醇醛缩合活性中心的本质。我们会对这种活性中心提出一些初步的看法[10],现在正在进一步研究。

用于一步法和二步法酒精制丁二烯的催化剂必须具有很高的醛醇氢转移催化活性。氢转移这一个元反应不会使反应中间物产生其他变化,这种活性中心愈强,愈有利于提高催化剂的选择性和减小结焦。С. З. Роивскли[2] 等应用同位素示踪方法研究在 Лебедев 催化剂上合成丁二烯的机理时,发现列氏催化剂的脱水组分 Al_2O_3 在 390℃ 具有很高的醛醇氢转移催化能力,而脱氢组分 ZnO 比 Al_2O_3 的氢转移能力小得多。

S. A. Ballard 等[11] 在研究用氢转移方法选择性地还原不饱和醛类和酮类的工作中,发现在 400℃ 下 MgO 或 MgO—ZnO 具有很强的氢转移催化能力;其他 II_A、II_B 族氧化物(CaO,ZnO、和 CdO)也有一些活性。活性氧化铝,以及附载在活性氧化铝上的氧化锂、硅酸钠、氧化镉等在 250° 时也显出相当好的活性。乙醇—乙醛制丁二烯的催化剂组分(硅、钽、锆等氧化物)的醛醇氢转移能力也有人进行过研究[3][12]。以上这些研究工作主要目的在于探讨催化反应历程,或在于筛选催化剂。对于催化剂活性中心的本质尚缺乏比较深入的研究。也尚未见有人在同一反应条件下,系统地比较一些比较常用的一步法和二步法催化剂组分的醛醇氢转移催化活性。上述研究工作多数采用分馏和化学分析方法测定反应产物。如改用现代气相 色谱分析方法工作会较简便而结果又会较准确得多。

本工作选定异丙醇与丁酮(等克分子混合物)的氢转移反应为试验反应,在同一反应温度下系统地比较了镁、锌、铝、硅、锆、硅—锆等氧化物催化剂对醛(酮)醇氢转移的催化能力;并试验了少量吡啶对于这种活性中心和其他种活性中心的选择性中毒作用,从而得出关于活性中心本质的初步结论。所以选用酮类反应物而不用醛类是为了减少醇醛缩合,但尚有醇类的脱水、脱氢等付反应伴随着这氢转移反应:

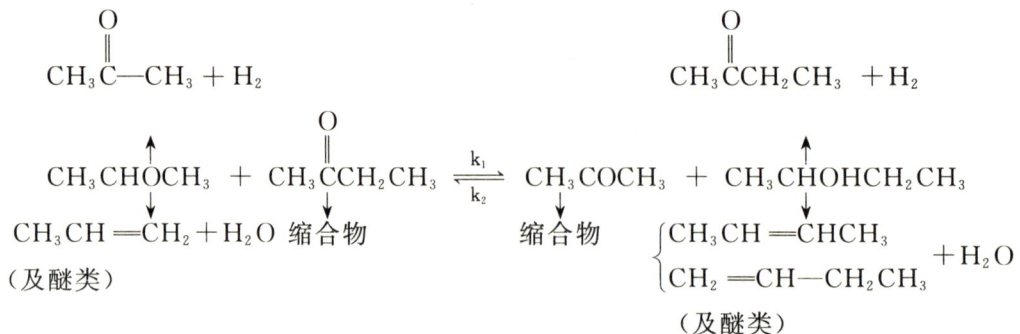

$$CH_3\overset{O}{\overset{\|}{C}}—CH_3 + H_2 \qquad\qquad CH_3\overset{O}{\overset{\|}{C}}CH_2CH_3 + H_2$$

$$CH_3CHOCH_3 + CH_3\overset{O}{\overset{\|}{C}}CH_2CH_3 \underset{k_2}{\overset{k_1}{\rightleftharpoons}} CH_3COCH_3 + CH_3CHOHCH_2CH_3$$

$$CH_3CH=CH_2 + H_2O \quad 缩合物 \qquad 缩合物 \quad \begin{cases} CH_3CH=CHCH_3 \\ CH_2=CH—CH_2CH_3 \end{cases} + H_2O$$

（及醚类） （及醚类）

因此我们采用 C_3(丙酮)和 C_4(仲丁醇+丁烯)产物的平均产率来评价催化剂对氢转移的催化活性 A,

即

$$A = \frac{产物中丙酮毫克分子数+仲丁醇和丁烯的毫克分子数}{原料中加入的异丙醇毫克分子数+丁酮毫克分子数} \times 100\%$$

并与单用 C_3(丙酮)或 C_4(仲丁醇＋丁烯)产物的产率为衡量的活性指标作比较。我们也同时列入气相中丁烯和丙烯的比值,这样比较可以看出一些问题。

二、材料与方法

原料：

所用的异丙醇沸点为 $80\sim82℃$,$n_D^{20}=1.3772$;丁酮沸点为 $79\sim80℃$,$n_D^{20}=1.3795$;仲丁醇沸点为 $98\sim100℃$,$n_D^{20}=1.3970$;丙酮沸点为 $56\sim57℃$,$n_D^{20}=1.3590$。它们均为分析纯试剂经重蒸馏而得。

催化剂制备：

不同的氧化物和混合氧化物催化剂以一般的沉淀法制得。

MgO,$MgO—ZnO$,ZrO_2 等氧化物催化剂是用它们的硝酸盐以氨水沉淀为氢氧化物,过滤、洗净、压条成型为细柱状物、烘干后在马福炉中于 $450℃$ 下灼烧分解而得。Al_2O_3 则是氯化铝溶液用氨水沉淀所得的氢氧化铝经灼烧分解而得。

硅胶基本按照 B. B. Corson 等[12] 所报告的,酒精制丁二烯二步法催化剂的硅胶制备方法制得。

不同比例的 $SiO_2—ZrO_2$ 混合氧化物催化剂的制法是把硝酸锆溶液($1N$)和计量的硝酸($2N$)混合,在剧烈搅拌下迅速加入计量的硅酸钠($2N$)溶液,使之凝胶,静置 12 小时后用 1% NH_4NO_3 溶液进行离子交换 6 次,每次半小时,然后过滤、洗净、压条、烘干,并在 $450℃$ 下灼烧分解活化 4 小时,应用 EDTA 络合滴定法分析了混合氧化物催化剂中锆、镁、锌的含量。

实验装置：

动力学实验系在单管管状炉(英国出品,Wild Barfield 牌)中进行的,该炉加上国产的比例式自动控温器进行二道控温能很好地维持恒定的反应温度(最大温度波动不超过 $\pm2℃$)催化剂层置于管式炉的恒温区域,其上为一填有玻璃碎片的预热层,以毛细管滴汞排液法完成液体原料的等速加料,最大误差为 $\pm0.05ml$/小时,原料预先在 $100℃$ 的玻璃螺旋管中汽化后进入反应管。反应产物经带有磨口接受器的直形冷凝管后,再以盛水的吸收管吸收水溶性的挥发性产物。(冷凝液和吸收液混合作为液相产物的分析试样。)气态产物经气体取样管进入盛有饱和食盐水的集气瓶中,活性测试每次约历 2 小时,每次实验后使催化剂在空气流中于 $400℃$ 下再生两小时,然后继续进行下一次的实验。由于每次实验历时不长,结焦量不多,经过这样处理后,活性基本上不变。

反应产物分析：

气相产物应用氢焰微分鉴定器气体色谱法分析[13].以前本实验室所设计的双焰检知器改成单焰装置,采用氢氧吹管型的燃烧嘴,仍用空气为载气,将试样传送通过色谱柱而到达燃烧嘴的内管口,与从外管送来的少量氢气流在燃烧嘴汇合燃烧。这样仍可分析试样中所含有的氢气及其他可燃性气体,计量算式同前[13],这样装置火焰比较稳定。

液相产物应用火焰离子化微分鉴定器气液分配色谱分析,仪器装置基本和最近本研究室用于分析乙炔水合液相产物的色谱装置相同[14],只是桥式电路略有不同,采用如图 1 所示的桥式电路并不要求很高稳定度的电源,但在我们的装置中仍采用了分差放大器的低压稳压器[15]。

以聚乙二醇(20%)—耐火砖粉色谱柱(3 m),和异丁醇为内标,分析了如下混合物的稀水溶液:乙醚、乙醛、丙酮、乙醇(或异丙醇、或丁酮)、和仲丁醇等,结果相对误差不大于2％,除了乙醇、异丙醇、和丁酮色谱峰相重叠而外,其他组分都分离得很好,因此可用于分析本实验的反应产物,丙酮和仲丁醇,但不能分别定出异丙醇和丁酮的余留的量。

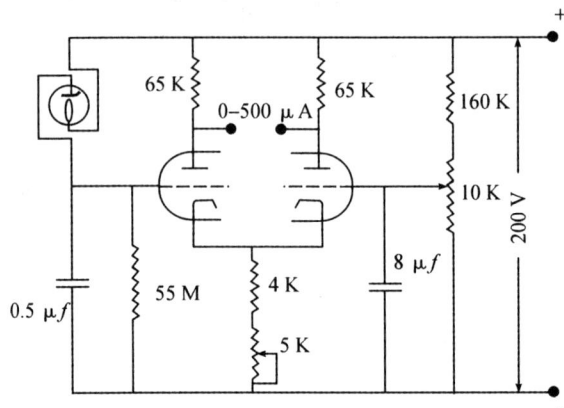

图1 共阴极井联平衡桥式电路

三、实验结果和讨论

异丙醇和丁酮的酮醇氢转移:

表Ⅱ列出了在350℃和300℃下,克分子比为1∶1的异丙醇和丁酮的混合物在各种不同的氧化物催化剂上酮醇氢转移的实验结果。

在玻璃碎片的空白实验中,混合物只有2.1％的转化;而在不同的氧化物催化剂上,氢转移的单程转化率也颇有差别,可见混合物的氢转移主要是通过多相催化作用的,而且氧化物催化氢转移的能力依赖于化学组成。

在实验的不同的氧化物催化剂中,在350℃下,MgO,MgO—ZnO 和 SiO$_2$—ZrO$_2$ 混合氧化物催化剂表现强的氢转移能力,尤以 MgO 和含锆量不太高的 SiO$_2$—ZrO$_2$ 催化剂为最。

与具有脱氢能力的 MgO,MgO—ZnO 作比较,共沉淀的 SiO$_2$—ZrO$_2$ 混合氧化物有较强的脱水能力。注意到 No. 6 的热处理,可以看出在 500℃下活化的 SiO$_2$—ZrO$_2$ 氧化物的脱水活性显著降低[7]。在应用 SiO$_2$—ZrO$_2$ 氧化物作为酒精制丁二烯的一步法催化剂时,对于抑制乙醇的脱水分解,这一点是值得注意的。

同单组分的 SiO$_2$ 和 ZrO$_2$ 比较,共沉淀的 SiO$_2$—ZrO$_2$ 氧化物表现出新的特性,混合物失去了 ZrO$_2$ 固有的脱氢性能,但却表现出较好的氢转移能力和脱水能力。

必须指出,由于反应物含有大量异丙醇而开始时仲丁醇浓度为零,因此必然会有一部份异丙醇来不及参加氢转移反应而先脱水分解,而且脱水中心(相对于氢转移中心)的强度愈大,异丙醇有效浓度的损失也愈大。因此,即使异丙醇与仲丁醇的脱水成烯速率相差不大(我们曾用 2∶1,1∶1,和 1∶3 的异丙醇—仲丁醇混合物在 SiO$_2$—ZrO$_2$ 催化剂上进行脱水成烯的试验,在 350℃时,实验结果表明脱水基本上是按比例的。)丁烯/丙烯比值也不能作为判别催化剂氢转移活性大小的指标。如表1所示,这比值在 350℃时反而比在 300℃时为小。又,缩聚和脱水付反应都会使 A 值(对 C$_3$＋C$_4$ 产物的活性指标)偏低;而脱氢付反应对 A 值影响则不大,因丙醇和仲丁醇的脱氢 相互补偿(见反应式)。

表Ⅰ　异丙醇和丁酮在氧化物催化剂上的接触转化

催化剂体积 5 mL，液料空速 0.72 ml/ml 催化剂·小时，原料克分子比为 1∶1

实验编号	催化剂		原料（以毫克分子计）		反应温度(℃)	产物（以毫克分子计）					氢转移的单程转化率(%)			丁烯/丙烯	每ml原料出气量(ml)
	化学组成	重量百分比	异丙醇	丁酮		氢	丙烯	丁烯	丙酮	仲丁醇	对C3	对C4	对C3+C4 A		
No0	铍璃碎片	空白	31.5	31.2	350	0.0	0.0	0.0	0.4	0.9	1.3	2.9	2.1	/	9.2
No1	MgO	/	32.4	32.0	350	1.1	0.0	0.0	14.8	14.4	/	/	45.3	/	4.7
			33.4	33.1	300	0.8	0.0	0.0	14.3	10.6	/	/	37.4	/	0.8
No2	MgO—ZnO	66.1∶33.9	41.9	41.5	350	13.8	0.0	0.0	23.6	10.4	/	/	40.8	/	44.8
			43.1	42.7	300	1.9	0.0	0.0	13.1	10.2	/	/	27.2	/	5.9
No3	Al₂O₃	/	43.9	43.5	350	0.0	30.1	11.9	6.9	0.0	15.7	27.4	21.5	/	130
			45.6	45.0	300	0.0	21.1	17.9	17.0	0.0	37.3	39.8	38.5	/	116
No4	SiO₂	/	32.3	32.0	350	0.0	22.7	4.7	2.7	0.5	8.4	16.2	12.3	/	115
			42.6	42.1	300	0.0	1.8	0.3	2.7	0.5	6.3	1.9	4.1	/	6.7
No5	ZrO₂	/	45.3	44.8	350	3.9	5.9	5.3	9.1	2.2	/	/	18.2	/	45.0
			41.3	40.9	300	0.1	1.8	0.2	13.9	12.7	/	/	32.6	/	6.7
No6	SiO₂—ZrO₂*	38.3∶71.7	32.1	31.8	350	0.0	10.7	7.9	6.5	1.2	20.2	28.7	24.4	0.7	60.2
			41.3	40.9	300	0.0	4.1	3.5	7.4	2.5	17.9	14.6	16.3	0.9	24.9
No7	SiO₂—ZO₂	50.0∶50.0	32.1	31.8	350	0.0	11.3	12.9	10.6	0.4	33.0	41.7	37.4	1.1	102
			41.3	40.9	300	0.0	11.1	15.7	11.6	1.4	28.1	41.8	34.9	1.4	87.9
No8	SiO₂—ZrO₂	76.0∶24.0	32.5	32.2	350		9.9	15.3	13.9	0.2	42.8	48.1	45.4	1.5	105
			43.5	43.1	300		9.7	17.3	16.5	0.4	37.9	45.7	41.8	1.8	84.1
No9	SiO₂—ZrO₂	96.4∶5.4	43.0	42.7	350		13.0	21.7	16.9	0.6	39.3	52.5	45.9	1.7	109
			43.4	43.0	300		5.7	10.1	17.7	4.3	40.8	33.5	37.2	1.8	49.6

* 活化温度为 500℃

关于强烈脱水活性对于氢转移活性评价的影响可充分地由 No. 3 号催化剂（Al₂O₃）的实验结果看出。在 350℃时异丙醇、仲丁醇在这号催化剂上的脱水基本上是定量的（仲丁醇仅余痕量，丙烯和丁烯毫克分子数只较开始时异丙醇毫克分子数少 5%，估计尚有少量转化成醚）。显然有大部份异丙醇在进入反应管时就分解成丙烯，因而影响了参与氢转移反应的有效浓度。脱水反应活化能显然较氧转移反应活化能大得多，因此在 300℃时由于脱水速率相对地降低得多，这时氢转移的表现活性（A＝38.5）反而较在 350℃时（A＝21.5）为高。（在 300℃和 350℃时，废物中部有少量非水溶性的油状物，可能是醚类）。从 Ballard 等[11] 的实验结果可看出活性氧化铝（F-10）附载有少量 Na₂SiO₃，Li₂O，或 CdO 时氢转移作用力较单纯的氧化铝（F-10）有显著的提高；这也可能是由于这些附载物降低了活性氧化铝的脱水作用，因而间接反映出表观的氢转移能力有所提高。

氧化锆（No. 5）催化剂在 300℃时氢转移作用力（A＝32.6）也反而较在 350℃时（A＝18.2）为高，其原因尚未探清。这号催化剂产生不少油状物，在 350℃时可能有较多量的酮类缩合物及醚类。其他各号催化剂在 300℃时氢转移活性皆较在 350℃时为低,乙醇乙醛在硅—钽氧化物催化剂上合成丁二烯时也产生约 8%的乙醚[12]。

在 350℃下,氢转移对 C_3 的转化率总是小于对 C_4 的转化率。相反地,在 300℃下,对 C_4 的转化率相对地表现出比对 C_3 的转化率来得小,同时混合物在 $SiO_2—ZrO_2$ 催化剂上氢转移的产物中,总是有淡黄色的油状物生成。这些现象表明,伴随着氢转移尚有其他复什的分解过程发生。表 Ⅱ 的结果说明了丙酮的缩聚和仲丁醇的分解过程对回收率的影响。由表 Ⅱ 这些结果可定性地说明,在不同湿度(350℃、300℃)下氢转移对 C_3 转化率和对 C_4 转化率的差异。

丙酮、仲丁醇在 $SiO_2—ZrO_2$ 催化剂上的催化转化

实验结果列于表 Ⅱ:

表 Ⅱ 结果表明,在 350℃下,$SiO_2—ZrO_2$ 氧化物对丙酮表现出强的缩合能力。实验时发现并生成了 $n_D^{20}=1.4770,d<1$ 的黄色油状物(由于量少未能进行分馏测定!)在微量法测定油状混合产物的沸点过程中,在 130℃左右,毛细管有相当快的气泡发生,表明其中可能有 2—甲基戊烯[2]酮[4] 的馏份。同时,在 350℃下,原料中含 1%吡啶显著地抑制了缩合能力。在 300℃下,缩合能力降低,1%吡啶的抑制作用也减弱。

表 Ⅱ 吡啶对丙酮、仲丁醇在 $SiO_2—ZrO_2$ 催化剂(No. 9)上催化转化的影响
催化剂体积 5ml 加料速度 1.80±0.1ml/小时

反应	原料总量(以毫克分子计)			反应温度(℃)	回收量(以毫克分子计)			丙酮回收率(%)	回收率(%)仲丁醇(包括丁烯)	每 ml 原料出气量(ml)
	丙酮	仲丁醇	吡啶(重量%)		丙酮	仲丁醇	丁烯			
丙酮的缩聚	47.6		/	350	27.2			57.1		16.8
	48.2		1%	350	32.9			68.3		13.1
	59.9		/	300	46.5			77.6		10.0
	44.0		1%	300	36.3			82.5		11.9
仲丁醇的分解		28.5	/	350		1.1	26.2		95.8	226
		33.3	1%	350		1.8	27.5		88.0	203
		29.7	/	300		3.5	21.9		85.5	196
		30.6	1%	300		4.3	20.1		79.7	161
		28.4	/	280		5.9	18.4		85.6	158
		34.9	5%	280		16.6	12.7		84.0	89.0

仲丁醇在 $SiO_2—ZrO_2$ 氧化物上的分解结果表明,在 300℃和 280℃下,仲丁醇除成烯分解外,还生成 $n_D^{20}=1.3951,d<1,t_f≈110℃$ 的产物。(也由于量少未能进行分馏测定!)它很可能是由于低温脱水生成了仲丁醚。原料中加 1%吡啶明显地抑制了仲丁醇的脱水成烯(丁烯回收量对仲丁醇加料量比率降低),但看来不影响仲丁醇的脱水成醚(C_4 回收量反而稍降低)。在 280℃下,5%吡啶大大地抑制了仲丁醇的脱水成烯。在 350°时仲丁醇分解成烯较多,成醚的量减少,因而 C_4 的回收率也增高。

这些结果表明在 $SiO_2—ZrO_2$ 系催化剂的氢转移实验中(表 Ⅰ),在 350°时 C_3 产物(丙酮)损失较大,可能是由于缩聚,而在 300°时 C_4 产物损失较大,可能是由于仲丁醇脱水成醚。

在 350°时,在活性强的各号催化剂上,氢转移对 C_3+C_4 转化率皆靠近于 $40\%\sim45\%$。可认为这基本上已达到最高值(这里因有不可逆的付反应,不能算出平衡值,但由结构相似原理[16],估计这氢转移反应的平衡常数($K=\dfrac{k_1}{k_2}$)相当靠近于 1,丁酮、丙酮不象巴豆醛、丙烯醛[17],这里没有双键共轭效应。因此

在350°时不便于比较这些催化剂的活性,但由300°时的实验结果可以看出,MgO,Al$_2$O$_3$,SiO$_2$—ZrO$_2$(5—50％ ZrO$_2$),等催化剂的氢转移能力都很强;MgO—ZnO（2:1）ZrO$_2$,SiO$_2$—ZrO$_2$（28:72）活性稍弱,而硅胶活性最低。

比较易于处理的反应动力学数据看来可在较低温度下（200—250℃）获得,估计这时脱水,脱氢和醇醛缩合等副反应的干扰都很小,而氢转移反应的平衡常数仍应靠近于1,反应动力学可能表现为假一级反应（由于 $k_1 \approx k_2$ 和使用等克分子的反应物）。

表Ⅲ　1％吡啶对異丙酮和丁酮的混合在 SiO$_2$,ZrO$_2$,SiO—ZrO$_2$ 催化剂上氢转移的影响

催化剂体积 5ml,空间速度 0.72ml/ml 催化剂·小时,原料克分子比为 1:1

实验编号	催化剂		原料（以毫克分子计）			反应温度（℃）	产物（以毫克分子计）					氢转移的单程转化率（％）			每ml原料出气量（ml）
	化学组成	重量百分比	異丙酮	丁酮	吡啶（重量％）		氢	丙烯	丁烯	丙酮	仲丁醇	对 C$_3$	对 C$_4$	对 C$_3$+C$_4$	
No4	SiO$_2$		32.3	32.0	/	350	0.0	22.7	4.7	2.7	0.5	8.4	16.2	12.3	115
			42.4	42.0	1％	350	0.0	9.2	2.2	3.8	0.9	9.0	7.4	8.2	36.5
			42.6	42.1	/	300	0.0	1.8	0.3	2.7	0.5	6.3	1.9	4.1	6.7
			42.6	42.1	1％	300	0.0	0.4	0.0	3.1	1.6	7.3	3.8	5.5	1.2
No5	ZrO$_2$		45.3	44.8	/	350	3.9	5.9	5.3	9.1	2.2	/	/	18.2	45.0
			44.0	43.6	1％	350	3.8	6.8	4.3	12.4	5.9	/	/	25.8	46.0
			41.3	40.9	/	300	0.1	1.8	0.2	13.9	12.7	/	/	32.6	6.7
			41.9	41.5	1％	300	0.1	2.3	0.2	17.2	16.2	/	/	40.3	8.6
No8	SiO$_2$—ZrO$_2$	76.0 : 24.0	32.5	32.2	/	350	0.0	9.9	15.3	13.9	0.2	42.8	48.1	45.4	105
			44.2	43.8	1％	350	0.0	13.9	19.5	16.2	0.2	36.7	45.0	40.8	103
			43.5	43.1	/	300	0.0	9.7	17.3	16.5	2.4	37.9	45.7	41.8	84.1
			43.6	43.2	％	300	0.0	7.4	12.1	19.3	4.1	44.3	37.5	40.9	60.7
No9	SiO$_2$—ZrO$_2$	94.6:5.4	43.0	42.7	/	350	0.0	13.0	21.7	16.9	0.7	39.3	52.5	45.9	109
			42.7	42.3	1％	350	0.0	10.3	15.8	16.9	1.4	39.6	40.7	40.1	83.2
			43.4	43.0	/	300	0.0	5.7	10.1	17.7	4.3	40.8	33.5	37.2	49.6
			43.8	43.4	1％	300	0.0	4.3	6.6	20.6	7.6	47.0	32.7	39.9	33.6

吡啶对異丙醇和甲乙酮混合物氢转换的影响:

实验结果列于表Ⅱ。

结果表明,1％吡啶大大地毒化了 SiO$_2$ 的脱水中心,并显著地抑制了低锆量的 SiO$_2$—ZrO$_2$ 氧化物的脱水,但不抑制 ZrO$_2$ 氧化物的脱水能力。

吡啶只对纯 ZrO$_2$ 氧化物的氢转移能力有较显著的正影响,对 SiO$_2$—ZrO$_2$ 系催化剂（No.8,No.9）的氢转移能力影响不显著。（有必要在较低温度下进行试验。）但这只说明氢转移活性中心不具有显著的酸性,却未排除这种活性中心与醛(酮)醇类络合的可能性。镁、铝、锆等离子一般不是亲氨(胺)的中心离子,吡啶不能毒化这些离子对含氧有机物的络合能力也是可以理解的。

仲丁醇在各种不同催化剂上的脱水及丁烯异构体的相对量：

异丙醇和丁酮(1：1)的混合原料在不同催化剂上催化转化时,其气相产物经气相色谱分析后,表现出来的丁烯色谱峰形见图2,3,4. 在 MgO—ZnO 和 ZrO₂ 催化剂上气相产物色谱图的三个丁烯峰的相对面积如同在 MgO 上的气相产物色谱图丁烯峰部份(图2),这表明仲丁醇在具有脱氢性能的 MgO,MgO—ZnO 及 ZrO₂ 等氧化物上脱水分解时,丁烯峰大部分表现为 α-正丁烯峰(用正丁醇在 MgO 催化剂上脱水验证),在 SiO₂ 和 SiO₂—ZrO₂ 氧化物上分解时的三个丁烯峰高度相差不大,在 Al₂O₃ 上分解的三个丁烯异构体则成骆驼峰形,表示反丁烯量最小,虽然依热力学稳定性的次序,反丁烯应该最多[17,18]在280℃下,5％吡啶大大毒化了仲丁醇在 SiO₂—ZrO₂ 上的脱水(总出气量减少约40％),但气相产物的丁烯峰形与不含吡啶的仲丁醇在280℃下脱水时的丁烯峰形(图5)完全相同,看来吡啶可能不影响硅—锆氧化物催化剂对双键异构化的活性中心。

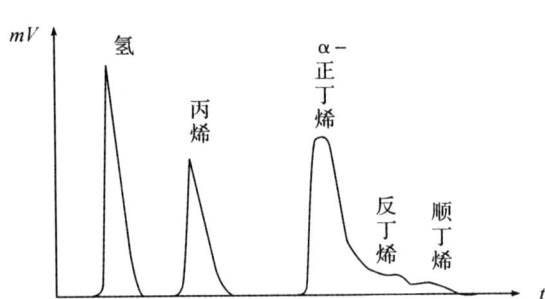

图2 在 MgO 上(400℃)气相产物的气相色谱图

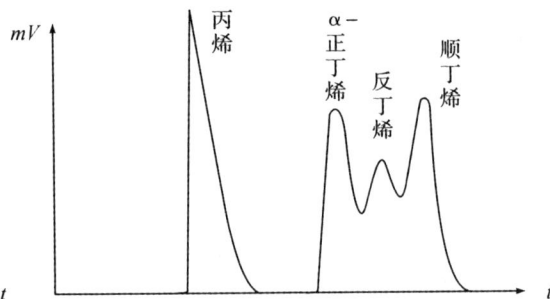

图3 在 Al₂O₃ 上(350℃)气相产物的气相色谱图

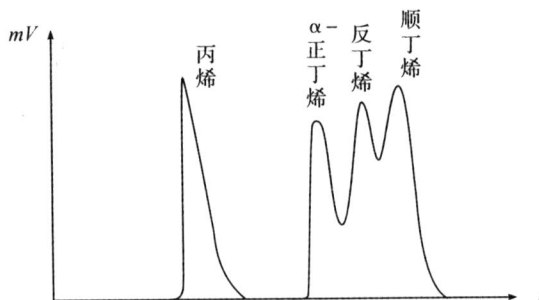

图4 在 SiO₂—ZrO₂ 上(350℃)气相产物的
气相色谱图

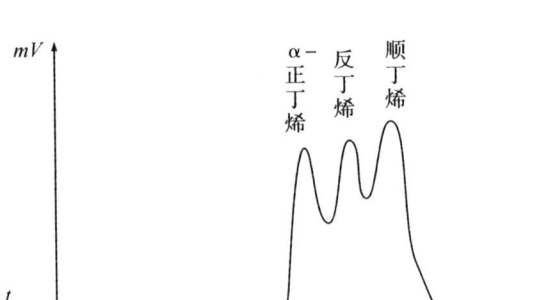

图5 在280℃下仲丁醇在 SiO₂—ZrO₂ 催化
剂上脱水产物的气相色谱图

以上结果和讨论可摘要总结如下：

1. 硅—锆共沉淀氧化物催化剂与氧化镁、活性氧化铝催化剂皆具有很强的醛(酮)醇氢转移催化活性,少量吡啶对硅—锆氧化物催化剂的氢转移催化活性无明显影响,而显著地抑制了脱水能力。可见这两种活性中心本质不同,醛(酮)醇氢转移活性中心看来不是酸性中心,这种活性中心虽为多数极性氧化物和混合氧化物(无论是碱性的还是酸性的)所皆有(因此也可能只是一种离子对偶极的吸附中心),但镁、铝、硅—锆(钽、铌)氧化物活性特别高。镁、铝、锆能与醛酮类(例如戊二酮-[2,4])络合,而且能生成具有有氢转移催化活性的醇化物(例如 Meepveйн-Пондорф 反应,提盛科反应等催化剂),因此在含铝、锆的氧化物上醛(酮)醇氢转移也可能是通过某种过渡态络合物,如同 Г. П. Макхухаз 和 А. Ф. Рекамева[19]所提出的 Meepveйн-Повдорф 反应机理。关于锆、钽化合物对羰基化合物的特殊络合能力值得进步一研究。

2. 在具有脱氢能力的 MgO,MgO—ZnO,和 ZrO₂ 催化剂上,仲丁醇脱水反应主要产生 α-正丁烯,这表示在这些催化剂上 α-正丁烯生成速率较反丁烯、顺丁烯的生成速率都要快得多,而且这些催化剂对双键异构化基本上无催化能力;而在不具有脱氢能力的硅—锆氧化物催化剂,以及氧化铝、氧化硅催化剂上,则脱水反应产物中三种丁烯异构体都有相当份量,这些结果可与 Pines 和 Haag[17] 关于正丁醇在氧化铝催化剂上脱水的实验结果作比较,吡啶抑制了硅—锆催化剂对醇类脱水成烯的作用力;但不抑制氧化锆的脱水作用力。可见这两种类型的催化剂对醇类脱水成烯的催化活性中心本质有所不同,根据吡啶选择中毒的结果,硅—锆氧化物催化剂对醇类(仲丁醇)脱水成烯的活性中心也可能和对双键异构化的活性中心不同。

参考文献

[1]Горан,ю. А.,ж О. Х. **16**,283 (1946).

[2]Ваноградова,О. М,,Кейер,Н. л.,Роинский,С. з.,Лроблемы Киветака и Катализа Ⅸ,Изотолы в Катадизе,175~186 (1957).

[3]Inoue,R. 等,工业化学什志(日本)**60**,33;37 (1957).

[4]Валандаз А. А.,и т. ДАН СССР,**131**,861 (1960).

[5]Крыов,О. В.,Рогинский,С. з.Фокина,А. Е иав. АН СССР **4**,421 (1957).

[6]жаброва,г. м.,и. т. д. ДАН СССР. **133**,(No. 6) 1375 (1960).

[7]Макаров,А. д.,Вореск ов,г. к.,Дзисъко,В. А.,Кинетика и Катаииа,**2**,84 (1961).

[8]Крыов,О. В.,Кинетика и Катализ **2**,670 (1961).

[9]王仲权,厦大学报自然科学版,**2**,33 (1960).

[10]萧漳龄等,初步报告(1961).

[11]Ballard,S. A.,Finch,H. D.,Winkler,D. E.,Advances in Catalysis,**9**,754 (1957).

[12]a. Corson B. B. et al., Ind. Eng. Chem.,**42**,359 (1950).

  b. Quattlebaum,W. M. et. al,,JACS,**69**,593 (1947).

  c. Whitby,G. S.,Synthetic Rubber,John Wiley (1954).

[13]陈泽夏、谢清安,厦大学报自然科学版,**8**,78(1961).

[14]梅基邦,厦大学报自然科学版,**9**,101 (1962).

[15]赖祖武等,"核物理电子学方法",p. 574.

[16]Janz,G. Estimation ot Therniod. Prop,of Org. Compounds,Academic Press (1958).

[17]Pines,H.,Haag,W. O.,JACS,**82**,2471;2488 (1960).

[18]Voge,H. H.,May,N. C.,ibid,**68**,550 (1946).

[19]Маклухив,Г. П.,Рекамева,А. ф.,《Вопросы Х имъеской Кинетики,Катализа и Реакдиовной Сдосоности 》. Иво-во АН СССР,Сrр 24 (1955);Пробхемы Кииетика а Каталииа Ⅸ,иаотолы в Катализе,Стр. 177 (1957).

Investigation on Polyfunction Catalysts（Ⅰ）
Catalytic Activity of Some Oxide Catalysts and Nature of
Active Centers for the Aldehyde（Ketone)-Alcohol Hydrogen
Transfer Reaction and for the Dehydration of Alcohols

Chong-Tang Huang，Wen-Tung Fu

(Lab. of Catalysis and Electrochemistry Hwa-Dung Institute of Structure of Matter)

K.R.Tsai

(Department of Chemistry，University of Amoy)

Abstract

The catalytic activity and nature of active centers of MgO, $MgO-ZnO_3$, Al_2O_3, SiO_2, $iZrO_2$, and SiO_2-ZrO_2 (5%—72% ZrO_2) catalysts, for the hydrogen-transfer reaction of isopropanol methyl ethyl ketone and for the dehydration of sec. butanol have been investigated, using gas-chromatographic methods for the analysis of the reaction products. It has been found that, MgO, Al_2O_3, and SiO_2-ZrO_2 (5%—50% ZrO_2) catalysts were especially active for the hydrogen-transfer reaction. Small amounts of pyridine produced a substantial lowering in the catalytic activity of the SiO_2-ZrO_2 catalysts for the dehydration of alcohols, but the hydrogen-transfer activity was essentially unaffected. Dehydration of sec. butanol on MgO, $MgO-ZnO$, and ZrO_2 catalysts yielded almost exclusively 1-butene, whereas on Al_2O_3, SiO_2, and SiO_2-ZrO_2 catalysts, the same reaction yielded the three isomeric butenes in comparable amounts. Pyridine (1%) showed no effect on the dehydration activity of the ZrO_2 catalyst. Thus the nature of the dehydration centers on MgO, $MgO-ZnO$ (normally dehydrogenation catalysts) and ZrO_2 (dehydrogenation and dehydration catalyst) appeared to be different from that of the dehydration centers (which might be acidic centers) on the normally dehydration catalysts. The outstanding catalytic activity of MgO, Al_2O_3, and SiO_2-ZrO_2 catalysts toward this type of hydrogen-transfer reaction may be related to the ability to chemisorb aldehydes and ketones, probably by coordination of the carbonyl oxygen to the metal ions, which ordinarily show little affinity toward nitrogen-base ligands (hence not easily poisoned by pyridine).

本文原载：《厦门大学学报》(自然科学版)第 9 卷第 1 期(1962)，第 1～12 页。

离子晶体晶格能的计算
Ⅱ. 排斥指数的估计

蔡启瑞

（化学系催化教研组）

摘　要　根据 ρ 值复算结果，本文指出碱金属氟化物、氯化物、溴化物、碘化物等四组离子晶体的波恩——买厄(Born-Mayer[1])排斥指数(ρ)相应地与 Ne、A、Kr、Xe 等四种氦族气体或范德华晶体的排斥指数存在着简单的关系，即 ρz^* 值基本上相等(z^* 为阴离子或氦族原子对最外壳层电子的有效核电荷)。利用这同电子壳层结构 ρz^* 值相等的规律，由氟化物、氯化物离子晶体和氦气的已知 ρ 值，估计出氧化物、硫化物和氢化物离子晶体的 ρ 值。根据离子晶体模型，计算了碱金属和碱上金属卤化物、氧化物、硫化物、和碱金属氢化物的晶格能，和卤离子、氧离子、硫离子的生成热，每一组数值结果皆相当一致；在有实验值作比较时，符合度都相当好。

一、绪言

离子晶体晶格能的计算，理论上虽可纯粹采用量子力学的计算法，但是这种多电子多中心问题计算非常繁复，而且目前这种计算法还只是处于初步近似的发展阶段[2]，因此在实际应用上仍须依靠半经典式的、经典式的、或经验式的计算法。关于晶格能的计算及其重要应用，最近 T. C. Waddington[3] 发表了详细的评论。

现在应用最广的是 Born-Mayer[1] 的半经典式计算法。根据这计算法，离子晶体的晶格能可视为晶体中所有离子对的库仑能、范德华能、及排斥能的总和，加上晶体的零点能量：

$$U = U_M + (U_L + U_L{}') + U_r + U_z \tag{1a}$$

其中排斥能(U_r)一项的计算式系根据量子力学精神[4]表为指数式，这项含有两个经验常数，即系数 b 和排斥指数 ρ，可由已知的离子间平衡距离和晶体的压缩系数定出[1]，这种计算法所根据的模型看来虽不够细致，但是对于许多典型的离子晶体计算结果与实验值比较，偏差一般在实验误差之内，因此近年来又引起许多方面的注意[3,5—7]。

但是大多数晶体缺乏准确可靠的压缩系数数据[8—10]，因此排斥指数 ρ 的估计往往发生困难[9]，这也使得 Born-Mayer 晶格能计算法的应用受到一定的限制。在这情况下，一般皆假设[3,8,9]其他离子晶体的排斥指数也可采用碱金属卤化物晶体的平均 ρ 值(0.345 Å)，但是由以下几点我们不难看出，这种反映离子间或原子间短程作用力的排斥指数应该与离子或原子的其他参数有关：(1)根据文献[11,12]氦族原子的排斥指数($\rho_{He} = 0.217$ Å，$\rho_{Ne} = 0.235$ Å，$\rho_A = 0.273$ Å)是随着原子的大小而不同的，而且似乎有一定的规律，离子晶体的排斥能与氦族原子间的排斥能属于同一性质的短程作用力，因此 ρ 值可能也有相似的规律。(2)就 Huggins[3] 原来的 ρ 值计算结果略加整理，已可看出碱金属卤化物晶体的 ρ 值虽和阳离子的

大小无明确的关系,但却和阴离子的大小有关,氟化物的平均 ρ 值($\bar{\rho}_{MF(s)}=0.313$ Å)最小,氯化物、溴化物、碘化物的平均 ρ 值($\bar{\rho}_{MCl(s)}=0.324$ Å,$\bar{\rho}_{MBr(s)}=0.334$ Å,$\bar{\rho}_{MI(s)}=0.361$ Å)依次增大,可见笼统地采用一个平均 ρ 值(0.345 Å)本来就不妥当。(3)根据 Löwdin[2b] 的量子力学计算结果,排斥能项表为指数公式确是有一定的理论根据的,但是碱金属氯化物的 ρ 值较氟化物的 ρ 值大些,NaCl(s)、KCl(s)、LiCl(s)、和 LiF(s) 的量子力学排斥能的大小主要决定于 $|\psi_{3P}(cl^-)|^2_{r=r_{12}}$ 和 $|\psi_{2P}(F^-)|^2_{r=r_{12}}$ 数值的大小,由此看来这些晶体的 ρ 值可能和阴离子作用于最外壳层 p 电子的有效核电荷(z^*)的大小有关。

本工作主要目的在找出 ρ 值与其他离子参数或原子参数的关系,使得有可能不必依靠晶体数据,直接从离子或原子参数估计 ρ 值,这样便可提高这种晶格能计算结果的可靠性,并推广这种计算法的应用范围。

二、Born-Mayer 晶格能计算法和排斥指数的估计

Born-Mayer 的晶格能方程式可写成

$$U = U_M + U_L + U_L' + U_r + U_z$$

$$= \frac{NA_r z_1 z_2 e^2}{r} - N\left(S_L \cdot C_{12} + \frac{1}{2}S_L' \cdot C_{11} + \frac{1}{2}S_L'' \cdot C_{22}\right)\frac{1}{r^6}$$

$$- N\left(S_{L'}d_{12} + \frac{1}{2}S_{L'}'d_{11} + \frac{1}{2}S_{L'}''d_{22}\right)\frac{1}{r^8}$$

$$+ Nb\left[\exp\left(-\frac{r}{\rho}\right) + \frac{1}{2}\frac{C_{++}M'}{C_{+-}M}\exp\left(\frac{r_+-r_-}{\rho}\right)\exp\left(-\frac{r_{11}}{\rho}\right)\right.$$

$$\left. + \frac{1}{2}\frac{C_{--}M''}{C_{+-}M}\exp\left(\frac{r_--r_+}{\rho}\right)\exp\left(-\frac{r_{22}}{\rho}\right) + \cdots\right] + U_z$$

$$= N(\phi_M + \phi_L + \phi_{L'} + \phi_r) + U_z \tag{1}$$

上式中 U、U_M、U_L、$U_{L'}$、U_r 和 U_z 分别代表晶格能、Madelung 能、范德华能的 London 项[14a] 和 Margenau 项[14b]、排斥能、和零点能量;z_1e、z_2e 和 r(即 r_{12})代表阳离子阴离子的电荷和平衡离子距;A_r 是 Madelung 常数;S_L、S_L'、S_L'' 和 $S_{L'}$、$S_{L'}'$、$S_{L'}''$ 是三种离子对的 $\sum\left(\frac{r}{r_{ij}}\right)^6$ 和 $\sum\left(\frac{r}{r_{ij}}\right)^8$ 点阵和;c_{12}、c_{11}、c_{22} 和 d_{12}、d_{11}、d_{22} 是离子对的范德华常数;r_+ 和 r_- 是正负离子的半径(本文采用 Goldschmidt 离子半径);NM、$\frac{1}{2}NM'$ 和 $\frac{1}{2}NM''$ 是距离为 r_{12}、r_{11}、r_{22} 的三种离子对的数目;C_{+-}、C_{++}、和 C_{--} 是和相应的离子电荷和外壳层电子数有关的半经验式因子[15] $\left(1+\frac{z_j}{n_i}+\frac{z_j}{n_j}\right)$;$\phi_M$、$\phi_L$、$\phi_{L'}$,$\phi_r$ 是相应于 U_M、U_L、$U_{L'}$、U_r 的"分子"物理量。

排斥能项的两个参数,b 和 ρ,可由晶体在绝对零度的平衡离子距(r_0)和压缩系数(β_0)定出,如用室温下的数据,则可引用[16] 下列热力学关系式:

$$O = \left(\frac{dG}{dV}\right)_T = \left(\frac{dU}{dV}\right)_T + P - T\left(\frac{dS}{dV}\right)_T, \tag{2a}$$

和

$$\left(\frac{d^2U}{dV^2}\right)_T = \frac{1}{V\beta} + T\frac{\partial^2 P}{\partial V \partial T} \tag{3a}$$

即

$$r\left(\frac{dU}{dr}\right)_T = 3TV\alpha\beta^{-1}, \quad (P=0) \tag{2}$$

$$r^2\left(\frac{d^2U}{dr^2}\right)_T = \frac{9V}{\beta}\left[1 + \frac{T}{\beta}\left(\frac{d\beta}{dT}\right)_p + \frac{T\alpha}{\beta^2}\left(\frac{d\beta}{dp}\right)_T + \frac{2}{3}T\alpha\right] = \frac{9V}{\beta}(1+\delta) \tag{3}$$

$$\delta \equiv \frac{T}{\beta}\left(\frac{d\beta}{dT}\right)_p + \frac{T\alpha}{\beta^2}\left(\frac{d\beta}{dp}\right)_T + \frac{2}{3}T\alpha \tag{4}$$

α、β、V 分别代表晶体的膨胀系数、压缩系数、和克分子体积,由方程式(1)、(2)、(3)可得到

$$Nb = -(U_M + 6U_L + 8U_{L'} + 3TV\alpha\beta^{-1})\frac{\rho}{r}\left[\frac{1}{-f'(x)}\right] \tag{5}$$

$$f(x) \equiv \left[\exp\left(-\frac{r}{\rho}\right) + \frac{1}{2}\frac{C_{++}M'}{C_{+-}M}\exp\left(\frac{r_+ - r_-}{\rho}\right)\exp\left(-\frac{r_{11}}{\rho}\right)\right.$$
$$\left. + \frac{1}{2}\frac{C_{--}M''}{C_{+-}M}\exp\left(\frac{r_- - r_+}{\rho}\right)\exp\left(-\frac{r_{22}}{\rho}\right) + \cdots \right]$$

$$\left(x \equiv \frac{r}{\rho}, f' \equiv \frac{df}{dx}\right)$$

$$\rho = \frac{-(U_M + 6U_L + 8U_{L'} + 3TV\alpha\beta^{-1})r}{9V\beta^{-1}(1+\delta) - (2U_M + 42U_L + 72U_{L'})} \cdot \left[\frac{f''(x)}{-f'(x)}\right]$$
$$= \frac{\tau}{\sigma} \cdot r \cdot \left[\frac{f''(x)}{-f'(x)}\right] = \rho'\gamma' \tag{6}$$

$$\tau \equiv -(U_M + 6U_L + 8U_{L'} + 3TV\alpha\beta^{-1}) \tag{7}$$

$$\sigma \equiv 9V\beta^{-1}(1+\delta) - (2U_M + 42U_L + 72U_{L'}) \tag{8}$$

$$\rho' \equiv \frac{\tau_r}{\sigma} \tag{9}$$

$$\gamma' \equiv \left[\frac{f''(x)}{-f'(x)}\right] \tag{10}$$

$$U_r = \frac{-(U_M + 6U_L + 8U_{L'} + 3TV\alpha\beta^{-1})}{r} \cdot \rho\left[\frac{f(x)}{-f'(x)}\right]$$
$$= \frac{-(U_M + 6U_L + 8U_{L'} + 3TV\alpha\beta^{-1})}{r} \cdot \rho\gamma \tag{11}$$

$$\gamma \equiv \left[\frac{f(x)}{-f'(x)}\right] \tag{12}$$

或利用式方程(6)、(11)和 ρ'、γ'、γ 的定义式(9)、(10)、(12),把 U_r 表成

$$U_r = \frac{-(U_M + 6U_L + 8U_{L'} + 3TV\alpha\beta^{-1})}{r} \cdot \rho'\gamma'\gamma \tag{13}$$

如无阴离子互相接触或阳离子互相接触的情形,则 $f(x)$ 的第一项 e^{-x} 较第二项、第三项大得多,因此 γ、γ' 和 $\gamma'\gamma$ 皆靠近于 1。一般情形,γ 约为 0.95 至 0.99,γ' 约为 1.02 至 1.08,$\gamma'\gamma$ 约为 1.01 至 1.03。因此方程式(13)可写成相当准确的近似式

$$U_r \approx \frac{-(U_M + 6U_L + 8U_{L'} + 3TV\alpha\beta^{-1})}{r} \cdot \rho' \tag{14a}$$

或

$$U_r \approx \frac{\tau\rho'}{r} = \frac{\tau^2}{\sigma} \tag{14b}$$

由晶体数据求 ρ 值可先由(7)、(8)(9)式求 ρ',然后采用渐近法反复利用(6)式和(10)式,初步近似可取 $\gamma' \approx 1.05$。

由晶体数据求 U_r 可直接利用(14b)式,或利用(13)式,一般情形可取 $\gamma'\gamma \approx 1.01$。

利用方程式(1a)和(11),可把晶格能 U 表成

$$U = \left(1 - \frac{\rho\gamma}{r}\right)U_M + \left(1 - \frac{6\rho\gamma}{r}\right)U_L + \left(1 - \frac{8\rho\gamma}{r}\right)U_{L'} - 3TV\alpha\beta^{-1}\left(\frac{\rho\gamma}{r}\right) + U_z \tag{15}$$

一般晶格能计算式皆略去 $-3TV\alpha\beta^{-1}\left(\frac{\rho\gamma}{r}\right)$ 这一项;其实这等于采用 $\left(\frac{\partial U}{\partial V}\right)_T = 0$ 为室温下晶体稳定平衡的

条件,而不是利用热力学关系式(2a)的自由能最低条件,略去这一项约可引致 U 的绝对值偏低 0.5% 左右,又如把 γ 近似地当为 1,也会引致 U 的绝对值偏低 0.4% 左右。最近 Ladd 和 Lee[5] 发表的近似计算式即包含上述两点近似,其总偏差约可达到 1% 左右,其实一般情形不如把 U_z(对于不含特别轻质离子的晶体,U_z 约为 U 的 1% 左右;但符号相反,本文所用 U_z 值见文献[6,9,13])也一并略去,还可产生一些误差的相互补偿:

$$U \approx \left(1-\frac{\rho}{r}\right)U_M + \left(1-\frac{6\rho}{r}\right)U_L + \left(1-\frac{8\rho}{r}\right)U_{L'} \tag{16}$$

对于离子晶体,$U_{L'}$ 项的贡献一般也很小,这一项的略去对于 ρ 的计算值基本上没有什么影响,对于 U 的计算值影响也很小(约在 0.2% 左右)因此 U 的计算式可再简写为

$$U = \left(1-\frac{\rho}{r}\right)U_M + \left(1-\frac{6\rho}{r}\right)U_L \tag{16b}$$

但是 U_L 项的估计却不能太粗糙,现在一般认为[17-19]用 London[14] 公式估计范德华常数 C_{ij} 的值结果失之过低,根据 Hellman[18] 的分析,用 Slater-Kirkwood[20] 公式估计比较好些;但是对于电子数较多的离子或原子,还该充分考虑内壳层电子对范德华常数的贡献。事实上,对于不太重的离子或原子采用 Slater-Kirkwood 方程式计算,和采用 Buckingham[21] 方程式或 Hellman[18] 方程式计算,结果都差不多,一般比较用 London 公式大 50% 以上,这些公式的推导皆假设离子间或分子间距离相当远,电子云基本上不相重叠,这显然不符合晶体的实际情况。在晶体情形三体作用力可能也不可忽略。因此应用在晶体问题时,这些公式所能达到的近似程度尚待考验。对于离子晶体的晶格能,这一项的贡献还不大,只有 4% 左右,最好的考验是用在氦族元素范德华晶体的晶格能计算。

以上讨论基本上是根据文献资料加以整理的,并讨论了一些简化计算式的准确度。

可以看出,如有其他比较简便的方法估计 ρ 值,则可直接利用(16b)式估计 U 值,大大简化计算工作。

三、碱金属卤化物晶体的排斥指数

我们重新计算了碱金属卤化物晶体的 ρ 值(表1)。所用的数据大多数和 Born-Mayer[1],Huggins[13] 所用的相同,只有以下几点修改:(1)CsCl(s),CsBr(s),CsI(s)的压缩系数根据 Bridgman[22] 比较新近的实验值;(2)取比较大的 U_L 项(由晶体的分子折射率估计离子的极化率[23] α_+ 和 α_-;用 Slater-Kirkwood[20] 方程式估计 Cij)计算结果 $\bar{\rho}_{MCl(s)}$,$\bar{\rho}_{MBr(s)}$,$\bar{\rho}_{MI(s)}$ 的数值仍和根据 Huggins 的 ρ 值分组求平均值的结果差不多;但是这里算出的 $\bar{\rho}_{MF(s)}$ 值(0.29 Å)则比较 Huggins 的氟化物的 ρ 值平均数(0.31 Å)低些。

根据这些 $\bar{\rho}$ 值计算各组卤化物的晶格能[根据方程式(15),但略去 $U_{L'}$ 项]再通过 Born-Haber 循环求出卤离子的生成热。所用的 Born-Haber 循环热化学方程式是

$$U = \Delta H^{\circ}_{f,MX(s)} - \Delta H^{\circ}_{f,M^+(g)} - \Delta H^{\circ}_{f,X^-(g)} \tag{17}$$

不另加 nRT 项,这相当于把气态离子的热运动能量 $\left(n\frac{5}{2}RT\right)$ 和晶体中离子的零点振动以外的热运动能量 $\left(\int_0^T c_p dT\right)$ 同时略去。所引用的 $\Delta H^{\circ}_{f,M^+(g)}$,$\Delta H^{\circ}_{f,MX(s)}$ 和 $\Delta H^{\circ}_{f,X^-(g)}$ 值[除了 $\Delta H^{\circ}_{f,F^-(g)}$]系根据 Rossini 等[24] 所编选的数值,而 $\Delta H^{\circ}_{f,CsF(s)}$ 值则是根据 Bichowsky 和 Rossini[25] 所编选的数值。计算结果 ΔH°_f,$Cl^-(g)$,ΔH°_f,$Br^-(g)$,和 ΔH°_f,$I^-(g)$ 数值与直接测出的实验值都很靠近,而 ΔH°_f,$F^-(g)$ 的计算量较文献中[根据 Bailey[26] 的两组数据,$E_{(F,0^{\circ}k)} = 82.1 \pm 2.1$ kcals,81.1 kcals;与 Stamper 和 Borrow[27a],Iczkowski 和 Margrave[27b] 直接测定的 $D_{(F_2)}$ 值,$37.72 \pm 0.13(298^{\circ}k)$,$37.5 \pm 2(0^{\circ}k)$]的实验值约小 2—3 千卡,但如果 $D_{(F_2)}$ 值采用 Milne 和 Gilles[28] 最近发表的数据(41.28 ± 0.48kal,$0^{\circ}k$)则 $\Delta H_{f(F^-)}$ 计算值与

实验值基本上符合（见表2）。（四组 ΔH_f° 值比直接测定的实验值皆约小 1 千卡；但如果 $\Delta H_{f(MX(s))}^\circ$ 数值全部根据 Bichowsky 和 Rossini[25]，则四组的 $\Delta H_f^\circ(x^-)$ 计算值与实验值基本上完全符合）

根据 $\bar{\rho}_{MF(s)} = 0.29$ Å 和 $\bar{\rho}_{MCl(s)} = 0.331$ Å 计算出四个 $CaF_2(s)$ 型的碱土金属氟化物和氯化物的晶格能[利用方程式(15)和利用近似式(16b)得出的结果 $U_{SrF_2(s)}$，$U_{BaF_2(s)}$ 值基本上相同。本文的离子晶体晶格能计算，U_L 项皆略去。]结果和由 Born-Haber 循环求出的实验值也相当符合，偏差在 1‰ 之内（表3）。这里如果依照一般计算式采用 $\rho = 0.345$ Å，则计算值就会显得普遍地低于实验值，而且偏差也较大。这些卤化物只有 CaF_2 有单晶压缩系数数据[29]。但是准确度可能不很高，根据 $\beta_{CaF_2(固)}$ 值估计出的 ρ 值约为 0.30 Å，最近 Reitz，Seitz 和 Genberg[30] 由 CaF_2 单晶的弹性常数估计出 ρ 值约为 0.285 Å。

把 $\bar{\rho}_{MF(c)}$，$\bar{\rho}_{MCl(c)}$ 分别和 ρ_{Ne}，ρ_A 作比较，初步可以看出这 ρ 值与相应的卤离子和同电子结构氦族原子作用于最外壳层电子的有效核电荷 (z^*) 约成反比例关系，以下将要进一步探讨这 pz^* 规律是否具有一定的普遍性。

表 1　碱金属卤化物晶体的排斥指数[+]

晶体:	$\beta \cdot 10^{12}$	$-\dfrac{1}{\beta}\left(\dfrac{\partial\beta}{\partial P}\right)_T \cdot 10^{12}$	$\dfrac{1}{\beta}\left(\dfrac{\partial\beta}{\partial T}\right)_P \cdot 10^4$	δ	ρ'	ρ	$\bar{\rho}_{MX}$
	（巴）	（平方厘米/达因）			（Å）	（Å）	（Å）
LiF	1.53*	9.3*	10 * 1.9	0.02	0.28	0.30	
NaF	2.11	(13)	(6)	(0.03)	0.28	0.29	0.29_6
KF	3.31	20	6	0.03	0.29	0.30	(0.31)[++]
RbF	[4.0]	[25]	[6]	[0.03]	[0.31]	[0.31]	
CsF	4.25	28	10	0.13	0.27	0.28	
LiCl	3.41	20	7	0.02	0.317	0.342	
NaCl	4.26	21.9	6.8	0.06	0.308	0.324	0.331
KCl	5.63	26.5	4.8	0.02	0.322	0.329	(0.324)[++]
RbCl	6.65	[30]	[7.8],5	[0.04]	0.32	0.328	
CsCl	5.57**	30.**	5.5**	0.06	0.32	0.331	
LiBr	4.31	24	8.4	0.05	0.325	0.352	
NaBr	5.08	25.3	7.5	0.07	0.312	0.332	0.343
KBr	6.70	31.8	6.0	0.05	0.328	0.335	(0.334)[++]
RbBr	7.94	35	6	0.07	0.339	0.345	
CsBr	6.33**	34**	4.7**	0.05	0.342	0.347	
LiI	6.01	37	11	0.04	0.347	0.385	
NaI	7.08	40.0	8	0.04	0.345	0.370	0.366
KI	8.54	39.1	6	0.03	0.344	0.355	(0.361)[++]
RbI	9.57	43.0	7	0.07	0.352	0.359	
CsI	7.87**	40**	[8]**	[0.07]	0.35	0.36	

[+]　计算式(5)(6)(7)中所需的 ϕ_M，ϕ_L 值见表2，晶体膨胀系数与 Huggins[13] 所引用的相同。晶格参数根据 Wyckoff[31]。[　]号中数值是估计的。

[++]　根据 Huggins[13] 的 ρ 值分组求平均值。

*　根据 Bridgeman[32]。

**　根据 Bridgeman[22] 1940，1945 年的数据算出，这些数值和1932年所发表的数值相差颇大，但是用于计算 $\dfrac{9V}{\beta}(1+\delta)$ 时结果相差并不大。

表 2　碱金属卤化物的晶格能和卤离子的生成热[+]

晶体:	ρ	$\phi_L \cdot 10^{12}$	$\phi_M \cdot 10^{12}$	$\phi_r \cdot 10^{12}$	U	$\Delta H_f^\circ(X^-)$	$\Delta H_f^\circ(X^-)$
	（Å）	（尔格）	（尔格）	（尔格）	（千卡）	（千卡）	（平均值）
LiF	0.29	−0.54	−20.06	3.11	−248.0	−62.5	
NaF	0.29	−0.64	−17.45	2.53	−221.2	−61.0	−61.6±0.7
KF	0.29	−0.74	−15.10	2.04	−196.5	−61.1	（−64.2）*
RbF	0.29	−0.82	−14.29	1.91	−188.7	−60.9	（−62.5）**
CsF	0.29	−0.84	−13.42	1.70	−179.7	−62.4	
LiCl	0.331	−0.59	−15.72	2.15	−201.4	（−60.5）	
NaCl	0.331	−0.53	−14.32	1.81	−185.9	−58.1	
KCl	0.331	−0.67	−12.84	1.60	−170.1	−57.2	−57.0±0.7
RbCl	0.331	−0.73	−12.33	1.56	−164.9	−56.4	（−58.3）[24]
CsCl	0.331	−1.02	−11.42	1.43	−157.5	−56.1	
LiBr	0.343	−0.64	−14.68	2.05	−189.5	（−58.4）	
NaBr	0.343	−0.59	−13.52	1.77	−177.4	−54.5	
KBr	0.343	−0.67	−12.24	1.56	−162.2	−54.6	−54.2±0.4
RbBr	0.343	−0.75	−11.76	1.52	−157.4	−53.9	（−55.3）[24]
CsBr	0.343	−1.02	−10.94	1.43	−150.7	−53.7	
LiI	0.366	−0.69	−13.43	1.64	−178.6	（−50.4）	
NaI	0.366	−0.56	−12.47	1.48	−165.3	−49.3	−48.1±0.7
KI	0.366	−0.67	−11.43	1.38	−153.4	−48.0	（−50.2）[24]
RbI	0.366	−0.85	−11.00	1.41	−149.7	−47.1	（−49.2）[26]
CsI	0.366	−0.98	−10.27	1.31	−142.8	−47.8	

[+]　Born-Haber 循环计算中所引用的 $\Delta H_{f(M^+)}^\circ$ 数值系根据 Moore（1949）的 $I_{O(M)}$ 的值，和 Baughan（1954）所选用的金属原子化热数值，结果 $\Delta H_{f(M^+)}^\circ$ 值和 NBC Circ. 500 的数值基本上相同，$\Delta H_{f(CsF(s))}^\circ$ 系根据 Bichowsky 和 Rossini[25]。其他的 $\Delta H_{f(MX)}^\circ$ 值皆根据 NBC Circ. 500[24]。

*　根据文献[26]的 $E_{(F)}$ 值和文献[27a,b]的 $D_{(F2)}$ 值。

**　根据文献[26]的 $E_{(F)}$ 值和文献[33]的 $D_{(F2)}$ 值。

表 3　$CaF_2(s)$ 型碱土金属卤化物的晶格能

晶体	r（Å）	ρ（Å）	$\phi_M \cdot 10^{12}$（尔格）	$\phi_L \cdot 10^{12}$（尔格）	$U_{理}$（千卡）	$U_{实}^*$（千卡）	Δ（千卡）
$CaF_2(s)$	2.360	0.29	−49.24	−1.64	−628	−633	5
$SrF_2(s)$	2.505	0.29	−46.40	−1.81	−599	−596	−3
$BaF_2(s)$	2.679	0.29	−43.37	−1.69	−566	−563	−3
$SrCl_2(s)$	3.031	0.331	−38.34	−1.91	−506	−509	3

*　$\Delta H_{f(F^-)}^\circ$ 数值取 −61.6 千卡，其他热化学数据见文献[24]。

四、氦族元素范德华晶体的排斥指数、晶格能和 ρz^* 规律

氦族元素的范德华晶体属于面中心立方晶系，这些元素的原子与 F^-，Cl^-，Br^-，I^- 等阴离子同电子数，根据文献[33a, 33b]，这些元素的晶体以及气体的分子间位能可用下式表示。

$$\phi(r)=\frac{\varepsilon}{a-6}\left\{6\exp\left[a\left(1-\frac{r}{r_m}\right)\right]-a\left(\frac{r_m}{r}\right)^6\right\} \tag{18}$$

根据气体数据[33a]，a 值皆在 12.5—14.5，我们由 $\rho=\frac{r_m}{a}\approx\frac{r_0}{a}$（$r_0$ 为晶体在绝对零度时的分子间距离），并取 $a=13.5$，估计 Ne(s)，A(s)，Kr(s) 和 Xe(s) 的 ρ 值分别为 0.24 Å，0.28 Å，0.29 Å 和 0.32 Å。（若根据 Mason 和 Rice[33b] 的 a 值和 r_m 值，则得到 $\rho_{Ne}=0.22$ Å，$\rho_A=0.28$ Å，$\rho_{Kr}=0.33$ Å，和 $\rho_{Xe}=0.34$ Å，但是 Mason 和 Rice 的 $r_m(K_r)$ 和 $r_m(Xe)$ 值（4.056 Å 和 4.450 Å）皆显得高了些，而 K_r 的 a 值（12.3）又显得太低。）比较这些晶体和卤化物晶体的 ρ 值与相应的有效核电荷 z^* 的数值（表4），我们得到如下的经验规律：同电子数的原子与负离子，$\rho z^*/n^*$ 值或 ρz^* 值几乎皆相等，这关系可表为

$$\frac{\bar{\rho}_i}{\rho_j}\sim\frac{z_j^*}{z_i^*}=\frac{z_j-S_j}{z_i-S_i}=\frac{z_j-S}{z_i-S} \tag{19}$$

n_i^*、n_j^*，S_i，S_j，z_i，z_j 和 z_i^*，z_j^* 为有效主量子数，屏蔽常数，核电荷，和有效核电荷，对于同电子数的原子与离子，$n_i^*=n_j^*$，$S_i=S_j\equiv S$。定有效核电荷和有主量子数的 Slater[34] 法则只是半经验性的法则，但是对于同电子结构的原子和离子；z^* 值的比例只决定于一个经验常数，S．S 值的估计尚有其他法则[35a,35b]，但结果 ρz^* 关系仍然成立。（事实上采用 Pauling[35a] 的屏蔽常数估计法更为合理；对于 Ne，MF(s)，MO(s)，ρz^* 值分别为 1.29，1.30，1.29，利用这关系公式[19] 由 $\bar{\rho}_{MF(s)}$、$\bar{\rho}_{MCl(s)}$、$\bar{\rho}_{MBr(s)}$ 和 $\bar{\rho}_{MI(s)}$ 估计出 Ne(s)，A(s)，Kr(s) 和 Xe(s) 相应的 ρ 值（0.24 Å，0.28 Å，0.30 Å，和 0.32 Å）和前面由 Buckingham 公式（18）

表 4　排斥指数（ρ）与有效核电荷（z^*）的反比例关系

(A)晶体	电子壳壳结构	ρ（Å）	z^*	ρz^*
MF	$2S^2 2p^6$	0.29_6 (a)	4.85	1.44
CaF$_2$	同上	0.285[7]	4.85	1.38
MgO	同上	0.37(b)	3.85	1.42
MCl	$2S^2 3p^6$	0.331(a)	5.75	1.90
MBr	$4S^2 4p^6$	0.343(a)	7.25	2.49
MI	$5S^2 5p^6$	0.366(a)	7.25	2.65
(B)钝气				
Ne	$2S^2 2p^6$	0.235[10]	5.85	1.38
Ne	$2S^2 2p^6$	0.24(c)	5.85	1.4
Ar	$3S^2 3p^6$	0.273[10]	6.75	1.84
Ar	$3S^2 3p^6$	0.28(c)	6.75	1.9
Kr	$4S^2 4p^6$	0.29(c)	8.25	2.4
Xe	$5S^2 5p^6$	0.32(c)	8.25	2.6
He	$1S^2$	0.217(d)	1.70	0.37

$$\rho MH(\text{固})=\rho He\times\frac{z^* He}{z^* H^-}=0.217\times\frac{1.70}{0.70}\ \text{Å}=0.53\ \text{Å}$$

$$\rho MS(\text{固})=\bar{\rho}MCl(\text{固})\times\frac{z^* Cl^-}{z^* S^=}=0.40\ \text{Å}$$

又同样估计得：$\rho MN(\text{固})=0.50$ Å；$\rho MSe(\text{固})=0.40$ Å；$\rho MTe(\text{固})=0.42$ Å.

（a）本文计算出的 4 组平均值，见表1。

（b）根据 Bridgeman[29] 的 MgO 单晶压缩系数估计出的。

(c)根据 Buckingham-Corner[33a] 位能方程式,取 $a=13.5$

(d)根据 Slater.[11]

(e)z^* 值根据 Slater 法则[34]估计。

表5 氖族元素范德华晶体的晶格能*

晶体(f、c、c)	Ne	Ar	Kr	Xe
r_0(Å)	3.20	3.81	3.94	4.33
ρ(Å)	0.24	0.28	0.30	0.32
α(Å³)	0.39	1.64	2.48	4.03
$C \cdot 10^{60}$	8.6	74	144(137)	312(287)
$\phi_L \cdot 10^{12}$(尔格)	−0.0581	−0.175	−0.278	−0.343
(U^0-U_z)理	−0.52	−1.52	−2.47	−3.12
(U^0-U_z)实	−0.59	−2.03	−2.65	−3.47

* 计算式为 $U-U_z=14.40\times10^{12}\left[\phi_L\left(1-\dfrac{6\rho}{r_0}\right)+\beta\phi_L\left(1-\dfrac{8\rho}{r_0}\right)\right]$,范德华常数 C 系根据 Hellmann[18]方程式计算,其中内壳层电子对 α 的贡献系由 Pauling[35a] 的屏蔽常数估计;计算结果 K_r 和 X_e 的 C 值较用 Slater-Kivkwood[20] 方程式估计出的(括号中数值)略大。(U^0-U_z)实值系根据 A. B. Стедавов[36],又根据 Margenau[14b],ϕ_L' 约为 ϕ_L 的 15%,即 $\beta\approx$ 0.15。

估计出的实验值相当符合,根据这些估计出的 ρ 值和晶格能方程式

$$
\begin{aligned}
U &= U_L\left(1-\frac{6\rho\gamma}{r_0}\right)+U_{L'}\left(1-\frac{8\rho\gamma}{r_0}\right) \\
&\approx U_L\left(1-\frac{6\rho\gamma}{r_0}\right)+0.15U_L\left(1-\frac{8\rho\gamma}{r_0}\right) \\
&= -\frac{N}{2}\frac{S_LC}{\gamma_0^6}\left[\left(1-\frac{6\rho\gamma}{r_0}\right)+0.15\left(1-\frac{8\rho\gamma}{r_0}\right)\right]
\end{aligned}
\tag{20}
$$

估计这些范德华晶体的晶格能,结果见表5。晶格能的计算值较实验值约低 10%—20%。但这已达到这种范德华晶体一般相类似的 U 值估计的准确度,偏差可能主要是反映着范德华常数(C 值)估计的近似程度,如果是离子晶体,U_L 项能够估计到 80%—90% 的准确度已够,由此看来,采用 Slater-Kirkwood 方程式估计离子晶体的范德华常数是比较用 London 公式为好的;但对于一些原子序数很高的离子,这样估计出的 C_{ij} 值可能还是有些偏低。

五、氧化物和硫化物离子晶体的排斥指数和晶格能

氧化物和硫化物离子晶体也缺乏可靠的压缩系数数据[9,10]。由氧化物唯一的单晶 β 值[29],$\beta_{MgO}=$ 0.59×10^{-12} 巴,估计 ρ_{MO} 值约为 0.37 Å(假设 $1+\delta\approx1.05$),这与利用 ρz^* 规律由 $\bar\rho_{MF'}$(0.29 Å)估计出的 ρMO 值相同,由 $\bar\rho_{MCl}$(0.331 Å)估计出的 ρ_{MS} 值为 0.40 Å,根据 ρMO(或 ρM_2O)=0.37 Å,ρMS(或 ρM_2S) =0.40 Å,计算出的氧化物和硫化物的晶格能及阴离子的生成热见表6,其中 5 个 M_2O 型晶体的生成热数据可能不很可靠,特别是 $\Delta H_f^\circ(Rb_2O)$(这化合物不易制得纯净试样,这数据又是早年的实验值,两个不同来源的 $\Delta H_f^\circ(Rb_2O)$ 值相差 8 千卡[24])。硫化物的生成热数据可能也不很可靠。)如果根据 4 个 MO型晶体的晶格能计算值,则得到氧离子的生成热为 $\Delta H_f^\circ(O_\overline\tau)=204\pm2$ 千卡,相应的双电子亲和能为 $E_{(O\to O^=)}=145\pm2$ 千卡(298°K),如果根据 4 个 MO 型和 5 个 M_2O 型晶体的 U 值,则得到 $\Delta H_{f(O_\tau^-)}^\circ=202$

± 4 千卡,$E_{(O\rightarrow O^=)}=143\pm 4$ 千卡,分散度仍不太大,平均值也只差 2 千卡,Huggins 和 Sakamoto[9] 根据 $\rho=0.333$ Å,得到 $E_{(O\rightarrow O^=)}=162\pm 15$ 千卡。Morris[6] 根据 $\rho=0.345$ Å,得到 $E_{(O\rightarrow O^=)}=153\pm 7$ 千卡 ($0^\circ K$)。我们也曾试用 $\rho=0.35$ Å 作了计算,结果也发现 $E_{(O\rightarrow O^=)}$ 平均偏差很大,其中从 $U_{(Rb_2O)}$ 计算值得出的 $E_{(O\rightarrow O^=)}$ 值偏低了 23 千卡,超出 $\Delta H^\circ_{f(Rb_2O)}$ 值可能的实验误差之外,可见采用 $\rho=0.333$ Å,0.345 Å,或 0.35 Å 结果偏差都比较大,而根据 ρz^* 规律定出的 ρ 值(0.37 Å)既与单晶 β 值定出的 ρ 值相符,又可得出基本上一致的 $E_{O\rightarrow O^=}$ 值。

六、碱金属氢化物的 ρ 值和晶格能

这些氢化物根本找不到 β 值数据来估计 ρ 值,因此以前的工作者[3,25,37] 只好采用比较古老的 Born-Lande(1918)晶格能计算式

$$U=-\frac{A}{r}+\frac{B}{r^n}$$

来估计 U 值,但是排斥幂数 n 的估计不免有些任意性,因此结果可靠性是有些问题的。

本文利用同电子壳层结构 ρz^* 值相等的规律,由氢气的已知 ρ 值(0.217 Å)[11] 估计出 $\rho MH(s)$ 为 0.53 Å(恰为氢原子的半径,a_H),根据这 ρMH(固)值,用方程式(15)算出(略去 U'_L 项和 $3TV\alpha\beta^{-1}\frac{\rho}{r}$ 项)的晶格能见表 7。计算值与实验值的比较似乎表示 CsH,RbH,KH 基本上是离子晶体,而 LiH 则有相当成份的共价键性质($U_{实}$ 较 $U_{理}$ 约低 15 千卡)。但这里有一个不确定因素,根据 Pauling 的半经验式法则,对于 H^- 离子,$C_{--}=0$,表示 H^- 离子之间无量子力学排斥能,这是不合理的,如略去这些半经验式因子,即把 C_{+-},C_{++},C_{--} 皆当为 1(但是这样又可能过分突出了阴离子之间的量子力学排斥能),则这些氢化物的 U 计算值与实验值便皆相当符合(表 7 括号中的 U 值和 Δ 值),表示这些氢化物基本上皆是离子晶体。这里应该指出,在 LiH 晶体的化学键性质尚未充分明确之前,不能过份强调这种晶格能计算结果必须符合实验值。

表 6　氢化物及硫化物的晶格能和气态阳离子的生成热⁺

晶体	V（Å）	ρ（Å）	ϕ_M（尔格）	ϕ_L（尔格）	U（千卡）	$\Delta H^\circ_f\left(\begin{array}{c}MX,\\M_2X\end{array}\right)$（千卡）	$\Delta H^\circ_f(X^=\text{气})$（千卡）
MgO	2.102	0.37	−76.69	−1.47	−909	−145.8	201
CaO	2.399	0.37	−67.17	−1.58	−819	−151.9	203
SrO	2.572	0.37	−62.68	−1.87	−777	−141.1	208
BaO	2.762	0.37	−58.37	−2.24	−734	−133.4	205
							204±2（括号）
Li₂O	2.000	0.37	−58.10	−1.2	−678	−141.7	208
Na₂O	2.403	0.37	−48.35	−1.1	−590	−99.4	199
K₂O	2.787	0.37	−41.89	−1.6	−530	−86.4	198
Rb₂O	2.919	0.37	−39.82	−1.9	−510	−78.9(?)	194
						平均值:	202±4
MgS	2.596	0.40	−62.1	−1.4	−789	−82.2(?)	145
CaS	2.842	0.40	−56.7	−1.6	−711	−115.3	132
SrS	3.004	0.40	−53.7	−1.6	−678	−108.1(−113.0)*	142(137)*
BaS	3.175	0.40	−50.8	−2.0	−648	−106.0(−111.1)*	146(141)*
Li₂S	2.472	0.40	−47.0	−0.8	−568		

续表

晶体	V (Å)	ρ (Å)	ϕ_M (尔格)	ϕ_L (尔格)	U (千卡)	$\Delta H^\circ_f \left(\begin{array}{c}MX,\\M_2X\end{array}\right)$ (千卡)	$\Delta H^\circ_f (X^= 气)$ (千卡)
Na_2S	2.826	0.40	−44.1	−0.9	−510	−89.2	129
K_2S	3.200	0.40	−36.2	−1.3	−462	−87.9	129
Rb_2S	3.312	0.40	−35.1	−1.8	−455	−83.2	135
						平均值	137±6
							(135±5)*

+ U 值根据方程式(15)计算，U_z 值根据文献[6,9]CaO,SrO,BaO,Li_2O,Na_2O,K_2O 用近似式(16b)计算结果也基本上相同。$\Delta H^\circ_{f(M,M^{++})}$ 数值根据 Moore(1949) 和 Baughan(1954) 所选的 $I_0(M)$ 值和原子化热数值。ΔH°_f(MX 或 M_2X)，根据 Rosseni 等[24]SrS 和 BaS 的生成热（括号中数值）如根据文献[25]结果平均偏差较小。

* 根据文献[25]的 $\Delta H_{f(MS固)}$ 数值。

七、讨论

由本文计算结果可以看出，如果由氢族气体的第二 Virial 系数数据比较准确地定出 ρ 值，则本文所处理的这些离子晶体的 ρ 值皆可间接通过 ρz^* 关系估计出。

Born-Mayer，离子晶体模型的简单，晶格能计算结果的准确，ρz^* 简单规律的存在，这些使我们有理由相信现在所用的复杂的量子力学计算法还可大大简化，采用某些比较容易测得的物理量来估计某些理论参数，简化理论计算工作，这种半经验式的方法（例如 Benson 和 Wylie[38]计算 LiF(s)，晶格能所用的方法）也是值得注意的。

锂的卤化物、氢化物，以及 $CaF_2(s)$，$MgO(s)$ 等晶体的晶格能计算值（绝对值）皆略小于实验值，但这不一定是反映着多体作用力的存在[2b]；因为，LiF(s)，$CaF_2(s)$，和 MgO(s) 的弹性常数虽然大大偏离 Cauchy 关系，LiCl(s)，LiBr(s)，LiI(s) 的 C_{12} 与 C_{44} 数值相差却并不大[30,43]。

表 7 碱金属氢化物的晶格能

晶体	LiH	NaH	KH	RbH	CsH
r, (Å)	2.043	2.440	2.850	3.019	3.188
$\rho_{MH(固)}$, (Å)+	0.53	0.53	0.53	0.53	0.53
α_+ (Å³)*	(0.03)	(0.15)	(0.80)	(1.3)	(2.5)
α_- (Å³)*	(1.3)	(1.6)	(2.2)	(2.4)	(2.5)
$\phi_M \cdot 10^{12}$ (尔格)	−19.73	−16.52	−14.14	−13.35	−12.65
$\phi_L \cdot 10^{12}$ (尔格)	(−0.42)	(−0.34)	(−0.53)	(−0.59)	(−0.77)
$U_{理}$ (千卡)，(15)	−205	−187	−167	−161	−155
	(−219)**	(−190)**	(−169)**	(−161)**	(−155)**
(16b)	(−208)***	(−186)	(−164)	(−158)	(−152)
$U_{实}$ (千卡)	−220	−193	−171	−164	−156
Δ	15	6	4	3	1
	(1)**	(3)**	(2)**	(3)**	(1)**

* 由 $\rho Ne(0.217\ Å)$ 估计，见表 4 格下。

* α_+，α_- 值系根据文献[23]由晶体克分子折射率估计。

** 根据(15)式计算，但把 $f(X)$ 指数函数中的 C_{+-}，C_{++}，C_{--} 因子皆当作 1。

*** 这里因有阴离子接触，而且 ρ 值又大，因此用(16b)式估计结果较上面括号中的绝对值(219 千卡)小得多。

根据文献[44]，AgX 和 CuX 型卤化物晶体的 ρ 值比较碱金属卤化物晶体的 ρ 值小得多，这里显然须考虑 Ag^+，Cu^+ 外壳层 d 电子的弛散[41]。

气态卤化物和氢化物的排斥指数[39,40]看来都比较相应的晶体 ρ 值为低，我们曾采用 Rittner[39a] 方法，并利用晶体中的离子极化率，α_+ 和 α_-，复算了 $NaCl(g)$，$NaI(g)$，$NaBr(g)$，$KBr(g)$，$LiH(g)$，$NaH(g)$，$KH(g)$，$RbH(g)$，和 $CsH(g)$ 的结合能和 ρ 值，结果相应的 U 值为 -126 千卡，-112 千卡，-120 千卡，-108 千卡，-163 千卡，-142 千卡，-123 千卡，-119 千卡，-115 千卡；和实验值(-128 千卡，-116 千卡，-123 千卡，-109 千卡，-167 千卡，-150 千卡，-127 千卡，-119 千卡，-114 千卡)还相当靠近，但仍可看出随着金属原子电正性的顺序增大，气态氢化物理论 U 值与实验 U 值逐渐靠近，相应的 ρ 值的计算结果为 $0.299\ Å$；$0.314\ Å$，$0.314\ Å$，$0.326\ Å$，$0.363\ Å$，$0.395\ Å$，$0.421\ Å$，$0.427\ Å$ 和 $0.432\ Å$，可以看出，对于同一种阴离子，阳离愈小即 ρ 值也愈小，ρ 值可能与阴离子的极化变形程度有些关系。

本文主要系根据作者于 1957 年春在厦门大学科学讨论会所提出的一篇报告[42]而整理的。这几年间出现了数篇有关这类计算工作的文献[5,45,46]，Baughan[45] 最近发表了一篇关于离子晶体排斥指数的估计的论文，也提到如果利用有效核电荷来校正 ρ 值，则排斥能计算的准确度可望提高，并应用这原理以估计氮化物晶体的 ρ 值。Baughan 利用热化学实验值和 Born-Haber 循环，用作图法反过来求最符合于这些热化数据的 ρ 值，如前节所述，这方法有一定的局限性，又 Baughan 工作对于范德华项未予充分估计，对于气态化合物 ρ 值的偏低也未加以解释。最近 Cubicciotti[46] 发表了碱金属卤化物排斥指数和晶格能的复算结果，用了比较新近的压缩系数(β)数据[43]得到 $MF_{(s)}$，$MCl_{(s)}$，$MBr_{(s)}$，$MI_{(s)}$ 等四组卤化物晶体的 ρ 值分别为 $0.313\ Å$，$0.318\ Å$，$0.325\ Å$，$0.332\ Å$，但 Cubicciotti 仍采用 London 公式估计 U_L 项。$\frac{1}{\beta}\left(\frac{\partial\beta}{\partial T}\right)_P$，$\frac{1}{\beta}\left(\frac{\partial\beta}{\partial P}\right)_T$ 项重新估计的数值，也不见得比 Huggins[13] 原来所用的可靠。不过，Cubicciotti 所应用的压缩数据看来比较可靠，根据这套新的压缩系数数据，依照本文的计算方法估计，结果得 $\rho MF(s) = 0.29$，$\rho MCl(s) = 0.32$，$\rho MBr(s) = 0.33$，$\rho MI(s) = 0.35$，这结果仍然符合 ρz^* 规律。

黄开辉同志协助整理本文旧稿，特此致谢。

参考文献

[1]Born，M. and Mayer，J，E.，Z. Physik，**75**，1(1932).

[2](a) Löwdin，P.，Advances in Chemical Physics Ⅱ，207(1959)．(b) Löwdin，P.，Advances in Physics (Phil. Mag. Supplement)**5**，1(1956).

[3]Waddington，T. C.，Advances in Inorg. Chem. and Radiochem. **1**，158(1959).

[4]Pauling，L.，J. Am. Chem. Soc. **49**，756(1927).

[5]Ladd，M. F. C. and Lee，W. H.，(a) Trans. Faraday Soc. 54，34(1958)；(b)J. Inorg and Nuclear Chem.，**11**，264(1959).

[6]Morris D. F. C.，(a) Proc. Roy. Soc. A 242. 116(1957)；(b) J. Inorg. and Nuclear Chem. 4，8 (1957)；(c)Acta Cryst. **11**，163(1958).

[7]Morris，D. F. C. and Abrens，L. H.，J. Inorg. and Nuclear Chem. **3**，263(1956).

[8]Kapustinskii,A. F.,Quart. Rev. (Chem. Soc). **10**,283(1956).

[9]Huggins,M. L.,and Sakamoto,X. J.,J. Phys. Soc. Japan **12**,241(1957)

[10]Bridgeman,P. W.,Rev. Mod. Physics **18**,21(1946).

[11]Slater. J. C.,Phys. Rev. **32**,349(1928).

[12]Buckingham,R. A.,Proc. Roy. Soc. (London)A **168**,264(1938).

[13]Huggins,M. L.,J. Chem. Phys. 5,143(1937);**15**,212(1947).

[14](a)London,F.,Z. physik. Chem. (Leipzig)B**11**,222(1930).

　　(b)Margenau,H.,Phys. Rev. 38,747(1931);Rev. Modern Phys. **11**,1(1939).

[15]Pauling,L,. Z. Krist,**67**,377(1928).

[16]Hildebrand,J. H.,Z. Phys. 67,127(1931),cf Born,M. and Hwang,K,. Dynamic Theory of Crystal Lattices,p. 33. Oxford(1954).

[17]May,A.,Phy. Rev. **52**,339(1937).

[18]Hellmann,H.,Acta Physicochim. USSR **2**,270(1935).

[19]Pitzer,K,S.,Advances in Chem. Physics **2**,59(1959).

[20]Slater,J. C. and Kirkwood,J. G.,Phys. Rev. **37**,682(1931).

[21]Buckingham,R. A.,Proc. Roy. Soc. (London)**160**,113(1937).

[22]Bridgman,P. W. Proc. Am. Acad. Arts Sci.,**74**,21(1940);**76**,1(1945).

[23](a)Du Pré,F. K.,Hunter,R. A.,and Rittner,E. S.,J. Chem. Phys. **18**,379(1950).

　　(b)Tessman,J. P.,Kahn,A. H. and Shockley,W.,Phys. Rev. **92**,890(1953).

[24]Rossini,F. D. and Others"Selected Values of Chem. Thermod. Properties",Circular of Nat. Bur. of Standards,No. 500,U. S. A. (1952).

[25]Bichowsky,F. R. and Rossini,F. D.,"Thermochemistry of Chemical Substances",Reinhold New York,1936.

[26]Bailey,T. L.,J. Chem. Phys. **28**,792(1958).

[27](a)Stamper,J. G. and Barrow,R. F.,Trans. Faraday Soc. **54**,1592(1958);(b)Iczkowski,R. P. & Margrave,J. L.,J. Chem. Phys,**30**,403(1959).

[28]Milne,T. A. and Gilles,P. W.,J. Am. Chem,Soc. **81**,6115(1959).

[29]Bridgman,P. W.,Landolt-Bernstein Physik. -Chem. Tabellen(1937).

[30]Reitz,J. R.,Seitz,R. N.,and,Genberg,R,W.,Phys. & Chem. Solids **19**,73(1961).

[31]Wyckoff,R. W. G.,"Grystal Structures"Vol I,Interscience Publ. (1948).

[32]Bridgman,P. W.,Proc,Am. Acad. Arts Sci. 67,345(1932);ibid. **70**,285(1935).

[33](a)Buckingham,R. A. and Corner,J.,Proc. Roy. Soc,(London)A **189**,118(1947).

　　(b)Mason,E. A. & Rice,W,E.,J. Chem. Phys. **22**,843(1954).

[34]Slater. J. C.,Phy. Rev. **36**,57(1930);"Quatum Theory of Matter"pp. 475—478,Mcgraw-Hill. New York(1951).

[35](a) Pauling,L.,Proc. Roy. Soc. (London) A **111**,181 (1927);Pauling, L. & Sherman,J.,Z. Krist. **81**,1(1931).

　　(b)徐光宪,赵学庄,化学学报,22,441(1956).

[36]Ствданов,А. В.,Кристаллография**3**,392(1958).

[37]Kazavnovskii,J.,Z. Physik **61**,236(1930);参见文献(3).

[38] Benson, G. C. and Wylie, G., Proc. Phys. Soc. A **64**, 276(1951).

[39] (a) Rittner, E, S., J. Chem, Phys. **19**, 1930(1951).

(b) Rice S. A., and Klemperer W., J. Chem. Phys. 27, 573(1957).

[40] Altshuller, A. P., J. Chem. Phys, **21**, 2074(1953).

[41] Basolo F. and Pearson R. G., Mechanisms of Inorganic Reactions, p. 72, John Wiley(1958).

[42] 蔡启端：离子晶体晶格能的计算，厦门大学第二次科学讨论会论文油印单印本(1957)。

[43] Spangenlberg, K. und Haussübl. S., Z. Krist. **109**, 422(1957).

[44] Mayer, J. E., J. Chem, Phy. 1, 327(1933); Mayer, J. E. and Levy, R. B., ibid. **1**, 647(1933).

[45] Baughan, E. C., Trans Faraday Soc. **55**, 736(1959).

[46] Cubicciotti, D., J. Chem. Phys. **31**, 1646(1959).

Calculation of Lattice Energies of Ionic Crystals
II. Estimation of Repulsive Exponents

K. R. Tsai

(Division of Catalysis, Department of Chemistry)

Abstract

In the present article, Born-Mayer repulsive exponents(ρ) for the crystalline alkali fluorides, chlorides, bromides, and iodides are shown to be related to the repulsive exponents for gaseous, or crystalline neon, argon, krypton, and xenon, respectively, by the simple relation that, in cach case, the ρz^* values are approximately equal, z^* being the effcctive nuclear charge of the anion or the helium-group atom acting on the outermost clectron. Making use of this empirical ρz^* rule for iso-electronic anions and helium-group atoms, the repulsive exponents for the crystalline alkali and alkaline-earth oxides and sulfides and for the crystallinc alkali hydrides can be readily estimated, respectively, from the known repulsive exponents of the cystaline alkali fluorides, chloides, and gascous helium. Lattice energies of these crystalline compounds and the heats of formation of gaseous halide, oxide, and sulfide ions are calculated; consistent results and satisfactory agreement with the available experimental values, are obained.

■ **本文原载**：《厦门大学学报》（自然科学版）第 9 卷第 2 期(1962)，第 79～86 页。

钛酸钡晶体的天然极化，极化能和晶格能

林建新[①]　蔡启瑞

（厦门大学化学系　中国科学院华东分院物质结构所催化电化研究室）

摘　要　本文根据离子晶体模型，计算了钛酸钡铁电性晶体的天然极化（56 微库/平方厘米），极化能（—50 仟卡/克分子）和晶格能（—3542 仟卡/克分子），并与实验值（26 微库/平方厘米[1]，—3605 仟卡/克分子）作比较，讨论了 Ti—O 化学键的性质。考虑到离子有效正负电荷减少时，不但库仑电场降低，而且氧离子的电子极化率和诱导偶极矩也必然大大降低，可以看出，这天然极化的实验值仍然表示 Ti—O 键具有相当大的离子性程度。参照文献的 x-光谱数据讨论了 $BaTiO_2$ 的化学键性质。

一、引　言

关于钛酸钡（$BaTiO_3$）晶体的铁电性，存在着好几种理论；这些理论大体上是根据着两种不同出发点，Devonshirce[2] 和 Slater[3] 和 Kinase[4]，Takagi 等[5] 根据离子晶体模型，认为这晶体的介电性质和天然极化现象是由于钛离子和氧离子的相对位移；Slater[3] 并首先对离子位移极化和电子极化的并协效应作出估计。Megaw[6] 则认为 Ti—O 键基本上是共价键钛酸钡晶体极化状态的转变乃是由于 TiO_3 基团中原子间距离和键角的改变引起了价键电子云密度的转移，或化学键性质的改变。Jayne[7] 也只考虑 TiO_6 配位八面体中电子状态的改变，同样地忽略了高离子晶体所通有的远程作用力。此外尚有其他工作者[8,9] 对 Ti—O 键的共价性作了不同的估计。

上述两种模型各有一些弱点。共价键模型的主要弱点是：目前尚不能根据这种模型对晶体的某些特征物理量作出定量的或半定量的计算，以与实验值作比较。而纯离子晶体模型的弱点是：这种模型和 $BaTiO_3$ 晶体的 x 光吸收及发射光谱的最新实验结果[10,11] 不相符合。而且对于某些和钛酸钡同晶型的，或结构相近的铁电性晶体[7,12]，如 $KNbO_3$，WO_3，和 $Cd_2Nb_2O_7$ 等，纯离子晶体模型就显得更不合理。但是近代晶体场理论和配位体场理论讨论多种金属氧化物和复氧化物的结构问题时，基本上还是根据着离子晶体模型，却能取得一定程度的成功[13]；可见这些类型的氧化物和复氧化物晶体具有一定程度的离子性。事实上，根据离子晶体模型，如果再考虑到某些阴离子的高度极化和阳离子有效正电荷的减小，这观点就和部份共价键的观点没有多大差别。因此可以看出，关于钛酸钡型晶体的铁电性的一些理论，如果再进一步发展，观点就会逐渐趋于一致。

目前一个主要的问题仍然是：钛酸钡铁电性晶体中的 Ti—O 键究竟有多少程度的共价键性质？

[①]　现在安徽合肥工业大学。

　　这类问题往往可通过晶格能的理论计算值与实验值的比较来作出定性的判断[14]。如所熟知，晶格能计算的主要困难在于排斥能项往往难以作出可靠的估计。Baughan[15a] 和 Morris[15b] 最近曾对若干典型的氯化物离子晶体的排斥指数（ρ）作了估计。我们最近也曾经系统地探讨了多种离子晶体的排斥指数（ρ）的规律[15c]；根据所发现的 ρz^* 规律，氧化物离子晶体如果正负离子都和氮族原子同电子结构，则 ρ 值可采用 0.37 Å。对于氧离子的生成热也重新作出估计。利用这些结果，便可对钛酸钡晶体的假设的离子晶体模型的晶格作出比较可靠的估计，以与实验值作比较，来判断化学键的性质。由于这种晶体呈现着天然极化现象，这里当然也须估计晶体的极化能。

　　讨论气体分子中的化学键性质时往往利用到分子的偶极矩数值。对于钛酸钡型的铁电性晶体，也可利用晶体的天然极化实验值与理论计算值的比较，来判断晶体中化学键的离子性程度。这在固态化合物中是个不易多得的例子，因此在理论上特别有意义。

　　在此应该指出，Triebwasser[9] 最近曾仿照 Slater[3] 计算法，估计出钛酸钡晶体的天然极化，与 Merz[1] 所测得的实验值作比较，结果认为 BaTiO₃ 晶体中各种离子的有效正负电荷只有正常离子状态的 45%。Triebwasser 的理论计算工作是继 Slater 的工作之后的最重要的参考文献之一。但该文所采用的偶极电场点阵和系根据 Kinase[4] 的近似估计。有必要采用 Ewald-Kornfeld[16,17] 点阵和计算法重新复算，以作比较。Triebwasser 文中某些基本假设也有些值得商榷的地方。

二、计算方法和结果

A. 天然极化的计算

根据 Frazer，Danner 和 Pepinsky[18] 的中子衍射结果，钛酸钡铁电性晶体在室温下的晶格参数如下：

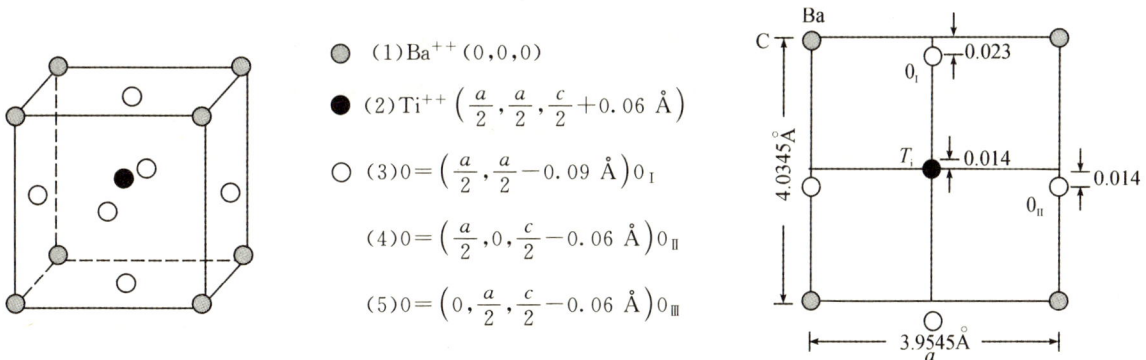

- ⬤ (1) Ba++ $(0,0,0)$
- ● (2) Ti++ $\left(\dfrac{a}{2},\dfrac{a}{2},\dfrac{c}{2}+0.06\text{ Å}\right)$
- ○ (3) 0 = $\left(\dfrac{a}{2},\dfrac{a}{2}-0.09\text{ Å}\right)0_{\text{I}}$
- (4) 0 = $\left(\dfrac{a}{2},0,\dfrac{c}{2}-0.06\text{ Å}\right)0_{\text{II}}$
- (5) 0 = $\left(0,\dfrac{a}{2},\dfrac{c}{2}-0.06\text{ Å}\right)0_{\text{III}}$

图 1　钛酸钡正方晶体的晶格参数

　　由图 1 可以看出这种晶胞是极化的；同时，由于各离子位置皆有净电场，因此也必然产生电子极化，各离子形成诱导的偶极。为了比较准确地计算晶体的内电场和天然极化，我们可采用与 Slater[3] 和 Triebwasser[9] 稍为不同的计算法。离子位移所产生的净电场原来只估计到偶极项，本文则采用 Ewald[11] 点阵和计算法求出每个离子位上受到所有其他离子的库仑力场的矢量和。再加上这些离子诱导偶极所产生的偶极场的矢量和，就可得出每个离子位上总的内电场。

$$E_i = \frac{\Delta_c}{\alpha_i}P_i$$

$$= E_i^0 + \sum_i q_{ij}P_i = E_i^0 + q_{ij}P_j + \sum_{j\neq i}q_{ij}P_i \tag{1}$$

或

$$E_i^0 = -\left(q_{ij}-\frac{\Delta_c}{\alpha_i}\right)P_i - \sum_{j\neq i}q_{ij}P_i \tag{1}$$

53

$$q_{ij} = S_{ij} + \frac{4}{3}\pi \tag{2}$$

这里 $\frac{4}{3}\pi$ 是 Lorentz 因子[12]，而 S_{ij} 是偶极场 z 向分力的点阵和。q_{ij} 的定义见公式(2)；其数值见表1。E_i^0 是晶体内其他位上各离子静电荷对 i 位上所产生的静电场 z 向分力的矢量和。P_i 是 i 位上离子的电子极化；α_i 是电子极化率；Δ_c 为晶胞体积。

由于对称性原因，$P_4 = P_5$，$q_{i4} = q_{i5}$。上式可写成如下的矩阵方程式：

$$\begin{bmatrix} E_1^0 \\ E_2^0 \\ E_3^0 \\ E_4^0 \end{bmatrix} = \gamma \begin{bmatrix} P_1 \\ P_2 \\ P_3 \\ 2P_4 \end{bmatrix}, \text{或} \begin{bmatrix} P_1 \\ P_2 \\ P_3 \\ 2P_4 \end{bmatrix} = \gamma^{-1} \begin{bmatrix} E_1^0 \\ E_2^0 \\ E_3^0 \\ E_4^0 \end{bmatrix} \tag{3}$$

$$\gamma \equiv \begin{bmatrix} -\left(q_{11} - \dfrac{\Delta_c}{\alpha_1}\right) & -q_{12} & -q_{13} & -q_{14} \\ -q_{21} & -\left(q_{22} - \dfrac{\Delta_c}{\alpha_2}\right) & -q_{23} & -q_{24} \\ -q_{31} & -q_{32} & -\left(q_{33} - \dfrac{\Delta_c}{\alpha_3}\right) & -q_{34} \\ -q_{41} & -q_{42} & -q_{43} & -\dfrac{1}{2}\left(q_{44} + q_{45} - \dfrac{\Delta_c}{\alpha_4}\right) \end{bmatrix} \tag{4}$$

因 $q_{ij} = q_{ji}$[9]，γ 是个对称方阵，其倒移方阵 γ^{-1}，也是个对称方阵。方阵元素的计算值是

$$10^3 \gamma^{-1} = \begin{bmatrix} 42.335 & -0.172 & 1.673 & 27.620 \\ -0.172 & 3.539 & 5.590 & 0.603 \\ 1.673 & 5.590 & 66.185 & 37.968 \\ 27.564 & 0.606 & 37.968 & 113.49 \end{bmatrix} \tag{5}$$

表 I　q_{ij} 的数值*

i＼j	1	2	3	4
1	4.023	4.248	−4.520	8.531
2	4.248	4.023	34.325	−10.734
3	−4.520	34.325	4.023	8.544
4	8.531	−10.734	8.544	−0.548**

* $q_{ii} = S_{ij} + \frac{4}{3}\pi$。$S_{ij}$ 数值系按 Ewald-Kornfeld[17] 点阵和计算法求得。所用的晶格参数见图1。离子的电子极化率数值（$\alpha_1 = 1.95 \times 10^{-24}$（Å）^{3}，$\alpha_2 = 0.19 \times 10^{-24}$（Å）^{3}，$\alpha_3 = \alpha_4 = 2.4 \times 10^{-24}$（Å）^{3}）系根据 Slater[3]。

** $q_{44} + q_{45} = -0.548$。

离子位移（δ_i）所产生的天然极化为

$$\sum_i P_i' = \frac{1}{\Delta_c} \sum_i z_i e \delta_i = 1.02 \times 10^{-2} \frac{e}{\text{Å}^2} = 16 \text{ 微库 / 平方厘米}。$$

$\sum_i P_i + \sum_i P_i'$ 总和为 56 微库/平方厘米。这就是离子晶体模型所应有的天然极化（P_s）理论值。而实验值[1]则只有 26 微库/平方厘米。

用电容法测量介电常数和天然极化时，试样表面产生消极电场（depolarization field）的电荷被电极

板上的诱导电荷所中和，因此在计算试样内部的电场时不需要考虑表面的消极电场[12]。就是不在电容器内，铁电性晶体试样表面电荷也常为吸附层物质的电荷所中和；因此这里也不考虑晶体表面的消极电场。

表Ⅱ　内电场和电子极化计算结果

i	1	2	3	4
$E_i^{0}{}^{*}\left(\dfrac{e}{\text{Å}^2}\right)$	0.0321	0.0728	0.2824	-0.0524
$E_i\left(\dfrac{e}{\text{Å}^2}\right)$	0.0124	0.6096	0.4604	0.0765
$P_i\left(\dfrac{e}{\text{Å}^2}\right)\times10^3$	0.37	1.7	17.2	$2P_4=5.7$
$\sum\limits_i P_i$	0.025e/ Å², 或 40 微库/平方厘米			

* E_i^0 数值系按 Ewald[16] 点阵和计算法求得。E_i 值系由 P_i 值算出，$E_i=\Delta_c P_i/\alpha_i$。

B. 极化能的计算

晶体的极化能项含有诱道偶极与诱道偶极互相作用的能量贡献，所以不能以 $-\dfrac{1}{2}\sigma E^2$ 计算。这极化能项应该可用以下三项之和来估计：(1)离子无限分散时各孤立的诱导偶极的生成能，(2)这些带有偶极 μ_i 的离子由无跟远移近构成晶体时，偶极与其他离子的电荷相互作用能，和(3)偶极与偶极的相互作用能；即：

$$U_{pi}=\frac{1}{2}Ni\frac{E_i^2}{\alpha_i}-N_i\alpha_iE_iE_i^0-\frac{1}{2}N_i\alpha_iE_iE_{pi}$$

$$=N_i\left[\frac{1}{2}\alpha_iE_i(E_i^0+E_{pi})-\alpha_iE_iE_i^0-\frac{1}{2}\alpha_iE_iE_{pi}\right]$$

$$=-\frac{1}{2}N_i\alpha_iE_i^0E_i \tag{6}$$

根据表Ⅱ E_i^0 和 E_i 数值，计算得 $U_P=\sum U_{pi}=-50$ 仟卡/克分子。极化能的这种估计法与 Böttcher[19] 书中处理两个离子相互作用的极化能部分，原则上相似。

因天然极化的实验值只有离子晶体模型的计算值的一半左右，极化能的实际数值可能只有这计算值的四份之一左右。

C. 晶格能的计算

晶格能的计算系根据波恩—迈尔(Born-Mayer)方法，计算式见于本刊前一期[15c]。

$$U=U_M+U_L+U_P+U_r \tag{7}$$

$$U_r=Nbf\left(\frac{r}{p}\right)\equiv Nbf(x)$$

$$U_r=(U_M+6U_L+4U_P+3TV\alpha B^{-1})\frac{\rho}{r}\frac{f(x)}{f'(x)}$$

$$\approx(U_M+6U_L+4U_P)\frac{\rho}{r}\frac{f(x)}{f'(x)} \tag{8}$$

$$\left(x\equiv\frac{r}{\rho},\ f'(x)\equiv\frac{df(x)}{dx}\right)$$

表 Ⅲ $BaTiO_3$ 晶格能的计算结果

1. 晶系	正方晶系(20℃)	立方晶系(120℃)
2. a_0 Å	$\begin{cases} a=3.994_5 \\ c=4.034_5 \end{cases}$	$a=4.002$
3. r_0 Å	1.868	2.001
4. ρ_0	0.37	0.37
5. $\beta \times 10^{12}$ 达因/厘米平方	(1.22)	1.22
6. $\frac{1}{V}\left(\frac{\partial V}{\partial T}\right)_P \times 10^6 (℃)^{-1}$	19.5	29.4
7. $A \dfrac{e^2}{a}$	−49.46	−49.5
8. U_M 仟卡/克分子	−4109	−4103
9. U_P 仟卡/克分子	−50	0
10. U_L 仟卡/克分子	−154	−153
11. $3T\Delta\alpha/\beta$ 仟卡/克分子	(13.2)	(20)
12. $-f(x)/f'(x)$	0.744	0.785
13. U_r 仟卡/克分子	771	728
14. $U_{计算}$ 仟卡/克分子	−3542	−3528
15. $U_{实验}$ 仟卡/克分子	−3605±20	
16. $U_{实验}-U_{计算}$ 仟卡/克分子	−63	

上式中 U,U_M,U_L,U_r 和 U_P 分别代表晶格能,Madelung 能,色散体能的 London 项,排斥能和极化能。$f(x)$ 与 $f'(x)$ 意义见前文[15c]。计算结果列于表Ⅲ。必须说明,晶格能组成的各项,在对 r 微分时,假设 T,P 及 $\frac{c}{a}$ 维持不变。而 U_r 对 r 微分时近似地假当这一项与 r 的 4 次方成反比,如同固定偶极与电荷的相互作用能一样的;实际上这一项含有诱导偶极的相互作用能,因此应该与 r 高于 4 的幂次成反比。但因这一项对 U 的实际贡献 $\left(U_P\left(1-\left|\frac{\partial U}{\partial r}\rho \frac{f(x)}{f'(x)}\right|\right)\right)$ 很小,所以这样假设对 U 的计算值不致引起很大的误差。这里因有阴离子接触,而且 $Ba^{+2}-O^{-2}$ 的排斥能与 $Ti^{+4}-O^{-2}$ 排斥能差不多大小,所以 $|f(x)/f'(x)|$ 比 1 小得多。

晶格能实验值的估计,系利用 Born-Haber 循环和有关的热化学数值[20]。但 $BaTiO_3$ 的生成热尚无数据,因此系间接从 BaO 与 TiO_2 的生成热估计出的;首先估计 $BaO(s)+TiO_2(s)=BaTiO_3(s)$ $\Delta H \approx -25 \pm 5$ 仟卡/克分子。(根据 Kubaschewski[21] 所搜集的热化学数据,由这类氧化物构成复氧化物时,热效应一般都不大;例如,$CaO+SiO_2=CaSiO_3$,$\delta H_{2980}=-21.5\pm0.3$ 仟卡;$BaO+SiO_2=BaSiO_3$,$\Delta H=-26.5\pm6.0$ 仟卡;$BaO+AI_2O_3=BaO \cdot AI_2O_3$,$\Delta H=-24.0\pm1.5$ 仟卡。可见以上的估计还是合理的。)由此估计得 $BaTiO_3$ 的生成热为 -384 ± 10 仟卡/克分子,晶格能(U)的 Born—Haber 循环实验值为 -3605 ± 20 仟卡/克分子(20℃)。

三、讨论

1. 极据波恩—迈尔方法计算典型离子晶体的晶格能:误差一般在 1% 以内,由表Ⅰ计算结果,

$BaTiO_3$晶格能的理论计算值（绝对值），比实验值约小 1.8％，可以看出这个晶体的化学键性质含有一些共价性。

2. 本文所算出的 $BaTiO_3$ 晶体的天然极化数值仍和 Triebwasser 的计算值相靠近。按照 Triebwasker 的看法，$BaTiO_3$ 晶体中各离子的有效正负电荷还不到正常离子状态的一半（45％），这和根据晶格能数据的论断不大符合。但是 Triebwasser 的某些基本假设看来有些问题。首先，他假设 $BaTiO_3$ 晶体中各种离子所带电荷份数（与该离子的正常价电荷比较）皆相同，即晶体中各种键的离子性程度皆相同。这假设是为 了计算的方便，但却未必符合实际情况。BaO 晶体是典型的离子晶体[14]，$BaSO_4$，$BaCO_3$ 等晶体中的钡离子也部是二价阳离子[14]，因此我们认为 $BaTiO_3$ 晶体中的钡离子也应该基本上是 Ba^{++}，而不是 $Ba^{+0.9}$。就是晶体中的三种不同长度的 Ti—O 键（最长键与最短键相差 0.30 Å），共价性程度也应该因原子间距离的不同而有所差异。其次，Tricbwasser 没有考虑到，各离子有效正负电荷减小时，不但库仑电场会降低，而且氧离子的电子极化率和诱导偶极也必定会大大降低。因此，电子极化在天然极化数值中所占的百分率不可能再维持在 72％，而应该是小得多；相对地离子位移极化所占的百分率应该是大大提高了。因此，各离子的实际电荷可能较 Tribwasser 所估计的大得多。

3. 我们可对 Ti—O 键的共价性作些初步的估计。假设最短的 Ti—O 键基本上靠近于一种络合键，$O^{-2} \rightarrow T_i^{+4}$，或 O^{-1}—Ti^{+3}，而其他的 Ti—O 键的共价性比较小得多，则 E_3 约降低 $\frac{1}{3}$，α_3 也不再是 2.4 Å³，而可能是 1.5 Å³ 或更小（F^- 离子的电子极化率只有 1.0 Å³[12]）。因此 P_3 可能降低 60％～70％。直接由于电荷的减小，离子位移极化 $\sum_i P_i'$ 降低到 13 微库/平方厘米。因此，天然极化 $\sum_i P_i' + \sum_i P_i''$ 的数值可能降到 30 微库/平方厘米左右，靠近实验值。

这样假设的共价性程度也不致和晶格能的数据太不相协调；而且也和 x-光谱数据[10,11]有些符合。

4. 应该指出，最近 Busini[22]用超声激发的压电效应方法，测得汰酸钡晶体的天然极化为 44 微库/平方厘米；其中一个慢的极化组分需要 20 天才能达到稳定值，而快的组分仍是 26 微库/平方厘米。根据这结果，Ti—O 键的离子性可能更大，但是 Busini 的实验条件有些特殊。慢组分也不容易解释。而 Merz 的实验值，26 微库/平方厘米，比较符合自由能函数[2,9]。

5. 关于 Ti—O_I 共价键的组成：钛离子可能利用 pz—dz^2 什化轨函来和最邻近的氧离子构成部分共价键；而原来 p_z 轨函的两个电子则提升到不成键的另一 p_z—dz^2 什化轨函。这相当于说，原来的 p_z 电子受到晶体场的极化作用而引起 p-d 杂化。Ti—O_{II} 的共价性应该比较小得多，其性质未明。（可能也含有 $3p_x$，$3p_y$ 和 $3s$ 杂化成分，有三对不成键的电子和一个非定域化的 Ti←O_{II} 络合键。关于这一点，尚待今后继续探索。）这样，系统的能量较纯离子晶体模型低 60 仟卡以上是有可能的。根据 Шуьаеь[11] 及其同事的 x-光谱数据，$BaTiO_3$ 晶体中钛离子的正电荷不大于 2.7，而且价带中具有相当大的 P—轨函什化成分。这些数据可作为参考。但要探清什化轨函的构造，还需要更多的实验和理论工作。

应该指出，由正方体型到立方晶型并不意味着由部分共价晶体到离子晶体，因为从晶格能估计结果看来，立方晶型（120℃）的 $BaTiO_3$ 也具有和正方晶型的相近的共价性。因此极化状态的改变很可能是由于价键电子云的转移加上离子极化和电子极化方向和大小的改变的总结果；这样，前后晶体的介电性质可用同一个自由能函数来说明[23]是可以理解的。

本文初步计算工作于 1957 年完成，我们深切地感谢卢嘉锡教授于 1956 年为我们介绍了钛酸钡晶体的一些重要性能，引起我们对这种问题的兴趣。最近，在整理稿件时得到陈德安同志的协助，代为校对许多繁长的计算，并此致谢。

参考文献

[1] Merz，W. J.，Phys. Rev. **91**，513 (1959).

[2]Devonshire,A. F.,Phil. Mag. 40,1040 (1949);Adv. Phys. **3**,88 (1954).

[3]Slater,J. C.,Phys. Rev. **76**,748 (1950).

[4]Kinase,W.,Progr,Theor. Phys. Japan,**13**,529 (1955).

[5]Takagi Y.,Proc. Int. Conf. on 丁heor. Phys.,p. 824 Kyoto and Tokyo (1953),cf. Ref. (9).

[6] Megaw,H. D.,Acta Cryst. 5,739 (1952);ibid. **7**,187 (1954).

[7]Jayne,E. T.,Ferroelectricity,Princeton Univ. Press(1953).

[8]a. Hagedorn,R.,Z. Phys. **133**,394(1952).

  b. Беляеь,И. Н., Иав. АНСССР,С. Ф,**22**,1436 (1958).

[9]Tribwasser,S.,J. Phys. Chem. Solids,**3**,53(1957).

[10]Ыдохаа,М. А.,Шуьаеь,А. Т.,Иав. АНСССР,С,Ф. **22**,1453 (1958).

[11]Шуьаоь,А. Т.,Ива. АНСССР,С. Ф. **23**,569 (1959).

[12]Kittel,C.,Introd. Solid State Phys.,2nd Ed.,Chapt. 7 & 8(1936).

[13]Dunitz,J. D.,Orge,L. E.,Adv. Inorg. Chem. and Radiochemistry **2**,1(1960).

[14]Waddington,T. C.,ibid,**1**,157(1959).

[15]a. Baughan,E. C.,Trans. Faraday Soc. **55**,736(1959).

  b. Morris,D. F. C.,Proc. Roy. Soc. **A242**,116(1957).

  c. 蔡启瑞:厦门大学学报,自然科学版 9.1(1962).

[16]Ewald,P. P.,Ann. Physik **64**,253(921);cf. Ref. (12).

[17]Kornfeld,H.,Z. Phys. **22**,27(1924).

[18]Frazer,B. C.,Danner,H. R.,Pepinsky. R.,Phys. Rev. **100**,745(1955).

[19]Böctcher,C. J. F.,Theory of Electric Polarization,p. 148. Elsevier. Amsterdam(1952).

[20]Rossini,F. D. and Others,U. S. NBC Cire. #500(1952).

[21]Kubaschewski,O.,Evans,E. Ll.,Metallurgical Thermochem. (1955).

[22]Busini,K.,J. Appl. Phys. **29**,1379(1958).

[23]Huibregtse,E. J.,Young. D. R.,Phys. Rev. **103**,1705(1956).

Spontaneous Polarization,Polarization Energy,
And Lattice Energy of BaTiO₃ Ferroelectric Crystals

Zhian-Sin Lin，K．R．Tsai

Dept. of Chem.,University of Amoy;

Lab. of Calalysis and Electrochemistry,

Hwa-Dong,Inst. of Structure of Matter

Abstract

The Spontaneous polariaztion, polarization energy, and lattice energy of BaTiO₃ ferroelectric crystals are calculated,based upon an ionic model. Values of the spontaneous polarization(56mc/cm²) and lattice energy(-3542 Kcal/mol)thus obtained are compared with the experimental values (26 mc/cm² ,-3605 Kcal/mol). Considering the fact that the internal fields and the electronic polarizability of the oxide ions are all very sensitive to changes in the effective ionic changes,the experimental value of the spontaneous polarization indicates that the Ti—O bonds still possess considerable ionic character, as is also indicated by the experimental value of the lattice energy. The nature of the Ti—O bonds is discussed. with reference to x-ray spectroscopic data of Soviet workers recently published in the literature.

■ **本文原载**:《厦门大学学报》(自然科学版)第 10 卷第 1 期(1963)，第 85～86 页。

α-TiCl$_3$ 晶体的极化电场与 α-烯烃在 Ziegler-Natta 催化剂上定向聚合的机理

蔡启瑞

（厦门大学化学系　华东物质结构研究所催化电化研究室）

关于 α-AlR$_3$ 或其他 Ziegler-Natta 催化剂对 α-烯烃定向聚合的催化作用机理，近年来国际上进行了大量的研究工作，提出了许多理论[1]。根据 Cossee[2] 的看法，催化剂的活性中心可能是 α-TiCl$_3$ 晶体表面上某些带有烷基而且和氯离子空位相邻的钛离子。Cossee 的理论能解释大部份的实验事实，但 Cossee 只考虑空间位阻因素，而未考虑这种夹层型晶体氯离子格点上极化电场对吸附在活性点上的 α-烯烃的定向作用。

最近我们根据 Born-Mayer 离子晶体模型，对 α-TiCl$_3$ 晶体的极化电场、极化能、和晶格能进行了计算[3]。晶格能的计算值（$U_{\dot{H}} = -1204 \pm 10$ 千卡/克分子）与实验值（$U_{\mathfrak{F}} = -1213$ 千卡/克分子，Born - Haber 循环）相当靠近；这表示这晶体（融点 730℃）基本可视为离子晶体。晶体中氯离子格点上的极化电场相当大（平行于 z 一轴的极化电场为：$E_{11}^0 = 0.417e$ Å^{-2}，$E_{11} = 0.219$ eÅ^{-2}，后者为库仑场 E_{11}^0 加偶极场；Ep 垂直于 z 一轴的极化电场为：$E_\perp^0 = 0.267$ eÅ^{-2}，$E_\perp = 0.225$ eÅ^{-2}）。在（001）晶面上、（$hh0$）晶面上，或边棱上的氯离子空位的极化电场估计也在 1×10^8 伏/厘米以上。一般 α-烯烃分子的偶极矩约为 $0.35 - 0.45$D，这种分子如顺着晶体场的方向排列，系统能量可降 4 千卡/克分子以上，较常温下的 RT 值（0.6 千卡）大得多。因此显然应该考虑晶体场对 α-烯烃吸附分子的定向作用。

根据 Cossee[2] 所提出的图解，丙烯分子（CH$_3\overset{\delta_+}{\text{CH}}$=CH$_2$，$\mu = 0.35$D[4]）络合在活性点上时，分子偶极的排列正好和 $E_\perp$ 极化电场的方向相反. 这样，对系统能量的降低是不利的；同时，诱导极化（较原有极化大得多）不但会抵消了烯键原有的极化，而且会使第二个碳原子上带负电荷，不利于吸引邻近 R$^-$ 负基的转移。

如考虑晶体极化电场的方向，则CH$_3\overset{\delta_+}{\text{CH}}$=$\overset{\delta_-}{\text{CH}}_2$分子吸附在活性点上时，=$\overset{\delta_-}{\text{CH}}_2$一端应该朝向邻近中心离子的另一个钛离子。由于烯键键长（1.34 Å）加上两个碳原子的范德华半径（r_v 约 1.1 Å，顺键方向[5]）并不较氯离子的直径（3.6 Å）为长，这样排列空间位阻并不大（至于两个氢原子，仍和 Cossee 所提出的排列一样，只和氯离子接触）。吸附丙烯分子的其他一端（CH$_3\overset{\delta_+}{\text{CH}}$=）朝上，而甲基则可向外伸，露出晶面之外，使空间位阻减少，这样也可达到定向排列。邻近 R$^-$ 负基转移到吸附丙烯的第二个碳原子上之后，$\overline{\text{C}}$H$_2$ 端即与中心离子构成 σ 键。这样，从中心钛离子顺着链长往外看时，CH$_3 \rightarrow$H$\rightarrow$R 的排列是顺时针的。R$^-$ 负基（成长中的键）转移位置后，所腾出的空位重新吸附一个丙烯分子，仍顺着所在晶格点上的极化电场方向排列，甲基仍向外伸。R$^-$ 负基再转移过来时，CH$_3 \rightarrow$H$\rightarrow$R 排列次序仍然是顺时针的。这样，同样可说明定向聚合的机理（图 1）、(图 2)。

但本文所提出的机理极化因素与空间位阻因素同时考虑，较 Cossee 理论有如下优点：(1)能量关系较合理；(2)顺极化电场排列时，烯键受到晶体场的诱导极化与原有的极化相叠加，使第二个碳原子上所带的正电荷增大,有利于吸引 R$^-$ 负基的转移;(3)极化机理与 Uelzmann-Bier[6] 的离子对机理可相比拟。

以上假设对定向聚合条件的选择可能具有指导作用,但一切尚待通过实验来考验,详细设想另行报导。

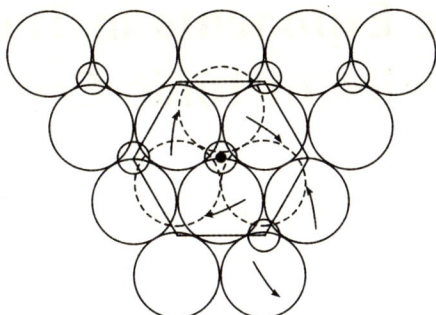

图 1 α-TiCl$_3$ E$_\perp$ 方向(大圈代表 Cl$^-$,小圈代表 Ti^{+3},虚线大圈代表另一层的 Cl$^-$ 离子)

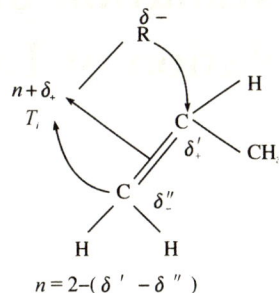

图 2 R$^-$ 基定向转移

参考文献

[1]Bawn,C. E. H. and Ledwith,A.,Quart. Rev. **16**,361 (1962).

[2]Cossee,P.,Tetrahedron Letters,No. 17,12,17 (1960) Trans. Faraday Soc. **58**,1226 (1960).

[3]周泰锦,蔡启瑞,α-TiCl$_3$ 夹层晶体的极化能、晶格能、和晶体场分裂(未发表稿件).

[4] Handbook Chem. Phys.,**41** Ed.,p. 2537,1959—1960.

[5]Pauling,L.,Nature of Chemical Bond,3rd Ed.,Cornell Univ. Press (1960).

[6]Uelzman,J. Polymer Sci.,**32**,457 (1958);Bier,Kunstoffe,**48**,354 (1958).参考文献[1].

Polarization Field at Anionic Site of α-TiCl$_3$ Layer-type Crystal and Mechanism of Isotactic Polymerization of α-Olefins on Ziegler-Natta Catalysts

K. R. Tsai

(*Department of Chemistry,University of Amoy;Lab. of Catalysis and Electrochemistry,Hwa-Dong Inst. of Structure of Matter*)

Abstract

A mechanism of isotactic polymerization of α-olefins on α-AlR$_3$ catalysts is proposed. In this theory,the orienting effect,upon the adsorbed α-olefin molecule,of the crystal polarization field ($E_{11z} = 3.16 \times 10^8$ volt cm^{-1},$E_{\perp z} = 3.24 \times 10^8$ volt cm^{-1},inside crystal) at an anionic site of α-TiCl$_3$ layer-type crystal is considered together with the steric effect. The theory has some advantage over Cossee's Theory.

■ 本文原载：Scientia Sinica(English Edition)，1964，13，(1)，pp. 47～60.

Estimation of Repulsive Exponents in The Calculation of Lattice Energies of Ionic Crystals[*]

K.R.Tsai（蔡启瑞）
(Department of Chemistry, University of Amoy)

Ⅰ. Introduction

Although quantum-mechanical calculations of lattice energies, based upon first principles, have been carried out for some simple ionic crystals, such calculations are laborious, and the methods for correcting for the electronic correlation effects have not been developed to reach the desired degree of accuracy[1]. In practice, one still has to rely upon semi-classical, classical, and even empirical methods for the calculation of lattice energy. A comprehensive review of such methods has recently been made by T. W. Waddington[2].

Among the practical methods of lattice-energy calculation, the Born-Meyer semi-classical method[3] is most widely used. In this method, the lattice energy of an ionic crystal is taken to be the sum of the Coulomb energy, the dispersion energy, and the repulsive energy of all the ion-pairs, plus the zero-point energy of the crystal:

$$U=U_M+(U_L+U_{L'})+U_r+U_s \tag{1a}$$

where the repulsive-energy term (U_r) is to be expressed in exponential form as suggested by quantum mechanics[4]. This term contains two empirical constants, namely, the preexponential factor, b, and the repulsive exponent, ρ; both may be determined from the known equilibrium interionic distances and the compressibility of the crystal[3]. Such a theoretical model does not seem to be sophisticated enough, yet the calculated results for a large number of typical ionic crystals are in good agreement with the experimental values[2]. In recent years, there has been a renewed interest in this type of lattice-energy calculations[2,5-8].

For most crystals, however, reliable compressibility data are not available, and the estimation of the repulsive exponents for these crystals still remains a problem. Under this circumstance, it is generally assumed that the average value (0.345 Å, according to Huggins[9]) of the repulsive exponents for crystalline alkaline halides can be used for other types of ionic crystals. However, this assumption does not seem to be justifiable in view of the following points: (i) According to the literature[10,11], the repulsive exponents for the interaction between the helium-group atoms ($\rho_{He}=0.217$ Å, $\rho_{Ne}=0.235$ Å, $\rho_A=0.273$ Å) appear to be different for different sizes of the atoms. Since the repulsive energies of the ionic crystals are of the same nature as those of the helium-group atoms, all being due to short-range overlap forces, similar relation between the repulsive exponents and the ion sizes, or some other ionic

---

[*] First published in Chinese in *Univ. Amoiensis Acta Sci. Nat.*, 1962, 9, (1), pp. 1～12.

parameters, might exist for ionic crystals, (ii) If the ρ values for the crystalline alkaline halides originally given by Huggins[9] are retabulated into four groups according to different halide ions, and the average ρ value for each group of crystals is taken, then it can readily be seen that these average ρ values actually increase, in magnitude, with the sizes of the anions ($\bar{\rho}_{MF(S)} = 0.313$ Å, $\bar{\rho}_{MCl(S)} = 0.324$ Å, $\bar{\rho}_{MBr(S)} = 0.334$ Å, $\bar{\rho}_{MI(S)} = 0.361$ Å), (iii) The results of quantum-mechanical calculations carried out by Löwdin[1] also give some justification for expressing the repulsive-energy term in the exponential form; according to these results, the values of the quantum-mechanical repulsive energies of NaCl(s), KCl(s), LiCl(s), and LiF(s) depend mainly upon the values of $|\psi_{3p}(Cl^-)|^2_{r=r_{13}}$ and $|\psi_{2p}(F^-)|^2_{r=r_{13}}$, respectively. This indicates that some relation might exist between the repulsive exponents of the crystals and the effective nuclear charges of the corresponding anions acting upon their outermost p-electrons.

The object of the present work is to investigate whether we can find out some simple relation which will enable us to estimate the repulsive exponents directly from the effective nuclear charges of the anions involved without recourse to crystal data. If this can be done, it will greatly increase the reliability and applicability of such lattice—energy calculations, and will also enable us to use some simplified forms of the Born—Meyer equation.

II. The Born-Meyer Method and Estimation of Repulsive Exponents

A short review of the Born-Meyer method of lattice-energy calculation may be necessary as this will enable us to discuss the magnitudes of errors involved in some simplified equations.

The Born-Meyer lattice-energy equation may be written in the following form[2,3]:

$$U = U_M + U_L + D_{L'} + U_r + U_z =$$

$$= \frac{NA_r z_1 z_2 e^2}{r} - N\left(S_L c_{12} + \frac{1}{2}S'_L c_{11} + \frac{1}{2}S''_L c_{22}\right)\frac{1}{r^6}$$

$$- N\left(S'_L d_{12} + \frac{1}{2}S'_L d_{11} + \frac{1}{2}S''_L d_{22}\right)\frac{1}{r^8}$$

$$+ Nb\left[\begin{array}{l}\exp\left(1 - \dfrac{r}{\rho}\right) + \dfrac{1}{2}\dfrac{C_{++}n'}{C_{+-}n}\exp\left(\dfrac{r_+ - r_-}{\rho}\right)\exp\left(-\dfrac{r_{11}}{\rho}\right) \\ + \dfrac{1}{2}\dfrac{C_{--}n''}{C_{+-}n}\exp\left(\dfrac{r_- - r_+}{\rho}\right)\exp\left(-\dfrac{r_{22}}{\rho}\right) + \cdots\end{array}\right] + U_z$$

$$= N(\varphi_M + \varphi_L + \varphi_{L'} + \varphi_r) + U_z \tag{1}$$

In the above equation, $U, U_M, U_L, U_{L'}, U_r$, and U_z denote respectively the lattice energy, the Madelung energy, the London[12a] term and the Margenau[12b] term of the dispersion energy, the repulsive energy, and the zero-point energy of the crystal; z_1e, z_2e, and r (i. e. r_{12}) denotes respectively the cationic and anionic charges, and the equilibrium interionic distance; A_r is the Madelung constant; S_L, S'_L, S''_L, and $S_{L'}, S'_{L'}, S''_{L''}$, are respectively the lattice sums $\sum(r/r_{ij})^6$ and $\sum(r/r_{ij})^8$, for the three different types of ion-pairs; c_{12}, c_{11}, c_{22}, and d_{12}, d_{11}, d_{22}, the dispersion constants for these ion-pairs; r_+ and r_-, the cationic and anionic radii (the Goldschmidt radii being used here); $Nn, \frac{1}{2}Nn'$, and $\frac{1}{2}Nn''$ are the numbers of ion-pairs for the three different types, of which the corresponding interionic distances are r_{12}, r_{11}, and r_{22}; C_{+-}, C_{++}, and C_{--} are Pauling's semi-empirical factors[13], $\left(1 + \frac{z_i}{n_i} + \frac{z_i}{n_i}\right)$; φ_M, φ_L, $\varphi_{L'}$, and φ_r are the corresponding "molecular" quantities for $U_M, U_L, U_{L'}$, and U_r.

The two empirical constants, b and ρ, in the repulsive-energy term may be determined from the equilibrium interionic distance (r_0) and the compressibility (β_0) of the crystal at the absolute zero of temperature. They may also be determined from the room temperature data, making use of the following thermodynamic relations[14]:

$$O=\left(\frac{\partial G}{\partial V}\right)_T=\left(\frac{\partial U}{\partial V}\right)_T+P-T\left(\frac{\partial S}{\partial V}\right)_T \tag{2a}$$

$$\left(\frac{\partial^2 U}{\partial V^2}\right)_T=\frac{1}{V\beta}+T\frac{\partial^2 P}{\partial V\partial T} \tag{3a}$$

$$r\left(\frac{\partial U}{\partial r}\right)_T=3VT\frac{\alpha}{\beta}, (P=0) \tag{2}$$

$$r^2\left(\frac{\partial^2 U}{\partial r^2}\right)_T=\frac{9V}{\beta}\left[1+\frac{T}{\beta}\left(\frac{\partial\beta}{\partial T}\right)_p+\frac{T_\alpha}{\beta^2}\left(\frac{\partial\beta}{\partial p}\right)_T+\frac{2}{3}T\alpha\right]=\frac{9V}{\beta}(1+\delta) \tag{3}$$

$$\delta=\frac{T}{\beta}\left(\frac{\partial\beta}{\partial T}\right)_p+\frac{T\alpha}{\beta}\left(\frac{\partial\beta}{\partial p}\right)_T+\frac{2}{3}T\alpha \tag{4}$$

where α, β, and V denote respectively the coefficient of thermal expansion, the compressibility, and the molal volume of the crystal. From equations (1), (2), and (3), the following equations may be obtained:

$$Nb=-(U_M+6U_L+8U_{L'}+3TV\alpha\beta^{-1}\frac{\rho}{r}\left[\frac{1}{-f'(x)}\right] \tag{5a}$$

$$f(x)\equiv\left[\exp\left(-\frac{r}{\rho}\right)+\frac{1}{2}\frac{C_{++}}{C_{+-}}\frac{n'}{n}\exp\left(\frac{r_+-r_-}{\rho}\right)\exp\left(-\frac{r_{11}}{\rho}\right)\right.$$
$$\left.+\frac{1}{2}\frac{C_{--}}{C_{+-}}\frac{n''}{n}\exp\left(\frac{r_--r_+}{\rho}\right)\exp\left(-\frac{r_{22}}{\rho}\right)+\cdots\right] \tag{5b}$$

$$\left(x\equiv\frac{r}{\rho}, f'\equiv\frac{df}{dx}\right)$$

$$\rho=\frac{-(U_M+6U_L+8U_{L'}+3TV\alpha\beta^{-1})r}{9V\beta^{-1}(1+\delta)-(2U_M+42U_L+72U_{L'})}\cdot\left[\frac{f''(x)}{-f'(x)}\right]=$$
$$=\frac{\tau}{\sigma}\cdot r\cdot\left[\frac{f''(x)}{-f'(x)}\right]=\rho'\gamma' \tag{6}$$

$$\tau\equiv-(U_M+6U_L+8U_{L'}+3TV\alpha\beta^{-1}) \tag{7}$$

$$\sigma\equiv9V\beta^{-1}(1+\delta)-(2U_M+42U_L+72U_{L'}) \tag{8}$$

$$\rho'\equiv\frac{\tau r}{\sigma} \tag{9}$$

$$\gamma'\equiv\left[\frac{f''(x)}{-f'(x)}\right] \tag{10}$$

$$U_r=\frac{-(U_M+6U_L+8U_{L'}+3TV\alpha\beta^{-1})}{r}\cdot\rho\gamma \tag{11}$$

$$\gamma\equiv\left[\frac{f(x)}{-f'(x)}\right] \tag{12}$$

Equations (9), (10), and (12) define ρ', γ', γ. From equations (6) and (11),

$$U_r=\frac{-(U_M+6U_L+8U_{L'}+3TV\alpha\beta^{-1}}{r}\cdot\rho'\gamma'\gamma \tag{13}$$

In the absence of anionic-anionic contact, or cationic-cationic contact, the second and third terms in $f(x)$ are much smaller than the first term, e^{-x}; hence γ, γ', and $\gamma'\gamma$ are all very close to unity. We have noticed that γ in general lies between 0.95 and 0.99, γ' between 1.02 and 1.08, and $\gamma'\gamma$ between 1.01 and 1.03. Hence the following approximate equations are sufficiently accurate in most cases:

$$U_r\approx\frac{-(U_M+6U_L+8U_{L'}+3TV\alpha\beta^{-1}}{r}\cdot\rho' \tag{14a}$$

$$U_r\approx\frac{\tau\rho'}{r}=\frac{\tau^2}{\sigma} \tag{14b}$$

The steps for calculating the ρ value from crystal data are: first obtain ρ' frotn equations (7), (8), and (9); then, as a first approximation, make a suitable choice for the value of γ' (e. g., assume $\gamma' \approx 1.05$) and obtain the corresponding value of ρ from equation (6). Further approximations for the value of ρ may be made by repeated use of equations (5b), (10), and (6).

The steps for calculating U_r from crystal data are: use equation (14b) directly; or, make a suitable estimate for the value of $\gamma'\gamma$ (e. g., assume $\gamma'\gamma \approx 1.01$), and obtain U_r from equation (13).

In view of equations (la) and (11), the lattice energy U may also be expressed in the following form:

$$U = (1 - \frac{\rho\gamma}{r})U_M + (1 - \frac{6\rho\gamma}{r})U_L + (1 - \frac{8\rho\gamma}{r})U_{L'} - 3TV\alpha\beta^{-1}(\frac{\rho\gamma}{r}) + U_z \qquad (15)$$

In practice, the term $-3TV\alpha\beta^{-1}(\rho\gamma/r)$ is usually omitted. This is equivalent to the omission of the entropy term in the thermodynamic relation (2a). Actual calculations for a number of ionic crystals show that this makes the calculated values of U too small by about 0.5%. If a further approximation is made by setting γ equal to unity, as in the approximate formula recently employed by Ladd and Lee[5], another small error of the same sign and about the same magnitude will be introduced.

Some compensation of errors may be obtained if the U_z term is also omitted (for most crystals which do not contain the lighter elements, U_z is about 1% of U[6,8,9]). Thus one may write

$$U \approx (1 - \rho/r)U_M + (1 - 6\rho/r)U_L + (1 - 8\rho/r)U_{L'} \qquad (16a)$$

For most ionic crystals, the U_L' term in the above equation may also be neglected :

$$U \approx (1 - \rho/r)U_M + (1 - 6\rho/r)U_L \qquad (16b)$$

Thus lattice-energy calculations can be greatly simplified by the use of equation (16b), if some simple way can be found for the estimation of ρ.

However, the estimation of the U_L term requires some consideration. It has been shown[15-17] that values for the dispersion constants C_{ij}, estimated from the London formula[12], are too small. According to Hellmann's theoretical analysis[16], the Slater-Kirkwood formula[18] gives better estimation of C_{ij} but, with heavy atoms, contributions from the inner-shell electrons should also be taken into consideration. However, for ions and atoms which are not too heavy, values of C_{ij} calculated from the Slater-Kirkwood equation, the Buckingham equation[19], and the Hellmann equation[18] are not too much at variance in most cases; these values are larger than that calculated from the London formula by at least 50%. The contribution of the U_L term to the lattice energy (U) of an ionic crystal is small, usually not more than a few percents. But in the case of the neon-group van der Waals crystals, the binding energies come almost entirely from this term. Calculation of the lattice energies of these van der Waals crystals should provide a good check for the degree of approximation of these formulas and of the assumed additivity of ion—pair contributions with omission of three—body interaction energies.

III. The Repulsive Exponents of Alkalinehalide Crystals

The ρ values for the crystalline alkaline halides were recalculated. In the estimation of the U_L term, ionic polarizabilities were estimated from molal refractivities of the crystals[20], and the dispersion constants, C_{ij}, estimated from the Slater-Kirkwood equation[18]. Compressibility data for CsCl(s), CsBr (s), and CsI(s) were obtained by graphical extrapolation of Bridgman's more recent experimental values[21]. Other crystal data were the same as those used by Huggins[9]. The average ρ values (Table 1) thus obtained for the chloride group, the bromide group, and the iodide group differ only slightly from the corresponding group averages based upon the ρ values estimated by Huggins[9]; however, the *average* ρ value for the fluoride group,$\bar{\rho}_{MF(s)}$,is definitely smaller (0. 29 A vs. 0. 31 Å).

Table 1   Repulsive Exponents of Crystalline Alkali Halides†

Crystal	$\beta \cdot 10^{12}$ (Bar.)	$-\dfrac{1}{\beta}\left(\dfrac{\partial \beta}{\partial P}\right)_T \cdot 10$ $(\text{dyne/cm}^2)^{-1}$	$\dfrac{1}{\beta}\left(\dfrac{\partial \beta}{\partial T}\right)_P \cdot 10^4$	δ	ρ' (Å)	ρ (Å)	$\bar{\rho}_{MX}$ (Å)
LiF	1. 53*	9. 3*	10* 1. 9	0. 02	0. 28*	0. 30 ⎫	
NaF	2. 11	(13)	(6)	(0. 03)	0. 28	0. 29 ⎪	
KF	3. 31	20	6	0. 03	0. 29	0. 30 ⎬	0. 296 (0. 31)††
RbF	[4. 0]	[25]	[6]	[0. 03]	[0. 31]	[0. 31] ⎪	
CsF	4. 25	28	10	0. 13	0. 27	0. 28 ⎭	
LiCl	3. 41	20	7	0. 02	0. 317	0. 342 ⎫	
NaCl	4. 26	21. 9	6. 8	0. 06	0. 308	0. 324 ⎪	
KC1	5. 63	26. 5	4. 8	0. 02	0. 322	0. 329 ⎬	0. 331 (0. 324)††
RbCl	6. 65	[30]	[7. 8],5	[0. 04]	0. 32	0. 328 ⎪	
CsCl	5. 57**	30**	5. 5**	0. 06	0. 32	0. 331 ⎭	
LiBr	4. 31	24	8. 4	0. 05	0. 325	0. 352 ⎫	
NaBr	5. 08	25. 3	7. 5	0. 07	0. 312	0. 332 ⎪	
KBr	6. 70	31. 8	6. 0	0. 05	0. 328	0. 335 ⎬	0. 343 (0. 334)††
RbBr	7. 94	35	6	0. 07	0. 339	0. 345 ⎪	
CsBr	6. 33**	34**	4. 7**	0. 05	0. 342	0. 347 ⎭	
LiI	6. 01	37	11	0. 04	0. 347	0. 385 ⎫	
NaI	7. 08	40. 0	8	0. 04	0. 345	0. 370 ⎪	
KI	8. 54	39. 1	6	0. 03	0. 344	0. 355 ⎬	0. 366 (0. 361)††
RbI	9. 57	43. 0	7	0. 07	0. 352	0. 359 ⎪	
CsI	7. 87**	40**	[8]**	[0. 07]	0. 35	0. 36 ⎭	

† For the φ_M,φ_L values needed in solving Eqs. (5),(6),and (7),see Table 2. For the coefficients of expansion,cf. Huggins[9]. For the lattice parameters,cf. Wyckoff[26]. Bracketed values were estimated.

†† Group averages from Huggins's[9] individual ρ values.

* Cf. Bridgman[24].

** Estimated from Bridgman's more recent (1940,1945) data.

Based upon these average ρ values,lattice energies of the individual halides in each group were calculated,equation (15) being used (without the $U_{L'}$ term). The heats of formation of the gaseous halide ions were then obtained from the Born-Haber thermochemical equation

$$U=\Delta H^0_{f,Mx(s)} -\Delta H^0_{f,M^+(g)} -\Delta H^0_{f,x^-(g)} \tag{17}$$

in each case,no correction has been made for the difference between the heat capacity of the crystal and that of the gaseous ions. The values of $\Delta H^0_{f,CsF(s)}$ was taken from Bichowsky and Rossini's book[22],and other requisite thermochemical data were taken from Circular No. 500[23]. The results of the calculations are summarized in Table 2. The calculated values for the heats of formation of the gaseous halide ions arc in good agreement with the experimental values.

Based upon the average ρ values for the fluoride group and the chloride group,0. 29 Å and 0. 331 Å respectively,lattice energies of the four CaF_2-type alkaline-earth halides were calculated. As can be seen from Table 3,deviations of the calculated values from the experimental values obtained from the Born-Haber cycle are all within one percent.

From the compressibility,$CaF_1(s) = 1.23 \times 10^{-12}$ barite[24] (the only single-crystal compressibility datum for crystals of this group),the estimated value of ρ for CaF_2 crystal is 0.30 Å. Recently, Reitz, Seitz,and Genberg[25] have estimated the ρ value for $CaF_2(s)$ to be 0.285 Å,from the elastic constants of the crystal.

Table 2　Lattice Energies of Crystalline Alkali Halides and Heats of Formation of Halide Ions*

Crystal	ρ(Å)	$\varphi_L \cdot 10^{12}$ (erg)	$\varphi_M \cdot 10^{12}$ (erg)	$\varphi_r \cdot 10^{12}$ (erg)	U (kcal)	$\Delta H_f^0(x^-)$ (kcal)	$\Delta H_f^0(x^-)$,av (kcal)
LiF	0.29	−0.54	−20.06	3.11	−248.0	−62.5	
NaF	0.29	−0.64	−17.45	2.53	−221.2	−61.0	−61.6±
KF	0.29	−0.74	−15.10	2.04	−196.5	−61.1	(−64.2)**
RbF	0.29	−0.82	−14.29	1.91	−188.7	−60.9	(−62.5)***
CsF	0.29	−0.84	−13.42	1.70	−179.7	−62.4	
LiCl	0.331	−0.59	−15.72	2.15	−201.4	(−60.5)	
NaCl	0.331	−0.53	−14.32	1.81	−185.9	−58.1	−57.0±0.7
KCl	0.331	−0.67	−12.84	1.60	−170.1	−57.2	(−58.3)[23]
RbCl	0.331	−0.73	−12.33	1.56	−164.9	−56.4	
CsCl	0.331	−1.02	−11.42	1.43	−157.5	−56.1	
LiBr	0.343	−0.64	−14.68	2.05	−189.5	(−58.4)	
NaBr	0.343	−0.59	−13.52	1.77	−177.4	−54.5	−54.2±0.4
KBr	0.343	−0.67	−12.24	1.56	−162.2	−54.6	(−55.3)[23]
RbBr	0.343	−0.75	−11.76	1.52	−157.4	−53.9	
CsBr	0.343	−1.02	−10.94	1,43	−150.7	−53.7	
LiI	0.366	−0.69	−13.43	1.64	−178.6	(−50.4)	
NaI	0.366	−0.56	−12.47	1.48	−165.3	−49.3	−48.1±0.7
KI	0.366	−0.67	−11.43	1.38	−153.4	−48.0	(−50.2)[23]
RbI	0.366	−0.85	−11.00	1.41	−149.7	−47.1	(−49.2)[22]
CsI	0.366	−0.98	−10.27	1.31	−142.8	−47.8	

* For the necessary thermochemical data used in the Born-Haber equation,heats of formation of the cations were obtained from the selected values of atomic ionization potentials and heats of atomization given by Moore (1949) and Baughan (1954);the values thus obtained were found to be practically the same as those given in Circ. 500[23]. The heat of formation of CsF(s) was taken from Bichowsky and Rossini's book[22];other requisite thermochemical data,from Circ. 500.

** Based upon the electron affinity value given by Bailey[27],and the average $D_{(F_2)}$ value given by Stamper and Barrow[28a] and by Iczkowski and Margrave[28b].

*** Based upon the same E_F value as above,but using a larger $D_{(F_2)}$ value (41.3) as recently reported by Milne and Gilles[29].

Table 3 Lattice Energies of the CaF₂-Type Alkaline Earth Halides

Crystal	$r(\text{Å})$	$\rho(\text{Å})$	$\varphi_M \cdot 10^{12}$ (erg)	$\varphi_L \cdot 10^{12}$ (erg)	Ucalc. (kcal)	U^* exp. (kcal)	Δ (kcal)
$CaF_2(s)$	2.360	0.29	-49.24	-1.64	-628	-633	5
$SrF_2(s)$	2.505	0.29	-46.40	-1.81	-599	-596	-3
$BaF_2(s)$	2.679	0.29	-43.37	-1.69	-566	-563	-3
$SrCl_2(s)$	3.031	0.331	-38.34	-1.91	-506	-509	3

* From Born-Haber cycle, based upon ΔH_f^0, $F^-(g)$ value (-61.6 kcal) given in Table 2 and other necessary thermochemical data given in Circ. 500[23].

IV. The Repulsive Exponents and Lattice Energies of The Neon-Group Van Der Waals Crystals, and The ρz^* Rule

The neon-group atoms are isoelectronic with the halide ions. According to the literature[31a,31b], the intermolecular potential energies of the neon-group gases and crystals can be expressed as follows:

$$\phi(r) = \frac{\varepsilon}{a-6}\left\{6\exp\left[a\left(1-\frac{r}{r_m}\right)\right] - a\left(\frac{r_m}{r}\right)^6\right\} \qquad (18)$$

From the kinetic properties of these gases, values of α were found[31] to lie between 12.5—14.5. Taking $a=13.5$, and $\rho = r_m/\alpha \approx r_0/\alpha$ (where r_0 is the interatomic distance for the crystal at $0°K$.), one readily obtains 0.24 Å, 0.28 Å, 0.29 Å, and 0.32 Å, respectively, for the neon-group crystals Ne(s), A(s), Kr(s), and Xe(s). Buckingham[11] has estimated the ρ values for gaseous neon and argon to be 0.235 Å and 0.275 Å, respectively. If the effective nuclear charges, z^*, acting on the outermost p-electrons of the neon-group atoms and the halide ions are determined, together with the corresponding "effective quantum numbers", n^*, from the semi-empirical rules given by Slater[32], and the quotients, z^*/n^* are multiplied into the corresponding ρ values for the neon-group crystals and for the four groups of the crystalline alkaline halides, it can be readily seen that the resulting $\rho z^*/n^*$ values are fairly close together. Regularity is even more obvious when the $\rho z^*/n^*$ values for each isoelectronic pair of atom and anion in the crystals, or the ρz^* values for that matter are compared (Table 4). For each isoelectronic pair, the ρz^* values are practically equal, and thus we have the inverse proportionality:

Table 4 Inverse Proportionality Between ρ Values and z^* Values for Isoelectronic Atoms and Anions

		Electronic shell Structure	$\rho(\text{Å})$	z^*	ρz^*
(A) Crystal					
	MF	$2S^2 2p^6$	0.296(a)	4.85	1.44 ⎫
	CaF_2	same	0.285[25]	4.85	1.38 ⎬
	MgO	same	0.37(b)	3.85	1.42 ⎭
	MCl	$3S^2 3p^6$	0.331(a)	5.75	1.90
	MBr	$4S^2 4p^6$	0.343(a)	7.25	2.49
	MI	$5S^2 5p^6$	0.366(a)	7.25	2.65

续表

	Electronic shell Structure	ρ (Å)	z^*	ρz^*
(B) Inert gas				
Ne	$2S^2 2p^6$	$0.235^{[11]}$	5.85	1.38 ⎫
Ne	$2S^2 2p^6$	$0.24^{(c)}$	5.85	1.4 ⎭
A	$3S^2 3p^6$	$0.273^{[11]}$	6.75	1.84
A	$3S^2 3p^6$	$0.28^{(c)}$	6.75	1.9
Kr	$4S^2 4p^6$	$0.29^{(c)}$	8.25	2.4
Xe	$5S^2 5p^6$	$0.32^{(c)}$	8.25	2.6
He	$1S^2$	$0.217^{(d)}$	1.70	0.37

$$\rho_{MH(S)} = \rho_{He} \times \frac{z^*(He)}{z^*(H^-)} = 0.217 \times \frac{1.70}{0.70} \text{ Å} = 0.53 \text{ Å}.$$

$$\rho_{MS(S)} = \rho_{MCl} \times \frac{z^*(Cl^-)}{z^*(S^-)} = 0.40 \text{ Å}.$$

In the same way, the ρ values for the crystalline nitrides, selenides, and tellurides (if these could be regarded as ionic crystals) were estimated and found to be

$$\rho_{MN(S)} = 0.50 \text{ Å}, \quad \rho_{MSe(S)} = 0.40 \text{ Å}, \quad \rho_{MTe(s)} = 0.42 \text{ Å}.$$

(a) Group averages, present estimation. See Table 1.

(b) Estimated from Bridgman's siagle-crystal compressibility datum[24].

(c) Based upon the Buckingbam-Corner[31a] potential equation, with a set equal to 13.5.

(d) Cf. Slater[10].

(e) z^* values estimated from Slater's rule[32].

$$\frac{\rho_i}{\rho_j} \sim \frac{z_j^*}{z_i^*} = \frac{z_j - S_j}{z_i - S_i} = \frac{z_j - S}{z_i - S} \tag{19}$$

where z_i^*, z_j^*, and S_i, S_j are effective nuclear charges and screening constants for the outermost p-electrons of the isoelectronic atom and anion, i and j; z_i and z_j are the nuclear charges. For isoelectronic atom and ions, S_i, and S_j are equal, hence the subscripts may be dropped. Other systematic ways, such as Pauling's rules[33], or modifications of Slaters rules proposed by Hsu and Chao[34] may be used for determining the screening constant, S; it can be demonstrated that the above ρz^* rule still holds.

Table 5   Lattice Energies of Neon-Group van der Waals Crystals[*]

Crystal (f,c,c)	Ne	A	Kr	Xe
r_0 (Å)	3.20	3.81	3.94	4.33
ρ(Å)	0.24	0.28	0.30	0.32
α(Å^3)	0.39	1.64	2.48	4.03
$C \cdot 10^{60}$	8.6	74	144[137]	312[287]
$\phi_L \cdot 10^{12}$ (erg)	-0.0581	-0.175	-0.278	-0.343
$(U^0 - U_z)$ calc, kcal	-0.52	-1.52	-2.47	-3.12
$(U^0 - U_z)$ exp. kcal	-0.59	-2.03	-2.65	-3.47

[*] Calculated from the following equation :

$$U - U_z = 14.40 \times 10^{12} \left[\phi_i \left(1 - \frac{6\rho}{r_0}\right) + \beta \phi_L \left(1 - \frac{8\rho}{r_0}\right) \right].$$

The dispersion constants, C, were estimated by means of Hellmann's equation[16] contributions from the inner-shell electrons being estimated from Pauling's screening constants[33]. The C values for Kr and Xe thus estimated were found to be somewhat larger than the corresponding values (shown in square brackets) estimated from the Slater − Kirkwood equation[18].

Experimental values of $U^0 - U_z$ were taken from Степанов, А. В. paper[36]. In the above equation, β is just a dimensionless ratio of ϕ_L and $\phi_{L'}$; according to Margenau[12b], this ratio is taken to be approximately 0.15.

Based upon the ρz^* rule, the ρ values for Ne(s), A(s), Kr(s), and Xe(s) were re-estimated respectively from the average ρ values, $\bar{\rho}_{MF(S)}$, $\bar{\rho}_{MCl(S)}$, $\bar{\rho}_{MBr(S)}$, $\bar{\rho}_{MI(S)}$, for the fluorides, the chlorides, the bromides, and the iodides. These were found to be 0.24 Å, 0.28 Å, 0.30 Å, and 0.32 Å respectively. With these ρ values and by means of the following equation

$$
\begin{aligned}
U - U_z &= U_L \left(1 - \frac{6\rho\gamma}{r_0}\right) + U_{L'} \left(1 - \frac{8\rho\gamma}{r_0}\right) \\
&\approx U_L \left(1 - \frac{6\rho\gamma}{r_0}\right) + \beta U_L \left(1 - \frac{8\rho\gamma}{r_0}\right) \\
&= -\frac{N}{2} \frac{S_L C}{r_0^6} \left[\left(1 - \frac{6\rho\gamma}{r_0}\right) + \beta\left(1 - \frac{8\rho\gamma}{r_0}\right)\right]
\end{aligned}
\tag{20}
$$

the lattice energies of these van der Waals crystals were calculated. The calculated values of $(U - U_z)$ are smaller than the experimental values by 10—25% (Table 5). Probably this reflects the degree of approximation in the method of estimating the dispersion energies. In the case of an ionic crystal, however, the contribution of the U_L term is usually quite small, and the degree of approximation as shown above, with which the U_L term can be estimated, is good enough in practice. This shows that the Slater-Kirkwood equation is preferable to the London formula; but for heavy atoms and ions, the C_{ij} values estimated from the Slater-Kirkwood equation may be still somewhat too small.

V. Repulsive Exponents and Lattice Energies of The Alkali and Alkaline-Earth Oxides and Sulphides

No reliable compressibility data are available for the oxides and sulphides[8,35]. From the only single-crystal compressibility datum available, $\beta_{MgO} = 0.59 \times 10^{-12}$ barite, the repulsive exponent, ρ_{MgO}, for MgO was estimated to be 0.37 Å (the value of δ in Eq. (3) being assumed to be 0.05). The same value of $\rho_{MS(s)}$ was obtained from the ρz^* rule, based upon $\bar{\rho}_{MF(s)} = 0.29$ Å and with the assumption that Slater's rules for z^* could be applied to the case of oxide ion. Likewise, the repulsive exponent, $\rho_{MS(S)}$, for alkali and alkaline-earth sulphides was estimated to be 0.40 Å, from that of the chlorides, $\rho_{MCl(S)} = 0.331$ Å. Based upon these ρ values, lattice energies of the alkali and alkaline−earth oxides and sulphides were calculated. The results are summarized in Table 6. Data for the heats of formation of the alkali oxides, especially rubidium oxide, are not very reliable[22,23]. From the lattice energies of the alkaline-earth oxides thus calculated, the heat of formation of the oxide ion and the affinity of oxygen atom for two electrons were calculated; these were found to be $\Delta H^0_{f,O^=(g)} = 204 \pm 2$ kcal, and $E_{O \rightarrow O^=} = 145 \pm 2$ kcal (298°K). Based upon the calculated values of lattice energies and the experimental heats of formation of the five alkali oxides, as well as the four alkaline−earth oxides, the heat of formation of the oxide ion and the electron affinity of oxygen atom for two electrons were found to be 202 ± 4 kcal and 143 ± 4 kcal respectively. Huggins and Sakamoto[8] have obtained $E_{O \rightarrow O^=} = 162 \pm 15$ kcal, from $\rho = 0.333$ Å. Morris[6] has obtained the value 153 ± 7 kcal (0°K), using $\rho = 0.345$ Å. The value 0.37 Å for $\rho_{MO(S)}$, as determined from the ρz^* rule, appears to give the best fit of the thermochemical data.

VI. repulsive Exponents and Lattice Energies of The Crystalline Alkali Hydrides

No compressibility data are available for the crystalline alkali hydrides. Previous workers[2,22,37] had to use the Born-Landé formula[38] with considerable uncertainty in the estimation of the inverse power for the repulsive energy term.

Table 6   Lattice Energies of Crystalline Metal Oxides and Sulphides, and Heats of Formation of the Gaseous Anions†

Crystal	r(Å)	ρ(Å)	ϕ_M(erg)	ϕ_L(erg)	U(kcal)	$\Delta H_f^0 (MX, M_2 X)$ (kcal)	$\Delta H_f^0 (x=(g))$ (kcal)
MgO	2. 102	0. 37	−76. 69	−1. 47	−909	−145. 8	201
CaO	2. 399	0. 37	−67. 17	−1. 58	−819	−151. 9	203
SrO	2. 572	0. 37	−62. 68	−1. 87	−777	−141. 1	208 $\Big\} 204\pm2$
BaO	2. 762	0. 37	−58. 37	−2. 24	−−734	−133. 4	205
Li$_2$O	2. 000	0. 37	−58. 10	−1. 2	−678	−141. 7	208
Na$_2$O	2. 403	0. 37	−48. 35	−1. 1	−590	−99. 4	199
K$_2$O	2. 787	0. 37	−41. 89	−1. 6	−530	−86. 4	198
Rb$_2$O	2. 919	0. 37	−39. 82	−1. 9	−510	−78. 9(?)	194
						Average:	202±4
MgS	2. 596	0. 40	−62. 1	−1. 4	−789	−82. 2(?)	145
CaS	2. 842	0. 40	−56. 7	−1. 6	−711	−115. 3	132
SrS	3. 004	0. 40	−53. 7	−1. 6	−678	−108. 1$_{(−113. 0)}$ *	142$_{(137)}$ *
BaS	3. 175	0. 40	−50. 8	−2. 0	−648	−106. 0$_{(−111. 1)}$ *	146$_{(141)}$ *
Li$_2$S	2. 472	0. 40	−47. 0	−0. 8	−568		
Na$_2$S	2. 826	0. 40	−41. 1	−0. 9	−510	−89. 2	129
K$_2$S	3. 200	0. 40	−36. 2	−1. 3	−462	−87. 9	129
Rb$_2$S	3. 312	0. 40	−35. 1	−1. 8	−455	−83. 2	135
						Average:	137±6
							(135±5) *

† Values of U were calculated from equation (15). In the case of CaO(s), SrO(s), BaO(s), Li$_2$O(s), Na$_2$O(s), K$_2$O(s), the approximate equation (16b) was found to give practically the same results (U values) as equation (15). Values of U were taken from Ref. [6] and [8]. Heats of formation of the cations were obtained from the selected values of atomic ionization potentials and heats of atomization given by Moore (1949) and Baughan (1954). Heats of formation of the oxides and sulphides were taken from Circ. 500[23].

* Based upon Ref. [22] for the $\Delta H_{f, MS(s)}$ values.

As a final test for the applicability of the ρz^* rule, the value 0. 53 A for the repulsive exponent of the crystalline alkali hydrides was estimated from the ρ value (0. 217 Å) of helium given by Slater[10], and the lattice energies of these hydrides were calculated from equations (15), (5b), and (12), with omission of the $U_{L'}$ term and the $3TV\alpha\beta^{-1}$ term. As shown in Table 7, the calculated values of U for CsH (s), RbH(s), and KH(s) are in agreement with the experimental values determined from the Born-Haber cycle; but the calculated values of U for hydrides of the lighter metals, LiH(s) and NaH(s), appear to be too small. One might take this as an indication of the increasing covalent character of the chemical bonds. However, there is some uncertainty about the values of Pauling's factors here (for H^- ions, C_{--} becomes zero by Pauling's rule!). If these factors are all set equal to unity, the calculated values of U are in good agreement with the experimental values (Table 7). There is still some dispute about the nature of chemical bond in lithium hydride[39].

Ⅶ. Discussion

It is seen from Table 4 that the ρz^* rule (for isoelectronic atoms and anions) holds over a wide range of ρ values. With this empirical rule, the ρ values for all the typical ionic crystals treated in this article can be obtained from that of the helium-group gases, which in turn may be obtained from the second virial coefficients and viscocity data of the gases.

Table 7 Lattice Energies of Crystalline Alkali Hydrides

	LiH	NaH	KH	RbH	CsH
r, (Å)	2.043	2.440	2.850	3.019	3.188
$\rho_{MH(s)}$, (Å) †	0.53	0.53	0.53	0.53	0.53
α_+ (Å^3) *	(0.03)	(0.15)	(0.80)	(1.3)	(2.5)
α_- (Å^3) *	(1.3)	(1.6)	(2.2)	(2.4)	(2.5)
$\phi_M \cdot 10^{12}$ (erg)	−19.73	−16.52	−14.14	−13.35	−12.65
$\phi_L \cdot 10^{12}$ (erg)	(−0.42)	(−0.34)	(−0.53)	(−0.59)	(−0.77)
U_{calc}, (kcal) Eq. (15)	−205	−187	−167	−161	−155
	(−219)**	(−190)**	(−169)**	(−161)**	(−155)**
U_{calc}, (kcal) Eq. (16b)	(−208)***	(−186)	(−164)	(−158)	(−152)
U exp. (kcal)	−220	−193	−171	−164	−156
Δ (kcal)	15	6	4	3	1
	(1)**	(3)**	(2)**	(3)**	(1)**

† Estimated from ρ_{He}(0.217A); see addendum underneath Table 4.

* Ionic polarizabilities estimated from refractivity data of the crystals.

** Based upon equation (15), but with all the C_{++}, C_{+-}, and C_{--} factors in the expression for $f(x)$ set equal to unity.

*** Because of anionic contact and large ρ value, γ is considerably smaller than unity, hence equation (16b) gives too low a value for U.

Rittner[40] has estimated the ρ values for the gaseous alkali halides. Most of the ρ values given by Rittner for the gaseous halides appear to be somewhat smaller than the ρ values for the corresponding crystalline halides. We have repeated the calculation, using larger values for the U_L term, and still found this to be the case. However, using more recent data for the equilibrium internuclear distances and the vibrational frequencies, Rice and Klemperer[41] and Краснов[42] have been able to show that the ρ values for the gaseous alkali halides are practically the same as the ρ values for the corresponding crystalline halides (we are indebted to Mr. T. L. Chen of the Kirin University for this reference). The ρ values estimated by Краснов for the four halide groups (in the gaseous state) are very close to those reported in the present article. But he has also noted that[43], for the halide group, the ρ values for the gaseous halides of the lighter metals appear to be smaller. He took this to be an indication of an increasing degree of covalency. We are inclined to think that these small but regular variations in the ρ values probably indicate an increasing deviation from Rittner's ions-and-point-dipoles model, as the cationic size becomes smaller and the degree of polarization of the halide ion becomes larger.

Klemperer and Margrave[44] have calculated, by Rittner's method, the ionic binding energies, D_i of the gaseous alkali halides, and obtained satisfactory agreement with the experimental values. However, their choice of the value 1.8×10^{-24} cm^3 for the polarizability of the hydride ion has been criticized by Altshuller[45]. Assuming that the ionic polarizabilities of the gaseous alkali hydrides are the same as those of the corresponding crystalline hydrides, we have recalculated the D_i values and the ρ values for these gaseous hydrides. The calculated D_i values of LiH(g), NaH(g), KH(g), RbH(g), and CsH(g) (-163 kcal, -142 kcal, -123 kcal, -119 kcal, and -115 kcal respectively) are in good agreement with the corresponding experimental values (-167 kcal, -150 kcal, -127 kcal, -119 kcal, and -114 kcal). But the corresponding ρ values 0.363 Å, 0.395 Å, 0.421 Å, 0.427 Å, and 0.432 Å, are consistently smaller than the ρ value, 0.53 Å, for the crystalline alkali hydrides. Part of this deviation might be due to extensive polarization of the hydride ions, which would make the actual distances between the cationic and anionic charge centres smaller than the observed internuclear distances. Of course, there is also the possibility of partial covalent bonding. However, using a more precise definition of partial ionic character, Shull[39] has recently indicated that the chemical bond of LiH(g) may still be essentially ionic.

According to the literature[46], the ρ values for the crystalline silver halides and cuprous halides appear to be considerably smaller than those for the alkali halides. Evidently, the diffuseness of the outermost d-electrons of the cations must be taken into consideration here[47].

The essential part of the present article is based upon a report presented at a research conference of the University of Amoy held in the Spring of 1957. Since then, several articles dealing with the same type of calculations have appeared in the literature. Recent works by Baughan[48] have mentioned the possibility of using the values of the effective nuclear charges to make corrections for the ρ values; in fact, Baughan has made use of this principle in estimating the ρ value for a few crystalline nitrides. He has also suggested a least-square method for determining the ρ value that will give the best fit with the thermochemical data of a series of crystals with the same anionic part. In Baughan's work, dispersion energies of the crystals are neglected.

Recently, Cubicciotti[49] has recalculated the ρ values for the crystalline alkali halides, using more recent compressibility data[50] (β values) of the crystals, and obtained the following average ρ values: 0.313 Å, 0.318 Å, 0.325 Å, and 0.332 Å, for the four halide groups, MF(s), MCl(s), MBr(s), and MI (s) respectively. He used the London formula for the estimation of the U_L term. However, the individual ρ values for each halide group still appear to be rather scattered. The pressure and temperature coefficients of the compressibilities estimated by Cubicciotti probably are not more reliable than that used by Huggins[9]. Using this new set of compressibility data (β values), which appear to be more reliable, but with other data unchanged (Table 1), we have re-estimated the ρ values for the four halide groups, and found these to be approximately 0.29 Å, 0.32 Å, 0.33 Å, and 0.35 Å, for MF(s), MCl(s), MBr(s), and MI(s), respectively. It can readily be shown that the ρz^* rule still holds.

The author is indebted to Mr. K. H. Huang for reading and scrutinizing the manuscript and checking some of the results.

References

[1]Löwdin,P. 1959 Advances in Chemical Physics Ⅱ,207;1956 Advances in Physics 〔Phil. Mag. Supplement〕**5**,1.

[2]Waddington,T. C. 1959 Advances in Inorg. Chem. and Radiochem.,**1**,158.

[3]Born,M,& Mayer, J. E. 3932 Z. Physik,**75**,1.

[4]Pauling,L. 1927 J. Am. Chem. Soc **49**,756.

[5]Ladd, M. F. C. & Lee. W. H. 1958 Trans. Faraday Soc.,54,34;1959 J. Inorg. and Nuclear Chem.,**11**,264.

[6]Morris,D. F. C. 1957 Proc. Roy. Soc.,A 242,116;1957 J. Inorg. and Nuclear Chem.,4,8;1958 Acta Cryst.,**11**,163.

[7]Morris,D. F. C. & Abrens,L. H. 1956 J. Inorg. and Nuclear Chem.,**3**,263.

[8]Huggins,M. L. & Sakamoto,X. J. 1957 J. Phys. Soc. Japan,**12**,241.

[9]Huggins,M. L. 1937 J. Chem. Phys.,5,143;1947 ibid.,**15**,212.

[10]Slater,J. C. 1928 Phys. Rev.,**32**,349.

[11]Buckingham,R. A. 1938 Proc. Roy. Soc. (London),**A 168**,264.

[12](a) London,F. 1930 Z. Pkysik. Chem. (Leipzig),**B 11**,222.

　(b) Margenau,H. 1931 Phys. Rev.,38,747;1939 Rev. Modern Phys.,**11**,1.

[13]Pauling,L. 1928 Z. Krist.,**67**,377.

[14]Hildebrand,J. H. 1931 Z. Phys.,97,127;cf. Born,M. and Hwang,K.,1954 Dynamic Theory of Crystal Lattices,p. 33,Oxford.

[15]May,A. 1937 Phys. Rev.,**52**,339.

[16]Hellmann,H. 1935 Acta Physicochim. USSR,**2**,270.

[17]Pitzer,K. S. 1959 Advances in Chem. Physics,**2**,59.

[18]Slater,J. C,& Kirkwood,J. G. 1931 Phys. Rev.,**37**,682.

[19]Buckingham,R. A. 1937 Proc. Roy. Soc. (London),**160**,113.

[20](a) Tessman,J. P.,Kahn,A. H. & Shockley,W. 1953 Phys. Rev.,**92**,890.

　(b) Du Pre. F. K.,Hunter,R. A. & Rittner,E. S. 1950 J. Chem. Phys.,**18**,379.

[21]Bridgman,P. W. 1940 Proc. Am. Acad. Arts Sci.,74,21;1945 ibid.,**76**,1.

[22]Bichowsky,F. R. & Rossini,F. D. 1936 "Thermochemistry of Chemical Substances",Reinhold.

[23]Rossini,F. L. et al. 1952 "Selected Values of Chem. Thermod. Properties",Circular of Nat. Bur. of Standards,No. 500,U. S. A.

[24]Bridgman,P. W. 1937 Landolt-Bernstein Physik-Chem. Tabellen.

[25]Reitz,J. R.,Seitz,R. N. & Genberg,R. W. 1961 Phys. & Chem. Solids,**19**,73.

[26]Wyckoff,R. W. G. 1948 "Crystal structures",Vol. I,Interscience.

[27]Bailey,T. L. 1958 J. Chem. Phys.,**28**,792,

[28](a) Stamper,J. G. & Barrow,R. F. 1958 Trans. Faraday Soc.,**54**,1592.

　(b) Iczkowski,R. P. & Margrave,J. L. 1959 J. Chem. Phys.,**30**,403.

[29]Milne,T. A. & Gilles,P. W. 1959 J. Am. Chem;Soc.,**81**,6115.

[30]Bridgman,P. W. 1932 Proc. Am. Acad. Arts Sci.,67,345;1935 ibid.,**70**,285.

[31](a) Buckingham,R. A. & Corner,J. 1947 Proc. Roy. Soc. (London),**A 189**,118.

　(b) Mason,E. A. & Rice,W. E. 1954 J. Chem. Phys.,**22**,843.

［32］Slater,J. C. 1930 Phys. Rev., **36**,57.

［33］(a) Pauling,L. 1927 Proc. Roy. Soc. (London),**A 111**,181.

  (b) Pauling,L. & Sherman,J. 1931 Z. Krist., **81**,1.

［34］Hsu,K. H.,& Chao,H. Z. 1956 Acta Chimica Sinica, **22**,441.

［35］Bridgman,P. W. 1946 Rev. Mod. Physics, **18**,21.

［36］Степанов,А. В. 1958 Кристаллография **3**,392.

［37］Kazavnovskii,J. 1930 Z. Physik, **61**,236;cf. Ref. ［2］.

［38］Born,M. & Lande,A. 1918 Verhandl. Deut physik. Ges.,**20**,210;cf. Ref. ［2］.

［39］Shull,H,1962 J. Appl. Phys., **33**,290.

［40］Rittner,E. S. 1951 J. Chem. Phys., **19**,1930.

［41］Rice,S. A. & Klemperer,W. 1957 J. Chem. Phys., **27**,573.

［42］Краснов К. С. и нтошиии В. Г. 1958)Ж. Н. Х. **3**,1490.

［43］Краснов К. С. и Штеин И. М. 1959 Ж. Н. Х. **4**,963.

［44］Klemporer,W. A. & Margrave,J. L. 1952 J. Chem. Phys., **20**,527.

［45］Altshuller,A. P. 1953 ibid., **21**,2074.

［46］(a) Mayer,J. E. 1933 J. Chem. Phys., **1**,327.

  (b) Mayer,J. E. & Levy,R. B. 1933 ibid., **1**,647.

［47］Basolo,F. & Pearson,R. G. 1958 Mechanisms of Inorg. Reactions p. 72,John Wiley.

［48］Baughan,E. C. 1959 Trans. Faraday Soc., 55,736;ibid., **55**,2025.

［49］Cubicoiotti,D. 1959 J. Chem. Phys., **31**,1646.

［50］Spangenlberg,K. und Haussübl,S. 1957 Z. Krist. **109**,422.

■ **本文原载:**《厦门大学学报》(自然科学版)第11卷第2~3期(1964),第1~8页。

α-TiCl₃ 电子能级的晶体场分裂

周泰锦[①]　　万惠霖　　蔡启瑞

　　摘　要　　本文采用点电荷加点偶极模型,对 α-TiCl₃ 片状晶体和 β-TiCl₃ 织维状晶体的晶体场分裂参数分别进行了计算和粗估,并用所得的结果解释文献上所报导的一些漫反射光谱数据;同时也估计了熔盐中 TiCl₆ 络离子和溶液中 $Ti(H_2O)_6^{+3}$ 络离子的八面体场分裂参数,所得结果与实验值靠近。以上计算说明了配位体诱导偶极对晶体场分裂的重要性。最后对晶体场方法的实用意义和局限性进行了讨论。

一、引言

　　用晶体场理论的方法计算过渡金属络合物的 d 电子能级时,一般系采用点电荷或点偶极模型;但是这样计算出来的结果数值上一般较实验值为低[1]。为了提高静电模型与客观实际的符合度,还必须考虑在中心离子及其他离子或偶极作用下配位体的诱导极化。但是要估计这种诱导极化一般是有困难的,只有当晶体或络合物中有关的化学键基本上是离子性的,并当配位体的诱导高次极项中有一项(例如偶极项)比较突出时,才有可能作出比较可靠的估计。

　　α-TiCl₃ 属于 $R\bar{3}$ 空间群,每个钛离子周围有六个氯离子构成两个反三角形,具有对菱柱体(D_{3d})对称[2](图1)。由于我们曾对这片状晶体的晶格能与极化能进行过计算[3],已知这个晶体基本上是离子型的,并算出了氯离子在整个晶体不对称电场下的诱导偶极矩,因此可以采用 van Vleck[4,5]等的

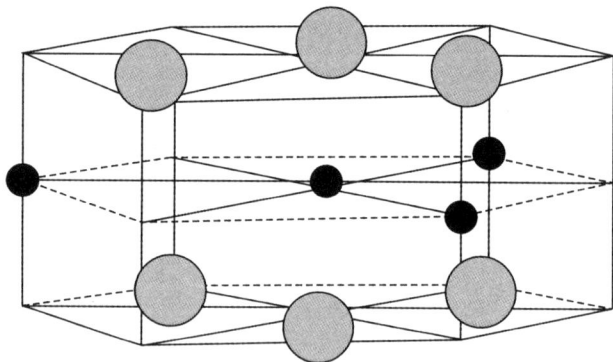

图 1　在 α-TiCl₃ 晶体中 TiCl₆⁼ 的八面体配位图(视 Cl⁻ 离子为点电荷)

方法,在考虑到氯离子的电荷及诱导二次极项的情况下,对钛离子外层(d层)电子能级在晶体场中的分裂进行定量计算,这就为计算配位体诱导极化项对晶体场分裂的贡献提供了一个典型的例子。

二、α-TiCl₃ 中 Ti 离子 3d 电子能级在晶体场中的分裂

1. 点电荷模型

　　视 Cl⁻ 离子为点电荷,则 α-TiCl₃ 的 TiCl₆⁼ 配位八面体具有 D_{3d} 点群对称性。在点$(\gamma, \theta, \varphi)$处的点电

[①]　现在广西壮族自治区南宁化工研究所工作。

荷位具有如下形式[16]:

$$V_0 = \eta c \left[6\gamma_{00} Z_{00} + 3\gamma_{20}(3\cos^2\beta - 1)r^2 Z_{20} + \frac{3}{4}\gamma_{40}(35\cos^4\beta - 3\cos^2\beta + 3)r^4 Z_{40} + \frac{3}{4}\gamma_{40}(2\sqrt{70}\right.$$

$$\left. \sin^3\beta\cos\beta\cos3\varphi)r^4 Z_{43}^c \right] \equiv \eta c\xi \tag{1}$$

其中

$$\gamma_{k0} = \frac{\sqrt{4\pi}}{R^{k+1}\sqrt{2k+1}}, \beta = 56°, R = 2.47 \text{ Å},$$

对于氯离子 $\eta = -1$；采用 Slater 的 $3d$ 径向波函数[6,7] $R_{3d} = \frac{(2\alpha)^{7/2}}{\sqrt{6}}\tau^2 e^{-\alpha\tau}$，($Z^* = 5.33, \alpha = \frac{Z^*}{n^*} = 1.77$，由

游离电位求出[4]；$\tau = \frac{r}{\alpha_0}$）和表为 $Z_{k\alpha}$ 的 $Z_{2\alpha'} Z_{2\alpha''}$ 乘积表示式[6]，可求得 $\langle 2^c | V_0 | 2^c \rangle$ 等矩阵元和晶体场分裂参

数；计算结果（见表 I(a)）比实验值小得多。

2. 点电荷加点偶极模型

根据我们已经计算的结果[3]，氯离子沿三次轴方向及与三次轴垂直的平面内均被不对称电场所极

化。

$\vec{P}_{\parallel} = 0.74$ eÅ，$\vec{P}_{\perp} = 0.71$ eÅ *，将偶极矩矢量

沿三个正交的方向 R, β, φ 分解可得：

$$\mu R = 0.71 \text{ eÅ},$$

$$\mu\beta = \mp 0.42 \text{ eÅ},$$

$$\mu\Phi = \mp 0.62 \text{ eÅ}.$$

把氯离子视为点电荷加点偶极，则 $TiCl_6^=$ 的点

群对称性变为 D_3（图2）。偶极位可以通过两组点

电荷位近似求得，一组（$-\varepsilon_i$）在（R_i, β_i, Φ_i），另一组

（$+\varepsilon_i$）在（$R_i + \Delta R, \beta_i \mp \Delta\beta, \Phi_i \pm \Delta\Phi$），其中 $R_i = R$

$= 2.47$ Å，$\beta_1 = \beta_2 = \beta_3 = 56°$，$\beta_4 = \beta_5 = \beta_6 = 180° -$

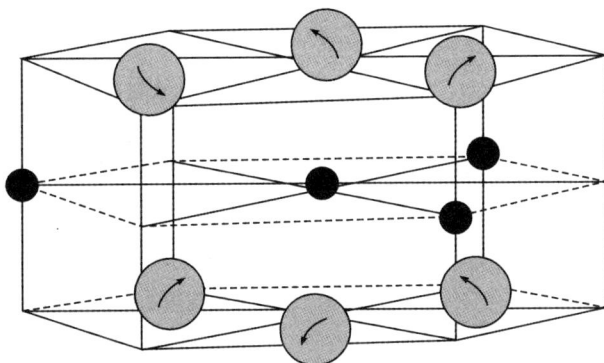

图2 在 α-TiCl₃ 晶体中 $TiCl_6^=$ 的八面体配
位图（视 Cl⁻ 离子为点电荷加点偶极）

$56°$，$\Phi_1 = 0, \Phi_2 = 120°$ 等。点偶极位是

$$\Delta_\mu = \frac{\partial\xi}{\partial R}(\varepsilon_i \Delta R) + \frac{\partial\xi}{R\partial\beta}\varepsilon_i(-\Delta\beta) + \frac{\partial\xi}{R\sin\beta\partial\varphi}(\varepsilon_i R\sin\beta\Delta\Phi)$$

$$= \xi_R'\mu_R - \xi_\beta'\mu_\beta + \xi_\Phi'\mu_\Phi \tag{2}$$

其中 ξ 在方程（1）中给出；$\mu_R, \mu_\beta, \mu_\Phi$ 的值如上所列。因此六个氯离子的点电荷位与点偶极位之和是

$$\nabla = \nabla_0 + \nabla_\mu = \eta e\xi + \mu_R\xi_R' - \mu_\beta\xi_\beta' + \mu_\Phi\xi_\Phi' \tag{3}$$

求出矩阵元，代入久期方程求解后可得：

$$E(^2A_1) = -8.9 \times 10^3 \text{ cm}^{-1}$$

$$E(^2E) = -4.4 \times 10^3 \text{ cm}^{-1}$$

$$E(^2E^*) = 8.8 \times 10^3 \text{ cm}^{-1}$$

晶体场分裂

---

* 这两个数值是根据 $\alpha_{Cl} = 3.1 \times 10^{-24}$ cm³ 算出来的，如取 $\alpha_{Cl} = 3.5 \times 10^{-24}$ cm³，则得 $\vec{P}_{\parallel} = 0.80$ eÅ，$\vec{P}_{\perp} = 0.79$ eÅ，见前文[3] 表1和讨论部分。

$$\Delta_1({}^2A_1 \leftarrow {}^2E^*) = 17.7 \times 10^3 \, cm^{-1}$$

$$\Delta_2({}^2A_1 \leftarrow {}^2E^*) = 4.5 \times 10^3 \, cm^{-1}$$

$$\Delta_3({}^2E \leftarrow {}^2E^*) = 13.2 \times 10^3 \, cm^{-1}$$

(Jahn-Teller 畸变后不同对称性的能级之间的跃迁。)

Ti(Ⅲ)的六配位络离子的 ${}^2Eg$ 激发态一般呈现 Jahn-Teller 分裂[8,9];在 α-TiCl$_3$ 晶体中,TiCl$_6^{\equiv}$ 配位八面体的 Ti(Ⅲ)${}^2E^*$ 能级也可能产生这样的分裂,因而原来是对称性所不允许的 ${}^2E \leftarrow {}^2E$ 跃迁在这里也会因 Jahn-Teller 分裂而出现吸收光谱带,带的中心应该在 $13.2 \times 10^3 \, cm^{-1}$ 左右(图 3)。

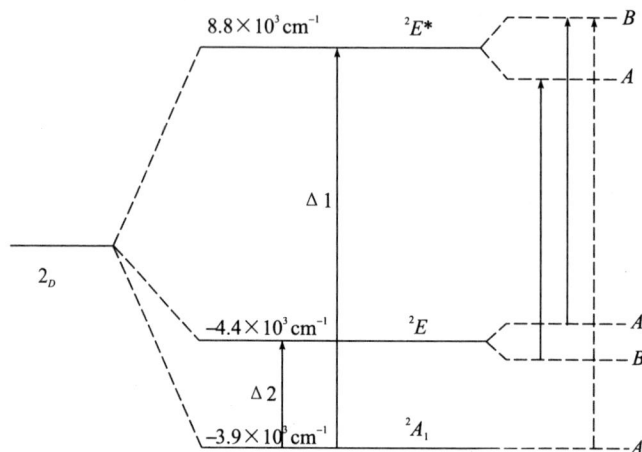

图 3　α-TiCl$_3$ 3d 能级　　J-T 畸变[C$_2$(?)]

晶体场(D$_3$)分裂　　分裂示意

以上这些计算结果可与最近文献报导的漫反射光谱数据作比较。(见表 1)

表 1　采用不同模型时的 α-TiCl$_3$ 晶体场分裂计算值与实验值的比较

(a)点电荷模型　　(b)点电荷加点偶极模型

α	(a),cm^{-1}			(b),cm^{-1}			实验值,cm^{-1}		
	$\Delta_1(V_0)$	$\Delta_2(V^0)$	$\Delta_3(V_0)$	$\Delta_1(V)$	$\Delta_2(V)$	$\Delta_3(V)$	Δ_1	Δ_2	Δ_3
1.77	5.66×10^3	0.59×10^3	5.07×10^3	17.7×10^3	4.5×10^3	13.2×10^3	18.3×10^3	/	13.8×10^3
1.33 *	16.8×10^3	0.88×10^3	/	$\sim 50 \times 10^3$	$\sim 10 \times 10^3$	/			

* 由 Slater 法则定出。

最近 Clark[9] 测定了 α-TiCl$_3$,β-TiCl$_3$ 和某些其他的过渡金属卤化物的漫反射光谱。在 α-TiCl$_3$ 的情况下,他认为在 18 300 cm^{-1} 左右视察到的一个强带是电荷跃迁带,而在 13 800 cm^{-1} 处的一个较弱的带(约在 12 000 cm^{-1} 处有一个"肩膀")则是 ${}^2E_g \leftarrow {}^2T_{2g}$ 跃迁的晶体场带,双峰是激发的 ${}^2E_g$ 态的 Jahn-Teller 畸变的一个表征。

但是,对于同晶的 ScCl$_3$ 和 VCl$_3$ 片状晶体以及 TiCl$_4$ 液体却没有观察到这样一个低能的电荷跃迁带;此外,尽管这里测定的是漫反射光谱而不是吸收光谱,但 18 300 cm^{-1} 带的光密度毕竟很靠近于配位场带的光密度。因此,Clark 的解释是值得商榷的。

根据我们采用点电荷加点偶极模型计算的结果,α-TiCl$_3$ 的光谱数据可以作如下解释:18 300 cm^{-1} 处的带是 ${}^2A_1 \leftarrow {}^2E^*$ 跃迁的配位场带,而在 13 800 cm^{-1} 处的较弱的带(有一个"肩膀"在 12 000 cm^{-1} 左右)可能是 ${}^2E^*$ 和 E 经 Jahn-Teller 分裂后不同对称性的能级之间跃迁的结果。要进一步检验我们所采用的模型,应该可以在近红外光区进行实验,看看是否能够观察到相应于 ${}^2A_1 \leftarrow {}^2E$ 跃迁的光谱线($\Delta_2 = 4.5 \times$

10^3 cm^{-1}）。

三、β-TiCl$_3$ 晶体及某些 Ti(Ⅲ) 络离子的晶体场分裂

Clark 在实验中发现，β-TiCl$_3$ 的漫反射光谱在 23 000 cm^{-1} 左右有一个强带，（约在 18 000 cm^{-1} 处有一个不很明显的"肩膀"），还有一个约在 12 000 cm^{-1} 处出现的平坦峰形的弱带，他认为前者是电荷跃迁带，后者是相应于 $^2E_g \leftarrow {}^2T_{2g}$ 跃迁的晶体场带。

但是，从谱线的位置和强度来看，这个 23 000 cm^{-1} 带仍然可能是配位场带，因为在纤维状的 β-TiCl$_3$ 中[10]，Ti(Ⅲ) 沿 c 轴排列；除了配位六个 Cl$^-$ 以外，每个 Ti(Ⅲ) 还有两个 Ti(Ⅲ) 作为近邻（图 4），（R_{Ti-Ti} = 2.91 A，因此可以预期 $^2A_{1g}$ 能级的相当大的降低和 $\Delta_1({}^2A_{1g} \leftarrow {}^2E_g^*)$ 的显著增大。

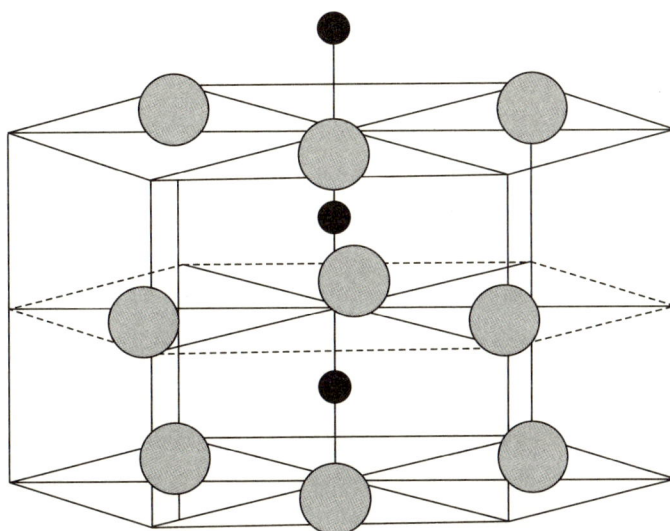

图 4 β-TiCl$_3$ 晶体中 TiCl$_6^{\equiv}$ 的八面体配位图

像对 α-TiCl$_3$ 一样，我们也可以采用点电荷加点偶极模型计算 β-TiCl$_3$ 的晶体场分裂参数。Cl$^-$ 的诱导偶极垂直于 $\bar{6}$ 对称轴（即垂直于 Ti(Ⅲ)—Ti(Ⅲ)—Ti(Ⅲ) 直线）并粗估为 1.2 eÅ，在点 (γ,θ,φ) 处电位形式是

$$\nabla = \nabla_{0(Cl^-)} + \nabla_{0(Ti Ⅲ)} + \nabla_{\mu(Cl^-)} = \nabla_0(Cl^-) + 2\sum_{k=0,2,4} 3|e|\gamma_{k0}r^k Z_{k0} + \mu_R\xi_R' + \mu_\beta\xi_\beta' \tag{4}$$

其中 μ_R = 1.2sinβ = 1.12 eÅ，μ_β = 1.2cosβ = 0.71 eÅ；β = 53°35′，R = 2.45 Å，R_{Ti-Ti} = 2.91 Å。与前面的计算程序一样，求得晶体场分裂值如下：

$$\Delta_1 = 24\times 10^3 \text{ cm}^{-1}, \Delta_2 = 7.7\times 10^3 \text{ cm}^{-1}, \Delta_3 = 16.6\times 10^3 \text{ cm}^{-1}.$$

将计算值与实验值比较，发现 Δ_1,Δ_3 分别与强带和"肩膀"的位置大致靠近，但在 12 000 cm^{-1} 左右的弱带则尚无法说明。从原子间距和磁矩可以看出[9]，在 β-TiCl$_3$ 中存在着 Ti—Ti 金属键的成分，因此其晶体场分裂的估计只能是定性的，这里的目的是在说明 β-TiCl$_3$ 的 23 000 cm^{-1} 谱线仍可能是晶体场带。

为了进一步说明配位体诱导偶极场贡献的重要性，我们计算了熔盐中 TiCl$_6^{\equiv}$ 和水溶液中 Ti(H$_2$O)$_6^{+3}$ 两种络离子的八面体晶体场分裂。在这两种情形，外围电荷（离子及偶极）的平均分布可近似地看成是球形对称的，因而对中心离子的晶体场分裂无贡献（初步近似）。由中心离子对配位体的极化作用和配位体之间的相互极化作用，估计出配位体（Cl$^-$ 或 H$_2$O）的诱导偶极，加上固有的电荷或偶极，就可代入八面体场分裂公式[6]进行计算。计算结果与实验值[11,5,8]相当符合。如不考虑诱导偶极项，则计算结果（$\Delta(V_0)$）只有实验值的二分之一左右。

表2　熔盐中 $TiCl_6^=$ 络离子和水化物中 $Ti(H_2O)_6^{+3}$ 络离子的八面体晶体场分裂①

参　数 络离子	$\overline{r^4}$, Å^4	$\vec{P_0}$, e Å	$\vec{P}_诱导$, e Å	$\Delta(V_0)$, cm^{-1}	$\Delta(V)$, cm^{-1}	Δ(实验), cm^{-1}
$TiCl_6^=$	2.49	0	0.52	5.3X10^3	10.9X10^3	11.5X10^3
$Ti(H_2o)_6^{+3}$	2.49	0.38	0.33	10.7×10^3	20.0×10^3	20.3×10^3

四、讨论

由以上这些计算结果可以看出,配位体诱导偶极场对中心离子电子能级分裂的贡献是不可忽略的。通常所采用的点电荷模型或点偶极模型显得太粗糙。在有可能对配位体诱导偶极场的贡献作出比较可靠的估计时,晶体场分裂的计算结果和实验值的符合程度就可大大提高。

这种静电模型虽有一定的实用意义,但也有许多缺点[14,15,8](1)这种计算一般采用过于弥散的 Slater $3d$ 径向波函数,而波函数中 Z^* 值的选定对于计算结果影响又相当大(见表1);(2)这种模型显然不适用于共价配键的情形;(3)核磁共振和顺磁共振实验证明[8,17,16]:在 MnF_2 晶体和 $IrCl_6^=$ 络离子中,中心离子的 d 电子都有一定程度的离域,可见这些过渡金属卤化物以及许多所谓的离子晶体实际上都具有一定程度的共价性;(4)最近 Shulman 和 Sugano[18]采用分子轨函法计算了 $KNiF_3$ 的配位体场分裂,发现分裂参数 $10D_q$ 的正负号决定于非经典的交换积分项;静电模型的概念与这计算结果是有矛盾的。

晶体场理论的计算法在原理上是根据离子的电荷平均分布,考虑其产生的电场对中心离子 d 电子轨函的影响。离子晶体晶格能的计算法也是根据离子的电荷平均分布的相互作用力。这种模型虽然简单,却有一定的直观性。其所以能在不少情形得出与实验值相符合的计算结果,不可能完全是由于偶合。中心离子的外壳层 d 电子虽有离域现象,其结果可能使 α-轨函显得比较弥散,而不大影响配位体电荷的平均分布。LCAO 分子轨函法得出晶体场分裂参数($10Dq$)正负号决定于交换积分项的结论目前还有一些不容易解释的地方[19],根据这个概念和已知的光谱化学序列(Spectrochemical series),就会得出氟化物比氯化物和溴化物共价性为大的结论,这是不大容易为化学工作者所接受的。总之,目前这些概念上的矛盾还有待进一步澄清。

参考文献

[1] Orgel, L. E., An Introductioa to Transition Metal Chemistry, Ligand-Field Theory P. 39, Methuen (1960).

[2] Klemm, W., Krose9 E" Z. anorg. Chem. **253**, 218 (1947).

[3] 周泰锦,蔡启端,厦门大学报(自然科学版)**11**,1(1964).

[4] van Vieck, J. H., J. Chern. Phys. **7**, 72 (1939).

---

① $\quad \Delta = E(eg) - E(t_{2g}) = \dfrac{5}{4\pi}\gamma_{40}\overline{r^4}$

$\gamma_{40} = \dfrac{e\eta\sqrt{4\pi}}{3R^5} + \dfrac{5eP_0\sqrt{4\pi}}{3R^6} + \dfrac{5eP_诱导\sqrt{4\pi}}{3R^6}$

Cl^- 和 H_2O 的诱导偶极由下式估计:$\mu = \dfrac{\alpha E_0}{1 - \alpha S/R^3}$,其中 S 是诱导偶极场的"点阵和",E_0 是没有包括诱导偶极场的极化场。$R_{Ti-OH_2} \cong R_{Ni-OH_2} \cong 2.1$ Å[12],$\alpha_{H_2O} \cong \alpha_{OH} = 0.6 \times 10^{-24}$ cm^3(可与 $\alpha_F = 0.81 \times 10^{-24}$ cm^3 比较)[13]。

[5]Hartmann, H., Schläifer. H. L., Z. physik Chem. **197**, 116 (1951).

[6]Griffith, J. S., Theory of Transit ion-Metal Ions, Cambridge Univ. Press (1961).

[7]a) Slater, J. C., Phys. Rev. **36**, 57 (1930).

　　b) Broun, D. A., J. Chem. Phys. **28**, 67 (1958).

[8]Ballhausen, C. J., Introduction to Ligand Field Theoy, Megraw-Hill (1962).

[9]Clark, R. J. H., J. Chem. Soc, 417, (1964).

[10]Natta, G., Corradini, P., Allegra, G., J. Polymer Sci. **51**, 399 (1961).

[11]Gruen, D. M., McBeth, R. L., Nature **194**, 468 (1962).

[12]Wyckoff, R. W. G. Crystal Structures, V. Ⅱ (1951).

[13]Keteloar, J. A. A., Chemical Constitution, 1st English Ed. p. 90, (1953).

[14]Liehr, A. D., J. Chem. Educ. **39**, 135 (1962).

[15]徐光宪, 化学通报, **10**, 1 (1964).

[16]Shulman, R. G., Jaccorino, Phys. Rev. **108**, 1219 (1957).

[17]Griffiths, J. H. E., Owen, J., Proc. Roy, Soc. (London) A **226**, 96 (1954).

[18]Shulman R. G., Sngano, S., Phys. Rev. Letters **7**, 157 (1961).

[19]Pearson, R. G., Rec. Chem. Progr. **23**, 53 (1962).

Crystal-Field Splitting of The Electronic Levels of α-TiCl$_3$

Tai-Gin Chou，Hui-Lin Wan，K．R．Tsai

Abstract

Based upon a point-charge plus point-dipole model, the crystal-field splitting parameters for α-TiCl$_3$ layer crystal and β-TiCl$_3$ fiber-shaped, crystal were evaluated and estimated, respectively, and the results were used to intcrprete the diffuse-rcflectance spectia of these crystals recently reported in the literature. The crystal-field splitting parameters for TiCl$_6^{\equiv}$ in molten salt and for Ti(H$_2$O)$_6^{+++}$ in solution or hydrates were likewise estimated; the results were found to be in agreement with the experimental values. This shows the importance of induced-dipole-field contributions from polarizable ligands to the crystal-field splittings of ionic complexes.

■ **本文原载**:《厦门大学学报》(自然科学版)第 11 卷第 1 期(1964),第 1～10 页。

α-TiCl₃ 晶体的极化能和晶格能

周泰锦[①]　蔡启瑞

摘　要　本文粮据离子晶体模型,计算了 α-TiCl₃ 层状晶体内氯离子格点上的极化电场强度 ($E_\perp = 3.2 \times 10^8$ 伏/厘米,$E_{11} = 3.3 \times 10^6$ 伏/厘米),以及晶体的极化能($U_{p\perp} = -102$ 千卡/克分子,$U_{p11} = -167$ 千卡/克分子)和晶格能($U = -1206$ 千卡/克分子)。计算出的 U 值与由 Born 循环估计出的实验值($U_{实} = -1215$ 千卡/克分子)相当接近。讨论了 α-烯烃在 α-TiCl₃ － AlR₃ 催化剂上聚合时晶体极化电场对于烯键的极化作用和对于 α-烯烃分子排列的定向作用。

一、引　言

α-TiCl₃ 和 AlR₃ 的混合物是典型的 Ziegler-Natta 型定向聚合催化剂[1]。关于催化剂的活性中心本质存在着许多不同的看法[2,3]。Cossee[4]认为催化剂的活性中心是 α-TiCl₃ 晶体表面某些带有烷基并且与氯离子缺位相邻接的的钛离子;丙烯分子(或其他 α-烯类)吸附在这种空位上,与钛离子构成 π-络合物,并且由于几何因素 CH₃ 基团 必然向外,而烯烃的另一端(>CH₂ 基团)则指向邻近的、不为钛离子所占据的八面体中心;这就形成了空间定向的吸附,为定向地接上邻位的 R 基提供条件。

Cossee 的理论虽能说明许多实验事实[4,5]。但还有一些不足之处? 例如,这理论没有说明烯键的活化机理;也未能很好地说明为什么夹层状结构的 α-,γ 和 δ-型三氯化钛晶体的催化定向性都很高,而线状结构的 β-TiCl₃ 的定向性却很差;更不能说明为什么不具有八面体中心空位的 TiCl₂ 夹层状晶体也有一定的催化定向性[1]。

考虑到那些具有催化定向性的金属卤化物晶体,如 α-TiCl₃、γ-TiCl₃、δ-TiCl₃、TiCl₂、VCl₃、ScCl₃[1,6]等,都是夹层状晶体,而这种晶体的共同特点是氯离子格点上存在着不对称电场,这极化电场可能对吸附着的丙烯分子产生不可忽略的烯键极化作用和空间定向作用,因此本文根据离子晶体模型对 α-TiCl₃ 晶体内氯离子格点上的极化电场强度进行计算,以便进一步讨论 α-烯烃定向吸附的可能性;并对晶体的极化能和晶格能作出估计,以判断其离子性程度。

二、计算方法和结果

1. 晶体数据

α-TiCl₃ 晶体对称性属于 R₃ 空间群,文献[7,8]中常用六角晶胞表示晶体结构,晶胞大小为 A = 6.12 Å,C = 17.50 Å。为了点阵和计算的方便,可采用三角晶胞;这样,每个单胞内只有两个分子。以钛离子

---

① 化学系 1963 年毕业生。

为坐标原点,三角晶胞($\alpha=6.82$ Å,$\alpha-53°$)内各原子坐标如下:

Ti^{+3} $(1)(0,0,0);$ $(2)\left(\dfrac{1}{3},\dfrac{1}{3},\dfrac{1}{3}\right)$。

Cl$^-$ $(3)\left(z,\dfrac{1}{3}+z,\dfrac{2}{3}+z\right);$ $(4)\left(\dfrac{2}{3}+z,z,\dfrac{1}{3}+z\right);$

       $(5)\left(\dfrac{1}{3}z,\dfrac{2}{3}+z,z\right);$ $(6)\left(\dfrac{2}{3}-z,\dfrac{1}{3}-z,1-z\right);$

       $(7)\left(1-z,\dfrac{2}{3}-z,\dfrac{1}{3}-z\right);$ $(8)\left(\dfrac{1}{3}-z,1-z,\dfrac{2}{3}-z\right);$

其中 $z=0.079$[7,8]。

（2）Madelung 常数和 Madelung 能的计算.

$$U_M = Ne^2\left(\sum \frac{1}{2}\overline{\phi}z_iz_j + \sum_{i<j}\phi_{ij}z_iz_j\right)$$

$$= \frac{Nz_+z_-e^2 Ar}{r}$$

$$Ar \equiv \frac{1}{z_4z_-}\left[\sum \frac{1}{2}(r\overline{\phi})z_i^2 + \sum_{i<j}(r\phi_{ij})z_iz_j\right]$$

上式中,U_m 和 A_r 分别代表 Madelung 能和 Madelung 常数,ϕ_{ij} 知表示 i 点阵（假定各点带单位电荷）对 j 格点（参考点）所产生的电位,$i<j$ 系按单胞内 8 种格点的编号次序,$\overline{\phi}$ 为 i 点阵（参考点电荷除外）对其中一个格点 i 所产生的电位.

由 Ewald[9,10] 点阵和方法求得:

$$\overline{r\phi}=-1.2354, \qquad r\phi_{12}=-0.1557, \qquad r\phi_{13}=-0.7600,$$
$$r\phi_{36}=-0.2339 \qquad (r=r_{13}=2.465 \text{ Å})$$

由子对称性原因:

（1）$\phi_{13}=\phi_{14}=\phi_{15}=\phi_{16}=\phi_{17}=\phi_{18}=\phi_{23}=\phi_{24}=\phi_{25}=\phi_{26}=\phi_{27}=\phi_{28}$

（2）$\phi_{12}=\phi_{34}=\phi_{35}=\phi_{45}=\phi_{67}=\phi_{68}=\phi_{78}$

（3）$\phi_{36}=\phi_{37}=\phi_{38}=\phi_{46}=\phi_{47}=\phi_{48}=\phi_{56}=\phi_{57}=\phi_{58}$

即得:

$$Ar' = \frac{1}{z+z^-}\left(\frac{1}{2}z_i^2r\overline{\phi_i} + \sum z_iz_jr\phi_{ij}\right)$$

$$= -(4r\phi+5r\phi_{12}+3r\phi_{36}-12r\phi_{13})$$

$$= 5.5101$$

对于一分子,Madelung 常数为

$$A_r = \frac{Ar'}{2} = 2.755'$$

Madelung 能 $U_M = \dfrac{NArz_+z_-e^z}{r} = -1113$ 千卡/克分子

2. 极化电场和极化能

钛离于所在的格点是对称中心,不存在不对称的晶体场。

而每个氯离子却处于不对称的电场中,三次轴方向及垂直于三次轴方向的平面,均因极化而产生偶极矩。但宏观来看,各离子的偶极矩互相抵消,晶体的天然极化仍然为零;因此,Lorentz 效应不必考虑。每个氯离子格点上的净电场是晶体中其他离子所产生的库仑力场及偶极力场的矢量和。

(a)氯离子格点上垂直于C轴的极化电场强度、诱导偶极和极化能($E_\perp$、$P_\perp$和$U_{P\perp}$):库仑力场:从图1可以看出,在垂直于三次轴的平面内,氯离子点阵作用在任一氯离子格点上的电场是对称的;氯离子格点上的净电场是由钛离子的作用产生的。

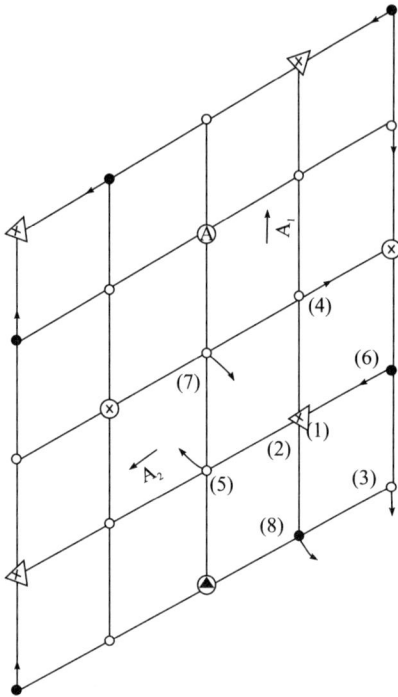

Ti^{+3}层C轴座标位置:×层为0,△层为$\frac{1}{3}C$,0层为$\frac{2}{3}C$.三角晶胞中六个Cl^-离子在六角晶系的座标位置:

(3)$\left(\frac{2}{3},\frac{2}{3},\frac{1}{3}+z\right)$,(4)$\left(\frac{1}{3},0,\frac{1}{3}+z\right)$

(5)$\left(0,\frac{1}{3},\frac{1}{3}+z\right)$((3)(4)(5)紧靠在$T_i^{+3}$△层之上).

(6)$\left(0,\frac{2}{3},\frac{2}{3}-z\right)$,(7)$\left(\frac{1}{3},\frac{1}{3},\frac{1}{3}-z\right)$,

(8)$\left(\frac{2}{3},0,\frac{2}{3}-z\right)$((6)(7)(8)紧靠在$Ti^{+3}$0层之下).

图1 α-$TiCl_3$晶体中氯离子在(0001)晶面内的诱导偶极方向。——→ 表示 Ti^{+3} △ 层下氯离子的极化方向

从 Ewald-Konbald 点阵和方法[11],求得:

$$q^0_{13\vec{A_2}}=0.541 \qquad q^0_{13\vec{A_1}}=-0.258$$

$$E^0_{13\vec{A_1}}=\frac{3q_{13\vec{A_1}}}{\gamma^3}\simeq-\frac{1}{2}\cdot\frac{3q_{13\vec{A_3}}}{\gamma^3}=\frac{1}{2}E^0_{13\vec{A_2}}$$

又因$\widehat{A_1 A_2}=120°$。故电场基本上沿着$\vec{A_2}$方向,$E^0_{13\perp}\approx E^0{}_{13\vec{A_1}}$($E^0_{13\vec{A_2}}$为$E^0_{13}$在$\vec{A_2}$方向的投影。如果只考虑与氯最邻近钛层的作用,则可严格地说,$E^0_{13\perp}=E^0_{13\vec{A_2}}$)

从对称考虑

$$E^0_{26}\approx E^0_{23-(\vec{A_1}+\vec{A_2})}=E^0_{23}A_2=\frac{3\times0.541}{\gamma^2}$$

$$E^0_{3\perp}\approx\vec{E}^0_{13\perp}+\vec{E}^0_{23\perp}\approx\frac{2\times0.541}{\gamma^2}(沿着-\vec{A_1}方向)$$

从对称操作可得:作用在$Cl_{(4)}$,$Cl_{(5)}$,$Cl_{(6)}$,$Cl_{(7)}$,$Cl_{(8)}$格点上库仑力场分别沿着$-\vec{A_2}$,$(\vec{A_1}+\vec{A_2})$,$\vec{A_2}$,$-(\vec{A_1}+\vec{A_2})$,$\vec{A_1}$方向,并且其绝对值相等。(注:$\vec{A_1}$,$\vec{A_2}$是原始六角坐标的坐标基矢)。

偶极力场:从图(1)不难看出:

(1)氯离子点阵沿三次轴方向极化的诱导偶极力场不影响侧面($\perp C$)极化。

(2)对于任一氯离点格而言,氯点阵侧面极化偶极力场的矢量和,仍可近似看作沿$E^0_\perp$方向,即偶极力场不改变极化方向,所以在计算偶极力场时,只需要考虑它沿$E^0_\perp$的分量。

$$E_{3p\perp}=E_{3p\perp-\vec{A_1}}=P\left(\frac{\sum q_{i3\perp}}{\gamma^3}\right)$$

$\dfrac{q_{i3\perp}}{\gamma^3}$ 表示 Cl$_{(i)}$ 点阵沿 $E^0_{i\perp}$ 方向单位偶极在 Cl$_{(3)}$ 点格上沿 $E^0_{3\perp}$ 方向电场的分量。

由点阵和方法求得：

$$q_{33\perp}=0.360 \qquad q_{43\perp}=q_{531\perp}=-0.377$$

$$q_{63\perp}=-0.108 \qquad q_{83\perp}=q_{73\perp}=-0.202$$

故有[12]

$$P_\perp = P_{3\perp} = \alpha E_{3\perp} = \alpha\left[E^0_{3\perp} + P_\perp\left(\frac{\sum q_{i3\perp}}{\gamma^3}\right)\right]$$

$$P_\perp = \frac{\alpha E^0_{3\perp}}{1-\alpha\dfrac{\sum q_{i3\perp}}{\gamma^3}} = 0.77(\text{e \AA})$$

$$E_\perp = \frac{P_\perp}{\alpha_{\text{Cl}^-}} = 0.22\left(\frac{e}{\overset{\circ}{\text{A}}{}^2}\right) = 3.2\times10^8 \text{ 伏/厘米}$$

$$\alpha\,\text{Cl}^- = 3.5\times10^{-24}\text{ cm}^3\,(\text{Fajan and Joos},1924)^{[17]}$$

根据晶体极化能的计算式[12]

$$U_{P\perp} = -\sum_{(i)}\frac{1}{2}N_i\alpha E^0_{i\perp}E_{i\perp} = -102 \text{ 千卡/克分克}$$

（b）三次轴方向的极化电场、诱导偶极和极化能：$E_\parallel$、$P_\parallel$ 和 $U_{P\parallel}$ 由于对称性原因，

$$P_\parallel = P_{3\parallel} = P_{4\parallel} = P_{5\parallel} = -P_{6\parallel} = -P_{7\parallel} = -P_{8\parallel}$$

$$P_{3\parallel} = \alpha E_{3\parallel} = \alpha E^{(1)}_{3\parallel} + \alpha E^{(2)}_{3\parallel} =$$

$$= \alpha\left[\frac{\sum q^0_{i3\parallel}e_i}{\gamma^2} + \frac{\sum q_{i3\parallel}}{\gamma^3}P_\parallel\right] + \alpha\frac{\sum q_{i\perp3\parallel}}{\gamma^3}P_\perp$$

由点阵和方法及对称性考虑，求得：

$$q^0_{13\parallel}=q^0_{23\parallel}=0.450$$

$$q^0_{33\parallel}=q^0_{43\parallel}+q^0_{53\parallel}=0 \qquad q^0_{63\parallel}=q^0_{73\parallel}=q^0_{83\parallel}=0.056$$

$$q_{33\parallel}=0.255 \qquad q_{43\parallel}=q_{53\parallel}=-0.506$$

$$q_{63\parallel}=q_{73\parallel}=q_{83\parallel}=-0.897$$

$$q_{3\perp3\parallel}=q_{4\perp3\parallel}=q_{5\perp3\parallel}=0$$

$$q_{6\perp3\parallel}=0.046 \qquad\qquad -q_{7\perp3\parallel}\approx q_{8\perp3\parallel}=-0.487.$$

故有

$$E^0_\parallel = \frac{\sum q^0_{i3\parallel}e_i}{\gamma^2} = 0.417\left(\frac{e}{\overset{\circ}{\text{A}}}\right)$$

$$P_\parallel = P_{3\parallel} = P^{(1)}_{3\parallel} + P^{(2)}_{3\parallel} = \frac{\alpha\sum{}^0q_{i3\parallel}e_i/\gamma^2}{1-\alpha\sum q_{i3\parallel}/\gamma^3} + \frac{\alpha\sum q_{i\perp3\parallel}P_1/\gamma^3}{1-\alpha\sum q_{i3\parallel}/\gamma^3} \approx P^{(1)}_{3\parallel}$$

$$= 0.80(\text{e \AA})$$

$$E_{3\parallel} \approx E^{(1)}_{3\parallel} = \frac{P_\parallel}{2} = 0.23\left(\frac{e}{\overset{\circ}{\text{A}}}\right) = 3.3\times10^8 \text{ 伏/厘米}$$

$$U_{P\parallel} \approx U^{(1)}_{P\parallel} = \frac{1}{2}\sum_I\frac{1}{2}N_i2E^0_{i\parallel}E^{(1)}_{i\parallel} = -167 \text{ 千卡/克分子}$$

3. 晶格能

晶格能的计算系根据 Born-Mayer[13] 晶格能方程：

$$U = U_M + U_{P\perp} + U_{P\parallel} + U_L + U_r$$

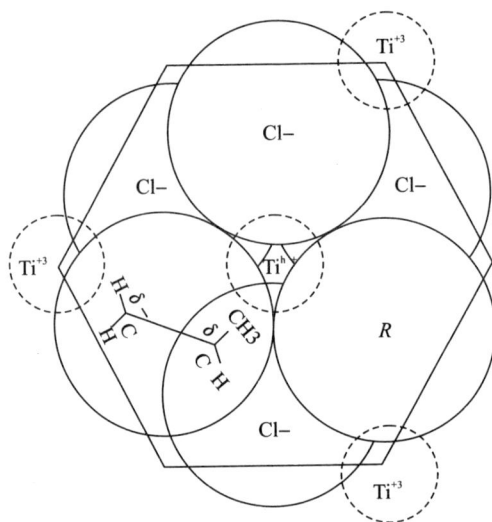

图 2　丙烯分子在活性点上的定向吸附

在 (2)(3) 中已分别计算了 U_M，U_P，根据 Slater-Kirkwood[12] 公式估计范德华常数 (我们未查到 Ti^{+3} 的电子极化率数据，采用其离子半径相近的 Zn^{+2} 电子极化率 $\alpha_+ = 0.5$ A^3 代替)，用 Nmckep 计算 CdCl$_2$ 型化物范德华点阵和时所用过的方法求 $\sum \dfrac{1}{r_{ij}^6}$，得到 $u_L = -50$ 千卡/克分子，

$$排斥能\ U_r = -\left[U_M + 6U_L + \frac{4 - 2\sum q\perp/\gamma^3}{1 - 2\sum q\perp/\gamma^3} U_{p1} \right.$$

$$\left. + \frac{4 - 2\sum q_\parallel/\gamma^3}{1 - 2\sum q_\parallel/\gamma^3} - U_{p\parallel}^{(1)} + \frac{7 - 42\sum q_\parallel/\gamma^3}{1 - 2\sum q_\parallel/\gamma^3} - U_{p\parallel}^{(2)} \right] \times \frac{P}{\gamma}\gamma$$

其中

$$\gamma = \frac{f(x)}{-f(x)}$$

$$f(x) = f\left(\frac{r}{P}\right) \equiv \exp\left(-\frac{r}{P}\right)$$

$$+ \frac{1}{2}\frac{C_+ + M'}{C_+ - M}\exp\frac{\gamma_+ - r_-}{P}\exp\left(\frac{r_{11}}{P}\right)$$

$$+ \frac{1}{2}\frac{C_- - M'}{C_+ - M}\exp\left(\frac{\gamma_- - r_+}{P}\right)\exp\left(-\frac{r_{22}}{P}\right) + \cdots$$

所用的符号意义参见前文[14]。排斥指数 ρ 取硷金属氯化物晶体排斥指数平均值 $\bar{\rho}_{MCl} = 0.331$ Å (但这可能偏高，因为 Ti^{+3} 是过渡金属离子)[14]。在这里 Pauling 的半经验系数 C_{+-} 的估计不大可靠，这里就 Ti^{+3} 离子外围电子数为一个 (即 $3d^1$) 和 9 个 (即 $3s^2 3p^6 3d^1$) 作了两种估计。根据 $C_{+-} = 1 + \dfrac{1}{9} - \dfrac{1}{8}$，$C_{--} = 1 - \dfrac{1}{8} + \dfrac{1}{8}$，$C_{++} = 1 + \dfrac{1}{9} + \dfrac{1}{9}$，$\rho = 0.331$ Å，得到 $\gamma = 0.77$，$U_\gamma = 247$ 千卡/克分子。根据 $C_{+-} = 1 + \dfrac{3}{1} - \dfrac{1}{8}$，$C_{--} = 1 - \dfrac{1}{8} - \dfrac{1}{8}$，$C_{++} = 1 + 3 + 3$，$\rho = 0.331$ Å，即得到 $\gamma = 0.85$，$U_\gamma = 227$ 千卡/克分子。取两个 U_γ 估计值的平均数，得 $U_\gamma = 237 \pm 10$ 千卡/克分子。

因此晶格能估计值为 -1189 千卡/克分子，由于 $3d$ 电子在晶体场作用下能级的分裂 (假定 $\Delta = 10D_q = 13000$ cm^{-1}[15]) 系统能量约可降低 15 千卡，故晶格能总值约为 -1206 千卡/克分子。

晶格能"实验值"可由 Bom-Habe 的循环和有关的热化学数值[16]（$\Delta H^0_{f(Ti^{+3})}=1225$ 千卡/克分子，$\Delta H^0_{f(Cl^-)}=-58.3$ 千卡/克分子，$\Delta H^0_{f(TiCl_3)}=-165$ 千卡/克分子）来估计，得 $U_实=-1215$ 千卡/克分子。比 $U_计算$ 只大 9 千卡。

以上计算结果分项列于表 1。

表 1 α-TiCl₃ 晶体的极化电场，极化能和晶格能

物理量名称	符号	数值
Madelung 常数	A_r	2.755
Madelung 能	U_M	−1113 千卡/克分子
氯离子格点上垂直于 C 轴的库伦力场	$E^0_\perp$	$0.27\left(\dfrac{e}{\text{Å}^2}\right)$
氯离子格点上垂直于 C 轴的偶极场	$E_{P\perp}$	$-0.054\left(\dfrac{e}{\text{Å}^2}\right)$
氯离子格点上垂直于 C 轴的净极化场	$E_\perp$	$0.22\left(\dfrac{e}{\text{Å}^2}\right)$
氯离子诱导偶极垂直 C 轴的分量	$P_\perp$	$0.77\,(e\text{Å})$
氯离子格点上平行于 C 轴的库伦力场	$E^0_\parallel$	$0.42\left(\dfrac{e}{\text{Å}^2}\right)$
氯离子格点上平行于 C 轴的偶极场	$E_{P\parallel}$	$-0.19\left(\dfrac{e}{\text{Å}^2}\right)$.
氯离子格点上平行于 C 轴的净极化场	$E_\parallel$	$0.23\left(\dfrac{e}{\text{Å}^2}\right)$
氯离子诱导偶极平行于 C 轴的分量	$P_\parallel$	$0.80\,(e\text{ Å})$
极化能	$U_{P\perp}$	−102 千卡/克分子
	$U_{P\parallel}$	−167 千卡/克分子
London 色散能	U_L	−50 千卡/克分子
排斥能	U_γ	241±11 千卡/克分子
晶体场稳定能	U_Δ	−15 千卡
晶格能计算值	$U_计算$	−1206 千卡/克分子
晶格能"实验值"	$U_实$	−1215 千卡/克分子

三、讨论

（1）在以上晶体极化能和晶格能的计算中，如晶体中氯离子极化率果用 Mayer 和 Mayer[17] 的数值，$\alpha_{Cl^-}=3.1\times10^{-24}$ cm³，则计算出的 $E_\perp$、$E_\parallel$、$U_{P\perp}$、$U_{P\parallel}$、U_γ 和 $U_计算$ 分别为 0.23 eÅ⁻²、0.24 eÅ⁻²、−94 千卡/克分子，−154 千卡/克分子，234±11 千卡/克分子，和−1192 千卡/克分子；这样 $U_计算$ 较 $U_实$ 约小 23 千卡。实际上 $U_计算$ 与 $U_实$ 可能更靠近些（相差在 2％之内）；这是因为排斥指数和排斥能的估计可能偏高[14]，而色散能项的估计值则可能偏低（由有效柱电荷估计，$\alpha_{Ti^{+3}}$ 会比 $\alpha_{Zn^{+2}}$ 大得多，但色散能项对 $U_计算$ 的实际贡献很小[14]）。由此看来，α-TiCl₃ 晶体（融点 730°）基本上可当作离子晶体来处理，最近 Banes 等[8]根据电负性估计 α-TiCl₃ 的离子性为 82％。

紫色三氯化钛夹层状晶体之有 α，γ，δ 三种晶型犹如 CdI₂ 夹层状晶体之有 $C_6(D^3_{3d})$，$C19(D^5_{3d})$ 和 C27 (C^4_{6d}) 三种晶型[12]。这种晶体可能存在着夹层与夹层之间的无序排列[16,18]，但 α-TiCl₃，γ-TiCl₃，δ-TiCl₃ 三种晶型每一夹层的结构都基本上相同，因此三种晶型的 Madelung 能和极化能都应该很靠近（根据 Tsai，Harris 和 Lassettre[12] 对 CdI₂ 和 CdCl₂ 夹层状晶体的计算结果，C6 结构与 C19 结构的 u_M+u_L 分别为 −（487.8＋105.6）和 −（488.2＋104.8），（以上属于 CdI₂ 晶体，单位是千卡/克分子）；−（560.2＋

81.0），$-(561.1+80.2)$（以上属于 $CdCl_2$ 晶体，单位同上）。

（2）由极化电场计算结果可以看出，晶体内部氯离子格点上极化电场是相当大的，约为 $3×10^8$ 伏/cm。在晶体表面氯离子缺位上，极化电场至少也应该是这数量级。因 此，如果吸附在氯离子缺位上的丙稀分子(固有电偶极约 $0,40D$)顺着极化电场的方向($\vec{E}_∥+\vec{E}_⊥$)排列，则系统能量约可降低 4 千卡。更重要的是，烯烃的极化率相当大，而且平行于烯键键长的方向较垂直于键长的方向大得多($α_∥=2.9×10^{-24}$ cm³，$α_⊥=1.1×10^{-24}$ cm³[19])。因此如果分子烯键有顺着极化电场方向排列的倾向，而且这样产生的诱导极化能是相当大的(约 30 千卡)。

显然这种晶体场对于吸附着的 $α$-烯烃分子排列的定向作用是不可忽略的。如烯键顺着晶体极化电场的方向排列，由于晶体扬的极化作用，可使第二个碳原子带更大的正电荷，这就更有利于 R 负基的转移，或有利于 $α$-烯烃分子定向地嵌入于 $Ti^{δ+}-^{δ-}R$ 键，这也可说明 $α$-烯烃分子由于定向吸附而得到活化的机理。由晶体结构对称性可看出对于相邻的两个钛离子，$E_⊥$ 的三个矢量箭头顺时针地绕着一个 Ti^{+++} 离子而逆时针地绕着另一个 Ti^{+++} 离子。因此由相邻的两个 Ti^{+3} 离子(和 R 基及氯离子缺位)所构成的两个活性中心，一个会产生左旋、一个产生右旋的 $α$-烯类定向聚合物。但是由许多实验事实[5]看来，无规立构聚合物的形成主要原因可能不是由于增长中的键在邻近空位的频繁移位，而是由于存在着一些空间障碍大小不同的活性点。

参考文献

[1]Natta，G.，Pasqnon，I.，Adv. in Catalysis **11**，1（1959）.

[2]Bawn，C. E. H，，Ledwith，A.，Quart，Rev. **16**，361（1962）.

[3]李宗渴，化学通报5，**1**（1964）.

[4]Cossee，P.，Trans. Faraday Soc. **58**，1226（1962）.

[5]Boor，J. Jr.，J. Polymer Sci.，Part C, 1279（1963）.

[6]Arlman，E. J.，ibid.，62，174，S 39（1962）

[7]a. Klemm，W.，Krose，E，Z，anorg. Chem. **253**，218（1947）.

b. Natta，G.，Corradina，P.，Allegro，G，J. Polymer Sci.，**51**，399（1961）.

[8]Barnes，R. G，Seqel，S. L.，Jones，W. H.，J. Appl. Phys. **33**，296（1962）.

[9]Ewald，P. P.，Ann，Physik **64**，253（1921）.

[10]Пияозер，Г.，Иаз. АНССОР(ОТ. Хим. Hayk.) **5**，359（1943）.

[11]Kornfeld，H.，Z. Physik **22**，27（1924）.

[12]Tsai，K. R.，Harris，P. M. Lassettre，E. N.，Paper prescnted at the ACS 128th Meeting，Sept. 1955.

[13]Bom，M.，Mayer，J. E.，Z. Physik **72**，1（1932）.

[14]蔡启瑞　厦门大学学报　自然科学版　**9**，1(1962).

[15]Clark，J. H.，Lewis，J.，Machin，D. J.，Nyholm，R. S.，J. Chem. Soc. 380（1963）.

[16]Rossini，F. L. et al.，Circ. #500，Nat. Bur. Standards，U. S. A. （1952）.

[17]Landolt-Börnstein Handbuch 6th Aufl. Bd **1**/1 401（1950）;

Mayer，J.，Mayer，M.，Phys. Rey. **43**，605（1933）.

[18]Reed，J. W.，Mac Wood，G，E.，Paper presnted at the ACS 133rd Meeting，San Francisco，April 1958；cf. [7b].

[19]Landolt-Börnstein Handbuch 6th Aufh. Bd **1/3**,513 (1951).

Polarization Energy and Lattice Energy of α-TiCl$_3$ Layer Crystal

Tai-Gin Chon，K.R.Tsai

Abstract

The polarization field ($E_{\perp} = 3.2 \times 10^8$ volts/cm, $E_{\parallel} = 3.3 \times 10^8$ volts/cm) at a Cl$^-$ lattice point, and the polarization energy ($U_{P\perp} = -102$ K cal/mol, $U_{P\parallel} = -167$ K cal/mol) and lattice energy ($U = -1206$ K cal/mol) of α-TiCl$_3$ sand-wich-type layer crystal have been calculated, based upon an ionic model. The calculated value of U is in agreement with the "experimental value" ($U_{exp} = -1215$ K cal/mol) determined form Born-Haber cycle. The polarization and orientation effects of the crystal field upon an α-olefin molecule adsorbed on a vacant Cl$^-$ lattice site are discussed, as these may have important bearing on the mechanism of stereospecific polarization of α-olefin on α-TiCl$_3$-AlR$_3$ catalysts.

■ **本文原载**:《厦门大学学报》(自然科学版)第 11 卷第 2 期(1964)，第 23～40 页。

络合活化催化作用[*]

蔡启瑞

摘　要　在不饱和有机物所参与的许多类型的催化反应中，过渡金属化合物催化剂的作用可认为是通过与反应分子中的不饱和反应基团构成 $\sigma\pi$-配键，从而使其活化的。本文根据这概念讨论了烯烃化学中某些重要的催化反应和催化剂的作用机理；最后并扼要地讨论了络合活化催化作用与金属催化剂、氧化物半导体催化剂和酸催化剂的催化性能的关系，以及催化理论的发展动向。

一、引　言

现代重有机合成和合成橡胶、塑料工业主要系建立在烯烃化学的基础上；其所用到的催化过程主要是加成、氧化、脱氢和聚合。在将近 20 种产量较大的重有机产品[1]中，利用加成反应生产出来的约占半数，全世界年产量约在一千万吨左右[**]。在高分子合成方面，近年来由于定向聚合催化过程的发现，合成橡胶和塑料工业已进入了一个新的发展阶段[2]。

用于烯类催化加成和定向聚合的催化剂大多数是过渡金属化合物，或以过渡金属化合物为主要组分的双金属化合物催化剂；这种催化剂体系的金属部份和非金属部份都有相当大的幅度可供选择，因此比金属催化剂和氧化物半导体催化剂花样多得多。但是直到现在有关这方面的基础研究工作还是比较零散的，对于这些过渡金属化合物催化剂在作用机理方面有无本质的联系尚缺乏系统的分析和总结。

事实上，在这些反应中过渡金属化合物催化剂的活性中心都比较明显地反映出过渡金属离子或原子的化学特性，催化作用力与催化剂的分子聚集态关系较小，同一族、同一类型的催化剂，有的可在溶液中起作用，有的用为固体催化剂，除了某些与产物结构有关的选择性而外，基本的催化性能是相同的。这一点使我们有可能先从复杂因素较少的溶液相催化体系入手，对催化剂活性中心本质和催化作用机理进行比较深入的探讨，然后再与同类型的固体催化剂作比较，进一步研究催化剂表面结构、分散度和载体性质等因素可能产生的影响。

这些过渡金属化合物催化剂还有更为本质的分类根据：已有不少实验事实表明，在烯类催化加成及定向聚合反应中烯键炔键的活化是个必要步骤，而且这些过渡金属化合物催化剂在反应条件下都有可能与烯键或炔键络合，构成典型的 $\sigma\pi$-配键[3,4]，从而直接使这些不饱和的反应基团活化。这种活化机理可称为配位络合活化机理，或简称络合活化机理。

---

[*]　部分内容曾与黄开辉同志合作在第二次全国催化工作报告会(1963 年 11 月，兰州)上报告。一部分系总结平时集体书报讨论的结果。

[**]　按美国 1963 年(1962 年)产量[1]的一倍来粗估。

络合活化机理的确切涵义应该是指催化剂与反应基团直接构成配键而使其活化。如果反应基团与催化剂无络合能力、或不直接参与配键的构成，则催化剂的作用就不属于络合活化机理。例如，氧化亚铜催化剂在丙烯氧化为丙稀醛、磷酸镍钙催化剂在丁烯脱氢制丁二烯、以及醋酸钴、醋酸锰催化剂在石腊液相氧化反应中所起的作用都不属于络合活化机理，因为在这些例子中反应基团是无直接络合能力的烷基，而不是不饱和键的碳原子。

但是络合活化催化作用机理并不限于烯类炔类的催化加成及定向聚合反应；例如，新近发现的、由烯烃直接制醛酮类的 Smidt[5] 反应中氯化钯催化剂所起的作用显然也是属于络合活化催化作用。

本文将根椐络合活化的概念，比较系统地讨论烯烃和炔烃化学（其中也包括一部份的一氧化碳化学）中某些重要类型的催化反应和催化剂作用机理；并扼要地讨论络合活化催化作用与金属、半导体氧化物和酸性催化剂的催作用力的关系，以及催化理论的发展动向。

二、炔烃与极性分子的催化加成反应

炔键加水、醋酸、氰化氢、或卤化氢等极性分子的加成反应的催化剂体系主要是ⅡB族和ⅠB族金属的盐类。这些化合物中的金属离子都具有 d^{10} 电子构型。活性高低的 顺序大致如下[6]：

$$Hg(Ⅱ) \gg Cd(Ⅱ) \gtrsim Zn(Ⅱ), \quad Au(Ⅰ) > Cu(Ⅰ) > Ag(Ⅰ) > Cu(Ⅱ)(d^9),$$

这些催化剂活性的高低与其对炔分子的络合或化学吸附能力存在着对应的关系。汞（Ⅱ）、铜（Ⅰ）、银（Ⅰ）的盐类在溶液中能与炔类络合，而锌、锡、铜（Ⅱ）、镍的盐类则没有显示出这种倾向[7]；与此相对应的是，汞（Ⅱ）、铜（Ⅰ）、银（Ⅰ）的盐类在溶液中对炔键加成反应有显著的催化活性，而锌、镉、铜（Ⅱ）、镍的盐类在同样情况下则无活性、或活性甚低。附载在活性碳上的 $HgCl_2$、$ZnCl_2$、及 $CdCl_2$ 等催化剂对乙炔加 HCl 的催化活性也与这些催化剂对乙炔的化学吸附能力成对应关系[8]。

阴离子配位体的性质和数目对催化剂的活性也有显著的影响。用于乙炔液相水合的汞盐催化剂活性随阴离子的不同而有显著的差别[6,9]。$HgCl_2$-HCl 催化剂体系在乙炔水合反应中和 $CuCl$—HCl(9N) 催化剂体系在乙炔加 HCl 反应中，活性最大的络离子可能是那些局部离解或水化的负络离子，如 $Hg(H_2O)Cl_3^{-}$[9]、$Cu(H_2O)Cl_3^{=}$[10] 等。最近 Halpern 等[11]发现 $RuCl_3$-HCl 催化剂对炔烃液相水合也有显著的催化活性。粮据氯离子浓度对催化活性的影响和已知的络合物不稳定常数，Halpern 等认为 $[Ru(H_2O)_2Cl_4]^-$ 和 $[Ru(H_2O)Cl_5]^{--}$ 两种负络离子可能对催化活性最有贡献，而 $[RuCl_6]^{---}$、$[Ru(H_2O)_4Cl_2]^+$ 等络离子活性可能都很小。他们并提出如下反应机理：

$$\tag{1}$$

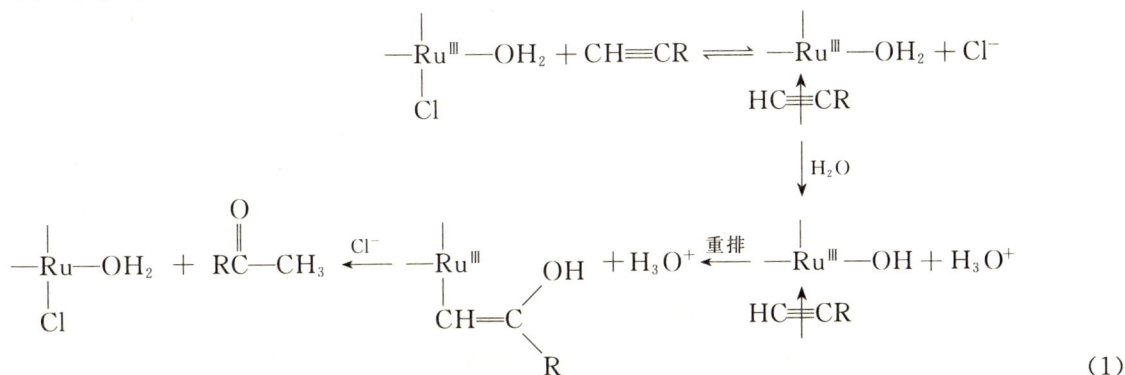

根据络合物的结构和 $\sigma\pi$-配键理论已可初步说明ⅡB族ⅠB族离子的络合能力和催化活性高低的次序。过渡金属离子或原子与炔类所构成的 $\sigma\pi$-络合物有以下几种构型[12]：

$$\text{I} \qquad\qquad \text{II}_a \qquad\qquad\qquad \text{II}_b \qquad\qquad\qquad \text{III}$$

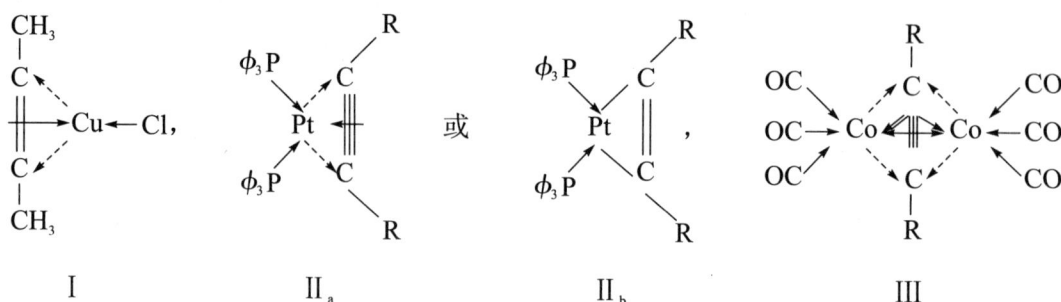

在结构 I 和 III 两种情形，炔分子分别构成一个和两个 $\sigma\pi$-配键。在结构 II（II_a 或 II_b）的情形，炔分子取代了两个配位体（Cl^-）的位置，炔键的两个碳原子仍与 Pt 及两个 P 原子在同一平面上[12]。炔键的伸张振动吸附光谱线（原约 2200 cm^{-1}）在这里已消失，另出现一条 1700 cm^{-1} 的光谱线，靠近烯键的伸张振动光谱线；因此有人主张采用 II_b 式[13]。但是这结构式不容易说明这络合物的平面结构和 Pt 杂化轨函的性质。我们认为，如果采用结构式 II_a，并考虑 Pt 只用三个 sp^2 杂化轨函与炔及膦配位体构成 三个配位的 σ-键，其中包括一个 $\sigma\text{-}p\pi$（设为 $P_x\pi$）三中心键，另用满充的 d_{xy} 轨函与炔的 $P_x\pi^*$ 反键空轨函重叠，形成 $d\pi\text{-}p\pi^*$ 键；这样，Pt 原子还有一个空的 p_z 轨函可与 d_{xz}，d_{yz} 轨函杂化，构成三个 d^2p 杂化的 π 轨函，再与炔的满充的 $P_z\pi$ 轨函和两个 P 原子的空的 $3d$ 轨函重叠[14]，形成三个 π 键（由于 Pt 的 $5d$ 和 $6p$ 能级本来很靠近，$\Delta E_d{}^{10} \rightarrow d_p{}^9 = 3.28$ 电子伏，在三角形排列的 σ 键配位体场的作用下，$5d_{xz}$，$5d_{yz}$ 与 $6p_z$ 能级更靠近；因此，形成 d^2p 杂化轨函时所需要的激发能不大），在一定程度上使炔的另一对 π 电子也局部离域（$C \equiv C$ 距离在此估计约为 1.3—1.4 Å，Pt—C 距离约为 2.1 Å）。这样就比较容易说明平面结构和炔键伸张振动频率的大大降低（约降低 500 cm^{-1}，而在类似结构 I 的络合物中只降低 200 cm^{-1} 左右[12]。但是这些光谱数据的精确度和解释还需要进一步研究）。这种络合物中的乙炔分子容易为二甲基乙炔、或二硝基苯乙炔分子所取代[13]，这也表示这种配键不是单纯的 $\sigma\text{-}p\pi$ 键，也不是单纯的 $d\pi\text{-}p\pi^*$ 键，而是具有双重性的 $\sigma\pi$-键。

II B 族和 I B 族金属化合物对炔键加成反应的催化作用力可能在于这些 d^{10} 电子构型的金属离子既能与极性分子络合，又比较容易与炔键构成 $\sigma\pi$-键，并使炔键的另一对 π 电子也局部离域或极化，这样就有利于加上极性分子或负离子配位体。在形成 $\sigma\pi$-键的过程，金属离子一方面从 $\sigma\text{-}p\pi$ 键局部接受电子（在结构式 I，II，III 中用一个透过炔键而朝向金属离子的箭头来表示），另一方面又从 $d\pi\text{-}p\pi^*$ 键局部反馈电子#，因此 $\sigma\text{-}p\pi$ 键的成键倾向应该与金属离子 M^{+n} 的电子亲合势 E（数值上等于电离势 I_n 取负值）的大小（绝对值）相对应，而 $d\pi\text{-}p\pi^*$ 键的成键倾向则应该与 M^{+n} 的电离势 I_{n+1} 的大小成相反关系。但是这一对键是相互加强的，总的称为 $\sigma\pi$-键[4,12]。根据这看法[4,15]和已知的电离势数值[16]，这些 d^{10} 电子构型的离子对炔键的络合能力大小顺序应该是

	Hg(II)$\gg$Cd(II)$\gtrsim$Zn(II)，		Au(I)$>$Cu(I)$>$ Ag(I)		
$E=-I_n$：	-18.8 $\quad-16.9\quad$ -18.0		$-9.22\quad$ $-7.72\quad$ -7.57（电子伏）		
I_{n+1}：	$34.2\qquad 37.5\qquad 39.7$		$20.5\qquad 20.3\qquad 21.5$（电子伏）		

这顺序恰与催化活性大小的顺序相符合，支持了炔键通过 $\sigma\pi$-络合而活化的看法。应该指出，Ni^0，Pd^0 和 Pt^0（d^{10} 或 d^9S^1）也容易与炔键络合，但这些中性原子不能充分极化炔键电子，也不能与极性分子络合，因此不能作为炔键加极性分子的催化剂。如单纯从电子亲合势和电离势的大小来判断，则 Cu(II)

---

* 在结构式 I、II、III 中用虚线箭头来表示。在下面将要用到的结构式中这些虚线箭头皆略去，只用一个透过炔键而朝向金属离子或原子的实线箭头来表示 $\sigma\pi$-键。

($E=-I_n=-20.3$电子伏，$I_{n+1}=36.8$电子伏)和 Ni(Ⅱ)($E=-I_n=-18.2$电子伏，$I_{n+1}=35.2$电子伏)对炔键的络合能力和对炔键加成反应的催化活性应该介在 Hg(Ⅱ)和 Cd(Ⅱ)之间，而 Pd(Ⅱ)，Pt(Ⅱ)与烯键炔键络合的能力应该比 Hg(Ⅱ)还强；但这里还需要考虑络合物结构的不同和配位场稳定化效应[17]的不同对配位体取代反应速率的影响。Ni(Ⅱ)络离子的配位体取代反应速率一般比ⅡB族络离子小两三个数量级[18]。二价铜(d^9)盐的催化活性则可能较镉盐锌盐为高，但化学稳定性较差。同一种过渡金属的负络离子一般比正络离子容易与炔分子起配位体取代反应，这也许是因为炔分子在进攻络离子时，电子坠道效应最先生效的是通过炔的 $p\pi^*$ 反键轨函与金属离子的一个 d 轨函的局部重叠，即 $d\pi$-$p\pi^*$ 键的局部形成先于 σ-$p\pi$ 键的重叠。

这些催化剂也能促进乙炔的聚合，生成乙烯基乙炔、二乙烯基乙炔、及其他高聚物。反应机理可能是：$\sigma\pi$-络合着的炔分子起酸式离解而形成性质与—C≡N 相似的炔基负离子配位体，并由 $\sigma\pi$-型异构化为 σ-型的配位体；这样，中心离子再与另一个炔分子络合($\sigma\pi$-型)时，炔基负离子(如同氰离子一样)就可以加到这个 $\sigma\pi$-络合着的炔键上来，因此炔配位体的酸式离解倾向愈大，则催化剂引起乙炔聚合的倾向也愈大。

但是炔配位体酸式离解倾向的大小又应该与催化剂使炔的两对 π 电子离域或极化程度的大小相对应；因此，如果二配位和三配位络合物(中心离子也有空的 p_z 轨函)能构成比较强的 $\sigma\pi$-键，使炔的两对 π 电子较大程度地离域，则在同一 pH 下这种络离子应该比四配位的络离子容易促进乙炔的聚合。形成二配位络合物的倾向大小大致是：

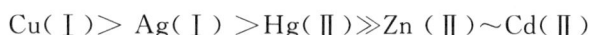

$$Cu(Ⅰ) > Ag(Ⅰ) > Hg(Ⅱ) \gg Zn(Ⅱ) \sim Cd(Ⅱ)$$

与 $\Delta E_d{}^{10} \to d_s{}^9$ 的大小大约成相反关系[19,20]。这也许与 Cu(Ⅰ)比 Hg(Ⅱ)容易引起乙炔的聚合有关系。

三、炔烃镍基合成、氢羧基化、和环化聚合

炔烃在铁、钴、镍的络合物(大多数是零价的)的催化作用下能加 CO，或加 CO 和 ROH、或引起环化聚合；这一系列新奇的反应(Reppe 化学[21~23])虽多数还未找到工业应用，但其中有不少好例子可以用来说明配位体对反应途径的调变作用，以及配位体在配位上逐步合成新的配位体。下面是几个比较重要的例子：

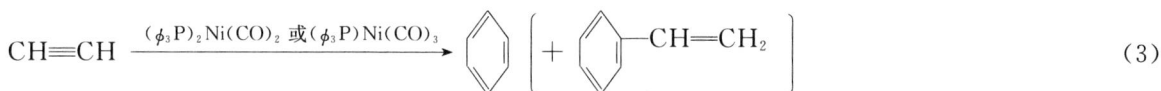

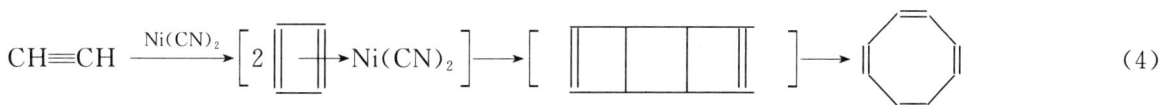

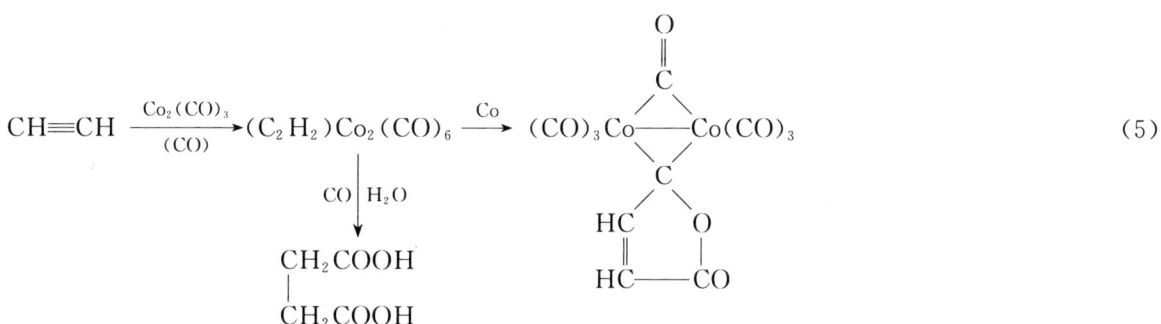

$$CH\equiv CH + CO + ROH \xrightarrow{Ni(CO)_4} CH_2=CHCOOR \tag{2}$$

(3)

(4)

(5)

$$CH\!\equiv\!CH \xrightarrow[\text{CO},H_2O]{Fe(CO)_5} (CO)_3Fe \longleftarrow \overset{O}{\underset{O}{\text{(环)}}} \xrightarrow[CO]{H_2O} \overset{OH}{\underset{OH}{\text{(环)}}} + CO_2 + Fe(CO)_5 \tag{6}$$

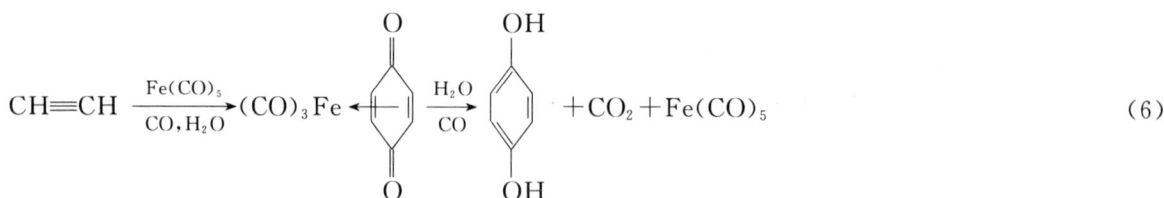

关于这些反应的可能的机理,见文献[24—29]。看来含叁键的化合物,如炔分子,构成 $\sigma\pi$ 络合的配位体后易于在配位上进行环化聚合,成为四环、五环、六环、甚至七环[29]化合物;而 $(CO)_3Fe$ 是亲环二烯类特别强的基团[24];又强 σ 电子给予体型的 PR_3 配位体有利于强 π 电子接受体型的炔分子的排代其他配位体。

四、烯类催化加成反应

(i)烯烃水合制醇类——这个重要的催化过程现在仍采用酸催化剂(硫酸、磷酸、或钨酸),但催化效率不高[30]。这可能是因为质子(H^+)基本上可认为是单配位的络合"中心"(2s轨函比1s轨函能级高得多),不能同时与水分子和烯分子有效地络合,而且质子的水化热又很大(—260 千卡/克分子[31]),烯键要从 H_3O^+ 抢过 H^+ 而形成活泼的正碳离子时,需要相当大的能最(因此 Сыркин[31]默认为乙烯酸催化水合不是按碳离子机理进行的)。

烯烃也能与 Cu(Ⅰ)、Ag(Ⅰ)、Hg(Ⅱ)等离子构成 $\sigma\pi$-络合物[32];事实上 $\sigma\pi$-键概念最初就是从烯。$AgClO_4$ 的络合物得来的[3]。但烯键只有一对 π 电子,形成 $\sigma\pi$-键后烯键伸张振动频率降低不大(约50—150 cm^{-1})[12,32],碳原子上电子云密度的降低大概也很小,因此反应基团不能充分极化而活化。

但是汞盐或羟基汞盐能直接加进烯键,反应机理可能是通过配位体重排. 这种加合物在酸的作用下一般仍分解为烯烃和汞盐(酸催化消除反应):

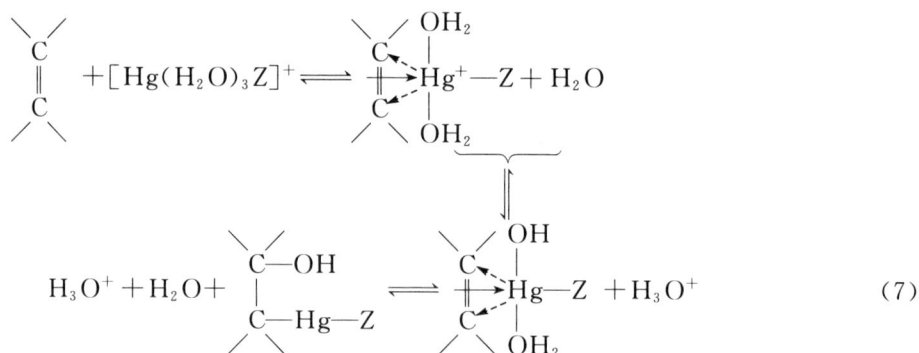

$$\overset{C}{\underset{C}{\parallel}} + [Hg(H_2O)_3Z]^+ \rightleftharpoons \overset{C}{\underset{C}{\parallel}}\!\!\rightarrow\!Hg^+\!\!-\!Z + H_2O$$

$$H_3O^+ + H_2O + \overset{C-OH}{\underset{C-Hg-Z}{}} \rightleftharpoons \overset{C}{\underset{C}{\parallel}}\!\!\rightarrow\!Hg\!-\!Z + H_3O^+ \tag{7}$$

但是根据最近文献的简略报导[33],看来有可能找到反应条件,使这有机汞化物水解成醇的反应在与消除成烯的反应相竞争时占上风;这样就可为改进生产合成酒精、异丙醇和仲丁醇的催化过程提供一条途径。

与此有关的,最近文献也曾简略地报导苯的乙醇基化反应[33]和甲苯的乙烯基化反应[33]可用汞盐作为催化剂。这也是一个值得注意的研究课题。

(ii)烯类液相催化加氢——这方面近年来也逐渐引起注意。Halpern 等[35]曾报导,使用氯化钌(Ru(Ⅱ))——盐酸催化剂,可在常压下进行顺丁烯二酸、或丙烯酸的液相加氢;这种 Ru(Ⅱ)催化剂能与烯分子(烯酸、乙烯、或丙烯)构成 1:1 分子比的 $\sigma\pi$-络合物,却不能使乙稀和丙烯加氢。

最近 Jenner 等[36]发现,在 H_2PtCl_4—$SnCl_2$—HCl 甲醇溶液中,乙烯和乙炔都能顺利地在常温常压下加氢。$SnCl_2$ 能促进 Zeise 盐 $K[Pt(C_2H_4)Cl_3]$ 的形成,也能催化 Pt(Ⅱ)上的乙烯配位体与溶液中乙烯分子的交换;这可能是由于形成与 $Cl_3Sn \rightarrow Rh(I)$ 键型[37]相似的活泼的双金属络合物,从而促进乙烯分子的配位体取代反应.

但是这种加氢反应更重要的步骤应该是氢的活化,因为 H—H 键能比烯炔类的 π 键键能大得多。值得注意的是,在与 H_2 有关的氧化还原反应中,能在溶液中活化 H_2 的过渡金属离子也就是那些比较容易与烯类炔类构成 σπ-络合物的离子,即 Hg^{++},Cu^+,Ag^*,和 CU^{++} 等 d^{10}、d^9 电子构型的离子[38]。СЫРКИН[39]认为这种活化机理也是由于这些离子能与 H_2(H—H 原子间距只有 0.74 Å)构成三中心的 σπ-键,即 σ_M—$\sigma_{H_2(1S)}$ 键和 $d\pi_M$—$\sigma^*_{H_2(1S)}$ 键。金属离子的 d(设为 d_{xz} 电子局部进入 H_2 的 σ^*1s 反键轨函,和 $H_2\sigma$1s 电子的局部离域都会削弱 H—H 键。这看法看来是合理的,它也能说明第Ⅷ族金属(特别是 Ni、Pd、Pt)活化氢的能力[39]。但是 Hg^{++}、Cu^+、Ag^+、Cu^{++} 等离子不能催化烯键的加氢,而 H_2PtCl_4—$SnCl_2$—HCl 催化剂却能够,这可能是由于 Pt(Ⅱ)有 d 空穴,而且从热力学能量关系来说 Pt(Ⅱ)络合烯键的能力事实上要比 Hg^{++}、Ag^+ 等离子还强,不过在没有 $SnCl_2$ 的助催化作用时,这种 d^8 电子构型的中心离子配位体取代反应较慢[17,18]而已。烯分子络合在 Pt(Ⅱ)上之后大概也有促进 H_2 络合活化的能力,其效应如同其他能与中心原子形成 π 键的配位体,如 PR_3、AsR_3[40]、CO 等;同时还可能通过 H_2 和烯分子这两个 σπ-络合着的配位体的有利的空间排列,协助 H_2 的解离,使一个 H 原子先加到紧靠着的不饱和碳原子上。

(ⅲ)氢甲酰化反应——烯烃在羰基钴催化剂作用下的氢甲酰化反应(加 CO 及 H_2)是个研究得比较彻底的反应[41,42]。在 CO 分压不高时,这反应对烯烃浓度和钴总量都是一级的;在正常的反应条件下,每个钴原子平均约与 3.5 个 CO 相结合;CO 分压太高时,则反应受到抑制。反应产物分配是:由丙烯可得到正丁醛和异丁醛(约为 3:1);由戊烯-2 也可得到正己醛及异构己醛,可见也发生了双键的移位,Heck 和 Breslow[42] 所提出的机理能说明以上这些实验事实:

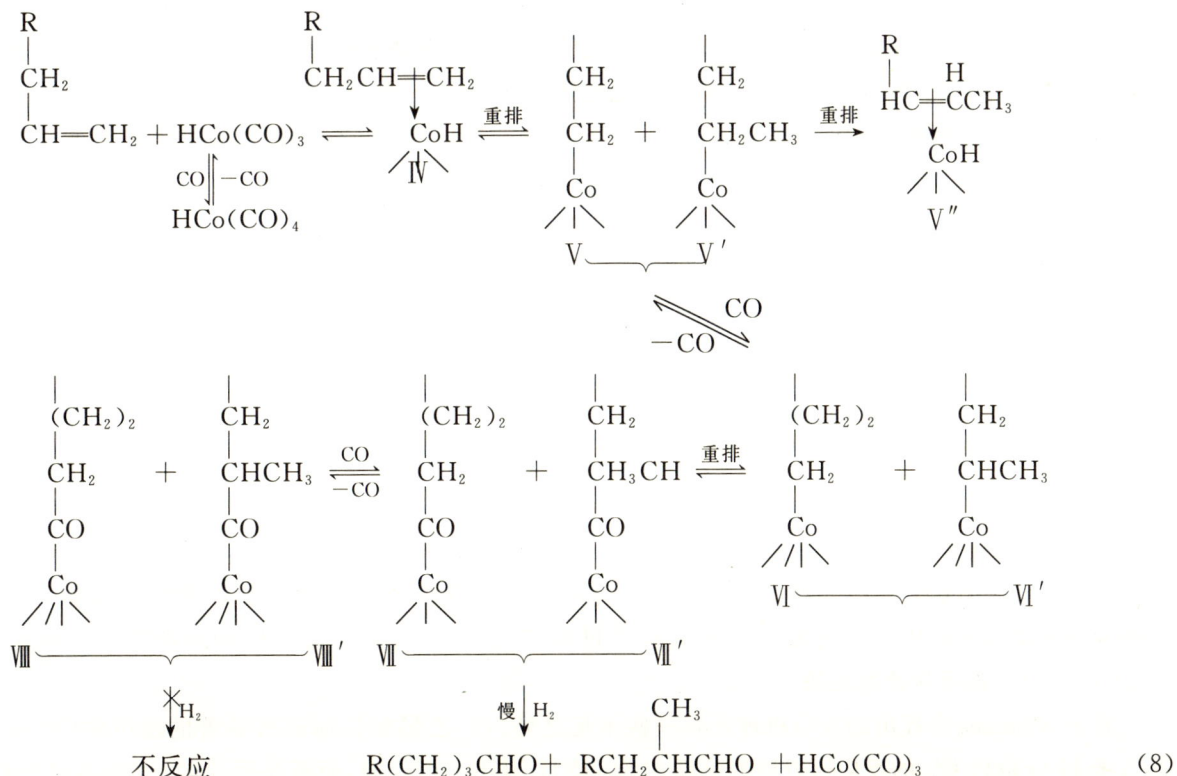

$$\tag{8}$$

这是配位体重排的一个很好的例子。σπ-络合物(Ⅳ)与"半氢化根"[43] σ 络合物(V)(V′)的可逆重排可以说明双键的移位。烯烃在弱碱性溶液中在 $[HFe(CO)_4]^-$ 的催化作用下也能发生双键异构化(移位)反应[27]，可见这不是酸催化反应。烷基化合物（Ⅵ）（Ⅵ′）与酰基化合物（Ⅶ）（Ⅶ′）的可逆重排则有红外吸收光谱证明（出现酰基钴的 5.8μ 光谱钱）[42]。氢羰基钴 $HCo(CO)_4$ 是组活泼的氢转移试剂和 CO 转移试剂[27]，能在常温下与烯烃起反应；而烯烃的氢甲酰化反应则需要 100° 以上的反应温度；这再一次说明了氢的活化是关键性步骤。$RCOCo(CO)_3$ 能起氢解反应而 $RCOCo(CO)_4$ 则不能，这也说明金属原子必需是配位不饱和的、或具有 d 轨函空穴的才能较有效地活化氢分子。

丙烯在 $Fe(CO)_5$——叔胺的催化作用下能与 CO 及水起氢甲醇基化反应而生成丁醇，其中正丁醇含量可达到 90%[44]。这反应显然具有潜在的工业价值。

通过这两个均相络合活化催化反应的研究使我们对于 Fischer—Tropsch 合成的机理得到进一步的理解。由 CO 配位体的转移和加氢成甲基链段，再加上另一个 CO 配位体，就可说明碳链的生长；由 $\sigma\pi$-络合物与"半氢化根"的可逆转换和双键移位就可说明侧链（主要是甲基）的产生；看来都不需要假设表面羟基化合物双分子脱水缩合的机理[45]；即在费一托合成的条件下，羟基的消除看来主要是通过氢解而不是通过几率少得多的双分子脱水缩合反应。

五、Smidt 反应——烯烃络合活化取代反应

氯化钯与氯化铂一样地能与乙烯生成 $\sigma\pi$-络合物$[Pd(C_2H_4)Cl_2]_2$，这种络合物能与水起作用，产生乙醛、盐酸和金属钯；这些都是早就知道的事实[46]。1959 年 Smidt 等[5]将乙烯和空气的混合气通入含有铜盐的 $PdCl_2$—HCl 水溶液，发现乙烯几乎可全部转化为乙醛，而氯化钯不断被还原又不断被氧化而再生，成为催化剂。Simdt 等[5]用 D_2O 作实验时所得到的乙醛并不含有氘，证明反应历程不经过乙烯水合成乙醇的步骤，他们认为这反应的机理可能是 OH^- 离子进攻乙烯配位体，把一个 H^- 从 α-碳原子上推到 β-碳原子上去，然后从 OH 基脱去质子并解络而成乙醛。

最近 Моисеев 和 Сыркин 等[47]指出，比较可能的机理是由水分子配位体离解去一个质子给邻近的溶媒分子（H_2O），然后 OH 配位体转移到烯分子配位体上，同时把一个 H^- 推到 β-碳原子上去。他们发现这反应的速率与乙烯浓度和钯总量各成正比，而与$[H_3O^+]$和$[Cl^-]^2$各成反比，而且在一般水中的反应速率比在重水（D_2O）中快 4 倍，靠近预期的同位素效应，$(k_2^{H_2O}/k_2^{D_2O})\geqslant 5$。因此他们认为反应机理可能如下：

$$C_2H_4+PdCl_4^{--}\rightleftharpoons C_2H_4PdCl_3^-+Cl^- \tag{9a}$$

$$C_2H_4PdCl_3^-+H_2O\rightleftharpoons C_2H_4PdCl_2(H_2O)+Cl^- \tag{9b}$$

$$C_2H_4PdCl_2(H_2O)+H_2O\xrightarrow{慢}[C_2H_4PdCl_2(OH)]^-+H_3O \tag{9c}$$

$$\left[\begin{matrix}Cl\\Cl\end{matrix}>Pd-CH_2-CH-O-H\right]^-\rightleftharpoons CH_3CHO+PdCl^-+Cl^-+H_3O^+. \tag{9d}$$

Моисеев 等[48]又发现了，乙烯（或其他 α-烯烃）与醋酸在含有醋酸钠的氯化钯——冰醋酸溶液中能产生醋酸乙烯酯（或其他醋酸烯酯；醋酸根按 Марконико 法则加在第二个碳原子上，排代去一个 H^-）。最近 Stern[49]研究了 $CH_3CD=CH_2$ 与 $PdCl_2$——冰醋酸的醋酸酯化反应，发现产物醋酸丙烯酯（35%）和醋酸异丙烯酯（65%）中氘总含量为原来的氘总量的 75%；又 $CH_3CH=CH_2$ 的醋酸酯化反应速率比 $CH_3CD=CH_2$ 的反应速率约快 2.8 倍。

看来 Моисеев 所提出的反应机理还有一些不足之处：(1)乙烯配位体具有显著的反位效应[50]，因此第二步 H_2O 取代 Cl^- 的反应所得到的是反式的 $(C_2H_4)PdCl_2(H_2O)$，而不是顺式的，这就不利于 OH 配位体转移到烯配位体上去。(2)醋酸酯化反应与 Smidt 反应显然是同一类型的负离子亲核取代反应，但是在醋酸酯化反应中 H^- 或 D^- 究竟被推到那里去未有交带。(3)Smidt 等[5]曾发现醋酸乙烯酯在少量

$PdCl_2$ 催化剂的作用下能与其他羧酸起酯交换反应,这时醋酸根负离子显然不是被推到 β—碳原子上去的。(4)这机理不能很好地说明这取代反应的化学动力,因而也不能说明为什么 $Hg(II)$、$Cu(I)$、$Ag(I)$ 的氯化物虽也能与乙烯络合,却不能产生与 $PdCl_2$ 相似的催化作用。

Chatt 等[40]曾发现 $[(PEt_3)_2PtCl_2]$ 能夺取乙醇 α 碳原子上的一个 H 而生成氢基络合物,即顺—$[(PEt_3)_2PtClH]$。有理由设想在 Smidt 反应中,以及在醋酸酯化反应和酯交换反应中,被 OH^- 或 OAc^- 所取代的 H^- 或 OAc^- 都是先转移到中心 Pd 原子上的空 $5p_z$ 或 $4d_z{}^2$—$5p_z$ 杂化轨函上去的,这样一推一拉就构成取代反应的化学动力。被排代到中心 Pd 原子上去的 H^- 或 D^- 可通过前一节所述的 $\sigma\pi$-络合体(带有取代基的烯分子配位体)与半氢化根 σ 络合体的的可逆转换而回到烯的 β-碳原子上去,述样经过一次或多次的转换之后(伴随着氢同位素交换),半氢化根 σ 配位体可再从 OH 基上离解去一个 H^+ 并解络而生成醛或酮;如果是酯化或酯交换反应,则 $\sigma\pi$-络合的烯酯配位体解络后留下一个 H^- 或羧酸根负离子在中心 Pd 原子上。最近 Harrod 和 Chalk[52]发现了,直链烯烃在 $Pt(II)$、$Pd(II)$、$Rh(III)$ 和 $Ir(III)$ 等氯化物(如 $RhCl_3(H_2O)_3$)催化剂的作用下都会发生双键移位异构化反应,这显然也是通过 $\sigma\pi \rightleftharpoons \sigma$ 的转换。

Smidt 反应是个相当重要的新型反应(烯烃的取代反应是很罕见的),看来还可通过基础研究进一步扩大其应用范围。

六、烯类二烯类定向聚合

现在国际上有一支科学大军在进行着有关 Zieglei-Natta 型定向聚合催化剂的研究。由于这方面文献数量非常可观[53,54],而且许多理论还不够成熟,这里只着重讨论有关丙烯定向聚合 Ziegler-Natta 型催化剂活性中心结构和催化作用机理的最新理论发展。

丙烯在典型的 Ziegler-Natta 催化剂(α-$TiCl_3$-$AlEt_3$)的作用下能聚合成为基本上全同立构的聚丙烯。这种高聚物的主键每隔开一个碳原子就有一个—CH_3 侧链,而且,如果把主链平铺成平面锯齿形,则所有的—CH_3 侧链都在平面的同一边,因此有全同立构之称。

除了 α-$TiCl_3$ 之外,还有 γ-$TiCl_3$、δ-$TiCl_3$、VCl_3[55]和 $ScCl_3$[56],等晶体也具有这种催化定向性。值得注意的是:这些晶体都具有夹层状结构,而且夹层内的原子排列是完全相似的;而纤维状结构的 β-$TiCl_3$ 活性虽高,定向性却较差。可见催化剂的晶体(表面)结构在这里对催化定向性起着重要的作用。

Cossee[57]认为,活性中心可能是 α-$TiCl_3$ 晶体表面某些带有烷基并且和负离子缺位相邻的钛离子,并根据这模型提出了有关催化剂作用机理的理论。Cossee 的理论能说明许多实验事实,但仍有一些缺点。

最近 Arlman[58]指出,在 α-$TiCl_3$(001)晶面形成氯离子缺位所需要的能量要比在(100)晶面形成缺位所需要的能量大得多(约为每克分子 280 千卡与 110～140 千卡之比)。因此 Arlman 和 Cossee[56]对 Cossee[7]原先的看法提出了一些修正,认为活性中心可能是处于晶体的侧面上,而不是在片晶的主要晶面上,即(001)面上。这样,配位八面体缺了一个负离子后所暴露出的平面四方形(图(1a),♯1,2,3,4)相对于(100)晶面而言是倾斜的(54°44′),其中有两个 Cl^-(设为♯3,♯4)大部份嵌入在晶体内部,而♯1,♯5,♯2 三个配位上的空间障碍大小也不完全相同。丙烯分子吸附[$\sigma\pi$-络合]在负离子缺位♯5 时,只有一种排列(烯键平行于 Cl-Ti-R,即 x-轴,而—CH_3 伸向晶面外)能同时满足 $d_{xz}\pi$-$p\pi^*$ 成键和空间障碍尽量减小的要求。在这个排列位置上,烯的第二个碳原子与 R 基(Et)相接近,链的生长就是由 R 基定向地(由中心钛离子向外看,R,—CH_3 和 H 依顺时针方向排列,见图(1b))移接在这个碳原子上的。R 基转移之后,所腾出的缺位♯1 又可再定向地吸附另一个丙烯分子。但这时 R 基(刚长了一个链节)再移接到这丙烯分子的第二个碳原子时，—R、—CH$_3$、和 H 却成反时针方向排列；因此，如果链的生长是交替地在$^\#$1 位和$^\#$5 位上进行，则所得到的聚丙烯是间同立构的、而不是全同立构的高聚物。但 Arlman 和 Cossce[56]指出，由于$^\#$1 位和$^\#$5 位空间障碍的不等同，R 基在$^\#$5 位上受到较多的氯离子的排斥，容易跳回$^\#$1 位上来（在$^\#$1 缺位未被另一个丙烯分子所占据之前），因此单体吸附和链的生长基本上始终在$^\#$5 位上进行着；这样就可得到基本上是全同立构的聚丙烯。

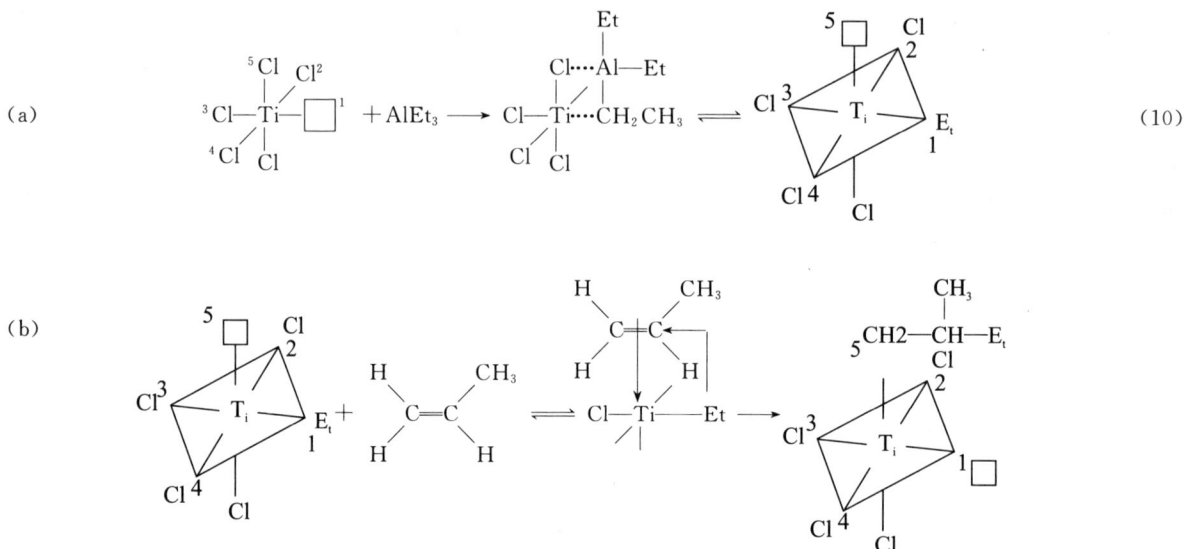

图 1

活性中心形成的机理是：α-TiCl$_3$ 晶体表面（片晶侧面[58]）存在着氯离子缺位，烷基铝或烷基锌的作用在于通迁可逆的螯合使这些缺位换上 R 基，并且把相邻近的一个 Cl$^-$ 带走（图（1a）），这样就形成了定向聚合的活性中心[56,57]。烷基铝或烷基锌也以同样方式起着键转移的作用[57]。

关于链生长的化学动力间题，Cossee[59]也作了解释. 他认为：丙烯分子吸附在缺位上时，d_{xz}π-pπ* 键的形成使 d_{xz} 能级降至 φ_2（图（2））；这样，当 R 基移接在吸附着的丙烯分子上时，φ_{RM} 的一个电子比较容易先跳到这能级上来，因此丙烯分子的 σπ-络合型 吸附降低了 R-M 键自在基式断裂所需的活化能。这活化原理与 Chatt 和 Shaw[59]所提出的关于 PR$_3$ 等配位体对 M-C 键的稳定性的影响是相似的。

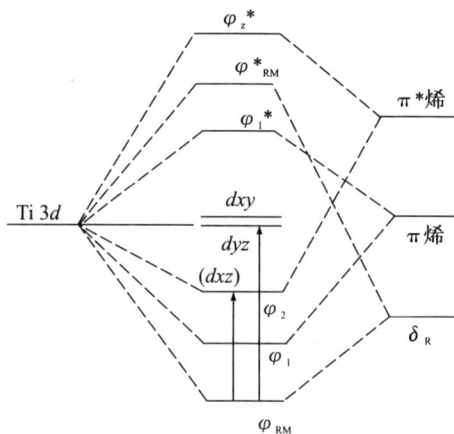

图 2

这理论的确比 Cossee 原先的看法前进了一步，但是也还有许多值得进一步研究的问题。例如，根据这理论应该得出提高聚合温度有利于全同立构定向性的提高的结论，这一点末必符合实验事实[63]。还有 R 基究竟是以自由基形式还是以负离子形式移接在丙烯分子的第二个碳原子上去的？是 R 基移接过来、坏是丙烯分子嵌进 $\overset{\delta_+}{R}-\overset{\delta_-}{m}$ 离子对中去？这些老问题[53,54]也还没有肯定答案。根据 Arlman 的看法，则对于纤维状的 β-TiCl$_3$ 晶体，负离子缺位和活性中心应该优先出现在针晶截面，即（001）晶面，而不在针晶侧面，即（hk0）晶面；这应该也是可以直接验证的。

最近 Boor[61] 考察了几种分子大小不同的叔胺对 α-TiCl$_3$-ZnEt$_2$ 催化剂和 α-TiCl$_3$ 催化剂（不用金属烷基物也有催化活性[62]）的活性和选择性的影响，为催化剂表面存在着空间障碍及定向选择性大小不同的活性中心提供了有力的证据。Boor[61] 曾提出关于 α-TiCl$_3$-AlR$_3$ 或 αTiCl$_3$-ZnR$_2$ 活性中心模型的另一种看法，即烷基铝或烷基锌络合在负离子缺位旁边的一个氯离子上使缺位形成活性中心，链生长时 R 基是由这吸附着的烷基铝加到吸附在缺位上的丙烯分子上去的。但是这种模型看来有许多缺点。络合在一个氯离子上的烷基铝必然容易解络，产生链的转移；而且按 Newman "六数规律"[63]，铝原子上的三个 R 基会有效地遮蔽着负离子缺位。要克服以上两个缺点只需假设烷基铝分子是螯合（但这就需要再有一个缺位）而不是单点络合在负离子缺位旁边的。但是这 模型总不容易说明为什么亲核试剂 Et$_3$N 浓度增大时不但不会破坏双金属络合物活性中心；反而会提高催化剂的括性。

总之，链生长是在活泼的 Ti-R 键之间进行的，这一点已有许多旁证[64,64a]，又 Ti-R 旁边负离子缺位的存在也是必要的，否则单体分子根本就无法靠近中心钛离子。但是，有了活泼的 Ti-R 键，又有了适当的（不在棱、角上）负离子缺位，加上 Ti-R 极性键所产生的极化电场对烯键的定向作用以及负离子缺位周围的空间障碍，似乎就已具备了定向聚合所必需的催化活性及定向性条件。中心离子具有 d^0 电子构型的 ScCl$_3$-AlR$_3$ 也有催化活性和定向性[56]，CH$_3$TiCl$_3$-CH$_3$AlCl$_2$ 活性也非常高[64]；完全没有外层的 d 电子的 $\overset{\delta_+}{Li}-\overset{\delta_-}{R}$ 催化剂以及 d 电子很多（d^7）的钴（Ⅱ）系催化剂都能很有效地使二烯类单体定向地聚合，因此，在丙烯定向聚合的例子里，丙烯分子与 Ti(Ⅲ) 究竟是否形成 $\sigma\pi$ 键事实上还不能作出结论。如弗丙烯分子是从缺位上插进 Ti-R 离子对中间去的，也就较容易说明为什么也就比 β-TiCl$_3$-ZnEt$_2$ 系催化剂也有很高的催化活性及定向性[60]，因为这就无须假设 R 基在两个缺位上移来移去，以及两个缺位空间位阻的不等同。

最近 Natta 等[65]发现，采用 VCl$_4$，苯甲醚·AlEt$_2$Cl 催化剂能使丙稀在低温（−78℃）下迅速聚合成为间同立构聚丙稀，但催化剂的作用机理尚未明了。

定向聚合催化剂的研究不但可为发展新型高分子材料的合成方法指出途径，而且对于催化理论的发展也具有重大意义。通过定向聚合物的结构可以反过来推断催化剂活性中心的结构和作用机理；特别有利于探讨催化作用中的几何因素。

七、络合活化催化作用与金属、氧化物半导体和酸性、催化剂的催化性能的关系；催化理论的发展动向

以上说明了过渡金属化合物催化剂在烯类炔类某些重要类型的催化反应中所起的络合活化催化作用。这些反应关系到半数以上的重有机产品品种的生产问题。所谈到的这些反应的历程看来都经过配位体重排这一种反应步骤。催化剂的作用机理可以归纳为以下几种主要方式：（1）通过 $\sigma\pi$-键的形成，使炔键（或烯键）极化，以利于加进极性分子。（2）通过配位不饱和的过渡金属离子或原子可逆地提取 H⁻、X⁻ 或 A⁻ 的能力，和 $\sigma\pi \rightleftharpoons \sigma$ 配位体可逆的重排，以促进烯键碳原子上的亲核取代反应，或双键移位异构化反应。（3）通过相邻的 $\sigma\pi$-型配位体有利的空间排测和两对 $\sigma\pi$-$p\pi^*$ 键的局部衔接，以促进环化聚合或加成反应。在这里催化剂的性能主要决定于过渡金属离子或原子的 d 层电子结构，因此元素周期律的关系特别明显。但中立（不参与反应）的配位体也能通过配位场效应和空间效应对催化反应的途径产生

调变作用。

应该指出,在某些情形下金属催化剂和氧化物半导体催化剂,如金属钴和金属铁催化剂对 Fischer-Tropsch 合成,金属镍、铂、钯等催化剂对烯烃的临氢双键异构化,和氧化锌催化剂对乙炔水合制丙酮反应历程中生成乙醛的步骤所起的作用都可认为是属于络合活化催化作用。述是因为,这些催化剂既含有过渡金属元素(离子或原子),则在一定的情况下自然会反映出这些元素的化学特性。Dowden[66] 曾经指出,在考虑过渡金属氧化物半导体的催化性能时,必须注意到这种催化剂既是半导体,又是过渡金属化合物。在这些氧化物的催化作用中究竟是半导体的电子属性起主导作用,还是过渡金属离子的化学属性起主导作用,这还要看具体情形。

因此络合活化催化作用的研究也大大有助于比较全面地了解过渡金属催化剂和氧化物半导体催化剂的催化性能。这一点从前面几节所举的例子已得到充分说明。

广义的络合催化剂可以包括酸性催化剂,因为 Lewis 酸的定义就是一种亲电子对的络合中心。但是由于酸性催化剂的作用已有很好的分类根据,因此凡是在催化反应中单纯起着亲电子的络合中心的催化作用的,最好还是当作酸性催化剂来讨论;例如,醛酮类的 Meerwein Pondoff 还原、Tischcnko 反应和聚醛反应[67]中的 Al(OR)₃ 催化剂以及芳烃烷基化反应中的 AlCl₃ 催化剂、TiCl₄ 催化剂、以及其他能与芳环构成电荷转移络合物的催化剂,都可认为是 Lewis 酸催化剂。而那些能与不饱和反应基团(烯键、炔键、羰甚、及氰基等)构成双性的 σπ-配键(催化剂既是电子的接受体又是电子的给予体),从而使这些反应基团活化的过渡金属化合物催化剂则是络合活化催化剂。我们认为,这样地进行分类是便于系统地分析和总结名种类型的催化剂的性能的。

由于合成氨、硫酸工业和石油炼制工业生产工艺发展的需要的直接推动,和其他有关学科的发展,近代催化理论的发展是从金属催化剂的理论开始的,到了四十年代和五十年代又先后发展了固体酸性催化剂的理论和氧化物半导体催化剂的理论。

但是自从四十年代后期来,烯烃和乙炔化学已迅速发展成为石油和天然气化学的主要内容。重要的液相催化反应,如定向聚合和 Smidt 反应,都先后在五十年代发现;氢甲酰化反应也有新的发展。这些反应都与过渡金属络合物化学有关;而且五十年代化学学科的一个重要发展也就是在络合物结构化学方面。因此络合物化学与催化作用的关系在五十年代后期开始受到比较普遍的重视;1959 年在伦敦举行的第五届国际配位化学学术会议的论文报告几乎有一半是与催化作用有关的。从最近这几年来的发展情况看来,催化理论可说是已经进入了一个新的发展阶段。

这一个新的发展趋势是:活性中心的原子性或离子性——即活性中心的化学模型重新受到较大的重视,金属催化剂和半导体催化剂的能带理论和表面层理论等物理模型有让位给比较带有化学色彩的模型(如半导体催化剂电子化学理论[68])之趋势。另一方面,复合的、多功能的活性中心本质也受到注意[69]。过渡金属化合物液相催化作用的基础研究也迅速声展起来。这是因为在工业生产上除了裂化、脱氢等在高温下热力学有利的过程,以及某些需要特殊构型的、多原子的催化活性中的反应而外,其他有机催化过程多数有朝向常温常压液相催化过程发展、以达到提高催化选择性的目的的趋势,这标志着进一步向自然、向生物催化学习。与此同时,多相催化液相催化和生物催化三大领域之间的鸿沟也已在迅速地填平起来。

对于上述这些发展,过渡金属络合物的结构化学和由实践总结出来的化学键理论起着重要的作用。例如、二苯铬、二茂铁、σπ-络合物、氢基络合物和丙烯基 π-络合物[12]等结构和化学键型的发现已使许多关于催化剂活性中心结构和化学吸附键性质、以及过渡态活化络合物结构等方面的概念获得重要的发展[24,39,70-73]。根据最近化学化工新闻[74]报导,配位场理论分子轨函法用于讨论 CO 在金属表面各种活性点上的化学吸附红外光谱已获得初步的成功。这些新实验技术、新理论工具对于过渡金属化合物催化剂络合活化催化作用的研究更为有利,将来必定会起着很大的作用。

另一方面,络合活化和络合物催化剂的研究对于打通多相催化、均相催化和酶催化的界限也直接起着重要的作用。侧如,Ziegler－Natta 型定向聚合催化剂成功地用于旋光性高聚物的诱导合成[75],"金属基酶"(metallo-enzyraes)及其模拟的研究[76],以及 能在液相活化氢分子、氧分子的络合型催化剂的研究[77],对于进一步直接或间接地揭露生物催化高度选择性和活性的秘密,都作出重要的贡献。

应该指出、络合活化不是催化作用中的唯一重要因素,这个概念以前虽未系统地加以发展,但也不是现在才由我们提出来的。但是这几年来国际上有关这方面的发展是非常迅速的,新反应、新催化现象不断地发现;这些现象的内在联系尚未充分加以揭露,因而显得有些零散,这就使得系统的分析和总结成为必要。这方面的研究对于有机化工生产方法的改进和催化学科的发展都具有重要意义,因此是值得加以重视的。

以上看法可能很不全面,希望读者批评指正。

参考文献

[1]Petrol,Refiner 43,(1) 127 (1964);C & E News **42**,10,Jan. 6th,(1964).

[2]Gaylord,N. G.,Mark,H. F.,Polymer Rev. VoL. 2,Interscience,(1956).

[3]Dewar,N. J,S.,Bull. soc. chim. France,**18**,C 79 (1951).

[4]Chatt,J.,Duncansoon,L. A.,J,Chern. Soc. p. 2939 (1953).

[5]Smidt,J. et al.,Anegw. Chem. **71**,(5) 176 (1959);ibid.**74**,(3) 93 (1962).
　　Smidt,J.,Chem & Ind. p. 34 (1962).

[6]флид P. M.,Кин. и Кат. АН СССР **2**,66 (1961).

[7]Dorsey,W,S,,Lucas,H. J.,J. Am. Chem. Soc. **78**,1665 (1956).

[8]Гéлъбmreffн А И. идр.,Кин. и Кат. **4**,149,303,625 (1963).

[9]翁玉攀,黄开辉,厦门大学学报(自然科学版)**10**,166 (1963).

[10]флид P. M.,Алексеева,Н. Ф.,Кин. и КаT. **4**,698 (1963).

[11]Halpern,J. et al.,J. Am. Chem Soc. 83,4007 (1961) ;and references therein.

[12]Guy,R. C.,Shaw,B. L.,Adv. Inorg. Chem. and Radiochom. **4**,77 (1962).

[13]Chatt,J.,et al.,Proc. Chem. Soc. p. 208 (1957).

[14]Craig,L D. P. et al.,J. Chem. Soc. p. 332 (1954).

[15]Яцимnрекий,К. B.,Ваопльев В. п.,络合物不稳定常数. p.57,科学出版社社 (1960).

[16]Moore,C. E.,Atomic Energy Levels,Circ. #467,VoL 3 (1958) .

[17]Basolo,F.,Pearson,R. G.,Mechanisms of Inorganic Reactions,John Wiley(1958).
　　Basolo,F.,Pearson,R. G.,Progr. Inorg. Chem. **4**,421 (1962).

[18]Eigen,M.,Pure and Appl. Chem. **6**,97 (1963).

[19]Orgel,e. l.,Introduction to Transition Metal Chemirtry,p. 67,Methuen(1960).

[20]Nyhohn,R. S.,Proc. Chem. Soc. p. 273(1961).

[21]Copenhaver,J. W.,Bigelos,M. H.,Acetylene and CO Chemistry,Reinhold(1949).

[22]Reppe,W.,Ann. **560**,104(1948).

[23]Reppe,W.,Ann. **582**,1(1953).

[24]Orgel,E. L.,Intern. Conf. Coord. Chem.,London,**1959**,p. 93.

［25］Longuest－Higgins,H. C.,Orgel,L. E.,J. Chem. Soc. p. 1969(1956).

［26］Schrauzer,G. N.,Richler,S.,Chem. Ber. **95**,550(1962).

［27］Sternberg,H. W.,Wender,I.,Intern. Conf. Coord. Chem.,London 1959. p. 47.

［28］Hieber,W.,Brendel,G.,Z. anorg. Chem. **289**,324(1957).

［29］Braye,E. H. et al.,Adv. Chem. Coord. Compounds,Macmillan p. 190(1961).

［30］Carle,T. C.,Stewart,D. M.,Chem. & Ind. p. 830(1962).

［31］Моисееs,и. и.,Сыркин,я. к.,докх. АН СССР **115**,541(1957).

［32］Темкин,О. Н.,идр.,кин. Н каТ. **5**,221(1964).

［33］简井,有机合成化学(日)**21**,(2)101(1963).

［34］Miller,S. A.,Chem. & Ind. p. 4(1963).

［35］Halpern,J.,et al.,J,Am. Chem. Soc. **83**,753(1961).

［36］Jenner,E. L.,et al.,ibid. **85**,1691(1963);and references therein.

［37］Davis,A. G.,et al.,ibid. **85**,1692(1963).

［38］Halpern,J.,Adv. Catalysis **11**,30(1959).

［39］Сыркин,я. к.,ж. СrрукТ. Хим. 1,139(1960);усл. хим. **8**,903(1959).

［40］Chatt,J.,Proc. Chem. Soc. p. 318(1962);

Chatt,J.,Shaw,B. L.,Chem. amd Ind. p. 931(1960).

［41］Wender,I.,Sternberg,H,W.,Orchin,M.,Catalysis **5**,73(1957).

［42］Heck,R. F.,Breslow,D. S.,J. Am. Chem. Soc. **83**,4023(1961);and rrferences therein.

［43］郭燮贤,燃料学报 **5**,(1)34(1960);

кагаН,М. я.,лАН СССР **82**,(6)913(1952).

［44］Kutepef,N.,Kindler,H.,Angew. Chem. **72**,802(1960).

［45］Anderson,R. B.,criedel,R. A.,Storch,H. H.,J. Chem. Phys. **19**,313(1951).

［46］Kharasch,M. S. et al.,J. Am. Chem. Soc. **60**,882(1938).

［47］Моисееs,и. и.,Варгафтмк,М. Н.,сыркиняк.,лАнСССР **153**,140(1963).

［48］Варгафтик,М. Н.,и др.,Иав. АН СССР,930(1962).

［49］Stern,E. W.,Proc. Chem. Soc. p. 111(1963).

［50］Leden. I.,Chatt,J.,J. Chem. Soc. p. 293(1955).

［51］Масвеез,К. И.,и др.,Кин. и Кат. **5**,649(1964).

［52］Harrod,J. F.,Chalk,A. J.,J. Am Chem. Soc. **89**,1776(1964).

［53］Bawn,C. E. H.,Ledwith,A.,Quart. Rev. No. **4**,361(1962).

［54］李宗淐,化学通报 1964 年第 5 期,Ⅰ(总 257).

［55］Natra,G.,Pasquon,L.,Adv. in Catalysis **11**,1(1959).

［56］Arlman,ElJ.,Cossee,P.,J. Catalysis **3**,99(1964).

［57］Cossee,P.,Tetrahedron Letters **17**,17(1960);Trans. Faraday Soc. **58**,1226(1962).

［58］Arlman,E. J.,J. Catalysis **3**,89(1964).

［59］Chart,J.,Shaw,B. L.,J. Chem. Soc. p. 705(1959).

［60］Natta,G.,J. Polymer Sci. **51**,387(1961).

［61］Boor,J. Jr.,J. Polymer Sci. Part C,No. **1**,237(1963).

［62］Boor,J. Jr.,Youngman,E. A.,Polymer Letters **2**,#3,265(1964).

[63]Newman,M. S.,Steric Effects in Organic Chemistry,p. 206,John wiley(1956).

[64]Bestian,H. et al.,Angew. Chem. (Intern. Ed.)**3**,32,704(1963).

[64a]Gray, A. P. et al.,Can. J. Chem. **41**,1502(1963).

[65]Natta,G. et al.,J. Am Chem. Soc **84**,1491(1962).

[66]Dowden, D. A.,Mackenzie, N.,Trapnell, B. N. W.,Adv. in Catalysis **9**,65,91(1957).

[67]三枚武夫,有机合成化学(日)**19**,#3,259(1961).

[68]Волыкевмтетта,Ф. Ф. электроннаа теория Каталиаа На Полупроводнаках,Моеква(1960).

[69]Kculemans, A. I. M.,Schuit, G. C. A.,Mechanism of Heterogeneous Catalysis(J. H. de Boer ed.),p. 159,Elsevier(1960).

肖光琰等,科学通报(2)**57**,(9)52(1963).

[70]Dowden, D. A.,Wells, D.,Actes du 2nd Intern. Congres Catalyse, Vol. **2**,p. 1499,Technip.,Paris(1961).

[71]Völter,J.,J. Catalysis **3**,297(1964).

[72]Gault, F. G.,Rooney,J. J.,Kemball,G.,ibid. 1,255(1962).

[73]Hefer,J.,Stone,E. S.,Trans. Faraday Soc. **59**,192(1963).

[74]Blyholder,G.,C & E News,Jun. 22nd,**1964**,p. 42.

[75]Natta,G. Intern. Symposium on Macromol. Chem. p. 363,Butterworths(1962).

[76]Williams,R. J. P.,Adv. Chem. Coord. Compounds p. 65,Macmillan(1961).

[77]Vaska,L.,C & E News,**41**,p. 38. Jun. 10th,1963.

Catalysis by Coordination Activation

K. R. Tsai

Abstrbct

In many important types of reactions involving olefins or acctylcnes,catalyzed by compounds of the transition metals, activation of the unsaturated reacting groups is probably effected through the formation of $\sigma\pi$-bonds with the catalysts. In the present article,a critical review of the mechanisms of these important types of reactions is given. The relation between catalysis by coordination activation and the catalytic behaviours of transition metals,oxide semi-conductors and acid catalysts,and the trend of development in modern theory of catalysis are also briefly discussed.

■ **本文原载**：《中国科学》第 16 卷第 4 期（1973），第 373～388 页。

过渡金属化合物催化剂络合活化催化作用（Ⅰ）*

——附载型氧化铬和氧化铌催化剂的研究与炔类环聚芳构化催化反应机理

（厦门大学化学系催化教研室）

   摘 要 本文找出了用于乙炔合成苯的高活性和耐高温的附载型氧化铌催化剂，考察了乙炔原料气中微量水份、氧、硫化氢等杂质对于催化剂的中毒现象。从分子结构和空间位阻与炔类环聚反应活性和反应产物分配的关系，讨论了炔类在几种含过渡元素的络合催化剂作用下的环聚芳构化反应机理和附载型氧化铬、氧化铌催化剂的活性中心结构。在已知的这几种络合催化剂的作用下，炔类环聚芳构化反应看来都是按着基本上相似的反应机理进行的，即先在配位上二聚而成为顺式丁二烯基螯形配位体，然后再按 Diels-Alder 加成反应，或邻位嵌入反应，加上第三个炔分子。

   炔类化合物具有活泼的、容易极化的碳—碳三重键，能参与许多类型的加成反应和聚合反应[1-3]。环化聚合而成为苯系化合物就是其中的一种反应类型。早在十九世纪六十年代，人们就知道乙炔在高温和活性炭的催化作用下能生成少量的苯。到了本世纪四十年代，Reppe 等[4]发现了使乙炔在溶液中环化聚合的镍系催化剂，如$(P\phi_3)_2Ni(CO)_2$。后来这一类型的（第Ⅷ族元素）络合物催化剂又有人作过不少研究工作[5-9]。其他类型的催化剂也陆续有所发现。例如，用于生产聚烯烃的齐格勒型催化剂[10-14]和附载型的氧化铬催化剂[15]都有使炔类环聚芳构化的催化活性；近年来还发现了铌、钽、钨的高价氯化物或氧氯化物[16]，以及附载型的氧化钒、氧化钼—氧化镍、氧化钼—氧化钴等[17-19]都有使乙炔聚合成苯的催化活性。

   考虑到附载型氧化铬催化剂的热稳定性还不够好，1965 年我们在上海化工研究院的工作基础上，开始筛选其他催化剂。这一年中，我们系统地比较了钒、铌、钽、铬、钼、钨、钛、锆等氧化物的附载型催化剂对于乙炔合成苯的催化活性，以及不同载体对于催化活性的影响；并于同年年底发现了氧化铌附载在硅铝胶或硅胶载体上具有很高的催化活性和热稳定性。我们还考察了催化剂的中毒现象和结焦性质，以及乙炔、丙炔共环化聚合的反应产物分配。

   经过无产阶级文化大革命，在毛主席革命路线的指引下，我们于 1970 年走出校门，与工厂的工人同志相结合，建立了乙炔合成苯生产试验车间。在工人和革命师生的共同努力下，采用我们自己研制的催化剂和简化了的工艺流程生产出合成苯。实践证明，这种催化剂确具有活性高，热稳定性好，可在高温下使用，而且不需要严格控制反应温度等优点，因而有利于改进工艺，节省设备投资和动力消耗。

   实验室和工厂车间的实践，提高了我们对于合成苯催化剂的感性认识和理性认识。在实践的基础上，我们对这种催化剂和其他有关的催化剂的作用机理，进行了初步的理论分析，为进一步改进催化剂并

---

   * 本文 1972 年 10 月 31 日收到。

扩大其应用范围提供一些线索。

一、实验部分

1. 催化剂的活性评价

催化剂的活性评价以每克催化剂的得苯量来衡量。活性的测试是用固定床和沸腾床两种反应器进行的。固定床反应器每次填充颗粒直径为 2～3 毫米的催化剂 4.0 毫升，乙炔流速为 80 毫升/分；沸腾床反应器（直径 22 毫米）每次使用粒度为 30～100 筛目的催化剂 10.0 毫升，乙炔流速为 1.20 升/分。乙炔原料用纯氮稀释。所使用的乙炔和氮气均经过蒽醌磺酸钠—锌粉—碱性溶液或活性铜（只用于氮气）除氧，再经过硅胶、分子筛（3A）除水。反应所释放的热量借通入夹套的冷却水带出。根据反应器前后的流速计所测得的气体流速数值计算转化率，生成的苯用冰—盐冷阱冷凝收集。转化率低于 20% 时即停止反应。

试用过不同的活性组分，改变载体的成分以及用不同方法处理载体，并考察这些变数对活性的影响。实验结果列于表 1。由表 1 可以看出，除了铬—硅—铝系之外，铌—硅—铝系有最高的活性。载体采用 Al_2O_3—SiO_2，ZrO_2—SiO_2，及粗孔 SiO_2 较好。试用 Al_2O_3，13X 分子筛，$AlPO_4$ 等作载体均无活性（未列入表内）。用碱（如 KAc、KOH）处理载体来改变载体的酸度，或试图用掺入低价阳离子（如 Li^+、Mg^{++}、Sr^{++}）来稳定活性中心（如 Cr^{+5}）的价态，以及用水热处理载体来扩大孔隙度，这些处理方法对催化剂活性的提高都无明显效果。按催化剂活性高低可排成下列次序：$Cr(VI$ 或 $V)$，$Nb(V)$，$Ta(V)$，$V(V)$，$Mo(VI)$，$Ti(IV)$，$Zr(IV)$。

表 1 催化剂活性评价

活性组分	载体	反应最高温度（℃）	克苯/克催化剂
CrO_3	Al_2O_3—SiO_2，	90	8.3
		120	5.4
	ZrO_2—SiO_2，	110	3.1
	粗孔 SiO_2	120	5.5
	Al_2O_3—SiO_2 加 Sr^{++}	85	8.3
	KAc 处理	85	4.5
	水蒸汽（250℃）热处理	85	4.6
Nb_2O_5	Al_2O_3—SiO_2	170	7.8
	ZrO_2—SiO_2	140	6.4
	粗孔 SiO_2	120	6.4
$TaOF_3$	Al_2O_3—SiO_2	200	3.3
V_2O_3	Al_2O_3—SiO_2	270	1.0
MoO_3	Al_2O_3—SiO_2	220	0.2
TiO_2	Al_2O_3—SiO_2	350	微量
ZrO_2	SiO_2		无

我们比较了铌系和铬系催化剂的高温性能，如图 1 所示。铌系催化剂在 200℃ 仍有相当高的活性，

而铬系催化剂在 150℃活性已显著下降。在合成苯车间沸腾床反应器试用铌系催化剂的结果,反应气体(乙炔)不用氮稀释的情况下,在 250℃,每公斤催化剂,每小时得苯 0.8 公斤。铌系催化剂的耐高温和使用温度范围宽的特点,使得使用这种催化剂时,乙炔原料气不需要用氮气稀释,从而节省氮气用量和气体循环量,并使反应产物苯比较容易冷凝分离出来,节省了冷冻量。同时,由于反应可在二百多度的高温下进行(比铬系催化剂的使用温度高 70—100℃),因此就比较便于用热交换移去大量反应热,并加以利用。

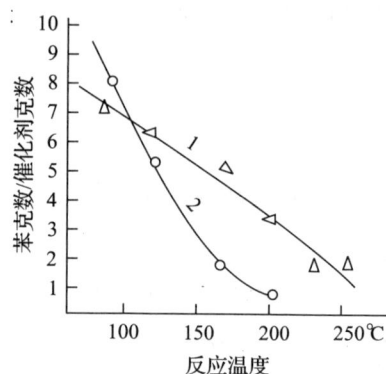

图 1　反应温度对得苯量的影响
(曲线 1——Nb_2O_3-Al_2O_3-SiO^2 催化剂
曲线 2——Cr_2O_3-Al_2O_3-SiO_2 催化剂)

2. H_2,H_2O,O_2 及 H_2S 等杂质气体对催化剂活性的影响

氢气经过 105 型催化剂除氧、分子筛干燥。将活化了的铬系或铌系催化剂分别在 200℃通入 H_2 半小时,然后通乙炔,初步结果表明转化率很低,4.0 毫升催化剂总得苯量低于 2 克。另用乙炔与氢气(1:3)混合进行反应,初步结果表明,总得苯量在 1 克以下。用氟化物(NH_4F,NH_4HF_2 或 HF)处理催化剂也未能提高铌系催化剂的抗氢能力。关于含氢原料的试验还需要进一步研究。

水和氧是催化剂的主要毒质。我们用定速加料器分别间断注入一定量的水或氧至正常反应的系统中,结果发现与乙炔转化率成正比的反应温度发生变化,如图 2(a)和(b)描绘的曲线所示。其中平直的虚线表示催化剂活性随时间下降的趋势。当中间注入 O_2 或 H_2O 时,反应温度迅速下降,表示杂质气体对乙炔聚合反应有阻抑作用;当停止注入 O_2 或 H_2O 时,反应温度则逐渐回升,表明 O_2 和 H_2O 对催化剂的中毒是由于 O_2 或 H_2O 的可逆竞争吸附。

H_2S(大约含 1000 ppm)杂质对铌系催化剂无明显的影响。目前在扩大试验中已经简化了除 H_2S 等杂质的设施,反应仍然正常。

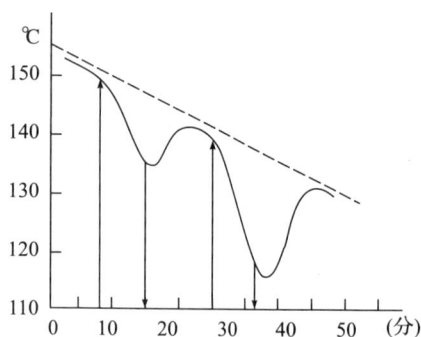

图 2(a)　微量氧对乙炔聚合速度的影响
(氧浓度:600 ppm,↑表示注入 O_2,
↓表示停止注入 O_2)

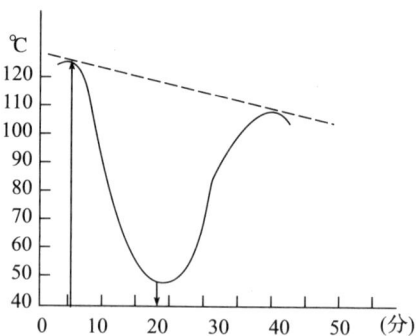

图 2(b)　微量水对乙炔聚合速度的影响
(水汽浓度:600 ppm,↑表示注入 H_2O,
↓表示停止注入 H_2O)

3. 乙炔高聚物的初步鉴定

乙炔接触有活性的催化剂之后,除了聚合生成苯之外,还在催化剂表面聚合成黑色的固体物质。反应结束后每克催化剂表面的结焦量约 0.05～0.1 克。将反应后的铬系或铌系催化剂浸入四氯化碳中,在黑暗中通氯 8 小时,再用 $Na_2S_2O_3$ 水溶液除去残留的氯气,经过滤分离后得一澄清的溶液。将此四氯化碳溶液浓缩,得胶状体,用玻棒醮着可以拉成短丝;进一步浓缩则有黄白色固体析出。此固体(以及粘在催化剂上的胶体)可溶于丙酮,其丙酮溶液呈淡棕黄色。紫外可见光谱测量表明在 330 毫微米处溶液有一选择吸收峰,而没有芳环的特征吸收峰。由此可推断催化剂表面的黑色固体是高分子量的具有共轭双

键的线状聚乙炔[12]。经过上述处理之后，催化剂重新恢复反应前的颜色：铬系为黄绿色，铌系为白色。

4. 磁秤法测量催化剂的磁感

磁天秤是由磁强14 000高斯的电磁铁与半微量分析天秤组成的。为了弄清价态变化在影响催化剂寿命方面的意义，我们选用了铌—硅—铝及铬—硅—铝二种催化剂分别经过活化，通乙炔反应半小时，在200℃通 H_2 处理半小时，共得六种样品，用磁天秤测定磁性变化情况。初步结果表明：铌系催化剂在任何情况下都是逆磁性的，这表示 d^0 结构的 Nb^{+5} 价态是稳定的。另一方面铬系催化剂反应半小时磁感似有所增加，表示反应过程中价态有变化。此外，在200℃通 H_2 处理对二种催化剂的磁性没有影响，表明使用含 H_2 的乙炔时催化剂活性的降低不是由于氢的还原作用而引起价态的变化。

5. 乙炔—丙炔共聚

共聚反应是用 CrO_3—Al_2O_3—SiO_2 系催化剂进行的。以乙炔与丙炔的不同比例混合气为原料，并用氮气稀释。反应的液相产物用气相色谱分析，苯系各异构体的分离情况见图3。共聚反应产物分配分析结果列于表2。由于各产物的挥发度相差较大，表2只列出各种异构体的相对含量。由图3（图3表示液体产物分配，苯和大量的甲苯由于挥发度较大，大部分被未转化的原料气带走）和表2可以看出，无论乙丙共聚或纯丙炔聚合，三甲苯的异构体中都没有发现1,2,3-三甲苯，而1,3,5-三甲苯与1,2,4-三甲苯的得量比为1：6至1：7. 这些结果对于研究炔烃的聚合机理有很重要的价值，下面将要进行讨论。

表2 乙炔-丙炔共聚产物分配

（催化剂：CrO_3-Al_2O_3-SiO_2，反应温度 100—140℃，原料混合气/氮气＝1/5）

原料气配比 乙/丙（克分子）	各异构体相对含量				
	二甲苯			三甲苯	
	对-	间-	邻-	1,3,5-	1,2,4-
1：1	1.2	1	0.18		
2：3	1.3	1	0.29	1	6.5
3：4	1.3	1	0.29	1	7.0
1：20	1.4	1	0.62		
纯丙炔				1	5.9

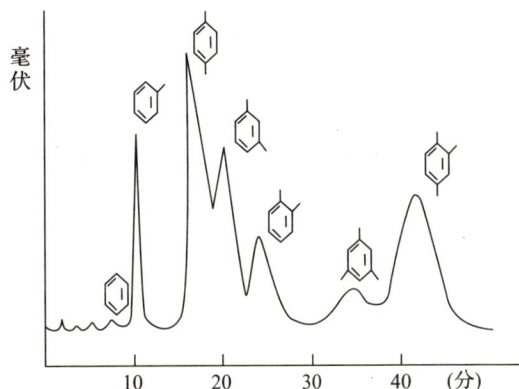

图3 共聚产物色谱图

（色谱柱：有机皂土-邻苯二甲酸二壬酯-硅藻土）

二、炔类在几种类型的催化剂上环聚芳构化的催化反应机理

用于炔类环聚芳构化反应的催化剂体系，主要有以下几种类型（见表3）：1. 第Ⅷ族元素的络合物催化剂，例如，$(P\phi_3)_2Ni(CO)_2$，$(C_6H_5CN)_2PdCl_2$[21] 和 $(P\phi_3)_2Rh(CO)Cl$[24] 等（ϕ 代表苯基）。2. $AlCl_3$，$AlBr_3$ 之类的 Lewis 酸催化剂[26]；Al_2O_3-SiO_2-B_2H_6[27] 大概也属于这类型。3. 第 VB 族、VIB 族元素的高价氯化物和附载型氧化物催化剂；例如，Nb(V)，Ta(V)，W(VI) 的氯化物和 Nb_2O_5-Al_2O_3-SiO_2，CrO_3-Al_2O_3-SiO_2 等，以及某些含 V_2O_5 或 MoO_3 的附载型催化剂[17]。4. 齐格勒型催化剂[10]例如，$TiCl_4$-$Al(C_2H_5)_3$，$TiCl_4$-$Al(i-C_4H_9)_3$。

表3　催化剂的类型与炔类环聚反应物的得率

催化剂	反应物	反应产物及得率	反应条件	文献
$(P\phi_3)_2Ni(CO)_2$	$\phi-C\equiv CH$	1,2,4-三苯基苯～20% 1,3,5-三苯基苯～0.7% 线状三聚体～50% 二聚体及其他线状聚炔～29%	苯,80℃	[5]
同　上	$HC\equiv C\overset{\overset{O}{\|\|}}{C}-OC_2H_5$	1,2,4-三取代苯～89% 1.3.5-三取代苯～6% (其余为线状聚炔)	苯,25—60℃	[5]
同　上	$CH_3C\equiv CH$	1.2.4-三烷基苯～18% 1.3.5-三烷基苯～12% (大部分为线状聚炔)	苯,>80℃ 加压	[5]
同　上	$HC\equiv C-CH_2OH$	1.2.4-三取代苯～40% 1.3.5-三取代苯～23%	苯,80℃	[5]
同　上	$\phi C\equiv C\phi$,或 $CH_3C\equiv CCH_3$	不反应	苯,≥80℃	[5]
同　上	$HOCH_2C\equiv CCH_2OH$	$C_6(CH_2OH)_6$～78%	苯,80℃	[5]
$Ni(CH_2=CHCN)_2$	$\phi C\equiv C\phi$	$C_6\phi_6$ $\phi_4(C_6H)CH$	乙醚,100℃ 加压	[7]
$(P\phi_3)_2Ni(CO)_2$	$2CH\equiv CH$ $CH_3C\equiv CH$	C_6H_6～43% 邻-二甲苯～50% 1,2,3,4-四甲苯～3.5% 苯乙烯～3.5% (以上为芳烃产物分配)	苯,160—180℃ 加压	[5]
$PdCl_2(C_6H_5CN)_2$	$\phi C\equiv C\phi$	$C_6\phi_6$～80% $[(C_4\phi_4)PdCl_2]_2$少量	苯,80℃	[21]
$(P\phi_2)Rh(CO)Cl$	$C_2(COOCH_3)_2$	$C_6(COOCH_3)_6$～86%	苯,80℃	[24]
$AlCl_3$	$CH_3C\equiv CCH_3$	六甲基Dewar苯	苯,20—30℃	[26]
同　上	同　上	六甲基苯	苯,>50℃	[26]
$CrO_3-Al_2O_3-SiO_2$	$CH\equiv CH$	C_6H_6～90%	异丁烷,40℃液固相 催化反应,加压	[15]
同　上	$CH_3C\equiv CH$	1.2.4-三甲苯　56.4% 1.3.5-三甲苯　10.2%	异丁烷90℃液固相 催化反应,加压	[15]
同　上	$4CH\equiv CH$ $3CH_3C\equiv CH$	C_6H_6　8.0% $C_6H_5CH_3$　52.0% 间-二甲苯　14.0% 对-二甲苯　4.5% 邻-二甲苯　2.5% 1.2.4-三甲苯　8.0% 1.3.5-三甲苯　0.4%;苯乙烯微量	异丁烷,90℃加压	[15]

续表

催化剂	反应物	反应产物及得率	反应条件	文献
NbCl$_5$	CH≡CH 3CH$_3$C≡CH	C$_6$H$_6$ 0.9% C$_6$H$_5$,CH$_3$ 5.5% 间-二甲苯 ⎫ 对-二甲苯 ⎬ 22.3% 邻-二甲苯 6.7% 1,2,4-三甲苯 45.7% 1,3,5-三甲苯 18.6%	苯	[16]
NbCl$_5$	CH$_3$C≡CCH$_3$	六甲基苯 活性低	苯	[16]
TiCl$_4$—Al(i-Bu)$_3$	CH$_3$C≡CCH$_3$	六甲基苯 100%	苯,室温	[10]
同　上	C$_2$H$_5$C≡CC$_2$H$_5$	六乙基苯 100%	苯,室温	[10]
同　上	φC≡Cφ	六苯基苯 80%	本,室温	[10]
同　上	HC≡C-CH=CH$_2$	1,2,4-三乙烯基苯~65% 1,3,5-三乙烯基苯~7%	甲苯,—10℃	[11]
同　上	HC≡C-CH$_3$	1,2,4-三甲苯~21% 1,3,5-三甲苯~40%	苯,室温	[11]
	CH$_2$=CHC≡CCH=CH$_2$ HC≡CH	邻-二乙烯基苯~30—50% 苯	苯,室温	[11]
TiCl$_4$—Al(C$_2$H$_5$)$_3$	φ-C≡CH	1,2,4-三苯基苯~40% 1,3,5-三苯基苯~30%	苯,<10℃	[12]

文献上积累了许多有关炔类在各种类型催化剂上的环聚反应产物分配的数据(多数是半定量的,表3列出一些有代表性的例子),这些数据对于检验炔类催化环聚反应机理的现有的各种假设应该是非常有用的。现在拟综合前人的工作和本实验室的结果,对于炔类在各种类型催化剂上(其中多数是典型的络合催化剂)的环聚反应机理,进行比较系统的分析和比较。

1. 第Ⅷ族元素的络合物催化剂

第Ⅷ族元素的络合物催化剂的特点是:这类化合物容易与炔类、烯类、二烯类等不饱和有机物构成σπ-络合物[28]。在这类催化剂的作用下,单取代炔类环聚反应活性的高低次序大致如下[5]。

带有酯基、醚基、酮基或乙烯基的单取代炔>芳基乙炔>羟甲基乙炔>高级烷基乙炔>低级烷基乙炔>乙炔。这活性高低的次序与相应的炔类在这类催化剂上形成σπ-络合物的倾向大小的次序大致相符;这表明,催化剂的作用力主要是通过对炔类分子的σπ-络合活化。σπ-络合物的性质与 Lewis 碱-Lewis 酸的施-受型络合物的性质不同,因此,这类催化剂一般不大会受到水、醇、醚之类的 Lewis 碱所干扰。

关于炔类在这类型的催化剂作用下环聚成苯系化合物的反应机理,曾经有过以下几种不同的看法:(1)三个炔分子在催化剂活性中心(M)上形成σπ-络合的配位体,排列成环状而连结成芳环[7]。(2)两个炔分子在活性中心上聚合成为σπ-络合的环丁二烯型配位体[7],再加上第三个炔分子并转化为苯系化合物而解络。(3)两个炔分子在活性中心上聚合成为两端络合的顺式丁二烯基螯形配位体,与 M 形成环戊二烯型结构[24],再加上第三个炔分子并转化为苯系化合物而解络。(4)第一个炔分子在活性中心上离解吸附,形成炔基配位体和氢基配位体,再通过"邻位嵌入反应"[30]依次加进第二个、第三个炔分子,形成线状三聚体配位基,然后环化成苯环[5]。

反应机理(1),(2),(4)各有一些局限性。例如,反应机理(1)对于$(P\phi_3)_2Ni(CO)_2$型的催化剂显然就不适用,因为这种催化剂的活性中心只有两个比较容易被炔分子所排代的 CO 配位体,难以同时络合三个炔分子。反应机理(2)的弱点是:已知的环丁二烯型的 $\sigma\pi$-络合的配位体都是不够活泼的,不容易加上第三个炔分子[21]也不容易被炔分子所排代而游离出活泼的环丁二烯型二聚体。反应机理(4)显然不能说明二取代炔类的环聚芳构化反应。

Maitlis 等[21]和 Collman 等[24]的实验结果为反应机理(3)提供了一定根据。丁炔二羧酸二甲酯(R—C≡C—R)的 Ir(I)或 Rh(I)络合物,$(P\phi_3)_2MCl(R—C≡C—R)$,能再顺利地加上一个 R—C≡C—R 分子

而成为$(P\phi_3)_2MCl\left(\overset{\overset{R}{|}\ \overset{R}{|}\ \overset{R}{|}\ \overset{R}{|}}{-C=C-C=C-}\right)$;在这二角双锥结构的络合物中,顺式丁二烯基螯形配位体

$\overset{\overset{R}{|}\ \overset{R}{|}\ \overset{R}{|}\ \overset{R}{|}}{-C=C-C=C-}$ 与活性中心 M 形成环戊二烯型结构,而且两个膦配位体处在反位位置,即处在双锥的锥顶。这一种络合物能再与第三个炔分子起反应,产生六取代苯(C_6R_6)而解络,而$(P\phi_3)_2M$残基重新

络合两个炔分子而再产生$(P\phi_3)_2MCl\left(\overset{\overset{R}{|}\ \overset{R}{|}\ \overset{R}{|}\ \overset{R}{|}}{-C=C-C=C-}\right)$,这样继续对 RC≡CR 的环聚成 C_6R_6 起催化作用(图 4)。这种含顺式丁二烯基螯形配位体的络合物却不能与缩水苹果酸酐起 Diels-Alder 加成反应。因此,他们认为第三个炔分子不是直接从溶液中按 Diels-Alder 反应机理加到顺式丁二烯基螯形配位体上去的,而是先络合在第六个配位,然后分几步或一步与顺式丁二烯基螯形配位体共环聚成苯环的。

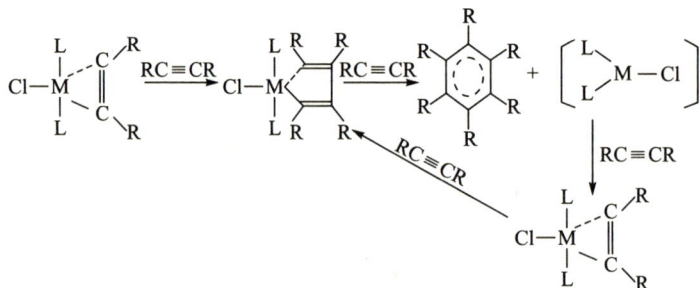

图 4 炔类在$(P\phi_3)_2MCl(RC≡CR)$或$(P\phi_3)_2MCl(CO)$
催化剂上的环聚芳构化反应机理(M 代表 Rh 或 Ir)

我们认为,环戊二烯型结构的化合物,如呋喃和环戊二烯,一般是能直接地而且迅速地与缩水苹果

酸酐或丁炔二酸二甲酯起 Diels-Alder 加成反应的,三角双锥结构的$(P\phi_3)_2MCl\left(\overset{\overset{R}{|}\ \overset{R}{|}\ \overset{R}{|}\ \overset{R}{|}}{-C=C-C=C-}\right)$所以不能与缩水苹果酸酐起 Diekls-Alder 加成反应,可能主要是由于空间因素不利:两个膦配位体使缩水苹果酸酐分子不能按有利于加成的角度接近顺式丁二烯基螯形配位体的 1,4-位置。而如果缩水苹果酸酐分子先络合在第六个配位,则由于烯键的反键轨函用于构成 $\sigma\pi$-键而不利于 Diels-Alder 加成反应。而第三个炔分子,当它络合在第六个配位而且与顺式丁二烯基螯形配位体同处在八面体的一个面上时,则可以利用另一个 π 键参与 Diels-Alder 加成反应而形成二环〔2,2,1〕庚(含 M)二烯-1,5结构的过渡态络合物,并即转化为芳环结构而解络。这可以认为是一种配位催化的 Diels-Alder 加成反应。第三个炔分子也有可能是从配位上按一般的"邻位嵌入反应"[30]嵌进环戊(含 M)二烯的环里去,然后环化成苯环结构的,其结果仍然是 1,4 加成。但是,对于取代基较大的炔类,这样的环化空间位阻显然比较大。

可以设想，炔类在$(P\phi_3)_2Ni(CO)_2$，$Ni(CH_2=CH-CN)_2$等类的催化剂作用下的环聚芳构化反应，也是与上述机理相似的配位催化的 Diels-Alder 加成反应或邻位嵌入反应。由于顺式丁二烯基螯形配位体只提供两个电子与 M 形成配价键，因此，$L_2Ni(RC=CR-CR-CR)$ 是配位不饱和的，Ni 的配位球上只有 16 个电子，可以再络合一个炔分子，形成五配位三角双锥结构的络合物，使第三个炔分子与顺式丁二烯基螯形配位体处在有利于 Diels-Alder 加成或邻位嵌入反应的位置。

这反应机理能定性地说明表 3 所列的一些有代表性的炔类在这类型催化剂作用下的环聚芳构化反应活性和反应产物分配。对于单取代炔类在四面体配位结构的 $(P\phi_3)_2Ni(CO)_2$ 催化剂作用下的环聚芳构化反应，当两个炔分子取代了两个 CO 配位体而形成顺式丁二烯基螯形配位体时，如果炔分子的取代基团比较大，例如苯基或乙酯基团，则由于空间位阻的不同，两个取代基团出现在 2,3 位上（见图 5）的概率比出现在 1,3 位上或 2,4 位上（一个取代基团靠近庞大的膦配位体）的概率要大些，比出现在 1,4 位上的概率就更大了。因此，按 Diels-Alder 反应的 1,4 加成法则加上第三个单取代炔后，1,2,4-三取代苯的得率就会比 1,3,5-三取代苯的得率大得多（见表 3）。如果取代基团更庞大（例如环己烷基），则无论两个取代基团是在 1,3 位上或 2,4 位上，还是并排在 2,3 位上，空间位阻都很大，这样的单取代炔（如环己烷基乙炔）在 $(P\phi_3)_2Ni(CO)_2$ 上就不能环聚芳构化。对于二取代炔类，如二苯基乙炔或二甲基乙炔，要在这种催化剂上形成顺丁二烯基螯形配位体是有困难的，因而也不能环聚芳构化[5]。但是，二苯基乙炔却能在 $Ni(CH_2=CHCN)_2$ 催化剂的作用下环聚芳构化[7]这可能是因为一个 $CH_2=CH-CN$ 配位体代替了两个庞大的 $P\phi_3$ 配位体，大大减少了二个苯基在 1,4 位上所遇到的空间位阻。又二羟甲基乙炔也能在 $(P\phi_3)_2Ni(CO)_2$ 催化剂上环聚芳构化，这大概是由于 $-CH_2OH$ 基团中的羟基与中心原子（Ni）的满充 d 轨函有一定的氢键作用力（例如，由红外光谱数据可以看出[31]，二羟甲基乙炔氯铂（Ⅱ）酸钾络合物中的羟基与中心原子 Pt 的 d 轨函有一定的氢键作用力），从而减小了两个羟甲基在 1,4 位上遇到的空间位阻。

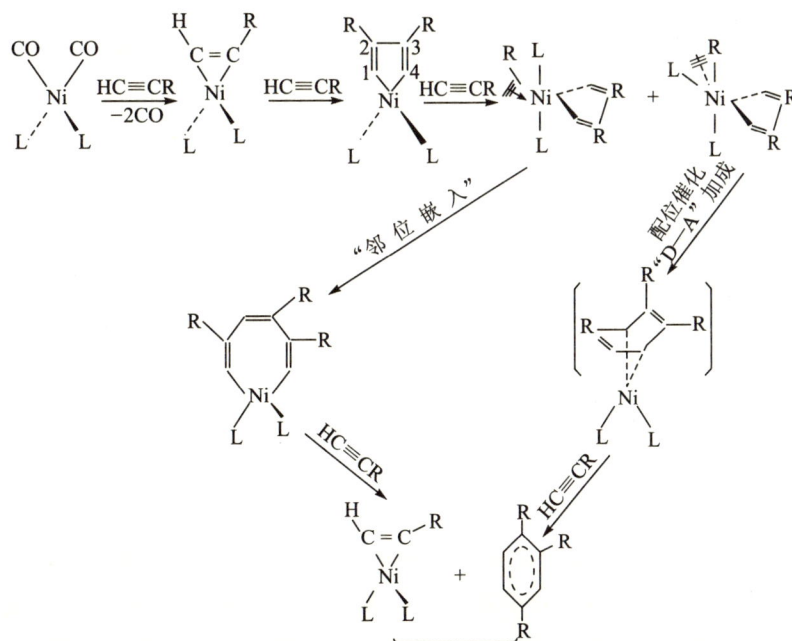

图 5 单取代炔在 $(P\phi_3)_2Ni(CO)_2$ 的催化作用的环聚芳构化反应机理（L 代表 $P\phi_3$）

最近，Maitlis 等[22,23]对于炔类在氯化钯之类的络合催化剂作用下的环聚反应机理又作了不少细致的研究工作，发现这种反应比以前所知道的要复杂得多。根据 Maitlis 等的看法，二甲基乙炔（或甲基苯基乙炔）在 $(\phi CN)_2PdCl_2$ 的催化作用下的环聚反应可能经过连续三步的"邻位嵌入"反应，中间生成双核的［Cl(MeC₂Me)₃PdCl］₂，然后转化为六取代苯，或乙烯基五甲基环戊二烯，及氯乙烯基五甲基环戊二烯。图 6 中(L)即双核结构的［Cl(MeC₂Me)₃PdCl］₂，为黄色结晶。它的结构主要是根据核磁共振，红外光谱和分子量测定结果推断的。(G)和(H)都没有分离出来。从已知的许多实验事实，炔分子或烯分子要通过 σπ-络合"嵌入"到 M—Cl 离子性键(例如，TiCl₃ 中的 Ti-Cl 键，或 PdCl₂ 中的 Pd—Cl 键)中去是不容易的。因此，(G)的形成是有疑问的。我们认为，(H)的生成可能不通过(G)，而是由(F)通过极化作用力直接加上第二个炔分子，或是由(F)再络合一个炔分子(排代去另一个 φCN 配位体)，然后转化为(H)。而且(H)不仅能转化为环丁二烯 σπ-络合物(K)，应该还能可逆地转化为含顺式丁二烯基螯形配位体的络合物，与使用(Pφ₃)₂Rh(CO)Cl 或 (Pφ₃)₂Ir(CO)Cl 络合催化剂的情形相似[24,25]。

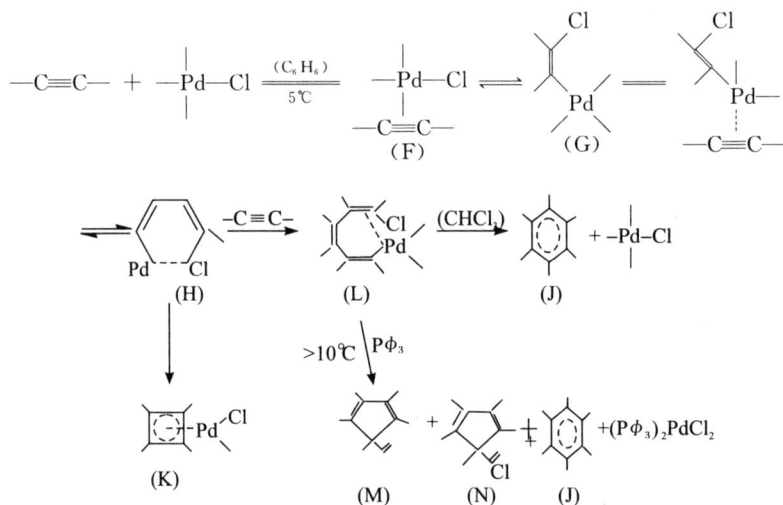

图 6 二取代炔在 (Pφ₃)₂PdCl₂ 的催化作用下的环聚反应机理(根据 Maitlis[22])

如果(L)能直接转化为(J)，其结果仍然是相当于(H)按 1,4-加成加上第三个炔分子，不过是分两步进行的。但是，Maklis 等认为，在氯仿溶液中，或在 Pφ₃-苯溶液中，(L)转化为(J)及(M)、(N)的反应，可能还经过二环[3,10]烯己基阳离子中间态。(L)加热时也能直接分解而产生(J)。

对于不含阴离子配位基的络合催化剂，如(Pφ₃)₂Ni(CO)₂，上述的环化反应机理显然不适用。

2. AlCl₃ 之类的 Lewis 酸催化剂

AlCl₃ 之类的催化剂是强的 Lewis 酸，能与芳烃构成施-受型的电荷转移络合物，也能通过诱导极化吸附炔类或烯类分子，但不能与这些不饱和有机物构成 σπ-络合物。

根据 Schaefer 等的实验结果[26]，在 AlCl₃ 的催化作用下，二甲基乙炔在常温下环聚而生成六甲基二环[2,2,0]己二烯-2,5，即六甲基 Dewar 苯[26]而在较高温度下(50℃以上)则主要生成六甲基苯。因为随着温度的升高，六甲基 Dewar 苯转化为六甲基苯加快了。Schaefer 等[26]认为，环聚反应机理是：二甲基乙炔分子与 AlCl³ 构成电荷转移络合物，再加上一个二甲基乙炔分子而聚合成为不稳定的环丁二烯型的电荷转移络合物；这环丁二烯型的二聚体被其他二甲基乙炔分子所取代而解络后，即与第三个二甲基乙炔分子起 Diels-Alder 加成反应，而成为六甲基 Dewar 苯。后者在催化剂的作用下，或在较高温度下，容易再转化为六甲基苯。环聚反应产物中含少量(约 1%)的四甲基环丁二烯的二聚体。如八甲基三环辛二烯和八甲基环辛四烯，这说明反应系统中很可能有游离的四甲基环丁二烯。

这反应提供了一个重要的例子，说明环聚反应是通过二烯类的二聚体与第三个炔分子起 Diels-Alder 加成反应的，先形成非平面的 Dewar 苯型结构，然后再转化为平面的苯环结构的。值得注意的是，在 Al⁺³ 的极化电场的作用下，两个炔分子可以在同一个配位上聚合而成为环丁二烯型的二聚体。我们认为,两个炔分子同步闭合成环也许有困难[32],但是可以通过极化吸附聚合而成为与图6(H)相似的结构,再转化而成为环丁二烯型的电荷转移络合物。

3. 第 VB 族、VIB 族元素的高价氯化物和附载型氧化物催化剂

VB 族、VIB 族元素的高价氯化物和附载型氧化物催化剂的活性中心(M)带有较大的正电荷,而外壳层缺少 d 电子(d^0,d^1 电子结构)。因此,这类型的催化剂与炔类构成 $\sigma\pi$-络合物的倾向小,而构成施-受型的络合物的倾向大。事实上,这类催化剂与 $AlCl_3$ 之类的催化剂性质很相似,都是强的 Lewis 酸,都容易受到水、醇、醚之类的 Lewis 碱所干扰,所不同的是这类催化剂的活性中心具有可以利用的、空的 d 轨道。

二取代炔类在 $NbCl_5$ 或 $TaCl_5$ 的催化作用下的环聚芳构化反应机理应该与使用 $AlCl_3$ 催化剂时的反应机理有不少相似之处($NbCl_5$ 也能与芳环构成电荷转移络合物,$NbCl_5$ 的苯溶液呈红棕色[16])。Daendliker[16]没有观察到环聚反应产物中含有六甲基 Dewar 苯,可能是由于反应温度比较高的原因。

但是,丙炔在 $NbCl_5$ 或 CrO_3-Al_2O_3-SiO_2 催化剂上的环聚反应产物中没有发现 1,2,3-三甲苯,也没有发现三甲基 Dewar 苯(见表2、表3),可见这种 α-炔分子由于吸附态不同于二甲基乙炔(α-炔分子大概是竖立吸附着的,而不是横放吸附着的),在这种催化剂上的环聚芳构化反应大概不是通过环丁二烯型的二聚体中间态的。

由丙炔与乙炔在 CrO_3-Al_2O_3-SiO_2 催化剂上的共环聚反应产物分配也可看出,反应历程主要不是通过环丁二烯型的二聚体中间态,而很可能是通过顺式丁二烯基螯形配位体那样的二聚体中间态。根据后一种反应机理,反应产物分配可以得到合理的说明。

使用 CrO_3-Al_2O_3-SiO_2 催化剂时,丙炔环聚反应产物中 1,2,4-三甲苯,1,3,5-三甲苯,和 1,2,3-三甲苯的含量比为 5.5:1:0[15](见表3),或 6:1:0 至 7:1:0(见表2),而根据经过顺式丁二烯基螯形配位体的反应机理,按统计分配应为 3:1:0. 这可理解为,由于丙炔分子具有固有偶极(0.77×10^{-18} 静电单位[33],负极在不带甲基的一端),而且甲基朝向催化剂表面时空间位阻较大,因此,当两个丙炔分子极化吸附在催化剂活性中心,并转化为顺式丁二烯基螯形配位体时,甲基朝外的倾向比甲基朝向催化剂表面的倾向大得

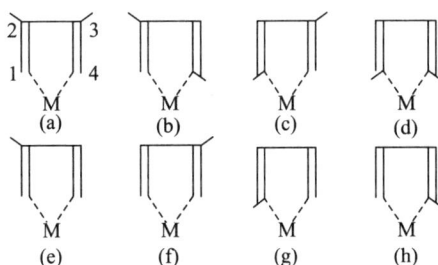

图 7 丙炔二聚体中间态络合物和乙炔-丙炔二聚体中间态络合物中甲基的各种可能的取向

多;即图 7(a)所表示的取向比(b)或(c)所表示的取向的出现概率大得多(约为 5:1),比(d)所示的取向的出现概率就更大了。

使用同样的催化剂,当乙炔、丙炔的用量比例为 4:3 时,环化共聚反应产物中甲苯含量显得特别多(见表3),苯、甲苯、二甲苯(总)的含量比例约为 1:6.5:2.5;而按统计分配应为 1:3:3(当乙炔、丙炔用量大约相等,而且转化率不大时)。这表示,二聚体中间态络合物中乙—丙二聚体络合物的出现概率比乙—乙二聚体或丙—丙二聚体络合物的出现概率大得多。又从三个二甲苯异构体的含量分配来看,邻—二甲苯含量比间—二甲苯和对—二甲苯含量都少得多(见表2和表3)。从这一实验事实也可看出,乙—丙二聚体络合物(e)或(f)的出现概率比丙—丙二聚体络合物(a)的出现概率大得多,也比甲基朝向催化剂表面的乙—丙二聚体络合物(g)或(h)的出现概率大得多[(a)按1,4—加成法则加上乙炔分子,即产生邻—二甲苯;而(e),(f)按1,4—加成法则加上丙炔分子即产生间—二甲苯或对—二甲苯;(g),(f)按1,4—加成法则加上丙炔分子即产生间—二甲苯或邻—二甲苯]。这可理解为,丙炔分子由于有固有偶极比乙炔分子容易被催化剂活性中心的正电荷所吸附,但是,再吸附第二个丙炔分子时,则由于丙个甲基相邻产生较大的空间位阻(如其中一个甲基朝向催化剂表面,则空间位阻更

大),比再吸附一个乙炔分子反而困难得多,因而丙-丙二聚体中间态络合物的出现概率比乙-丙二聚体中间态络合物的出现概率小得多。至于(g)、(h)的出现概率比(e)、(f)的出现概率小,则是由于甲基朝向催化剂表面时空间位阻较大之故。

但是,随着乙炔、丙炔原料气中丙炔、乙炔用量比由 $1:1$ 增至 $20:1$ 时,邻-二甲苯的得率比间-二甲苯的得率也由 $0.2:1$ 增至 $0.6:1$ (见表2)。这可理解为,随着丙炔用量相对地增大,丙-丙二聚体络合物[主要是(a)]的出现概率相对于乙-丙二聚体络合物[主要是(e)、(f)]的出现概率也相应地增大。

应该指出,按热力学的异构化平衡[34],1,2,4-三甲苯,1,3,5-三甲苯,与1,2,3-三甲苯的含量比应为 $6:3:1$,而现在实际观察到的含量比为 $6:1:0$;间-二甲苯、对-二甲苯、与邻-二甲苯的含量比应为 $47:21.5:22.5$,而实际观察到的为 $14.0:4.5:2.5$ (见表3,异构体含量是用分馏法则测定的)。可见在这里的环聚反应条件下,反应产物分配不是由热力学的异构化平衡所决定的。

使用 $NbCl_5$ 催化剂时,乙炔、丙炔共环聚反应产物中1,2,4-三甲苯与1,3,5-三甲苯的含量比约为 $2.5:1$ (见表3),靠近异构化平衡的含量分配(可是,没有观察到1,2,3-三甲苯);又邻-二甲苯含量与间-二甲苯和对-二甲苯总含量的比例约为 $6.7:22.3$,也靠近异构化平衡的含量比。这里系统含有 $NbCl_5$ 和少量 HCl,而且 $NbCl_5$ 性质与 $AlCl_3$ 相似,也能与芳烃构成电荷转移络合物[16],因此也可能对于多甲苯的异构化反应具有相当好的催化活性。有必要进一步探明,在这种含 $NbCl_5$ 和少量 HCl 的系统中多甲苯的异构化反应速率,才能判断上述的反应产物分配究竟是不是异构化平衡所决定的。

炔类分子在 $NbCl_5$,$TaCl_5$ 和附载型氧化铌、氧化铬等催化剂上的络合活化首先都是通过极化吸附。由于炔键的平行于键长方向的极化率比垂直于键长方向的极化率大得多($\alpha_\parallel = 3.54 \times 10^{-24}$ 厘米^3,$\alpha_\perp = 1.27 \times 10^{-24}$ 厘米^3[35]),因此,α-炔分子倾向于竖立地极化吸附在催化剂活性中心上,这就有利于形成顺式丁二烯基螯形配位体。但是,这样的络合由于有氢原子或取代基团朝向催化剂表面的问题,空间位阻往往比较大,大概只对 α-炔类的分子才有可能实现;而对于二甲基乙炔之类的二取代炔分子,络合活化的方式大概主要是通过形成环丁二烯型的电荷转移络合物[由化学吸附层的红外光谱数据可看出[36],乙炔或丙炔分子在 r-Al_2O_3 上的强化学吸附是竖立地吸附在 r-Al_2O_3 表面上的,而二甲基乙炔分子则是横放地吸附在 Al_2O_3 上的]。这两种构型的络合物实际上可看成价键异构体,如同 Collman 等[24,25]在讨论炔分子在 $Ti(II)$,$Co(I)$,$Ir(I)$,或 $Rh(I)$ 的络合物活性中心上所构成的环丁二烯型络合物或环戊(含M)二烯型络合物时所指出的。在 d^0 或 d^1 电子结构的 $Nb(V)$ 或 $Cr(V)$ 活性中心,顺式丁二烯基螯形配位体实际上是两端各以单电子络合在活性中心上的,因此只需要一个配位和活性中心的一个具有适当对称性的空轨函。活性中心 $Nb(V)$ 或 $Cr(V)$ 的 dxz 或 dyz 空轨函的对称性有利于和这样的螯形配位体构成配价键,因而这类催化剂应该比 $AlCl_3$ 容易与两个炔分子形成环戊二烯型的络合物。

4. 齐格勒型催化剂

$TiCl_4$-$Al(C_2H_5)_3$ 或 $TiCl_4$-$(i$-$C_4H_9)_3Al$ 之类的齐格勒型催化剂对于炔类环聚芳构化的催化,活性有如下特点:(1)对于二烷基乙炔和对于二苯基乙炔同样具有很高的环聚芳构化催化活性和选择性,而且反应在低于室温的温度下进行时也没有观察到 Dewar 苯型的反应产物[10]可见环化反应历程不经过环丁二烯型的二聚体中间态,而且也不需要先形成炔化物和线性三聚体然后环化。同时也可看出,环化聚合反应速率比炔分子对 Ti-R 键的"邻位嵌入反应"要快得多,否则就会生成大量的线性高聚物而不可能达到那样高的环聚芳构化选择性。(2)能使二乙烯基乙炔与乙炔或丙炔进行共环聚,分别得到邻-二乙烯基苯或邻-二乙烯基二甲苯(三种异构体)。(3)对于 α-炔类的环聚芳构化,铝/钛比在 $1/1$ 至 $3/1$ 范围内时催化活性和选择性都较好;铝/钛比高于 $5/1$ 时,实际上只得到线状高聚物[12]由低铝/钛比和低反应温度估计环聚催化活性中心是 $Ti(III)$ 或 $Ti(II)$。根据 Sonogashira 等[37]的实验,$(C_5H_5)_2Ti(CO)_2$ 之类的有

机钛络合物容易与炔分子反应而生成环戊（含 Ti）二烯型的络合物，如 $(C_5H_5)_2Ti\!\!\begin{array}{c}\phi\quad\phi\\ |\ \ |\\ C\!=\!C\\ |\qquad\\ C\!=\!C\\ |\ \ |\\ \phi\quad\phi\end{array}$ 可以料想，炔类

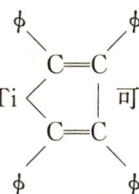

（特别是二取代炔类）在这种催化剂作用下的环聚芳构化反应历程大概也是经过环戊（含 Ti）二烯型的二聚体中间态络合物，然后通过"邻位嵌入反应"，或"配位催化的 Diels-Alder 加成反应"，按 1,4-加成加上第三个炔分子的。(4) 但是，由表 3 可以看出，对于 α-炔类（特别是对于单烷基乙炔）环聚芳构化反应产物中 1,2,4-三取代苯与 1,3,5-三取代有机钛络合物容易与炔分子反应而生成环戊（含 Ti）二烯型的络合物，如苯的含量比与使用 $(P\phi_3)_2Ni(CO)_2$ 型的络合催化剂时有明显的不同。对于丙炔、α-丁炔，或 α-己炔的环聚芳构化反应产物，1,2,4-三取代苯的含量反而少于 1,3,5-三取代苯[12]虽然不能排除这样的可能性：即一部分的三取代苯是按 Meriwerher 等[5]所提出的机理，先形成线状三聚体配位基然后环化芳构化的，但是，这样环聚芳构化显然会遇到较大的空间位阻，特别是对于取代基团较大的 α-炔类，如 α-丁炔和苯基乙炔。因此我们认为，α-炔类的环聚芳构化的主要反应途径仍然和二取代炔类的环聚反应途径相同；即，先形成环戊（含 Ti）二烯型的二聚体中间态络合物，然后从配位上按 1,4-加成加上第三个炔分子。由于催化剂活性中心的配位结构和配位基（这种催化剂可能含有 α-炔基配位基，由 α-炔分子取代 Ti-R 中的烷基而生成的）大小与 $(R\phi_3)_2Ni(CO)_2$ 催化剂有所不同等原因，导致环聚芳构化反应产物分配的不同。

　　以上由分子结构和空间位阻与炔类环聚反应活性和反应产物分配的关系，讨论了炔类在几种类型的催化剂作用下的环聚芳构化反应机理，使我们对于含过渡金属化合物的络合催化剂作用下的炔类环聚反应机理有了比较统一的看法。在上述的(1)、(3)、(4)类络合催化剂作用下，炔类环聚芳构化反应看来基本上都是经过顺式丁二烯基螯形配位体这样的二聚体中间态络合物，然后再按 1,4-加成从配位上或气相中加上第三个炔分子的。对于不含过渡元素的 Lewis 酸催化剂，如 $AlCl_3$，由于活性中心缺乏 d 轨函，不能与炔类分子形成环戊（含 M）二烯型络合物，当极化吸附两个炔分子之后，即转化为环丁二烯型的电荷转移络合物，解络后再与第三个炔分子起 Diels-Alder 加成反应而生成 Dewar 苯型的化合物。利用分子结构模型，不难看出，按这两种反应途径进行环化三聚时空间位阻都会比较小。

三、关于附载型氧化铬和氧化铌催化剂的活性中心结构

　　关于附载型氧化铬催化剂对于乙烯聚合反应的活性中心结构，曾经有不少工作者作过研究（见 A. Clark[38]的总结性评论）。比较一致的看法是，活性中心是某些具有适当配位对称性的五价铬，Cr(V)，其数目估计只占铬原子总数的 0.2% 左右。Казанский 等[39,40]根据顺磁共振和漫反射电子光谱的实验结果认为，附载在硅胶或含铝量低的硅铝胶载体上的 Cr(V) 主要是四面体配位结构，而附载在氧化铝或含铝量高的硅铝胶体上的 Cr(V) 主要是八面体配位结构，或四方锥配位结构。由于附载在前面两种载体上的氧化铬对于乙炔合成苯的催化活性，比附载在后面两种载体上的氧化铬的催化活性高得多，因此认为活性中心是某些四面体配位结构的 Cr(V)。用乙烯在比较高的温度下处理催化剂使其活化的过程被解释为：乙烯分子在某些处于适当位置的四面体配位结构的 Cr(V) 上发生离解吸附，使这四面体配位结构的 Cr(V) 变为带有羟基和乙烯基的四方锥五配位结构，从而提供了可以利用的第六配位，使后来的乙烯分子能陆续吸附在此配位上，并陆续"嵌入"到生长中的聚乙烯链中去。

　　根据我们的实验结果，附载型的氧化铌或氧化铬催化剂也是以使用硅胶或含铝量低的硅铝胶为载体时，对于乙炔环聚成苯的催化活性最高，而以 γ-Al_2O_3 为载体时活性很低。因此，对于乙炔合成苯的反

应,这类催化剂的活性中心很可能也是某些四面体配位结构的 Nb(V) 或 Cr(V)。由于乙炔分子上的氢比乙烯分子上的氢活泼得多,因此,乙炔分子应该更容易离解吸附在这些活性中心上,使这些活性中心变为带有羟基和乙炔基的四方锥五配位结构。从而提供了可利用的第六个配位,使局部暴露的 Nb(V) 或 Cr(V) 活性中心能极化吸附两个炔分子,并进一步使其转化为顺式丁二烯基螯形配位体。前面已指出,这种螯形配位体是两端各以单电子络合的,因此只需要一个配位和一个具有适当对称性的空 d 轨函,如 d_{xz} 或 d_{yz} 空轨函。这种单电子配价键长估计约在 2.2 至 2.5Å(烷基铝二聚体中的 Al-C 单电子键键长为 2.24Å)。利用分子结构模型可以看出,这样络合的顺式丁二烯基螯形配位体的 1,4 位置是充分暴露的,因此第三个炔分子可以直接从气相中或溶液中按 Diels-Alder 反应机理加上去。同样的可以看出,对于两个炔分子所构成的顺式丁二烯基螯形配位体,如果两个甲基中有一个朝向催化剂表面时(只可能塞在乙炔基与氧离子之间),空间位阻就比两个甲基都朝外(在 2,3 位上)时为大,这与前面在讨论环聚反应产物分配时所用的论据是相符合的。

通过活化过程形成带有炔基配位体的四方锥配位结构之后,再吸附一个炔分子时,这个炔分子也有一定的概率"嵌入"到 M—C≡CH 键中去,形成 M—CH≡CH—C≡CH ,以后再陆续按一定的概率加进更多的炔分子而逐渐生长,形成线状高聚物而结焦,终于使催化剂失去活性。这就是催化剂的结焦机理(可能会有少量的线伏三聚体配位基环化而形成苯基配位基,然后被另一炔分子所排代,生成苯分子而解络。但对于丙炔分子,形成三甲苯基配位体的空间位阻是很大的,特别是根本不可能形成 1,3,5-三甲苯基配位体。因此,这样的环聚反应机理的现实性很小)。前面提起我们曾用实验证明,乙炔在催化剂表面结焦是由于生成线状高聚炔。也曾用表面处理的办法〔使用碱处理过的载体;或先用氢气处理附载好的催化剂,使 Cr(Ⅵ)、Cr(V) 都还原为 Cr(Ⅲ) 以降低其氧化物酸性,然后使催化剂吸附 Li$^+$ 或 Mg^{++},使其他酸性中心中毒,最后又在空气中加热活化,使 Cr(Ⅲ) 氧化到活泼的价态 Cr(V)〕,处理载体或催化剂,使不含铬的酸性中心中毒。但是,经过这样处理的催化剂活件未见提高,在使用过程中乙炔结焦速率也未见降低,说明乙炔结焦主要不在其他酸性中心,大概也在含铬的活性中心。这些实验结果与上面所提出结焦机理以及结焦和环聚成苯是在同一种活性中心的看法是一致的。

这二个活性中心模型也能说明催化剂被 H_2O、O_2 或 H_2S,PH_3AsH_3 等杂质可逆的中毒的实验结果。由于炔化物 M—C≡CH 可能是比较稳定的,不象 M—乙烯基或 M—烷基那容易被水解或氧化,因此微量的水蒸汽或氧分子对于催化剂活性的抑制作用大概只是通过竞争性的吸附,暂时占据了带有乙炔基的 Cr(V) 或 Nb(V) 活性中心的第六个配位。当继续通过不含水或氧的乙炔时,活性点上的 H_2O 或 O_2 分子就会被乙炔分子可逆地排代出来,从而使催化剂恢复活性。由于毒质分子与乙炔分子的竞争吸附都是属于极化吸附,因此,毒质使催化剂中毒能力的大小应该与毒质分子的固有偶极或极化率的大小有关。从表 4 可以看出,乙炔原料气中常见的杂质(水、氧、硫化氢、磷化氢)以水分子的固有偶极最大,因而对催化剂的毒害也最大。氧分子无固有偶极,只靠诱导极化或形成含氧有机物而吸附在活性点上(极化率比乙炔分子小,但能比较靠近活性中心),因而比较容易被炔分子所排代,所以毒害比水分子小。根据这毒性差别,在催化剂的活化或再生时不能也不必用太多的氮气排氧,以防止引进毒害较大的水分。H_2S、PH_3,和 AsH_3 的固有偶极都比 H_2O 小得多,因此对催化剂的毒害也就小得多。H_2S 虽有较大的极化率,但 H_2S 中的硫原子比 O_2 中的氧原子大得多,不容易塞进第六个配位而靠近活性中心,因而极化吸附的能力比 O_2 小(同样的原因,噻吩不容易极化吸附在硅铝胶的 Lewis 酸中心。此系根据本实验室其他研究项目的实验结果)。在高温下,这些带有固有偶极的毒质分子的极化吸附能力降低得比较快,因而毒害也比较小。当合成苯车间的工人同志发扬敢闯精神,把使用附载的氧化铌催化剂的合成苯反应温度提高到 250℃ 时,乙炔原料气除硫、膦、胂的处理看来可以适当简化。

表 4① 乙炔原料气中常见的杂质分子的固有偶极和极化率[33]

分子	回有偶极 静电单位×10^18	极化率（厘米 3×10^{24}）		
		ϕ_1	ϕ	ϕ
H_2O	1.89			
H_2S	0.93	4.04	3.44	4.01
PH_3	0.55			
AsH_3	0.15			
O_2	0	2.35	1.21	1.21
$HC{\equiv}CH$	0	5.12	2.43	2.43
$CH_3C{\equiv}CH$	0.77			

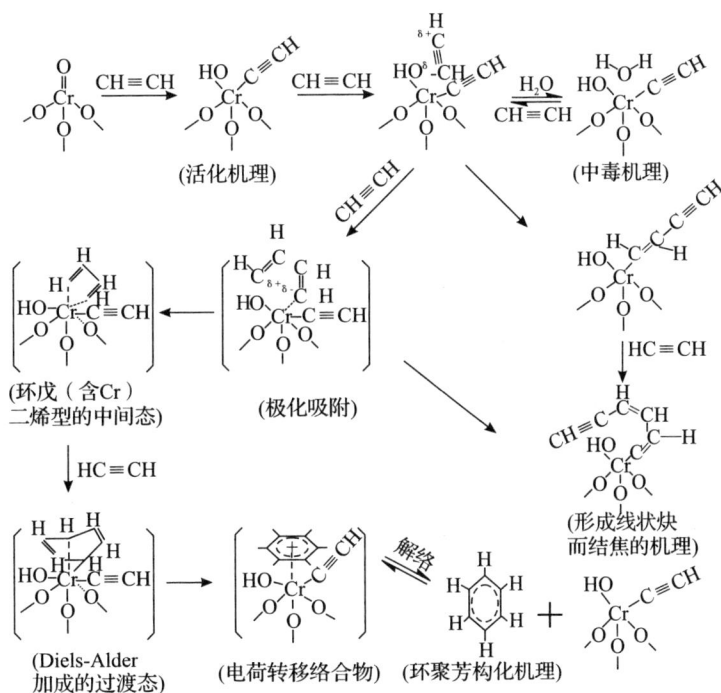

图 8 附载型氧化铬（或氧化铌）催化剂的活性中心结构、活化、中毒、结焦和环聚芳构化催化作用机理

　　五价四配位结构的活性中心都必然有一个 $M{=}O$ 键。当极化吸附第一个 α-炔分子时，$M{=}O$ 与吸附的 α-炔分子形成共轭-键结构，有可能按对称性容许的环加成反应加上第二个炔分子，形成络合在 M—O 上，而不是单在 M 上的顺式丁二烯基螯形配位体，其结构与图 6(H) 相近似，只不过 M 与 O 之间仍有单键连结。然后，第三个炔分子可再按对称性容许的环加成反应加在 1,4-位上，形成络合在 M—O 上，而不是单在 M 上的环已二烯基螯形配位体，最后解络而生成苯系化合物，并使活性中心恢复原态 ${>}M{=}O$。这样，空间位阻更容易克服，而且可避免单电子键的假设。这一反应途径可与 α-炔分子打开 $M{=}O$ 键，而生成羟基和炔基配位体，并进一步嵌入更多的炔分子而结焦的反应途径相竞争。

　　① 以上固有偶极和极化率数据取自 Landolt-Börnstein，Zahlenwerte und Funktionen，Springer（1951），Vol. 1，Part 3；参看 Hirschfelder and Curtiss，Molecular theory of Gases and Liquids，p. 950.

本文的写成与工人同志的大力支持和协作是分不开的;还有几位来自兄弟单位的同志亦参加了前阶段(1965—1966年)的研究工作,特此一并致谢。

参考文献

[1]Флнд,Р. М.,1961 Кин. uКат . АН СССР,**2**,66.

[2]Copenhaven,J. W.,Bigelaw,M. H.,1949 Acetylene and CO Chemistry,Reinhold Publ. Corp.

[3]Reppe,W. et al.,1969 Angew. Chem. Int. Ed.,**8**,727.

[4]Reppe,W.,Schweekendick,W. J,,1948 Ann. **560**,104.

[5]Meriwether,L. S. et al.,1961 J. Org. Chem. ,**26**,5155,5163;**27** 1962,3930.

[6]Hübel,W.,Hoogzand,C.,1960 Ber. ,**93**,103.

[7]Schrauzer,G. N.,1901 Ber. ,**94**,1403.

[8]Чухабжян,Г. А. et al.,1970 Высокомои. Соеӡ.,**12**,2462.

[9]Sauer,J. C.,Cairns,T. L.,1957 JACS,**79**,2659.

[10]Franzus,B. et al.,1959 JACS,**81**,1514.

[11]Hoover,F. W. et al.,1961 J. Ory. Chem. ,**26**,2234.

[12]Furlani,A. et,al.,1962 Rec. Trav. Chim. ,**81**,58.

[13]Маковещкий,К. П. et al.,1966 Журн,Орлан. Хим.,**2**,753.

[14]Lutz,E. F.,1961 JACS,**83**,2551.

[15]Clark,A. et al.,1959 5th World Petrol. Congr.,Proc. ,N. Y. **4**,257 (Publ.,1960).

[16]Daendliker,G.,1969 Helv. Chim. Acta,**52**,1482. 1965,Ger. 1,189,067,March,18.

[17]Noakes,J. E.,1968 U. S. 3,365,510,Jan. **23**;cf. 1908 C. A.,**69**,10171v.

[18]Арсланов,Х. А.,Громова,Л. И.,1969 Кин. uКат. АН СССР,**10**,813.

[19]Арсланов. Х. А.,Громова,Л. И.,1968 Авт . овиӡ,№ 870,Гном. Изобр.,№ 28.

[20]Daniels,W. E 1964,J. Org. Chem.,**29**,2936.

[21]Blomquist,A. T.,Maitlis,P. M. 1962 J ACS,**84**,2329.

[22]Maitlis,P. M. et al.,1970 JACS,**92**,2276,2285,1972 **94**,3237.

[23]Kang,J. W.,Maitlis,P. M. et al.,1968 Can. J. Chem.,**46**,3189.

[24]Collman,J. P.,Kang,J. W.,1967,JACS,**89**,844.

[25]Collman,J. P. et al.,1968 Inorg. Chem.,**7**,1298.

[26]Schaefer,W.,Hellmann,H.,1967 Angev Chem,Int. Ed.,**6**,518.

[27]Weiss,H. G.,Shapiro,J.,1957 JACS,**79**,3294.

[28]Guy,R. C.,Shaw,B. L.,1962 Adv. Inorg. Chem,and radiochcm. ,**4**,77.

[29]Tsutsui,M.,Zeiss,H.,1960 JACS,**82**,6255.

[30]Nyholm,R. S.,1965 2nd Intern. Congr. on Catalysis,Proc.,**1**,65.

[31]Chatt,J. et al.,1959 Nature,**184**,526.

[32]Hoffman,R.,Woodward,R. B.,1965 JACS,**87**,2046.

[33]Landolt-Börnstein Taballen,6th Aufl.,I. Band,3. Teil.

[34]Condon,F. E.,1958 in Catalysis Ⅵ(Emett Ed.),pp. 175—76,Reinhold Publ. Corp.,N. Y.

[35]Denbigh,K. G.,1940 Trans. Faraday Soc.,**36**,936.

[36]Yates,D. J. C.,Lucchesi,P. J.,1961 J. Chem,Phys.,**35**,243.

［37］Sonogashira,K.,Hagihara,N.,1966 Bull. Chem. Soc. Japan,**39**,1178;ef. Ref.［14b］.

［38］Clark,A.,1969 Catalysis Rev.,**3**,145.

［39］Печерская,Ю. И.,Казанский,В. Б.,1967 Кин. и Кат . АН СССР,**8**,401.

［40］Казанский,В. Б.,1967 Кин. и Кат . АН СССР,**8**,1125.

■ **本文原载**:《厦门大学学报》（自然科学版）第 13 卷第 1 期（1974），第 111～126 页。

关于固氮酶的作用机理和活性中心结构

化学系固氮研究组

摘　要　本文根据固氮酶已知的反应和络合催化原理,讨论了固氮酶的作用机理和活性中心结构;提出了由 $Fe_2S_2 \cdot Mo_2O_2$ 原子簇构成的两个偶联在一起的两钼一铁三核话性中心（2Mo-1Fe）的看法;这两个偶联的三核活性中心也是放氢的活性中心。根据这活性中心模型,说明了各种底物分子的还原反应机理和 CO 只抑制分子氮、炔类、腈类、异腈类等 $\sigma\pi$-配位体型的底物分子的还原反应,而不抑制放氢反应的原因,以及 ATP 的作用机理和 $ATP/2\bar{e}$ 比值与电子倒流的关系。

毛主席教导我们:"人们为着要在自然界里得到自由,就要用自然科学来了解自然,克服自然和改造自然,从自然里得到自由。"自然界中有多种多样的固氮微生物,它们能在常温常压下摄取大气中的分子氮,并利用生物体内的生物还原剂和水份,将其还原为氨[1]。对于生物固氮机理的认识,可使我们比较能动地发展新型的合成氨催化剂。

现在已经知道,生物固氮的本领主要依靠细胞内两种含过渡金属的蛋白质组分,即 Mo—Fe 蛋白和 Fe 蛋白所构成的固氮酶体系,再加上电子供体和电子传递体[1]。特别有意义的是,无论是自生固氮菌,还是共生固氮菌,是嫌氧的固氮菌,还是好氧的固氮菌,其固氮酶体系的化学组成（如 Fe～S 含量比）、分子量和亚基组成等,看来都大同小异,性能也基本上相同[1-6]（见表1）。这就意味着,在不同环境中繁殖的、不同种属的固氮微生物,经过亿万年的进化,结果都找到了基本上共同的,因而显然也是最适合于生物体条件的固氮酶体系。

生物固氮需要的基本条件[1],是要求 Mo—Fe 蛋白和 Fe 蛋白同时存在,并且还要电子供体（生物还原剂和相应的酶系）、电子传递体（如铁氧还蛋白或黄素蛋白）以及 $ATP—Mg^{2+}$（以下写成 MgATP）或 ATP 发生系统和某些二价阳离子（如 Mg^{2+}、或 Mn^{2+}、Fe^{2+} 等）。少数的无机还原剂如 $Na_2S_2O_4$,也可作为电子供体。连二亚硫酸盐能直接把电子送给固氮酶,而毋需铁氧还蛋白之类的电子传递体。

表1　**Mo—Fe 蛋白和 Fe 蛋白的化学组成、分子量,亚基组成、EPR 讯号、和相应的固氮酶的酶变率**[1b,2-7]

固氮酶组分来源	Mo—Fe 蛋白			Fe 蛋白	
	巴氏梭菌	克氏杆菌	棕色固氮菌	巴氏梭菌	克氏杆菌
符号	C_p 1[5][6]	K_p 1[2]	A_v 1[3]	C_p [5]	K_p [2]
分子量	2.2×10^5	2.2×10^5	2.7×10^5	5.5×10^4	6.5×10^4
			$(3.4\pm0.6)\times10^5$		
含 Mo 原子数	2*（1）**	1	2	—	—
含 Fe 原子数	24*（～17）**	～17	～33	4	4
不稳定 $S^=$	24*（～16）**	～17	～26	4	4

续表

固氮酶组分来源	Mo—Fe 蛋白			Fe 蛋白	
	巴氏梭菌	克氏杆菌	棕色固氮菌	巴氏梭菌	克氏杆菌
亚基组成	$\alpha_2\beta_2$	$\alpha_2\beta_2$	$(\alpha,\beta)_8$	γ_2	γ_2
亚分子量	$\alpha\sim5$ 万	$\alpha\sim5$ 万	$\alpha\sim5$ 万	$\gamma=2.75$ 万	$\gamma=3.46$ 万
	$\beta\sim6$ 万	$\beta\sim6$ 万	$\beta\sim6$ 万		
配成固氮海后的酶变率[4]（N_2 转化分子数/每秒/每个 Mo）	~1	~1	~1		
EPR 讯号：[1c][7]				还原态（A）：	
$Na_2S_2O_4$ 保护下	4.3,3.7	4.3,3.7	4.30,3.67	2.06,1.94	2.053,1.942
	2.01	2.015	2.01	1.87	1.895
加 MgATP 或 MgADP 后	不变	不变	不变	2.04($g_{\parallel}$)	2.036($g_{\parallel}$)
				1.93($g_{\perp}$)	1.92($g_{\perp}$)

* Mortenson 等[6]1972 年重新测定的数值。

** Mortenson 等[5a]1971 年发表的数值。

含高能磷酐键的 ATP 的水解与分子氮还原成氨，是固氮酶所催化的、需要还原剂的两个偶联的反应：

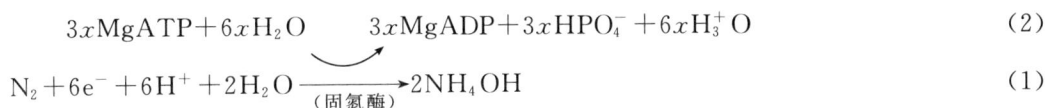

$$3x\text{MgATP}+6x\text{H}_2\text{O} \longrightarrow 3x\text{MgADP}+3x\text{HPO}_4^-+6x\text{H}_3^+\text{O} \tag{2}$$

$$\text{N}_2+6\text{e}^-+6\text{H}^++2\text{H}_2\text{O} \xrightarrow[\text{（固氮酶）}]{} 2\text{NH}_4\text{OH} \tag{1}$$

此外，还有一个与分子氮还原反应互相竞争电子的，也是与 ATP 的水解相偶联的平行反应，即介质中氢离子的还原放氢反应：

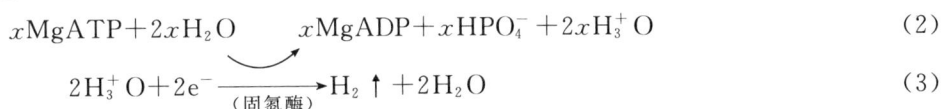

$$x\text{MgATP}+2x\text{H}_2\text{O} \longrightarrow x\text{MgADP}+x\text{HPO}_4^-+2x\text{H}_3^+\text{O} \tag{2}$$

$$2\text{H}_3^+\text{O}+2\text{e}^- \xrightarrow[\text{（固氮酶）}]{} \text{H}_2\uparrow+2\text{H}_2\text{O} \tag{3}$$

反应式(2)表示，(1)、(3)两个平行反应每消耗 2 个电子同时也消耗 x 个 ATP 分子。x 的数值大约为 4；即每"活化"一对电子需要消耗 4 个左右的 ATP 分子[1b]，但这 ATP/2e 的数值会随介质的 pH 或温度的提高、或 Mo—Fe 蛋白的过量而增大[2]。这些反应式表示，固氮酶所催化的固氮反应和放氢反应实际上都不是简单的还原反应，而是各与反应式(2)所示的不可逆过程（ATP 的水解）偶联起来的还原反应。因此，各种底物还原反应的总的自由能变化或不可逆程度比相应的简单还原反应大得多。

除了 N_2 和 H_3^+O 外，已知的固氮酶底物还有直链 α-炔、腈、异腈、CN^-、N_3^-、N_2O、和丙二烯[16]除了 H_3^+O 和丙二烯外，这些底物分子都是一端具有三重键的小分子。这些底物的还原反应也是与放氢反应竞争电子的，而且也是与 ATP 的水解偶联起来的反应。除了放氢反应而外，其他底物的还原反应都为 CO 所强烈抑制；固氮反应又单独为 H_2 所抑制[1b]。

为了下一步讨论固氮酶的活性中心结构，首先必须弄清固氮酶分子的亚基组成和所含的钼原子数目。根据 Mortensen 等[5]1971 年发表的结果，巴氏梭菌固氮酶的 Mo-Fe 蛋白(C_p1)的分子量、亚基组成、和 Mo：Fe：S^{2-} 含量分别为 2.2×10^5，$2\alpha+2\beta$，和 1：17：16，其中 α 和 β 分别代表亚分子量为 5 万和 6 万的两种亚基。但是，后来他们[6]又从这种样品中分离出一些无活性（即不能与 C_p2 配成有活性的固氮酶)的蛋白,其亚基组成与有活性的 C_p1 基本上相同,但含钼量很少,而且铁和无机硫含量也较低。分离去这些无活性的蛋白之后,得到含钼量和比活性都提高约一倍(因而按每个钼原子的效率计算,酶变数基本不变)的 C_p1 样品,其分子量和亚基组成仍为 2.2×10^5 和 $2\alpha + 2\beta$,但 $Mo:Fe:S^{2-}$ 含量分别提高到 2:~ 24:~ 24。我们可以把它的表观化学式写成 $\alpha_2' \beta_2' Mo_2 Fe_{24} S_{24}$,而未分离去无活性蛋白的 C_p1 样品组成可表为 $\alpha_2' \beta_2' Mo_2 Fe_{24} S_{24} + \alpha_2' \beta_2' Fe_{\sim 10} S_{\sim 10}$(根据平均化学式为 $\alpha_2' \beta_2' MoFe_{\sim 17} S_{\sim 17}$),其中 α' 和 β',分别代表 α 和 β 两种亚基的不含钼、铁、和无机硫的蛋白部份。在天然的固氮酶分子中,这不含钼的部份($\alpha_2' \beta_2' Fe_{\sim 10} S_{\sim 10}$)很可能是与含钼的部分($\alpha_2' \beta_2' Mo_2 Fe_{24} S_{24}$)和 Fe 蛋白及 2MgATP(每 2 个亚基组成 Fe 蛋白分子能与 2 个 MgATP 分子络合[20],而活性滴定结果 $C_p2:C_p1 \sim 2:1$ 即 Mo 数目:$C_p1 \sim 1:1$)缔合在一起而起酶催化作用的;这天然固氮酶分子的表观化学式可表为 $\alpha_4' \beta_4' Mo_2 Fe_n S_n \cdot 2\gamma_2' Fe_4 S_4 \cdot 4MgATP$,其中 n 约为 32—34,$\gamma'$ 代表 Fe 蛋白亚基(γ)的不含铁和无机硫的蛋白部份。

棕色固氮菌固氮酶(A_v)的 Mo-Fe 蛋白(A_v1)也含有两种亚基,亚分子量可能也是 5 万和 6 万[3c],而且每 8 个亚基含 2 个 Mo,~ 33 个 Fe,和 ~ 26 个无机硫[3]。因此,其表观化学式可写成 $(\alpha' \beta')_8 Mo_2 Fe_n S_{n'}$,其中 n 约为 33,$n'$ 约为 26,但 n' 的真实数值可能也靠近 n,因为无机硫的测定结果一般偏低。A_v1 与 A_v2 和 MgATP 组成固氮酶分子后,后者的表观化学式显然会与巴氏梭菌固氮酶分子的表现化学式相似。

克氏杆菌固氮酶(K_p)的 Mo-Fe 蛋白(K_p1)的性质和氨基酸残基与 A_v1 相似[2,3]。K_p1 与 A_v1 和 C_p1 的 EPR 讯号和酶变数也都基本上相同。可见在天然固氮酶中这三种固氮酶(K_p,A_v,和 C_p)的活性中心结构应该是相同的。根据 Eady 等[2]发表的结果,K_p1 样品的分子量、亚基组成和 $Mo:Fe:S^{-2}$ 含量分别为 2.2×10^5,$2\alpha + 2\beta$,和 1:~ 17:~ 17,与 Mortensen 等[5]使用同样方法提纯的,但未分离去不含钼的蛋白的 C_p1 样品的相应数值基本上都相同。由此推断,天然的克氏杆菌固氮酶分子(K_p)中的 K_p1 也含有 8 个亚基($4\alpha + 4\beta$)包括 2 个钼原子 30 多个铁原子,其表观化学式与巴氏梭菌固氮酶 Mo-Fe 蛋白(C_p1)的表观化学式相似。

以上说明了,三种研究得比较详细的固氮酶(C_p、K_p、和 A_v)的活泼分子很可能都是由 8 个亚基的 Mo-Fe 蛋白和 4 个亚基的 Fe 蛋白以及 4 个 MgATP 所构成的疏松络合物,其亚基组成可表为 $\alpha_4 \beta_4 \gamma_4$,其表现化学式可写成 $\alpha_4' \beta_4' Mo_2 F_n S_n \cdot 2\gamma_2' Fe_4 \text{-} S_4 \cdot 4MgATP$,即每个固氮酶分子中含有 2 个 Mo 原子。

已知的其他种酶也有由两种或三种亚基组成的[8],例如,前羧肽酶(procarboxypeptidase)的亚基组成为 $\alpha\beta\gamma$(分子量为 88,000),膜 ATP 水解酶的亚基组成为 $\alpha_6 \beta_6$(分子量为 385,000)。

其他含钼金属酶,除了硝酸根还原酶每个分子中所含的钼原子数目还有疑问而外,其余的十来种来源不同的含钼金属酶(分属五种类型)每个分子中都含 2 个钼原子。Bray 和 Swann[4]最近曾指出,这与已知的含钼络盐往往容易形成含有钼—钼金属键的双核钼络合物(例如,$Na_2[Mo_2 O_4(Cys)_2] \cdot 5H_2O$)可能有内在联系。

关于固氮酶的作用机理和活性中心结构,文献已有好几种模式和模型,这方面已有不少很好的综论作了介绍[1]。现有的这些假设、模式和模型都还是比较定性的。Hardy 等[1b]最近在一篇综论中列出了关于固氮酶作用机理和活性中心结构的二三十个还没有得到解答的问题;比较突出的问题有:关于放氢中心的作用机理,它与其他底物还原反应的活性中心有何关系?为什么不会被 CO 和 H_2 所抑制?关于 ATP 的作用机理和 $ATP/2\bar{e}$ 关系,为什么要消耗那么大量的 ATP?关于各种底物还原反应的详细机理,以及活性中心是否相同,等等。事实上,甚至连活性中心是单核的,还是多核的,也还没有一致的看法。

本文从固氮酶已知的反应出发,并根据配位络合催化作用原理,提出关于固氮酶的作用机理和活性中心结构的几点看法。

1. 固氮酶的活性中心是 2Mo—1Fe 三核结构,而且是两个活性中心偶联在一起的,由 $Fe_2S_2 \cdot Mo_2O_2$ 原子簇所构成

关于这活性中心结构的推理,首先是从乙炔分子在固氮酶及其模拟体的络合活化和还原加氢反应性能入手的。

钼盐—半胱氨酸络合物体系[9],以及钼盐—谷胱甘肽多核络合物体系[10],是已知的最好的固氮酶模拟体;这些体系对于固氮酶的几乎所有底物的还原反应都有催化活性,并且能为 ATP 所促进,这些体系对于乙炔还原为乙烯的反应活性又特别高。这反应在 $[Mo_2O_4(Cys)_2]^{2-}$ 这种双核钼催化剂上的速率与 $[Mo_2O_4(Cys)_2]^{2-}$ 的浓度的一次方成正比,而且这种双核钼催化剂的活性高于 Mo^V—半胱氨酸单核络合物[9]。

我们认为,这结果说明乙炔还原为乙烯的反应主要是在 $[Mo_2O_4(Cys)_2]^{2-}$ 的双核钼中心进行的,而不是在单核钼中心进行的。这双核钼中心可能先还原为 Mo^{IV}(或 Mo^{III})价态,同时,原先的一个氧桥变为水分子共配位体,然后为乙炔分子所取代。乙炔分子处在原先的氧桥位置恰好能以横桥式双侧基方式络合在 2 个 Mo^{IV} 离子上,形成 2 个 $\sigma\pi$-键[11],如同 $(CO)_3Co(\phi C \equiv C\phi)Co(CO)_3$ 中的 $\phi C \equiv C\phi$ 以横桥式双侧基方式[12]络合在 2 个 CO 上一样(都是利用了乙炔分子的 π_x, π_{x^*} 和 π_y, π_{y^*} 与两个金属核的适当的轨道组成 2 个 $\sigma\pi$-键)。如图 1、图 2 所示,Mo—Mo 原子间距($\sim 2.6A$)[13]和配键方向恰好符合要求。

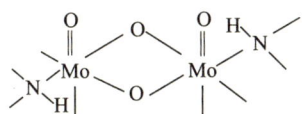

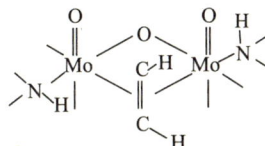

图 1 $[Mo_2O_4(CyS)_2]^{2-}$ 双核钼离子的结构   **图 2** 乙炔分子在双核钼中心的络合活化

乙炔在 Cr^{2+} 的酸性水溶液中还原为乙烯的反应速率与 Cr^{2+} 浓度的平方成正比,这说明乙炔分子很可能也是以双侧基方式络合在 2 个 Cr^{2+} 上而活化的[14]。

乙炔分子形成双侧基配位体时,两个 H 原子应该也是向外翘出的,与 $\phi C \equiv C\phi$ 双侧基配位体中两个苯基(ϕ)向外翘出(C—C≡C 键角约为 $137°$)的情形相似。这就容易说明为什么在这种双核活性中心上乙炔主要只还原到乙烯(乙烯不能形成双侧基配位体),而且在 D_2O 中还原时主要产物是顺式的 CHD=CHD(选择性约 90%)。在固氮酶上还原时,这反应的定向选择性几乎达到 100%。由此看来,乙炔在固氮酶上的络合活化和还原加氢反应很可能也是按同样方式在双核钼中心进行的。

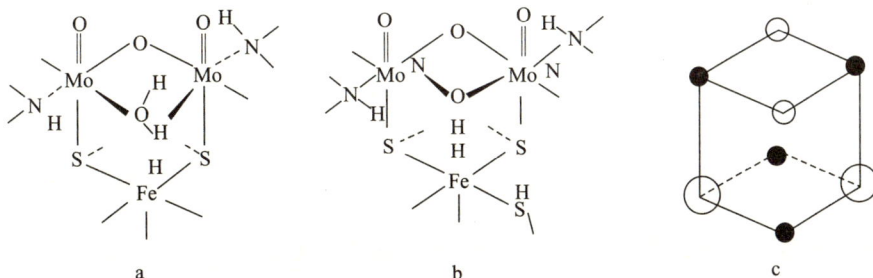

图 3 两钼一铁三核活性中心

a. $Mo_2^{III,IV}Fe^{II,III}$ 活性中心   b. 三核活性中心上的放氢过程

c. $Fe_2S_2 \cdot Mo_2O_2$ 原子簇构成两个偶联的 $Mo^{III,IV}Fe^{II,III}$ 三核活性中心(示意图)

123

其次，又从直链的 α-炔、腈、异腈分子作为固氮酶底物时的相同的链长限制（链长都可达到、但不能超过含 4 个 C）[1b]。推断这些底物分子都是按同样的取向，以横桥式双侧基方式络合在固氮酶的 2 个钼离子上的。但是，腈、异腈分子一般倾向于以端基方式络合，而不是侧基配位体；作为双侧基配位体时，它们的络合能力应该比炔分子弱得多，而事实上 $CH_3N{\equiv}C$ 在固氮酶上的结合力（以米氏常数的倒数，$1/K_M$，的大小为衡量）和还原加氢速率却比 $CH_3C{\equiv}CH$ 大。由此推断，异腈分子除了以双侧基方式络合在 2 个钼离子上而外，还以端基方式络合在 1 个铁离子上。腈类底物分子显然也是以这样的端基加双侧基方式络合在 2Mo—1Fe 三核活性中心上的；但是腈类分子与铁离子的结合力比异腈分子小，因此米氏常数的倒数和还原反应速率也都比链长大约与其相等的 α-炔和异腈底物分子小。从这样的三核络合活化方式就可推断出 2Mo—1Fe 三核的相对位置和配价作用力方向。

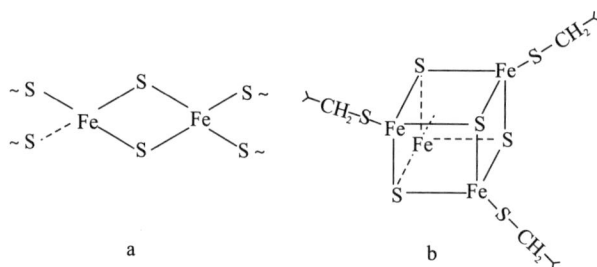

a. Fe-蛋白亚基的 FeS_2^{-2} 可能的结构　　b. 铁氧化还原蛋白（Fd）的结构

图 4

分子氮的结构与 CN^- 相当靠近。N_2 很可能也是以端基加双侧基方式在 2Mo—1Fe 三核活性中心络合活化的。若单纯作为双侧基配位体，则 N_2 的结合力也会比乙炔分子的结合力弱得多，因为，N_2 的 $1\pi_u$ 能级又比乙炔的 $1\pi_u$ 能级低，而其 $1\pi_g$（即 π^*）能级又比乙炔的 $1\pi_g$ 能级高，所以比较不利于按乙炔的双侧基方式进行 σπ-络合。而事实上，N_2 在固氮酶上的结合力却略大于乙炔。可见 N_2 除了以双侧基方式络合在 2 个钼离子上之外，还以端基方式络合在 1 个铁离子上，如同腈、异腈底物分子的络合方式。

这样的三核络合活化方式有利于削弱 $N{\equiv}N$ 牢固的三重键，而且留下未络合的一端又可作为还原加氢的突破口。

最后，参照 $Na_2[Mo_2O_4(Cys)_2]\cdot5H_2O$、$(\pi-C_5H_5)_2Mo(SB\mu)_2FeCl_2$，和铁氧还蛋白（Fd）等络合物的已知结构[13,15,16]，以及固氮酶含大量的铁原子、无机硫桥和不呈现钼的 EPR 讯号[1b,4,17]等实验事实，推断出如图 1e 所示的 $Fe_2S_2\cdot Mo_2O_2$ 原子簇结构，它代表着两个偶联在一起的 2Mo—1Fe 三核活性中心。这样的三核活性中心结构对于使 N_2、腈、异腈等底物分子成为端基如双侧基型的配位体，恰好能完全满足键长、键角等结构参数的要求。

应该指出，N_2 以拱桥式配位体方式络合在 2 个钼离子上（Шилов 等[18]所提出的模型）进行还原加氢的可能性是很小的；能作为固氮酶的底物的 α-炔、腈、异腈分子在 α 位上都不能带有任何取代基，可见活性中心没有太大的迴旋余地足以容纳这样一个拱桥式配位体并使其再带上氢原子。其他含单个钼离子的活性中心模型[1b,9]可能性也很小，因为固氮酶分子中的 2 个钼离子很可能是偶联着起作用的。

2. 氢离子的还原放氢反应也是在这 2Mo—1Fe 三核活性中心进行的。CO 或 σπ-配位体型的底物分子不能同时占据两个偶联着的三核活性中心，因此 CO 不抑制放氢反应

容易说明，上述的 2Mo—1Fe 三核活性中心也恰好具备着作为放氢中心的合适的结构条件。当活性中心获得电子而处于还原态时，两个钼离子上的一个氧桥也直接或间接地从介质水中的氢离子获得 2 个质子而变为 H_2O 共配位体（图 3a）这个 H_2O 共配位体的 1 个 H 正好紧靠在活性中心的铁离子上，容易转移过来而成为铁离子上的氢基配位体,留下在 2 个钼离子上的 OH^- 桥基又可再把另 1 个 H 转移过来(图 3b),与氢基配位体结合成为 H_2 而解络。这两步实际上可能都是以转移 $\bar{e}+H^+$ 的方式进行的;即,在 MgATP 的促进下,从还原态的钼离子上通过硫桥送出 1 个 $\bar{e}$ 给铁离子,同时从 H_2O 共配位体或 OH^- 桥基送出 1 个 H^+。最后留下氧桥。这转移电子和转移质子的过程是相互促进的,其原理与最近 Stiefel[19] 所提出的相同。

这放氢反应机理也与水溶液中 2 个 $Co(CN)_5^{3-}$ 络离子双核协同起作用,可逆地活化 H_2O 和 H_2 的机理[20] 相似:

$$[(CN)_5Co]^{3-}+HOH+[Co(CN)_5]^{3-}\rightleftharpoons[(CN)_5CoH]^{3-}+[HOCo(CN)_5]^{3-};$$

$$[(CN)_5CoH]^{3-}+[HCo(CN)_5]^{3-}\rightleftharpoons[(CN)_5Co]^{3-}+H-H+[Co(CN)_5]^{3-};$$

$$(或[(CN)_5CoH]^{3-}+HOH\rightleftharpoons[(CN)_5CoOH]^{3-}+H_2?)。$$

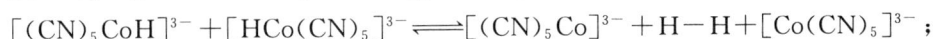

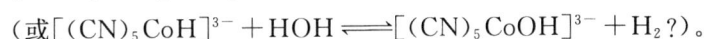

不过,在固氮酶上的放氢反应是由处于适当位置的三核协同起作用的,这三核可源源不绝地从电子供体获得电子不断恢复到活泼的还原态而重新起作用,因此效率较高,而且由于这放氢反应是与 ATP 水解反应偶联着进行的,因而是不可递的。

这样两个偶联着的三核活性中心模型也能解答长期以来未能解答的一个谜,即,为什么放氢中心不会被 CO 所抑制?[1b] 由于钼离子在这里的价态还不够低,通过 $d\rightarrow p\pi^*$ 键反馈电子的能力还不够强,2 个 Mo^{IV} 上只能络合着一个双侧基 $\sigma\pi$-型配位体,或 CO 桥式配位体(CO 也有可能络合在 Mo^{IV} 上原先的一个胺基、羟基或巯基位置而产生抑制作用);因此,只要有一个三核中心被 CO、N_2、乙炔等 $\sigma\pi$-型配位体所占据,另一个偶联着的三核活性中心就不能再络合这种 $\sigma\pi$-型配位体,但仍能络合 σ-型配位体,如 H_2O、OH^-,或氧桥。因此,CO 能直接地(直接竞争一个三核活性中心上的配位)和间接地(非竞争性地通过诱导效应防止另一个偶联着的三核活性中心被 N_2、乙炔、腈、异腈等底物分子所利用)抑制 $\sigma\pi$-配位体型的底物分子的还原反应,而不抑制氢离子的还原放氢反应。这同时也说明了 Burris 等[21] 所发表的某些抑制实验结果(CO 对于 N_2、N_3^-,或乙炔等底物还原反应的抑制作用,乙炔对于 N_2 还原反应的抑制作用,以及乙炔对于 N_3^- 还原反应的抑制作用,都是既有竞争性抑制的成份,也有非竞争性抑制的成份),而不必假设固氮酶具有 5 种分立的活性中心或吸附位(这假设是不能成立的,因为每个固氮酶分子只有 2 个钼离子)。附带指出,关于诱导效应所产生的非竞争性抑制作用是否存在,应该可通过同系底物,如乙炔与甲基乙炔,或乙腈与丙腈,的相互抑制性质来验证。

利用上述的两个偶联着的 2Mo—1Fe 三核活性中心模型也能比较完满地解释 NO 对于放氢反应的抑制作用。如果每个钼离子各络合着 1 个 NO 单核端基配位体,则这两个 NO 配位体必然是一个朝前(前面的活性中心),一个朝后(后面的活性中心),才安排得下;因此放氢反应或其他底物的还原反应全被抑制了。NO 也是 $\sigma\pi$-型的端基配位体,因此,一个 CO 分子能通过竞争性吸附和非竞争性吸附(即通过上面谈过的诱导效应)使前后两个 NO 配位体解络,从而解除 NO 对于放氢反应的抑制作用,如最近 Гвоздев 等[22] 所观察到的结果。

3. 关于各种底物的还原反应机理

如图 5 所示,采用上述的 2MO-1Fe 三核活性中心模型容易说明固氮酶各种底物的还原反应机理。

各种底物在固氮酶活性中心的还原加氢都是按上述的加 $\bar{e}+H^+$ 机理进行的;即从每个钼离子(Mo^{IV})送出 1 个 $\bar{e}$ 给络合着的底物分子,同时又从它上面的 1 个胺基、羟基、或巯基配位体送出 1 个 H^+ 给这络合着的底物分子。

分子氮在固氮酶上的还原加氢反应大概不经过连二亚胺和肼等中间态络合物(因为肼是固氮酶的抑制剂),而经过图 5/12 所示的亚肼基中间态络合物。根据 Chatt 等[23] 最近报导的结果,$Mo(N_2)_2$ $(dppe)_2$,$W(N_2)_2(dppe)_2$ 等分子氮络合物用 HBr 处理时,得到 $MoBr_2(N_2H_2)(dppe)_2$ 和 $WBr_2(N_2H_2)$

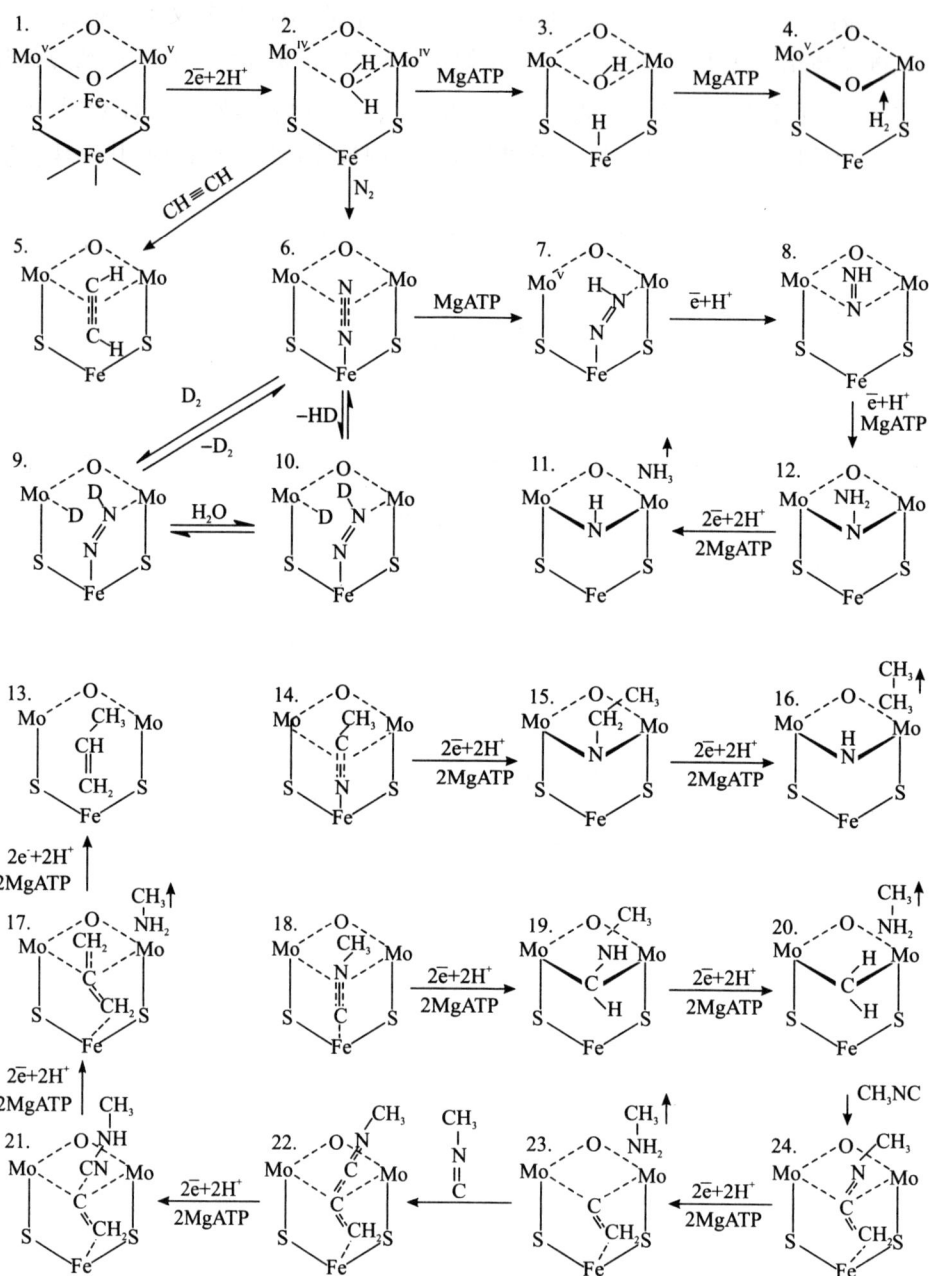

图5 各种底物的还原反应机理

(dppe)$_2$，其中的 N$_2$H$_2$ 配位体很可能也是 1-η 亚肼基配位体，但只络合在 1 个金属核上。

分子氮在固氮酶上的还原加氢反应受到 H$_2$ 的竞争性抑制，同时又能促进 H$_2$—D$_2$O 的同位素交换[1b]。这两个特征反应可能是相互关联的。图 5(6,9,10) 所示的 D$_2$—H$_2$O 同位素交换机理，和关于图 5(7) 所示的 N$_2$ 还原加氢中间态，都吸取了 Parshall[1b] 所提出的机理的合理部份。

丙二烯是固氮酶底物中已知的唯一不含三重键的有机分子。文献[24]只提到 CH$_2$＝C＝CH$_2$ 大概是先异构化为 CH$_3$C≡CH，然后还原为丙烯的。但是这就需要一个 (1,3) 氢移位的活化过程，从 1 个亚甲基上移去 1 个 H，而最后又需要再把 1 个 H 加回去，因此，这样的机理未见合理。我们可以设想，CH$_2$＝C＝CH$_2$ 分子可按图 5(17) 所示的方式络合活化，直接加 2$\bar{e}$＋2H$^+$ 而转化为 CH$_3$CH＝CH$_2$。这可用 CD$_2$＝C＝CD$_2$ 为底物来验证。

甲基异腈分子($CH_3N \equiv C$)在三核活性中心分两步加 $4\bar{e}+4H^+$ 而生成 CH_3NH_2 和亚甲基挢式配位体 CH_2（图 5/20），后者可进一步加 $2\bar{e}+2H^+$ 而转化为 CH_4 也可直接加上 1 个 $CH_3N \equiv C$ 分子而形成 $CH_3N = C = CH_2$ 配位体，其键形和络合活化方式与 $CH_2 = C = CH_2$ 相似。参照分子氮在气相中直接加亚甲基的反应[14] $N_2 + CH_2 \rightleftharpoons CH_2N_2$，可以设想活泼的 CH_3NC 也能直接加亚甲基桥式配位体。

$CH_3N = C = CH_2$ 配位体加 $2\bar{e}+2H^+$ 而脱去 CH_3NH_2，留下亚乙烯基挢式配位体 $C = CH_2$。后者可进一步还原为乙烯，或乙烷；或再直接加 CH_3NC 而成为 $CH_3N = C = C = CH_2$（右端键型和络合活化方式与丙二烯相似，可试验 1,2-丁二烯是否能作为底物来检验这看法）。进一步还原加氢可得到 CH_3NH_2 和丙烯，或丙烷。按这反应机理容易说明，乙基异腈（$CH_3CH_2N = C$ 在固氮酶上还原加氢时，反应产物中有 $CH_2 = CH_2$ 出现，而不能出现 $CH_3CH = CH_2$；因为，由于链长限制，$CH_3CH_2N \equiv C$ 只能加上亚甲基桥式配位体 CH_2，而不能加上亚乙烯基桥式配位体，$C = CH_2$。CN^- 看来也是按异腈方式络合活化和还原加氢的[1b]。

乙腈在三核活性中心上还原加氯而成为乙烷和 NH_3；N_2O 在三核中心的 2 个钼离子上留下氧桥而脱去 N_2，N_3^- 在三核中心上留下 N 桥，或先加上 1 个 H^+ 而脱去 N_2，留下 $<NH$ 桥基，再还原为 NH_3。这些反应机理较简单。

根据上述机理，α-炔而外，固氮酶其他底物的还原反应都经过碳烯（即亚甲基）、氮烯（即亚氨基）、或"氧烯"（即氧桥）中间态。下面将要说明，当 Mo^V 变为 Mo^{IV} 时，需要 1 个 $\bar{e}$ 而不需要 MgATP；而当 Mo^{IV} 送出电子变为 Mo^V 时，需要消耗 1 个 MgATP 而不需要外加 $\bar{e}$。

4. 关于 Mo—Fe 蛋白的 Fe_nS_n 体系和 MgATP 的作用，以及固氮酶的 EPR 实验结果和作用机理的解释

还原剂所提供的电子和质子都是间接地传递到活性中心上的底物分子的。顺磁共振的实验结果[7,25,26]表明，电子先传至 Fe 蛋白，然后经过 Mo—Fe 蛋白而传给底物分子。一般认为，Mo—Fe 蛋白的 Fe_nS_n 体系和 Fe 蛋白的 Fe_2S_2 或 Fe_4S_4 原子簇，与铁氧还蛋白（Fd）的 Fe_4S_4 原子簇有着相似的传递电子的功能；其机理可能是通过相邻的铁离子交替地改变氧化还原状态，和硫离子桥式配位体交替地改变极化方向，属于内配位球远距离传递电子的机理。而 Fe_4S_4 与 F_4S_4 原子簇之间的电子传递大概属于外配位球电子传递机理。

但是，Mo—Fe 蛋白可以分离去一些含铁和无机硫的亚基而不影响余下来的部份与 Fe 蛋白配成固氮酶后对乙炔还原反应的酶变率[6]，即按每个钼原子计算，酶催化效率仍不变，可见 Mo—Fe 蛋白中的 Fe_nS_n 体系相当大的一部份并不是关键性的。我们认为，这 Fe_nS_n 体系可能主要是起着电容器的作用；Fe 蛋白并不是接在这 Fe_nS_n 铁琉链的最外端的，而可能是直接与 $Fe_2S_2 \cdot Mo_2O_2$ 原子簇偶联，或接在 Fe_nS_n 体系紧靠在 $Fe_2S_2 \cdot Mo_2O_2$ 原子簇的那一端，这在下面讨论 MgATP 的作用时可以看得较清楚。

最近，Mortensen 等[7,25]和 Smith 等[26]分别发表了固氮酶的顺磁共振研究结果。这些结果可综合表示如图 6，Smith 等用(i)(ii)(iii)三步表示他们的实验结果。当有特征 EPR 讯号的固氮酶组分 1 和组分 2(Kp1 和 Kp2)，即[1s]和[2s]，与 MgATP 迅速混和时，[1s]为[2s]迅速还原而变成无 EPR 讯号（[1_0][2_0]）的瞬间态。然后开始还原底物分子（H^+O）。随着 $S_2O_4^{-2}$ 遂渐消耗，[1s]的讯号强度逐渐回升，而[2s]讯号进一步逐渐衰减至零，即固氮酶进入[1s][2_0]状态。再补充 $S_2O_4^{-2}$，又循环起作用。

Mortensen 等[7]未明确指出采用速冻法迅速混和[1s]。[2s]和 MgATP 后稳态前的（[1_0][2_0]）瞬间态。但他们的实验结果仍可用(i)(iv)(v)(i)(ii)(iii)等几步来表示。当 $S_2O_4^{-2}$ 和 MgATP 都还足够时，固氮酶主要按(iv)(v)(i)三步循环起作用,这时它显出$[2's]$的讯号,主要处于$[1_0][2's]$状态。当$S_2O_4^{2-}$用完而 MgATP 过量时,固氮酶处于$[1s][2_0]$状态;而当$S_2O_4^{-2}$过量而 MgATP 不足时,它处于$[1s][2s]$状态。

但是 Mortensen 等[7,25]和 Smith 等[26]都未能指出合理的速率控制步骤,因而也未能说明为什么当$S_2O_4^{2-}$和 MgATP 都处于暂时过量时,固氮酶主要显出$[1_0][2's]$状态的 EPR 讯号。已知(i)、(iii)、(iv)这三步都是快速的过程;而底物还原反应的过程,即(ii)、(v)两步也不是速率控制步骤,因为实验得出的表观活化能与底物的性质无关,在 20℃以上各种底物还原反应的表观活化能都约 14 千卡[1b]。

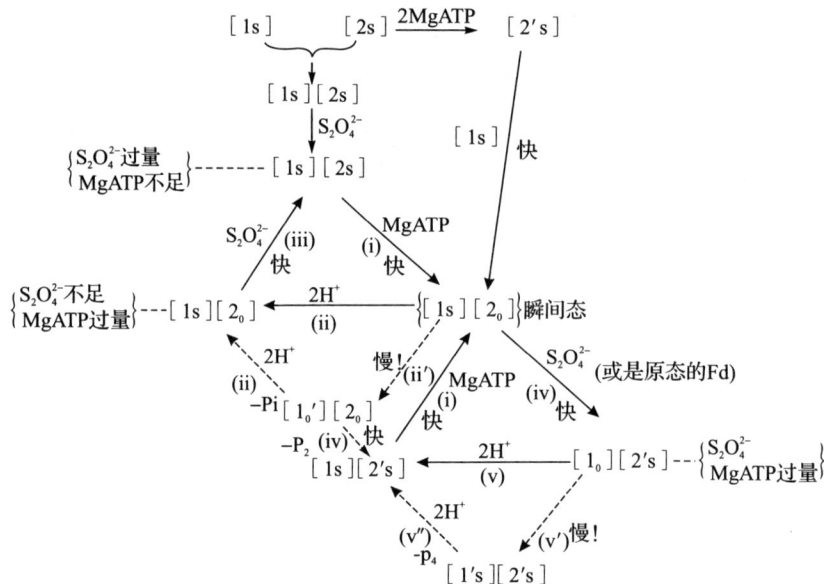

图 6 固氮酶和 ATP 的作用机理

(综合解释 Mortensen 等和 Smith 等的 EFR 实验结果。(ii′),(v′)慢的步骤是
钼离子磷酸化的步骤,(vi)是电子倒流的步骤。$[1_0]$和$[2_0]$无 EPR 讯号
$[1_s]$的 EPR 讯号为 4.32,3.63,2.01,$[2_1]$的 EPR 讯号为 2.053,1.942,1.865,
$[2'_s]$的 EPR 讯号为 2.036$(g_{\parallel})$,1.929$(g_{\perp})$。)

顺磁共振实验结果表明,MgATP 的一个作用在于使 Fe—蛋白改变构象,以使其能以 Mo—Fe 蛋白偶联而传递电子。但这时还不消耗 ATP。我们认为,当 Mo—Fe 蛋白处于电子较少,氧化还原电位较高的$[1s]$状态时,由还原态的 Fe 蛋白与 2MgATP 的络合物$[2's]$传递电子给$[1s]$看来是非常迅速的;因此则使在大量$S_2O_4^{2-}$存在下迅速混和$[1s]$和$[2's]$时,瞬息间$[1s]$和$[2's]$的 EPR 讯号强度皆下降,这表示快速的电子传递过程使$[1s][2's]$部份地变为$[1_0][2_0]$。但是,随着 MoFe—蛋白因充入电子而迅速降低其氧化还原电位,这充入电子的过程必然会慢下来,并很快地被$S_2O_4^{2-}$对 Fe 蛋白补充电子的过程赶上了。这时固氮酶进入$[1_0][2's]$状态。但如果紧接下去也是一个快速的电子过程,则$[1_0][2's]$就不能有 Mortensen 等[7]所观察到的那样明显的浓度积累。由此看来,紧接下去的应该是一个非氧化还原(电子)过程的速率控制步骤。从$[1_0][2's]$状态出发还必须先经过这一步,才能开始还原底物分子。MgATP 应该也在这关键性的速率控制步骤起促进作用。我们认为,这速率控制步骤是还原态钼离子的磷酸化;即,结合在 Fe 蛋白的 MgATP 以一个磷酸根成磷酰基团与还原态的钼离子(Mo^{IV})结合;改变了钼离子的配位结构,增大了配位体场,从而提高 Mo^{IV} 送出电子给络合着的底物分子的能力。这就是 MgATP 改变了固氮酶活性中心的"构象",从而提高其送出电子的能力的具体说明,也就是"电子活化过程"的说明。ATP 对于钼盐——半胱氨酸体系[9]或钼盐——谷胱甘肽多核络合物体系[10]催化活性的促进作用大概也是按这样的机理起作用的[9]。钼离子磷酸化之后,接下去送出电子给底物分子的步骤,以及其他步骤,都是比较快的了。

但是，在完成促进 Mo^{IV} 送出电子的任务之后，如果 ATP 的磷酸根还停留在 Mo^V 上，就会妨碍它重新获得电子而回复到 Mo^{IV} 状态，使它不能继续起络合活化和还原底物分子的作用。固氮酶解除这个困难是通过使 MgATP 结合在 Mo^V 上的磷酸根迅速水解掉（这一过程可能是在巯基的促进下进行的），留下来的 MgADP 也迅速地为溶液中的 MgATP 所交换掉。这样，Fe 蛋白就能重新对 Mo—Fe 蛋白充电子。MgATP 在这里的作用可以比作自动火器的扣板机作用，子弹（电子）发射出去了，就自动卸子弹壳，以便重新上第二颗子弹（电子）。

如果没有 MgATP 的帮助，固氮酶活性中心的氧化还原电位必须在还原剂及电子传递体的氧化还原电位（在中性水溶液中和室温下，E°_H 为 -0.414 伏，E°_{Fd} 为 -0.37 伏）与氨氧化为 N_2 的氧化还原电位（-0.277 伏）之间，才能达到既能送出电子给分子氨又能为还原剂所再生，从而循环起作用的目的。Mo^{IV} 中心未磷酸化时可能达不到那样低的氧化还原电位，因而送不出电子。磷酸化之后，Mo^{IV} 的氧化还原电位可能低于 -0.414 伏，因此才能迅速地还原底物分子，甚至能使水中的氢离子还原为氢气。这样，固氮酶通过磷酸化降低 Mo^{IV} 中心的氧化还原电位，促进其送出电子，然后又水解掉这磷酸根配位体的办法，很巧妙地把 ATP 高能磷酐键的水解这一热力学的自发过程与自由能变化较小的底物还原反应偶联起来，从而利用了高能磷酐键的能量以帮助推动底物还原反应的进行。当 ATP 供应不足时，"板机"开不动，Mo^{IV} 中心处于钝化状态，固氮酶上的固氮和放氢反应就不能进行。固氮菌通过调节 ATP 的供应，也可达到控制固氮反应这一生理过程的目的。

$ATP/2\bar{e}$ 关系这一个长期未能解答的谜现在也能解答了。Fe-蛋白的氧化还原电位必须高于 E°_{Fd}（-0.37 伏），如果它处于 $[2_0]$ 状态，就可能高得多。既然 Mo^{IV} 磷酸化之后氧化还原电位可降到 -0.414 伏以下，因此就有可能有部份电子从 $[1'_0]$ 上的 Mo^{IV} 倒流到 $[2_0]$ 状态的 Fe—蛋白去，而不是传给底物分子：即反应有一定的概率按（vi）（i）（ii'）三步循环进行，而白白消耗掉 ATP；因此，$ATP/2\bar{e}$ 一般都比单纯按（iv）（v'）（v''）（i）循环起反应时（这时 $ATP/2\bar{e}$ 应为 2）为大，达到 4～5。如果（iv）这一步受到某种抑制（例如，Mo—Fe 蛋白过量，妨碍了 Fe 蛋白从 $S_2O_4^{2-}$ 或从还原态 Fd 接受电子），那末 $ATP/2\bar{e}$ 比值就会更大，可达到 20 以上[2]，$ATP/2\bar{e}$ 比值显然也与（vi）与（ii''）这两步的相对速率有关，因此也与底物的性质有关；底物分子愈难还原，即（ii''）愈慢，电子按（vi）倒流的机会便愈大，因此 $ATP/2\bar{e}$ 比值也愈大。乙炔的还原反应比放氢反应容易进行，因此乙炔作为底物时，显得有抑低 ATP 消耗的作用[21]，分子氮比 H_3^+O 难还原（N_2 还原加氢要打开三重键的第一个键时特别困难）。因此 N_2 显得有促进 ATP 消耗的作用[21]。又溶液的 pH 较高时，放氢反应比较不容易进行，$ATP/2\bar{e}$ 比值也相应地增大。在还原剂不足时，反应总也有一定概率按（ii'）（ii''）进行，最终使固氮酶全处 $[1s][2_0]$ 状态。因此还原剂不足时，反应也不能长期按（ii'）（vi）（i）循环进行。这说明，虽然 ATP 水解反应本身不消耗电子，但如果没有电子供体在支持固氮酶上其他底物的还原反应，则 ATP 水解反应也不能持续地进行[1b]。以上推论都与实验事实相符。

顺便指出，除了 α-炔分子和 H_2O、N_3^-、N_2O 而外，其他底物分子的络合都需三核活性中心的低价铁离子的协助（使底物分子与之成端基结合），即只有 Mo—Fe 蛋白组分处于无 EPR 讯号的 $[1_0][2_0]$ 或 $[1_0][2's]$ 等深度还原态的固氮酶分子才能络合这些底物分子，因此不能从 FPR 讯号判断这些底物分子（以及 CO 或 NO）是否与铁离子结合着。

科学理论的发展，是建立在长期积累的实践基础上的，对客观事物的认识不可能一次完成，而有一个不断深化的认识过程。而且事物本身也是在不断发展着的，"对于在各个一定发展阶段上的具体过程的认识只具有相对的真理性"。人们对于生物固氮的认识也是这样。限于我们目前的认识水平，本文所提出的一些看法难免有不少片面性，这些看法有待今后通过实践来检验。

本文在撰写过程中得到本系物质结构组的同志和生物系固氮研究组的同志提供了宝贵的意见，并协助搜集资料,特此致谢。

参考文献

[1] a. 吉林大学化学系固氮小组等编译,化学模拟生物固氮进展.

b. Hardy, R. W. F. et al. Advan. in Chem. Scr., **100**(1971), 219.

c. Eady. R. R., Postgate, J. R., Nature, **249**(1974); No. 5460, p. 805.

[2] Eady, R. R. et al., Biochem. J., **128**(1972), 655.

[3] a. Burns, R. C. et al., B. B. R. C., **39**(1970), 90.

b. Левленко, Л. А, и др., Докл, АНСССР, **211**(1973), 238.

c. Fleming, H., Haselkorn, R., Proc. Nat. Acad. Sci., U. S. A., **70**(1973), 2727.

[4] Bray, R. C., Swann, J. C. in 《Structure aud Bonding》**11**, 107, Spring-Verlag, 1972.

[5] a. Zumte, W. B. et al., B. B. R, C., **48**(1972), 1525.

b. Dalton, H. J. A. et al., Biochem., **10**(1971), 2066.

[6] Hwang, T. C. *et* al., J. Bacteriol, **113**(1971), 884.

[7] Zumft, W. *G.* et al., Biochim. Biophys. Acta, **292**(1973), 413; ibid., **292**(1973), 422.

[8] Klotz, I. M., Accounts Chem. Res., **7**(1974), 163.

[9] Schrauzer, G. N. et al., J. Amer. Chcm. Soc., **94**(1972) 3604; ibid., **94**(1972), 7378; ibid. **95**(1973), 5582.

[10] Werner, D. et al, Proc. Nat. Acad. Sci. U. S. A., **70**(1973), 339.

[11] Craig, I. D. P, et al., J. Chcm. Soc., (1954), 332.

[12] Sly, W. G., J. Amer. Chem. Soc., **81**(1959), 18.

[13] Knox, J, R., Prout, C. K., Chem. Commun (1968), 1227.

[14] Шилов, А. Е., Усехи Хим., **43**(1974), 889.

[15] Cameron, T. S., Prout, C. K., ibid., (1971), 161.

[16] Sieker, L. C. *et* al., Nature, **235**(1972), 40.

[17] Huang, T. J., Haight, G. P. Jr., J. Amer. Chcm. Soc., **92**(1970), 2336.

[18] Шилов, А. Е. и др., Цзв. АНСССР, Сер. Биол., **4**(1971), 518.

[19] Stiefel, E. L., Proc. Nat. Acad. Sci. U. S. A., **70**(1973), 1988.

[20] Kwiatck, J., Seylcr, J. K., Advan. Chem. Ser., **70**(1968), 207.

[21] Hwang, J. C, et al., Biochim. Biophys. Acta, **292**(1973), 256.

[22] Гвоздев, Р. М. и др., Изв. АНСССР, Сер. Биол, (1974), 488.

[23] Cbatt, J. et al., Chem. Commun., (1972), 1010.

[24] a. Kelly, M. Biochem. J., **107**(1968), 1.

b. Hardy, R. W. F., Jackson, E. K., Fed. Proc., **26**(1967), 725.

[25] Walker, M., Mortensen, L. E. B. B. R. C, **54**(1973), 669.

[26] Smith, B. E. et al., Biochem. J., **135**(1973), 331.

■ **本文原载:**《化学学报》第 33 卷第 2 期(1975),第 113～124 页。

络合活化催化作用

Ⅱ.乙炔气相水合制乙醛锌系催化剂的研究[*]

厦门冰醋酸厂　厦门橡胶厂　厦门大学化学系

找出了用于乙炔气相水合制乙醛流化床工艺的 Z—7 锌系催化剂,考察了水蒸汽—乙炔比例、反应温度、原料气总空速对于乙炔单程转化率和产率的影响。在常压和 390～400°,水蒸汽对乙炔比例为 4∶1,乙炔空速 300 小时$^{-1}$,原料气线速～0.1 米/秒的流化床反应条件下,乙炔单程转化率 36%～40%达 200 小时,乙醛的产率为 80%～82%,巴豆醛的产率为 8%～12%;催化剂失活之后可在 500°左右通空气和水蒸汽再生,每 10 毫升催化剂的生产能力为每小时 1.9 克的乙醛和 0.22 克的巴豆醛。

比较了 Z-7 锌系催化剂、磷酸镉钙催化剂和液相汞法的优缺点。结果表明 Z—7 锌系催化剂有明显的优越性。

讨论了催化反应机理和催化剂的活性中心本质。

前　言

乙醛是重要的有机化工原料,用于生产醋酸、醋酐、丁醛、丁醇、辛醇、季戊四醇、三氯乙醛等十来种重要基本有机合成的二级产品。

工业上生产乙醛主要有乙烯氧化法、乙醇脱氢法、低碳烷烃氧化法和乙炔水合法四种,其中乙烯氧化法是本世纪六十年代实现工业化的最主要生产乙醛的方法,近年来发展很快。在石油化工发达的国家,乙烯法大幅度地取代了乙炔法,其主要原因在于:(1)石油化工的发展提供了比乙炔便宜的原料乙烯;(2)乙炔水合法工业上沿用已久的硫酸汞—硫酸催化剂为剧毒物,危害工人的健康。

但乙炔水合法和乙烯氧化法相比,在某些方面也有它的优点。乙炔水合法不需要贵金属钯催化剂和制氧设备以及特种耐酸材料,生产规模可大可小,在有天然气或煤炭和水电资源的地区,因地制宜地采用乙炔水合法生产乙醛在技术经济上仍然站得住。随着石油和天然气生产乙炔的技术不断革新,乙炔和乙烯的原料差价逐渐在缩小,乙炔水合法在生产上的地位也在逐渐加强,为了更好地发展乙炔水合生产乙醛的方法以适应当前国家对乙醛的需要,必须研究能适用于工业生产的非汞系催化剂以代替剧毒的汞系催化剂。

Горин 等于五十年代以来进行了乙炔气相水合非汞系催化剂的研究[1,2],于 1964 年进行扩大实验并以磷酸镉钙为催化剂建立了万吨级的生产装置。但由于采用固定床反应器,催化剂的生产能力比较低,每升催化剂每小时生产 140～180 克乙醛,每使用 4 天左右需要再生一次,水蒸汽的消耗也比较大。

---

[*] 1975 得 5 月 25 日收到。

厦门大学化学系与国内其他单位协作,曾用几种方法制备磷酸镉钙催化剂以制乙醛,并在流化床反应器中进行了扩大试验。催化剂活性与选择性虽好,但机械强度不高,不适用于流化床的工艺。

据 1971 年国外资料报导,镉亦是一种有毒物质,能引起严重的职业病变和"公害"问题。生产实践上的需要,向我们提出了必需另找一种基本上无毒的,具有较好机械强度,能适应流化床工艺的乙炔水合催化剂。在厂、校领导的大力支持下,工人、干部、技术人员相结合,发扬不断革命精神,经过一段时间的努力,找出一种基本上能满足上述要求的 Z-7 锌系催化剂(以下简称 Z-7)。这种催化剂选择性与磷酸镉钙催化剂相近,活性则略低,但可使用较低的水气比(即水蒸汽与乙炔的克分子比),因而在流化床反应器的条件下可使用较大的乙炔空速以强化生产,而且这种催化剂的接触周期比磷酸镉钙和磷酸镉钙催化剂长。

实　验

催化剂评价方法

活性测试在常压流动体系中进行,如图 1 所示。电石水解产生的乙炔气经稳压管、缓冲瓶和固体清净剂后,流经一个由玻璃吹制的锐孔流速计进入水化器。铜质水化器置于恒温槽中,调节恒温槽温度(<±0.1°)可以改变水蒸汽和乙炔的比例,然后将一定水气比的反应气体送入流化床反应器,反应产物以冷凝管和水洗管收集,未反应的乙炔经一个湿式流量计计量后排出系统。

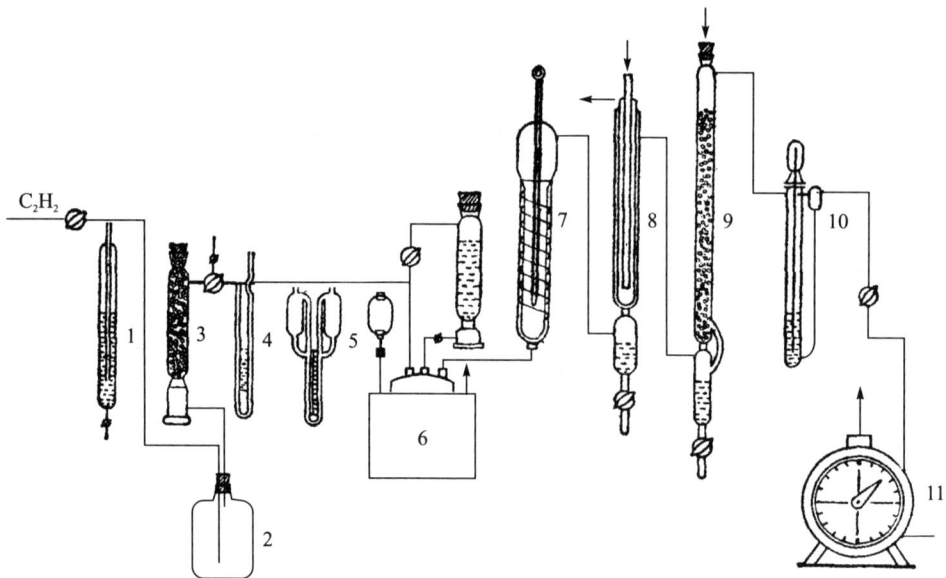

图 1　乙炔气相水合制乙醛实验装置

1—水银稳压管　2—缓冲瓶　3—清净剂　4—压力计　5,10—流速计　6—水化器
7—反应器　8—冷凝管　9—水洗管　11—流量计

流化床反应器由硬质玻璃吹制,内径 2.6～3.0 厘米,在主体三分之一处;以 80 目烧结玻璃作为隔板。65～120 目催化剂的装量为 20～40 毫升,测温管置于催化剂层。用电热丝升温并维持一定温度。

分析方法

原料气和尾气中的乙炔浓度以二甲基甲酰胺吸收法分析,尾气组成以气相色谱分析。

液相产物中羰基化合物用盐酸羟胺法分析,巴豆醛用溴化钾—溴酸钾法分析,辅以气相色谱。

结　果

反应条件的影响

在采用的 Z-7 催化剂上考察了水气比、反应温度、原料气空速（或换算为接触时间）对乙炔单程转化率和产率的影响。

在原料气总空速为 1500 小时$^{-1}$、反应温度 390～400 ℃的条件下，比较水气比对活性和选择性的影响。由图 2 可以看出，随着原料气中水蒸汽相对比例的提高，催化剂的选择性也相对提高。在较低的水气比时，乙醛产率降低，反应产物中油状物增多，这大概是由于缩醛高聚物或乙炔聚合物较多之故。值得注意的是与磷酸镉钙催化剂相比，Z-7 催化剂在比较低的水气比下仍有相当好的选择性，这对提高反应设备的生产能力、降低蒸汽消耗（弥补活性较低）很有好处。

在接触时间相同，水气比不同时，乙炔的转化率基本上不变，由此初步可以看出，Z-7 催化剂同磷酸镉钙催化剂一样，在所试验的范围内，乙炔水合过程对乙炔是一级反应[3]。

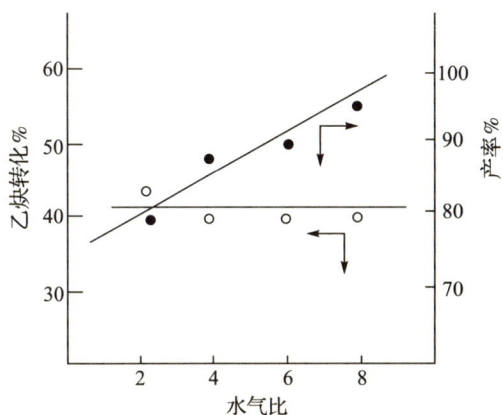

图 2　水气比对活性和选择性的影响
（混合气空速 1500 小时$^{-1}$，反应温度 390～400 ℃）
○—转化率　●—产率

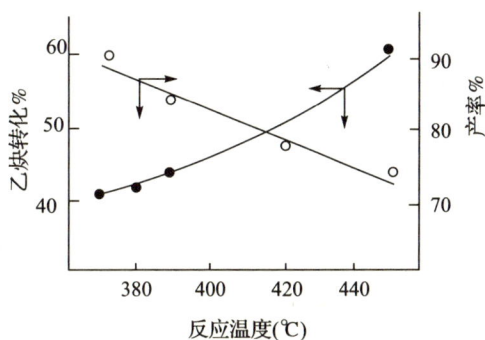

图 3　反应温度对活性和选择性的影响
（混合气空速 1125 小时$^{-1}$，水气比 4∶1）
○—产率　●—转化率

图 3 表示水气比为 4∶1、原料气总空速为 1125 小时$^{-1}$的条件下，催化剂的活性和选择性与反应温度的关系。可以看出，随着反应温度的提高，活性约成线性关系地增高，但羰基化合物的表观总产率则略下降。我们认为反应温度仍以 380～400 ℃为宜，不宜过高。

在水气比为 4∶1，反应温度为 390～400 ℃时，提高原料气的总空速，即缩短气流同催化剂的接触时间，乙炔的转化率下降，而乙醛的产率则略有提高，如图 4 所示。这种情况与磷酸镉钙催化剂相似[3]。空速增加，缩短了所生成的乙醛在催化剂上的停留时间，从而减少乙醛进一步缩合为巴豆醛的机率。

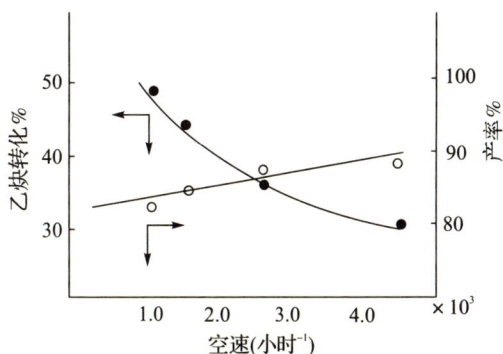

图 4　混合气空速对活性和选择性影响
（水气比 4∶1，反应温度 390～400 ℃）
●—转化率　○—产率

反应产物的组成

乙炔单程转化后，尾气中乙炔浓度随反应时间的延长而逐渐提高；当反应稳定后，尾气中乙炔浓度可保持在 95％以上（原料气中乙炔浓度为 99％）（图 5）。采用热导检知器和氢焰检知器的气相色谱仪于 Al_2O_3、13X 分子筛和 GDX-01 色谱柱上分析尾气组成，表明其杂质的主要成分是 H_2、CO_2 和少量的 CO、CH_4 等。其中 H_2 和 CO_2 的比例约为 2∶1。

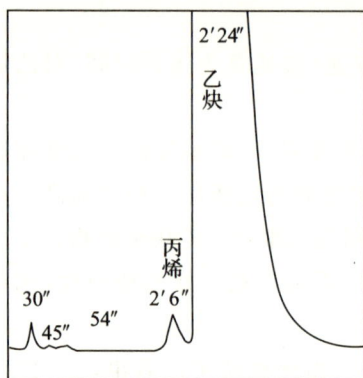

图 5　反应尾气色谱
色谱柱：Al_2O_3　1 米　柱温：69℃

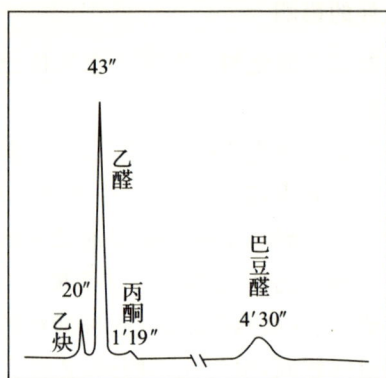

图 6　液相产物色谱
色谱柱：P.E.G　4000　1 米　柱温：72℃

从图 6 可以看出，液相产物的总羰基中除乙醛外尚含 5％～8％的巴豆醛和少量丙酮，其中丙酮的含量约为总羰基的 1％左右。

从以上的化学分析和色谱分析结果可以看出，Z-7 催化剂在测试条件下，主要产物为乙醛，加上有价值的副产物巴豆醛在内，其总醛产率可达 90％以上。使用 30 毫升催化剂的评价结果表明，在 390～400 ℃和常压下，当乙炔空速为 300 小时$^{-1}$水气比为 4∶1 时，乙炔的单程转化率在 36％～40％，乙醛的产率为 80％～82％，巴豆醛的产率在 8％～12％。按此计算，每升催化剂的生产能力为每小时 190 克的乙醛和 22 克的巴豆醛。

催化剂的稳定性

在所选择的测试条件下，Z-7 催化剂具有比较长的操作周期。图 7 所示是水气比为 4∶1，原料气总空速为 1500 小时$^{-1}$反应温度为 390～400 ℃时的活性与操作时间的变化关系（曲线呈锯齿状是由于反应温度在 390～400 ℃范围内波动）。在 200 小时的反应周期内，催化剂的活性衰退仅 10％左右。对比于磷酸镉钙所选择的操作条件，反应 24 小时后，活性衰退约 20％，即乙炔的转化率由 60％下降至 50％以下。接触周期较长是 Z-7 催化剂的一个可贵优点。

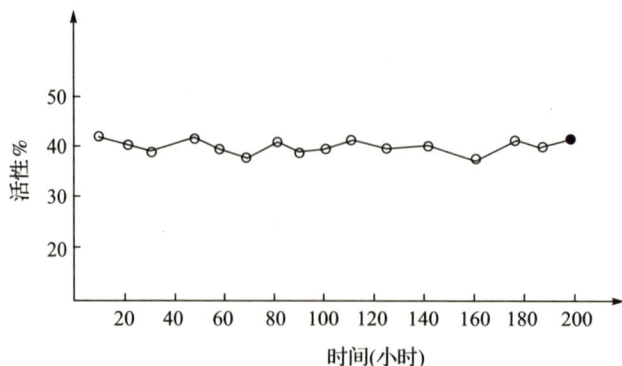

图 7　活性与操作时间的关系
（原料气总空速 1500 小时$^{-1}$，反应温度 390～400 ℃，水气比 4∶1）

和磷酸镉钙催化剂行为相类似,Z-7催化剂亦具有一定的抗毒能力,它们对电石乙炔中可能有的毒质不很敏感。用未经净化的电石乙炔测试催化剂活性,与经过固体清净剂处理的净化乙炔相比较,活性下降10%左右,但在70小时测试时间内,活性基本上维持不变。在净化乙炔的测试中,我们曾在原料气中定时注入H_2S气体,在70多小时的测试中,亦未发现活性有明显的衰退。看来,在所选择的活性评价条件下,毒质在这种催化剂上的吸附大部分是可逆的。

制备好的Z-7催化剂放在450℃的炉内灼烧200小时后,活性基本上没有损失,可见该催化剂的热稳定性比较好。

催化剂的再生

我们把工业生产中反应130小时后的催化剂进行小型再生条件的试验。流化床中催化剂装量为40毫升,空气的空速为3000小时$^{-1}$结果列于表1由所得结果可以看出,失活后的催化剂可在450～650℃下通空气再生。再生后的催化剂比表面及活性、选择性都没有明显的衰退。表中所列数据为再生后初期活性的相对比较值。我们认为再生温度以500℃左右为宜,尽可能避免初期或局部超温,以免引起催化剂的烧结,而影响催化剂的总寿命。

表1　催化剂再生条件试验

催化剂	再生条件		效　果			备　注	
	温度（℃）	时间（小时）	相对活性（%）	相对选择性（%）	比表面*（米²/克）	催化剂外观	活性评价时数（小时）
新催化剂	—	—	100	100	106	半透明	13
失活催化剂	—	—	64	104	90.5	黑色	12
同批	450	12	95	100	—	棕褐色	14
同批	500	12	94	96	92.5	棕褐色	13
同批	550	8	104	96	109	棕褐色	14
同批	600	4	95	97	112	棕褐色	13
同批	650	4	98	99	109	棕褐色	12

* 用B.E.T.法测试。

讨　论

Z-7催化剂的活性中心与锌、镉、铜等磷酸盐催化剂的活性中心实际上很可能都具有$HO^- —M^{2+}(H_2O)$结构

锌、镉、铜等磷酸盐催化剂在使用时都需要在反应温度下先通水蒸汽作短期处理,然后通乙炔和水蒸汽的混合原料气;如果一开始就通入混合原料气,就会引起初期结焦过多而导致接触周期过短。这时结焦的主要原因大概是由于乙炔的聚合,而不是由于乙醛的缩聚。由于正磷酸的第三个离解常数很小,相当于很弱的酸,因此在高温水蒸汽的作用下,磷酸盐必然会迅速产生局部水解而生成带有羟基的锌、镉、铜离子。而带有羟基和水分子配位体的锌、镉、铜离子很可能就是这种磷酸盐催化剂对乙炔水合反应的催化活性中心。

Z-7催化剂在水蒸汽的作用下也容易形成带有羟基和水分子配位体的锌离子。在这种催化剂上,乙炔水合反应温度范围和催化反应动力学行为,以及反应产物和副产物的性质,与在磷酸锌、镉、铜钙催化剂上进行反应时基本都相同。这说明 Z-7 催化剂的活性中心很可能也是催化剂表面某些带有羟基和水分子配位体的锌离子,即 $HO^- - Zn^{a+}(H_2O)$。

乙炔分子在活性中心 $HO^- - Zn^{a+}(H_2O)$ 的络合活化

乙炔分子能以侧基方式络合(形成所谓 $\sigma\pi$-键)[4]它与水分子在活性中心上竞争吸附位,可逆地取代了一个水分子配位体。锌离子(Zn'',d^{10}构型)在这里是四配位四面体结构的。表面锌离子如与三个负离子接触,则形成近似 C_{3v} 的局部对称性。当乙炔分子形成侧基配位体后,与活性中心 Zn'' 形成 C_{2v} 局部对称性,乙炔分子满填的 π_x 成键轨道与活性中心 Zn'' 的一个未填的 $3d4s4p$ 杂化轨道(基本上是 $4s4p_x$ 杂化轨道)相重迭,形成 $sp_x \leftarrow \pi_x 2p$ 型的 σ-键(或称 μ-键)[4],这是乙炔分子作为 σ-供体授出电子与活性中心 Zn'' 共享的一面。另一方面,乙炔分子的未填的 π_x^* 反键轨道与活性中心的一个满填的 $3d4p$ 杂化轨道(基本上只是 $3d_{xz}$,)相重迭,形成 $d_{xz} \rightarrow \pi 2p$ 型的 π-键,这是乙炔分子作为 π-受体从活性中心接受反馈的电子的方面。对于乙炔配位体来说,络合活化的结果是 π_x 成键轨道的电子云密度减少了,而 π_x^* 反键轨道的电子云密度增加了,因而炔键受到一定程度的削弱($\Delta_{v_{C\equiv C}} \approx -60$ 厘米$^{-1}$)[5] 由于 Zn'' 的 $3d$ 能级(按 Zn'' 的实际正电荷为 $+1$ 进行估计,约为 -20 电子伏[6])比乙炔分子的 π_x^* 能级(>0)低得多,而 $4s$、$4p$ 能级与乙炔分子的 π_x 能级(-11.4 电子伏)比较靠近,因此,乙炔分子在活性中心 Zn'' 络合时,作为 σ-供体的倾向比其作为 π-受体的倾向大得多,这就使得在 Zn'' 上络合的乙炔分子带有部分正电荷[5],而有利于亲核试剂(如 OH^-,Cl^- 和 $OH_3\overset{O}{\overset{\|}{C}}\!-\!O^-$ 等)的进攻。如图8B所示,$\pi(p_y \leftarrow \pi_y 2p)$ 对于乙炔分子的络合活化也会有些贡献。

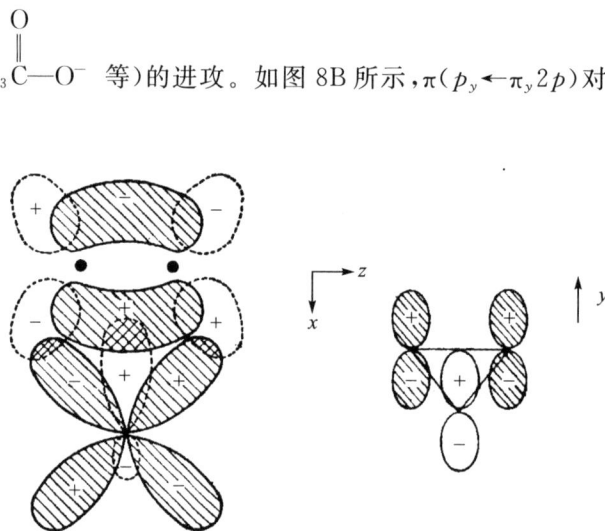

A　$\sigma(sp_x \leftarrow \pi_x 2p)$　$\pi(d_{xy} \rightarrow \pi_x^* 2p)$　　B　$\pi(p_y \leftarrow \pi_y 2p)$

图8　乙炔分子在活性中心上络合活化示意

对于活性中心 $Zn''(Cd'',Hg'',Cu',Cu'')$ 来说,与乙炔分子构成 $\sigma\pi$ 键的结果使得 Zn'' 的 $3d_{xz}$ 轨道电子云密度减少了,而 $4s$、$4p$ 电子云密度增加了。因此,活性中心 Zn''(或 Cd'',Hg'',Ou',Cu'')对于乙炔分子的络合能力应该与 $nd \rightarrow (n+1)s$ 和 $nd \rightarrow (n+1)p$ 电子跃迁能的大小[6]有密切关系。Zn^{2+}、Cd^{2+}、Hg^{2+} Cu^+ 等 d^{10} 电子构型的正离子以及 $Cu^{2+}(d^9)$ 作为乙炔水合(或加 HCl,加 CH_3COOH 等反应)催化剂活性中心时活性高低次序是[1,5]

$$Zn'' \sim Gd'' \ll Hg'' < Cu' > Cu'' > Od''$$

这种活性高低的次序与上述的电子跃迁能大小的次序约成反平行关系。

上述电子跃迁能以及炔键 $\pi \rightarrow \pi^*$ 电子跃迁所需要的跃迁能都是由形成 $\sigma\pi$-配键而得到补偿。在进行这种活性比较时,当然还需要考虑其他因素的影响。例如 nd、$(n+l)s$ 和 $(n+1)p$ 能级与乙炔分子的 π、π^*(即 $1\pi_u,1\pi_g$)能级的相对高低[7]和活性中心的配位结构等。

铜系(Cu^I,Cu^{II})催化剂的活性虽然比较高,但是Cu^I(Cu^{II})既容易络合乙炔分子,也容易生成炔化物(这两种倾向是平行的,因为—C≡CH基与—C≡N基性质类似,都能从端基方式与活性中心构成$\sigma\pi$-键),因此Cu^I(Cu^{II})在促进乙炔水合的同时,也容易促进乙烯基乙炔及乙炔高聚物的生成,使催化剂表面容易结焦失活。

锌系催化剂用于乙炔水合反应时,活性比镉系催化剂低。这主要是由于在水合条件下,乙炔分子在Zn^{II}或Cd^{II}活性中心进行$\sigma\pi$-络合时,须与水分子竞争吸附位,而Zn^{2+}离子半径比Cd^{2+}小,极化吸附水分子较牢,因此乙炔分子要取代Zn^{2+}上的水分子配位体就比较困难些。但是也就是这个原因,乙炔在Z-7催化剂上水合制乙醛可使用较低的水气比,而不致生成过多的乙炔高聚物,这也说明了Z-7催化剂即使在较低的水气比下使用,它的接触周期还是比使用较高水气比的铜系、镉系磷酸盐催化剂长得多。

反应机理

根据上述的活性中心结构,就可对乙炔水合的主、副反应机理进行一些解释。

1. 生成乙醛的反应机理　经过水蒸汽处理后的催化剂,在表面形成带有羟基的锌离子,同时锌离子的空配位通过极化作用力可逆地吸附一个水分子,形成上面所述的活性中心$HO^- - Zn^{2+}(H_2O)$。

乙烃分子通过$\sigma\pi$络合与水分子竞争吸附位,可逆地排代了一个水分子的配位体,并在活性中心Zn^{2+}离子的极化作用下带上部分正电荷,从而使邻位的羟基负离子比较容易"嵌入",而形成吸附着的乙烯醇基或乙醛基,最后水解成乙醛,同时活性中心恢复到原来的带有羟基负离子和空配位的活化状态。

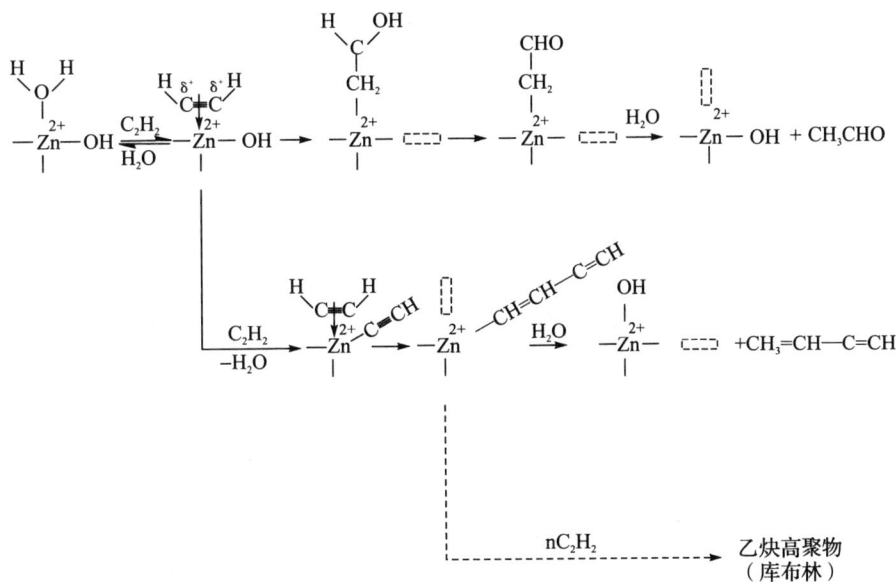

2. 生成巴豆醛的机理　巴豆醛和其他高级缩醛产物的生成随乙炔转化率的提高而显著增大,但对于水气比的变动则不很敏感。如控制转化率在40%以下,水气比即使从6∶1下降至2∶1,羰基产率仍能接近80%左右。说明巴豆醛大概是通过乙醛的进一步转化而生成的。而催化剂经过水蒸气处理后,表面的OH^-负离子是能促使乙醛的醇醛缩合反应的。

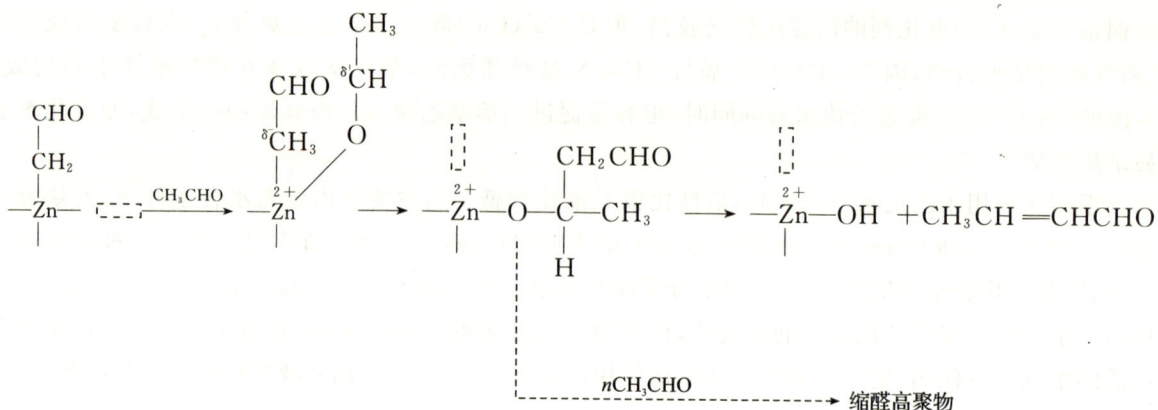

3. 生成丙酮的机理　在 Z-7 催化剂上,乙炔水合产物中丙酮的生成估计可以通过吸附着的丁醇醛基进一步脱去一个 H^- 而生成 β-丁酮醛,再脱羰而生成丙酮,如下式所示:

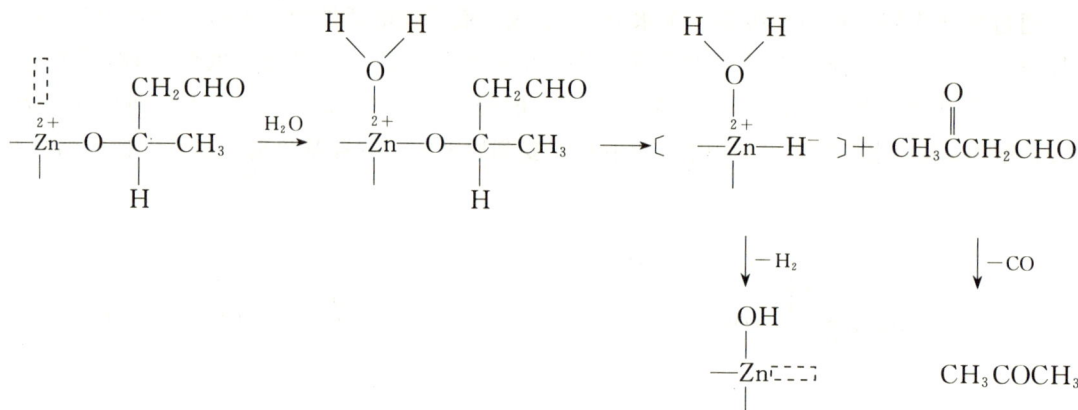

生成丙酮的另一个可能的机理是通过乙醛在催化剂上脱氢成乙烯酮,再水合成醋酸,然后在催化剂上分解为丙酮和 CO_2、H_2O。这两个机理都要求催化剂有较强的脱氢催化活性。Z-7 催化剂看来脱氢活性并不很高,而且原料气与催化剂的接触时间短,因此丙酮副产物较少。

4. 在反应条件下,Z-7 催化剂与磷酸盐催化剂的抗 H_2S 机理　Z-7 催化剂和磷酸盐催化剂一样,对电石乙炔中硫的毒化效应非常迟钝。曾发现先以 H_2S 处理的磷酸镉钙催化剂,表面形成黄色的 CdS,然后再进行活性测试,结果表明初期活性没有变化。又以 2N HCl 处理 400 吨/年乙醛生产装置上使用过的 Z-7 催化剂(原料乙炔未经净化),发现有 H_2S 析出,表明在使用过的催化剂上存在着 ZnS。

催化剂抗 H_2S 的机理可能是由于所生成的 ZnS(或 CdS),在反应条件下,由于水蒸气的作用,S^{2-} 局部水解为 SH^-;活性中心形成带有 SH^- 的锌离子(或镉离子),$HS^--M^{2+}(H_2O)$,然后按与乙炔水合相似的机理形成 CH_3CHS,此物在高温水蒸汽作用下极易水解,水解结果生成乙醛和硫化氢;硫化氢被排出系统外或重新吸附在催化剂表面上。但若在再生条件下,小量的 S^{2-} 被氧化成 SO_4^{2-},可从再生后的催化剂检验出来,催化剂经过多次再生将使 SO_4^{2-} 在它的表面上累积,影响乙炔水合的催化活性。因此在工业生产中,我们认为最好还是使用经过净化的乙炔原料气。

年产 400 吨乙醛的生产规模初步试验结果

Z-7 催化剂经过 30 毫升活性评价证实有不少优点,随后我们在厦门橡胶厂 300 吨/年规模流化床反应器($\varnothing$500 毫米)中进行扩大试验,运转 90 小时,初步证实该催化剂活性稳定,磨损量不大,后在厦门冰醋酸厂 400 吨/年规模流化床($\varphi600$ 毫米)上继续试验。催化剂装量 300 升,电石乙炔未经净化,反应温度 380～400 ℃,乙炔空速 400 小时$^{-1}$,水气比为 3：1,总原料气空塔线速 0.8 米/秒;当尾气 90％循环,10％放空时,循环尾气和补充新乙炔的混合气中,乙炔浓度可维持在 80％左右,液相产物组成和小实验相似。每升催化剂生产能力为每小时 180 克乙醛,副产巴豆醛约 20 克,催化剂活性稳定,反应条件容易控制,单程操作周期 5 天,每生产一吨乙醛因磨损消耗催化剂约 4 公斤。如使用磷酸镉钙催化剂,在相同的条件下,每生产一吨乙醛,催化剂磨损达 20 公斤以上。

由乙炔水合制乙醛的几种生产方法比较

乙炔水合制乙醛的生产方法及其所用的催化剂已经工业化的有:(1)液相汞法,使用硫酸汞—硫酸催化剂;(2)气相固定床磷酸镉钙催化剂;(3)气相流化床磷酸镉钙催化剂。处在扩大生产试验阶段的有:(1)气相流化床,使用磷酸铜钙催化剂;(2)液相铜系催化剂;(3)本报告的气相流化床 Z-7 催化剂。其中流化床磷酸镉钙的生产效率尚未见有详细的工业数据,但原料乙炔消耗定额与固定床同类催化剂相比应该会高些,因流化床工艺有返混问题,选择性一般比固定床为低,而且在催化剂再生时烧掉的吸附乙醛和乙炔也较多。据固定床实验数据表明,磷酸铜钙催化剂的选择性与磷酸镉钙催化剂接近,而催化剂总寿命低得多,由此估计,气相流化床磷酸铜钙法的原料乙炔消耗大概介于气相固定床磷酸镉。

表 2　乙炔水合制乙醛的几种方法的比较

	气相流化床 (Z-7)	气相固定床 (磷酸镉钙)	液相汞法
消耗定额及副产巴豆醛量:(以一吨乙醛计)			
乙炔(米^3)	772(702)*	702(669)*	630
水蒸汽(吨)	～8	～10	3.5
催化剂(元)	估 20	估 20	估 20
副产巴豆醛(吨)	～0.1	～0.05	＜0.01
催化剂的比较:			
时空产率(克/升·小时)	190	140～180	160
再生流程	连续	间歇	复杂
制备工艺	简单	较复杂	复杂
毒性	基本无毒	有毒、有公害问题	剧毒、有公害问题
腐蚀性	—	—	需特殊钢材
机械强度	较好	差	—
主要成分来源	丰富	有限	有限
催化剂原料成本(元/公斤)	～4	～10	

* 括号中数据为每生产一吨乙醛和巴豆醛的乙炔消耗定额。

钙法与气相流化床 Z-7 催化剂之间;磷酸铜钙催化剂机械强度与磷酸镉钙催化剂相现同,但水蒸汽消耗较大。液相铜系催化剂还处在试验生产阶段。气相流化床 Z-7 催化剂法与已经工业化的气相固定床磷酸镉钙和液相汞法的比较见表2。其中乙炔消耗定额和副产巴豆醛量估算如下:

1. **液相汞法**　对乙醛产率为 93％计(对巴豆醛的产率约为 0.5％～1％),另加产品提纯和尾气放空损耗共约 15％。

2. 气相固定床磷酸镉钙法 按资料[2]100 升催化剂的试验结果,对乙醛产率为 86%～88%,对巴豆醛产率为 4%～6%,另加提纯和尾气放空损耗共约 20%。

3. 气相流化床 Z-7 催化剂 按本文 30 毫升催化剂测试数据,对乙醛产率为 80%～82%,巴豆醛的产率为 8%～12%,另加提纯和尾气放空损耗共约 23%。

如果放空尾气中的乙炔加以回收利用,则上述三种生产方法的乙炔消耗定额就相当靠近,特别是当副产品巴豆醛也当作乙醛计算时。鉴于 Z-7 催化剂基本上无毒,不致造成"公害",而且机械强度好,制法简单,原料来源丰富,可以看出,这种催化剂是有工业前途的。目前正在继续进行扩大生产试验。

参考资料

[1]Ю. А. Горин,Хим,Дром. 194(1959).

[2]Ю. А. Горин,А. Н. Троицкия,Л. М. Терещевко,М. М. Щатова,Хим Дром. 265(1964).

[3]Ю. А. Горин,Т. Г. Арефьзья,Н. С. Гуфейн,А. П. Дорохов,И, И, Иоффе,Кин. uКап,**9**,1285 (1968).

[4]a. D. P. Craig, A. Maccoll, R. S. Nyholm, L. E. Orget, L. E. Sutton,J. Chem. Soc. 332(1954).

  b. H. J. Emeleus, A. G. Sharpe(Ed.),"Advances in Inorganic Chemistry and Radiochemistry", Vol. **4**,p. 77,New York,Academic Press,1962.

[5]D. M. Smith,J. R. Brainard, M. E. Grant, C. A. Lieder,J. Catal. **32**,148(1974);D. M. Smith,P. M. Walsh,T. L. Slager,J. Catal. **11**,113(1968).

[6]C. E. Moore(Ed.),"Atomic Energy Levetls",Cireular of National Bureau of Standards 467, Vol. Ⅰ～Ⅱ(1949);Vol. Ⅲ(1958).

[7]a. E. O. Greaves,C. J. L. Lock,P. M. Maitlis,Can. J. Chem. **46**,3879(1968).

  b. L. E. Orgel（Ed.),"An Introduction to Transition-Metal Chemistry",p. 67, London, Methuen,1966.

Catalysis by Coordination Activation
Ⅱ. Vapor-Phase Catalytic Hydration of Acetylene With a Type of Zinc-Compound Catalyst

Amoy Glacial Acetic-Acid Factory   Amoy Rubber Products Factory

Department of Chemistby，Amoy University

Abstract

A type of zinc-compound catalyst,suitable for industrial production of acetaldehyde from acetylene by vapor-phase catalytic hydration by means of fluidized-bed technology, has been investigated. The mechanisms of the catalytic reaotions and the nature of the active-centers of the catalyst have been discussed.

■ 本文原载：Scientia Sinica，1976，19，(4)，pp. 460～474.

A Model of Nitrogenase Active-Centre and Mechanism of Nitrogenase Catalysis[*]

Nitrogen-Fixation Research Group，Laboratory of Catalysis，
Department of Chemistry，Amoy University[①]
（厦门大学化学系催化实验室固氮研究组）

Abstract   Based upon the known reactions of nitrogenase and the principles of coordination catalysis，a model of nitrogenase active-centre is proposed. An octa-atomic cluster，$Fe_2S_2 \cdot Mo_2O_2$，of pseudo-cubane-type structure is supposed to form a coupled twin of trinuclear （2Mo—1Fe） active-centre，which also catalyzes the reduction of H^+ to H_2. With this model，mechanisms of all the known nitrogenase-catalyzed reactions are explained，together with the noninhibition of the hydrogen-evolution reaction by CO，and the mixed character of inhibition of other nitrogenase-catalyzed reactions. Electron transport by 2—stepped ATP-driving with some electron back-flow is shown to give a reasonable explanation for the observed $ATP/2e^-$ ratio and for the reductant-independent ATP hydrolysis catalyzed by nitrogenase. The close analogy between electron transport by 2-stepped ATP-driving in nitrogenase catalysis and electron transport by 2-stepped photo-driving in photosynthesis by green plants is illustrated.

Chairman Mao taught us："**For the purpose of attaining freedom in the world of nature，people must use natural science to understand，conquer and change nature，and thus attain freedom from nature**"，While the Haber process for the industrial production of ammonia can only operate at high temperature and pressure，certain microorganisms occurring in nature readily bring about the fixation of atmospheric nitrogen at an ambient temperature，through the catalytic action of nitrogenase，a multi-subunit protein complex containing iron-sulphur and molybdenum. A knowledge of the detailed mechanism of nitrogenase catalysis will not only give a guidance to the work on nitrogenase-modelling，but will also have an impact on our understanding of the fundamental principles of coupled electron and energy transfers in many biophysical and biochemical processes. For this reason，nitrogenase research has been the subject of considerable international interest，and important progress has been made in recent years[1—6].

It is now known that[1,2] this metallo-enzyme depends for its activity on the simultaneous presence of its two different protein components，namely，the iron-sulphur and molybdenum-containing molybdoferredoxin and the iron-sulphur-containing azoferredoxin，together with adequate supply of $MgATP^{2-}$ and suitable electron-donors. Catalysis by nitrogenase is not specific，but selective.

---

* Received Jan. 6，1976.

① Correspondence may be addressed to K. R. Tsai of the same university.

Nitrogenase substrates known so far are : N_2, H^+, CN^-, N_3^-, N_2O, and certain types of small, straight-chained organic molecules containing not more than 4 C in a chain ; these organic substrates are α-actylenes, alkyl cyanides and isocyanides, and allene[7]. The nitrogenase-catalyzed reductions of all these substrates require simultaneous hydrolysis of ATP in each case. Under ordinary experimental conditions, for every two equivalents of reductant consumed, about 4—5 moles of ATP are hydrolyzed, i. e., the ATP/$2e^-$ ratio is about 4—5, virtually independent of substrate type. The activation energy of the nitrogenase-catalyzed reduction is also independent of substrate type, indicating a common rate-controlling step for all types of the substrates.

Recent progress in nitrogenase research[2-6] has greatly widened our knowledge about the biochemical properties of this enzyme. For example, it has been confirmed that carefully "purified" samples of molybdoferredoxin from Klebsiella, Clostridium and *A. vinelandii* all consist of tetrameric molecules, each of which contains 4 subunits, 2 Mo, a large number of Fe and an equally large number of labile S, whereas the corresponding azoferredoxin molecule is dimeric, containing 2 subunits, 4 Fe and 4 labile S. However, there are still many unresolved problems about the mechanism of nitrogenase catalysis[1]. As a matter of fact, there is still some dispute as to whether the active-centre of the enzyme is mononuclear, or dinuclear, or polynuclear[1,8,9].

In the present article, a model of nitrogenase active-centre is proposed, based upon the known nitrogenase reactions and the principles of coordination catalysis[10], and the biochemical properties of this enzyme are explained.

1. An Octa-Atomic Cluster, $Fe_2S_2 \cdot Mo_2O_2$, of Pseudo-Cubane-Type Structure Forms a Coupled Twin of Trinuclear (2Mo-1Fe) Active-Centres of Nitrogenase (Fig. 1)

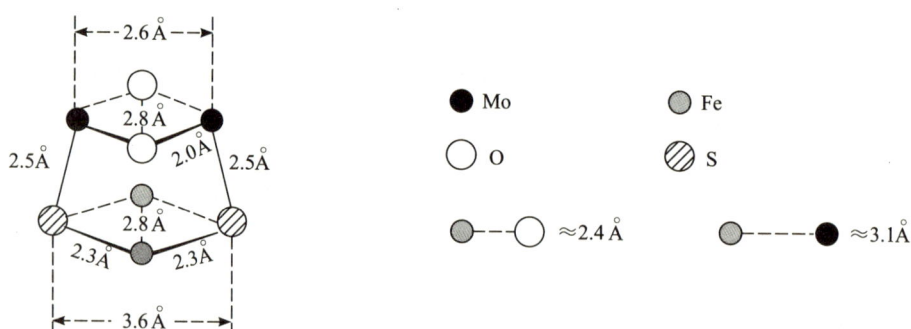

Fig. 1 $Fe_2S_2 \cdot Mo_2O_2$ octa-atomic cluster forming a coupled twin of trinuclear (2Mo-1Fe) active-centres.

This structure is deduced from the following considerations:

Firstly, consider the coordination activation and reductive hydrogenation of acetylene catalyzed by nitrogenase and by its model compounds. The best nitrogenase model systems so far known are the molybdate-cysteine complex systems [8a] and the molybdate-glutathione complex systems[8]. According to Schrauzer and his co-workers[8a], these model systems show catalytic activities towards the reductions of almost all the known nitrogenase substrates, and the activities are also promoted by ATP and by Fe^{II}. The activities of these model systems towards the reductive hydrogenation of acetylene to ethylene are especially high. In the case of the $(Mo_2O_4 \cdot (cys)_2)^{2-}$ catalyst system, the activity is proportional to the first power of the concentration of this binuclear complex over a concentration range of 0.02—0.2 M[8], in which the binuclear complex is known to be practically undissociated[11]. Furthermore, the activity is higher than that of a mixture of mononuclear Mo^V and cysteine. These results clearly indicate that binuclear active-centres are involved rather than mononuclear active-centres as postulated by Schrauzer et al[8a].

Coordination activation of the acetylene molecule on such a binuclear active-centre may be assumed to take place in the following way: The two Mo^V of the binuclear complex-ion, $(Mo_2O_4 \cdot (cys)_2)^{2-}$, are first reduced to the Mo^{IV} state with simultaneous transformation of one of the two oxygen bridge-ligands into a coordinated H_2O bridge-ligand, which is then readily displaced by an acetylene molecule. This acetylene molecule, situated at the position originally occupied by an oxygen bridge-ligand (Fig. 2 a,b), is just at the right position to be coordinated double-side-on with the two Mo^{IV} (Mo—Mo internuclear distance = 2.6 Å, Mo $\diagdown$ $\diagup$ Mo over O, bond angle $\approx 87°$, forming 2 $\sigma\pi$-bonds[12], as in the case of the $\varnothing$—C≡C—$\varnothing$ double-side-on coordinated ligand in the binuclear cobalt complex $(CO)_3Co(\varnothing$—C≡C—$\varnothing)Co(CO)_3$, (Co—Co = 2.47 Å)[13]. The two H atoms of the double-side-on coordinated HC≡CH will protrude slightly outwards due to H—C≡C bond bending as in the case of the C—C≡C bonds (bond angles $\approx$ 137°)[13] of the double-side-on coordinated $\varnothing$—C≡C—$\varnothing$. With this mode of coordination activation, it is easy to conceive that, in the reductive hydrogenation of C_2H_2 catalyzed by $(Mo_2O_4 \cdot (cys)_2)^{2-}$, cis—CHD=CHD is obtained as the major dideuterated product with high selectivity (about 90%)[8a]. In nitrogenase-catalyzed reductive hydrogenation of acetylene, the selectivity for cis—CHD = CHD is almost 100%, and no ethane is formed[1]. This indicates that the acetylene substrate molecule is coordinated double-side-on with the two molybdenum ions of a nitrogenase molecule.

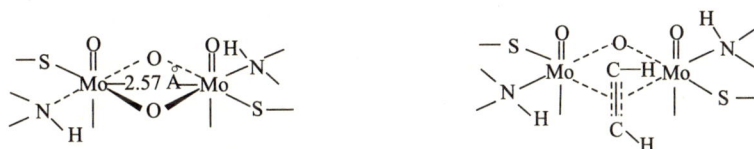

a. $[Mo_2O_4(cys)_2]^{2-}$ binuclear Mo^V complex ion　　b. Double-side-on coordination activation of CH≡CR

Fig. 2

Next, consider the fact that, as nitrogenase substrates, the α-acetylenes, alkyl cyanides and isocyanides all show the same chain-length restriction, i. e., not more than 4 C in a straight chain[1]. It seems reasonable to assume that substrate molecules of alkyl cyanides and isocyanides are oriented and coordinated double-side-on as the α-acetylene substrate molecules. But it is known that these cyanide and isocyanide molecules strongly prefer end-on coordination on transition metal ions. As double-side-on coordinated ligands, their binding power would be much weaker than that of the acetylenes. Yet the binding power of $CH_3N≡C$ as nitrogenase substrate is greater than that of $CH_3C≡CH$ (as estimated from the relative magnitudes of their 1/Km values), and $CH_3N≡C$ also reacts faster than $CH_3C≡CH$ in nitrogenase-catalyzed reductive hydrogenation. From this it is inferred that the isocyanide substrate molecule, besides double-side-on coordination on the two Mo^{IV}, is also activated by end-on coordination on a Fe^{II} centre. The same holds true for the alkyl cyanide substrate molecules. However, as an end-on coordinated ligand, the affinity of the alkyl cyanide for the Fe^{II} centre will be considerably weaker than that of the corresponding isocyanide, due to the fact that the more electronegative terminal N is a poorer σ-donor as compared with the terminal C of the isocyanide. This is in agreement with the experimental fact that the alkyl cyanides have much higher *Km* values and are reduced much more slowly in the nitrogenase-catalyzed reactions as compared with the corresponding isocyanides[1]. CN^- behaves like an

143

isocyanide as expected, because of the higher affinity of the terminal C for the Fe^{II} centre, as compared with the terminal N.

The rate of reductive hydrogenation of N_2 catalyzed by the nitrogenase-model compound $(Mo_2 O_4 (cys)_2)^{2-}$ is also found to be proportional to the first power of the concentration of the binuclear complex[8], and is higher than the rate of reduction catalyzed by a mixture of Mo^V and cysteine. In the concentration range of the $(Mo_2 O_4 (cys)_2)^{2-}$ catalyst used (up to $0.002 M$)[8], the dissociation of the binuclear complex is not more than 2%, as estimated from the EPR data obtained by Huang and Haight[11]. Thus the kinetic result indicates that, here as in the case of acetylene reduction, binuclear active centres are involved. As nitrogenase substrate, the N_2 molecule, being of about the same size as CN^-, is expected to be coordinated double-side-on plus end-on as CN^- and the alkyl cyanides and isocyanides. If N_2 should be merely a double-side-on coordinated ligand on the two Mo^{IV} (the redox potential of Mo^{III}/Mo^{IV} is too low so that Mo^{III} state is probably not involved in nitrogenase reactions[8a]) of a nitrogenase molecule, then its affinity towards the active-centre would be much weaker than that of acetylene substrate molecules, contrary to the experimental fact that the Km value of N_2 is smaller than that of acetylene. This also strengthens the argument that N_2 is coordinated double-side-on and end-on at nitrogenase active-centre. This mode of coordination activation is expected to be effective for the weakening of the $N\equiv N$ triple bond of which the first bond is especially strong; it also leaves one end of the N_2 molecule uncoordinated so as to serve as the point of attack for the reductive hydrogenation.

The double-side-on and end-on coordination of N_2, CN^-, the alkyl cyanides and isocyanides on the trinuelear active-centre completely specifies the relative positions of the three nuclei.

Finally, with reference to the known structures of related compounds, $Na_2 (Mo_2 O_4 \cdot (cys)_2) \cdot 5H_2 O$[14], $(\pi-C_5 H_5)_2 Mo(SBu)_2 FeCl_2$[15], and bacterial ferredoxin (Fd)[16], and from a consideration of the fact that the two molybdenum ions appear to be strongly coupled to each other so that no EPR signal of Mo ions is observed in either the fully reduced, or the semi-redueed, or the oxidized state of molybdoferredoxin, a nitrogenase model of coupled twin of trinuelear (2Mo—1Fe) active-centres is proposed (Fig. 1). The interatomic distances shown in Fig. 1 correspond very closely to the corresponding interatomic distances in the related compounds shown above. Specifically, the interatomic distances Mo—S and Fe—S in $(\pi-C_5 H_5)_2 Mo(SBu)_2 FeCl_2$ are, respectively, 2.464 Å and 2.38 Å; and in Fd and its model compounds, the Fe—S, Fe—Fe, and S—S distances are about 2.3 Å, 2.8 Å, and 3.6 Å respectively. In the $Fe_2 S_2 \cdot Mo_2 O_2$ octa-atomic cluster, the Mo—S interatomic distance is taken to be 2.4—2.5 Å; and so from the centre of the oxygen bridge-ligand to the centre of the Fe^{II} nucleus right underneath the distance is about 2.4 Å, just about equal to the distance from the Fe^{II} nucleus to the centre of an end-on coordinated N_2 ligand. The bond angles (Mo Mo $\approx 87°$) and the Mo—Mo \\ // O

internuclear distance (2.6 Å) are also just right for double-side-on coordination of this N_2 ligand, the Fe—N internuclear distance being taken to be about 1.8 Å as in the case of Co—N in dinitrogen-cobalt complex, and the N—N internuclear distance of the double-side-on plus end-on coordinated N_2 being taken to be about 1.2—1.3 Å. The reason for proposing a coupled-twin-sited model instead of an isolated single-sited model will become clear when we consider the mutual inhibition of the substrates and the non-inhibition of the hydrogen-evolution reaction by CO. Incidentally, the two iron atoms in the $Fe_2 O_2 \cdot Mo_2 O_2$ octa-atomic cluster might be just the pair of iron atoms which show the M_4 signal in the Mössbauer spectra of molybdoferredoxin obtained by Smith and Lang[17].

Note that, if a mononuclear active-centre should be involved, then, according to the known coordination chemistry, dinitrogen, alkyl cyanide and isocyanide molecules would all strongly prefer end-on coordination with this molybdenum ion, while acetylene substrate molecules could only assume side-on coordination. Thus it would be difficult to conceive why these three types of substrate molecules should be subject to the same chain-length restriction. Note also that a double-end-on bridge-type coordination of N_2 supported on the two Mo^{IV}, a model proposed by Шилов[9], or a single-side-on plus end-on coordination of N_2, is also unlikely, as such a ligand orientation would be crosswise to that of the coordinated acetylene substrate molecules, and at the enzyme active-centres, "there just isn't so much space for manoeuvring!" as a veteran enzymologist kindly pointed out to us. The position of a double-end-on coordination hypothesis is also weakened by the fact that neither diimine, nor hydrazine, is found to be nitrogenase substrate[1], nor is diimine a substrate of the model complex $(Mo_2O_4(cys)_2)^{2-}$[8a].

2. The Trinucleous Aciive-Centre Also Catalyzes the Reduction of H^+ to H_2. CO Is Not an Inhibitor to This Reaction Because the Coupled Twin Centres Cannot Be Occupied Simultaneously by Two CO Molecules, Nor Simultaneously by a CO Molecule and Another $\sigma\pi$ -Coordinated Ligand

It is easy to see that such a trinuclear active—centre also fulfils the structural requirements to act as active-centre for the hydrogen-evolution reaction. When the active-centre acquires electrons and attains the fully reduced state, one of the two oxygen bridges spanning the two molybdenum ions also acquires 2 protons directly, or indirectly, from the aqueous medium, and becomes an H_2O bridge ligand (Fig. 3a), with one H lying close to the Fe^{II} nucleus. This H can be readily transferred to the Fe^{II} and becomes a ligand thereon; the remaining H of the OH^- ligand may then be transferred over to join it and desorbs together with the latter as H_2. Actually, the two H-transferring steps may be just two equivalent $e^- + H^+$ transferring steps. Thus, under the promotion, or activation, by $MgATP^{2-}$, an electron may be transferred from the Mo^{IV} to the Fe^{II} through the sulphide bridge, with simultaneous transference of one H^+ from the coordinated H_2O or OH^-. The second step can also be regarded as transference of an electron through the Fe^{II} centre to the coordinated H · H^+ (Fig. 3b). Finally, an oxide bridge ligand is left which readily takes up 2 more H^+ if the two molybdenum ions are maintained at the Mo^{IV} state. The above-mentioned electron-transfer process and proton-transfer process are mutually promoting. This cooperative-transference principle has recently been elaborated by Stiefel[18].

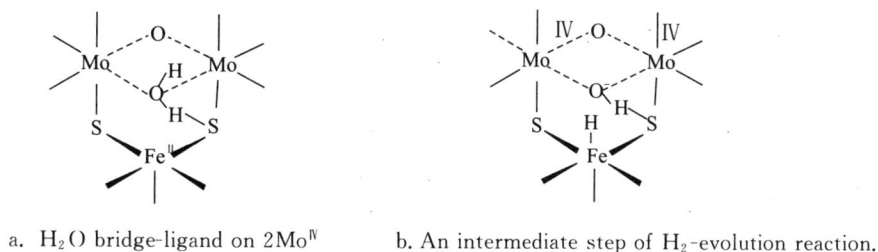

a. H_2O bridge-ligand on $2Mo^{IV}$　　b. An intermediate step of H_2-evolution reaction.

Fig. 3

The mechanism of the H_2-evolution reaction just described is similar to that of the activation of H_2O and the reversible splitting of H_2 by two $(Co(CN)_5)^{3-}$ complex ions in aqueous solution[19]:

$$[(CN)_5Co]^{3-} + HOH + [Co(CN)_5]^{3-} \rightleftharpoons [(CN)_5CoH]^{3-} + [HOCo(CN)_5]^{3-};$$

$$[(CN)_5CoH]^{3-} + [HCo(CN)_5]^{3-} \rightleftharpoons [(CN)_5Co]^{3-} + H-H + [Co(CN)_5]^{3-}.$$

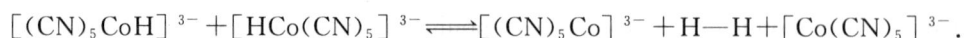

The activation of H_2O and the evolution of H_2 catalyzed by nitrogenase take place through the cooperative action of three properly situated nuclei with adequate supply of electrons ; hence it is expected to be more effective than the activation by two complex cobalt ions. Furthermore, the nitrogenase-catalyzed hydrogen-evolution reaction is coupled to the catalyzed hydrolysis of ATP, thus acquiring an additional driving force.

With this model, we may now explain why CO does not inhibit the hydrogen-evolution reaction. It may be assumed that simultaneous occupation of the coupled twin active-centres is difficult because of the dipole-dipole repulsion between the two coordinated CO molecules and because of the inductive effect that one $\sigma\pi$-coordinated ligand would exert upon the other $\sigma\pi$-coordinated ligand due to the competition for back-donation of electron from the same pair of Mo^{IV}. When one active-centre of the coupled twin takes on a CO molecule, the other active-centre may still accommodate an H_2O ligand and serve as hydrogen-evolution centre. The rate of reduction of H^+ will not diminish since it is controlled only by the rate of electron activation.

The rate equations obtained by Hwang and Burris[20] for nitrogenase-catalyzed reduction of N_2, N^{3-}, or C_2H_2 inhibited by CO and for nitrogenase-catalyzed reduction of N_2 or N_3^- inhibited by C_2H_2, all contain in the denominator one term signifying competitive inhibition and another term signifying non-competitive inhibition, whereas the inhibition of nitrogenase-catalyzed reduction of N_3^- by either CN^-, or CH_3NC, appears to be merely competitive. From these results, they inferred that there were five types of discrete active-sites, or chemisorption sites. Note that there are only two molybdenum atoms in a nitrogenase molecule, and that the mixed character of inhibition is left unexplained. With the coupled twin-sited model, a more straightforward explanation for these peculiar results can be made as follows : CO can occupy only one site of the twin, as explained above. Thus it can only compete for one site of the twin. But it can indirectly render the other site less accessible to the substrate molecules through dipole-dipole repulsion and inductive effect as explained above, so the inhibition by CO is both competitive and non-competitive. Inhibition of the reduction of N_2, or N_3^-, by C_2H_2, has an additional element of non-competitive inhibition due to mutual competition for electrons. N_3^- and CN^- ions, present either in separate samples, or in mixture, probably can occupy only one site of the coupled twin, anyway, because of charge-charge repulsion, so that the twin sites appear to these substrate molecules merely as a single site, and thus the inhibition of N_3^- reduction, by CN^-, appears to be merely competitive. Likewise, N_3^- and CH_3NC, present either in separate samples, or in mixture, probably can occupy only one site of the twin, because of steric hindrance produced by the tail parts of two substrate molecules coordinated on neighbouring sites (twin) ; therefore, the inhibition of N_3^- reduction by CH_3NC is again merely competitive. Incidentally, it may be mentioned that a further test of the coupled twin-sited model may be made by examining whether homologous substrate molecules, e. g., C_2H_2 and $CH_3C\equiv CH$, also exhibit mutual inhibition of the mixed-type.

With this coupled twin-sited model, a better explanation for the inhibition of the hydrogen-evolution reaction by NO, can also be made. Molecules of NO can occupy both sites of the coupled twin because of the weaker dipole-dipole repulsion and weaker inductive effect. However, when one site of the coupled twin is occupied by a CO molecule, the other site will not be so easily taken up by an NO molecule because of the stronger dipole-dipole repulsion and stronger inductive effect exerted by the coordinated CO. Thus the presence of CO will decrease the inhibitive effect of NO upon the hydrogen-evolution reaction, a result observed by Гвоздев et al [21].

3. Mechanisms of Nitrogenase-Catalyzed Reactions

These are illustrated in Fig. 4. Each step of the reductive hydrogenation takes place by transport of $2e^- + 2H^+$, or $e^- + H^+$, to the coordinated substrate molecule. One way of transport may be as follows : Each Mo^{IV} donates an electron to the coordinated substrate molecule with simultaneous transfer of a proton from a certain hydrogen-containmg ligand (—OH,—NH, or —SH) to the same substrate molecule, or to its reaction intermediate.

Nitrogenase-catalyzed reduction of dinitrogen probably does not go through coordinated diimine, or coordinated hydrazine intermediate, in view of the fact that neither diimine, nor hydrazine is a substrate of nitrogenase. The reduction may go through coordinated $1-\eta$-hydrazide intermediate. According to Chatt and co-workers[22], the coordination compounds of dinitrogen, $Mo(N_2)_2(dppe)_2$ and $W(N_2)_2$ $(dppe)_2$, on treatment with HBr, give $MoBr_2(N_2H_2)(dppe)_2$ and $WBr_2(N_2H_2)(dppe)_2$. in which the N_2H_2 ligands probably exist as $1-\eta$-hydrazide ligands. At the trinuelear active-centre of nitrogenase, further reduction of such a ligand is facilitated.

The reduction of dinitrogen on nitrogenase active-centre is specifically and competitively inhibited by H_2, and at the same time it promotes the isotopic exchange between H_2 and D_2O[1,2]. These two characteristic reactions are probably related. The mechanism of this isotopic exchange might be similar to that proposed by Parshall[1]. However, according to the results recently obtained by Bulen[1], this HD formation is probably not an isotopic exchange, but may involve the reaction between a coordinated hydrogenation intermediate, N_2H_2, and a coordination-activated D_2. Fig. 4 (8,6) indicates a possible mechanism ; the D_2 may be activated by coordination on one or both of the two Mo^{IV}.

Allene is the only diene substrate of nitrogenase so far known. It has been briefly mentioned in the literature[7] that the reduction of this substrate is probably preceded by catalytic isomerization to methyl acetylene. But this would require a 1, 3-hydride-shift activation process to transfer one H from one vinylidene group to the other, and in the reductive hydrogenation step, another H has to be put back to take the place of the one removed. Thus the isomerization step seems superfluous. Whatever be the mechanism, direct coordination of allene on the active-centre must necessarily be the first step. Fig. 4 (12) shows a possible mode of coordination of an allene molecule, and Fig. 4 (13) shows the direct addition of $2e^- + 2H^+$ to this coordinated ligand, transforming it into $CH_3CH=CH_2$. The validity of such a mechanism may be readily tested by the method of isotopic labelling, using deuterated allene, $CD_2=C=CD_2$.

The reductive hydrogenation of methyl isocyanide ($CH_3N\equiv C$) on the trinuelear active-centre of nitrogenase might take place according to the mechanism illustrated in Fig. 4(17—24). With the transfer of $4e^- + 4H^+$ to the coordinated $CH_3N\equiv C$, a molecule of methyl amine is given off and a carbene bridge ligand is left, which then combines directly with an uncoordinated $CH_3N\equiv C$ to form a $CH_3N=C=CH_2$ ligand (coordinated like a $CH_2=C=CH_2$ ligand). It is known that free carbene can combine directly with such an inert molecule as N_2; so, direct combination of a coordinated carbene molecule with a free iso-nitrile molecule is a reasonable assumption. Further addition of $2e^- + 2H^+$ produces another molecule of CH_3NH_2 and coordinated vinylidene bridge ligand, which is also a carbene-type ligand and may be reduced further to ethylene, or ethane, or may combine directly with another free $CH_3N\equiv C$ to form coordinated $CH_3N=C=C=CH_2$ (with allene-type double-bond system at the right end of the molecule as indicated). Incidentally, 1, 2-butadiene may be tried as a nitrogenase substrate to test the validity of the above mechanism. Further reductive hydrogenation should give another CH_3NH_2, and

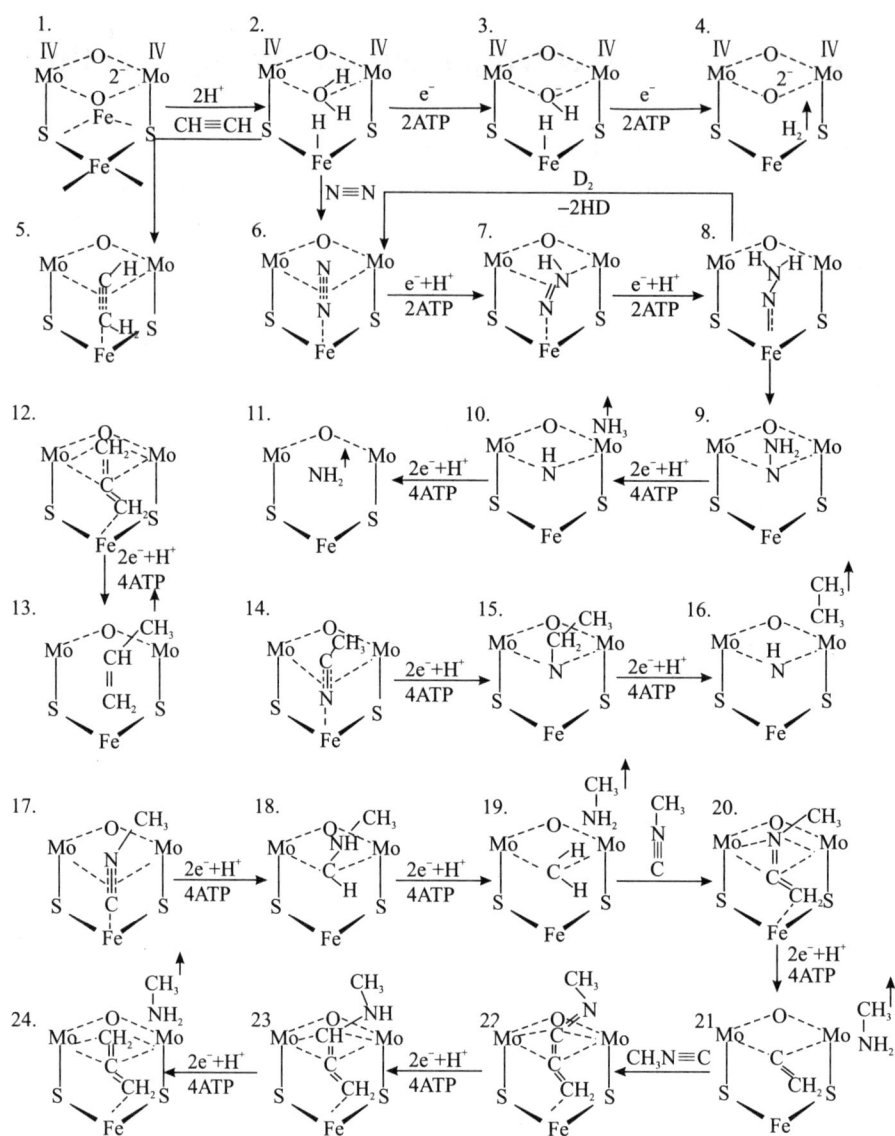

Fig. 4　Mechanisms of nitrogenase-catalyzed reactions

propene, or propane. These are the products actually observed[1]. According to this mechanism, it is also easy to explain the observed experimental fact that when ethyl iso-cyanide ($CH_3CH_2N\equiv C$) is the substrate, $CH_2=CH_2$ can be found in the reaction products, but no $CH_3CH=CH_2$. Because of the chain-length restriction (the chain should contain not more than 4 C), $CH_3CH_2N\equiv C$ cannot combine with a coordinated $\diagdown C=CH_2$, though it can combine with a coordinated $\diagdown CH_2$. Nitrogenase-catalyzed reduction of CN^- appears to follow the same path as the iso-cyanides[1].

Nitrogenase-catalyzed reductive hydrogenation of CH_3CN gives CH_3CH_3 and a coordinated nitrene bridge ligand, $\diagdown NH$, which is further reduced to give NH_3 (Fig. 4(14~16)), The coordination of N_2O (not shown in Fig. 4) causes the molecule to split, giving off N_2, and leaving an oxide bridge ligand ("oxene") behind, which is further reduced to H_2O. The coordinated N^{3-} (not shown in Pig. 4) at the trinuelear active-centre readily takes up a proton and splits off N_2, and the resulting nitrene bridge ligand is further reduced to NH_3.

Thus according to the above reaction mechanism, the nitrogenase-catalyzed reductive hydrogenation of all these substrates, except the α-acetylenes, goes through carbene, nitrene, of "oxene" intermediates (with increasing degree of ionicity of the coordinate bond). Each step of the reductive hydrogenation reactions takes place by the transfer of $2e^- + 2H^+$, or $e^- + H^+$, to the coordinated substrate molecule, or its reaction intermediate; the protons come from the aqueous medium, probably indirectly through the intermediacy of certain coordinated ligands, such as $-OH$, $-NH-$, or SH; and the electrons are transferred through the two Mo^{IV}, or in some cases through the Fe^{II}, of the trinuclear active-centre. For every two electrons transferred, about 4 ATP molecules are hydrolyzed. No other catalytic functions, such as catalytic activation for hydration and dehydration, need be assumed.

4. Electron Transport in Nitrogenase System Actuated 2-Stepped ATP-Driving, in Close Analogy with the Electron Transport by 2-Stepped Photo-Driving in Photosynthesis by Green Plants

The role of ATP in nitrogenase reaction presents a very intriguing question, the resolution of which will have an impact on our understanding of biological energy transforming and storing processes. Valuable information has been obtained by Mortenson et al[23,24] and by Smith et al[17,25] from recent investigations by means of EPR method and other techniques. It has been demonstrated that, in the presence of dithionite, samples of Cp2, or Kp2, show rhombic EPR signals with g-factors equal to 2.05, 1.94, and 1.87, and that, with the addition of $MgATP^{2-}$, these signals change into axial-type signals with g-factors equal to 2.04 and 1.93. These two states of azoferredoxin will be designated respectively by (A) and (A'), or by (2_s) and ($2'_s$). It has also been shown that, in the presence of dithionite, samples of Cp1, or Kp1, show characteristic EPR signals with g-factors equal to 4.3, 3.67, and 2.01, and that these are not affected by the addition of $MgATP^{2-}$, this state of molybdoferredoxin will be designated by (M^{2+}), or by (1_s). According to Smith et al, when two separate samples of Kp1 and Kp2 in the states of (1_s) and (2_s) are mixed, no change in the EPR signals is observed, except a decrease in signal intensity due to mutual dilution. When this mixture is rapidly mixed with a solution of $MgATP^{2-}$, however, electron transfer from Kp2 to Kp1 takes place very rapidly so that one component of the enzyme is oxidized to the signal-free state (2_0), and the other component (Kp1) is transformed into the fully reduced, signal-free state (1_0), and thus a transient EPR-signal-free state (1_0)(2_0) of the enzyme is observed. Then it begins to catalyze the reduction of the substrate, H^+O_3. As the $S_2O_4^{2-}$ is gradually used up, the signal intensity of (1_s) gradually recovers, while that of (2_s) further decreases to zero; thus the enzyme enters into the state (1_s) (2_0). Addition of $S_2O_4^{2-}$ at this point brings the nitrogenase system back to the (1_s) (2_s) transient state, then to the (1_0) (2_0) state, and the cycle can be started over again. Fig. 5 (1,4,5) is equivalent to the triangle diagram used by Smith et al[25]. Mortenson et al[24] used a rapid-freeze method for the rapid mixing of a mixture of Cp1 and Cp2 and dithionite with $MgATP^{2-}$ solution. They did not describe explicitly the transient state (1_0) (2_0). Their interpretation of the experimental results is equivalent to Fig. 5 (1—5). According to these investigators, with adequate supply of both $S_2O_4^{2-}$ and $MgATP^{2-}$, the course of nitrogenase reaction takes mainly the cyclic steps (1),(2),(3), and under steady state almost all of the Cp2 component is in the reduced state, (A'), or ($2'_s$), while about 95% of the Cp1 is in the signal-free, fully reduced state, (M), or (1_0); i. e., the nitrogenase molecules are essentially in the (1_0) ($2'_s$) state, exhibiting the EPR signal of ($2'_s$), together with a very weak signal of (1_s). When the $S_2O_4^{2-}$ is exhausted, but sufficient $MgATP^{2-}$ is left, the

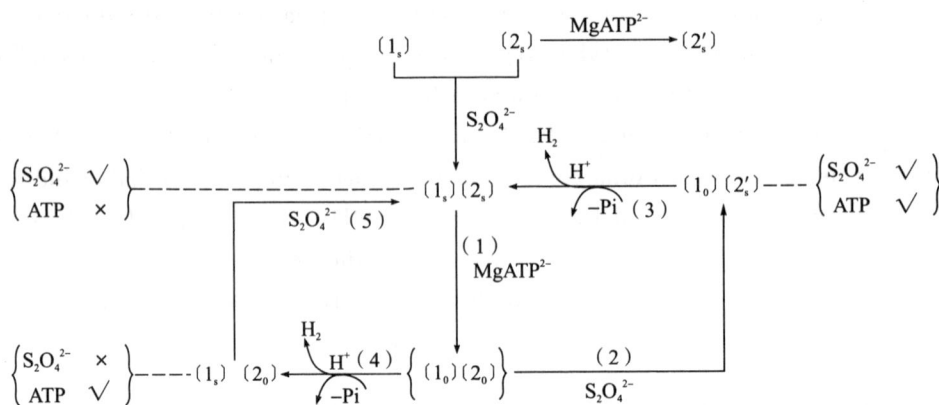

Fig. 5 Nitrogenase EPR experimental result as observed and interpreted by Mortenson et al[24,25] and by Smith et al[18,26].

$$(1_s) = (M^{2+}) \qquad (1_0) = (M),$$
$$(2_s) = (A), \qquad (2_0) = (A^{2+})$$
$$(2'_s) = (A \cdot 2MgATP).$$

$\sqrt{}$ in excess; $\times$ insufficient or exhausted; Pi:ATP$\longrightarrow$ADP+Pi.

nitrogenase is in the (M^{2+}) (A^{2+}), or (1_s) (2_0) state; and when the $S_2O_4^{2-}$ is in excess, but the Mg ATP^{2-} is insufficient, the nitrogenase is in the (M^{2+}) (A'), or (1_s) (2_s) state. However, these investigators failed to specify the rate-controlling step and were unable to give a satisfactory explanation for the (M) (A'), or (1_0) $(2'_s)$ state of the enzyme under steady state condition with excess of $S_2O_4^{2-}$ and $MgATP^{2-}$.

It will now be shown that the EPR signal changes in the course of nitrogenase reactions can be satisfactorily explained based upon mechanism of electron transport by 2-stepped ATP-driving (Fig. 6).

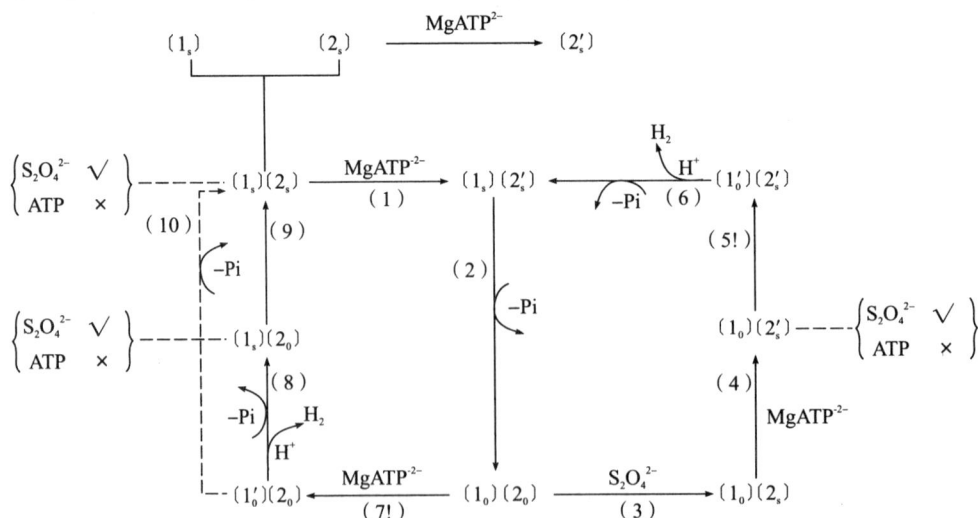

Fig. 6 Electron transport by 2-stepped ATP-driving and re-interpretation of EPR signal changes in the course of nitrogenase reactions.

$$(1_s) = (M^{2+}), \qquad (1_0) = (M), \qquad (1'_0) = (M. 2MgATP),$$
$$(2_0) = (A^{2-}), \qquad (2_s) = (A), \qquad (2'_s)(A. 2MgATP),$$

$\sqrt{}$ in excess，$\times$ exhausted or insufficient，(5!),(7!):rate-controlling steps;

(10):electron back-flow

From the results of the above-mentioned EPR experiments and the electrochemical properties of azoferredoxin and molybdoferredoxin observed by Walker and Mortenson[2,23], it can be inferred that the electron transport in nitrogenase system takes place by two steps of ATP-aetivation, rather than by just one step. According to Mortenson and co-workers[2], the redox potential ($E^0_{A,A^{2+}}$) of azoferredoxin is -0.250 V; in the presence of $MgATP^{2-}$, the redox potential shifts to a lower value of -0.395 V ($E^0_{A,A^{2+}}$). The latter value is considerably lower than the redox potential of molybdoferredoxin, so that when azoferredoxin in the state (A') is mixed with molybdoferredoxin in the semi-reduced state (M^{2+}), a very rapid flow of electron from (A') to (M^{2+}) immediately takes place, and, momentarily, the EPR signal intensities of both (A') and (M^{2+}) are seen to decrease, showing that a portion of the enzyme in the state (1_s) ($2'_s$) is converted into the transient state (1_0)(2_0). But with the decrease in concentration of both (A') and (M^{2+}) as a result of the electron transfer, the rate of this transfer will slow down, and will soon be caught up with by the rapid electron transfer from $S_2O_4^{2-}$ to (A^{2+}), so that the enzyme will enter into the state (M)(A'), or (1_0) ($2'_s$) as observed. Now, since the redox potential of (A') is lower than that of ferredoxin (Fd), the physiological electron donor, or carrier ($E^0_{Fd} = -0.37$ V), no replenishment of electron from the electron donor to azoferredoxin can be expected so long as the latter is complexed with $MgATP^{2-}$. In order to maintain a ready supply of electrons, nature provides an effective way for the immediate removal of the complexed $MgATP^{2-}$ from azoferredoxin as soon as its mission of actuating an electron flow from the reduced azoferredoxin to the semireduced molybdoferredoxin (M^{2+}) is accomplished. This is done by rapid hydrolysis of an attached $MgATP^{2-}$, (producing $MgADP^-$ and Pi) attending the transfer of each electron in the step. Again, in view of the fact that the redox potential of azoferredoxin in the state of (A'), $E'_{A,A^{2+}} = -0.395$ V, is still higher than that of hydrogen/hydrogen-ion ($E^0_{H,H^+} = -0.414$V, in neutral solution of pH 7.0), it is obvious that (A') can never reduce (M^{2+}) to a state of sufficiently low redox potential so that the fully reduced molybdoferredoxin (M) can, in turn, reduce the substrate (H^+); and hence another step of electron activation is necessary. Noting that ATP also promotes the activity of the nitrogenase-model system $[M_2O_4(Cys)_2]^{2-}$, where no conformational change of protein is involved, that $MgATP^{2-}$ lowers the redox potential of azoferredoxin before hydrolysis sets in, and that the supposed pseudo-cubane-type structure of $Fe_2S_2 \cdot Mo_2O_2$ cluster is to some extent similar to the supposed-to-be-Fd-type structure of the Fe_4S_4 cluster of the dimeric azoferredoxin, it may be assumed that, though the semi-redueed molybdoferredoxin (M^{2+}) does not complex with $MgATP^{2-}$, the fully-reduced molybdoferredoxin (M) might complex with 2 $MgATP^{2-}$ as does the reduced azoferredoxin. In poly-phosphates,

, the distance between two neighbouring $\overset{O^-}{\underset{A}{\diagdown}}P\diagup^{O}$ is about 2.9 Å[28].

$MgATP^{2-}$ as a bidentate ligand might complex with each pair of Fe^{II} in Fe_4S_4 ($Fe-Fe \approx 2.8$ Å), or with each pair of $Mo^{IV}-Fe^{II}$ ($Mo-Fe \approx 3.1$ Å) in $Fe_2S_2 \cdot Mo_2O_2$, thereby lowering its redox potential $E^0_{M',M^{2+}}$ to a value sufficiently more negative than E^0_{H,H^+} so as to actuate the electron transfer from the fully-reduced molybdoferredoxin (now in the state (M')) to the substrate (H^+). For the same reason as stated above, as soon as the electron transport to the coordinated substrate molecule is accomplished, the complexed $MgATP^{2-}$ must be removed by hydrolysis, so that rapid replenishment of electron from (A'), i. e., A. 2MgATP to (M^{2+}) may take place. Thus for each electron transferred in this step, 1 $MgATP^{2-}$ is again consumed, and for the two steps of electron activation put together, the theoretical value of ATP/2e$^-$ is 4, reasonably close to the observed value of 4—5[2]. If there should be be just one step of electron activation, the theoretical value of ATP/2e$^-$ would be 2, and more than 50% of the

MgATP^{2-} consumed would be unaccounted for, or wasted; but the nitrogen-fixing micro-organisms after billions of years of evolution should not be so inefficient in the utilization of ATP!

By assuming that the complexing of the fully-reduced molybdoferredoxin (M) with MgATP^{2-} is the slow rate-controlling step in nitrogenase reactions, the observed experimental fact that, under steady state conditions with excess of reductant and MgATP^{2-}, more than 90% of the enzyme exists in the (M) (A$'$), or (1$_0$) (2$'_s$) state[2,23], thus Fig. 6 is readily explained.

One might suppose that MgATP^{2-} might "activate" the electron transfer in two ways : First, it promotes or actuates the electron flow from the reduced azoferredoxin (A) to the semi-reduced molybdoferredoxin by lowering the redox potential of (A) as mentioned above. Second, when this MgATP^{2-} is being removed by hydrolysis, it produces a certain conformational change in the fully-reduced molybdoferredoxin (M) such that electron flow from (M) to the coordinated substrate molecule is also facilitated. However, this would make the electron replenishment of (A^{2+}) and the return of (M) to the semi-reduced state (M^{2+}) take place almost simultaneously, and under steady state, most of the enzyme molecules would be in the state (M) (A^{2+}), or (1$_0$) (2$_0$), instead of being in the (1$_s$) (2$_0$) state as observed[22].

With the mechanism of 2-stepped ATP-driving described, a better explanation of the observed ATP/2e$^-$ ratio and its variation with experimental conditions can now be given. Although the transfer of electron from the electron donor to (A^{2+}) is a very fast process compared with the complexing of (M) with MgATP^{2-}, so that the azoferredoxin in nitrogenase system is maintained almost entirely in the (A$'$) and (A) states, there will still be some chance (although small) that some of the azoferredoxin is caught in the state (A^{2+}), while its counter part is in the state (M$'$). When this happens, electron back-flow from (M$'$) to (A^{2+}) will occur in competition with electron transfer to the substrate, and hence some ATP will be wasted. This explains the fact, that the observed value of ATP/2e$^-$ ratio is usually somewhat larger than 4. But if the electron transfer to azoferredoxin is in some way hampered, e. g., when the molybdoferredoxin is in excess so that an azoferredoxin molecule has more chance to be sandwiched by two molybdoferredoxin molecules through complex-forming dynamic equilibrium, then the azoferredoxin will have considerably more chance to be caught in the state (A^{2+}), while its counter part is in the state (M$'$). Consequently, the probability of electron back-flow will be considerably larger, and so is the observed ATP/2e$^-$ ratio. This is in accord with the observation of Ljones and Burris[26]. Finally, if the reductant is exhausted while MgATP^{2-} is in exeess, at first the enzyme will be in the state (A^{2+}) (M$'$) and electron back-flow will take place, in competition with electron transfer to the substrate. But, as some electrons are drawn from the electron-storage system of molybdoferredoxin and consumed in reducing the substrate, the electron content of this electron-storage system (essentially the Fe$_n$S$_n$ system of the molybdoferredoxin) will decrease to such an extent that binding of MgATP^{2-} no longer can lower the redox potential to a value more negative than that of the substrate E$^0_{H,H^+}$, but can only reach some value corresponding to the state (M$''$), as indicated in Fig. 7(a). Then the electron can only flow back perhaps more slowly to (A^{2+}), converting the latter to (A), which is further converted to (A$'$) by binding MgATP^{2-}, ready to transfer electron to (M^{2+}) and start the cycle all over again. Thus a $\bowtie$-shape path is indicated (Fig. 7(a)), equivalent to the cyclic steps (7!),(10),(1),(2),(7!) shown in Fig. 6. This explains the small residual catalytic activity towards ATP-hydrolysis in the absence of reductant, i. e., the reductant-independent, nitrogenase-catalyzed hydrolysis of ATP. As observed by Ljones and Burris[26], this is only about 6%—10% of the reductant-dependent ATP hydrolysis. By this mechanism, it is inferred that when a more easily reducible substrate (e. g. acetylene) is used, the observed ATP/2e$^-$ ratio will be somewhat closer to 4.

It is significant to note that the electron transport in nitrogenase reaction by 2-stepped ATP-driving is in close analogy with the electron transport by 2-stepped photo-driving in photosynthesis by green plants, as shown in Fig. 7. In the latter ease, the observed value of the number of quantum consumed for every 4 H transferred is about $9-10^{[27]}$, corresponding to an $nh\nu/2e^-$ ratio of about 4.5 to 5, very elose to the observed $ATP/2e^-$ ratio of $4-5$ in nitrogenase reactions, showing that the utilization of photons by the photosynthesis system in green plants is also very effective. In the case of electron transport in photosynthesis, there is also some electron back-flow. On a close analysis, it is not surprising that these two cases of coupled energy-and electron-transport processes should be so closely analogous, for both are just the equivalent of the two electrode processes in the electrolysis of water, the reduced ferredoxin acting as the cathode, or electron source, and $NADP^+$ acting as anode, or electron sink (Fig. 7). In either case, a fast electron activation process at the first centre, followed by a considerably slower electron-activation process at the second centre with a good capacitor system, serves to maintain the first centre and the capacitor system practically fully charged with electrons, thereby lessening the chance of electron back-flow.

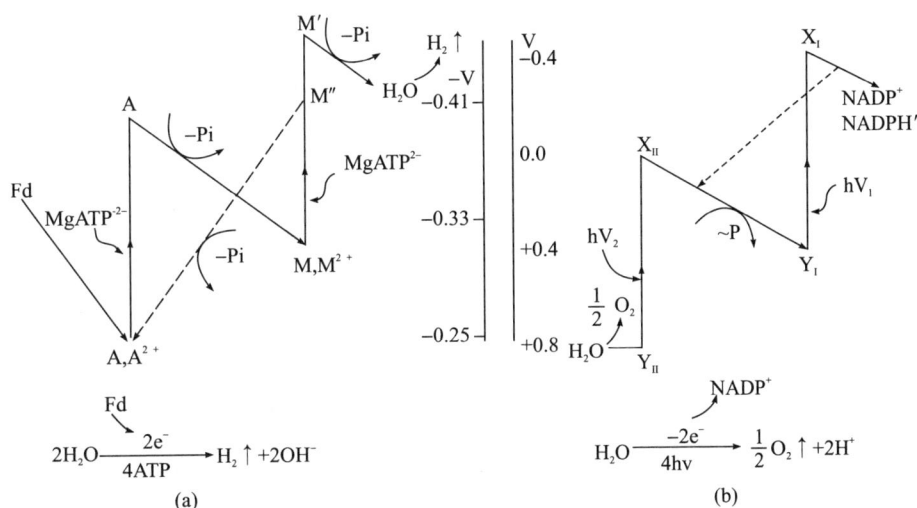

a. (Nitrogen-fixation enzyme electron-activation centres Ⅰ & Ⅱ)　　b. (Photosynthesis centre Ⅰ & Ⅱ)

Fig. 7　Electron transport by 2-stepped ATP-driving in nitrogenase reaction (a) and its close analogy with electron transport by 2-stepped photo-driving in photosynthesis by green plants (b).

+Pi: $ADP+Pi \longrightarrow ATP$　　-Pi: $ATP \longrightarrow ADP+Pi$

References

[1]Hardy, R, W. F et al. ; Advan. Chem. Ser., **100**(1971), 219.

[2]Zumft, W. G, & Mortenson, L. E. ; Biochim. Biophys. Acta, **416**(1975), 9~52.

[3]a. Huang, T. C., Zumft, W. G., & Mortenson, L. E. ; J. Bacteriol, **133**(1973), 884~890.
　　b. Zumft, W. G. & Mortenson, L. E. ; Eur. J, Biochem., **35**(1973), 401.

[4]Stasny, J. T, et al; J. Cell Biol., **50**(1974), 311~316.

[5]Eady, R. R. et al; Intern. Conf. Nitrogen Fixation, 1974(U. S. A.), abstr.

[6]a. Nitrogen-fixation Research Group and Electron-microscopy Group of the Liaoling Inst, of Forestry and Soil; Nitrogenase-biochemistry Research Group of the Peking Inst, of Biology,

Academia Sinica; Nitrogen-fixation Research Group of the Shanghai Inst, of Plant Physiology and Nitrogen-Ftxation Research Group of the Chmistry Department, Kirin University: Papers Delivered at the Third Nat, Conf, Nitrogenase Chemical Modelling^ 1975 (Changchun, Kirin).

[7]a. Kelly, M,: Biochem, J., **107**(1968), 1.

　　b. Hardy, R. W. F. & Jackson, E. K.: Fed, Proc., **26**(1967), 725.

[8]a. Schrauzer, G. N. et al: J, Amer. Chem, Soc., **96**(1974), 641; and other papers of the series.

　　b. Werner, D. et al: Proc. Nat. Acad, Sci, U. S. A., **70**(1973), 339.

[9] Шилов, А. Е.: Уcnexu Xuм., **43**(1974), 889.

[10]a. Tsai, K, R..: Xiamen Daxue Xuebao, Natural Sei., **11**(1964), (2/3), 23~40.

　　b. Lab. Catal., Chem. Dept., Amoy Univ.: "A Model of Nitrogenase Active-center and Some Aspects of Coordination Catalysis", Second Nat. Conf. Nitrogenase Chemical Modelling, 1973 (Amoy, Fukien), Symp, Papers, in Press.

[11]Huang, T. J. & Haight, G. P, Jr.: J. Amer. Chem. Soc. **92**(1970), 2336.

[12]Guy, R. G. & Shaw, B. L.: Advan. Inorg. Chem. Radiochem, **4**(1962), 77, Academic Press Inc., New York.

[13]Sly, W, G.: J. Amer. Chem. Soc., **81**(1959), 18.

[14]Knox, J. R. & Prout, C, K.: Chem, Commun., (1968), 1227.

[15]Cameron, T. S. & Prout, C. K.: Ibid (1971), 161.

[16]Sieker, L. O. et al,: Nature, **235**(1972), 40.

[17]Smith, B. E. & Lang, G.: Biochem J., **137**(1974), 169~180.

[18]Stiefel, E. L.: Proc. Nat, Acad. Sci. U. S. A **70**(1973), 1988.

[19]Kwiatek, J. & Seylet, J. K,: Advan. Chem. Ser **70**(1968), 207.

[20]Hwang. J. C. et al,: Biochim. Biophys. Acta., **292**(1973), 256.

[21]Гвоздев, P. M., et al: Изв. AHCCCP, сер. Бцол. (1974), 448.

[22]Chatt, J. et al.: Chem Commun., (1972), 1010; see also J. Amer. Chem. Soc. **96**(1974), 259.

[23]Zumft, W. G. et al,: Biochim. Biophys. Acta, 292 (1973), 413; Mortenson, L. E. et al: ibid., **292** (1973), 422.

[24]Walker, M. & Mortenson, L. E.: B. B. R. C. **54**(1973), 669.

[25]Smith, B. E, et al.: Biochem. J., **135**(1973), 331.

[26]Ljones, T. & Burris, R. G,: Biochim. Biophys. Acta **275**(1972), 93~101.

[27] Rabinowitch, E. & Gowinch, R.: "Photosynthesis" (Chinese Transl. by the Peking Inst. Botony, 1974), Ch. 13 & 16.

■ **本文原载**:《中国科学》第 34 卷第 5 期(1976),第 479～491 页。

固氮酶的活性中心模型和催化作用机理*

厦门大学化学系催化教研室固氮研究组

摘 要 固氮酶是怎样在常温常压下摄取空气中的氮,并把它转化为氨的?这是个重大的科学问题。本文根据固氮酶已知的反应和络合催化原理,讨论了固氮酶的作用机理和活性中心结构。提出了由类立方烷结构的 $Fe_2S_2 \cdot Mo_2O_2$ 八原子簇构成的一对偶联的两钼一铁(2Mo—1Fe)三核活性中心模型,并用以阐明固氮酶各种底物的酶促还原反应机理,包括放氢反应机理,以及 CO 不抑制放氢反应而对其他底物的酶促还原反应显出竞争性与非竞争性的混合型抑制特征的原因。提出了二步 ATP 驱动的电子活化机理,并用以解释 $ATP/2e^-$ 的比值和不需还原剂的 ATP 酶促水解。指出了这二步 ATP 驱动的"电子活化"与绿色植物光合作用中的二步光驱动电子传递的紧密对应关系。

"人们为着要在自然界里得到自由,就要用自然科学来了解自然,克服自然和改造自然,从自然里得到自由。"工业上用于生产合成氨的哈勃过程,虽然经过六十多年的不断改进,现在还只能在高温高压下操作;然而存在于自然界中的某些微生物通过其所含铁—硫和钼的多亚基复合蛋白——固氮酶的催化作用,却能在常温常压下摄取大气中的氮,并将其还原为氨。固氮酶作用机理一旦为人们所了解,不仅可为化学模拟工作提供基础,而且对于许多生理生化过程中电子与能量偶联传递的基本原理研究将产生巨大的冲力。因此,国际上很重视对固氮酶的研究,近年来在这方面已取得重要的进展[1-6]。

现在已经知道[1-2],固氮酶的活性取决于两个不同的蛋白组分,即含铁—硫和钼的 Mo—Fe 蛋白和含铁—硫的 Fe 蛋白的同时存在,以及足量的 ATP,电子供体,和某些二价金属离子,如 Mg^{2+} 的存在。固氮酶的催化作用不是专一性的,而只是选择性的。到目前为止,已知的固氮酶底物有:N_2,H^+,CN^-,N_3^-,N_2O 和 α-炔类、烷基腈、异腈等直链小分子,以及丙二烯[7]。这些底物的酶促还原都需要 ATP 的同时水解:每消耗 2 克当量的还原剂,一般大约水解掉 4～5 克分子的 ATP;即 $ATP/2e^-$ 比值大约为 4～5[2]。但溶液的 pH,温度和过量的 Mo—Fe 蛋白,对 $ATP/2e^-$ 比值都有影响。固氮酶各种底物的酶促还原反应,按每消耗 1 克当量的还原剂计算,在常温活化能约为 14 千卡,与底物的类型无关;这表示这些不同的底物的酶促还原反应有着共同的速率控制步骤。

固氮酶研究[2-6]的进展大大扩展了关于这种金属酶的生物化学性质的知识。例如,曾证实了由克氏杆菌,巴氏梭菌和棕色固氮菌经过柱层析提纯的钼铁蛋白样品全为四聚体结构,每个分子中含有 4 个亚基,2 个 Mo 和相当大数目的铁原子以及数目与此大约相等的不稳定硫原子。相应的 Fe 蛋白分子是二聚体结构,含有 2 个亚基,4 个 Fe 和 4 个不稳定硫。然而关于固氮酶催化作用的机理仍然存在很多未能解决的问题[1]。事实上,甚至连固氮酶活性中心究竟是单核的,双核的,还是多核的仍然有些争论也还未取

---

* 本文 1975 年 6 月 17 日收到。

　化学系物质结构研究组和生物系固氮酶研究组参加了本文部分工作。

得比较一致的看法。

本文根据已知的固氮酶反应和络合催化原理，提出固氮酶活性中心模型，并用以阐明固氮酶的生物化学性能。

一、类立方烷型结构的 $Fe_2S_2 \cdot Mo_2O_2$ 原子簇构成一对偶联的两钼一铁三核活性中心

图 1 的结构是从如下几个方面的考虑推断出来的：

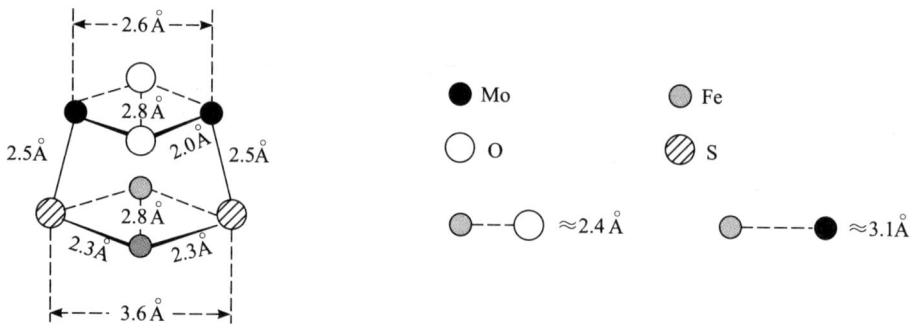

图 1 $Fe_2S_2 \cdot Mo_2O_2$ 原子簇——一对偶联双座的三核（2Mo—1Fe）活性中心

首先，考虑由固氮酶和它的模拟化合物所催化的乙炔的络合活化和还原加氢。已知固氮酶最好模拟体系是钼酸盐-半胱氨酸络合物体系[8a]和钼酸盐-谷胱甘肽络合物体系[8]，根据 Schrauzer 等的报道[8a]，这些模拟体系表现了对固氮酶几乎所有已知底物的还原反应都具有催化活性，并且 ATP 和 Fe^{II} 对这种活性也有促进作用。对乙炔还原加氢为乙烯的反应，这些模拟体系的活性又特别高：$[Mo_2O_4(cys)_2]^{2-}$ 催化剂体系在浓度范围为 $0.02 \sim 0.2M$ 时，活性与这个双核络合物催化剂浓度的一次方成正比[8a]。已知在这浓度范围内，双核络合物基本上是不离解的[9]；此外，这种双核钼催化剂的活性又高于单核 Mo^V 和半胱氨酸混合物的活性。这些结果清楚地指出了活性中心是双核的，而不是如 Schrauzer 等[8a]所提出的单核活性中心。

乙炔分子在这样的双核活性中心上的络合活化，可以设想是依如下方式发生的：双核络离子 $[Mo_2O_4(cys)_2]^{2-}$ 的两个 Mo^V 首先被还原为 Mo^{IV} 价态，同时氧桥配位体之一变为 H_2O 桥式配位体，然后立刻为乙炔分子所取代。乙炔分子处在原先由氧桥配位体所占据的位置（图 2a,b），恰好能以双侧基配位方式络合在两个 Mo^{IV} 上（Mo—Mo 核间距 $= 2.57$ Å，原先 $\begin{smallmatrix}Mo & & Mo\\ & O & \end{smallmatrix}$ 键角约为 $87°$），乙炔络合后恰好能形成两个基本上互相成直角的 $\sigma\pi$-键[1,2]。如同在双核钴络合物 $(CO)_3Co(\phi—C\equiv C—\phi)Co(CO)_3$ 中的 $\phi—C\equiv C—\phi$ 以双侧基配位体方式络合在两个 Co 上一样（Co—Co $= 2.47$ Å，C—C$\equiv$C 键角 $\approx 137°$）[10]。由于络合活化后 H—C$\equiv$C 键的弯曲，双侧基配位体 HC$\equiv$CH 的两个 H 原子将稍微朝外翘出。按这个络合活化方式，容易理解，$[Mo_2O_4(cys)_2]^{2-}$ 所催化的 C_2H_2 在 D_2O 中的还原加氢主要产物是顺式的 CHD$=$CHD[顺式双氘产物的选择性约 90%][8a]。固氮酶所催化的乙炔在氘水中的还原加氢（氘）反应，

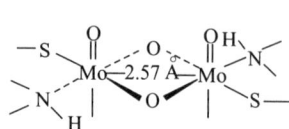

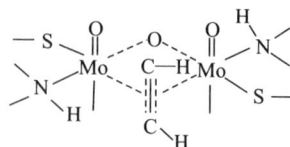

图 2a. $[Mo_2O_4(cys)_2]^{2-}$ 双核钼铬离子　　　图 2b. 乙炔分子的双侧基型络合活化

图 2

顺式 CHD＝CHD 的选择性几乎达到 100％，而且不生成乙烷。这就指出了，乙炔底物分子在固氮酶的两个钼离子上很可能也是按双侧基配位方式络合活化的。

其次考虑如下事实：作为固氮酶的底物时，α-炔，烷基腈和异腈都显示了同样的链长限制，即在直链上碳原子数目不多于 4C[1]。由此推断腈类异腈类底物分子与 α-炔类底物分子大概是按相同的取向和双侧基配位方式络合在两个钼离子上的。但是，已知腈和异腈分子强烈地倾向于按端基配位方式络合在过渡金属离子上。作为双侧基配位体，它们与活性中心的结合力应该比炔类分子弱得多。然而，作为固氮酶的底物时，$CH_3N\equiv C$ 与活性中心的结合力事实上却反而大于 $CH_3C\equiv CH$ 的结合力（以它们的 $1/Km$ 值的相对大小来衡量）。并且在固氮酶所催化的还原加氢反应中 $CH_3N\equiv C$ 也比 $CH_3C\equiv CH$ 反应快。由此推断，异腈分子除了按双侧基方式络合在两个 Mo^{IV} 外，还以端基方式络合在一个 Fe^{II} 上。烷基腈底物分子，显然也是按这样的端基加双侧基方式络合在 2Mo-1Fe 三核活性中心上的。但腈类分子作为端基配位体而言，由于电负性较大的 N 端与异腈的 C 端比较起来是一个较弱的 σ 给予体，可以预期烷基腈对 Fe^{II} 离子的亲和力将比相应的异腈弱得多，这是与实验事实相符合的。和相应的异腈比较，烷基腈具有大得多的 Km 值，并且在固氮酶催化反应中还原较为缓慢[1]。同理可以预期，由于 C 端比 N 端对 Fe^{II} 离子有较大的亲和力，CN^- 的行为就应该像异腈一样，这也与实验事实相符[1]。由固氮酶模拟化合物 $[Mo_2O_4(cys)_2]^{2-}$ 所催化的 N_2 还原加氢反应速率也与双核络合物浓度（≤0.002 M）的一次方成正比[8a]。而且高于 Mo^V 半胱氨酸混合物所催化的还原加氢反应速率。但这双核钼络合物浓度在 0.001 M 时，离解度还是不大于 2％（这是根据 Huang 和 Haight[9] 的 EPR 数据估计的）。动力学结果表明，在这里也是双核活性中心在起作用。N_2 分子与 CN^- 大小大约相同，作为固氮酶底物时，N_2 很可能也是象 CN^- 和烷基腈、异腈一样，以双侧基加端基配位方式在三核活性中心络合活化的。假如 N_2 单纯以双侧基配位体方式络合在固氮酶分子的两个 Mo^{IV} 上（Mo^{III}/Mo^{IV} 的氧化还原电位太低，因此在固氮酶反应中大概不会出现 Mo^{III} 价态）[8a]，则 N_2 对活性中心的亲和力应该比乙炔分子的亲和力弱得多。但这是不符合实验事实的；N_2 的 Km 值事实上比乙炔分子的 Km 值小，这也加强了 N_2 是以双侧基加端基配位方式络合在固氮酶的三核活性中心上的论断。这种络合活化方式应能有成效地削弱 $N\equiv N$ 三重键（其中第一重键是特别强的），而且留下 N_2 分子未络合的一端又可作为还原加氢的突破口。关于分子氮在多核固氮络合物中的络合活化机理，国内有些单位[11a,11b]最近采用分子轨道法作了重要的研究。

N_2，CN^-，烷基腈和异腈在三核活性中心上的双侧基加端基配位络合，完全规定了三个核的相对位置。

最后，参照有关的化合物，$Na_2[Mo_2O_4(cys)_2]\cdot 5H_2O$[12]，$(\pi\cdot C_5H_5)_2Mo(SBu)_2\cdot FeCl_2$[13] 和细菌铁氧还蛋白（Fd）[14]的已知结构，以及考虑了两个钼离子呈现强烈的自旋偶联，以致在 Mo—Fe 蛋白的全还原态或半还原态，以及氧化态中都没有观察到 Mo 的 EPR 信号的事实，本文提出了一对"骈背孪生"地偶联在一起的三核（2Mo-1Fe）活性中心模型（见图1），图1所标出的原子间距很好地对应于以上所指出的有关化合物的相应原子间距。具体地说，在 $(\pi\cdot C_5H_5)_2\cdot Mo(SBu)_2\cdot FeCl_2$ 中 Mo—S 和 Fe—S 的原子间距分别为 2.464 Å 和 2.88 Å；而在 Fd 和它的模拟物中 Fe—S，Fe—Fe 和 S—S 间距大约分别为 2.3 Å，2.8 Å 和 3.6 Å。根据这些结构参数，在 $Fe_2S_2\cdot Mo_2O_2$ 原子族中，Mo—S 原子间距应为 2.4—2.5 Å；而从 Fe^{II} 到上面的氧桥配位体核间距约为 2.4 Å，约等于从 Fe^{II} 核到以端基配位的 N_2 的三重键中心的距离。为了 N_2 配位体按双侧基配位方式络合在 2 个 Mo^{IV} 上，键角（原先的 $\underset{O}{Mo\diagdown\ \diagup Mo}$ 键角约87°）和 Mo—Mo 核间距（2.57 Å）也正好合适。至于为什么要提出"骈背偶联"的一对活性中心这样的"偶联双座"模型，而不是分立的单座模型，这待下面讨论固氮酶反应的抑制时，就容易看出道理。在此附带地指出，在 $Fe_2S_2\cdot Mo_2O_2$ 八原子簇中的两个铁原子可能就是 Smith 和 Lang[15] 所观察到的 Mo—Fe 蛋白

Mössbauer 光谱中 M_4 信号所表示的那一对铁原子。

还应该指出,如果活性中心只是单个钼离子所构成,那么,根据已知的配位化学知识,烷基腈和异腈分子都会强烈地倾向于按端基配位方式络合在这一个钼离子上。然而,炔类分子却只能以侧基方式络合,这就难以理解为什么这三种类型的底物分子会受到同样的链长限制。最后还可指出,双核钼活性中心模型,例如,Шилов 等所提出的一个模型,即 N_2 支撑在两个 Mo^{IV} 上的双端基桥式配位,或假设 N_2 以单侧基加单端基配位,这些模型的论据都有弱点。因为这样的配位取向,与按双侧基方式络合着的乙炔底物分子的配位取向是横与直的关系,这就要求活性中心有较大的空间。而在酶系的活性中心处,"一般不会有这么大的回旋余地"。以下的事实也否定了双端基配位络合的假设,即连二亚胺和肼都不是固氮酶的底物[1],连二亚胺亦不是模拟络合物 $[MO_2O_4(cys|_2)]^{2-}$ 的底物[8a]。

二、三核活性中心催化 H^+ 还原为 H_2 的反应

容易看出,上述的 2Mo−1Fe 三核活性中心也恰好具备作为放氢反应活性中心的合适的结构条件。当活性中心获得电子而处于还原态时,跨在两个钼离子上的两个氧桥之一,亦直接或间接地从水介质中取得两个质子而变成一个 H_2O 桥式配位体(图 3a)。其中有一个 H 紧靠在 Fe^{II} 离子上,这个 H 容易转移到 Fe^{II} 上而成为氢基配位体,留下一个羟基配位体在两个钼离子上(这一步如果无外加电子和 ATP 而能自发地进行,就是水分子的氧化加成反应)。活性中心再获得电子后,上述的羟基配体的 H 如再转移过来,就可与铁离子上的氢基配位体结合,成为 H_2 而解络。实际上,这两个 H 转移步骤很可能是按两个 e^-+H^+ 的转移步骤进行的;其过程可以设想是:在 $MgATP^{2-}$ 的驱动"活化"下,电子可以通过硫桥从 Mo^{IV} 转移到 Fe^{II}。同时从 H_2O 桥式配位体(第一步)或从—OH 桥式配位体(第二步)转移一个 H^+ 到 Fe^{II} 上或氢基配位体上;最后留下氧桥配位体在两个钼离子上。第二步也可以设想是,电子从 Fe^{II} 中心转移到配位的氢离子分子 $H·H^+$。若两个钼离子是保持在 Mo^{IV} 价态,则氧桥配位体容易再接受 2 个 H^+,而重新成为 H_2O 桥式配位体。上述的电子转移过程和质子转移过程是互相促进的。最近 Stiefel[16] 阐明了这个协同转移的原理。

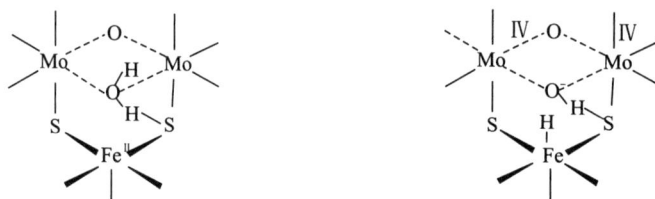

图 3a. 2 个 Mo^{IV} 上的 H_2O 桥式配体,　　图 3b. 放氢反应的一个中间步骤

图 3

刚才描述的放氢反应机理与水溶液中两个 $[CO(CN)_5]^{3-}$ 络离子通过氧化加成反应,可逆地分裂地络合活化 H_2 和分裂地络合活化 H_2O 的机理[17]颇为相似:

$$[(CN)_5CO]^{3-}+HOH+[CO(CN)_5]^{3-} \rightleftharpoons [(CN)_5COH]^{3-}+[HOCO(CN)_5]^{3-}, \quad (1)$$

$$[(CN)_5COH]^{3-}+[HCO(CN)_5]^{3-} \rightleftharpoons [(CN)_5CO]^{3-}+H-H+[CO(CN)_5]^{3-}。 \quad (2)$$

固氮酶所催化的 H_2O 的活化和 H_2 的放出是由处于适当位置的三核协同作用,并在足量的电子供应下发生的;因此,应该会比上述的两个钴络离子的络合活化更有成效。此外,固氮酶所催化的放氢反应,是与固氮酶所催化的 ATP 水解偶联在一起进行的,从而获得额外的推动力。

采用这个模型,就能解答为什么 CO 不抑制放氢反应。可以设想,在一对偶联的三核活性中心并行地络合着的两个 CO 分子之间将会产生偶极-偶极相互排斥力,而且由于从同一对 Mo^{IV} 离子互相竞争反

馈的电子,也会产生使配体互相排斥性的诱导效应。这二个因素使得二个 CO 分子难以同时占据两个偶联着的活性中心。但是,当偶联着的一对三核活性中心之一已为一个 CO 分子所占据时,另一个活性中心仍然可以络合一个 H_2O(或其他 σ 型桥式配位体,如 $=NH$),并作为放氢中心。H^+ 的还原速率不会由于相邻活性中心为 CO 所占据而降低,因为还原速率只受"电子活化"速率所控制。

Hwang 和 Bmris[18] 所得的关于受 CO 抑制的 N_2,N_3^- 或 C_2H_2 的固氮酶催化还原,和 C_2H_2 抑制 N_2,或 N_3^- 抑制 C_2H_2 的酶促还原,速率方程都显示出混合型的抑制性质。即在分母中全都含有表示竞争性抑制的一项(I/K_{is} 项)和另一个表示非竞争性抑制的项(I/K_{ii} 项)。而受 CN^- 或 CH_3NC 抑制的 N_3^- 酶促还原,似只呈现竞争性抑制。从这些结果,他们推论有五种类型的分立的活性部位,或化学吸附部位。但是,值得注意的是,固氮酶分子中只有两个钼原子,而且他们未能阐明混合型的抑制特征。用这偶联双座的活性中心模型,就能解释这些奇特的抑制特征:正如以上所述,CO 只能占据偶联体的一个三核中心,所以 CO 只能竞争偶联体的一个三核中心。但是正如以上所解释的那样,通过偶极-偶极相互排斥和诱导效应,CO 的络合也使得另一个三核中心较难为 $\sigma\pi$-配位型的底物分子所利用;这样,CO 的抑制作用既是竞争性的,在较小程度又是非竞争性的。C_2H_2 抑制 N_2,或 N_3^- 抑制 C_2H_2 的酶促还原由于相互竞争还原反应所需的电子而具有非竞争性抑制的附加因素。N_3^- 和 CN^- 离子无论是单独存在还是以混合物出现,基本上都只能占据偶联体的一个活性部位;这是由于负电荷-负电荷的相互排斥作用。所以对这些底物分子来说,"孪生"的一对活性中心实际上只表现出单一的三核活性中心的性质。因此 CN^- 抑制 N_3^- 的还原,基本上只表现竞争性抑制。同样,N_3^- 和 CH_3NC 无论是以分开的样品,或是以混合物存在,可能都只占据偶联体的一个三核中心。其中的一个原因是由于络合在相邻位置上的两个底物分子的尾巴部分会产生立体空间位阻。于是 CH_3NC 抑制 N_3^- 的还原反应基本上也只呈现是竞争性抑制。附带指出,考察同系物分子,(例如,C_2H_2 和 $CH_3C\equiv CH$)是否亦表现混合型的相互抑制,就可以进一步检验这个偶联双座模型。

用这个偶联双座模型也能够较好地解释 NO 对放氢反应的抑制作用。由于较弱的偶极-偶极相互排斥和较弱的诱导效应,两个 NO 分子能同时占据偶联体的两个三核中心。然而,当偶联体的一个三核中心已为 CO 所占据时,另一个三核中心就比较不容易为 NO 分子所占据。这是因为先行络合的 CO 对将要络合的 NO 发挥较强的偶极-偶极排斥和较强的诱导效应。所以,CO 的存在会减少 NO 对放氢反应的抑制效应。这与 Гвозтев 等[19] 所观察到的实验结果是一致的。

三、固氮酶底物的酶促反应机理

图 4 是固氮酶各种底物的还原反应机理,它说明了还原加氢的每一步都是以输送 $2e^- + 2H^+$ 或 $e^- + H^+$ 给络合着的底物分子而发生的。输送的一个方式是:每个 Mo^{IV} 离子送出一个电子给络合着的底物分子,同时还从一个含 H 配位体(—OH,—NH—,或—SH)转移一质子至同一底物分子或其反应中间物。

考虑到连二亚胺和肼都不是固氮酶底物的事实,由固氮酶所催化的分子氮还原加氢反应,大概不经过络合着的连二亚胺或肼中间物,而是经过 1-η 亚肼基中间态络合物。据 Chatt 等[20] 的报道,用 HBr 处理分子氮的络合物 $Mo(N_2)_2(dppe)_2$ 及 $W(N_2)_2(dppe)_2$ 时,得到 $MoBr_2(N_2H_2)\cdot(dppe)_2$ 及 $WBr_2(N_2H_2)(dppe)_2$,其中 N_2H_2 配体很可能是以 1-η 亚肼基配位体的形式存在。在固氮酶的三核活性中心上,这样的配位体应易进一步被还原。

分子氮在固氮酶活性中心上的还原反应,受到 H_2 的特殊的与竞争性的抑制,同时它又促进 H_2 与 D_2O 之间的同位素交换[1,2]这两个特征反应可能是相互关联的。交换的机理或许是通过 D_2O 与图 4 中

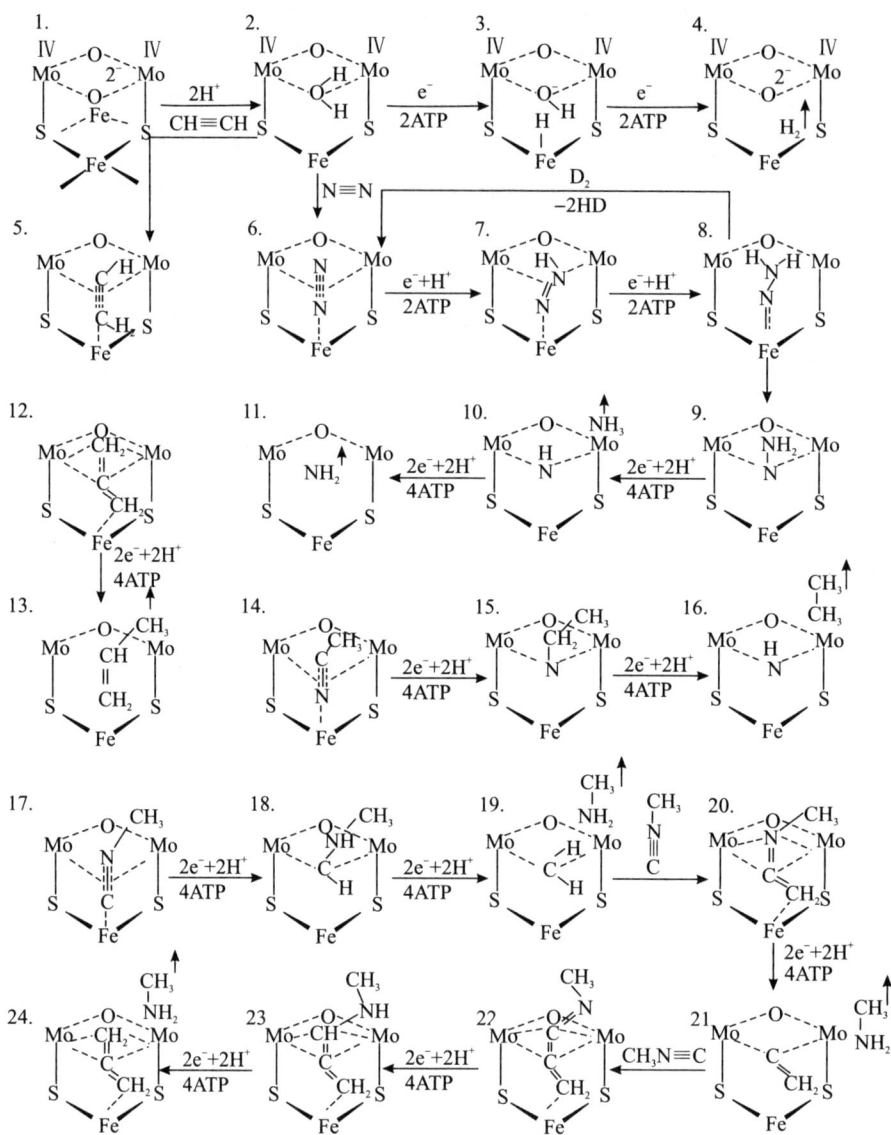

图 4　固氮酶各种底物的还原反应机理

(7)所示的加氢中间态络合物进行交换的。其机理与 Parshall 所提出的[1]相似。然而，根据 Bulen 最近所得结果[2]，这个形成 HD 的反应很可能不是真正的同位素交换反应，而是络合着的氢化中间物 N_2H_2，与络合活化了的 D_2 之间的脱 HD 反应。图 4 中(8,6)表示一个可能的机理，D_2 可通过与二个 Mo^{IV} 离子或在其中之一的络合而被活化。

丙二烯是迄今已知的固氮酶的唯一不含三重键的有机底物分子。资料[7]简要地提过，此底物的还原加氢或许是先通过催化异构化成丙炔。但要使 H 由一亚乙烯基转移至另一亚乙烯基，就需要一个 1，3-氢移位的活化过程，而且异构化后，在加氢步骤又需再把一个 H 加回到 1—位上去。因此，异构化这步似属多余。不管是什么机理，第一步必然是丙二烯在活性中心上的直接络合。图 4 中(12)表示丙二烯分子的一个可能的络合方式，图 4 中(13)表示这个络合着的配位体的直接加 $2e^- + 2H^+$，并转变为 $CH_3CH = CH_2$。此机理容易通过采用氚化的丙二烯，$CD_2 = C = CD_2$ 的同位素示踪法加以验证。

甲胩(CH_3NC)在固氮酶三核活性中心上的还原加氢，可依图 4 中(17)—(24)所示机理进行。络合着的 $CH_3N \equiv C$ 接受 $4e^- + 4H^+$ 后，放出一分子甲胺，而留下亚甲基桥式配位体。后者与一未络合的 $CH_3N \equiv C$ 分子直接结合成 $CH_3N = C = CH_2$ 配体，它是以同 $CH_2 = C = CH_2$ 配体相象的方式络合着的。已知游离的碳烯（CH_2）能与 N_2 这样的不活泼分子直接结合；因此，络合着的碳烯分子与游离的异腈分子的直接结合是个合理的假设。进一步加 $2e^- + 2H^+$ 生成另一分子甲胺与络合着的亚乙烯基桥式配体，后者亦为碳烯型配位体，可进一步还原为乙烯或乙烷，或与另一游离的甲脒分子结合成为络合着的 $CH_3 \cdot N = C = C = CH_2$（此分子的右端具有丙二烯型的双链系。可试验 1,2-丁二烯是否能作为固氮酶的底物来检验上述机理的正确性）。进一步的加氢还原，应产生另一甲胺和丙烯或丙烷分子。这些产物都是实际上观察到的[1]。依此机理，亦易说明观察到的如下实验事实：当底物是乙脒（$C_2H_5N \equiv C$）时，反应产物中有 $CH_2 = CH_2$，但无 $CH_3CH = CH_2$。这是由于链长的限制（链长不超过 4C），$C_2H_5N \equiv C$ 虽能与 $=CH_2$ 结合，却不能与 $=C=CH_2$ 结合。氮酶所催化的 CN^- 的酶促还原反应方式，与异腈的酶促还原所取的途径显然是相同的，产物中也有少量的乙烯和丙烯[1]。

CH_3CN 受固氮酶催化还原加氢生成 CH_3CH_3，与一络合着的亚氨基桥式配位体，—NH—，后者进一步还原而成 NH_3[图 4 中（14—16）]。N_2O 的络合（图 4 中未表出）使分子破裂，放出 N_2 而留下氧桥配位体，后者进一步还原成 H_2O。络合在三核活性中心上的 N_3^-（图 4 中未表出）易吸收一个质子而裂掉 N_2，形成的亚氨基桥式配体进一步还原成 NH_3。

由此可见，根据这些机理，所有上述底物的固氮酶催化的还原加氢，除 α—炔类外，都经过碳烯（即亚甲基）、氮烯（即亚氨基）、或"氧烯"（即氧桥）中间物（所成配键的离子性按次序递增），还原加氢反应的每一步是以 $2e^- + 2H^+$ 或 $e^- + H^+$ 迁移至络合着的底物分子，或其反应中间物的方式进行的；质子来自水介质，可能是间接地通过某些络合着的含 H 的配位体，如—OH，—NH—或—SH；电子是通过三核活性中心的两个 Mo^{IV}，或在某些情形下通过 Fe^{II} 迁移的。每迁移两个电子，约有 4 个 ATP 分子水解掉。不必假定有其他催化功能的参与（如对水合或脱水作用的催化功能）。

四、固氮酶反应中 ATP 的作用机理和 EPR 信号变化的解释

ATP 在固氮酶反应中的"电子活化"过程是怎样起作用的？这是一个深入到生物能量转换和贮存机制的科学问题。Mortenson 等[21,22] 和 Smith 等[15,23] 最近采用 EPR 及其他实验方法，对这问题进行了一些重要的研究。图 5 中（1,4,5）三步相当于 Smith 等[23] 用以表示克氏杆菌固氮酶（Kp）EPR 实验结果的三角形图解的（i），（ii），（iii）三步；其中（1_0）和（2_0）分别代表深度还原态的 Kp1 和氧化态的 Kp2，下角"0"表示这些状态无 EPR 信号；（1_s）和（2_s），以及（$2_s'$）分别代表半还原态的 Kp1 和还原态的 Kp2，以及后者与 $MgATP^{2-}$ 络合着的状态，下角"s"表示这些状态各有其特征的 EPR 信号。Mortenson 等对于巴氏梭菌固氮酶（Cp）的 EPR 实验结果的解释[21,22] 相当于图 5 中（1—5）五步。从图 5（1—5）可以看出，由于（2）步比（4）步快得多，固氮酶主要应该是按图 5（1,2,3）三步所示的那样循环起作用。Cp1 和 Cp2 的特征 EPR 信号与 Kp1 和 Kp2 的特征 EPR 信号几乎完全相同；（1_0），（1_s），（2_0），（2_s）和（$2_s'$）等几个态相应地也可表为（M），（M^{2+}），（A^{2+}），（A）和（A'），其中（A'）＝（A·2MgATP）[21]。

附带指出，Mortenson 等[21] 和 Smith 等[23] 在上述 EPR 实验中，都使用了浓度较高的 Mo—Fe 蛋白样品。在这样浓的溶液中 Cp1 和 Kp1 基本上全是四聚体结构（$\alpha_2\beta_2$）。他们的实验结果表明，（M^{2+}）与（A'），即（1_s）与（$2_s'$）的络合和电子传递都是非常快速的过程，没有显出初期滞后的现象。又 Eady 等[5] 曾用 Kp1 样品滴定 Kp2 样品，发现活性高峰出现在 Kp1（四聚体，$\alpha_2\beta_2$）：Kp2（二聚体，γ_2）≈1.2：1；他们还用超离心法分离出 Kp1（四聚体）与 Kp2（二聚体）的 1：1 络合物。从以上这些实验事实看来，Cp1 或 Kp1 的四聚体分子很可能都不需要先解离为二聚体分子，然后才能参与组成活泼的固氮酶分子。这是活性中心含 2 个 Mo 的补充论据。

Mortenson 等[21] 和 Smith 等[23] 的实验结果都表明了，固氮酶反应中的电子传递是按下列顺序进行

$$
\begin{array}{c}
(1_s) \quad (2_s) \xrightarrow{\ \text{MgATP}^{2-}\ } (2'_s)
\end{array}
$$

（图示：固氮酶 EPR 信号变化的反应网络，含 $S_2O_4^{2-}$、H_2、H^+、$-Pi$、$MgATP^{2-}$ 等，标注 (1)～(5) 各步骤，左右两侧 $\{S_2O_4^{2-},\ ATP\}$ 的过量($\sqrt{}$)与不足($\times$)组合）

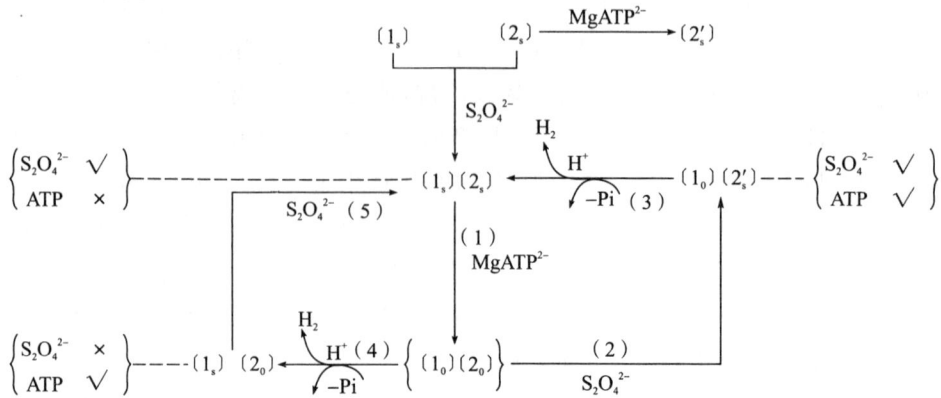

图 5　Mortenson 等和 Smith 等关于固氮酶 EPR 信号变化的实验结果和解释

$[(1_s)=(M^{2+}),\ (1_0)=(M),\ (2_0)=(A^{2+}),\ (2_s)=(A),\ (2'_s)=(A\cdot 2MgATP);\sqrt{}$ 表示过量，

$\times$ 表示不足或耗尽，弯箭号中间注有 $-Pi$ 表示 ATP 水解产生 ADP 和 Pi]

的:电子供体($S_2O_4^{2-}$)→Fe 蛋白→Mo−Fe 蛋白→底物分子。在无 $MgATP^{2-}$、或 $MgATP^{2-}$ 不足而 MgADP 过多的情况下,Fe 蛋白不能将电子传递给 Mo−Fe 蛋白。然而,这些研究者都未能明确地指出固氮反应的速率控制步骤,因而未能完满地解释在有过量 S_2O_4 和过量 $MgATP^{2-}$ 存在的稳恒反应条件下,为什么大部份固氮酶分子中的 Mo−Fe 蛋白处于无 EPR 信号的深度还原态(M),即(1_0)态,而 Cp2 则主要处于(A')态,即($2'_s$)态。

下面将要说明,根据现有资料[2,21−23]我们认为,固氮酶反应中的电子传递是借助于二步的 ATP 驱动而进行的,而不是仅只一步。即需要两步的 ATP 驱动"电子活化",而不是如一般所假设的仅只一步;而且反应速率控制步骤很可能是 $MgATP^{2-}$ 与深度还原态 Mo−Fe 蛋白(M)的络合,而不是固氮酶上 ATP 的水解。

在 pH=7.5 时,Fe 蛋白的氧化还原半波电位($E^{(0)'}_{A,A^{2+}}$)为 −0.250 伏[2];加入 $MgATP^{2-}$ 后,这电位降到 −0.395 伏($E^{(0)'}_{A',A^{2+}}$)。此值比 Mo−Fe 蛋白的氧化还原电位负得多,因此,当(A')态的 Fe 蛋白与(M^{2+})态的 Mo−Fe 蛋白混合时,立即发生快速的电子迁移,即电子迅速地从(A')迁移到(M^{2+})而产生(M)(A^{2+}),即(1_0)(2_0)瞬间态。这时可看到(A')和(M^{2+})的 EPR 信号、即($2'_s$)和(1_s)信号强度的瞬时降低。但是,随着(A')和(M^{2+})二者的浓度因电子迁移的结果而降低,此电子迁移的速率必然也将降低。不久就会被电子从 $S_2O_4^{2-}$ 向(A^{2+})的快速迁移所赶上,使固氮酶转入(M)(A')态,即(1_0)($2'_s$)态。这时体系主要显出($2'_s$)的 EPR 信号。但是,由于(A')的半波电位(−0.395 伏)比铁氧还蛋白(Fd)这种生理的电子载体的半波电位($E^{(0)'}_{Fd}=-0.37$ 伏)还要负,因此,只要 Fe 蛋白(A^{2+})还络合着 $MgATP^{2-}$,则铁氧还蛋白(Fd)就难以对 Fe 蛋白补充电子,使其恢复到(A')态。看来为了保证电子的随时补充,自然界安排了如下的巧妙办法:即,当 $MgATP^{2-}$ 一完成其驱动电子从(A')传递到(M^{2+})的效能时,就立即通过水解(变为 MgADP 和 Pi)而自动从(A^{2+})上脱除。这样,在这一步的"电子活化"每迁移 2 个电子,就要消耗掉 2 个 ATP 分子。

固氮酶进入(1_0)($2'_s$)态后,如果紧接下去的也是一个快速的电子过程,则(1_0)($2'_s$)就不能有如 Mortenson 等[21]所观察到的那样明显的浓度积累。由此看来,紧接下去的应该是一个比较缓慢得多的、非氧化还原的过程(即非电子过程)。从(1_0)($2'_s$)态出发,还必须经过这一个反应速率控制步骤,才能开始还原底物分子。但这一步与底物的性质无关,因为活化能都是一样大小;而且也不是 ATP 的水解。因为上面已经指出,与(A^{2+})络合着的 $MgATP^{2-}$ 的水解必须是快速的过程,否则(A^{2+})就难以迅速地从电子载体获得补充的电子而回到(A')态。根据下述理由,我们认为这反应速率控制步骤是深度还原态 Mo

—Fe 蛋白(M)的 $Fe_2S_2 \cdot Mo_2O_2$ 原子簇与 2 个 $MgATP^{2-}$ 的络合。

在 pH=7.0 的中性水溶液中，氢的氧化还原半波电位为 $E_H^{(0)'}=-0.414$ 伏；这比还原态的 (A') = A·2MgATP 的半波电位(-0.395 伏)还要负些。显然，(A') 无法将 (M^{2+}) 还原到一个比 $E_H^{(0)'}$ 更负的氧化还原电位，以使这还原态的 Mo—Fe 蛋白能转而还原底物 H^+ 而析出 H_2。由此看来，还需要再一步的 "电子活化"。注意到 $MgATP^{2-}$ 与 Fe 蛋白(A)的络合能使后者的氧化还原电位从 -0.250 伏降到 -0.395 伏，又注意到 ATP 也能提高固氮酶模拟体 $[Mo_2O_4 \cdot (cys)_2]^{2-}$ 对于底物还原反应的催化活性[8a]，而且在这里并不存在蛋白质变构的因素。可以设想，$MgATP^{2-}$ 如果与深度还原态的 Mo—Fe 蛋白(M)络合，也会降低后者的氧化还原电位，而且有可能使其达到比 $E_H^{(0)'}$(-0.414 伏)更负的数值，以驱动电子从 (M') 传递给络合着的底物 (H^+)。虽然半还原态 Mo—Fe 蛋白 (M^{2+}) 不能与 $MgATP^{2-}$ 络合，但是，与 Fe 蛋白络合着的深度还原态 Mo—Fe 蛋白(M)是有可能与 $MgATP^{2-}$ 络合的，犹如还原态 Fe 蛋白(A)就能与 2 个 $MgATP^{2-}$ 络合。$MgATP^{2-}$ 是双配位基的螯形配位体，其中两个相邻的 基团之

间的距离(从多磷酸盐已知的结构参数[25]估计)约为 2.9 Å。Fe 蛋白的 Fe_4S_4 原子族很可能与细菌铁氧还蛋白(Fd)中的 Fe_4S_4 原子簇具有相似的类立方烷结构[14]，其中每一对 Fe^{II} 离子的核间距约为 2.8 Å。可以设想，A·2MgATP 络合物中的 Fe_4S_4 原子簇的两对铁离子 (Fe^{II})，每一对各络合着一个 $MgATP^{2-}$。图 1 所示的 Mo—Fe 蛋白(M)中的 $Fe_2S_2 \cdot Mo_2O_2$ 原子簇，也具有与 Fd 相似的类立方烷或假立方烷结构，其中 $Mo^{IV}—F^{II}$ 核间距约为 3.1 Å。每一对 $Mo^{IV}—Fe^{II}$ 可能各络合一个 $MgATP^{2-}$。络合着的 $2MgATP^{2-}$ 使 Mo^{IV} 和 Fe^{II} 的配位场增大，从而提高活性中心送出电子的能力。这可能就是 ATP 驱动的 "电子活化" 机理。与活性中心络合着的 $2MgATP^{2-}$ 一完成其驱动电子传递的效能，很可能也是通过水解迅速地从 (M^{2+}) 上脱除，使 (M^{2+}) 能迅速地从 (A') 获得补充的电子而恢复到 (M) 态。这样，在这一步的 "电子活化"，每迁移 2 个电子，也要消耗掉 2 个 ATP。因此，二步的 ATP 驱动"电子活化"所消耗的 ATP 加在一起，就得出 $ATP/2e^-$ 的理论比值为 4；这比值相当靠近于一般所报道的[2]实验比值 4—5。

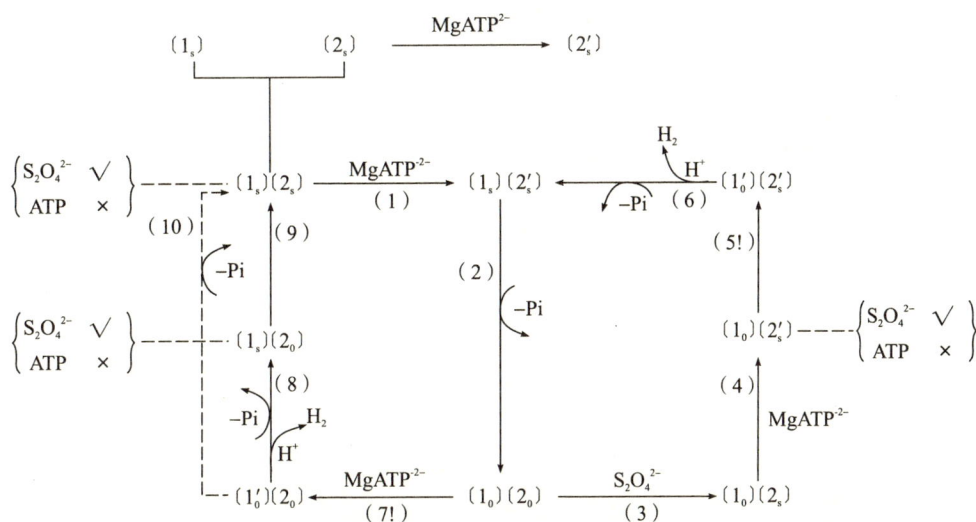

图 6 二步 ATP 驱动的电子传递与固氮酶反应中 EPR 信号变化的解释

$[(1_s)=(M^{2+})$, $(1_0)=(M)$, $(1_0')=(M \cdot 2MgATP)$,

$(2_0)=(A^{2+})$, $(2_s)=(A)$, $(2_s')=(A \cdot 2MgATP)$;

√过量 ×耗尽，或不足，(5!)(7!)速率控制步骤]

假若 ATP 驱动的"电子活化"仅只一步,则 ATP/$2e^-$ 的理论比值应为 2,而不是 4;与实验比值 4—5 比较,这表示有一半以上的 ATP 白白浪费掉!但是,经过亿万年进化的固氮微生物对于 ATP 的利用率应该不至于这样低。从这一点也可看出,二步 ATP 驱动的"电子活化"机理要比一步 ATP 驱动的"电子活化"机理来得合理。

根据上述机理也能比较完满地解释 Mortenson 等[21]的 EPR 实验结果。当 $S_2O_4^{2-}$ 和 $MgATP^{2-}$ 都过量而且反应达到稳恒态时,85%以上的固氮酶分子处于(M)(A′)态,即(1_0)($2'_0$)态[2,21]。这是由于反应中间态物料总是在反应速率控制步骤这个动力学的隘口之前有较大的积累。当 $S_2O_4^{2-}$ 耗尽,而余下足量的 ATP 时,固氮酶分子大部份停留在(M^{2+})(A^{2+})态,即(1_s)(2_0)态;这一实验事实[21]容易从图 6 得到说明。而当 $S_2O_4^{2-}$ 过量,而 ATP 不足时,EPR 实验结果[21]表明,大部份固氮酶分子处于(1_s)(2_s)态,即(M^{2+})(A)态.而从图 6 中(1-10)看来,这时固氮酶分子大部份应停留在(1_0)(2_s)态,即(M)(A)态。看来在 ATP 不足而 $S_2O_4^{2-}$ 过量时,固氮酶(M)(A)中的还原态活性中心 $2Mo^{IV}-Fe^{II}$ 仍有可能按相似于 2[CO(CN)$_5$]$^{3-}+H_2O$ 的氧化加成反应[见反应式(1)],自发地、但较缓慢地与 H_2O 进行氧化加成反应,使(M)(A)态转化为(M^{2+})(A)态,即($1s$)($2s$)态。也就是说,在 ATP 不足而 $S_2O_4^{2-}$ 过量时,图 3b 所示的氧化加成步骤也能进行,但可能比较缓慢得多。

五、电子倒流与 ATP/$2e^-$ 比值和不需还原剂的 ATP 水解

图 6 所示的二步 ATP 驱动"电子活化"机理,也能阐明为什么 ATP/$2e^-$ 比值一般略大于 4,而且随着 Mo−Fe 蛋白的过量而增大。由于图 6 中(3),(4)这二步都比酶促转化的速率控制步骤图 6 中(5!),或(7!),快得多[23]。在 $S_2O_4^{2-}$ 和 ATP 都过量时,固氮酶反应主要按图 6 中(3,4,5!,6,2)循环进行着;其ATP/$2e^-$ 比值应为 4。但是,反应总还有小小的概率按图 6 中(7!,8,9,1,2)以及(7!,10,1,2)循环进行着;其中图 6 中(10)步骤为代表着电子由(M′)倒流到(A^{2+})的电子倒流步骤。由于这一步白白消耗 ATP,因而所观察到的总反应的 ATP/$2e^-$ 比值一般略大于 4。

如果(A^{2+})从 $S_2O_4^{2-}$ 获得电子的过程,即图 6 中(3)及(9)两步受到障碍,例如,当 Mo−Fe 蛋白过量,使 Fe 蛋白分子有较多机会(通过络合和解络的动态平衡)被夹进二个 Mo−Fe 蛋白分子中,以致不能有效地与 $S_2O_4^{2-}$ 接触时,则反应按图 6(7!,10,1,2)循环进行的概率就会大增,即电子倒流的概率和观察到的总反应的 ATP/$2e^-$ 比值就会大得多.这与 Ljones 等[24]的实验结果是一致的。

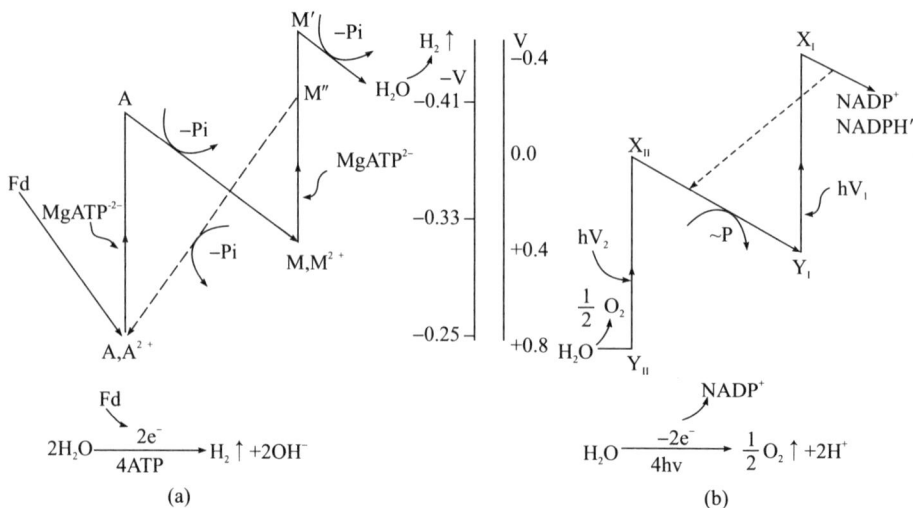

图 7　固氮酶反应中的二步 ATP 驱动电子传递(a)及其与植物光合作用中二步光驱动电子传递(b)的对比

($\overset{-Pi}{\frown}$:ATP+Pi. 　$\overset{\frown}{P}$:ATP+Pi→ATP)

当还原剂已耗尽而 ATP 还过量时,则反应只能按图 6 中(7,10,1,2)循环进行而不断地白白消耗 ATP。这就阐明了不需还原剂的 ATP 酶促水解机理。根据资料[24]的报道,这不需还原剂的 ATP 酶促水解仅为需还原剂的 ATP 酶促水解的 6%～10%。可见大部份的固氮酶已通过图 6 中(8)所示的放氢反应步骤而进入、并停留在$(1_x)(2_0)$态,即$(M^{2+})(A^{2+})$态,如 Mortenson 等[21]所观察到的结果。而小部份的固氮酶由于 Mo—Fe 蛋白的电容器系统(我们认为,Mo—Fe 蛋白的庞大的 Fe_nS_n 系统主要起着电容器的作用)所贮存的电子已输出一部份以还原底物而减少了电子容量,以致活性中心再与 $2MgATP^{2-}$ 络合后已不能再达到图 7b 的 M' 位的氧化还原电位,而只能达到大约相当于 M'' 位的氧化还原电位。因而不能再还原底物(H^+),电子只能沿着虚线箭号所示方向倒流到(A^{2+})。然后又在 ATP 的驱动下,按实线箭号,由(A)流回(M^{2+})。这样,电子在 ATP 的驱动下来回流转,相当于反应按图 6 中(7!,10,1,2)循环进行着。

六、二步 ATP 驱动的"电子活化"与光合作用中二步光驱动电子传递的对应关系

值得注意的是,如图 7 所示,固氮酶反应中的二步 ATP 驱动的电子传递与绿色植物光合作用中的二步光驱动的电子传递存在着紧密的对应关系。在光合作用中,每迁移 4 个 H 需要消耗 8—10 个光量子[26],相当于 nhv/2e$^-$ 约为 4～5,与固氮酶反应中一般所测得的 ATP/2e$^-$ 比值非常靠近。这表示植物光合反应系统对光量子的利用率也很高。光合作用中也有电子倒流现象,因而 nhv/4H 一般也略大于 8。光驱动的电子传递过程还利用一部分能量于光合磷酸化,合成 ATP,作为化学能贮存起来。如同汽车用引擎开上高坡后,再下坡前进时,利用一部分能量使蓄电池充电。而 ATP 驱动的电子传递,则由 ATP 的水解反应获得所需要的附加动力。电子传递如何促进 ATP 的酶促合成或水解,这是许多生理过程中能量的转换、传递和贮存机制方面的极为重要的问题。植物光合作用单位一个酶促中心有着三百个左右的叶绿素 a 分子相配合,后者庞大的共轭双键体系起着"量子转化体"和贮能的作用。固氮酶 Mo—Fe 蛋白的庞大的 Fe_nS_n 体系大概也起着电容器的作用。固氮酶反应中的二步 ATP 驱动电子传递所引致的放氢反应,相当于水的电解中的阴极放氢反应,还原态的铁氧还蛋白(Fd)代替阴极充当电子源。在二步 ATP 的驱动下,电子的传递进着约 60 毫伏电动势而进行;而植物光合作用中的二步光驱动电子传递所引致的放氧反应,则相当于水的电解中的阳极放氧反应,$NADP^+$ 代替阳极充当电子接受体,在二步光驱动下,电子传递逆着约 1.1 伏的电动势而进行。无怪这两个电子与能量偶联传递的过程存在着紧密的对应关系。

参考资料

[1]Hardy, R. W. F.,et al.,Advan. Chem. ser.,**100**(1971),219.

[2]Zumft,W. G.,Mortenson,L. E.,Biochim. Biophys. Acta.. **416**(1975),9～52.

[3]a. Huang,T. C.,Zumft,W. G.,Mortenson,L. E. J. Bacterial.,**133**(1973),881～890.

　　b. Zumft,W. G.,Mortenson,L. E.,Eur. J. Biochem.,**35**(1973),401.

[4]Stasny,J. T.,et al.. J. Cell. Biol,**50**(1974),311～316.

[5]Eady,R. R.,et al.. Intern. Conf. Nitrogen Fixation. 1974(Wash,U. S. A.); absts. See also Biochem. J. **128**(1972),655～675.

[6]a. 中国科学院北京植物研究所七室,植物学报,**15**(1973),2,110.

　　b. 中国科学院辽宁林业土壤研究所微生物研究室生物固氮组,应用微生物,1974,1,14.

c. 上海植物生理研究所固氮酶组，生物化学与生物物理学报，**8**(1976)，2，161.

[7]a. Kelly，M.，Biochem. J.，**107**(1968)，1.

　　b. Hardy，R. W. F.，Jackson，E. K.，Fed. Proc.，**26**(1967)，725.

[8]a. Schrauzer，G. N.，et al.，J. Amer. Chem. Soc.，**96**(1974)，641；及该专题的其他文章.

　　b. Werner，D.，et al.，Proc. Nat. Acad. Sci. U. S. A.，**70**(1973)，339.

[9]Huang，T. J.，Haight，G. P. Jr.，J. Amer. Chem. Soc，**92**(1970)，2336.

[10]Sly，W. G.，J. Amer. Chem. Soc.，**81**(1959)，18.

[11]a. 吉林大学化学系固氮研究组，中国科学，1974，1，28.

　　b. 中国科学院福建物质结构研究所结构催化研究室固氮组，科学通报，**20**(1975)，12，540.

[12]Knox，J. R.，Prout，C. K.，Chem. Commun.，1968，1227.

[13]Camcran，T. S.，Prout，C. K.，ibid. 1971，161.

[14]Sicker，L. A.，et al.. Nature，**235**(1972)，40.

[15]Smith，B. E.，Lang，G.，Biochem. J.，**137**(1974)，169～180.

[16]Stiefel，E. L.，Proc. Nat. Acad Sci. U. S. A.，**70**(1973)，1988.

[17]Kwiatek，J.，Seyler，J. K.，Advan. Chem. Ser.，**70**(1968)，207.

[18]Hwang. J. C.，et al.，Biochim Biophys. Acta.，**292**(1973)，256.

[19] Гвозтев，Р. М.，et al.，Изв. АНСССР，сер，Вмое，1974，488.

[20]Chatt，J.，et al.，Chem Commun. 1972，1010，See also Chatt，J. and Heath，G. A.，J. Amer. Chem. Soc.，**96**(1974)，259.

[21]Zumft，W. G. et al.，Biochim. Biophys Acta，292(1973)，413；Mortenson. L. E.，et al.，ibid，**292** (1973)，422.

[22]Walker，M.，Mortenson，L. E.，B. B. R. C.ₛ**54**(1973)，669.

[23]Smith，B. E.，et al.，Biochem. J.，**135**(1973)，331.

[24]Ljones，T.，Burris，R. G.，Biochim. Biophys. Acta.. **275**(1972) 93～101.

[25]Van Wazer. J. R.，Phosphurus and Its Compounds. **1**，672；887. Interscience，New York，1958.

[26]Rabinowitch，E.，Gowinch，R.，Photo-Synthesis，John Wiley，New York，1969.

■ **本文原载**:《厦门大学学报》(哲学社会科学版)第 1 期(1977),第 28 页。

敬念周恩来总理逝世一周年(两首)

虞 愚

(一)

擎天拄折耗方驰,薄海衔哀各致辞。
亮节不随时显晦,一身直系国安危。
纵捐顶踵都无悔,共识胸襟未及私。
千载高山同仰止,在人点滴尽堪师。

(二)

持诗和泪立碑前,簇簇花圈插海壖。
伟象巍然光八表,挽歌哀绝念经年。
妖氛迅扫风雷吼,华岳高瞻日月悬。
精爽在天堪告慰,正看佳气满山川。

热泪盈眶洒像台

校革委会副主任　蔡启瑞

松柏后人何处栽？骨灰飞撒化红埃。
崇高品德千秋仰,彪炳功勋万代怀。
反帝反修称胆略,建军建国见雄才。
三瞻丰范①成陈迹,热泪盈眶洒像台。

---

① 1962 年、1965 年、1975 年我赴京出席会议,受到周总理的亲切接见。

■ **本文原载**：《化学通报》第 2 期（1978），第 5～6 页。

生物固氮与络合催化

蔡启瑞
（厦门大学化学系催化研究室）

现代科学的发展，越来越揭示了自然界的相互联系和内在统一的辩证本质，各种学科之间的相互渗透成为当代科学发展的巨大动力。在各学科交叉点上的突破，往往带动了原学科的发展。化学模拟生物固氮，就是在化学和生物学之间的一个活跃的生长点，正在酝酿着一个重要的突破，并且必将有力地推动络合催化研究的前进。

工业上使用铁催化剂生产合成氨，这是催化工艺发展的一个里程碑，但它至今还需要高温高压和高纯度的氮气和氢气。六十多年来进行了大量努力，希望能在温和条件下实现氨的合成，至今未奏效。然而自然界里的固氮微生物却能在常温常压下摄取大气中的氮气，并将其还原为氨，地球上氮气的固定，绝大部分还是它们的功劳。人类能否向大自然学到这种本领呢？化学模拟生物固氮的研究，就是要弄清生物固氮的酶催化机理，并根据其中的某些原理，能动地进行络合催化剂的分子设计，研制出能在温和条件下操作的固氮催化剂。由于这一课题的巨大实际意义和理论意义，国际上有好几支科研队伍，正从生物化学、结构化学和络合催化等方面大力围攻。国内这方面工作虽然起步较迟，但由于发挥了社会主义制度的优越性，多兵种大力协同，取得了迅速的进展。

化学模拟生物固氮研究，正酝酿着的一个重要突破，将是固氮酶活性中心结构的研究。固氮酶是由铁蛋白和钼铁蛋白这两种含过渡金属的蛋白组合而成。铁蛋白主要起着电子传速体的作用，而含两个 Mo 和二三十个 Fe 与 S^* 的钼铁蛋白是络合 N_2 或其他底物分子并进行反应的活性中心所在之处。关于活性中心的结构有多种看法，目前尚无定论。从各种底物络合活化和还原加氢试验来看，含双 Mo 核的活性中心较为合理。国内有两个研究组于 1973—1974 年间不约而同地提出了含钼铁的三核、四核活性中心模型，能比较好地解释固氮酶的一系列性能，但是其结构细节有待根据新实验结果精确化。近来国外报道了用抽提方法从各种固氮微生物的固氮酶钼铁蛋白中得到了含钼的公因子，并测得其中 Mo、Fe 和 S^* 的原子含量比为 1∶8∶6，预期进一步测定其分子量、成分和结构，将得到有价值的资料。最近 Hodgson 等的强 X-光吸收精细谱图表明，含钼公因子中钼的价态可能为 Mo^{IV}（或 Mo^{III}），对钼的配位对称性和配位情况也有了进一步的了解（例如，我们估计 Mo^{IV}—Mo^{IV} 应约为 3.1—3.2 Å；N_2 可能与一个 Mo^{IV} 成端基络合，而与另一个 Mo^{IV} 和 Fe^{II} 成双侧基络合）。预期进一步测定其络合底物时的活性中心强 X-光吸收谱图，将有助于确定活性中心的结构。

近年来原子簇化学得到迅速发展，这是与近代物理技术和量子化学的发展、应用分不开的。在原子、分子等级上对固氮酶活性中心原子簇的透彻研究，必将带动原子簇化学的发展。大量研究表明，固氮酶的作用机理是典型的配位络合催化作用。我们知道，络合催化可有四种作用：（1）催化剂对反应物（底物）分子的络合活化作用；（2）对于反应方向和产物结构的控制作用（简称定向定构作用）；（3）通过配位体和价态可变的活性中心传递电子的作用；和（4）能量和电子偶联传递的作用。这四种作用，在固氮酶的络合催化作用中都有所体现。

现已知道，分子氮（N_2）与微生物细胞内的生物还原剂之间的还原与氧化反应，像电化学反应那样，是分为两个"半电池式"反应进行的。这两极是氢化酶和铁钼蛋白的活性中心,中间的电子传递体是铁氧还蛋白和铁蛋白。其电子和能量偶联传递可能是分两步进行,每步电子传递都有 ATP 参加。ATP 是过程的驱动者,通过 ATP 与 Fe_4S_4 原子簇的络合和水解而解络,造成周期变化的电位,像输水泵那样将电子输送到铁钼蛋白中。这个电子与能量偶联传递过程的机理还有待深入研究,但它对这类络合催化反应的重要性是明显的。有些工业上重要的络合催化反应都是按上述"两极"(双中心)反应方式进行的。但是工业化学反应用 ATP 驱动是不经济、不现实的。不过我们掌握了这个原理就可用其他办法,例如用电能或光能来驱动络合催化剂上的电子传递过程。已经有人在这方面进行试探。用化学方法模拟生物固氮,可以不受生物体条件的限制,例如,近年国外报道的电子授受型铁系催化剂,这种催化体系提供了同时解决 H_2 和 N_2 的络合活化以及电子传递的新方式。又如电催化合成法固氮制肼或含氮有机物也是很有实际意义的课题。光化学驱动络合催化更是一个广阔的领域,例如能将一个光解水的过程和还原氮的过程偶合起来,将是解决固氮问题及能源问题的理想途径。一旦实现,将会引起工业的巨大改革。

总之,固氮酶的研究将从原子簇化学、电子传递和能量传递三个方面带动络合催化研究的进展。这方面的进展或突破将为化学工业的技术改造提供新的源泉。当然,要揭示大自然的奥秘,还必须进行艰苦扎实的工作。我们要牢记马克思的教导:"……**只有那在崎岖小路的攀登上不畏劳苦的人,有希望到达光辉的顶点。**"

■ **本文原载**:《厦门大学学报》(自然科学版)第 18 卷第 2 期(1979),第 30～44 页。

固氮酶活性中心模型的演进和酶催化机理*

蔡启瑞　林硕田　万惠霖

（化学系　物理化学研究所）

摘　要　本文提出固氮酶活性中心的骈联双座双立方烷原子簇结构的活性中心模型，$[S^* Fe_3 S_2^* (L)]Mo[(L')S_2^* Fe_3 S^*]$，其中 L 和 L' 代表两个可以移开的配位体，如 N_2,—H 或—NH_3。这个模型是前阶段先后提出的骈联双座单立方烷原子簇结构模型[1a,1b]，$Fe_2 S_2^* \cdot Mo_2 O_2$，和骈联双座三立方烷原子簇结构模型[1c]，$Fe_2 S_2^* (L)(L')Mo_2[S_3^* Fe_3 S^*]_2$，的又一次演进。这三个模型所共有的骈联双座原子簇结构特征和三核络合固氮方式，主要都是以固氮酶已知反应的十来种底物和抑制剂 CO 作为化学探针并应用络合催化原理而推断出来的。至于钼离子的价态和周围微环境，以及三核究竟是两钼一铁还是一钼两铁，则是参考最近国际上关于固氮酶的科学实验新成就[2-8,12]而作出相应的修正和演进的。骈联双座双立方烷原子簇结构(含单钼)比较符合 Orme-Johnson 和 Münck 等[5]的顺磁共振和穆斯鲍尔谱实验结果，能说明比较多的实验事实。本文还扼要地讨论了固氮酶反应中 ATP 驱动的电子和质子传递机理。

引　言

自然界里多种多样的固氮酶微生物能在常温常压下固氮成氨，每年为地球上所有生物提供好几亿吨的生命所必需的固定氮，比人类所发明的高温高压合成氨催化过程具有更高的固氮效率和更大的经济价值。本世纪六十年代以来，生物固氮及其化学模拟的研究，在国际上已迅速发展成为一个非常活跃的边沿科学研究领域，并已取得了许多重要的进展，但是关于生物固氮的机理至今仍然存在着许多未能解答的问题。前阶段，我们根据固氮酶的已知的酶促反应和络合催化原理，提出了骈联双座单立方烷原子簇结构的固氮酶活性中心模型和酶催化机理[1a,1b]。

最近二三年来，国际上在固氮酶的研究方面取得了一些重要的突破和进展[2-8,12]。特别引人注意的是：(1)Shah 和 Brill[3]成功地用溶剂萃取法，从多种固氮微生物的 MoFe-蛋白分离出分子量小于二千的 FeMo-辅基；(2)Hodgson 等[2]成功地应用外延 X-光吸收光谱精细结构(EXAFS)法探明了 MoFe-蛋白和 FeMo-辅基中 Mo 的价态和周围微环境；以及(3)Orme-Johnson 和 Münck 等[5]关于 MoFe-蛋白和 FeMo-辅基的顺磁共振和穆斯鲍尔谱的新的研究结果。这些重要的突破和进展，使我们能对原先提出的固氮酶活性中心模型作出一些修正和演进[1c]，并对固氮酶反应中 ATP 驱动的电子传递机理作深入一步的讨论。

＊　参加本工作的还有：生物系曾定、许良树，化学系庄秀治、张蕃贤、许志文等同志。

固氮酶活性中心模型的演进

固氮酶的已知底物除了 N_2 和 H^+ 而外,还有 α-炔、腈、异腈等七八种。前阶段我们把这些底物和抑制剂 CO 当作化学探针,并根据钼、铁的已知配位化学和络合催化原理,获得了关于固氮酶活性中心结构的许多重要情报,从而提出了骈联双座立方烷原子簇结构的活性中心模型, $Fe_2S_2^* \cdot Mo_2O_2^{[1a,1b]}$。这一推理方法现在仍然成立。如再参考上述的固氮酶科学实验新成就,就能对固氮酶活性中心模型作出适当的修正和演进[1c]。

乙炔在固氮酶的催化作用下,在 D_2O 中还原加氢为顺式 CHD═CHD,选择性几乎达到 100%[13]。由此可以推断,HC≡CH 至少是按双侧基方式络合在两个过渡金属原子(离子)上的,这两个过渡金属原子,M_1 和 M_2,核间距应在 2.3—2.8 Å 之间。已知的实验事实表明[13],烷基腈(RC≡N)和异腈(RN≡C)与 α-炔(RC≡CH)都必须是直链小分子,才能作为固氮酶的底物。酶学学者曾经指出,酶活性中心一般没有太大的回旋余地(否则,在这里底物就不会是仅限于直链小分子)。由此可以推断,这三种底物分子都是利用其三重键,按大致相同的取向和双侧基方式络合在 M_1 和 M_2 上的。但是 RC≡N 和 RN≡C 按双侧基络合的倾向比按端基络合的倾向弱得多,也比 RC≡CH 按双侧基络合的倾向弱得多;而事实上,$CH_3N≡C$ 与固氮酶活性中心的结合力却比 $CH_3C≡CH$ 强得多[13],而且 RC≡N 和 RN≡C 的酶促还原加氢,如同 $C≡N^-$ 和 N≡N 的还原加氢那样,都是一直进行到三重键完全断裂,而 RC≡CH 在酶促还原加氢反应中只能转化到 RCH═CH₂。由此可以推断,RC≡N 和 RN≡C,除了按双侧基络合在 M_1 和 M_2 而外,还以端基络合在第三个过渡金属原子(M_3)上。氰离子 $C≡N^-$ 与 $CH_3N≡C$ 的酶促还原加氢反应产物分配相似(都含 CH_4,$CH_2═CH_2$,CH_3CH_3,$CH_3CH═CH_2$ 和 $CH_3CH_2CH_3$ 等)[13a],可见 $C≡N^-$ 也是像异腈那样按双侧基加端基方式络合在 M_1,M_2,M_3,上的。N≡N 与 $C≡N^-$ 键型及分子大小皆相近,N≡N 很可能也是按端基加双侧基方式络合在 M_1,M_2,M_3 上的。在这三核的配位上,N≡N 分子的中心点与 M_1,M_2,M_3 的连线应该大致互成直角,而且距离也要合适,这就基本上确定了 M_1,M_2,M_3 的相对位置。参考钼、铁与无机硫(S^*)或有机硫(—SR)所构成的一些多核络合物以及 N≡N、RC≡CH、RN≡C 多核络合物的结构参数[14],可以看出,如 M_1 和 M_2 各以一个 S^* 桥式配位体与 M_3 连接起来,就恰好能满足 N≡N、RC≡N、RN≡C 这几种底物分子按双侧基加端基方式络合时的配价键长和键角的要求,而 RC≡CH 也能以双侧基加准端基方式络合在 M_1,M_2,M_3 上,即形成 $\mu_3(\eta^2)$ 型的络合[9a]。炔烃的这种络合方式 Dahl 等[9b]于 1966 年曾作过报道。既然这三个过渡金属原子(离子)都有可以利用的空配位,而且又有电子供应的来源,应该也能在适当的部位络合质子并将其还原为 H_2。固氮酶的活性中心如受到某种抑制剂的影响(例如,棕色固氮菌固氮酶 Av 由于巴氏梭菌 Fe-蛋白 Cp2 的加入而受到抑制[15])而丧失放氢活性时,其他底物的还原加氢反应也不能进行。这一实验事实表明,放氢反应的酶促活性中心与固氮酶的酶促活性中心很可能有着某些共同的部位。

但是,CO 不抑制固氮酶对放氢反应的催化活性,而抑制所有含多重键底物的酶促还原加氢反应;而且这种抑制是混合型的,既有非竞争性的成份,也有竞争性的成份。我们曾经指出[1a,1b],一个合理的解释是,两个三核的活性中心通过共有钼离子而骈联在一起,形成骈联双座的立方烷原子簇结构。

固氮酶含有 2 个 Mo,24～32 个 Fe,和 24～27 个 S^*。每个三核活性中心的 M_1,M_2,M_3 至少有一个是 Mo,但究竟是 2Mo—1Fe 呢,还是 1Mo—2Fe? 1973—1976 年[1a,1b],我们认为是 2Mo—1Fe,即 N≡N 按双侧基方式络合在 2 个 Mo^{IV} 上(如同 RC≡CH 那样),而按单端基方式络合在 1 个 Fe^{II} 上。那时我们曾经设想,这三核系由 $Mo^{IV} \langle {}^O_O \rangle Mo^{IV}$ 原子簇与 $Fe \langle {}^{S^*}_{S^*} \rangle Fe$ 的一个 Fe^{II} 所构成。又根据上面提过的

抑制实验,考虑到活性中心很可能是骈联双座的原子簇结构,提出了 $Fe_2S_2^* \cdot Mo_2O_2$ 立方烷原子簇结构模型(图 1(a))。这是因为,当时根据 Schrauzer 等[16]的固氮酶模拟实验系统研究结果,$[Mo_2O_4(Cys)_2]^{2-}$ 双钼络合物是已知的一个最好的模拟体,而且对于还原 BH_4^- 还原 $HC\equiv CH$ 为 $H_2C=CH_2$ 的反应,其催化活性与这络离子浓度的一次方成正比;再者,如 $Mo^{IV(V)}-Mo^{IV(V)}$ 核间距仍为 2.57 Å,存在着 Mo—Mo 金属键,即使 2 个 Mo 在反应过程中处于 $2Mo^V(d^1)$ 价态,也不会显出 EPR 讯号,这一点正好与固氮酶在反应过程中不显出钼的 EPR 讯号的实验事实符合。

一九七七年冬,Hodgson 教授将他们关于固氮酶 MoFe-蛋白的 EXAFS 最新实验结果告诉我们,并指出 Mo 的价态可能是 $Mo^{III(IV)}$,第一配位界上约有~4 个 S^*,第二配位界上约有 2—3 个 Fe,此外可能还有一两个有机硫;但没有 Mo=O 建,邻近也没有其他重金属原子[2]。参考了这些实验结果和他们提出的关于 Mo 可能与 3 个 Fe 和 4 个 S^* 组成立方烷原子簇的看法[2],作为第一次的修正和演进[1c],我们将 $Fe_2S_2^* \cdot Mo_2O_2$ 中的 Mo—Mo 核间距拉开到 3.3 Å(这样两个 Mo 就不会构成 Mo—Mo 金属键[17],大概也就不会在 EXAFS 上相互反映出来。后来得知 Holm 等[18]于去年合成出一个双钼络合物[$Mo_2Fe_6S_9^*(SEt)_8$]$^{3-}$,Mo—Mo 核间距为 3.306 Å,尽管这两个 Mo 之间有三个硫桥,但它们基本上没有在 Mo 的 EXAFS 上互相反映出来),提出了骈联双座三立方烷原子簇结构的活性中心模型,$Fe_2S_2^*(L)(L')Mo_2[S_3^*Fe_3S^*]_2$(图 1(b))。如 $N\equiv N$、$RC\equiv N$、$RN\equiv C$ 和 $RC\equiv CH$ 等底物分子以端基(对于 $RC\equiv CH$ 来说是准端基)络合在一个 $Mo^{III(IV)}$ 上,而以双侧基络合在另一个 $Mo^{III(IV)}$ 和一个 Fe^{II} 上,这活性中心的结构参数也能符合要求。而且由于端基络合在上 $Mo^{III(IV)}$,而不是在 Fe^{II} 上,更有利于阐明固氮酶各种底物的酶促反应机理,以及 CO 的选择性抑制作用机理[1c]。

在我们先后提出上述两个模型的同一个时候,福建物质结构研究所卢嘉锡教授等[19]也不约而同地先后提出大同小异的两个模型,即(a)单座网兜形原子簇结构的活性中心模型,$Fe_3S_3^*Mo$,和(b)复合多座三网兜形原子簇结构的活性中心模型,$[Fe_3S_3^*]_2MoFe_2$。对于 N_2,腈,异腈等,他们主张单端基(络合在兜底的 Fe^{II} 上)加多侧基的投网插入式络合;而对于 α-炔,丙二烯等,则是架炮式的络合(图 2(a),(b))。

有趣的是,南京大学固氮组[20]和厦门大学黄开辉[21]提出的关于 N_2 在 α-Fe(111)晶面 Fe 原子簇活性中心的两种络合活化方式,恰好分别相当于福建物质结构研究所固氮组和厦门大学固氮组提出的 N_2 在固氮酶原子簇活性中心的两种络合活化方式。

第三届国际固氮会议期间(1978 年 6 月),Orme-Johnson 和 Münck 等[11c,11d]报道了关于固氮酶 EPR 和穆斯鲍尔谱的最新研究结果,认为一个 Mo 可能与 6 个 Fe 构成一个 FeMo-co 原子簇的金属离子部份,而且这 6 个 Fe 可能是按微环境的不同等分为三组;并指出两个 FeMo-co 原子簇距离至少在 12 Å 以上,因此没有显示出自旋的回音。这就意味着每个活性中心只含一个 Mo。

然而这并不影响端基加双侧基三核络合固氮的推理。只须把侧基络合的 $Mo^{III(IV)}$ 为 Fe^{II}(这就当然要相应地去掉三立方烷原子簇模型中的一个立方烷),就演进为骈联双座双立方烷原子簇结构的活性中心模型,$[S^*Fe_3S_2^*(L)]Mo[(L')S_2^*Fe_3S^*]$,(图 1(c))。为了说明 6 个 Fe 按微环境的不同而等分为三组,

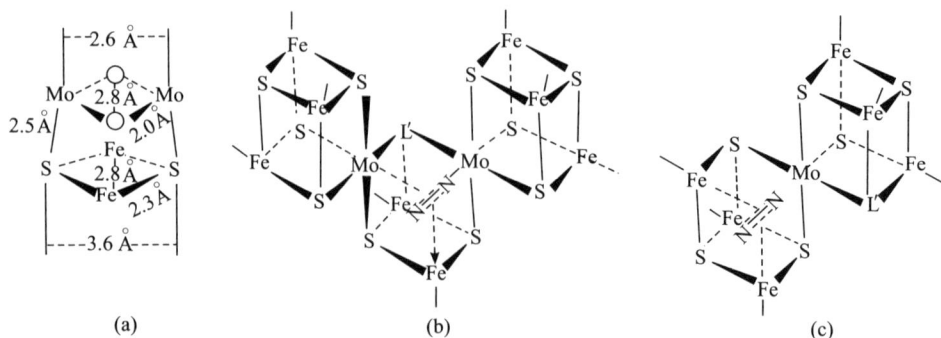

图 1　骈联双座单立方烷(a)、三立方烷(b)和双立方烷(c)原子簇结构活性中心模型
(c)中 Mo—Fe 核间距一个约为 2.7 Å,另二个约为 3.0—3.1 Å。

L 和 L′虽仍处于 Mo^{Ⅲ(Ⅳ)}两个相邻的配位上,但须分属于两个共角的立方烷原子簇。我们曾经指出,这个模型在形式上兼有三立方烷原子簇结构模型和复合多座三网兜形原子簇结构模型(图 2(b))的某些特点,后者去掉 2 个 Fe 和 1 个—SR,再把双网兜结构扭转 60°左右(并在 2 个兜口装上 2 个"活口",L 和 L′),也可得图 1(c)的结构模型。但在酶结构中,这种大幅度旋转的可能性不大。

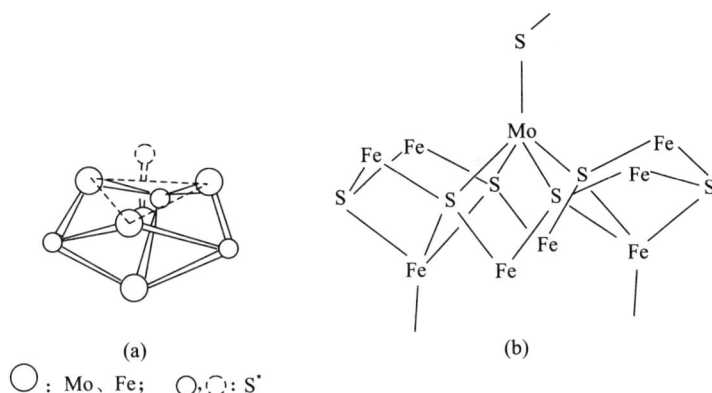

图 2 单座网兜形(a)和复合多座三网兜形(b)原子簇结构活性中心模型

根据图 1(c)所示的骈联双座双立方烷原子簇结构活性中心模型,能很好地阐明固氮酶各种底物(包括 Mckenna 等[22]1976 年发现的新底物环丙烯)的酶促还原反应机理,CO 的选择性和混合型抑制作用,以及乙炔、乙烯和肼的络合位置等。这些在图 3 都已表达清楚(图 3(1—16)和(17—24)分别表示"左下"和"右上"立方烷)。

图 3(5),(6)产生 2HD 的反应,按 Bulen 等[6]的实验结果和分析,应写成:

$$E \cdot N_2 + 2H^+ + 2e^- + D_2 = E \cdot N_2 + 2HD$$

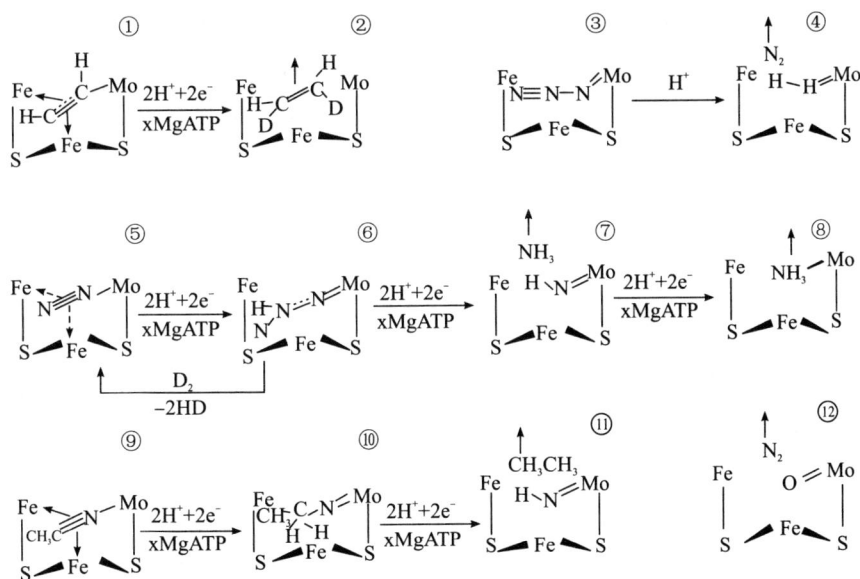

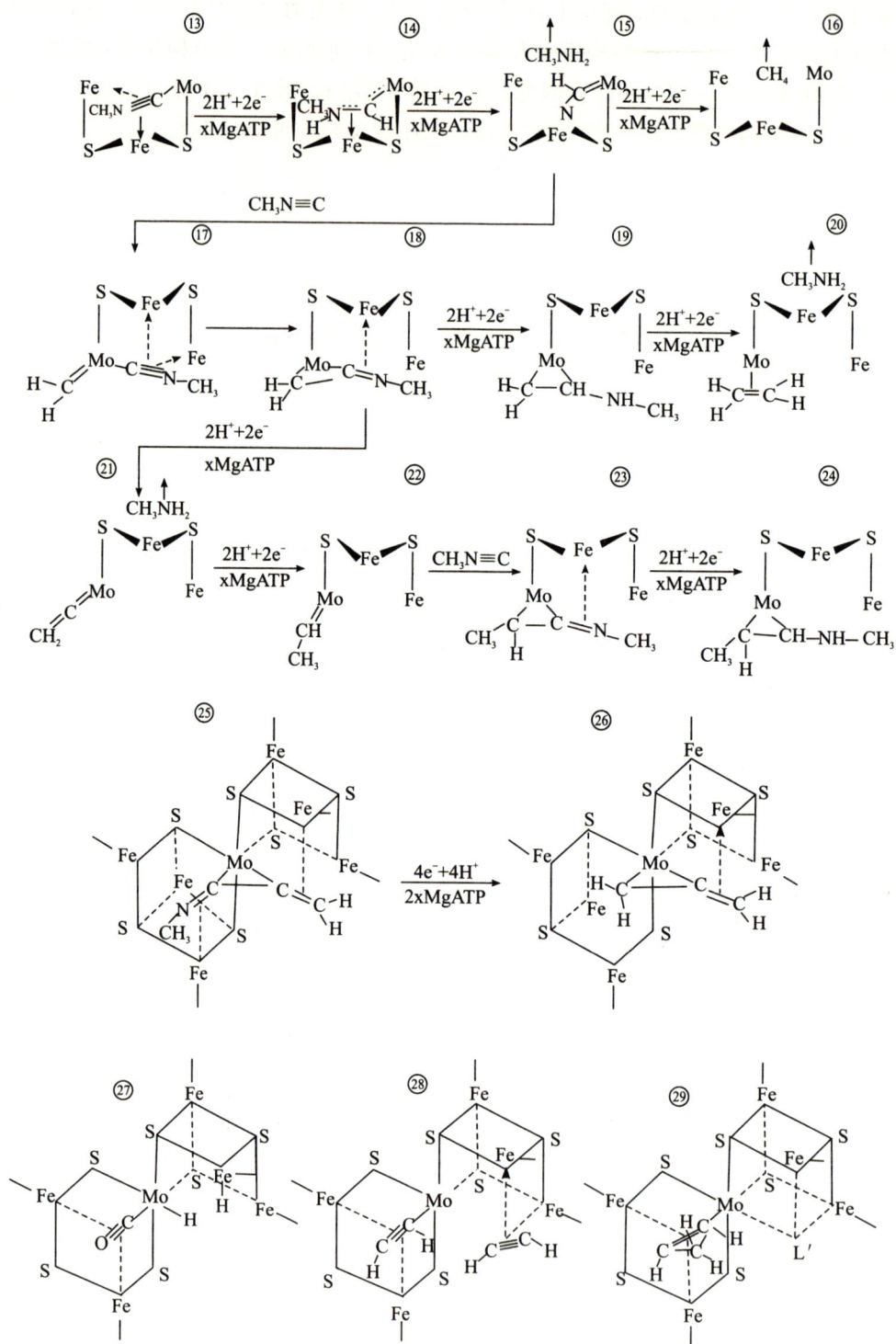

图 3 固氮酶底物的酶促还原反应机理以及丙二烯、一氧化碳、乙炔和环丙烯的络合

从图 3 可以看出，RN≡C，RC≡N（N≡N、N_3^-），N_2O 等底物分子分别以末端的 C、N、O 结合在 $Mo^{III(IV)}$ 上，在酶促还原加氢反应中分别生成配位的碳烯（ >CH_2）、氮烯（ >NH）、和"氧烯"（=O）中间态，这与钼离子容易形成这几种键型的结合这一已知实验事实是相符的。特别应该指出的是，根据 Chatt 等[23]的研究结果，钼的某些分子氮络合物能加质子而转化为稳定的 $L_5Mo=N\cdots NH_2$ 络合物（例如，反-

$Mo(N_2)_2(depe)_2 \xrightarrow{6HBr}$ 反-[$BrMo(\equiv N\cdots NH_2)(depe)_2$]Br。这种氮稀—钼中间态络合物的稳定性可能是固酶通过含 $Mo^{III(IV)}$ 的 j 活性中心以降低 $N\equiv N$、还原加氢第一步的活化能的一个关键因素。降低活化能的另一个关键姐素可能就是端基加双侧基的三核络合活化方式。根据吉林大学徐吉庆等[24]的 HMO 近似估算结果,这样的三核络合活化比单核或双核的络合活化有效。

图 3(28)、(20)也能说明 Lowe 等[25]最近报道的实验结果:在固氮酶上,乙炔分子有强弱不同的两个结合位(解离常数 K 相差约三个数量级);而乙烯分子有一个结合位,其解离常数 K 比乙炔分子在强结合位的解离常数约大两个数量级。

如图 3(13~24)所示,异腈的酶促还原加氢通过碳烯(卡宾)中间态与异腈的碳—碳缩合导致碳链的增长。这缩合反应与烯烃在钨、钼系化合物或络合物催化剂上的复分解或歧化反应中通过卡宾中间态与烯烃的 β-碳进行缩合有些相似之处。但在这里,$RN\equiv C$ 末端的 C 价态比较不饱和,因此卡宾中间态较易与它缩合,这样缩合的空间因素也较易得到满足。这缩合反应机理也说明了异腈以端基(而不是以侧基)络合在活性中心钼离子上的合理性。采用 Hardy 等[13a]所提出的配位烷基中间态对异腈(底物分子)配位体的邻位插入反应和 β-氢消除反应机理,也能解释碳链的增长和生成烯烃的付反应。但这要求活性中心有较大的迴旋余地。至于有水分子参与的还原加氢和缩合反应机理[8,16],在固氮酶的疏水的活性中心大概不容易实现。

图 3 所示的各种底物反应机埋和 CO 抑制剂作用机理,以及所要求的活性中心结构的一些主要论点,前阶段已经提到[1a,1b],后来又从文献上报道的事实得到一些支持。这些论点如下:

(1)骈联双座的类立方烷型原子簇活性中心结构。这一种结构特征表现在图 1(a)、(b)、(c)三个模型。新的实验事实进一步支持了这结构特征的看法。当然,最后的验证还有待于能否按模型的设想,合成出有活性的 FeMo-辅基模拟体。

(2)炔键的双侧基加假端基 $\mu_3(\eta^2)$-型络合,或双侧基 $\mu_2(\eta^2)$-型络合能导致顺式选择加氢为相应的烯键。这一论点已从 Muetterties 等[9a,10]关于 $L_4Ni_4 \cdot (L_2) \cdot RC\equiv CR$(L 为叔丁基异腈),或 $L'_2Ni_2 \cdot RC\equiv CR$ 的顺式选择加氢研究结果得到了有力的支持。

(3)骈联双座的活性中心可能络合两个乙炔分子,从而抑制放氢反应。这一论点与 Lowe 等[25]的实验结果是一致的。

(4)分子氮在活性中心的酶促还原加氢可能经过 $M\equiv N\cdots NH_2$ 中间态,而不经过配位的二亚氨或肼中间态。最近,Eady 等[11a]根据实验观察结果,认为 N_2 的酶促还原加氢不经过游离的二亚氨(HN=NH)或肼 NH_2NH_2)中间态(尽管这些热力学上不稳定的化合物的生成可从 ATP 的水解获得必要的自由能)。虽然 Bulen[26]观察到肼能作为巴氏梭菌固氮酶(Cp)的底物,但其酶变率大概比 N_2 小几个数量级,乃至过去都认为肼不是固氮酶的底物[13]。(不能认为在中性溶液中游离的 NH_2NH_2 浓度很小,因为,根据 $K_i=8.5\times10^7$ 进行估算,在 pH 为 7.0 至 7.5 的溶液中,游离的 NH_2NH_2 分别应达到肼总量的 10% 至 30%。)肼对于 N_2 的酶促还原加氢也未闻有明显的抑制作用。可见肼大概不是结合在固氮酶活性中心的 N_2 结合位上。只能认为,肼在固氮酶活性中心的结合力大概是很微弱的($K_m \approx 15$ mM)[11a]。可能的结合位是象图 3(20)所示的乙稀的结合位。

(5)丙二烯分子的酶促还原加氢应该是直接的,不必先异构化为丙炔[13a]。Burns 等[27]的同位素(D)标志实验充分证实了这一点。

(6)骈联双座的固氮酶活性中心只能络合 1 个 CO 分子(异腈在固氮酶上对 CO 的邻位插入反应[13a]表明,CO 和 RNC 都是以 C 端络合在 $Mo^{III(IV)}$ 的相邻配位上的),但这个 CO 配位体对于另一个活性中心有诱导的抑制作用,削弱其络合活化 N_2、α-炔、腈、异腈等底物分子的能力。这是因为 $Mo^{III(IV)}$ 对于 $\sigma\pi$-配位体的电子反馈能力是比较有限的。这一论点与 Chatt 等[11e]的实验结果相符;他们观察到[Mo(CO)

$(N_2)(dppe)_2$]在溶液中抽空时容易失去 N_2 而转化为$[Mo(CO)(dppe)_2]$,前者比较$[Mo(N_2)_2(dppe)_2]$要不稳定得多。

固氮酶反应中二步 ATP 驱动的能量与电子偶联传递机理

为了阐明固氮酶反应中当还原剂和 ATP 都充足、以及其中的一种不足等三种情况下观察到的 EPR 讯号变化[13b],前阶段我们曾提出二步 ATP 驱动的电子传递机理[1b]。其要点为:(1)MgATP 与 Fe-蛋白络合,除了使后者发生变构而外,还增加作用于 Fe-蛋白 $Fe_4S_4^*$ 原子簇的配位场(可能是通过 MgATP 外端磷酸根与 $Fe_4S_4^*$ 的 $Fe^{II(III)}$ 络合),从而驱动 $Fe_4S_4^*$ 高度离域的前沿轨道电子的输出(传递给 MoFe-蛋白)。接着,或几乎同时,MgATP 即酶促水解为 MgADP 和 Pi 而解络。(2)要使深度还原态的 MoFe-蛋白将电子传递给络合在活性中心的底物分子,看来还需要第二步的 ATP-驱动,这大概也是通过 MgATP 外端磷酸根与深度还原态 MoFe-蛋白的某些金属离子络合,使其配位场增大、氧化还原电位达到足够负的数值。(3)在第二步 ATP 驱动的电子传递过程中,MgATP 与深度还原态 MoFe-蛋白的络合(可能只是外端磷酸根的络合,而腺嘌呤等其他部份仍结合在 Fe-蛋白上)为各种底物酶促还原反应的共同的速率控制步骤。(4)MoFe-蛋白的庞大的 $Fe_nS_n^*$ 体系可能也具有电子贮槽(电容器)的作用,使底物分子,特别是 N_2 的还原,能保持在足够负的氧化还原电位下进行。附带指出,这种电容器效应,可与田丸[28]发现的酞菁铁—金属钾 EDA 氨合成催化剂中的充有电子的、庞大的酞菁共轭 π 键体系,$\pi^2(Pc)$,相比拟,当这种 EDA 催化剂由于加进了足量的金属钾而使 FePc 处于 $\pi^2(Pc)$—$d^8(Fe^0)$ 的电子状态时,氨合成催化活性最高。(5)与还原剂无关的 ATP 水解可能是由于深度还原态的 MoFe-蛋白的电子倒流到氧化态的铁蛋白(按图 4,♯10,♯1,♯2,♯7 四步循环进行)所致。附带指出,关于电子传递促进 ATP 水解的看法,可从 G. P. Haight 的工作(1974—1978)得到支持。

应该指出,如不假设有上述第二步的 ATP-驱动的电子传递,就难以说明,为什么当还原剂($S_2O_4^{2-}$)和 ATP 都充足时,固氮酶主要处于 MoFe-蛋白无 EPR 讯号而 Fe-蛋白组分有 EPR 讯号的$(1_0)(2'_3)$状态,如 Mortenson 等[29]所观察到的那样(图 4)。

现在已经知道:(1)在固氮酶反应中,Fe-蛋白以及含 $Mo^{III(IV)}$ 的原子簇(FeMo-辅基)大概都起着单电子传递体的作用[5];(2)MoFe-蛋白含有 2 个分开的 FeMo-co 和~4 个 $Fe_4S_4^*$ 原子簇[11c,11d];(3)MgATP 对于 FeMo-co 催化 BH_4^- 还原乙炔的反应无促进作用[3c]。由此看来,MgATP 如果能与深度还原态的 MoFe-蛋白络合,它可能是通过外端磷酸根与 MoFe-蛋白的某个 $Fe_4S_4^*$ 原子簇络合,而不是直接与 FeMo-co 络合,而且除了外端磷酸根以外,腺嘌呤及其他部分可能还是结合在 Fe-蛋白上。此外[5],MgADP 能强烈地竞争 Fe-蛋白的二个 MgATP 吸附位中的一个吸附位,从而对固氮酶的电子传递产生抑制作用。可见,第二个 MgATP 取代 MgADP 而络合在与深度还原态 MoFe-蛋白结合着的 Fe-蛋白上,可能是速率控制步骤。Smith 等[7]最近观察到,用 Kp1/Cp2 交叉配成的固氮酶,其 Cp2 到 Kp1 的电子传递与用 Kp1/Kp2 配成的固氮酶中 Kp2 到 Kp1 的电子传递速率几乎相等,但前者每催化还原 2 个 H^+ 所消耗的 ATP 分子多达 50 个,而后者仅 4—5 个。他们还观察到,当 ATP 浓度低时,Kp1/Cp2 酶两种蛋白组分之间的 ATP 驱动的电子传递仍较底物(H^+ 等)的酶促还原转变率快得多,而这时底物的酶促还原速率却已大大降低。因此他们也认为,ATP 在底物的酶促还原反应中至少起着两种作用,即在一种结合位上,$MgATP^{2-}$ 仍正常地起着驱动酶蛋白两组分之间的电子传递作用;而在另一种结合位上,$MgATP^{2-}$ 的作用则受到异系交配的干扰。又 Mortenson 等[29]曾经观察到,当还原剂($S_2O_4^{2-}$)和 MgATP 都足量时,少量的 Fe-蛋白能还原分子数目大得多的 MoFe-蛋白,使后者主要(85%)处于深度还原的、无 EPR 讯号的(1_0)状态;但这时酶促活性却大大降低。这表明,当还原态 Fe-蛋白在 MgATP 的驱动下完成其对

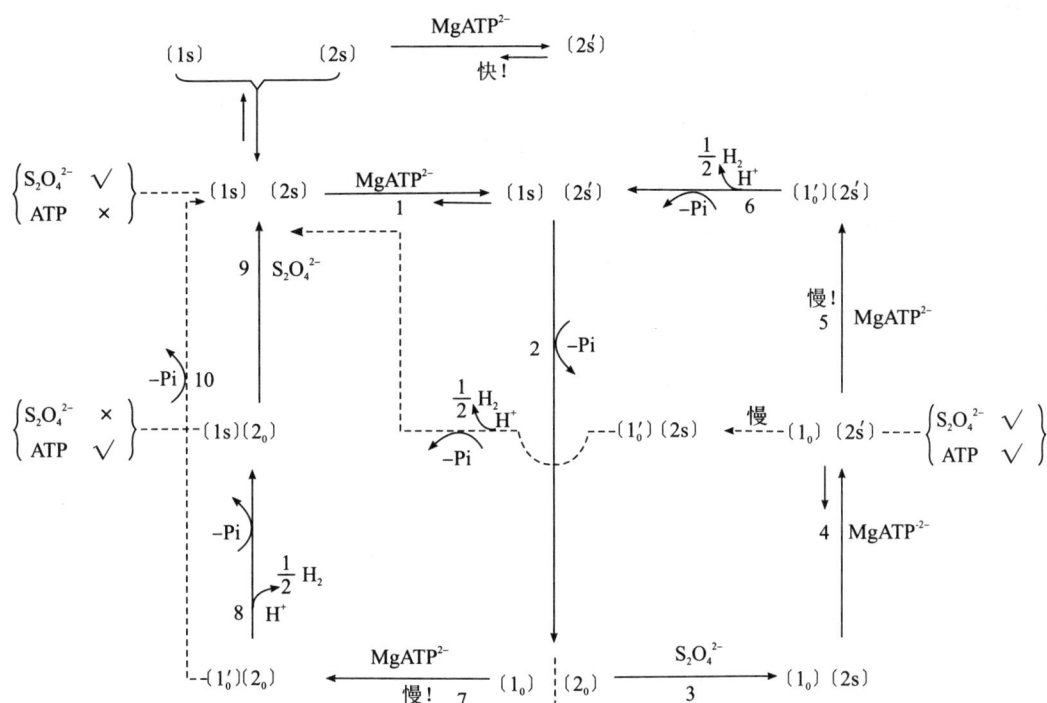

图 4 固氮酶反应中二步 ATP 驱动的电子传递

〔1s〕半还原态钼铁蛋白； 〔1_0〕深度还原态钼铁蛋白； 〔$1_0'$〕与 MgATP^{2-} 结合着的〔1_0〕；

〔2s〕还原态铁蛋白； 〔$2_s'$〕与 MgATP^{2-} 结合着的〔2s〕； 〔2_0〕氧化态铁蛋白。

√ 表示足量； × 表示耗尽，或不足。

MoFe-蛋白的电子传递时，随着 ATP 的水解，氧化态的 Fe-蛋白立即与深度还原态的 MoFe-蛋白"拆伙"，并在补充了电子之后，再以同样方式去还原其余的半还原态 MoFe-蛋白。这样，两组分併併拆拆，使那些 MoFe-蛋白大部份得到深度还原。但是，这些深度还原态的 MoFe-蛋白分子，在不与足够数目的 Fe-蛋白和 MgATP 结合时（一个 MoFe-蛋白分子大概至少需要与二个 Fe-蛋白分子结合），看来无法单独还原底物分子，否则 MoFe-蛋白就不会大部分保持在深度还态。Stiefel[6] 曾指出，这可与 Schultz[30] 所观察到的以〔$Mo_2O_2(Cys)_2$〕$^{2-}$ 为阴极催化剂、用电化学方法还原 C_2H_2 时的情况相比拟：当上述络合物在阴极预还原到 $Mo^{[\text{III}]}$ 价态时，如停止加电位，仍不能还原 C_2H_2；若继续加电位，就立即能还原 C_2H_2。由此看来，与深度还原态 FeMo-co 联通着的 $(Fe_4S_4^*)_n$ 电容器体系必须保持在足够负的氧化还原电位，才能使底物获得电子而还原。这临界的还原电位可能因底物的不同而有些差异，其中以 N≡N 三重键的第一步还原加氢为最困难，需要较负的电位。

固氮酶的 MoFe-蛋白具有环状对称性的 $\alpha_2\beta_2$ 型四聚体结构。Emerich 和 Burris[15] 观察到，2 个巴氏梭菌 Fe-蛋白（Cp2）分子与 1 个棕色固氮菌 MoFe-蛋白（Av1）分子能牢固地相结合，使 Av1 与 Av2 组成的固氮酶的各种活性（N_2、C_2H_2 和 H^+ 的酶促还原，以及 MgATP^{2-} 的酶促水解）都受到抑制。Smith 等[7] 观察到，异系组合的固氮酶 Kp1/Cp2 的放氢活性和 ATP 水解活性只为同系组合的固氮酶 Cp1/Cp2 的相应活性的 12% 和 40%；但 Kp1/Cp2 两组分之间的电子传递速率及其对 MgATP^{2-} 的依赖关系与 Cp1/Cp2 的情形基本上相同。Kp1/Cp2 对于 C_2H_2 与对于 N_2 的酶促还原活性，有不同的初始滞后时间（分别为 8 分钟和 35 分钟）。Orme-Johnson[5] 等根据 Kp1 对 Kp2 活性滴定曲线的电子计算机模拟结果，认为每个有活性的固氮酶分子可能是由 1 个 MoFe-蛋白分子与两个 Fe-蛋白分子构成，而 Kp1 与 Kp2 的 1∶1 络合物大概无活性。但如果固氮酶的 MoFe-蛋白分子具有两个隔开相当远的、基本上不相关联的活性中心,则每个 MoFe-蛋白分子至少须与两个 Fe-蛋白分子络合,才能开始达到最高的活性;Kp1 与 Kp2 的 1:1 络合物活性应约为 1:2 络合物的 50%,而不致无活性;而且以 Kp1 滴定 Kp2,与以 Kp2 滴定 Kp1,所得到的活性滴定曲线形状应该相似。但事实上并不是这样。一个可能的解释是:两个 FeMo-辅基即使相互隔开在 12 Å 以外,但可能还不是太远,因而可能共有一套 $Fe_nS_n^*$(n 约为 16)电子传递(和电容器)体系;而且看来这体系必须与 2 个 Fe-蛋白分子(以及适当数目的 $MgATP^{2-}$)结合,才能产生恰当的变构,以利于质子和电子的协同传递。如果 MoFe-蛋白分子的 $Fe_nS_n^*$ 体系只络合着 1 个 Fe-蛋白分子,可能就不能引起恰当的变构,质子的传递也就不能达到络合在活性中心的底物分子邻近的位置,不能进一步引起底物分子的充电子极化而进行还原加氢反应。在这种情况下,电子从深度还原态的 MoFe-蛋白倒流到氧化态 Fe-蛋白的机会便增大了,因而 ATP/2e 的比值也变大了。Orme-Johnson 等[5]曾经指出,两种蛋白组分的 1:1 络合物可能易于产生电子倒流。至于异系组合的固氮酶,如 Kp1/Cp2,之所以活性较低,而且 MgATP/2e 比值较大,则可能是由于异系两组分的络合在关键地方不够"默契",或不能产生恰当的变构,因而质子的传递也不能达到配位底物分子邻近的恰当位置。所谓"恰当的变构"可能需要一定的时间,而且可能因底物的不同而略有不同,因而活性滞后时间也可因底物的不同而异。例如,N_2 酶促还原加氢的第一步可能要求 2 个 H^+ 传递到达配位 N_2 外端的 N 的邻近,以进一步引起配位 N_2 的充电子极化,这种空间条件可能是比较苛刻的。

固氮酶上质子的传递可能也与 $MgATP^{2-}$ 的驱动有关。图 5 所示的二步 ATP 酶促水解净结果为所产

$$2MgATP^{2-} + 2H_2O = 2MgADP^- + H_2PO_4^- + HPO_4^{2-} + H^+$$

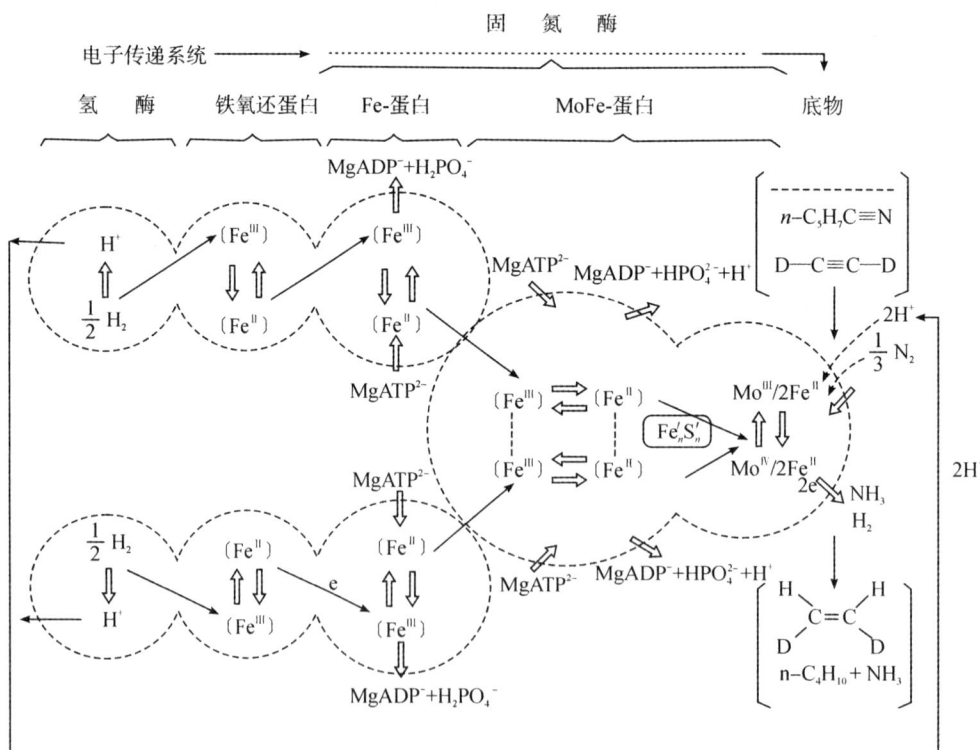

质子传递系统:H_2O,$MgATP^{2-}$($Fe_nS_n^*$),—NH—。

图 5　固氮酶反应中电子和质子传递途径

生的 H^+ 有可能在 $Fe_nS_n^*$ 体系上"形影相随"地随着电子云朝着活性中心传递过去。而 $2MgADP^-$,$H_2PO_4^-$ 和 HPO_4^{2-} 在中性介质中扩散出来后,再补充 1 个 H^+(从还原剂析出,例如,在氢化酶作用下 $H_2 \longrightarrow 2H^+ + 2e$),并在肌酸激酶的作用下重新生成 $2MgATP^{2-}$。这也可以说明,为什么在正常情况下,MgATP/2e 比值约

为 4[13]。

　　本文基本上是集体讨论的结果，如文中提到的，我们在工作中得到了国内外许多同行的帮助和启发。

参考文献

[1]a. 厦门大学化学系固氮研究组，厦门大学学报（自然科学版），1974，#1，111.

　　b. Nitrogen-Fixation Research Group, Department of Chemistry, Amoy University, Scientia Sinica，**19**(1976)，460.

　　c. Tsai，K. R., preprint of manuscript submitted for publication in the Proceedings of the Steenbock-Kettering Int. Symp. Nitrogen Fixation，1978.

[2]Cramer，S. P. et al.，J. Amer, Chem. Soc.，**100**(1978)，2748；3814.

[3]a. Shah，V. K. and Brill，W. J.，Proc. Nat. Acad. Sci. U. S. A.，**74** (1977)，3249.

　　b. Rawlings，J. et al.，J. Biol. Chem.，**253**(1978)，1001.

　　c. Shah，V. K. et al.，B. B. R. C. B1(1978)，232.

[4]a. Gillum，W. O. et al.，J. Amer, Chem. Soc.，**99**(1977)，584.

　　b. Johnson，R. W. and Holm，R. H.，Ibid.，**100**(1978)，5338.

[5]Orme-Johnson，W. H. et al.，in Recent Devel. Nitrogen Fixation(W. E. Newton et al.，eds.)，131～178；Academic Press，1977.

[6]Stiefel，E. I.，Idid.，(1977)，69～108；Newton，W. E. et al.，Ibid.，(1977)，119～130.

[7]Smith，B. E. et al.，Ibid.，(1977)，191～204.

[8]Schrauzer，G. N.，Ibid.，(1977)，109～118.

[9]a. Muetterties，E. L. et al.，J. Amer. Chem. Soc.，**99**(1977)，743.

　　b. Blount，J. F. et al.，Ibid.，**88**(1966)，292.

[10]Thomas，M. L. et al.，Ibid.，**98**(1976)，4645.

[11]a. Eady，R. R. et al.，abstracts of poster and Iecture sessions，Proc. Steenbock-Kettering Int. Symp. Nitrogen Fixation. (Wisconsin，1978)，A—119.

　　b. Lowe，D. J. et al.，Ibid.，(1978)，D—130.

　　c. Huynh，B. H. et al.，Ibid.，(1978)，D—132.

　　d. Rawlings，J. et al.，Ibid.，(1978)，D—133.

　　e. Chatt，J. et al.，Ibid.，(1978)，A—135.

[12]Thorneley，R. N. F. et al.，Nature **272**(1978).

[13]a. Hardy，R. W. F. et al.，in Advan, Chem. Ser.，**100**(1974)，219.

　　b. Zumft，W. G. and Mortenson，L. E.，Biochim. Biophys, Acta.，**416**(1975)，1.

[14]见文献(1b)所引的有关文献.

[15]Emerich，D. and Burris，K. H.，Proc. Nat. Acad. Sci.，U. S. A.，**73**(1976)，4369.

[16]Schrauzer，G. W. et al.，J. Amer. Chem. Soc.，**96**(1974)，641；**99**(1977)，6089，and other papers of the series.

[17]Cotton，F. A. J. Less-common Metals，**54**(1977)，3.

[18]Wolff，T，E. et al.，J. Amer. Chem. Soc.，**100**(1978)，4630.

[19]a. 福建物质结构研究所固氮研究组，科学通报，**20**(1975)，540.

b. Lu，C. S.，preprint of manuscript submitted for publication in the Proceedings of the Steenbock-Kettering Int. Symp. Nitrogen Fixation，1978.

[20]南京大学化学系固氮组，化学学报，**35**(1977)，3/4，141.

[21]黄开辉，厦门大学学报(自然科学版)，1978，#3，112.

[22]McKenna，C. E，et al.，J. Amer，Chem，Soc.，**98**(1976)，4657.

[23]Chatt，J. et al.，Proc. 1st Int. Symp. Nitrogen Fixation(W. E. Newton and C. J. Nyman，eds.)，Vol. 1，P. 17，Washington State Univ. Press，1976.

[24]a. Hsu，J. C.，preprint of manuscript submitted for publication in the Proceedings of the Steenbock-Kettering Int. Symp. Nitrogen Fixation，1978.

b. 唐敖庆，江元生，中国科学，1974，28.

[25]Lowe，D. J. et al.，Biochem. J.，**773**(1978)，277.

[26]Bulen，W. A.，Proc. 1st Int. Symp. Nitrogen Fixation(W. E. Newton and C. J. Nyman，eds.)，Vol. 1，P. 177；Washington State University Press，1976.

[27]Burns，R. H. et al.，(1975)，见文献(6).

[28]Tamaru，K. et al.，J. Phys. Chem. **73**(1969)，1174；J. Chem. Soc. Faraday Trans. **68**(1972)，1451.

[29]Walker，M. and Mortenson，L. E.，B. B. R. C. **54**(1973)，669.

[30]Ledwith，D. A. and Schultz，F. A.，J. Amer，Chem. Soc.，**97**(1976)6591.

Evolution of a Model of Nitrogenase Active center and Mechanism of Nitrogenase Catalysis

K. R. Tsai, Suo-Tian Lin, Hui-Lin Wan[①]

Department of Chemistrys；Instiants of Physical Chemistry

Abstract

A twin-sited-dicubane-type-cluster structural model of nitrogenase active-center, $[S^* Fe_3 S_2^* (L)] Mo[(L')S_2^* Fe_3 S^*]$, has been proposed, L and L' being two labile ligands, such as N_2, NH_3, H or H_2O. This model is a logical evolution of the twin-sited-monocubane-type-cluster structural model, $Fe_2 S_2^* Mo_2 O_2$, and the twin-sited-tricubane-type-cluster structural model, $Fe_2 S_2^* (L)(L')Mo_2[S_3^* Fe_3 S^*]_2$, previously proposed by us. The twin-sited-cubane-type-cluster structural feature common to all the three models and the end-on-plus-double-side-on coordination activation of N_2, α-acetylenes, alkyl cyanides and isocyanides on the trinuclear active-center have been inferred mainly from the known reactions of nitrogenase with the various types of substrates and CO inhibitor regarded as chemical probes, and from the principles of coordination catalysis；whereas revision of previous models with regard to the micro-environments of each molybdenum ion and the nature of the triunclear active-center (whether it is 2Mo—1Fe or 1Mo—2Fe)have been made by reference to recent progresses on nitrogenase research reported by many laboratories. The twin-sited-dicubane-type-cluster structural model(with 1 $Mo^{III(IV)}$) is in accord with the EPR and Moessbauer spectra of nitrogenase and FeMo-co recently

① *Zeng Ding. Xu Liamg-xu (Biology Departmemt) and Zhuang Xiu-zhi，Zhang Pan-xian，and Xu Zhi-Wun (Chemistry Department)participated in part of the work.*

obtained and interpreted by Orme-Johnson and Münck. It also gives better mechanistic explanations for the enzyme-catalyzed reactions of all the known nitrogenase substrates and the characteristic behavior of CO as a selective inhibitor of nitrogenase. A brief，further discussion of the mechanism of ATP-driven electron and proton transports is also given.

■ **本文原载:**《化学通报》第 5 期(1979),第 21～24 页。

化学模拟生物固氮的新里程

蔡启瑞

(厦门大学)

大气中大约含有四千万亿吨的氮气。但是,地球上动植物的细胞却没有本领直接吸收它来转化为蛋白质、核酸等含氮的生命基础物质。迄今我们所知道的,只有自然界里的固氮微生物,能在常温常压下,高效率地固氮成氨。它们每年为地球上所有的生物提供约二亿吨的生命所必需的固定氮。微生物是怎样固氮的呢? 人类能不能用化学方法模拟其中的某些原理,研制出能在温和条件下操作的固氮催化剂呢? 这便是化学模拟生物固氮所要探讨的一些科学问题。

(一)

化学模拟生物固氮,在国际上是本世纪六十年代才开拓起来的一个边缘学科研究领域。到了 1972 年已取得了不少进展:

(1)生物化学工作者发现从多种多样的固氮微生物分离出来的固氮酶,都是由大同小异的 MoFe-蛋白和大同小异的 Fe-蛋白所组成;MoFe-蛋白分子量约 20 多万,含 2 个 Mo、24～33 个 Fe 和 24～27 个 S^*(无机硫),它起着络合 N_2 的作用;Fe-蛋白分子量为 5.5 万～6.5 万,含 4 个 Fe 和 4 个 S^*,它主要起着电子传递体的作用。还发现能在固氮酶催化作用下被还原的底物至少有 N_2、H^+、$RC \equiv CH$、$RC \equiv N$、$RN \equiv C$、$C \equiv N^-$、N_3^-、N_2O 和 $CH_2 = C = CH_2$ 等八九种;这些底物的酶促还原反应都是与 $MgATP^{-2}$ 酶促水解为 $MgADP^-$ 和 HPO_4^{-2}($H_2PO_4^{-1}$)的反应偶联着进行的;ATP 与还原剂消耗量之比($ATP/2e^-$)一般为 4～5。

(2)化学工作者发现 Mo^{III} 或 V^{II} 水溶液加碱沉淀氢氧化物时能还原 N_2 为 NH_3 或 N_2H_4;又 V^{II} 的邻-苯二酚络合物能作为阴极电催化还原 N_2 制肼的催化剂。还发现了,半胱氨酸钼盐碱性水溶液体系对于固氮酶各种底物的还原反应,都有些催化作用。

(3)合成出 200 个左右的单核和双核的分子氮络合物;其中有几个含零价 W 或 Mo 和膦配位体的分子氮络合物,如

$$Mo(N_2)_2(Et_2PCH_2CH_2PEt_2)_2,$$

能加质子而转化为含 2-亚腈基的络合物,如

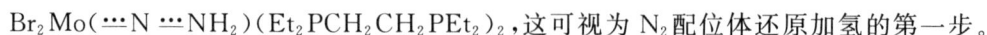

$Br_2Mo(\cdots N \cdots NH_2)(Et_2PCH_2CH_2PEt_2)_2$,这可视为 N_2 配位体还原加氢的第一步。

近两三年来,国际上在化学模拟生物固氮的研究方面,取得了一些突破性的进展:

(1)1977 年,Shah 和 Brill 采用溶剂(HCONHCH_3)萃取法,从 MoFe-蛋白分离出分子量小于二千的 FeMo-辅基,其中 Mo:Fe:S^* 含量比约为 1:～8:～6;它能显出 MoFe-蛋白的特征 EPR 讯号,对于 $NaBH_4$ 还原乙炔为乙烯的反应具有很高的催化活性,比已知的最好的化学模拟体,如 $[Mo_2O_4(cys)_2]^{2-}$,活性高达 600 倍。

(2)Hodgson 等成功地运用 Mo 的外延 x-光吸收谱精细结构(EXAFS)法,推断出 Mo 的近邻有 4 个 S^*、2～3 个 Fe,此外可能还有 1～2 个-SR,但无 $Mo = O$ 键,也无其他重金属原子,因此 Mo—Mo 核间距

应在 3 Å 之外。

（3）Orme-Johnson 和 Münck 等，根据 EPR 谱和穆斯鲍尔谱，推断 FeMo-辅基很可能是含单个 Mo 和 6 个 Fe 的 Mo—Fe—S* 原子簇，而且与另一个 FeMo-辅基距离大概在 12 Å 以外。又根据"配位体取代挤出法"的实验结果，Holm 等推断 Fe-蛋白分子中含有一个 $Fe_4S_4^*$ 原子簇；而 Orme-Johnson 等推断 MoFe-蛋白分子中含有 3～4 个 $Fe_4S_4^*$ 原子簇。此外，在分子氮络合物和固氮酶新底物的研究等方面，也有重要的进展。

（二）

国内化学模拟生物固氮的研究工作，是在敬爱的周总理再次强调指出要重视自然科学基础研究之后，于 1972 年初由中国科学院带头组织国内跨学科、跨系统的大协作，开始搞起来的。到了 1973 年，在棕色固氮菌固氮酶的高活性结晶状 MoFe-蛋白的制备、分子氮络合物化学键理论、以及固氮酶活性中心模型和酶催化机理的研究等方面，都取得了较快的进展。福建物质结构研究所固氮研究组讨论了单核和双核络合 N_2 的各种可能的方式，从而指出了单端基加多侧基络合活化 N_2 以及防止络合物构型异构化的必要性。吉林大学化学系固氮研究组，用 HMO 法处理分子氮端基单核络合物和双端基双核络合物，得到了能级、电荷密度和键序的表达式。结果表明，单核低价络合物以金属电子组态为 d^{4-6} 的分子氮络合物为最稳定，而且外端 N 带较大的负电荷，有利于质子等亲电子试剂的进攻。厦门大学固氮研究组以固氮酶八、九种已知的底物和抑制剂 CO 当作化学探针，并根据络合催化原理，讨论了固氮酶活性中心结构和 ATP 驱动的电子传递机理，并提出了电子倒流使 ATP 消耗过大的概念。在这一年里，福建物质结构所固氮研究组和厦门大学固氮研究组不约而同地提出（后于 1974、1975、1976 年发表）大同小异的固氮酶活性中心模型，即网兜型原子簇结构（$Fe_3S_3^*$ Mo）的活性中心模型与骈联双座立方烷型原子簇结构（$Fe_2S_2^*$ Mo_2O_2）的活性中心模型，和 N_2 的单端基加多侧基络合活化方式，并用以阐明固氮酶各种底物的酶促还原反应机理。

近两三年来，随着国际上化学模拟生物固氮研究工作的突破，国内研究工作也取得了一些可喜的进展。中国农业科学院原子能利用研究所的工作者，用葡聚糖凝胶柱过滤法，证实了棕色固氮菌固氮酶的 MoFe-蛋白（半还原态）单独不能与 $MgATP^{2-}$ 结合，而一个 Fe-蛋白分子能与 2 个分子 $MgATP^{2-}$ 结合（结合常数为 13.3—15.6 μM）。结合后 Fe-蛋白构象发生变化，使得每分子的 12 个半胱氨酸残基中仅有 2 个（—SH）能被羧甲基化；而不加 $MgATP^{2-}$ 的 Fe-蛋白每分子有 4 个—SH 能被羧甲基化。$MgATP^{2-}$ 也能掩蔽 Fe-蛋白的一部份与活性有关的—SH 基，使其不被氯汞苯甲酸所汞基化。上海有机化学研究所和吉林大学化学系等单位与固氮有关的工作者，在分子氮络合物的合成等方面也取得了一些进展。吉林大学固氮研究组在前段的工作基础上，用 HMO 和图论方法处理单核、双核和三核的几种可能的分子氮络合物构型。结果表明，对于单核和双核的分子氮络合物，N_2 的单端基或双端基络合物相应地比单侧基或双侧基络合物稳定；而对于三核络合物，分子氮的单端基加双侧基络合物，比全端基络合物稳定，一般也比双端基加单侧基络合物略为稳定，NN 键序也较低；当三核价态低而且前沿 d 电子总数多（如 d^{16}）时，单端基加双侧基络合活化的 N_2 配位体外端 N 一般带有较大的负电荷，从而有利于质子的进攻。这一结果，从理论上支持了国内提出的关于单端基加多侧基络合活化 N_2 的看法。在固氮酶活性中心模型的研究方面，通过国际学术交流，参考了国外关于固氮酶的科学实验新成就，国内所提出的两个模型（即"福州模型"和"厦门模型"）于第三届国际固氮会议（1978 年 6 月，美国威斯康辛-麦迪逊）前后，各经过了两次修正和演进，最后在构型上基本上统一地认为很可能是骈联双座双立方烷型原子簇结构

$$[S^* Fe_3S_2^* (L)]Mo[(L')S_2^* Fe_3 S^*],$$

只是对于这双立方烷原子族的可相对旋转程度，以及对于 N_2、RC≡N、RN≡C 等底物分子的络合活化方式究竟是"投网式"的以端基络合在兜底的 Fe^{II} 上，还是"架炮式"的以端基络合在 $Mo^{III(IV)}$ 上，还保留着不

同的看法,体现了学术争鸣和互相促进的精神。国内最初提出的两个大同小异的原子簇结构活性中心模型,在国际上可以说是比较早提出的,经过五年来的两次演进,基本上仍保留着骈联双座立方烷原子族结构的特征和 N_2 的单端基加多侧基的络合活化方式。当然,进一步还要看看能否根据这骈联双座双立方烷原子族结构模型的启示,合成出高活性的 FeMo-辅基模型化合物;这可以说是最终的和最重要的检验。而且由于 FeMo-辅基的 $Mo:Fe:S^*$ 含量比的准确分析数据还未见发表,上述模型也要先经过这分析关的考验。但是,所提出的酶促反应机理和 ATP 驱动的电子传递机理,有一些看法已从国外后来报导的实验事实(如下面括号内注明的)获得了一些支持。例如:(1)炔键的双侧基加假端基 $\mu_3(\eta^2)$ 型络合活化,或双侧基 $\mu_2(\eta^2)$ 型络合活化,有利于高选择性的顺式加氢为相应的烯键;又 $RN\equiv C$ 也能在三核中心形成 $\mu_3(\eta^2)$ 型的络合(E. L. Muetterties 等,1976—1977)。(2) N_2 的酶促还原加氢反应大概不经过 $NH\!=\!NH$ 和 $NH_2\!-\!NH_2$ 中间态(R. R. Eady 等,1978 年)。(3)丙二烯的酶促还原加氢是直接的,没有先在配位上异构化为丙炔(R. H. Burns 等,1975 年)。(4)CO 只能占据钼离子上相邻的两个配位之一,但它能诱导地削弱另一个配位络合 N_2 或其他 $\sigma\pi$-配位体的能力(J. Chatt 等,1978 年)。(5) $RN\equiv C$ 在固氮酶活性中心钼离子上的还原加氢缩合反应中间经过卡宾配位体中间态($RN\equiv C$ 在钼离子上的邻位插入反应,R. D. Adams 等,1976 年)。(6)过渡金属离子上的电子传递(还原态变成氧化态),能大大促进(催化)配位 $MgATP^{2-}$ 外端磷酐键的水解(G. P. Haight,Jr. 等,1974—1977 年)。这也间接支持了关于电子倒流可能是造成 ATP 消耗过大的主要原因这一看法。

国内关于固氮酶活性中心模型和 N_2 络合活化机理的研究工作,也促进了对于 EDA 型催化剂作用机理的理解和氨合成铁催化剂活性中心模型的理论探讨。有趣的是,南京大学化学系和厦门大学化学系的工作者分别提出的 N_2 在 α-Fe(III)晶面上活性中心的单端基加多侧基多核络合活化的两种方式,恰好对应于上述的 N_2 在固氮酶活性中心的"投网式络合"和"架炮式络合"。关于 α-Fe 活性中心按这两种方式络合活化 N_2 的理论探讨,已有了 EHMO 计算的初步结果。

(三)

国内工作者,自从 1972 年开展化学模拟生物固氮的研究以来,对于国际上在这段期间迈步跨过的新里程,虽也作出了一点贡献,但由于物质条件所限,特别是缺乏现代化的实验手段,实验工作开展得比较少,因而模型和机理方面的理论研究,基本上全部建立在国外报导的有关科学实验成果的基础上,工作未能取得主动性。有时虽有了一些比较好的设想,也未能及时通过实验加以验证和发展。今后有必要进一步搞好跨学科、跨系统的大协作,加强国内以及与国外的学术交流,及时掌握科研动态和国外的先进经验,大胆创新,分工建立必要的现代化实验手段,使实验工作也能很好地开展起来。

化学模拟生物固氮的研究,在国际上正在酝酿新的突破。关于 FeMo-辅基的结构与性能,模拟化合物的合成、催化性能及其化学调变的研究,在近期内会显得很活跃。通过这类型的原子簇络合物的研究,有可能发展出选择加氢催化剂和电催化固氮催化剂。但是,FeMo-辅基没有 $Fe\!-\!S^*$ 原子簇的配合,看来还不能有效地对固氮反应产生催化作用。下一步还要研究 MoFe-蛋白中的一些 $Fe_4S_4^*$ 原子族在 $MgATP^{2-}$ 驱动的电子传递(甚至质子传递)过程中究竟是怎样起作用的。这对于了解能量与电子(和质子)偶联传递的其他生理生化过程可能也有重要的意义。了解这方面的机理,对于设计不用 ATP 和 $Fe\!-\!S^*$ 的模拟体系也会增加能动性。

最后,对于像兰绿藻那样的光合固氮体系的研究,也值得注意,因为光催化固氮可能是长远的将来固氮工业解决氢源问题的根本办法。也就是说,化学模拟生物固氮的研究,将来可与光合作用的研究串联起来搞。国内在 1972 年就提出了这样的设想,最近一些研究单位也开始进行这方面的探索。

■ 本文原载：Journal of Organic Chemistry，1980，45，pp. 4785～4786.

A Novel Synthesis of 1,21-Heneicosanedioic Acid[*]

K.R.Tsai, Melvin S.Newman

(Chemistry Department, The Ohio State University, Columbus, Ohio 43210)
Received June 17, 1980

The synthesis of polymethylene dibasic acids has been accomplished mainly by the alkylation of malonic esters with polymethylene dibromides followed by hydrolysis and decarboxylation[1]. The synthesis of long-chain diacids requires long-chain dibromides, usually synthesized by reduction of long-chain diesters to diprimary alcohols followed by conversion to dibromides. If uneven-numbered dibasic acids are desired uneven dibasic esters are needed and these often require multistep synthesis. Another route involves electrolytic coupling of half-esters of dibasic acids[2], but this route gives only even-numbered diesters[3].

Because of interest in the synthesis of polymethylene dibasic acids for a study of how compounds with two polar end groups separated by a long polymethylene chain (even and odd numbered) would behave in surface films[4], we have developed a new synthesis of heneicosane-1,21-dioic acid, 8. The steps are outlined in Scheme I.

The crude tetraacid 4 was heated to effect decarboxylation to 5 which, on treatment with a solution of HCl in methanol at room temperature, afforded good yields of diester 6. This ready preferential esterification can be explained by noting that the six numbers[5] (number of atoms in the six position from the carbonyl oxygen as one) of the terminal carboxyl groups are each three whereas the six number of the middle carboxyl group is six. The rates of esterification of comparable acids are those obtained[5] by esterification at 40 ℃. However, when esterification is allowed to take place at room temperature an even greater ratio for rates of acids having a six number of three to acids with a six number of six is expected.

Brominative decarboxylation of 6 followed by reduction and hydrolysis afforded the desired heneicosane-1,21-dioic acid, 8[6], in good yield.

Experimental Section[**]

Ethyl ω-Bromoundecylenate[8], Into a solution of 146 g of undecylenic acid, mp 21.0～22.5 ℃ in 1.4 L of petroleum ether, bp 65～80 ℃, was passed HBr to saturation at 15 ℃ (about 45 min). The resulting solution was washed with saturated NaCl and cooled to －5 ℃. The crystals which separated, mp 50～55 ℃, 142 g (67%), were collected[7]. This acid was converted into the ethyl ester[7], L, in

---

[*] The work herein reported was contained in the Ph. D. thesis of Khi Ruey Tsai, The Ohio State University, 1950, supervised by Edward Mack and Preston Harris. Dr. K. R. Tsai is now Professor of Chemistry at Amoy University, Xiamen, Fukien, Peoples Republic of China. The delay in publication was caused by a lack of communication.

[**] All temperatures are uncorrected.

93% yield via the acid chloride prepared with thionyl chloride.

Scheme I

$$EtOOC(CH_2)_{10}Br + CH_2(COOEt)_2 \xrightarrow{NaOEt}$$
$$1$$

$$EtOOC(CH_2)_{10}CH(COOEt)_2 \xrightarrow[\text{b. 1}]{\text{a. NaH. toluene}}$$
$$2$$

$$[EtOOC(CH_2)_{10}]_2C(COOEt)_2 \xrightarrow[\text{b. HCl}]{\text{a. NaOH}}$$
$$3$$

$$[HOOC(CH_2)_{10}]_2C(COOH)_2 \xrightarrow{\Delta,160\ ℃}$$
$$4$$

$$[HOOC(CH_2)_{10}]_2CHCOOH \xrightarrow{HCl,CH_3OH}$$
$$5$$

$$[CH_3OOC(CH_2)_{10}]_2CHCOOH \xrightarrow[\text{c. Zn,HOAc}]{\substack{\text{a. Ag}_2\text{O}\\ \text{b. Br}_2}}$$
$$6$$

$$[CH_3OOC(CH_2)_{10}]_2CH_2 \xrightarrow{hydrolysis} HOOC(CH_2)_{21}COOH$$
$$7 \qquad\qquad\qquad 8$$

Dimethyl 11-Carboxy-1,21-heneicosanedioate,6. To the solution prepared by reacting 9.0 g (0.39 mol) of sodium with 250 mL of absolute ethanol was added 80 mL (ca. 0.5 mol) of diethyl malonate and 115 g (0.39 mol) of 1. After 6 h at reflux the alcohol was largely distilled and the residue was diluted with water and extracted with ether-benzene. After the solution was washed with saturated brine, the solvents were removed by heating and then about 20 mL of diethyl malonate was distilled at 75 ℃ (2.3 mm), leaving crude reaction product, mainly 2. To a mixture prepared by reacting 7.3 g (0.30 mol) of sodium hydride in 300 mL of toluene with the above 2 for 0.5 h was added 97 g (0.33 mol) of 1. The stirred mixture was held at reflux for 40 h (titration showed all base had been used up), cooled, and taken up in ether. After the solution was washed with water, dilute acetic acid, and brine, the solvents were removed and the residue, mainly 3, was heated for 1 h at reflux with a solution of 10 g of NaOH in 250 mL of 95% ethanol and then with excess 6% NaOH while allowing most of the alcohol to distill. After 1 day at reflux the solution was treated with dilute HCl until the solid which formed just redissolved. After extraction with benzene the aqueous layer was added to excess aqueous HCl. The solid product was collected, washed with water and ether, and dried in a vacuum desiccator over concentrated H_2SO_4 for 12 h. The crude acid, 4, mp 116～118 ℃, was heated at 160 ℃ for 85 min to effect decarboxylation to yield 88 g (28% based on 1) of heneicosane-1,11,21-tricarboxylic acid, 5, mp 89.0～90.5 ℃, neutralization equivalent 143.4 (theory 142.7). A solution of 21 g of 3 in 400 mL of dry methanol and 30 mL of 0.38 N HCl in methanol was held at room temperature for 1 h and then in the icebox for 15 h. By filtration there was obtained crude 6 and additional 6 on allowing the mother liquor to stand for 4 days in the icebox. Recrystallization afforded 14 g (69%) of pure 6, mp 62.5～63.5 ℃ (corr). Anal[8]. Calcd for $C_{26}H_{48}O_6$：C,68.4；H,10.6. Found：C,68.4；H,10.3. Additional 6 was present in the mother liquor which was useful in recrystallizing material from another run. The remaining material in the mother liquor was mainly 5.

1,21-Heneicosanedioic Acid,8. A stirred mixture of 20 g of pure 6, the silver oxide freshly prepared from 8 g of $AgNO_3$ and 2.5 g of NaOH in water, 100 mL of water, and 10 mL of ether was distilled.

Addition of a little methanol caused the silver salt to coagulate and the brownish solid was collected, washed with methanol, and dried under vaccum at $60\sim70$ ℃. The silver salt, 24 g, was suspended in CCl_4 and treated with 5 mL of bromine[9]. After a few minutes the mixture was filtered and the filtrate was washed with cold aqueous K_2CO_3 and brine, and the CCl_4 was removed under vacuum to yield a soft waxy solid. This material was heated under reflux with stirring with 20 g of zinc dust and 150 mL of acetic acid for 2 h. The acetic acid was separated from the zinc dust and poured into ice water to yield 12 g (66% based on 6, 13% based on 1) of colorless dimethyl 1,21-heneicosane-dioate, mp $73\sim74$ ℃ (lit.[6] mp 70.8 ℃). Alkaline saponification yielded pure 8, mp $127\sim128$ ℃ (lit.[6] mp 127.5 ℃), in almost quantitative yield.

Registry No. 1,6271-23-4; 2,74965-67-6; 3,74965-68-7; 4,74965-69-8; 5,74965-70-1; 6,74965-71-2; 7,42235-77-8; 8,73292-43-0; $CH_2(COOEt)_2$,105-53-3.

参考文献

[1] Chuit, P. Helv. Chim. Acta 1926, **9**, 264.

[2] (a) Brown, A. C.; Walker, J. Justus Liebigs Ann. Chem. 1891, **261**, 107. (b) Zeigler, K., Hechelhammer, W. Ibid. 1937, **528**, 115. (c) Fair-weather, D. A. Proc. R. Soc. Edinburgh 1925, 45, 23, 283. (d) Ruzicka, L.; Stoll, M.; Schinz, H. Helv. Chim. Acta 1928, 11, 670, 1174.

[3] Difficulty in electrolysis of mixed half-esters is mentioned in ref 3b.

[4] See the thesis of Khi R. Tsai for a discussion of the desirability of studying even-and odd-numbered dibasic acids in various ways.

[5] Newman, M. S. "Steric Effects in Organic Chemistry"; J. Wiley and Sons Inc.; New York, 1956; p 205. Note acids 3 and 21 in Table I.

[6] Flaschentrager, B.; Halle, F. Z. Physiol. Chem. 1930, 190, 120.

[7] Chuit, P.; Boelsing, F.; Hausser, J.; G. B. Helv. Chim. Acta 1927 10, 167.

[8] Analysis by Mrs. E. H. Klotz.

[9] Cf.; Cristol, S. J.; Firth, W. C., Jr. J. Org. Chem. 1961 26, 280.

■ **本文原载**:《厦门大学学报》(自然科学版)第 19 卷第 2 期(1980 年),第 41～49 页。

化学模拟生物固氮[*]
Ⅵ.铁钼辅基模型化合物的合成及其催化性能[**]

许志文　颜翠竹　丁马太　张藩贤　林硕田　许良树　蔡启瑞

(厦门大学固氮研究组　厦门大学物理化学研究所)

摘　要　本文讨论了先前我们[1]提出的固氮酶活性中心骈联双座双立方烷原子簇结构模型的一些特征。根据这一模型,设计了铁钼辅基模型化合物的合成方案,合成了三系列的铁钼辅基模型化合物,其 Mo、S^*、Fe 之比如同这一模型所要求的,为 $1:\sim 6:6\sim 8$。由氯化物系列和柠檬酸盐进行配位体交换而得到的柠檬酸盐系列中的两个样品,在 KBH_4 还原 C_2H_2 为 C_2H_4 的反应中具有很高的催化活性(按每个 Mo 计算,转变数为 $20\sim 30$ 分$^{-1}$)和选择性($91\%\sim 95\%$),接近天然的铁钼辅基的水平,并在与 Av 突变种 UW_{45} 重组后,按 $Shah$ 和 $Brill$ 的方法测定,显示出明显的固氮酶活性。

根据各种底物的已知酶促反应及络合催化原理,我们曾推断直链的 $n\text{-}RC\equiv CH$,$n\text{-}RC\equiv N$,$n\text{-}RN\equiv C$,$C\equiv N^-$ 及 $N\equiv N$ 等底物分子,都是按 $\mu_3(\eta^2)$ 键型络合在相同类型的三核活性中心上的,而且这样的活性中心是通过共用 $Mo^{IV(III)}$ 而成对地骈联在一起的,这便导致了第一个骈联双座混合立方烷型原子簇结构的固氮酶活性中心模型的提出[2].考虑到国际上有关固氮酶研究的最新实验成就[3],上述模型演进为骈联双座双立方烷原子簇结构模型:

$$[S^*Fe_3S_2^*(L)]Mo[(L')S_2^*Fe_3S^*],$$

它能较好地解释许多实验事实[1]。

在差不多同一时期(1973—1978),卢嘉锡教授等[4]也从稍为不同的出发点及角度和稍为不同的底物络合方式,提出了同上述模型大同小异的原子簇结构模型。

一、上述的骈联双座双立方烷原子簇结构模型的一些特征

1.$Mo^{IV(III)}$ 有两个相邻的可置换的配位体,L 和 L',相当于有两个可利用的相邻空配位,这既可说明 CO 对酶促放氢反应的无抑制作用以及 $CH_3N\equiv C$ 底物分子同另一个 $CH_3N=C$ 分子或同 CO 的还原缩合反应[5],而且也能说明 $HCONHCH_3$(NMF)对固氮酶活性的明显的抑制作用。由于单配位基 $n\text{-}ROH$ 及 $n\text{-}RNH_2$ 并没有这种抑制作用,NMF 可能是作为一个螯形双配位基的配位体络合于 $Mo^{IV(III)}$ 上的。

2.能络合底物分子的活泼状态的固氮酶分子中,或 FeMo-co 分子中,$Mo^{IV(III)}$ 不含有作为第五个配位体的有机硫。因为如果带有 5 个庞大的配位体(4 个 S^* 加上 1 个—SR),就不能再有容纳两个相邻的

---

* 本系列论文,化学模拟生物固氮—Ⅰ,Ⅱ,Ⅲ,见文献[2a,2b,2c];Ⅳ,见文献[1];Ⅴ,见许良树等,厦门大学学报(自然科学版),1979,4,89。

** 参加本工作的还有林培三、阮淑贤、陈金福同志。

可置换的活动配位体的空间。按照这一模型,对于所观察到的 Mo 的外延 X 光吸收精细结构谱(EXAFS),主要贡献应当是来自于核间距约 2.34 Å 的 4 个 Mo—S* 的相互作用和核间距约 2.72 Å 的两个 Mo—Fe 的相互作用;另外,还应该有钼与 2 个活动的配位体,这可能是 N_2 和 H,或一个如同螯形双配位基的肽酰胺基,或一个如同螯形双配位基的 NMF 分子(如在用 NMF 萃取出来的 FeMo—co 的情况那样)的相互作用的这种比较次要的贡献。事实上,从 Cramer 等[3a]报导的 EXAFS 工作可以看出,用两个配位壳层套图的结果,与用包括 2 个 Mo—S(有机硫)的相互作用在内的三个配位壳层套图的结果,逼近程度差不多是一样的。最近 Teo[6]也指出了这一点。Newton 等[7]最近观察到,铁钼辅基能与 1 当量硫酚作用产生 g 值为 4.5,3.6,2.0 的硫代型(thio—forin)铁钼辅基 EPR 信号,这种硫代型铁钼辅基在与 Av 突变种 UW_{45} 的重组中仍保持其全部的重组活性。鉴于铁钼辅基可被柠檬酸和 NMF 萃取这一事实[3a],这种有机硫配位体仍然可在样品与 UW_{45} 重组的过程中,通过逆挤出而为氨基酸基或螯形双配位基的肽链段所置换。这或许是由于 $Mo^{IV(III)}$ 同 $4S^*$ 的结合比较同—SR 的结合更为牢固这一事实。但是在固氮酶分子中,多数(如果不是全部的话)连接在 6 个 $Fe^{II(III)}$ 上的外配位体可能是来自半胱氨酸残基的有机硫配位体,就像铁氧还蛋白中的 $Fe_4S_4^*$ 簇或固氮酶的钼铁蛋白中的 P 簇($Fe_4S_4^*$,3~4 个)很可能都含有有机硫外配位体那样,半还原态钼铁蛋白的 EPR 信号(g 值:4.32,3.63,2.01),实际上可能就是由于蛋白分子内的这种铁离子上含有有机硫配位体的硫代型铁钼辅基所产生的。

二、铁钼辅基模拟物合成方案的设计及其合成

根据所提出的模型,设计了铁钼辅基模拟物的合成方案。看来,可以像 Holm 等[8]所介绍的,以 MoS_4^{2-}(钾盐或季铵盐)为起始物之一。我们可使它和过量的无水亚铁盐($FeCl_2$)或无水 $FeCl_3$(Mo∶Fe $\leq 1∶8$)及合适的还原剂充分反应。这里,金属氢化物,如 KBH_4 或 NaH,优于巯基型还原剂。已发现[9]后者很容易占领 $Mo^{IV(III)}$ 上可利用的空配位,而造成配位饱和和催化活性的损失。最后,按每毫克分子 MoS_4^{2-} 补加 2 毫克分子的 NaHS,并让其充分反应,使在所期待的原子簇产物中 Mo∶S^* 比值增至 1∶6。用 CH_3CN 或其他适当的可置换的活动配位体保护 $Mo^{IV(III)}$ 的 2 个可利用的空配位。采用不同的分离和提纯方法,可得到—Cl 连于 6 个 $Fe^{II(III)}$ 作外配位体的氯化物系列铁钼辅基模型化合物。此氯化物系列用柠檬酸盐或叔丁基硫醇进行配位体交换,分别得出铁钼辅基模型化合物的柠檬酸盐系列或硫代系列。用已知的方法[3c]测定合成的每一步反应混合物或产物对 KBH_4 还原 C_2H_2 为 C_2H_4 的催化活性及选择性。这些测试以及与 UW_{45} 重组固氮酶活性的测定[3b],可用来指导合适的合成方法与步骤的选择。

我们已用这种方法合成了三个系列的铁钼辅基模型物,获得了粗结晶产物、或 DMSO 萃取物、或 NMF 萃取物。(注意:最近已报导,DMF/$NaBH_4$ 混合物在较高温度下发生猛烈的氧化还原反应。参见 C&EN,Sept.,24,1979,p.4)。我们使用了 DMF—CH_3CN 作反应介质,合成实验全部在室温(~25℃)和无氧无水的常压氩气中进行。K_2MoS_4、$(Me_4N)_2MoS_4$、NaHS 和 NMF 等无水试剂是按已知方法[9]由本实验室制备的,KBH_4 购自上海化学试剂供应站,其他试剂为上海化学试剂厂的化学纯或分析纯产品。在催化活性与选择性的测试中,样品的浓度约为每毫升含 Mo 10 nm(1×10^{-8} 克分子)~50 nm,以保证足够的准确度,虽然较低的浓度看来可获得略高一些的以转变数表示的活性。

一个实验实例如下:1.006 g $FeCl_3$(6.2 mm)在 5 mL DMF 的溶液在搅拌下,逐滴加入于 0.466g KBH_4(含量 95%,8.2 mm)与 15 ml DMF 的混合物中,产生的气体让其逸入纯化的氩气气流中。约半小时后(反应混合物由红棕色变为浅绿黄色),在搅拌下逐滴加入 0.302 g K_2MoS_4(1.0 mm)在 10 mL DMF 与 2 mL 乙腈中的血红色溶液,反应 24 小时。最后慢慢加入 0.112 g NaHS(2.0 mm)在 10 mL DMF 的兰色溶液,再反应 24 小时得到带有固体悬浮物的黑色反应混合物。在纯净的氩气氛下过滤,固体残留物

用冷 DMF 洗到洗液近乎无色,再用 DMSO 萃取,并测定萃取液的催化活性与选择性[3c]以及与 UW$_{45}$重组固氮酶的活性[3b](在另一情况下用 NMF 萃取,并测定活性,以及分折 Mo:S*:Fe)。用真空蒸发浓缩余下的 DMSO 萃取液,得到少量暗棕色结晶固体,其 DMSO 溶液经与以下三个空白认真比较,表明也有小的重组固氮酶活性;这三个空白样品是:(1)UW$_{45}$(未加样品);(2)UW$_{45}$+溶剂(DMSO)(未加样品);(3)样品(未加 UW$_{45}$)。

另一个实验例子:氯化物系列的反应混合物(每毫克分子 Mo 补加 2 毫克分子 NaHS 并完全反应后)用柠檬酸钾处理并放置过夜后离心除去母液,用冷 DMF 洗,最后用 DMSO 萃取,测定样品的催化活性与选择性及与 UW$_{45}$重组固氮酶的活性,并分析测定钼铁比(分析方法见本期第 57 页)。

三、结果与讨论

1. Mo、S*、Fe 比

如表 1 所示,每毫克分子的 MoS_4^{2-} 用 2 毫克分子 NaHS 处理后,反应混合物(振荡成均匀的浆状物后取样)的催化活性显著增加,表明合适的 S*、Mo 比必须大于 4:1。铁钼辅基模型化合物中的两个显示出相当高的催化活性和选择性以及一定的与 UW$_{45}$重组固氮酶的活性的样品(807C 与 1009C),其 Mo、S*、Fe 比为 1:5.7:8.9 与 1:6.3:5.6(见表 2)。而反应混合物在用 NaHS 处理之前,没有一个样品具有与 UW$_{45}$重组固氮酶的活性。这表明合适的 S*、Mo 比很可能是 6:1。这与我们所提出的模型[1]以及与 Orme-Johnson 和 Münck 等[10]提出的 M 簇的铁硫比值是一致的。

表 1 补加 NaHS 前后反应混合物活性的比较

反应混合液	样品编号	转变数	选择性
补加 NaHS 前 (Mo:S*=1:4)	1220A	7	92
	1220B	8	93
	1220C	8	93
补加 NaHS 后 (Mo:S*=1:6)	1220A$_1$	15	93
	1220B$_1$	10	94
	1220C$_1$	19	93

表 2 分析结果

样品编号	Mo(γ/ml)	Fe(γ/ml)	S*(γ/ml)	Mo/Fe/S*(原子比)
807C	175	903	330	1:8.9:5.7
1009C	167	547	352	1:5.6:6.3

不同 Fe、Mo 比(2:1、3:1、4:1、6:1 和 8:1)的,按每毫克分子 MoS_4^{2-} 用 2 毫克分子 NaHS 处理后的反应混合物(这里特意用反应混合物进行总的活性对比)的催化活性与选择性示于表 3。Fe、Mo 比为 6:1 的反应混合物显出最高的催化活性,而过量的以氯化物形式存在的 Fe$^{II(III)}$似导致较低的活性。但都分别用柠檬酸盐进行配位体交换后,有过量铁(即 Fe:Mo>6:1)的反应混合物样品的催化活性显著增加;而 Fe:Mo=6:1 的反应混合物的催化活性的增加较少。这表明在铁钼辅基模拟物中 Fe、Mo 的合适比例可能是 6:1,并表明过量的 FeCl$_2$ 对催化活性有些抑制(可能通过形成氯桥而与活性中心缔合),但可通过加入的柠檬酸盐的络合作用加以除去。这样,合适的 Fe:Mo 比值看来是 6:1,再次与提出的模型[1]以及 M 簇的组成[10]相一致。这里,我们已注意到 Shah 和 Brill 报道的天然铁钼辅基的 Mo、S*、Fe 之比为 1:6:8,而 Newton 等经小心提纯过的天然铁钼辅基样品 Fe:Mo 比值是 7:1。

表3 不问钼铁比时各种反应混合物活性的比较

样品编号		0124A	0124B	0124C	1220C′	1220A′
Mo/Fe(原子比)		1/2	1/3	1/4	1/6	1/8
补加 NaHS 前 反应混合物	活性	2.8	6.0	6.8	13	9
	选择性	92	90	90	93	92
补加 NaHS 后 反应混合物	活性	4.6	5.4	6.3	22	20
	选择性	92	93	93	93	93

我们还注意到 Eisenhuth[12] 的报道,带有甲氧锌结构的双立方烷簇,$Me_6Zn_7(OCH_3)_8$,可容易地由 $Zn(CH_3)_2$ 进行甲醇醇解而获得。显然,形成立方烷的容易程度是与合适桥配位体的存在有关的,也与在六个角上的金属离子或原子取得四面体配位的倾向,特别是与中央离子取八面体配位的倾向有关的。$Mo^{IV(III)}$ 形成八面体配位的倾向比 $Zn^{II}(d^{10})$ 强得多,若用合适的可置换的活动配位体 L 和 L′,并有过量的 $Fe^{II(III)}$ 存在以防止或减少在 MoS_4^{2-} 还原成 MoS_4^{4-} 过程中,2 个 $Mo^{IV(III)}$ 原子间以 S^* 桥相连,则合成所需要的 $Cl_6Fe_6S_6^*(L)(L')Mo$ 混合双立方烷簇是颇有希望的。

2. 外配位体置换的效果

氯化物系列用柠檬酸盐或/与叔丁基硫醇进行配位基置换的效应示于表4。虽然我们尚未将这种产物分离出来并重结晶以作全元素分析及光谱鉴定,但预料用柠檬酸盐或叔丁基硫醇处理氯化物系列,将会产生柠檬酸或硫配位体置换其原有的氯配位体。由表4可见,用 6 毫克分子(对每毫克原子 $Mo^{IV(III)}$)柠檬酸钾处理,使得所测试的 2 个样品($1220A_3$ 与 $1220C_3$)的催化活性都明显地增加,用 2 毫克分子(对每毫克原子 $Mo^{IV(III)}$)叔丁基硫醇处理,也使所测试的 2 个样品($1220B_3$ 与 $1220C_3$)的催化活性都明显增加,但用较大量叔丁基硫醇的处理却导致催化活性的明显下降,这种下降是不能用加入柠檬酸钾而得到复原的。看来似乎较少量的叔丁基硫醇不易占有中央 $Mo^{IV(III)}$ 可利用的空配位,而较大的量则有所抑制。叔丁基硫醇中硫配位体与某些氯配位体(估计是那些连于两个后面的 $Fe^{II(III)}$ 上的)交换,引起催化活性显著增加。观察到的这个现象是有意义的。用 ΦSH 及 ΦCH_2SH 等这样的产生空间位阻较小的硫试剂的相似配位体置换实验正在进行中。

表4 外配位体对活性的影响

模拟体	转变数	选择性
氯化物系列 $1220A_3$	～3	91
$1220A_3$＋6 份 K_3Cit	＞30	92
$1220A_3$＋6 份 t－BuSH	21	90
$1220A_3$＋6 份 t－BuSH＋6 份 K_3Cit	21	88
氯化物系列 $1220B_3$	19	93
$1220B_3$＋2 份 t－BuSH	29	90
$1220B_3$＋4 份 t－BuSH	18	92
氯化物系列 $1220C_3$	19	91
$1220C_3$＋6 份 K_3Cit	24	94
$1220C_3$＋2 份 t－BuSH	30	92
$1220C_3$＋4 份 t－BuSH	11	91

3. 与 Av-1 突变种 UW_{45} 的重组活性

如图 1 所示,合成的铁钼辅基模型化合物($913C'$为例)与 Av 突变种 UW_{45} 重组,并和空白样品[图 1 (1)、(2)、(3)]做反复对比,表明具有明显的固氮酶活性[图 1(7)]。虽然,其 Mo、S^*、Fe 比极接近于提出的模型$[S^* Fe_3 S_2^* (L)]Mo[(L')S_2^* Fe_3 S^*]$的要求,但重组活性(在 $27\sim30℃$ C_2H_2 的转变数)仅为 0.12 分$^{-1}$(每毫微克原子 Mo 每分钟转化乙烯的毫微克分子数),同 Shah 和 Brill[3b] 报导的 425 分$^{-1}$ 及 Smith[11] 和 Newton 等[7] 报道的约 300 分$^{-1}$ 比较,仅约为 FeMo—co 重组活性的三千分之一。显然,所需要的产物,即在顺位上有 2 个可置换的活动配位体的双立方烷原子簇的产量是很低的,而样品中可能含有大量的反式异构体(图 2)。

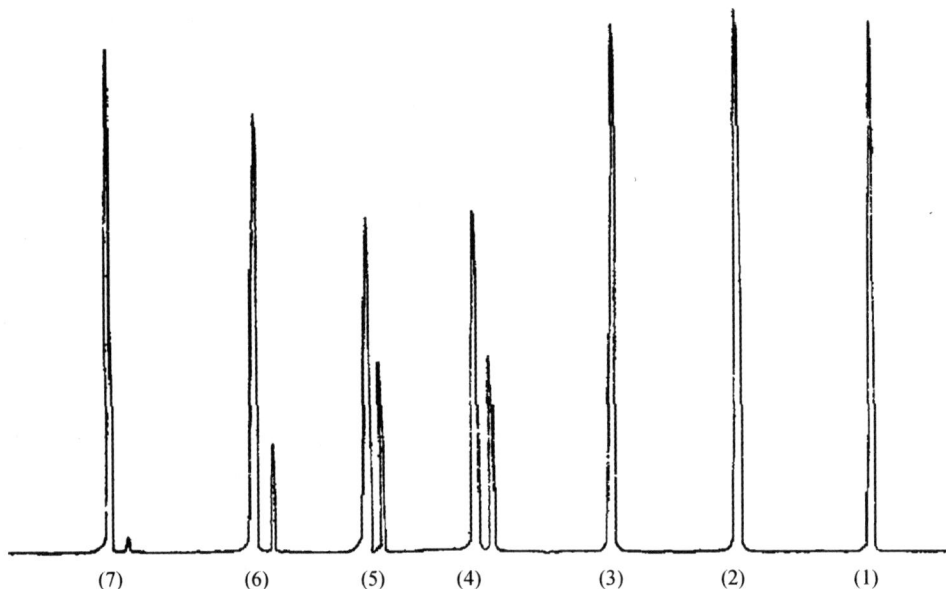

图 1 重组固氮酶活性测定结果(气相色谱图,固定相为 Al_2O_3)

(1)UW_{45}(未加样品); (2)UW_{45}+溶剂(DMSO); (3)样品 $913C'$+buf.(未加 UW_{45}); (4)UW_{45}+MoFd;
(5)UW_{45}+MoFd+DMSO; (6)UW_{45}+MoFd 酸解液; (7)UW_{45}+样品 $913C'$。

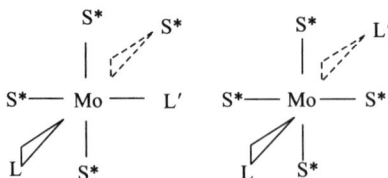

图 2 $Mo^{IV(III)}$ 的第一配位界内两个不稳定配位体 L 与 L' 的顺式与反式排列

使用可置换的,或可以除去的(如可还原的,或可水解的)双配位螯合配位体(如 NMF 或—OCH_2CH_2O—)的合成实验在进行中。按照这一个新的合成方案,已初步合成出与 UW_{45} 重组活性酶变数达到 10 分$^{-1}$ 以上的结晶状样品。这是本实验室最新进展情况。

参考文献

[1]a, Tsai, K. R., Preprint of Manuscript to be published in the Proceedings of the steenbock-Kettering Int. Symp. Nitrogen Fixation, Wisconsin, 1978.

b,蔡启瑞等,厦门大学学报(自然科学版),1979,**2**,30.

［2］a，厦门大学化学系固氮小组，全国第二次固氮会议（厦门，1973）专题报告之一：化学模拟生物固氮进展，第二集，科学出版社，1976，163．

　　b，厦门大学化学系固氮研究组，厦门大学学报（自然科学版），1974，**1**，111．

　　c，Nitrogen-Fixation Research Group，Department of Chemistry，Xiamen University，Scientia Sinica，19（1976），460；厦门大学化学系催化教研室固氮研究组，化学学报，1976，**1**，1．

［3］a，Cramer，S. P. et al.，J. Amer. Chem. Soc.，**100**(1978)，2748；3814．

　　b，Shah，V. K. and Brill，W. J.，Proc. Nat. Acad，Sci. U. S. A.，**74**(1977)，3249．

　　c，Shah，V. K. et al.，B. B. R. C.，**81**(1978)，232．

　　d，Johnson，R. W. and Holm，R. H.，J. Amer. Chem. Soc.，**100**(1978)，5338．

　　e，Ormc-Johnson，W. H，et al.，in Recent Devel. Nitrogen Fixation（W. E. Newton et al.，eds.）131～178；Academic Press，1977．

　　f，Huynh，B. H. et al.，Abstracts of poster and lecture sessions，Proc. Steenbock-Kettering Int. Symp. Nitrogen Fixation，Wisconsin，1978，D-132．

　　g，Rawlings，J. et al.，Ibid.，1978，D-133．

［4］a，中国科学院福建物质结构研究所固氮小组，科学通报，1975，**20**，540．

　　b，Lu，C. S.，Preprint of manusript to be published in the Proc. of the Steenbock-Kettering Int. Symp. Nitrogen Fixation，Wisconsin，1978．

　　c，卢嘉锡，化学通报，1979，**5**，33．

［5］Hardy，R. W. F. et al.，in Advan. Chem. Ser.，**100**(1974)，219．

［6］Teo，B. K. et al.，Biochem. Biophys. Res. Comm.，**4**(1979)，1454．

［7］Newton，W. E. et al.，lnt. Symp. on Mo Chem. of Biol significance，Japan，1979．

［8］Holm，R. H. et al.，a，Proceedings of the 3rd International Symposium on Nitrogen Fixation，(1978)．

　　　　b，J. Amer. Chem. Soc.，**101**(1979)，4140．

［9］a，Aymonino，P. T. et al.，Z. Anorg. Allg. Chem.，**295**(1969)，371．

　　b，Muller，A. et al.，Ibid.，**310**(1974)，403．

　　c，何泽人等，无机制备化学手册增订第二版，217．

　　d，Dalelio，G. F. et al.，J. Amer. Chem Soc.，**59**(1937)，109．

［10］Orme-Johnson，W. H. et al.，Int. Symp. on Mo Chem. of Biol. Significance，Japan，1979．

［11］Smith，B. E. et al.，Ibid.，1979．

［12］Eisenhuth，W. H. et al.，J. Amer. Chem. Soc.，**90**(1968)，5379．

Chemical Modeling of Biological Nitrogen Fixation
Ⅵ. Synthesis and Catalytic Activities of FeMo-co Modeling Compounds

Zhi-Wen Xu，Cui-Zhu Yan，Ma-Tai Ding，Pan-Xian Zhang，

Shuo-Tian Lin，Liang-Shu Xu，K．R．Tsai

（Nitrogen Fixation Research unit，Xiamen University；

Institute of Physical Chemistry，Xiamen University）

Abstract

Some features of the twin-sited dicubane-cluster structural model of nitrogenase active-center

193

previously proposed by us are discussed. Based upon this model, a method for the synthesis of FeMo-co modeling compounds has been designed. Three series of FeMo-co modeling compounds have been synthesized, with $Mo : S^* : Fe = 1 : \sim 6 : 6 \sim 8$ as required by the model. Two samples of the citrate series, obtained by ligand exchange of the chioride series with citrate, have been found to exhibit very high catalytic activity (turn-over number per Mo: $20 \sim 30$ min^{-1}) and selectivity ($92 \sim 95\%$ C_2H_4), approaching that of FeMo-co, in the reduction of C_2H_2 to C_2H_4 by KBH_4, and to show a certain well-confirmed nitrogenase activity as assayed by Shah and Bill's method after reconstitution with Av mutant UW_{45}.

■ **本文原载**:《厦门大学学报》(自然科学版)第 19 卷第 2 期(1980 年 5 月),第 50～56 页。

化学模拟生物固氮
Ⅶ. 乙炔选择性还原成乙烯作为原子簇活性中心多核络合活化底物的一种判据[*]

张藩贤　林正忠　许志文　林国栋　蔡启瑞

(厦门大学固氮研究组　厦门大学物理化学研究所)

摘　要　系统地比较了 FeMo-co 和固氮酶的各种模拟体系在 KBH_4 还原乙炔为乙烯的反应中的催化活性和选择性。FeMo-co(活性:转变数为 34;选择性:99% C_2H_4)和本实验室合成的模型化合物(活性:转变数为 20～30;选择性:91%～95%)比其他固氮酶的模拟体系(MoO_4^{2-}-CySH; MoO_4^{2-}-CySH-Fe^{2+};MoO_4^{2-}-胰岛素;$[Fe_4S_4(SCH_2\Phi)_4]^{2-}$;和 MoS_4^{2-})具有较高的活性和选择性;这可作为 FeMo-co 及其合成模拟物的原子簇活性中心多核络合活化底物分子的一种判据。

引　言

近十年来,人们就固氮酶活性中心模型及底物分子的活化方式,提出了各种各样的看法。Schrauzer[1a] 和 Chatt[1b] 分别提出按单侧基络合 N_2 的单核活性中心(1 Mo)和按单端基络合 N_2 的单核活性中心(1 Mo)。Parshall 和 Hardy[2]、Stiefel[3]、Щилов 等[4] 分别提出以桥型络合 N_2 的双核活性中心(1 Mo-1 Fe,通过一个硫配位体桥联着)、按单侧基(对 Mo)和单端基(对 Fe)络合 N_2 的双核活性中心(1 Mo-1 Fe)、以及按桥型络合 N_2 的双核活性中心(2 Mo)。中国有两个研究组[5,6]在大约相同的期间(1973—1978)从稍为不同的出发点和稍为不同的底物络合方式分别首创地提出大同小异的原子簇结构模型和底物多核络合方式,即 N_2 按 $\mu_3(\eta^2)$ 型对三核活性中心(1 Mo-2 Fe)络合的骈联双座双立方烷型原子簇结构模型(即厦门模型Ⅱ)和 N_2 按 $\mu_4(\eta^2)$ 投网插入型对四核活性中心(1 Mo-3 Fe)络合的孪合双网兜型原子簇结构模型(即福州模型Ⅰ)。1977 年以前,每个活性中心究竟含有一个 Mo 或者两个 Mo,尚缺乏判断的充分依据。但那时利用已知的底物和抑制剂(CO)当作化学探针,已能推测究竟是几个核(其中至少有一个 Mo)和怎样络合 N_2 等底物分子的,以及骈联双座活性中心结构的可能性。后来 Hodgson 等[7] 成功地应用外延 X-光吸收光谱精细结构(EXAFS)法探明了 MoFe-蛋白和 FeMo-co 中 Mo 的价态和周围微环境,Orme-Johnson 和 Münck[8] 等也报导了关于固氮酶的 EPR 和穆斯鲍尔谱的最新研究结果,这样就基本可以判明,每个活性中心只含一个 Mo。但究竟是一钼单核还是钼铁多核,则仍存在着不同的看法。

我们提出的关于固氮酶底物分子 n-RC≡CH、n-RC≡N、n-RN≡C、C≡N[-] 和 N≡N 的 $\mu_3(\eta^2)$ 型络合,是从这些已知酶促反应的底物作为化学探针并根据络合催化原理推论出来的[5]。其中,乙炔的高选

---

[*]　参加本工作的还有洪碧凤、张美环。

择性顺式还原加氢成乙烯是作为多核活化底物这种推论的一个出发点[5]。由于乙炔底物分子中两对 π 键（π_x，π_x^*；π_y，π_y^*）以双侧基加准端基 [$\mu_3(\eta^2)$] 型络合在三核上，在结合力方面要比乙烯 [只有一对 π 键（π_x，π_x^*）] 对单核作单侧基络合强得多。因此乙炔还原加氢生成的乙烯配位体，应该是容易被未反应的乙炔分子从活性中心置换出来的，从而防止进一步还原而生成乙烷。乙炔按 $\mu_3(\eta^2)$ 型的络合，同样有利于 2 个 H 从同一侧按顺式加上去。上述论点可以从 Muetterties 等[9]的实验得到有力的支持。他们发现原子簇络合物催化剂 $L_4Ni_4L_3$（L＝t-BuN≡C）对于 RC≡CR 炔键的顺式加氢为烯键，具有很高的催化选择性。在反应中，$L_4Ni_4L_3$ 的三个桥连的异腈配位体之一被 R—C≡C—R 所置换。形成 RC≡CR 的 $\mu_3(\eta^2)$ 型络合物；而如果是单核的，则乙烯是以一对 π 键络合的，乙炔也基本上是以一对 π 键络合的，这样，络合能力相差就不很多，乙炔置换乙烯配位体也就不是那么快了。此外，由于固氮酶底物分子在混合立方烷原子簇骨架中形成一种三桥式配位体，电子容易从催化剂传递到底物分子，这样就保证了高催化活性。

为了检验这一论点，我们比较了 FeMo-co 和本实验室[10]合成的 FeMo-co 模型化合物（1220C，1220G，80111A 等），以及下列其他各种固氮酶模拟体系对乙炔还原成乙烯的催化活性和选择性：(a) MoO_4^{2-}-CySH；(b) MoO_4^{2-}-CySH-Fe^{2+}；(c) MoO_4^{2-}-胰岛素；(d) $Fe_4S_4(SCH_2\Phi)_4]^{2-}$；(e) MoS_4^{2-}；(f) MoS_4^{2-}-$[Fe_4S_4(SCH_2\Phi)_4]^{2-}$；(g) FeMo-co 模型化合物 1220C，1220G，80111A 等；(h) 1220C-$[Fe_4S_4(SCH_2\Phi)_4]^{2-}$；(i) 1220C＋$Fe^{2+}$；(j) FeMo-co。我们将讨论这些结果，来说明通过这种活性和选择性的试验，可以建立多核络合活化底物的一种判据。

实　验

K_2MoS_4 和 $[Fe_4S_4(SCH_2\Phi)_4]\cdot[N(C_2H_5)_4]_2$ 由本实验室按照已知的方法[11—18]合成，并在使用之前先通过电子吸收光谱检验。FeMo-co 模型化合物 1220C，1220G，80111 等则是根据所提出的骈联双座双立方烷原子簇结构模型而设计的合成方法合成的[10]。

用 Shah 和 Brill[14,15]所用的方法和相同的条件测试了在室温和 pH＝9.6 的条件下，上述各种固氮模拟体系对 KBH_4 还原乙炔的催化活性和选择性。使用的是北京分析器仪厂出品的 SP-2305 气相色谱仪。用 Al_2O_3 涂上亚皮松作为固定相，可使气相反应混合物中所有组分得到分离。

还用 FeMo-co 模型化合物 1220C 作为催化剂，分别进行了 KCN 作为底物来还原及作为还原乙炔时的抑制剂的两套试验。

结果和讨论

活性与选择性测试结果见表 1 及附图 1～3。

表 1

模拟体系	加入量 nmol(Mo)*	活性（转变数） $\dfrac{nmolC_2H_4}{nmolMo\cdot min}$	选择性 %C_2H_4	附　法
MoO_4^{2-}-CySH	1×10^5	6.4×10^{-2}	67	
MoO_4^{2-}-CySH	1×10^4	0.18	53	本室所测值
MoO_4^{2-}-CySH	1×10^3	0.20	55	
MoO_4^{2-}-CySH＋Fe^{2+} (Mo/Fe=1/6)	1×10^5	0.47×10^{-2}	26	图1、(3)

续表

模拟体系	加入量 nmol(Mo)*	活性(转变数) $\dfrac{nmolC_2H_4}{nmolMo \cdot min}$	选择性 %C_2H_4	附 法
MoO_4^{2-}-CySH+Fe^{2+} (Mo/Fe=1/3)	1×10^5	0.94×10^{-2}	30	图1、(2)
MoO_4^{2-}-CySH+Fe^{2+} (Mo/Fe=1/1)	1×10^5	4.7×10^{-2}	54	图1、(1)
MoO_4^{2-}-insulin	6.0	23.4	68	文献[16]
MoO_4^{2-}-insulin	12	12	74	
$[Fe_4S_4(SCH_2\Phi)_4]^{2-}$		0.5^{**}	65	图3、(3)
MoS_4^{2-}	2.1×10^2	1.2	89	图3、(1)
$MoS_4^{2-}+[Fe_4S_4(SCH_2\Phi)_4]^{2-}$	2.1×10^2	0.90	78	图3、(2)
80111A	91	27	94	
1220G	1.3×10^2	24	94	
1220C	1.3×10^2	19	93	图2
1220C-$[Fe_4S_4(SCH_2\Phi)_4]^{2-}$	1.3×10^2	16	91	
1220C+Fe^{2+}	1.3×10^2	19	91	
FeMo-co	11	25	99	文献[14]
	2.5	34		

* 反应瓶体积:25 ml;总反应溶液体积:3.5 mL

** n mol C_2H_4/n mol $Fe_4 \cdot$ min

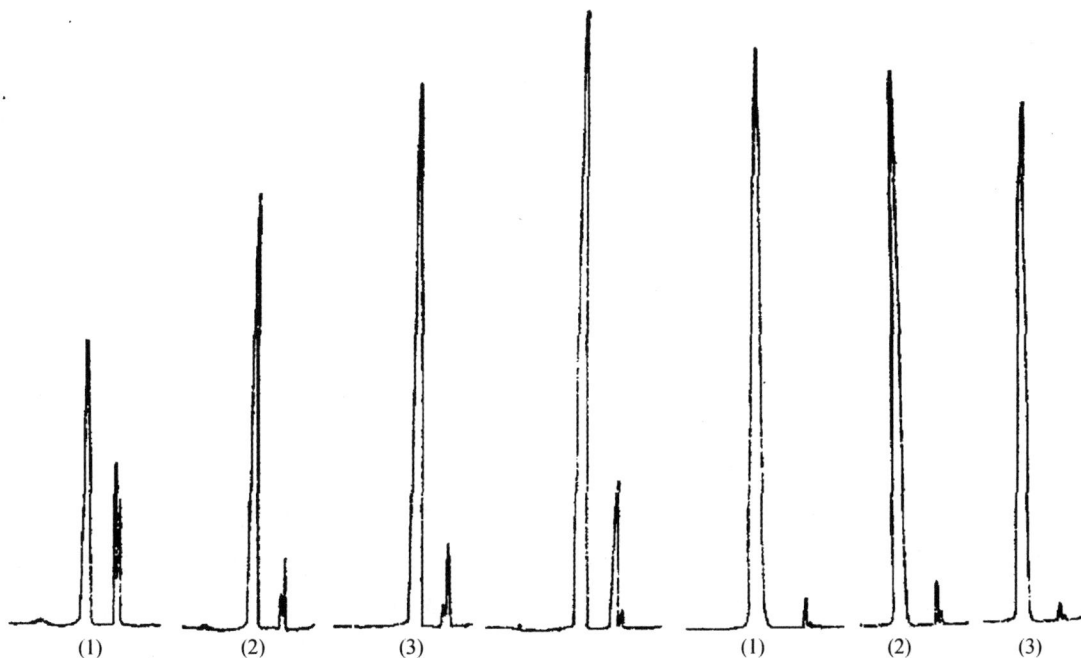

图1 Mo_4^{2-}-CySH+Fe^{+2}模拟体系　　图2 模型化合物 1220C　　图3 MoS_4^{2-}-Fe4S_4^-体系

实验结果表明，MoO_4^{2-}-CySH 和模型化合物（1220C 等）这两种体系，在溶液较浓的情况，催化活性随着样品稀释度的增大而增大；MoO_4^{2-}-CySH 体系稀释到大约每毫升 3 μmol（3×10^{-6} mol）时，如再进一步稀释，活性就不再有明显变化。

实验结果还表明，MoO_4^{2-}-CySH 催化剂体系用 KBH_4 还原时，活性很低，并且在生成的反应产物中，除 $CH_2=CH_2$ 外，还有大量的 $CH_2=CH-CH=CH_2$ 及较小量的 CH_3-CH_3。这正如 Schrauzer[1a] 所指出的，是由于 Mo^{IV} 配位球上容易形成两个相邻空配位的单核活性中心的缘故。乙炔底物分子通过部分加氢先形成乙烯基配体，这一乙烯基配体既能进一步还原为乙烯或乙烷，也能在它未被还原之前，与一个络合着的 $CH\equiv CH$ 分子发生"邻位插入"反应生成丁二烯基配基，并进一步还原加氢为丁二烯。鉴于阴离子与阴离子之间存在着静电斥力，还原剂 BH_4^- 与 MoO_4^{2-}-CySH 络合物阴离子之间的电子传递看来应是缓慢的，如同我们所观察到的 MoS_4^{2-}-BH_4^- 氧化还原体系内缓慢的电子传递那样。这大概也是观察到的低催化活性的一个原因。并且，在电子传递缓慢的情况下，乙烯基配基的进一步还原也必然是缓慢的，从而使络合着的乙炔分子以邻位插入形成丁二烯基配基—$CH=CH-CH=CH_2$ 的机会增多，致丁二烯付产物增多，对乙烯的选择性也就差了。

添加 Fe^{2+}（$FeSO_4$）于 MoO_4^{2-}-CySH-KBH_4 体系，如同我们观察到的 MoO_4^{2-}-Fe^{2+}-KBH_4 体系的情况一样，虽然 Fe^{2+} 在某种程度上可能增大电子传递的速率，但是 Fe^{2+} 加入后，在这高 pH 的碱性介质中，往往可以看到沉淀生成，从而降低了有效钼的浓度，致使活性下降。而另一方面，亚铁离子可能与疏基络合，加大了空间位阻，使得邻位插入受到一定障碍，因而更多的只能起着单核的作用，形成丁二烯的机会也就大大地减少了。也正因为活性中心是单核的，这就再次导致低选择性，所不同的是这时的主要付产物是乙烷，而不再是丁二烯了（图 1）。

MoO_4^{2-}-胰岛素体系空间位阻很可能也会较大，邻位插入受到一定障碍，活性中心主要也是单核起作用的。这一情况下，虽电子传递可能有所改善、实验所用浓度较低以及酶蛋白的疏水微环境都使得比活性较高，但还原成乙烯的选择性仍然是低的，有大量的乙烷作为主要付产物。

用 $[Fe_4S_4(SCH_2\Phi)_4]^{2-}$ 作催化剂时，活性与选择性都相当低[图 3(3)]。可见，立方烷原子簇结构骨架中无不稳定配位体的 $[Fe_4S_4(SCH_2\Phi)_4]^{2-}$ 只能作为单核的活性中心。预料其每个 $Fe^{II(III)}$ 络合 $CH\equiv CH$ 的亲和力也是低的，因此其活性与选择性象料想的那样都是低的。

在水溶液体系，预料 MoS_4^{2-} 与 BH_4^- 之间电子传递是慢的，如同我们在 DMF 为介质时所观察到的那样。因此催化活性也是低的。这种催化剂虽然在还原时亦能提供两个空配位，但料想它们主要地是互成反位，而不是顺位，因其 4 个 S^{2-} 配位体会张去占据以 $Mo^{IV(III)}$ 为中心的正方形之四个角，以使库仑斥力降至最小。因此按邻位插入生成丁二烯的机会很小。四个庞大的 S^* 配基（$r_s^*\approx1.8$ Å；$r_{Mo^{IV}}\approx0.7$ Å）对 $CH_2=CH_2$ 的单侧基 $\sigma\pi$-络合与 $CH\equiv CH$ 的单侧基 $\sigma\pi$-络合相比较，前者会产生大得多的空间位阻（用适当的分子结构模型容易说明此点）。故反应产生的 $CH_2=CH_2$ 配位体易为 C_2H_2 所置换，从而进一步还原为 C_2H_6 的可能性大大地减少了。所以 MoS_4^{2-} 催化剂虽然也是单核的，活性较低，但选择性却颇高。

显然，$[Fe_4S_4(SCH_2\Phi)_4]^{2-}$ 并不改进 MoS_4^{2-} 与 BH_4^- 之间的电子传递。故加入 $[Fe_4S_4(SCH_2\Phi)_4]^{2-}$ 催化活性未见提高[图 3(1)、(2)]。

从实验结果看来，唯有根据我们提出的骈联双座双立方烷原子簇结构模型 $[S^*Fe_3S_2^*(L)]Mo[(L')S_2^*Fe_3S^*]$ 设计出来的方法合成出的 Mo：S^*：Fe 为 1：6：6～8 的那些铁钼辅基模型化合物（或模拟体系），才发现其显示高活性（每个 Mo 转变数 20～30 分$^{-1}$）与高选择性（91%～95% C_2H_4），接近天然铁钼辅基的数值（图 2）。这是对我们提出的原子簇结构模型以及这种原子簇活性中心对底物多核络合活化推论的有力支持。这样，乙炔选择还原加氢的活性与选择性的测试结果，看来可作为原子簇活性中心上

RC≡CH底物分子是否按多核络合活化的一个好的判据。

用 FeMo-co 模型化合物（1220C）作催化剂，发现 CN^- 有力地抑制乙炔的还原加氢，而其本身则因自抑制而以低的活性还原为 CH_4，这又与 Mckenna[17] 观察到的 CN^- 对 FeMo-co 的行为相似。另一篇文章[10]还提到这种合成的 FeMo-co 模型化合物与 Av 突变种 UW_{45} 重组，能显出一定的固氮酶催化活性。

参考文献

[1]a,Schrauzer,G. N. et al.,J. Am. Chem. Soc, **96**(1974),641;**99**(1977),6089.

　　b,Chatt,J. et al.,Proc. Ist Int. Symp,Nitrogen Fixation，**1**(1976),17.

[2]Hardy,R. W. F. et al.,in Advan. Chem. Ser.,**100**(1974),219.

[3]Stiefel,E,I.,in Recent Devel. Nitrogen Fixation,1977,69.

[4]Щипов А. Е.,и др.,Изв. АН СССР. сбр. Вио.,**4**(1971),518.

[5]a,厦门大学固氮组,厦门大学学报（自然科学版）,1974,**1**,111.

　　b,厦门大学固氮组,中国科学,1976,**5**,479.

　　c,Tsai, K. R., Preprint to be publ. in Proceedings of the 3rd International Symposium on Nitrogen Fixation，1978.

　　d,蔡启瑞等,厦门大学学报（自然科学版）,1979,2,30.

[6]a,福建物质结构研究所固氮研究组,科学通报,**20**(1975),540.

　　b,Lu,C,S.,Preprint to be publ,in Proceedings of the 3rd International Symposium on Nitrogen Fixation，1978.

　　c,卢嘉锡,化学通报,1979,**5**,33.

[7] Cramer,S. P. et al.,J. Am Chem,Soc.,**100**(1978),2748;3814.

[8]a,Huynh,B,H. et al.,Abstracts of Poster and lecture Sessions,Proc. Steen-bock-Kettering Int. Symp. Nitrogen Fixation, Wisconsin,1978,D—132.

　　b,Rawlings,J.,et al.,Ibid.,D—133.

[9] Muetterties,E,L. et al.,J. Am. Chem. Soc., **99**(1977),743.

[10]许志文等,本刊,本期,第 41 页,

[11]Aymonlno,P. T. et al.,Z. Amorg. Allg. Chem.,**295**(1969),371.

[12]Muller,A. et al.,Ibid.,**310**(1974),403.

[13]Holm,R. H. et al.,J. Am. Chem. Soc., **95**(1973),3523.

[14]Shah,V. K. et al.,B. B. R. C.,**81**(1978),232.

[15]Shrauzer,G. N.,Angew. Chem. Internet. Edit., **14**(1975),514.

[16]Schirauzer,G,N.,et al.,J. Am. Chem. Soc., **101**(1979),917.

[17]Mckenna,C. E. et al.,J. Am. Chem. Soc., **98**(1976),4657,

Chemical Modeling of Biological Nitrogen Fixation
VII. Selective Reduction of Acetylene as a criterion of
Polynuclear Coordination of Substrates on Cluster Active-center

Fan-Xian Zhang, Zheng-Zhong Lin, Zhi-Wen Xu, Guo-Gong Lin, K. R. Tsai

(Nitrogen Fixation Reasearch Unit, Xiamen University

Intitute of Physical Chemistry, Xiamen Vniversity)

Abstract

The catalytic activities and sclectivities of FeMo-co and various nitrogenase-modeling systems in the reduction of acetylene to ethylene by KBH_4 have been compared. The high selectivities and high activities of FeMo-co (activity: turn-over number 34 min^{-1}, selectivity: 99% C_2H_4) and the modeling compounds synthesized in this laboratory (activity: turnover number $20 \sim 30 min^{-1}$, selectivity: 91% $\sim$ 95%), in comparison with many other nitrogenase-modeling systems (MoO_2^{4-}-CySH, MoO_4^{2-}-CySH-Fe^{2+}, MoO_4^{2-}-insulin, $[Fe_4S_4(SCH_2\Phi)_4]^{2-}$ and MoS_4^{2-}), may be regarded as a criterion indicating polytnuclear coordination activation of the substrate molecules on cluster active-center of FeMo-co and of the synthetic modeling compounds.

■ **本文原载**:《厦门大学学报》(自然科学版)第 19 卷第 4 期(1980 年 11 月),第 67~73 页。

化学模拟生物固氮
Ⅸ.铁钼辅基模型化合物的合成和性能表征*

许志文　林国栋　林硕田　颜翠竹　丁马太

林培三　韩国彬　张藩贤　许良树　蔡启瑞

(厦门大学固氮研究组　厦门大学物理化学研究所)

摘　要　采用乙二醇基阴离子作为活插头(可通过水解除去的双配位螯形配位体),对前文[3]提出的合成方法作了重要改进,以期所合成的铁钼辅基模型化合物中 $Mo^{IV(III)}$ 第一配位界内两个不稳定的配位体处于相邻的位置,如厦门模型Ⅲ(或厦门模型Ⅱ)所要求。合成和重组活性评价结果,重组活性比使用乙腈等为活插头的提高 2 个数量级,化学催化活性和选择性接近于天然 FeMo-co 水平。

根据固氮酶各种底物的已知酶促反应和络合催化原理,提出的骈联双座双活口双立方烷型原子簇结构的固氮酶活性中心模型 $[S^* Fe_3 S_2^* (L)]Mo[(L')S_2^* Fe_3 S^*]$(厦门模型Ⅲ)[1],为铁钼辅基模型化合物的合成提供了依据。

一、铁钼辅基模型化合物合成方案的设计

双立方烷型原子簇结构化合物的合成和结构测定,见于 Eisenhuth 等[2]1968 年的报道。他们从 $Zn(CH_3)_2$ 出发,通过甲醇醇解,方便地获得了带有甲氧锌结构的双立方烷簇 $Me_6 Zn_7 (OCH_3)_8$。从配位化学的角度看,这种双立烷型原子簇的形成,应与中央离子取八面体配位倾向的大小有密切的关系,也和适当的 μ_3-型桥式配位体的存在以及六个角上的金属离子取四面体配位的倾向有关。$Mo^{IV(III)}$ 形成八面体六配位的倾向比起 $Zn^{II}(d^{10})$ 要强得多;又从 $Fe_4 S_4^*$ 原子簇容易形成来看,S^* 是已知的 μ_3-型配位体,$Fe^{II(III)}$ 也有取得四面体配位的倾向。所以,如果选用适当的 μ_3-型的活动配位体 LL',合成上述结构的模型化合物应是可能的。这一点前文[3]已予指出。

根据所提出的模型,我们设计了如下方案:用 MoS_4^{2-} 与过量的 $FeCl_2$ 或 $FeCl_3$ 加适当的还原剂反应,并使用适当的活动配位体,以保护 $Mo^{IV(III)}$ 相邻的两个空配位,然后加 NaHS(添加适当的碱)进行补硫,使反应系统的钼硫比达到 1:6。制备以氯为外配位体的骈联双座双立方烷型铁钼辅基模型化合物(氯化物系列)。再以柠檬酸盐或叔丁基硫醇进行外配位体交换,分别制备柠檬酸盐系列或硫代系列的模型化合物。

从所提出的模型可见,1 个 $Mo^{IV(III)}$ 是和 4 个 S^*(无机硫)相结合的。文献也曾经报告,MoFe-蛋白经酸碱处理后,会析出 MoS_4^{2-}。所以选用 MoS_4^{2-}(钾盐或季铵盐)作为起始原料之一。为了使得化学平衡

---

* 本文曾在全国化学模拟生物固氮协作组领导小组扩大会议(昆明,1980,8)上宣读。

能朝有利于一钼多铁原子簇络合物生成的方向进行，我们认为过量的亚铁盐或铁盐的使用是必要的。对于这样的体系，如果使用硫醇、硫酚等巯基化合物作还原剂，则由于巯基对钼有很大的亲和力，根据文献报道[4]，得到的是桥联的双立方烷型原子簇化合物，其中 $Mo^{IV(III)}$ 是配位饱和的，因而基本丧失催化活性。因此，我们选用金属氢化物(如 KH、NaH)或 KBH_4，而不用巯基化合物作还原剂。这时，所形成的原子簇较之所提出的模型还缺两个 S^*，因此必须补 S^*。考虑到钼由六价还原到四价，其配位数便由 4 增加到 6，为了使所补加的 S^* 不致占领 $Mo^{IV(III)}$ 的这两个配位，就要在补 S^* 之前，选择一种恰当的活动配位体来加以保护，并根据上述模型的要求，使其处于相邻的位置。要求所选用的活动配位体对钼具有相当的络合能力，而又能在以后的活性测定中通过还原加氢或水解、或底物分子的排代而方便地移去。最先我们[3]采用的是 CH_3CN 或过量的 $FeCl_2$，以后选用了螯形的双配位体，如乙二醇基阴离子。在上述甲氧锌双立方烷簇中，已知甲氧基是很好的 μ_3-型配位体。所以这种双烷氧基的配位体应有利于相邻两个活动配位的保护，这是合成过程中的一个关键性改进。

二、实验

关于使用乙腈作活动配位体的实验，我们已作过详细介绍[3]。下面只介绍使用乙二醇基阴离子作为活动配位体的一个典型例子。

在搅拌下，将以下三种原料的混合物：106 $mgNaOC_2H_4ONa$(1mM)、48 $mgNaH$(2mM)和 25 ml K_2MoS_4 的 DMF 溶液(内含 K_2MoS_4 1mM)加入到 20 ml $FeCl_2$ 的 DMF 溶液(内含 $FeCl_2$ 10 mM)，搅拌下反应 24 小时，再加入 20 ml NaHS 的 DMF 溶液(内含 NaHS 2mM)，继续反应 24 小时，得到一黑色的反应生成物混合液。这样的混合液经 DMF/乙醚重结晶分离，得到棕黑色微晶或针状结晶样品。

采用 Schrauzer 等[5]和 Brill 等[6]所使用的方法和相同的测试条件，在室温和 pH=9.6 条件下，测定所合成的模型化合物及各步反应中间产物对 KBH_4 还原乙炔为乙烯的催化活性和选择性，以检验合成方案的每一步骤。产物分析使用国产 SP—2305 气相色谱仪。

重组实验中，UW45 突变种的生长条件、固氮酶合成的抑制、粗酶的制备、活化条件和鉴定均参照 Shah 等[7]的方法。重组活化反应温度为 30℃，反应时间为 20 分钟。还原乙炔为乙烯反应产物的分析同上。固氮成氨的产物($40-50\gamma NH_3$)经 H_2SO_4 吸收后，可用常规的 Nessler 定氨法测定，并严格与三种空白实验对比。有关重组活性评价的实验，详见我校固氮生化方面的报告[8]。

三、结果与讨论

(一)原子簇活性中心多核络合活化底物的初步判据[9]

我们提出的关于固氮酶底物分子 n-RC≡CH、n-RC≡N、n-RN≡C、C≡N⁻ 和 N≡N 的 $\mu_3(\eta^2)$型络合方式，是从这些已知酶促反应的底物作为化学探针并根据络合催化原理推论出来的[1]。乙炔的高选择性顺式还原加氢成乙烯是作为多核活化底物这一推论的一个出发点[1]。由于乙炔底物分子中两对 π 键(π_x，π_x^*；π_y，π_y^*)以双侧基加准端基[$\mu_3(\eta^2)$型]络合在三核上，在结合力方面要比乙烯[只有一对 π 键(π_x，π_x^*)]对单核作单侧基络合强得多。因此乙炔还原加氢生成的乙烯配位体，应是容易被未反应的乙炔分子从活性中心置换出来的，从而防止进一步还原而生成乙烷。这样，对于生成乙烯的选择性应当是高的。如果是单核的，乙烯则以一对 π 键络合，乙炔也基本上是以一对 π 键络合的，这样，络合能力相差就不很多，乙炔置换乙烯配位体也就不是那么快了。乙炔按 $\mu_3(\eta^2)$型的络合，也有利于 2 个 H 从同一侧按顺式加上去。因此对于生成顺式加成产物的选择性也应当是高的。上述论点后来从 Muetterties 等[10]的实验得到了有力的支持。他们发现原子簇络合物催化剂 $L_4Ni_4L_3$（$L = t\text{-}BuN \equiv C$）对于 $RC \equiv CR$ 炔键的顺式加氢为烯键，具有很高的催化选择性。在反应中，$L_4Ni_4L_3$ 的三个桥连的异腈配位体之一被 $R-C \equiv C-R$ 所置换，形成 $RC \equiv CR$ 的 $\mu_3(\eta^2)$ 型络合物。此外，由于固氮酶底物分子在混合立方烷原子簇骨架中形成一种三桥式配位体，电子容易从催化剂传递到底物分子，这样就保证了高催化活性。

表 1 的实验数据支持了我们的这些看法。我们可以采用对 KBH_4 还原乙炔为乙烯的催化活性和选择性作为原子簇活性中心多核络合活化底物的一种判据，对合成的每一步骤作初步检验，并做以下的讨论。

表 1 不同模拟体系的活性比较

模拟体系		加入量 nM Mo*	转变数 $\left[\dfrac{nMC_2H_2}{nM\,Mo\cdot 分}\right]$	选择性 %	备注
MoO_4^{2-}-CySH		1×10^5	6.4×10^{-2}	67	前文[9]
		1×10^4	0.18	53	
		1×10^3	0.20	55	
MoO_4^{2-}-胰岛素		6.0	23.4	68	文献[5]
		12	12	74	
MoS_4^{2-}		2.1×10^2	1.2	89	前文[9]
本模型化合物	1220 C	1.3×10^2	19	93	CH_3CN 为活动配位体，前文[3]
	7012	1.3×10^2	17.4	94	$^-OC_2H_4O^-$ 为活动配位体
	7152	1.3×10^2	24	96	
FeMo-co		11	25	98	文献[13]
		2.5	34		

* 反应瓶体积为 25 mL，总反应溶液体积为 3.5 mL。

（二）反应原料物中合适的钼、铁、硫配比

我们报道[3]过，在以 CH_3CN 为活动配位体的反应体系中，不同钼、铁、硫配比的情况。在这种体系中，当铁钼比小于 6 时，活性较差。在未经柠檬酸盐交换前，过量的铁似乎也导致活性的略为下降。但采用乙二醇基阴离子作活动配位体之后，这种情况下活性也有所提高。而且发现，要获得高的活性和选择性，钼铁比应在 1:10 左右。

Coucouvanis 等[11]最近报道，钼铁硫原子簇 $(\phi_4P)_2[Cl_2Fe(S^*)_2Mo(S^*)_2FeCl_2]$ 有解离出 $FeCl_2$ 的倾向。看来要形成一钼多铁的铁钼辅基模型化合物就更有必要采用过量的铁盐来有效地抑低这种解离倾向。此外，过量铁对于防止钼钼之间通过硫桥缔合而形成双钼或多钼化合物，看来也是必要的[12]。

至于补硫的效果，不管在 CH_3CN 还是 $^-OC_2H_4O^-$ 作活动配位体的情况下，都有助于活性和选择性的明显提高（表 2）。很可能是 S^* 补角之后，双活口双立方烷的构型就相当稳定了，这样，在化学催化活性测试实验的水溶液里，原子簇络合物解离脱铁的程度大大减小，而能对底物作一核络合活化的钼铁硫原子簇浓度就较大。

值得指出的是，我们以上关于钼铁硫比例的讨论以及粗结晶样品钼铁硫比例的初步分析结果，都是和厦门模型Ⅲ相一致的。这可以看成是对 XM-Ⅲ 的实验支持。但由于目前的粗结晶样品纯度还有待于进一步提高，单凭目前这钼铁硫比例的初步分析结果还不能完全排除 XM-Ⅱ（或其单体）结构的可能性。况且目前也尚未见报道能确凿说明钼钼之间距离大于 XM-Ⅱ 所假设的距离（3.3—3.5 Å）的实验事实。

有趣的是本实验室洪满水等最近观察到,一定比例的 $FeCl_2$(或 $FeSO_4$)和 MoS_4^{2-} 的简单混合,也能得到较好的活性和选择性。一个可能的解析是一部分亚铁充当还原剂,将电子传递给钼(如通过硫桥),同样导致能对底物分子作多核络合活化的一钼多铁(如一钼四铁,钼铁之间以硫桥联结)原子簇的形成。但这种原子簇尚未见重组活性。

表 2　补加 NaHS 前后反应混合物活性比较

样　品　编　号		1220 C	7152
补加 NaHS 前(Mo：S* =1：4)	转变数	8	16
	选择性	93	94
补加 NaHS 后(Mo：S* =1：6)	转变数	19	24
	选择性	93	96
备　　　注		CH_3CN 作活动配位体	$^-OC_2H_4O^-$ 作活动配位体

(三)钼上相邻两个空配位的保护

比较了用某些底物(如乙腈)和用螯形配位体(如乙二醇基阴离子)对钼上两个空配位的保护效果。

乙腈本身是固氮酶的底物,能以 μ_3-键型络合,在一定程度上保护 $Mo^{IV(III)}$ 上的两个配位不被 S* 占据。在活性测定中,又可被 $HC\equiv CH$ 等底物分子所排代或通过酶促还原加氢反应除掉。但其络合能力很弱,所以这种保护作用有限。更大的缺点是这样的活动配位体不能保证双立方烷中 $Mo^{IV(III)}$ 的两个可利用配位处于相邻的位置,可能更多是处于间位。这样,虽然也能构成对底物作三核络合活化的构型,使得化学催化活性、选择性都不错,但由于这种构型和铁钼辅基不同,粗结晶样品的重组活性很低(表3 913c)。

表 3　模型化合物的重组生物活性

样品编号	还原乙炔为乙烯[nMC₂H₂/nMMo·分]	固氮成氨[nMN₂/nMMo·分]	附　　　注
913C	0.1		CH_3CN 为活动配位体
318A	5.9(17.7)*		
7012S₂	5.9,6.8	1.8	$^-OC_2H_4O^-$ 为活动配位体
	(13.1,18.3)*	7.1	
716e	28		

* 括号内数据为柠檬酸盐交换后的重组活性。

乙二醇钠可通过它的两个烷氧基都络合到 $Mo^{IV(III)}$ 上,形成比较稳定的五元环,来保证两个空配位是在相邻的位置上。这样的络合,在活性测定中又可通过水解解络。如果所合成的原子簇是双立方烷型的,则其作用机理如厦门模型Ⅲ;而如果是单立方烷型的,则其作用机理如厦门模型Ⅱ。两者都应该导致较高的催化活性和较好的选择性。

实验表明,采用这样的螯形配位体,还原乙炔为乙烯的选择性达 95%～96%(生成物中也有少量 C_4 组分)。而且在与 UW45 重组后,酶变数提高百倍以上。从表三可见,一般为 6 左右(柠檬酸盐交换后还会有明显提高,见下一点讨论),个别样品增大到 28 [nMC₂H₂/nM Mo·分]。最近,我们用其中两个样品(7012S₂ 和 716e),测定它们还原 N_2 为 NH_3 的催化活性,酶变数分别达到 1.8 和 7.1[nM N_2/nM Mo·分],数次实验都能很好地重复,约为这些样品还原乙炔为乙烯酶变数的 1/4(见表3)。这与固氮酶对 N_2 和对 C_2H_2 还原酶变数的比例相符合。并且,样品经氧化后,对 C_2H_2 还原的酶变数为 0 时,对 N_2 还原的酶变数也同时为 0。

(四)外配位体的交换

我们曾报道[3],以乙腈为活动配位体时,氯化物系列用柠檬酸盐进行外配位基置换后,能显著地提高其催化活性。实验还表明,采用乙二醇基螯形配位体时,以氯为外配位体的模型化合物,已经具有一定的重组活性。但在用柠檬酸盐处理后,重组生物活性有显著提高。如样品 318A 的酶变数由 5.9 提高到 17.7;样品 7012S$_2$ 由 6 左右提高到 13～18(见表 3)。可能是在中性的溶液中,这种乙二醇基螯形配位体更容易水解的缘故。

(五)其他

电化学方面实验(由许书楷等测试)表明,所合成的模型化合物还具有还原乙炔为乙烯的电催化能力,选择性也在 95％左右。顺磁共振实验(由许金来等测试)也有一些初步的结果(用 Microspin-ESR3 型波谱仪在 X 波段、77°K 液氮温度下测定,因液氦冷却循环装置尚未建立)。这些工作以及电子光谱和拉曼光谱表征都正在电化组、波谱组和光谱组进行,将另行报道。

参考文献

[1]a,K. R. Tsai,Proceeding of The 3rd International Symposium on Nitrogen Fixation,1978.

　　b,蔡启瑞等,厦门大学学报(自然科学版),1979,**2**,30.

　　c,K. R. Tsai,in Nitrogen Fixation,1,Free－Living Systems and Chemical Models(W. E. Newton and W. H. Orme-Johnson,Eds.),P. 373. University Park Press,Baltimore,1980.

[2]Eisenhuth,W. H.,et al.,J. Amer. Chem. Soc.,**90**(1968),5397.

[3]许志文等,厦门大学学报(自然科学版),1980,**2**,41.

[4]Holm,R. H.,et al.,J. Amer. Chem. Soc.,**101**(1979),4140.

[5]Schranzer,G. N.,et al.,Ibid.,**101**(1979),917.

[6]Brill,W. J.,et al.,B. B. R. C.,**81**(1978),232.

[7]Shah,V. K.,et al.,Boichem. Boiphy. Actd,**256**(1972),498;**292**(1973),246.

[8]曾定等,本刊,本期,第 78 页。

[9]张藩贤等,厦门大学学报(自然科学版),1980,**2**,50.

[10]Muetterties,E. L.,et al.,J. Amer. Chem. Soc. **99**(1977),743.

[11]Coucouvanis,D.,et al.,J. C. S. Chem. Comm. **101**(1979),361.

[12]a,Holm,R. H.,et al.,J. Amer. Chem. Soc. **100**(1978),4630.

　　b,Holm R. H.,et al.,Ibid.,**101**(1979),4140.

　　c,George Christou,JCS. Chem. Comm.,1979,91.

[13]Mckenna,C. E.,et al.,in Molybdenum Chemistry of Biological Significane,(W. E. Newton and S. Otsuka,Eds.),P. 39. Plenum Press,1980.

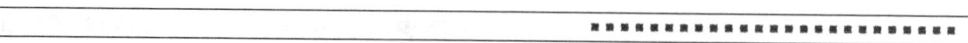

Chemical Modeling of Biological Nitrogen Fixation
IX Synthesis and Characterization of FeMo-co Modeling Compounds.

Zhi-Wen Xu，Guo-Dong Lin，Shuo-Tian Lin，Chi-Zhu Yan，Ma-Tai Ding，

Pei-San Lin，Guo-Bin Han，Fan-Xian Zhang，Liang-Shu Xu，K.R.Tsai

Nitrogen Fixation Research Unit，Xiamen University

Institute of PhysicaI Chemistry，Xiamen University

Abstract

A significant improvement has been made to the method previously proposed[13] for synthesizing FeMo-co modeling compounds. With the use of ethylene glycolate anion as labilizable blocking agent （hydrolyzable bidentate chelating ligand）to protect two neighboring coordination sites in the first coordination sphere of $Mo^{IV(III)}$ of the synthesized FeMo-co rnodeling compound，an increase in reconstituted-nitrogenase activity of 2 orders of magnitude of the sample synthesized （as compared with the use of acetonitrile or other monodentate ligands as blocking agents）has been obtained. Catalytic activity and selectivity assays as well as preliminary characterization by EPR method have also been made.

■ **本文原载**：《厦门大学学报》（自然科学版）第 20 卷第 1 期（1981 年 2 月），第 62～73 页。

化学模拟生物固氮
XIV EHMO 法研究环丙烯等固氮酶底物的
$\mu_3\eta^2$ 型络合方式和分子氮还原加氢中间态

万惠霖　蔡启瑞

（厦门大学化学系　厦门大学物理化学研究所）

摘　要　迄今所知的固氮酶十来种底物中，除极少数例外，大多数都是末端具有三重键（或环丙烯型的准三重键）的小分子。从这些底物的已知酶促反应和在固氮酶活性中心的相对配位亲合力，我们[1]曾推断这些底物分子很可能是以相同的 $\mu_3(\eta^2)$ 型方式络合在固氮酶活性中心上的，并在此基础上提出了并联双座双立方烷型原子簇结构的活性中心模型。同时指出[1]，对于那些末端有三重键但无"尾巴"的底物分子，如 $N\equiv N, C\equiv N^-$ 和 $HC\equiv CH$，在三核活性中心（1Mo-2Fe）进行 $\mu_3(\eta^2)$ 型络合，有两种可能的方式即双端基加单侧基型络合和单端基加双侧基络合。本文报导了 EHMO 近似计算和定性的分子轨道讨论结果。结果表明：在环丙烯情况下，双（准）端基加单侧基型络合比单（准）端基加双侧基型络合在能量上要有利得多，而且它的络合键能相当大；在 $N\equiv N$ 和 $HN\equiv C$（假想的异氢腈酸）情况下，双端基（或准端基）加单侧基型络合比单端基加双侧基型络合在能量上亦较为有利；乙炔的情况也是这样，但两种络合方式的络合键能之差比较小。这些结果与下述的实验事实是一致的：环丙烯是固氮酶的底物，而且是 $N\equiv N$ 酶促还原加氢的强竞争性抑制剂；两种按 $\mu_3(\eta^2)$ 型方式络合的炔烃过渡金属原子簇络合物都已发现。环丙烯和 $N\equiv N$ 在三核活性中心的双端基（或准端基）加单侧基型络合也能较好地说明环丙烯酶促还原加氢产物的结构选择性，和 N_2 与固氮酶共同催化的专一性反应（$D_2 + 2H^+ + 2e^- \longrightarrow 2HD$）的过渡态构型。

一、引言

在固氮酶活性中心模型和酶作用机理的研究工作中，利用各种已知酶促反应的底物分子以及抑制剂 CO 作为化学探针，推断这些底物分子及抑制剂 CO 在活性中心的络合方式，从而规定有关过渡金属离子的相对位置，是建立固氮酶活性中心模型的一种重要方法。1973 年以来，我们实验室[1]根据这种化学探针方法和络合催化原理，指出烷基腈（$RC\equiv N$）、异腈（$RN\equiv C$）、氰离子（$C\equiv N^-$）、$N\equiv N$ 以及 α-炔（$RC\equiv CH$）等大小相近、形状相同、键型相似的直链底物分子，都能利用其三重键，按大致相同的取向以单端基（或准单端基）加双侧基型的方式络合在固氮酶三核活性中心上，并在此基础上提出了[1c,1e]骈联双座双立方烷型的原子簇结构模型（图 1），较圆满地阐明了各种底物的酶促反应机理。

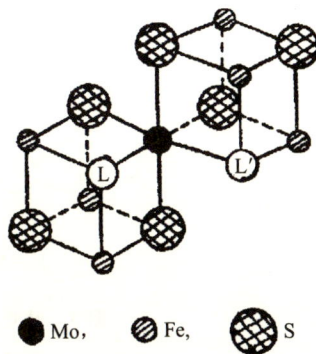

图 1　骈联双座双立方烷型原子簇结构活性中心模型

●Mo,　◩ Fe,　⊞ S

上述络合方式(图2)是 $\mu_3(\eta^2)$ 型络合的一种方式。另一种可能的 $\mu_3(\eta^2)$ 型络合方式是双端基(或准双端基)加单侧基型的络合方式。对于炔烃的过渡金属原子簇络合物来说,Dahl 等[2]在六十年代就已报导过这两种络合键型(图3),其中,前者是(准)单端基加双侧基型络合方式,后者是(准)双端基加单侧基型络合方式。关于腈和异腈的原子族络合物,我们曾根据这两种底物分子与固氮酶活性中心的结合力和酶促还原加氢的产物,认为腈和异腈配位体也有可能存在 $\mu_3(\eta^2)$ 型络合方式,这一推断已从近年来发表的单晶 X-光衍射的结果[3]得到证实。

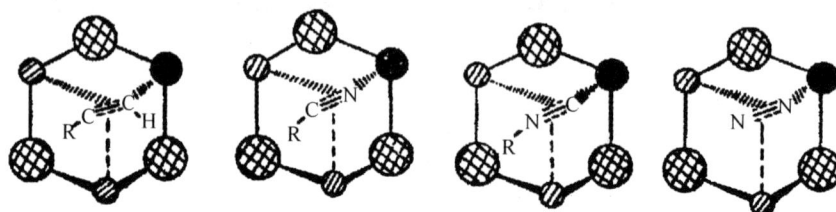

图2 几种底物分子在活性中心(为方便起见,只画出活性中心的单个立方烷,下同)的单端基(或准单端基)加双侧基型络合方式

1976 年,Mckenna 等[4]发现了固氮酶的新底物环丙烯,并对其酶促还原加氢及产物分配进行了研究;此后又测知它具有较强的结合力,即较小的 Km 值,是分子氮酶促还原加氢的竞争性抑制剂,认为环丙烯分子是研究固氮酶活性中心模型的好"探头"。但就络合方式而言,Mckenna 等倾向于认为环丙烯是以其准炔键的 Walsh 轨道与单核活性中心进行单侧基型络合的。

从分子轨道和化学键性质的观点看来,环丙烯是准炔烃分子,环丙烷是准烯烃分子。当环丙烯的烯键通过加成(比如通过与两个过渡金属离于 M′和 M″ 的准双端基络合)而打开时,除产生键饱和能外,还可放出约 26 千卡/克分子的环张力能[5]。若将 M′ 和 M″ 近似看成是一样的,则准双端基络合后形成的双金属环丙烷分子应具有 C_s 对称性,分子骨架的形状将由环丙烷的等边三角形变为等腰三角形。如 C_3 环平面上的分子轨道图象近似地仿照 B_3N_3 的分子轨道给出,轨道符号则按 C_s 对称性标记(即 1A′,2A′,3A′,1A″,2A″,3A″),则其前沿分子轨道可示意如下(图4)。由图可见,这种饱和 C_3 环碳骨架前沿轨道的对称性与烯烃的 π 分子轨道相似,可用来与空间位置适当的第三个过渡金属离子 M‴ 的空轨道(如 dsp 杂化轨道)和填有电子的 d 轨道(如 d_{xz} 或 d_{yz})按 Dewar-Chatt-Duncanson 的成键模式进行侧基型的 σπ 络合。因此,根据 C_3 环化学键应力的观点和定性的分子轨道讨论,我们曾经指出[1d],环丙烯分子应具有与固氮酶的三核活性中心进行准双端基加单侧基络合的较强的亲合力;同时,没有"尾巴"的底物分子如 N≡N 和 HN≡C 等也应可能与活性中心形成双端基(或准双端基)加单侧基型的络合键。为了从理论上证实这些论断,我们进行了量子化学 EHMO 方法的近似计算,得出了一些支持上述设想的结果。

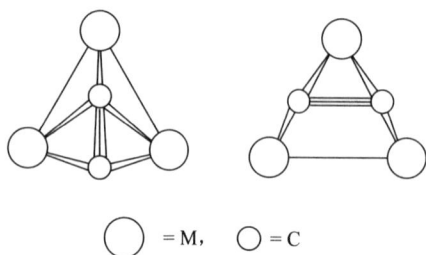

○ =M, ○ =C

图3 炔烃分子的两种 $\mu_3(\eta^2)$ 型络合键型示意

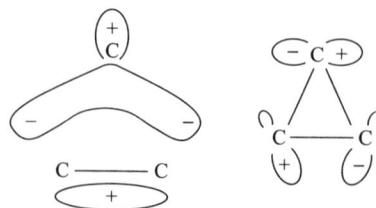

图4 准双端基络合在 2 个 M 上的变形环丙烷分子的 3a′HOMO 和 1a″LUMO

二、计算方法、模型和选用的参数

采用推广的 Hückel 分子轨道(EHMO)方法[6],和徐萌晟等[7]编制的程序,在国产 TQ-16 型电子计算机上进行计算。由于机容量的限制,而我们欲着重考察的是固氮酶几种底物分子不同络合方式的相对络合能力,因而选取的不是完整的固氮酶活性中心模型,而是基本上能反映出它的组成和结构特征的单立方烷原子簇结构摸型。根据模型中钼、铁和硫离子的价态,我们在过渡金属离子的空配位上引入了一定数目的带负电的配位体-S*H(并令 L′=NH_3,见图 5),以维持整个体系的电中性。这样,在计算时,可照例先假设各原子上的净电荷为零,而实际上的电荷分配,则取决于有关原子价态电离能的相对大小,并在计算结果中体现出来。各原子的价轨道指数选自文献[8],价轨道电离能表达式

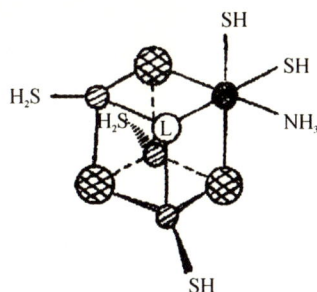

$$VOIP = -Hii = Aiq^2 + Biq + Ci$$

中的参数 Ai、Bi 和 Ci 大部分选自文献[9],Mo 原子各价轨道的 Ai、Bi 和 Ci 则由 Moore[10] 提供的光谱数据算得(根据程序要求,基轨道排列顺序为 ns、np、(n-1)d)。以上各类参数列于表 1 中。

各有关底物分子的单立方烷原子簇化合物中的结构数据参见图 6~9。这些数据是通过参考和类比钼、铁与无机硫(S*)或有机硫(-SR)所构成的一些多核络合物以及 N≡N、RC≡CH、RN≡C 和 RC≡N[1b,3]的多核络合物的结构参数而估计的。

图 5 本计算采用的横型示意

表 1 有关原子的轨道参数

原子	原子轨道	轨道指数	Ai(eV/e²)	Bi(eV/e)	Ci(eV)
Mo	5S	1.96	0.46688	7.00144	8.12521
	5P	1.90	0.53666	5.83469	2.97721
	4d	3.11	0.47960	10.23195	7.64455
Fe	4S	1.90	0.91123	7.38594	8.32197
	4p	1.90	0.90503	6.29804	3.72551
	3d	3.73	1.71089	12.6209	9.71981
S	3S	1.817	1.51624	15.37317	20.66700
	3P	1.817	1.63278	12.21175	11.57947
N	2S	1.95	3.49120	20.10910	25.56410
	2P	1.95	3.49120	16.51376	13.19117
C	2S	1.625	3.46516	17.55517	19.41483
	2P	1.625	3.46516	14.65410	10.63724
H	1S	1.000	13.61765	27.17580	13.60030

分子氮的单立方烷原子簇化合物的结构参数如下(图 6):

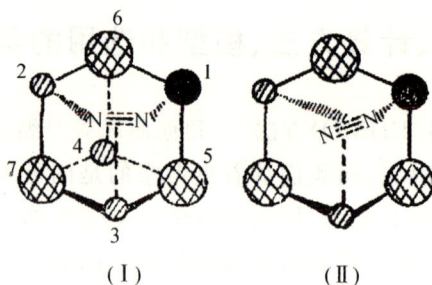

图 6　分子氮的两种 $\mu_3(\eta^2)$ 型络合方式

（Ⅰ）中：$M^{(1)}$：$Mo^{Ⅲ}$；$M^{(2)}$、$M^{(3)}$、$M^{(4)}$：$Fe^{Ⅱ(Ⅲ)}$；$S^{(5)}$、$S^{(6)}$、$S^{(7)}$：S^*；

$\quad M^{(1)}\cdots S^{(6)}=M^{(1)}\cdots S^{(5)}=2.34$ Å，$M^{(1)}\cdots M^{(4)}=2.72$ Å，

$\quad M^{(1)}\cdots M^{(2)}=3.55—3.6$ Å，$M^{(1)}\cdots M^{(3)}=3.2$ Å，$M^{(3)}\cdots M^{(4)}=2.75$ Å，

$\quad M^2\cdots S^{(7)}=M^{(4)}\cdots S^{(6)}=M^{(3)}\cdots S^{(5)}=M^{(3)}\cdots S^{(7)}=2.24$ Å，

$\quad S^{(5)}\cdots S^{(7)}=3.6$ Å，$M^{(1)}\cdots N^{(1)}=1.9$ Å，$M^{(2)}\cdots N^{(2)}=1.9$ Å，

$\quad N≡N=1.25$ Å，$M^{(3)}$ 至 $N≡N$ 中点 ~2.3 Å，

$\quad \angle M^{(1)}N^{(1)}N^{(2)}\sim125°$，$\angle M^{(2)}N^{(2)}N^{(1)}\sim125°$。

立方烷外配位体至过渡金属离子距离：

$\quad M^{(1)}\cdots S^*=2.6$ Å，$M^{(2)}\cdots S^*=M^{(3)}\cdots S^*=M^{(4)}\cdots S^*=2.26$ Å。

（Ⅱ）中，$M^{(1)}\cdots M^{(2)}=3.1$ Å，$M^{(3)}$ 至 $N≡N$ 中点距离 ~2.3 Å，$\angle M^{(1)}N^{(1)}N^{(2)}\sim165°$，余同（Ⅰ）。

环丙烯的单立方烷原子簇化合物的结构参数如下(图 7)：

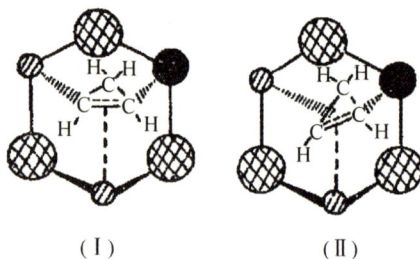

图 7　环丙烯分子两种可能的 $\mu_3(\eta^2)$ 型络合方式

（Ⅰ）中：$M^{(1)}\cdots C^{(1)}\approx M^{(2)}\cdots C^{(2)}=1.9$ Å，

$\quad C^{(1)}C^{(2)}C^{(3)}$ 平面与 $M^{(1)}S^{(6)}M^{(2)}$ 平面交角约 $110°$，

$\quad C^{(1)}M^{(3)}=C^{(2)}M^{(3)}\sim2.4$ Å，$M^{(3)}$ 至准烯键中点约 2.3 Å，

$\quad C^{(1)}—C^{(3)}=C^{(2)}—C^{(3)}=1.52$ Å，$C^{(1)}\cdots C^{(2)}=1.54$ Å，

$\quad$ 余同图 6 说明。

（Ⅱ）中：$M^{(1)}\cdots M^{(2)}=3.1$ Å，$M^{(3)}$ 至准烯键中点约 2.3 Å，余同（Ⅰ）。

异氢腈酸和乙炔的单立方烷原子簇化合物(图 8 和图 9)的结构参数如下：

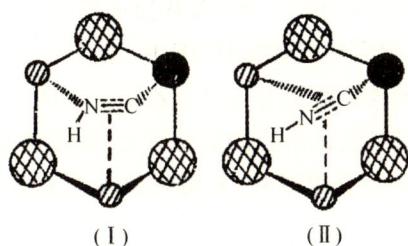

图 8　异氢腈酸的两种 $\mu_3(\eta^2)$ 型络合方式

（Ⅰ）中：$M^{(1)} \cdots C \approx M^{(2)} \cdots N = 1.9$ Å，$N \equiv C = 1.30$ Å，余同图 6 说明。

（Ⅱ）中：$M^{(1)} \cdots M^{(2)} = 3.1$ Å，$M^{(3)}$ 至 $N \equiv C$ 中点约 2.3 Å，余同（Ⅰ）。

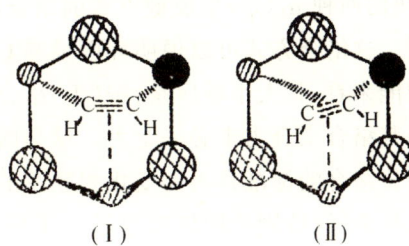

图 9　乙炔的两种 $\mu_3(\eta^2)$ 型络合方式

（Ⅰ）中：$C^{(1)} \equiv C^{(2)} = 1.33$ Å，$M^{(1)} \cdots C^{(1)} \sim M^{(2)} \cdots C^{(2)} = 1.9$ Å，余同图 6 说明。

（Ⅱ）中：$M^{(1)} \cdots M^{(2)} = 3.1$ Å，$M^{(3)}$ 至 $C \equiv C$ 中点约 2.3 Å，余同（Ⅰ）。

三、计算结果和讨论

1. 环丙烯、乙炔、分子氮和异氢腈酸的两种 $\mu_3(\eta^2)$ 型络合方式

这几种底物分子两种可能的 $\mu_3(\eta^2)$ 型络合方式的 EHMO 计算结果列于表 2。

表 2　几种底物分子在固氮酶三核活性中心络合方式的计算结果

底物分子	络合方式*	总能量(eV)	络合键能**(eV)	Ⅰ与Ⅱ络合键能差(eV)
△	Ⅰ	−1556.95	15.54	33.59
△	Ⅱ	−1523.36	−18.05	
HC≡CH	Ⅰ	−1443.02	0.61	2.78
HC≡CH	Ⅱ	−1440.24	−2.17	
N≡N	Ⅰ	−1472.78	5.06	1.20
N≡N	Ⅱ	−1471.58	3.86	
HN≡C	Ⅰ	−1455.35	5.81	0.99
HN≡C	Ⅱ	−1454.36	4.82	

* 络合方式Ⅰ、Ⅱ分别代表双端基（或准双端基）加单侧基型的络合和单端基（或准单端基）加双侧基型的络合。

** 络合键能为体系总能量与活性中心和底物分子能量差的负值，所以络合键能若为正值，表示络合时放出热量。

计算结果表明：(1)以上几种底物分子的双端基（或准双端基）加单侧基型络合在能量上均较单端基（或准单端基）加双侧基型的络合方式有利。但从络合键能差值可以看出，对乙炔、氮分子和异氢腈酸分子而言，这种差别不大或不太大，这一结果与两种 $\mu_3(\eta^2)$ 型的炔烃过渡金属原子簇络合物均已发现的实验事实是一致的。环丙烯的情况就不同了，络合方式Ⅰ比Ⅱ的络合键能大得多，故对环丙烯来说，后一种络合方式看来基本上是不大可能存在的。环丙烯分子的双（准）端基加单侧基型的络合方式，可以很好地

说明其酶促还原加氢产物的结构选择性(图10，表3)。实验发现，加氢产物 H_2C——CH_2（顶端 CH_2）和 CH_3CH=CH_2 之比近似为 1:2[11]，说明络合后的环丙烯的三边能以近乎相等的或然率加氢（$+2H^+ + 2e^-$）；且其准烯键顺式加氘的选择性达 90%。显然，这种络合方式应是双（准）端基加单侧基型的络合方式。另如

前所述,乙炔的两种 $\mu_3(\eta^2)$ 型成键方式的络合键能相差虽不太大,但双(准)端基加单侧基型络合在能量上仍较有利。这络合方式可以说明环丙烯和 $CH{\equiv}CH$ 加氘时的顺式选择性(图10,表3)。(2)从各种底物的络合键能来看,其大小顺序是:按(I)络合的环丙烯>异氢腈酸>分子氮>乙炔。然而,络合键能大的底物分子其络合亲合力未必一定大。这是因为络合键能仅与配位络合的焓变有关,而配位亲合力的概念则是与配位络合的标准自由能变化相联系的;而且,在计算络合键能时,采用未加改进的EHMO方法求得的各底物分子(特别是同核双原子分子)的能量值可能引入较大的误差[12],因而络合键能值不能作为络合亲合力大小的判据。但在按(I)络合的环丙烯情况下,由于络合键能相当大,即络合时的 ΔH 负得很多,可以预计它的络合亲合力是比较大的。我们曾指出[1],在室温下,各种底物的酶促还原加氢反应具有相同的活化能和相同的速率控制步骤,即"电子活化"步骤,观察到的相对反应速率应正比于络合着的底物分子浓度。因此,$1/Km$ 值的大小应反映出有关底物的相对络合亲合力。从表3[13]所列数据可以看出,$CH{=}CH$(带 CH_2)和 $N{\equiv}N$ 的 $1/Km$ 值有着相同的数量级,而高于其他底物的 $1/Km$ 值,因此应具有较强的络合亲合力。上述计算结果和推断可以很好地说明环丙烯是分子氮酶促还原反应的竞争性抑制剂的实验事实。至于络合亲合力较大的乙炔分子,为什么计算出来的络合键能反而比较小,这可能与上面分析的两个原因有关。

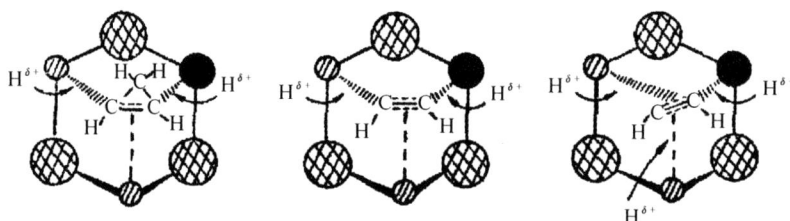

图 10　环丙烯和乙炔酶促还原加氢产物的结构选择性

表 3　各底物分子的相对配位亲合力和反应产物

底物	$1/Km(M^{-1})$	还原产物及其分配比
H^+		H_2
$N{\equiv}N$	$10^4 \sim 10^{4.5}$	NH_3
△	$10^4 \sim 10^{4.3}$	$△^{(1)}$,$CH_3CH{=}CH_2^{(2)}$
$HC{\equiv}CH$	$10^{3.4} \sim 10^4$	$CHD{=}CHD$(在 D_2O 中,得 100% 顺式产物)
$[N{=}N{=}N]^-$	$10^{2.9}$	$NH_3^{(1)}$,$N_2^{(1)}$
$[N{\equiv}C]^-$	$10^{2.9}$	$CH_4^{(1)}$,$NH_3^{(1)}$,$CH_3NH_4^{(0.1)}$(C_2H_4,C_2H_6)
$CH_3N{\equiv}C$	$10^{2.7}$	CH_4,CH_3NH_2(C_2H_4,C_2H_6,C_3H_6,C_3H_8)
$O{=}N{=}N$	$\sim 10^{2.7}$	$H_2O^{(1)}$,$N_2^{(1)}$
$CH_2{=}C{=}CH_2$	10^2	$CH_3CH{=}CH_2$
$CH_3C{\equiv}N$	$10^{0.3}$	C_2H_6,NH_3

2. 分子氮酶促还原加氢中间态及其与 D_2 的反应

从以上结果可以看出,$N{\equiv}N$ 在固氮酶活性中心可能存在着两种在能量上相差无几的 $\mu_3(\eta^2)$ 型络合态。与此对应,分子氮酶促还原加氢中间态的EHMO计算表明,图11所示的中间态比另一可能的中间态 $H_2N{-}N{=}MoLn$(Ln 代表所取单立方烷中除 Mo^{III} 以外的其他原子和离子)也略为稳定一些(络合键能差值约 1.4eV)。由于计算方法本身的精度限制，我们虽不能由此断言前者在能量上一定较为有利，但可以认为图 11 所示的是一种很可能的加氢中间态。在这一中间态中，$M^{(3)}\cdots N^{(1)}$ 和 $M^{(3)}\cdots N^{(2)}$ 的重叠集居数分别为 0.018 和—0.039，而 $M^{(1)}\cdots N^{(1)}$ 和 $M^{(2)}\cdots N^{(2)}$ 的重叠集居数分别为 0.12 和 0.13，这说明二亚胺基本上是以准双端基形式络合在一个钼离子和一个铁离子上的，并因此降低了生成 N_2H_2 的活化能。

二亚胺的准双端基络合可用来比较好地解释 D_2(或 H_2)对 N_2 酶促还原加氢成氨的专一性的表观抑制作用，亦即 Newton 等[14] 所阐明的如下酶促反应

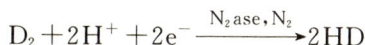

$$D_2 + 2H^+ + 2e^- \xrightarrow{N_2ase, N_2} 2HD$$

我们认为，这一反应不大可能是分子氮在活性中心的络合态先加氘，然后氘化的二亚胺中间态再与 H_2O 中的 H^+ 进行同位素交换反应；因为如果是这样，其他底物分子(如乙炔)也能进行这一反应，而这是不符合实验事实的。可能的机理是 Stiefel 和 Newton 等[14] 在相当细致的实验工作基础上提出来的(图 12)：

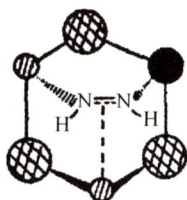

图 11　分子氮酶促还原加氢中间态
(其中，N—N＝1.45 Å)

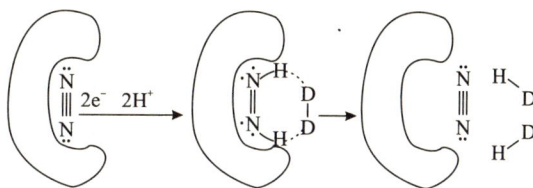

图 12　Stiefel 等提出的 D_2 抑制作用
和 HD 形成机理

图 12 所示的环状中间态构型是合理的，它可以说明 D_2 或 H_2 对 N_2 酶促还原加氢的专一性抑制作用，但需要进一步讨论。实验发现，分子氮酶促还原加氢的产物氨中不含 D，说明在生成 HD 以前，D-D 键未完全断裂。然而它(键能为 103 千卡/克分子)需要并且也有可能得到一定的活化。我们认为，当 D_2 靠近 $M^{(3)}$ 时，可能通过 $\sigma\pi$-型的配位络合而得到部份活化，如活化了的 D_2 充分接近($\sim$1.1 Å)二亚胺配位体上的 H，则可能发生如图 13 所示的反应。又如上所述，$M^{(3)}$ 与准双端基络合的二亚胺中的 N-N 键基本上没有发生成键作用，即基本上未形成侧基型的络合键，因而在 $M^{(3)}$ 上活化 D-D 键就更有可能了。同时，这样的成键作用还能较好地说明这一反应为什么是对称性允许的(图 14)。EHMO 计算表明，二亚胺配位体中 $N^{(1)}—H^{(1)}$ 和 $N^{(2)}—H^{(2)}$ 键的重叠集居数分别为 0.79 和 0.76，而当如图 13 所示引入 D_2 时，$N^{(1)}—H^{(1)}$ 和 $N^{(2)}—H^{(2)}$ 的重叠集居数分别下降为 0.71 和 0.68，即分别下降了 10% 和 11%；D-D 的重叠集居数由 $\sim$0.8 下降为 0.07；同时 $H^{(1)}\cdots D^{(1)}$ 和 $H^{(2)}\cdots H^{(2)}$ 的重叠集居数分别为 0.01 和 0.03。这说明，在引入 D_2 以后，$N^{(1)}—H^{(1)}$、$N^{(2)}—H^{(2)}$ 和 D-D 键均有不同程度的削弱，而在 H 和 D 的原子轨道间确有一定程度的重叠。因此，尽管这里提出的环状中间态不在一个平面上，看来还是有可能进行反应的。

最近，Mckenna[15] 又发现，固氮酶的新底物环偶氮甲烷 $N\mathop{=\!=\!=\!=}\limits^{\displaystyle CH_2}N$ 也是分子氮酶促还原加氢的竞争性抑制剂，其本身的还原加氢产物为 CH_4，NH_3 和 CH_3NH_2。$CH\mathop{=\!=\!=\!=}\limits^{\displaystyle CH_2}CH$ 与 $N\mathop{=\!=\!=\!=}\limits^{\displaystyle CH_2}N$ 是等电子结构，而且键型完全相似，这些实验事实用 $N\mathop{=\!=\!=\!=}\limits^{\displaystyle CH_2}N$ 在固氮酶三核活性中心的双端基加单侧基的 $\mu_3(\eta^2)$ 型络合方式同样能很好地得到说明。顺便指出，关于 $CH\mathop{=\!=\!=\!=}\limits^{\displaystyle CH_2}CH$ 和 $N\mathop{=\!=\!=\!=}\limits^{\displaystyle CH_2}N$ 在固氮酶活性中心表

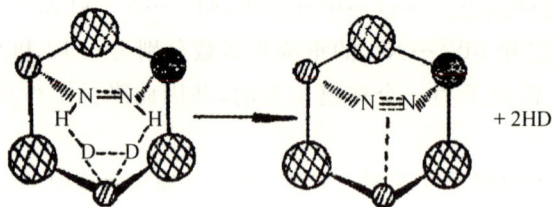

图 13　D_2 对分子氮酶促加氢
反应的抑制机理

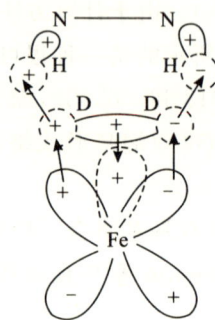

图 14　在过渡金属离子 $M^{(3)}$ 影响下
D_2 与二亚胺中间态的协同反应

现出很强的络合亲合力以及还原加氢产物分配等实验事实,如采用单核活性中心模型,无论如何是难以解释的。以上 EHMO 近似计算结果从理论上支持了我们用化学探针方法和基于乙炔选择还原加氢[16]的络合催化原理推断出来的底物分子的 $\mu_3(\eta^2)$ 型络合方式和固氮酶的原子簇活性中心结构模型。

致谢:在 C_3 环分子轨道实践讨论中,张乾二教授曾提供宝贵意见;在计算过程中,得到林连堂、王南钦和赖伍江同志的帮助;白震谷和张鸿斌同志协助上机计算,福建省建筑设计院电算室顾澄康等同志对计算工作多次给予大力支持,并此致谢。

参考文献

[1]a. Tsai,K. R.,in "Nitrogen Fixation", 1(W. Orme-Johnson and W. E. Newton,Eds.),P. 373,University Park Press,Baltimore,U. S. A.,1980.

　b. Nitrogea Fixation Reseach Group,Xiamen University,Scienia Sinica,**19**(1976),460.

　c. Tsai,K. R. et al.,Preprint of paper presented at the 4 th Intern. Symp. Nitrogen Fixation Canberra,1980).

　d. Tsai,K. R. and Wan Huilin,Nitrogenase Catalysis and Its Chemical Modeling, to be published in Proceedings of C-J-U Seminar on Organo-metallic Chemistry (Beijing,1980).

　e. 蔡启瑞,林硕田,万惠霖,厦门大学学报(自然科学版),1979,**2**,30.

[2]a. Dahl,L. F.,and Smith,D. L.,J. Am. Chem. Soc.,**84**(1962),2450.

　b. Blount,J. F.,Dahl,L. F.,Hoogzand C.,and Hubel,W.,J. Am. Chem. Soc,88(1966),292.

[3]a. Andrews,M. A. et al.,J. Am. Chem. Soc,**101**(1979),7260.

　b. Muetterties,E. L.,Preprints of Plenary Lectures,p. 3,7th Int. Congress on Catalysis(Tokyo,1980).

[4]Mckenna,C. E. et al.,J. Am. Chem. Soc,**98**(1976),4657;Mckenna,C. E. et al.,in Molybdenum Chemistry of Biological Significance(W. E. Newton and S. Otsuka. eds.)Plenum Press,1980.

[5]Schleyer,P. von R. et al.,J. Am. Chem. Soc.,**92**(1970)2377.

[6]Hoffmann,R.,J. Chem. Phys.,**39**(1963),1397.

[7]徐萌晟等,"推广的休克尔分子轨道程序".

[8]a. Clementi,E.,Raimondi,D. L.,J. Chem,Phys.,**38**(1963),2686.

　b. Clementi,E.,Raimondi,D. L.,and Reinhardt,W. P.,J. Chem. Phys.,**47**(1967),1300.

　　　c. Pople, J. A., Beveridge, D. L. 著, 江元生译, "分子轨道近似方法理论", 科学出版社, 1976.

　　　d. Sumerville, R. H., and Hoffmann, R., J. Am. Chem. Soc., **98**(1976), 7240.

[9] Basch, H., Viste, A., and Gray, H. B., Theoret. Chim. Acta(Berl.)**3**(1965), 458～464.

[10] Moore, C. E., Nat. Bur. Stand. (U. S. A.), Ci:c. 467, (1949).

[11] Mckenna, C. E., in Molybdenum and Molybdenum. Containing Enzymes(M. P. Coughlaa Ed,)
　　　p. 441, Pergamon Press, 1980.

[12] 江逢霖等, 催化学报, 1(1980), 59.

[13] Tsai, K. R., Preprint of paper presented at the 7th I. C. C. Post Congress Symp. on Nitrogen
　　　Fixation(Tokyo, 1980).

[14] a. Newton, W. E., et al., in Recent Devel. Nitregen Fixation, Vol. 1 (W. E. Newton et al.,
　　　Eds.), p. 119, Academic Press, 1977.

　　　b. Stiefel, E. I. Ibid, p. 69.

　　　c. Burgess, B. K. et al., in "Molybdenum Chemistry of Biol. Significance" (Edited by Newton
　　　W. E. and Otsuka S.)1980.

[15] Mckenna, C. E., presented at 4th Intern. Symposium on Nitrogen Fixation(Canberra, 1980).

[16] Schrauzer, G. N. et al., J. Am, Chem. Soc., **96**(1974), 641; 及该专题的其他文章.

Chemical Modeling of Biological Nitrogen Fixation

XIV EHMO study of probable Modes of $\mu_3(\eta^2)$ Coordination of Some Nitrogenase Substrates (Cyclopropene etc.) and Reductive-Hydrogenation Intermediates of N_2

Hui-Lin Wan, K. R. Tsai

(Department of Chemistry, Institute of Physical Chemistry)

Abstract

With only 2 exceptions, most of the 10—11 different types of nitrogenase substrates known so far are small molecules with terminal triplebonds, or cyclopropene—type quasi triple bond. From the known nitrogenase catalyzed reactions of these substrates and their relative coordination affinities at nitrogenase active-center, it has been inferred by us[1] that these substrate molecules are most probably coordinated in similar $\mu_3(\eta^2)$ modes at nitrogenase active-center, and a twin-sited dicubane-cluster structural model of active-center has been proposed. It has also been pointed out[1] that, for those substrate molecules with triple-bonds but without "tail", namely, cyclopropene, $N\equiv N$, $C\equiv N^-$ and $HC\equiv CH$, both the double-end-on-plus-single-side-on mode and the single-end-on- plus-double-side-on- mode of $\mu_3(\eta^2)$ coordination are compatible with the same trinuclear active-center (IMo—2Fe). In the present work, results of approximate quanturn-chemical EHMO calculations and qualitative molecular orbital discussions are presented, which show that in the case of cyelopropene, the double-end-on (pseudo)-plus-single-side-on mode of $\mu_3(\eta^2)$ coordination is energetically far more favorable than the alternative mode of $\mu_3(\eta^2)$ coordnation; in the case of $N\equiv N$ and $HN\equiv C$(hypothetical iso-hydricyanic acid), the double-end-on-plus-single side-on mode of $\mu_3(\eta^2)$ coordination are also energetically more favorable than the alternative mode of $\mu_3(\eta^2)$ coordination; this is still true in the case of HC≡CH, but here the difference in conrdination bond energies for the 2 modes of $\mu_3(\eta^2)$ coordination is rather small. These results are in agreement with the known experimental fact that cyclopropene is a nitrogenase substrate and a strong competitive inhibitor of nitrogenase catalyzed reduction of N≡N, and that both modes of $\mu_3(\eta^2)$ coordination are known for acetylencs in their transition-metal cluster complexes. The double-end-on(pseudo)-plus-single-side-on coordination of cyelopropene and of N≡N at the trinuclear active center also provides satisfactory interpretation of the structural selectivity of the nitrogenase catalyzed reduction products of cyclopropene, and the transition state configuration of the $D_2 + 2H^+ + 2e^- \longrightarrow 2HD$ reaction specifically catalyzed by nitrogenase in the presence of N_2.

■ **本文原载**：《厦门大学学报》（自然科学版）第 21 卷第 1 期（1982 年 2 月），第 104～106 页。

$Fe_4S_4^*$ 原子簇与 ATP 的络合及电子传递与 ATP 水解的偶联

陈鸿博　林硕田　林国栋　蔡启瑞

（化学系　物理化学研究所）

某些金属离子对 ATP 水解有催化作用，但这种催化作用一般不大，而个别金属离子被氧化时，与它络合着的 ATP 水解速度则大大提高，ATP 的水解与络离子的电子输出可以认为是偶联着进行的。Haight 等[1] 所发现的 VO^{2+}—三聚磷酸盐—H_2O_2 体系和 Mn^{2+}—三聚磷酸盐—MnO_4^- 体系的行为即为已知的少数例子。对于过渡金属原子簇化合物能否与 ATP 的络合以及络合物的氧化还原反应能否促进 ATP 水解的研究，尚未见文献报道。这种研究对于深入理解某些酶催化反应中 ATP 驱动的电子传递机理可能有着重要的意义。

本工作以固氮酶中的电子传递体（铁蛋白的 $Fe_4S_4^*$ 原子簇或钼铁蛋白中的 $Fe_4S_4^*$ 原子簇）的模型化合物 $[Fe_4S_4(SCH_2\phi)_4]^{2-}$ 为研究对象，设计了 $Fe_4S_4^*$—ATP—M. B.（亚甲蓝）反应体系。实验发现，ATP 的存在与否，反应溶液所表现的现象很不相同，有 ATP 的反应溶液，加入亚甲蓝后，亚甲蓝的蓝色很快消失，不含 ATP 的反应溶液加入等量的亚甲蓝后，呈深蓝色。对此的合理解释是：ATP 与 $Fe_4S_4^*$ 原子簇混合后，ATP 可能络合到原子簇上，使原子簇配位场增大，引起氧化还原电位向负移。当周围有电子受体存在时，高度离域的电子则流向电子受体。而作为电子受体的亚甲蓝，获得电子后即由蓝色的氧化态转变为无色的还原态，蓝色消失的现象，正是电子从络合中心流向亚甲蓝的结果。不含 ATP 的反应溶液，亚甲蓝变色缓慢，说明原子簇与亚甲蓝之间的氧化还原反应进行得很缓慢。这可以从电化学极谱半波电位和电子光谱的测定获得证实。

电化学测量是用 DHZ-1 型电化学综合测试仪，配以 LZ3-104 型 X—Y 函数记录仪，在标准的三电极系统中进行的。在滴汞电极为研究电极、饱和甘汞电极为参比电极的电解池中，含有 0.05 M 四丁基过氯酸盐作支持电解质。实验测得 $Fe_4S_4^*$ 的 DMF—H_2O（85%～15%，v/v）溶液的极谱半波电位是 -1.16 伏（相对于 SCE，下同），且极谱波的阴极极限电流随 $Fe_4S_4^*$ 浓度之增而增。在等克分子比的 $Fe_4S_4^*$—ATP 体系中，其阴极极谱同 $Fe_4S_4^*$ 的阴极极谱明显不同，即 $Fe_4S_4^*$ 第一个极谱波的极限电流变小，同时出现一个新的极谱波（-1.66 伏）；当 $Fe_4S_4^*$：ATP=1：2 时，第一个极谱波变得更小。由吸收光谱实验观察到，在 1100～370 nm 波段范围内，随 ATP 加量渐增，$Fe_4S_4^*$ 特征吸收峰的消光值依次减小（ATP 在这个波段不吸收）。且加入 ATP 后的谱线形状与 $Fe_4S_4^*$ 的吸收谱线形状不同。据上述实验结果，我们认为 $Fe_4S_4^*$ 能与 ATP 络合，并使络合中心的氧化还原电位向负的方向移动（500 mv 左右）。

MgATP 的水解是在 DMF-H_2O（85%～15%，v/v）中进行的，以 Tris-HCl 作缓冲剂（pH8—9），亚甲蓝为氧化剂、水解释放的 PO_4^{3-} 用修改的 Baginski 钼兰法[2] 测定。实验中同时考察了 $Fe_4S_4^*$-ATP-M. B. 与 $Fe_4S_4^*$-ATP 两个体系的 ATP 水解相对量（表1）。

水解释出的 PO_4^{3-} 在半分钟后基本维持不变，限于条件，尚未测得 0～0.5 分钟内 PO_4^{3-} 随时间的变化。表1说明，电子传递大大促进了 MgATP 的水解，水解释出的 PO_4^{3-} 量随 Fe^{2+} 或 $Fe_4S_4^*$ 含量而增加。按每个 Fe 的转化数衡量对比，$\frac{1}{4}Fe_4S_4^*$ 原子簇比 Fe^{2+} 对 MgATP 水解的促进作用大。

表 1　电子传递对 ATP 水解的影响

水解体系　ATP：Fe	Fe^{2+}-ATP	Fe^{2+}-ATP-M. B.	$Fe_4S_4^*$-ATP	$Fe_4S_4^*$-ATP-M. B.
10：10	—	6.5	0.49	8.4
10：5	—	5.1	0.25	6.0
10：2.5	0.25	3.1	0.55	4.6

注：M.B. 为亚甲蓝。数据的单位为微克分子。水解时间为 0.5～5 分钟。

本文还比较了各种条件下 ATP 水解的半衰期（表2）。讨论了 $Fe_4S_4^*$ 与 ATP 络合的可能方式，且把本工作所发现的 ATP 水解行为与 Haight 发现的 ATP 水解行为对比，并从理论上加以解释。

表 2　ATP 水解的半衰期　　　　　　　　　　　　　　　　　　T＝25℃

水解体系	浓度(M)	$t_{1/2}$(秒)	作者
ATP-H_2O	10^{-2}	$\sim 10^7$	G. P. Haight, Jr.
Mn^{2+}-ATP	$10^{-2}, 10^{-2}$	$\sim 8\times 10^6$	G. M. Woltermann
VO^{2+}-ATP	$10^{-2}, 10^{-2}$	$\sim 2\times 10^5$	G. P. Haight, Jr
VO^{2+}-ATP-H_2O_2	$10^{-2}, 10^{-2}, 10^{-1}$	$\sim 1\times 10^3$	G. P. Haight, Jr
$Fe_4S_4^*$-ATP-M. B.	—	<30	本工作
酶促 ATP 水解	—	毫秒	S. J. Benkovic

关于 ATP 水解与电子传递的关系，目前有两种不同的看法[3,4]：一种认为 ATP 水解促进电子传递；另一种认为电子传递促进 ATP 水解。上述结果支持了后一种看法。这些定性结果符合我们关于 ATP 的络合驱动电子传递，而电子传递又促进 ATP 水解的设想[5]，有助于进一步探讨酶促反应中 ATP 驱动的电子传递机理。

参考文献

[1]Woltermann, G. M., Belford, R. L., Haight, Jr. G. P., Inorg. Chem., 1977, **16**, 2985.

[2]Baginski, E. S., Foa. P. P., Zak, B., Clin. Chim. Acta., **15**(1967), 1, 155.

[3]Stiefel, E. I., in "Recent Developments in Nitrogen Fixation" edited by Newton, W. E., Postgate, J. R. et al., Academic Press, 1977.

[4]Mortenson, L. E., Walker, M. N. and Walker, G. A., in "Proceedings of the Ist international Symposium on Nitrogen Fixation", edited by Newton, W. E. and Nyman, C. J., **1**, 117 Washington State University Press, 1977.

[5]蔡启瑞，林硕田，万惠霖，厦门大学学报（自然科学版），1979，2，30.

Conplexation of $Fe_4S_4^*$ Cluster with ATP and
Coupling of Electron Transfer With ATP Hydrolysis

Hong-Bo Chen，Suo-Tian Lin，Guo-Dong Lin，K. R. Tsai

（Department of Chemistry、Institute of Physical Chemistry）

Abstract

Cathodic polarogram and electronic spectra of $L_4Fe_4S_4^*$ cluster and $L_4Fe_4S_4^*$-ATP ($L \equiv -SCH_2\phi$) as well as the relative amount ATP hydrolysis of the two systems—$L_4Fe_4S_4^*$-ATP methylene blue and $L_4Fe_4S_4^*$-ATP were investigated. The results indicated that $Fe_4S_4^*$ could complex with ATP resulting in a redox-potential shift to more negative value (-1.16 V to -1.66 V), thus increasing the electron donating tendency of $L_4Fe_4S_4^*$, and that when electron flowed out from the $L_4Fe_4S_4^* \cdot nATP$ complex, hydrolysis of the coordinated ATP was greatly promoted.

■ **本文原载**:《厦门大学学报》(自然科学版)第 21 卷第 1 期(1982 年 2 月),第 100～103 页。

氨合成铁催化剂上氮吸附态的研究
Ⅰ.氨合成铁催化剂表面上吸附氮的
激光 Raman 光谱和红外光谱*

廖代伟　王仲权　张鸿斌　蔡启瑞

(化学系　物理化学研究所)

关于在铁催化剂上氨合成反应的机理及其活性中心本质的认识,迄今未取得一致。主要分歧在于氮究竟是解离化学吸附或非解离化学吸附？吸附分子氮是先解离后加氢,抑或先部分加氢而后解离？氮分子的解离有否通过氢的作用？随着研究进展,在氨合成铁催化剂上化学吸附态的分子氮及其部分加氢品种的存在,已直接间接地得到证实[1,2,3],并已先后提出了 4-Fe 原子簇分子氮垂直插入式、7-Fe 原子簇分子氮垂直插入式[4]和 6-Fe 原子簇分子氮斜交式[5]等配位络合活化模式。由于注意到固氮酶的底物环丙烯在固氮酶活性中心上很可能采取双端基桥式的络合活化模式;分子氮有尽量利用其双端基作 $\sigma\pi$ 络合的明显趋向,也可能采取双端基加多侧基桥式络合活化模式;同时也注意到在双促进铁催化剂上化学吸附态分子氮的红外光谱至今未见肯定的报道,分子氮很可能采取某种对称性稍高一些的络合活化方式,以致其伸缩振动不具有明显的红外活性;基于上述考虑,本文作者之一在去年第七届国际催化会议后合成氨催化专题讨论会上,遂提出氨合成铁催化剂上分子氮的平躺式(近似"蝶型")络合活化模式并讨论了氨合成反应速率控制步骤[6]。

为获得据以证实吸附态分子氮的存在并进而推断其络合活化方式的实验证据,我们对 Fe-MgO,A110-3(双促型)和 Raney 型(Fe-Al)三种氨合成铁催化剂作了反应条件下的激光拉曼光谱和 I.R. 光谱的综合考察。所用仪器为 Spex 公司 Ramalog-6 型激光 Raman 光谱仪(Ar+ 激光器为光源、激光波长 4880 Å、功率 250～300 mw)、英制 H887 型红外分光光度计和美制 PE577 型光栅双光束红外分光光度计*。观测主要结果示于图 1、图 2 中。

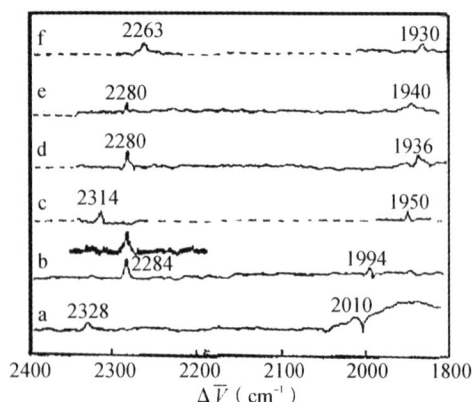

a. Fe-MgO,400℃,N_2,吸附 4 h. 后,静态池。

b. Fe-MgO,400℃,N_2/H_2(1∶3),吸附 4 h. 后,静态池。

c. A110-3,400℃,N_2,吸附 3 h. 后,静态池。

d. A110-3,400℃,N_2/H_2(1∶3),吸附 4 h. 后,静态池。

e. A110-3,400℃,N_2/H_2(1∶3),动态池。

f. Raney Fe(Al),400℃,N_2/H_2(1∶3),吸附 4 h. 后,静态池。

图 1　1900～2400 cm⁻¹ 区 Raman 谱图

---

* 美制 PE577 型红外测试在中国科学院福建物质结构研究所进行。

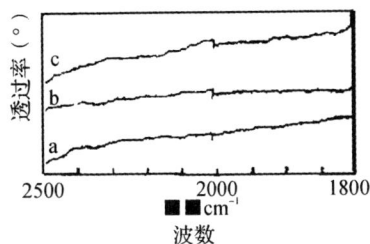

a. 还原后,450℃,抽空 3 分钟冷至室温摄谱。

b. 400℃,N_2/H_2(1：3),吸附 2 h,然后抽空 25 分钟,冷至室温摄谱。

c. 400℃,N_2/H_2(1：3),吸附 3 h,冷至室温摄谱。

图 2　Fe-MgO 上氮吸附态的 IR 光谱(PE577 红扑光谱仪摄谱)

实验表明,在指定的实验条件下,氮在 Fe-MgO(Fe18%)上的吸附态表现有 Raman 活性,观察到分别在 492,608,800,2010,2328(cm^{-1})处的五个谱峰[图(1)只示出高波数的两个]。其中,492,608 两个峰可能归于 Fe—N⋯键的伸缩振动;800 峰可能属于 Fe≡N⋯键的伸缩振动;2010 和 2328 两个峰显然都不可能是低频段特征峰的合频或倍频;作为参照对比而同时进行的氢吸附态 Raman 光谱观测并未发现这两个峰,因而排除了其属于 Fe—H 键伸缩振动的可能性;初步进行的 N_2/D_2 混合气吸附态的 Raman 光谱观测表明两峰位置并无发生漂移,说明这两个峰不大可能归属于 N—H 键的伸缩振动;参照已知的分子氮络合物光谱数据,$\upsilon_{N≡N}$ 通常约为 2331～1900 cm^{-1},因此所观测到的 2010,2328 两个峰归属于 N≡N 键的伸缩振动,后者可能对应于弱化学吸附态(?)前者则对应于强化学吸附态。由此可见,即使在 400℃的反应温度下,铁催化剂(包括双促进铁催化剂!)表面上存在活化了的非解离的分子氮吸附品种;其中,相应于 $\upsilon_{N≡N}$(伸缩)=1940～2010 cm^{-1} 的吸附品种很可能在氨合成反应过程中起主要贡献。比较三种催化剂上分子氮吸附品种 N≡N 键受削弱的程度(即 $\upsilon_{N≡N}$ 红移的大小),其顺序恰与这三种催化剂比活性的大小顺序一致,即 Fe-MgO＜A110-3＜Raney-Fe(Fe-Al),由此也可见电性促进剂的电子授受对活化氮分子所起的促进作用;对于 Al 促进的铁催化剂体系,可以认为金属铝的促进作用主要在于提高催化剂向分子氮的电子反馈能力,使 N≡N 键受到进一步削弱而活化。当吸附气体混以 H_2(即 N_2/H_2 混合气)时,上述高频段两谱峰均相应红移数 cm^{-1} 至数十 cm^{-1},可认为是氢的存在对 N≡N 键的活化起促进作用的证据;尽管至今对其作用机理看法不一,我们却认为可能是分子氮吸附中心附近的吸附氢的电性促进作用所致。纯 N_2 吸附态的 $\upsilon_{N≡N}$ 峰强度十分微弱,这可能是高温下,吸附了的 N_2 分子最终多数均裂并在表面形成氮化铁,以致多数吸附位被"占据";而在 N_2/H_2(1：3)混合气氛下,由于吸附态氮(包括解离的或非解离的)不断与氢化合又分解,大部分成 **N₂**、少部分成氨而脱附,这种动态平衡使吸附活性位不致被 **N**"占据",后续而来的分子氮可以再吸附、活化和转化,催化剂表面上吸附态分子氮可维持一稳定浓度,因而能观测到相对较强的 $\upsilon_{N≡N}$(伸缩)Raman 谱峰。在 H887 和 PE577 两种红外分光光度计上所进行的红外光谱观测表明,迄今尚未找到在激光 Raman 光谱中可观测到的那种分子氮吸附态具有明显的红外活性的证据。红外测试工作有待用更先进的 FTIR 证实。

综上两种分子光谱观测结果可以推断,在氨合成铁催化剂上分子氮可能采取我们[6]于 1980 年提出的双端基加多侧基的平躺络合模式,按这络合活化模式其相应的 N≡N 键伸缩振动只引起分子极化率的变化,而不引起分子偶极矩的变化,因而在相应的光谱选律支配下,将具有 Raman 活性而无明显的 I.R. 活性。(或仅有用灵敏度较高的傅氏变换红外光谱(FTIR)扫描技术才检测得出吸附 **N₂** 红外光谱线;根据文献报导[2],迄今只有在 Fe/MgO 催化剂上曾经用 FTIR 法比较明确地观测到吸附 **N₂** 的红外光谱线)。上述模式的 EHMO 近似计算结果支持了上述推断,详细结果正在整理之中。

参考文献

[1]Brill,R. und Schulz,G.,Z,Phys. Chem.,N. F. **64**(1969),215.

[2] 田丸谦二ら，触媒，**19**（1977），219；Z. Phys. Chem. N. F.，**107**（1977），239；Chem. Lett.，1977，1077.

[3] Boudart, M. et al., J. Catal., **37**（1975），513.

[4] 戴安邦等，化学学报，**35**（1977），141.

[5] 黄开辉，厦门大学学报（自然科学版），1978，**3**，112.

[6] Tsai, K. R., Paper Presented at, the 7th I. C. C. Post Congr. Symp. on Nitrogen Fixation, Tokyo, 1980.

Study of Adsorption State of N_2 on Fe-Gatalysts of Ammonia Synthesis
I . Laser Raman and IR Spectra

Dai-Wei Liao，Zhong-Quan Wang，Hong-Bin Zhang，K. R. Tsai

(Department of Chemistry、Institute of Physical Chemistry)

Abstract

Chemisorption of N_2 in the presence of H_2 at 400℃ on （a）doubly-promoted commercial iron catalyst A110-3 and （b）Fe-Al （Raney iron），as well as on （c）Fe/MgO，has been investigated with a combination of laser Raman （Spex Ramalog-6 ）and IR （Hilger H887, and Perkin-Elmer 577 ）spectroscopy for the first time. The Raman bands observed at （a）1936 cm^{-1}，（b）1930 cm^{-1}，and （c）1994 cm^{-1}，respectively，may be assigned to N≡N stretching of chemisorbed N_2，corresponding Raman bards not being observed with pure H_2 on the above three catalysts. A μ_7 （η^2，ω_2，ω_2'）"flat-lying mode" of N_2 coordination previously proposed by us on 7-Fe cluster of α-Fe （111）surface has been discussed together with other modes of N_2 coordination.

■ **本文原载**:《厦门大学学报》(自然科学版)第 21 卷第 4 期(1982 年 11 月),第 424~442 页。

酶催化与非酶催化固氮成氨

（厦门大学　固氮研究组　物理化学研究所）

摘　要　讨论了共边双立方烷原子簇结构的固氮酶活性中心模型和固氮酶大多数底物 μ_5-(η^2) 型的络合方式。设计了合成 FeMo-co 模型化合物的方法,重复性较好地得到 FeMo-co 模型化合物粗结晶样品,这种样品具有所预期的 Mo:Fe:S*:Cl 元素比、较高的催化活性和选择性,以及一定的组合固氮酶活性(约为 FeMo co 重组活性的 3%~6%)。根据这个模型,较圆满地阐明十多种底物的酶促反应机理,包括统一地解释了 N_2,Ar,CO 或 CN$^-$ 四者分别存在下的酶促放 H_2 机理。根据实验和文献资料,提出比较精细的二步 ATP 驱动的电子传递机理,能说明 Mortenson 等观察到的 ATP/2e 比值随 ATP/ADP 比值变化的情况。扼要讨论了氨合成铁催化剂的原子簇活性中心本质,N_2 化学吸附的可能模式,以及在铁催化剂上氨合成缔合式机理的一些论据。指出了固氮酶与铁催化剂在配位络合和催化作用的密切关系。

1. 引言

酶催化和非酶催化固氮成氨可以认为是全球氮经济的关键过程。据估计[1],使用促进的铁催化剂的 Haber-Bosch 过程,每年固氮成氨的量约为 5000 万吨;而以固氮酶为主要催化剂的生物固氮,约为上述固氮量的 3 倍。

其他可氢化双氮成氨的活性催化剂有 Tamaru 等[2]发现的 EDA-型催化剂和 Ozaki 等[3]发现的碱金属或铝促进的钌催化剂。但是这些催化剂都还没有工业化。

尽管含 Mo-Fe-S* 的固氮酶与工业铁催化剂的化学性质很不相同,但是它们在活化 N≡N 三重键方面很可能还是有共同之处[4]。本文将概述迄今我们所知道的关于这两种催化剂体系的活性中心本质和作用机理,这可能有助于阐明过渡金属或原子簇络合物催化剂体系的配位络合与催化作用的密切关系。

2. 固氮酶活性中心原子簇结构模型的演进和模型化合物的合成

固氮酶是一种复杂的金属酶,含两种金属蛋白组分,能够催化还原 N≡N 成氨,H$^+$ 成 H_2,DC≡CD 成顺-HDC＝CDH,CH$_2$＝C＝CH$_2$ 成 CH$_3$CH＝CH$_2$,以及其他七种类型尾端带有三重键或准三重键的小分子底物[3,6]。MoFe-蛋白含 2 个 Mo,～28 个 S*(无机硫),～32 个 Fe,分子量约 240,000,具有底物的结合位置;而 Fe-蛋白含有一个类立方烷 4Fe-4S* 原子簇,以 MgATP 作为"电子活化剂",起着专一性的电子载体的作用,MgATP 在反应过程中水解成 MgADP 和 Pi(即 HPO$_4^{-2}$)。

根据这些底物的已知酶促反应和络合催化原理,我们曾经提出骈联双座(活口的)类立方烷原子簇结构的固氮酶活性中心模型[7](图 1a),后来参考了文献[8—10]报道的最新实验成就,上述模型演进为骈联双座共角双立方烷型原子簇结构模型[11]，$S^* Fe_3 S_2^* - (L) MO(L') S_2^* Fe_3 S^*$，并用以解释各种底物的酶促反应机理。在同一时期，由卢嘉锡教授领导的固氮研究组，也不约而同地从稍为不同的观点提出并发展了与上述模型大同小异的原子簇结构模型，即"网兜型"[12]和"复合网兜型"[13]原子簇结构模型。

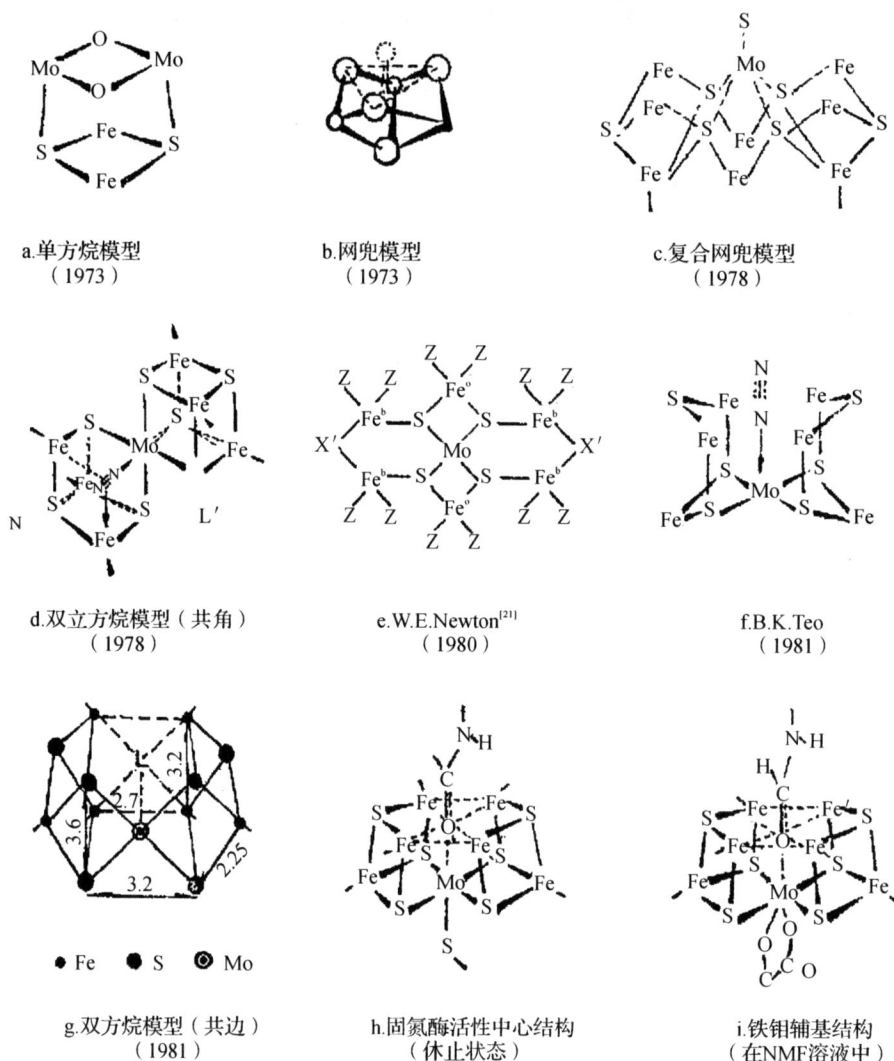

a.单方烷模型
（1973）

b.网兜模型
（1973）

c.复合网兜模型
（1978）

d.双立方烷模型（共角）
（1978）

e.W.E.Newton[21]
（1980）

f.B.K.Teo
（1981）

● Fe ● S ◎ Mo

g.双方烷模型（共边）
（1981）

h.固氮酶活性中心结构
（休止状态）

i.铁钼辅基结构
（在NMF溶液中）

图 1 固氮酶活性中心原子簇结构模型的演进

我们曾设计了下述方法合成骈联双座双立方烷型 FeMo-co 模型化合物[14]：$K_2 MoS_4$ 的 DMF 溶液与过量的 $FeCl_2$（或 $FeCl_3$ 和适当的还原剂 NaH）以及 $KOCH_2 CH_2 OH$（或 $CH_3 OK$）一起反应，直至强的 $Mo^{VI} \leftarrow S^*$ 电荷转移吸收峰（在 470nm）基本上消失，然后加两当量 KHS，并让反应进行完全。从 DMF—乙醚溶液中得到的深褐色粗结晶样品具有与模型相近的元素比例：$Mo：S^*：Fe：Cl = 1：\sim 6：(6\sim 8)：(6\sim 8)$，实验结果易于重复。有些样品在 KBH_4 还原乙炔成乙烯中，显示出很高的催化活性和选择性（转化数约 $20mM$ $CH\equiv CH/mM$ $Mo \cdot$ 分，选择性约 93%，与相同浓度的 FeMo-co 接近[9]），而文献[15]报导的用单核钼络合物作催化剂时，得到很高比例的丁二烯和乙烷等付反应产物。许志文等[14]发现，本实验室制备的样品与缺辅基的 Av 突变种 UW45 组合时，表现出一定的组合固氮酶活性（约为 FeMo-co 重组活性的 3%～6%）。应当指出，当不存在烷氧基时（从文献[16]报导，已知烷氧基在锌双立方烷 $(CH_3)_6 Zn_7 (CCH_3)_8$ 中是一种有效的 μ_3-配位基，而且推测大概也是一种有效的 $Mo^{IV(III)}$ 结合基），$K_2 MoS_4$ 在 DMF 中即使与过量的 $FeCl_2$ 反应，也不能形成多于三核的原子簇化合物（如已知的 $[Cl_2 FeS_2 MoS_2 FeCl_2]^{2-}$）[17]。这可由

强的 $Mo^{VI} \leftarrow S^*$ 电荷转移吸收峰(470nm),或特征的激光 Raman 线 440cm^{-1} 的始终存在来判断[18]。由所合成的 FeMo-co 模型化合物的元素比例和催化性能可以看出,基于所提出的双立方烷原子簇结构模型所设计的合成方法,似乎是很有希望的。然而,烷氧基看来还不够有效地保护 $Mo^{IV(III)}$ 上两个必要的配位位置,免于被以后加入的 HS$^-$ 所占据,如图 2 所示,因此所预期的 FeMo-co 模型化合物在反应产物中只占一小部份。目前正在进行重结晶分离提纯的工作。

在上述合成方法的第二步若用 2 当量 KHS 与 2 当量的三乙胺,则未能得到具有所预期的元素比和催化性能的样品。结合其他有关合成的实验现象似乎表明,所期望的模型化合物大概具有共边双立方烷型结构,而不是共角双立方烷型结构。为此,我们于 1981 年又从共角双立方烷结构模型发展为共边双立方烷原子簇结构模型[19]。(图 1g-i)

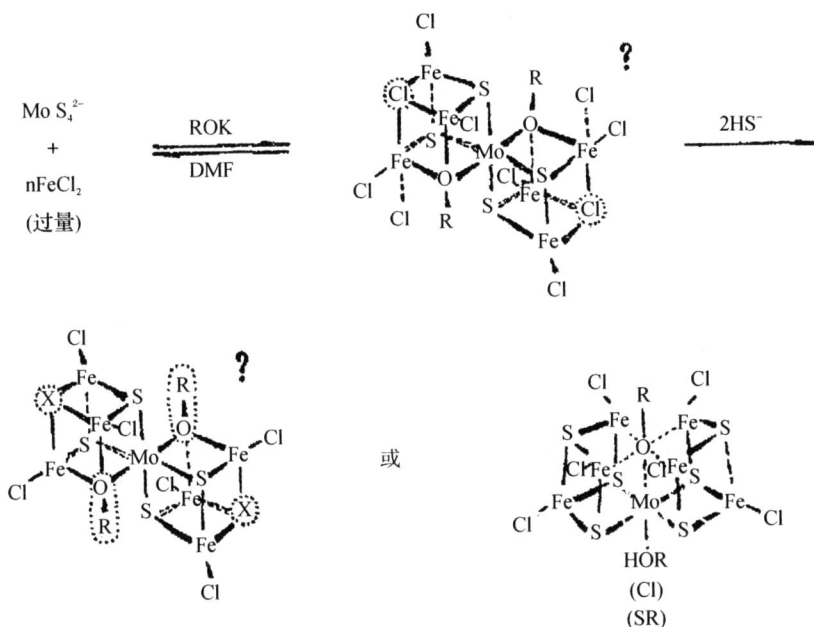

图 2　铁钼辅基模型化合物的合成方法

从文献也可得到支持共边双立方烷原子簇结构模型的其他资料。(a)例如,Cramer 等[8]指出,设 Mo^{IV} 近邻有 4S*,2Fe,和 1SR,分别距 Mo2.35 Å,2.72 Å,和 2.45 Å,就能与他观察到的 Mo-EXAFS 很好地拟合。这最近也已被杨华惠等[20]验证,他们补充指出,附加一个距 Mo2.1 Å 的 O(或 N),拟合得更好。如果没有-SR 配位体,与 MoFe-蛋白 Mo-EXAFS 的拟合较差。Burgess 等[21]最近报导,对于不含-SR 的 FeMo-co,如以 Mo^{IV} 的微环境为 4S*,2Fe,和 2 至 3 个 O(或 N),它们距 Mo 核分别为 2.35 Å,2.66 Å 和 2.10 Å,就能很好地与观察到的 Mo EXAFS 数据相拟合。2 至 3 个 O(或 N)给予体原子大概是来自柠檬酸残基和/或 NMF 的不稳定配位体。杨华惠等[20]也用曲线拟合的方法验证了这种说法。(b)又如,Rawlings 等[9b]观察到苯硫酚加于 FeMo-co 使 EPR 信号从 g=4.6,3.9 和 2.0 变为 g=4.4,3.6 和 2.0,而半还原态的 MoFe-蛋白的 g=4.3,3.7 和 2.0;而且苯硫酚的加入并不妨碍 FeMo-co 与 UW$_{45}$ 的重组。这似乎表明,在 MoFe-蛋白中可能有一个巯基连于 $Mo^{IV(III)}$。(c)再如,根据 Shah 和 Brill[22]的最新实验,用 HCl—CH$_3$COC$_2$H$_5$ 处理 FeMo-co(NMF 抽提物)得到 Mo:Fe=1:6 的 Mo-Fe 原子簇,溶剂甲乙酮被 NMF 取代后,显示出与 FeMo-co 相似的 *EPR* 信号,这与 Munck 和 Orme-Johnson[10]从 M 原子簇和 FeMo-co 的 Mossbauer 和 EPR 光谱推断 M 原子簇中,Mo:Fe 比值 1:6 是相一致的。这样得到的 Mo-Fe 原子簇当与 UW$_{45}$ 重组时,并不表现重组固氮酶活性。我们可以推断,在 HCl 处理时,可能损失 1～2 个 S*,而由 1～2 个 Cl 占据失去的 1～2 个 S* 的位置。但是在 NMF 溶剂存在下,共边双立方烷原子簇结构仍然可以形成。(d)最后,已知 $Mo^{IV(III)}$ 的原子轨道基本上不参与 M 原子簇的 $S=3/2$ 的电子自旋体系[6d],采用共边双立方烷模型,由于有两个 $Fe^{II(III)}$—$Fe^{II(III)}$ 金属—金属键,就比采用共角(Mo)双立方烷模型容易说明为什么左右两个立方烷之间的电子离域如此容易。

最后应该指出,共角和共边双立方烷模型与复合双(叁)网兜型模型在结构上有不少共同的特征,因此是互相关连的。又 B. K. Teo(张文卿)[23]最近也从 Fe EXAFS 研究结果独立地提出了与共边双立方烷相似的模型。

3. 酶促固氮、放氢及其他各种底物的反应机理

根据共边双立方烷原子簇结构的模型,双氮在固氮酶五核活性中心上的络合,可以设想有三种可能的模式:(a)平躺式 $\mu_5(\eta^2, \omega_2, \omega_2')$,N≡N 以双端基向 4Fe$^{II(III)}$ 络合,以单侧基同 Mo$^{IV(III)}$ 络合,(b)垂直插入式 $\mu_5(\eta^2, \omega_1)$,N≡N 以单端基同 Mo$^{IV(III)}$ 络合,而以四侧基同 4Fe$^{II(III)}$ 络合;(c)微斜插入式 $\mu_5(\eta^2, \omega_1)$,N-端仍在 Z-轴上,但 N-N 分子轴与 Z-轴约成 25°角。量化的近似计算(EHMO)结果表明[24],(b)式络合能量上最为有利。因此我们可以假定,模式(b)是 N≡N,CH₃CN,和 CH₃NC 在固氮酶五核活性中心的络合方式。这与我们以前推断出的[7a],后来文献也有所报导的[25—27]RN=C,RC≡N 和 N≡N 在原子簇络合物巾的 $\mu_3(\eta^2)$ 络合方式,实际上是相近的。CO 配位体(CO 在大多数其他的过渡金属络合物中,并不表现侧基络合的倾向)可能是单端基垂直插入络合于 Mo$^{IV(III)}$ 的模式,侧基络合几乎不起作用。CN⁻ 配位体,尤其是它的质子化物种,大概也是这种情况;后者是一种端基配位的异氢氰酸-C≡NH,与-C≡O 是等电子结构的。采用共边双立方烷的固氮酶活性中心模型和上述这些底物的络合方式,现在就可以统一解释在(a)N≡N,(b)Ar,(c)C≡O 和(d)C≡N⁻ 分别存在下的酶促放氢机理,如图 3(a)至(d)所示。由于单端基络合的—N=NH 和—N=NH₂ 热力学稳定性低,因此预料这两者都是很活泼的。—N=NH 的 H 容易与 Fe$^{II(III)}$ 上的一个氢基配位体反应成 H₂,与之竞争的是配位的—N=NH 进一步还原加氢成氨。这说明为什么在固氮酶催化 N₂ 还原氢化成氨的反应中,总是伴随着发生 H₂ 反应。如 Mortenson[28]所观察到的,放出的 H₂ 对还原 N₂ 的克分子比大约从 0.8 到大于 1.0(取决于 MgATP 对 MgADP 之比)。已知[29,30]H₂ 对于 N₂ 酶促还原的抑制,与 N₂ 促进 D₂ 的酶促还原生成 2HD 是一回事。这可以解释为配位的—N=NH₂ 的 2H 容易与在 Fe$^{II(III)}$ 上微弱络合活化的 D₂ 反应。可以预料,垂直络合在固氮酶活性中心 Mo$^{IV(III)}$ 上的⫶C⫶OH 上的质子 H 也是很活泼的,很容易与 Fe$^{II(III)}$ 上一个氢基配位体反应成 H₂;事实上,它比 Mo$^{IV(III)}$ 上一个氢基配位体与 Fe$^{II(III)}$ 上另一个氢基配位体反应而生成 H₂ 更容易;后者正是在氩气存在下酶促放 H₂ 反应的情况。因此,CO 不但不抑制,实际上还促进酶促放 H₂ 反应[28,31]。另一方面,如我们曾经指出的,如果 O 取得第二个 H 成为 H₂O 析出,而留下元素 C 在固氮酶活性位上,则这在热力学上是不利的。另外,也可以想像,垂直插入的—CO 和=C=OH 中的 C,不容易获得一个质子性氢(H^δ),因为在它上面有半径较大、电负性较强的 O 和 OH 挡住。这说明 CO 在固氮酶活性中心之所以不被还原,是因为 CO 还原反应完全被 CO 促进的放 H₂ 反应遮蔽。至于无机氰,Burgess 和 Newton[32]最近提出了有说服力的证据表明:(a)HCN 是固氮酶的一个底物,加 2e⁻＋2H⁺,则被还原为 H₂C=NH(?),也可加 4e⁻＋4H⁺ 还原为 CH₃NH₂,或加 6e⁻＋6H⁺ 还原为 CH₄＋NH₃,取决于电子流的密度;而 CN-是固氮酶的抑制剂,能压抑总电子流,促进 ATP 水解;(b)大约还有 10% 总电子流消耗在放 H₂ 反应中,这可用我们提出的五核活性中心共边双立方烷模型来解释,如图 3(d)所示。像 HC≡CH 那样,HCN 也可能是以平躺式 $\mu_5(\eta^2, \omega_2, \omega_2')$ 络合在五核活性中心上。第一个 H 将加在按 $\mu_5(\eta^2, \omega_2, \omega_2')$ 络合着的 HC≡N 的 N 上。由于 HCN 原是一个相当稳定的分子,加上一个 H 形成络合的 HC≡NH(平躺式络合),进一步加 H(即加 e⁻＋H⁺)形成 H₂C=NH 而解络;或再进一步加 H 形成络合在钼上的甲

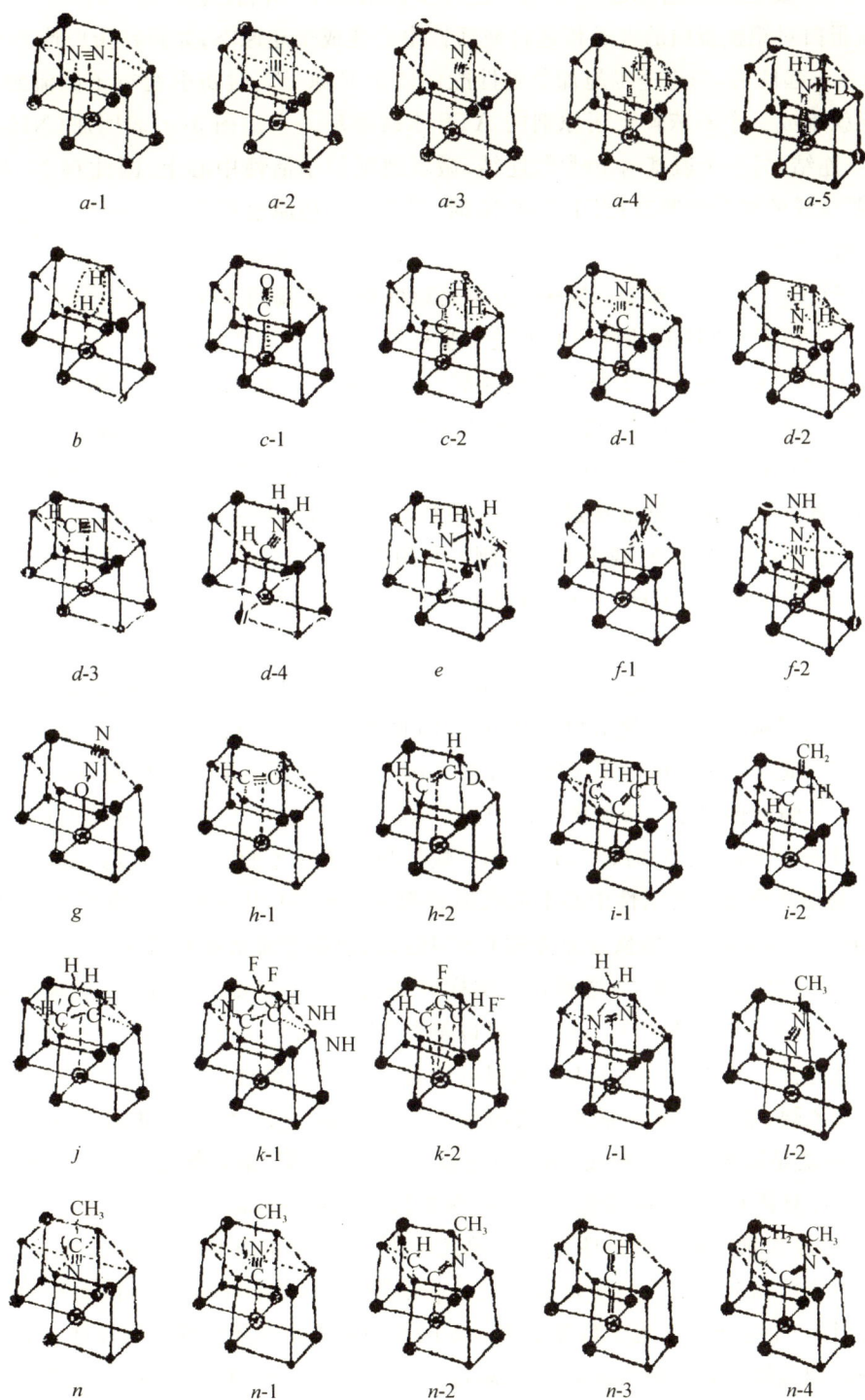

图 3　固氮酶促反应中各种底物及某些中间物的络合方式

胺基,再进一步加 H 就生成甲胺;或连续加 3 个 H 而生成 CH_4 和 NH_3。按图 3(d-4)加氢而生成 CH_2 的机会很少。而单端基络合的—$C\equiv N$ 在取得一个质子后就转化成络合着的、热力学稳定性相当高的异氢氰酸,大概除了在高的 ATP/ADP 比的条件下,或是 P 原子簇上配位体场偶然较大的情况下(下一节将要说明),它将不容易与 $Fe^{II(III)}$ 上一个氢基配位体反应成 H_2;它也将不容易在 N 上进一步氢化,因为那样会使 C 太不饱和;也不容易在 C 上进一步氢化,因为 C 被它顶上的半径较大、电负性较强的 N 和 NH

所挡住。因此,CN^-,或更正确地说是 $C\equiv NH$,在大多数情况下对活性中心是一种堵死性毒物(dead-end poison)。铁蛋白对钼铁蛋白的电子传递将使活性中心变成全还原态;如果铁蛋白恰巧与全还原态的 MoFe-蛋白缔合在一起的话,当进一步施加负电性配位体于 P 原子簇时将引起电子倒流到氧化态的 Fe-蛋白。这种情况就组成一个不依赖于还原剂的 ATP 水解循环[7a,7b]。图 3(e)表明肼(NH_2NH_2)是用一个氨基与 $Mo^{IV(III)}$ 连结,另一个氨基与 $Fe^{II(III)}$ 连结,微弱地配位于活性中心上;因此在 N_2 的酶促还原反应中,没有经过肼这样的络合中间态;当不存在 N_2 时,肼的酶促还原也不会导致放 H_2。这些都是和已知的实验事实相一致的[33]。

预料叠氮离子($N\equiv N\rightarrow N)^-$ 和 $N\equiv N\rightarrow O$ 分别是以偶极的负端同 $Mo^{IV(III)}$ 络合的。前者在 α-N 取得一个质子后析出 N_2,留下 $\equiv NH$ 在活性中心上进一步还原成 NH_3;后者也将相似地析出 N_2,留下 O 在活性中心上还原成 H_2O。在活性中心上络合着叠氮酸(N_3H)或 N_3^-,如果在 γ-N 上取得一个质子,则可进一步氢化析出 NH_3,留下络合着的 N_2 可按图 3(a)机理氢化成 2 NH_3,并伴随着放出一些 H_2;或者另一种可能是 $-N\equiv N\rightarrow NH$ 在 β-N 和 γ-N 进一步氢化而析出 NH_2NH_2,留在活性中心上的 $\equiv NH$ 再氢化成 NH_3。这些产物分配实际上是文献报导过的[34]。预料乙炔是以平躺 $\mu_5(\eta^2,\omega_2,\omega_2')$ 的方式络合,其中最短的 Fe-C 核间距约为 1.8—1.9 Å,两个氢原子刚好与附近的两个 $Fe^{II(III)}$ 离子成范德华接触。乙炔的酶促还原氢化几乎 100% 生成顺—$HDC\equiv CDH$,$HC\equiv CH$ 好像只简单地按一种 $\mu_3(\eta^2,\omega_1,\omega_1')$ 配位体那样,进行顺式还原加氘[图 3(f,g,h)]。

已知 N_3^- 对 HCN 还原是一种竞争抑制剂,而根据 Burgess 和 Newton 的实验结果[32],N_2 对 HCN 的酶促还原完全没有影响。我们有理由相信,尽管不同底物的络合方式不尽相同,但是,只有一种类型的固氮酶活性中心。因此,N_3^- 和 HCN 很可能络合在氧化态较高的固氮酶活性中心,而 N_2 大概只能络合于还原态较高的固氮酶活性中心。我们曾经设想过[12],只有当活性中心处于某种短暂的"超还原态"(这时钼离子大概瞬时处于 Mo^{III} 状态)时,N_2,H^+,和乙炔的酶促还原才能实观。但是 CO,N_2,$HC\equiv CH$,和 N_2O 应当能够容易地从全还原态活性中心上取代抑制剂 $\equiv C\equiv NH$,从而恢复总电子流;就像 Burgess 和 Newton 所观察到的[32],少量 CO 能恢复原先被 CN^- 压抑的总电子流密度的情况。

甲基乙炔由于空间位阻的关系,不能像乙炔那样以平躺式 $\mu_5(\eta^2,\omega_2,\omega_2')$ 络合;而很可能是以准端基加双侧基斜插式络合(未在图 3 标出)。这样就可以解释 Mckenna[6a] 观察到的 $CH_3C\equiv CH$ 在 D_2O 中还原加氘的低顺式选择性。如图 3(i)所示丙二烯很可能是以最不饱和的 C 与 $Mo^{IV(III)}$ 连接络合的,而不必先异构化成甲基乙炔,就能直接还原加氢成丙烯[7a]。附带提一下,从这种共边双立方烷模型可以看出,1,2-丁二烯也可能是固氮酶的一种底物;但由于较大的空间位阻,络合能力必然要比丙二烯弱得多。

三角形底物分子环丙烯、二氟环丙烯和环偶氮丙烯只能按 $\mu_5(\eta^2,\omega_2,\omega_2')$ 模式络合才容纳得下。像乙炔一样,环丙烯能还原加氘成顺式选择性很高的顺式环丙烷;但也能开环还原加氘成丙烯,如图 3(j)所示。二氟环丙烯首先可在 $Fe^{II(III)}$ 上一个氟离子发生 β-消除,随后质子化成 HF,留下环丙烯基阳离子在活性中心上;再获得一个电子成 π 电子数等于 4n+3 的不稳定单氟代环丙烯基配位体;后者在 C(1)和 C(2)处开环,再还原加氢就得到 2-氟代丙烯[6a,b],总过程是一个 $4e^-+4H^+$ 的还原加氢过程[图 3(k)]。另一种可能是氟代环丙烯基配位体在开环前取得一个 H,变成 3-氟代环丙烯配位体,然后发生另一次氟离子的 β-消除。留下没氟代的环丙烯基阳离子也可类似地还原成不稳定的环丙烯基配位体,接着在活性中心上开环还原加氢成丙烯(未在图 3 标出)。环偶氮丙烯先后断裂两个 N—C 键,还原成 CH_4 和络合着的 N_2;后者如前所述进一步还原加氢成 $2NH_3$[6c],并伴随放出一些 H_2。但是,如果环偶氮丙烯的浓度很高,可以取代络合着的 N_2,就会抑制 N_2 的还原[6b]和放 H_2 反应,产物主要就是 CH_4[6d] 和 N_2[图 3(l)]。

甲基腈酶促还原加氢成 CH_4,NH_3,和 CH_3NH_2[图 3(m)]。甲基异腈首先还原加氢为 CH_3NH_2,留下活泼的亚甲基(一种卡宾)与 $Mo^{IV(III)}$ 络合着。由于 $Mo^{IV(III)}$ 的配位数可以扩大至 7,因此,另一个

CH_3NC 底物分子,在 $Mo^{IV(III)}$ 上与这个络合着的卡宾配位体缩合,可以像丙二烯那样,用最不饱和的 C 与 $Mo^{IV(III)}$ 络合,然后还原加氢成 $CH_2=C=$ 卡宾配位体,或 $CH_3CH=$ 配位体,进一步还原就成 $CH_2=CH_2$,或 CH_3CH_3。另外,C_2 卡宾配位体也可再与另一个 CH_3NC 底物分子进行还原缩成 $CH_3CH=CH_2$,或 $CH_3CH_3CH_2$[图 3(n)]。

这样,采用共边双立方烷原子簇的固氮酶活性中心结构模型,能比较圆满地阐明所有底物的酶促反应机理,也可解释抑制剂和促进剂的作用机理。这可认为是对所提出的模型的一个强有力的支持。

4. 二步 ATP-驱动电子传递的精细机理

在固氮酶各种底物的酶促还原反应中,借助 ATP 的"电子活化"机理,是固氮酶催化作用的另一重要的科学问题。我们[7,11],曾经提出过一种二步 ATP-驱动的电子传递机理,并用以解释固氮酶体系的 EPR 信号随还原剂($S_2O_4^{-2}$)和 ATP 供应情况的不同而改变;这一机理具有下面基本要点[11]:(1)MgATP 与还原态 Fe-蛋白的 $Fe_4S_4^*$ 原子簇的络合,引起后者变构,提高作用于原子簇上的配位场,从而驱动铁-蛋白对半还原态钼铁-蛋白的电子传递;电子的输出同时引起络合着的 MgATP 的催化水解,生成 MgADP 和 $Pi(HPO_4^{-2})$。(2)由于全还原态 MoFe-蛋白上的活性中心的氧化还原电位还不够高,因此需要第二步 ATP 驱动,使其达到充分负的数值,以驱动电子从 MoFe-蛋白流向络合着的底物分子。(3)全还原态的 MoFe-蛋白与 Fe-蛋白的络合(从而使 MgATP 被 Fe-蛋白带进去与 MoFe-蛋白的电子传递中心络合)是底物酶促反应的速率控制步骤。(4)不依赖于还原剂的 ATP 水解可能是由于 MoFe-蛋白对 Fe-蛋白的电子倒流。

已知每个还原态 Fe-蛋白分子能与两个 MgATP 分子络合,其中一个 MgATP 分子容易被 MgADP 所取代。根据 Walker 和 Mortenson[5b]的实验结果,MgATP,或 MgATP 与还原态 Fe-蛋白络合,使得 Fe-蛋白的氧化还原电位从 $-0.250V$,分别变为 $-0.395V$,或 $-0.380V$。最近,Mortenson 和 Upchurch[28]用 $^{31}PNMR$ 观察到,当 MgATP 和 MgADP 分别与还原态 Fe-蛋白络合时,能引起 ATP 的 α-、β-和 γ-PO_4 NMR 信号发生很大改变(约为 9PPM),也能引起 ADP 的 β-PO_4 NMR 信号发生显著改变(约为 4 PPM),但 ADP 的 α-PO_4 NMR 信号却改变很小;他们还观察到,在还原态 Fe-蛋白上,似乎有 2 个 MgATP-结合位,或 3 个 MgADP 结合位。

陈鸿博等[35a]最近从模拟体系 $(Fe_4S_4^*L_4)^{-2}$-MgATP-亚甲兰在 DMF(85%)-H_2O(15%)的实验观察到,在 pH 8~9 时,MgATP 的存在会压制半波电位在 $-1.16V$ 的 $Fe_4S_4^*L_4^{-2}$(L=$-SCH_2C_6H_5$)极谱波;同时,看来还出现一个半波电位在 $-1.66V$ 的新的极谱波。又观察到 MgATP 加于 $Fe_4S_4^*L_4^{-2}$ 时会大大地提高该原子簇和亚甲兰之间的氧化还原反应速率。在这个氧化还原过程中,少量 MgATP 似乎水解而生成一些 Pi;但这一点还不能肯定,因为在对 Pi 进行钼兰试验前抽提亚甲兰时,引进了一些干扰。吴也凡等[36b]最近也观察到,MgATP,ADP,AMP 和 HPO_4^{2-} 分别加入于 $Fe_4S_4L_4^{2-}$(L=$-SC_6H_5$)-DMF(60%)-H_2O(40%)体系时,都能压低后者在 $\gamma=458 \mu m$ 的电子光谱峰,压低的程度为 ATP≫ADP≫AMP<HPO_4^{2-}。ATP 也能加快 $Fe_4S_4L_4^{2-}$ 与靛红的氧化还原速率,而 AMP 则不能。

根据上述实验事实,可对二步 ATP 驱动电子传递机理作出如下补充假定:(a)每个还原态的 Fe-蛋白能与两个 MgATP 分子络合,其中一个 MgATP 以双配位形式与 $Fe_4S_4^*$ 电子传递中心络合,另一个 MgATP 则用末端 γ-PO_4 以单配位形式与 FeS_4^* 原子簇的 Fe^{II} 络合,但是两种配位体可以迅速地互换位置;而 MgADP 只能用末端 β-PO_4 以单配位的形式络合。(b)双配位的 MgATP(以 t′表示)和单配位的 MgATP(以 c 表示),或单配位的 MgADP(以 d 表示)都能对原子簇施加其配位场,从而促进电子从原子簇输出;双配位的 t′对电子传递的驱动力当然会比单配位的 t 或 d 的驱动力来得大。随着电子从 $Fe_4S_4^*$

原子簇的输出,只有双配位形式的 t' 才发生水解,而单配位形式的 t 或 d 仍旧不水解(图4)。在 Fe-蛋白对 MoFe-蛋白的单电子传递中,只有一个 MgATP 发生水解。附带提一下,在 Fe-蛋白对 MoFe-蛋白电子传递的初始滞后阶段[36,37],测出的 ATP/e^- 比值(~ 2)[37],实际上很可能是反映电子从 P 簇到 M 簇和从铁蛋白到钼铁蛋白这两步的 ATP 驱动的电子传递,而不是只反应一步,这待另文详细说明。(c)由于已知 Fe-蛋白对 MoFe-蛋白电子的传递比酶变数至少快一个数量级,而且由于先前[17]提出的理由,速度控制步骤仍假设是全还原态的 MoFe-蛋白与已经络合了 MgATP(或 MgADP)的 Fe-蛋白的络合;MgATP(或 MgADP)的腺嘌呤基是结合在 Fe-蛋白的某种"疏水袋"的;然后 Fe-蛋白再以这 MgADP(或 MgATP)的磷酐基与全还原态 MoFe-蛋白的 P-原子簇的 $Fe_4S_4^*$ 电子传递中心络合,以便驱动第二步电子传递。这第二步电子传递的驱动力将取决于贮存在 P-原子簇中的电子数,而后者又取决于两种蛋白组分的比值,如果 Fe-蛋白过量,则这电子数基本上应保持不变;而且也将取决于作用在 P-原子簇上的配位场强度,因而也即取决于 P-原子簇是与双配位 MgATP(t')络合或者是与单配位 MgADP(d)络合。

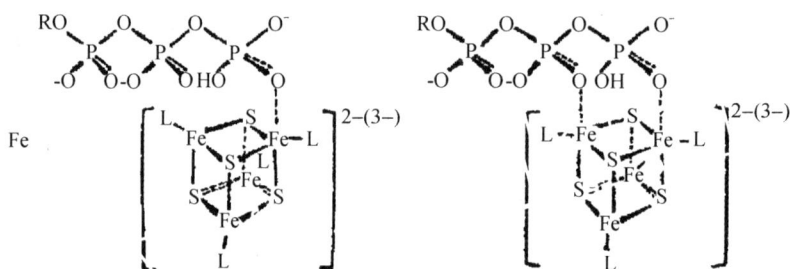

图4　MgATP 与 $Fe_4S_4^*L_4^{2-(-3)}$ 原子簇的两种可能的络合方式

有了这些补充假定,就可对所提出的二步 ATP 驱动的电子传递机理作进一步细描。从图5容易看出,当 MgATP/MgADP 比值较大时(>3),固氮酶体系同 ATP 和底物(这里用 H^+ 作例子)一起,将主要沿着($1\to2\to3\to5\to6\to1$)反应途径进行变化,因而,ATP/$2e^-$ 比值将等于4,或稍大于4;当 MgATP/MgADP 比值中等大小时(约2至3),反应将主要取($7\to8\to9\to5\to6\to7$)途径,这时 ATP/$2e^-$ 比值将接近于2,上述的比值变动情况见于 Mortenson 和 Upchurch[28]最近的报告;最后,当 MgATP/MgADP 比值较小时(<2),反应将主要沿着($10\to11\to12\to5'\to10$),($6\to15\to16\to17\to12\to6$)和($6\to13\to14\to11\to12\to6$)途径进行变化,其中有两个电子倒流的循环,因而 ATP/$2e^-$ 比值将比4大得多。此外也应当指出,当 ATP 和还原剂两者都足量时,固氮酶体系的占优势状态是在发生速率控制的"隘口"阶段的初状态,这是我们先前解释过的[7,11];而如果 ATP 供应不足,从上述占优势状态的变化还可以进行几步,直至络合着的 MgATP 全部用完,电子从 Fe-蛋白向 MoFe-蛋白的转移就不能再发生;由于电子倒流(步骤10),固氮酶将停止在 (1_s):$\binom{dd}{s}$状态。最后,如果还原剂先用完,从上述占优势的变化将由反应步骤(15)和(16),或(18)和(19),进行至固氮酶体系停止在 (1_s):$\binom{2td}{w}$状态,并伴随发生不依赖于还原剂的 ATP 水解循环($13\to14\to11\to12\to6\to13$)和($10\to11\to12\to5'\to10$。)

5. 在铁催化剂上双氮分子的络合活化、氨合成动力学和机理

自从本世纪初发现工业铁催化剂和 Haber-Bösch 过程以来,在铁催化剂上的氨合成动力学和机理一直是被广泛研究的课题。其中许多研究工作在多相催化作用大全和教科书中已成为经典;还发表了许多优秀的评论,其中包括最近 Boudart 写的一篇[38]。但是,关于这方面的工作,还有不少未解决的问题。下面我们将扼要讨论其中的两个问题。

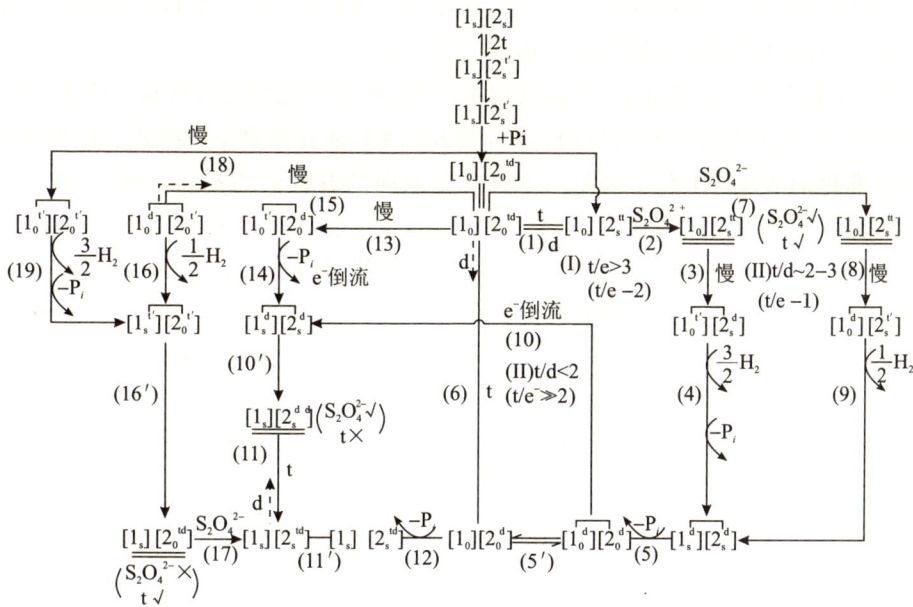

图 5　固氮酶促反应中二步 ATP-驱动电子传递的精细机理*

*注:

t,t',d 和 Pi 分别表示 MgATP 单端络合、MgATP 双位螯合、MgADP 单端络合及 HPO_4^{2-}。

(1_s),(2_s);(1_0),(2_0) 分别表示半还原态钼铁蛋白、还原态铁蛋白;全还原态钼铁蛋白和氧化态铁蛋白。下标 S 成 0 表示有或无 EPR 信号。

$(1_0^{t'})$,(1_0^d),(1_s^d);$(2_s^{t'd})$,(2_s^{dd}),$(2_s^{t'})$,(2_s^d);(2_0^{td}),(2_0^{dd}),$(2_0^{t'})$ 和 (2_0^d) 分别表示钼铁蛋白与 t'或 d 络合;铁蛋白与 t'和 t,t'和 d,d 和 d,t',d;或者 t 和 t,t 和 d 等络合。

$(1_0^{t'})(2_s^{t'})$ 和 (1_0):$(2_s^{t'})$ 等分别表示两种蛋白的结合和分离状态。

$S_2O_4^{2-}$ √ 或 ×;t√ 或 × 分别表示 $S_2O_4^{2-}$ 或 t 的足量或不足。

弯箭号上的 $-Pi$ 或 $-\frac{1}{2}H_2$ 分别表示 ATP 水解或放氢。

(a)铁催化剂活性中心本质和双氮分子的络合活化模式

Boudart[38]指出,在铁催化剂上的氨合成反应是结构敏感的一个典型例子。例如,已知 α-Fe(111)面的催化活性比(110)面和(100)面的大得多。可以想象,每个活性位不只是由一个或两个 Fe 原子组成,而是由相当多的 Fe 原子按适当结构的原子簇形式组成的;这种 Fe 原子簇能按一定模式的多核络合来有效地活化双氮分子。这种络合活化在氨合成反应中显然是一个基本的过程,不管后续步骤是解离的化学吸附,或者是化学吸附的未解离 N_2 与化学吸附的氢直接反应。

用这种原子簇观点进行探讨的先驱工作,要算 Brill[19]提出的 α-Fe 的(111)面上具有 C_{3v} 对称的活性位,以及 N≡N 的垂直插入方式。这可以近似地用一个 $C_{10''}$Fe 作为垫底原子的 4-Fe 原子簇来描述,这里下标 10″表示第一和第二近邻的 Fe 原子总数。此外还有 Poudart 等[40]提出的 C_7 位(C_7 为配位数,即一个 $C_{10'}$ 位和一个 $C_{10''}$ 位)。第一个清晰的原子簇模型是戴安邦等[41]提出的 7-Fe 原子簇活性中心,以及 N≡N 的垂直插入模式,即单端基加六侧基的络合活化模式。黄开辉[42]对 N_2 的这种络合模式提出了改进意见,认为 N≡N 可按斜交架砲式络合于 7-Fe 原子簇或 6-Fe 原子簇,端基络合是在最外表层较不饱和的 $C_{7''}$Fe 上,而在垂直插入络合模式中,端基络合是在原子簇垫底的 $C_{13''}$Fe 上。除了上述两种络合模式,我们曾在 1980 年指出还必须考虑一种对称的平躺式络合[4],即 N≡N 是按双端基加多侧基模式络合的,其中两个端基与 α-Fe(111)面最外层的两个 $C_{7''}$Fe 连结。事实上,廖代伟等[43]最近用量子化学近似计算(采用含排斥能校正项的 EHMO 计算程序[44])的结果表明,N_2 在 7-Fe 原子簇上的对称平躺式络合具有最大的化学吸附能,N≡N 三键的削弱也最大。不过,为了对这三种可能的络合模式作出更可靠的评价,看来还需要用较大的原子簇作更精细的计算。

但更需要的是在氨合成反应条件下,直接获得关于 N_2 络合活化模式的资料。为了达到这个目的,现场红外和拉曼光谱比光电子能谱具有明显的优点,因为后者只能在高真空下操作。红外和拉曼光谱的结合,也能提供关于催化剂活性位上化学吸附 N≡N 分子取向的有价值的资料。例如,在 N≡N 的垂直插入络合模式,或斜交架砲络合模式的情形,由于极化作用,N-N 伸张振动的 IR 吸收带将是强的;而在对称平躺络合模式的情形,由于 N-N 伸张振动的 IR 吸收是对称禁阻的,因此,其相应的 IR 带将是很弱的,即使能够观察到的话;但相应的拉曼线则将是强的。

Brill[39] 等观察到在 Fe/MgO 上,N_2-H_2 反应混合物的化学吸附物种的红外光谱带 2080 cm^{-1} 和 2130 cm^{-1},但他们指出,由于 NH_{2-} 摇动和 NH_{2-} 摆动的复合谱带及 NH_{2-} 弯曲振动和 NH_{2-} 摆动的复合谱带也出现在这个范围,因此 2080 cm^{-1} 和 2130 cm^{-1} 谱带是否属于 N≡N 伸张振动的,还不能肯定。Tamaru 等[45] 曾提出确切的实验事实,说明 NH_3 在 Fe/MgO 上分解时产生化学吸咐的分子氮;他们使用富利埃变换红外光谱仪,反复扫描两百多次,观察到 2200 cm^{-1} 和 2050 cm^{-1} 以及 500 cm^{-1} 和 800 cm^{-1} 等几个红外吸收峰。但是文献从未报导过在氨合成反应条件下 N_2 在铁催化剂上的化学吸附红外光谱,虽然有人曾经观察到[46],N_2 在 Ni,Pd,Pt/SiO_2 上的强的化学吸附红外光谱峰分别出现在 2202 cm^{-1},2260 cm^{-1},和 2230 cm^{-1}。

最近,廖代伟等[47] 用 Spex RamaIog-6 激光拉曼光谱仪和氩气微光源(4880 Å)观察到,三种样品的铁催化剂 Fe/MgO,FA-10(一种双促进的铁催化剂),和 Fe-Al(Raney 铁),在 400℃氨合成条件下暴露于 N_2-$3H_2$ 时的拉曼峰分别出现在 2284 cm^{-1} 和 1994 cm^{-1},2280 cm^{-1} 和 1940 cm^{-1},2263 cm^{-1} 和 1930 cm^{-1};还观察到,所有三种催化剂样品在 400℃暴露于 N_2-$3H_2$,或 NH_3 时的拉曼峰出现在 492 cm^{-1},608 cm^{-1},和 800 cm^{-1}。对于 FA-10 而言,在 400℃暴露于 N_2-$3H_2$ 时,2280 cm^{-1} 的谱峰是属于弱化学吸附 N_2 的 N≡N 伸张振动;而 1940 cm^{-1} 的谱峰可能是属于 N≡N 伸张振动;但是后来比较了在纯 H_2 中还原的样品与在 D_2 中还原的样品的拉曼光谱(Fe-D～1379 cm^{-1}),发现 Fe-H 红外吸收带(1927 cm^{-1})也出现在这波数附近。因此还需要用 $^{15}N_2$ 和 N_2-$3D_2$ 同位素标记方法进一步研究,才能查明这 1940 cm^{-1} 的拉曼峰究竟有多少是强的化学吸附 N_2 所贡献。廖等采用 Hilger 的 H887 和 Perkin-Elmer 的 PE577 等常规 IR 光谱仪,试图在氨合成条件下,测出这些催化剂样品 N_2 的化学吸附 IR 谱带,至今未曾成功。关于铁催化剂上强的化学吸附 N_2 的拉曼光谱是否比相应的红外光谱容易观察出来,还需要采用多次反射的现场 IR 光谱进一步作实验,并与激光拉曼光谱实验进行较细致的比较,才能作出结论。

(b)铁催化剂上氨合成反应动力学和机理

下面两种反应机理都不违背化学计量数 $n=1$ 这一实验事实[49]。

(ⅰ)解离式机理:N_2 的解离吸附为反应速率控制步骤;接着 2 N̲ 逐步加氢成 $2NH_3$ 是快速的和可逆的。

(ⅱ)缔合式机理:N_2 的非解离的化学吸附,继之以 N̲₂ 的部份加氢为 N_2H_4,或 2NHx 为反应速率控制步骤之一;接着再加氢成氨是快速的和可逆的。

多数研究工作者赞成解离式机理。但还有一些问题需要澄清;缔合式机理也还有一些值得考虑之处。

(1)按解离式机理,反应速率控制步骤的表示式与氢无关,然则要解释 N_2/D_2 反应比 N_2/H_2 快这一个反同位素效应的实验事实,就需要假设活性位上占最大量的吸附中间态物种是 N̲ 或 NH̲,然后利用进一步加氢成 NH_3 的平衡常数 K,用热力学的反同位素效应来解释[49]。但是 Ertl[50] 曾用光电子能谱检测铁催化剂抽空后表面残存的物种,从而间接推断铁催化剂与 N_2/H_2 混合气接触时,如温度提高到 350—

400℃以上,则表面N及NH都已变得很少;这与铁催化剂与不含氢的氮气接触时的情形迥然不同,后者产生大量的氮化物,发生表面构造的变化。我们可以认为,铁催化剂在400℃左右与纯氮接触时,稳定相是氮化铁;而与N_2/H_2混合气接触时,则完全不是这样;这时主要稳定相是为吸附H所饱和的α-Fe,而N和NH都很少。如前所述,这时用激光拉曼光谱容易检测出Fe—H键,但没有检测出可归属为Fe≡N的拉曼谱线[47]或红外谱峰[45]。其实按解离式机理的基本假设,N和NH与吸附氢H的反应是快速的和可逆的,在大量H的存在下,N和NH必然很少,至少应该比反应速率控制步骤这一隘口步骤的始态物种、快速吸附的分子氮N_2来得少,因为即使是解离的化学吸附,分子氮也必先在活性位立住足,得到络合活化,然后才能产生键的断裂而解离。因此,解离式机理为了要解释反同位素效应而提出的N或NH为最大量的中间态物种的假设,实验证据是不足的。

(2)黄开辉[42]曾根据缔合式机理,假定N_2的非解离的化学吸附和N_2与吸附氢H进行部份加氢反应成2NHx这两步都是反应速率控制步骤,推导出与詹姆金推广式动力学方程(extended Temkin equation)[51]形式相似的功力学方程。这方程经刘德明等[52]用序贯法检验,认为比四种根据解离式机理推导出来的著名的氨合成动力学方程更符合使用A—10工业铁催化剂的氨合成中试动力学数据,为最佳的动力学方程。在讨论反应机理时,这一点也值得考虑。

(3)乙烯在镍催化剂上的低温催化加氢也呈现反同位素效应(这里不存在解离式机理的问题),Kokes[53]从动力学的反同位素效应作了比较完满的解释。如果N_2与吸附氢H的部份加氢反应也是反应速率控制步骤之一,同样可以用动力学的反同位素效应妥善地加以解释。

从上面关于固氮酶和铁催化剂两种催化剂体系对氨合成反应的作用机理的比较可以看出,虽然这两种催化剂体系的化学性质有很大不同,但是对于双氮分子三重键的活化模式和对于氨合成反应的催化作用机理仍有不少相似之处。首先,两种催化剂的活性中心都是属于原子簇结构,并通过多核络合来活化N≡N三重键。其原理大致是,端基络合比较有利于对N≡N的反键轨道反馈电子,并从$3\sigma_g$(HOMO)接受电子,而侧基络合则比较有利于移去N≡N的π键电子云(在一定程度也能向π^*反馈电子)。端基加多侧基的多核络合活化方式,使两者协同起作用,就能比较有效地活化具有牢固的三重键的双氮分子,并使其带上部分负电荷,从而有利于加H^+或$H^{\delta+}$。对于固氮酶所催化的固氮成氨反应,已知是按还原加氢机理($+e^-+H^+$)进行的,即电子与质子同时分别传递送到络合在活性中心的N_2分子。对于铁催化剂上氨合成反应的情形,铁催化剂上的化学吸附氢H可能有$H^{\delta-}$,$H^{\delta+}$,H等几种形式,但当其达到化学吸附氮N_2附近时,这些物种中$H^{\delta-}$和H也都可能被极化为$H^{\delta+}$,同时通过α-Fe的金属导带传递部份负电荷(δe^-)给吸附的分子氮$N_2^{\delta-}$,以利于后者的加$H^{\delta+}$。这样,反应事实上是按$N_2+\delta e^-+H^{\delta+}$进行的。对此难免会有不同的看法。但我们认为,对于电负性相差较大的两种反应物分子的化合反应,催化剂一般总有办法帮助电负性较小的反应分子或原子传递一部分负电荷给电负性较大的反应分子或原子,形成带相反电荷的两种物种,以增加进一步反应的动力。还会有人认为,固氮酶所催化的固氮反应是N_2的还原加氢,而铁催化剂所催化的反应是一般的多相催化加氢反应,两者性质不同,反应机理也会有很大不同。事实上,生物固氮有时也以H_2为生物还原剂,这时是氢酶与固氮酶协同起作用的,氢酶使H_2转化为$2H^++2e^-$,然后分别通过电子传递和质子传递体传送到固氮酶活性中心上的N_2分子。因此固氮酶上的固氮反应,仍可视为一般N_2催化加氢成氨反应的阴极半池式反应。而含H_2、氢酶、N_2、固氮酶和MgATP的体系则可设想与外加偏压的氮氢电催化合成氨电池相比拟。

参考文献

[1]Burris,R. H.,in "Nitrogen Fixation"(Newton,W. E. and Orms-Johnson,W. H. eds),Volume I,

7. University Park Press,Baltimore U. S. A.,1980.

[2]Tamaru,K.,Naito,S. and Ichikawa,M.,I. C. S. Faraday Trans.,**68**(1972),1451;Ichikawa,M. et al.,I. C. S. Chem. Commun.,1972,176.

[3]Morikawa, Y. and Ozaki,A.,I. Catal., 23(1971),97;Ozaki,A., Aika,K. and Hori,H.,Bull Chem. Soc. Japan,**44**(1971),3216.

[4]蔡启瑞,第七届国际催化会议后固氮专题讨论会论文报告(东京,1980).

[5]a. Hardy,W. F. et al. in Advan. in Chem. Ser.,**100**(1974),219.

b. Zumft,W. G. and Mortensoh,L. E.,Biochim. Biophys. Acta,**416**(1975),1.

[6]a. Mckenna,C. E. et al.,in "Molybdenum Chemistry of Biological Significance"(Newton,W. E. and Otsukn,S. eds),39. Plenum Press,New York,1980.

b. Mckenna,C. E. et al.,in "Current Perspectives in Nitrogen Fixation" (Gibson,A. H. and Newton,W. E. eds),358. Australian Academy of Science,Canberra,1981.

c. Mckenna,C. E.,Paper presented at the China-U. S. A.,workshop on Nitrogen Fixation (University of Wisconsin-Madison,1982).

d. Orme-Johnson,W. H. et al.,in "Current perspectives in Nitrogen Fixation"(loc. cit.)79.

[7]a. 厦门大学固氮研究组,厦门大学学报(自然科学版),**13**(1974),1,111.

b. 同上作者,中国科学(英文版),**19**(1976),460.

[8]a. Cramer,S. P. et al.,J. Am. Chem. Soc.,**100**(1978),3398 3814.

b. Wolff,T. E. et al.,Ibid" **100**(1978),4630.

[9]a. Shah,V. K. and Brill,W. J.,Proc. Nat. Acad. sci.,U. S. A.,**74**(1977),3249.

b. Rawlings,J. et al.,J. Biol,Chem.,**253**(1978),1001.

[10]Orme-Johnson,W. H. et al.,in "Recent Developments in Nitrogen Fixation" (Newton,W. E.,Postgate,J. R. and Rodriguez-Barrueco,C. eds),131. Academic Press,Inc.,New York,1977.

[11]Tsai,K. R.,in Nitrogen Fixation (loc. cit.) Volume I,373.

[12]福建物质结构研究所固氮研究组,科学通报,**20**(1975),540.

[13]Lu Jiaxi,in Nitrogen Fixation (Ioc. cit.),Volume I,343.

[14]a. 许志文等,厦门大学学报(自然科学版),19(1980),2,41;4,67.

b. Tsai,K. R. et al.,in Current Perspectives in Nitrogen Fixation,(loc,cit.),344.

[15]a. Schrauzer,G. N. and Doemeny,P. A.,J. Am. Chem. Soc.,**93**(1971),1608.

b. Schrauzer,G. N. et al.,Ibid.,101(1979),917;见张藩贤等,厦门大学学报(自然科学版),**19**(1980),2,50.

[16]Eisenhuth,W. H. et al.,J. Am. Chem. Soc.,**90**(1968),5379.

[17]Coucouvanis,D. et al.,Ibid" **102**(1980),1730;1732.

[18]Muller,A.,in Current Perspectives in Nitrogen Fixation (loc. cit.),44.

[19]厦门大学固氮研究组,全国固氮会议(青岛,1981)论文报告.

[20]杨华惠、张平,厦门大学学报(自然科学版),**21**(1982),1,48.

[21]Newton,W. E. et al.,in Current Perspectives in Nitrogen Fixation (loc. cit.),30;Burgess,B. K. et al.,Ibid,71.

[22]Shah,V. K. and Brill,W. J.,Proc. Nat. Acad. Sci.,U. S. A.,**78**(1981),3438.

[23]张文卿(B. K. Teo),中日美金属有机讨论会(上海,1982)大会报告.

[24]a. 赖伍江，白震谷，全国固氮会议(北京，1982)论文(待发表).

b. 廖代伟，王银桂等，EHMO 计算工作(待发表).

[25]Muetterties, E. L. et al., J. Am. Chem. Soc., **99**(1977), 743; Thomas, A. L. et al., Ibid., **98**(1976), 4645.

[26]Andrews, M. A. et al., Ibid., **101**(1979), 7260.

[27]Pez, G. P., Ibid., **104**(1982), 482.

[28]Mortenson, L. E. and Upchurch, R. G., in Current Perspectives in Nitrogen Fixation"(loc. cit.), 75.

[29]Hoch, G. E., Schneider, K. C. and Burris, R. H., Biochim. Biophys. Acta, **37**(1960), 273.

[30]Burgess, B. K. et al., in Molybdenum Chemistry of Biological Significance (loc. cit), 73.

[31] Thorneky, R. N. F. et al., in Nitrogen Fixation (Ioc. cit.)Volume I, 173.

[32]Burgess, B. K. et al., Paper presented at the China-U. S. A. workshop on Nitrogen Fixation (University of Wisconsin-Madison, 1982).

[33]Davis, L. C., Arch. Biochem. Biophys., **204**(1980), 270.

[34]Dilworth, M. j. and Thomeley, R. N. F., Biochem. I., **198**(1981), 971.

[35]a. 陈鸿博等，论文(待发表).

b. 吴也凡等，论文(待发表).

[36]Burris, R. H. et al., in Current Perspectives in Nitrogen Fixation (loc cit), 56.

[37]Hageman, R. V., Orine-Johnson, W. H. and Burris, R. H., Biochemistry, **19**(1980), 2333.

[38]Boudart, M., Catal. Rev., 23(1981), 1; and related references cited therein.

[39]Brill, R. et al., Angew. Chem., (Int. Ed.), **6**(1967), 882.

[40]a. Delbouille, A. et al., J. Catal., **37**(1975), 486.

b. Dumesic, J. A. et al., Ibid., **37**(1975), 513.

[41]南京大学化学系固氮研究组，化学学报，**35**(1977), 141.

[42]Huang Kai-hui, Proc. 7th Int. Congr, Catalysis(Tokyo, 1980), (Seiyama, T. and Tanabe, K. eds), Part A, 554. Elsevier, New York, 1981.

[43]廖代伟等，论文(待发表).

[44]Hoffmann, R. et al., ICON-8 EHMO Computer Program, 1974. Courtesy Professor Hoffmann.

[45]Tamaru, K. et al., Z. Phys. Chem. N. F., **107**(1977), 239.

[46]a. Eischens, R. P. and Jacknow, J., Proc. 2rd Int. Congr. Catal., (Schatler. W. M. H. et al. eds) Volume I, 627. Amsterdam, 1964.

b. Hardeveld, R. V. et al., Surf. Sci., **4**(1966), 396.

[47]廖代伟等，全国化学动力学和催化会议(成都，1981)论文(待发表).

[48]Bokhoven, C., Gorgels, M. J. and Mars, P., Trans. Faraday Soc., London 55(1959), 315.

[49]Ozaki, A., Taylor, H. and Boudart, M., Proc, Roy. Soc., London A258(1960), 47.

[50]Ertl, G., Plenary Lecture, in Proc. 7th Int. Congr. Catal., (Tokyo, 1980). (Seiyama, T. and Tanabe, K. eds), Part A, 21.

[51]Temkin, M. I., Kinetics and Catalysis(in Russ.), **4**(1963), 260.

[52]刘德明等，中国化工学报，**2**(1979), 136.

[53] Kokes, R. J., Catal. Rev., **6**(1972), 1.

Fixation of Dintrogen to Ammonia Via Enzymic and Non-Enzymic Catalysis

Nitrogen Fixation Research Group and Institute of Physical Chemistry of Xiamen University*

Abstract

The proposed edge-sharing dicubane-like cluster structural model of nitrogenase active-center and $\mu_5(\eta^2)$ modes of coordination of most substrates are discussed, together with the design of a method for synthesizing FeMo-co modeling compounds. Crude crystalline samples of FeMo-co modeling compounds with Mo : Fe : S* : Cl = 1 : (6~8) : (5~6) : (6~8), high catalytic activities and selectivities in the reduction of C_2H_2 by KBH_4, and some reconstituted-nitrogenase activities with UW-45 (about 6% of the activity of FeMo-co) have been obtained with good reproducibility. With this model, mechanisms of nitrogenase catalyzed reactions of various substrates are satisfactorily elucidated, together with a unified interpretation of nitrogenase catalyzed H_2-evolution reactions in the presence of N_2, Ar, CO, or CN^-. A more refined mechanism of 2-step ATP-driven electron-transport is proposed which can account for the change in ATP/2e ratio with different ATP/ADP ratios as observed by Mortenson. Cluster approach to the nature of active-center of ammonia-synthesis iron catalysts and probable modes of N_2 chemisorption are briefly discussed together the associative and the dissociative mechanisms of ammonia synthesis reaction on iron catalysts. The intimate relation between coordination and catalysis for both nitrogenase and iron catalysts are pointed out.

---

* Correspondence concerning this paper may be addressed to K. R. Tsai. Xiamen University, Xiamen, Fujian, China.

■ **本文原载**:《自然杂志》第 5 卷第 11 期(1982 年),第 817~821 页。

我国催化研究五十年

张大煜　蔡启瑞　余祖熙　闵恩泽

(中国科学院感光化学研究所　厦门大学　南京化学公司　石油科学研究院)

一、概况

催化作为一门学科,既研究催化反应速率与机理等属于化学动力学方面的问题,也研究催化剂的制备方法、组成、结构与催化性能的关系等属于材料科学范畴的问题;其目标在于掌握各种类型催化剂的制备规律,并在分子水平上阐明催化剂的作用机理,从而为催化剂的选择乃至设计提供一定的科学依据。这门学科的发展将大大改变动力燃料工业、有机合成工业和化肥工业的面貌,并为利用化学反应开辟新能源及消除环境污染提供某些新的手段。

我国催化研究的发展过程,大致可分为四个发展阶段或时期。第一时期是解放前的三十年代至四十年代末。当时旧中国工业落后,化学研究基础薄弱,但已有少数催化研究工作,如二氧化硫的催化氧化,以及催化剂载体活性炭的吸附和活化处理研究等。在化肥工业方面,亦已采用了当时国际上先进的工业催化过程。

第二个时期是解放后到一九六二年。这时期我国工业建设百事待举,在燃料与化学工业中的原料路线是多样化的。我国在加速发展化肥工业的同时,也很快地建立起了石油炼制、石油化学及电石乙炔化学工业。一九五九年底,中国科学院在大连召开了第一次催化研究工作报告会,会上交流了建国十年来催化和化学动力学研究的成果,说明我国的催化研究队伍已经形成,且已具备了仿制国外工业催化剂或研制国外正在探索的催化剂和催化过程的能力;如氨合成铁催化剂、硫酸生产的钒催化剂、石油炼制中的铂重整催化剂、水煤气流化床合成燃料和化工原料的熔铁催化剂等。同时还初步开展了乙烯、丁二烯的络合催化聚合的研究。

一九五六年制订了全国十二年科研规划,有力地促进了各有关部门催化工作的发展。五十年代后期,有些高等院校设立了催化专业。五十年代末至六十年代初又增设了一些研究机构。

这时期我国的催化研究逐渐和各有关学科互相渗透、促进发展;在催化研究中应用了产物的快速痕量分析技术(如色谱、光谱等);建立了高真空吸附技术、X 射线粉末衍射、磁性测量、差热分析、质谱和红外光谱等技术;创办了我国第一种以交流催化和化学动力学为主要内容之一的《燃料学报》。

第三个时期是一九六二年至一九七六年。一九六二年后,我国石油资源的开发获得了重要进展,这在很大程度上改变了我国燃料、化学工业的原料路线,使得催化的研究比较集中在石油炼制和石油化工方面。

在动力燃料化学方面,水煤气合成汽油的研究和发展暂告一段落,重点转移到石油炼制工业各种催化剂和催化过程的研究。在这一时期,我国靠自己的力量发展了一系列国外已有的石油炼制催化剂和催化工艺。如流化床催化裂化,以及硅铝微球催化剂的制备工艺;广泛地开展了加氢精制、加氢裂化等新型催化剂的研制,并取得了可喜的成果;加强了重整催化剂和分子筛裂化催化剂的研究工作。

在合成氨工业催化剂的研制方面,取得了重大的进展。六十年代净化新流程三个催化剂的研制成功,使我国净化流程从四十年代水平提高到六十年代水平。接着又研究了以气态烃和轻油为原料的大型合成氨厂所需的整套催化剂(共九种),并以此装备了我国自行设计和建设的年产30万吨合成氨装置。

六十年代前半期,我国各有关部门的催化研究力量不断加强,逐渐形成各自的特色,发挥了跨系统的协调作用,缩短了我国发展炼油和化工催化新工艺的周期,同时也加快了催化学科的发展。

六十年代初在总结建国以来有关合成燃料、石油炼制及合成材料等大量催化研究实践的基础上,在化学吸附与催化作用的基础研究和金属有机配位化学、物质结构化学键理论等有关学科发展的启示下,学术思想逐渐活跃起来,于一九六三年第二次全国催化会议期间提出了多相催化作用中表面化学键理论研究和配位络合活化催化作用概念等研究方向。一九六五年,络合催化成为催化和化学动力学这两个重点科研项目共同探讨的研究方向,这在国际上起步是比较早的,此时期催化研究方法和手段有了不少改进。

十年动乱,我国催化基础研究实验装置受到严重破坏,许多理论研究工作被迫中断。但也不是全然无所作为的。较为突出的是"化学模拟生物固氮"研究。这项研究是各有关单位进行大协作开展起来的一个达到较高水平的仿生催化研究项目。

第四个时期是从一九七六年至今。"四人帮"粉碎后,催化研究面貌有了根本的变化,基础研究得到了逐步恢复和加强,催化剂研制和催化工艺的研究面更为宽广,做出了不少有价值的工作。例如,石油炼制工业迫切需要的提升管催化裂化工艺,以及新型 Y 型分子筛微球裂化催化剂;多金属重整催化剂;合成氨工业的 A110 型催化剂;适应我国大量高砷硫铁矿制酸的耐砷 V106 型生产硫酸钒催化剂;高效合成甲醇催化剂;烯烃聚合高效催化剂;双烯烃定向聚合三元镍系和稀土系催化剂;丁烯氧化脱氢催化剂;乙苯脱氢催化剂;邻二甲苯氧化催化剂;羰基合成催化剂;甲苯歧化催化剂;碳素纤维脱氧制纯氢催化剂;甲醇脱氢电解银催化剂;乙烯环氧化银催化剂;含稀土的催化转化催化剂;环境保护方面应用于消除有害物质的蜂窝型催化剂等的研制工作,均取得了可喜的成果。

研制成功的合成氨催化剂,经过不断改进,陆续在引进的大型氨厂中使用,使用结果表明,这些催化剂的性能已达到国外同类型的水平。为七十年代引进的石油化工厂配套研制了三十九种催化剂,取得了成功。其中已有十种应用于生产。第二阶段已有较好基础的水煤气合成工作现在重新获得重视,并着手开展一碳化学的研究。

此期间,我国催化研究技术有了新的发展。催化剂的活性评价和动力学研究的实验技术已向微型快速和自动控制方向发展;并注意应用多种现代物理实验方法对催化剂的组成、结构与催化性能间的关系做综合考察,包括程序升温脱附、电子显微镜、X 光粉末衍射、X 光光电子能谱(XPS)、俄歇电子能谱(AES)、穆斯堡尔(Mössbauer)谱、电子自旋共振、红外光谱和激光拉曼光谱等。七十年代末,建立了多功能交叉分子束实验装置以及化学发光、激光诱导荧光、流动余辉、化学激光法等微观动力学研究装置,并开展了微观动力学的研究。此时,除上述实验技术与方法外,化学反应速率的量子理论也有所深入,量子化学和计算技术在催化研究中的应用也取得了一些成效。

七十年代后半期以来,催化和其他有关学科的进一步互相渗透,大大促进了各学科的发展,尤其是边沿科学领域(如仿生催化、光电催化、微观动力学、激光化学等)的开拓。

一九八一年在成都召开了我国"催化与化学动力学"第一次学术报告会,一九八二年八月在大连举行了中、日、美有关能源的催化学术讨论会,都提出了不少有一定特色的学术论文。一九八○年起又创办了《催化学报》。

从以上可以看出,我国催化研究在为国民经济建设服务和促进学科的发展方面成绩是相当突出的;尤其是,自力更生地在石油炼制和氮肥工业两个方面各建立了一套比较完整的催化剂体系和催化工艺流程,在重有机合成和高分子合成方面掌握了不少重要的催化剂,并带动了催化和化学动力学基础研究的深入开展,促进了新的学术见解的形成。

二、催化化学基础研究

下面将从四个方面来回顾我国催化基础研究工作。

1. 多相催化

国内多相催化的基础研究基本上都是结合工业上重要的催化剂的发展来进行的。

在金属催化剂方面,早期曾对水煤气合成汽油的铁系、钴系催化剂进行过系统的研究,探讨了铁催化剂上有亚甲基生成的反应机理;阐明了硅酸钴的形成对 Co/SiO_2 催化剂表面孔隙结构以及对化学吸附的影响,并从吸附等压线观察到 CO 的三种吸附类型。在氨合成铁催化剂方面,观察到氢吸附对氮吸附及反应速度有影响。进行了铁催化剂上固氮模型的研究,提出了 N_2 在 α-Fe(111) 晶面 7-Fe 原子簇的直插式、斜交式以及平躺式的吸附模型,并用量子化学 EHMO 近似计算以及激光拉曼光谱和红外光谱综合考察,检验了这些模型。开展了氢的程序升温脱附谱及活化吸附态的研究,对铁催化剂上氨合成的反应机理提出了新的见解。开展了 EDA 型(碱金属助催的和铝促进的)氨合成铁催化剂的研究。对于铂重整和含铂的多金属催化剂的研究,所提出的链烷在铂重整和 Cr_2O_3/Al_2O_3 催化剂上脱氢芳构化机理,能较满意地解释异构芳烃分布规律,最近又对烷烃在铂催化剂上异构化反应机理进行了研究。用红外光谱考察了 Pt/Al_2O_3 上铂的分散度以及水的共吸附对 CO 吸附总的影响,并与 Ru/Al_2O_3 上 CO 吸附的红外光谱进行了比较,加以理论解释。用 XPS、化学吸附、脉冲反应、程脱等方法研究了 Pt/TiO_2 和 Pt/TiO_2-Al_2O_3 体系中金属-担体的强相互作用,也研究了后一种催化剂体系表面性质对反应性能的影响。此外,还用 XPS 技术研究了 Cu/SiO_2 和铱催化剂的表面化学成分和表面性质。

在金属氧化物催化剂方面,用漫反射光谱和微型反应器等技术考察了 NiO-WO_3/Al_2O_3 催化剂中 $NiAl_2O_4$ 尖晶石的生成对吡啶加氢脱氮活性的影响。研究了 Cr_2O_3/Al_2O_3 催化剂的组成和电导率与脱氢芳构化活性的关联,后来又总结出新的半氢化根机理。围绕丙烯氨氧化研究发展了钼铋系和铁锑系两种催化剂,发现钼铋系掺入助催化剂时,应同时调整表面氧化—还原性能和酸碱性能才能奏效;还用 ESR (电子自旋共振)方法详细地研究了丙烯氨氧化催化剂的结构性能与制备方法的关系。用 ^{14}C 标志和 ESR 方法,证明选择氧化活性中心上的结碳是铁锑氧化物催化剂失活的主要原因,表面活性晶格氧参与 "还原—再氧化"循环过程。在丁烯氧化脱氢方面研究过磷—钼—铋系、锡—磷—锂系和铁酸盐尖晶石等系催化剂,考察了活性相的本质、价态和化学环境、顺磁性中心和脱附谱图,并将这些物理化学性质与催化活性相关联,以探讨氧化脱氢反应机理和催化活性中心的可能结构;在 V_2O_5-SnO_2、V_2O_5-TiO_2 和 V_2O_5-P_2O_5 等类型催化剂上,以邻二甲苯制苯酐等过程为对象,研究了反应条件与催化剂活性集团结构、主反应机理与反应条件之间的耦合和适应关系。在乙炔化学方面,研究了乙炔气相水合制乙醛流化床氧化锌催化剂及其反应机理;对于乙炔合成苯的负载型氧化铬和氧化铌催化剂,考察了炔烃分子结构和空间位阻与环聚反应活性及反应产物分配的关系,从而提出了催化反应机理。在稀土催化剂方面有用于氨的氧化的钙钛矿(ABO_3)型非铂催化剂的研究,结果表明催化剂活性与晶格缺陷有密切关系,还对 La-Sr-Mn-O,La-Co-O 催化剂对 CO 的氧化进行了研究。

我国化学工作者在第二时期中就开始对固体酸催化剂和硅酸铝等进行过大量的工作,并注意到酸性表面的非均一性概念。

在 Y 型、X 型和 A 型分子筛方面有:由高岭土转化或由江浮石转化制 Y 型沸石并探讨其转化机理;用热压一次交换法制稀土 Y 型分子筛,并测定骨架外阳离子位置;用常压盐碱法把斜发沸石改型成类 Y

型,并探求其改型机理;研制超稳 Y 型沸石;用程序升温脱附、量热滴定法、高温 NH_3 吸附法和指示剂法测定各种 Y 型沸石的表面酸性或酸强度分布;用红外光谱法结合丁胺滴定法研究了 NaOH 与 LaHY 沸石表面酸中心的作用机理及酸性表面性质;研究了分子筛对水蒸气的吸附和阳离子交换的 A、X、Y 型沸石骨架振动的红外光谱;用层厚法测定分子筛催化剂的物化性质。

在丝光沸石方面有:用在甲苯歧化、二甲苯异构化和 C_8 芳烃临氢异构化的丝光沸石催化剂的研制;化学组成的确定;用 X 射线衍射评价异构化催化剂性能;用吸附—差热技术考察丝光沸石表面酸性与吸附温度的关系等。

ZSM 为新型分子筛催化剂,这方面的研究包括:用乙二胺或乙醇等合成 ZSM-5 沸石分子筛;用量热滴定法、电位法、红外光谱法研究 HZSM-5 沸石的酸性;将 ZSM-5 型分子筛用于甲苯液相异构化、甲苯甲基化生成对二甲苯、苯的乙基化、甲醇制高辛烷值汽油和选择重整。还有 ZSM-5 分子筛的合成并以此为担体制成减压蜡油一段加氢降凝催化剂的研究。

2. 络合催化及其他

过渡金属络合物或盐类所催化的大多数反应,其全过程始终受到催化剂活性中心配位络合作用的影响。络合活化的理论概念可用于关联过渡金属化合物催化剂的均相催化作用、多相催化作用和金属酶催化作用三大领域;而过渡金属原子簇络合物的络合催化作用可用于关联过渡金属催化剂的对结构敏感的类型的多相催化作用。国内总结出来的络合催化理论概念进一步指出,在双中心氧化还原络合催化作用中,存在通过桥式配位体促进电子传递的效应,或实现电子与能量偶联传递的效应。电子与能量偶联传递的理论概念,可用于关联酶催化作用中 ATP 驱动的电子传递与使用过渡金属络合物为催化剂的电催化或光电催化作用中的电子与能量的偶联传递。

国内许多单位曾进行络合催化的应用研究和基础研究,例如,用于丁二烯、异戊二烯定向聚合和共聚的稀土系催化剂,发现在 $LuCl_3$-R_3Al 体系中添加醇类可使活性得到显著提高;用于烯烃定向聚合和乙丙共聚的铁系、钴系、镍系、钛系、钒系,齐格勒—纳塔型催化剂;用于烯烃羰基合成的雷贝型铁系、钴系以及铑系邻氨基苯甲酸络合物催化剂;甲醇制醋酸的铑系催化剂,乙烯氧化取代制乙醛及醋酸乙烯酯的 $PdCl_2$-$CuCl_2$ 系催化剂和负载型钯系催化剂;丁二烯环化齐聚的镍络合物催化剂;均相加氢钴系络合物催化剂;乙炔三聚催化合成苯的氧化络、氧化铌催化剂;乙炔水合制乙醛的锌系、铜系催化剂;高分子负载的钯系、铑系络合物的烯键加氢催化剂等。

3. 固氮酶催化作用及其化学模拟;电催化和光电催化

国内一九七二年以来开展的化学模拟生物固氮的研究,其中有不少工作是与催化有关的。

一九七三年,国内有两个单位不约而同地提出两个大同小异的固氮酶活化中心的原子簇结构模型和 N_2 的多核络合活化方式,并用以阐明固氮酶各种底物的酶促还原反应机理。这两个原子簇结构模型的提出,在国际上还是比较早的。于一九七八年,这两个单位又将上述两个模型分别演进为大同小异的孪合双网兜型的原子簇结构模型和骈联双座活口双立方烷型的原子簇结构模型,能较好地说明各种底物的酶促还原机理,并成功地预言了腈、异腈和分子氮都有形成 $\mu_3(\eta^2)$ 型络合物的可能。

根据上述两个模型,他们设计了三个合成方案,并合成了三个系列的铁钼辅基模型化合物。所制得的模型化合物结晶或粗结晶样品与 UW-45 重组,在不同程度上都具有使乙炔还原为乙烯和 N_2 还原为氨的酶催化活性;其中有些样品对 KBH_4 还原乙炔为乙烯具有相当高的化学催化活性和选择性,接近天然 FeMo-Co(铁钼辅基)在相同条件下的水平。

他们还提出了关于固氮酶反应中 ATP 驱动的电子传递机理的新看法,并设计了实验初步验证了其中的一个基本假设,即 ATP 能与 $Fe_4S_4^*$ 电子传递中心络合,并促进其电子输出,而电子输出反过来又促进 ATP 的水解。

此外他们还合成了分子氮络合物 $Mo(N_2)_2(et_2P-CH_2CH_2P\phi_2)_2$，探讨了氢基络合物对分子氮络合物的还原能力，以及 UW-45 的柱层析提纯和与铁钼辅基模型化合物的重组。

国内关于电催化方面的工作，目前主要是电化学工作者在进行，但催化工作者也逐渐进入这个边缘领域。

关于光合作用人工模拟和光电催化分解水的工作，目前尚处于探索阶段。例如，模拟光合作用，以金属卟啉类化合物为光敏剂，三乙醇胺为电子给体，K_3PtCl_6 为催化剂，2,2'-联吡啶为助剂，在紫外光照射下还原 H_2O 放出 H_2；加入曲道（Trion X-305）表面活性剂做成胶束溶液体系，提高了放 H_2 能力。考察了 2,2'-联吡啶—氯化铑—铂的三乙醇胺—$H_2O(D_2O)$ 溶液光解 H_2O 体系的放 $H_2(D_2)$ 机制，观察到 Rh 价态的循环变化，Pt 的存在防止了低价 Rh 的积累；考察了 $Rh(bpy)_3Cl_3$-Pt/TiO_2 体系，Pt/TiO_2 的加入增加放 H_2 量，光谱证明有 $Rh(bpy)_2^+$ 产生；观察到 RuO_2 粉末在 pH=4 的水溶液中，具有光解 H_2O 放 O_2 的活性；以 n-TiO_2 为阳极，α、β、γ、δ-四苯基卟啉 Mn、Zn、Cu、Pt、Ni 等溶于有机溶剂并涂于 Pt 箔上做阴极，考察了碘钨灯光照电极产生的光电流等等。

4. 量子化学在催化研究中的应用

七十年代以来，我国科学工作者将量子化学中的一些近似计算方法应用到催化研究中，为检验反应物分子在催化剂活性中心上的络合活化模式和反应中间态的结构模型，提供了一些论据。

应用 EHMO 法对催化体系进行量化计算；例如对 Pt(100) 面上 CO 吸附进行处理，计算了 Pt-Pt，Pt-H，Pt-C 等二元体系的平衡核间距和离解能，假设了三种吸附模型分别进行计算；在 H 对角矩阵中引入经验项作为校正因子，对 EHMO 法作了改进，并推广应用于同核和异核双原子分子和多原子分子；对 C_4-C_7 烷烃的各种三次甲基吸附态进行计算，求得三次甲基吸附基的平衡构型。计算了氧原子、氧分子吸附在若干代表 Ag(111) 表面上不同位置的银原子簇间的位能曲线或位能面。研究和计算了环丙烯、N_2、HNC 和乙炔等固氮酶底物的两种 $\mu_3(\eta^2)$ 型络合方式和分子氮还原加氢中间态，其中环丙烯以双（准）端基加单侧基型络合比单（准）端基加双侧基型络合在能量上有利得多。计算七铁原子簇对氮分子的活化作用，提出相应的活性中心模型，并计算 Fe-H 的电荷分布和 FeN_2、$HFeN_2$ 的电子结构。探讨了 Pt_{13} 和 Pt_{14} 原子簇和 CO 的轨道相互作用，CO 吸附时的成键性质和 d 电子的作用以及 CO 活化问题。

应用 CNDO/2 法对催化体系进行量化计算，例如，以自编的包括几何优化的 CNDO/2 程序，采用 SP 基集合，引入改变电负性的氢原子 L，采用 $Si(OL)_4$ 或 $Al(OL)_4$ 的 Si（或 Al）氧四面体模型；计算了十九个硅铝催化剂模型；计算了 NH_3 在 HY(Si/Al=2.4) 沸石上吸附的性质；计算骨架硅铝比变化时 NH_3 的吸附热及质子在 NH 和晶格氧间的迁移变化；对过渡金属氢基络合物 $HCo(CO)_4$ 及 $HCo(CO)_3(PH_3)$ 的电子结构进行了计算；对三铁核羰基原子簇络合物及其催化活性进行研究，探讨 Fe_3 原子簇催化剂的结构和性能及催化机制；计算了烯烃电荷分布，分子轨道及其能量，并用微扰理论对计算结果作了处理。

此外，还有用量子化学键参数探讨过渡金属—膦系催化烯烃低压氢甲酰化中的活化规律；用 LEPS 法对一些常见的多相催化反应中的吸附过程的位能面的计算和用改进的 DIM 法对 H_2+X，$X_8+H(X=F,Cl)$ 反应位能面的计算。

国内关于分子轨道对称守恒原理的科研成果对于催化作用的研究具有重要意义。可以预期，量子化学中配位场理论、分子轨道的图形理论和正多面体分子轨道理论，这三个方面的科研成果也将会在络合物催化剂，特别是在原子簇络合物催化剂的研究中得到应用。

三、催化反应动力学

催化反应动力学在化学动力学中占有重要的地位。以下，从多相催化反应动力学、均相催化反应动力学两个方面,回顾我国催化工作者所做的主要工作。

1. 多相催化反应动力学

我国在多相催化反应动力学方面的研究范围较广。在固体酸催化剂的催化反应动力学研究方面,五十年代末,即以异丙苯的裂化为控制反应,用动力学方法考察了吡啶毒化硅铝催化剂的情况,从而推断出表面存在的酸中心类型。近年来,这方面的工作有 α-苯乙醇脱水催化剂的评选和动力学研究,以及微型断流催化色谱技术-乙醇催化脱水的动力学等。在负载型的过渡金属化合物催化剂的动力学研究方面,对甲醇在铑络合物/活性炭催化剂上气相羰基化合成醋酸的动力学和丙烯在负载型高效催化剂 $Ti(OR)_x$ $Cl_{4-x}/MgCl_2/C_6H_5CO_2C_2H_3(x=0.1)$ 上聚合反应动力学进行了研究。在半导体型的过渡金属氧化物、硫化物催化剂的动力学研究方面,有二氧化硫在工业钒催化剂上氧化反应动力学的研究,石油馏份加氢精制的动力学模型和计算程序,丙烯在钼铋系催化剂上选择氧化为丙烯醛的动力学,钼系多组分催化剂上的丁烯-2 氧化脱氢动力学,乙苯在国产(315)催化剂上的催化脱氢动力学,变换反应动力学和高压下 Zn-Cr 催化剂上合成甲醇的动力学研究等。过渡金属及 IB 族金属催化剂的动力学研究工作有:铂重整条件下烃类转化的机理和动力学,流动循环法研究环己烷在铂重整催化剂上的脱氢反应动力学;在西南七号催化剂上天然气水蒸汽转化的动力学,甲烷水蒸汽反应的动力学,正庚烷在镍-铝酸盐催化剂上水蒸汽转化动力学,Z_{107} 催化剂上加压甲烷蒸汽转化反应动力学;甲醇在电解银催化剂上氧化制甲醛的动力学;A_{110} 型合成氨催化剂还原动力学的初步研究,在双促进铁催化剂上氨合成反应机理与动力学方程,工业氨合成催化剂氨合成反应的机理和动力学方程的探讨等。

对于氨合成反应机理与动力学方程的研究,近几年来取得了很有意义的进展。其中,从比较合理的微观机理出发,推导出相应的动力学方程式,该方程在形式上与 TeMKNH 推广式一致,二者仅差一氢吸附常数项,但微观作用机理与动力学参数的物理意义则有重要的不同。

多相催化反应动力学方面属于比较基础性的工作有:复杂反应网络动力学模型的建立与解析,脉冲反应条件下的动力学模型与分辨,脉冲反应条件下的吸附与表面反应动力学参数,纤维催化剂的应用及其理论研究,原颗粒度催化剂的研究与反应器的数学模型,对十一种催化反应在三价镧系稀土催化剂上的活化规律性的探讨等。

2. 均相催化反应动力学

均相酸碱催化反应动力学方面的研究工作有:有机酸与醇在外加强酸时酯化反应和聚酯反应动力学,提出新的酯化反应氢离子催化机理;丙酮浓溶液的酸催化溴化和碘化反应动力学等。对于苯乙烯阴离子聚合反应动力学与分子量分布的研究,应用几率方法推导而得的加聚反应统计理论,对没有终止反应的聚合过程,即活性高聚物体系的反应动力学与分子量分布进行处理,得到了不同引发速度的分子量分布式。

在均相配位络合催化作用方面,动力学研究工作有:钴膦催化剂丁醛加氢的动力学,丁二烯均相催化环化二聚反应的动力学,以 5-叔丁基呋喃甲酸铬作为催化剂的羧酸和环氧化合物的加成酯化反应动力学等。

(参考文献 140 余篇从略)

■ **本文原载:**《厦门大学学报》(自然科学版)第 22 卷第 1 期(1983 年 2 月),第 38～44 页。

固氮酶铁钼辅因子模型化合物合成的研究
Ⅰ.光谱法研究合成方法的设计方案

刘敏敦　　张鸿图　　林国栋　　廖远琰　　林正中　　蔡启瑞

(化学系　物理化学研究所)

摘　要　本文讨论了以 K_2MoS_4,$FeCl_2$,$KOR(R=-CH_2CH_2OH$ 或 $-CH_3$)为基本原料,合成固氮酶铁钼辅因子(FeMo-co)模型物合成方案的设计依据。系统地考察这种体系的电子吸收光谱和激光拉曼光谱特征及其随时间的变化。实验结果支持了所提出合成方案的设计依据。

引　言

自从 Shah 和 Brill[1] 从固氮酶的组分 1 中分离出 FeMo-辅基,并测定其含 $Mo:Fe:S=1:(6～8):6$ 以来,同内外从事化学模拟生物固氮研究的工作者都更集中地致力于合成 FeMo-co 的模型化合物。这些合成反应大多数使用 MoS_4^{2-} 盐为其中的一种起始原料,所遵循的基本途径可分两大类[2]:(1)"自兜反应",主要用于合成具有 $Mo_2Fe_6S_{11}$ 骨架的桥联双立方烷络合物[3,4],(2)$MoS_4^{2-}-nFe(L)_2$ 螯合反应,用于合成含 μ_2-S^* 桥的双核或三核的简单 Fe-Mo-S 络合物[5],其中 $Mo:Fe$ 为 $1:1$ 至 $1:2$,或 $2:1$。所有这些合成络合物的 $Mo:Fe:S$ 比值,都与天然 FeMo-co 的相应比值相差较大,也未见报导与 Av UW45 有组合固氮酶的活性。此外,还有少数合成实验是使用 Mo^{IV} 或 Mo^V 化合物为其中的一种起始原料的[6],但产物结构鉴定尚未见报导。

我们根据固氮酶各种底物的已知酶促反应和络合催化原理,曾提出骈联双座共角双立方烷型原子簇结构的固氮酶活性中心模型[7]。后又从国际上有关固氮酶研究的最新实验成就和本实验室观察的结果出发,把"共角模型"演进为共边活口的双立方烷型原子簇结构模型[8](图1)。这一摸型具有与天然 FeMo-co 相似的 $Mo:Fe:S$ 比值。为合成这种模型化合物,我们曾设计了以 $K_2MoS_4-nFeCl_2-KOR-NaHS$ 为基本原料的合成方案[9]。

从文献报道的资料看,上述合成方案应是可行的。因已知在锌单立方烷或双立方烷$(CH_3)_6Zn_7(OCH_3)_8$[10]中,甲氧基(OCH_3)是一种很好的 μ_3-配位体。且从 $[Fe_6Mo_2S_8(OCH_3)_3(SPh)_6]^{3-}$ 的合成条件看出,当$-OCH_3$与$-SPh$共存而较多时,甲氧基成为钼上 μ_2-桥基,而疏基则与铁连结[11]。由此可见烷氧基也是 Mo 的一种有效的结合基。在我们合成反应的第一步,由于 $Fe^{2+}-OR$ 上的$-OR$有可能与 Mo^{VI} 桥联,这将有利于 Fe^{2+} 对 Mo^{VI} 的电子转移,使 Mo^{VI} 还原成 $Mo^{IV(III)}$;与此同时,Mo 的配位数将从 4 增加到 6 或 7,骈联双立方烷的骨架将会形成。但是这时体系中存在的总 S^* 原子还少两当量,在这个骈联双立方烷型原子簇络合物中,与中心钼原子对角的两个顶角位置,可能暂时被 Cl 离子占据着。Cl 离子作为 μ_3-配位体,已见于钼铜的立方烷杂原子簇$(Cu_3MoS_3Cl)(PPh_3)_3S$[12]中。当然也不排除 MoS_4 断裂

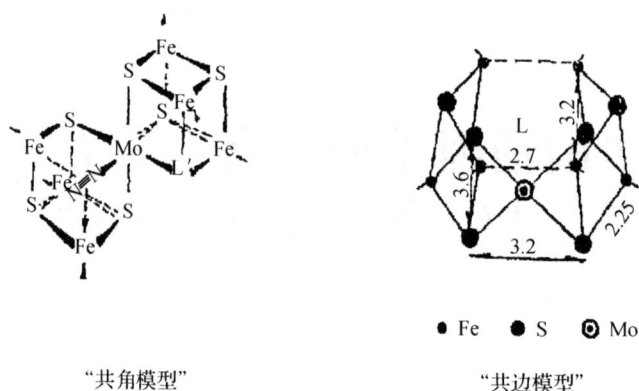

"共角模型"　　　　　　　　"共边模型"

图1　固氮酶活性中心模型

一个 Mo-S 键以 S 离子补角的可能性[13]。但在体系中存在大量 Cl 离子的情况下，这种可能性应是很小的。在反应的第二步，补加两当量的 NaHS。已知 $Fe_4S_4L_4$ 原子簇中的 μ_3-S^* 桥可被 Se^{2-} 或同位素 $S^\#$ 所取代[14]，而 S 的 μ_3- 配位倾向比 Cl 大，因此它取代两个顶角的 μ_3-Cl 离子该容易得多。至此，骈联双立方烷原子簇络合物的合成应可完成。按这方案合成所得的模型物粗结品样品，经元素分析，其组成为 Mo：Fe：S：Cl=1：(6～8)：(5～6)：(6～8)，与上述模型化合物的元素组成基本相符，并显示出接近天然 FeMo-co 的高的催化活性和选择性（对于 KBH_4 还原乙炔为乙烯的反应）以及一定的组合固氮酶活性。

为验证这些想法，我们考察了作为合成原料的 K_2MoS_4-$nFeCl_2$ 体系和 K_2MoS_4-$nFeCl_2$-2KOH-2NaHS 反应体系的电子光谱和激光拉曼光谱特性及其随时间的变化。

实　验

仪器　可见吸收光谱系采用国产 710 记录分光光度计在 370～650 nm 波段范围自动记录的；拉曼光谱系采用美国 Spex-Ramalog-Vl 型激光拉曼分光光度计 4880Å 氩气激光源记录的。

试剂　K_2MoS_4，$FeCl_2$ 和 NaHS 由本实验室按已知方法[15]自行制备。DMF 和 CH_2Cl_2 经 4A 分子筛浸泡，重蒸馏后除氧。所有试剂都在氩气氛中保存。

制样　用注射器抽取规定量之 K_2MoS_4 和 $FeCl_2$ 的 DMF 溶液或 CH_2Cl_2 溶液注入比色池以测电子光谱；取 K_2MoS_4 和 $FeCl_2$ 的 DMF 溶液注入 $\phi4$ mm×100 mm 的玻璃管，经火焰封口以测试拉曼光谱。以上操作均在氩气保护下进行。

结果与讨论

1. K_2MoS_4-$nFeCl_2$-DMF（或 CH_2Cl_2）体系的可见吸收光谱（图2）

从图 2 看出，在 DMF 溶液中，$FeCl_2$ 在可见区域没有吸收峰。K_2MoS_4 在～470 nm 有一强的吸收峰，这个波长的能量相当于 Mo 离子中 $S \rightarrow Mo[\pi(t_1) \rightarrow d(e)]$ 跃迁的能量[2]，可以认为是 $S \rightarrow Mo^{VI}$ 的特征吸收峰。不同 n 值的 K_2MoS_4-$nFeCl_2$ 体系（n=1,2,6,10），它们的电子吸收光谱都很相似，在～470 nm 有一强的吸收峰，在～430 nm 有一肩峰。这两个吸收峰都来自 MoS_4^{2-} 的 $S \rightarrow Mo$ 跃迁。可能由于强极性溶剂 DMF 对 Mo^{VI} 的溶剂化效应而出现了 430 nm 的肩峰。此外，在～580 nm 有一弱吸收肩，似来自 $S \rightarrow Fe$ 跃迁[2]。上述吸收峰表明体系中存在 MoS_2Fe 单元[13]。由图也可见，随 n 值增大，即 $FeCl_2$ 浓度增

加,谱线的强度也增大,表明 MoS_2Fe 含量增加。可能由于在极性溶剂 DMF 中,存在下列离解平衡[5b]:

$$[Cl_2FeS_2MoS_2FeCl_2]^{2-} \rightleftharpoons [Cl_2FeS_2MoS_2]^{2-} + FeCl_2$$

$$\Downarrow$$

$$MoS_4^{2-} + FeCl_2$$

$FeCl_2$ 浓度增加,抑制了 MoS_2Fe 单元的离解。

在 CH_2Cl_2 溶液中,由于 CH_2Cl_2 是非极性溶剂,对 Mo^{VI} 的溶剂化效应不大,不出现 430 nm 的肩峰,MoS_2Fe 单元也不发生离解。$n=1$ 的电子光谱,对应的物质应是一钼一铁络合物 $[Cl_2FeS_2MoS_2]^{2-}$。$n=2$ 的电子光谱与 $n=1$ 的不同,对应的物质是一钼二铁络合物 $[Cl_2FeS_2MoS_2FeCl_2]^{2-}$。$n>2$ 的电子光谱与 $n=2$ 的基本相同,表明体系中存在的物质与 $n=2$ 的相同,仍然是一钼二铁络合物。

2. K_2MoS_4-$nFeCl_2$-DMF 体系($n=1,2,\cdots\cdots14$)的共振拉曼光谱

由于激发波长 Ar^+ 4880Å 又正好落在 MoS_4^{2-} 的 S→Mo 电子转移吸收谱带(470 nm)内,因此便获得清晰的共振拉曼光谱(图 3)。$FeCl_2$ 在 200—4,000 cm^{-1} 区域未出现特征光谱带。K_2MoS_4 在 458 cm^{-1} 出现高强度 Mo—S 端基伸缩振动谱带。

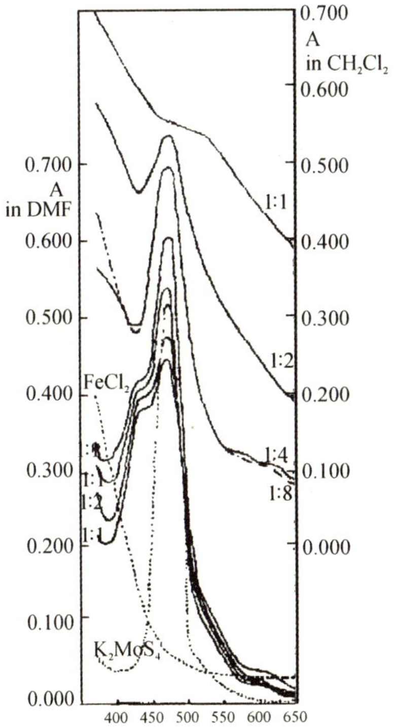

图 2　K_2MoS_4-$nFeCl_2$-DMF(或 CH_2Cl_2)
体系的可见吸收光谱

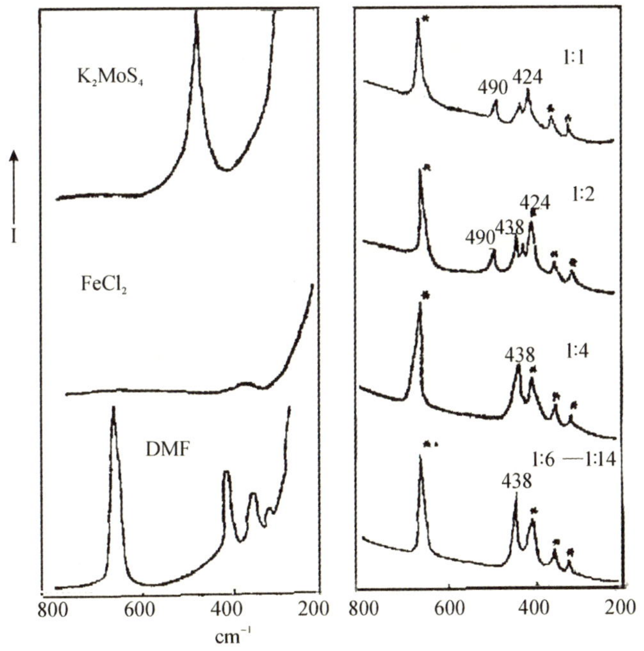

图 3　K_2MoS_4-$nFeCl_2$-DMF 体系共振
拉曼光谱图 * 为 DMF 谱带

由图 3 看出,当 $n=1$ 时,458 cm^{-1} 谱带消失,但出现频率为 $\nu_1=490\ cm^{-1}$ 和 $\nu_2=424\ cm^{-1}$ 两条较强谱带。这是由于 K_2MoS_4 与 $FeCl_2$ 形成一钼一铁络合物。

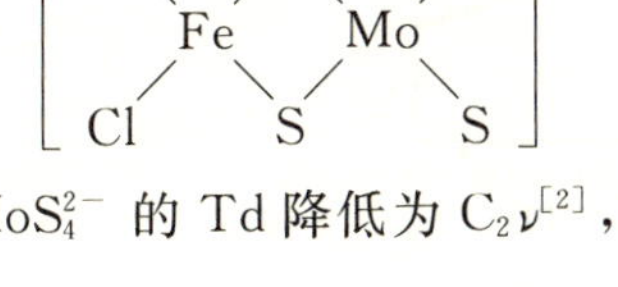

$$\left[\begin{array}{c} Cl \\ \\ Cl \end{array} Fe \begin{array}{c} S \\ \\ S \end{array} Mo \begin{array}{c} S \\ \\ S \end{array} \right]^{2-} \tag{Ⅰ}$$

这时,阴离子配位体的对称性由原来 MoS_4^{2-} 的 Td 降低为 C_{2v}[2],由于 Mo-S^t 与 Mo-S^b 不等价,故出两

条相应的特征伸缩振动谱带。490 cm^{-1}谱带应归于较短的 Mo-S^t 键,424 cm^{-1} 则应属于较长的 Mo-S^b 键[16]。

当 $n=2$ 时,ν_1 和 ν_2 两条谱带强度减弱,同时出现第三条谱带 $\nu_3=438$ cm^{-1} 这是由于 K$_2$MoS$_4$ 与 2FeCl$_2$,形成一钼二铁络合物

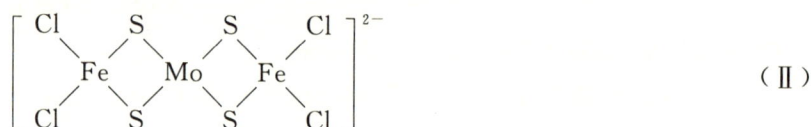

$$\tag{II}$$

这时,阴离子配位体的对称性由 T$_d$ 降低为 D$_{2d}$[2],其中 Mo-S 键都是等价的,因而应当只出现一条 ν_3 谱带。但由于在强极性溶剂 DMF 中存在着离解平衡,体系中同时存在(I)和(II)两种络合物,故三种谱带同时出现。

当 $n \geq 4$ 时,ν_1 和 ν_2 两条谱带逐渐减弱,最后完全消失,仅存 ν_3 谱带,表明过量 FeCl$_2$ 抑制了 [Cl$_2$FeS$_2$MoS$_2$FeCl$_2$]$^{2-}$ 的离解。因此在含铁量高的体系中只观察到一条桥基 Mo-S 对称伸缩振动谱带。这些 MoS$_4^{2-}$-nFeCl$_2$($n=1\sim12$)激光拉曼谱图,我们曾在第四届国际固氮会议上提出,Müller[16] 对光谱作了解释。

上述 K$_2$MoS$_4$-nFeCl$_2$ 体系的可见吸收光谱和激光拉曼光谱实验结果表明,即使体系中有高比例的铁存在,也只能观察到 Mo:Fe=1:2 的线型三核络合物的存在,即单纯二组分体系基本上不能搭起一钼多铁的立方烷原子簇骨架。这和我们的设想一致。

3. K$_2$MoS$_4$-nFeCl$_2$-2KOR-2NaHS 反应体系的可见吸收光谱随时间的变化

对补 S* 前反应混合液进行电子吸收光谱"跟踪"实验发现,在组分刚一混合,即所谓 t=0 时,出现和二组分体系相同的两个特征吸收峰 470 nm 和 430 nm(图4),表明体系中已存在 $\text{Mo}\diamondsuit\text{Fe}$ 单元,也说

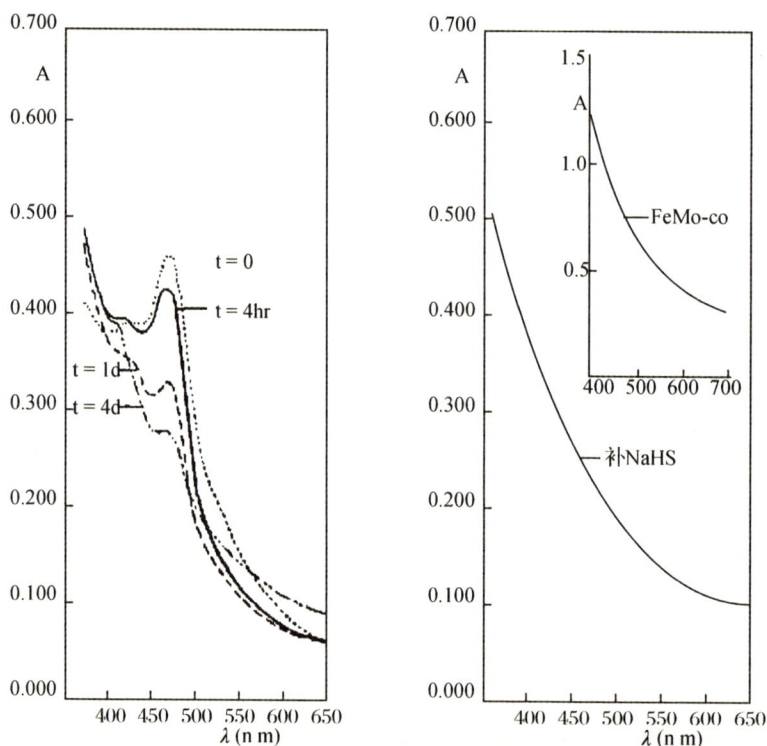

图 4　K$_2$MoS$_4$-nFeCl$_2$-2KOR-2NaHS 反应体系的电子光谱随时间改变

明 K_2MoS_4 与 $FeCl_2$ 络合非常迅速。但由于体系存在 -OR 基,随反应时间延长,$S \to Mo^{VI}$ 的特征吸收峰渐弱,表明在反应过程中,Mo^{VI} 逐渐被还原成 $Mo^{IV(III)}$。如前所述,烷氧基是很好的 μ_3- 型配位基,也是亲 Mo 的配位体,而因其与 Mo 和 Fe 桥联,有利于电子通过 S 桥和 O(R) 桥传递,使 Mo^{VI} 还原成 $Mo^{IV(III)}$。与此同时,Mo 的配位数即由 4 增加至 6 或 7,为一钼多铁原子簇的形成提供必要的配位位置。看来双立方烷骨架形成速率不是很快,所以谱带的削弱是逐渐的,需要一定的时间。但在补加 2 当量 NaHS 后,谱线较快地趋近一条单调下斜的曲线。可见由于 S^* 取代双立方烷顶角上的 Cl 后,整个双立方烷原子簇上的电子更好地离域,这时电子光谱图和天然 FeMo-co[1] 的电子光谱图(图 4 右上角)是很相似的。当 FeMo-co 暴露于氧气时,在 ~470 nm 出现一个吸收峰;而酸解的钼铁蛋白,在 400—700 nm 范围出现三个吸收峰,其位置与线型 Fe-Mo-S 原子簇的吸收峰很相似[13]。这可能是由于酸解使立方烷原子簇骨架解体,形成较低分子量的 Fe—Mo—S 络合物之故。

参考文献

[1]Shah,V. K. and Brill,W. J.,Proc. Natl,Acad. Sci. U. S. A.,74(1977),3249.

[2]Coucouvanis,D.,Acc. Chem. Res.,14(1981),201.

[3]a,Holm,R. H.,et al.,J. Am. Chem. Soc.,100(1978),4630;101(1979),4140;5454;102(1980) 4694;103(1981),6246;104(1982),2820.

　b,Holm,R. H.,et al.,Inorg,Chem.,19(1980),430;20(1981),174;21(1982),173.

[4]a,Christou,G.,Inorg. Chim. Acta,28(1978),L189;35(1979),L337.

　b,Christou,G.,et al.,J. Chem. Soc.,Chem. Commun.,1978,740;1979,91.

[5]a,Coucouvanis,D.,et al.,J. Chem. Soc,,Chem. Commun.,1979,361.

　b,Coucouvanis,D.,et al.,J. Am,Chem. Soc.,102(1980),1730;1732;6644.

[6]a,Otsuka,S. and Kamata,M.,in"Molybdenum Chemistry of Biological Significance"(Newton, W. D. and Otsuka,S. eds),229. Plenum Press,New York,1980.

　b,孙春亭等,吉林大学自然科学学报,1982,2,122。

[7]a. Tsai. K. R.,in Niirogen Fixation (Newton,W,E. and Orme-Johnson,W. H,eds),Volume I, 373. University Park Press,Baltimore U. S. A.,1980.

　b,蔡启瑞等,厦门大学学报(自然科学版),18(1979),2,30。

[8]a,厦门大学固氮研究组,全国固氮会议(青岛,1981)论文报告.

　b,厦门大学固氮研究组,厦门大学学报(自然科学版),21(1982),4,424。

[9]许志文等,厦门大学学报(自然科学版),19(1980),2,41;4,67.

[10]Eisenhuth,W,H. et al.,J. Am. Chem. Soc.,90(1968),5379.

[11]Gamer,C. D. et al.,in Current Perspectives in Nitrogen Fixation (Gibson,A. H. and Newton, W,E. eds),40. Australian Academy of Science,Canberra,1981.

[12]Müller,A. et al.,J. Chem. Soc. Chem. Commun.,1980,91.

[13]Newton,W. E. et al.,in Current Perspectives in Nitrogen Fixation (Ioc. cit.),30.

[14]Berg,J. M. and HoIm,R. H.,Chapter in "Iron-SuIfur Biochemistry"(Spiro,T. G. ed),John WiJey and Sons,Inc.,New. York,1981.

[15]a,Krüss. G.,Ann. Chem.,1884,225,29.

　b,Handbook of Preparative Inorganic Chemistry Vol.,2.,2nd edn.,1965,1416.

c,Kovasic,P. and Brace,N. O.,Inorg. Synth.,6(1960),172.

d,何泽人等,无机制备化学手册增订第二版,217.

[15]Mŭller A.,in "Current Perspectives in Nitrogen Fixation"(loe. cit,),44.

Studies of the Synthesis of FeMo-co Modeling Compounds

Ⅰ. Spectroscopic Studies of the Strategy In the Design of the Synthetic Method.

Min-Dun Liu，Hong-Tu Zhang，Guo-Dong Lin，Yuan-Yian Liao，Zhen-Zhong Lin，K. R. Tsai

(Department of Chemistry and Institute of Physical Chemistry)

Abstract

The strategy in the design of synthetic method for the synthesis of dicubane-type modeling compounds of FeMo-co, with K_2MoS_4, $FeCl_2$, KOR (R = —CH_2CH_2OH, or ~ CH_3), and NaHS (or KHS) as the principal starting materials, has been discussed. A systematic study of the characteristic electronic absorption spectra and Laser Raman spectra of such systems, as well as the changes in spectral characteristics with time, has been made. The experimental results provide support for the strategy in the design of the synthetic method.

■ **本文原载**:《中国高等教育》第 8 期(1983),第 4～6 页。

要注意多培养跨学科人才

蔡启瑞

(厦门大学)

一

本世纪四十年代后期以来,科学技术出现急剧发展的情况,其突出的表现是,人类已经经历了两场科学技术的大革命。一场是由于半导体电子学的发展,加速地推动了材料科学、计算机科学和信息科学的发展,从而出现了电子科学技术的大革命。这场革命还没有结束,又发生了第二场科学技术大革命,这就是由于生物遗传学的发展,与氨基酸、蛋白质结构化学、生物化学、细胞生物学、微生物学相结合,使"基因学说"提高到分子水平,产生了"分子遗传学"这门新学科,进一步与蛋白质、核酸化学和酶学相结合,从而出现"基因工程"(或称"遗传工程")新技术,引起生命科学、生物技术的大革命。

这两场革命有两个共同的显著特点:其一是发展速度惊人,只要稍微放松,蹉跎几年,就会望尘莫及;其二是跨学科互相渗透,互相促进,每场革命都不是靠"单兵种作战",而是靠"多兵种协同作战"才能有所突破。

比如前一场革命,五十年代后期才开始出现第一台电子管的电子计算机,被称为"第一代"的电子计算机,不久就为晶体管所替代,以后又不断更新换代,从晶体管发展为集成电路、大规模集成电路、超大规模集成电路的电子计算机,体积越来越小,运算速度越来越快,功能越来越多,质量越来越稳定。据统计,六十年代以来,每过五年,电子计算机的运算速度就增加一个数量级,芯片每单位面积的信息存贮量也增加一个数量级,连续运转的稳定性也几乎增加一个数量级,到现在,已出现"第五代"的电子计算机,并正在酝酿着"第六代"电子计算机:"智能计算机"、"光学计算机"。电子计算机的应用十分广泛、深入,从太空飞行、原子能发电站的运转,直到人们日常的学习、工作和生活,无不与之发生密切的关系。电子计算机的发展也促进了信息科学的发展,使科学技术进入信息科学的时代。目前,这场革命还处于"方兴未艾"之中。

在这场革命的发展过程中,涉及很多科学技术问题,需要应用很多跨学科知识,诸如物理、化学、应用数学等学科的知识,以及微电子学、材料科学、信息科学等方面的知识与技术。

后一场革命更引人注目。它也起源于五十年代初期,只经过十几年的发展,就从科学变成技术,开始应用于生产,使人们可以通过"基因移植",按照预期的目的,培育新的生物品种,人工合成新药如胰岛素、干扰素、生长素等,对矫治某些遗传性疾病以及抗癌的研究,都会有很大的促进作用,从而使新的工业革命以及农业工业化、医学工业化,乃至人工合成生命成为可能,其发展前景无比广阔。

这场革命所以能进展如此迅速,也是由于综合应用了跨学科的知识与技术,诸如生物、物理、化学、医学、农学等学科的理论知识与电子显微技术、超速离心分析技术、蛋白质、核甘酸的氨基酸系列自动分析技术、酶学等方面的知识与技术。

这两场革命的出现,极大地影响着社会生产与社会经济的发展。由于科技、生产竞争达到白热化的程度,当电子工程出现时,一些科技先进的国家,涌现出许多电子工厂;政府也给予极大的重视,制定发展规划和保密规定,使民间的生产竞赛变成国与国之间的生产竞赛。现在,当遗传工程开始崭露头角,出现在生产舞台时,也立即引起产业部门的重视,许多产业部门加强投资,兴建了很多"基因工程公司",形成庞大的企业系统;这些国家的政府,有的制定研究规划和法律,制定严格的技术保密制度,有的建立"遗传资源"仓库,密切关注这场革命的发展。

从以上简述可以看出,科学技术在社会生产生活中的地位越来越重要,如果我们国家仍然不能适应科学技术日新月异、迅猛发展的新形势,不能迎头赶上、摆脱科学技术落后的局面,那就难免要再次挨打。为了改变我国科技落后的局面,从根本上来说,就必须按照科技发展的规律,努力开发智力资源,培养出更多的第一流的科学技术人才。

从以上所述还可以看出,现代生产很多是"技术密集型"的生产;重大的科学问题,很多是跨学科的问题;新出现的学科也带有跨学科性质。例如半导体超导理论、分子遗传学,都是由三个或两个不同学科科学家合作创立的。可见,无论生产或科技的发展,都需要多兵种共同攻关。所以现在很多科技先进的国家都在建设"科学城"或"科研中心",使许多不同学科的人才能集中在一起以利互相启发,共同攻关。如果我们所培养出来的人才"一专多能",就能有更强的"互相渗透"、"互相启发"的能力,便于"对话"和"思想交流"。

什么是当今时代对"第一流科技人才"的要求?

由上述可见,科学技术的发展,既不断分化,又不断综合。许多学科从一级学科分化出二级、三级、四级学科,但许多二级、三级、四级学科又不断地部分综合,组成新的学科,有的已迅速发展成为新的一级、二级学科。如材料科学、计算机科学、信息科学,过去被认为是新技术边缘学科,现在都已发展成为与数、理、化等老的基础科学"一级学科"相当的新技术科学的"一级学科"。又如生物化学、分子生物学、化学物理等,早已从边缘学科发展成为三级学科。再如"催化化学",以前只是化学动力学的一个分支学科,相当于四级学科,现在已发展成为一门横跨好几个学科的、相当于三级学科的技术科学——"催化科学"。所以今天我们所需要的"第一流科技人才",包括"跨学科人才",甚至可以说,大量需要的是"跨学科人才"。

正因为这样,现在世界各经济发达的国家,十分注意加宽专业的知识面,加强边缘学科专业的设置,强调理工结合、文理渗透,改革教育体制,促进学用结合。苏联的专业设置,逐步做到"由窄变宽";美国的系科设置,则注意"宽中有专"。他们的做法可谓"殊途同归",都是为了培养更多"一专多能"的人才,就是要培养能够适应社会需要和科学发展的趋势、善于组织科学规划、善于寻觅科学攻击点并加以突破、能够比较自由地从一个科学领域转到另一个相关领域、能随时进行反馈调节、善于与其他人合作、并互相取长补短、思维敏捷、知识渊博、能力较强的"跨学科专门人才"。

但是回顾我国培养科技人才的历史与现状,由于专业划分较窄,又只注意了"专"忽视了"宽";殊不知忽视了"宽",也就削弱了"专"所必要的基础。只注意了单学科的研究深度,忽视了跨学科知识的广度和适应能力,因此,培养出来的不少所谓的"专门人才",实际上基础薄弱,知识面窄,适应性差,以致连继续深造也发生困难。比如,近几年来,为了培养"催化科学"的某方面攻关力量,我们试从物理专业和其他专业的本科毕业生中招收催化研究生,虽然他们在本专业的学习成绩都很优秀,学习也很刻苦努力,他们的某些专业知识对于进行催化研究也确实很有用处,但因大学阶段很少接触化学专业的知识,结果入学后还得花许多宝贵的时间去补化学的基本知识。这使我们深切感到有必要在这里呼吁:要注意多培养跨学科人才,而且要从大学甚至高中阶段就及早抓起,这是一件具有战略意义的紧迫任务。

二

怎样培养跨学科的人才呢?这里谈一点个人意见。

从前面的一些例子可以看出,培养跨学科人才,不能到研究生阶段才抓,必须从大学本科抓起。为此,需要对高等学校的学制、课程设置、教学制度、教学内容与方法,通盘考虑,下决心进行全面、认真的改革。

改革的目标:高等院校应加强各学科之间的横向联系,培养大批基础扎实、知识面广、能向边缘学科和综合学科进军的人才。

改革的设想与建议:

一、大学本科应实行"学分制",恢复行之有效的"主、副系制度"。鼓励一个学生主修一个系,并另选一个系为副系,选修一定学分的副系课程。四年制本科阶段,不要修太多的专门组课,而应鼓励多修一点外系、外专业的课,因为前者离开学校还可以自学,后者则不容易学到。大学四年不要强调都做毕业论文,因为花半年走过场地做论文,不如将这时间用在加强专题文献查阅、总结的锻炼,并在高年级的实验课(如中级物理实验,或中级物理化学实验),加进一些小题作科学研究的内容;这样可以腾出较多的时间多修一点基础课,切实打好基础,加强专业外文基础和文献总结能力并要鼓励学生跨专业、跨学科选修。学理科的人,也应学点人文科学和社会科学,如哲学、自然辩证法、管理科学、逻辑学、心理学等等,千万不可只限于本专业的狭小范围内。

到了研究生阶段,则主要是通过搞科学研究和参加专题讨论来进行培养,并通过自学和选修,适当地巩固专业基础。

二、试行"二级学位制"、即"学士、博士"两级或"学士、硕士"两级,少数边缘学科也可试行"硕士、博士"两级,或试行"本科生、研究生学制打通,几年一贯"的办法。

国家盼望人才的成长十分殷切,而且目前执行的学制,不利于快速培养人才。现在的学制是,本科四年、硕士研究生二至三年、博士研究生二至三年;这样,培养一个较高级的专门人才,至少要花八至十年,其中不少环节重复,不少时间是可以节省的。现在多数科学技术发达的国家实际上已采用"二级学位制",培养一个博士,从大学起一般只需要七、八年的时间。我们要以"只争朝夕"的精神加速人才培养。中国人不比外国人笨,依靠我们的勤奋努力,完全可以达到缩短培养周期的目的。关键是要改革现行的学制。因此,可以考虑入学的研究生通过一年多的学习,证明确有能力的,可以直接攻读博士学位;如不能攻读博士学位,就攻读硕士学位,这是一般的"二级学位制"。还有少数跨学科的边缘学科,可以越过学士学位,直接培养"六年一贯制"的硕士生,课程统筹安排,毕业时,成绩合格者直接授予硕士学位;还可从中择优选拔一些人进一步攻读博士学位,这也是一种"二级学位制"。这样做,从入大学时候起,只要用七至八年的时间,就有可能培养出博士学位的研究生。

三、应重提"少而精"和"启发式"的教学原则。

面对科学技术迅速发展的新时代,既不能不重视"专",又不能忽视"宽"。这样,如何对付越来越大的"知识库"? 我认为,应重新强调"少而精"的教学原则,教给最基本的东西。如化学可以用"结构与机理"为纲,把化学的有关知识"串"起来,既便于记忆,又容易理解和活用。还可以试行"寓教材于习题思考题之中"的做法;多编此类教材。我在大学学习时攻读美国 A. A. 诺依斯教授著的一本"物理化学"教科书,名为《化学原理》,就是这样编写的,读后得到很大启发,受益不浅,至今还有很深的印象。同时,还应鼓励老中青教师结合编教材,把应用性的材料,加以提炼上升到原理,编入教材,也可从有关学科中吸取部分有用材料,编入习题思考题之中,使学生接触、应用更多的跨学科知识。此外,应当改革教学指导思想与教学方法,强调"少灌多思",教师在课堂主要讲重点、难点,腾出更多时间让学生自学、独立思考、讨论、做习题。教学方法要富有启发性,要生动活泼。人脑就象一架高度精密、灵巧的"电子计算机",要教学生学会如何通过类比、归纳和演绎,温故而知新,举一而反三,将知识串起来,进行"编码"、"存贮"和提取、活用,这就需要进行"基本知识结构"的教育,要指导学生如何治学。实验课要增加从科研取材的设计性小

实验。在高年级的教学中,要有计划地加强科研训练,以代替"一次性"的毕业论文。

此外,还应大力提倡开展跨学科的学术活动,跨学校、跨专业报考研究生,规定必要政策,支持跨学科、跨学派人才的交流,以利于跨学科人才的成长。

■ **本文原载:**《厦门大学学报》(自然科学版)第 23 卷第 1 期(1984 年 2 月),第 61～74 页。

簇结构敏感型的过渡金属催化作用及其
与原子簇络合物催化作用的关联

万惠霖　张鸿斌　廖代伟　周泰锦　蔡启瑞

(化学系　物理化学研究所)

摘　要　本文根据原子簇活性中心的概念,讨论过渡金属催化剂上炔烃的选择加氢,甲基异腈的异构化为乙腈,分子氮的加氢成氨,水煤气费—托合成,以及苯的氢氧同位素交换等簇结构敏感型的催化反应和催化作用机理,及其与过渡金属络合物配位化学,尤其是与过渡金属原子簇络合物(包括固氮酶)的配位络合催化作用的相互关联;并指出,深入研究这种关联对于建立催化剂分子设计的科学基础具有重要意义。

过渡金属催化剂广泛地用于许多重要的催化过程,如加氢、脱氢、临氢重整、蒸汽重整、氨合成、费—托合成和氧化、燃烧等。一般情形是,金属组分的分散度愈大,粒度愈细,金属组分的比活性(转变数)愈高。但对于某些类型的催化反应,也发现金属组分分散度过大、晶粒过小时,比活性反而下降;如果将单晶用于这些反应做作实验,就可观察到不同的晶面显示出相当悬殊的催化活性;还有一些类型的催化反应,只在金属组分的晶阶才能进行,而在平坦的晶面上则不能进行。以上这些实验表明,对于某些类型的催化反应,金属催化剂的活性中心不只是一、两个金属原子,而是由好几个金属原子(即金属簇)所构成,并且催化剂的活性与这些原子的空间排布(即簇结构)有关。Boudart 首先指出的结构敏感型的催化反应,更确切一点,实则簇结构敏感型的催化反应。

七十年代以来,催化和配位化学工作者们通过一些分子在金属表面的化学吸附和金属簇络合物中的配位的比较,如吸附与配位模式、键能、键长,吸附与配位物种的振动光谱以及迁移性的比较,发现其间存在着不少相似之处。因此,用原子簇活性中心的概念讨论某些过渡金属催化剂的作用机理,并与原子簇络合物催化剂的催化作用机规进行关联,应该有助于进一步建立配位络合催化作用的科学基础。

一、炔类加氢的化学选择性与结构选择性

石油裂解气的选择加氢除炔是一个重要的催化过程。常用的催化剂是 Pd 系负载型催化剂(如 Pd-Ag/γ-Al$_2$O$_3$),它能在大量烯烃存在下,将含量为几千 ppm 的炔烃选择加氢至烯烃(炔含量降至 10 ppm 以下),而不致进一步串行加氢生成化工上较少利用价值的烷烃。这类催化剂为何具有能控制炔烃加氢生成烯烃为止的本领呢? 这可以和炔烃在铂、钯之类催化剂的(111)晶面的络合活化方式联系起来。

对配位炔烃分子加氢行为的研究发明:多核络合的炔烃分子有利于选择加氢为烯烃,而且主要是顺式异构体。例如,Muetterties 等[1]深入研究了炔烃选择加氢的原子簇络合物催化剂,他们发现,原子簇络合物 Ni$_4$[CNC(CH$_3$)$_3$]$_7$能催化炔烃选择性地加氢为顺式烯烃,而且基本上不进一步加氢为烷烃。他们认为,炔烃分子(如二苯基乙炔)可能取代络合物中一个桥式配位的异腈分子而以单准端基加双侧基型

的 $\mu_3(\eta^2,\omega_1)$ 方式配位在 $Ni_4[CNC(CH_3)]_6$ 上（图 1）。对 $Ni_4[CNC(CH_3)_3]_6(\phi C\equiv C\phi)$ 和 $Ni_4[CNC(CH_3)_3]_4(\phi C\equiv C\phi)_3$ 分别用核磁共振和单晶 X-光衍射的研究结果表明，其中二苯基乙炔的配位方式确实与图 1 所示的完全一致。

LEED 实验结果与计算结果的比较表明[2]，在较低温度下，C_2H_2 在 Pt(111) 面的最可能吸附模式图是 2 的 B1 和 C2（或 C1），即实际上是"蝶型"和准双端基加单侧基型（或准单端基加双侧基型）。虽然在钯表面的乙炔化学是很复杂的[3]，但在大量氢存在的加氢条件下，乙炔的解离吸附和三聚成苯将受到抑制，其最丰吸附态很可能是上述多核缔合式吸附态。而在加氢成烯烃后，剩下的一个 π 键只能形成单核 π 络合物，吸附能力较炔烃弱得多，因而容易为气相中残存的微量炔烃所排代而解吸。这很可能就是获得高选择性加氢到烯的原因。

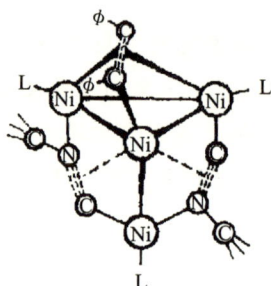

图 1　四核镍络合物中炔烃的 (η^2,ω_1) 型配位

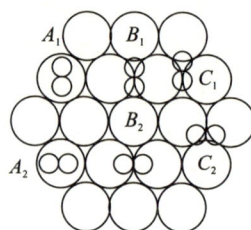

图 2　乙炔在 Pt(111) 面可能的吸附模式，其中，A、B、C 分别表示乙炔吸附在一个、二个和三个 Pt 原子上

前不久，Muetterties 等[4]报道了炔烃选择加氢得到反式烯轻的唯一例子。他们用双核铑络合物催化剂，在低温（约 $-80℃$）条件下进行二甲基乙炔（或二-对-甲苯基乙炔）的选择加氢，发现产物全是反式烯烃，并提出了催化作用机理。实验结果表明，其中最后一步（烯基加氢）为反应速率控制步骤。

由于第二步加氢是反应速率控制步骤，这就为在加进第二个 H 之前进行内旋转以减少空间位阻（按反式和顺式丁烯—2 的热焓之差 1.3 千卡/克分子进行估计，在 $-80℃$ 的反应温度下，生成的反式异构体约占 97%）提供了可能性。应该指出，如果用乙炔或丙炔之类的单取代炔烃进行加 D_2，就不存在顺反异构体空间位阻差异的问题。

在固氮酶的情况下，乙炔酶促还原加氢的选择性很高，几乎是 100% 还原加氢到乙烯，而且顺式产物也几达 100%。这说明乙炔分子是按多核络合活化方式配位络合在固氮酶的活性中心上的；而且很有可能是因为该活性中心的特定微环境（图 8）阻碍了内旋转的进行，所以才获得这样高的顺式二氘代乙烯选择性。

二、CH_3NC 在 Ni(111) 面异构化为 CH_3CN 的机理

前几年，Muetterties 和他的同事[15]用 AES 和 QMS 联用方法研究了 CH_3NC 和 CH_3CN 在 Ni 和 Pt 的 (111) 面的行为。当他们在 $85\sim90℃$ 的条件下，试图将 CH_3NC 从 Ni(111) 面脱附时，发现少量的 CH_3NC 按分子内异构化机理转化为 CH_3CN 被解吸出来。

基于在原子簇络合物 $(n\text{-}PrC\equiv N)Fe(CO)_9$[6] 和 $(t\text{-}BuN\equiv C)_4Ni_4(t\text{-}BuN\equiv C)_3$[7]（图 3）中，已为单晶 X—光衍射实验所确定的 $n\text{-}PrC\equiv N$ 和 $t\text{-}BuN\equiv C$ 进行 $\mu_3(\eta^2)$ 型络合的事实，和我们[8]关于末端具有叁重键或准叁重键的底物分子在固氮酶活性中心进行多核络合活化的一系列研究结果，我们认为，在结构参数基本合适的 Ni（或 Pt）的二维晶格——(1111) 晶面上，CH_3CN 和 CH_3NC 按单端基加双侧基型的方

式进行 $\mu_3(\eta^2)$ 型吸附是可能的。据此,对 CH_3NC 在 Ni(111) 面进行的分子内异构化反应提出了如下机理:按单端基加双侧方式吸附在 Ni(111)(选其平面单胞的四个镍原子作为活性中心的近似模型)的某些 CH_3NC 分子,在热脱附条件($\sim 90^\circ C$)下,异构化为以相同方式吸附的 CH_3NC;中间经过按 $\mu_4(\eta^2)$"蝶型"方式吸附的三角形过渡态(图 4),这时,与异腈的 N 原子几乎处于范德华接触位置的第 4 个 Ni 原子也参与了吸附键的形成。

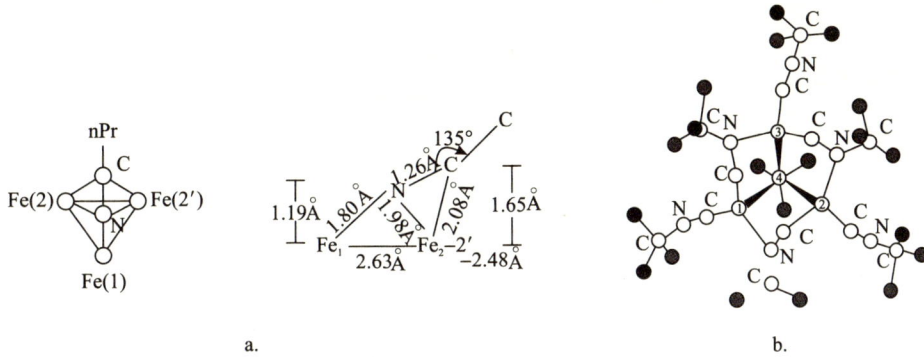

图 3　a. $Fe_3(N{\equiv}C{-}n{-}Pr)(CO)_9$ 的结构极参数

　　　　b. $[Ni_4\{\mu{-}\eta^2{-}CHC(CH_3)_3\}]_3\{CNO(CH_3)_4\}$ 的结构

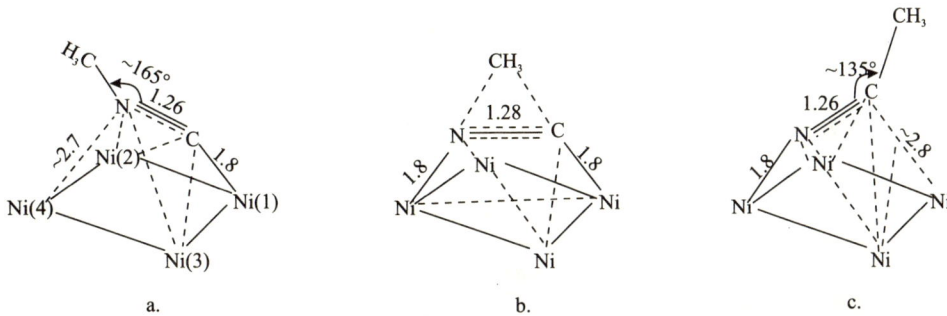

图 4　CH_3NC、CH_3CN 活化吸附态(a 和 c)和分子内异构化吸附过渡态(b)结构模型

为了从理论上检验上述反应机理的合理性,我们进行了 EHMO 近似计算,计算结果定性地支持了以上设想(表 1 和图 5)。

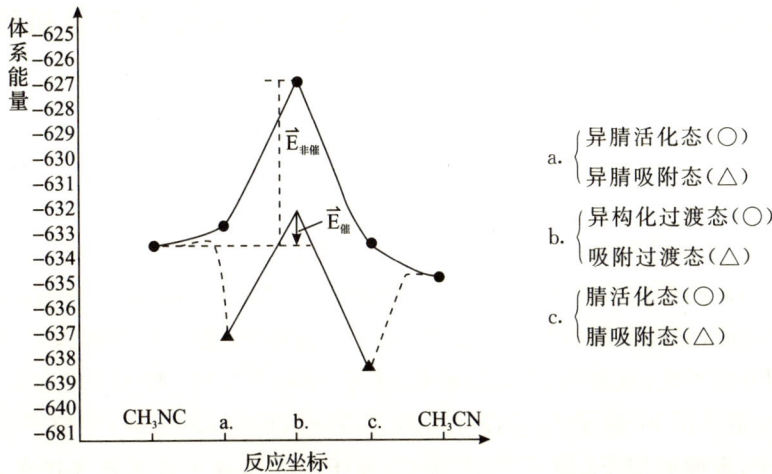

图 5　CH_3NC 的催化(绝热转化)与非催化分子内异构化反应活化能的 EHMO 近似估算结果($\sim 90^\circ C$)

表 1　EHMO 计算的主要结果

名称	模型	总能量(eV)
异腈(CH₃NC)(始态)	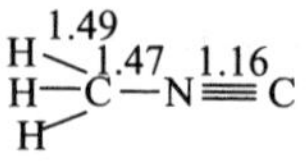	−268.23
异腈活化态	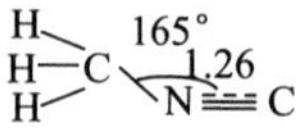	−267.15
异腈异构化过渡态	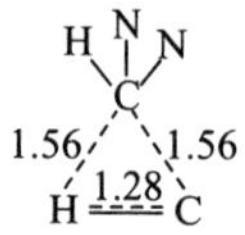	−259.17
腈(CH₃CN)活化态	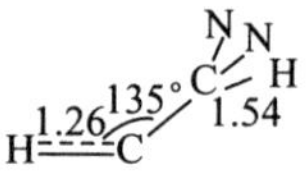	−268.10
腈(终态)	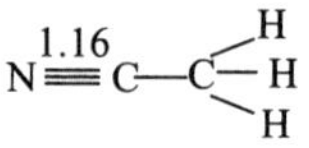	−270.12
异腈活化吸附态	见图 4. a	−639.09
异构化吸附过渡态	见图 4. b	−632.12
腈活化吸附态	见图 4. c	−640.93
Ni(111)晶面上活性中心近似模型—Ni₄ 原子簇	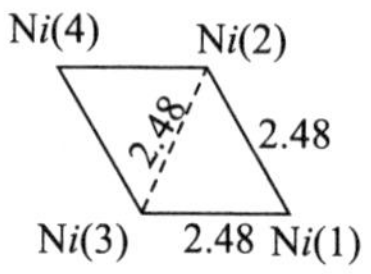	−365.90

三、分子氮在工业铁催化剂和固氮酶活性中心的络合活化和固氮成氨机理

关于这两种催化剂体系的活性中心本质和催化作用机理,最近,我们[8c]已作了评述。这里将简要介绍这两方面研究的主要进展。

(一)氨合成铁催化剂的情形

在铁催化剂上进行的氨合成反应,是簇结构敏感的一个典型例子。例如,已经知道,氨合成反应主要在 α-Fe(111)而进行,而(110)和(100)面的催化活性至少要低两个数量级。α-Fe(111)而是几种低密勒指数晶面中原子排列最为疏松的一个晶面,它能够露出总共三层 Fe 原子。这些 Fe 原子可分别用 C_4 和 C_7 标志,下标 4 和 7 代表第一近邻的 Fe 原子数;或者用 C_7^{11},C_{10}^{11} 和 C_{13}^{11} 表示,下标 7^{11},10^{11} 和 13^{11} 代表第一和第二近邻 Fe 原子的总数。如图 6 中最外层 Fe 原子 Fe①,Fe②,Fe③,Fe⑧,Fe⑨,Fe⑩为 C_7^{11} 原子,次外层 Fe 子 Fe⑤,Fe⑥,Fe⑦为 C_{10}^{11} 原子,表面底层 Fe 原子 Fe④为 C_{13}^{11} 原子。既然分子氮主要选择在 α-Fe(111)而进行吸附和反应,看来,起催化作用的不仅仅是一个或两个 Fe 原子,而是由相当多的 Fe 原子按适当结构的原子簇形式所组成的。这种 Fe 原子簇能按一定模式的多核络合有效地活化分子氮。

近年来，国内外不少研究工作者[8-12]用原子簇观点对铁催化剂的活性中心本质和分子氮的络合活化模式进行了探讨。其中，黄开辉[12]建议了斜交架砲式的络合方式，即端基络合在配位最不饱和的表层 Fe 原子(C_7^{11} 原子，如 Fe①上），另一端较远地与 Fe⑥成端基络合，同时与其他的 Fe 原子（Fe②至 Fe⑦）进行侧基络合。蔡启瑞[8]于 1980 年提出了分子氮的第三种可能配位方式，即双端基对称平躺式，其中 N≡N 按双端基配位于两个 C_7^{11}Fe 原子和两个 C_{10}^{11}Fe 原子上（图7），同时以多侧基配位于 1 个 C_7^{11}，1 个 C_{10}^{11} 和一个 C_{13}^{11}Fe 原子上。最近，廖代伟[13]对上述三种络合模式进行了 EHMO 计算，初步结果表明，双端基对称平躺模式具有最大的化学吸附键能，对 N≡N 叁键的削弱也最有效。

为了从实验中检验包括垂直插入式在内的三种络合模式的合理性，并考虑到氮分子的这些络合模式在光谱行为上的可能差异（垂直插入式和斜交架砲式因存在极化作用，N—N 伸缩振动的红外吸收带将是强的，而在对称平躺式的情况下，N—N 伸缩振动的红吸收基本上将禁阻或显得很弱，因此，相应的红外带即便能观察到，预料也很弱，其光谱特性将主要是拉曼活性的），廖代伟等[14]对氮分子吸附态进行了激光拉曼和红外光谱测定，并得到了一些初步结果。他们观测到，FA—10（一种双促进铁催化剂）在 400℃氨合成条件下暴露于 N_2+3H_2 时的拉曼峰，出现在 1940 cm^{-1}，以及 496,600 和 798 cm^{-1} 处。用 $^{15}N_2/3H_2$ 和 $N_2/3D_2$ 的同位素标志实验表明，1940 cm^{-1} 处的强拉曼峰可能是属于强化学吸附的 N≡N 伸缩振动。由于在～900 cm^{-1} 和～1200 cm^{-1} 附近没有出现拉曼峰，上述吸附态显然是表面最丰富物种，而不是 N 或 NH 吸附态，后一结论与 Ertl[15]的实验结果是一致的。同时，他们在氨合成条件下，没有观测到 N_2 在上述催化剂样品上相应的化学吸附的红外谱带。以上初步研究结果支持了氮分子的对称平躺络合模式的设想。

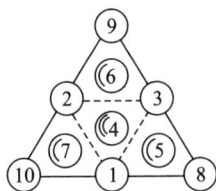

图6 α-Fe(111)面 Fe 原子排列情况

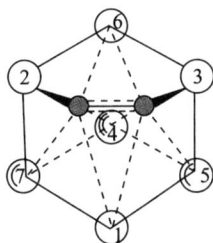

图7 N_2 在 α-Fe(111)面的双端基对称平躺吸附模式

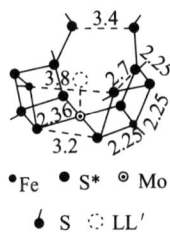

图8 固氮酶活性中心的共边骈联双立方烷原子簇结构模型

关于铁催化剂上的氨合成反应，已提出两种机理：解离式机理和缔合式机理。黄开辉[12]根据缔合式机理，假定与 N_2 起反应的是吸附的 H，而不是气相 H_2。并导出了与捷姆金[16]推广式形式相似的动力学方程。经刘德明等[17]用序贯法检验，认为，用 A_{110}双促进氨合成工业催化剂的中试动力学实验数据来考验，该方程较其他四种基于解离式机理导出的动力学方程为优，被确定为最佳动力学方程。蔡启瑞[3a]从对称平躺络合模式出发，提出了与之相应的缔合式机理。根据这一机理，N_2 与吸附态 H_2 反应也是氨合成反应速率控制步骤之一。由此，廖代伟[18]亦导出了与捷姆金推广式相似的动力学方程。以上两种根据缔合式机理和不同的络合模式提出来的关于氨合成反应机理的新见解，都能满意地对 N_2/D_2 反应比 N_2/H_2 反应快这一反同位素效应，以及在 400℃的氨合成稳态反应条件下，表面最丰吸附物种是 N_2 而不是 N 或 NH 这一实验事实进行动力学的诠释。

（二）固氮酶的情形

固氮酶是一种复杂的金属酶，含钼铁蛋白和铁蛋白两种金属蛋白组分，能催化还原成 N_2 成氨及其他一些小分子底物。其中，钼铁蛋白含酶促反应的活性中心，铁蛋白则在"电子活化剂"——MgATP 的驱动下，起着电子载体的作用。

关于固氮酶的活性中心模型,国内外的研究工作者[8c]曾先后提出好几种看法,这些都一无例外地属于原子簇结构模型。其中,蔡启瑞[19]根据化学探针方法和配位络合催化原理,经过演进而于 1981 年提出的共边骈联双立方烷模型(图 8),能更圆满地阐明十多种底物的酶促反应机理,包括几种情况下的放氢机理[3c],铁和钼的 EXAFS,以及半还原态 M 原子簇的 $S=3/2$ 的实验结果。

分子氮在此五核活性中心上的络合,也有三种可能的模式(图 9):即平躺式(平行于或垂直于"表层" $S^* \cdots\cdots S^*$ 连线),$\mu_5(\eta^2,\omega_2,\omega_2')$;垂直插入式,$\mu_5(\eta^2,\omega_1)_3$ 和微斜插入式 $\mu_5(\eta^2,\omega_1)$。EHMO 计算表明[20],如 Fe—N 可自动调近些,则垂直插入式在能量上最为有利,这与生物固氮中出氨不出肼的实验事实是符合的(但若活性中心所有的 Fe—Fe,Fe—Mo 核间距基本维持不变,则平躺式在能量上可能最有利。分子氮的这种对称平躺式的配位络合方式,与 PeZ[21]等新近合成的 $\mu_3(\eta^2,\omega_1,\omega_2')$ 型分子氮三核钛(Ti^{III})络合物中的键合方式是相似的)。

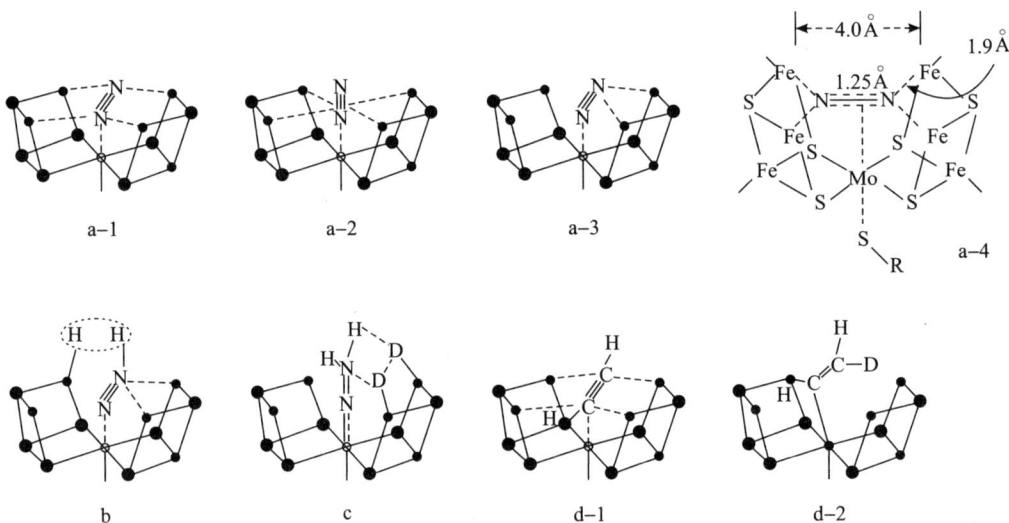

图 9 N_2 在上述(图 8)模型中几种可能吸附模式,放氢反应、生成 **HD** 的反应和乙炔选择加氢机理

按垂直插入式(或对称平躺式),加上第一个氢($H^+ + e^-$)后,必然形成基本上垂直配位络合在 $Mo^{IV(III)}$ 上的—N≡NH 由此可以合理地说明与配位的—N≡NH 进一步加氢相竞争的放氢,以及在分子氮酶促还原加氢过程中生成 HD 的反应(图 9)。

四、一氧化碳的活化和广义的费—托合成的机理

以合成气(或 CO)为原料,或合成气(或 CO)与烯烃、芳烃、炔烃的结合使用,都涉及到 CO 的催化活化问题。CO 的活化方式较之烯烃更为多样化,与此有关的反应也复杂得多。这一节将简要分论这两个问题。

关于 CO 在原子簇络合物中和金属表面上的配位方式,人们熟知的有单核端基,棱桥式双核端基(μ_2—CO)和面桥式多核端基(如 μ_3—CO)等几种(图 10)。从实验观测到的 C—O 键长增加和 ν_{C-O} 红移来看,在这些键合模式中,C—O 键均受到不同程度的削弱。但已有一些实验事实表明[22],CO 还没有活化到是以能够发生加氢的地步。

在使用金属或金属碳化物催化剂的费—托合成的情况下,CO 有可能进行解离化学吸附,并生成表面键合的碳原子和氧原子(图 11)。这时,侧基型吸附态很可能是 CO 由端基吸附转化为解离吸附的中间态,即从定性的分子轨道观点来看,侧基型吸附可能对 C—O 键的活化更为有效,因为在这种情况下,CO 的 σ-给予性轨道是 1π 轨道,该轨道能级比 5σ 低,又是强成键的,移走其中的部份电子云对削弱 C—O 键

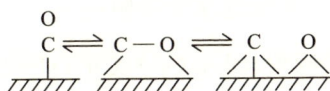

将更有意义。但就稳性而言，由于 CO 的 5σ 轨道能级较之 1π 更接近中心金属的空轨道能级，C 端孤对电子"碱性"也较大，而且在端基配位时 CO 能通过 2π 轨道与金属的 d 轨道形成两个 π 键，所以 CO 的端基配位预期将比侧基配位来得稳定一些。这可能就是 CO 的单纯侧基型配位键至今未被发现的原因。

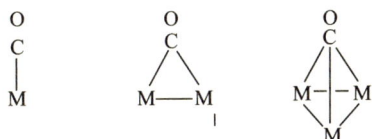

图 10　CO 的单核端基和多核端基吸附方式

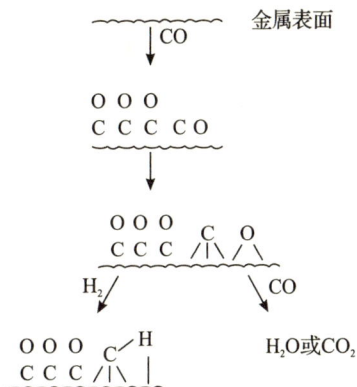

图 11　费—托合成解离式机理示意

关于 CO 的侧基型（实际上是端基加侧基型）吸附态的存在，已为一些研究工作者所推断。例如，Garland 等[23]指出，CO 在 Ni 上吸附时观察到 1620 cm^{-1} 处的红外带，表明 CO 至少与三个 Ni 原子配位，氧端吸附在其中的一个 Ni 原子上；当 CO 吸附在 Ni 表面的台阶原子上时，Erley 等[24]观测到在 1520 cm^{-1} 处出现的谱带，认为这个带是属于端基加侧基吸附的 C—O 伸缩振动；Fukuda 等[25]关于 CO 在碳化的铱表面吸附的 UPS 测定结果与其侧基吸附方式相符。此外，Manassero 等[26]和 Colton 等[27]已分别合成出含铁和锰的原子簇络合物（图 12），其中 CO 是以端基加侧基型的方式配位在几个金属原子上的（像这类已发现的通过 CO 的碳原子和氧原子与金属原子或离子配位的原子簇络合物不下 30 种）。诚如许多工作者[22]所指出的，CO 的这种多核配位很可能是费—托合成中 CO 吸附—活化—解离（或加氢氢解）的主要途径。

与 CO 在金属表面由缔合吸附转化为解离吸附相似，在一些羰基金属络合物中，也已发现 CO 的配位方式转化的情形。例如，Bradley 等[28]用同位素标记实验和 NMR 方法证实，在铁和钌的羰基络合物中，碳基配位体是由 CO 分子解离产生的：

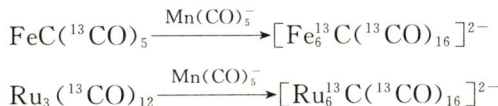

$$FeC(^{13}CO)_5 \xrightarrow{Mn(CO)_5^-} [Fe_6^{13}C(^{13}CO)_{16}]^{2-}$$

$$Ru_3(^{13}CO)_{12} \xrightarrow{Mn(CO)_5^-} [Ru_6^{13}C(^{13}CO)_{16}]^{2-}$$

Tachikawa 等[29]合成出含 μ_4—C 配位基的多核簇 $Fe_4[(\mu_4-C)(CO)_{11}]$（图 13），实验表明，这个原子簇容易与氢反应形成 C—H 键：

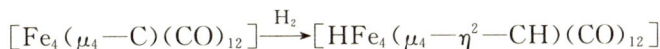

$$[Fe_4(\mu_4-C)(CO)_{12}] \xrightarrow{H_2} [HFe_4(\mu_4-\eta^2-CH)(CO)_{12}]$$

基于以上实验事实，并通过与我们近年来关于分子氮在氨合成铁催化剂和固氮酶活性中心的多核配位横式的研究结果的类比推理，最近，本文作者之一[22]建议了费—托合成在 Fe、Ni 的几种低密勒指数晶面上的原子簇结构模型（图 15）和 CO 的斜插式化 $\mu_4(\eta^2)$ 型配位方式，对于 CO 在费—托合成条件下的吸附态，提出了如下可能的转化方式：

CO（气相）$\Longleftrightarrow$ CO（物理吸附）$\Longleftrightarrow$

CO（垂直插入式，即单端基，

成梭桥式双端基,或面桥式多端基化学吸附 $\Longleftrightarrow$

CO(斜插式多核配位化学吸附,即 $\mu_4(\eta^2)$ 或 $\mu_3(\eta^2$ 型) $\xrightarrow{\text{解离}}$

$\underline{C} + \underline{O}$ 或 $\mu_4(\eta^2) - \underline{CO} \xrightarrow{\text{加氢氢解}} CH_4 + H_2O$

其中,斜插式的多核配位模式是导致 C—O 键解离或易于氢解的中间态。

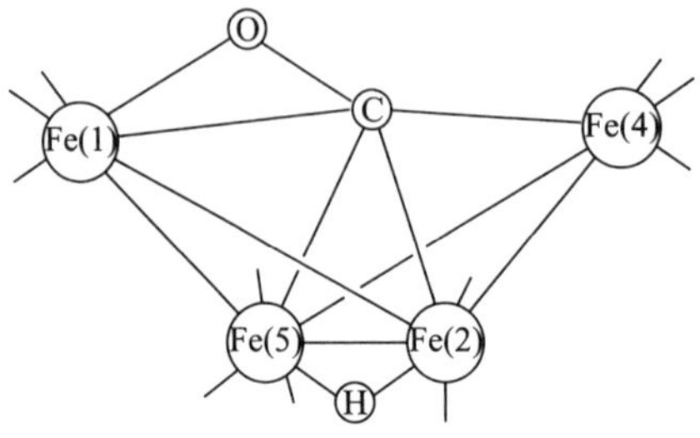

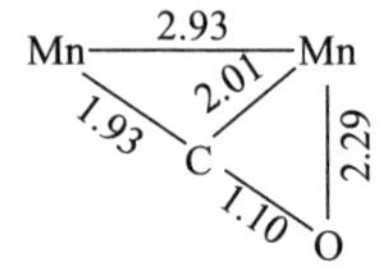

图 12　a. 原子簇离子[HFe$_4$(μ-η^2-CO)(CO)$_{12}$]的结构,其中,C—O 键长为 1.26$\overset{\circ}{A}$

　　　　b. Mn$_2$(CO)$_5$(Ph$_2$PCH$_2$PPh$_2$)有关键长($\overset{\circ}{A}$)

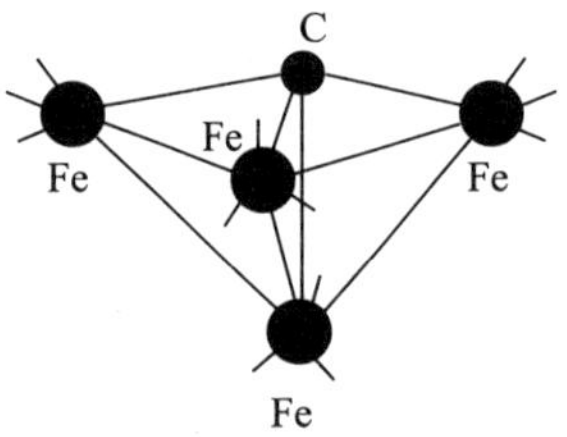

图 13　Fe$_4$C(CO)$_{12}$

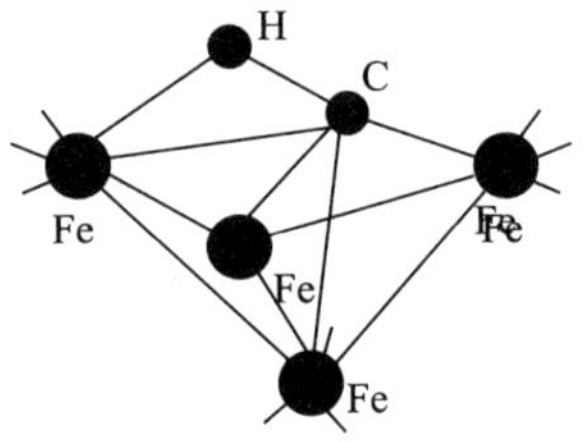

图 14　HFe$_4$(η^2-CH)(CO)$_{12}$

关于广义的费—托合成(有的研究工作者将 CO 加氢合成烃类和含氧化合物的反应统称为费—托合成)的机理,目前仍未定论。就基质分子 CO 而言,费—托合成的机理大体上也可分为缔合式和解离式两种(歧化机理可以看成是这两者的结合)。对于烃类分子的生成,通过 C—O 键的解离途径似乎较为简捷(与氨合成中的 N$_2$ 加氢机理类似,通过活化吸附的 CO 加氢氢解然后再加氢、缩合的可能性也不能排除),但对于含氧化物的合成,看来无此必要。所以对这两种机理应根据所用的

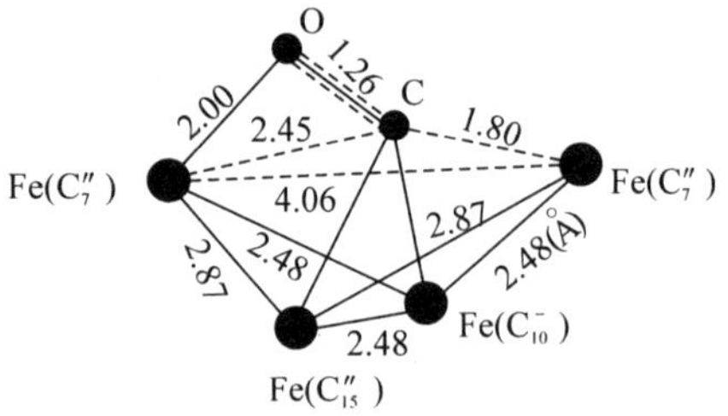

图 15　本文作者之一建议的 α-Fe(111)面 Fe$_4$ 原子簇活性中心模型及 CO 的 $\mu_4(\eta^2)$ 配位模式

催化剂(及其载体)和反应条件(如温度等)综合考虑。在缔合式机理中,对 CO 的活化要求可能不尽相间。如吸附的 CO 与吸附的 H 反应,这里的 CO 很可能需要采取斜插式的多核配位模式[即 $\mu_4(\eta^2)$ 或 $\mu_3(\eta^2)$];而欲通过烷基的邻位转移生成酰基中间态,CO 按垂直插入式配位大概就能满足要求。

五、苯的 C—H 键在 Ni 台阶表面 9(111)×(111)的断裂机理

最近,Muetterties 等[30]研究了苯在 Ni、Pt 的一些低密勒指数晶面和 Ni 的台阶表面的化学吸附,发现:(1)苯在一些洁净金属表面如 Ni(111)、Ni(110),Pt(111)和 Pt(110)上吸附时,C$_6$ 环大都与表面平行,表明化学吸附键主要是由芳环的 π 和 π* 轨道与合适的金属表面轨道相互作用而形成的。(2)苯环上的氢原子均稍微上翘,相对地远离金属表面。(3)当苯分子化学吸附在 Ni(111)或 Ni(110)晶面时,没有检

测出 C—H 键的断裂,即使升温至其热脱附温度(~115℃和~220℃),亦依然无损于 C—H 键。同时,也没有观察到 C_6H_6 与 C_6D_6 之间的 H—D 交换。这表明,苯在上述情况下的化学吸附均是缔合式的。(4)若苯分子吸附在台阶表面,如 Ni9(111)×(111),或台阶弯曲的表面,如 Ni7(111)×(310)即使温度比较低(25℃),均观察到 C—H 键的不可逆断裂。此时,苯分子的吸附是一种解离吸附,离解率为 10%。有些作者认为:如假定苯环吸附时的优先取向是半行于金属表面,某些化学吸附苯的 G—H 氢原子有可能充分接近晶阶或晶阶弯曲处的低配位数金属原子(所谓"近体效应"),从而促进了 C—H 键的断裂(图 16)并假定 C—H 键活化的微观机理是金属前沿轨道中的部分电子转移到 C—H 键的反键 σ^* 轨道。

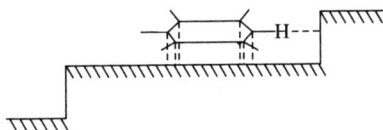

图 16 Muetterties 等提出的苯分子在 Ni9(111)×(111)晶面吸附时 C—H 键断裂的模型

在这里,上述作者采用的活性中心结构的概念,与过去的多位理论是颇相径庭的。他们注意到了台阶或台阶弯曲处金属原子有利的空间因素(配位不饱和性较大)和有利的电子因素(电子云密度较高),而把苯环上 C—H 键的断裂与处在这些特殊部位的金属原子联系起来,这是合理的;而且,实验测得的离解率(~10%)又同台阶原子数与平台原子加台阶原子总数之比近似相符。但是,关于这些能够断裂 C—H 键的苯分子在台阶表面的落位情况,和与此有关的 C—H 键活化的微观机理,我们想提出以下的看法:由于台阶或台阶弯曲处金属原子的配位不饱和性比较大(平台、台阶和台阶弯曲处金属原子的配位数分别为 9,7,和 6),苯分子将有可能以至少等于在平台上吸附的几率(当吸附达到平衡时),按 η^6-π 型吸附方式直接吸附在这些部位的单个金属原子上(苯分子的这种吸附态是已知的;在二苯铬中,苯的配位模式亦与此类似)。假定苯环与平台平面约成 40°的夹角,以斜靠方式吸附在某个台阶原子上,这样,它的一个 C—H 键将横跨在与这个台阶原子相邻的一个平台原子的斜上方(图 17)。此时,参与吸附键形成的台阶原子轨道是这个原子的某些"悬挂轨道"(dangling orbitals)的组合形式。按这种吸附落位方式,将要断裂的 C—H 键的活化机理可能是:C—H 键成键 σ 轨道中的部份电子转移到这个平台金属原子合适的空轨道(如 S,P 杂化轨道)中去;该平台金属原子(可能还包括另外两个与之相邻的平台原子)填有电子的合适 d 轨道中的部份电子反馈到 C—H 键反键 σ^* 轨道。这样的协同作用很可能会比上述单一渠道($d \rightarrow \sigma^*$)的电子授受作用对 C—H 键的活化要有效得多。更何况,金属原子的 d 轨道能级比较低(如 Ni,约—8 eV),而 C—H 键反键 σ^* 轨道的能级又比较高(约 4 eV),因此,$d \rightarrow \sigma^*$ 电子授受作用预期是很微弱的。总之,C—H 键的断裂很可能经过一种三中心过渡态 $\left[\begin{smallmatrix} C \text{-----} H \\ \diagdown \diagup \\ M \end{smallmatrix}\right]$,而形成这种过渡态的条件是,C—H 键必须能够横跨地进入中心金属质子的配位界。人们熟知的金属烷基化合物中 β-氢的消去,以及烷基(或芳基)膦和烷氧基络合物中 C—H 键的断裂都很可能经过这样的过渡态。与此有关,H_2 的这种横跨(侧基)型络合方式,最近已由 Vergamini 等[31]在他们合成的钼(或钨)单核八面体型络合物 $(PR_3)_2(CO)_3Mo(H_2)$ 的结构测定中所发现 $\left[\begin{smallmatrix} H \xrightarrow{0.95\text{Å}} H \\ | \\ MoL_5 \end{smallmatrix}\right]$。

结语 在使用过渡金属化合物催化剂体系的均相配位络合催化的研究方而,由于较容易应用 NMR、X—光结构分析、分子光谱、电子光谱和动力学等手段测定有关物种静态或动态的晶体结构和分子结构,研究反应机理,因而积累了较好的基础。近几年来,过渡金域原子簇络合物的研究也引起了人们的注意,并做了许多工作,其中有些研究成果已为金属表面的化学吸附和催化作用提供了好的模型。但这种催化剂体系尚未在工业上得到应用;而且,因可能存在不同溶媒化程度和不同解离程度的金属物种,所以有时

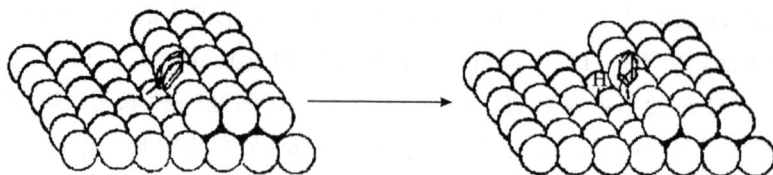

图 17 本文提出的模型

难以断定究竟是什么样的物种在起作用。例如,在由合成气生产乙二醇的羰基铑阴离子化合物催化剂体系中,关于其活性组分是否一定是多核络合物(如$[H_nRh_{13}(CO)_{24}]^{5-n}$)的问题,至今仍未定论[3]。金属酶一般是生物蛋白质大分子,通常难于得到单晶,进行 X—光结构分析的难度也较大。但这类蛋白成分子一般只含有一两个活性中心,且其组成和结构具有唯一性。如能得到单晶,则可在底物络合后"冻结"起来,以进行结构测定,从而可以对活性中心结构、底物活化方式、以至配位络合催化作用原理获得更深入的认识。关于金属催化剂,表面一般存在固有不均一性和/或诱导不均一性,在过去是难以对其表面结构状态进行测定的,而通过动力学研究又不能得到关于反应机理的真切信息。故在几个催化领域内,其机理研究可以说是最不清楚的。但金属催化剂不存在溶媒化和催化剂体系解离等情况,多数情形活性中心固定;且随着表面科学的进展,特别是能谱、光谱、波谱和衍射谱等实验手段的发展和应用,金属表面(包括单晶表面)的组成、结构、吸附和催化性能测试技术发展很快。另一方面,量子化学计算结果表明,约十多个原子构成的原子簇,大致能具有近似于金属的能带结构;而作为催化剂的活性中心,一般考虑的是处在第一和第二近邻的金属原子,至于远程的电子诱导效应,相对来说比较次要。这说明,按化学作用力的要求,采用的原子簇活性中心模型,能对金属催化剂的活性中心本质提供比较好的近似。

综上可见,过渡金属原子簇络合物、金属酶和金属三种催化剂体系各有其长处和局限性,如能取其之长,补其所短,将三者关联起来进行研究,这对于揭示其间存在的共性,和建立催化剂分子设计的科学基础将具有重要意义。

参考文献

[1]Muetterties,E. L.,et al.,J. Am,Chem. Soc.,**98**(1976),4645.

[2]Thomson,S. J.,Catalysis, Volume 1 (Kemball,C.,Senior Reporter),19—21,Billing and Sons Limited,1977.

[3]Gentle,T. M. ,and Muettertics,E. L.,Preprint,1983.

[4]Muetterties,E. L.,and Krause,M. J., Angew. Chem. Int Ed. Engl.,**22**(1983)135～148.

[5]Muetterties,E. L.,Preprints of Plenary Lectures,P. 3. 7th Int,Congress on catalysis,Tokyo,1980.

[6]Andrews,M. A.,et al.,J. Am. Chem. Soc.,**101**(1979),7260.

[7]Day,V,W., et al.,Ibid.,**97**(1975),2571.

[8]a. 蔡启瑞,第七届国际催化会议后固氮专题讨论会论文报告,东京,1980.

　　b. 万惠霖、蔡启瑞,厦门大学学报(自然科学版),**20**(1981),1,62.

　　c. 厦门大学固氮研究组,物理化学研究所,厦门大学学报(自然科学版),**21**(1982),4,424.

[9]Brill,R.,et al.,Angew. chem., Int. Ed. **6**(1967),882.

[10]a. Delbouille,A.,et al.,J. Catal.,**37**(1975),485.

b. Dumesic, J. A., et al. Ibid., **37**(1975), 513.

[11]南京大学化学系固氮研究组,化学学报,**35**(1977),141.

[12]Huang Kaihui(黄开辉), Proc. 7th Int. Congr. Catalysts, Tokyo, 1980, (Seiyama, T., and Tanabe, K., Eds). Part A. 554, Elsevier, New York, 1981.

[13]廖代伟等,论文(待发表)。

[14]廖代伟等,全国化学动力学和催化会议(成都,1981)论文.

[15]Ertl, G., Preprint of Pienary Lecture of the 7th Int. Congress on Catalysis (Tokyo, 1980), and Presentation at the Post Congress Symposium on Nitrogen Fixation, Tokyo, 1980.

[16]Temkin, M. E., et al., Kin. and Catal. (USSR), **4**(1963), 260, 563.

[17]刘德明等,中国化工学报,**2**(1979),136。

[18]廖代伟,论文(待发表)。

[19]厦门大学固氮研究组,全国固氮会议(青岛,1981)论文报告.

[20]a. 赖伍江、白震谷,厦门大学学报(自然学版),22,2,201.

b. 廖代伟、王银桂等,EHMO 计算工作(待发表).

[21]Pez. G. P., J. Am. Chem, Soc., **104**(1982), 482.

[22]张鸿斌,论文(待发表).

[23]Garland, C. W., et al., J. Phys. Chem., **69**(1965), 1195.

[24]Erley, W., et al., Surf. Sci., **83**(1979). 583.

[25]Fukuda, Y., et al., Chem. Phys, Lett, **76**(1980), 47.

[26]Manassero, M., et al., J. Chem. Soc., Chem. Commun, 1976, 919.

[27]Colton, R., et al., Ibid., 1975, 363.

[28]Bradley, J. S., et al., J. Organomet. Chem., **184**(1980), C33.

[29]Tachikawa, M., et al., J. Am. Chem. Soc., **102**(1980), 4542; **103**(1981), 1485.

[30]Friend, C. M., and Muetterties, E. L., J. Am, Chem. Soc., **103**(1981), 773.

[31]Vergamini, et al., Chemical and Engineering News, March **28**(1983), 4.

Transition-Metal Catalysis of the Cluster-structure Sensitive Type and Its Relations With Catalysis by Cluster Complexes

Hui-Lin Wan, Hong-Bin Zhang, Dai-Wei Liao, Tai-Jin Zhou, K. R. Tsai

(Department of Chemistry and Institute of Physical Chemistry, Xiamen University)

Abstrbct

Depending upon the types of catalyzed reactions, the nuclearity of active centers on transiton-metal catalysts may be mono-nuclear, binuclear, or even polynuclear clusters. In the case of polynuclear active-centers, catalytic activities usually appear to vary quite considerably with surface structures of the catalyst clusters or crystallites. The so-called "structure-sensitive type" of metal catalysis may be more precisely called "cluster-structure sensitive type" of metal catalysis. In this paper, the concept of cluster-structural active-centers is used in the mechanistic discussions of some examples of "cluster-structures sensitive type" of traisition-metal catalysis; namely, selective hydrogenation of acetylenes,

isomerization of methyl isocyanide to acetonitrile，hydrogenation of molecular dinitrogen to ammonia，Fischer-Tropsch synthesis and hydrogen isotopic exchange of benzene，together with its relations with coordination chemistry of relevant transition-metal complexes and with coordination catalysis. by transition-metal cluster complexes including the metalloenzyme nitrogenase. It is pointed out that，studies of such interrelations may contribute greatly in working towards the establishment of scientific basis for molecular design of catalysts.

本文原载:《感光科学与光化学》第 3 期(1984 年 8 月),第 49～55 页。

乙烯光电催化氧化的研究—金属/n-GaP 光阳极*

郇正伟　庄启星　蔡启瑞

(厦门大学)

摘　要　本文用光电化学的方法,研究了催化氧化乙烯兼得氢燃料的可能性,还研究了以 n-GaP 半导体为基底的电极表面镀金属(Au、Ag、Pd)膜,既防止光腐蚀又催化乙烯氧化反应的规律性。考察了外加偏压、pH 和溶剂等因素对反应的影响,并初步探讨了可能的反应机理。

光催化分解水放氢,同时利用水作氧源,把有机物适度氧化成有价值的产物的研究,文献已有报道[1-4]。此方法很可能成为太阳能转换和贮存的新途径。

为探索利用修饰半导体光阳极进行光电催化氧化乙烯及同时放氢的可能性,本实验分别选择 Au/n-GaP、Pd/n-GaP 和 Ag/n-GaP 等表面镀金属薄膜的单晶片为光阳极,将乙烯通入阳极电解液内,在可见光辐照和惰性气体保护下,期望光电解池内进行如下反应:

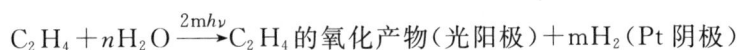

$$C_2H_4 + nH_2O \xrightarrow{2mh\nu} C_2H_4 \text{的氧化产物(光阳极)} + mH_2(\text{Pt 阴极})$$

乙烯常见的氧化产物有甲醛、乙醛、乙酸、环氧乙烷、乙二醇、丙酮与深度氧化产物 CO 和 CO_2 等。除产物是丙酮外,按上式进行的这些反应 $\Delta G°$ 都是大于零的,理论上可在小于 1 V 的外加电压下实现。如借助具有适当禁带宽度的半导体电极的光电压,就有可能用可见光驱动上述反应。

实验部分

0.5 mm 厚的 n-GaP 单晶片(n-$10^{16} \sim 10^{17}$ cm^{-3},μ_n-120～150 cm^2 V^{-1} s^{-1},$N_D \sim 10^5$ cm^{-2})经机械抛光,在 H_2SO_4:H_2O_2:H_2O=3:1:1 的抛光液中浸蚀 30 秒钟,再用甲苯、丙酮和乙醇依次超声清洗 5 分钟,用去离子水洗净烘干。在 GK-3000 型真空镀膜机中将金属 M(M=Au、Ag 或 Pd)快速蒸发至 n-GaP 单晶(111)面上,形成厚度为 500～1500 Å 的金属膜,其背面也在类似条件下镀上一层厚约 0.5～1 μ 的 Au-Sn 合金膜,以形成欧姆接触,再用银胶引出铜导线,继用环氧树脂涂敷封于有机玻璃电极套内,仅暴露出镀金属膜的正面,制成面积在 0.06～0.30 cm^2 之间的 M/n-GaP 光阳极。辅助电极是面积为 0.8 ×0.75 cm^2 的光亮 Pt 片。参比电极为 1NKOH 的 HgO(黄色)/Hg 电极(用于碱性液)或饱和甘汞电极(SCE)(用于中性和酸性液)。文中所示电位均相对于标准氢电极(NHE)而言。光源采用 22 V 250 W 全反射放映灯或者 24 V 250 W 溴钨灯,波长分布在 370～650 nm 之间,用 JG-1 型绝对功率计测定到达电极表面的光强度。光电化学系统如图 1。

用 SP-2305 型气相色谱仪分析电解液中乙醛和丙酮等(用氢火焰离子检测器)和气相中的氢气和氧气等(用热传导检测器)。实验中未检测出 CO_2。用 721 型分光光度计,以 Dithzone 比色法[5]分析电解液

---

* 1983 年 8 月 17 日收到。

中和电极表面的 Ag^I，用 6JA 型干涉显微镜检测 M/n-GaP 电极表面金属膜厚度。所用试剂中，KOH、KCl 为优级纯，其余为分析纯。水溶液为重蒸二次的去离子水，银胶由厦门半导体四厂提供。

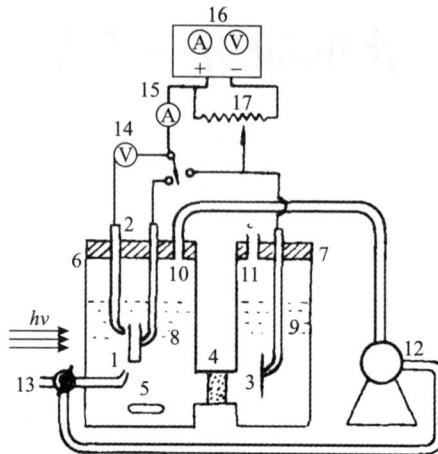

图 1　光电化学系统示意图

Diagram of the photoelectrochemical system

1. 半导体光阳极　2. 参比电极　3. Pt 片阴极　4. 饱和 KCl 琼脂盐桥　5. 磁搅拌磁芯　6. 阳极室　7. 阴极室　8. 阳极电解液　9. 阴极电解液　10. 阳极室气体出口　11. 阴极室气体出口　12. 气体循环泵　13. 经除 O_2 的乙烯进口　14. 六位直流数字电压表　15. 微安表　16. 直流稳压电源　17. 滑线电阻

光电解池与各电极使用前均经清洗。电解池注入电解液后密封，通入高纯氮气半小时以驱赶系统内的空气与电解液内溶解的氧气，再通乙烯至阳极室驱赶 N_2，并使阳极液溶解乙烯至饱和。光照时，乙烯气体持续通至光阳极表面，同时搅拌并用冷凝水恒温。所有实验中，均用 pH 为 1—2 的酸性水溶液为阴极电解液，Pt 阴极都正常放 H_2。连续辐照时间一般为 8—12 小时，阳极液每隔 2—4 小时取样检测一次。

结果与讨论

1. n-GaP 光阳极体系

用未加修饰的 n-GaP 单晶片作为光阳极，在几种不同的阳极液中（恒温 30℃），甚至外加偏压情况下（本文外加偏压均为正向）都未检测到生成的乙烯氧化产物，但明显看到电极表面被腐蚀，生成一层白膜（电解液经氧化剂处理，可检测到一定量的 PO_4^{3-}）。阴极放 H_2 电流效率在 91% 以上，但阳极电流主要消耗于 n-GaP 的光腐蚀过程中，有时也检测到微量氧，这显然不是所希望的，因此可以认为 n-GaP 电极无光催化氧化乙烯的活性。

2. Au/n-GaP 光阳极体系

用面积为 0.30 cm^2 的 Au/n-GaP 作光阳极，光强度为 130 mW/cm^2，阳极液恒温 30℃。阳极液中均未检测到乙烯氧化产物，放氧效率较高，电极表面金膜稳定性较好，因此可较好地保护 n-GaP 基底，减少光腐蚀。光电解池内主要发生光解水放氢放氧的反应。阴极放 H_2 电流效率在 94% 以上。因此，在本文实验范围内（无外加偏压），没观测到 Au/n-GaP 有催化氧化乙烯的活性。

3. Pd/n-GaP 光阳极体系

光强度为 120 mW/cm^2，实验数据列入表 1。当无外加偏压时，阳极检测不到乙烯氧化产物，可检测到少量氧，电极表面钯膜有被氧化现象。外加 0.3～0.6 V 偏压后，在光照下，阳极液中检测到丙酮与痕量乙醛,小于 10％的阳极电流用于氧化乙烯,同时有 O_2 放出,而且钯膜氧化明显,电极都不能重复使用。
光阳极可能同时存在以下三种反应:

$$Pd + 2OH^- + 2h^+ \longrightarrow Pd(OH)_2 \tag{1}$$

$$2OH^- + 2h^+ \longrightarrow \frac{1}{2}O_2 + H_2O \tag{2}$$

$$3C_2H_4 + 4OH^- + 4h^+ \longrightarrow 2CH_3COCH_3 + 2H_2O \tag{3}$$

如以反应(1)为主,可能外加偏压有利于 $Pd^0 \rightarrow Pd^{++}$ 和乙烯的吸附,因为 Pd^{++} 是乙烯氧化的良好催化剂。电催化中,Dahms 和 Bockris[6] 在酸性液中控制 Pd 电极电位在 0.7 V 以上,也得到乙烯氧化产物,乙醛与丙酮。而控制电位在 0.6 V,则只得到乙醛。

4. Ag/n-GaP 光阳极体系

实验数据列入表 2,由表 2 可见,在电解液、偏压等条件基本相同时,与 n-GaP 光阳极相比,Ag 膜的催化作用是明显的。Ag 膜被氧化的克分子数比产物乙醛和丙酮的量少得多,尤其在碱性液中,根本检测不到 Ag^I(但在电极表面可检测到),故可能是在 Ag 电极表面上催化氧化乙烯。

5. pH 值的影响

实验证明,有利于提高光电流密度的 pH 值顺序为:碱性＞酸性＞中性,浓碱液大于稀碱液。当高 pH 值时,光阳极表面吸附 OH^- 离子,有利于捕获迁移到表面的光生空穴,从而保持较高的电流密度。而且,高 pH 值可使放氧电位负移,有利于放氧。在阴极保持低 pH 值时,浓差电压起到了外加偏压的作用。

6. 溶剂的影响

从实验现象看,参与反应的主要是溶解在溶液中的乙烯,通至电极表面的气相乙烯在反应中所起的作用尚待探讨,但通乙烯气至少起到了搅拌作用。由于乙烯在水溶液中溶解度较小,所以也采用水-有机物混合溶剂,以提高乙烯的溶解度。实验结果表明,阳极电流效率在 DMF-H_2O 混合溶液中比在水溶液中要高(见表 2),即可能与乙烯溶解度有关。

7. 偏压的影响

通过外加偏压改变电极电位,在其他条件相似的情况下,氧化乙烯可得不同产物。如光辐照 Ag/n-GaP 电极的反应,只得乙醛;而外加偏压,则产物主要是丙酮。对于 Pd/n-GaP 电极,无外加偏压则检测不到乙烯氧化产物;加之,也可得丙酮。这说明偏压对电极氧化能力和氧化产物选择性起决定作用。

8. 金属膜的作用

实验结果表明,镀金属膜可使放氧增加。Au、Pd 和 Ag 三种金属比较,Au/n-GaP 电极没能得到乙烯氧化产物;Pd/n-GaP 电极需外加偏压;而 Ag/n-GaP 电极在光辐照下,就有可能得到氧化产物,所以催化活性顺序是:Ag＞Pd＞Au。在金属膜存在时,电解液(经氧化剂处理)中检测不到 PO_4^{3-},这证明金属膜起到保护电极的作用。从氧化还原电位看(Au^+/Au,＋1.68 V;Pd^{++}/Pd,＋0.83 V;Ag^+/Ag,＋0.799 V),电位较负的易被氧化,催化活性相应要高一些;但电位较正的化学稳定性较高,这与实验一致。所以,自身稳定性与保护光阳极稳定顺序是 Au＞Pd≃Ag。

9. 光能转换效率的估算

释出的氢如用于燃料电池,理论上可产生 1.23 V 的电位,所以每个氢分子可贮能 2.46 eV,故能量转换效率为:

$$\phi = 1.23I/W_{ph}$$

式中 I 是光电流密度(mA/cm^2)(暗电流和外加偏压所引起的电流变化均已扣除),W_{ph} 为入射光强度(mW/cm^2)。

表 1　Pd/n-GaP 光阳极实验数据

Experimental data for Pd/n-GaP photoanode

编号	电极面积 (cm²)	光照时间 (h)	阳极电解液	光阳极电位范围 (V)	开路光电压 (V)	平均光电流密度 (μA/cm²)	外加偏压 (V)	加偏压后电流密度 (μA/cm²)	阳极电流效率 (%)	阳极放 O₂ 电流效率 (%)	乙烯氧化产物 (μmol)	阳极乙烯氧化电流效率 (%)
1	0.09	12	0.1NKOH-0.5NKCl-DMF-H₂O 混合液	0.39~0.56	0.63	1080	—	—	—	—	无	—
2	0.11	12	同上	0.39~0.46	0.57	827	—	—	98	—	无	—
3	0.26	8	0.1NKOH-0.5NK₂SO₄ 水溶液	~+0.06	0.85	1540	0.6	9600	94	34	丙酮(2.07) 痕量乙醛	1.0
4	0.06	7	同上	~-0.09	0.42	420	0.3	1830	94	17	丙酮(1.38) 痕量乙醛	9.6

表 2　Ag/n-GaP 光阳极实验数据

Experimental data for Ag/n-GaP photoanode

编号	电极面积 (cm²)	光照时间 (h)	光强度 (mW/cm²)	阳极电解液	pH 值	光阳极电位范围 (V)	开路光电压 (V)	平均光电流密度 (μA/cm²)	外加偏压 (V)	加偏压后电流密度 (μA/cm²)	阴极电流效率 (%)	金属膜氧化量 (μmol)	乙烯氧化产物 (μmol)	阳极乙烯氧化电流效率 (%)
1	0.30	21.5	150	0.1NKOH-0.5NKCl-DMF-H₂O 混合溶液	—	-0.24~-0.35	0.36	460	—	—	91	—	乙醛(29.1)	52
2	0.10	12	150	同上	—	-0.32~-0.62	0.69	2640	—	—	97	1.67	乙醛(20.7)	35
3	0.14	9	120	0.5NK₂SO₄ 水溶液	7	~+0.89	0.48	110	0.6	180	未测	—	丙酮(1.38) 痕量乙醛	32
4	0.08	11.5	140	同上	7	~+0.34	0.24	200	0.3	250	87	0.59	丙酮(1.12) 痕量乙醛	26
5	0.10	12.5	120	0.5NH₂SO₄-0.5NK₂SO₄ 水溶液	1.5	+0.01~-0.15	0.50	350	—	—	90	0.30	乙醛(0.68)	9.5
6	0.16	9	120	0.1NKOH-0.5NK₂SO₄ 水溶液	13	~-0.01	0.60	1700	0.5	3810	98	—	丙酮(2.76) 痕量乙醛	2.7

各 M/n-GaP 光阳极所得转换效率如表 3 所示,Ag/n-GaP 光阳极在不同电解液中转换效率如表 4 所示。很明显,它们的光能转换效率都不高,但光阳极催化氧化有机物与阴极放 H_2 偶联,这可能有一定实际意义,这也正是本文主要的考察目的。光阳极将乙烯氧化,实际上也提高了光能利用率。

表 3 M/n-GaP 光阳极的光能转换效率

Conversion efficiencies of light energy for M/n-GaP photoanodes

电极	n-GaP	Au/n-GaP	Pd/n-GaP	Ag/n-GaP
ϕ,%	0.95	1.23	1.58	2.16

表 4 Ag/n-GaP 光阳极在不同电解液中的光能转换效率

Conversion efficiencies of light energy for Ag/n-GaP photoanodes in various electrolytes

电解液	ϕ,%
0.1NKOH-0.5NKCl-DMF-H_2O 混合溶液	2.16
0.1NKOH-0.5NK$_2$SO$_4$ 水溶液	1.73
0.5NH$_2$SO$_4$-0.5NK$_2$SO$_4$ 水溶液	0.36
0.5NK$_2$SO$_4$ 水溶液	0.17

10. 可能的反应机理

在不同催化反应中,以 Ag 或 Pd 催化氧化乙烯,得到的主要产物不同(见表5),由此看其反应机理是不尽相同的。乙醛与环氧乙烷为同分异构体,所以在 Ag 阳极上存在先生成环氧乙烷,再异构化成为乙醛的可能性。为此,我们在完全相同的条件下,以环氧乙烷代替乙烯进行实验,并未得到乙醛,从而否定了这种可能。据此,我们认为在 Ag/n-GaP 光阳极上光催化氧化乙烯生成乙醛的可能的反应机理如下式所示:

表 5 在不同催化反应中,Ag 与 Pd 催化氧化乙烯的主要产物

The main products of the catalytic oxidation of ethene by Ag and Pd in different catalytic reactions

反应类型 \ 主要产物 / 催化剂	Ag	Pd
多相催化	环氧乙烷	乙酸、乙醛[7]
电催化	乙二醇[8]	乙醛、丙酮、丙醛[6]
光电催化(本实验)	乙醛、丙酮	丙酮

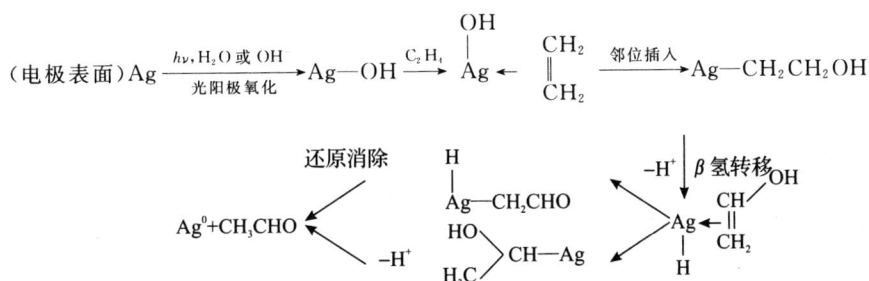

Tsutsui 等[9] 已制备出稳定的 Pt 的乙烯醇络合物,并观察到其转化为 β-氧代烷基络合物,这就旁证了上述可能的机理中 β 氢转移以后,乙烯醇基的络合物和吸附的乙醛基络合物是可能存在的。

本实验中不论是 Ag/n-GaP 或 Pd/n-GaP 光阳极，在外加一定偏压下，凡有丙酮生成都有痕量乙醛出现，不妨认为这两种光阳极生成丙酮的反应机理相似。而且，丙酮的产生都可能经历乙醛中间态，但外加偏压提高电极氧化能力，维持 Ag^I 甚至 Ag^{II} 的价态，使得吸附的乙醛来不及完全脱附，就进一步吸附乙烯，并经历一系列中间态直至生成丙酮。我们在完全相同的条件下，以乙醛代替乙烯作为底物氧化，并未检测到丙酮，这就旁证了乙烯在电极上是一次反应到底而得到丙酮的。如吸附态的乙醛脱附，就不能进一步反应生成丙酮了。据此，我们认为，乙烯氧化生成丙酮的反应机理可能如下式所示：

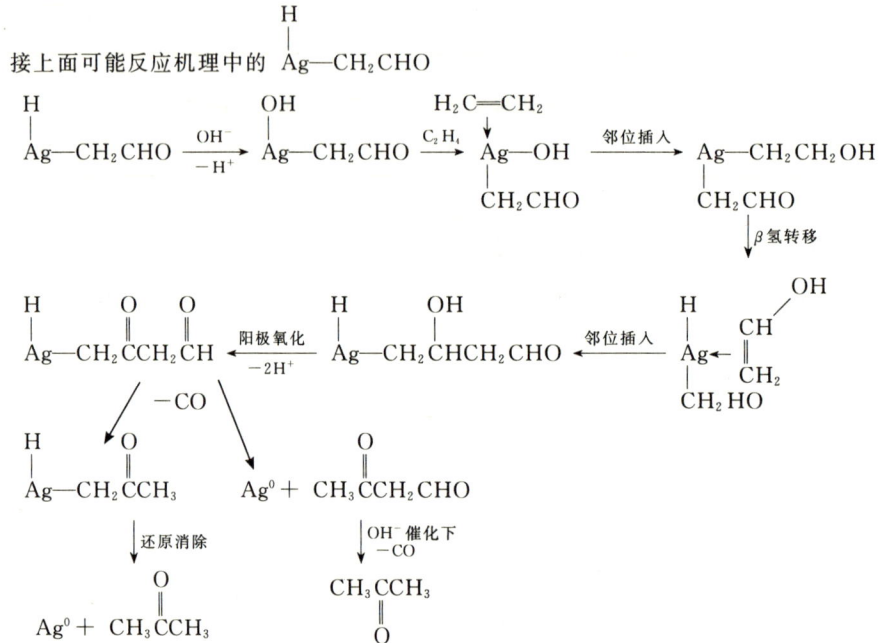

接上面可能反应机理中的 Ag—CH_2CHO（上有 H）

$$H-Ag-CH_2CHO \xrightarrow[-H^+]{OH^-} Ag-CH_2CHO(OH) \xrightarrow{C_2H_4} Ag-OH(CH_2CHO) \xrightarrow{\text{邻位插入}} Ag-CH_2CH_2OH(CH_2CHO)$$

$$\xrightarrow{\beta\text{氢转移}}$$

$$Ag-CH_2CH_3COH(\cdots) \xleftarrow{\text{邻位插入}} Ag-CH_2CHCH_2CHO(OH) \xleftarrow{} $$

$$Ag-CH_2CCH_2CH \xrightarrow[-2H^+]{\text{阳极氧化}}$$

$$\xrightarrow{-CO}$$

$$Ag-CH_2CCH_3 \qquad Ag^0 + CH_3CCH_2CHO$$

$$\downarrow \text{还原消除} \qquad\qquad \downarrow \begin{array}{c}OH^- \text{催化下}\\ -CO\end{array}$$

$$Ag^0 + CH_3CCH_3 \qquad CH_3CCH_3$$

上面的可能反应机理尚待以后实验证实。

用修饰半导体光阳极光电催化氧化乙烯兼得氢燃料的方法是可行的。镀金属膜物理修饰半导体电极表面，以达到既保护电极又催化阳极反应的双重目的是可能的，当然光电催化效率尚有待提高。

致谢 厦门大学化学系叶世源和尤金跨同志对本文部分内容进行过有益的讨论，陈健同志协助部分实验，物理系林秀华同志协助真空镀膜，作者在此一并表示感谢。本工作受中国科学院科学基金资助。

参考文献

［1］Miyake,M.,Yoneyama,H.,Tamura,H.,Electrochimia Acta,**21**(1976),1065.

［2］Gratzel,M.,J. Am. Chem. Soc.,**101**(1979),7741.

［3］Sakata,T.,Kawai,T.,Chem,Phys. Lett.,**80**(1981),341.

［4］Sato,S.,White,J. M.,ibid,**70**(1980),131.

［5］Friedeberg,H.,Anal. Chem.,**27**(1955),1305.

［6］Dahms,H.,Bockris,J. O'M,J. Electrochem. Soc.,**111**(1964),728.

［7］Gerberich,H. R.,Cant,N. W.,Hall,W. K.,J. Catal.,**16**(1970),204.

［8］Holbrook,Ľ. L.,Wise,H.,ibid,**38**(1975),294.

［9］Hillis,J.,Francis,J.,Ori,M.,Tsutsui,M.,J. Am. Chem. Soc.,**96**(1974),4800.

A Study on The Photoelectrocatalytic Oxidation
Of Ethene: Metal/n-GaP Photoanode

Zheng-Wei Huan，Qi-Xing Zhuang，Qi-Rei Cai

(Xiamen University)

Abstract

In the present paper, possibility to realize the double purposes of both catalytic oxidation of ethene to useful organic products and concurrent production of hydrogen fuel by means of photoelectrochemical method was investigated, as well as the functions of the metallic films (Au，Ag and Pd plated on the surface of n-GaP semiconductor electrode) in preventing photocorrosion of the electrodes and in catalytic oxidation of ethene. The effects of such factors, as applied bias, pH, solvent, and so on, on the anodic reactions have been studied. Possible mechanisms of the reactions have been tentatively discussed.

■ **本文原载**:《厦门大学学报》(自然科学版)第 24 卷第 4 期(1985 年 10 月),第 448～456 页。

固氮酶反应中 ATP 驱动电子传递的化学模拟 I. $[Fe_4S_4(SR)_4]^{2-}$ 原子簇与 ATP 络合的极谱及电子吸收光谱的研究*

陈鸿博　张鸿图　林国栋　蔡启瑞

（化学系　物理化学研究所）

摘　要　将 ATP 加到 $[Fe_4S_4(SPh)_4]^{2-}$ 的 $DMF-H_2O$ 溶液中,引起 $[Fe_4S_4(SPh)_4]^{2-}$ 原子簇的氧化还原电位从 -1.00 ± 0.01 伏移至 -1.49 ± 0.01 伏,负移 490 mV 左右;使 $[Fe_4S_4(SPh)_4]^{2-}$ 原子簇的电子吸收光谱特征吸收强度明显降低;同时加速 $[Fe_4S_4(SPh)_4]^{2-}$ 与亚甲蓝的氧化还原反应,这种加速效应比 ADP 明显,而 ADP 又比 AMP 明显得多。根据这些实验事实,可以认为 ATP 能以末端的 $\gamma-PO_4$ 基团,或 $\gamma-PO_4$ 和 $\beta-PO_4$ 基团与 $[Fe_4S_4(SPh)_4]^{2-}$ 原子簇络合或螯合,引起后者的配位场增大,提高电子的输出能力。本文还讨论了 ATP 与 $[Fe_4S_4(SPh)_4]^{2-}$ 原子簇的络合方式,进而探讨了 ATP 在固氮酶中的结合部位和作用机理。

前　言

在固氮酶催化作用中,ATP 驱动的电子传递是生物化学过程中电子和能量偶联传递的一个重要的例子。六十年代以来,国内外许多研究者开展了固氮酶的组成、结构和固氮作用机理的研究,并取得了许多重大的进展。已经探明,固氮酶是由 Fe-蛋向和 MoFe-蛋白组成的[1]。

Fe 蛋白是由两个亚单位组成,仅有一个 $[Fe_4S_4^*]^{+1(+2)}$ 中心,在电子传递过程中起单电子载体的作用。每个 Fe 蛋白分子络合 2 个 MgATP(记为 t),t 称为“电子活化体”。不过,这种“电子活化作用”的图象仍较模糊,根据 $2t$ 与 Fe-蛋白络合使 $Fe_4S_4^*$ 中心反而容易被菲绕啉铁螯合剂破坏的事实[2],大多数研究工作者认为,这是 t 与 Fe-蛋白的 $Fe_4S_4^*$ 中心以外的其他部分键合,使 Fe-蛋白的构型产生变化,从而导致 $Fe_4S_4^*$ 中心暴露出来的缘故。有些研究者[3]应用巯基试剂,如碘乙酸酯或对一氯汞苯甲酸酯检测方法,发现 t 与 Fe-蛋白混合后反应-SH 基团数目减少。因此,他们认为 t 可能与 Fe-蛋白的巯基相连。然而,t 能否与—SH 化学键合? 如果键合不强,t 是否能保护—SH 免受上述强的巯基试剂的进攻? 如果键合强,电子传递后,t 的水解产物能否立即释放出来? 已知 t 与 Fe-蛋白的络合在没有电子传递时并不发生水解,如果 t 不与电子传递中心络合,在有电子传递时,后者是怎样伴随着发生 t 的水解的? 为了澄清上述问题,本文采用阴极极谱法、循环伏安法和电子吸收光谱等方法,研究了 t 与 $Fe_4S_4^*$ 的络合及其对电子传递的促进作用。

---

*　中国科学院科学基金资助的课题。本文 1985 年 3 月收到。

实 验

一、主要试剂及提纯

无水三氯化铁($FeCl_3$)：c. p.，上海金山化工厂产品。在氩气保护下在 400℃ 左右升华提纯，并保存在干燥的氩气氛中。

元素硫(S)：光谱纯。苯硫酚(HSPh)：纯度＞98%，瑞士进口。苄硫醇($HSCH_2Ph$)：西德进口。亚甲蓝(M. B.)：生化试剂。二甲基甲酰胺(DMF)：A. R.，上海试剂一厂产品。使用前用 3A 分子筛除水，再在氩气氛下减压蒸馏，将馏液通氩气及抽空除氧，并保存氩气氛中。

乙腈(MeCN)：A. R.，上海试剂一厂产品。甲醇(MeOH)：A. R.，上海试剂一厂产品。此二种使用前的预处理同 DMF。

三磷酸腺苷二钠盐：生化试剂，上海生化所产品，过柱层析提纯。

二磷酸腺苷钠盐(ADP)：生化试剂，含量＞80%，上海生化所产品。单磷酸腺苷钠盐(AMP)：美国进口。硫氢化钠(NaHS)：按一般方法制备[4]。四甲基高氯酸季胺盐(Me_4NClO_4)按 House[5] 方法制备。

二、$(Bu_4N)_2[Fe_4S_4(SR)_4]$(R＝CH_2Ph,Ph)的合成及鉴定

$(Bu_4N)_2[Fe_4S_4(SCH_2Ph)_4]$ 按 Holm[6] 方法合成，$(Bu_4N)_2[Fe_4S_4(SPh)_4]$ 按 Christou 和 Garner[7] 方法合成。

由于 $[Fe_4S_4(SR)_4]^{2-}$ 对氧敏感，所以它的合成及实验都是在氩气氛中进行的。

三、电子吸收光谱的测定

电子吸收光谱是在 710 型自动记录分光光度计(上海第三分析仪器厂产品)及 UV240 记录分光光度计(日本岛津公司产品)测定的。

$(Bu_4N)_2[Fe_4S_4(SPh)_4]$—ATP(ADP、AMP)体系电子吸收光谱的测定。

(a)在 10 mm 石英样品池中注入 0.5 ml Tris HCl 水溶液(pH＝7.0)，1.6 mlDMF 和 $20\mu l Fe_4S_4^*$ 溶液，使$[Fe_4S_4^*]$＝0.098 mM，放置 15 分钟，在 650～300 nm 范围内作电子吸收光谱扫描；

(b)在(a)溶液中每次加入 4μl 的 ATP 溶液，使它与 FeS_4^* 的摩尔比分别为 0.5,1.0,2.0,3.0,10.0，得到一组电子吸收光谱曲线。用双硫腙银法检测[3]，t 加入 $Fe_4S_4^*$ 溶液后，不析出游离的 HSPh。

四、$(Bu_4N)_2[Fe_4S_4(SPh)_4]$-t(d,m)的阴极极谱和循环伏安测定

阴极极谱和循环状安测定是在 DHZ-1 型电化学综合测试仪(福建三明市无线电二厂产品和 L23 104 型 X—Y 函数记录仪组合的电化学测试系统上进行的。以下两种测定的参比电极均为饱和甘汞电极，支持电解质均为 0.1M 四甲基过氯酸季胺盐的 DMF 溶液。研究电极：阴极极谱，滴汞电极；循环伏安测定，汞膜电极(厦门第二分析仪器厂产品)。

I. $(Bu_4N)_2[Fe_4S_4(SPh)_4]$—t(d,m)氧化还原半波电位的测定

在含 1.0 mM 的 t(或 d,m)和 0.1MMe_4NClO_4 的 DMF-H_2O(85%～15%，v/v，pH＝8.0)加入一定量的$[Fe_4S_4(SPh)_4]^{2-}$，使$[Fe_4S_4^*]$＝0.5 mM，放置 15 分钟，进行极谱测定。测定参数如下：扫描范围：—0.3 伏到—2.0 伏(V. S. SCE.)；扫描速率：100 mV/min；滴汞周期：7 秒。

Ⅱ.(Bu₄N)₂[Fe₄S₄(SPh)₄]—H₂O(或 t)的循环伏安测定

以 100 mV/s 的扫描速率对下列两种溶液进行循环伏安扫描：

1°在 DMF-H₂O(90％～10％,v/v,pH＝7.5)溶液中加入一定量的[Fe₄S₄(SPh)₄]²⁻DMF 溶液,使[Fe₄S₄*]＝0.5 mM；

2°在含[t]＝1.5 mM 的 DMF H₂O(90％～10％,v/v,pH＝7.5)溶液中加[Fe₄S₄(SPh)₄]²⁻DMF 溶液,使[Fe₄S₄*]＝0.5 mM。

五、(Bu₄N)₂[Fe₄S₄(SPh)₄]²⁻—t(d、m、Pi、ClO₄⁻)与 M.B.的氧化还原反应快慢的测定

在样品池中注入 2.17 ml DMF-H₂O[75％～25％,v/v,内含 3.226 μmol t(或 d、m、Pi、ClO₄⁻)pH－7.0],加入 0.1022 μmol 的[Fe₄S₄(SPh)₄]²⁻,使 t/Fe₄S₄*＝31,再加入 0.750 μml M.B.(此时 M.B./Fe₄S₄*＝7),立即在 650 nm 处测定混和液的消光值随时间的变化。

结果和讨论

Depamphilis[9]曾报道,[Fe₄S₄(SPh)₄]²⁻在 DMF 中有两个特征吸收带(260、457 nm),本工作测得其在 DMF-H₂O 中的可见吸收带移至 450 nm,略为紫移的原因可能是溶液介质及仪器的差异造成的。当 t 加到[Fe₄S₄(SPh)₄]²⁻的 DMF－H₂O 中时,引起后者的特征吸收峰(450 mn)的消光值缓慢降低,当 t/Fe₄S₄*比率不同时,下降的程度也不同。当两者的比值增至 10.0 时,Fe₄S₄*的特征吸收强度降低仅约 1/3 至 1/2,说明 t 与 Fe₄S₄*原子簇的络合是很松散,很不完全的,它们之间存在一定的络合平衡：

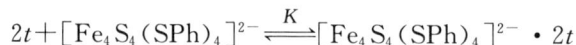

$$2t+[Fe_4S_4(SPh)_4]^{2-} \underset{}{\overset{K}{\rightleftharpoons}} [Fe_4S_4(SPh)_4]^{2-} \cdot 2t$$

这里,需要指出,本工作也做过介质完全相同而仅 t/Fe₄S₄*比率不同的实验,得到与上述相同的结果。另外,上述实验在第一次加入 4μlt 时,使得[Fe₄S₄(SPh)₄]²⁻吸收强度有较多的降低,然而,此时增加的体积与原体积之比为 1：525,增加的体积可忽略不计。因此,我们认为,t 的加入所引起的[Fe₄S₄(SPh)₄]²⁻在可见区吸收强度的降低,并非稀释效应引起的。

研究表明,Fe₄S₄*在 450 nm 左右的特征吸收主要是硫铁荷移跃迁的结果[10]。t 与 Fe₄S₄*结合后,作用于 Fe₄S₄*中心的 Fe^{Ⅱ(Ⅲ)}的配位场(负)必然增加,使硫原子向铁原子转移电子的倾向大大减小,即向紫外转移(因紫外区背景吸收较强,未能测出此峰),而剩余的未络合 t 的[Fe₄S₄(SPh)₄]²⁻原子簇仍具有 450 nm 的特征吸收,因此,我们认为,t 使 Fe₄S₄*特征吸收谱带强度降低,正是反映 t 与[Fe₄S₄(SPh)₄]²⁻配位络合的结果。

图 1　含不同混合比的 Fe₄S₄*-t 的电子吸收光谱

Fig. 1　Electronic absorption spectra of Fe₄S₄*-t which is different ratio between t and Fe₄S₄*

(Et₄N)₂[Fe₄S₄(SPh)₄]在 DMF 中,其 2-/3-偶的氧化还原半波电位是－1.039 伏(V.S.SCE.下同),3-/4-偶的氧化还原半波电位是－1.748 伏[9]。(Bu₄N)₄[Fe₄S₄(SPh)₄]在 DMF-H₂O(85％～15％,v/v,下同)中的氧化还原半波电位,2-/3-偶为－1.0 伏(可认为仍在原处(－1,039 伏)。但 3-/4-偶的半波电位为放氢所掩盖(图2)。

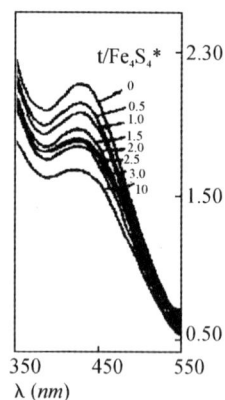

当[Fe₄S₄(SPh)₄]²⁻与 t 混合后，在极谱图上出现三个明显的氧化还原半波电位（−1.0 伏、−1.49 伏、−1.74 伏）（图 3）。[Fe₄S₄(SPh)₄]²⁻与 ADP 混合也有类似的现象。这个现象的合理解释是：−1.0 伏和−1.74 伏是[Fe₄S₄(SPh)₄]²⁻原子簇原来固有的 2−/3−偶及 3−/4−偶的氧化还原半波电位（因络合不完全），而−1.49 伏则是 Fe₄S₄*与 t 络合后产生的络合物 Fe₄S₄* · 2t2−/3−偶的氧化还原半波电位，含 2t 的络合物 Fe₄S₄* · 2t3/4 偶的半波电位估计负移沉−2.0 伏以后，由于放氧看不出来。

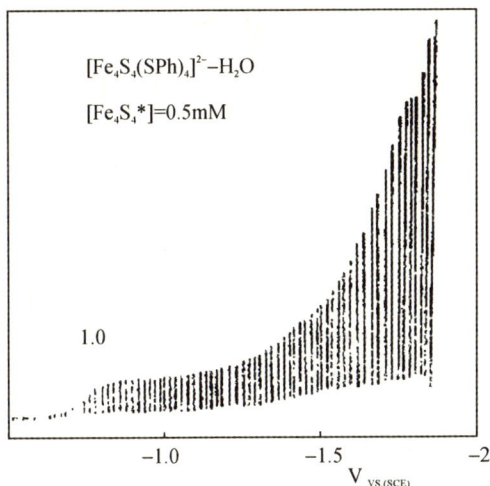

图 2 ［Fe₄S₄(SPh)₄］²⁻在 DMF-H₂O（85%～15%，v/v，PH＝8.0）的阴极极谱

Fig. 2 Cathodic polarogram of ［Fe₄S₄(SPh)₄］²⁻ in DMF-H₂O（80%～15%，v/v，pH＝8.0）solution

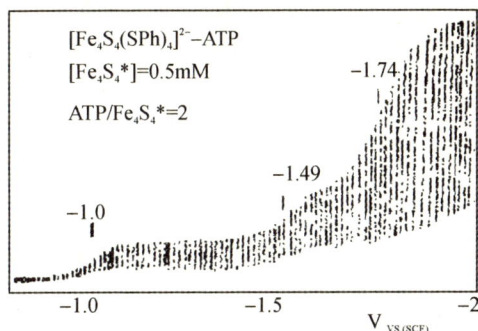

图 3 ［Fe₄S₄(SPh)₄］²⁻在含 tDMF-H₂O（85%～15%，v/v，PH＝8.0）的阴极极谱

Fig. 2 Cathodic polarogram of ［Fe₄S₄(SPh)₄］²⁻ in DMF-H₂O（80%～15%，v/v，pH＝8.0）solution containing t

在循环伏安测定实验中，我们得到类似极谱的结果，极据标准电极电势与峰电势的关系式[11]：

$$E^{\circ}ox/Red = \frac{E_{pa}+E_{pc}}{2} + \frac{0.029}{n} \cdot \lg\frac{D_{ox}}{D_{Red}}$$

近似计算的结果是：[Fe₄S₄(SPh)₄]²⁻在 DMF H₂O（90−10%，v/v，pH＝7.0）中氧化还原电位 $E^{\circ}_{1-/2-}$ ＝−0.49 伏；$E^{\circ}_{2-/3-}$＝−1.03 伏。在 t 存在时（此时 t/Fe₄S₄*＝3），[Fe₄S₄(SPh)₄]²⁻ · 2t 在 DMF−H₂O 中的氧化还原电位（$E^{\circ}_{1-/2-}$）$_t$＝−0,67 伏，（$E^{\circ}_{2-/3-}$）$_t$＝−1.42 伏。（图 4、5）。可见，由于 t 的加入，使 1/2 偶负移 180 mV，2−/3−偶负移 400 mV 左右。

如上所述，t 与合成模拟物[Fe₄S₄(SPh)₄]²⁻络合后，引起后者 2−/3−偶的氧化还原电位负移 490 mV 左右，但 t 与还原态 Cp2 络合后，后者的电位移动仅 108 mV 左右[12]。这种明显的差异可能是由于合成模型物和天然铁蛋白中的氧化还原中心的微环境和价态不同造成的。

最近，吴也凡等发现合成模拟物[Fe₄S₄(SPh)₄]²⁻能使 t 的 ³¹PNMR 产生化学位移，这个实验结果也说明 t 能与[Fe₄S₄(SPh)₄]²⁻络合。

通过电子吸收光谱、阴极极谱、循环伏安及 NMR 实验，说明了 t 能与 Fe₄S₄*作用，但 t 是作为取代基将 Fe₄S₄*的巯基配体取代下来，或仅仅是改变 Fe$^{Ⅱ[Ⅲ]}$的配位结构，使原来的四配位的准四面体配位结构变为五配位的三角双锥结构？如果 t 取代巯基配体，溶液中的巯基含量就会增加。吴也凡等通过对 t 加入前后，溶液中硫醇含量的实际检测，没有发现 HSΦ 含量明显增加。本文类似的实验结果，也说明 t 与[Fe₄S₄(SPh)₄]²⁻的 DMF−H₂O 溶液混合，静置 12 小时，溶液中 HSPh 的含量增加不到 1%（图 6）。这表明，t 并没有将[Fe₄S₄(SPh)₄]²⁻立方烷 Fe$^{Ⅱ[Ⅲ]}$上的配位体—SPh 取代下来，而是通过调整 Fe$^{Ⅱ[Ⅲ]}$上的配位数，使 Fe$^{Ⅱ[Ⅲ]}$从四配位变为五配位。

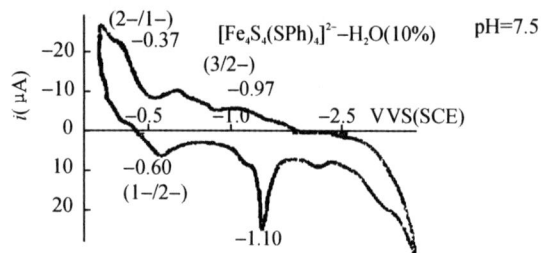

图 4 ［Fe₄S₄(SPh)₄］²⁻DMF-H₂O(90%~10%,v/v)中的循环伏安图

Fig. 4 Cyclic voltamm etry of ［Fe₄S₄(SPh)₄］²⁻ in DMF-H₂O(90%~10%,v/v)solution

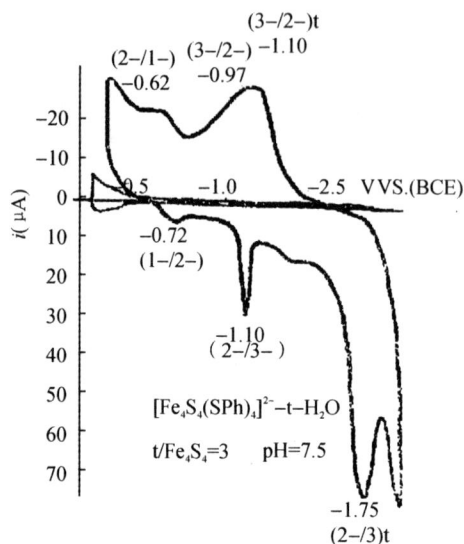

图 5 ［Fe₄S₄(SPh)₄］²⁻ 在含 tDMF-H₂O(90%~10%,v/v)中的循环伏安图

Fig. 5 Cyclic voltammetry of ［Fe₄S₄(SPh)₄］²⁻ in DMF-H₂O(90%~10%,v/v)solution containing t

由于 ATP、ADP(记为 d)、AMP(记为 m)的腺嘌呤基团所产生的空间障碍随着磷酐键的缩短而增加,t、d、m 与［Fe₄S₄(SPh)₄］²⁻ 络合的络合常数应该有所不同,即配位体施加到 $Fe_4S_4^*$ 原子簇的配位场不同。为了证实这个看法,我们分别将含有等量 t,d、m、Pi 或 ClO_4^- 的［Fe₄S₄(SPh)₄］²⁻DMF—H₂O 溶液与一定量的氧化剂亚甲兰快速混合,然后在 650 nm 处测定亚甲兰的特征吸收峰随时间的变化,以此估测 t、d 等促进［Fe₄S₄(SPh)₄］²⁻ 与 M.B. 反应快慢的顺序(图 7)。从图上可以看到,促进该反应的大小顺序为:

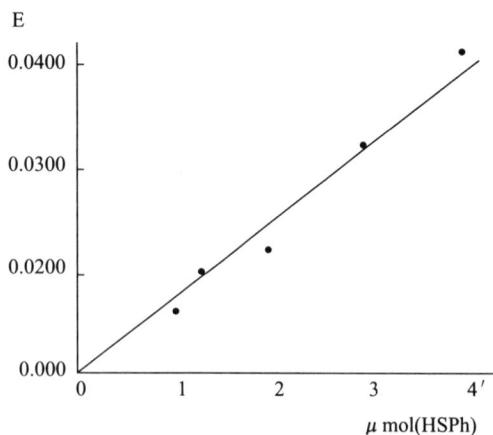

图 6 ［Fe₄S₄(SPh)₄］²⁻-t 溶液中 HSPh 的检测

Fig. 6 Determination of HSPh in ［Fe₄S₄(SPh)₄］²⁻-t solution
…… HSPh 的工作曲线 Working cure of HSPh
—• 样品中含量 Content of HSPh in sample solution

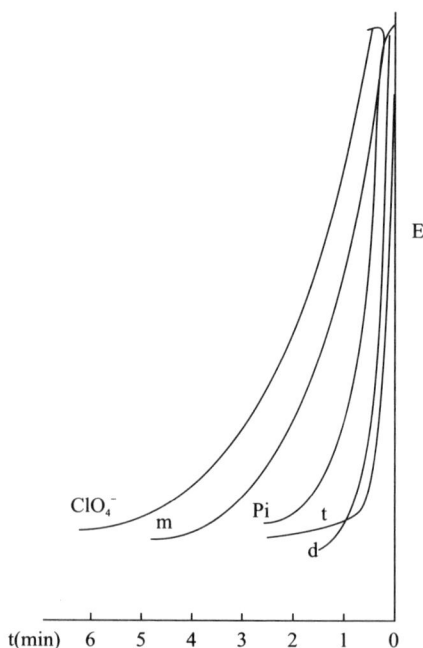

图 7 $Fe_4S_4^*$-L 和 M. B. 之间氧化还原反应速率的测定

Fig. 7 Determination of rate of redox reactions between $Fe_4S_4^*$-L and methylene blue

$$t \geqslant d > Pi > m > ClO_4^-$$

在 t、d、m 三者之中，如所予期，t 对 $[Fe_4S_4(SPh)_4]^{2-}$ 与 M. B. 的氧化还原反应的促进作用最大，m 的促进作用最小。如果单从空间障碍考虑，HPO_4^{2-} 的促进作用应比 t 大，然而 t 与 d 都可能有一部分与 $[Fe_4S_4(SPh)_4]^{2-}$ 螯合而不单纯是单核络合。再者，每一个 HPO_4^{2-} 带有 2 个负电荷，可能具有最大的溶剂化能。因此，在 $[Fe_4S_4(SPh)_4]^{2-}$ 原子簇与亚甲兰的反应中，它的促进作用小于 d 而大于 m。

从电子吸收光谱、阴极极谱、循环伏安法和 NMR 实验结果，以及巯基乙醇对 t 的 ³¹PNMR 信号不影响的实验观察，都一致说明 t、d、m 都能与 $Fe_4S_4^*$ 络合，这暗示着在 Fe 蛋白的情形中，t 也是与 Fe-蛋白的活性中心 $Fe_4S_4^*$ 簇络合，而不大可能与 Fe-蛋白的外围组织 SH 结合。

本工作得到方钦和、卜跃、周明玉等同志的大力协助，特此致谢！

参考文献

[1]Watt GD Recent Developments in Nitrogen Fixation Newton WE. Postgate JR and Rodriguez-Barrueco c. (Eds.)Academic Press London(1977)184.

[2]Walker GA and Mortenson LE Biochem. Biophys. Res. Commun. **53**(1973)904.

[3]尤崇杓等. 植物生理学报 4(1978)123.

[4]Georg Brauer 主编. 无机化学制备手册. 第二版. 1972. 217.

[5]House HO et al. J. Org. Chem. **36**(1971)2371.

[6]Hoim RH et. al. J. Am. Chem. Soc. **85**(1973)3523.

[7]Christou George and Garner David CJ. C. S. Dalton **N6**(1979)1093.

[8]Kunkel RK et al. Anal,Chem,**31**(1959)1098.

[9]DePamphilis BV et al. J. Am. Chem. Soc. **96**(1974)4159.

[10]Yang CY et al. J. Am. Chem. Soc. **97**(1975)6596.

[11]Anson. F. 著. 黄慰曾编译. 电化学和电分析化学. 北京大学出版社. 1983. 2.

[12]Zuft WG,Mortenson LE and Palmer G Eur. J. Biothem **46**(1974)525.

Chemical Modeling of ATP-driven Electron Transport in Nitrogenase Catalyzed Reactions

Ⅰ. The Studies of Complexing $[Fe_4S_4(SR)_4]^{2-}$ Cluster with ATP Using Polarographic and Electronic Absorption Spectroscopic Methods

Hong-Bo Chen，Hong-Tu Zhang，Guo-Dong Lin，K. R. Tsai

(Department of Chemistry，Institute of Physical Chemistry)

Abstract

Addition of MgATP to $[Fe_4S_4(SPh)_4]^{2-}$ in DMF—H_2O has been found to shift polarographic talf-wave potential of the cluster complex from -1.00 ± 0.01 V to -1.49 ± 0.01 V; to suppress the electronic absorption spectral peak of at 450 nm and,moreover,to speed up redox reaction between $[Fe_4S_4(SPh)_4]^{2-}$ and methylene blue. This speeding-up effect of ATP was more pronounced than that of ADP，which in turn was considerably more pronounced than that of AMP. Based on these experimental facts,it is inferrcd that ATP were probably complcxcd through the binding (or chelation) of their terminal γ-PO$_4$ (or both γ-PO$_4$ and β-PO$_4$) group to the cubane cluster, resulting in an increase in ligand field acting on the cluster and thus promoting electron outflow from the cluster to the redox dye (methylene blue). Model of complexing ATP with $[Fe_4S_4(SPh)_4]^{2-}$ cluster is also discussed, and then complexing site and acting mechanism of ATP being in nitrogenase are proved.

■ **本文原载**:《物理化学学报》第 1 卷第 2 期(1985 年 4 月),第 177～185 页。

合成气制乙醇 Rh-Nb₂O₅/SiO₂ 催化剂中的 SMPI 和助催剂作用本质的研究*

顾桂松　刘金波　杨意泉　陈德安　林建毅　蔡启瑞　郭可珍①

（厦门大学化学系　物理化学研究所　中国科学院化学研究所,北京）

摘　要　使用负载型催化剂由合成气制乙醇是一碳化学研究的一个重要发展。本实验室前已报道用化学反应法检验出 Rh-Nb₂O₅/SiO₂ 表面上除了铑位外同时还存在氧化铌位。本文为三部分工作所组成:(1)进一步用氢还原过的 Nb₂O₅/SiO₂ 催化乙炔聚合成聚乙炔的化学方法推断 Rh-Nb₂O₅/SiO₂ 上可能存在着 Nb—H 键。(2)用 FTIR 法检测上述催化剂的红外光谱吸收带,1740 (w) cm⁻¹ 为 ν_{Rh-H},1560 cm⁻¹(broad,m)、1269 cm⁻¹(s)为与 Nb—H 有关的吸收,后者可能闻于桥式

Rh　Nb 的吸收。(3)XPS 检测出合成气处理的 Rh-Nb₂O₅/SiO₂ 表面上存在 Rh⁰、Rh¹、Nbⱽ、Nbᴵⱽ和两种不同的沉积碳。根据这些结果,提出活性中心可能为 A(参见正文图 3)简写为 B(见图 3),CO 转化的主要途径是

而后 C—O 还原断裂生成 ＝CH₂②,再与 CO 偶联为 CH₂＝C＝O,最后还原为乙醇或乙醛。根据实验结果对本体系催化剂中 SMPI 和助催剂作用的实质作了讨论。

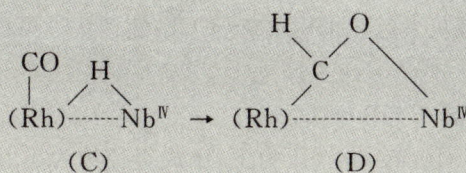

引　言

用负载型过渡金属催化剂由合成气制乙醇是近年来一碳化学具有重要实用意义和理论意义的进展[1,2]。根据文献[3]报道,目前比较有希望的催化剂体系是负载型铑系催化剂;助催剂、载体以及用以负载的铑化合物性质对催化剂的活性和选择性也有很大的影响,[2,4]但活性中心性质及催化反应机理都有待阐明。

本实验室前阶段的研究结果[5]表明:Rh-Nb₂O₅/SiO₂ 催化剂对合成气转化为乙醇的催化活性和选择性比 Rh/SiO₂ 好得多,同时又表明催化剂表面上并存着铑位和氧化铌位。为了进一步深入探讨这种 Rh-Nb₂O₅/SiO₂ 催化剂的金属—助催剂的相互作用机理和活性中心本质,本工作从以下三方面进行实验研

---

* 1984 年 7 月 14 日收到初稿,1984 年 12 月 25 日收到修改稿。中国科学院科学基金资助的课题。

① 郭可珍同志参加 XPS 实验工作。陈惠玲、黄菊君参加了部分工作。

② 本文中 A 表示吸附态的 A。

究:(1)以乙炔聚合反应为化学探针初步检验催化剂表面是否存在 Nb—H 键;(2)用 FTIR 检测氢在催化剂表面的吸附态;(3)用 XPS 检测催化剂上铑、铌的价态。

实　验

Nb_2O_5/SiO_2 的制备:

把睦胶小球(青岛化工厂出品,孔容 $0.9\ ml\ g^{-1}$,比表面 $300\ m^2g^{-1}$)浸入由新沉淀的氧化铌溶于草酸溶液而得的草酸铌溶液中,干燥后,再在空气中 550℃灼烧。

催化剂 $Rh\text{-}Nb_2O_5/SiO_2$ 的制备:

把 Nb_2O_5/SiO_2 浸入不同浓度的 $RhCl_3$ 甲醇溶液或 $Rh_4(CO)_{12}$(按文献[6]的方法合成)己烷溶液,而后干燥,前者在氢气流中 350℃还原 15 小时,后者在真空 180℃处理二小时。

Rh/La_2O_3 按文献[2]的方法制备。

合成气制乙醇的选择性和活性测试:

合成气(CO 经 5 Å 分子筛和 401 脱氧剂净化。氢气经 5 Å 分子筛和 105 脱氧剂净化。$CO/H_2=1/2$)通入固定床反应器(催化剂量为 $4\sim20\ g$),在 $200\sim225$℃常压、空速 $100\sim160\ h^{-1}$ 条件下进行反应。从反应器逸出的气体经冷阱(约-80℃)分离液体产物。反应物和产物用气相色谱分析〔气体产物分析用火焰离子化检测器,Chromorsorb101 柱,色谱柱长 4 m,柱温 100℃;液体产物的分析方法同上,但柱温为 120℃。CO 和 CO_2 分析用热导池检测器,碳分子筛色谱柱(0.5 m),柱温 30℃或 80℃〕。

氢还原过的催化剂对乙炔聚合性能的检测:

在 $100\sim120$℃,把净化干燥的乙炔通入氢还原过的 Nb_2O_5/SiO_2 或 $Rh\text{-}Nb_2O_5/SiO_2$,得不到乙炔三聚环化生成的苯,但催化剂迅速呈灰黑色。采用 Br_2-CCl_4 处理法[7]可以检验这灰黑色沉积物是否为聚乙炔。

催化剂上氢吸附态的红外光谱(FTIR)测试:

催化剂按前述方法制备,在 $1\times10^3\ kg\ cm^{-2}$ 压力下,压成直径约为 10 mm 小片,装入特制的红外池,在 350℃通氢还原,然后用 FTIR 光谱仪 Nicolet5Dx 在室温下拍谱。

催化剂上铑、铌价态的 x 光光电子能谱(XPS)测试:

把按前述方法制备的催化剂用特制的厌氧干燥箱在 Ar 气氛中保护送入 Kratos 的 ES300XPS 谱仪的样品室测试,以 C1s(285 eV)或 Si2p 为内标。误差±0.2 eV。

结　果

表 1　200℃、常压下用负载型催化剂催化合成气(CO/H₂=1/2)制乙醇

Table 1　Syngas (CO/H₂=1/2) converted to ethanol over supported catalysts at 200℃、1atm

催化剂组成 The composition of catalysts	比表面 Specific surf. area $m^2 g^{-1}$	CO S.V h^{-1}	CO T.O.N M/MRh h	产物分布 The distribution of products C.E=i $C_i/\sum ici \times 100\%$											碳数回收% carbon recov.
				CH_3OH	EtOH	HAc	PrOH	AcOMe	CH_4	C_2H_4	C_2H_6	C_3	C_4	CO_2	
Nb₂O₅/SiO₂ 5wt%		86	0.37*						95	3.5			2.0		
Rh/SiO₂ 1.6wt%		100	0.79	0.1	0.1				55	2.8	4.2	23	8.3	7.1	
Rh(T)—Nb₂O₅/SiO₂ 3.8wt%,r=2	245	100	1.5	3.8	1.4		0.4		35	4.7	22	14	1.5	4.0	87
Rh(C)—Nb₂O₅/SiO₂ 2wt%Rh,r=2		159	1.7	3.0	32	3.3			30	10	0.8	8.7		13	77
Rh(C)/La₂O₃ 0.3wt%Rh**	26	82	1.1	13	54	4.3		1.2	13	0.4	0.8	102		13	

碳数回收% =（所得碳数/加入碳数）×100%

Carbon recov. =（Carbon obtained/carbon added）×100%

Rh(T)—表示从 RhCl₃ 制得（means prepared from RhCl₃）

* M/MNb₂O₅

** 反应温度 225℃（Reaction tempreture 225℃）

r=Nb₂O₅/Rh 克分子比（molar ratio）

Rh(C)表示从 Rh₄(CO)₁₂ 制得〔means prepared from Rh₄(CO)₁₂〕

* M/MRh h

从表 1 可以看出,对合成气的催化转化,Rh/SiO₂ 具有一定的催化活性,产物是以甲烷为主的烃类以及少量的乙醇;Nb₂O₅/SiO₂ 也有一定活性,产物仍然是以甲烷为主的烃类,但没有含氧化合物。Rh-Nb₂O₅/SiO₂ 活性比 Rh/SiO₂ 约高三倍,对乙醇的选择性则高达百倍以上。

在 100～200℃ 通乙炔于氢还原的 Nb₂O₅/SiO₂ 以及 Rh-Nb₂O₅/SiO₂ 都不能得到苯,但原来银灰色的 Nb₂O₅/SiO₂ 立即呈灰黑色。用 Br₂—CCl₄ 处理法[7]检知这灰色沉积物为聚乙炔。用同法处理 Rh-Nb₂O₅/SiO₂,表面沉积物也是聚乙炔,亦无合成苯的催化活性。根据我们以前报道的结果[5,7],可以推测催化剂表面上可能存在着 Nb—H 键,乙炔通过连续的邻位插入反应生成聚乙炔,而不是生成苯。

FTIR 实验结果见图 1、2 和表 2。图 1 为 Nb₂O₅/SiO₂ 高温通氢后的 FTIR 光谱图,曲线(b)在 1560 cm⁻¹ 有一个弱吸收峰。通入 D₂ 排代 H₂ 后,1560 cm⁻¹ 的吸收减少,1100 cm⁻¹ 向上突出部分被削平。这可能是 Nb—H 被 D₂ 部分交换为 Nb—D 而产生红移的结果。必须强调指出,从图 2 及表 2 可以看出经氢还原的 Rh-Nb₂O₅/SiO₂ IR 谱中除可能属于 Rh—H 的一个很弱的谱带 1740 cm⁻¹(很弱)和与 Nb—H 有关的 1560 cm⁻¹ 谱带(宽、中等强度)外,还出现一个新的谱峰 1269 cm⁻¹(强),这个新峰只有 Rh、Nd 同时存在下才出现。J. E. Bercaw[8]报道 $(\eta^5 C_5 H_5)_2 (H)Nb=CH—0—Zr(H)(\eta^5 C_5 Me_5)_2$ 中的 ν_{Nb-H} 为 1701 cm⁻¹。B. F. G. Johnson[9]指出桥式 $M \overset{H}{\diagup\diagdown} M$ 的 IR 收一般在 1600—1200 cm⁻¹ 范围内。所以我们有理由指定,1269 cm⁻¹ 可能是桥键 $(Rh)\overset{H}{\diagup\diagdown} Nb$ 的吸收峰[其中(Rh)表示金属颗粒($Rh_x^0 Rh_y^I$)上的 Rh^I (或 $Rh^{\delta+}$?)]。这种桥式吸附的氢可能有助于部分还原后的氧化铌迁移覆盖于铑上。

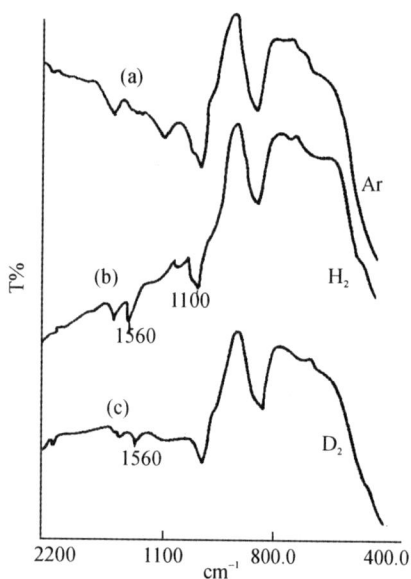

图 1　Nb₂O₅/SiO₂ 的 FTIR 光谱
Fig. 1　FTIR for Nb₂O₅/SiO₂

a. 620 K Ar 处理 5 h
　Ar treated at 620 K for 5 h

b. 620 K H₂ 处理 5 h
　H₂ treated at 620 K for 5 h

c. 373 K 通 D₂ 0.5 h,温室拍谱
　D₂ treated at 373K for 5h,FTIR taken at r. t.

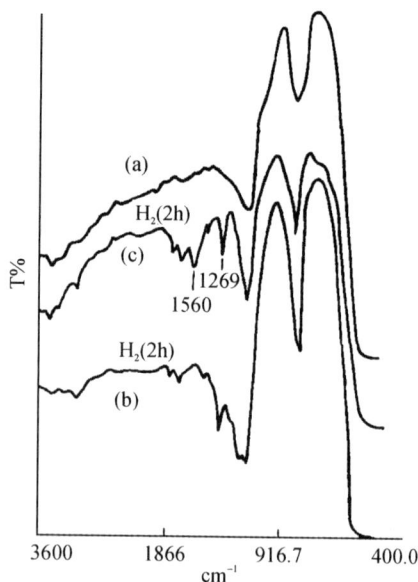

图 2　Rh-Nb₂O₅/SiO₂ 的 FTIR 光谱
Fig. 2　FTIR for Rh-Nb₂O₅/SiO₂

a. Rh-Nb₂O₅/SiO₂(空白)
　Rh-Nb₂O₅/SiO₂(black)

b. 样品 a,620 K H₂ 处理 2 h
　Sample a,H₂ treated at 620 K for 2 h

c. 样品 b,620 K H₂ 处理 6 h
　Sample b,further H₂ treated at 620 K for 6 h

表 2 几种样品的 FTIR 吸收

Table2 FTIR absorption bands of some samples

样品	吸收带波数 wave numbers of absorption	可能的归属 Poss. assign.	备注 Notes
铑粉 Rh powder	1740(w),1520(w—m)	Rh—H	Rh 粉与 KCl 压片 H₂ 350℃,3h Rh powder pressed with KCl
Rh/SiO₂	1740(vw),1520—30(m,broad)	Rh—H	按前述方法制备 H₂,350℃,6h prepared as mentioned above
Rh-Nb₂O₅/SiO₂	1740(vw),1520—60(m,broad) 1209(s)	Rh—H Nb—H H Rh Nb	H₂,350℃,6h
Nb₂O₅/SiO₂	1520—60(m,broad)	Nb—H	H₂,350℃,10 h
$(\eta^5C_5H_5)_2(H)Nb=CHO$ $-Zr(H)(\eta^5C_5Me_5)_2$	1701	Nb—H	参见文献[8] ref.[8]

表 3 若干样品光电子结含能 Eb(eV)

Table 3 Photoelectron binding energy Eb(eV) of some samples

样品 samples	Si2p	O1s	Nb3d$_{5/2}$	Rh3d$_{5/2}$	C1s
SiO₂	104.2	533.3			
Nb₂O₅		530.7	207.4		
Nb₂O₅/SiO₂ (氢还原) (H₂ reduced)	104.2	534.0	208.4 206.0		
Rh/SiO₂ (氢还原) (H₂ reduced)	104.3	533.5		307.6	
Rh-Nb₂O₅/SiO₂ (氢还原) (H₂ reduced)	104.2	533.3	208.2 V 206.7 Ⅳ 205.2 Ⅱ	307.0	
Rh-Nb₂O₅/SiO₂ (反应三小时) (after reaction for 3h)	104.3	533.8	208.2 V 207.1 Ⅳ	308.4 307.6	285 283

XPS 实验结果见表 3。从表 3 可以看出,经氢还原后的 Rh-Nb₂O₅/SiO₂ 表面存在着 Rh⁰、Nbⱽ、Nbᴵⱽ 和 Nbᴵᴵ(?)。经催化合成气转化后的 Rh-Nb₂O₅/SiO₂,表面存在着 Rh⁰、Rh³、Nbⱽ、Nbᴵⱽ,同时也有两种不同的沉积碳((C/Rh~5,C1s 分别为 285 eV,283 eV)。根据 A. T. Bell[10] 最新的实验结果,后者可能是部分加氢的碳链(R)和碳化物。在氢气还原的 Nb₂O₅/SiO₂ 表面 Nbᴵⱽ 即使存在也是很少的。而在 Rh-Nb₂O₅/SiO₂ 中的 Rh 可能通过氢溢出促进 Nb 的还原。一半以上的 Nb 被还原成 Nbᴵⱽ。Rh-Nb₂O₅/SiO₂ 中 Rh⁰、Rhᴵ 的共存则可能是由于 Rh 与 Nb₂O₅ 接触程度不同所致。

讨　论

上述实验结果表明,合成气处理过的 $Rh\text{-}Nb_2O_5/SiO_2$ 表面有 Rh^0、Nb^I 和 Nb^{IV} 等,而且很可能有桥式的 $Rh\overset{H}{\diagup\diagdown}Nb$ 键。根据这些事实可以设想,氢可能在铑上活化,然后溢出,转移到 Nb_2O_5 上,形成部分还原的(Nb^{IV}),并形成桥式键。在铑颗粒(Rh_x^0,Rh_y^I)与氧化铌的接触面上也可能存在着桥式氧键和 $Nb\text{—}Rh$ 金属键。这些键的形成,有助于助催化剂氧化铌对铑的浸润和部分还原的氧化铌对铑表面的覆盖,这就是本体系中金属与助催化剂强相互作用(SMPI)的实质。由此设想所提出的活性中心结构可能是 A,简写成 B(参见图3)。

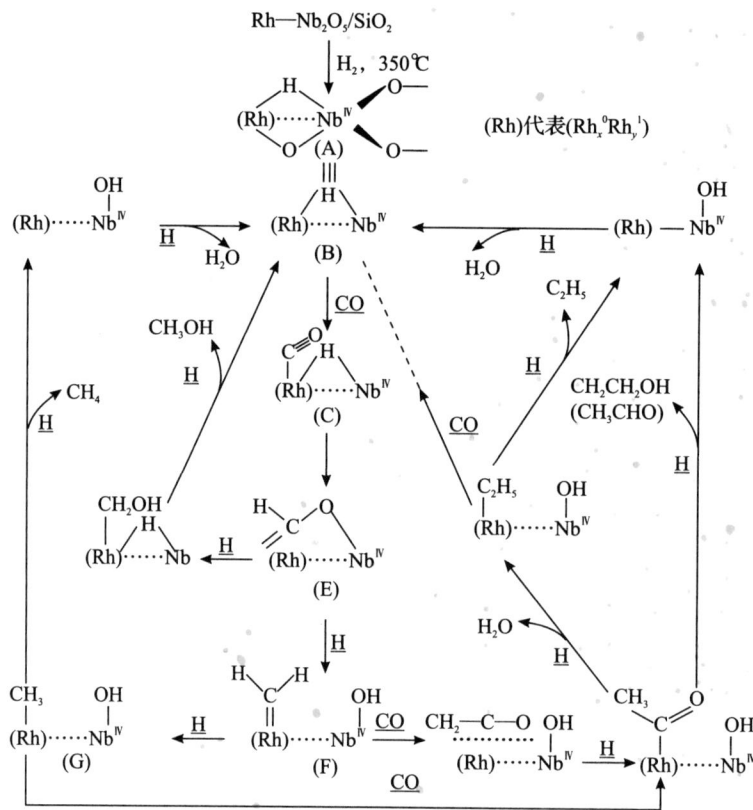

图 1　反应历程和催化循环

Fig. 3　Reaction mechanism and cycle of catalysis

反应产物中 CO_2 含量少($<15\%$,见表1),可见 CO 催化加氢转化主要途径可能不是相邻吸附的 $\underline{CO}$ 歧化为 $\underline{C}+\underline{CO_2}$,也不大可能是 $\underline{CO}$ 解离为 $\underline{C}+\underline{O}$,然后 $\underline{O}$ 主要被 $\underline{H}$ 还原成 H_2O;因为我们另有实验表明,在 Ni/Al_2O_3 上 $\underline{CO}+\underline{O}\rightarrow CO_2$ 与 $2\underline{H}+\underline{O}\rightarrow H_2O$ 速度相近。所以,主要的反应途径可能是非解离吸附的 CO 加氢。可是 $\underline{H}+\underline{CO}\rightarrow \underline{HCO}$ 在热力学上是不利的。D. F. Shriver[11]等人的实验表明,如果有路易斯酸中心或高价正离子对 CO 氧端极化络合或吸附,就能使 $\underline{H}$ 比较容易加到 CO 的碳原子上,而同时氧端就与路易斯酸中心键合。J. E. Bercaw[8]报道了用锆氢络合物还原 W、Mo,Cr 等金属有机化合物络合的羰基,就是按这样的方式进行的,当金属为 W 时,他们分离出红棕色的结晶产物,经 NMR 和 X 光衍射确证为 $(\eta^5\text{-}C_5H_5)_2W\!=\!CH\text{—}O\text{—}Zr(H)(\eta^5\text{-}C_5Me_5)_2$,与这些已知的金属有机化学反应相对照,在 $Rh\text{-}Nb_2O_5/SiO_2$ 催化剂中,部分还原的氧化铌起着路易斯酸中心的作用,这个酸中心或 Nb^{IV} 离子对吸附在

活性中心 Rh 位上 CO 氧端极化络合,有利于碳端的加氢。而部分还原的铌通过氢转移和部分 Nb—O 键的同时形成,克服了关键步骤能量上的不利因素。这可能就是助催化剂氧化铌作用的实质。CO 加氢的主要反应途径可能包含化学吸附的 CO(参见图 3C,下同)的转移插入,形成 E,后者进一步加氢成甲醇,或加氢断裂为 F,络合于 Rh 上的 CO 应该也很容易与 ═CH₂ 偶联为 CH₂═C═O,再进一步加氢为乙醇(醛)。F 也可加氢为 G,然后加氢成 CH₄,或 CO 插入生成 CH₃CO—(Rh)···Nb—OH,再进一步加氢成乙醇(醛),整个反应历程和催化循环如图 3 所示。

结　论

1. 通过化学反应法及红外光谱法确定 Rh-Nb₂O₅/SiO₂ 催化剂上存在着 Nb—H 键,而且是铑铌之间的 μ_2-H 桥键(1269 cm^{-1})。

2. XPS 测出合成气处理过的 Rh-Nb₂O₅/SiO₂ 催化剂表面存在着 Rh⁰、Rh¹、Nbᵛ 和 Nbᴵⱽ。

3. 活性中心很可能是 A。

4. SMPI 的实质可能是通过桥式氢、桥式氧及部份金属键的形成促进助催剂氧化铌对金属铑的浸润和部份还原的氧化铌对铑表面的覆盖。

5. 助催剂作用的实质可能是通过路易斯酸中心或 Nbᴵⱽ 对吸附在活性中心 Rh 位上的 CO 氧端极化络合。由于氢转移和部份 Nb—O 键的同时形成,克服了 CO 加氢关键步骤能量上的不利因素。

6. 合成气转化的主要途径属于非解离机理,其中一个关键步骤是 C 的吸附 CO 的转移插入形成 E,而后进一步反应,经亚甲基、乙烯酮等中间态还原为乙醇。

参考文献

[1]Willson,T. P.,J. Catal,54,120(1978),69,198(1981).

[2]Ichikawa,M.,Bull,Chem. Soc. Japan,51,2268,2279(1978).

Ichikawa,M. and Shikakura,Proc. 7th Intl. Cong. (Tokyo) 925 (1980).

[3]日化协月报,32(6),65(1979).

[4]市川滕,鹿仓志,触媒,21(4),253(1979).

[5]Yang,Y. C.,Liu,J. P.,Chen,D. A.,and Tsai,K. R.,Abstr. Coll. 0062,186th ACS Nat. Mtg,
　　Washington D. C.,1983.

[6]Chini,P. et. al.,J. Organometal Chem.,27,389(1971).

[7]Laboratory of catalysis of Xiamen University,Scitnta Siniea,17,26(1974).

[8]Wolezacski,P. T.,Threlkel,R. S.,Bercaw,J. E.,JACS,101(1),218(1979).

[9]Johnson,B. F. G.,Lewis,J.,Adv. in Jnorg. Chem. and Radiochem. 24,225(1981).

[10]Bell,A. T.,Preprint (Private communication).

[11]Butts,S. S.,Strauss. S. H.,Holt,E. M.,Stimson,R. E.,Alcock,N. W.,and Shriver,D. F.,
　　JACS,102,6093(1980).

Studies on The Nature Of Smpi and Promoter
Action in Rh-Nb$_2$O$_5$/SiO$_2$ Catalysts For Syngas Conversion To Ethanol

Gui-Song Gu[1], Jin-Po Liu[1], Yi-Quan Yang[1], De-An Chen[1]

Jian-Yi Lin[1], Khi-Rui Tsai[1], Ke-Zhen Guo[2]

Abstrbct

Syngas conversion to ethanol by supported catalysts is an important progress in C$_1$ chemistry. It has been reported by our laboratory that Rh sites and niobia sites coexisted on Rh-Nb$_2$O$_5$/SiO$_2$ catalysts as detected by means of reaction chemistry involving the catalytic aromatization and polymerization of acetylene on such catalysts. This paper reports a further study consisting of the following three parts: (1) The probable existence of Nb—H bonds on hydrogen-reduced Rh-Nb$_2$O$_5$/SiO$_2$ was deduced from the catalytic activity toward polymerization of acetylene to polyacetylene and the loss of catalytic activity toward cyclotrimerization of acetylene of such catalysts. (2) The FTIR spectra of the above mentioned catalysts were studied. The peak at 1740 cm^{-1} (vw) may be assigned to υ_{Rh-H}, that at 1560 cm^{-1} (m, broad) to υ_{Nh-H}, while that at 1269 cm^{-1} (s) most probably to a bridging species, Rh$\overset{H}{\diagup\diagdown}$Nb. (3) The existence of Rh^0, Rh^I, Nb^V, Nb^{IV} and two types of carbonecceaus deposits on syngas treated Rh-Nb$_2$O$_5$/SiO$_2$ catalysts was detected by XPS; A model of active center, A (cf. Fig. 3) (abbr. B), formed by partial reduction of niobia through hydrogen spillover and "wetting" or partial coating of the surfaces of rhodium particles (Rh$_X^0$Rh$_y^I$) by the partially reduced niobia, has been proposed. By analogy with known organometallic chemistry, the major reaction pathway might involve migratory insertion of chemisorbed species C to form E, hydrogenation to F cis-coupling with CO to form coordinated ketene, and further hydrogenation to ethanol or aldehyde with simultaneous regeneration of the active site by hydrogenation and elimination of H$_2$O; while methane CH$_4$ was produced by hydrogenation of the coordinated carbene CH$_2$ in a secondary reaction pathway. The true nature of SMPI in the present system has also been discussed.

[1] Department of Chemistry and Institute of Physical Chemistry, Xiamen University, China.

[2] Institute of Chemistry. Academia Siniea, participated in XPS experiment.

■ **本文原载**:《合成树脂及塑料》第 3 期(1985 年),第 18～24 页。

化学法 MgCl₂—*n*-BuOH—SiCl₄—TiCl₄ 体系丙烯等规聚合催化剂中 n—Bu 含量对催化行为的影响

王耀华① 刘金波 陈德安 曾金龙 郑荣辉 蔡启瑞

（厦门大学化学系 厦门大学物理化学研究所）

摘 要 用丁醇和氯化镁制成醇溶剂化物,经 SiCl₄ 解醇而得到的 MgCl₂ 晶体,其中包含有少量的硅酯并吸附有丁醇。丁氧基的存在对以后制成的催化剂的性能有很大的影响。将 TiCl₄ 负载于上述反应法制备的 MgCl₂ 载体上,TiCl₄ 便与载体上残存的丁醇及表面的硅酯作用生成烷氧基氯化钛。改变制备条件及负载不同配比的氯化钛—丁氧基钛混合物,便可得到烷氧基含量不同的催化剂。催化剂前身的表面上钛化合物可用 Ti(*n*-BuO)*n*Cl₄₋ₙ(*n*<4)表示。本实验结果表明,若 *n* 大于 0.1,随着 *n* 值的增大。催化剂的活性下降,产物的等规度也偏低。而聚合物的分子量则升高。本文对这些规律作了些探索性的解释。为改进这种催化剂提供一定线索。

前 言

目前国内外所研究和使用的 α-烯烃聚合催化剂,较多的是将 TiCl₄,负载于无水 MgCl₂ 上。制备方法主要有三种:共研磨法、研磨浸渍法和反应法。有人发现,在研磨法中,引入一定量的烷氧基钛,可以提高乙烯聚合时的活性[1];也有人在研磨浸渍法中,使用烷氧基氯化钛来负载,用于丙烯的定向聚合,常压下最高活性可达 8200g PP/gTi,hr,atm[2]对于反应法制备的催化剂,因为在制备过程中使用了醇类,如果处理不完全,即有可能在催化体系中引入烷氧基,或者直接使用烷氧基氯化钛来负载,也可制成含烷氧基的催化剂。本文的目的,就是为了探讨烷氧基在反应法制备的催化剂中的存在及其对丙烯定向聚合催化性能的影响。

齐格勒—纳塔催化剂是一种典型的配位络合催化剂,对于中心的钛原子来说,周围配位基团的改变,可以在很大程度上影响活性中心的性质。因此,进行上述的烷氧基含量的测定及其对催化性能的影响之基础研究,有利于探讨活性中心的作用机理,为开发和改进这类催化剂提供一些依据。

---

① 现在广西师范大学化学系。参加工作的还有陈慧玲、郑宗敏。

实验部分

一、原料

1. 正丁氧基氯化钛的合成

按文献[3]的方法合成,化学分析和计算值如下:

Ti(OBu)Cl$_3$

   计算值(%):Ti 21.2;Cl 46.8

   分析值(%):Ti 21.4;Cl 46.9

Ti(OBu)$_2$Cl$_2$

   计算值(%):Ti 18.1;Cl 26.8

   分析值(%):Ti 18.3;Cl 26.3

2. 其他原料见文献[4]

二、催化剂制备

按本实验室以前的方法制备催化剂[4]。

其过程主要分为三步;

1. 醇合反应　无水氯化镁和正丁醇作用,得到 MgCl$_2$·nC$_4$H$_9$OH 溶剂化物。

2. 解醇反应　将溶剂化物与过量的四氯化硅作用,以除去大部分醇配位体,重新析出 MgCl$_2$ 晶体。

3. 载钛反应　TiCl$_2$ 或/和 Ti(OBu)Cl$_3$ 负载于上述得到的 MgCl$_2$,负载完毕用溶剂汽油洗涤,然后配成汽油悬浮液保存备用。

三、聚合

1. 常压聚合　丙烯常压聚合时加料顺序为,丙烯气体、溶剂汽油、烷基铝、第三组分、主催化剂。反应温度 62℃,丙烯表压 200 mmHg,反应时间 2 小时。

2. 加压聚合　在北京燕山石油化工公司向阳化工厂实验室进行。聚合釜 2 升,系统压力为 10 kg/cm^2,其余条件如常压。

四、聚丙烯等规度和分子量测定

聚丙烯等规度采用沸腾庚烷油抽提法测定。分子量的测定采用粘度法[5,6],十氢萘为溶剂(加入抗氧化剂 N—苯基 β 萘胺),温度 135℃,以改进型的乌氏粘度计测定聚丙烯的特性粘度。聚丙烯分子量的计算按下式进行:

$$[\eta] = 1.10 \times 10^{-4} M^{0.80}$$

五、主催化剂分析

镁——EDTA 络合滴定。

钛——过氧化氢比色测定[7]。

氯——AgNO$_3$—NH$_4$CNS 回滴法。

丁氧基——将样品真空干燥除去溶剂汽油,然后在酸性条件下使之水解,丁氧基转变成丁醇,以气相色谱测定。

硅——样品与 KOH 熔融,转化成可溶性硅酸盐,然后用 K_2SiF_6 容量法测定[7]。考虑到硅含量较低,我们采用减量法对比,其结果基本符合。

六、仪器及测试方法

1. 气相色谱 用 SP2305 色谱仪,火焰离子化检测器,Chromosorb 101,柱长 4 米,柱温 145℃。
2. 红外光谱 Perkin—Elmer577 型光栅红外光谱仪。测试采用浆糊(石蜡油研磨)法及液体吸池(汽油悬浮液)法。

结果与讨论

一、催化剂前身的组成分析

我们分别使用了 $TiCl_4$ 和 $Ti(OBu)Cl_3$ 进行负载反应,也使用了两种钛化物的混合物进行负载,并测定了上述催化剂的组成,典型结果列入表 1-3 中。

由表 1 可以看出,在加入 $TiCl_4$ 的体系中,扣除与硅相结合的丁氧基团〔假定为 $Si(OBu)_{4-n}$〕,扣除作为载体的氯化镁,主催化剂上负载的主要仍是 $TiCl_4$,也含有少量的烷氧基钛。以丁氧基三氯化钛计,丁氧基钛少于总钛量的 10%。

表 1 负载 $TiCl_4$ 体系的组成分析

组成基团	Mg	Si	Ti	Cl	OC_4H_9
重量百分组成	13.1	0.8	10.1	66.9	9.1
克分子组成	1.00	0.05	0.39	3.50	0.23

表 2 负载混合钛化合物的组成分析
〔$TiCl_4$:$Ti(OBu)Cl_3$=1:1〕

组成基团	Mg	Si	Ti	Cl	OC_4H_9
重量百分组成	11.6	1.2	9.5	56.4	21.3
克分子组成	1.00	0.08	0.42	3.31	0.60

表 3 负载 $Ti(OBu)Cl_3$ 体系的组成分析

组成基团	Mg	Si	Ti	Cl	OC_4H_9
重量百分组成	15.9	1.0	4.8	55.3	23.0
克分子组成	1.00	0.06	0.15	2.38	0.48

表 2 所列为负载混合钛化合物〔$TiCl_4$—$Ti(OBu)Cl_3$〕,从组成分析可知,该体系化合物组成可写为:$Ti(OBu)nCl_{4-n}$,$n=0.5\sim1$。

表 3 列出了用 $Ti(OBu)Cl_3$ 进行负载所得的主催化剂,此时,上式中的 $n=1\sim2$。

本法制备的催化剂,如果用的是不含烷氧基的钛化合物,得到的主催化剂中仍含有烷氧基钛化合物;如果用丁氧基三氯化钛来负载,其结果是钛上烷氧基取代数要多于原来的一个烷氧基。陈果毅等人[8]使用乙醇醇合物来制备催化剂,也得到类似的结果。当用 $TiCl_4$ 负载时,在他们制备的主催化剂体系中,n

值较大,约为 1～2 之间,而在我们的体系中可以做到 n 值远小于 1。

改变催化剂的制备方法和条件,则催化剂烷氧基的含量也变化,负载 $TiCl_4$ 可以得到 $Ti(OBu)$ nCl_{4-n},其 n 直可达 1～2;负载 $Ti(OBu)Cl_3$ 则 2.5。

对于解醇产物的 IR 谱(图 1),590cm^{-1} 吸收带对应于 Si—Cl 键的反对称伸缩振动,1038cm^{-1} 对应于 C—O 键的伸缩振动,而 1065cm^{-1} 则对应于 Si—O 键的伸缩振动[9],这些都是解醇产物中硅酯存在的证据。对于催化剂的 IR 谱,618 或 620cm^{-1} 为 Ti—O 键的弯曲振动,1034 或 1035cm^{-1} 为 C—O 键的伸缩振动,1060cm^{-1} 为 Ti—O 键的伸缩振动。由谱图可以看到,使用 $TiCl_4$ 负载和 $Ti(OBu)Cl_3$ 负载所得到的主催化剂,其 IR 谱峰的位置十分相似,这表明了它们的组成相似,都含有烷氧基—钛键。

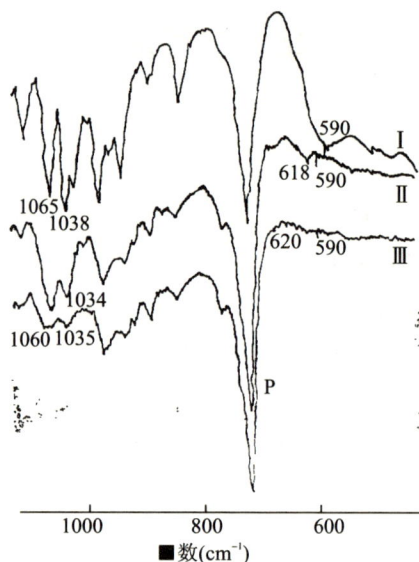

图 1　解醇产物、催化剂的 IR 谱
Ⅰ.解醇产物;Ⅱ.$TiCl_4$ 催化剂;Ⅲ.$Ti(OBu)Cl_3$ 催化剂　P.液体石蜡吸收峰

使用 $TiCl_4$ 进行负载时,在适当的条件下可以得到钛负载量高达 13% 的催化剂,而利用 $Ti(OBu)$ Cl_3、$Ti(OBu)_2Cl_2$ 来负载,钛的负载量一般只有 2%～4%,要超过 6% 是比较困难的。这可能是丁氧基氯化钛含体积大的 OR 基团,钛化合物分子之间易产生相互排斥,位阻效应使得难以形成致密的钛层。所以负载量不高。

二、烷氧基取代数对催化性能的影响

1. 催化活性

表 4 列出了不同钛化合物或不同处理方法所得到的负载型催化剂用于丙烯常压聚合的结果。表中 OBn/Ti 项表示平均每个钛化合物分子上所连结的 OBu 基取代数。由表 4 可见,随着钛负载量减少及钛上丁氧基取代数的增加,活性及等规度都呈现规律性下降。

测定了两种钛化合物负载型催化剂常压聚合的动力学数据和产品等规度,结果如图 2。由图 2 可见,活性曲线是衰减型的,而且负载 $TiCl_4$ 的催化剂其活性和产品等规度都较好。显然,催化剂中的丁氧基的含量或钛负载量对催化行为都有很大的影响。

表 4　不同烷氧基含量的催化剂常压聚合情况

催化剂编号	钛化合物	Ti%	OBu/Ti	Al/Ti(mol)	聚合活性 kgPP/gTi	等规度%	粘均分子量 $\overline{M_n} \times 10^{-4}$
82026	TiCl$_4$	12.5	0.1	100	20.77	84.9	15.7
B01	TiCl$_4$ + Ti(OBu)Cl$_3$ 9.8∶1(mol)	10.45	0.67	175	14.30	81.0	23.9
B02	TiCl$_4$ + Ti(OBu)Cl$_3$ 2.1∶1(mol)	0.38	—	175	12.70	77.6	17.4
83006	Ti(OBu)Cl$_3$	5.20	1.6	100	8.77	77.7	19.7
83018	Ti(OBu)Cl$_3$	2.65	2.4	100	7.10	71.0	26.4
B22	Ti(OBu)$_2$Cl$_2$	1.6	—	175	2.00	50.0	—

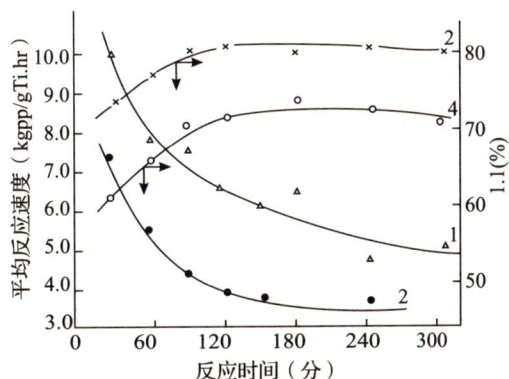

图 2　催化剂的动力学曲线
1,2—负载 TiCl$_4$；3,4—负载 Ti(OBu)Cl$_3$

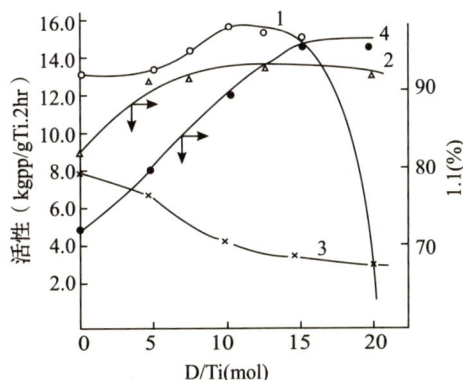

图 3　三乙胺浓(D)对催化剂性能的影响
1,2—负载 TiCl$_4$；3,4—负载 Ti(OBu)Cl$_3$

我们知道,各种第三组分(用 D 表示)不但可以调节聚合物的等规度,而且对聚合活性也有很大的影响。实验表明,负载 Ti(OBu)Cl$_3$ 的催化剂在 D/Ti 比例稍大时,活性下跌很多;而负载 TiCl$_4$ 的催化剂在 D/Ti 比例较大时,活性仍保持相当高。特别是在三乙胺的情况下,在一定的 D/Ti 范围内,活性还稍有上升(图 3),这样就有可能在高活性下获得高等规的聚合物。

我们还考察了不同钛化合物催化剂在加压氢调下的行为。一般认为,在 TiCl$_3$ AlEt$_3$ 合体系中加入氢气调节分子量,同时也使反应速度降低[5,10]。其解释是由于氢在钛化合物表面上,与单体的竞争吸附或催化剂氢化物中心的积累,单体插入到 Ti—H 键上可能比插入到 Ti—R 键需要更高的活化能等等。又有一些资料[11,12]表明,在 TiCl$_3$—AlEt$_3$ 催化体系中,氢调使反应速度增加,其原因不甚清楚。加氢是使反应速度加快或是减慢,各种报道不一。这可能是随着不同的催化体系而异的,原因是多方面的。

在我们的聚合体系中,使用的也是 AlEt$_3$,而确实存在着随氢分压的加大,活性增加的情况。从表5可以看出,活性增加的幅度颇为可观,氢分压增加到 0.24 个大气压时,催化活性比无氢调时,增加了两倍多,可以达到 300 kgPP/gTi,当氢分压继续加大时,活性才逐渐下降。这很可能是在低氢压时,与不加氢的情况对比,催化剂表面上聚合链在氢作用下链终止,移去的机会增大,平均链长不至于过大,因而有利于传质。而当氢分压是足够大时,氢的吸附量和 Ti—H 键的数目均增高,这时由于烯烃单体较难插入 Ti—H 键的这个因素变为主导因素,因而活性下降。

表 5 加座氢调聚合情况

催化剂编号	钛化合物	氢分压（大气压）	聚合活性（kgPP/gTi）	产品等规度（%）	粘均分子量 $\overline{Mn} \times 10^{-4}$
78023	$TiCl_4$	0.00	109.1	88.9	80.6
		0.06	166.2	89.9	47.6
		0.12	213.0	87.9	39.3
		0.18	308.6	87.7	31.6
		0.24	285.0	85.0	21.2
		0.30	248.0	87.1	20.7
B01	$TiCl_4 + Ti(OBu)Cl_3$ 9.8：1(mol)	0.00	130.0	90.8	55.3
		0.06	190.0	89.9	44.6
		0.12	202.0	86.6	34.0
		0.18	162.0	91.5	45.2
		0.24	342.7	84.8	25.0
		0.30	293.7	84.3	19.7
B02	$TiCl_4 + Ti(OBu)Cl_3$ 2.1：1(mol)	0.00	98.3	87.3	53.2
		0.06	87.7	91.5	43.6
		0.12	238.5	87.5	35.8
		0.18	233.8	87.9	28.6
		0.24	251.0	85.2	19.4
		0.30	36.9	—	—

Al/Ti＝250,D/Ti＝30,D_1—三乙胺,D_2—四甲基乙二胺

在实验中我们还注意到,当加压聚合时,烷氧基的含量对催化剂活性的影响不象在常压那么敏感,在一定的含量范围内,活性变化不大。

2. 产品等规度

从表 4 可以看到,在常压下,随着钛上丁氧基取代数的增多或钛负载量减少,催化剂的聚合活性下降,等规度也下降。

负载型催化剂虽有高活性,如不加入第三组分,产品的等规度一般不高。本体系催化剂的聚合产品等规度一般 70%～85%,作为第三组分的给电子体的添加,虽然能提高等规度,但催化剂的活性显著下降。我们在活性和等规度两者兼顾的考虑下,进行了一些工作。表 6 列出了部分高等规聚合的情况。由表可见,烷氧基含量低的负载 $TiCl_4$ 的催化剂,在适当的添加剂作用下,可以达到高产品等规度、高活性的要求。

在我们的实验中,发现随着钛负载量减少及钛原子上丁氧基取代数增多活性下降,等规度降低的现象。我们实验室曾报道[13]随着钛负载量减少,活性增大。因此,可以认为上述变化规律是 OR 增多所引起的。从阴离子配位机理来说,考虑到电子效应,活性位钛上连结的 OR 基增多,因为 OR—基相对于 Cl^- 来说是配位体场较大的基团,这样就使得钛原子的电子亲和力降低,有利于 Ti—R 键的活化[4],即活性增加。但是除了电子效应外,空间效应也十分重要。在乙烯聚合时,由于单体较小,位阻效应不显著,

所以烷氧基含量在一定的范围内,由于电子效应的结果,催化剂活性增大。但是在丙烯聚合时,由于丙烯单体分子比乙烯单体分子大,所以位阻效应较显著。当活性中心的钛原子周围的氯被烷氧基所取代时,丙烯单体配位络合或吸附在空位上就较为困难,因而削弱以致抵消电子效应的活化作用。表现为 OR 基增多,位阻效应越显著,聚合活性的下降越明显。而在加压情况下,烯烃的浓度增大,在一定的程度上克服了 OR 基的空间位阻,所以烷氧基在一定的含量范围内,活性变化不大。

表6 部份高等规聚合产品的常压聚合条件

催化剂编号	负载化合物	添加剂	D/Ti(mol)	聚合活性 kgPP/gTi	等规度(%)	粘均分子量 $\overline{Mn}\times10^{-4}$
82001	$TiCl_4$	P_2OEt	10	5.0	90.3	—
82022	$TiCl_4$	NEt_3	15	11.6	94.0	—
82026	$TiCl_4$	$[C(CH_3)_2NCH_2]_2$	7.5	8.7	91.3	21.9
82017	$TiCl_4$	NEt_s	10	15.5	96.2	27.2
		$[C(CH_3)_2N]_sPO$	10	8.4	93.5	37.8
		$[C(CH_3)_2NCH_2]_2$	15	8.9	94.6	39.3
82018	$Ti(OBu)Cl_3$	NEt_s	15	3.4	91.1	47.0
		$[(CH_3)_2NCH_2]_2$	5	3.2	91.1	27.1

(Al/Ti=100)

在催化剂的制备过程中,钛上的 OR 基取代数不易控制,有的可能一个或多个 Cl^- 基团被取代,有的可能未被取代,这样就造成了不同的钛活性位。同时,体积较大的丁氧基无规地突出在催化剂的表面,使得主催化剂在表面的结构不规整,势必影响其定向性,表现为体系中 OR 基比例越大,等规度就越差。

3. 产品分子量

作为塑料和纤维产品,树脂的熔融指数的大小对加工工艺有很大的影响,而熔融指数又主要决定于高聚物的分子量及其分布。因此,在聚丙烯的生产过程中,分子量的控制十分重要。由于条件的限制,加压情况下的实验我们做得不多,常压聚合实验表明,钛上烷氧基取代数多则分子量大。Olivé 等人在均相中的聚合实验早已得出这一结论[14,15]。

分子量大小是由聚合过程中链的转移所引起的。对于链转移的机理,Natta 等人[16-18]已作了大量的工作。就我们所讨论的体系来说,在 Al/Ti 比相同或相近的条件下,体系中烷基铝的浓度相差不大,分子量的相对大小应主要由 β-H 链转移过程所控制。也就是说,分子量的相对大小主要取决于催化剂上 β-H 链转移的难易程度。

对于 β-H 链转移,Olivé[19]认为有:

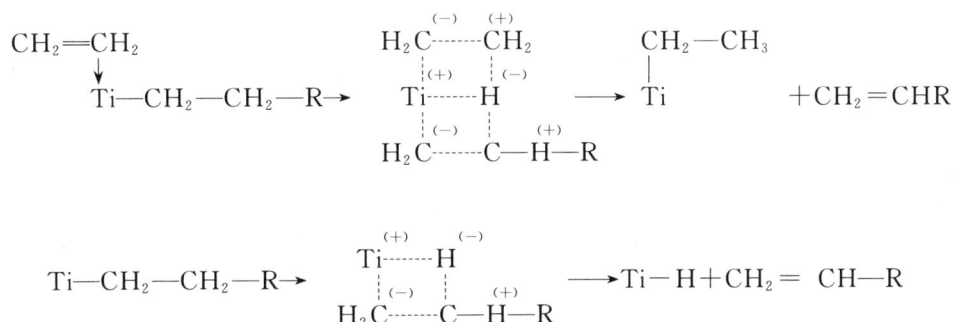

当 Ti 上连有 OR 基团时,不管 OR 基团什么位置,由于 OR 基的推电子作用,或多或少会降低钛上的

电正性,不利于 β-H 的转移。OR 基越多,越不易产生转移,分子量也就越大。

结　论

1. 反应法制备的催化剂,由于醇合反应引入一些丁醇,负载 $TiCl_4$ 后可以生成少量的烷氧基氯化钛,存在于催化体系中;负载烷氧基氯化钛,其烷氧基取代数要多于原来的数目。

2. 活性钛上连结的烷氧基多,催化活性低,产物的等规度也低。这可能是 OR 基空间位阻的影响以及 OR 基的存在降低了催化剂表面结构的规整性所引起的。减少烷氧基取代数,有利于提高催化效率和产品等规度。

3. 活性钛上连结的烷氧基取代数越多,产物的分子量越大。这可能是由于电子效应引起的 β-H 转移较难所造成的。

4. 选取适当的第三组分加入烷氧基含量低的催化体系,用于丙烯聚合可得到高活性和高等规度产品。

参考文献

[1] 王海华等. 塑料工业. [3],9(1983).

[2] 贺大为等. 高分子通迅. [1],38(1982) 曾金龙等:塑料工业,[4],12(1984).

[3] 南晋一、石野俊夫. 工业化学杂志. (日),[61],66(1958).

[4] 陈德安等. 中国化工学会 1978 年年会论文集. 化学工业出版社,p.342.

[5] 中科院大连化物所聚烯烃组. 烯烃聚合的催化剂与工艺研究报告集. 科学出版社,(1979).

[6] Kinsinger J. B., Hughes R. E. : J. Phys. Chem.,[63],2002(1959).

[7] 武汉大学等五校. 分析化学. 人民教育出版社,(1979).

[8] 陈果毅等. 石油化工. [12],803(1981).

[9] 曹守镜等. 厦门大学学报. [1],71(1980).

[10] Natta, G., Mazzanti. G. Longi, P. Bernardini, F. :Chim. Icd,(Milan),[41],519(1959).

[11] Okura, I., Soga, K., Kojima, A., and K-eii, T. . J. Polym. Sci., A&1,[8],2717(1970).

[12] Buis, Y. W. and Higgins, T. L., J. Polym. Sci. [A-1[11],925(1973).

[13] 厦门大学化学系聚丙烯组:"丙烯聚合负载型高效催化剂",第二届聚丙烯行业技术交流会,(1982).

[14] Henrici-Olivé. G., Olivé, S., Advan. in Polym. Sci.,[15],1(1974).

[15] Henrici-Olivé, G., Olivé, S., J. Polm. Sci., part-13[8],205(1970).

[16] Natta, G., Pasquon, I., Advan. Catalysis,[11],1(1959).

[17] 庆伊富长,王杰译. 齐格勒—纳塔聚合动力学. 化工出版社,110(1979).

[18] Novaro, R., J. Polym. Sci., Polym, Lett. Ed.,[13],761(1975).

[19] Henrici-Olivé, G., Olivé. S., J. Polym, Sci., Polym. Lett. Ed.,[12],39(1974).

(1984 年 11 月收稿)

本文原载:《高等学校化学学报》第 6 卷第 5 期(1985 年),第 433～440 页。

乙苯脱氢制苯乙烯氧化铁系催化剂的研究[*]

——晶格氧的作用

陈慧贞[①]　　何淡云　　肖漳龄　　蔡启瑞

(厦门大学化学系)

摘　要　本文探讨了乙苯催化脱氢制苯乙烯工业氧化铁系催化剂晶格氧与水蒸汽氧的交换以及晶格氧参与反应的微观机理。实验结果表明:催化剂晶格氧参与反应,与水蒸汽氧有交换,反应途径以直接脱氢为主,并发生氧转移脱氢。讨论了两种脱氢反应途径中,晶格氧参与反应的微观过程。强调指出,晶格电子传递和邻近活性位氧化还原周期协同进行是氧转移脱氢机理的必要条件。

苯乙烯的世界产量在高分子单体中居第三位。生产方法主要是催化脱氢。厦门大学化学系与上海高桥化工厂协作研制的 11# 催化剂,据美国催化剂公司评价达国外同型催化剂水平。无铬 210# 催化剂可消除致癌物质铬化合物所造成的公害,主要性能也与国外新近发展的无铬催化剂相近,它们在七十年代相继工业化。

在以过渡金属氧化物为催化剂的多相催化作用中,催化剂晶格氧参与反应的问题国外已有不少人做了大量工作,但大多数体系的机理尚未搞清楚。关于气相水蒸汽氧与催化剂晶格氧的交换问题,文献报导甚少。.

本文采用:(1)无水干乙苯脱氢尾气中水分的检测;(2)不加稀释剂水时催化剂活性衰退情况的考察及反应后催化剂 x 光衍射相分析;(3)以 D_2O 代 H_2O,大幅度变动空速下,脱氢尾气中氘丰度的质谱分析;(4)以 $D_2^{18}O$ 代 H_2O,反应后催化剂红外光谱分析等实验手段探讨反应条件下水蒸汽氧与催化剂晶格氧的交换和晶格氧参与反应的问题,推测反应机理,讨论在两种脱氢机理中晶格氧参与反应的微观过程。

实验装置

实验在自行特殊设计、安装的微型反应器——色谱联合装置上进行。系统由气体净化部分、计量、稳流、预热、微反、采样、色谱分析等组成。质谱分析离位进行。氮气净化系统由镍催化剂、硅胶、5A 分子筛、401 催化剂组成.镍催化剂在 350℃ 下通 H_2 活化至无水份产生;分子筛柱作 500℃ 以上抽空活化;401 催化剂通 H_2 活化至全部由褐色变为绿色。

反应器采用平行双气路流程(双预热管、双反应管),可同时评价两个样品或作一对平行实验,进样可采用连续流动或脉冲进样两种方式,加热系统分主、付两路。反应管与铜浴密切相接以保证传热迅速、温度均匀。双侧共 6 个测温点,反应管中心与相应测温点温差约为 ±1℃,催化剂填量 0.2～1.0 克。

---

[*]　本文于 1983 年 8 月 23 日收到;修改稿于 1984 年 12 月 19 日收到。

[①]　现在国家海洋第三海洋研究所。

钢瓶高纯氮气再经净化系统后,色谱分析无氧、无水,连续流过预热管再携带由螺旋进料器注入的反应物进入反应管通过催化剂床层。液相和气相脱氧产物分别在 2% 1,2,3,4-四氰基乙氧基丁烷－3% 聚乙二醇己二酸酯/红色担体色谱柱以及 TDX-02 型碳多孔小球色谱柱上分析。采用归一法定量计算。流程见图1。

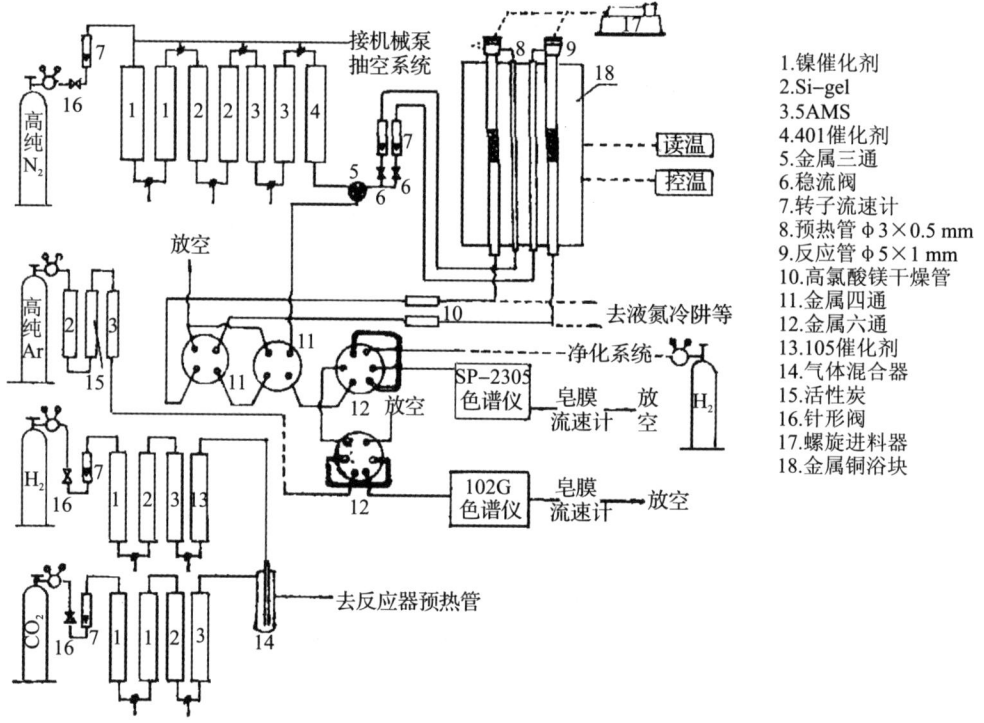

1.镍催化剂
2.Si-gel
3.5AMS
4.401催化剂
5.金属三通
6.稳流阀
7.转子流速计
8.预热管 Φ3×0.5 mm
9.反应管 Φ5×1 mm
10.高氯酸镁干燥管
11.金属四通
12.金属六通
13.105催化剂
14.气体混合器
15.活性炭
16.针形阀
17.螺旋进料器
18.金属铜浴块

图1 微反-色谱系统流程示意图

实验及结果

(一)无水干乙苯脱氢尾气中水份的检测

将实验装置中由反应器出口至色谱柱前及整个采样部分皆绕加热带,通电流加热保温。将反应系统升至 300℃。并以高纯氮气吹扫 4 小时以上。待通过催化剂层的载气高纯氮在 102G 色谱仪上检知无水峰和氧峰之后,稳定一段时间。同样,原料干乙苯的色谱检测也无水峰馏出。然后,用干乙苯在 600℃下脱氢,监测反应情况及尾气。对 11# 及无铬 210# 催化剂均检得尾气中的色谱水峰见图2(用无铬 210# cat. 和 11# cat)。在 SP-2305 色谱仪上测得图 2a 和 c 峰形;用无铬 210# cat 时乙苯转化率为 32.2%,苯乙烯选择性 78.97%,用 11# cat 时乙苯转化率为 41.46%,苯乙烯选择性为 65.37%. 测试条件为:载气 H_2 50 毫升/分,柱温 110℃,鉴定器 110℃,汽化 150℃,桥流 160 毫安,六通进样。无铬 210# cat 和 11# cat,在 102G 色谱仪上测得图 2b 和 c 峰形,测试条件为;载气高纯氩 14 毫升/

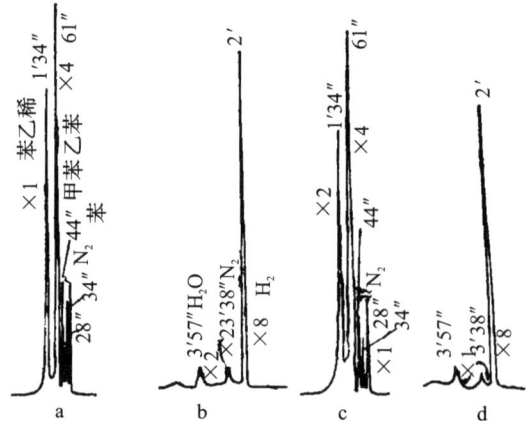

图2 干乙苯脱氢产物及尾气色谱峰

分,柱温 235℃,桥流 210 毫安,六通进样)且持续 2 小时以上。空白实验(无催化剂层,仅填原先支承催化剂的瓷粒)时,尾气有 H_2 峰而无水峰。

(二)干乙苯不加稀释剂水脱氢反应,催化剂活性衰退情况的考察及反应后催化剂 X 光衍射相分析

实验在 $\varnothing 2$ 厘米 $\times 100$ 厘米不锈钢积分反应器中进行。原料乙苯和水分别由两台微型计量泵注入。催化剂先在 640℃ 通水活化 8 小时,再反应 20~30 小时[催化剂 10~12 目/吋,20 毫升填量,600℃,空速 1 小时$^{-1}$,水/乙苯＝0.5—1.5(V/V)]。然后停止进水。脱氢液中水相体积随即降为零,油相体积也渐减少。转化率与选择性开始迅速下降,而后在一段时间 A 趋于平稳(图3)。脱氢液中副产物苯和甲苯由正常情况下的 1‰ 左右增大一个数量级,尾气量也有所增加。催化剂寿命维持数日后迅速失活。卸出之催化剂的 X 光谱图中出现正常情况下所未有的 FeO、α-Fe、FeC_2 等(图4)。

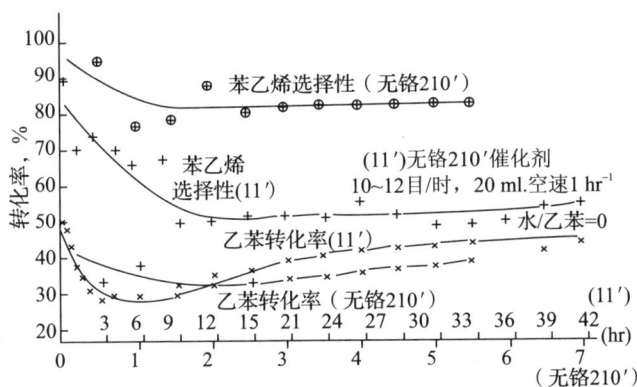

图3　11# 无铬 210# 催化剂不加水、乙苯脱氢转化率与选择性曲线

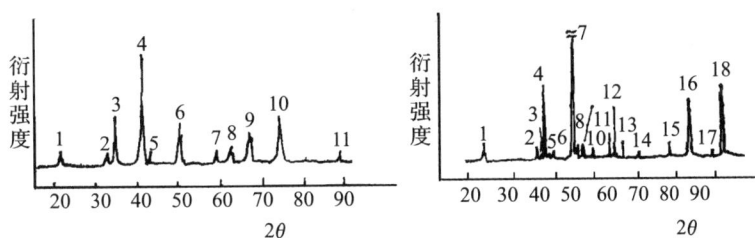

图4　典型的 11# 催化剂 X 光粉末照相谱图
左:反应后;右:不通水反应后

(三)以 D_2O 代 H_2O 为稀释剂,大幅度变动空速下脱氢尾气氘丰度的质谱分析

为考察水蒸汽氧对催化剂晶格氧的补给及验证脱氢机理,用无铬 210# 催化剂(32~40 目/吋)在 600℃,D_2O/乙苯＝1:1(V/V) 条件下进行两组实验:(1)新鲜催化剂(填量 0.2 克),大空速(乙苯及 D_2O 注入速度 0.25 毫升/分,载气高纯氮气流速 10 毫升/分,下同),达稳定状态后流动采样;(2)经预处理的催化剂,大幅度变动空速。所谓"预处理"即有意让催化剂在常规条件下反应一段时间后,控制到外观全由红色变为黑色且均为磁铁吸引,但又基本上无积炭。变动空速 100 倍(通过改变催化剂填量和进样流速来达到),数据见表1。

表 1 无铬 210# 催化剂乙苯加 D₂O* 脱氢反应初步结果

实验条件	数据项目		尾气质谱分析氘含量%	液相产物色谱分析	
				乙苯转化率	苯乙烯选择性
经"预外理"的无铬 210# 催化剂	小空速	催化剂＋乙苯＋D₂O	～56	34.5%	93%
		"空白"（催化剂＋D₂O）	～9	/	/
		"瓷粒"（无催化剂,进乙苯＋D₂O）	～10	2.6%	89%
	大**空速	催化剂＋乙苯＋D₂O	～20	9.1%	92%
		"空白"（催化剂＋D₂O）	HD+ 检测不出	/	/
		"瓷粒"（无催化剂,进乙苯＋D₂O）	HD+ 检测不出	1.5%	86%
新鲜无铬 210#	大空速	催化剂＋乙苯＋D₂O	2～3	～4%	～90%
		"空白"（催化剂＋D₂O）	HD* ＋检测不出	/	/

* D₂O 丰度 85%，** 空速增大 100 倍。

（四）以 D₂¹⁸O 代 H₂O 为稀释剂,反应后催化剂的红外光谱分析

新鲜 11# 及无铬 210# 催化剂（32～40 目/吋）在 600℃、D₂¹⁸O/乙苯＝1：1（V/V）等条件下反应. 反应体系先反复抽空并以高纯氮置换后,载气以 10 毫升/分流速携带乙苯及 D₂¹⁸O 流过反应管,出口液相产物在液氮冷阱被冻结,尾气经采样、计量后放空。反应体系在高纯氧保护下降温至＜40℃,在高纯氧吹扫下卸出催化剂,样品封存。控制相同条件,换用 H₂O 为原料以获参比样品,一并在 PE-577 型光栅红外仪摄谱,获得 IR 谱峰红移. 结果见表 2 与图 5。

表 2 I.R.谱峰红移位置及反应情况

催化剂样品	谱峰位置（厘米⁻¹）						乙苯转化率	苯乙烯选择性
11# (H₂O)	1115	865	620	565			44.2%	92.5%
11# (D₂¹⁸O)	1110	860	615	560			45.3%	92.0%
～Δᴾ（厘米⁻¹）	−5	−5	−5	−5				
无铬 210# (H₂O)	1105	848	710	620	565	425	31%	91.6%
无铬 210# (D₂¹⁸O)			705	615	560	420	30%	92.1%
～Δᴾ（厘米⁻¹）	位移不明显	−5	−5	−5	−5			

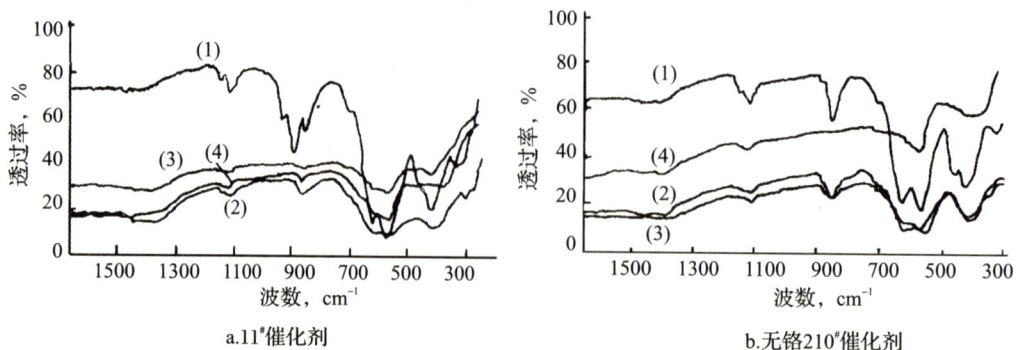

图 5 催化剂红外谱图

（1）新鲜催化剂； （2）乙苯加 D₂¹⁸O 反应后（两脉冲）；（3）乙苯加 H₂O 反应后（两脉冲）； （4）乙苯加 H₂O 反应后（10 脉冲）。
参比物:KBr

讨　论

(一)关于水蒸汽氧与催化剂晶格氧的交换,晶格氧参与反应的问题

实验(一)和(二)的结果表明:无水乙苯在氧化铁系催化剂上的脱氢反应能带走晶格氧而生成水,导致催化剂深度还原而成为催化剂失活原因之一。由于乙苯脱氢反应可能有直接脱氢与氧转移脱氢两种机理,因此,相应地水的生成也可能有两种途径,(以乙苯加 D_2O 反应为例):

1. 直接脱氢机理　直接脱氢,氢再与晶格氧作用生成水,接着,D_2O 又补回晶格氧并析出 D_2,三步串行:

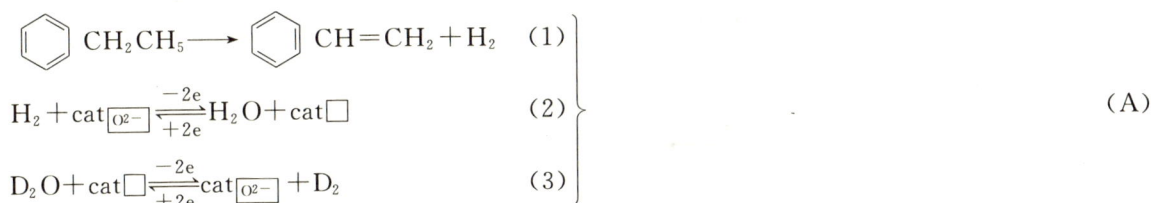

$$
\begin{array}{rl}
\text{C}_6\text{H}_5\text{CH}_2\text{CH}_5 \longrightarrow \text{C}_6\text{H}_5\text{CH}=\text{CH}_2 + \text{H}_2 & (1) \\
\text{H}_2 + \text{cat}_{\boxed{\text{O}^{2-}}} \underset{+2e}{\overset{-2e}{\rightleftharpoons}} \text{H}_2\text{O} + \text{cat}_{\boxed{}} & (2) \\
\text{D}_2\text{O} + \text{cat}_{\boxed{}} \underset{+2e}{\overset{-2e}{\rightleftharpoons}} \text{cat}_{\boxed{\text{O}^{2-}}} + \text{D}_2 & (3)
\end{array} \right\} \quad (A)
$$

2. 氧转移脱氢机理(二步串行 B)

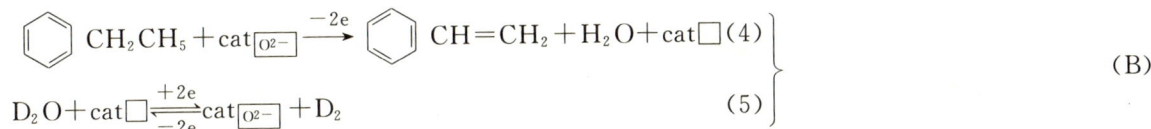

$$
\begin{array}{rl}
\text{C}_6\text{H}_5\text{CH}_2\text{CH}_5 + \text{cat}_{\boxed{\text{O}^{2-}}} \overset{-2e}{\longrightarrow} \text{C}_6\text{H}_5\text{CH}=\text{CH}_2 + \text{H}_2\text{O} + \text{cat}_{\boxed{}} & (4) \\
\text{D}_2\text{O} + \text{cat}_{\boxed{}} \underset{-2e}{\overset{+2e}{\rightleftharpoons}} \text{cat}_{\boxed{\text{O}^{2-}}} + \text{D}_2 & (5)
\end{array} \right\} \quad (B)
$$

根据实验(1)和(2)尚不能断定 H_2O 的生成途径是按机理(A)或(B)。然而,根据实验(3)就可作出一些判断。若反应仅按机理(A)进行,当大幅度增大空速时,生成的 H_2 迅速被载气带走,因此串行反应第二步(以及第三步)进行机会很少,尾气中氘丰度趋于零(即 $D_2/H_2 \to 0$);若仅按机理(B)进行,由于反应条件下 $D_2O/乙苯 = 1 : 1 (V/V)$,因此 D_2O 摩尔 $\gg$ 所生成的 H_2O 的摩尔数,气相中存在大量 D_2O,反应时带走的晶格氧主要由 D_2O 随即补充,因而空速很大时尾气中氘丰度趋于1(即,$D_2/H_2 \to \infty$);若两种机理并存,当空速很大时,D_2/H_2O 的比值应约为氧转移脱氢机理与直接脱氢机理进行的几率之比。由表1数据看,在大空速时氘丰度约为 20%(即 $D_2/H_2 1/4$)。因此,可以推断:两种机理并存,以直接脱氢为主,但氧转移机理也不可忽略。在本实验条件下对乙苯转化的贡献约为 20%。

此外,我们还通过实验考察得知 $11^\#$ 及无铬 $210^\#$ 催化剂均有相当好的 $CO—H_2O$ 中温变换催化活性。该反应可视为主要按氧转移机理进行。在催化剂表面活性中心上 CO 与晶格氧作用生成 CO_2 和一个晶格氧空位并给出两个电子,然后由 H_2O 补回晶格氧,同时接受两个电子。

由实验(四)可看出催化剂晶格氧 ^{16}O 与的 $D_2^{18}O$ 的 ^{18}O 有交换. 虽然所用国产 $D_2^{18}O$ 丰度仅约 30%,但已可看出某些红外吸收峰有红移(约 -5 厘米 $^{-1}$ 而 DE-577 型光栅红外谱仪在 $2000 \sim 400$ 厘米 $^{-1}$ 范围内的分辨率优于 ± 2 厘米 $^{-1}$)。显然这红移是同位素效应所致。但看来并未形成一个富 ^{18}O 的表面层,而是 ^{18}O 均匀地扩散到晶格的内部,因而只观察到谱峰的红移,而不是呈现新的谱峰。这两种催化剂均属非负载型、低比表面积、大孔型氧化铁系催化剂。它们的比表面积约为 $2 \sim 3$ 米 ^{2}/克[1,2]。若 ^{18}O 只搀入催化剂表面几层,那么在红外分析条件下可能观察不到吸收峰的频率位移。这说明,在乙苯催化脱氢反应条件下($600℃$ 左右),在这种含 K_2O 的反尖晶石型结构 Fe_5O_4 的部分离子型晶体催化剂中,晶格氧或氧缺位的扩散迁移速度是不可忽略的,这是氧化铁系催化剂可发展为氧化脱氢催化剂(加适当助剂,进一步提高晶格氧扩散速度和 Fe^{3+}/Fe^{2+} 价态变化速度)的一个必要条件。国内外也有将氧化铁系催化剂开发为丁烯氧化脱氢催化剂的成功例子[3]。

299

(二)11# 及无铬 210# 氧化铁系催化剂脱氢微观机理

氧化铁系催化剂在局部还原后活性比新鲜的高。新鲜催化剂中大多是 α-Fe_2O_3,还有类似铁酸钾类化合物.工作状态下则存在大量 Fe_3O_4[1,2],或言,含有 Fe^{2+}、Fe^{3+}、O^{2-},K^+ 也有氧缺位。乙苯脱氢反应微观过程很可能是乙苯的苯环首先在 Fe^{2+}(Fe^{3+})上的 σ-π 型配合吸附,并以苯环大 π 键电子对 Fe^{2+}(Fe^{3+})的 σ-给予为主(但过渡金属 d 电子对苯环的 π-反馈也不可忽略),使苯环带上部分正电荷 δ^+。苯环的共轭 π 键可因超共轭效应使侧基 α-碳上的氢活化,α-氢与吸附位邻近的晶格氧键连,按四中心模型进行异裂,α-H^+ 结合在 O^{2-} 上形成一 OH,而烃基负离子吸附在 Fe^{2+}(Fe^{3+})上形成"过渡金属的准 π-烯丙基(η^3)配合物"中间体,并迅速异构为 σ-烯丙基(η^1)配合物,这在烯烃和芳烷烃的反应中是常见的机理[4,5]。在这一步,晶格氧虽参与反应但并未脱除。β-氢的脱除可能有两种途径:一种是按熟知的"烷基金属 β-氢脱除"直按脱氢,即 σ-烯丙基配合物中间体直接脱去 β-H 在 Fe^{2+} 上而生成苯乙烯;另一种是通过氧转移间接脱氢(详见图6)。以下着重讨论后一种机理及晶格氧参与反应的微观过程。

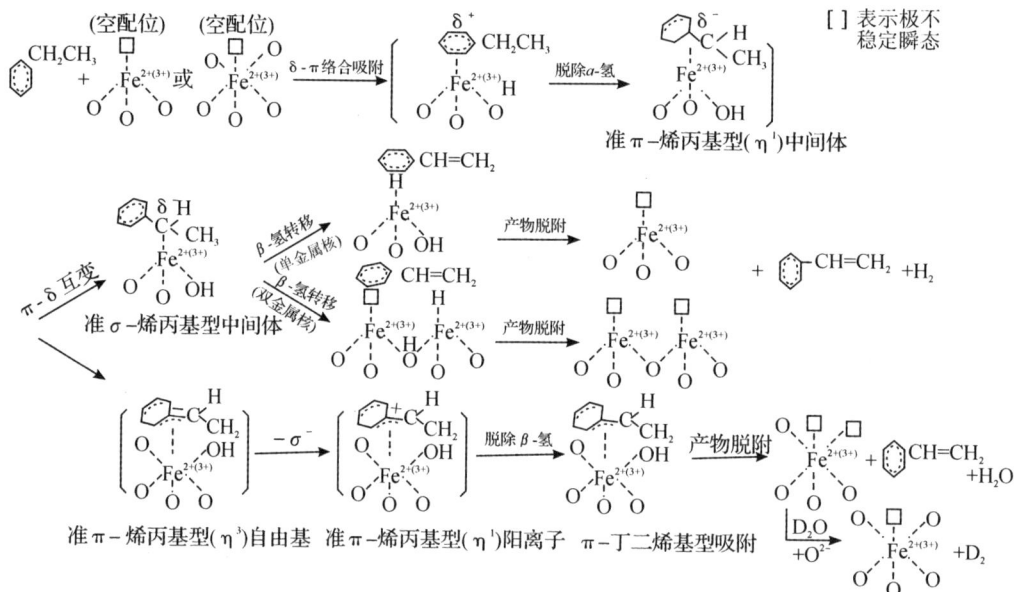

图 6 乙苯脱氢微观机理示意图

烯丙基中间体的存在已被证实过[4],中间体亚稳态共振结构按(η^3)π-配合方式键连在催化剂表面活性位上。吸附的烯丙基碎片上,电荷可以是零或正。由电子顺磁共振实验[6]和烯丙基体系 π-电子轨道能级分析[8]也可看出烯丙基型的阴离子、自由基、阳离皆可存在,并在一定条件下可相互转化。当催化剂晶格有电子传递渠道而且其邻近位置又有电子接受体或需电子反应在进行时,烯丙基型阴离子可给出电子而转化为烯丙基型自由基,甚至烯丙基型阳离子,并进一步脱去第二个 $H^{\delta+}$ 在邻近晶格氧上。接着,生成苯乙烯、水及一个晶格氧空位,同时释放出两个电子于晶格中。而水下在表面邻近的另一个有晶格氧空位的活性位上补回晶格氧,接受两个电子,此过程就是上面所提的需电子反应。两个活性位形成"氧化还原电偶",一个性中心的氧气还原周期可与邻近活性中心的氧化还原周期偶联地、协同地进行,互相促进。电子传递可通过 Fe^{2+} 和 Fe^{3+} 的相互转化及氧桥的变向极化而进行;作这类接近于导体的磁性氧化铁体系的半导体催化剂中电子的传递是迅速的。此外,氧缺位也有一定的迁移能力。因而,晶格氧的移去和补回不一定需要在原位进行,这就为氧转移脱氢机理提供必要条件。乙苯在磷酸镍钙系和氧化铬系催化剂上的脱氢,由于没有上述那种接近于导体的电子传递渠道,基本上只能按直接脱氢机理进行,缺少氧转移脱氢机理的贡献,它们的活性比氧化铁系催化剂低,其重要原因之一可能就在这一点上,实际上,近年来美苏等国家基本上均转向使用氧化铁系作为烯烃、芳烷烃脱氢鹿化剂。

致射：质谱、红外分别由李玉桂、黄德如二同志测试；林仁存同志参与一段时间实验室基建；积分反应器数据取自乙苯脱氢组，在此一并深表谢忱。

参考文献

［1］Lee，K. 11，8(2)，285(1973).

［2］a. 肖漳龄等. 燃化学报，(1). 83(1983).

b. 何淡云等，11# 催化剂相组成的初步探讨(内部资料)，1981 年.

［3］Rennad，R. J.，et. al.，J cat.，30(1)，128(1973).

［4］Adams，C，Rproc，Int.，Congr，Cat.，3rd. 1，240(1965)；Sachtler，W. M. H，. et al，. Roc. Int. Congr. Cat.，3，1，252(1965). Kokcs，R. J.，Int. Congr，Cat.，5 1972；8，1(1973).

［5］Garnetl. J. L，. cat. Revs.，5(2)，229(1971)

Earl L. Muc lerties，el. al.，Ancounats of Chemical Rescarch. 12(9)，324(1979).

［6］汪汉卿等，科学通报 17(11)，(1966).

［7］唐敖庆等，分子轨道图形理论. 科学出版社，1980 年.

Mechanistic Studies on Catalytic Dehydrogenation of EthyIbenzene Over Iron-Oxide-Based Catalyst Systems —Role of Lattice Oxygen

Hui-Zhen Chen，Dan-Yun He，Zhang-Ling Xiao，K. R. Tsai

(Department of Chemistry and Institute of Physical Chemistry. Xiamen University，Xiamen.)

Abstrbct

The role of lattice oxygen in catalytic dehydio dehydrogenation of elhylbenzene over industrial iron-oxide-based catalysts，11# (Cr-consaining) and 210# (Cr-free)，has been investigated by means of the following experiments；(1)Determination of amounts of H_2O produced due to removal of lattice oxygen by reaction with ethyl-benzene used as the feed without addition of steam，and observation of gradual decay of calalylic activities，and changes in the X-ray powdcr-diffraction patterns of the used catalysts；(2)with elhylbenzene plus D_2O as the feed，determination of the change in D_2/H_2 ratio in the exit gas for very high and very low space velocities；and (3)with ethylbenzene plus $D_2{}^{18}O$ as the feed，observation of isotopic exchange of lattice ^{16}O with steam ^{18}O from the red shifts in the 1R spectra of the used catalyst. The results indicate that direct hetcrolytic dchydrogenation of elhylbenzene appeared. to be the major rcction pathway，but a minor reaction pathway of cthyl-benzene dchydiogenation by oxygen-transfer mechanism also appeared to make an approciable contribution（about 20%）to the overall conversion . Mcchanisms of these two reaction pathways are discusscd. For the oxygen-transfer dchydrogenation mechanism，the importance of electron transport between neighboring active-sites operating cooperatively in opposite phases of their redox cycles is pointed out.

■ **本文原载**:《厦门大学学报》(自然科学版)第 25 卷第 6 期(1986 年 11 月),第 658～665 页。

F-T 合成铁催化剂上的配位催化作用

张鸿斌　蔡启瑞

（化学系　物理化学研究所）

摘　要　应用配位催化原理,并根据 FT 合成熔铁催化剂的现场激光拉曼光谱研究结果,讨论了 FT 合成铁催化剂活性位的本质和催化作用机理。指出存在于铁催化剂表面上的 Fe^0/Fe-碳化物相和 Fe-氧化物相都是催化剂的活性相;工作状态下催化剂表面上存在着两类活性位,即金属铁原子多核簇活性位和 Fe^0 与 Fe^{2+}(Lewis 酸中心)组成的 $\underset{O}{Fe_y^0 \cdots Fe^{2+}}$ 活性位;CO 很可能采取 μ_4 $(\omega_1, \eta^2,$ 斜插式,在多核 Fe 原子活性位上)或 μ_2 或 μ_3 $(\omega_1, \omega_1',$ 双端基桥式,在 $\underset{O}{Fe_y^0 \cdots Fe^{2+}}$ 活性位上)的配位活化方式;相应的这两种化学吸附态很可能分别就是 CO 解离或氢解,和非解离加氢的前躯态;存在着两条平行的 CO 加氢主要反应途径,分别以烃类和醇等含氧化合物为其主要产物。

铁是迄今唯一用于工业生产的 FT 合成催化剂。一些工作者曾认为实际起作用的催化剂组分是铁的碳化物,而不是金属铁[1,2];有人不同意此意见,并对铁碳化物生成过程中催化剂的瞬态行为提出另外的解释[3,4];也有过关于在反应后的铁催化剂上检测到铁氧化物的报道[5,6];新近 Raymond 等[7]认为 Fe_3O_4 是催化剂的活性相。半个多世纪以来,关于 FTS 反应机理先后提出若干种解释,但还未定论[8～10]。关于铁催化剂活性位的本质以及 CO 分子如何得到活化,CO 是先解离吸附然后经表面碳与氢反应,或是化学吸附的非解离 CO 物种直接加氢或氢解,含氧产物和烃类是通过怎样的反应途径而生成,等等问题还有待作深入的探讨。

根据配位催化原理以及熔铁催化剂在 FT 合成反应条件下现场拉曼光谱研究结果,本文拟较深入地讨论 FTS 铁催化剂活性位的原子(簇)模型,CO 的配位活化方式及其加氢机理。

一、CO/H₂/Fe(FTS 熔铁催化剂)体系的现场 Raman 光谱表征

尽管铁作为工业上有实用价值的 FTS 催化剂,迄今运用现代谱学技术的研究工作相当有限。已报道的工作包括这类催化剂的 I. R.[11,12],AES[13] 和 XPS[14]研究,都属非反应现场的工作。

新近,Zhang(本文作者之一)和 Schrader[15]利用现场拉曼光谱技术,在 200℃,1 大气压,1CO/5H₂ 的 FTS 反应条件下,对工作状态下的熔铁催化剂作了表征。在工作状态的催化剂表面上,观察到一系列可分别指定为 H,CO,HCOO,等表面物种的 Raman 谱峰。这些光谱观察在另文[15]中已有详细描述。经稍作修正后,这些 Raman 谱峰的指定列于表 1 中。结果表明,CO 的吸附不仅发生在 Fe^0-位,也发生在 Fe^{2+}-位;工作状态下催化剂表面上,除多数研究者指出的,存在 Fe^0/Fe 碳化物相外,同时也存

在着 Fe-氧化物相；相应的 Fe^{2+} 位也能吸附活化 CO，这个相对于 FTS 反应的贡献应予以重视。

表 1　FTS 熔铁催化剂上吸附物种 Raman 谱峰的解释
Table 1　Assignment of Raman bands for adsorbed species associated with
Fischer-Tropsch synthesis on alkali-promoted fused iron catalyst

谱峰位置 Band Position(cm^{-1})	谱峰解释 Assignment
1951(1948),1902	Fe-H streching of terminal H
1625	Fe-H streching of bridging H
1970	C-O streching of CO adspccies on Fe^0-sites
2070	C-O streching of CO adspccies on Fe^{2+}-sites
2130,2160,2175	C-O streching of CO adspccies on Fe^{3+}-sites
1820,1850	C-O streching of CO adspccies on multi-nuclear Fe^0-cluster active sites
1890	C-O streching of CO adspccies on Fe^0/FeO active sites
1556	Vibrations due to formate-like species
1586—1600	C-O streching of CO adspccies on Fe^0/FeO active sites
360,400,450	Fe-C stretching of CO adspecies

二、铁催化剂上 CO 的配位活化和 FT 合成反应机理

主要地根据上述现场拉曼光谱研究结果，我们认为：Fe^0/Fe-碳化物相和 Fe-氧化物相实际上都是铁催化剂的活性相；工作状态下催化剂表面上存在着两类活性位，它们都分别地以一定方式吸附 CO 并使 C≡O 三重键受到不同程度活化；存在着两条平行的 CO 加氢途径，分别对总的 FT 合成作出贡献。下面分别进行讨论。

1. CO 在 Fe^0/Fe-碳化物活性位上的配位活化及加氢机理

在 FT 合成稳态条件下，铁碳化物相表面的几个原子层，间隙 C 原子的生成（由 CO 解离或歧化而来）与其接着加氢处于动态平衡中，间隙 C 原子含量未达饱和；越靠近表面，C/Fe 比越低，铁晶格基本上仍保留着 α-Fe 结构；越往里层，C/Fe 比越接近饱和值，直至生成有确定组成的铁碳化物——χ-Fe_2C（或 $Fe_{20}C_9$）[7]。这一活性相近似地可看成是负载在 χ-Fe_2C（或 $Fe_{20}C_9$）"载体"上充填有一些间隙 C 原子的 α-Fe。

从已知的 CO 配位化学知道，多数场合下 CO 系作为单端基的 σπ 配位基，或边桥（μ_2-CO），或面桥（μ_3-CO）配位基，络合在金属原子上；吸附有 CO 的过渡金属表面也存在着与这些键合方式相对应的吸附态。在这三种配位模式中，CO 均作为二电子配位体，C—O 键均受到不同程度的削弱，但还不到足以发生加氢反应的程度。实际上遇到的情形是，在温和条件下，H 原子与 CO 配位基可以"肩并肩"地共存于同一配位球中；即使温度升高到足以导致络合物或原子簇分解的程度，仍未发现有加氢反应发生。在 FT 合成中，以这三种方式吸附的 CO 估计不可能是 C≡O 三重键解离或直接加氢的前躯态。

端基加侧基型的多核配位活化方式对 C≡O 键的活化则更有利。以这类方式配位的吸附态的存在已为许多研究者所推断。如 Garland 等[16]当 CO 吸附在 Ni 上时观察到 1620 cm^{-1} 的红外带，推断这个吸附态 CO 至少与三个 Ni 原子配位，氧端配位在其中一个 Ni 原子上；Erley[17]当 CO 在 Ni 表面台阶

原子吸附时观察到 1520 cm^{-1} 的谱带，认为可归属于端基加侧基吸附的 C≡O 伸缩振动；Manassero 等[18]和 Colton 等[19]已分别合成出含铁的和含锰的原子簇，[HFe$_4$($\mu\eta^2$-CO)(CO)$_{12}$]和 Mn$_2$(CO)$_5$(Ph$_2$PCH$_2$PPh$_2$)$_2$，其中各有一个 CO 是以端基加侧基方式配位在几个金属原子上。迄今为止，文献上未曾有过关于 FTS 和甲烷化反应表现出结构敏感性的报导，但催化剂活性位很可能得由至少 2 个以上的金属原子组成。例如，Araki 等[20]曾报导，在甲烷化 Ni 催化剂上，能促使 C≡O 键活化到解离或接近于解离的吸附态，大致都是在 3 至 4 个表面金属原子组成的多核活性位上，端基加侧基配位的 μ_4(η^2)-或 μ_3(η^2)-CO。活性位的这种多核性质也从含少量 Cu 的 Ni-Cu 合金催化剂活性比纯 Ni 的明显降低的实验事实[21]获得支持。

在 FT 合成 Fe 催化剂的 Fe^0/Fe-碳化物活性相，预期也存在着适合于 CO 采取端基加侧基型配位并最终能导致 C≡O 键解离或氢解的多核活性位。上述在熔铁催化剂上观察到的可归属于 CO 吸附物种 C≡O 伸缩的 Raman 峰(1820 和/或 1850 cm^{-1})可作为催化剂表面存在多核活性位以及端基加侧基型配位 CO 吸附态的实验证据。可以预期，反应主要在低密勒指数晶面(表面晶格原子比较密集)上进行。以下先就 α-Fe(111)面的情形进行分析。

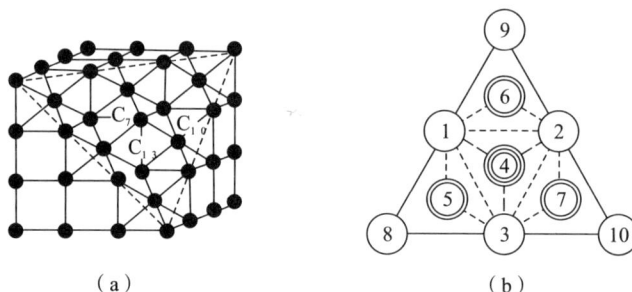

图 1 (a)α-Fe(111)面原子的排列； (b)α-Fe(111)面活性位的 4-Fe 原子簇模型
Fig. 1 (a)Atomic arrangement of α-Fe(111)plane； (b)4-Fe cluster structural model of active site on α-Fe(111)plane.

如图 1a，理想平滑的 α-Fe(111)面上有三层暴露或部分暴露的 Fe 原子，分别为 C$_7$、C$_{10}$ 和 C$_{13}$，下标数字表示最近邻与次近邻的 Fe 原子总数。这三层 Fe 原子在图 1b 中分别就是①②③⑧⑨⑩-、⑤⑥⑦-，和④-Fe 原子。而由①②④⑥这样的组合类型组合而成的 Fe$_4$-原子簇就十分接近已知的 Fe$_4$-羰基原子簇[HFe$_4$(CO)$_{13}$][18]中 4 个 Fe 原子的"蝶型"排列方式(图 2)。这样的一个 Fe$_4$ 原子簇活性位也是蔡启瑞[22]建议的并从其后续的 Raman 光谱研究[23]获得支持的氨合成反应中分子氮多核配位的原子簇活性位的主体部分。在这样的活性位上的一种十分可能的 CO 多核配位活化模式示于图 3 中。吸附的 CO 斜插在两片"蝶翅"上方；它与金属表面的键合作用包栝：C 原子端的 5σ 电子向②④⑥-Fe 原子的轨道离域，金属原子簇的价电子向 CO 的 2π 反键空轨道反馈；其次，电子反馈使 C—O 键有所增长，造成 1π 轨道能量升高[24]，使得成键的 1π 轨道的电子对金属原子簇的空轨道也有一定程度的侧基给予。在这种配位方式中，CO 是一个 4 电子配位体；C≡O 三重键受到较大削弱。这样一个 Fe$_4$ 原子簇以及在其上面吸附 CO 的 μ_4(η^2)配位方式与[HFe$_4$(CO)$_{13}$]原子簇的相应部分是十分相近的；而由这个 μ_4(η^2)-CO 解离产生的 μ_4-C 配位基与 Tachikawa 等[25]合成的含 μ_4-C 配位基的原子簇[Fe$_4$(μ_4-C)(CO)$_{12}$]也十分相近。实验表明，后者容易与氢反应生成 C-H 配位基[25]：

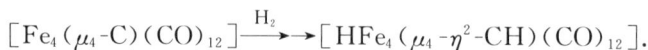

$$[Fe_4(\mu_4\text{-}C)(CO)_{12}] \xrightarrow{H_2} [HFe_4(\mu_4\text{-}\eta^2\text{-}CH)(CO)_{12}].$$

在 α-Fe(110)面上，也存在可能满足 CO 采取多核配位活化方式的 Fe$_4$-原子簇，四个 Fe 原子同平面，O 原子与第④个 Fe 原子距离稍远一点，但仍在范德华作用范围内。并不排除其他晶面的吸附位对 FTS 也可能作出贡献，但活性位必须包含至少 2 个以上(多半是 3 至 4 个)的金属原子这一点大概是基本

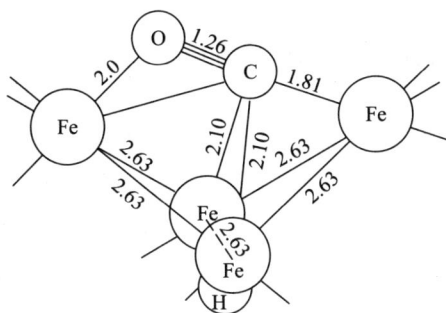

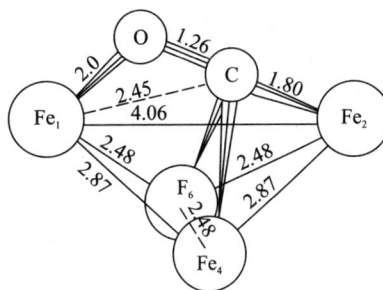

图 2　〔HFe$_4$(μ-η^2-CO)(CO)$_{12}$〕原子簇键型

Fig. 2　Bonding mode of〔HFe$_4$(μ-η^2-CO)(CO)$_{12}$〕cluster.

图 3　所建议的 Fe^0/Fe-碳化物相 4-Fe 原子簇结构活性位上 CO 的 μ_4(η^2)配位模式。

Fig. 3　The proposed μ_4(η^2) mode of CO coordination at the 4-cluster structural model of active site of Fe^0/Fe-carbide.

的条件。在这里的讨论中并不排除在 Fe^0/Fe-碳化物活性位上可以存在着垂直单端基式的 CO 吸附物种(相应的 ν_{co} Raman 峰在 1970 cm^{-1} 被观察到[15])。在 FT 合成反应温度下,垂直单端基式的,或桥式的 CO 吸附态与斜插式多核配位的吸附态可以相互转化。在如下的 CO 吸附—活化—解离过程中,斜插式的多核配位活化模式是其中能有效地导致 C—O 键解离或氢解的中间态。

CO(气相) $\Longleftrightarrow$ CO(物理吸附)

$\Longleftrightarrow$ CO(化学吸附、垂直插入单端基的,或棱桥式的,或面桥式的)

$\Longleftrightarrow$ CO(斜插式多核配位化学吸附,μ_4(η^2)型或 μ_3(η^2)型)

$\xrightarrow{+H}$ $\begin{cases} \text{C+O(解离)} \\ \text{CHx+OH(氢解)} \end{cases}$

根据上述讨论,在 Fe^0/Fe-碳化物活性位上 CO 加氢的主要反应途径如图 4,以烃类作为主要的反应产物。

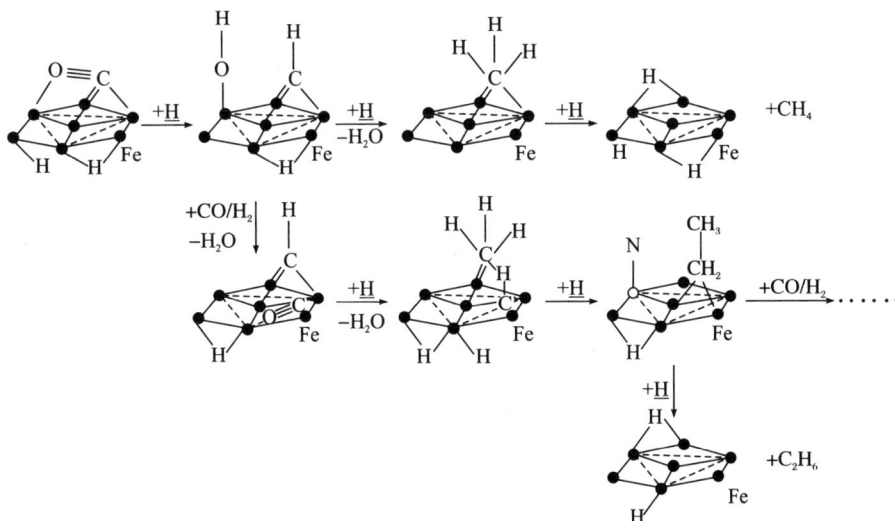

图 4　所建议的在 Fe^0/Fe-碳化物相活性位上 CO 加氢成烃的反应机理

Fig. 4　The proposed reaction mechanism for hydrogenation of CO to hydrocarbon at active site of Fe^0/Fe-carbide

2. CO 在 Fe-氧化物相活性位上的配位活化及加氢机理

Somorjait 等[26,27]发现纯的经还原过的非负载金属 Rh 仅具有催化转化合成气为烃类 的活性。他们认为经氧修饰的金属 Rh 是 CO 加氢成含氧产物的活性中心。Iwasawa 等[28]则认为生成含氧产物的活性位实际上就是 Rh^{n+}。

类似的情形在 FT 合成铁催化剂上也存在。经 H_2 预还原的铁催化剂（主要是 α-Fe）初期的反应产物主要是烃（主要是 CH_4）；仅当催化剂经过一个诱导期之后，才表现出同时生成烃类和含氧产物的催化活性。含氧产物的生成看来与经过诱导期催化剂表面上氧化物相的生成有密切联系。然而，以 Fe_2O_3 直接作为催化剂时，反应一开始并不具有活性，只是反应开始之后活性才逐步增长，数小时后达最大值，随后缓慢地下降到稳态的活性水平；与此同时，Fe_2O_3 相已部分地受还原[7]。由此看来，催化剂的活性更象是与含有低价金属离子的活性位相联系。在我们看来，生成含氧产物的活性中心更可能是以铁的氧化物相为衬底的由 Fe^0 与 Fe^{2+} 组成的双核（$1Fe^0+1Fe^{2+}$）或三核（$2Fe^0+1Fe^{2+}$）吸附位；观察到的 1890 cm^{-1} Raman 峰[15]可指定为这种活性位上双端基配位的 CO 的伸缩振动。这样的一个活性位的原子模型及 CO 配位方式建议如图 5。在非解离吸附 CO 的加氢这一合成气转化为含氧产物的关键步骤，Fe^0 上可移动的线型或桥型吸附氢，$\underline{H}$（相应的 ν_{Fe-H} Raman 峰在 1951,1902（线型），和 1625（桥型）cm^{-1} 处），可转移到络合在 Fe_y^0-Fe^{2+} 上的 CO 配位基 C 原子上；这个 CO 的氧原子端通过偶极相互作用键合在 Fe^{2+} 离子上，产生一个铁氧碳烯中间态（图 6）。这和 Bercaw 等[29]报导的 $(\eta^5$-Cp$)_2$M(CO)（其中，M＝W,Mo,Cr,Mn,Fe,Co）同 $H_2Zr(\eta^2-C_5Me_5)_2$ 反应时生成"锆氧碳烯"中间态的情形相似。观察到的 1600 cm^{-1} Raman 峰[26]可指定为这个甲酰基 $C=O$ 的伸缩振动；由于 O 端与 Fe^{2+} 的偶极相互作用，与典型的酮式或醛式的 $C=O$ 键的伸缩频率约低 100 cm^{-1}。这个中间态可继续加氢经双端基配位的 $H_2C=O$，类甲酸基（Raman 峰在 1556 cm^{-1}[15]），或甲基羟基，或甲氧基，最后成甲醇（图 6）。当上述加氢的第一步通过邻位转移加到桥 C 原子上去的不是 $\underline{H}$，而是 Fe^0-原子上的一个烷基（R＝$\underline{C}H_2$,$\underline{C}HR'$ 等），则最终产物为相应较高级的醇类等含氧产物。这样的一个活性位的原子（簇）模型及在其上的 CO 配位活化和加氢机理与刘金波等[30]报导的合成气制乙醇 Rh-Nb_2O_5/SiO_2 催化体系的情形大体类似；在 Fe^0-FeO/Fe_2O_3 活性位中的 FeO 也可看成是促进剂，它的作用与 Nb_2O_5 也大致相同。

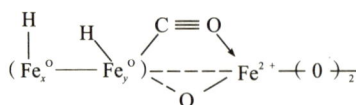

图 5　所建议的在 Fe^0-FeO/Fe_2O_3 相活性位上 CO 配位的 $\mu_{2\text{或}3}$（ω_1,ω'_1）模式

Fig. 5　The proposed $\mu_{2(\text{or }3)}$（ω_1,ω'_1）mode of CO coordination on model of active site of Fe^0-FeO/Fe_2O_3

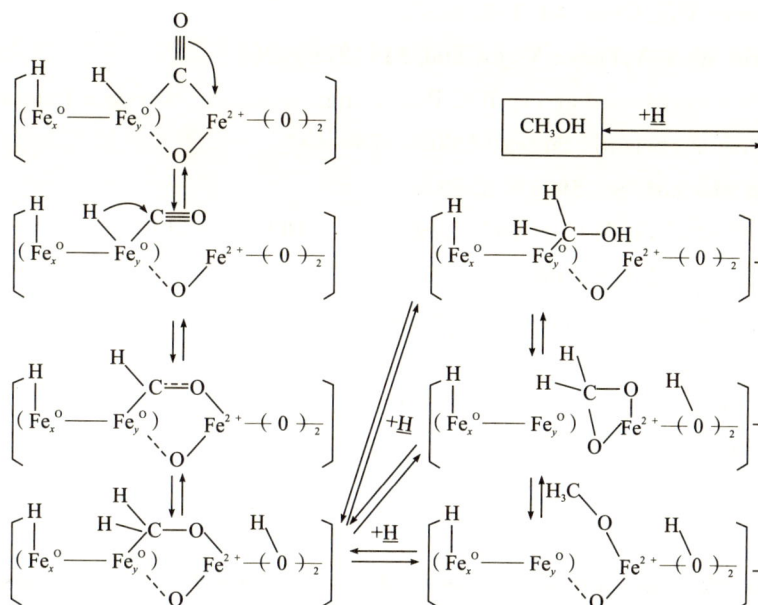

图 6　所建议的在 Fe^0-FeO/Fe_2O_3 相活性位上 CO 加氢成甲醇的反应机理

Fig. 6　**The prosed reaction mechanism for hydrogenation of CO to methanol at active site of Fe^0-FeO/Fe_2O_3.**

参考文献

[1] Sancier K M, ct al. Hydrocarbon Synthesis from Carbon Monoxide and Hydrogen, Adv. Chem. Series 178, p. 129, ACS, Washington, D C, 1979.

[2] Ott G L, et al., J. Catal. **65**(1980) 253.

[3] Neimantsvcrdriet J W, et al., J. Phys. Chem, **84**(1980) 3363.

[4] Anderson R B, Catal, Rev . Sci. Eng, **21**(1980) 53.

[5] Loktev S M, et al., Kinet. Katal. **14**(1)(1973) 217; or Kinct. Catal. (Engl. Transl.) **14**(1973) 175.

[6] Niemantsverdriet J W, et al., Appl, Surf. Sci. **10**(1982)302.

[7] Raymond J P, et al., J. Catl. **75**(1982)39.

[8] Denny F J & Whan D A, Catalysts Vol. 2 Roy. Soc, Chem. 1978 46.

[9] Bell A T, Catal. Rev. Sci. Eng. **23**(1 & 2) (1981) 203～232.

[10] Ponec V, Catalysis Vol. 5 Roy, Soc. Chem. 1982 48.

[11] Blyholder G, Neff L D, J. phys. Chem. **66**(1962)1664.

[12] Tanaka M, Blyholder G, J. phys. Chem. **76**(1972)3180.

[13] Dwyer D, Somorjai G A, J. Catal. **52**(1978)291; **56**(1979)249.

[14] Bonzel H P, Krebs H J, Surf. Sci. **91**(1980)499.

[15] Zhang Hong-bin, Schrader G L, J. Catal. **95**(1985)325～332.

[16] Garland C W, et al., J. Phys. Chem. **69**(1965)1195.

[17] Erley W, et al., Surf, Sci. **83**(1979)585.

[18] Manassero M, et al., J. Chem. Soc. Chem. Commun. (1976)919.

[19] Colton R, et al., J. Chem. Soc. Chem, Commun. (1975)363.

[20]Araki M,Ponec V,J. Catal. **44**(1976)439.

[21]van Barneveld W A A,Ponec V,J. Catal. **51**(1978)426.

[22]Tsai K R,Paper presented at 7th ICC Post Congr. Symp,on Nitrogen Fixation Tokyo 1980.

[23]Liao Daiwei,et al.,Scientia Sintca (1986) 673～680.

[24]Broden G,et al.,Surf. Sci. **59**(1976)593.

[25]Tachikawa M,et al.,J. A. C. S. **102**(19S0) 4542；**103**(1981)1485.

[26]Castner D G,et al.,J. Caial. **66**(1980)257.

[27]Watson P R,Somorjai G A,J. Catal. **72**(1981)347.

[28]Iwasawa,Y,et al.,Chem. Lett. (1982)131.

[29]Bercaw J E. Wolczanski P T,Acc. Chem. Res. **13**(1980)121.

[30]刘金波等. 物理化学学报. **1**(1985) 177～185.

Coordination and Catalysis on Iron Catalysts for F-T Synthesis

Hong-Bin Zhang，K. R. Tsai

（Dept. of Chem. and Inst. of Phys. Chem. ）

Abstract

Based upon the principles of coordination catalysis,the nature of active sites and the reaction mechanism on iron catalysts for Fischer-Tropsch Synthesis (FTS) are discussed together with the results of the recent in situ Raman spectroscopic studies on an alkali-promoted fused iron catalyst. It has been pointed out that both phases of Fe^0/Fe-carbides and of Fe-oxids,which coexist on the surface of the functioning fused iron catalyst under reaction conditions of $200^\circ C$,1 atm,and $1CO/5H_2$ for the FTS,are probably active phases of the catalyst. Models of the corresponding two types of active sites,namely,Fe^0-multi-nuclear active site,such as 4-Fe cluster on α-Fe(111) plane,and $Fe_y^0 \cdots Fe^{2+} \diagdown O \diagup$ active site,and coordination-activation modes of CO on active sites of the two types,$\mu_4(\omega_1,\eta^2)$-CO ane $\mu_{2\ or\ 3}(\omega_1,\omega'_1)$-CO,respectively,have been proposed. A parallel,competitive mechanism for the FTS reaction on iron catalysts would be appropriate,with hydrocarbon and oxygenated products (methanol etc.) as major products,respectively.

本文原载:《催化学报》第 7 卷第 2 期(1986 年 6 月),第 119～123 页。

XPS 研究合成气制醇的 Rh-Nb₂O₅/SiO₂ 催化剂的金属-助催剂-载体的相互作用*

林建毅　　顾桂松　　刘金波　　蔡启瑞　　郭可珍

（厦门大学化学系、物理化学研究所　中国科学院化学研究所,北京）

摘　要　本文应用 XPS 研究了 Nb_2O_5/SiO_2(氧化态)、Nb_2O_5/SiO_2(还原态)、Rh/SiO_2(还原态)$Rh-Nb_2O_5/SiO_2$(氧化态)、$Rh-Nb_2O_5/SiO_2$(还原态)、$Rh-Nb_2O_5-SiO_2$(反应后,氧化态)等一系列样品,比较它们的光电子结合能,证明了 $Rh-Nb_2O_5-SiO_2$ 有较强的相互作用;Nb_2O_5 与 SiO_2 可能生成表面化合物;Rh 通过氢溢出促进了较难还原的表面 Nb(Ⅴ)的加氢还原;Rh 与 SiO_2 相互作用并高度分散在载体表面;Nb_2O_5 的添加改变了负载 Rh 的价带结构,抑制了 CO 在 Rh 吸附位上的解离,提高了制醇的选择性;由于与 Nb_2O_5 接触的程度不同,表面存在两类不同化学微环境的 Rh。Rh 与 Nb_2O_5 对表面吸附的 CO 加 H 的协合化学作用是本体系金属-载体或金属-助催剂强相互作用的实质。

自 Tauster 等[1]提出负载型金属催化剂中金属与氧化物载体之间存在强相互作用(SMSI)以来,SM-SI 已成为引人注目的催化研究课题之一。SMSI 能导致催化剂活性的较大变化,其原因则可能随不同的体系而异。人们分别用较高温度下金属与氧化物生成合金[2],金属与氧化物之间相互扩散[3],金属三维结构转为二维平、薄的结构[4],金属原子与氧化物中金属离子成键[5],金属与部分还原为低价态的氧化物能带间的电子转移[6],或气体吸附自抑制现象[7]等对 SMSI 的成因进行了探讨。最近,我们前阶段的工作[8]指出:合成气制醇的 $Rh-Nb_2O_5/SiO_2$ 催化剂中 Rh 与 Nb_2O_5 的相互作用对催化性能的巨大影响的实质,在于 Rh 通过氢溢出促进了 Nb_2O_5 的部分加氢和还原,而部分氢化的 Nb 通过协同过程将氢转移到吸附在邻近 Rh 位上的 CO 的 C 原子上,同时与该吸附态 CO 的氧原子成键,生成合成气反应历程中起决定性作用的中间物铌氧基卡宾 Rh—CH—O—Nb-(O)x-(其可能结构类似于 Bercaw 等[9]提出的锆氧基卡宾),扭转了 H+CO→HCO 的键能亏损,借此影响了催化剂的性能。$Rh-Nb_2O_5/SiO_2$ 的这种相互作用已从化学表征法、FTIR 等实验获得了某些验证[8]。本文应用 XPS 研究了这一催化剂的各个组分以不同方式组合的一系列体系,体系中表面物种价态变化或 XPS 谱峰位移的情况,提供了一些有用的信息,进一步揭示了 $Rh-Nb_2O_5/SiO_2$ 金属-助催剂-载体相互作用的本质,取得了与化学表征法、IR 等相一致的结果。

实验部分

(一)催化剂制备

把硅胶小球(青岛化工厂出品)浸入由新沉淀的氧化铌溶于草酸溶液的草酸铌溶液中,干燥后再在空

---

* 中国科学院科学基金资助的课题。1984 年 11 月 19 日收到。

气中 550℃灼烧 3 小时即制得 Nb_2O_5/SiO_2。硅胶小球浸渍于 $RhCl_3$ 甲醇溶液,干燥后于 350℃灼烧 2 小时,通氢还原 16 小时,得 Rh/SiO_2(还原态)。将负载 Nb_2O_5 的硅胶代替硅胶,按上述程序可制得 $Rh-Nb_2O_5/SiO_2$(还原态)。

使 H_2 和 CO 混合气体(H_2∶CO＝2∶1,vol)在常压,200℃通过 $Rh-Nb_2O_5/SiO_2$ 催化剂床进行反应,反应时间每次 1 小时,三次反应后仍保持高活性,此即 $Rh-Nb_2O_5/SiO_2$(反应后)催化剂。

还原态样品都封存于玻璃管中防止空气氧化。将还原态样品在空气中 550℃灼烧 3 小时,即为相应的氧化态。

(二)XPS 实验

所用谱仪为 Kratos ES300。以 MgK_α 为 X 射线源,电流 10 mA,加速电压 15 kV,实验时分析室残余气体压力 $<5\times10^{-8}$ torr。本实验样品都是绝缘体,使用中和枪发现荷电效应可引起 1.2 eV 的结合能位移;但又发现若以样品表面沾污碳的(C_{1s}(285 eV),或样品表面有反应产物碳沉积时用 Si_{2p} 为内标,则本体系的样品荷电效应可被校正。样品从封闭玻璃管取出至最后转移到仪器的分析室是在手套箱中进行的。手套箱直接与谱仪连接。经过多次反复抽空补氩之后,在略高于大气压的氩气氛中完成样品的转移。

银箔、纯硅胶、纯 Nb_2O_5 及 $RhCl_3\cdot3H_2O$ 的 XPS 结合能数值都与标准谱图相应的实验值完全相符,实验误差范围 0.2 eV。

结果与讨论

(一)Nb_2O_5-SiO_2 的相互作用

由表 1 可见,当 Nb_2O_5/SiO_2 体系中 Nb_2O_5 的含量高达 16wt％时,Nb_{3d} 结合能的数值与纯 Nb_2O_5 相近,O_{1s} 则出现两个峰,一个与 Nb_2O_5 的 O_{1s} 有相近的结合能,另一个则属于 SiO_2 中的 O_{1s};当 Nb_2O_5 浓度为 8wt％时,Nb_{3d} 的结合能比纯 Nb_2O_5 的 Nb_{3d} 有＋0.8－1.0 eV 的化学位移(见图 1),O_{1s} 与 SiO_2 的 O_{1s} 相比也有＋0.4－0.7 eV 的位移。显然,高浓度时 SiO_2 表面的 Nb_2O_5 为三维结构;在低浓度时,Nb_2O_5 由于与 SiO_2 之间存在着较强的相互作用而单层分散在 SiO_2 载体上,氧配位数减少导致了正的化学位移,也可能是 Nb(V)在较高温度下进入 SiO_2 晶格间隙,生成表面化合物,甚至部分生成杂多酸型的体相化合物,导致 Nb,O 微环境电子云的不足,从而产生正的化学位移。这与文献[12—15]中关于氧化物在载体氧化物表面单层分散,形成表面化合物的结论是一致的。

(二)$Rh-SiO_2$ 的相互作用

Rh/SiO_2(还原态)体系中,Rh_{3d} 比标准谱图中金属 Rh_{3d} 的实验值(307.0 eV)有＋0.6 eV 的位移。正如 Sexton[16]指出的,这很可能主要归因于原子外弛豫效应,即主要归因于金属 Rh 在 SiO_2 载体上的高度分散状态。我们用电子衍射法观察到 Rh 微晶的衍射图样,但用 X 射线粉末衍射法却观测不到催化剂中 Rh 晶体的线条,说明 Rh 颗粒确是很小的。

表 1　光电子结合能友 Eb

Table 1　Photoelectron binding energy Eb

Sample *	Eb(eV)				
	Si_{2p}	O_{1s}	$Nb_{3d5/2}$ **	$Rh_{3d5/2}$ ***	C_{1s}
Nb_2O_5		530.7	207.4		
$RhCl_3\cdot3H_2O$				310.5	

续表

Sample *	Eb(eV)				
	Si$_{2p}$	O$_{1s}$	Nb$_{3d5/2}$ **	Rh$_{3d5/2}$ ***	C$_{1s}$
Silica gel bead	104.2	533.3			
Nb$_2$O$_5$/SiO$_2$ (oxidized)	104.3	534.0	208.2		
Nb$_2$O$_5$/SiO$_2$ (reduced)	104.2	533.7	208.4		
Nb$_2$O$_5$/SiO$_2$ 16 wt% (reduced)	104.3	533.6 530.8	207.6		
Rh/SiO$_2$ (reduced)	104.3	533.5		307.6	
Rh-Nb$_2$O$_5$/SiO$_2$ (reduced)	104.1	533.3	208.2(V) 206.7(IV) 205.2(II)	307.0	
Rh-Nb$_2$O$_5$/SiO$_2$ (after reaction, reduced)	104.2	534.0	207.8(V) 204.8(II)	308.1(I) 307.0(0)	235.0 282.6
Rh-Nb$_2$O$_5$/SiO$_2$ (after reaction, oxidized)	104.2	533.6	208.0(V)	309.4(III) 307.0(0)	

* With the exception of annotation, the amount of Rh supported is 1.9wt%, the amount of Nb$_2$O$_5$ supported is 8.4wt%.

** The determination of valence states of oxidized Nb$_2$O$_5$ cf Ref. [10].

*** The determination of valence states of oxidized Rh cf Ref. [11].

（三）Rh-Nb$_2$O$_5$ 的相互作用

图 1（C）表明，催化剂中不存在 Rh 时，Nb$_2$O$_5$/SiO$_2$ 的表面 Nb 主要的氧化价态是＋5，低价态的 Nb 即使有也很少。

而在有 Rh 存在下，Rh-Nb$_2$O$_5$/SiO$_2$（还原态）的 XPS 显示出样品表面同时存在着不同氧化价态的铌物种。根据光电子能谱轨—旋分裂峰的相对大小之比以及它们之间的距离不随元素的氧化价态不同而改变，同一元素不同氧化价态的各组谱峰面积的总和必定等于总的峰面积的原则对 Nb$_{3d}$ 峰解迭，可以粗略估得 Rh-Nb$_2$O$_5$/SiO$_2$（还原态）表面同时存在的五价、四价和二价铌的原子比大约为 1.8∶2∶1，即大多数的铌得到了还原。与 Nb$_2$O$_5$/SiO$_2$ 体系相比较，Rh 在 Nb（V）的还原中所起的作用是显而易见的（图 2）。

同一样品的 Rh$_{3d}$ 结合能的数值与金属 Rh 相一致，比不含 Nb$_2$O$_5$ 的 Rh/SiO$_2$（还原态）甚至有－0.6 eV 的位移，这表明在 Rh 存在时表面 Nb（V）的还原很可能是通过氢溢出机理，而不是通过与表面铑等物种之间的电子转移。

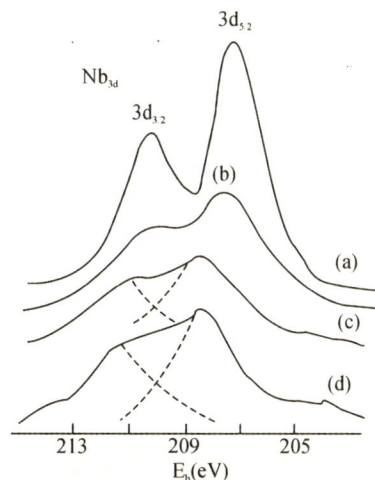

图 1　Nb$_2$O$_5$，Nb$_2$O$_5$/SiO$_2$ 的 Nb$_{3d}$ 谱峰

Fig. 1　Nb$_{3d}$ XPS spectra of Nb$_2$O$_5$ and Nb$_2$O$_5$/SiO$_2$

(a)pure Nb$_2$O$_5$，(b)Nb$_2$O$_5$/SiO$_2$（16wt%，reduced），(c)Nb$_2$O$_5$/SiO$_2$（8wt%，oxidized），(d)Nb$_2$O$_5$/SiO$_2$（8wt%，reduced）

本实验比较了 Rh/SiO_2（还原态）与 $Rh-Nb_2O_5/SiO_2$（还原态）的价带结构（图3），表明后者有电子逸出功增大的倾向。Nb_2O_5 助催剂对铑的催化行为的这一影响是很显著的。

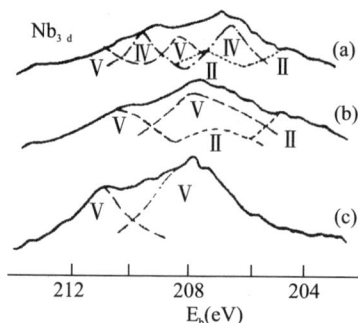

图2　$Rh-Nb_2O5/SiO_2$ 的 Nb_{3d} 谱蜂

Fig. 2　Nb_{3d} XPS spectra of $Rh-Nb_2O_5/SiO_2$ (a) reduced, (b) after reaction, reduced, (c) after reaction, oxidized

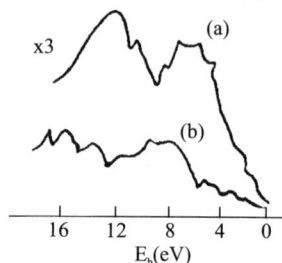

图3　催化剂的价带结构

Fig. 3　Valence band structure of catalysts (a) Rh/SiO_2 (reduced), (b) $Rh-Nb_2O_5/SiO_2$ (reduced)

以 Rh/SiO_2 为催化剂，合成气反应产物中 CH_4 55%，C_2—C_4 38%，CO_2 7%，而含氧化合物低到几乎为零[17]。显然，CO 在 Rh/SiO_2 催化剂上主要以解离吸附为主。这与 Rh 的高度分散状态是密切相关的。由于 CO 在 Rh 晶面解离吸附在低于 600K 以下已知是很微弱的[18]所以 Rh/SiO_2 催化剂对合成气的转化活性很低。与 Rh/SiO_2 相比，$Rh-Nb_2O_5/SiO_2$ 对合成气制醇的活性提高了 200 倍以上，合成气的转化数也提高了 8～9 倍[17]，选择性的较大提高可以解释如下：从 Nb_2O_5 的添加引起催化剂电子逸出功的增加，使 Rh 反馈电子到吸附在其上的 CO 的能力受到抑制，缔合吸附相对于解离吸附增大了，因而有利于含氧化合物的生成。但铑反馈电子的能力降低，CO 的吸附量也可能减少，这与催化活性的提高是不相一致的。然而，这可以从 Rh 活性位与部分加氢的铌活性位的协合作用来解释。正如前文[8]指出的，$Rh-Nb_2O_5$ 的相互作用一方面是铑通过氢溢出促进了 Nb 的加氢还原，另一方面是吸附了 CO 的铑与部分氢化的 Nb(Ⅳ)之间通过要求活化能较低的协同过程生成反应历程中起关键作用的中间物"铌氧基卡宾"。这一反应中间物形成机理与 Bercaw 等[9]提出的"锆氧基卡宾"形成的机理有着相似之处，都有利于克服单纯加氢形成 HCO 的能量上的不利，使本来能量上最不利的加氢第一步形成能量上较有利的中间化合物。这中间物一旦形成就很快转化为其他表面物种，XPS 不能确定它的存在，但 XPS 测得的反应后催化剂价态的变化与这一模式是一致的。

（四）两类微环境不同的铑

图4表明，反应后的 $Rh-Nb_2O_5/SiO_2$ 中大约 2/3 的 Rh 仍保持零价，其余则有较高价态。同时，图5表明 C_{1s} 峰增强、加宽（偏向结合能小的一方），表明表面有碳化物生成。碳化物的碳最可能来源于 CO 的解离吸附。

值得注意的是，反应后铑被氧化的是少数，一半以上的铑未被氧化。即使在空气中加热至 550℃ 3 小时，催化剂表面的铑也未被全部氧化。很可能表面有两类不同化学微环境的铑，一类距氧化铌较远，主要产生碳化物，另一类与氧化铌邻近，呈现出金属-助催剂对 CO 加 H 的协合用（即 SMPI，SMSI 在本体系中的实质），因而体现出不同的化学行为。

致谢：XPS 测试得到中国科学院化学研究所能谱组和肖士镜等同志的大力支持，特致衷心感谢。

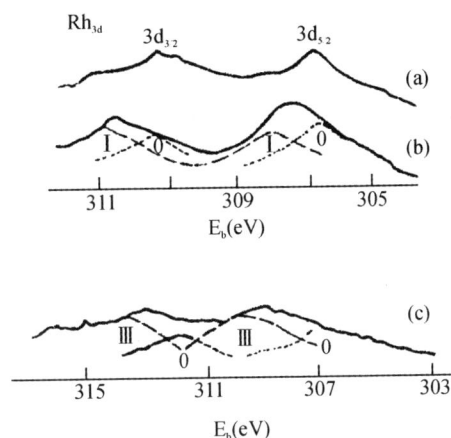

图 4 **Rh-Nb₂O₅/SiO₂ Rh₃d 谱峰**

Fig. 4 **Rh₃d XPS spectra of Rh-Nb₂O₅/SiO₂ (a)** reduced (b) after reaction, reduced, (c) after reaction, oxidized

图 5 **Rh-Nb₂O₅/SiO₂ C₁s 谱峰**

Fig. 5 **C₁s XPS spectra of Rh-Nb₂O₅/SiO₂ (a)** change of the position and height of C peaks. —before reaction, ⋯ after reaction. (b) after reation, reduced, (c) after reaction, oxidized

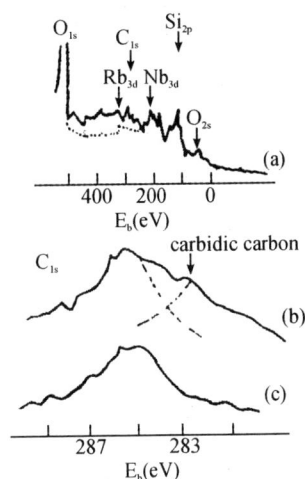

参考文献

[1]Tauster,S. J.,Fung. S. C. & Garten,R. L.,J. Amer. Chem. Soc.,**100**(1978),170.

[2]Tang,R. Y.,Wu,R. A. & Lin,L. W.,Appl. Catal.,**10**(1984),163.

[3]Cairns,J. A.,Baglin,J. E. E.,et al.,J. Catal.,**83**(1983),301.

[4]Baker,R. T. K.,Prestridge,E. B. & Garten,R. L.,ibid.,**56**(1979),390.

[5]Horsley,J. A.,J. Amer. Chem. Soc.,**101**(1979),2870.

[6]Meriaudeau,P.,et al.,J. Catal.,**75**(1982),248.

[7]符祖根,郭燮贤,全国结构化学讨论会论文集,1983.

[8]顾桂松,刘金波,等,物理化学学报,**1**(1985),177.

[9]a. Wolczanski,P. T. & Bercaw,J. E.,Accounts Chem. Res.,**13**(1980),121;
   b. Wolczanski,P. T.,Threlkel,R. S. & Bercaw,J. E.,J. Amer. Chem. Soc.,**101**(1979),218.

[10]Fontaire,R.,et al.,J. Electron Spectrosc. Relat. Phenom.,**10**(1977),349.

[11]a. Ichikawa,M.,et al.,J. Mol. Catal.,**11**(1981),167;
   b. Nefedov,V. I.,et al.,J. Electron Spectrosc. Relat. Phenom.,**26**(1982),65.

[12]谢有畅等,中国科学(B 辑),**8**(1982),613.

[13]Gajardo,P.,Grange. P. & Delmon. B.,J. Catal.,**63**(1980),201.

[14]Lund,C. R. F. & Dumesic,J. A.,ibid.,**76**(1982),93.

[15]Zielinski,J.,ibid.,**76**(1982),157.

[16]Sexton,B. A.,Hughes,A. E. & Foger,K.,ibid.,**77**(1982),85.

[17]Yang,Y. C.,Liu,J. B.,Chen. D. A. & Tsai,K. R.,Abstr. Coll 0062,186th ACS Nat. Mtg.,1983.

[18]Gorodetskii, V. V., et al., Surf. Sci., **105**(1981), 299.

Xps Study Of Metal-Promoter-Support Interaction in Rh-Nb$_2$O$_5$/SiO$_2$ Catalysts For Syngas Conversion to Alcohols

Jian-Yi Lin， Gui-Song Gu， Jin-Bo Liu， Qi-Rui Cai

(Department of Chemistry and Institute of Physical Chemistry, Xiamen University)

and Ke-zhen Guo

(Institute of Chemistry, Academia Sinica， Beijing)

Abstract

Metal-promoter-support interaction in Rh-Nb$_2$O$_6$/SiO$_2$ catalysts was studied by XPS combined with chemical investigations. A series of samples, including Nb$_2$O$_5$/SiO$_2$ (oxidized), Nb$_2$O$_5$/SiO$_2$ (reduced), Rh/SiO$_2$ (reduced), Rh-Nb$_2$O$_5$/SiO$_2$ (reduced), Rh-Nb$_2$O$_6$/SiO$_2$ (post-reaction, reduced). and Rh-Nb$_2$O$_5$/SiO$_2$ (post-reaction, oxidized), were probed and their binding energies of the XPS peaks were compared. It was very likely that the promoter Nb$_2$O$_5$ reacted with the support SiO$_2$, forming surface compound and modified the surface properties. Nb$_2$O$_5$ altered the valence band structure of supported Rh, depressing the dissociation of CO on Rh site and thus enhancing the selectivity of syngas conversion towards alcohols. Rh promoted the hydroreduction of surface Nb(V) species, which was reduced with difficulty without the presence of Rh, probably by hydrogen spill-over mechanism. The partial hydrogenated niobia site, on the other hand, assisted the hydrogenation of CO adsorbed on Rh site, maybe, by an energetically favourable coorperative process. This was thought to be the true nature of SMPI (or SMSI) in the present system. Rh was highly dispersed on the support surface. Two types of different Rh atoms were observed on the surfaces, probably due to the difference in the influence from Nb$_2$O$_5$.

■ **本文原载**:《中国科学》(B 辑)第 7 期(1986 年 7 月),第 673～680 页。

氨合成铁催化剂上化学吸附
物种的 Raman 光谱[*]

廖代伟　张鸿斌　王仲权　蔡启瑞

（厦门大学化学系　厦门大学物理化学研究所）

摘　要　本文在 400～450℃和常压下,分别对暴露于 $N_2/3H_2$,$10N_2/H_2$,N_2 或 H_2 流动气体体系中的双促进铁催化剂 A110-3 上的化学吸附物种进行了反应条件下现场动态激光 Raman 光谱观测,并对暴露于 D_2 或 $^{15}NH_3/H_2$ 流动或稳态气体体系的同一催化剂,在迅速冷至室温后进行了现场光谱观测。对于 $N_2/3H_2/A110$-3 体系观测到的 Raman 谱峰 2040 cm^{-1}(ms),1940 cm^{-1}(m)和 423 cm^{-1}(m)与 443 cm^{-1}(w)可能分别归属于 α-Fe(111)面活性中心上多核络合的斜插(或直插)式与平躺式两种不同化学吸附 N_2 物种的 ν_{N-N} 和 ν_{Fe-N_2}。没有观测到可能归属于 ν_{Fe-N} 的 1088 cm^{-1} 和 ν_{Fe-NH} 的 890 cm^{-1}(对于 $10N_2/H_2/A110$-3 或 $N_2/A110$-3-残留 H 体系,从 450℃迅速冷至室温后可观测到这两个 Raman 谱峰)。实验表明在上述远离平衡的氨合成反应条件下(常压,400～450℃),N 或 NH 都不可能是主要的含氮化学吸附物种。因此,已知的氘反同位素效应就不可能基于 NH 或 N 为最大量的含氮吸附物种的假设,从热力学与解离式机理来解释。结果支持了氨合成反应的缔合式机理,主要反应途径看来是以 N_2 的化学吸附及其与化学吸附 H(可归属于 ν_{Fe-N} 的 Raman 谱峰位于 1950 cm^{-1},1901 cm^{-1} 等处)的加氢反应为速度控制步骤,而可能与之竞争的是按解离式机理的次要反应途径。

自本世纪初,促进铁催化剂和 Haber-Bösch 过程被发现或发明以来,对于铁催化剂上氨合成反应的动力学与机理进行了广泛的研究。这一领域基础研究的进展大大促进了整个催化和科学的发展,尤其是不断加深了我们对于这一催化反应体系本质的认识。关于这个课题,已经发表了许多优秀的评论性文章,其中包括最近 Ozaki 与 Aika[1],Ertl[2],Boudart[3] 和 Grunze[4] 等的评论。已有实验证据证实:在双促进铁催化剂上氨合成反应中对于 N_2 的化学计量数等于 1[5];N_2 的吸附与活化是速度控制步骤[6];N_2 在 α-Fe(111)面上优先化学吸附与加氢,这一反应体系是结构敏感性的[7~10,12]。在(111)面上有许多称之为 C_7 的活性位[8]。但是,至今还没有一个足以关联和解释所有已知的重要实验事实的、统一的关于反应机理的理论,还有不少问题仍有待于解决。

铁催化剂上氨合成反应中的氘反同位素效应首先被 Ozaki 等[11]发现,后来为 Tamaru[12],Takezawa[13] 和 Temkin[14] 等所证实。Ozaki 等[11]主张用较普遍被接受的解离式反应机理,并假设 NH 或 N 为主要的含氮化学吸附物种,主要基于热力学来解释这一效应。但是,据 Takezawa[13]报道,只有 L-型的化学吸附氮(据信是非解离的 N_2)在加氢成氨时才表现出这种氘反同位素效应,而 H-型化学吸附氮(据信

---

[*] 本文 1984 年 5 月 16 日收到,1985 年 5 月 18 日收到修改稿。中国科学院科学基金资助的课题。

是 N)反应能力较小,并表现出正常的氘同位素效应。Ertl[15]发现,化学吸附的 NH 在约 120℃就开始分解成 N 和气态氢,在 310℃和近常压下暴露于 N₂/3H₂ 气流中的 α-Fe(111)面上的 N 表面浓度看来是很小的。根据文献[4]化学吸附 N 加氢的活化能较之氮解离化学吸附的活化能来得大[4],可以预期,当反应温度从 310℃提高到 400～450℃时,表面化学吸附 N 的浓度将更小。因此,在约 450℃、稳态氨合成反应条件下,铁催化剂上的主要含氮化学吸附物种为 NH 或 N 的假设可能并不是合理的。已有一些直接[16]或间接[17]的实验证据表明在约 350～450℃,铁表面有相当分量的化学吸附 N₂ 的存在。因此,必须考虑以化学吸附 N₂ 的加氢氢解作为速度控制步骤的缔合式反应途径为主要途径的可能性。事实上,虽然 Temkin-Pyzhev 动力学方程[18]是由解离式反应机理导出的,但推广的 Temkin 方程[19]及其一个稍加改进的形式[20,21]却是由缔合式反应机理推导出来的。也已有人[22,23]提出了双促进铁催化剂上氨合成的平行竞争反应途径。为了更好地评价所有这些不同的机理解释,必须获得关于氨合成反应条件下铁催化剂表面上含氮化学吸附物种及其相对浓度的更详细的信息。

Ertl 等[9,24]以及 Roberts 等[25]分别应用光发射谱,在低温对单晶或多晶铁表面的双氮化学吸附进行了广泛的研究。结果表明有分子态双氮化学吸附物种的存在,而这一双氮物种是原子态化学吸附氮物种的前驱态。最近,Grunze 等[26]通过 XPS 和 UPS 研究指出,弱成键的化学吸附双氮的 γ 态(可能是在 α-Fe(111)面单端基垂直络合的 N₂)在约 105 K 时逐渐转变成更强键合的 α-态(可能是双端基平躺式化学吸附的分子态双氮物种 N₂),然后,α-态再被解离成原子态化学吸附物种 N。这似乎是一个关于低压或缺氢条件下,N₂ 在 α-Fe 上解离化学吸附的合理的机理。但是,在高压高温的工业氨合成反应条件下,由于"压力差距"和大量化学吸附 H 的存在,情况可能完全不同。这从下述事实可以看出:工业氨合成铁催化剂可以使用几年而没有明显失活,但若在低压($\leq 10^{-4}$ Torr)暴露于 N₂/3H₂ 气氛,则由于表面氮化物的形成[2]而很快失活。

在这一方面,红外和 Raman 光谱学方法具有明显的优点,它们可以在现场或非现场、高压或低压、以及高温或低温条件下使用。Fe/MgO 和 Fe 蒸发膜上化学吸附氮的红外光谱已经被 Brill 等[16c,27]和 Tamaru 等[28]所研究。使 Fe/MgO 在 410℃暴露于流动的 NH₃ 气氛中,然后抽空冷至室温摄谱,Tamaru 等观测到归属于表面上两个不同化学吸附分子氮 N₂ 品种的 ν_{N-N} FTIR 峰位于 2200 cm^{-1} 与 2050 cm^{-1}[29]。但是,至今还没有文献报道在 400～450℃左右氨合成反应条件下,铁催化剂上化学吸附物种的现场振动光谱,虽然这对于这些催化反应体系的反应机理的研究是相当重要的。

本文应用激光 Raman 光谱方法在 400～450℃和常压、分别就 N₂,H₂,N₂/3H₂ 与 10N₂/H₂ 流动气体体系以及 D₂ 与 ¹⁵NH₃/H₂ 流动或稳态气体体系,对工业双促进铁催化剂 A110-3 表面上的化学吸附物种进行了现场光谱研究。在同样催化反应体系上的 FTIR 谱的研究正在进行,结果将随后报道。

一、实验

1. 催化剂的还原 本文使用典型的工业氨合成双促进熔铁催化剂 A110-3 为样品,样品粒度为 80～120 目,重约 2 g。置于石英池中的样品在常压氢气流中被还原。5 h 从 20℃升至 400℃,恒温 2 h,然后在 425,450 和 475℃分别恒温 14,9 和 10 h。

2. 气体反应剂的净化 作为反应剂的超纯氢由电解水得到,经钯管扩散净化到高纯度,然后通过液氮冷阱。催化剂还原用氢由钢瓶氢依次通过硅胶、5A 分子筛、401 除氧剂和 5A 分子筛得到。纯度 99.999% 的钢瓶氮依次通过活性镍和液氮冷阱进一步净化。N₂/3H₂ 混合气由纯氨在 700℃催化分解制备、并依次通过稀、浓硫酸、固体氢氧化钠、250℃活性铜、室温活性镍以及液氮冷阱净化。氘气(D₂)按已知方法[30]由重水(99.5%D₂O)蒸气和镁粉在 480℃反应制取,并经液氮冷阱净化。¹⁵NH₃ 按已知方法[30]

由 $(^{15}NH_4)_2SO_4(98.83\%)$ 与 KOH(AR)反应制取,后经固体 KOH 干燥,并通过反复冷凝和二次蒸馏而纯化。

3. 样品池 样品池和窗口是石英制的。催化剂样品的还原和化学吸附实验以及 Raman 光谱的观测是现场进行的。关于池结构的细节将在另文描述[31]。

4. 光谱仪和光谱检测 使用 Spex Raman log-6 型激光 Raman 光谱仪。光谱物理公司 164 型 Ar^+ 激光器发出的 4880 Å(或 5145 Å)激光线为激发光源,功率约 300 mW。样品旋转。配接微处理机记录光谱。大部分摄谱扫描 10 次左右,有的达 60 次,扫描速度大多为 5 cm^{-1}/s。

二、结果和讨论

在 450℃常压暴露于空速 18000/h 的(A)H_2 气流和(B)$N_2/3H_2$ 气流中的催化剂样品的现场 Raman 光谱分别示于图 1。2331 cm^{-1} Raman 峰归因于外光路中的游离气态 N_2,这一 Raman 峰便于用作参比。比较图 1 所示光谱,显然,1951 cm^{-1} 峰和两个中等强度的宽峰 1901 cm^{-1} 与 1980 cm^{-1}(这些峰在 H_2/A110-3 体系和 $N_2/3$ H_2/A110-3 体系都观测到)可以归属于可能由不同的化学吸附 H 物种所引起的 ν_{Fe-H};而 1940 cm^{-1},2040 cm^{-1},423 cm^{-1} 和 443 cm^{-1} 这四个 Raman 峰仅在 $N_2/3H_2$/A110-3 体系观测到,因此可归因于含氮化学吸附物种。2040 cm^{-1} 与 1940 cm^{-1} 峰都不在化学吸附或络合的 N,NH,或 NH_2 物种的 $\nu_{Fe=N}$(1000~1200 cm^{-1}),ν_{N-H}(~3200 cm^{-1}),δ_{N-H}(~1400 cm^{-1})与 δ_{NH_2}(1500~1700 cm^{-1})的振动频率范围[32]内,因此,这两个 Raman 峰只可能被归属于两种化学吸附 N_2 物种。其中,Raman 峰值 2040 cm^{-1} 很接近上述 Tamaru 等[28]所观测到的在 Fe/MgO 上化学吸附 N_2 的 ν_{N-N}(2050 cm^{-1})。类似于 N_2 在 Fe/MgO 上的化学吸附,这一 2040 cm^{-1} 峰很可能是由双促进铁催化剂上化学吸附的 N_2 物种所产生的。由于这个 ν_{N-N} 是 Raman 与红外活性的,因此,它可能对应于直插式或斜插式络合的 N_2 物种[20]。

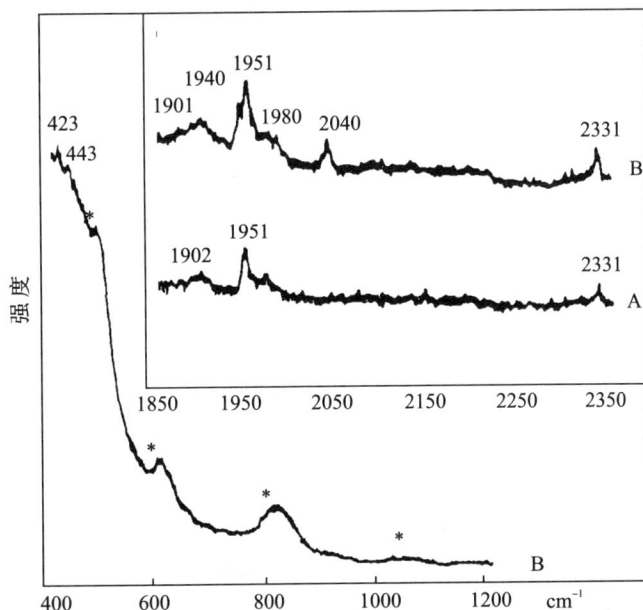

图 1 双促进铁催化剂 A110-3 上吸附物种的 Raman 光谱

(A 为 450℃,常压 H_2 气流中;B 为 450℃,常压氨合成的实际反应条件下,于空速 18000(25℃,常压)/mL 催化剂·h 的 $N_2/3H_2$ 混合气流中;* 为石英窗片的 Raman 峰,在上述区间,样品本身未出现任何 Raman 峰,图 2 亦同)

与游离 N_2 的 ν_{N-N} 相比,其振动频率下降相当多($291\ cm^{-1}$),较之仅单端基络合所估计的削弱来得大,这意味着是多核络合活化,可能是单端基加侧基或单端基加多侧基的络合模式。然而,至今仍未有文献报道铁催化剂上化学吸附 N_2 的 $1940\ cm^{-1}$ 左右的红外吸收峰,因此,$1940\ cm^{-1}$ Raman 峰很可能不是红外活性的,或者实际上就是红外不活性的。这表明 $1940\ cm^{-1}$ 峰可能是由于分子轴平行于 α-Fe(111) 面平躺的、双端基对称络合的分子态双氮物种 $N\equiv N$[22] 所引起的。两个低频的 Raman 峰 $423\ cm^{-1}$ 与 $443\ cm^{-1}$ 可能分别归属于上述具有 ν_{N-N} 为 $2040\ cm^{-1}$ 与 $1940\ cm^{-1}$ 的两个化学吸附 N_2 物种的 ν_{Fe-N_2}。参照 Pez[33a] 所报道的在多核钛-N_2 络合物上的工作(参见表 1),以及 Thomas 与 Weinberg[33b] 所报道的 CO 在 Ru (0001) 面化学吸附态的工作,上述四个谱峰的归属实际上是相当明确的。Pez[33a] 观测到在三个不同的多核钛-N_2 络合物中配位 N_2 的三个物种的 ν_{N-N} 分别为 $1222\ cm^{-1}$,$1296\ cm^{-1}$ 与 $1282\ cm^{-1}$,其相应的低频峰 ν_{Ti-N_2} 为 $592\ cm^{-1}$,$581\ cm^{-1}$ 与 $586\ cm^{-1}$;Thomas 与 Weinberg[33b] 观测到在 Ru(0001) 面化学吸附的 CO,在有或没有共吸附 O 时,其 ν_{C-O} 分别为 $2048\ cm^{-1}$ 与 $1980\ cm^{-1}$,而相应的低频峰 ν_{Ru-co} 为 $387\ cm^{-1}$ 与 $445\ cm^{-1}$;由此可见,M—N_2 或 M—CO 键合越强,则 $N\equiv N$ 或 $C\equiv O$ 叁键的削弱程度就越大。参考这些结果,我们可以很好地预估相应于 $2040\ cm^{-1}$ 与 $1940\ cm^{-1}$ 两个 ν_{N-N} Raman 峰的 ν_{Fe-N_2} 值的范围,预估值与观测值是符合的。如表 1 所示,按常规,这些 Raman 谱峰的归属还用同位素标记实验进一步核证,虽然对于这样一个简单的体系来说,并不是完全需要的。图 1 中其他的峰 491,602,800 和 $1060\ cm^{-1}$ 在石英空池的背景实验中也观测到,因此,应归因于石英窗片的二氧化硅。注意到在现场动态光谱中没有出现 $1088\ cm^{-1}$ 和 $890\ cm^{-1}$ Raman 峰。但是,当充分预还原的催化剂在 450℃ 暴露于流动的纯氮气流中,然后抽空到约 10^{-3} Torr 并迅速冷至室温摄谱时,这两个峰和 $1150\ cm^{-1}$(s),$535\ cm^{-1}$(mw),$465\ cm^{-1}$(w),$443\ cm^{-1}$(w),$423\ cm^{-1}$(w)的 Raman 峰,以及归因于石英窗片的 $800*\ cm^{-1}$,$602*\ cm^{-1}$,$491*\ cm^{-1}$ 峰都被观测到(图 2 中 A)。值得注意,当样品在 200℃ 加热 2 min,然后迅速冷至室温再摄谱时,$1150\ cm^{-1}$ 与 $535\ cm^{-1}$ 峰几乎一起消失了,而约 $1088\ cm^{-1}$ 和 $465\ cm^{-1}$ 峰的强度则略有增加(图 2 中 B)。可能的一种解释是:从已知的过渡金属氮络合物中的 $\nu_{M\equiv N}$ 频率范围[32] 看来,$1150\ cm^{-1}$ 和 $535\ cm^{-1}$ 峰可能分别归属于络合在最上层 Fe 原子上的化学吸附 N 的 ν_{Fe-N} 和 δ_{Fe-N};后来在 200℃ 加热时,这些化学吸附物种再调整了它们的位置而络合到第二层 Fe 原子上,即落到 α-Fe(111) 面的 4-Fe 穴中(看来,在这样位置的 N,将不致于对 CO 在最上层 Fe 原子上的化学吸附产生有效的空间障碍),而出现 $1088\ cm^{-1}$ 左右的 Raman 峰。或者,这个化学吸附 N 物种可能与残留的化学吸附 H 或间隙 H 反应形成 NH 物种而出现 860～$890\ cm^{-1}$ 左右的峰。图 2 中 A,B 和 1B 中 $423\ cm^{-1}$,$443\ cm^{-1}$,$491*\ cm^{-1}$ 及 $602*\ cm^{-1}$ 峰的相对强度比较表明,$423\ cm^{-1}$ 和 $443\ cm^{-1}$ 峰可能归因于少量的化学吸附 N_2。新鲜还原的 A110-3 催化剂在 450℃ 用 $10N_2/H_2$ 气流处理 40 min 后冷至室温摄谱(图未示出),可观测到约 $890\ cm^{-1}$ 与 $1082\ cm^{-1}$ 两个峰,这两个峰也可能分别归属于 NH 和 N 化学吸附物种的 ν_{Fe-N}。由于图 1B 中没有出现这两个峰,但归属于 N_2 的两个品种的 $2040\ cm^{-1}$ 与 $1940\ cm^{-1}$ 峰却很明显,这显然说明,在上述 400～450℃、常压、高空速的氨合成反应条件下,A 110-3 催化剂表面上的主要含氮化学吸附物种可能是非解离的分子态化学吸附 N_2,而不是 N 或 NH。在 450℃ 暴露于 $N_2/3H_2$ 气氛中的催化剂表面上的 N 与 NH 的浓度小到可以忽略的这一实验事实与引言中提到的,Ertl[15] 在 310℃、α-Fe(111) 面上观测到的 N 的浓度很低是一致的。因此,基于 NH 或 N 为最丰含氮化学吸附物种的假设从热力学上来解释反同位素效应看来并不合理。由此看来,氘反同位素效应在本质上很可能是动力学的,如同 Kokes[34] 关于低温镍催化剂上乙烯加氢反应中氘反同位素效应的合理解释那样。这意味着在上述远离平衡的稳态条件下,氨合成反应的速度控制步骤与氢的化学吸附物种有关。与已知的化学计量数为 1(这表明速度控制步骤与分子态的化学吸附双氮也有关)联系起来,那么就可以推断,主要的反应途径很可能是包括化学吸附 N_2 的加氢氢解为速度控制步骤的途径,而解离式反应途径只起次要的贡献。

表 1　A110-3 上化学吸附物种的一些观测频率(cm^{-1})和归属,并与 Pez[33a] 和 Griffith[32]
等报道的过渡金属络合物的频率和归属相比较

气体反应剂或络合物	归　　属					
	N$_2$		N		NH(NPh)	H(D)
	$\nu_{N\text{-}N}(\nu_{^{15}N\text{-}^{15}N})$	$\nu_{M\text{-}N_2}(\nu_{M\text{-}^{30}N_2})$	$\nu_{M\text{-}N}(\nu_{M\text{-}^{15}N})$	$\delta_{M\text{-}N}(\delta_{M\text{-}^{15}N})$	$\nu_{M\text{-}N}$	$\nu_{M\text{-}H}(\nu_{M\text{-}D})$
N$_2$/3H$_2$	1940 2040	443[1] 423[1]				1951[1] 1901[1]
N$_2$/3D$_2$	1937[2]					(1383)[2]
^{15}NH$_3$/H$_2$	(1874)[2]					
H$_2$						1951[1] 1902[1]
D$_2$						(1381)[2] (1342)[2]
N$_2$			1086[2]	465[2]	860—890[2]	
10N$_2$/H$_2$			1082[2]	465[2]	890[2]	
μ_2-双核 N$_2$ 络合物-3	1222[3] (1182)[3]	592[3] (581)[3]				
μ_2-双核 N$_2$ 络合物-4	1296[3] (1252)[3]	581[3] (566)[3]				
μ_3-三核 N$_2$ 络合物-5	1282[3] (1240)[3]	586[3] (573)[3]				
氮基络合物(M≡N)			906—1170[4]	445—511[4]		
芳亚氨络合物					(700—800)[4]	

1)M＝Fe,450℃动态观测;2)M＝Fe,室温静态观测;3)M＝Ti,引自文献[33a];4)M＝Mo,Os,Ru 等,引自文献[32]。

注:本文完成后,我们又查到 B. J. Baudy 等报道的 Ni(110)面上 N$_2$ 化学吸附物种的 $\nu_{N\text{-}N}$ 2194 cm^{-1},$\nu_{Ni\text{-}N_2}$ 339 cm^{-1},$\nu_{^{15}N\text{-}^{15}N}$ 2122 cm^{-1},$\nu_{Ni\text{-}^{30}N_2}$ 323 cm^{-1}。

　　如果如 Raman 光谱结果所推断的那样,缔合式反应途径是主要的,那么就容易解释氮吸附速度[35] 和 ^{30}N$_2$—^{28}N$_2$ 平衡速度[16b]被氢所增强的现象,以及氘反同位素效应[11,33]。这一结果对于黄开辉[20]基于化学吸附 N$_2$ 与化学吸附氢的加氢反应为速度控制步骤的假设所导出的推广式 Temkin 方程[19]的改进形式也提供了直接的实验支持。这一改进型动力学方程已为刘德明等[21]通过序贯法证明为符合使用 A110 型工业铁催化剂进行氨合成的大量中试数据的最优数学模型。

　　从游离 N$_2$ 的 2331 cm^{-1} 到分子态化学吸附双氮物种(可能是平躺的双端基加侧基络合的 N≡N)的 1940 cm^{-1},$\nu_{N\text{-}N}$ 大为减少,N≡N 键的削弱程度可与 Oh-kita 等[36]在金属钾促进 Ru 催化剂上观测到的具有 $\nu_{N\text{-}N}$ 为 1935 cm^{-1} 的化学吸附物种相比较。作为一级近似,α-Fe(111)面上的活性中心可看作如戴安邦[37]所提出的 7-Fe 原子簇那样,7-Fe 中的每个原子都与斜插式[20]或直插式[37]亦或平躺式[22]络合的 N$_2$ 化学吸附物种处于成键距离内,但因表面看来存在着大量吸附 H,7-Fe 原子中不一定每个 Fe 都能与 N$_2$ 有效地络合,否则 $\nu_{N\text{-}N}$ 可能更低。以这样简化的活性中心模型,廖代伟[38]、朱龙根与胡静同[39]进行了近似的量子化学(EHMO)计算。结果表明,平躺模型可能对于活化 N≡N 叁键是最有效的,因此也最有可能导致 N≡N 键的断裂。此外,计算还表明,较之其他两个模型,平躺模型中 N≡N 的两个氮原子带有更多的负电荷,因此,这一模型中的 N≡N 应更有利于带部分正电荷的化学吸附氢物种 $H^{\delta+}$ 的进攻。在氨合成反应中,气相中的氮分子可能从各个角度碰撞 α-Fe(111)面,很大部分的氮分子将几乎是同时从表面散射开,只有很小部分的氮分子将停留得足够久,这些 N_2 分子可能通过某些斜插模式以单端基络合于最上层 Fe 原子[20],并以多侧基络合于其他近邻 Fe 原子,以便逐渐重新取向到双端基络合,并分裂成原子态化学吸附物种 N。这一过程类似于最近 Grunze 等[26]根据他们的光电子能谱实验结果所提出的低温和高真空条件下纯氮在 α-Fe(111)面解离化学吸附中的分子重新取向过程。但是,当催化剂表面在常压或高得多的压力下暴露于 $N_2/3H_2$ 混合气氛中时,情况将完全不同:存在有各种氢的吸附物种,甚至晶格中也可能含有大量的间隙 H(虽然在高温下可能观测不到它的振动光谱[40])。因此,在斜插式络合的 $N_2^{\delta-}$ 完成其向平躺式的重新取向并经受解离之前,它可能有许多机会与某些近邻的氢吸附物种(可能是 $H^{\delta+}$)反应,并被氢解成 NH_2+N,或 NH_2+NH,亦或 2NH,随后进一步迅速加氢成 $2NH_3$。

总之,我们的现场 Raman 光谱研究结果表明,表面主要的含氮化学吸附物种是 N_2,而不是 N 或 NH。这一结果支持了以化学吸附 N_2 与化学吸附 H 的加氢反应作为速度控制步骤的反应途径作为主要反应途径的缔合式反应机理。根据这种缔合式反应机理,许多已知的实验事实,包括氘反同位素效应在内,都可得到满意的解释。这一工作还说明了激光 Raman 光谱也是一种现场研究化学吸附和多相催化作用的有力的表面光谱方法,特别是当它与红外光谱一起使用时,可以作为一种互补的方法。

本工作承 G. L. Schrader 博士(美国 Iowa 州立大学化工系)提供其实验室的条件,我们用与 Nicolet 1180 数据处理系统配接的 Spex Rama log-5 型激光 Raman 光谱仪核证部分数据,在此谨致谢意。

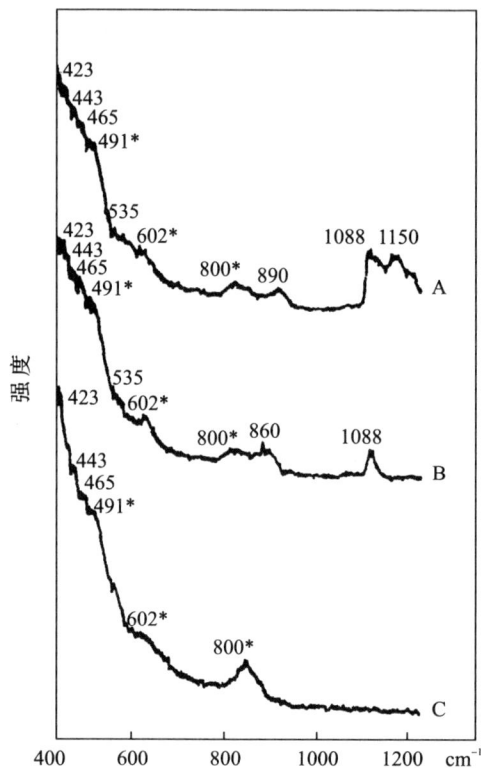

图 2　A110-3 吸附物种的 Raman 光谱

(A 为 450℃氨合成 8h 后于 450℃暴露于纯 N_2 气流中 40 min,再冷至室温摄谱;B 为接着在 200℃加热 2 min,然后冷至室温;C 为在 450℃,常压和空速 18000 ml(25℃,常压)$N_2/3H_2$/ml 催化剂·h 条件下氨合成 40 min 后冷至室温)

参考文献

[1]Ozaki,A. and Aika,A.,in Catalysis:Science and Technology (Eds. Anderson,J. R. and Boudart, M.),**I**(1981),87.

[2]Ertl,G.,Catal. Rev,-Sci. Eng.,**21**(1980),201.

[3]Boudart,M.,Catalysis Review,**23**(1981),1.

[4]Grunze,M.,in The Chemical Physics of Surfaces and Heterogeneous Catalysis (Eds. King and

Woodruff),**4**(1982),143.

[5]a. Bokhoven,C.,Gorgels,M. J. and Mars,P.,Trans. Faraday Soc.,**55**(1959),315.

　　b. Tanaka,K.,Yamamoto,O. and Matsuyama,A.,Proc. 3rd Int. Congr. Catal (Eds. Sachtler,W. M. H.,
　　et al.),North Holland Pub.,Amsterdam(1965),676.

[6]Emmett,P. M. and Brunauer,S.,J. Amer. Chem. Soc.,**56**(1934),35.

[7]Brill,R.,Richter,E. L. and Ruch,E.,Angew. Chem. Int. Ed.,**6**(1967),882;Brill,R.,J. Catal.,**16**
(1979),16.

[8]Dumesic,J. A.,Topsoe,H.,Khammoutna,S. and Boudart,M.,ibid.,**37**(1975),503;Dumesic,J.
A.,Topsoe,H. and Boudart,M.,ibid.,**37**(1975),513.

[9]Ertl,G.,et al.,ibid.,**49**(1977),18;ibid.,**50**(1977),519.

[10]Spencer,N. G.,Schoonmaker,R. C. and Somorjai,G. A.,ibid.,**74**(1982),129;Nature（Lon-
don),**294**(1981),643.

[11]Ozaki,A.,Taylor,H.,Boudart,M.,Proc. Roy. Soc.,Longon,**A258**(1960),47.

[12]Tamaru,K.,Proc. 3rd Int. Congr. Catal.,North Holland Pub.,Amsterdam,(1965),665.

[13]Takezawa,N.,J. Catal.,**24**(1972),417.

[14]Temkin,M. I.,Advan. Catal.,**28**(1979),255.

[15]Ertl,G.,P in New Horizons in Catalysis（Eds. Seiyama,T. and Tanabe,K.),Kodansha-Elsevi-
er,Tokyo-Amsterdam,(1981),21.

[16]a. Schmidt,W. A.,Angew. Chem. Int. Ed.,**7**（1968),189;b. Mortikawa,Y. and Ozaki,A.,J.
Catal.,**12**（1968),145;c. Brill,R.,Jiru,P. and Schulz,G.,Z. Phys. Chem.,（N. F. ）**64**(1969),
215.

[17]a. Takezawa,N. and Emmett,P. H.,J. Catal.,**11**（1968),131;b. Huang,Y. Y. and Emmett,P.
H.,ibid.,**29**(1971),101;c. Block,H. and Schulz-Ekloff,G.,ibid.,**30**(1973),327.

[18]Temkin,M. I. and Pyzhev,V. M.,Acta Phisicochim（USSR),**12**(1940),327.

[19]Temkin,M. I.,et al.,Kinet. Katal.（USSR),**4**(1963),260;ibid.,**4**(1963),563.

[20]Huang,K. H.,in New Horizons in Catalysis（Eds. Seiyama,T. and Tanabe,K.),Kodansha-
EJsevier,Tokyo-Amsterdam,(1981),554.

[21]刘德明,等,化工学报,**2**(1979),133.

[22]Tsai,K. R.,Paper presented at the Post Congress Symposium on Nitrogen Fixation after the
7th ICC,Tokyo,(1980).

[23]朱龙根,南京大学学报(自然科学版),2(1983):249~254.

[24]Ertl,G.,et al.,J. Vac. Sci. Technol.,**13**（1976),314;Z. Naturforsch. **34a**（1979),30;Chem.
Phys. Lett.,**52**(1977),309.

[25]Kishi,K.,Roberts,M. W.,Surf. Sci.,**62**（1977),519;Johnson,D. W. and Roberts,M. W.,ibid.,
87(1979),L255.

[26]Grunze,M.,et al.,Preprint of paper to be presented at the 8th Int. Congr. Catal.,Berlin,1984.

[27]Briil,R.,Jiru,P. and Schulz,G.,Z. Phys. Chem.（N. F.),**64**(1969),215.

[28]Okawa,T.,Onishi,T. and Tamaru,K.,ibid.,**107**(1977),239.

[29]Akiyama,T.,Imazeki,S.,Chem. Lett.,(1977),1077.

[30]Brauer,G.,Handbuch der praparativen anorgan. Chemie,2. umgearbeitete Auflage,Ferdinand

Enke Ver-lag, Stuttgart, 1960.

[31] 廖代伟, 理学博士学位论文, 厦门大学, 1985; 张鸿斌, 论文待发表.

[32] a. Hall, J. P. and Griffith, W. P., J. C. S. Dalton Trans., (1980), 2410;

b. Pawson, D. and Griffith, W. P., ibid., (1975), 417;

c. Griffith, W. P. and Pawson, D., J. C. S. Chem. Commun., (1974), 517;

d. Chatt, J., et al., J. C. S., (1964), 1013;

e. Nakamoto, K., Infrared and Raman Spectra of Inorganic and Corrdination Compounds, 3rd Ed., Wiley New York, 1978.

[33] a. Pez, G. P. et al., J. A. C. S., **104** (1982), 482.

b. Thomas, G. E. and Weinberg, W. H., J. Chem. Phys., **70** (1979), 954.

[34] Kokes, R. J., Catal Rev., **6** (1972), 1.

[35] Grunze, M., Bozso, F., Ertl, G. and Weiss, M., Appl. Surf. Sci, **2** (1979), 614; of Ref. (4).

[36] Oh-kita, M., et al., in New Horizons in Catalysis (Eds. Seiyama, T. and Tanabe, K.), Kodan-sha-Elsevier, Tokyo-Amsterdam, (1981), 1494, cf. Ref. (1).

[37] 南京大学化学系固氮研究小组, 化学学报, **35** (1977), 141.

[38] Liao, D. W., J. Mol. Struc. (THEOCHEM), **121** (1985), 101.

[39] 朱龙根, 胡静同, 催学学报, **3** (1982), 66.

[40] Johnson, B. F. G. and Lewis, J., in Adv. Inorg. Chem. and Radiochem., (1981), 225.

■ **本文原载:**《厦门大学学报》(自然科学版)第 25 卷第 3 期(1986 年 5 月),第 304～314 页。

丙烯定向聚合高效负载型 Ziegler-Natta 催化剂的研究[*]

翁维正　万惠霖　蔡启瑞

(化学系　物理化学研究所)

摘　要　反应法制备的丙烯聚合催化剂上残留的 OR 基不利于丙烯的定向聚合,OR 基不仅有损于载体及催化剂的规整性,也可能妨碍给电子体对某些无规活性位的堵塞作用。催化剂中烷氧基含量与醇分子的大小、解醇方式等有较大关系,选用 2-乙基己醇并在解醇及聚合体系中同时添加适量的酯可以显著减少催化剂中烷氧基的残留量,大为改善其定向性。通过 IR、X-光粉末衍射及 ESR 实验,我们认为解醇过程中添加的酯主要是改善 $MgCl_2$ 微晶的规整性,而聚合体系中添加的酯主要是起着堵塞催化剂上那些空间位阻小、定向性差的 Cl^- 的作用。

一、前言

对丙烯定向聚合 Ziegler-Natta 催化剂的研究一直是人们所感兴趣的问题。三十年来,对该催化剂体系的基础和应用基础研究一直持续不断[1~6]。随着负载型高效催化剂的出现,又把研究工作推进到一个新的阶段。目前,高效催化剂的制备方法主要有研磨法、研磨浸渍法和反应法三种。相对而言,反应法具有制备周期短、催化剂易于保护等优点。近年来,由于反应法所制备的催化剂的定向性已可与研磨法相媲美,在活性方面还超过研磨法,所以正越来越引起人们的重视。本文首先分析了残留在催化剂上的烷氧基对定向性可能产生的影响,继而考察了醇合物类型、解醇方式及解醇和还原过程中添加对-甲氧基苯甲酸乙酯对催化剂中的残留烷氧基量和定向性的影响。

二、实验方法

(一)试剂

对-甲氧基苯甲酸乙酯(北京化工研究院提供),三乙基铝(进口),其他试剂除注明外均为 CP 级。120[*] 汽油经 3A 分子筛脱水二次并通 N_2 除 O_2。

(二)催化剂制备

催化剂由 $MgCl_2$-ROH 醇合物在室温下经 $SiCl_4$ 或 $TiCl_4$ 解醇并经 $TiCl_4$ 处理后制得。文中 A 法和 B 法分别表示将解醇剂加入醇合物和将醇合物加入过量解醇剂的解醇方式。

(三)催化剂分析

Ti 含量分析:采用 H_2O_2 比色法,用岛津 QR-50 型分光光度计分析。烷氧基分析:催化剂经抽干后加

---

* 本文 1986 年 2 月收到。

水使烷氧基水解为醇,以 SP2305 型气相色谱仪分析。

(四)聚合及聚合物等规度测定

常压聚合,催化剂用 AlEt$_3$ 还原,Al/Ti=50～100(mol 比,下同),聚合温度 62℃,聚合时间 1 h。等规度测定采用庚烷(CP 或 AR)提取法。

(五)仪器测试

X-光粉末衍射:催化剂样品在干燥箱中装样,用聚酯膜密封,由 Rigaku D/MAX-rA 型 X-光粉末衍射仪测定。

FTIR 测试:催化剂与液体石腊调成糊状,直接夹在两片 KBr 中,由 Nicolet 5DX 型 FTIR 光谱仪摄谱。

ESR 测试:采用 Bruker ER 200D-SRC 型顺磁共振仪于室温下测试,扫场宽度 0.1T。

三、结果与讨论

(一)烷氧基对催化剂定向性的影响

从我们已考察过的给电子体对 MgCl$_2$-BuOH-SiCl$_4$-TiCl$_4$ 催化剂的作用可以发现,尽管所用的给电子体各不相同,但聚合物等规度随 D/Ti 比(mol 比,下同)的变化规律十分相似,在未加入给电子体时,等规度一般为 70%～80%,随 D/Ti 比的增加,等规度上升,当 D/Ti=5～10 时,等规度达到最大值(85%～90%),若继续增加 D/Ti 比,等规度不再上升,这说明该催化剂上存在着相当一部分不易为给电子体所堵塞的非等规活性位。我们认为,造成这一现象的原因可能与残留在催化剂上的烷氧基的影响有关,它的存在不仅有损于载体及催化剂的规整性,也妨碍了给电子体对某些无规活性位的堵塞作用。为了说明这个问题,我们仅对连接于 Mg^{2+} 上的烷氧基及连接于 Ti^{3+} 上的烷氧基对 Ti^{3+} 活性中心的配位微环境可能产生的影响作一些简单的讨论。

根据 Cossee-Arlman 提出的单金属中心模型[7,8],在 α-TiCl$_3$ 上,等规活性位的结构如图 1,从空间因素来看,Ti^{3+} 周围的 3 个 Cl$^-$ 是不等价的,丙烯只有以图 2 所示的"甲基朝外"的方式与 Ti^{3+} 中心结合,受到的位阻才最小,所以在这种活性位上进行的是等规聚合反应。对于负载型催化剂,由于无水 MgCl$_2$ 载体的晶型与 α-TiCl$_3$ 极为相似,当 TiCl$_4$ 负载上去并经还原、烷基化后,Ti^{3+} 活性中心仍具有与图 1 相似的微环境,丙烯分子仍然只能以图 2 所示的方式与 Ti^{3+} 络合,进行等规聚合反应。可是当 Mg^{2+} 上连接有烷氧基时(图 3),由于烷基的位阻,使得通过烷氧基的氧作为桥氧负载上去的 TiCl$_3$,难以保持图 1 所示的配位结构,仅能形成配位数较低的活性中心,由于 Ti^{3+} 微环境的变化,丙烯与之络合时甲基的朝向可以不受限制,结果产生无规聚合物。烷氧基连接于 Ti^{3+} 的情况如图 4,这种活性中心虽然也能形成六配

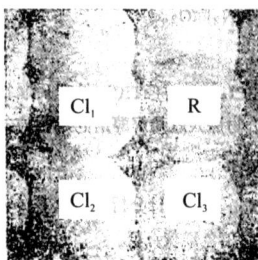

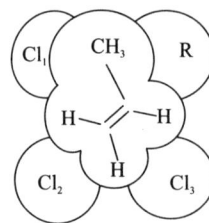

图 1　Cossee-Arlman 活性中心的立体模型

Fig. 1　Model of Cossee-Arlman active center

图 2　丙烯分子在 Cossee-Arlman 活性中心上的取向

Fig. 2　Coordination orientation of propylene on Cossee-Arlman active center

位结构,但是丙烯若采取图 2 所示的"甲基朝外"的方式与 Ti^{3+} 络合,则会受到烷氧基的阻碍;若采取与图 2 相反的方式进行络合,又会受到晶格中 Cl 的排斥,在一些活性位上,两者的位阻可能相差不大,这就可能导致无规聚合物的生成。由于上述两种无规活性中心附近存在着两个体积较大的烷基,对 Ti^{3+} 起着一定的屏障作用,使得体积较大的给电子体不易与其作用,这样就使得无法通过单纯添加给电子体来提高聚合物的等规度。从催化剂的化学分析结果可以发现,MgCl$_2$-BuOH-SiCl$_4$-TiCl$_4$ 催化剂的丁氧基(重量)百分含量>10%,可见它们的影响已不容忽视。要提高催化剂的定向性可先从减少其烷氧基的残留量着手。

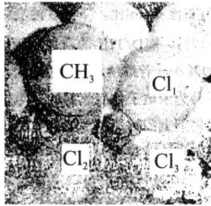

图 3　OR 基对 Mg 微环境的影响

Fig. 3　Influence of OR on micro-environment of Mg

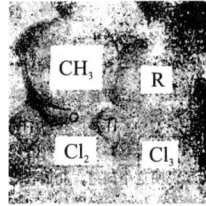

图 4　OR 基对 Ti 微环境的影响

Fig. 4　Influence of OR on micro-environment of Ti

(二)醇合物类型和解醇方式对催化剂性能的影响

表 1 列出了几种分别以 MgCl$_2$-CH$_3$(CH$_2$)$_3$CH(C$_2$H$_5$)CH$_2$OH 及 MgCl$_2$-BuOH 为醇合物制备的催化剂及其聚合活性和等规度。从表 1 可以看出,解醇方式对催化剂中所含烷氧基量有较大影响。采用"反加"方式即将醇合物加于过量的解醇剂(SiCl$_4$ 或 TiCl$_4$)中,有利于减少催化剂中的烷氧基含量,这种趋势对 MgCl$_2$—BuOH 体系尤为明显,其原因是很容易理解的。在相同的解醇条件下,由

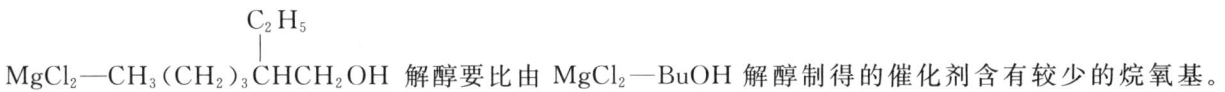

MgCl$_2$—CH$_3$(CH$_2$)$_3$$\overset{\text{C}_2\text{H}_5}{\underset{|}{\text{CH}}}CH_2$OH 解醇要比由 MgCl$_2$—BuOH 解醇制得的催化剂含有较少的烷氧基。

这可能与 CH$_3$(CH$_2$)$_3$$\overset{\text{C}_2\text{H}_5}{\underset{|}{\text{CH}}}CH_2$OH 的体积较大,解醇时生成的硅酯或钛酯较不易被裹于载体内及

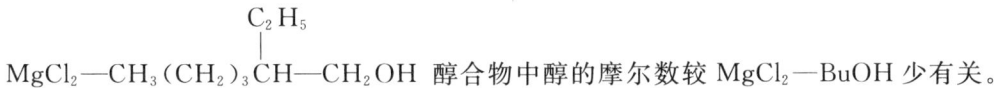

MgCl$_2$—CH$_3$(CH$_2$)$_3$$\overset{\text{C}_2\text{H}_5}{\underset{|}{\text{CH}}}$—CH$_2$OH 醇合物中醇的摩尔数较 MgCl$_2$—BuOH 少有关。

表 1 中的等规度数据表明,对于以 MgCl$_2$—CH$_2$(CH$_2$)$_3$$\overset{\text{C}_2\text{H}_5}{\underset{|}{\text{CH}}}CH_2$OH 为醇合物制备的催化剂,向聚合体系中添加一定量的给电子体可以较大幅度地提高聚合物的等规度,但并未超过 MgCl$_2$—BuOH—SiCl$_4$—TiCl$_4$ 催化剂的水平。而且,在 OR 基含量相差不大的情况下,催化剂定向性能的优劣与其中所含的 OR 基量并没有简单的对应关系,这说明减少催化剂中的烷氧基含量,对于提高催化剂的定向性是必要的,但可能还存在着某些更重要的因素影响着解醇过程中析出的 MgCl$_2$ 的规整性,从而影响催化剂的定向性。

(三)解醇过程中添加 MeO⬡COOEt 对催化剂性能的影响

表 2 列出了几种在添加剂 MeO⬡COOEt 存在下,以 SiCl$_4$、TiCl$_4$ 解醇的催化剂及其聚合结果,与表 1 对比,对于 MgCl$_2$—BuOH 体系,解醇时添加了酯的催化剂中的烷氧基含量又有了大幅度减少;对于 MgCl$_2$—CH$_3$(CH$_2$)$_3$$\overset{\text{C}_2\text{H}_5}{\underset{|}{\text{CH}}}CH_2$OH 体系,在相同的解醇条件下,解醇过程中添加适量的酯,催化剂的定向性会有所提高,但并不显著,只有当聚合体系中也添加一定量酯时,聚合物的等规度才明显提高并超过

了解醇过程中未加酯的催化剂的水平。这表明,两步加酯都是十分必要的,特别是解醇过程中酯的加入,使得聚合体系中所加酯的作用效果明显提高。为了搞清楚这两步加入的酯分别起着什么作用,我们用 X-光粉末衍射、FTIR 及 ESR 分别对几种催化剂或有关体系进行了初步的考察。

表 1 醇合物类型和解醇方式对催化剂性能的影响

Tab. 1 Effects of type of MgCl$_2$-ROH adduct and dealcoholization mothod on the property of catalyst

醇合物 MgCl$_2$-ROH adducts	解醇剂 dealcoholization agents	解醇方式 dealcoholization mothods	Ti 含量 Ti cont. (wt%)	OR 含量 OR cont. (wt%)	聚合结果 Results of polymerization			
					催化效率 Productivity (kg/g Ti)		全等规度 I. I.（%）	
					without D	with D	without D	with D
MgCl$_2$-2-ethyl-hexylalcohol	SiCl$_4$	A	1.7	2.2	6.5	6.5	61.2	83.0
MgCl$_2$-2-ethyl-hexylalcohol	TiCl$_4$	A	6.2	0.65	4.1	4.5	43.0	74.6
MgCl$_2$-2-ethyl-hexylalcohol	TiCl$_4$	B	9.6	0.34	4.2	2.0	38.2	70.2
MgCl$_2$-BuOH	SiCl$_4$	A	12.6	16.7	/	/	/	/
MgCl$_2$-BuOH	SiCl$_4$	B	8.5	9.5	/	/	/	/
MgCl$_2$-BuOH	TiCl$_4$	B	7.6	6.8	/	/	/	/

D= ⬡COOEt

表 2 解醇过程中添加酯对催化剂性能的影响

Tab. 2 Effects of ester added during dealcoholization process on the property of catalyst

醇合物 MgCl$_2$—ROH adducts	解醇剂 dealcoholization agents	Ti 含量 Ti cont. (wt%)	OR 含量 OR cont, (wt%)	聚合结果 Results of polymerization			
				催化效率 productivity (kg/g Ti)		全等规度 I. I.（%）	
				without D$_2$	with D$_2$	without D$_2$	with D$_2$
MgCl$_2$-2-ethyl-hexylalcohol +D$_1$	SiCl$_4$	1.8	0.57	3.8	2.3	64.0	91.2
MgCl$_2$-2-ethhyl-hexylalcohol +D$_1$	TiCl$_4$	2.2	0.15	6.0	4.4	60.2	93.6
MgCl$_2$—BuOH +D$_1$	SiCl$_4$	1.6	0.55	2.7	1.6	72.1	84.0
MgCl$_2$—BuOH +D$_1$	TiCl$_4$	5.3	1.7	2.7	3.3	41.0	83.1

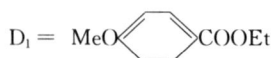

D$_1$ = MeO⬡COOEt   D$_2$ = ⬡COOEt

(四)X-光粉末衍射结果

图 5 是以 $MgCl_2$—$CH_3(CH_2)_3\overset{\underset{\displaystyle |}{C_2H_5}}{C}HCH_2OH$ 为醇合物,用 $TiCl_4$ 解醇制备的催化剂(未还原)在 $2\theta=53\sim47°$ 范围内的 X-光粉末衍射图。由图可见,醇合物中加入酯使得催化剂(110)面的衍射强度(图 5.a)比不加酯时(图 5.b)明显增强,说明加入了酯后改善了催化剂的规整性。关于酯的作用我们后面还会作进一步的考察和讨论。

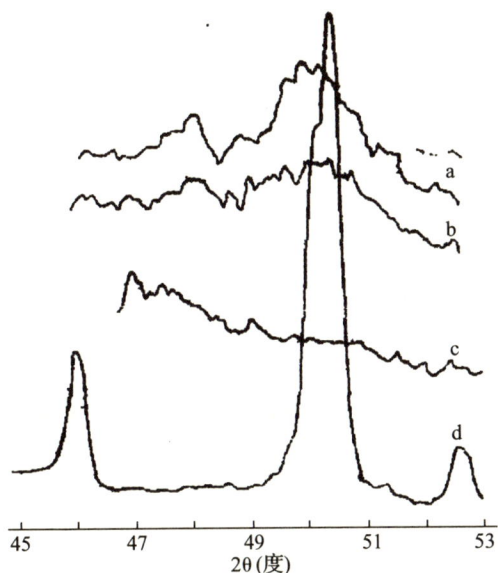

图 5　催化剂的 X-射线粉末衍射图

Fig. 5　X-ray powder diffraction graphs of catalyst

a. $MgCl_2$—$CH_3(CH_2)_3\overset{\underset{\displaystyle |}{C_2H_5}}{C}HCH_2OH$—
$MeO\langle\rangle COOEt + TiCl_4 + TiCl_4$

b.
$MgCl_2$—$CH_3(CH_2)_3\overset{\underset{\displaystyle |}{C_2H_5}}{C}HCH_2OH + TiCl_4 + TiCl_4$

c. 聚脂膜(polyester film)

d. $MgCl_2$

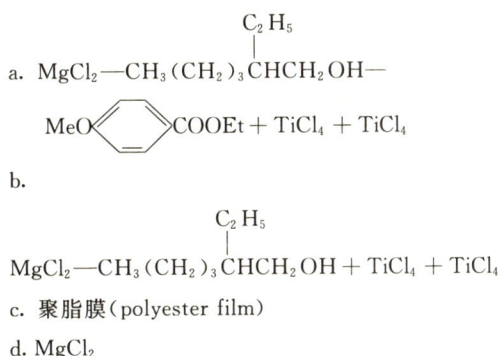

(五)FTIR 及 ESR 测试结果

对于上述催化剂体系,$MeO\langle\rangle COOEt$ 可以通过 $\rangle C{=}O$ 及 $-\overset{|}{C}-OR$ 与 $MgCl_2$、$TiCl_4$ 及 AlR_3 络合,络合后羰基的伸缩振动频率 $\nu_{c=o}$ 下降,从表 3 可以看出,不同的络合物其 $\nu_{c=o}$ 下降程度是不同的,由此可以分析酯与催化剂体系中有关组分的络合情况。

表 3　酯及其络合物的 $\nu_{c=o}$

Tab. 3　$\nu_{c=o}$ of esters and their complexes

络合物(Complexes)	$\nu_{c=o}$　　cm^{-1}
$MeO\langle\rangle COOEt$	1713
$MeO\langle\rangle COOEt + MgCl_4$	1675
$MeO\langle\rangle COOEt + TiCl_4$	1588,1538
$\langle\rangle COOEt + AlEt_3$	1658[9]

在醇合物加 $MeO\langle\rangle COOEt$ 混合体系(Ⅰ)中,$MeO\langle\rangle COOEt$ 的羰基伸缩振动频率 $\nu_{c=o}$=1713 cm^{-1},对比表 3 中的有关数据可以发现,这时酯并没有与醇合物中的 $MgCl_2$ 发生络合。体系(Ⅰ)经 $TiCl_4$ 解醇并经 $TiCl_4$ 处理后的固体产物(Ⅱ)的 IR 烷谱见图 6.a,其中羰基频率出现在 1678 cm^{-1} 处,

而在 1580 cm^{-1} 处未出现新的吸收,这说明 MeO⬡COOEt 与 MgCl$_2$ 络合。图 6.b、c 分别是(Ⅱ)经 AlEt$_3$ 及 AlEt$_3$ + MeO⬡COOEt 还原后的 IR 光谱,其中 $\nu_{c=o}$ 仍位于 1678 cm^{-1},这说明 MeO⬡COOEt 主要还是络合在 MgCl$_2$ 上。图 7.a 为未加 MeO⬡COOEt 的醇合物经 TiCl$_4$ 解醇及 TiCl$_4$ 处理后的 IR 光谱,其中除了液体石腊的吸收峰外,1609 cm^{-1} 处的吸收可能来源于 MgCl$_2$ 中的杂质。在未还原的催化剂中加入 MeO⬡COOEt,酯仍大量络合于 MgCl$_2$ 上(图 7.b)。

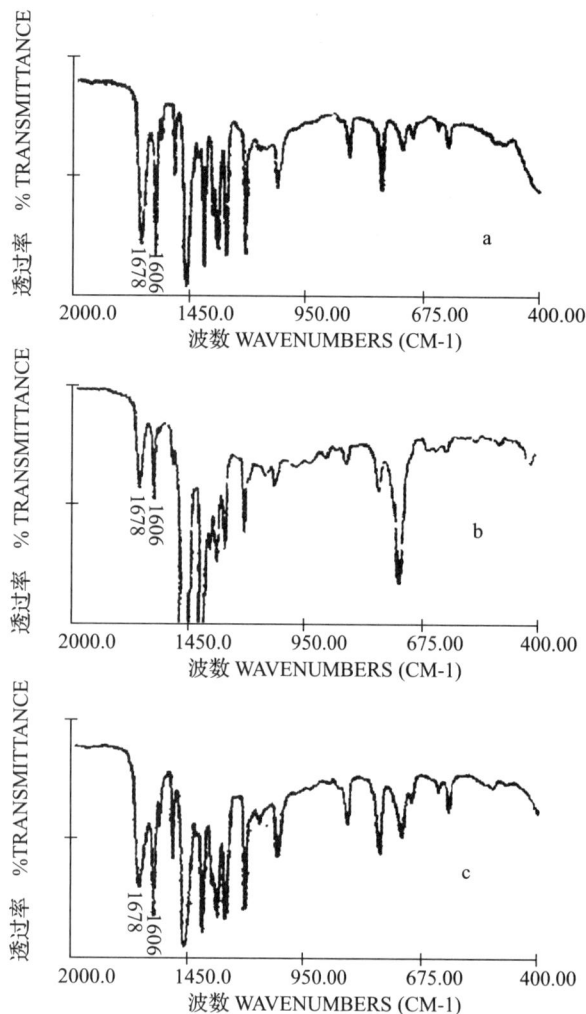

图 6　催化剂 MgCl$_2$—

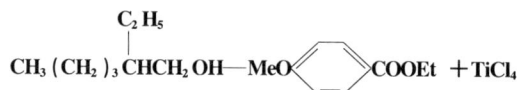

$$CH_3(CH_2)_3\overset{\overset{\displaystyle C_2H_5}{|}}{C}HCH_2OH—MeO⬡COOEt +TiCl_4$$

+ TiCl$_4$ 的 IR 光谱

Fig. 6　IR spectra of MgCl$_2$—

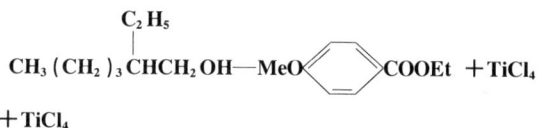

$$CH_3(CH_2)_3\overset{\overset{\displaystyle C_2H_5}{|}}{C}HCH_2OH—MeO⬡COOEt +TiCl_4$$

+ TiCl$_4$

a. 催化剂(catalyst)

b. 催化剂 + AlEt$_3$

c. 催化剂 + AlEt$_3$ + MeO⬡COOEt

图 7.c 为该催化剂经 AlEt$_3$ + MeO⬡COOEt 还原后的 IR 光谱,与图 6.c 对比,前者在 1678 cm^{-1} 处仍有吸收,但吸收峰变矮,且向低频方向加宽,表明除了与 MgCl$_2$ 络合外,MeO⬡COOEt 还形成了其他的络合物。虽然 MeO⬡COOEt 与 AlEt$_3$ 络合物的 $\nu_{c=o}$ 正好这个范围内,但谱的加宽不太可能是由此而引起的,否则在图 6.c 中也应出现类似的加宽。看来,在这种情况下,MeO⬡COOEt 很可能同时与 TiCl$_3$ 生成络合物。

图 8、图 9 分别是图 6、图 7 中未还原的催化剂经 AlEt$_3$、AlEt$_3$ + MeO⬡COOEt 还原后的 ESR 谱,还原条件及 Al/Ti 比、D/Ti 比分别与实际聚合条件相近。由图可见,在解醇过程中加入酯的催化剂

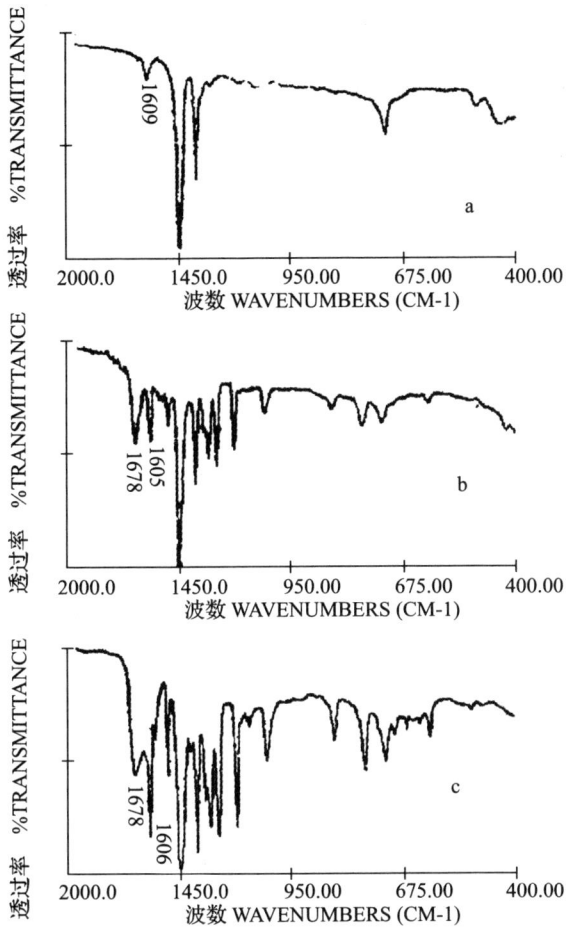

图 7 催化剂 MgCl₂ —

$$CH_3(CH_2)_3\overset{\overset{\displaystyle C_2H_5}{|}}{C}HCH_2OH$$  +TiCl₄

＋TiCl₄ 的 IR 光谱

Fig. 7 IR spectra of MgCl₂ —

$$CH_3(CH_2)_3\overset{\overset{\displaystyle C_2H_5}{|}}{C}HCH_2OH$$ 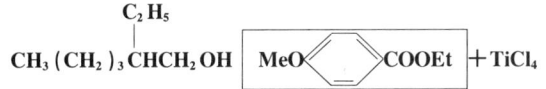 +TiCl₄

＋TiCl₄

a. 催化剂（catalyst）

b. 催化剂＋ MeO⟨⟩COOEt

c. 催化剂＋AlEt₃＋ MeO⟨⟩COOEt

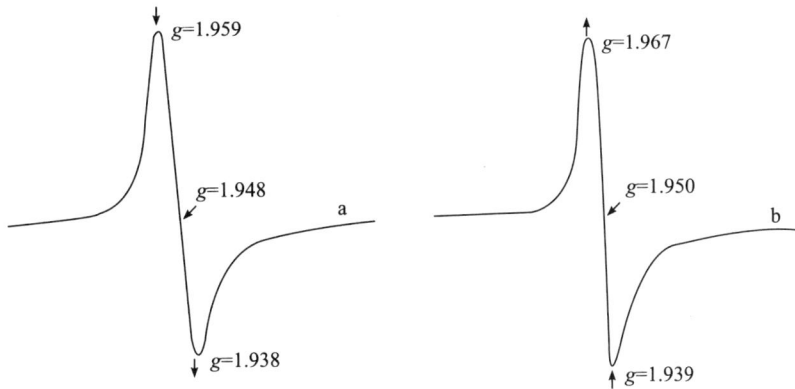

图 8 催化剂 MgCl₂—CH₃(CH₂)₃CHCH₂OH—MeO⟨⟩COOEt＋TiCl₄＋TiCl₄ 的 ESR 谱

Fig. 8 ESR spectra of MgCl₂—CH₃(CH₂)₃CHCH₂OH—MeO⟨⟩COOEt＋TiCl₄＋TiCl₄ catalyst

a. AlEt₃ 还原（reduced） b. AlEt₃＋ MeO⟨⟩COOEt 还原（reduced）

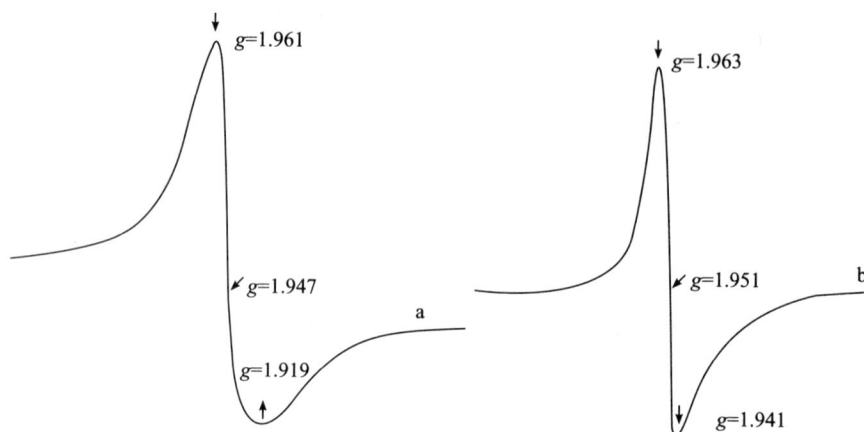

图 9　催化剂　$MgCl_2—CH_3(CH_2)_3\underset{\overset{|}{C_2H_5}}{CH}CH_2OH$ ＋$TiCl_4$＋$TiCl_4$ 的 ESR 谱

Fig. 9　ESR spectra of　$MgCl_2—CH_3(CH_2)_3\underset{\overset{|}{C_2H_5}}{CH}CH_2OH$ ＋$TiCl_4$＋$TiCl_4$ catalyst

a. $AlEt_3$ 还原（reduced）　b. $AlEt_3$ ＋ MeO⬡COOEt 还原（reduced）

的 ESR 谱要比解醇过程中不加酯的催化剂的 ESR 谱具有较好的对称性。谱的对称性反映了活性中心结构的对称性,表明图 8 对应的催化剂的表面 $TiCl_3$ 的排列是比较规整的,从而表明其载体 $MgCl_2$ 的排列是比较规整的。结合 FTIR 及 X-光粉末衍射的结果,我们认为在解醇过程中加入的酯可能主要是起着改善 $MgCl_2$ 微晶规整性的作用。这是因为一方面 MeO⬡COOEt 可以通过与 $TiCl_4$ 的络合,降低了 $TiCl_4$ 与醇的反应(即解醇)速率,减慢了 $MgCl_2$ 晶体的成长,从而提高了 $MgCl_2$ 微晶的规整性;另一方面由于 MeO⬡COOEt 对 $MgCl_2$ 有较强的亲合力,解醇过程中可以吸附于新生成的 $MgCl_2$ 微晶表面,减少醇、钛酯在 $MgCl_2$ 上的吸附,从而减少催化剂中烷氧基含量,改善微晶的表面规整性,有利于丙烯的定向聚合。考虑到研磨法中酯能起分割 $MgCl_2$ 的作用,在反应法中,解醇过程中加入的酯对于防止 $MgCl_2$ 微晶的聚集也起着一定的作用。

对于聚合体系中添加的酯,一般认为主要是起着堵塞催化剂上那些空间位阻小,不利于丙烯定内聚合的 Cl^- 缺位的作用。根据 FTIR 及动力学评价的结果,我们认为被堵塞的 Cl 缺位既可以是 Ti^{3+} 上的,也可以是 Mg^{2+} 上的,且堵塞 Mg^{2+} 上的 Cl^- 缺位对于聚合物等规度的提高也可能是必要的。这一点与 Doi[10] 的看法有些类似。虽然对于解醇过程中加了酯的催化剂,从 IR 光谱上看不出酯与 Ti^{3+} 的结合,但从图 8 的 ESR 谱可以看出,用 $AlEt_3$ ＋ MeO⬡COOEt 还原的催化剂的 ESR 谱与仅用 $AlEt_3$ 还原的 ESR 谱还是有一定的差别。FTIR 未检测出 Ti^{3+} 与 MeO⬡COOEt 的络合可能是由于 Ti^{3+}(特别是空间位阻小的 Ti^{3+})的浓度太低,少量 Ti^{3+} 与 MeO⬡COOEt 络合物的吸收很容易被 $MgCl_2$ 与 MeO⬡COOEt 络合物的强吸收所掩盖。除了上述作用外,液相中的酯对于防止催化剂上的酯的脱附也是有帮助的。酯还可以通过与 $AlEt_3$ 的络合或反应,降低后者的还原能力(减少 Ti^{2+} 的生成),减慢 $TiCl_4$ 还原为 $TiCl_3$ 的速度,这对于改善表面 $TiCl_3$ 的规整性,提高聚合物的等规度也是有帮助的。

实验过程中得到催化教研室聚烯烃组曾金龙、郑荣辉、陈祖炳、郑宗敏、陈慧玲等同志的大力支持,特此致谢。

参考文献

[1]Boor,J.,Ziegler-Natta Catalysis and Polymerization,Academic Press,London(1979).

[2]Keii,T.,Kinetics of Ziegler-Natta Polymerization. Kodansha Ltd. Japan(1972).

[3]Tait,P. J. T.,in Developments in Polymerization-2. 81～148. Applied Science Publishers Ltd. London(1979).

[4]Pino,P.,et al.,Angew. Chcm. Int. Ed,Engl. **19**(1980):837～875.

[5]Karol,F. J.,Catal. Rev.,Sci. Eng.,**26**(3&4)(1981):557～595.

[6]Hsich,H. L.,Catal. Rev. Sci. Eng. **26**(3&4)(1984):631～651.

[7]Cossee,P.,J. Catal. **3**(1964):80～88.

[8]Arlman,E. J.,J. Catal. **3**(1964):89～98.

[9]Chien,J C. W.,J. Polym. Sci.,Polym. Chem. Ed.,**21**(1983):725～736.

[10]Doi,Y.,Makromol. Chem. Rapid Commun. **3**(1982):635～641.

Study of High Efficiency Supported Ziegler-Natta Catalyst for Isotactic Polymerization of propylene

Wei-Zheng Weng, Hui-Lin Wan, Qi-Rui Cai (K. R. Tsai)

(Dept. Chem. and Inst. Phys. Chem.)

Abstract

The OR groups remained in catalyst prepared by reaction method are unfavorable to isotactic polymerization of propyleae is suggested. If we use $MgCl_2—CH_3(CH_2)_3\overset{\overset{\displaystyle C_2H_5}{|}}{C}HCH_2OH$ adduct and add a certain amount of ester to both dealcoholization and polymerization systems,the remnant of OR in catalyst can be remarkably reduced and stereospecificity of catalyst is obviously improved. The actions of ester added during dealcoholization and polymerization processes are studied by IR,X-ray diffraction and ESR methods,respectively.

■ **本文原载**:《厦门大学学报》(自然科学版)第 25 卷第 3 期(1986 年 5 月),第 321～327 页。

丙烯腈的等离子体聚合研究[*]

许颂临　吴丽云[①]　庄启星　伍振尧[②]
曹守镜　张光辉　蔡启瑞
(厦门大学化学系　福建海洋研究所)

摘　要　本文研究丙烯腈的等离子体聚合过程。探讨了聚合规律、聚合物形态和性质与各反应条件的依赖关系。结果表明聚丙烯腈(PAN)的淀积速率明显地取决于单体分压和放电功率;较小的单体分压有利于形成均匀致密的薄膜;聚合时加入非聚合性气体(Ar)将改变 PAN 的淀积分布,并一定程度地改善膜的韧性;膜在不同材料基底上的附着力大小次序为金属(Pt、Cu、Ti)＞半导体(Si、GaAs、GaP)＞玻璃。IR 光谱分析得出等离子体聚合的 PAN 结构比较复杂,具有较高的交联度。

等离子体聚合是六十年代发展起来的一种新的聚合方法,用这种方法制备的聚合物膜具有高度交联、均匀、可做成超薄层、能牢固地附着在多种不同材料的基底上等特点,并且成膜工序简单,为高质量保护膜和功能膜的研制提供了新的途径,已引起人们的重视[1,2]。等离子体聚丙烯腈国外已有报道[3,4],但尚缺乏对聚合规律的全面分析,聚合条件对聚合物结构的影响以及膜与基底的结合能力的研究更少。本文用等离子体聚合法在几种不同材料的基底上制备聚丙烯腈(PAN)薄膜,对聚合规律、产物形态和性质、分子结构与反应条件之间的相互关系进行了探讨,得出如何制备均匀、致密的聚合物之初步结论。

实　验

1. 试剂与基底材料

丙烯腈(上海试剂总厂第三分厂)系化学纯经过二次蒸馏提纯后使用。Ar 气(上海吴淞化工厂)纯度 99.997％。选用 Pt、Cu、Ti、Si、GaAs、GaP 和盖玻片作为基底。其中金属和半导体薄片分别在 1# 金相砂纸和 0.2μ 金刚砂上磨亮,用甲苯、丙酮清洗后经酸刻蚀(Cu 在 10％ H_2SO_4、Si 在 15％HF、GaAs 和 GaP 在 $H_2SO_4 : H_2O_2 : H_2O = 3 : 1 : 1$(体积)抛光液),处理完毕烘干待用。

2. 等离子体聚合实验

本实验采用电容耦合式射频放电等离子体聚合装置(图 1)。射频电源频率 21.5M Hz,放电功率可调。表面经预处理的基底放入放电管之后,系统反复抽空充 Ar 清洗,聚合前,用 Ar 等离子体轰击基底表面 10 min,轰击后再抽空或将 Ar 的压力调至一定值,并将恒温气化的丙烯腈单体通入放电管,调节微

---

　*　1985 年 3 月收到。

　①　福建海洋研究所

　②　福建海洋研究所

调阀使管中的单体分压达到所要求的数值,待气压稳定即可在预定的放电功率下进行等离子体聚合。

3. 聚合物膜的检测

PAN 膜的淀积速率用称重法测定,膜的比重用密度梯度管法测定,CCl_4 为重组分,$C_6H_4(CH_3)_2$ 为轻组分,测定温度 25℃;膜的结构用 Nicolet 5 DX 型红外(IR)光谱仪对淀积在 KBr 窗片上的聚合物进行分析;表面状况通过 S-520 型扫描电镜观察。

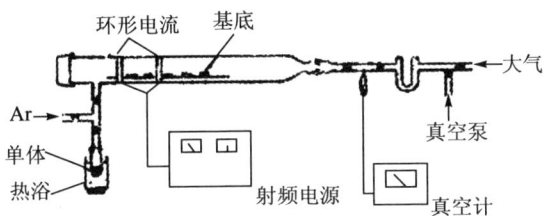

图 1　等离子体聚合装置示意图

Fig. 1　Schematic diagram of plasma polymerization device

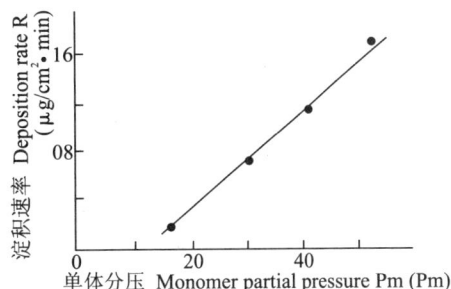

图 2　淀积速率 R 与单体分压 p_m

Fig. 2　Relation between deposition rate, R, and monomer partial pressure, p_m　$P=215$ W

结果和讨论

1. 等离子体聚合制备 PAN 膜的规律性

(1)单体分压的影响　单体分压是等离子体聚合过程中最重要的参数之一。在实验所考查的压力 1～15 Pa内,放电管辉光区中 PAN 膜的淀积速率 R 随单体分压 p_m 增大而线性上升(图2),可表示为

$$R=ap_m$$

比例系数 a 描述了 R 随 p_m 变化的快慢,与放电管中的空间位置有关。

单体分压的大小对产物形态的影响也十分明显。采用较小的单体分压进行聚合时,聚合产物均呈膜状;但当压力超过 25 Pa,则除薄膜之外还开始有粉末出现。我们认为这是因为增大单体分压使等离子体中的活性中心数目增加时,空间聚合速率显著增大。一旦聚合过程比气相中的产物分解过程进行得快,宏观上便有低分子量的粉状聚合物生成。

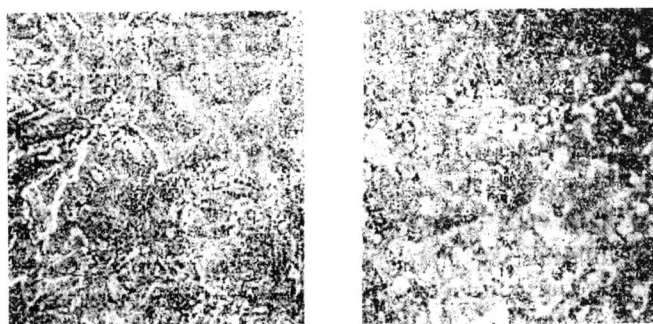

图 3　淀积在 n-GaAs 表面的 PAN 膜的扫描电镜图

Fig. 3　Electron microscopic scanning of PAN film deposited on GaAs surface

(a)$p_m=8.0$ Pa,$P=230$ W;　　(b)$p_m=11.7$ Pa,$P=230$ W

333

用扫描电镜观察淀积在几种基底上的PAN膜表面,证实小的单体分压有利于形成均匀致密的薄膜(图3)

（2）放电功率的影响　图4给出PAN的淀积速率随放电功率的变化关系。当放电功率较小时,等离子体中高能粒子浓度随功率的加大而增加,有利于反应物分子的激发电离,聚合加快,淀积速率亦随之上升。当功率超过一定值（160 W）,淀积速率几乎不再发生变化,呈饱和现象。导致这一规律的原因可能有（ⅰ）放电功率大到一定值后,气相中的高能粒子浓度基本上不再改变;（ⅱ）功率加大,粒子碰撞加剧,活性中心淬灭的可能性随之增加;（ⅲ）据Yasuda[5]的分析,在等离子体聚合时,一方面反应物分子生成了聚合物,另一方面,在高能粒子的轰击下,聚合物还会有一部分解离为气相副产物,宏观的淀积乃是这两个竞争反应的净结果。而通过改变聚合条件,可使其中一方占优势。可以认为,当放电功率超过160w时,等离子体中高浓度的高能粒子会引起比较显著的解离。

（3）聚合物的空间分布　在整个放电管中,聚合物的空间分布是不均匀的。图5给出单体分压为7.8 Pa,功率200 w时的情况,其中实线和虚线分别对应于基底处在管的中部和底部（横坐标x以进气口为原点,顺气流方向为正）。淀积速率越大,不均匀性就越是明显,但R的最大值都是出现在两电极之间的能量输入区域（$x=10\sim20$ cm）,可见分布不均匀的主要原因是整个放电管中各部分的气体激发电离程度不同。当基底处于管的底部时,由于高频放电使电极附近的电子得不到充分加速,形成了所谓"低活性区"（暗区）,这些区域内的反应物分子因难以获得足够的能量而激发电离,聚合物的淀积速率很小,表现在分布曲线（虚线）上就是两个凹谷,特别是左电极暗区下没有聚合物出现,是一个很值得注意的现象,由此可初步推断聚合反应以表面聚合为主。

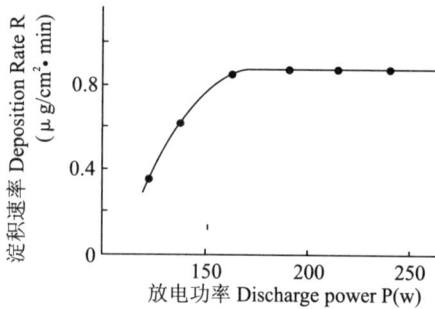

图4　淀积速率R与放电功率P的关系

Fig. 4　Relation between deposition rate, R, and discharge power. $p_m=8.8$ Pa

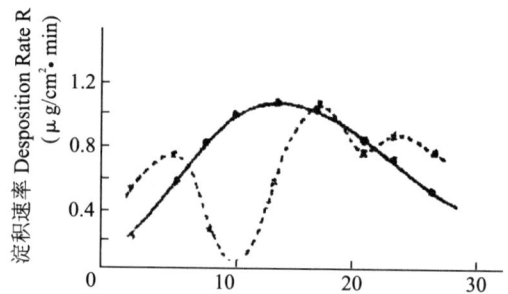

图5　聚合物的空间分布

Fig. 5　The spatial distribution of the polymer

——反应器中部 At the axis of the reactor

……反应器底部 At the bottom of the reactor

$p_m=7.8$ Pa, $P=200$ W

（4）淀积速率与聚合时间的关系　在单体分压及放电功率固定的条件下,放电管中各个位置上PAN的淀积速率几乎不随聚合时间改变（图6）。这意味着膜的厚度是随着聚合时间的延长而线性增加的。聚合过程中可观察到淀积在金属或半导体基底上的薄膜呈现出干涉色,随着时间的延长由紫→蓝→绿→黄→红发生变化,并可延续2～3个周期。

（5）Ar的影响　聚合时通入Ar,会使聚合物的空间分布发生变化。在单体分压不变的情况下,Ar的加入缩短了反应物分子的平均自由程,所以聚合反应倾向在靠近单体入口处进行。图7比较了加Ar（实线）与不加Ar（虚线）的情况（基底均处于放电管中部）,两者单体分压都是6.0 Pa,加Ar时Ar的分压也是6.0 Pa。由图可见加入Ar之后,放电管前部的淀积速率大大增加,且受到左电极暗区的影响,而尾部淀积却明显地减少了。此外,Ar的加入可改善膜的韧性,使之不易碎裂,但其原因还有待于进一步探讨。

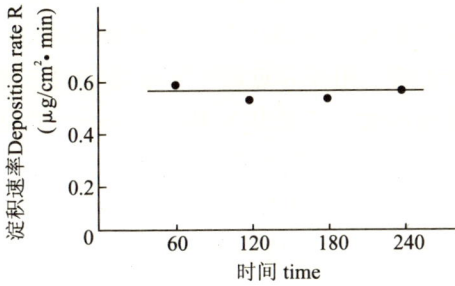

图 6　淀积速率 R 与聚合时间 t 关系

Fig. 6　Relation between deposition rate, R, and polymerization time, t.

$p_m = 7.5$ Pa　$P = 200$ W

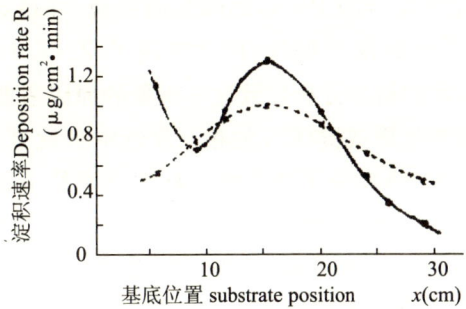

图 7　Ar 气对聚合物淀积分布的影响

Fig. 7　Effect of Ar on deposit distribution of the polymer

——$p_{Ar} = 6.0$ Pa；……$p_{Ar} = 0$；

$p_w = 6.0$ Pa；$p = 200$ W

综上所述,淀积速率太大对制备致密牢固的薄膜是不利的,因此对单体分压应严加控制。就放电功率而言,小功率固然会降低淀积速率,但也可能使聚合物的结构和性能发生不利的变化。根据有关测试结果,我们认为丙烯腈的等离子体聚合采用单体分压约 7Pa、放电功率 200W 左右为宜。另外,聚合时可加入 Ar,以提高膜的机械强度,$p_m : p_{Ar} = 1 : 1 \sim 1 : 2$。

2. PAN 膜的性质和结构初探

由密度梯度管法测出等离子体聚合所制备的 PAN 膜密度约为 1.39,不同聚合条件及不同位置上所得的膜,密度有微小差别。膜的化学性质十分稳定,具有较强的耐酸、碱特性,不溶于 DMF、KSCN 以及多种有机溶剂。

在几种不同基底上成膜的结果表明:等离子体聚合的 PAN 膜与基底的粘附程度同基底材料及其表面状况有关。附着程度的大小次序为金属(Pt、Cu、Ti) > 半导体(Si、GaAs、GaP) > 玻璃。

图 8 为丙烯腈单体和等离子体聚合的薄膜的 IR 光谱比较。从 $2800 \sim 3100$ cm^{-1} 区域 的谱图(图 8 右上角)可以看出,对于薄膜而言,烯键的 CH 反对称伸缩振动特征峰(3069.0、3034.6 cm^{-1})完全消失,取而代之出现了饱和的 CH 伸缩振动特征峰(2956.0、2930.6、2877.4 cm^{-1})。由此可断定,在放电的气体中,丙烯腈分子的 C≡C 双键打开而发生聚合反应。

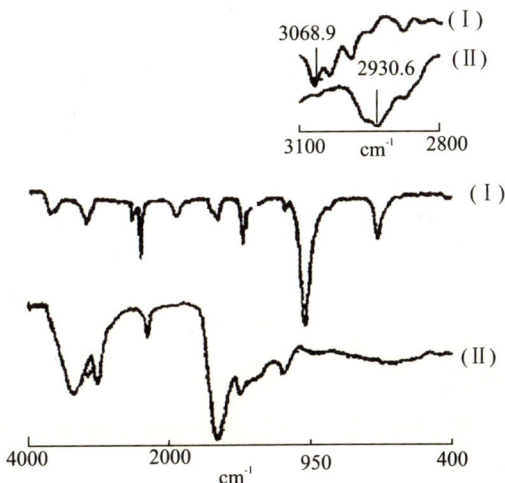

图 8　丙烯腈(Ⅰ)及其等离子体聚合物(Ⅱ)的 IR 光谱

Fig. 8　IR spectra of acrylonitrile(Ⅰ) and its plasma polymer(Ⅱ)

$p_m = 13.0$ Pa，$P = 185$ W

但等离子体聚合与化学聚合的 PAN 存在着明显的不同,其中差别最大的反映在 CN 特征峰的变化。对于化学聚合的 PAN,此峰强而尖锐,并稳定地出现在 2237.0 cm^{-1} 左右的地方[6],而等离子体聚合的 PAN 在该处没有吸收,代之出现了 2173.0 cm^{-1} 的 CN 峰,其相对于上述 CN 峰向低频端位移达 64 cm^{-1},我们初步分析导致这一现象的原因主要有:(1)PAN 分子链上相互靠近的 CN 通过它们三键中的 π 轨道重迭而成键(CN 的相互靠近本身就是由不规则的交联引起的),这是基于 Burmeister[7] 的见解提出的;(2)PAN 分子链上的 α-H 在高能粒子轰击下很容易脱掉,并进一步形成了交联结构。

放电功率、单体分压和淀积位置对 PAN 膜的结构也会有影响。当单体分压较大而放电功率较小时,在能量输入区和尾部气焰区淀积的 PAN 差别不大;但单体分压减小、放电功率增大后,两区域的聚合物就表现出明显不同的结构特征(图 8)。其中,淀积在尾部气焰区的 PAN 之 CH 特征峰(图 9(a))相对强度增大,指纹区的谱峰(图 9(b))也相应变得复杂。这一现象意味着淀积在这一区域的 PAN 膜支链化程度比较厉害。与此同时,CN 的相互作用也随之复杂,因为在 2100—2250 cm^{-1} 内呈现出两个谱峰(2173.2 和 2173.3 cm^{-1})的迭加(图 9(c))。

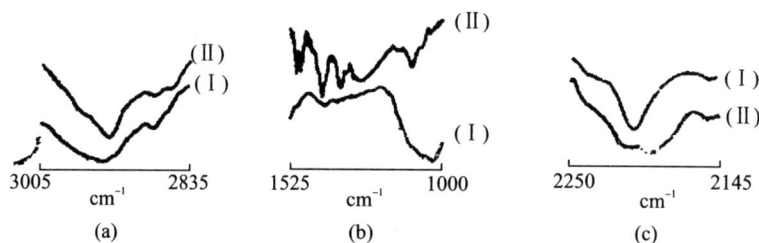

图 9　淀积在不同位置上的 PAN 的 IR 光谱

Fig. 9　IR spectra of PAN deposited at different positions

(a)CH 特征峰(The characteristic peak of functional group C—H)

(b)指纹区(Finger-print district)

(c)CN 特征峰(The characteristic peak of functional group C≡N)

(Ⅰ)淀积在能量输入区的 PAN (PAN deposited in the district of energy input)

(Ⅱ)淀积在尾部气焰区的 PAN (PAN deposited in the tall-flame portion)

$$p_m = 7.4 \text{ Pa} \qquad P = 230 \text{ W}$$

值得注意的是,IR 光谱所表现的结构规律与膜的一些物理性质如颜色、密度、与基底的粘附程度等的规律性是相一致的。如随着单体分压减小、放电功率增大,IR 光谱表明淀积在电极之间能量输入区的 PAN 膜支链化程度减小,此时膜的密度增大,颜色加深,与基底的粘附力也比较强。

参考文献

[1]Shen,M.,Bell,A. T.,Plasma Polymerization, Shen,M.,Bell,A. T. ed. American Chemical Socie-ty(1979),1.

[2]Yasuda,H.,J. Polym. Sci. Micromol. Rew.,**16**(1981),199.

[3]Yasuda,H.,Hirotsu T,J. Appl. Polym. Sci,**21**(1977),3139.

[4]Yasuda,H.,Hirotsu T,J. Appl. Sci,**21**(1977),3167.

[5]Yasuda, H. K., Plasma Polymerization, Shen, M., Bell, A. T. ed. American Chemical Society,(1979),37.

[6]Hirai,T.,Nakada,O.,Jap. J. Appl. Phys,**7**(1968),112.

[7]Burmeister, J. L., Inorg. Chim. Acta, **4**(1970), 581.

Study on the Plasma Polymerization of Acrylonitrile

Song-Lin Xu，Li-Yun Wu*，Qi-Xing Zhuang，Zhen-Yao Wu*，Shou-Jing Chao，Guang-Hui Zhang，Qi-Rui Cai

Department of Chemistry, Xiamen University   Fujian Institute of Oceanography

Abstract

The polymerization process of acrylonitrile by using plasma was studied. The dependence of polymeric regularities, configuration and properties of polymer on some reaction conditions has been explored.

Results demonstrated that deposition rate of polyacrylonitrile, PAN, is dependent obviously on monomer partial pressure and discharge power. Lowering monomer partial pressure is advantageous to the formation of uniform and compact film. Distribution of deposits could be changed by mixing Ar In the tube during polymerization. By this way, the film tenacity can be improved to a certain extent. Firmness of the film adhered to the substrates was found in the order of metals (Pt, Cu and Ti) ＞ semiconductors (Si, GaAs and GaP) ＞ glass. IR spectrum analyses showed that PAN prepared by plasma polymerization is more complicated and higher cross-linked.

■ **本文原载**：Applied Catalysis,1987,35,pp. 77～92. Elsevier Science Publishers B. V.,Amsterdam—Printed in The Netherlands.

Promoter Action of Rare Earth Oxides in Rhodium/Silica Catalysts for the Conversion of Syngas to Ethanol

Yu-Hua Du, De-An Chen[①], Khi-Rui Tsai

(Department of Chemistry and Institute of Physical Chemistry, Xiamen University,Xiamen,People's Republic of China)

Received 24 February 1987,accepted 11 June 1987

Abstract   The promoter action of rare earth oxides (REO) (La_2O_3,CeO_2,Pr_6O_{11},Nd_2O_3,and Sm_2O_3) in Rh/SiO_2 catalysts for syngas conversion to ethanol and the characterization of these catalysts by X-ray photoelectron spectroscopy (XPS) and transmission electron microscopy (TEM) have been investigated. The addition of REO,especially CeO_2 and Pr_6O_{11},increases markedly the selectivity for production of ethanol. High-temperature reduction of the catalyst favours selectivity for ethanol in all REO promoted rhodium catalysts. XPS measurements revealed that CeO_2 in Rh-CeO_2/SiO_2 mostly exists as Ce_2O_3 after reduction,in contrast to that in rhodium-free CeO_2/SiO_2. It is concluded that rhodium assists in the reduction of CeO_2. Correlation was found between the selectivity for ethanol and the reducibility of REO. The surface mean diameters of rhodium particles in Rh-REO/SiO_2,as observed by TEM,lie in the range 4 to 6 nm and do not change after high-temperature reduction. The nature of rhodium-promoter interactions and a synergistic mechanism of rhodium coupled with REO for catalytic conversion of carbon monoxide are discussed.

INTRODUCTION

The selective conversion of syngas to oxygenates has attracted considerable attention as a means of producing industrially important base chemicals from non-petroleum sources in the last decade. In 1975, the pioneering patent of Union Carbide [1] first reported the use of a rhodium catalyst for the reaction of syngas to C_2-oxygenates (i. e. a mixture of acetic acid,acetaldehyde and ethanol). Since then,intensive research has been carried out to further develop this kind of catalyst,aiming at high selectivity for one single product,such as ethanol. In these catalysts the correct choice of support or promoter appears to modify greatly the activity and/or the selectivity of the resulting catalyst. Wilson and coworkers [2-4] found that the oxides of iron,magnesium and manganese are effective promoters of rhodium for the formation of oxygenates. Ichikawa and coworkers [5-9] have studied these reactions extensively and showed that the product distribution depends markedly on the metal oxide support and on the rhodium

---

① Corresponding anthor.

precursor used. High selectivity for ethanol was obtained for highly dispersed rhodium catalysts prepared by pyrolysing $Rh_4(CO)_{12}$ on La_2O_3, TiO_2 and ZrO_2 and for supported Rh/SiO_2 with zirconium, titanium and iron oxide as additives. Katzer et al.[10] have found that rhodium supported on CeO_2 is a highly selective catalyst for ethanol production. Kuznetsov et al.[11] have also observed a high yield of alcohol using Rh/La_2O_3 and $Rh-La_2O_3/SiO_2$ catalysts. Van der Lee et al.[12] have found that Rh/V_2O_3 or $Rh-V_2O_3/SiO_2$ are very selective catalysts for C_2-oxygenates. Van den Berg[13] has found that addition of both MnO and MoO to Rh/SiO_2 results in an increase in activity. Patent data from Hoechst[14] showed that the selectivity for C_2-oxygenates was improved if one or more of the elements scandium, yttrium or those of rare earth elements of atomic number 58—71were used as promoters in non-oxide form in the catalysts. More recently, Kiennemann et al.[15] have found that CeO_2 is a very effective promoter for ethanol formation when added to Rh/SiO_2 or used as a support. The aforementioned research shows that rare earth oxides (REO) appear to be unique promoters of supported rhodium catalysts.

Apart from the practical considerations, getting an insight into the nature of promoter effects is very intriguing from the theoretical point of view. The nature of the promoter effect is akin to that of some metal-support interactions[16]. Consequently, supported rhodium catalysts offer an unique example for the study of the effects of metal-support (or promoter) interactions in catalysis, a challenging problem in fundamental catalysis research at present.

The nature of rhodium oxide support interaction has been extensively studied[11−13,15−24], and it has been reported that in supported rhodium catalysts, all reducible oxide supports, e. g. La_2O_3, TiO_2, ZrO_2 and Nb_2O_5 exhibit strong metal-support interaction (SMSI) behaviour. On the other hand, little attention has been paid to systematic studies of the promoter action of the rare earth oxides. This led us to study the hydrogenation of carbon monoxide over silica-supported rhodium catalysts with light, rare earth oxides (La-Sm) as promoters and to characterize these catalysts by means of X-ray photoelectron spectroscopy (XPS) and transmission electron microscopy (TEM), with the object of clarifying the surface state and promoter performance of REO and to shed some light on the nature of the interaction between the supported rhodium and the REO.

EXPERIMENTAL

Catalyst preparation

REO promoted rhodium catalysts $Rh-RE_xO_y/SiO_2$ (rhodium 2 wt. %, RE_xO_y 4.5 wt. %) were prepared by the method of incipient wetness in repeated steps. Silica (300 m^2/g) samples were impregnated successively with an acidic aqueous solution of RE_xO_y and a methanol solution of $RhCl_3 \cdot xH_2O$, followed by temperature programmed (2 K/min) reduction up to 623 K (low-temperature reduction, LTR), or at a rate of 4 K/min up to 773 K (high-temperature reduction, HTR) in flowing hydrogen. $La(NO_3)_3 \cdot xH_2O$, and separately $Ce(C_2O_4)_2$, Pr_6O_{11}, Nd_2O_3 and Sm metal (all first converted into nitrate) were used as promoter precursors. The determination of rhodium content in the catalysts was based on an extraction method and UV-visible spectroscopy.

Carbon monoxide-hydrogen reaction

Reactions were carried out at atmospheric pressure in a fixed bed flow microreactor (stainless-steel tube 6×250 mm) at 493—553 K. The space velocity of the cabron monoxide-hydrogen mixture (CO/H_2 =0.59) was 300—2900 h^{-1}. Two mass-flow meters were placed before and after the reactor for measurement of gas flow-rate. The effluent gas was analyzed in two ways: one stream of the effluent gas was directly introduced into a gas chromatograph (GC) via a two-position, six-port valve; a second stream was introduced into a water condensor in which oxygenates were dissolved out. Two GC columns were used. One was packed with GDX-103 for alcohols and high hydrocarbons which were detected by a flame ionization detector (FID), the other with carbon molecular sieves for carbon monoxide, carbon dioxide and methane detected by a thermal conductivity detector (TCD). A CDMC-2 GC recording data processor was used for data processing.

Transmission electron microscopy

The supported catalysts were ground to a fine powder, and then reduced. The reduced samples were then dispersed ultrasonically in water. A drop of the suspension was placed on a carbon coated electron microscope grid and evaporated to dryness. Examination of the specimens was carried out in a JEM-100 CX11 electron microscope. The pictures were typically taken at a magnification of 140 000 to 270 000. The average particle diameter in the form of a surface mean diameter ($\overline{d}_s$) was calculated from the particle size distribution according to the following equation in which n_i is the number of particles having a characteristic diameter d_i (within a given diameter range):

$$\overline{d}_s = \sum_i n_i d_i^3 / \sum_i n_i d_i^2$$

X-ray photoelectron spectroscopy

XPS measurements were carried out using an ESCA LAB MK11 spectrometer of V. G. Science with $MgK\alpha$ X-ray radiation ($h\nu = 1253.8$ eV). The Si 2p (103.4 eV binding energy, BE) line was used as internal standard for the measurement of binding energies. The depth of probe was 3 to 8 nm. The supported catalysts were reduced under the same conditions as the catalytic reaction conditions and sealed in an oxygen-free atmosphere. The transfer of the reduced catalysts was carried out in an inert-gas glove box connected to the spectroscope.

RESULTS

Activities and selectivities of rhodium-rare earth oxide/silica catalysts

Table 1 summarizes the properties of rhodium catalysts containing REO promoters in syngas conversion. The selectivity (expressed in carbon efficiency) and the yield of ethanol (expressed in mol ethanol/mol Rh h) are enhanced by two and three orders of magnitude, respectively by the addition of REO promoters to the catalyst compared with the selectivity and yield over Rh/SiO_2 catalysts without REO. These quantities are comparable with those obtained over catalysts derived from $Rh_4(CO)_{12}$ precursor on a La_2O_3 support.

With low-temperature reduction (LTR, 623 K), the catalysts containing CeO_2 or Pr_6O_{11} promoter exhibited the best selectivity for ethanol in the series of $Rh-REO/SiO_2$ catalysts (see Fig. 1) while with high-temperature reduction (HTR, 773 K), the selectivity and the yield of ethanol were enhanced for all REO promoted Rh/SiO_2 catalysts by amounts corresponding to 1.35 to 2.5 times those for catalysts prepared under LTR. The carbon monoxide conversion in turnover frequency (TOF) was also enhanced for all catalysts except $Rh-Nd_2O_3/SiO_2$. Similar phenomena were observed by Van der Lee for rhodium supported on V_2O_3, La_2O_3 or MgO [12].

TABLE 1 Catalytic properties of Rh-REO/SiO$_2$ in syngas reaction

Reaction conditions: 493 K, 1 atm., $CO/H_2 = 0.59$.

| Catalyst* | T_{red} (K) | S.V. (h^{-1}) | TOF (h^{-1}) | Ethanol yield M/M** (h^{-1}) | Selectivity: carbon efficiency $= iC_i / \sum_i iC_i \times 100\%$ | | | | | | | |
| | | | | | Oxygenates | | | Hydrocarbons | | | | |
					Methanol	Acetaldehyde	Ethanol	C$_1$	C$_2$	C$_3$	C$_4$	C$_5$
RhCl$_3$/SiO$_2$	623	86	0.79	$4 \cdot 10^{-4}$	0.1	+	0.1	55	7.0	23	8.3	+
Rh$_4$(CO)$_{12}$/SiO$_2$	623	82	1.1	0.30	0.1	4.3	54	13	1.2	1.2	+	+
Rh-La$_2$O$_3$/SiO$_2$	623	400	1.39	0.18	8.4	1.9	26.4	33.5	9.6	10.1	6.5	3.4
	773	340	2.44	0.42	6.4	2.1	34.7	33.0	6.4	9.0	5.5	3.4
Rh-CeO$_2$/SiO$_2$	623	300	1.9	0.43	3.0	0.9	45.0	29.8	7.0	8.0	4.7	1.4
	773	300	2.4	0.58	2.0	0.7	48.3	30.5	5.0	8.6	4.4	1.5
Rh-Pr$_6$O$_{11}$/SiO$_2$	623	310	1.2	0.27	5.9	2.3	45.6	24.7	5.4	8.0	6.1	2.0
	773	300	3.0	0.72	2.4	0.8	47.7	32.1	6.7	6.0	2.2	1.4
Rh-Nd$_2$O$_3$/SiO$_2$	623	300	2.5	0.30	3.7	1.2	24.2	33.6	12.5	13.0	8.0	3.8
	773	290	2.1	0.31	6.4	2.0	29.4	32.4	9.7	10.2	6.8	3.4
Rh-Sm$_2$O$_3$/SiO$_2$	623	270	4.1	0.48	1.0	+	23.4	36.5	11.2	13.6	9.9	4.2

* Loading: rhodium 2.0 wt. %, REO 4.5 wt. % in all catalysts.

** Ethanol yield $= \dfrac{TOF \times \text{selectivity of EtOH}/2}{100}$

341

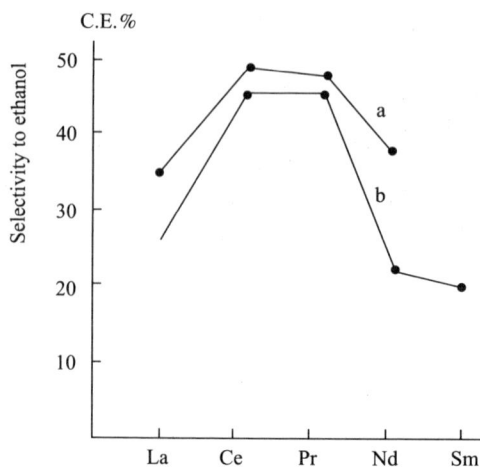

Fig. 1   Effect of promoter RE_xO_y on selectivity (a) at high-temperature reduction, (b) at low temperature reduction.

Table 2 shows the effects of reaction temperature and space velocity on carbon monoxide conversion and selectivity for products for the $Rh\text{-}Pr_6O_{11}/SiO_2$ catalyst. It can be seen that with increasing reaction temperature, the carbon monoxide conversion in TOF and the ethanol yield increased, but the selectivity for oxygenates (methanol, acetaldehyde and ethanol) decreased, while the selectivity for C_{2+}-hydrocarbons increased. This suggests that there is rather a high tendency for oxygenates to dehydrate or hydrogenate at elevated temperatures. Table 2 also shows that high space velocity is favourable to the carbon monoxide conversion and the yield of ethanol, but is unfavourable to hydrocarbon formation. It is worth noting that the $Rh\text{-}Sm_2O_3/SiO_2$ catalyst listed in Table 2, which underwent special pretreatment, exhibited a better performance than some of the other catalysts listed in Table 1.

Particle size distribution and morphology of rhodium particles by transmission electron microscopy.

Fig. 2 shows a TEM micrograph of SiO_2, from which the distribution (Fig. 3) of pore diameters of SiO_2 was calculated. The calculated average diameter of pores is 27 nm. Fig. 4 shows the TEM micrographs of the various catalysts after LTR and HTR. The particle size distributions and the corresponding surface mean diameters ($\overline{d_s}$) of rhodium particles were calculated from this micrograph and are listed in Table 3. From Table 3, it can be seen that the surface mean diameters of rhodium particles in $Rh\text{-}REO/SiO_2$ catalysts lie in the range 3.8 to 6.3 nm and that the high-temperature reduction has no significant effect on the rhodium particle size. From Fig. 4, it seems that the rhodium particles supported on some REO/SiO_2 catalysts appear to have a pill-box morphology.

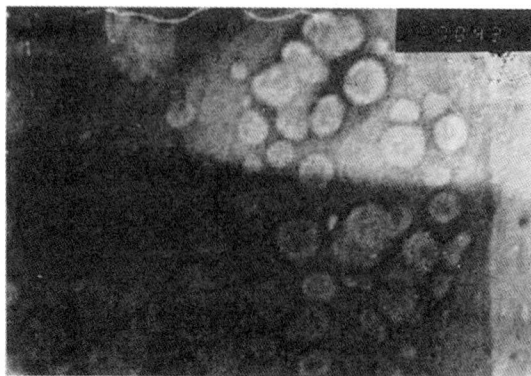

Fig. 2   TEM micrograph of sillica (190 000 ×)

TABLE 2 Effect of reaction temperature and space velocity on the properties of catalysts

Reaction conditions: 1 atm., $CO/H_2 = 0.59$.

Catalyst*	R.T. (K)	S.V. (h^{-1})	TOF (h^{-1})	Ethanol yield M/M_ (h^{-1})	Selectivity: carbon efficiency $= iC_i / \sum_i iC_i \times 100\%$							
					Oxygenates			Hydrocarbons				
					Methanol	Acetaldehyde	Ethanol	C_1	C_2	C_3	C_4	C_5
Rh-Pr$_6$O$_{11}$/SiO$_2$	493	390	3.0	0.74	4.9	3.3	49.1	23.8	5.4	7.6	4.2	1.8
	523	390	9.2	1.47	2.1	0.5	32.0	37.8	8.4	9.8	4.8	3.5
	553	390	21.0	1.58	0.6	+	15.1	31.6	24.6	16.4	6.0	5.6
Rh-Sm$_2$O$_3$/SiO$_2$	493	280	4.2	1.44	6.5	1.4	68.4	13.9	21.4	3.4	2.6	1.0
	493	2250	5.0	1.84	5.3	1.9	73.4	13.0	1.1	2.1	2.7	0.6
	493	2950	6.0	2.19	4.9	4.3	73.0	11.7	1.0	1.9	2.7	0.6

* Loading: rhodium 2.0 wt.%, REO 4.5 wt.% in all catalysts.

TABIE 3 Surface mean diameter ($\overline{d}_s$) of rhodium of various catalysts

Catalyst	$\overline{d}_s$ (nm)	
	After LTR	After HTR
$Rh\text{-}La_2O_3/SiO_2$	3.8	3.9
$Rh\text{-}CeO_2/SiO_2$	6.3	6.1
$Rh\text{-}Pr_6O_{11}/SiO_2$	5.5	5.6
$Rh\text{-}Sm_2O_3/SiO_2$	4.2	4.3

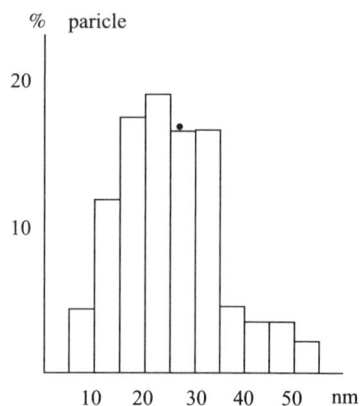

Fig. 3 Distribution of sillica pore diameter (60 particles counted), $d_{pore} = 27$ nm.

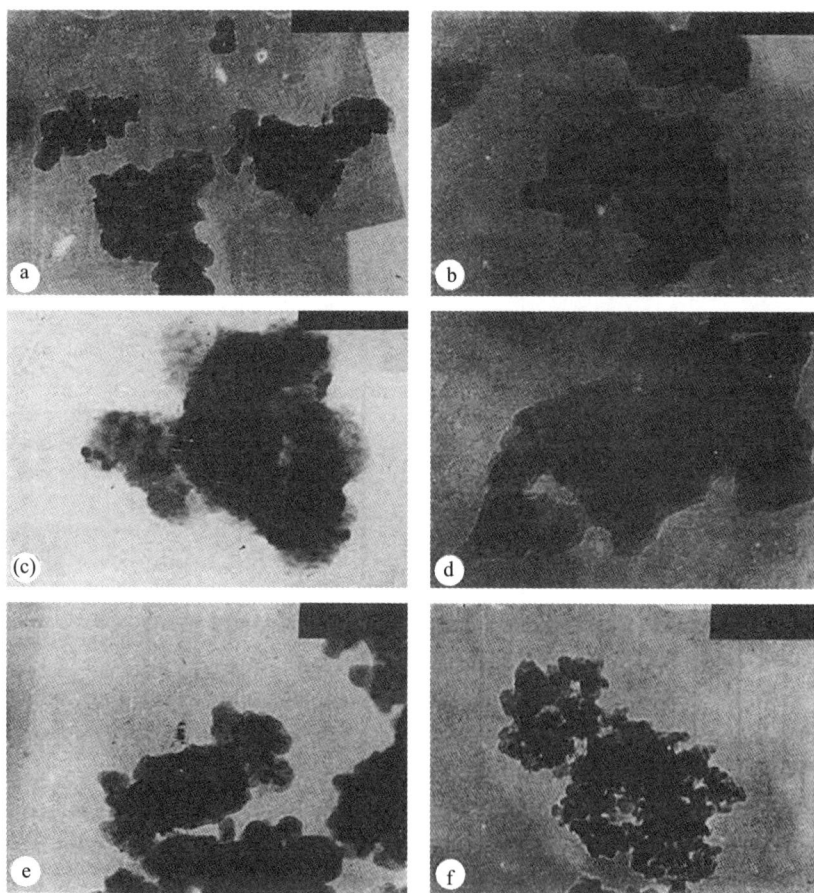

Fig. 4 TEM micrographs of the various catalysts.

(a) $Rh\text{-}La_2O_3/SiO_2$ after LTR, 112 000 $\times$; (b) $Rh\text{-}La_2O_3/SiO_2$ after HTR, 216 000 $\times$;

(c) $Rh\text{-}CeO_2/SiO_2$ after LTR, 216 000 $\times$; (d) $Rh\text{-}CeO_2/SiO_2$ after HTR, 216 000 $\times$;

(e) $Rh\text{-}Pr_6O_{11}/SiO_2$ after LTR, 112 000 $\times$; (f) $Rh\text{-}Sm_2O_3/SiO_2$ after LTR, 152 000 $\times$.

Characterization of catalysts by X-ray photoelectron spectroscopy

Figs. 5—8 show the XPS spectra for the 3d region of cerium in CeO_2/SiO_2 and $Rh\text{-}CeO_2/SiO_2$, praseodymium in Pr_6O_{11}/SiO_2 and $Rh\text{-}Pr_6O_{11}$, lanthanum in La_2O_3/SiO_2 and $Rh\text{-}La_2O_3/SiO_2$, and neodymium in Nd_2O_3/SiO_2 and $Rh-Nd_2O_3/SiO_2$, before and after LTR, respectively. The values of 3d binding energies of cerium in various oxidation states are listed in Table 4.

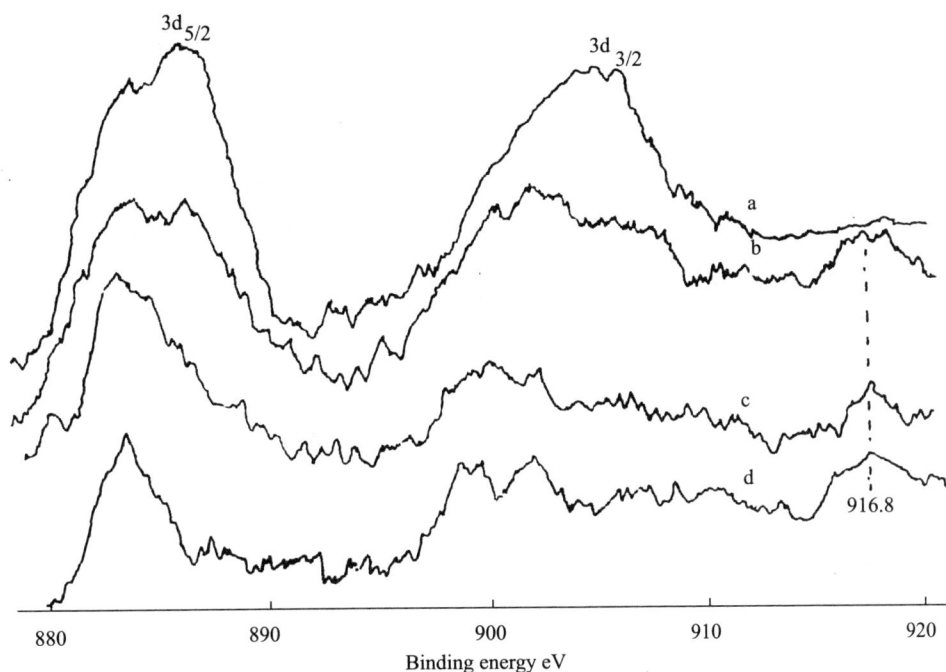

Fig. 5   XPS spectra of the cerium 3d region.

(a) $Rh-CeO_2/SiO_2$ after LTR; (b) CeO_2/SiO_2 after LTR; (c) $Rh-CeO_2/SiO_2$ before LTR; (d) CeO_2/SiO_2 before LTR.

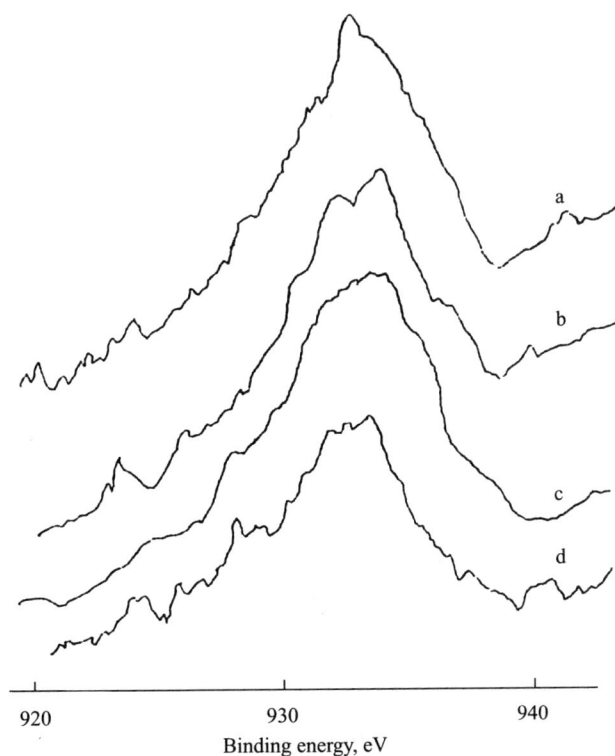

Fig. 6   XPS spectra of praseodymium $3d_{5/2}$.

(a) $Rh-Pr_6O_{11}/SiO_2$ after LTR;   (b) $Rh-Pr_6O_{11}/SiO_2$ before LTR;

(c) Pr_6O_{11}/SiO_2 after LTR;   (d) Pr_6PO_{11}/SiO_2 before LTR.

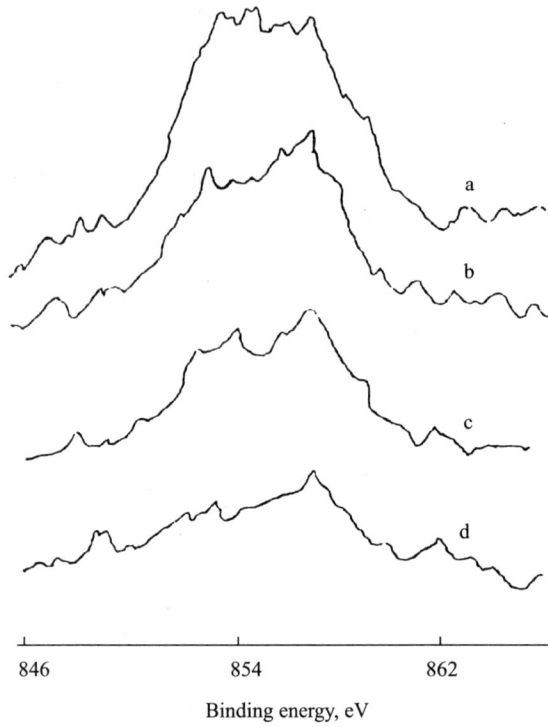

Fig. 7   XPS spectra of lanthanum 3d$_{3/2}$.

(a) La$_2$O$_3$/SiO$_2$ before LTR;   (b) La$_2$O$_3$/SiO$_2$ after LTR;

(c) Rh-La$_2$O$_3$/SiO$_2$ before LTR;   (d) Rh-La$_2$O$_3$/SiO$_2$ after LTR.

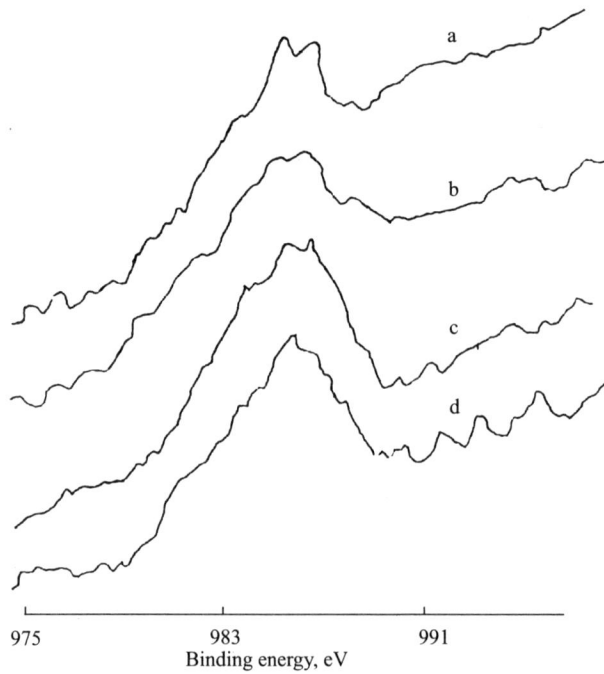

Fig. 8   XPS spectra of neodymium 3d$_{5/2}$.

(a) Rh-Nd$_2$O$_3$/SiO$_2$ after LTR;   (b) Rh-Nd$_2$O$_3$/SiO$_2$ before LTR;

(c) Nd$_2$O$_3$/SiO$_2$ after LTR;   (d) Nd$_2$O$_3$/SiO$_2$ before LTR.

TABLE 4   Binding energies of cerium 3d in various oxidation states, in eV

State	$3d_{5/2}$	Satellite	$3d_{3/2}$	Satellite	Reference
Ce	883. 2		901. 7		19
Ce_2O_3	885. 8	882. 1	904. 3	900. 7	19
CeO_2	888. 1	898. 0	906. 7	916. 6	19
		881. 8		900. 4	
		884. 8		905. 3	
CeO_2/SiO_2 before LTR	888. 0	898. 8	906. 4	917. 8	this work
		901. 8			
CeO_2/SiO_2 after LTR	888. 3	897. 7	906. 8	916. 9	this work
		882. 8		900. 2	
		885. 4		902. 8	
$Rh\text{-}CeO_2/SiO_2$ before LTR	888. 2	899. 6	906. 7	917. 2	this work
		889. 6			
		883. 0			
$Rh\text{-}CeO_2/SiO_2$ after LTR	885. 8	882. 1	904. 2	900. 6	this work

It is known that XPS of some rare earth compounds, notably those of the first few lanthanides (La-Nd), show intense structures other than that due to the spin-orbit doublet [25,26]. These extra peaks, broadly termed as satellites, originate from charge-transfer. We focussed on the 3d core level since it is the most intense XPS transition observable and is known to have prominent satellites.

Praline et al. [25] have used XPS to study the reaction of oxygen with clean, polycrystalline cerium foil under ultra high vacuum (UHV) conditions at 300 and 120 K and characterized the chemical species formed. The spectrum of clean cerium is dominated by the $3d_{5/2}$ and $3d_{3/2}$ transitions at BE 883. 2 and 901. 7 eV, respectively. The spin-orbit splitting of the doublet is 18. 5 eV. A 20-L exposure to O_2 gives rise to two well-resolved features, separated by 3. 7 eV, in both the $3d_{5/2}$ and the $3d_{3/2}$ regions. These four transitions are attributed to Ce_2O_3, with an insignificant contribution from metallic cerium and CeO_2. Oxidation of cerium to Ce_2O_3 gives a Ce(3d) chemical-shift of 2. 6 eV to higher BE at 885. 8 and 904. 3 eV. The peaks at 882. 1 and 900. 7 eV are assigned to shake-down satellites of cerium (III). Between 20-and 50-L exposure, new features emerge, of which the most recognizable is a new, high-BE peak at 916. 6 eV. This feature is characteristic of cerium (IV). A significant broadening of the other peaks accompanies the appearance of this feature in the 50-L curve. With further O_2 exposure (up to 180-L), the high-BE peak intensifies and additional features are resolved in both the $3d_{5/2}$ and $3d_{3/2}$ regions. Rao and Sarma [26] carried out the same experiments at the same period and drew the same conclusion independently.

Following the assignments of XPS spectra of the Ce+O_2 system mentioned above, we can readily explain our XPS spectra of CeO_2/SiO_2 and $Rh\text{-}CeO_2/SiO_2$ (see Fig. 5). Before reduction (a and c curves of Fig. 5), the shake-up satellites at 916. 8 and 897. 7 eV are very clear, a characteristic feature of cerium (IV). After reduction at 623 K, CeO_2 in $Rh\text{-}CeO_2/SiO_2$ is mostly reduced to Ce_2O_3 as indicated by the disappearance of the shake-up satellite at 916. 8 eV and the appearance of two well-resolved features; separated by 3. 7 eV in the $3d_{5/2}$ region. However, the CeO_2 in CeO_2/SiO_2 without rhodium is much less reduced to Ce_2O_3, because the shake-up satellite at 916. 6 eV is still intensive (c curve of Fig. 5). Consequently, the conclusion may reasonably be drawn that rhodium assists in the reduction of CeO_2.

In the case of Pr_6O_{11}, from the resolution of the XPS peak in the $3d_{5/2}$ region (Fig. 6), it can be seen that the ratio of the height of the praseodymium（Ⅳ）peak to that of the praseodymium（Ⅲ）peak in Rh-Pr$_6$O$_{11}$/SiO$_2$ after LTR is less than that before reduction, H（Ⅳ）/H（Ⅲ）being 7/12 and 15/12, respectively, where H（Ⅳ）stands for the height of the PR（Ⅳ）peak, and H（Ⅲ）for the height of the Pr（Ⅲ）peak. This suggests that Pr$_6$O$_{11}$ in Rh-Pr$_6$O$_{11}$/SiO$_2$ is partially reduced to Pr$_2$O$_3$. In contrast, the ratio of the heights of the praseodymium（Ⅳ）peak to that of the praseodymium（Ⅲ）peak in Pr$_6$O$_{11}$/SiO$_2$ before and after reduction changes insignificantly. We see again that rhodium assists in the reduction of Pr$_6$O$_{11}$.

On the other hand, the XPS spectra of the 3d region of La(3d$_{3/2}$) in La$_2$O$_3$/SiO$_2$ and Nd(3d$_{5/2}$) in Nd$_2$O$_3$/SiO$_2$ with or without rhodium do not show significant change before or after LTR (no BE shift, see Fig. 7 and Fig. 8). This suggests that La$_2$O$_3$ and Nd$_2$O$_3$ are not easily reduced at low temperature (623 K).

DISCUSSION

In the previous section, there is considerable discussion of the XPS and TEM characterization of the catalysts. Here we discuss briefly how these characterizations are related to the nature of the metal-promoter interactions and to the active site in REO-promoted Rh/SiO$_2$.

It has been reported that rhodium supported on reducible oxides, e. g. La$_2$O$_3$[11,27], TiO$_2$[17,18,21-23], ZrO$_2$[24] and Nb$_2$O$_5$[18,19], exhibits SMSI behaviour (suppression in hydrogen chemisorption) after HTR, as well as high selectivity for C$_2$-oxygenates. Our experimental results show that, on the one hand, the addition of REO as a promoter to Rh/SiO$_2$, notably CeO$_2$ and Pr$_6$O$_{11}$, results in a marked enhancement of the yield of ethanol; on the other hand, rhodium assists in the reduction of CeO$_2$ and Pr$_6$O$_{11}$ to suboxides even at low temperature. These experimental facts indicate that some metal-promoter interaction very probably also exists in the Rh-REO/SiO$_2$ system. Consequently, it is highly desirable to understand what roles these promoters play in chemisorption and catalysis by these catalytic systems.

Several explanations of the action of supports or promoters in rhodium catalysts have been proposed[12,15,16,23,27-29], among which, two viewpoints seem to be almost generally accepted: (a) The support or the promoter partially covers the surface of rhodium metal and, as a consequence, this may suppress the chemisorption capacity of the metal and may create a new catalytic site at the metal-promoter interface. (b) The partially reduced support or promoter may provide metal cation or oxygen vacancies, which interact with the oxygen end of a carbon monoxide molecule adsorbed on the rhodium surface to facilitate its dissociation or insertion. These two viewpoints have also been proposed to explain the action of promoters in supported platinum and palladium catalysts[30-32].

More recently, Underwood and Bell[33] have studied the kinetics of carbon monoxide hydrogenation over rhodium supported on SiO$_2$, La$_2$O$_3$, Nd$_2$O$_3$ and Sm$_2$O$_3$. They found that the turnover frequencies, the activation energies, and the preexponential factors for the formation of acetaldehyde plus ethanol are higher over REO-supported rhodium catalysts than over SiO$_2$-supported catalysts. The higher activity of the REO-supported rhodium catalysts accompanied by a higher activation energy indicates that the rate enhancement occurs due to a higher preexponential factor caused by a higher concentration of catalytically active sites. This result gives further support to viewpoint (a).

In a recent paper, Kiennemann et al.[15] reported that CeO$_2$ is a very effective promoter for ethanol formation and that a new absorption band appears at 1725 cm^{-1} in the IR spectra of catalysts exposed to carbon monoxide when CeO$_2$ was added to a Rh/SiO$_2$ catalyst or used as support. They assigned this new band to $\nu_{c=o}$ for a carbon monoxide molecule bonded through both the carbon and oxygen atom as

follows

$$\begin{array}{ccc} & C\!\!=\!\!\!=\!\!\!=\!\!O & \\ & \diagup\!\!\diagup \quad \diagdown & \\ Rh & & Ce \end{array}$$

This dicovery strongly supports viewpoint (b).

Based on our experimental results and relevant literature data, we propose that the active site of Rh-REO/SiO$_2$ with an adsorbed carbon monoxide molecule would be as follows:

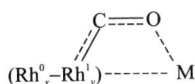

$$\begin{array}{ccc} & C\!=\!\!=\!O & \\ & \diagup\!\!\diagup \quad \diagdown & \\ (Rh^0_x\!-\!Rh^1_y) & \text{-------} & M \end{array}$$

where the M may be a cation center or oxygen vacancy of the reduced REO. This scheme is similar to the model we proposed previously for the Rh-Nb$_2$O$_5$/SiO$_2$ catalyst. As far as the promoter action of REO in supported rhodium catalysts and the mechanism of ethanol formation are concerned, these may be described as follows. During the reduction of the catalyst precursor to the metallic state, hydrogen chemisorbed on rhodium particles spills over onto REO and partially reduces it, releasing a suboxide (at the Rh-REO interface) of REO which then wets the rhodium particles through metal-metal bonding and oxide-bridging and spreads out across the surface of rhodium particles. Blocking of the partial rhodium surface diminishes the chemisorption capacity of the metal, but meanwhile, a number of new catalytically active sites is created at the Rh-REO interface. Here, the partially exposed cationic center or oxygen vacancy of the reduced REO acts as a Lewis acid center or an oxophilic center to coordinate, or interact by charge-dipole interaction with the oxygen end of μ_2-ligated carbon monoxide adsorbed on the rhodium active site (s), or more probably with the carbonyl oxygen of chemisorbed formyl species HC $=$ O formed by cis-insertion of hydrogen onto carbon monoxide, consequently, favouring the hydrogenation of carbon monoxide, as in our previously proposed mechanism for the Rh-Nb$_2$O$_5$/SiO$_2$ catalyst [19]. Recent mechanistic studies by Liu et al. [34] have further substantiated the formyl-carbene-ketene (intecepted by CH$_3$OD to form CH$_2$DCOOCH$_3$) mechanism leading predominantly to the formation of C$_2$-oxygenates (CH$_3$CH$_2$OH).

ACKNOWLEDGEMENTS

Support of this study by the China National Science Foundation is gratefully acknowledged. The authors thank Mr. Wang Shui-ju for his assistance in XPS measurements and Mr. He Yue-huang for his assistance in TEM experiments. We also thank Prof. C. T. Au for useful discussions about the XPS.

REFERENCES

[1]Belg. Pat.,**824 822**(1975).

[2]M. M. Bhasin,W. J. Bartley,P. C. Ellgen and T. P. Wilson,J. Catal.,**54**(1978),120.

[3]T. P. Wilson,P. H. Kasai and P. C. Ellgen,J. Catal.,**68**(1981). 193.

[4]P. C. Ellgen, W. J. Bartley, M. M. Bhasin and T. P. Wilson, Adv. Chem. Ser., Am. Chem. Soc., **178**(1979),147.

[5]M. Ichikawa,J. Chem. Soc. Chem. Commmun,(1978),566.

[6]M. Ichikawa,Bull. Chem. Soc.,**51**(1978),2268.

[7]M. Ichikawa,Chemtech.,(1982),674.

[8]M. Ichikawa and K. Shikakura, in T. Seiyama and K. Tanabe（Eds.）, Proc. 7th Int. Congr. Catal., Tokyo, 1980, Vol. B, Kodasha, Tokyo and Elsevier, Amsterdam 1981, p. 925.

[9]M. Ichikawa, T. Fukushima and K. Shikakura, Proc. 8th Int. Congr. Catal., Berlin 1984, Verlag Chemie, Weinheim Vol. Ⅱ, 1984, p. 69.

[10]J. R. Katzer, A. W. Sleight, P. Gajardo, J. B, Michel, E. F. Glaeson and S. McMillan, Faraday Discuss. Chem. Soc., **72**(1981), 8.

[11]V. L. Kuznetzov, A. V. Romanekov, I. L. Mudrakovskii, V. M. Matikhin, V. A. Shmachkov and Yu. I. Yermakov, Proc. 8th Int. Congr. Catal., Berlin, 1984, Verlag Chemie, Weinbeim-Vol. **V**, 1984, p. 3.

[12]G. van der Lee, B. Schuller, H. Post, T. L. F. Faver and V. Ponec, J. Catal., **98**(1986), 522.

[13]F. G. A. van den Berg, Thesis, Nat. University Leiden, The Netherlands, 1983.

[14]Eur. Pat., 0 085 398.

[15]A. Kiennemann, R. Breault and J. P. Hindermann, Symp. Faraday Soc., **21**(1986), Paper 14.

[16]W. M. H. Sachtler, Proc. 8th Int. Congr. Catal., Berlin 1984, Verlag Chemie, Weinheim Vol. **I**, 1984, p. 151.

[17]G. L. Haller V. E. Henrich, M. McMillan, D. E. Resasco, H. R. Sadeghi and S. Sakellson, Proc. 8th Int. Congr. Catal., Berlin, 1984, Verlag Chemie, Weinheim Vol. **V**, 1984, p. 135.

[18]K. Kunimori, H. Abe, E. Yamaguchi, S. Matsui and T. Uchijima, Proc. 8th Int. Congr. Catal., Berlin 1984, Verlag Chemie, Weinheim Vol. **V**, 1984, p. 251.

[19]Gu Guisong, Liu Jinpo, Yang Yiquan, Chen Dean, Lin Jianyi and Tsai Khirui, Acta Phys. Chim. Sinica, **1**, (2)(1985), 177.

[20]E. K. Poels, P. J. Magnus, J. V. Welzen and V. Ponec, Proc. 8th Int. Congr. Catal., Berlin 1984, Verlag Chemie, Weiheim, Vol. Ⅱ(1984), p. 59.

[21]H. Orito, S. Naito and K. Tamaru, J. Phys. Chem., **89**(1985), 279.

[22]H. R. Sadeghi and V. E. Henrich, J. Catal., **87**(1984), 279.

[23]A. K. Singh, N. K. Pande and A. T. Bell, J. Catal., **94**(1985), 422.

[24]C. Dall'Agnol, A. Gervasini, F. Morazzoni, F. Pinna, G. Strukul and L. Zanderighi, J. Catal., **96**(1985), 106.

[25]G. Praline, B. E. Koel, R. L. Hance, H. T. Lee and J. M. While, J. Electron Spectrosc. Relat. Phenom., **21**(1980), 17.

[26]C. N. R. Rao and D. D. Sarma, in E. C. Subbarao and W. E. Wallace（Eds.）, Science and Technology of Rare Earth Materials, Academie Press 1980, p. 219.

[27]G. van der Lee and V. Ponec, J. Catal., **99**(1986), 511.

[28]W. M. H. Sachtler, D. F. Shriver, W. B. Hollenberg and A. F. Lang, J. Catal., **92**(1985), 429.

[29]W. M. H. Sachtler, D. F. Shriver and M. Ichikawa, J. Catal., **99**(1986), 513.

[30]C. Sudhakar and A. Vannice, Appl. Catal., **14**(1985), 47.

[31]A. Vannice and C. Sudhakar, J. Phys. Chem., **88**(1984), 2429.

[32]J. S. Rieck and A. T. Bell. J. Catal., **99**(1986), 278.

[33]R. P. Underwood and A. T. Bell, Appl. Catal., **21**(1986), 157.

[34]Liu, J. P., et al., Paper presented at the 3rd Nat. Congr. Catal., Shanghai, China 1986, to be published.

■ 本文原载：Scientia Sinica(Series B),1987,pp. 246～255.

Raman Spectra of Chemisorbed Species on Ammonia Synthesis Iron Catalysts*

Dai-Wei Liao, Hong-Bin Zhang, Zhong-Quan Wang and Qi-Rui Cai

(*Department of Chemistry and Institute of
Physical Chemistry, Xiamen University*)

Received August 16,1984;revised May 18,1985

Abstract   Laser Raman spectra of chemisorbed species on doubly promoted iron catalyst A_{110-3} exposed to flowing gaseous systems of $N_2/3H_2$, $10N/H_2$, N_2, and H_2, separately, as well as flowing or stationary gaseous systems of D_2, or $^{15}NH_3/H_2$, at 400 or 450℃ and atmospheric pressure, were taken in situ under reaction conditions, as well as after rapid cooling to room temperature. Raman peaks at 2040 (sm) cm^{-1}, 1940(m) cm^{-1}, and 423(m) cm^{-1}, 443(w) cm^{-1} may be assigned to ν_{N-N} and ν_{Fe-N_2} of two different species of chemisorbed N_2, probably an inclined-mounting species and a flat-lying species, respectively, both with multi-nuclear coordination to active sites on α-Fe (111). Absence of Raman peaks of N and NH at 1088 cm^{-1} and 890 cm^{-1}, respectively, which were observable with $10N_2/H_2/Fe$ and N_2/Fe-(residual H) systems after rapid cooling from 450℃ to room temperature, shows that N and NH cannot be the major N-containing chemisorbed species under the above ammonia-synthesis reaction conditions far away from equilibrium, and that the known inverse deuterium isotope effect cannot be explained on thermodynamic ground and dissociative mechanism. The results favor an associative reaction mechanism for the major reaction pathway with hydrogenation of chemisorbed N_2 by chemisorbed H (Raman peaks at 1950 cm^{-1}, 1901 cm^{-1}, assignable to ν_{Fe-H}) as a rate-controlling step, probably in competition with a minor reaction pathway with a dissociative mechanism.

Ⅰ. INTRODUCTION

Kinetics and mechanism of ammonia synthesis on iron catalysts have been extensively studied since the discovery of promoted iron catalysts and the invention of the Haber-Bosch process in the first decade of this century. Progress in basic research in this area has contributed greatly to the development of catalysis science in general, and to our growing understanding of the nature of this catalytic reaction system in particular. Many excellent review articles have been published on this subject, including more recent ones by Ozaki and Aika[1], Ertl[2], Boudart[3], and Grunze[4]. There has been experimental evidence to prove that the stoichiometric number, n, for N_2 in ammonia-synthesis reaction over doubly

---

* This work was supported by a grant from the National Science Foundation of Academia Sinica.

promoted iron catalysts is equal to one[5] that the absorption-and-activation of N_2 is a rate-determining step[6], and that this system is structure-sensitive with preferential chemisorption and hydrogenation of N_2 on α-Fe(1̄11) surface[7-10,12], where there are plenty of the so-called C_7 sites[8] available. However, there has been no unified theory of mechanism so far, by which all the known important experimental facts can be adequately correlated and elucidated, and quite a few problems still remain to be solved.

The inverse deuterium isotope effect on ammonia-synthesis reaction over iron catalysts first observed by Ozaki et al.[11], and later confirmed by Tamaru[12], Takezawa[13], and Temkin[14], was interpreted by Ozaki et al.[11] mainly on thermodynamic ground by maintaining the more popularly accepted dissociative reaction mechanism and assuming **NH** or **N** (in this article, boldfaced chemical symbol signifies chemisorbed state) to be the major N-containing chemisorbed species. But according to Takezawa[13], only the L-type chemisorbed nitrogen, believed to be undissociated N_2, upon hydrogenation to ammonia showed this inverse deuterium isotope effect, while the H-type chemisorbed species, believed to be **N**, was less reactive and showed normal deuterium isotope effect. Moreover, Ertl[15] found that chemisorbed **NH** began to decompose into **N** and gaseous hydrogen at about 120℃, and that the surface concentration of **N** or α-Fe(lll) exposed to flowing stream of $N_2/3H_2$ at 310℃ and near atmospheric pressure appeared to be very small. It can be expected to be even much smaller if the reaction temperature is raised from 310℃ to 400~450℃ in view of the larger activation energy of hydrogenation of **N** in comparison with that of dissociative chemisorption of dinitrogen[4]. Thus the assumption that **NH** or **N** was the major N-containing chemisorbed species on iron catalysts under steady-state ammonia synthesis reaction conditions around 450℃ may not be justifiable. There have been some direct[16] or indirect[17] experimental evidence showing the presence of appreciable amount of chemisorbed N_2 on iron surfaces at about 350 to 450℃. Thus the possibility of an associative reaction pathway as a major reaction pathway with hydrogenation or hydrogenolysis of N_2 as a rate-determining step must be considered. In fact, whereas the Temkin-Pyzhev kinetic equation[18] was derived from a dissociative reaction mechanism, the extended Temkm equation[19] was formulated from an associative reaction mechanism, and so was a slightly modified form of the extended Temkin kinetic equation[20-21]. There have also been suggestions of parallel, competitive reaction pathways of ammonia synthesis over doubly promoted. iron catalysts[22-23]. For better appraisal of all these different mechanistic interpretations, more detailed knowledge about the nature of N-containing chemisorbed species and their relative concentrations on the surfaces of iron catalysts under ammonia synthesis reaction conditions is needed.

Ertl and coworkers[9,24] and Roberts and coworkers[25] have extensively studied chemisorption of dinitrogen on single-crystal and polycrystalline iron surfaces at low temperature by means of photoemission spectroscopy. The results indicate the existence of a chemisorbed molecular dinitrogen species as a precursor of chemisorbed atomic nitrogen species. Very recently, Grunze et al.[26] demonstrated, by means of XPS and UPS, that a weakly bound γ-state of chemisorbed dinitrogen, probably a single-end-on perpendicularly coordinated N_2 on α-Fe(111) surface, slowly converted around 105 K into a more strongly bound α-state, probably a double-end on flat-lying chemisorbed molecular dinitrogen species, N_2, which underwent dissociation into chemisorbed atomic species **N**, This gives a reasonable mechanism of the dissociative chemisorption of N_2 on α-Fe at low pressure, or in the absence of H_2. However, under industrial ammonia-synthesis reaction conditions of high pressure and temperature, the situation, may be quite different, because of the "pressure gap", as evidenced by the fact that, industrial ammonm-synthesis iron catalyst can operate for years without much deactivation, whereas iron catalysts, when exposed to $N_2/3H_2$ at low pressure (≤10^{-4} torr), rapidly deactivate due to formation surface nitride[4].

In this respect, IR & Raman spectroscopies possess the decided advantage of being able to operate *in-situ*, or *ex-situ*, at high or low pressure and temperature. Infrared spectra of chemisorbed nitrogen on Fe/MgO and iron film have been studied by Brill et al. [16c,27], and more recently by Tamaru et al. [28], who observed FTIR peaks at 2200 cm^{-1} and 2050 cm^{-1} attributed to $\nu_{N\text{-}N}$ of two different species of chemisorbed molecular **N_2** on the surface of Fe/MgO. The Fe/MgO was previously exposed to flowing NH_3 at 410℃, then evacuated and finally cooled down to room temperature for the FTIR spectroscopy. They also observed an FTIR peak at 500 cm^{-1} attributed to $\nu_{Fe\text{-}NH_2}$ for iron film treated likewise with NH_3[29]. However, no vibrational spectra of chemisorbed species on iron catalysts observed *in situ* under ammonia-synthesis reaction conditions around 400~450℃ have been reported in literature so far, in spite of the importance of such measurements in mechanistic studies on these catalytic reaction systems.

In the present work, chemisorbed species on the surface of an industrial doubly-promoted iron catalyst, $A_{110\text{-}3}$, is studied *in situ* by means of laser Raman spectroscopy at 400~450℃ and atmospheric pressure in flowing gaseous systems of N_2, H_2, $N_2/3H_2$, and $10N_2/H_2$ separately, and in flowing or stationary gaseous systems of D_2 and $^{15}NH_3/H_2$. Complementary FTIR spectroscopic investigation on the same catalytic reaction systems is in progress; the results will be reported later.

II. EXPERIMENTAL

1. Reduction of Catalysts

Samples of a typical doubly-promoted fused-iron catalyst, A_{110-3}, for industrial ammonia synthesis were used in this study, the particle size of the samples being 80~120 mesh and the weight about 2.0 g each. The sample contained in a quartz cell was reduced in a flowing stream of hydrogen at atmospheric pressure, and at 20 to 400℃ for 5 h, at 400℃ for 2 h, then at 425℃, 450℃, and 475℃ for 14 h, 9 h, and 10 h, respectively, with a heating rate of 50℃ per hour.

2. Purification of Gaseous Reactants

Ultra pure hydrogen for use as a reactant was obtained by electrolysis of water and purified to high purity by diffusion through a palladium tube and passage through liquid nitrogen cold trap.

Hydrogen for use in the reduction of catalyst samples was obtained from hydrogen cylinder and purified by passing successively through silica gel, molecular sieve 5A, 401 deoxygenator, and molecular sieve 5 A.

Cylinder nitrogen of 99.999% purity was further purified by successive passages through active nickel and liquid nitrogen cold trap.

The $N_2/3H_2$ mixture was prepared by catalytic decomposition of pure ammonia at 700℃ and purified by passage through dilute sulfuric acid, concentrated sulfuric acid, solid sodium hydroxide pellets, active copper at 250℃, active nickel at room temperature, and liquid nitrogen cold trap in succession.

Deuterium gas (D_2) was produced by the known method[30] through the reaction between the vapor of heavy water (99.5% D_2O) and magnesium powder at 480℃, and purified by passage through a liquid nitrogen cold trap.

The $^{15}NH_3$ was prepared by the known method through the reaction between $(^{15}NH_4)_2SO_4$ (98.83%) and KOH (AR). After drying with solid KOH, it was purified by repeated condensation and redistillation.

3. Sample Cell

The sample cell and window were made of quartz. The reduction of the catalyst samples and chemisorption experiments, as well as Raman spectral recording were conducted *in situ*. Details about the cell construction will be described elsewhere[31].

4. Spectrometer and Spectral Measurements

A Spex Ramalog-6 Laser Raman spectrometer was used. The 4880 Å (or 5145 Å) line from a Spectra-Physics Model 164 Ar^+ laser was used as the excitation source with an intensity of approximately 300 mW. Laser Raman spectroscopy recordings were taken with rotating samples and with a spectrometer interfaced with a Datamate system. Raman spectra for empty quartz cell and for H_2- and D_2- activated samples were also taken to furnish the back-ground spectrum of the sample and sample cell.

The number of scans for most experiments was about 10 each, but for some as many as 60. The scanning speed was 5 $cm^{-1}sec^{-1}$ in most cases.

Ⅲ. RESULTS AND DISCUSSION

In situ Raman spectra of the catalyst exposed to (A) a flow of H_2 and (B) a flow of $3H_2/1N_2$ at 18,000 h^{-1} *s. v.*, 450℃ and atmospheric pressure are shown in Figs. 1A and 1B, respectively. The Raman peak at 2331 cm^{-1} was due to free gaseous N_2 in the external light path; this peak was conveniently used as a reference. From a comparison of these spectra, it is evident that the strong 1951 cm^{-1} peak and the two broad peaks of medium intensity at 1901 cm^{-1} and 1980 cm^{-1}, which were recorded with both the H_2/A_{110-3} system and $3H_2/1N_2/A_{110-3}$ system, could be assigned to $\nu_{Fe-H'}$ probably due to different species of chemisorbed **H**; while peaks at 1940 cm^{-1}, 2040 cm^{-1}, 423 cm^{-1} and 443 cm^{-1} occurred only with $3H_2/1N_2/A_{110-3}$ system. These four Raman peaks were due to N-containing chemisorbed species. The Raman peaks at 2040 cm^{-1} and 1940 cm^{-1} are both outside of the frequency ranges of $\nu_{Fe\equiv N}$ (1000～1200 cm^{-1}), ν_{N-H} (～3200 cm^{-1}), δ_{N-H} (～1400 cm^{-1}), and δ_{NH_2} (1500～1700 cm^{-1}) for chemisorbed or coordinated **N**, **NH**, and **NH₂** species respectively[32]; thus they can only be assigned to ν_{N-N} of two distinct species of chemisorbed **N₂**. Note that the Raman peak value 2040 cm^{-1} is close to the IR peak value 2050 cm^{-1} for ν_{N-N} of a chemisorbed **N₂** species on Fe/MgO observed by Tamaru et al. as mentioned above[28]. Thus this 2040 cm^{-1} Raman peak is most probably due to an **N₂** species chemisorbed on the doubly promoted iron catalyst A_{110-3} in a similar mode as the **N₂** chemisorbed on Fe/MgO. Since this ν_{N-N} appears to be both Raman active and IR active, it may be assumed to correspond to a perpendicularly or inclinedly mounting **N₂** species[20] probably activated by multinuclear coordination in view of the fairly large decrease in vibration frequency ($\Delta\nu = 291$ cm^{-1}) as compared with ν_{N-N} of free N_2. On the other hand, no IR absorption peak around 1940 cm^{-1} for chemisorbed **N₂** on iron catalysts has ever been reported in literature so far; thus the ν_{N-N} with Raman peak at 1940 cm^{-1} is most probably IR inactive, or practically IR inactive. This indicates that the 1940 cm^{-1} Raman peak might have arisen from a flat-lying, double-end-on symmetrically coordinated molecular dinitrogen species, **N₂**, with the molecular axis parallel to the α-Fe (111) surface[22]. The two low frequency Raman peaks at 423 cm^{-1} and 443 cm^{-1} may be assigned to ν_{Fe-N_2} of the above two **N₂** species with ν_{N-N} Raman peak at 2040 cm^{-1} and 1940 cm^{-1}, respectively. These assignments are actually quite straightforward

354

with reference to the work reported by Pez[33a] (see Table 1) on multinuclear titanium-N_2 complexes and that reported by Thomas and Weinberg[33b] on chemisorbed CO on Ru (0001), as well as that by Bandy et al. [33c] on N_2/Ni(110) with $\nu_{N-N} = 2194$ cm^{-1}, $\nu_{Ni-N_2} = 339$ cm^{-1}. For three species of ligand **N_2** in three different multinuclear titanium-N_2 complexes, the values of ν_{N-N} observed by Pez were 1222 cm^{-1}, 1296 cm^{-1}, and 1282 cm^{-1}, respectively, and the corresponding low frequency ν_{Ti-N_2}, 592 cm^{-1}, 581 cm^{-1}, and 586 cm^{-1}. For CO on Ru (0001) with and without coadsorbed **O**, the values of ν_{C-O} observed by Thomas and Weinberg were, respectively, 2048 cm^{-1} and 1980 cm^{-1}, and the corresponding low frequency $\nu_{Ru\text{-}\underline{CO}}$, 387 cm^{-1} and 445 cm^{-1}. Thus the stronger the M-**N_2** and M—**CO** bondings, the greater the extents of triple-bond weakening of N≡N and C≡O. From these references, a good estimation of the ranges of ν_{Fe-N_2} values corresponding to the two ν_{N-N} Raman peaks at 2040 cm^{-1} and 1940 cm^{-1} can be made in the range around 400∼450 cm^{-1}, in accord with the observed values. As shown in Table 1, the assignments of these Raman peaks have been farther checked by isotopic labelling, more or less as a routine, though not quite a necessity for such a simple system The remaining peaks in Fig. 1, 491, 602, 800, and 1060 cm^{-1}, were found, from a blank test with empty quartz cell, to be due to silica of the quartz window. The absence of Raman peaks at 1088 cm^{-1} and 890 cm^{-1} in the dynamical *in situ* spectra were noted. These peaks were, however, observed, together with Raman peaks at 1150 (s) cm^{-1}, 535 (w-m) cm^{-1}, 465(w) cm^{-1}, 443(w) cm^{-1}, and 423(w) cm^{-1}, as well as the Raman peaks due to the quartz window at 800* cm^{-1}, 602* cm^{-1}, and 491* cm^{-1}, when a thoroughly prereduced catalyst was exposed at 450℃ to the flowing gaseous stream of pure dinitrogen, and then cooled down rapidly to room temperature to take the spectrum (Fig 2A). It is interesting to note that, by heating the sample at 200℃ for 2 min and then rapidly cooling it to room temperature again to retake the spectrum, the peaks at 1150 cm^{-1} and 535 cm^{-1} almost disappeared together while the peaks around 1088 cm^{-1} and 465 cm^{-1} slightly grew in strength (Fig. 2B). One possible explanation is as follows: From the known frequency range of $\nu_{M\equiv N}$ in transition metal nitrido complexes[32], the peaks at 1150 cm^{-1} and 535 cm^{-1} might be due to ν_{Fe-N} and δ_{Fe-N}, respectively, of chemisorbed **N** coordinated on a topmost—layer Fe. Subsequently, upon heating at 200℃, this chemisorbed species readjusted its position to coordinate on a second—layer Fe, i. e. fell into a 4-Fe hole on α-Fe (111) (at such a position, it will conceivably not give rise to significant steric hindrance to chemisorption of CO on the topmost-layer Fe atoms), and thus Raman peak appears around 1086—1088 cm^{-1}. Or this chemisorbed **N** species might react with residual chemisorbed or interstitial **H** to form **NH** species with Raman peaks around 860∼880 cm^{-1}. Comparison of the relative intensities of the peaks at 423 cm^{-1}, 443 cm^{-1}, 491* cm^{-1}, and 602* cm^{-1} in Figs. 2A, 2B and 1B shows that the peaks at 423 cm^{-1} and 443 cm^{-1} might be due to small amounts of chemisorbed **N_2**. It may also be mentioned that, when a freshly reduced A_{110-3} catalyst was treated with a flowing stream of $10N_2/H_2$ at 450℃ for 40 min, then cooled to room temperature to determine the spectrum (not shown), two Raman peaks around 890 and 1082 cm^{-1} were observed. They may also be assigned to ν_{Fe-N} of **NH** and **N** chemisorbed species, respectively. Since these two peaks were absent in Fig. 1B, while the Raman peaks at 2040 cm^{-1} and 1940 cm^{-1} for two species of **N_2** were conspicuous, it is obvious that the dominant N-containing chemisorbed species on the A_{110-3} catalyst surface appeared to be undissociated chemisorbed molecular dinitrogen, **N_2**, rather than **N** or **NH** under the above ammonia—synthesis reaction conditions of 400∼450℃, atmospheric pressure and high space velocity. The negligible concentrations of **N** and **NH** on the catalyst surface exposed to $N_2/3H_2$ at 450℃ were in line with the low concentration of **N** on α-Fe (111) at 310℃ observed by Ertl[15], as already mentioned in the Introduction. Thus the thermodynamic interpretation[11] of the inverse deuterium isotope effect based upon the assumption of **NH** or **N** being the dominant N-containing chemisorbed species does not seem to be justifiable. Rather, it is most likely that the inverse deuterium isotope effect is kinetic in nature, as in the case of hydrogenation of ethylene on nickel catalyst at low temperature, of which the inverse deuterium isotope effect has been adequately explained by Kokes[34]. This implies that hydrogen species is directly involved in the rate-determining step of the ammonia-synthesis reaction under the above steady-state conditions far away from equilibrium. Considering the known stoichiometric number of one which implies that molecularly chemisorbed dinitrogen is also involved in the rate-determining step, it can thus be inferred that the major reaction pathway most probably involves hydrogenation or hydrogeaolysis of **N₂** as a rate-determining step; while dissociative reaction pathway makes only minor contribution.

Table 1 Some Observed Vibrational Frequencies (in cm^{-1}) and Assignments for Chemisorbed Species on A_{110-3}, Compared with the Frequencies and Assignments for Transition-Metal Complexes Reported by Pez[33] and Griffith[32] et al.

Gaseous Reactants or Complexes	Assignments					
	N_2		N		NF(Nph)	H(D)
	ν_{N-N} $(\nu_{^{15}N-^{15}N})$	ν_{M-N} $(\nu_{M-^{15}N})$	ν_{M-N} $(\nu_{M-^{15}N})$	δ_{M-N} $(\delta_{M-^{15}N})$	ν_{M-N}	ν_{M-H} (ν_{M-D})
$N_2/3H_2$	1940[a] 2040[a]	443[a] 423[a]				1951[a] 1901[a]
$N_2/3D_2$	1937[b]					(1383)[b]
$^{15}NH_3/H_2$	(1874)[b]					
H_2						1951[a] 1902[a]
D_2						(1381)[b] (1342)[b]
N_2(Residual **H**)			1086[b]	465[b]	860—890[b]	
$10N_2/H_2$			1082[b]	465[b]	890[b]	
$\mu_2\text{-}N_2$ Complex-3	1222[c] (1182)[c]	592[c] (581)[c]				
$\mu_2\text{-}N_2$ Complex-4	1296[c] (1252)[c]	581[c] (566)[c]				
$\mu_3\text{-}N_2$ Complex-5	1282[c] (1240)[c]	586[c] (573)[c]				
Nitrido-complexes (M≡N)			906-1170[d]	445—511[d]		
Arylimido-complexes (M=Nph)					(700—800)[d]	

a) M=Fe; observed dynamically at 450℃. b) M=Fe; observed statically at room temperature.

c) M=Ti; quoted from Ref. [33]. d) M=Mo, Os, Ru, or Re etc.; quoted from Ref. [32].

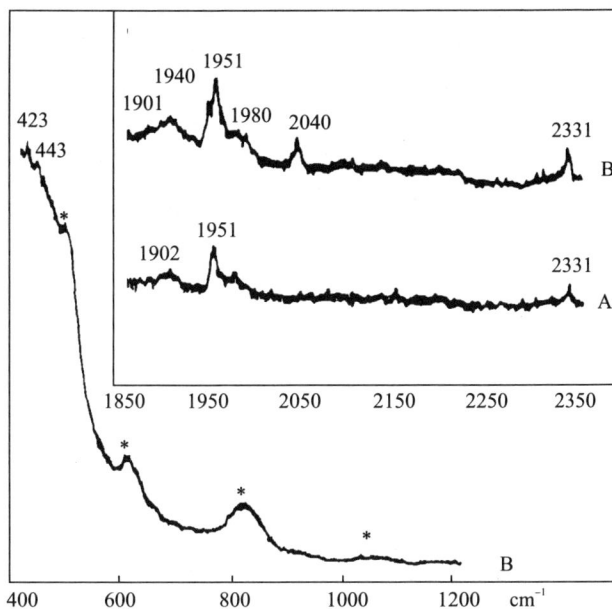

Fig. 1 Raman spectra of adsorbed species on a doubly promoted iron catalyst (A_{110-3}). A, Under atmospheric pressure and at 450℃ and in a flow of H_2; B, under actual reaction conditions for NH_3 synthesis at 450℃ and atmospheric pressure and in a flow of $3H_2/1N_2$ mixture at a space velocity of 18,000 mL $3H_2/1N_2$ (at 25℃ and atmospheric pressure)/mL catalyst h.

(Raman peaks marked with star (*) at 1060 cm^{-1} (w, broad), 800 cm^{-1} (s), 602 cm^{-1} (m), and 491 cm^{-1} (w-m) were due to quartz cell. No Raman peaks due to the catalyst samples in the range 400 cm^{-1} to 2350 cm^{-1} were observed.)

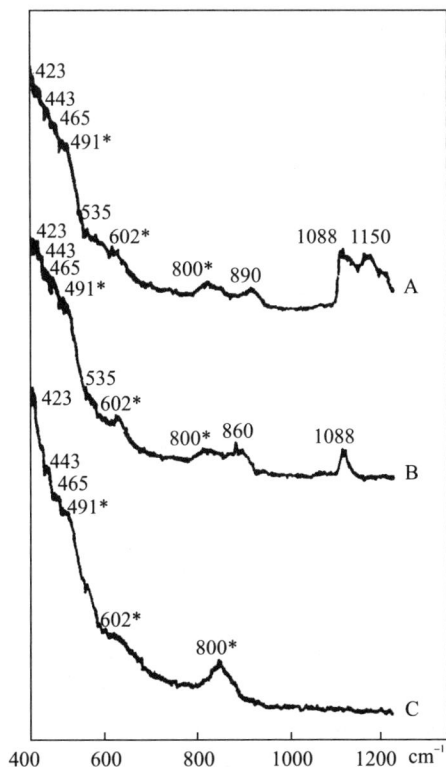

Fig. 2 Raman spectra of adsorbed species on A_{110-3}. A, After 8 h of NH_3 synthesis at 450℃ and 40 min of exposure to a purified N_2-flow at 450℃ and cooling to room temperature; B, following A, the sample was heated at 200℃ for 2 min and then cooled to room temperature; C, after 40 min of NH_3 synthesis at 450℃ and atmospheric pressure and a space velocity of 18000 mL $3H_2/1N_2$ (at 25℃ and atmospheric pressure)/mL catalyst · h and cooling to room temperature.

If the associative reaction pathway is predominate as inferred from the Raman spectroscopic results, it is then easy to explain the enhancement of the rate of nitrogen uptake[35] and $^{30}N_2$—$^{28}N_2$ equilibration[15b] by hydrogen, as well as the inverse deuterium isotope effect[11,34]. The results also provide direct experimental support for the modified form of the extended Temkin equation[19] proposed by Huang[20], which has been shown by Liu et al.[21] by sequential method to be the best mathematical model for fitting the extensive set of rate data from ammonia-synthesis pilot-plant tests using the A_{110}-type promoted iron catalyst.

The large reduction in $\nu_{N\text{-}N}$ from 2331 cm^{-1} for free N_2 to 1940 cm^{-1} for a chemisorbed species of molecular dinitrogen, probably a flat-lying, double-end-on-plus-side-on coordinated species, $\mathbf{N\equiv N}$, is comparable to the extent of $N\equiv N$ bond weakening observed by Oh-kita et al.[36] for a species of chemisorbed $\mathbf{N_2}$ with $\nu_{N\text{-}N}$ equal to 1935 cm^{-1} on metallic-potassium-promoted Ru catalyst. To a first approximation, an active site on α-Fe (111) surface may be regarded as a 7-Fe cluster as proposed by Dai[37], with each of the 7 Fe atoms within bonding distance to the $\mathbf{N_2}$ chemisorbed species coordinated in an inclined-mounting mode[20], or perpendicular-insertion mode[37], or a flat-lying mode[22]. Approximate quantum-chemical (EHMO) calculations by Liao[38] and by Zhu and Hu[39] with this much simplified model of active site show that the flat-lying mode appears to be the most effective in activating the $N\equiv N$ triple bond, and thus probably the most conducive to the bond breaking. In addition, the calculations also show that the two nitrogen atoms of $N\equiv N$ in the flat-lying mode carry more negative charges than that of $\mathbf{N_2}$ in the other two modes, and thus $N\equiv N$ in this flat-lying mode should be more liable to attack by chemisorbed hydrogen species carrying partial positive charge, $\mathbf{H^{\delta+}}$. In the ammonia-synthesis reaction, nitrogen molecules from the gaseous phase may hit the α-Fe (111) surface from all angles; a very large fraction of the molecules will be scattered away almost instantaneously; only a very small fraction of these will stick long enough, probably in some inclined-mounting model with single-end-on coordination of $\mathbf{N_2}$ to a topmost-layer Fe[20], plus side-on or multiple-side-on coordination to other nearby Fe atoms, to undergo the slow reorientation to double-end-on coordination and be split into atomic chemisorbed species, $\mathbf{N}$. This is similar to the molecular reorientation process in dissociative chemisorption of pure dinitrogen on α-Fe (111) under low temperature and high vacuum conditions recently proposed by Grunze et al.[26] from their experiment using photoelectron spectroscopy. However, with the catalyst surface being exposed to $N_2/3H_2$ mixture under atmospheric or much higher pressure, the situation is quite different: there are various adspecies of hydrogen, the lattice may even be saturated with interstitial $\mathbf{H}$ though this may not show up in the vibration spectra taken at higher temperature[40]. Consequently, many of the Fe atoms of each 7-Fe site may be occupied by chemisorbed $\mathbf{H}$ and thus may not be effective to take part in the coordination activation of a chemisorbed $\mathbf{N_2}$. Furthermore, before the inclinedly mounting $\mathbf{N_2^{\delta-}}$ completes its reorientation to the flat-lying mode and undergoes dissociation, it may have plenty of chances to react with certain nearby adspecies of hydrogen, probably $\mathbf{H^{\delta+}}$, and undergo hydrogenolysis to $\mathbf{NH_2}+\mathbf{N}$, or $\mathbf{NH_2}+\mathbf{NH}$, or to 2 $\mathbf{NH}$, followed by rapid further hydrogenation to $2NH_3$.

In conclusion, it thus appears to us that an associative reaction mechanism for the major reaction pathway with hydrogenation of chemisorbed $\mathbf{N_2}$ by chemisorbed $\mathbf{H}$ as a rate-determing step is favored by our results from *in situ* Raman spectroscopic investigations, which indicate that the most abundant chemisorbed N-containing species is $\mathbf{N_2}$, rather than $\mathbf{N}$ or $\mathbf{NH}$; and that, with this associative reaction mechanism, many known experimental facts, including the inverse deuterium isotope effect, can be satisfactorily explained. This work also demonstrates that laser Raman spectroscopy is also a powerful surface spectroscopic method for *in situ* study of chemisorption and heterogeneous catalysis, especially when used with infrared spectroscopy as a complementary method.

We thank Dr. G. L. Schrader (Department of Chemical Engineering, Iowa State University) for his providing the experimental conditions in his laboratory so that we could check part of the data by a Spex Ramalog-5 spectrometer interfaced with a Nicolet 1180 data system.

References

[1]Ozaki, A. & Aika, A., in Catalysis: Science and Technology (Eds. Anderson, J. R. & Boudart, M.), **I**(1981), 87.

[2]Ertl, G., Catal. Rev. Sci. Eng., Springer-Verlag **21**(1980), 201.

[3]Boudart, M., Catalysis Review, **23**(1981), 1.

[4]Grunze, M., in The Chemical Physics of Surfaces and Heterogeneous Catalysis (Eds. King & Woodruff), **4**(1982), 143.

[5]a. Bokhoven, C., Gorgels, M, J. & Mars, P., Trans. Faraday Soc; **55**(1959), 315.
   b. Tanaka, K., Yamamoto, O. & Matsuyama, A., Proc. 3rd. Int. Congr. Catal (Eds. Sachtler, W. M. H., et al.), North Holland Pub, Amsterdam, (1965), 676.

[6]Emmett, P. M. & Brunauer, S., J. Amer. Chem. Soc., **56**(1934), 35.

[7]Brill, R., Richter, E. L. & Ruch, E., Angew. Chem, Int. Ed., **6**(1967), 882; Brill, R., J. Catal., **16**(1979), 16.

[8]Dumesic, J. A., Topsoe, H., Khammouma, S. & Boudart, M., ibid., **37**(1975), 503; Dumcsk, J. A., Topsoe, H. & Boudart, M., ibid **37**(1975), 513.

[9]Ertl, G., et al., ibid., **49**(1977), 18; ibid., **50**(1977), 519.

[10]Spencer, N. G., Schoonmaker, R. C. & Somorjai, G. A., ibid., **74**(1982), 129; Nature (London), **294**(1981), 643.

[11]Ozaki, . A., TayJor, H. & Boudart, M., Proc. Roy. Soc., London **A258**(1960), 47.

[12]Tamaru, K., Proc. 3rd Int. Congr. Catal, North Holland Pub Amsterdam, (1965), 665.

[13]Takezawa, N., J. Catal., **24**(1972), 417.

[14]Temkin, M. L., Advan, Catal., **28**(1979), 255.

[15]Ertl, G., Proc. 7th Int. Congr. Catal., 21.

[16]a. Schmidt, W. A., Angew. Chem. Int. Ed., **7**(1968), 189.
   b. Morrikawa, Y. & Ozaki, A., J. Catal., **12**(1968), 145.
   c. Brill, R., Jiru, P. & Schulz, G., Z. Phys Chem., (N. F.)**64**(1969), 215.

[17]a. Takezawa, N. & Emmett, P. H., J. Catal., **11**(1968), 131.
   b. Huang, Y. Y. & Emmett, P. H., ibid., **29**(1971), 101.
   c. Block, H. & Schulz-Ekloff, G., ibid., **30**(1973), 327.

[18]Temkin, M. I. & Pyzhev, V. M., Acta Phisicochim. (USSR). **12**(1940), 327.

[19]Temkin, M. I., et al., Kinet. Katal. (USSR)**4**(1963), 260; ibid., **4**(1963), 563.

[20]Huang, K. H., Proc. 7th Int. Congr., Catal., Kodansha-Elsevier, Tokyo-Amsterdam, 1981, 554.

[21]刘德明等, 化工学报, **2**(1979), 133.

[22]Tsai, K. R., Invited Paper Presented at the Post Congress Symposium on Nitrogen Fixation After the 7th ICC, Tokyo, 1980.

[23]朱龙根, 南京大学学报(自然科学版), (1983), 2:249~254.

[24]Ertl, G., et al., J. Vac. Sci. Technol, **13**(1976), 314; Z. Naturforsch., **34a**(1979), 30; Chem. Phys. Lett., **52**(1977), 309.

［25］Kishi，K. & Roberts，M.，W.，Surf，Sci.，**62**（1977），519；Johnson，D. W. & Roberts，M. W.，ibid.，**87**（1979），L255.

［26］Grunze，M.，et al.，Preprint of Paper to be Presented at the 8th Int.，Congr.，Catal.，Berlin，1984.

［27］Brill，R.，Jiru，P. & Schulz，G.，Z. Phys. Chem.（N. F.）**64**（1969），215.

［28］Okawa，T.，Onishi，T. & Tamaru，K.，ibid.，**107**（1977），239.

［29］Akiyama，T.，Imazeki，S.，Chem. Lett.，（1977），1077.

［30］Brauer，G.，Handbuch der praparativen anorgan. Chemie，2. umgearbeitete Auflage，Ferdinand Enke Verlag，Stuttgart，1960.

［31］廖代伟，理学博士学位论文，厦门大学，1985；张鸿斌，论文，待发表.

［32］a. Hall，J. P. & Griffith，W. P.，J. C. S. Dalton Trans.，（1980），2410.

　　b. Pawson，D. & Griffith，W. P.，ibid.，（1975），417.

　　c. Griffith，W. P. & Pawson，D.，J. C. S. Chem. Commun.，（1974），517.

　　d. Chatt，J.，et al.，J. C. S.，（1964），1013.

　　e. Nakamoto. K.，Infrared and Raman Spectra of Inorganic and Coordination Compounds，3rd Ed.，Wiley，New York，1978.

［33］a. Pez，G. P.，et al.，J. A. C. S.，**104**（1982），482.

　　b. Thomas，G. E. & Weinberg，W. H.，J. Chem. Phys.，**70**（1979），954.

　　c. Bandy，B. J.，et al.，J. C. S，Chem. Commun.，（1982），58.

［34］Kokes，R. J.，Catal. Rev.，**6**（1972），1.

［35］Grunze，M.，Bozso，F.，Ertl，G. & Weiss，M.，Appl，Surf. Sci. **2**（1979），614；cf Ref.（4）.

［36］Oh-kita，M.，et al.，Proc. 7th Int. Congr，Catal.，Kodansha-Elsevier，Tokyo-Amsterdam，（1981），1494，of Ref.［1］.

［37］南京大学化学系固氮研究小组，化学学报，**35**（1977），141.

［38］Liao，D，W.，J. Mol. Struc.（THEOCHEM），**121**（1985），101.

［39］朱龙根，胡静同，催化学报，**3**（1982），66.

［40］Johnson，B. F. G. & Lewis，J.，in Adv. Inorg.，Chem and Radiochem. Academic Press.（1981），225.

■ **本文原载**:《厦门大学学报》(自然科学版)第 26 卷第 2 期(1987 年 8 月),第 195～204 页。

固氮酶活性中心模型的 EHMO 研究

周泰锦　万惠霖　王南钦　廖代伟　蔡启瑞

（化学系　物理化学研究所）

摘　要　应用群分解 EHMO 程序,研究了含 S_2 的固氮酶活性中心模型和 N_2 的络合活化模式. 结果表明,在结构参数优化的情况下,平躺式络合与微斜插入式络合的键能差别不大(前者仅高约 1ev),实际的络合方式很可能是直插式的或微斜插入式的,这样在加进 1 个 H 上或两个 H 后,μ_3—H_2 就转化为端基络合在 Mo 上的 —N $=$ NH 或 $=$N—NH_2. 对奇数电子体系,由于其 LUMO 和 NHOMO 之同能级差别小,如对称性相同,易于产生 d—d 跃迁,从而为 $S = \frac{3}{2}$ 的实验事实提供了可能的解释。

一、引 言

1973 年,作者之一提出了骈联双座(含活口)立方烷型的固氮酶活性中心原子簇结构模型[1],嗣后将其发展为骈联双座共角双立方烷模型[2]和共边双立方烷模型[3]后一模型与卢嘉锡提出的"复合网兜模型"[4]和张文卿[5](B. K. Teo)提出的"双翅模型"(张亦独立地将其演进为共边双立方烷模型)关系密切。

钼铁蛋白的 ^{57}Fe ENDOR 谱研究表明,6 个 Fe (3Fe^{II},3Fe^{III})处在 6 种不同的微环境中,这意味着活性中心的实际对称性可能是很低的;近年来 Orme-Johnson 等[6]指出,铁钼辅基中与 1 个 Mo 对应的无机硫含量可能为 8.7±1.0(～8—10),而不是原先认为的 6 个 S*;Leuchenko 等[7]报道了铁钼辅基样品的拉曼和红外谱带,其中 530 cm^{-1}(R)和 524 cm^{-1}(IR)处的峰是在与过渡金属离子或原子络合的 $\mu_3(\eta^2)$-S_2^* 或 $\mu_2(\eta^2)$-S_2^* 桥式配位体的特征频率范围(446—543 cm^{-1})内。上述实验事实表明,可能存在着与 Fe^{II}(Fe^{III})相连的 μ_3-或 μ_2-型二硫配位体(S_2^{2-})。此外,已经知道 Fe$_4$S$_4^{2-}$ 原子簇中的 μ_3-S^{2-} 在 PH<5 时很不稳定,而 Shah 和 Brill 采用柠檬酸处理法分离铁钼辅基却能获得相当高的提取率(约 95%),这也表明,FeMo—CO 中可能存在对酸处理稳定的二硫配位体。基于以上分析,蔡启瑞[8]出了含 S_2^* 的共边双立方烷固氮酶活性中心模型(图 1):

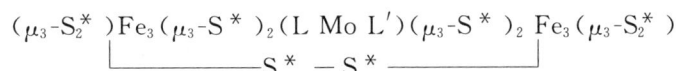

$$(\mu_3\text{-}S_2^*)Fe_3(\mu_3\text{-}S^*)_2(L\ Mo\ L')(\mu_3\text{-}S^*)_2 Fe_3(\mu_3\text{-}S_2^*)$$
$$\underline{\qquad\qquad S^* — S^* \qquad\qquad}$$

模型的结构参数与从 Mo-EXAFS 和 Fe-EXAFS 所推断出来的,以及已知的双立方烷[9]和单立方烷[10]的结构参数相符。需要指出的是,该模型中金属—金属键的成键双方都是金属离子(Mo^{IV},Fe^{II},Fe^{III}),这样的金属键一般不是太牢固的,因是可以对有关的结构参数在合理的范围内进行优化选择。

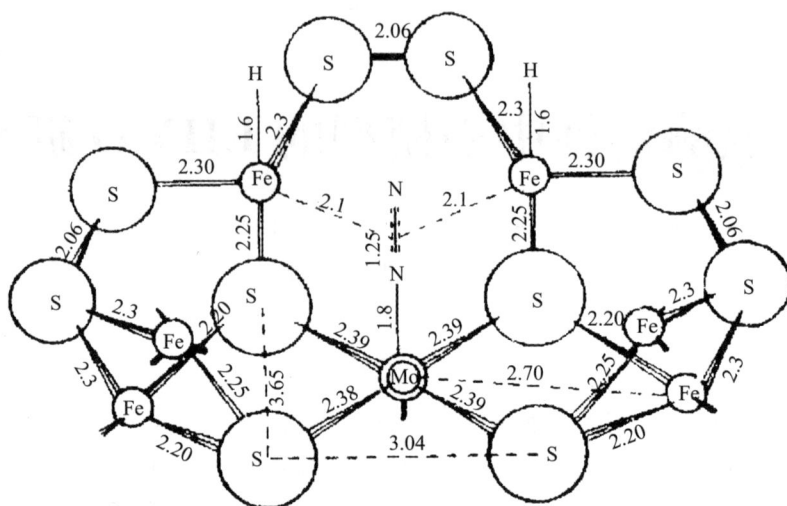

图 1　含 S₂ 的固氮酶活性中心模型①

Fig. 1　Disulfide-linkage-containing model of N₂-ase active-center

从图 1 可见，由氮分子(或活动配位体 L)所占据的立方烷的一个角是固氮酶的底物分子络合活化的

合适中心。以这些底物(如 $N \equiv N$，$HC \equiv CH$，和 $HC \overset{\displaystyle CH_2}{=\!\!=} CH$ 等)作为化学探针，反过来又能对模型进行

严格的结构检验。本文将对模型的结构参数优选、分子氮的络合活化方式、与氮的络合态有关的分子轨

道构成以及奇数电子体系的自旋态等进行量子化学研究。

二、计算方法、参数及模型

本工作采用自编的量子化学计算程序 EHG-Ⅱ，它是在我们原先编写的 EHG-Ⅰ[11] 的基础上略加改
进编制而成的。编制时签考了 Hoffmann 等的 ICON-8 程序[12]，并引进了 Anderson[13] 提出的排斥能修
正项。

除钼的有关参数引自文献[14] 外，计算用的轨道指数及能量参数均取自 ICON 8 程序。为了简化计
算，假定模型具有 C₂ 对称性，并用 H 替代某些外配位体，这样做是为了能在 PC/XT 微型机上进行计算，
而且那些用 H 替代的配位体距离底物络合的中心较远，对底物分子络合活化的影响较小。

已经知道 $\mu_2\text{-}S_2^*$ 桥式配位体的络合方式可以是双端基型的，也可以是"架砲式"的。本模型中的
$\mu_2\text{-}S_2^*$ 与 Fe(2)、Fe(3) 的络合方式究竟是前者还是后者? 如果是后者，由于活性中心活口的"紧缩"，无法
解释除分子氮以外，体积较大的丙二烯、环丙烯等均为固氮酶底物的实验事实；而 $\mu_2\text{-}S_2^*$ 的双端基型络合
则会留下较大的自由空间。如活口比络合 N₂ 时稍微张大一些，就能满足环丙烯等底物络合化的几何要
求。另一方面，在双端基络合的情况下，Fe(2) 和 Fe(3) 上可以分别络合一个 H，这两个 H 对于底物分子
的酶促还原加氢在几何位置上也是很有利的。

简化后的活性中心模型及其结构参数(这些参数的优选见本文第三部分)示于图 2。

关于体系的荷电量，鉴于模型中 Mo、Fe 原子的价轨道及配位体提供的电子总数(对每一过渡金属原
子)平均约为 16 电子，没有满足"18 电子规律"的要求，故曾向体系中填充 5 个电子，但由此算得的底物

---

① 所有图中的数据均乘 10^{-1}，单位为 nm。

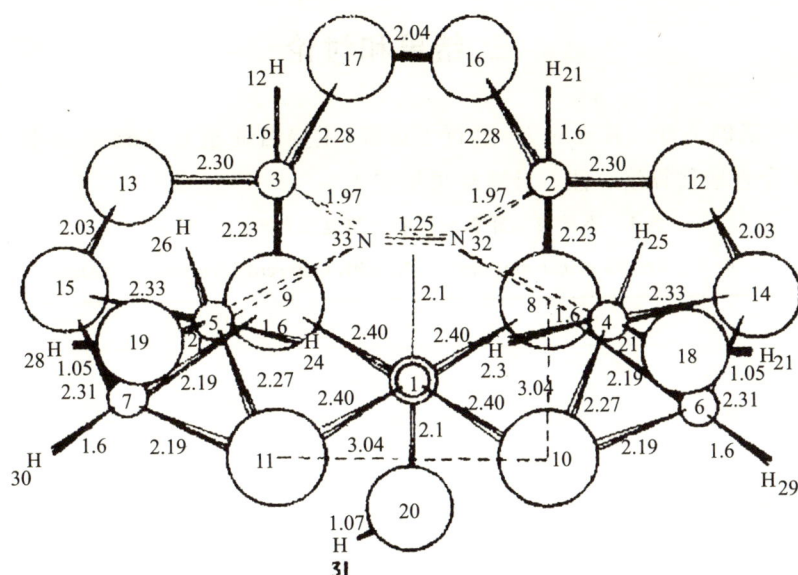

1:Mo;2—7:Fe;8—17:S;18—20:O;21—31:H;32—33:N

图 2a　N₂分子平躺络合时的有关结构参数

Fig. 2a　Structural parameters for flat-lying coordination of N₂

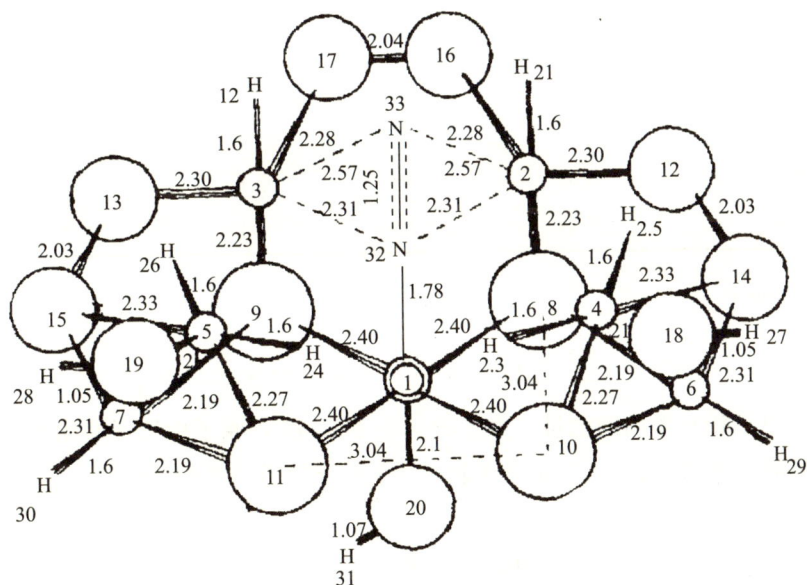

1:Mo;2—7:Fe;8—17:S;18—20:O;21—31:H;32—33:N

图 2b　N₂分子直插络合时的有关结构参数

Fig. 2b　Structural parameters for end-on coondination of N₂ to Mo

分子的络合能不合理。通过对单立方烷 $[Fe_4S_4(SR)_4]^{2-,3-}$、$[MoFe_3S_4L_6]^{2-,3-}$ 以及一些桥联双立方烷体系的分析,发现 Mo、Fe 的平均电子数也只有 16~17 个,因此就假定模型为负 1 价进行计算,得到了比较好的结果。不过我们认为,在 Fe 原子外围较远处可能还有外配位体,而且体系的实际负电荷也许是—2、—3,从而使中心原子更接近 18 电子构型,由于计算维数的限制,而且估计计算结果已可定性说明问题,因而就没有将这些外配位体考虑在内。

三、结果和讨论

1. 分子氮等排斥能的估计 首先对 N_2 进行了计算,主要目的是对 Anderson 提出的排斥能项进行检验,同时也是为了合理地估算络合能。计算结果见表1。

表 1 不同核间距氮分子的计算结果(能量以 eV 计)

Table 1 Results of calculations for N_2 with different internuclear distance

核间距(nm)	0.1	0.11	0.12	0.125	0.13
总 能					
(迭代收敛)(包括排斥能)	−184.4	−189.0	−191.0	−191.4	−191.6
排斥能					
(Anderson 修正项)	11.7	6.3	3.4	2.5	1.8
总能—排斥能	−196.1	−195.3	−194.4	−193.9	−193.4
S电子	1.46	1.52	1.58	1.62	1.65
P电子	3.53	3.48	3.42	3.38	3.52
N-N 集居	1.89	1.79	1.55	1.45	1.36
"键能" I	24.0	21.7	19.1	17.8	16.4
"键能" II	12.3	15.4	15.7	15.3	14.6
"键能" I′	11.7	10.9	9.9	9.5	9.0
"键能" II′	0	4.6	6.5	7.0	7.2
20%排斥能	2.34	1.26	0.68	0.5	0.36
"键能" II″	9.36	9.64	9.22	9.0	8.64

其中,"键能" I 按下式

$$\varepsilon_{UV} = \sum_i \sum_a n_a c_{ia} c_{ja} \left[H_{ii} - \frac{1}{2} S_{ij} (H_{ii} + H_{jj}) \right]$$

计算,表 ε_{UV} 示 U、V 原子相互作用的能量,i 和 j 分别表示 U 和 V 原子中原子轨道标号,a 为分子轨道标号,n_a 为 a 分子轨道的电子占有数,c_{ia} 为 a 分子轨道中 i 原子轨道的系数,等。

"键能" II = $\varepsilon'_{uv} = \varepsilon_{uv} - E_{r(u,v)}$

= "键能" I − u,v 原子对间的排斥能

"键能" I′ 是氮分子总能与两个氮原子价电子能量相减的结果

"键能" II′ = "键能" I′ − 排斥能

从上述定义可以看出,"键能" II′ 代表了氮分子三重键键能的总和。如排斥能按 Anderson 提出的修正项估计,则对氮分子而言,键能计算值偏离实验值甚远。如取 Anderson 修正值的 20% 作为排斥能项,则对于基态氮分子($N \equiv N$ 键长 0.1095nm,键能 9.76 eV),计算值与实验值相当接近。

接着我们对 $HC \equiv CH$、$S-S$、$Fe-Fe$ 和 $H-H$ 体系进行了计算。结果表明:平衡原子间距与"键能" II′ 的极值基本上是对应的,但对 $HC \equiv CH$ 和 $S-S$ 来说,Anderson 排斥能偏大,而对 $Fe-Fe$ 和 $H-H$ 来说,情况正好相反。

2. N_2 络合时部份结构参数的优选 在氮分子按直插式和平躺式配位的情况下,我们对络合键的键

长和 Fe(2)、Fe(3)以及 $\mu_2\text{-}S_2^*$ 桥式配位体等的几何位置通过抽点计算进行了优选,结果表明,对直插式络合,与 Mo 进行端基络合的 N[即 N(下)]距 Mo 和 Fe(2)、Fe(3)分别为 1.78Å 又和 2.3Å 时在能量上较为有利;对平躺式络合,当 N-N 键中点至 Mo 为 0.21nm,N(左)-Fe(2)和 N(右) Fe(3)为 1.97Å 时最佳。如 Fe(2)、Fe(3)的 Y 坐标向前后移动,N 的 Z 坐标朝上下移动对,对这两种络合方式,总能均明显增高。同时,Fe(2)、H(21)和 $\mu_2\text{-}S_2^*$ 中 S(16)的最优坐标分别为(0.15,0.175,0.187)、(0.15,0.2,0.345)和(0.102,0.398,0.188),在这种情况下,Fe(2)通过 SP^2d 杂化轨道分别与 H(21)、S(16)、N(32)、S(12)和 S(8)近似形成三角双锥配位结构,经过优化选择的原子坐标列于表 2。抽点计算的一些结果列于表 2。

表 2　优选的原子坐标 *

Table 2　Optimum atomic coordinates

	原子	X	Y	Z
1	Mo	.0000	.0000	.0000
2	Fe	1.5000	1.7500	1.8700
3	Fe	−1.5000	1.7500	1.8700
4	Fe	2.3700	−1.7200	1.7400
5	Fe	−2.3700	−1.7200	1.7400
6	Fe	2.7000	.0000	−.0900
7	Fe	−2.7000	.0000	−.0900
8	S	1.5200	1.8200	−.3600
9	S	−1.5200	1.8200	−.3600
10	S	1.5200	−1.8200	−.3600
11	S	−1.5200	−1.8200	−.3600
12	S	3.7600	1.7000	2.3000
13	S	−3.7600	1.7000	2.3000
14	S	4.1400	−.2000	1.7000
15	S	−4.1400	−.2000	1.7000
16	S	1.0200	3.9800	1.8800
17	S	−1.0200	3.9800	1.8800
18	O	3.7928	−3.1487	1.1530
19	O	−3.7928	−3.1487	1.1530
20	O	.0000	.0000	−2.1000
21	H	1.5000	2.0000	3.4540
22	H	−1.5000	2.0000	3.4540
23	H	1.3986	−2.9300	2.1305
24	H	−1.3986	−2.9300	2.1305
25	H	2.3569	−1.3407	3.2943
26	H	−2.3569	−1.3407	3.2943
27	H	4.5990	−3.3770	1.7854
28	H	−4.5990	−3.3770	1.7854
29	H	4.0900	.0000	−.8800
30	H	−4.0900	.0000	−.8800
31	H	.0000	−.9500	−2.6000
32	N	.0000	.0000	1.7800
33	N	.0000	.0200	3.0298

* 每个数据如乘 10^{-1} 后,单位为 nm。

3. 分子氮的络合活化模式　与分子氮的络合活化模式有关的计算结果列于表 3。

表 3　分子氮两种可能的络合活化方式的比较

Table 3　Comparison between two probable coordination modes of N_2

N_2 的络合方式	总能(收敛)(eV)	排斥能(eV)	络合键能(eV)	备　注
平躺(1)	−2227.0	21.4	4.04	a.
直插(1)	−2225.9	21.7	2.01	a. N(上)Y 坐标为 0.02
直插(2)	−2225.3	21.7	2.54	a.
直插(3)	−2224.5	21.7	1.54	a. Mo-N(下)为 1.8 Å
平躺(2)	−2223.1	21.3	0.14	b.
直插(4)	−2220.4	21.3	−2.56	b.
平躺(3)	−2219.2	21.3	−3.76	c. Fe(2)-N 为 2.06 Å
直插(5)	−2219.9	21.3	−3.06	c. Fe(2)-N(下)为 2.38 Å
直插(6)	−2219.6	21.3	−3.36	c. Fe(2)-N(上)为 2.58 Å
活性中心模型	−2030.9	18.7		

a. 按最优几何位置络合，b. Fe(2)坐标为(0.15,0,175,0.188)，c. Fe(2)坐标为(0.15,0.185,0.188)，坐标单位为 nm。

从表 3 可见，在活性中心结构参数相同的情况下，除个别例外，N_2 的平躺式络合比直插式络合在能量上要稍有利一些. 如 N_2 按最佳几何位置络合，则平躺式比直插式(实际上是微斜插入)的络合键能高约 1 eV。从最优模型的集居(表 4)来看，平躺络合比直插式络合对 N≡N 键的削弱也更有效一些。这与分子氮络合物的定性分子轨道考虑，和在无氢或少氢情况下 N_2 在过渡金属催化剂表面的吸附态转化机理是一致的，同时也可以从表 4 所列的 Mo-N 和 Fe-N 的键集居数据得到说明。然而，由于 N_2 在固氮酶活性中心上两种络合方式的络合键能相差不大，又由于带有 4 个 S* 和一个轴向 O⁻(或 N⁻)的 Mo 中心对于 N_2 的端基络合活化是非常有效的，实际的络合方式很可能是直插式的，或微斜插入式的。但不论络合方式如何，在加进了 1 个 H(即 e⁻ 和 H*)，或连续加进了 2 个 H 后，μ_3-N_2 就转化为端基络合在 Mo 上的

表 4　N_2 的最优平躺络合与最优直插络合的重迭集居

Table 4　Overlap populations for optimum flat-lying ann end−on coordination of N_2

络合模式		集　　居	静电荷	
最优平躺络合	Mo-N	0.2341		
	Fe-N { Fe(2)-N(左)	0.417		
	Fe(2)-N(右)	−0.114		
	Fe(4)-N(左)	0.147		
	Fe(2)-N(右)	−0.318		
	N-N	0.882		
最优直插(微斜)络合	Mo-N { Mo-N(下)	0.85	Mo	0.21
	Mo-N(上)	−0.068	Fe(2)	0.18
	Fe-N { Fe(2)-N(下)	0.04	Fe(4)	0.12
	Fe(2)-N(上)	0.061	N(上)	−0.08
	Fe(4)-N(下)	−0.007	N(下)	−0.17
	Fe(4)-N(上)	0.013		
	N-N	1.225	H(21)	−0.10
	(N≡N)自由	1.723		

—N＝NH 或＝N—NH$_2$。

计算结果(图 3)表明,按在最优模型微斜插入络合的情况下,N$_2$络合态分子轨道的主要成份是 N 的 P 轨道,Mo 和 Fe 的 d 轨道以及 S(硫)的 P 轨道,因为这些轨道的能级比较接近,约在 −10～−13 eV 之间。另外,上述结论也与 N$_2$ 的前沿分子轨道,3σg[实质是 σg(2p)]和 1πg,以及 NHOMO(1πu)的原子轨道构成情况一致。N-N 之间的 σ 键(主要为 S 成份)仍是络合态最低的一个能级,不过由于 N$_2$ 的络合活化,这一能级也从 −32.6 eV 提高到 −29.94 eV,此外,结合表 4 中的集居数据还可看出,在 N$_2$ 微斜插入的情况下,Mo-N(下)键(单端基络合键)的贡献最大,侧基络合[基本上是与 Fe(2),Fe(3)的双侧基络合]则次要得多。在平躺络合的情况下,主要是 N$_2$ 与 Fe(2)、Fe(3)的双端基络合,与 Mo 的单侧基络合次之,同时,与 Fe(4)、Fe(5)的端基络合也不能忽视。因此,在这种情况下,N$_2$ 的络合方式是 $\mu_2(\eta^2)$ 型的。

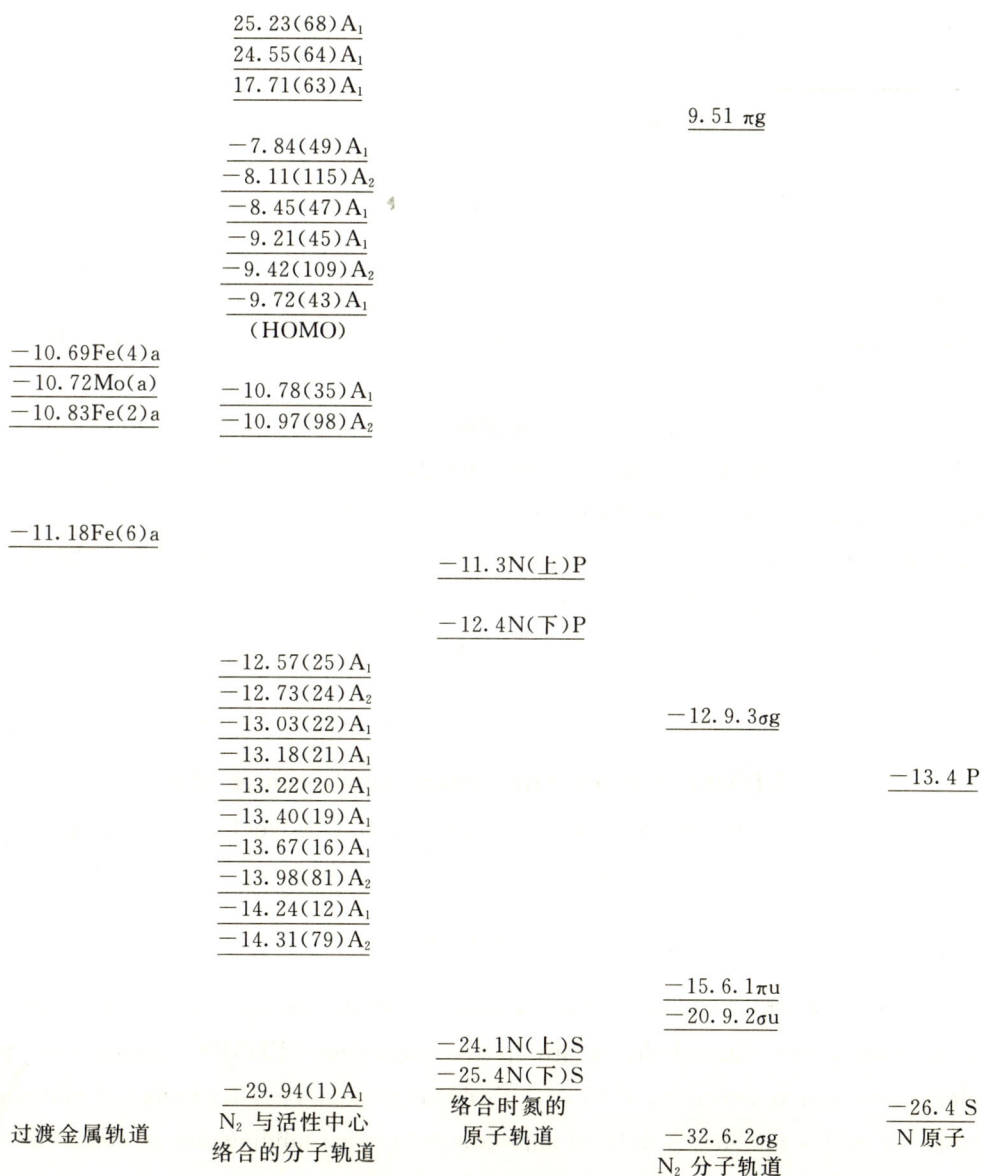

图 3 　N$_2$ 在活性中心络合的能级图
Fig. 3　Energy diagram for N$_2$ coordination to active-center

4. 奇数电子体系的前沿分子轨道与自旋态 我们计算了两个奇数电子体系,即零价的活性中心模型和铁钼辅基。计算结果表明,这两个体系中,LUMO 与 NHOMO 之间的能级差很小(约 0.1—0.3 eV),若两者对称性相同,则易发生电子从后者到前者的 d-d 跃迁(前沿轨道的主要成份是 Fe、Mo 的 d 轨道),这将为这些体系(如半还原态钼铁蛋白)中存在 $S=3/2$ 自旋态的事实提供一种可能的解释。

参考文献

[1]厦门大学固氮研究组,厦门大学学报(自然科学版),**13**(1974):111~126;中国科学(英文版),**19**(1976),460.

[2]Tsai,K. R., in "Nitrogen Fixation" Newton W E and Qrme-Johuson W Heds,Vol. 1 University Park Press Baltimore U. S. A. (1980) 373.

[3]厦门大学固氮研究组,厦门大学学报(自然科学版),21(1982),424~439.

[4]Lu Jiaxi,同[2] 343.

[5]Teo,B. K.,Private Communication,(1981).

[6]Nelson,M. J.,et al.,Pro. Nat. Acad. Sci. (U. S. A.),**80**(1983),147.

[7]Leuchenko,L. A.,et al.,Biochem Biophys. Res. Comun.,**98**(1980),1384.

[8] Tsai, K. R., et al., Paper presented at the Int, Workshop on Electro-catalysis, Photo-electrocatalysis and Redox-enzymemimetic Catalysis(Xiamen,1985).

[9]Wolff,T. E.,et al.,J. Am. Chem, Soc,**101**(1979):4140~4150;Ibid,**102**(1980):4694~4703;Inorg. Chem,**19**(1980):430~437.

[10]Palermo,R. E.,et al.,J. Am. Chem. Soc,**106**(1984),2600.

[11]周泰锦,王南钦,厦门大学学报(自然科学版),**24**(1985):345~353.

[12]Hoffmauit,R.,et al.,Icon-8 EHMO Comuter Program mannal,(1974).

[13] Anderson, A. B., in Atom Superposition and electron delocalization (ASED) Theory for Chemical Bonding Use of the Computer Program,1979.

[14]Munita,R. and Jorge, P. L. Theoret. Chem. Acta(Berl.),**58**(1981):161~167.

EHMO Study of Nitrogenare Active-center Model

Tai-Jin Zhou, Hui-Lin Wan, Nan-Qin Wang, Dai-Wei Liao, K. R. Tsai

(Dept. Chem Inst. Phys. Chem.)

Abstract

In the present work, disulfide linkage-containing model of N_2-ase active-center and probable coordination modes are studied by a group decomposition EHMO computation program. For multinuclear coordination activation of N_2,two Probable modes,i. e,,flat-lying (a) and slightly inclined —mounting (b) modes,are shown to be of approximately equal binding energy (with (a)model slightly more stable than the (b) mode by about 1 eV) under optimization condition of structure parameters for each mode. The actual model of N_2 coordination is very probably (b). Thus after taking up H or 2H in succession,the μ_3-N_2 is converted into —N=NH or =N—NH_2 ligated end on to Mo. The existence of the semireduced MoFe-protein in S＝2/3 spin-state is also qualitativaly account for by this calculation with these models containing odd electrons，which show that the energy levels of the frontier orbitals，LUMO and NHOMO having same symmetry. are very close together.

Key words　EHMO study　Nitogenase　Active-center model

■ **本文原载**:Pure & Appl. Chem.,1988,60,(8),pp. 1291~1298.

Cluster-Complex Mediated Electron-Transfer and ATP Hydrolysis[*]

Ye-Huan Wu, Hong-Bo Chen, Guo-Dong Lin, Xin-Sheng Yu,
Hong-Tu Zhang, Hui-Lin Wan and Khi-Rui Tsai

*(Department of Chemistry and Institute of Physical Chemistry,
Xiamen University,Xiamen,Fujian,China)*

Abstract　Chemical-modeling studies of ATP-driven electron-transfer in nitrogenase reactions show that ATP can complex with $(Fe_4S_4(SPh)_4)^{2-}$ cluster (without displacing any of the thiolate liqands and without shielding the cubane—like cluster from disruption by iron chelaters),resulting in suppression of electronic absorption peak at 458 nm,in down—field shifting of the ^{31}P n. m. r. peaks of α-,β-and γ-PO_4 of ATP by about 8. 2 ppm,7. 9 ppm,and 10 ppm,respectively,and in shifting the polarographic halfwave potential from—1. 00 V to—1. 49 V,as well as in significant enhancement of the rate of redox reaction between the cubane-like cluster and indigo carmine,or methylene blue,with no detectable ATP hydrolysis. A small extent of ATP hydrolysis (ca. 14%;in DMF-water,3:2 v/v,and pH 7. 0) was observed,however,when the cubane-ATP complex was oxidized with hydrogen peroxide at room temperature. These results are in line with the mechanism of ATP-driven electron—transfer previously proposed by us.

INTRODUCTION

Nitrogenase is a complex metallo-enzyme consisting of two metallo-protein components:component 1,the MoFe-protein,consists of 4 subunits ($\alpha_2\beta_2$) and carries the substrate-binding site;and component 2,the Fe-protein,consists of two identical subunits (γ_2) with a cubane-like 4Fe-4S cluster anchored between them probably through 4 cysteinyl-thiolate ligands,and serves as a specific one-electron carrier to transport electrons to the MoFe-protein with the aid of MgATP as "electron activator,each molecule of the Fe-protein being able to complex with 2 molecules of MgATP,which are hydrolyzed into 2 MgADP and 2 Pi (inorganic phosphate),practically concurrently with the electron-transfer from the reduced Fe-protein to the semireduced MoFe-protein (ref. 1,2). This ATP-driven electron transfer in nitrogenase catalysis is an important example of coupled electron and energy transports in biochemical processes,and has been the subject of extensive investigations since the late 1960s;but just how this "electron activation" works is still an unresolved problem. For example,the site of MgATP binding is still more or less a matter of speculation. In view of the fact that complexation of MgATP with the reduced Fe-protein renders the 4Fe-4S center readily susceptible to disruption by batho-phenanthroline

---

＊ This work is supported by the Chinese National Science Foundation.

iron-chelater, most investigaters hold the views that the two molecules of MgATP are not bound to the cubane-like center, but to some other parts of the Fe-protein, causing a conformational change to take place with greater exposure of the 4Fe-4S center, and that hydrolysis of the bound MgATP brings about further conformational change to drive the electron-transfer to the MoFe-protein. However, there are some weaknesses in this view: the nature of the bonding of MgATP with the Fe-protein is left unspecified; moreover, it is a known experimental fact that complexation of MgATP with the reduced or oxidized Fe-protein alone without the protein-protein electron-transfer does not lead to appreciable promotion of ATP hydrolysis; so the mechanism of ATP hydrolysis, which has been shown to take place at practically the same rate as the protein-protein electron-transfer (ref. 3), is also left unexplained. Since the Fe-protein is known to be sensitized by ATP, GTP, or pyrophos-phates to inactivation and oxidation by air (ref. 1), and since these reagents are known to be efficient iron chelaters, it seems to us that the 4Fe-4S center of the Fe-protein may be accessible to these iron chelators.

Based upon the principles of coordination catalysis (ref. 4), a mechanism of 2-step ATP-driven electron-transport in nitrogenase catalysis has been proposed and developed by us (ref. 5) consisting of the following essential points: (1) coordination of MgATP (to be denoted by $\underline{t}$) to the 4Fe-4S center of the reduced Fe-protein (to be denoted by $[2_s]$, where the subscript s signifies that this species is e. p. r. active, having characteristic e. p. r. signal), to form $[2_s^{tt}]$ produces a conformational change and raises the ligand field acting on the 4Fe-4S center to drive the electron-transfer to the e. p. r. active, semi-reduced MoFe-protein, $[1_s]$, resulting in the formation of the e. p. r. silent, oxidized Fe-protein and the e. p. r. silent, reduced MoFe-protein, $[1_0]$; (2) this electron outflow from the Fe-protein greatly promotes the hydrolysis of each of the two coordinated $\underline{t}$ into MgADP (d) and inorganic phosphate (Pi), thus the enzyme complex is now in the state $[1_0][2_0^{dd}, 2Pi]$; (3) this enzyme complex dissociates into its two protein components for the release of the entrapped 2Pi and for successive displacement of the two coordinated $\underline{d}$ by $\underline{t}$, as well as for replenishment of an electron from the reductant; (4) a second step of ATP-driven electron-transfer, this time from $[1_0]$ to the coordinated substrate without ATP hydrolysis, appears to be necessary since $[1_0]$ alone without the Fe-protein and $\underline{t}$ is know to be unable to reduce substrates; this may be accomplished by complexation of $[1_0]$ with $[2_s^{tt}]$, or even with $[2_0^{tt}]$, which may also have sufficiently negative redox potential to prevent the MoFe-protein-to-Fe-protein electron-backflow; and (5) electron backflow may take place, however, whenever $[2_0]$ or $[2_0^{dd}]$, before coordinating $\underline{t}$, has a chance to complex with $[1_0]$. This proposed mechanism of 2-step ATP-driven electron-transfer can explain (ref. 5—6) the redox states of the enzyme components, as revealed by the presence or absence of e. p. r. signals, at the steady state of the enzyme turnover, or at insufficient supply of reductant or ATP, as observed by Walker and Mortenson (ref. 7) with dilute solution of nitrogenase from C. pasteurianum (Cp) where the complexation of $[1_0]$ with $[2_s^{tt}]$ or $[2_0^{tt}]$ may be slow enough to be rate controlling.

Some support of this proposed mechanism has been obtained by Chen et al. (ref. 8) from the observed effects of ATP on electronic absorption spectra and polarographic half-wave potential of synthetic 4Fe-4S cubane-like clusters, and on the rate of redox reaction of one of these clusters with methylene blue (M. B.).

This paper reports further support from similar chemical-modeling experiments with $(Fe_4 S_4 (SPh)_4)^{2-}$ as a model campound of the 4Fe-4S center of the oxidized Fe-protein, showing the effect of the cluster on the chemical shifts of the 31P n. m. r. peaks of MgATP, or ATP in DMF-D_2O solution, and the effects of ATP on the thiolate ligands, on the rates of disruption of the cluster by phenanthroline, and of oxidation by indigo carmine (In), as well as on the extent of ATP hydrolysis promoted by the oxidation of the cluster with hydrogen peroxide in DMF-water.

EXPERIMENTAL

Materials

All the chemicals used were of A. R. or C. P. grades. Purification of ATP (biochemical reagent from Shanghai Biochemical Research Institute of the Chinese Academy of Sciences) to an ATP content of greater than 98% was done according to known method of ion-exchange. Dimethyl formamide (DMF) of A. R. grade was freshly distilled before use. Stock solution of the redox dye indigo carmine (In) in DMF was prepared in 5.0 mM, and that of phenanthroline (phen) in DMF, 10 nM. Quarternary ammonium salts of the cubane-like cluster (e. g., the tetra-ethyl ammonium salt $(Et_4N)_2Fe_4S_4(SPh)_4$) were prepared according to known methods (ref. 9—10) and identified by their electronic absorption spectra. Non-aerobic experiments were all conducted in thoroughly deoxygenated argon atmosphere.

Effect of $(Fe_4S_4(SPh)_4)^{2-}$ on ^{31}P n.m.r. spectrum of ATP in DMF-D_2O

To 4.0 ml of a 15 mM solution of $(Et_4N)_2Fe_4S_4(SPh)_4$ in DMF was added 1.0 ml of 150—mM ATP in D_2O (the pH being adjusted to 7.0 with dilute NaOH in D_2O). The DMF:D_2O ratio (4:1 v/v) was found to be sufficient to keep the cluster complex in solution while the excess ATP largely undissolved. The mixture was shaken and allowed to stand in thoroughly deoxygenated argon atmosphere for 20 minutes, then centrifuged to remove the excess ATP; 2.5 ml of the supernatant liquid were transferred to n.m.r. cell, and the ^{31}P n.m.r. spectrum of the sample taken with a Varian FT-80A n.m.r. spectrometer, with Na_2HPO_4 in D_2O as external strandard. Likewise, the ^{31}P n.m.r. spectra of samples prepared by treating 4.0 ml of 15-mM solution of $(Et_4N)_2Fe_4S_4(SPh)_4$ in DMF with 1.0 ml of 150-mM solution of ADP (or AMP, or Pi) in D_2O were taken, as well as the ^{31}P n.m.r. spectra of samples of ATP, ADP, and AMP, each in about 20 mM solution in D_2O, and of an ATP solultion in D_2O containing an equivalent amount of HSC_2H_4OH. The ^{31}P n.m.r. peaks of the α-, β-, and γ-PO_4 of ATP were labelled according to the literature (ref. 11).

Detection of any free thiophenol in $(Fe_4S_4(SPh)_4)^{2-}$-ATP mixture in DMF-H_2O

The mixture of the cluster compound (1.0 mM) and ATP in DMF-H_2O (4:1 v/v, Tris HCl 25 mM, pH 7.6) was extracted with n-heptane for any free thiophenol, and the extract treated with silver dithiazon (AgDz) in carbon tetrachloride solution prepared according to standard method of silver dithiazon test (ref. 12) for the detection of trace thiophenol; $(Fe_4S_4(SPh)_4)^{2-}$ in DMF-H_2O (4:1 v/v, Tris HCl 25 mM, pH 7.6) being used as reference for the colorimetry of the thiophenol —AgDz color test at 615 mμ.

Effect of ATP (ADP, AMP, or Pi) on rate of disruption of $(Fe_4S_4(SPh)_4)^{2-}$ by phenanthroline in DMF-H_2O (3:2 v/v)

In a 0.5-cm spectrophotometric cell closely fitted with stopper were placed 1.5 ml of DMF-H_2O (3:2 v/v, Tris HCl 25 mM, pH 7.5) containing 0.15 μmol $(Fe_4S_4(SPh)_4)^{2-}$ and 1.5 μmol ATP; then 0.3 ml of 10-mM phen in DMF was quickly added and the electronic absorption at 510 mμ recorded with time. Similar spectrophotometric experiments were performed with samples containing, separately, 1.5

μmol ADP, 1. 5 μmol AMP, and 1. 5 μmol Pi, instead of the 1. 5 μmol ATP; and with a reference containing only the cluster and phen in the same medium.

Effect of ATP (ADP, AMP, or Pi) on rate of redox reaction between the cluster and indigo carmine in DMF-H$_2$O

Into 1-cm spectrophotometric cells with closely fitted stoppers were introduced 2. 0 ml of 0. 05-mM (Fe$_4$S$_4$(SPh)$_4$)$^{2-}$ in DMF and 0. 50 ml H$_2$O containing 1. 0 umol of ATP, or ADP, or Pi (each adjusted to pH 7. 0 with 50-mM Tris HCl buffer). After standing for 20 minutes, 0. 15 ml of 0. 50-mM indigo carmine in DMF was quickly added, and the rate change in optical density at 610 mμ was recorded spectrophotometrically.

Determination of extent of ATP hydrolysis promoted by reactions between the cluster and redox dye or hydrogen peroxide

Phosphate ions (Pi) liberated from ATP hydrolysis may be determined by a modification of Baginski's molybdenum blue method (ref. 13). With MgATP, or ATP-oxidant (M. B.) as reference, the amount of Pi liberated from (Fe$_4$S$_4$(SPh)$_4$)$^{2-}$-MgATP, and from (Fe$_4$S$_4$(SPh)$_4$)$^{2-}$-MgATP-M. B. may be determined sparately by the modified molybdenum blue method by subtracting the amount of Pi determined in the reference from the total amount of Pi determined in each of the test systems.

Since both methylene blue and the cluster interfere seriously with the molybdenum blue colorimetry, these must be removed by extraction before the additon of the molybdenum blue color developing reagents. Methylene blue cation and perclorate anion can from chloroform soluble ion-pair; so, in the presence of ClO$_4^-$ M. B. can be extracted with chloroform. The actual procedure adopted was, after the addition of 5. 0 ml of 10-mM NaClO$_4$ and 3-M NaCl to 3. 0 ml of each of the samples, the mixture was extracted with 2. 0 ml cloroform with vigorous shaking for 4 minutes, and then centrifuged; 5. 0 ml of the clear upper layer (aqueous) were extracted twice with 2 ml chloroform. Finally, the clear aqueous layer was used for the determination of Pi by the modified molybdenum blue method (ref. 13).

For the determination of Pi liberated from ATP in the redox reaction between the cluster and hydrogen peroxide in the presence of ATP, in DMF-H$_2$O (3 : 2 v/v), the following procedure was used. To 3. 0 ml of the sample containing 30μmol ATP and 30μmol Fe$_4$S$_4$(SPh)$_4$)$^{2-}$ reacted with 60μmol H$_2$O$_2$ in DMF-H$_2$O (60 : 40 v/v) were added 0. 30 ml of 1. 2-M n-Bu$_4$NI in methanol solution and 10 ml water; the mixture was shaken and then centrifuged to remove the insoluble (Bu$_4$N)$_2$Fe$_4$S$_4$(SPh)$_4$ in the form of voluminous precipitate. The supermatant liquid was filtered and the pH adjusted to about 9 with dilute NaOH. The solution was allowed to pass slowly through an anion-exchange column (i. d. 0. 6 cm, filled to a volume of 2. 0 ml with a strong-base type #717 anion-exchange resin in the chlorids form). The column was rinsed with 60 ml of distilled water made slightly alkaline (pH 9) with dilute NaOH. It was then eluted with 1. 0 M KCl acidified with dilute HC1 to pH 2, and the eluted solution allowed to run into a receiver containing a small amount of solid NaOH sufficient to make the solution slightly alkaline, in which ATP hydrolysis was found to be very slow. The Pi content was then detenrmied by the modified Baginski's molybdenum blue method (ref. 13). The reference sample containing the same amounts of ATP and the cluster, but without the hydrigen peroxide, was similarly treated, and the amount of Pi determined was used as blank correction. Each experiment was run in duplicates. Three series of experiments were performed with three different ratios of DMF:H$_2$O since the extent of ATP hydrolysis was found to vary with the composition of the mixed solvents.

RESULTS AND DISCUSSIONS

As shown in Fig. 1, treatment of ATP with $(Fe_4S_4(SPh)_4)^{2-}$ in DMF-H_2O (4:1 v/v) caused the ^{31}P n. m. r. peaks of the α-, β-, and γ-PO_4 of ATP to shift downfield by about 8. 2 ppm, 7. 9 ppm, and 10 ppm, respectively, with the β-^{31}P n. m. r. peak very much broadened and the γ-^{31}P n. m. r. peak greatly suppressed. This appeared to be quite similar to the downfield shifts of the α-, β-, and γ-^{31}p n. m. r. peaks of MgATP by about 8. 7 ppm, 9. 0 ppm, and 7. 7 ppm, respectively, caused by the additon of the reduced Fe-protein to MgATP, as observed by Martenson and Upchurch (ref. 11). Note that additon of $MgCl_2$ to the ATP, or to the ATP-$(Fe_4S_4(SPh)_4)^{2-}$ system in DMF-H_2O made no appreciable difference to the ^{31}P n. m. r. spectra, and that additon of an equivent amount of HSC_2H_4OH to ATP in DMF-H_2O did not produce any shifting in the ^{31}P n. m. r. peaks.

Chen et al. (ref. 8) have shown that addition of ATP to $(Fe_4S_4(SPh)_4)^{2-}$ suppressed the polarographic half-wave of the cluster at-1. 00 V and produced a new half-wave at -1.49 V (Fig. 2). This again is qualitatively analogous to the shifting of the redox potential of the reduced Fe-protein by about -0.1 to -0.2 V due to the addition of MgATP (or MgADP) (rev. in ref. 1, 2). They have also observed that the electronic absorption peak of the cluster $(Fe_4S_4(SPh)_4)^{2-}$ at 458 nm was suppressed by the addition of ATP (Fig. 3), and that ATP (ADP, Pi, AMP) promoted the redox reaction between the cubane-like cluster and methylene blue, the observed order of decreasing extent of rate promotion being ATP>ADP~Pi≫AMP.

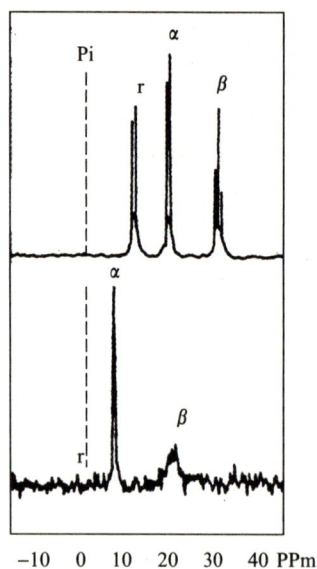

Fig. 1 Shifting of ^{31}P n. m. r. peaks of ATP due to addition of $(Fe_4S_4(SPh)_4)^{2-}$

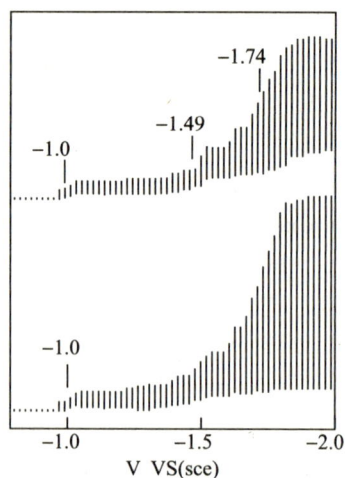

Fig. 2 Shifting of polarographic half-wave of $(Fe_4S_4(SPh)_4)^{2-}$ due to addition of ATP, or MgATP

These experimental results of chemical modeling strongly indicate that ATP can complex with $(Fe_4S_4(SPh)_4)^{2-}$, and that MgATP is most probably coordinated directly to the 4Fe-4S center of the Fe protein.

No thiophenol was detected after the cubane-like cluster $(Fe_4S_4(SPh)_4)(NEt_4)_2$ in DMF-H_2O was treated with ATP, showing that complexation with ATP did not displace any of the thiolate ligands on the cluster. Thus ligation of ATP to any of the Fe(Ⅱ,Ⅲ) probably took place simply by changing the tetrahydral coordination of the metal ion into trigonal-bipyri-midal coordination, resulting in an increase in ligand field acting on the cluster anion to exert additional driving force for the electron outflow.

It is astonishing to find that complexation of ATP with the cubane-like cluster did not appear to shield the cluster from disruption by the iron chelater, phenanthroline in DMF-H$_2$O (3:2 v/v, pH 7.5); instead, it enhanced the rate of development of the characteristic absorption peak of Fe(Ⅱ)-phen complex at 510 nm (Fig. 4), as did ADP to a smaller extent. Again this is qualitatively analogous to the dramatic sensitization, by the addition of MgATP, of the 4Fe-4S center of Fe-protein to disruption by iron chelaters (ref. 1,2).

A plausible explanationis is as follows: In either case the complexation of 2ATP, or 2MgATP in the case of the Fe-protein, with the 4Fe-4S cubane-like cluster is fast and reversible, as indicated by the n. m. r. ^{31}P peaks broadening; thus at certain instances only one face of the cubane-like 4Fe-4S cluster is ligated with ATP, or MgATP in the case of the Fe-protein, and the valence dislocalization of Fe(Ⅱ,Ⅲ) in the cluster is broken up, with the ATP, or MgATP, preferentially coordinated to the Fe(Ⅲ), leaving the 2 Fe(Ⅱ) on the opposite face of the 4Fe-4S cubane-like cluster coordinatively unsaturated and open to attack by the Fe(Ⅱ) chelater phenanthroline. In the case of the Fe-protein, complexation of MgATP to the 4Fe-4S center on one face might also produce some conformational change with the two protein subunits open up a little so that the opposite face the 4Fe-4S center is rendered more accessible to phen, or reductant. It is to be noted that, with higher proportion

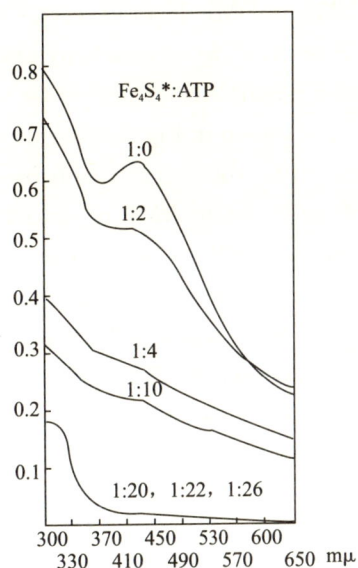

Fig. 3 Effect of ATP on electronic absorption of $(Fe_4S_4(SPh)_4)^{2-}$

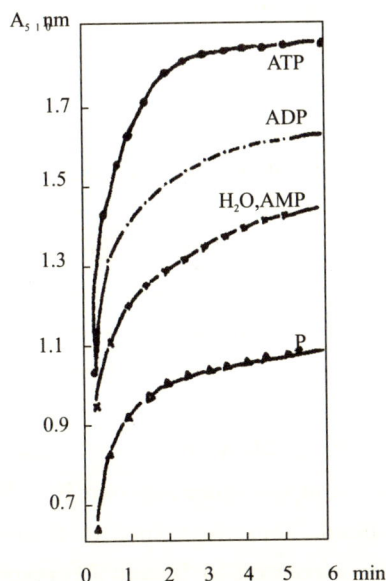

Fig. 4 Sensitization of cluster disruption by phen due to addition of ATP or ADP in DMF-H$_2$O(3:2 v/v, pH 7.5)

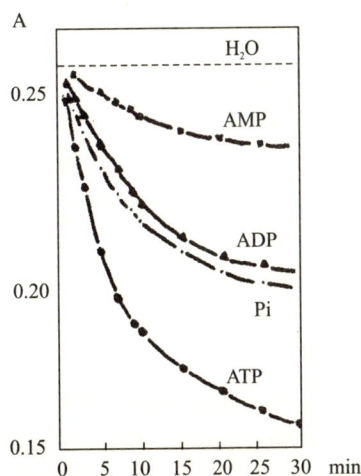

Fig. 5 Pramotion of redox reaction between $(Fe_4S_4(SPh)_4)^{2-}$ and indigo carmine by ATP (ADP, Pi, AMP) in DMF-H$_2$O

of DMF in DMF-H_2O (e. g.,4 : 1 v/v),some inhibition of the cubane-like cluster ($Fe_4S_4(SPh)_4$)$^{2-}$ by ATP or ADP,from attack by phen was observed;probably here the Fe(Ⅱ) of the opposite face of the cluster is partially protected by solvation with DMF.

As shown in Fig. 5,the rate of redox reaction between the ($Fe_4S_4(SPh)_4$)$^{2-}$ and indigo carmine was found to be significantly enhanced by the addition of ATP,and to a smaller extent by the addition of ADP or Pi,while AMP is almost ineffective. This is in the order of increasing steric hindrance if ATP, ADP,and AMP are all coordinated to the Fe(Ⅱ,Ⅲ) of the 4Fe-4S center through their terminal PO_4. Similar order of decreasing rate enhancement in the redox reaction between the cluster and methylene blue has been reported by Chen et al. (ref. 8).

However,no ATP hydrolysis was detected in the sample after the redox reaction and removal of the dye and the cluster by extraction with chloroform.

Small extents of ATP hydrolysis were observed,however,by oxidation of the cubane-like cluster ($Fe_4S_4(SPh)_4$)$^{2-}$ with hydrogen peroxide in the presence of ATP in DMF-H_2O,and the extent of ATP hydrolysis was found to decrease with increasing proportion of DMF in the mixed solvents. Thus with DMF-H_2O (3:2 v/v) containing 30 μmol of the cluster,30 μmol ATP and 60 μmol H_2O_2 in 30 mL of solution,the extent of ATP hydrolysis after correction for blank (1. 26 μmol Pi liberated) was 2. 44 μmol,i. e.,ca 8. 1% of the total ATP;and with DMF-H_2O (3:2 v/v) containing 15 μmol of the cluster, and 60 μmol of ATP,and 30 μmol of H_2O_2,the extent of hydrolysis was found to be 14. 4% of the cluster as the limiting factor;while with 3. 0 mL of DMF-H_2O (4:1 v/v) containing 30 μmol of the cluster,30 μmol ATP,and 60 μmol H_2O_2,the extent of ATP hydrolysis at 30 ℃ was only about 4. 2% of the toal ATP after correction for blank,ion-exchange method being used in each determination for the isolation of the liberated Pi.

According to Haight et al. (ref. 14),hydrolysis of ATP or triphosphate coordinated in certain mode of chelation on VO^{2+} or Mn^{2+} was greatly enhanced by oxidizing the VO^{2+} or Mn^{2+} with hydrogen peroxide;and rate enhancement of the order of 10^4 to 10^6 times for the hydrolysis of ATP or triphosphate could be obtained simply by complexation with VO^{3+} or Mn^{3+}.

Haight et al. (ref. 15) have also found that triphosphate coordinated as tridentate ligand on Co(Ⅲ) was hydrolyzed by attack from adjacent nucleophile at pH 7. 3 about 10^6 times faster than the uncoordinated triphosphate. However,no work has been reported in the literature on the hydrolysis of ATP or triphosphate coordinated on iron-sulfur clusters. With the cubane-like ($Fe_4S_4(SPh)_4$)$^{2-,3-}$ clusters each with 6 M—M bonds and formal number of electrons in the coordination sphere equal to 66,or 67,respectively,each of the Fe(Ⅱ,Ⅲ) can easily accommodate an additional monodentate (but not bidentate!) ligand to assume a trigonal-bipyrimidal coordination with only a slight readjustment of the position of the thiolate ligand. Thus ATP (or MgATP),or ADP (or MgADP) can easily coordinate to it as a monodentate ligand through the γ or β-PO_4;but the α-PO_4 appears to be ineffective due to the proximity of the bulky adenyl group. The internuclear distance of each pair of adjacent Fe(Ⅱ,Ⅲ) of the cubane-like cluster (ref. 9,10) is about 2. 70 to 2. 76Å;so,ATP or MgATP molecule may also be coordinated as a bridge-ligand with the o-and B-phosphonyl oxygen atoms spanning two Fe (Ⅱ,Ⅲ) at about 2. 85Å internuclear distance with relaxation of the M-M bond. Thus the formal total numbers of electrons in the coordination spheres of the 4Fe(Ⅱ,Ⅲ) will be increased to 70 and 71,respectively, comparable with [$Fe_4S_4(S_2C_2(CF_3)_2)_4$]$^{2-}$ with 4 M-M bonds (ref. 16) and formally 70 electrons,and with [$Fe_4S_4(SPh)_2(dtc)_2$]$^{2-}$ with 5 M-M bonds (ref. 17) and formally 68 electrons (for each M-M bond,the electron pair being counted twice). Thus these iron-sulfur clusters are still coordinationally unsaturated in the sence that the formal total number of electrons in the coordination sphere of the 4 Fe

(II , III) is still less than 72. In DMF-H_2O, ATP appears to coordinate predominantly as a monodentate ligand, and only a small part as bridge ligand, probably due to strong competition from DMF for the coordination site. Conceivably, this part of ATP coordinated as bridge-ligand is much more susceptible to hydrolysis by nucleophilic attack, especially when the 4Fe-4S core becomes more positively charged due to the loss of an electron in the redox reaction. This may be the reason why only a small extent of ATP hydrolysis was observed with the model system in DMF-H_2O.

In the case of Fe-protein-2MgATP complex, there is no competition from strongly ligating solvent molecules; furthermore, the 2 t may be constrained by the micro-environment inside the Fe-protein to coordinate only as bridge-ligands through the $\gamma-$ and $\beta-PO_4$, so that hydrolysis of the anhydride linkage by nucleophilic attack from adjacent nucleophile inside the protein micro$-$environment is greatly promoted attending the electron outflow from the 4Fe-4S center. This large rate enhancement makes the ATP hydrolysis and the protein-protein electron$-$transfer appear as practically concurrent events, both being limited by the rate of protein$-$protein complexation in the 40—45 ms range. A probable mode of bridge-type coordination of the 2 t in $[2_s^{tt}]$ is shown in Fig. 6. Note that a strong support of this bridge$-$type coordination is as follows: considering only the two O_3POPO_3 and the 4Fe-4S core with 4 thiolate ligands, we see a near S_4 local symmetry of the cluster-2MgATP complex, in accord with the near axial symmetry indicated by the e. p. r. signal of $[2_s^{tt}]$, as observed Mortenson and Walker (rev. in ref. 1). A probable mode of coordination of MgADP as monodentate ligand is shown in Fig. 7.

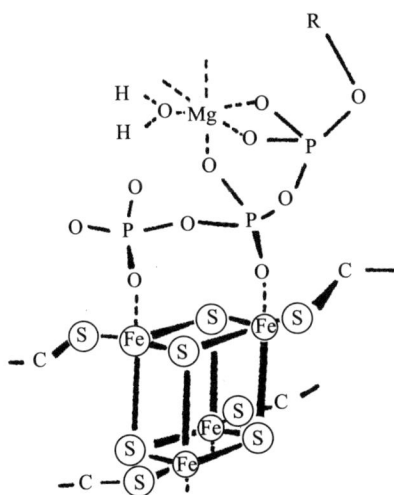

Fig. 6　Probable mode of coordination of 2 t in $[2_s^{tt}]$ with local 4 axial symmetry

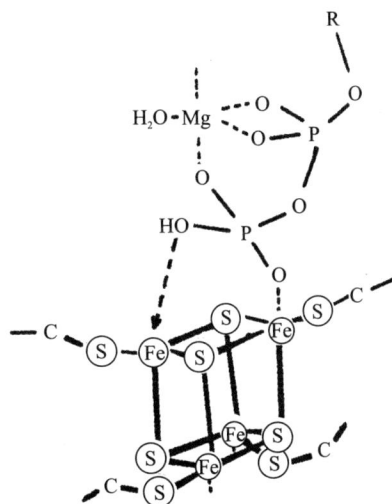

Fig. 7　Probable mode of coordination of 2 d in $[2_s^{dd}]$

Fig. 8 is a diagram showing the nitrogenase-catalyzed reaction pathways for a mechanism of 2-step ATP-driven electron-transfer, which takes into account the following points: (a) ATP hydrolysis takes place only in the electron outflow from the reduced Fe-protein to MoFe-protein (ref. 18); (b) with more concentrated solution of nitrogenase from K. pneumoniae (Kp), the dissociation of the enzyme complex $[1_o][2_o^{dd,2Pi}]$ after the protein-protein electron-transfer may be the rate controlling step of the enzyme turnover (ref. 19); and (c) there is the possibility that $[2_s^{td}]$ might also have sufficiently negative redox potential to drive the protein-protein electron-transfer in order to account for the observation by Mortenson Upchurch (ref. 11) that, with appropriate ratio of d/t (in the range of 0. 3 to 0. 5) and with dilute Cp nitrogenase, the ATP/2e ratio could be as low as 2.

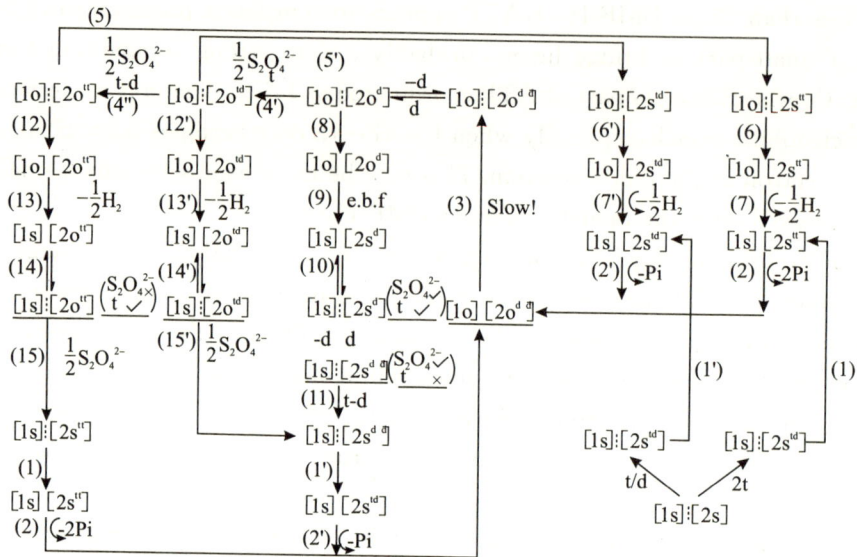

Fig. 8　**Diagram showing reaction pathways for a mechanism of 2-step ATP-driven electron transfer. S_2O_4 $\sqrt{}$ or $\times$, and/or $\underline{t}$ $\sqrt{}$ or $\times$ denote sufficient or insufficient supply of reductant and/or $\underline{t}$. For other notation see text.**

For an enzyme system $[1_s]:[2_s]$ with sufficient supplies of reductant and ATP, the initial step is the complexation of $[2_s]$ with 2 $\underline{t}$ followed by complexation with $[1_s]$ to form the enzyme complex $[1_s][2_o^{tt}]$. After that the main reaction pathway proceeds in cycle along the steps (2)-(3)-(4')-(4'')-(5)-(6)-(7)-(2), and a secondary reaction pathway along the steps (2)-(3)-(4')-(4'')-(12)-(13)-(14)-(15)-(1)-(2), with the step (3)! as the rate-determining step for either pathway; so most of the enzyme system under this steady state conditions of the enzyme turnover will be in the e. p. r. silent state $[1_o][2_o^{dd}]$, as observed by Smith et al. (ref. 19). Two other secondary reaction pathways will be of minor importance, or practically negligible, if the relative concentrations of $\underline{t}, \underline{d}$, ($\underline{t}/\underline{d}$ ratio large), and of reductant (small compared with $\underline{t}$) are such that step (5') and step (12') are both very slow compared with step (4''). If this is the case and only these four reaction pathways are considered, then the ATP/2e ratio will be practically equal to 4, or slightly less than 4. However, there is alway some chance for the reductant independent ATP-dydrolysis reaction-cycle (3)-(8)-(9)-(10)-(11)-(1')-(2')-(3) to occour, especially when $[1_o]$ is about qual to, or large than $[2_o]$ in molar concentration, or when the two protein components complex with each other unusally firmly (as in the case of certain cross components, like Kpl; Av2), so, the overall ATP/2e ratio is usually greater than 4. For an enzyme system $[1_s]:[2_s]$ with sufficient supply of reductant but limited supply of ATP, step (8) will become more and more important compared with step (4') when $\underline{t}$ is being used up; and when $\underline{t}$ is exhausted, steps (4') and (11) can no longer proceed, so the enzyme system will end up with the state $[1_s][2_s^d]$, or its dissociated state $[1_s]:[2_s^d]$, or $[1_s]:[2_s^{dd}]$ with both carponents e. p. r. active. On the other hand, if $\underline{t}$ is sufficient, but reductant exhausted, then steps (5), (5'), and (15') can not proceed, so the enzyme system will end up with the state $[1_s]:[2_o^{tt}]$, or $[1_s]:[2_o^{td}], [1_s]:[2_o^{td}]$ states, showing only the e. p. r. signals of the semi-reduced MoFe-protein; in accord with the observations of Mortenson and Walker (ref. 7) and Smith et al. (ref. 19). From Fig. 8 it can be inferred that, the appropriate conditions for observing an ATP/2e ratio small than 4 (this, however, has not been reported elsewhere) would seem to be the use of very dilute enzyme solution with a fairly large excess of the Fe-protein, very high concentration of reductant, and high concentrations of $\underline{t}$ and $\underline{d}$ with aprppriate ratio of $\underline{t}/\underline{d}$ (0. 3 to 0. 5), so that the enzyme reaction proceeds predominantly by the pathway $(2')-(3)-(4')-(5')-(6')-(7')-(2')$, and the secondary pathway $(3)-(4)-(12')-(13')-(14')-(15')-(1')$ $(2')-(3)$, with comparatively small probability for electron backflow because step (8) will be very slow compared with $(4')$ under the above conditions with $S_2O_4 > \underline{t} \sim 2\,\underline{d} \gg [2] \gg [1]$. Finally the reductant-independent, nitrogenase-catalyzed ATP-hydrolysis reaction pathway is easily seen frcm Fig. 8 to be the cyclic sequence of setp: $(3)-(8)-(9)-(10)-(11)-(1')-(2')-(3)$, with ATP/$2e \rightarrow \infty$. This will take place to a greater extent if $[1_0] > [2_0]$, or if $[1_0]$ a strong affinity to bind $[2_0]$, as in the case of the tight-binding cross ccnponents Avl and Cp2 (ref. 20).

CONCLUDING REMARKS

Chemical modeling experiments show that ATP, or MgATP, can complex with the cubane-like cluster $(Fe_4S_4(SPh)_4)^{2-}$ (without displacing any of the thiolate ligands), resulting in downfield shifting of the ^{31}p n. m. r. peaks of ATP by about $8-10$ ppm, in sensitizing the cluster to disruption by phenanthroline in DMF-H_2O ($3:2$ v/v), and in shifting the redox potential of the cluster to more negative value to promote electron outflow. All these are analogous to the effects of complexation of MgATP with the Fe-protein, indicating direct coordination of MgATP to the 4Fe-4S center of the Fe-protein to drive the electron-transfer. Oxidation of the $(Fe_4S_4(SPh)_4)^{2-}$ with hydrogen peroxide in DMF-H_2O ($3:2$ v/v) promotes ATP hydrolysis to a small extent of about $8-14\%$. In this medium, ATP appears to coordinate to the cluster predominantly as a monodentate ligand through the terminal PO_4; whereas in the Fe-protein, the 2 MgATP are most probably constrained by the miro-environment inside the protein to coordinate to the 4Fe-4S center only as bridge-ligands through the γ-and β-PO4, thus they are conceivably much more susceptible to hydrolysis by nucleophilic attack from adjacent nucleophile in the electron outflow from the reduced Fe-protein.

REFERENCES

[1] W. G. Zumft and L. E. Mortenson, Biochem. Biophys. Acta, **416**(1975), $1 \sim 52$.

[2] W. H. Orme—Johnson, Ann. Rev. Biophys. Chem., **14**(1985), $419 \sim 459$.

[3] R. N. F. Thorneley and D. J. Lowe, Biochem. J., **215**(1983), $393 \sim 403$.

[4] K. R. Tsai and H. L. Wan, in Fund. Res. Organomet. Chem., pp. $1 \sim 12$.
   M. Tsutsui, Y. Ishi and Huang Yaozheng, eds. University Park Press, Baltimore (1982).

[5] a. Nitrogen Fixation Research Group of Xiamen University, J. Xiamen University(Nat. Sci.), **13** (1)(1974), $111 \sim 126$; Scientia Sinca(Engl. Ed)**19**(1976), $460 \sim 478$.
   b. K. R. Tsai, in Nitrogen Fixation I-p. 373. W. E. Newton and W. H, Orme-Johnson, eds. University Park Press, Baltimore(1980).

[6] G. D. Lin, et al., Abstr. INOR-0016, 186th ACS Nat. Mtg. (1983).

[7] M. Walker and L. E. Mortenson, B. B. R. C., **54**(1973), $669 \sim 676$.

[8] H. B. Chen, et al., J. Xiamen University (Nat. Sci.)**24**(1985), $448 \sim 456$.

[9] R. H. Holm, et al., J. Am. Chem. Soc., **95**(1973), $3523 \sim 3534$.

[10] G. Christou and D. C. Garner, J. Chem. Soc. Dalton(1979), $1093 \sim 1094$.

[11] L. E. Mortenson and Upchurch, R. C., in Current Perspectives in Nitrogen Fixation, pp. $75 \sim 77$.
   A. H. Gibson and W. E. Newton, eds, Australian Academy of Science Press, Canberra(1981).

〔12〕K. R. Kunkel, Anal. Chem. **31**(1959), 1091～1094.

〔13〕E. S. Baginski, P. P. Foa, and B. Zak, Clin. Chim. Acta, **15**(1)(1967), 155～158.

〔14〕a. G. M. Waltermann, et al., Inorg. Chem. , **16**(1977), 2985～2987.

    b. G. P. Haight, et al., in Molybdenum Chemistry of Biological Significance, p. 389～400. W. E. Newton and S. Otsuka. eds. Plenum Press(1980).

〔15〕G. P. Haight, Jr. et al., J. Chem. Soc. Commun. Chem. , (1985), 488～491.

〔16〕I. Bernal, et al., J. Coord. Chem. , **2**(1)(1972), 61～65.

〔17〕M. G. Kantzidis et al., Inorg., Chem. , **22**(1983), 179～181.

〔18〕R. V. Hageman, W. H. Orme-Johnson, and R. M. Burris, Biochemistry, **19**(1980), 2333～2342.

〔19〕B. E. Smith, D. J. Lowe, and R. C. Bray, Biochem. J. , **135**(1973), 331～342.

〔20〕D. Emerich and R. H. Burris, Proc. Nat. Acad. Sci., (USA)**73**(1976), 4369.

本文原载:《厦门大学学报》(自然科学版)第 27 卷第 5 期(1988 年 9 月),第 558～561。

丙烯酸酯类氢硅化中的基团效应[*]

林　旭[①]　洪满水　蔡启瑞

（化学系）

摘　要　报道在丙烯酸酯类氢硅化中,基团效应对氢硅化反应活性的影响和对氢硅化反应产物中异构体比率的影响。α-Me 使氢硅化反应活性大大降低,且产物中 β-加成物比率增多。当相同的丙烯酸酯类骨架时,OR 基增大,氢硅化反应活性也增大,产物中 β-加成物比率也有增加趋势。由此,提出氢硅化机理中的关键中间体。

关键词　氢硅化　丙烯酸酯类

一、引言

合成带有官能基团的硅有机化合物,利用不饱和化合物的氢硅化反应,是一种方便而有效的制备途径. 丙烯酸酯类的氢硅化产物——β 或 α 硅基酯是一类很好的高聚物配体和特殊有机合成试剂,具有广泛的用途[1]。本文报道对丙烯酸酯类氢硅化中基团效应的研究。

$$H_2C=\underset{\overset{|}{R'}}{C}CO_2R \ +MeCl_2SiH \xrightarrow{cat.} \underset{(\beta-\text{加成物})}{MeCl_2SiCH_2\underset{\overset{|}{R'}}{C}HCO_2R} \ + \ MeCl_2Si\underset{\overset{|}{R'}}{\overset{\overset{Me}{|}}{C}}CO_2R$$

$$(\alpha-\text{加成物})$$

其中:$R=Me,Et. Bu;R'=H,Me;cat.=H_2PtCl_6—ROH$

二、实验

试剂　催化剂:H_2PtCl_6 ROH,$C_{pt}=0.190$ mol/L 甲基二氯硅烷($MeCl_2SiH$)含量 86%,丙烯酸甲酯(MA),丙烯酸乙酯(EA),丙烯酸丁酯(BA),甲基丙烯酸甲酯(MMA),甲基丙烯酸乙酯(EMA),甲基丙烯酸丁酯(BMA)均在反应前重蒸处理。

仪器　红外光谱仪用 Shimadzu IR-240。核磁共振谱(^{1}HNMR 和 ^{13}C NMR)用 Varian FT-80A. 碳氢元素分析用 Perkin-Elmer 240.

各反应加成产物均经 ^{1}HNMR,^{13}C NMR,IR 和元素分析加以鉴定,还测定其 d_4^{25},n_D^{25} 和摩尔折光度 R_D 值(Tab.1)表中元素分析 C/H 比略大于理论值,其原因可能是该有机硅化合物易水解而引入误差。

---

* 国家自然科学基金资助课题。

① 现在贵州大学化学系。

Tab1 Analysis data of adducts of the hydrosilylation of unsaturated esters

Unsatd eater	Hydrisllylation adduct	C/H ratio by element analysis	d_4^{25}	n_D^{25}
MA	$C_5H_{10}O_2Cl_2Si$	1.0/2.03	1.1724	1.4395
EA	$C_6H_{12}O_2Cl_2Si$	1.0/2.09	1.1269	1.4385
BA	$C_8H_{16}O_2Cl_2Si$	1.0/2.03	1.0821	1.4405
MMA	$C_6H_{12}O_2Cl_2Si$	1.0/2.09	1.1474	1.4438
EMA	$C_7H_{14}O_2Cl_2Si$	1.0/2.05	1.0953	1.4350
BMA	$C_9H_{18}O_2Cl_2Si$	1.0/2.04	1.0629	1.4417

三、结果与讨论

1. 基团效应对氢硅化反应活性的影响

丙烯酸酯和甲基丙烯酸酯氢硅化反应活性的有关数据见 Tab.2 和 Tab.3.

Tab. 2 Kinetic data of the hydrosilylation of acrylic acid esters

C_{cat} (mol/L)	4.0×10^{-4}			2.0×10^{-4}			$\overline{K}$
Ester	T_R(C)	t_1 (min)	Y(%)	T_R(C)	t_1 (min)	Y(%)	(s^{-1})
MA	78.5	31	74.3	70.7	67	70.6	4.65
EA	81.0	23	74.8	80.5	33	71.8	5.75
BA	83.8	11	74.2	81.9	24	69.7	9.60

Tab. 3 Kinetic data of the hydrosilylation of methyl acrylic acid esters

C_{cat} (mol/L)							$\overline{K}$
Ester	T_R(C)	t_1 (min)	Y(%)	T_R(C)	t_1 (min)	Y(%)	(s^{-1})
MMA	84.8	66	75.1	84.3	88	73.6	0.88
EMA	85.2	48	75.1	84.6	70	72.4	1.30
BMA	86.7	24	74.6	84.8	59	71.5	1.93

从以上两表可得:(a)在丙烯酸骨架上存在甲基时(即为甲基丙烯酸酯),其氢硅加成反应活性明显下降。表现在氢硅化的诱导期 t_1 延长,热动力学反应速度常数 $\overline{K}$ 值减小[2]。这正是烯键的空间位阻效应对催化剂活性物种的络合,而形成关键中间体的影响之原因所在。这还可能与甲某的 $+I_s$ 效应有关,即甲基的存在可使烯键的 π 电子云密度增大,双键键长缩短,而不利于 Pt 的 d 空轨道对不饱和酯的 π 键的络合活化。(b)在相同的丙烯酸骨架上,即丙烯酸酯或甲基丙烯酸酯,分别随着酯基的增大(由甲基、乙基到丁基),其氢硅化加成反应活性有增大的趋势。表现在 t_1 缩短,$\overline{K}$ 值增大。原因可能有:一是随着酯基的增大,与其相应的酯的沸点增高,使得诱导期过程中反应体系的回流温度 T_R 增高.这对关键中间体的形成是动力学有利的因素。二是由于不饱和酯的氢硅化的关键步骤,或称动力学的速度控制步骤(RDS),在于由 π 键合的中间体$[Pt(H)(L)_3($ C=C $)(SiR_3)]^-$,称为关键中

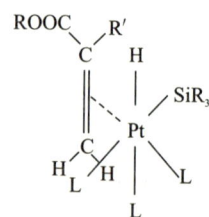

Fig. 1 The structure of key medium $[Pt(H)(L)_3($ C=C $)(SiR_3)]^-$

间体(Fig.1),向 σ 键合的中间体[Pt(L)$_4$(R″)(SiR$_3$)]$^{2-}$ 的转化,即关键中间体的 H 转移.那么当其酯基增大时,有利于烯键对于中心离子 Pt(Ⅳ)络合的不对称化,即有利于烯键的活化,而促进 H$^{δ-}$ 的转移过程的完成.

2. 基团效应对氢硅化产物异构体比率的影响

在丙烯酸酯类氢硅化的反应产物中有两种异构体:β-硅基酯和 α-硅基酯。我们通过化学分解法和^{1}HNMR 谱的全积分处理法[3],分别得到以上两种异构体在反应产物中的比率(Tab.4),

Tab. 4 Ratio of isomers in the adduct of the hydrosilylation

Adduct	β-adduct		α-adduct	
	Chemical analysis	^{1}H NMR analysis	Chemical analysis	^{1}H NMR analysis
C$_5$H$_{10}$O$_2$Cl$_2$Si	37.6	36.9	62.5	63.1
C$_6$H$_{12}$O$_2$Cl$_2$Si	45.2	44.7	55.8	55.3
C$_8$H$_{16}$O$_2$Cl$_2$Si	64.5	64.2	35.5	35.8
C$_6$H$_{12}$O$_2$Cl$_2$Si	72.0	72.3	28.0	27.8
C$_7$H$_{14}$O$_2$Cl$_2$Si	75.7	75.1	24.3	24.9
C$_9$H$_{18}$O$_2$Cl$_2$Si	78.8	79.0	21.2	21.0

Tab.4 表明不饱和酯的氢硅化中,其酯基的增大可使 β-加成物比率增加;尤其是在丙烯酸骨架上接上甲基之后,即甲基丙烯酸酯相对于丙烯酸酯,可使 β-加成物增加更为显著。这是由于其酯基的增大或丙烯酸骨架上引入甲基,都将使不饱和双键对于催化活性中心 Pt(Ⅳ)络合的不对称化,促进形成如 Fig.2 的[Pt(L)$_4$(R″)(SiR$_3$)]$^{2-}$ 中间体中 b 物种,进而形成 β-加成产物。

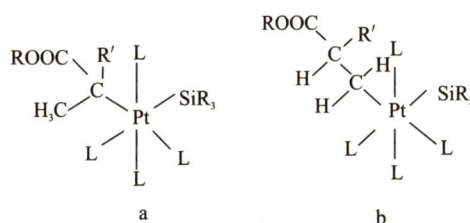

Fig. 2 The structure of medium
$$[Pt(L)_4(R'')(SiR_3)]^{2-}$$

实验事实一致表明:关键中间体的 H 转移是动力学速度控制步骤(RDS)。于是在这一步骤中,不饱和酯的基团效应不仅影响氢硅化反应活性,而且还直接影响反应产物中异构体比率。

波谱分析中得到于新生、林瑞霞等的协助,在此谨表谢意。

参考文献

[1]洪满水,赵玉风等,高等学校化学学报,**4**(1983),735~738.

[2]林旭,洪满水,第三届全国物理有机会议论文摘要,1987,苏州.

[3]丁新生,丁鹭毅等,波谱学杂志,(1986),348~353.

Effect of Group on Hydrosilylation of Acrylic Acid Ester Series

Xu Lin，Man-Shui Hong，Qi-Rui Cai

（Dept. of Chem. ）

Abstract

In this paper，influence on reaction activity，and ratio between isomers in hydrosilylation of acrylic acid ester ceries had been systematically investigated by α-Me and OR group. When there is an α-Me on the skeleton structure of acrylic acid ester，the reaction activity of hydrosilylation decreases greatly，but the ratio of β-adduct rises obviously. However，when there is the same group on the skeleton structure，the reaction activity of hydrosilylation and the ratio of β-adduct increase with the OR. group. The structurc of the key medium in the mechanism of hydrosilylation was also suggested.

Key words Hydrosilylation　Acrylic acid ester scries

■ **本文原载:**《分子催化》第 2 卷第 1 期(1988 年 3 月),第 56～59。

光电子能谱研究甲酸和乙酸
在预氧化的铁表面上的吸附和分解[*]

张兆龙　蒋安北[①]　区泽棠　蔡启瑞

（厦门大学化学系,厦门）

研究小分子羧酸在过渡金属和金属氧化物表面上的吸附和分解,可提供有关反应途径和过渡吸附态的丰富信息[1-2]。Trillo 等[3]对甲酸在金属氧化物上分解作了较系统的研究。我们利用 XPS 方法研究了甲酸和乙酸在多晶铁表面上的吸附和分解[4],表明在低酸覆盖度时,铁表面具有较强断裂 C-O 键能力,生成 RCO (a);增大覆盖度时,则主要生成 RCOO (a)。本文报导利用 XPS 方法研究甲酸和乙酸在预氧化的铁表面上吸附和分解的结果。

使用英国 V. G. 公司生产的光电子能谱仪(ESCALAB MK Ⅱ 型),X-射线源为 ALKα,C_{1s} 和 O_{1s} 峰的通过能为 20 eV。高纯铁(英国 Metals Research ltd. 产品)在 1.33×10^{-4} Pa 的 O_2 气氛中加热到 573 K,停留 15 分钟后,退火,用 XPS 测定此时表面组成为 Fe_2O_3。甲酸和乙酸均为分析纯,吸附前经多次液氮冷却—排气—解冻方法纯化处理,氧气经液氮冷却净化。表面物种原子浓度按 Roberts-Carley[5]方法计算。

图 1 表明乙酸在预氧化铁表面上吸附和分解的 C_{1s} 和 O_{1s} 谱图,C_{1s} 谱图有两个峰,结合能分别在 285.2 eV 和 289.0 eV,而且两个峰的峰面积近似相等;O_{1s} 谱图主峰在 530.5 eV,对应晶格氧 O^{2-} 的 O_{1s} 峰,在 532.0 eV 附近有一较宽的肩峰,解谱后求得其半峰宽约为 2.2 eV,说明是多种氧物种的贡献。由于乙酸中甲基碳和羧基碳的 C_{1s} 峰结合能分别位于 285.2 eV 和 289.0 eV,羧基氧和羟基氧的 O_{1s} 峰位于 532.0 eV 附近,所以我们推断乙酸在预先氧化了的铁表面上吸附过程为:

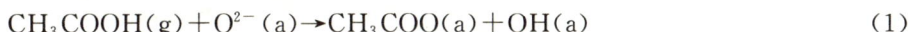

$$CH_3COOH(g) + O^{2-}(a) \rightarrow CH_3COO(a) + OH(a) \tag{1}$$

285.2 eV 和 289.0 eV 的两种碳原子浓度之和与 532.0 eV 的氧原子浓度之比约为 2:3,这与方程式(1)吻合。因此可以认为,乙酸在预氧化了的铁表面上的吸附实质上就是表面酸碱中和反应。样品加热到 700 K 时,289.0 eV 的 C_{1s} 峰和 532.0 eV 的 O_{1s} 峰明显减小,而 285.5 eV 附近有一较宽的 C_{1s} 峰。这可能是由于 CH_3COO (a)断裂 C-O 键和 C-C 键,生成 $CH_x(a)$、$CH_xO(a)$、CO (g)和 $CO_2(g)$的结果。

图 2 为甲酸在预氧化的铁表面上的吸附和分解过程的 C_{1s} 谱图,有两个 C_{1s} 峰,结合能分别在 285.6 eV 和 289.1 eV,289.1 eV 的 C_{1s} 峰对应 HCOO (a),吸附过程与乙酸相应情况一样:

$$HCOOH(g) + O^2(a) \rightarrow HCOO(a) + OH(a) \tag{2}$$

我们研究甲酸在洁净铁表面上的吸附结果表明[4],低覆盖度时,洁净铁具有断裂 C-O 键能力,生成 HCO (a),其 C_{1s} 结合能为 285.5 eV。Lüth 等[6]利用 UPS 研究甲酸在 ZnO (HOO)表面分解,发现甲酸分解生成的吸附态与 $CO+H_2$ 共吸附时的表面物种类似。我们进行甲醇和甲醛在铁表面上吸附的研究结果表明,与单个氧原子键合的碳物种,其 C_{1s} 峰位于 285.5 eV 附近。甲酸在氧化铁表面上断裂其 C-O 键是不容易的,但对于预先氧化的铁表面(Fe_2O_3 Fe),由于体相金属铁可以提供电子给表面,有利于甲酸

---

[*]　1987 年 11 月 10 日收到初稿。1987 年 12 月 11 日收到修改稿。

中国科学院青年奖励研究基金课题。

[①]　厦门大学测试中心。

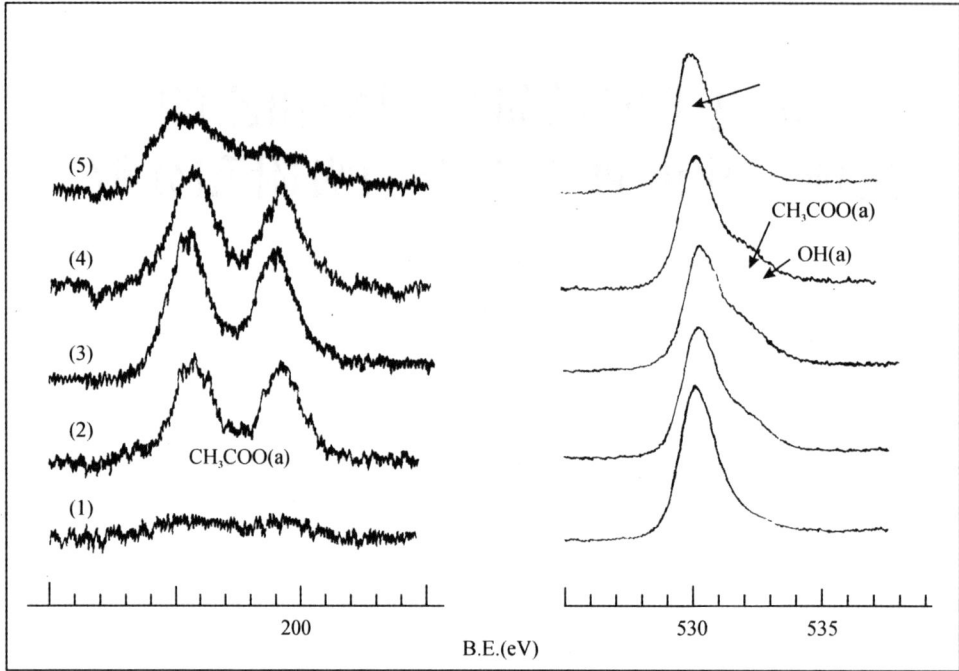

图1 乙酸在预氧化铁表面上吸附和分解的 C_{1s} 和 O_{1s} 谱图

Fig. 1 C_{1s} and O_{1s} spectra for adsorption of acetic acid on preoxidised iron surface at 300K followed by warming to 700K.

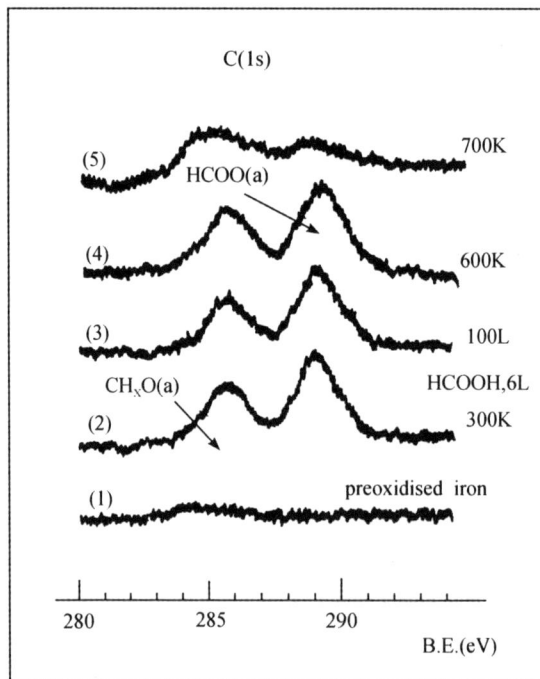

图2 甲酸在预氧化氧化铁表面上吸附和分解的 C_{1s} 谱图

Fig. 2 C_{1s} spectrum for adsorption of formic acid on preoxidised iron surface at 300K followed by warming to 700K.

断裂其 C-O 键。因此，我们推断图 2 中 285.0 eV 的 C_{1s} 峰对应甲酸断裂其中一个 C-O 键后的吸附态 CHxO(a)。样品加热到 700 K 时，285.4 eV 附近有一较宽 C_{1s} 峰，289.1 eV 的 C_{1s} 峰明显减小。表明 HCOO(a)断裂 C-O 键和 C-H 键生成 CHxO(a)、CHx(a)、CO(g)和 CO_2(g)。

参考文献

[1] M. A. Barreau，M. Bowker and R. J. Madix. Surface Science，**94**(1980)，303～322.

[2] G. R. Schoofs and I. B. Benziger. Surface Science，**143**(1984)，359～368.

[3] J. M. Trillo，G. Munuera and J. M. Criado，Catalysis Reviews，**7**(1972)，51～86.

[4] 张兆龙，博士研究生论文报告会，论文摘要集(1987 10)A-16.

[5] C. T. Au，et al.，Int. Rev. Phys. Chem.，**5**(1986)，75～87.

[6] H. Luth，G. W. Rubloff and W. D. Grobman. Solid State Communications，**18**，1427～1430.

XPS Studies of Formic Acid and Acetic Acid Adsorption and Decomposition on Preoxidised Iron Surfaces

Zhao-Long Zhang，An-Bai Jiang，C. T. Au，K. R. Tsai

(Dept. of Chemistry，Xiamen University，Xiamen)

Abstract

XPS has been applied to study the interactions of formic and acetic acids with preoxidised iron surfaces. Exposure of the surface to acetic acid at 300K would result in two C_{1s} peaks of similar intensities at 285.2 eV and 289.0 eV B. E. (Binding-Energy). AnO、component with FWHM about 2.2 eV was also observed at 532.0 eV B. E. It was suggested that CH_3COOH adsorbed as CH_3COO(a) and OH(a) on the surface according to surface acid-base interaction：

$$CH_3COOH(g)+O^{2-}(a)\xrightarrow{300\ K}CH_3COO(a)+OH(a) \quad\cdots\cdots\cdots\cdots\cdots\cdots (1)$$

The above mechanism was strongly supported stoichiometrically，using the Roberts-Carley equation for surface concentration calculations.

When a preoxidised iron surface was exposed to formic acid at 300K，two C_{1s} peaks at 285.6 eV and 289.1 eV B. E. were clearly observed. The C_{1s} peak at 289.1 eV B. E. was attributed to HCOO(a). Its formation mechanism also belongs to the kind of surface acid-base interaction：

$$HCOOH(g)+O^{2-}(a)\xrightarrow{300\ K}HCOO(a)+OH(a) \quad\cdots\cdots\cdots\cdots\cdots\cdots (2)$$

The other C_{1s} peak at 285.6 e V was proposed to be CH_xO(a). It was formed when one of the C^*-O bonds of surface formate was broken. Such step was facilitated on an oxidised surface by electron transfer from the bulk metal iron to the oxidised surface.

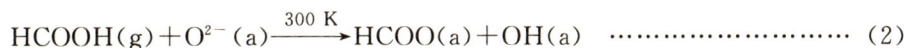

■ 本文原载：Catalysis Letters 3(1989)pp. 129～142.

LR Spectroscopic Study of Chemisorbed Dinitrogen Species on Ammonia Synthesis Iron Catalysts[*]

Hong-Bin Zhang，K. R. Tsai

(Department of Chemistry and Institute of Physical Chemistry,
Xiamen University, Xiamen 361005, China)
Submitted 10 March 1989；accepted 6 June 1989

Abstract　The results of the LRS study of N-containing chemisorbed species on the promted iron catalyst for ammonia synthesis have further substantiated the existence of two species of $N_2(a)$ as the dominant N-containing chemisorbed species under the functioning catalyst conditions. A model of active site, as 3-Fe cluster on (111) or (211) surface of α-Fe, and two modes of multinuclear coordination activation for the observed two species of $N_2(a)$ were proposed. It was further illustrated from reaction energetics that the mechanism of the dominant reaction pathway for ammonia synthesis/ decomposition may be associative, rather than dissociative.

Ammonia synthesis iron catalysts，Raman spectroscopy

1. Introduction

Chemisorbed species of dinitrogen, $N_2(a)$, are among key intermediates in ammonia synthesis over iron catalysts. Knowledge about their nature and relative abundances on the functioning surface of iron catalysts has significant implications concerning the nature of the active site of the catalyst and the general understanding of the reaction mechanism of ammonia synthesis/decomposition.

The existence of chemisorbed species of $N_2(a)$ and its partially hydrogenated derivatives, $N_2H(a)$, etc., has been inferred by many investigators. Schmidt[1] showed that the FM spectra of an iron tip, treated at 200℃ with NH_3, indicated the presence of $N_2H_x^+$ as some of the major species；Brill et al. [2] observed the IR spectra of chemisorbed species which were assigned to a hydrazine-like surface species； Morikawa and Ozaki[3] observed that chemisorbed $^{30}N_2(a)$ on iron catalysts could be displaced with gaseous $^{28}N_2$ at 380℃；and more recently, the presence of adsorbed molecularly $N_2(a)$ on iron catalysts was inferred by Toyoshima[4] from his thermal-desorption rate experiment and the exchange reaction rate between $^{28}N_2$ and $^{30}N_2$ on promoted and unpromoted iron catalysts at 350－450℃ in the presence of

───────────────

＊　The work was supported by a grant from the National Natural Science Foundation of China；parts of the work were presented at 24th ICCC (Athens,1986).

H_2.

Chemisorption of N_2 on single-crystal and polycrystalline iron surface at low temperature has been extensively studied by means of photoemission spectroscopy[5,6], XPS and UPS[7]. The results indicated the existence of a molecularly chemisorbed $N_2(a)$ species as a precursor of atomically chemisorbed $N(a)$ species, and gave a reasonable mechanistic interpretation of the dissociative chemisorption of $N_2(a)$ on α-Fe at low pressure in the absence of H_2. More recently, Whitman et al. [8] studied the adsorption of N_2 on K-precovered Fe(111) at 74 K with HREELS and TDS and found that low coverages of K caused an increase in the maximum population of α-$N_2(a)$.

According to Ertl[9], chemisorbed $NH(a)$ began to decompose into $N(a)$ and H_2 at 120℃, and the surface concentration of $N(a)$ on α-Fe(111) exposed to the flowing stream of $N_2/3H_2$ at 310℃ and near atmospheric pressure appeared to be very small.

Thus, the assumption of either $N(a)$ or $NH(a)$ as the major chemisorbed species on ammonia synthesis iron catalysts remains to be justified, as has been pointed out by us[10], and the explanation of the known reverse deuterium isotope effect of the ammonia synthesis reaction, first observed by Ozaki, Taylor and Boudart[11] and later confirmed by many other investigators, on the dissociative reaction mechanism and thermodynamic ground is open to question[10]. Formal kinetic study is not a good criterion for discriminating between the two possible mechanistic interpretations, dissociative and associative, because kinetic equations derived from them may be quite similar. For the resolution of the mechanistic controversies, in-situ measurements of the relative abundances of $N(a)$, $NH(a)$, and $N_2(a)$ under ammonia synthesis reaction conditions are needed.

Recently, the in-situ LRS studies in our lab[12] and in Schrader's lab[13] provided new information about the nature of the surface species involved in iron-hydrogen, iron-nitrogen, and nitrogen-nitrogen bondings; the results showed that, under the reaction condition of 400～450℃ and atmospheric pressure for ammonia synthesis/decomposition, the observable chemisorbed species in either case appear to be two species of $H(a)$ and two species of $N_2(a)$ rather than $N(a)$ or $NH(a)$. In the present work, behavior of these $N_2(a)$ species on the functioning surface of an industrial double-promoted iron catalyst for ammonia synthesis, A_{110-3}, is further investigated in-situ by means of LRS at 400 − 450℃ and atmospheric pressure in stationary gaseous systems of $1N_2/3H_2$ and $10 N_2/1H_2$ and flowing gaseous system of $1N_2/3H_2$ at various space velocities. The results are discussed together with the nature of active site of the iron catalyst and the model(s) of coordination-activation of $N_2(a)$, as well as reaction energetics and the dominant reaction pathway of ammonia synthesis/decomposition.

2. Experimental

The sample of a typical double-promoted fused-iron catalyst, A_{110-3}, for industrial ammonia synthesis was used in this investigation. Prior to obtaining the Raman spectra, samples underwent a reduction pretreatment in a controlled-atmosphere quartz cell, such as described previously[12,13], using a flow of purified H_2 at atmospheric pressure at 120℃ for 2 h, 250℃ for 2 h, 350℃ for 8 h, and finally 450℃ for a minimum of 24 h. The surface area of the reduced catalyst was 15 m^2/g.

Raman spectra of chemisorbed species on the catalyst were taken by exposing the samples to flowing or static H_2, N_2, $1N_2/3H_2$, or $10N_2/1H_2$. The N_2 and H_2 used in this study was research grade. The gases were further purified by passing them through a Deoxo purifier and a molecular sieve trap.

A Spex Ramalog-6 laser Raman spectrometer was used. The 514. 5 nm line from a Spectra Physics Model 164 argon ion laser was used as the excitation source with an intensity of about 300 mW measured at the source. Slit width settings correspond to a resolution of 4 cm^{-1}. The spectrometer was interfaced with a Datamate system for recording spectra. The setting of samples made the angle of collection of Raman radiation 90°. The reduction of the catalyst samples and chemisorption experiments, as well as Raman spectra measurements, were conducted in-situ. The details about the experimental procedure had been described in the previous paper[12].

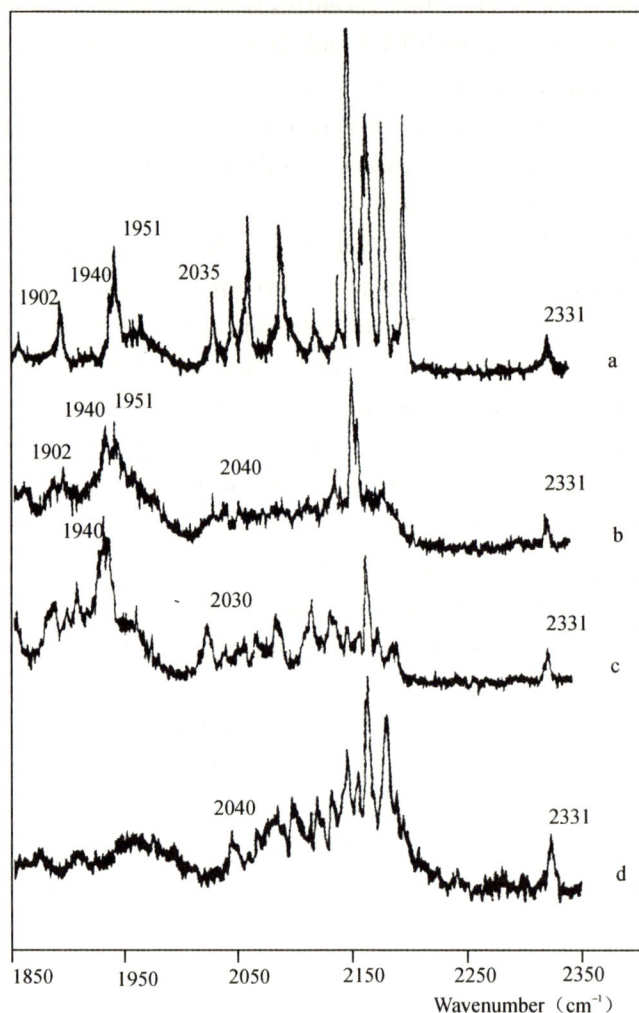

Fig. 1　Raman spectra（obtained at room temperature）of adspecies on the promoted iron catalyst A$_{110-3}$:

　　a）after ammonia synthesis at 450℃ in a flow of 1N$_2$/3H$_2$ for 8 h；

　　b）followed after la) by exposure to a flow of 10N$_2$/1H$_2$ at 450℃ for 15 min；

　　c）heating after lb) to 450℃ statically in the remaining atmosphere of 10N$_2$/1H$_2$ for additional 20 min；

　　d）followed after lc) by exposure to a flow of purified N$_2$ at 450℃ for 20 min.

3. Results and discussion

3.1　RAMAN SPECTRA OF N-CONTAINING CHEMISORBED SPECIES

　　In fig. la is shown the Raman spectrum of adspecies in the region of 1850－2350 cm^{-1} on the functioning iron catalyst after 8 h of ammonia synthesis at 450℃ and then cooling to room temperature, in which conspicuous Raman peaks were observed at 1902, 1940, 1951, 2035, 2160, and 2331 cm^{-1}. This spectrum was consistent with the results reported previously by Liao et al.[12] and by Zhang and Schrader[13]. The peak at 2331 cm^{-1} was due to free gaseous N_2 existing in the atmosphere associated with the sample compartment region of the spectrometer; this peak may conveniently be used as a reference. The peaks at 1902 and 1951 cm^{-1} may be ascribed to Fe-H stretches due to two H(a) species, and the peaks at 1940 and 2035 cm^{-1} were assignable to N$\equiv$N stretches due to two N_2(a) species, as have been proposed previously[12,13].

In order to make the concentration of N_2(a) species on the surface as high as possible in favor of spectroscopic measurement, a sample of A_{110-3}, which had worked under reaction conditions of ammonia synthesis for 8 h, was exposed to a flow of $10N_2/1H_2$ gaseous mixture for 15 min, and subsequently cooled down to room temperature as rapidly as possible for acquisition of spectrum. The resulting spectra were shown in fig. 1b and 2a, in which the intensity of the peak at 1940 cm^{-1} was obviously enhanced and, meanwhile, two new peaks appeared at 1150 and 895 cm^{-1}. On continuing to heat this sample statically in the remaining atmosphere of $10N_2/1H_2$ to 450℃ for additional 20 min, the Fe-H peaks at 1951 and 1902 cm^{-1} were dramatically weakened, finally disappeared; on the other hand, the N$\equiv$N stretch peaks at 2030 cm^{-1}, especially at 1940 cm^{-1}, became stronger, as shown in Figure 1c. This reflected the depletion of H(a) on the surface of the catalyst and was consistent with the composition of the feed gaseous mixture with a high ratio of N_2 to H_2 (10:1 v/v). Interestingly, the 1940 cm^{-1} peak vanished after this sample was exposed to a flow of purified N_2 at 450℃ for 20 min (fig. 1d); meanwhile, the peak at 895 cm^{-1} was also weakened but the intensity of 1090−1150 cm^{-1} region was somewhat enhanced (fig. 2b), indicating nitridation of the surface.

Note that the Raman peaks at 895 cm^{-1} and 1090−1150 cm^{-1} region have been assigned by Zhang and Schrader[13], according to the recent LRS study of NH_3/Fe systems, to Fe-N stretches of two species, NH(a) and N(a), respectively. However, the two peaks were absent both in the spectrum taken in-situ on this catalyst working under the reaction conditions for ammonia synthesis at 400−450℃ and atmospheric pressure in flow of $1N_2/3H_2$ gaseous mixture (fig. 2c) and in that taken after cooling to room temperature (fig. 2d). This result is noteworthy: it indicates that N(a) and NH(a) were present in detectable surface concentrations only when the catalyst was exposed to N_2 containing a small amount of H_2; while, neither N(a) nor NH(a) was detectable on the functioning surface of the catalyst under reaction conditions of ammonia synthesis at 400−450℃ and atmospheric pressure.

A satisfactory assignment for the peaks in 2060−2250 cm^{-1} region observed statically at room temperature can not be made at present (although N$\equiv$N stretch peak of weakly adsorbed N_2(a) at some sites of the inhomogeneous surface were expectable to occur in this region); these peaks did not occur in the dynamical spectra taken in-situ at high temperature under the functioning catalyst conditions.

It is also interesting to note the dependence of the peak intensity on the space velocity of $1N_2/3H_2$ feed gaseous mixture. It is conceivable that enhancing the s. v. of the feed gaseous mixture could be expected to make the ammonia synthesis reaction system further removed away from the equilibrium state, resulting in enhancement of steady concentration of intermediate species before the r. d. s. on the catalyst surface, and, at the same time, in decreasing that of intermediate species behind the r. d. s.. Such behavior was shown in fig. 3, where the 1940 cm^{-1} peak appeared only as a shoulder near to the strong Fe-H peak at 1951 cm^{-1} when the GHSV of the feed gaseous mixture was 12000 ml $1N_2/3H_2$ at 25℃ and atmospheric pressure/ml catalyst-h (fig. 3a), and became a distinct peak when the GHSV used was 18000 ml $1N_2/3H_2$ at 25℃ and atmospheric pressure/mL catalyst-h (fig. 3b). Such dynamical spectral behavior indicated that the N_2(a) species concerned with 1940 cm^{-1} peak was probably intermediate

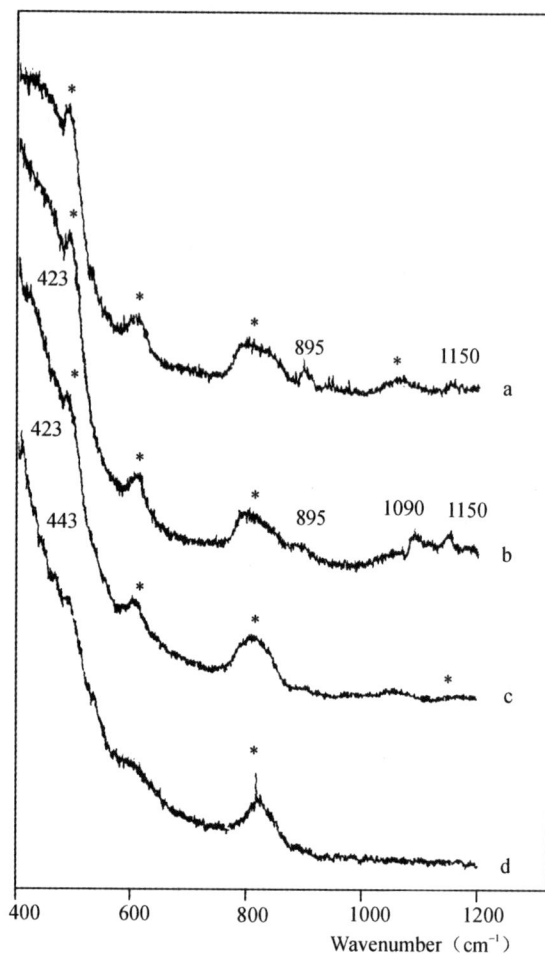

Fig. 2 Raman spectra of adspecies on the promoted iron catalyst A_{110-3} :

a) taken under the same conditions as 1b);

b) taken under the same conditions as 1d);

c) functioning for ammonia synthesis at 450℃ and atmospheric pressure in $1N_2/3H_2$ feed gaseous mixture;

d) followed after 2c) by cooling to room temperature.

(Raman peaks marked with star (*) at 1060, 800, 602, and 491 cm^{-1} were due to the quartz cell; no Raman peak due to the catalyst in the regions of 400—1200 and 1850—2350 cm^{-1} was observed).

species before the r. d. s.

The experimental results described above and in the previous papers[12-14] show that, under the reaction conditions of ammonia synthesis, the surface concentrations of N(a) and NH(a) are both below the detectable limit of the Raman spectroscopy, which can be observed only when the catalyst was exposed to pure N_2 (in the presence of trace of chemisorbed H(a)), or to $10N_2/1H_2$ in our experiments, and that the molecularly chemisorbed N_2(a) species, with the corresponding $\nu_{N\equiv N}$ (Raman) at 2040 and 1940 cm^{-1} and ν_{Fe-N} at 423 and 443 cm^{-1}, respectively (see fig. 3), appear to be the most abundant N-containing adspecies on the surface of the functioning catalyst, in our opinion, also the dominant *reactive* N-containing species on the surface before the r. d. s. of the ammonia synthesis reaction.

3. 2 NATURE OF ACTIVE SITE AND DOMINANT REACTION PATHWAY

The observed large reduction in N≡N stretch frequency from 2331 cm^{-1} for free N_2 to 2040 or 1940

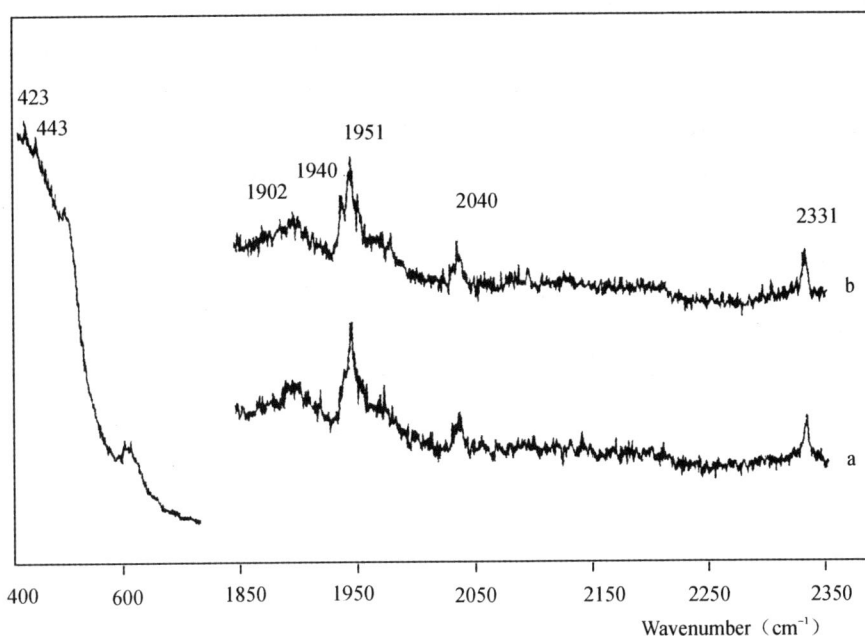

Fig. 3　Raman spectra of species adsorbed on the promoted iron catalyst A_{110-3} taken in-situ at 450℃ and atmospheric pressure; variation in $1N_2/3H_2$ flow rates (ml $1N_2/3H_2$ 25℃, 1 atm/ml catalyst-h): (a)12000; (b)18000.

cm^{-1} for N_2(a) seems to indicate multinuclear coordination-activation of the N≡N triple bond. Thus, it may be inferred that the active site must be ensemble consisting of several iron atoms, probably with proper cluster structural form, and must be able to provide certain mode(s) for effective activation of N_2 molecule through multinuclear coordination. One may argue that the active sites might be surface defects, or steps and kinks sites, so small in number that the reactive adspecies on these sites might not be detectable by means of IR or Raman spectroscopy. However, this argument seems to be untenable in view fo the very pronounced structure sensitivity of ammonia synthesis reaction over iron catalyst, as evidenced by the experimental fact that the α-Fe(111) surface plane exhibits the highest activity[15] and the highest rate of N_2 chemisorption[5], that the catalytic activity actually decreases, rather than increases, with increasing dispersion[16], and that, even in the presence of promoter atoms (K), there is still a marked anisotropy in the ammonia synthesis activity of iron single-crystal planes[17,18]. The recent in-situ X-ray diffractometry investigation, carried out by Rayment et al.[19], showed that, even though in the case of the real (promoted) iron catalyst, in addition to a new, rather broad, peak at $2\theta\sim25°$, which appeared irrespective of whether the reduction of the catalyst was carried out, the characteristic X-ray diffraction peak at $2\theta\sim45°$ for α-Fe(110) spacing (0.5×4.05 Å) remains observable and identifiable, although this peak was considerably broadened, probably due to paracrystallinity of the catalyst under reaction conditions and the presence of dissolved hydrogen or internally adsorbed hydrogen (H). This indicated that the promoted catalyst possesses essentially no long-range atomic order, but microcrystalline particles of α-Fe (about 20 Å diameter) may still exist, with the requisite Fe_x-cluster ensemble for effective coordination-activation of N_2.

In view of the results reported recently by Somorjai et al.[20] that the α-Fe(211) surface is almost as active as the α-Fe(111) surface, to first approximation, an active site may be regarded as a 3-Fe cluster as that on (111) or (211) surface (shown in fig. 4a), with each of the 3-Fe within bonding distance to the N_2(a). From known data of N≡N bond length and vibrational frequencies in some N_2-complexes, the N-N bondlength of the observed two major $N_2(a)$ species may be estimated from 1.098 Å for free N_2 to be extended to 1.15 Å. The Raman peak wavenumber 2040 cm^{-1} is close to the IR peak wavenumber 2050 cm^{-1} for $\nu_{N\equiv N}$ of $N_2(a)$ on Fe/MgO observed by Tamaru et al.[21], thus this 2040 cm^{-1} Raman peak has probably arisen from a $N_2(a)$ species chemisorbed on the catalyst A_{110-3} in a mode similar to that of the $N_2(a)$ species on Fe/MgO. Since this vibrational mode ($\nu_{N\equiv N}=2040$ cm^{-1}) appears to be both Raman and IR active, it is attributable to an unsymmetrical single-end-on, or single-end-on plus-side-on, coordination mode on α-Fe surfaces, including some of the Fe atoms constituting the ammonia-synthesis active sites. In contrast with the case of 2040 cm^{-1} peak, no distinct and identifiable IR band for $N_2(a)$ around 1940 cm^{-1} has been reported so far, thus this Raman-active vibrational mode is probably IR inactive, pending further in-situ FT-IR confirmation. Thus, this may be ascribed to a flat-lying double-end-on, or double-end-on-plus-side-on, supported-bridge type coordination mode, as inferred previously by us[10,12,14]. These two modes (symbolically expressed as γ′ and α′ suggested above for the two observed species of $N_2(a)$ are shown diagrammatically in fig. 4. It is interesting to note that the flat-lying mode (Mode Ⅱ) is quite similar to that of the μ_3-$N_2(\eta^2)$ in the Ti$_4$-complexes reported by Pez et

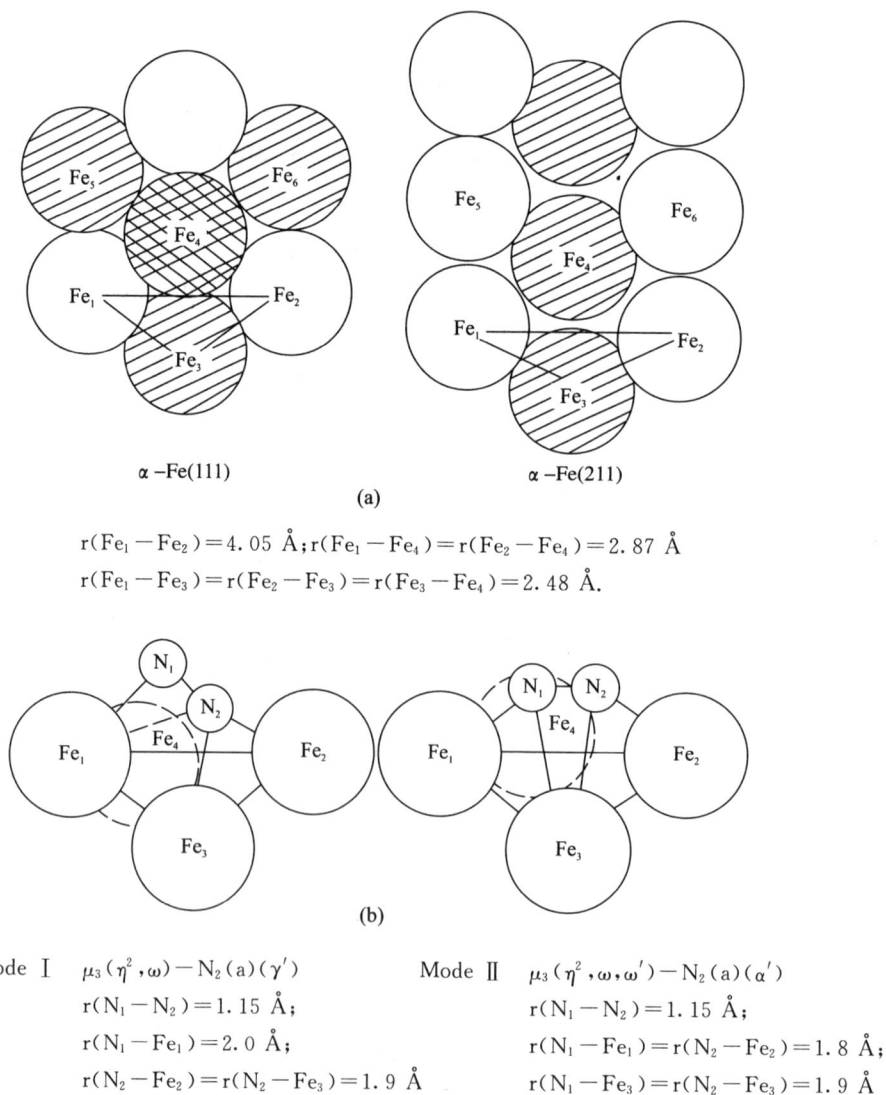

α-Fe(111) α-Fe(211)

(a)

$r(Fe_1-Fe_2)=4.05$ Å；$r(Fe_1-Fe_4)=r(Fe_2-Fe_4)=2.87$ Å
$r(Fe_1-Fe_3)=r(Fe_2-Fe_3)=r(Fe_3-Fe_4)=2.48$ Å.

(b)

Mode Ⅰ $\mu_3(\eta^2,\omega)-N_2(a)(\gamma')$ Mode Ⅱ $\mu_3(\eta^2,\omega,\omega')-N_2(a)(\alpha')$
$r(N_1-N_2)=1.15$ Å； $r(N_1-N_2)=1.15$ Å；
$r(N_1-Fe_1)=2.0$ Å； $r(N_1-Fe_1)=r(N_2-Fe_2)=1.8$ Å；
$r(N_2-Fe_2)=r(N_2-Fe_3)=1.9$ Å $r(N_1-Fe_3)=r(N_2-Fe_3)=1.9$ Å

Fig. 4 The vertical view of the proposed 3-Fe cluster active site on α-Fe (111) or (211) surface and the two multinuclear coordination modes proposed for the observed chemisorbed N_2-species：$\mu_3(\eta^3,\omega)$-N_2 and $\mu_3(\eta^2,\omega,\omega')$-$N_2$.

al.[22],and emphasizes a more open cluster-structural active-site with Fe(1) and Fe(2) at a distance of 4.05 Å as a key structural parameter for double-end-on coordination of α'-$\underline{N_2}$ to the active site of ammonia synthesis iron catalysts. This is also in accord with the known surface-structural sensitivity. The favorable coordination activation of such a model is also supported by an approximate quantum-chemical calculation[23].

The results described above, together with the known inverse deuterium isotope effect[11] and stoichiometric number[24], favor an associative mechanism for the dominant reaction pathway of ammonia synthesis over the iron catalyst, with partial hydrogenation of N_2(a) as r. d. s., which can easily interpret the inverse deuterium isotope effect on kinetic ground without resort to the arbitrary assumption of NH(a) and/or N(a) being the most abundant reaction intermediate. The low surface concentration of N(a) with $1N_2/3H_2/\alpha$-Fe does indicate that the formation of N(a) by dissociative chemisorption is slower than the hydrogenation of N(a), but this does not exclude the possible existence of a parallel reaction pathway, an associative reaction pathway with hydrogen-assisted dinitrogen dissociation, as the dominant pathway.

As pointed out previously, under the actual reaction conditions of ammonia synthesis, the situation of the real surface of the catalyst is quite different from that of surface under high vacuum conditions, because of the "pressure gap"[25] and the presence of large amount of H(a)[26], as evidenced by the fact that industrial ammonia synthesis iron catalysts can operate for years without much deactivation, whereas iron catalysts, when exposed to $1N_2/3H_2$ at low pressure ($\leqslant 10^{-6}$ Torr), rapidly deactivate due to formation of surface nitride[25]. On a functioning catalyst surface in the presence of considerable amounts of H(a) and other chemisorbed species, reorientation of γ-N_2(a) to α'-$\underline{N_2}$(a) or γ''-$\underline{N_2}$(a) may require higher activation energy than in the case of $\underline{N_2}$(a) on bare surface; while on the other hand, it would facilitate partial hydrogenation of the N_2(a) by transfer of H(a) to the exo-N probably with accompanying formation of additional Fe-N bonding, so as to partially stabilize the highly unstable reaction intermediate, $\underline{N_2}$H(a), and to lower the activation energy barrier of the key initial-step of partial hydrogenation. Consequently, before undergoing dissociation, these N_2(a), flat-lying, especially the inclinedly mounting, species may have plenty of chances to react with certain H(a), probably $H^{\delta+}$(a), to form N_2H(a) or N_2H_2(a) as a r. d. s., followed by rapid hydrogen-assisted-dissociation to $\underline{N}$(a)+$\underline{N}H_2$(a), or $\underline{N}$H(a)+$\underline{N}$H(a), or $\underline{N}$H(a)+$\underline{N}H_2$(a), or $\underline{N}$H(a)+$\underline{N}H_3$(a), finally, to $2NH_3$. Note that, with cluster-structural model, $\underline{N_2}$H(a) and $\underline{N_2}H_2$(a) are not restricted to coordinate single-end-on. A double-end-on mode would remove the objection that the formation of these highly unstable intermediates, $\underline{N_2}$H(a) and $\underline{N_2}H_2$(a), is energetically unfavorable. Based upon relevant bonding energies listed in table 1, a potential energy diagram for ammonia synthesis on iron catalysts corresponding to the dominant reaction pathway is constructed in fig. 5.

In the case of ammonia decomposition, as proposed by Zhang and Schrader[13], reaction pathway going through combination of two non-mobilized N(a), which is situated at a "dead-valley" of the potential energy diagram (Figure 5) and known to be stable to pumping at a temperature as high as 310℃[9], to form $\underline{N_2}$(a) is apt to be considerably less favorable energetically than an alternative reaction pathway going through combination of $\underline{N}H$(a) with $\underline{N}H_3$(a) to form HNNH_3(a) or of two less firmly localized $\underline{N}H$(a) to form HNNH(a), followed by rapid dehydronation of these species and desorption of $\underline{N_2}$(a) and H_2(a), or $2H_2$(a). The $\underline{N}H$(a)+$\underline{N}H_3$(a) pathway is analogous to the reaction pathway of ammonia decomposition on polycrystalline tungsten proposed by Steinbach et al.[27], and the $\underline{N}H$(a)+NH(a) pathway analogous to the easy combination of $\underline{C}H_2$(a) and $\underline{C}H_2$(a), while the difficult combination of N(a) and $\underline{N}$(a) analogous to the difficult recombination of $\underline{C}$(a) and $\underline{O}$(a) in syngas

395

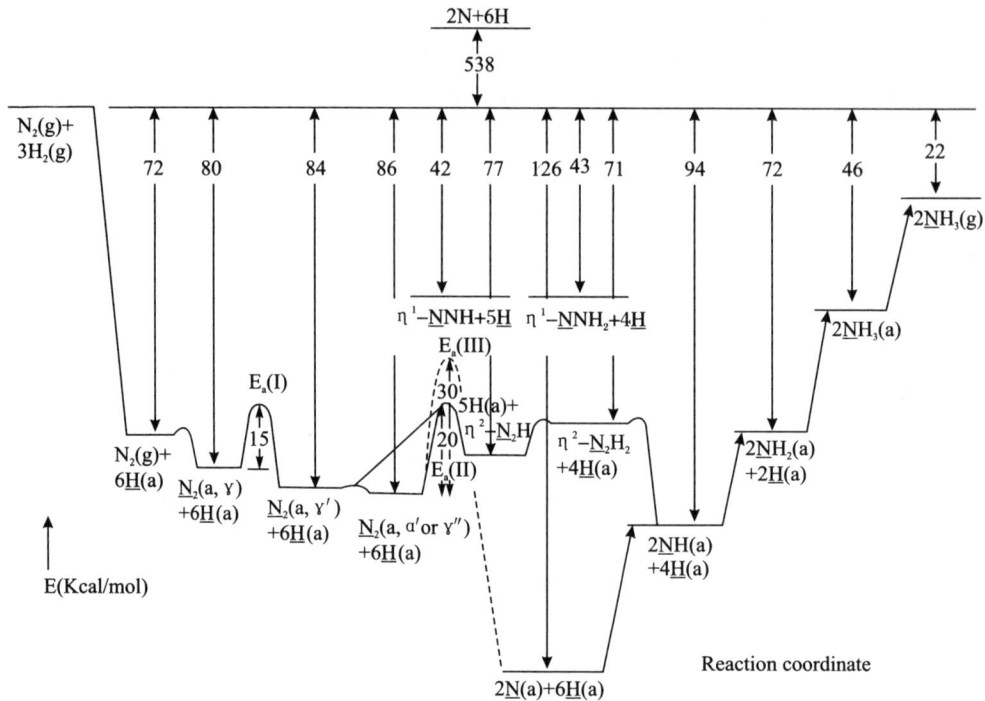

Fig. 5 A potential energy diagram for ammonia synthesis on iron catalysts
with the associative mechanism as the dominant reaction pathway.

reactions on metal surfaces.

Table 1 Bonding energies (in kcal/mol) for estimation of the potential energy diagram for ammonia synthesis on iron catalyst

N≡N	226	Fe-[$\underline{H}$(a)]	64	Q_{ad}[$\underline{N}_2$(a,γ)]	8 **	Q_{ad}[$\underline{N}_2H_2$(a)]	16 ***
N=N	100	Fe-N[$\underline{N}$(a)]	140 *	Q_{ad}[$\underline{N}_2$(a,γ')]	~12 **	E_a(I)	15 *
N—N	27	Fe-N[$\underline{N}H$(a)]	100 *	Q_{ad}[$\underline{N}_2$(a,α' or γ'')]	14 ***	E_a(II)	20 **
H—H	104	Fe-N[$\underline{N}H_2$(a)]	65 *	Q_{ad}[$\underline{N}$(a)]	140 ***	E_a(III)	30 ***
N—H	93	Fe-N[$\underline{N}H_3$(a)]	12 *	Q_{ad}[$\underline{N}H$(a)]	100 *	E_a(III)	70 ***

$\underline{N}_2$(a,γ')		$\underline{N}_2$(a,α' or γ'')		NNH(η¹)	
Total B. E. =238 ***		Total B. E. =240 ***			
$ν_{N-N}$=2040 cm⁻¹		$ν_{N-N}$=1940 cm⁻¹		Total B. E. =260 *	

$\underline{N}NH(η^2)$		$H\underline{N}N\underline{H}(η^2)$		NNH(η¹)	
Total B. E. =295		Total B. E. =353		Total B. E. =325	

* Ref. [5]; * * ref. [28]; * * * Estimated by means of the BOC Model [29,30], e. g. , $Q_N^0 = 80 [= Q_N/(2-\frac{1}{n})$, n=4]

for $\underline{N}$(a), etc...

References

[1] W. A. Schmidt, Angew. Chem. (Int. Ed.) 7(1968)139.

[2] R. Brill, P. Jiru, and C. Schulz, Z. Phys. Chem. NF 65(1969)215.

[3] Y. Morikawa, and A. Ozaki, J. Catal. 23(1971)97.

[4] I. Toyoshima, Paper presented at 7th ICC Post congr. Symp. on Nitrogen Fixation (Tokyo, 1980).

[5] F. Bozso, G. Ertl, M. Grunze and M. Weiss, J. Catal. **49**(1977)18;**50**(1977)519.

[6] K. Kishi, and M. W. Roberts, Surf. Sci. 62 (1977) 519; D. W. Johnson and M. W. Roberts, Surf. Sci. **87**(1979)L255.

[7] M. Grunze, M. Golze, J. Fuhler and M. Neumann, Proc. 8th ICC(Berlin,1984)Vol. Ⅳ, p. 133.

[8] L. J. Whitman, C. E. Bartosch, W. Ho, G. Strasser and M. Grunze, Phys. Rev. Eett. **56**(1986) 1984.

[9] G. Ertl, Plenary Lecture, in: Proc. 7th ICC (Tokyo 1980)(Elsevier, Amsterdam,1981)Part A, p. 21.

[10] K. R. Tsai, Invited paper, 7th ICC Post Congr. Symp. on Nitrogen Fixation (Tokyo, 1980); Plenary presentation, 2nd China-Japan-USA Symp. on Catalysis (Berkeley,1985).

[11] A. Ozaki, H. Taylor and M. Boudart, Proc. Roy. Soc. London **A258**(1960)47.

[12] Dai-Wei Liao, Hong-Bin Zhang, Zhong-Quan Wang and K. R. Tsai, Sci. Sinica (Series B, Engl.) Vol. XXX (1987) 246; Sci. Sinica (Series B, Chinese) (1986) 673.

[13] Hong-Bin Zhang and G. L Schrader, J. Catal. **99**(1986)461.

[14] Hong-Bin Zhang, Huilin Wan and K. R. Tsai, Book of Abstr. 24th ICCC (Athens,1986) p. 636.

[15] N. D. Spencer, R. C. Schoonmaker and G. A. Somorjai, J. Catal. **74**(1982)129.

[16] J. A. Dumesic, H. Topsoe, S. Khammouma and M. Boudart, J. Catal. **37**(1975)503,513.

[17] D. R. Strongin and G. A. Somorjai, J. Catal. **109**(1988)51.

[18] I. B. Parker, K. C. Waugh and M. Bowker, J. Catal. **114**(1988)457.

[19] T. Rayment, R. Schlogl, J. M. Thomas and G. Ertl, Nature **315**(1985)311.

[20] D. R. Strongin, J. Carrazza, S. R. Bare and G. A. Somorjai, J. Catal. **103**(1987)213.

[21] T. Okawa, T. Onishi and K. Tamaru, Chem. Lett. (1977) 1077; Z. Phys. Chem. NF **107**(1977) 239.

[22] G. P. Pez, P. Apgar and R. K. Crissey, J. Amer. Chem. Soc. **104**(1982)482.

[23] Tai-Jin Zhou, Wen Tong and Hong-Bin Zhang, to be published.

[24] K. Tanaka, O. Yamamoto and A. Matsuyama, Proc. 3rd ICC, eds. W. M. H. Sachtler et al. (North-Holland, Amsterdam,1965) p. 676.

[25] M. Grunze, in: The Chem. Phys. of Surf. and Heterogeneous Catalysis, eds., King & Woodruff, Vol. 4 (Elsevier,1982) p. 143.

[26] B. F. G. Johnson and J. Lewis, Adv. Inorg. Chem. & Radiochem, **24**(1981)225.

[27] F. Steinbach and J. Schutte, Surf. Sci. **88**(1979)498.

[28] A. Ozaki and K. Aika, in: Catalysis. Sci and Technol, eds. J. R. Anderson and M. Boudart, Vol. 1 (Springer-Verlag,1981)Chapt 3, pp. 87-158.

[29] E. Shustorovich, Acc. Chem. Res. **21**(1988)183.

[30] E. Shustorovich and A. T. Bell, J. Catal. **113**(1988)341.

■ **本文原载**:《结构化学》第 5 期(1989),第 349～356 页。

催化作用中的某些结构化学问题[*]

万惠霖　蔡启瑞

(厦门大学化学系　厦门大学物理化学研究所)

　　摘　要　本文综述了过渡金属、过渡金属络合物和金属氧化物催化作用中结构化学问题研究的某些重要进展。内容包括过渡金属和过渡金属原子簇上化学吸附和催化作用的结构敏感性问题,过渡金属络合物催化的不对称合成的最新进展及其高对映体选择性的一般机理,和金属复氧化物催化剂体系中的相间结构匹配,以及低碳烃选择氧化中的基元步骤对催化剂晶面的选择性等。

　　催化作用中的结构化学问题范围相当广泛。就固体催化剂中的金属(和合金)体系而言,属于结构化学范畴的有:催化剂的表面结构(及其与体相结构的差异),反应分子在催化剂表面的吸附单层结构和吸附态结构,某些反应分子(如 H_2)吸附时催化剂表面的重构,反应方向和/或速率对催化剂颗粒度和晶面结构是否敏感等,此外,某些配位络合催化作用中也显示出定位、定向和定手性等结构选择性效应。限于篇幅,本文仅介绍过渡金属、过渡金属络合物和金属氧化物(复氧化物)催化作用中某些较重要结构化学问题的研究进展。

过渡金属及其原子簇在化学吸附和催化作用中的结构敏感性

　　过渡金属催化作用中对催化剂结构敏感性的概念是由 Boudart 首先提出来的,而且已经发现许多重要的例子。这方面的研究可为建立催化剂的活性中心模型提供重要信息。例如,对于结构敏感型催化反应典型例子之一的氨合成反应,α-Fe (111)面的催化活性分别比原子排列最紧密的(110)面和排列次紧密的(100)面高出 2 个和 1 个数量级[1,2],因而以(111)面所暴露的 3 层 Fe 原子中的 Fe_7 原子簇 (C_{3v} 对称性)来近似模拟活性中心是有其合理性的。在这样的活性中心(图 1)上,N_2 可以采取较有效的多核吸附模式。如双端基加单侧基(或多侧基)的平躺架桥式络合活化模式[1a],或单端基加多侧基的直插式络合活化模式[1b]都有可能是 N_2 的活化中间态。然而关键可能还在于,某种特定构型的原子簇活性中心为通过多核配位降低高位能中间态的生成能垒、从而降低反应的活化能提供了条件。由此可设想,起关键作用的表面原子簇活性中心也许只是三、四个与反应分子紧密接触的 Fe 原子。

　　上述 α-Fe 的三个低密勒指数晶面对于 N_2 的化学吸附和氨

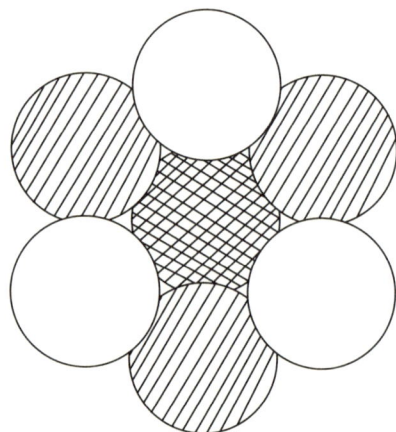

图 1　α-Fe (111)面所暴露的 Fe_7 原子簇

　　[*] 1988 年 11 月 4 日"全国结构化学第四次学术讨论会"邀请报告。1989 年 7 月 3 日收到修改稿。

合成催化性能的差异,可以进一步从其电子结构的差异加以诠释。量子化学研究表明[3]:在费米能级(E_F)附近的总态密度及 d 态密度均以(111)面最高,(100)面次之,(110)面最低;在(111)面表层,与 N_2 的 π_8 轨道对称性匹配的 d_{XZ} 和 d_{YZ} 两个轨道在 E_F 附近的态密度最高,其净电荷集居也较其他 d 轨道高,有利于 π 反馈作用的进行;此外,(111)面的次表面层和第 3 层在 E_F 附近的态密度相对于其他两个晶面也是最高的。因而 N_2 在(111)面进行多核吸附(动用到次表面层乃至第 3 层的有关 Fe 原子)的情况下,这些 Fe 原子都能程度不同地起着 σ 受体和/或 π 给予体的作用,为活化 N_2 作出贡献。

前不久,Somorjai 等[4]报道了他们关于 Fe 的五个晶面对于氨合成反应相对活性顺序的研究结果:Fe(111)＞Fe(211)＞Fe(100)＞Fe(210)＞Fe(110),在其所用的反应条件(673K,20atm,H_2/N_2 = 1:3)下,Fe(211)面的活性接近 Fe(111)面的 80%。据此他们认为,C_i 中心(有七个最近邻的 Fe 原子)对于氨合成反应是特别重要的。但这需要进一步研究,包括对 Fe 的五个晶面的电子结构进行量子化学研究,对 Fe 催化剂的活性中心模型作进一步的推敲[5]等。

如金属微晶的吸附和催化性与微晶的大小(或在载体上的分散度)有关,这也属于结构敏感性的范畴。近年来发现的一系列非常有趣的实验事实是:H_2、N_2 等小分子在过渡金属原子簇(Fe_n,Nb_n,Co_n)或其正离子(如 Nb_n^+,Co_n^+)上的化学吸附速率与簇中原子数目,即原子簇的尺寸有关[6,7]。Whetten 等鉴于吸附活性与原子簇的电离势(电离能阈值)之间存在的一一对应关系,提出了静电模型进行解释:因为已知原子簇的电离势与簇中原子数在一定范围内呈曲折起伏(即非单调)的函数关系,电离势较低者有利于簇电子向 H_2 的 σ_u 或 N_2 的 $1\pi_8$ 转移,因而显示出较高的化学吸附活性(图 2)。

Smalley 等对此持有异议。他们发现:钴簇正离子(Co_n^+)及其中性原子簇(Co_n)对于 N_2 的化学吸附与簇原子数的关系具有明显的相似性,而且 Co_n^+ 的反应(吸附)载面甚至比 Co_n 还

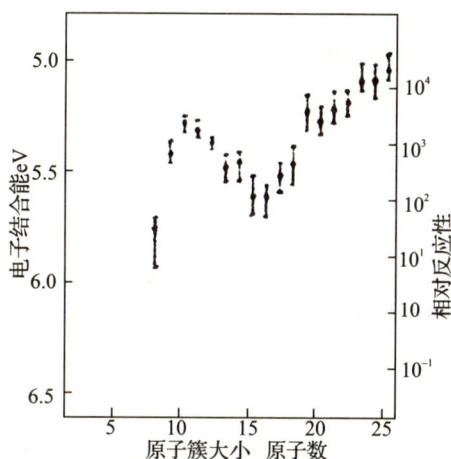

图 2　Fe 簇的电离能阈值与其相对反应性
　　　(吸附)性能的关系

来得大,对于其他体系(N_2/Nb_n^+ 和 N_2/Nb_n,Co/Co_n^+,Nb_n^+ 和 Co/Co_n,Nb_n,Co_2/Nb_n^+ 和 Co_2/Nb_n 等)也得到类似的结果;尤其是,当 x＞6 时,Co 在 Co_x^+ 或 Nb_x^+ 上的吸附活性随簇正离子增大而缓慢单调增高,并与相应中性原子簇的行为有着严格的平行性。Smalley 等认为,这些实验事实是与 Whetten 等提出的静电模型相矛盾的。他们采用阈值光解离(threshold photodissociation)技术测定了有关吸附产物的脱附能,从而得出原子簇的化学吸附活性高低与吸附物种脱附能大小一致的结构论。实质上,这两种看法有其共同之处,但 Whetten 等的模型只考虑到对构成化学吸附键的一个方面(在某些情况下可能是最主要)的贡献。因为除了形成 π 一反馈键外,上述几种小分子在过渡金属簇上吸附时,同时还可能形成 σ-给予型吸附键;其二,与原子簇的几何结构有关,N_2,特别是 CO,可能采取多种不同的吸附模式,这些都是在研究化学吸附键时应予考虑的。此外,某些过渡金属原子簇所表现出来的与其原子数有关的在电离势和电子亲合能等方面的奇异性与簇几何结构和电子结构的关系,显然也需要进行深入的研究。

过渡金属络合物催化的不对称合成

过渡金属络合物催化的不对称合成是均相配位催化最成功的应用之一。如应用含手性配体(特别是双齿膦配体,包括具有 C_2 手性轴的联萘基双膦配体)的铑络合物催化剂使潜手性的烯烃基质分子(如 α-氨基丙烯酸衍生物)加氢为手性分子,在生成的手性分子中,对映异构体(或非对映异构体)的含量不相

等。熟知的例子是用来治疗帕金森综合症的 *L*-多巴的合成工艺的发明,其中若使用 α,α'-联萘体系制成的膦配体,可得到 90%～95% 的 e.e. 值(百分对映体超量)。

α,α'-联萘双膦(BINAP)配体是一种具有唯一的 C_2 对称性而且柔顺性较好的双齿螯形配体。Noyori 等[8]发现,使用含这种双齿配体的 Ru(II)络合物催化剂于 α,β 不饱和羧酸以及 α-位或 β-位带有极性基团的酮的不对称催化加氢,可达到很高的旋光异构体选择性。例如,使用 $RuCl_2[(R)\text{-binap}]$ 催化剂可使乙酰丙酮 100% 地加氢转化为戊二醇。又如,使用 $Ru(Ac)_2[(S)\text{-binap}]$ 催化剂能将 α-苯丙烯酸加氢成 (S)—苯丙酸,其 e.e. 值达 92%[9]。BINAP-Ru 络合物催化剂在动力学上具有优越的手性识别能力,因此在上述酮类和不饱和羧酸的不对称催化加氢反应中能达到可与生物催化相比拟的旋光异构体选择性。用于香茅醇(Citronellol)的不对称合成时,e.e. 值可达 98%,比生物催化合成的旋光异构体选择性还要高。此外,Sharpless 发现的不对称环氧化络合催化剂也是近年来不对称合成的一大成就,为合成 6-C 醣的所有异构体提供了基础。

顺便指出,丙烯的等规聚合一向都需要夹层型(例如 $MgCl_2$ 型)的 Ti(111)催化剂才能获得高等规度。最近发展出六甲基环二戊烯锆系氨基烷基氯化铝可溶性络合物催化剂体系,利用其空间位阻效应,也能达到很高的丙烯等规聚合选择性。类似这样的利用催化剂与反应物或反应中间态的结构对应关系以达到择形催化目的的例子还有不少,但其中仍以不对称催化合成为最突出。

催化和结构化学工作者所关心的问题是,催化剂是如何对产物的对映体选择性进行诱导的?有两种看法[10]。一种看法是,主要的产物手性取决于潜手性基质与手性催化剂(所谓的"手性模板")初始结合的优先模式,即产物中的主要对映体来源于催化剂与基质加成物中主要的非对映体。这一看法符合人们熟悉的、用以说明酶催化中异常高选择性的"锁和钥匙概念"(lock-and-key concept),因而较有吸引力,但缺乏确定而直接的证据。另一种看法是,产物的定向选择性是由于催化剂—基质加成物中次要的(较不稳定的)非对映体对于后续反应(如加氢)具有较高的反应活性,这方面的例证在不断多起来。如对下面的反应,使用 ^{31}PNMR 仅检出 [Rh(S,S-CHIRAPH-OS)(EAC)]$^+$ 的一种非对映体,表明另一种非对

(EAC)

映体含量 <5%。由 X—射线衍射测定了这种主要非对映体的过氯酸盐单晶结构(图3)。由于 EAC 的 C_a 面配位到 Rh 原子,通过同面加氢,主要加氢产物应为 *S* 异构体,实际得到的却是 *R* 异构体,且 e.e. > 95%。Halpern 等认为,这是由于主要的非对映体(加成物)比较稳定而使其与 H_2 反应的活性较低,所以这种非对映体实际上是一种"终点"(deadend)络合物。

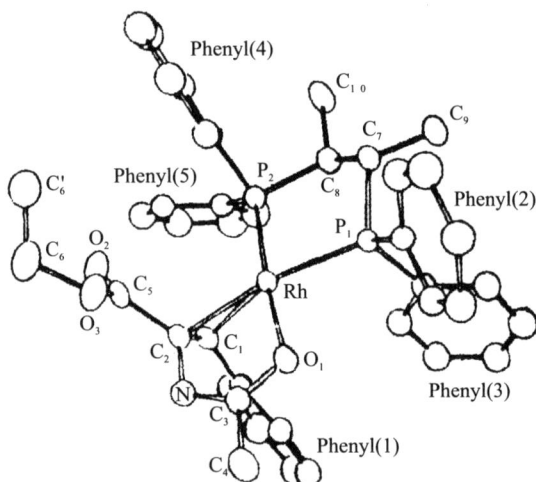

图 3 〔Rh (*S,S*-CHIRAPHOS)-(EAC)〕$^+$ 的主要非对映体的结构

金属复氧化物催化剂的相间匹配和烃类选择氧化中
基元步骤对催化剂晶面的选择性

在丙烯选择氧化(制丙烯醛)和氨氧化(制丙烯腈)的实验室研究和工业生产中使用的钼铋系复氧化物催化剂,绝大多数在其组成和计量关系上属于白钨矿结构(即 ABO_4 型的 $Ca-WO_4$ 结构,图4)及其衍生结构,或者可用这种通式表示。在组成比较简单的情况下,取代阳离子的如有:$A_{0.67}\Phi_{0.33}BO_4$(Φ 为阳离子空位,也可以不写出来),其等价表示为 $A_2\Phi(BO_4)_3$〔如 $Bi_2\Phi(MoO_4)_3$〕,和 $Pb_{(1-3x)}Bi_{2x}\Phi_x(MoO_4)$。同时取代"阴离子"中心(B 中心)的例子如 $Bi_3(FeO_4)(MoO_4)_2$ 等。阳、"阴"离子同时被取代,且经 X-光衍射测定证明其具有单相 (monophasic)白钨矿结构的例子有 $(Bi_{1-x/3}\Phi_{x/3-y}Me_y(V_{1-x}Mo_{xy}Fe_y)O_4^{[11]}$,其中,$Me=Fe$ 或 Bi,$x=0.15,0.30,0.45,0.60,0.75$;$O\leqslant Y\leqslant X/3$。然而,大多数有效的复氧化物催化剂,尤其是几乎所有的实用催化剂,在结构上通常是多相(multiphasic)的[12],如 $\beta\text{-}MgMoO_4 + (Bi_2(MoO_4)_3 + Bi_3FeO_4)(MoO_4)_2$。两相或多相共存时,催化剂如何能有效地起作用呢? Brajdil 等[13]通过对用于丙烯氨氧化的钼酸铋—钼酸铈催化剂的研究指出,不同相之间存在结合紧密(即有"连续性")的相界是获得高催化活性的重要条件。这种在组成上没有什么梯度、结构非常相似的固溶体之间的结晶匹配(图5)可产生"准单相"的催化剂,从而使相间的氧离子、阴离子空位和电子传递容易进行。顺便指出,由变价离子组成的氧化还原偶也起着促进载流子传递的作用。

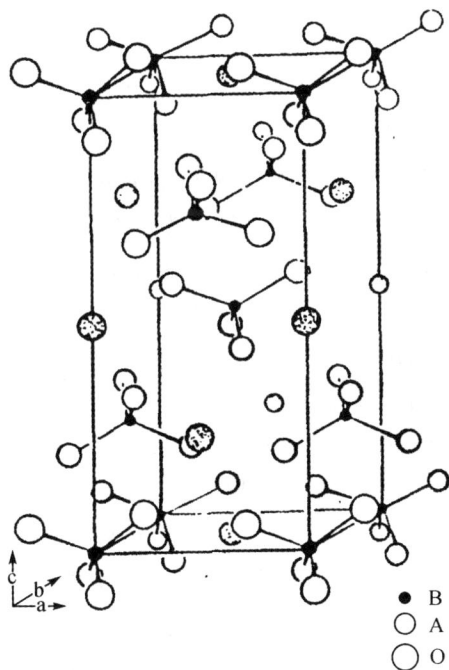

● B
○ A
◯ O

$Bi_{1.8}Ce_{0.2}(MoO_4)_3$ $BiCe(MoO_4)_3$

(010)接触面

图 4 白钨矿(ABO_4 型)结构   图 5 钼铋铈复氧化物间的晶相匹配

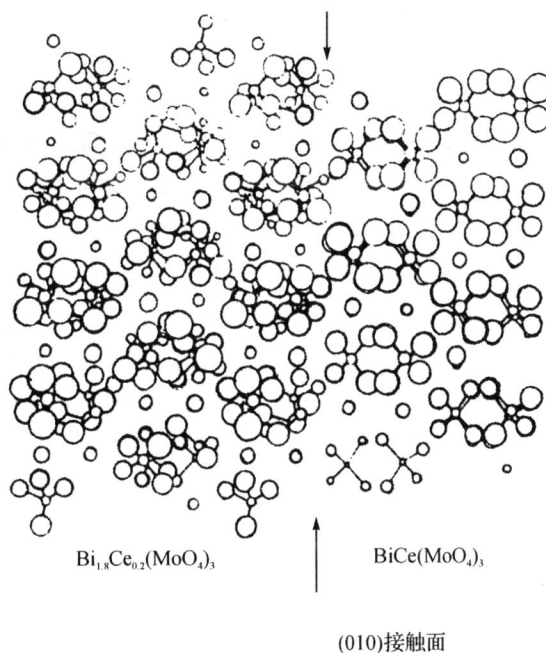

Volta[14]的研究结果表明,某些载体能诱导催化剂中特定晶面的生长,这也可以从结晶匹配加以解释,如 MoO_3(010)面与石墨(001)面的匹配,MoO_3 与 $CoMoO_4$ 沿 C 轴方向的匹配 (图6)等。对于多组分的钼铋系复氧化物催化剂 $M_a^{II}M_b^{III}Bi_cMo_dO_e$(其中,$M^{II}$ 为 Ni,Co,Mg 或 Mn,M^{III} 为 Fe,Cr,Al),ESCA 和 X—射线衍射表征结果说明,新鲜催化剂表层只含 Bi 和 Mo。由此并根据其他一些支持紧密界面形成的实验事实,Wolfs 等提出了该类催化剂颗粒组成的"壳层模型"(图7)。

401

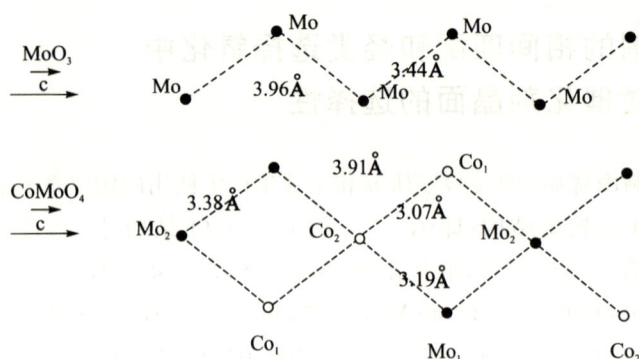

图 6　MoO_3 与 $CoMoO_4$ 沿 C 轴方向的匹配　　　　图 7　钼铋系得氧化物催化剂的壳层模型

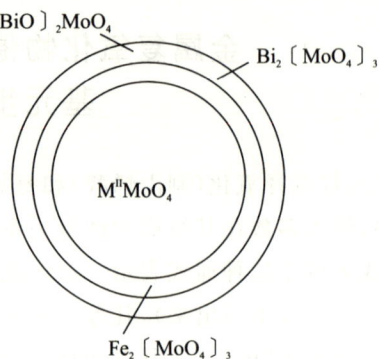

近几年来,对催化剂结构敏感性的研究逐渐扩展到金属氧化物催化剂领域。与对过渡金属催化剂体系的研究类似,早期(八十年代初)的工作主要集中在金属氧化物微晶的大小与其催化性能关系的研究方面(如醇在 α-MoO_3 大微晶上的催化氧化,丙烯在 α-MoO_3 "小"微晶上的催化氧化等);后来则逐渐转移到金属氧化物作用下选择氧化的基元步骤以及完全氧化对催化剂晶面的选择性的研究。这方面的例子[15]包括醇类、烯烃在 α-MoO_3 上的催化氧化,甲醇和邻-二甲苯在 V_2O_5 上的氧化,丙烯在 WO_3 上的氧化,丙烯和邻-二甲苯在 brannerite 型钒酸盐(M-V-Mo-O)上的氧化等。其他方面结构敏感性的例子有:不同的多晶变体(如六角晶系与斜方晶系的 MoO_3 和金红石型与锐钛矿型的 TiO_2)在催化性能上的差异,不同的制备条件导致 V_2O_5 催化剂在表面 $V=O$ 物种数目和表面平滑性等方面的差异及其对 CO、1,3-丁二烯和呋催化氧化性能的影响[16]等。

Haber 等[17,19]对钼系氧化物作用下的丙烯选择氧化有关基元步骤对催化剂晶面的选择性进行了一系列研究,得到了如下结果:在 MoO_3 表面浸渍不同覆盖度的 Bi^{3+} 离子,但由烯丙基碘出发氧化为丙烯醛的产率与 Bi^{3+} 的存在与否及其多少无关;若用丙烯为原料,则在低覆盖度情况下,丙烯醛产率随着 Bi^{3+} 覆盖度增加而成比例地提高,表明 Bi^{3+} -氧多面体起着脱除丙烯的 α H、使其转化为烯丙基的作用;在使用 MoO_3 单晶的情况下,Bi^{3+} 仅选择性地沉积在与基面(010)垂直的(100)和(001)面上,而(010)面上没有 Bi^{3+};用含不同量(010)面的 MoO_3 为催化剂,发现其对于烯丙基卤化物氧化为丙烯醛的活性与(010)面的含量间存在线性关系。以上结果表明,丙烯分子的活化和烯丙基吸附态的形成发生在 MoO_3 含 Bi^{3+} 的(100)和(001)晶面上,而晶格氧对烯丙基的亲核进攻则在(010)面进行。

Volta 等[20]的工作也证实丙烯选择氧化对 MoO_3 催化剂的结构是敏感的,但认为丙烯活化和晶格氧的插入(生成丙烯醛)均优先发生在 MoO_3 的(100)晶面上,(010)面是容易导致深度氧化的晶面。这些看法与上述 Haber 等的结论显然有不一致的地方,Volta 等认为可以由实验条件的差异来加以说明。

在其他方面的催化作用中,如分子筛的择形催化作用,原子簇和簇合物催化作用,以及金属-载体强相互作用中,也有许多结构化学问题。其中有些问题作者不久前已作了初步介绍[21],最近国际上又有些新的进展,在此不拟一一述及。

参考文献

[1]a. 万惠霖等,厦门大学学报(自然科学版),**23**(1984),61.

　　b. 南京大学化学系固氮研究组,化学学报,**35**(1977),141.

[2]《化学中的机会》,美国化学科学机会调查委员会等著,曹家桢等译,黄耀曾等审校,中国科学院化学部等出版,**182**(1986).

［3］周泰锦，等，厦门大学学报（自然科学版），**26**（1987），580．

［4］G. A. Somorjai，et al.，J. Catal.，**103**（1987），213．

［5］张鸿斌等，未发表．

［6］P. J. Brucat，et al.，J. Chem. Phys.，**85**（1986），4747．

［7］R. L. Whetten，et al.，Phys. Rev. Lett.，**54**（1985），1494．

［8］M. Kitarnura，et al.，J. Am. Chem. Soc.，**110**（1988），629．

［9］T. Ohta，et al.，J. Org. Chem.，**52**（1987），3174．

［10］J. Halpern，Science，**217**（1982），401．

［11］P. Porta，et al.，J. Catal.，**100**（1986），86．

［12］P. Ruij，et al.，Catal. Today，**1**（1987），181．

［13］J. F. Brajdil，et al.，in "Solid state Chemistry in Catalysis"（R. K. Grasselli，et al. Eds.）**57** （1985）．

［14］J. C. Volta，in"Adsorption and Catalysis on Oxide Surfaces"（M. Che，et al. Eds.），**331**（1985）．

［15］J. C. Germain，ibid，355．

［16］A. Miyamoto，et al.，ibid，371．

［17］K. Brückman，et al.，J. Catal.，**104**（1987），71．

［18］K. Brückman，et al.，ibid，**106**（1987），188．

［19］J. Haber，Kineticai Katalij，**28**（1987），74．

［20］J. C. Volta，et al.，in "Proc. qth Intern. Congr. Catalysis，Calgary，1988"，p. 1601．

［21］万惠霖等，金属原子簇化合物学术研讨会（1987，福州）文集，p. 184．

Some Aspects of Structural Chemistry in Catalysis

Hui-Lin Wan，K. R. Tsai

（Dept. of Chemistry & Inst. of Physical Chemistry，XIAMEN UNIVERSITY）

Abstract

In this article，some of the more important advances in the studies of structural-chemical problems in catalysis by transition metals，transition-metal complexes，and metal oxides are reviewed.

I. Structural Sensitivity in Chemisorption and Catalysis on Transition Metals and Clusters. A typical example of structurally sensitive types of metal-catalyzed reactions is ammonia synthesis over iron catalysts，for which the least densely packed α-Fe (111) surface is catalytically about two orders of magnitude more active than the most densely packed α-Fe (110) surface，and about one order of magnitude more active than the next most densely packed α-Fe (100) surface (Somorjai et al.，1982). C_7 sites，Fe_7-site，and probable modes of multinuclear coordination activation of N_2，have been proposed by some investigators. Recently，Somorjai et al. found that α-Fe (211) surface is also very active，about 80％ as active as the (111) surface，and the importance of C_7 sites was again stressed. Interpretation based on multinuclear coordination activation of N_2 mainly on Fe_3 sites has also been proposed. However， electronic factor must also be considered. Results of approximate quantumchemical calculations by Zhou et al. indicate that densities of energy levels，as well as d-levels alone，around the E_F of α-Fe surfaces decrease in the following order: $(111) > (100) > (110)$, and that at the (111) surface layer, the d_{XZ} and d_{YZ} orbitals near the E_F are most densely populated.

In the case of chemisorption of such small molecules as N_2 and H_2 on transition-metal clusters (Fe_n, Nb_n, Co_n) or cluster cations (e. g., Nb_n^+, Co_n^+), interesting seesaw variations of chemisorption rates with cluster sizes. n, for small clusters or cluster cations have been observed. Correlation With variations in ionization potentials of the clusters, or with variations in desorption energies has been suggested. Conceivably, the basic cause of these unusual variations may be found from a study of the variations in geometric and electronic structures of the small metal clusters with cluster sizes.

Ⅱ. Recent Advances in Asymmetric Synthesis Catalyzed by Transition-metal Complexes. This is one of the most outstanding achievements in coordination catalysis. With the use of such a sophisticated chelate-ligand as α, α'-binapthyl-bis-phosphine (bvinap), a pliable bidentate ligand with only a C_2 symmetry axis, in Wilkinson-type rhodium and ruthenium (Ru') catalysts, extremely high enantioselectivities ($>90\%$ e. e., in some case higher than that of natural product obtained with biocatalysts) can be obtained in the asymmetric hydrogenation of α, β-unsaturated carboxyllic acids or certain ketones. A general mechanism for such high selectivities is as follows : one of the two possible modes of α-coordination of the olefinic or ketonic substrate-molecule meets with smaller steric hindrance, and the more stably coordinated substrate-molecule may react more slowly thus giving rise to kinetic control of enantioselectivity. The beauty of the art is: the stereo-structure of the optically active product molecule can be predicted by means of models, thus signifying some touch of molecular design. Another important advance is asymmetric epoxidation folefins with chiral Ti_{IV}-tartrate complex which also gives extremely high enantioselectivity.

The discovery of oil-soluble substituted-cyclopentadienyl-Zr_{IV} complex—alkyl-aluminoxane catalyst for isotactic polymerization of propylene in homogeneous system is mentioned as another important achievement in coordination catalysis.

Ⅲ. Interphasic Structural-compatibility of Complex Oxide-catalyst systems and Elementary Steps in Selective Oxidation of Lower Hydrocarbons in Relation to Selectivities of Catalyst Crystal-Faces.

The concept of structural sensitivity first proposed by Boudart has been extended to *catalytic* reaction systems involving certain complex oxide catalysts. In the case of selective oxidation of propylene (to acrolein) and ammoxidation (to acrylnitrile) over Mo-Bi complex-oxide catalysts, examples of monophasic catalyst systems with scheelite structure with cationic vacancies have been reported. But most of the highly active industrial catalysts are multiphasic; e. g., β-$MgMoO_4$ + $Bi_2(MoO_4)_3$ + $Bi_3(FeO_4)(MoO_4)_2$. According to Brazdil et al., interphasic surface-structural compatibility to facilitate electron and oxide-ion transports is probably essential to high activity and selectivity. Synergistic effect of Bi_2^{III}-O_3 and MoO_3 components in promoting the elementary steps is discussed.

■ **本文原载:**《厦门大学学报》(自然科学版)第 28 卷第 2 期(1989 年 3 月),第 158～162 页。

电子光谱法研究不饱和酯类
氢硅化的催化作用机理[*]

林　旭　方钦和　洪满水　蔡启瑞

（化学系）

摘　要　采用电子光谱法考察氢硅化反应中催化剂 Pt(Ⅳ)或 Pt(Ⅱ)物种和不饱和化合物的特征吸收,从而提出其催化作用的关键中间体和催化机理。实验表明,催化剂中 ROH 主要起溶剂作用,Pt(Ⅳ)催化物种容易被 $HSiR_3$ 还原为动力学活性的 Pt(Ⅱ)催化物种,反应诱导期是关键中间体生成与增加的过程。

关键词　氢硅化　反应机理　电子光谱

文献上报道的有关氢硅加成反应的催化机理的研究[1-3],几乎都是从加成产物的结构分析和产物得率而提出的,而对催化物种的测定,以及催化过程细节的探索,尤其对诱导期中催化活性物种的研究,都近乎空白。为了研究氢硅化反应中,催化物种的状态(价态和结构)和氢硅化诱导期,我们首先采用电子光谱分析,进行过程片段分离测定,定性地考察了不饱和酯类和催化剂(H_2PtCl_6 和 ROH)的两部分的特征吸收,在分析所得电子光谱的基础上,结合过去的研究工作[4-6]提出其催化作用机理,并对该机理的若干细节作出解释。

1　实验

1.1　试剂　$H_2PtCl_6 \cdot 6H_2O$(A.R.)含 Pt＞37.0％,上海试剂一厂;K_2PtCl_4(C.P.)含 Pt＞45％,上海试剂一厂;甲基二氯硅烷(工业品)含量 86％;醋酸乙烯酯(VA)和甲基丙烯酸甲酯(MMA)重蒸馏除去阻聚剂,其他试剂均采用 A.R. 级,未进一步纯化。

1.2　电子光谱测定条件　采用 shimadzu UV-240 紫外可见分光光度计。在 UV 分析过程中把测样分别控制在以下浓度范围:可见区铂浓度 10^{-3} mol/L;紫外区铂浓度 10^{-4} mol/L;不饱和化合物浓度 10^{-4} mol/L;谱带的解析参考 Swihart[4]和 Elding[5]对 Pt(Ⅳ)和 Pt(Ⅱ)的络合物的电子光谱吸收峰的解析。

2　结果与讨论

2.1　催化剂中 ROH 的作用　在 Pt(Ⅳ)-ROH 催化剂中,ROH(异丙醇),在未陈放下,通过紫外可见光谱分析,可观察到 Fig.1 和 Fig.2 的 Pt(Ⅳ)或者 Pt(Ⅱ)的 d-d 跃迁吸收和配位体荷移谱带。

[*]　1988 年 4 月 18 日收到,国家自然科学基金资助课题。

ROH 为甲醇,乙醇,叔丁醇和正辛醇时,都得到同样的结果。

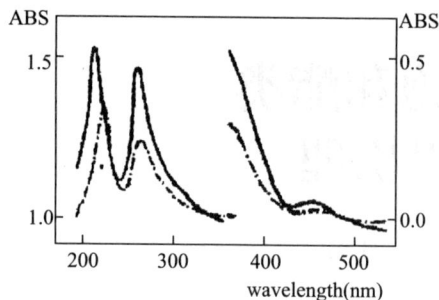

Fig. 1 Electronic spectra of catalyst Pt(Ⅳ)-ROH (aged within one month) compared with solution of Pt(Ⅳ)-HCl

—— Pt(Ⅳ)-HCl ref:HCl

--- Pt(Ⅳ)-i-PrOH ref:i-PrOH

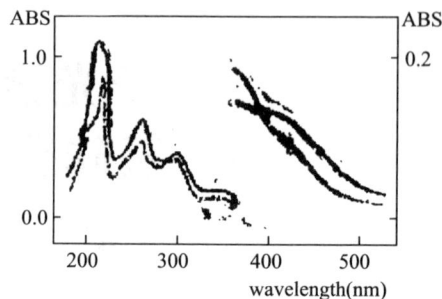

Fig. 2 Electronic spectra of catalyst Pt(Ⅳ)-ROH (aged for more than 6 months) compared with solution of aged Pt(Ⅱ)-HCl

—— Pt(Ⅳ)-HCl aged ref:HCl

--- Pt(Ⅳ)-i-PrOH(aged) ref:i-PrOH

从 Fig.1 看出,对于陈放不久的催化剂,在可见区 465 nm 邻近都有 Pt(Ⅳ)的 d—d 跃迁特征吸收,(Pt(Ⅳ)的 d—d 跃迁另一特征吸收是 350 nm 处的肩峰)。在紫外区也出现大致相同的配体荷移谱带:265 和 210 nm 两个吸收峰。这说明了 ROH 的引入基本不影响催化剂中心离子 Pt(Ⅳ)的价态与配位,即在催化剂中 ROH 主要是起溶解 $PtCl_6^{2-}$ 作用。

从 Fig.2 看出对于陈放几个月的催化剂,无论是在可见区还是紫外区,中心离子 Pt 的 d-d 电子跃迁或配体荷移的特征吸收,都有些变化。通过 Pt(Ⅱ)-Pt(Ⅳ)(即陈放的 Pt(Ⅱ)—HCl 溶液的电于光谱相比较,可以得到:i-PrOH 部分还原 Pt(Ⅳ),而形成 Pt(Ⅱ)。对此,我们采用了 FT-IR5DX 傅里叶变换红外测定(Fig.3),在陈放的催化剂中可检测到 C=O (1712 cm⁻¹) 吸收(饱和酮 CO,1715 cm⁻¹),尽管如此,还要指出,i-PrOH 对 Pt(Ⅳ)的还原毕竟是少量的。

在陈放的催化剂中,被 i-PrOH 还原为 Pt(Ⅱ)的物种,可能是 H[(C₃H₆)PtCl₃][6]:

$$H_2PtCl_6 \cdot 6H_2O + 3i\text{-PrOH} \xrightarrow{老化} H[(C_3H_6)PtCl_3] + 2CH_3\overset{O}{\overset{\|}{C}}CH_3 + 3HCl + 7H_2O$$

2.2 硅氢化合物对催化剂的影响 当浓度较低的催化剂和硅氢化合物(甲基二氯硅烷)混和放置 4 h 后,进行紫外可见光谱分析,并与未加入氢硅化合物时催化剂的紫外可见光谱和 Pt(Ⅱ)的相应溶液的紫外可见光谱比较,结果如 Fig.4 所示,催化剂在有 R₃SiH 存在时,Pt(Ⅳ)离子 d—d 跃迁吸收和其配体荷移谱带会发生变化,出现 Pt(Ⅱ)离子的 d—d 跃迁和配体荷移谱带的特征,这说明在氢硅加成的过程中,Pt(Ⅳ)催化物种可能被 R₃SiH 还原为动力学活性的 Pt(Ⅱ)的催化物种,$H_2PtCl_6—R'OH + 3R_3SiH \longrightarrow H_2PtCl_4 + R_3SiOR' + 2H_2 + 2R_3SiCl$。

2.3 R₃SiH 对 Pt(Ⅳ)物种络合不饱和物的影响 室温下,在不饱和化合物中加入催化剂,静置 24h。溶液颜色无明显变化,不容易观察到紫外区不饱和化合物吸收谱峰的变化,而当不饱和化合物中含有一定量 R₃SiH 时,加入催化剂,放置 4h,观察到溶液颜色加深,紫外区的不饱和化合物吸收谱峰发生变化。这可能是络合不饱和化合物的吸收谱峰之信息。如 Fig.5 和 Fig.6 所示的是醋酸乙烯酯在 Pt 催化物种上的络合情况。在红外光谱中出现 1730 cm⁻¹ 的新肩峰(这是不同于 1764 cm⁻¹ 峰的又一种 C=O)。此外我们也考察甲基丙烯酸甲酯对 Pt 催化物种络合情况,得到类似的结果。

由以上结果可以得到,不饱和化合物能较快地取代 Pt(Ⅱ)物种上的一个 Cl⁻ 配体,而配位于中心

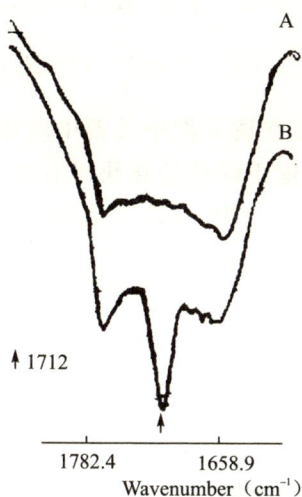

Fig. 3 Infrared spectra of fresh and aged catalyst
Pt(Ⅳ)-ROH
A. Pt(Ⅳ)-i-PrOH
B. Pt(Ⅳ)-i-PrOH(aged)

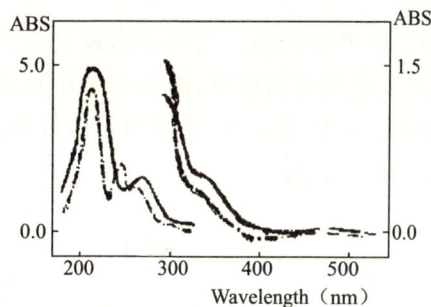

Fig. 4 Electronic spectra of catalyst and R₃SiH compared with
aged solution of Pt(Ⅱ)-i-PrOH
—— Pt(Ⅱ)-i-PrOH ref：i-PrOH
——·— Pt(Ⅱ)-i-PrOH-R₃SiH ref：i-PrOH-R₃SiH

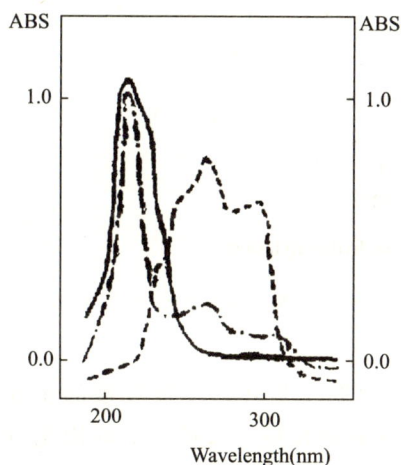

Fig. 5 Electronic spectra of VA coordinated on Pt catalytic specie
——（VA-cat.）-cyclohexane ref：VA-cyclohexane
-----（VA-Pt(Ⅱ)）-cyclohexane ref：VA-cyclohexane
——·—（VA-cat.）-R₃SiH-cyclohexane ref：VA-R₃SiH-cyclohexane

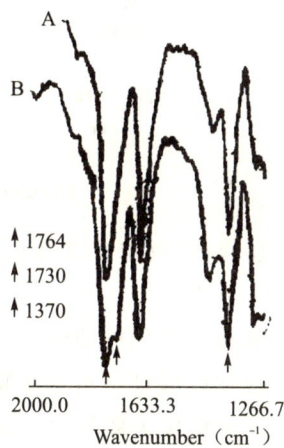

Fig. 6 Infrared spectra of VA coordinatd on Pt
catalytic species compared with VA A，VA
B，VA-Pt(Ⅱ)

离子 Pt（Ⅱ）上，形成类 ZieSe 盐的中间体。由于 d^8 的 Pt（Ⅱ）配合物极容易发生氧化加成，所以这个 $[Pt(L·)_3(\,\underset{\diagup\diagdown}{C}=\underset{\diagup\diagdown}{C}\,)]^-$ 中间体很容易与 R₃SiH 发生氧化加成反应，而形成一种较稳定的 $[Pt(H)(L)_3(\,\underset{\diagup\diagdown}{C}=\underset{\diagup\diagdown}{C}\,)(SiR_3)]$ 中间体。

2.4 关于氢硅加成反应的诱导期及其机理　尽管氢硅加成是放热过程，但仍需加热回流，方能实现反应，在诱导期中，氢硅加成反应较慢，用电子光谱分析，进行过程片段分离测定的结果可以得到，

R_3SiH 还原 Pt(Ⅳ)成为催化活性物种 Pt(Ⅱ)的络合也是较快的步骤。于是,我们认为,类 Ziese 盐的中间体与 R_3SiH 氧化加成的产物——π 键合的较稳定的 $[Pt(H)(L)_3(\quad C＝C\quad)(SiR_3)]^-$ 中间体是氢硅化过程中的关键中间体。之所以出现反应诱导期,其原因是在诱导期中关键中间体物种的不断增加,表现逐步加速反应的现象,即诱导期中反应速度不仅与关键中间体转化快慢有关,而且与关键中间体数目有关。在诱导期后,关键中间体数量达到一个恒定值。这时,反应速度则完全取决于以上的关键中间体妁转化速度。

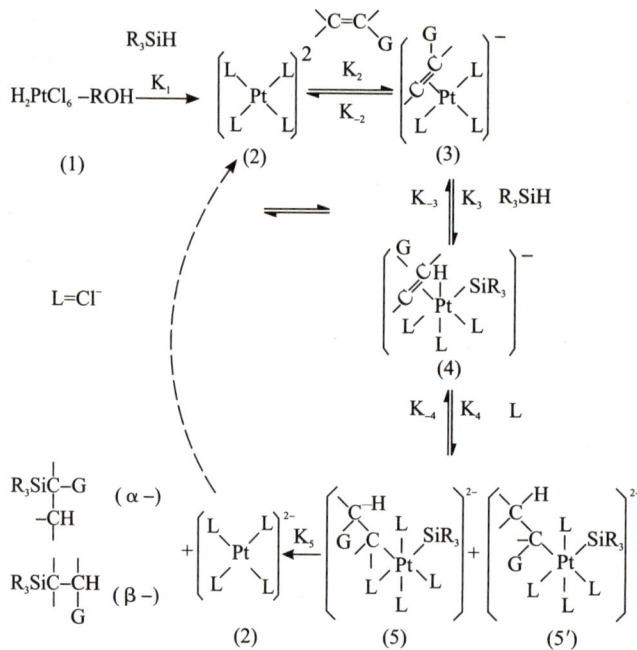

The scheme of the mechanism of hydrosilylation

依据上述实验数据,并综合文献上有关资料[1,2,7-9],可以认为不饱和酯类与硅氢化合物加成的催化机理如上面循环体系。

在以上的硅氢加成催化机理中,$k_1,k_2,k_3,k_5＞k_4$,即第四步是转化速度较慢的步骤,当然这将以同位素动力学效应加以验证。可逆步骤 k_{-4},k_{-3},k_{-2} 可导致副反应——烯烃的异构化。但是 $k_2≫k_{-2}$,$k_3≫k_{-3}$,而使烯烃异构化为数很少。在中间体 2 和 3 中,中心离子 Pt 价态可能是＋2;在中间体 4 和 5,5'中,中心离子 Pt 的价态可能是＋4。

曾与徐志固教授进行铂的配合物化学的有益讨论,红外光谱测定得到王金茂高工的帮助。特此,表示感谢。

参考文献

[1]Chalk,A. J,Hauuod J. F.,J. Am. Chem. Soc.,**87**(1965):16～21.

[2]Speier,J. L.,Adv. Organomet. Chem.,**17**(1979):407～410.

[3]Yamamoto,K.,Hayashi,T.,Kumada,M.,J. Am. Chem. Soc.,**93**(1971):5301～5302.

[4]Swihart,D. L.,Mason,W. R.,Inorg. Chem.,**9**(1970):1749～1755.

[5]Elding,L. I.,Oisson L. F.,J. Phys. Chem.,**82**(1978):69～74.

[6]Benkesr,R. A.,Kang,J. Y.,J. Organomet. Chem.,**185**(1980):c9~12.

[7]林旭、洪满水、蔡启瑞,厦门大学学报(自然科学版),**27**(1988):556~561.

[8]洪满水、赵玉凤,等,高等学校化学学报,**4**(1983):735~738.

[9]洪满水、邱南飞,等,离子交换与吸附,**4**(1988),5:331~336.

Study on Catalytic Mechanism of Hydrosilylation of Unsaturated Esters by Electronic Spectroscopy

Xu Lia，Qing-Hc Fan，Man-Shui Hong，Qi-Rui Cai

(Dept. of Chem.)

Abstrbct   Specific absorption bands of catalytic species Pt(Ⅳ) or Pt(Ⅱ) and unsaturated reactant in hydrosilylation were studied by electronic spectroscopy. The key medium and the mechanism of the catalytic process in hydrosilylation were suggested. The experiment showed：(a)ROH in the catalyst acts mainly as a solvent,(b) catalytic species Pt(Ⅳ) can be easily reduced by R_3SiH to another catalytic species Pt(Ⅱ) with high activity,(c) the reaction induction period is the production and accumulation of the key medium.

Key words   Hydrosilylation   Mechanism of reaction   Electronic spectroscopy

■ 本文原载:《催化学报》第 10 卷第 1 期(1989 年 3 月),第 68～70 页。

光电子能谱研究甲酸和乙酸在
铁表面上的吸附和分解

张兆龙　蒋安北[①]　区泽棠　蔡启瑞
（厦门大学化学系）

　　小分子羧酸在过渡金属表面上吸附和分解的基础研究,可提供有关反应途径和过渡吸附态的许多重要信息。由于铁是 Fischer－Tropsch 等反应的重要催化剂,利用光电子能谱研究小分子在铁表面的行为,一直是人们关注的课题[1]。本文简要报道用 XPS 方法研究甲酸和乙酸在铁表面上的吸附和分解的一些结果。

　　本实验使用英国 V. G. 公司的 ESCA LAB MK Ⅱ 光电子能谱仪,XPS 激发源为 AlKα 射线,测量 C(1s)和 O(1s)峰的通过能为 20 eV,X 射线源功率为 500W。能谱仪分析室和制备室背景真空度分别为 1.0×10^{-8} Pa 和 5.0×10^{-8} Pa。高纯铁片为英国 Metals Research Ltd 产品,先用♯5 金相砂纸打磨,再经浓硝酸及无水乙醇处理后,放进能谱仪。吸附实验前,反复将铁片真空退火(350℃),并用 Ar^+ 溅射表面,直至用 XPS 测定其表面上 Ar,O 和 C 等杂质原子总数小于 8×10^{13} atoms/cm^2,方可确认为清洁表面。甲酸和乙酸均为分析纯,吸附实验前反复用液氮冷冻—抽气—解冻方法纯化处理,然后引入仪器。表面浓度计算采用 Roberts-Carley 方法[2],由与能谱仪联机的 Apple Ⅱe 微机体系处理数据,谱图解叠采用 VGS1000 计算程序。

　　图 1 和图 2 分别为甲酸和乙酸在铁表面上吸附和分解的 XPS 谱图。在 300K 和低 RCOOH (R＝H,CH₃)暴露量时〔图 1(2)、图 2 (2)〕,多晶铁表面只观察到一个 C(1s)峰,其结合能为 285.5 eV,而在 531.0 eV 附近有一较宽的 O(1s)峰,其半峰宽大于 2.2 eV,说明此时表面存在多种氧物种[3]。增大 RCOOH 暴露量时,在 288.8 eV 处观察到新的 C(1s)峰,它们的半峰宽分别为 3.0 eV〔图 1(4)〕和 3.5 eV〔图 2(4)〕。

　　Roberts 等[4]研究结果表明,在 190K 时,CO 在铁表面上以缔合方式吸附,C(1s)结合能为 285.3 eV;在 295 K 时,CO 开始解离,同时观察到 285.3 eV 和 282.9 eV 的两种碳峰。我们研究醇和醛在铁表面上吸附的结果[5]表明,洁净铁表面对 C—O 键有较强的断键能力,与单个氧原子键合的碳物种 RCH$_x$O 在铁表面上 C(1s)结合能约为 285.5 eV,这与 Benziger 等[1]报导的数据相近。因此我们推断,在低 RCOOH 暴露量时,285.5 eV 的 C(1s)峰应对应 RCOOH 断裂其中一个 C—O 键后的 RCO 吸附态:

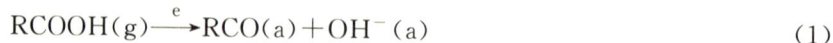

$$RCOOH(g) \xrightarrow{e} RCO(a) + OH^-(a) \tag{1}$$

　　表面部分 OH^- 进一步分解,使得铁表面存在多种氧物种:

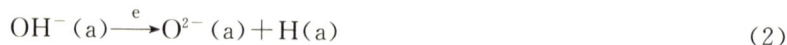

$$OH^-(a) \xrightarrow{e} O^{2-}(a) + H(a) \tag{2}$$

　　虽然断裂 C—O 键约需 85kcal/mol,而形成 Fe—C 键只得到 40—50kcal/mol,但由于铁对氧有较强的键合能(Fe—O 键能约为 95kcal/mol),所以在配位不饱和度较高的吸附位上,RCO 中 O 参与和周围铁的键合,使得 RCO 吸附态稳定地存在铁表面上。

---

①　1987 年 11 月 16 日收到,厦门大学测试中心。

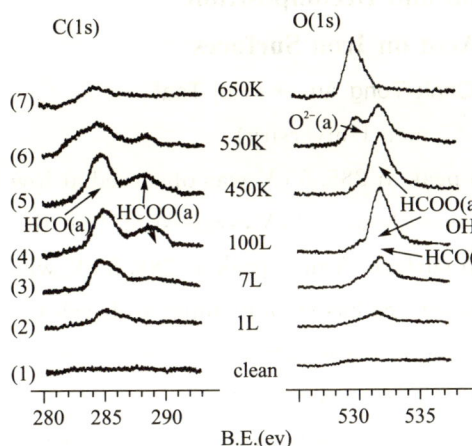

图 1　甲酸在铁表面上吸附的 XPS 谱图

Fig. 1　C（1s）and O（1s）spectra for the adsorption of formic acid on iron surface at 300 K followed by warming to 650 K

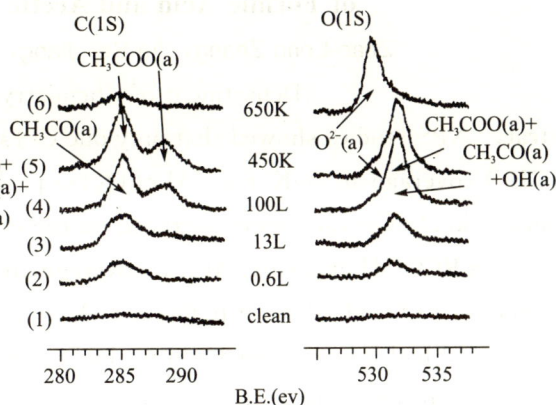

图 2　乙酸在铁表面上吸附的 XPS 谱图

Fig. 2　C（1s）and O（1s）spectra for the adsorption of acetic acid on iron surface at 300 K followed by warming to 650 K

增大 RCOOH 暴露量时〔图 1（4）和图 2（4）〕,此时铁表面断键能力较强的吸附中心已被占据,铁表面也被部分氧化〔方程（2）〕,所以新观察到 288.8 eV 的 C（1s）峰对应的 $RCOO^-$ 吸附态[3]:

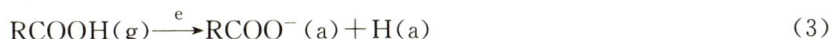

$$RCOOH(g) \xrightarrow{e} RCOO^-(a) + H(a) \qquad (3)$$

图 1（2）与（4）差谱后,在 285.5 eV 处仍有 C（1s）峰,表明增大 HCOOH 暴露量时,仍有部分形成 HCO 吸附态。此时 285.5 eV 碳原子浓度加上两倍的 288.8 eV 碳原子浓度之和与 531.8 eV 氧原子浓度之比接近 1∶1,这与两种吸附态 HCO〔C（1s）结合能为 285.5 eV〕和 $HCOO^-$〔C（1s）结合能为 288.8 eV〕的碳氧比是一致的。图 2（2）与（4）差谱后,在 285.0 eV 和 288.8 eV 处仍有两个峰面积大致相等的 C（1s）峰,分别对应 CH_3COO^- 吸附态中的甲基碳和羧基碳。此时 285.0 eV 和 288.8 eV 两种碳原子浓度之和与 531.8 eV 的氧原子浓度之比约为 1∶1,与 CH_3COO^- 吸附态的碳氧组成是一致的。可见增大 CH_3COOH 暴露量,铁表面只形成 CH_3COO^- 吸附态。

随着温度升高（>500K）,甲酸和乙酸在铁表面的吸附态开始明显分解〔图 1（6）和图 2（6）〕,531.8 eV 的氧物种（包括 OH^-,RCO,$RCOO^-$）分别约有 60% 和 40% 转化成表面 O^{2-}（530.1 eV）。可见铁表面对 C—O 键有较强的断键能力,加热时,甚至可以断裂 RCOOH 中两个 C—O 键,生成一定量的表面 O^{2-}（a）。铁作为 Fischer—Tropsch 反应的催化剂,与铁表面对一氧化碳的 C—O 键有较强的断键能力有关。

参考文献

[1]Benziger,J. B. ＆ Madix,R. J.,J. Catal.,**65**（1980）,49.

[2]Au,C. T,et al.,Int. Rev. Phy. Chem.,**5**（1986）,75.

[3]Benziger,J. B. ＆ Madix,R. J.,J. Catal.,**65**（1980）,36.

[4]Kishi,K. ＆ Roberts,M. W.,J. Chem. Soc.,Faraday Trans. I,**71**（1975）,1715.

[5]张兆龙,"中国化学会博士研究生论文报告会",上海,A-16,1987.

XPS Studies of the Adsorption and Decomposition
of Formic Acid and Acetic Acid on Iron Surfaces

Zhao-Long Zhang，An-Bei Jiang，Chak-Tong Au，Ki-Rui Tsai

(Department of Chemistry，Xiamen University)

Abstract   XPS studies showed that only one C(1s) peak at 285. 5 eV was observed at low RCOOH (R＝H，CH$_3$) coverage at 300K. FWHM of O(1s) peak was about 2. 2 eV，suggesting that there may be more than one kind of oxygen species existed on the iron surface. A new peak at 288. 8 eV was observed with increasing RCOOH exposure. At low coverage，iron surface has strong ability to break C—O bond，we had reactions (1) and (2)(see p. 68，69). At high coverage，the active sites with strong ability to break C—O bond had been occupied and we had reaction (3) (see p. 69).

The suggested mechanisms had also been supported by stoichiometric studies using the Roberts-Carley method for surface concentration calculation.

■ **本文原载:**《催化学报》第 10 卷第 4 期(1989 年 12 月),第 340～345 页。

甲烷氧化偶联 $K_2CO_3/BaCO_3$ 催化剂的表征*

张兆龙　黄文秀①　区泽棠　蔡启瑞

(厦门大学化学系)

摘　要　利用 ESR,XPS,XRD 等手段研究了 $K_2CO_3/BaCO_3$ 模型催化剂结构与催化性能的关联。结果表明:K_2CO_3 添加量≤5％时,它能均匀地混溶在 $BaCO_3$ 晶格中,为了保持 $BaCO_3$ 晶格电中性,同时在 $BaCO_3$ 晶格中产生空穴,这些空穴在高温下与氧作用,生成〔K^+O^-〕和 O^- 氧物种。$K_2CO_3/BaCO_3$ 催化剂表面〔K^+O^- 和 O^- 中心的产生有利于甲烷氧化偶联反应。当 K_2CO_3 添加量 >10％时,催化剂表面被形成的 K_2CO_3 晶格所覆盖,不利于甲烷氧化偶联反应。

甲烷是天然气中主要成分,目前它基本上用作燃料,只有少量用于蒸汽重整等过程。因此开发利用丰富的甲烷原料气,将其转化成更有价值的化学产品,如乙烯、乙烷等,是多相催化研究的重要课题[1-3]。Keller 等[2]的研究表明,周期表中低熔点区域的许多金属(Sn,Pb,Tl,Bi 等)氧化物对甲烷氧化偶联有较好的催化活性。Jones 等[3]发现,氧化锰负载在二氧化硅上对甲烷有较好的 C_2 选择性。许多稀土金属氧化物和一些过渡金属(Ti,Cr,Mn,Co,Ni,Cu,Zn)氧化物,在添加碱金属后,对甲烷氧化偶联有较好的活性[4,5]。Ito 等[6]研究 Li/MgO 系催化剂的结果表明,[Li^+O^-]是甲烷脱氢活性中心。最佳条件下甲烷转化率可达 43％,C_2 选择性约为 45％。Aika 等[7]报导 BaO 和 $BaCO_3$ 对甲烷氧化偶联反应均有较好的活性和选择性;添加钾助催化剂,能使 C_2 选择性进一步提高。由于甲烷氧化偶联反应副产物 CO 和 CO_2 易与强碱 K_2CO_3 和 BaO 形成高温稳定的 K_2CO_3 和 $BaCO_3$,所以催化剂表面最终稳定态是 $K_2CO_3/BaCO_3$。本文选择 $K_2CO_3/BaCO_3$ 作为模型催化剂,利用 ESR、XPS、XRD 等手段研究了 $K_2CO_3/BaCO_3$ 催化剂结构和催化性能的关联。

实　验

1. 催化剂制备:以 $Ba(CH_3COO)_2$ 和 KNO_3 为原料,按一定比例配成水溶液,在 120℃和不断搅拌下烘干,再在空气中升温至 600℃,煅烧 10 小时,最后与二氧化碳反应,制得 $K_2CO_3/BaCO_3$ 样品。样品经压片成型,并筛至 40～60 目颗粒。

2. 反应和测试体系:利用石英微型反应器(直径 0.7 cm,长 20 cm)测试评价催化剂。反应在常压下进行,利用 WZT-761 型精密温度数字程序控制仪配 Eu-2 热电偶控制反应炉反应段温度,利用 102GD 气相色谱仪热导检测(配 GDX-502 柱和 TDX-01 柱)产物组成,并在 GCP-1 色谱微处理机上计算结果。反

＊　1988 年 6 月 23 日收到。国家教育委员会优秀年轻教师基金资助的课题。

①　厦门大学测试中心。

应混合气配比为：He：CH_4：O_2＝668.8：60.8：30.4，催化剂用量为 500 mg。

在理学电机 D/max-rA 衍射仪（$CuK\alpha$，Ni 滤波）上测试样品的 XRD 信号。在 Bruker ER-200D-SRC 电子自旋共振谱仪上测试样品的 ERS 信号。使用英国 V.G. 公司 ESCA LAB MKⅡ型光电子能谱仪，XPS 激发源为 $MgK\alpha$ 射线，X 射线源功率为 400 W，通过能为 20 eV，以样品表面上杂质碳的结合能（285.0 eV）为样品结合能内标。测试 ESR 实验前，样品均经现场气氛处理。

结　果

（一）K_2CO_3/$BaCO_3$ 催化剂的活性评价

图 1 示出 K_2CO_3 添加量对甲烷氧化偶联反应的甲烷转化率和 C_2 单收率的影响。K_2CO_3 添加量增至 5％时，CH_4 转化率和 C_2 单收率均达最高值；进一步增大 K_2CO_3 添加量时，CH_4 转化率和 C_2 单收率开始下降，反应的 C_2 选择性变化不大。虽然 K_2CO_3/$BaCO_3$ 系模型催化剂的活性差别不大，但活性变化规律有较好的重复性。表 1 列出 5％ K_2-CO_3/$BaCO_3$ 催化剂的活性和选择性随反应温度和空速变化的情况。甲烷氧化偶联催化反应与通常氧化反应不同，在一定温度区域，反应温度愈高，产物选择性愈好。这是由于生成乙烯、乙烷的活化能较高，高温有利于自由基脱附到气相中，偶联生成 C_2[6]。提高反应温度（700—800℃），甲烷转化率和选择性均明显增大；而且乙烯在 C_2 中所占比例增加。增大空速，甲烷转化率下降，乙烯在 C_2 中所占比例也下降，但 C_2 总选择性上升。最佳条件下，C_2 单收率可达 17.5％。

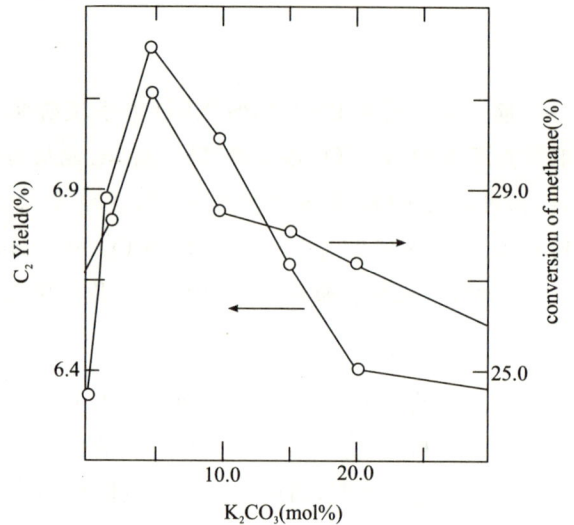

图 1　K_2CO_3 添加量对甲烷转化率和 C_2 产率的影响
Fig. 1　The influence of K_2CO_3 additive on the conversion of methane and C_2 yield

表 1　5％ K_2CO_3/$BaCO_3$ 催化剂活性和选择性随反应温度和空速的变化规律
Table 1 The influences of temperature and space velocity on the catalytic activity and selectivity of 5％ K_2CO_3/$BaCO_3$ catalyst

| Reaction conditions | | Conversion of CH_4(％) | Selectivity(％) | | | | Yield of C_2(％) |
T(℃)	SP(mL·min^{-1})		C_2H_4	C_2H_6	CO_x	Others	
700	50.0	30.5	8.3	15.6	46.3	29.8	7.3
750	50.0	33.1	19.3	17.0	38.4	25.3	12.0
800	50.0	39.3	24.3	15.6	39.6	20.5	15.3
800	100.0	32.8	30.0	23.3	40.7	6.0	17.5
800	200.0	22.2	22.0	36.3	38.9	2.8	12.9

Others including coke, CH_xO and $C_{>3}$

（二）XRD 研究 K_2CO_3/$BaCO_3$ 催化剂晶相

用 XRD 研究分别添加 1,5,10,15,20 和 30％K_2CO_3 的 K_2CO_3/$BaCO_3$ 催化剂晶相。K_2CO_3 添加量≤5％时，K_2CO_3/$BaCO_3$ 催化剂只呈现 $BaCO_3$ 晶相衍射曲线〔图 2（a）和（b）〕，说明此时 K_2CO_3 是混溶在

$BaCO_3$ 晶格中；K_2CO_3 添加量 $\geqslant 10\%$ 时，XRD 谱除了 $BaCO_3$ 晶相衍射曲线外，还可观察到 K_2CO_3 晶相衍射曲线〔图 2(c) 和 (d)〕，可见 K_2CO_3 添加量大时（$\geqslant 10\%$），$K_2CO_3/BaCO_3$ 催化剂中有 K_2CO_3 晶相形成。

（三）ESR 研究 $K_2CO_3/BaCO_3$ 催化剂活性中心

未添加 K_2CO_3 的 $BaCO_3$ 催化剂在 $g = 2.004$ 处有一对称且很窄的 ESR 信号（图 3 上）。于 700℃ 和 He 或 O_2 气氛下处理催化剂，ESR 信号强度均大大减小，甚至消失。可见 $BaCO_3$ 催化剂在 $g = 2.004$ 处观察到的 ESR 信号是典型的积炭特征信号[8]。与混合气反应 2 小时后，该样品积炭峰仍然存在，只是强度有所不同。催化剂原料 $Ba(CH_3COO)_2$ 和 KNO_3 在本文测试条件下均无明显的杂质 ESR 信号。

添加 K_2CO_3 后，$K_2CO_3/BaCO_3$ 催化剂在 $g = 2.030$—2.086 区域出现一组 ESR 信号，其中两个强信号的 g 值分别为 2.047 和 2.070，这组 ESR 信号强度随 K_2CO_3 添加量增加而增强（图 3）。将样品在 He 气氛下加热至 700℃ 并停留 1 小时，然后冷却至室温，此组 ESR 信号消失。在 O_2 气氛下经同样过程处理，却仍能观察到此组 ESR 信号，只是各 ESR 信号相对强度有些变化。催化剂经与混合气反应 2 小时后，此组 ESR 仍然存在。可见这组 ESR 信号与 K_2-$CO_3/BaCO_3$ 催化剂氧物种有关。

（四）XPS 研究 $K_2CO_3/BaCO_3$ 催化剂表面的组成

图 4 是 $K_2CO_3/BaCO_3$ 催化剂的 XPS 谱。其中结合能为 292.9 eV 和 295.7 eV 的 $K(2p3/2)$ 和 $K(2p1/2)$ 峰强度随 K_2CO_3 添加量增加而增强，在 289.8 eV 处的碳酸根 $C(1s)$ 峰与 $K(2p)$ 峰能较好地分离。图 5 是 K_2CO_3 添加量与 $K_2CO_3/BaCO_3$ 催化剂表面钾和钡的原子浓度比值（$I_{K^+}/I_{Ba^{2+}}$）的关系曲线。虚线表示 K_2CO_3 与 $BaCO_3$ 完全均匀混溶的理想情况，实线是实际测量计算的结果。当 K_2CO_3 添加量较少时，图中实线 $I_{K^+}/I_{Ba^{2+}}$ 值均稍高于虚线的 $I_{K^+}/I_{Ba^{2+}}$ 值，但两者较靠近，表明 K_2CO_3 与 $BaCO_3$ 尚能比较均匀地混合，但 K^+ 有表面富集现象。K^+ 表面富集现象与在煅烧温度下，K_2CO_3 的蒸汽压大于 $BaCO_3$ 的蒸汽压有关。K_2CO_3 添加量较大时，实线 $I_{K^+}/I_{Ba^{2+}}$ 值明显高于虚线 $I_{K^+}/I_{Ba^{2+}}$ 值，说明形成的 K_2CO_3 晶相已经覆盖 $K_2CO_3/BaCO_3$ 催化剂表面。

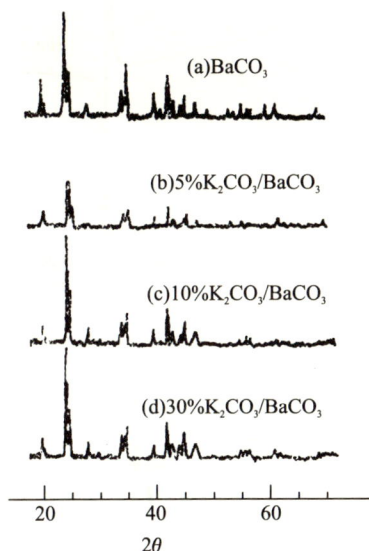

图 2　$K_2CO_3/BaCO_3$ 催化剂的 XRD 谱图
Fig. 2　XRD studies of $K_2CO_3/BaCO_3$ Catalysts

讨　论

K_2CO_3 和 $BaCO_3$ 都具有高温稳定性，所以 $K_2CO_3/BaCO_3$ 催化剂本身无体相晶格氧参与催化作用，而只是提供表面能量和对称性合适的轨道，使得反应物在表面上活化反应。K^+ 离子和 Ba^{2+} 离子半径相近（$r_{K^+} = 1.33$ Å，$r_{Ba^{2+}} = 1.35$ Å），所以 K_2CO_3 容易混溶在 $BaCO_3$ 晶格中。为了保持 $BaCO_3$ 晶格电荷平衡，在 $BaCO_3$ 晶格中就会出现阴离子空穴。在高温和空气气氛下煅烧时，催化剂中这些空穴就会与 O_2 作用，生成各种氧物种。

添加 K_2CO_3 后，$K_2CO_3/BaCO_3$ 在 $g = 2.030$—2.086 区域出现一组 ESR 信号（图 3）。由于钡和钾表面上易产生超氧物种，所以不能排除此组 ESR 信号中有 O_2^- 的 ESR 信号贡献的可能性。将 15% $K_2CO_3/BaCO_3$ 催化剂经 300℃ He 气氛处理半小时后，此时样品只有 3 个 ESR 信号，其 g 值分别为 2.073，2.047 和 2.088。由于经 300℃ 抽空或 He 处理后，可以排除样品中 O_2^- 和 O_3^- 等 ESR 信号干扰[9]，所以以上

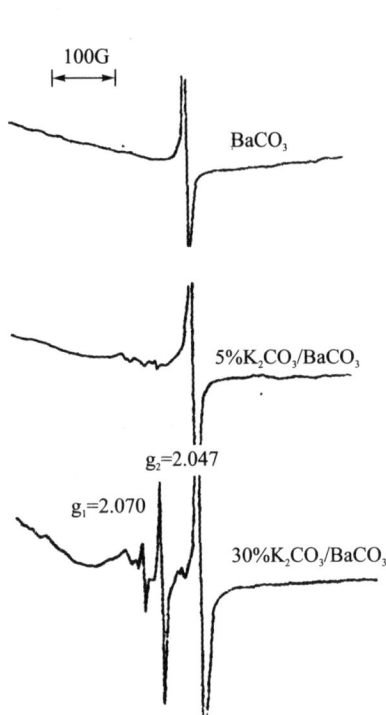

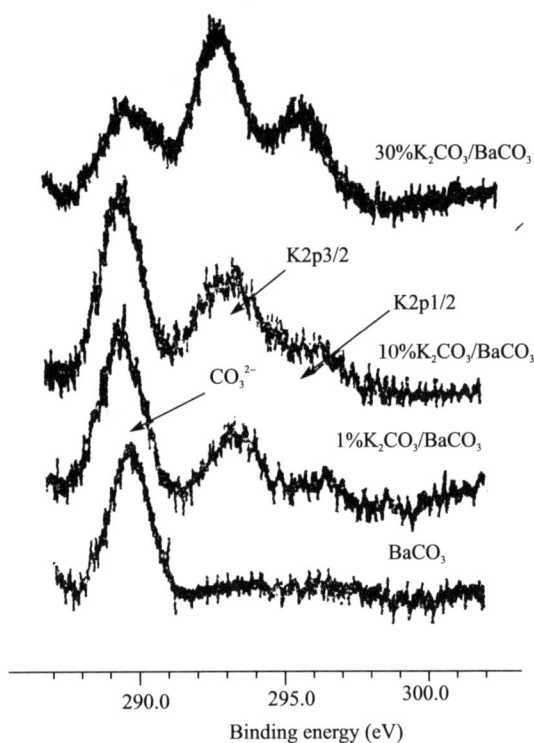

图 3　$K_2CO_3/BaCO_3$ 催化剂的 ESR 谱图

Fig. 3 ESR signals of $K_2CO_3/BaCO_3$ catalysts

图 4　$K_2CO_3/BaCO_3$ 催化剂表面的 K2p 和 C1s 峰的 XPS 谱

Fig. 4 XPS studies of K2p and C1s peaks for: $K_2CO_3/BaCO_3$ catalysts

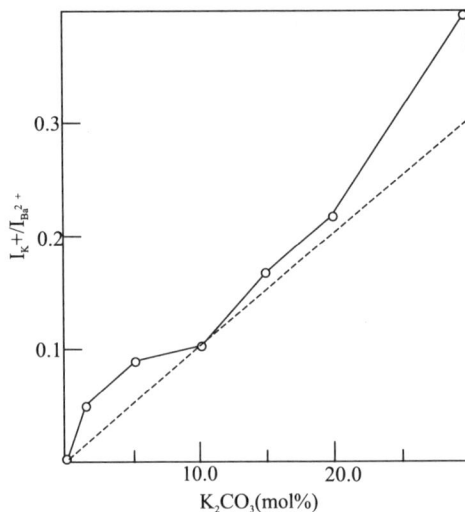

图 5　表面原子浓度比值(I_{K^+} ：I_{Ba^+}）随 K_2CO_3 添加量变化的规律

Fig. 5 The relation of the ratio of surface atomic concentration(I_{K^+} ：$I_{Ba^{2+}}$) with K_2CO_3 additive

述 3 个 ESR 信号与 O_2^- 和 O_3^- 无关。图 3 中 $g_1 = 2.070$ 与文献报导的〔K^+O^-〕g_2 值（2.073）很相近[10]，可以指认为 $K_2CO_3/BaCO_3$ 催化剂表面〔K^+O^-〕中心产生的 ESR 信号。在碱金属和碱土金属化合物中 O^- 或 V^- 中心的 ESR $g_\perp$ 值一般在 2.038—2.071 之间[9]，图 3 中 $g_2 = 2.047$，可指认为是 $K_2CO_3/BaCO_3$ 催化剂表面上 O^- 中心产生的 ESR 信号[6]。

K_2CO_3 添加量增至 5% 时，K_2CO_3 混溶在 $BaCO_3$ 晶格中（图2），ESR 检测到〔K^+O^-〕和 O^- 等表面氧物种（图3），此时催化剂对甲烷氧化偶联的转化率和 C_2 单收率提高（图1），可见催化剂表面〔K^+O^-〕和 O^- 等氧物种的形成有利于甲烷氧化偶联反应。当 K_2CO_3 添加量≥10% 时，虽然〔K^+O^-〕和 O^- 的 ESR 信号随 K_2CO_3 添加量增大而增大，但催化剂表面已被 K_2CO_3 晶相覆盖（图2和图5），催化活性也下降（图1）。说明表面 K_2CO_3 晶相的形成不利于甲烷氧化偶联反应。

致谢：本文 XPS 和 ESR 实验分别得到王水菊和于新生两位老师的帮助，在此表示感谢！

参考文献

[1]Pitchai,R. and Klier,K.,Catal. Rev. Sci. Eng.,**28**(1986),13.

[2]Keller,G. E. and Bhasin,M. M.,J. Catal.,**73**(1982),9.

[3]Jones,C. A.,et al.,ibid.,**103**(1987),302.

[4]Otsuka,K.,Jinno,K.,et al.,Chem. Lett.,**4**(1985),499.

[5]Otsuka,K.,et al.,ibid.,**6**(1986),903.

[6]Ito,T.,et al.,J. Amer. Chem. Soc.,**107**(1985),5062.

[7]Aika,K.,et al.,J. Chem. Soc.,Chem. Commun.,**15**(1986),1210.

[8]张武阳,等,石油化工,**14**(1985),578.

[9]Che,M. and Tench,A. J. in "Advances in Catalysis",(Eds. Eley,D. D. et al.),Academic Press, New York,**31**(1982),77.

[10]Lin,C. H.,et al.,J. Amer. Chem. Soc.,**109**(1987),4808.

Studies of $K_2CO_3/BaCO_3$ Model Catalyst for Methane Oxidative Coupling

Zhao-Long Zhang，Wen-Xiu Huang，Chak-Tong Au，Ki-Rui Tsai

(Department of Chemistry,Xiamen University)

Abstract

The correlation of structure and catalytic property of $K_2CO_3/BaCO_3$ catalysts had been studied by GC,ESR,XPS,XRD. ESR studies showed that the dissolution of K_2CO_3 in $BaCO_3$ lattice would result in the formation of (K^+O^-) and O^- centers on the surface of catalysts. The methane conversion and C_2 yield increased as K_2CO_3 loading increased up to 5 mol %. Both XRD and XPS results indicated that at this level,K_2CO_3 was homogeneously dissolved in the $BaCO_3$ lattice. The formation of (K^+O^-) and O^- centers on the surface promoted the oxidative coupling of methane. When K_2CO_3 loading exceeded 10 mol %,crystalline K_2CO_3 was formed on the catalyst surface and the reaction was suppressed.

■ **本文原载**:《分子催化》第 3 卷第 2 期(1989 年 6 月),第 104～109 页。

甲烷在 MnO_x/SiO_2 催化剂上氧化
偶联反应的研究*

张兆龙　于新生　区泽棠　蔡启瑞[①]

（厦门大学化学系,厦门）

摘　要　本文研究了催化剂 MnO_x/SiO_2 在改进为连续进料反应条件下的催化活性及其催化反应机理。实验结果表明:锰负载量升至 $10(wt)\%$ 时,甲烷转化率和 C_2 选择性均最高;进一步增大锰负载量时,催化剂中 Mn_3O_4 晶相形成,此时催化活性开始下降,说明催化剂中形成的硅酸锰盐与甲烷氧化偶联反应直接关联。反应初期,催化反应活性较高,但 C_2 选择性较低,反应几小时后,活性有所下降,但 C_2 选择性提高,最后,活性和选择性趋近稳定。进一步研究表明:催化剂中 Mn^{2+} 配位环境从反应前的八面体中介场转变为四面体强场,而且催化剂中 Mn^{2+} 浓度增大约 100 倍,说明 Mn^{2+} 浓度提高有利 C_2 选择性提高。反应稳定后的催化剂表面观察到 Carbide(282.9 eV)和 $CH_x(a)(x＝0-3)(284.5\ eV)$ 碳物种存在,说明甲烷在催化剂表面吸附并分解:

$$CH_4(g)\rightarrow CH_3(a)\rightarrow CH_2(a)\rightarrow\rightarrow\rightarrow Carbide,$$并讨论了甲烷通过 $CH_x(a)$ 在催化剂表面上迁移,直接偶联生成乙烯(x＝2)和乙烷(x＝3)的可能性。

1. 引言

甲烷是丰富的天然气中的主要成分,目前大部分天然气只作为燃料烧掉。因此,开发利用丰富的甲烷天然气原料,将甲烷转化成为更有价值的化工产品,是多相催化中的重要课题[1-2]。最近 Van der Wiele 对甲烷氧化偶联反应的工业化潜力进行估算[1],认为如果 C_2 单收率大于 24% （即甲烷转化率约大于 30% 和 C_2 选择性约大于 80% ）,该催化反应将会有很大的经济效益。探讨甲烷氧化偶联反应的催化剂的研究已有不少报道[1-3]。Jones 等在大量研究基础上发现[4],负载在二氧化硅上的氧化锰催化剂,在添加碱金属、稀土金属等助催化剂后,对甲烷氧化偶联反应有很好的催化活性和高温稳定性,并申请了一系列专利。本文研究了催化剂 MnOx/SiO2 在改进为连续进料反应条件下的催化活性并利用 XPS,ESR,IR 等研究了催化剂作用机理。

2. 实验

2.1　催化剂制备

将二氧化硅浸渍在 $Mn(CH_3COO)_2$ 水溶液中,然后在 120℃和搅拌条件下烘干,再于空气中升温至

---

*　1988 年 9 月 6 日收到初稿,1988 年 12 月 9 日收到修改稿。本文曾参加第四届全国催化学术报告会。
①　国家教委优秀青年教师基金资助课题。

800℃,锻烧 16 小时。负载量以催化剂中含锰重量计算。

2.2 反应体系

利用石英微型反应器(直径 6 mm,长 200 mm),在常压和 800℃条件下反应。催化剂颗粒为 40～60 目,用量为 0.5 克,反应混合气分压比为 $He:CH_4:O_2 = 383.8 : 282.0 : 94.2$,流经催化剂的总流速为 50 mL/min,

2.3 测试体系

利用 102GD 气相色谱仪热导检测器(GOX—502 柱和 TDX—01 柱)检测气相产物。使用英国 V. G. 公司生产的 ESCA LAB MKⅡ 光电子能谱仪,MgK_a 为激发源,以 $Si2P_{3/2}$ 的结合能(103.4 eV)[1] 为内标,测定 O_{1s} 和 C_{1s} 结合能的 XPS 谱。在 Bruker ER-200D-SRC 电子自旋共振谱仪上测试 Mn^{2+} 的 ESR 信号。催化剂的红外谱图在 5 DX FT-IR 外光谱仪上,利用 KBr 压片法测试。

3. 结果与讨论

3.1 锰负载量的影响

锰负载量增大(0—10%),甲烷氧化偶联反应活性也增大;锰负载量增至 10% 时,CH_4 转化率和 C_2 选择性均最高。进一步增大锰负载量时,CH_4 转化率和 C_2 选择性开始下降(表 1)。从图 1 可知,负载量增大,Mn^{2+} 的 ESR 信号强度 I_{Mn}^{2+} 增大;负载量增至 10%,曲线有一向上突增的转折点;当负载量增至 15% 时,I_{Mn}^{2+} 约增大一倍。图 2 是不同负载量催化剂的 O_{1s} 峰。与硅直接键合的氧 O_{1s} 峰结合能在 532.8 eV,而与锰直接键合的氧 O_{1s} 峰结合能约在 529.5 eV[5]。从图中可知,负载量≥15%时,在 529.5 eV 处就可明显观察到与锰直接键合的氧 O_{1s} 峰。XRD 测试表明,高负载量催化剂中存在 Mn_3O_4 晶相,与 Jones 等报道的结果一致[6],但没有观察到硅酸锰盐的特征 XRD 曲线,这可能是锰与载体形成无定型的或单层分布的硅酸锰盐。负载量为 15% 时,Mn^{2+} 的 ESR 信号突增,新的 O_{1s} 峰(529.5 eV)出现,表明负载量≤10%时,Mn 与载体基本上形成桂酸锰盐;负载量≥15%时,还有 Mn_3O_4 晶相生成。由于 Mn_3O_4 对甲烷氧化偶联反应是非选择性晶相[6],所以反应活性与硅酸锰盐的形成有直接关系。

表 1 负载量对催化剂活性和选择性的影响

Table 1 The influence of manganese supported on silica on the catalytic activities

	Surface area	Conversion%			Selectivity%		Yield%
	(m^2/g)	CH_4	O_2	C_2	carbon oxides	others	C_2
SiO_2	182	12.9	25.9	6.7	64.4	28.9	0.86
5% MnO_x/SiO_2	178	25.1	67.9	12.5	79.3	8.2	3.1
10% MnO_x/SiO_2	153	27.1	63.7	14.9	69.3	15.8	4.1
15% MnO_x/SiO_2	148	25.2	62.2	10.6	74.0	15.4	2.7
20% MnO/SiO_2	130	20.2	45.2	7.3	69.0	29.7	1.7
30% MnO_x/SiO_2	120	19.7	46.0	7.1	69.2	25.9	1.4
Na-Mn/SiO_2*	—	22.4	94.0	70.0	30.0	0	15.7

* The data was from (9) at 920℃. Others including $CH_xO, C \geqslant 3$ and cokes.

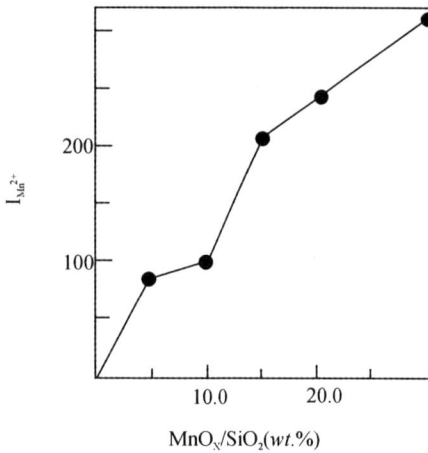

图 1　催化剂中 Mn^{2+} ESR 信号随负载量变化曲线

Fig. 1　Intensities of Mn^{2+} ESR signals in MnO$_x$/SiO$_2$ catalysts

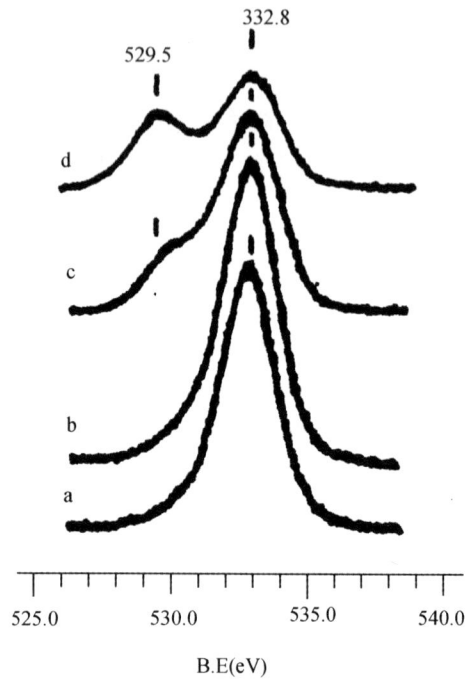

图 2　MnO$_x$/SiO$_2$ 催化剂的 O(1s)峰

Fig. 2　XPS spectra of O($_{1s}$) for MnOx/SiO$_2$ catalyst.
(a)SiO$_2$；(b)10wt% MnO$_x$/SiO$_2$；(c)15wt%；(d)30wt%

3.2　催化剂活性中心的研究

10％MnO$_x$/SiO$_2$ 催化剂在反应初期甲烷转化率较高,但 C$_2$ 选择性较低;随反应时间延长,甲烷转化率下降,C$_2$ 选择性增加;最后,甲烷转化率和 C$_2$ 选择性均达到稳定。此催化剂连续反应 7 小时以上,催化剂活性基本不变。其红外光谱研究表明,在 1096.9,998.12,803.1 和 468.7 cm^{-1} 处的 IR 峰为 SiO$_2$ 载体的骨架振动峰(图 3a)。负载氧化锰后,IR 在低波数出现几个新峰,被认为是由 Mn-O 和 Mn-O-Si 等几种振动方式所引起的。10％MnO$_x$-SiO$_2$ 催化剂,反应前在 631.25 cm^{-1} 处观察到一个新的红外峰(图 3b),反应 2 小时后,催化剂在 693.75,781.3 和 887.50 cm^{-1} 处出现三个新的红外峰,而在 631.25 cm^{-1} 处的红外峰基本消失(图 3c)。催化剂在反应前后 IR 振动频率和出峰个数均有变化,说明活性中心锰的配位环境发生变化。ESR 研究表明,催化剂经反应 2 小时后,Mn^{2+} 的六条谱线变成一条较宽的单线,而且其 I$_{Mn^{2+}}$ 增大约 100 倍(图 4)。由于反应混合气相对空气锻烧气氛而言是还原气氛,可使催化剂中高价锰还原成 Mn^{2+}。XPS 研究表明,反应后的催化剂表面,在 Mn(2p$_{3/2}$)和 Mn(2p$_{1/2}$)两峰约高 5 eV 处均观察到 Mn^{2+} 特征的 Shake-up 峰[7],说明此时催化剂表面 Mn^{2+} 浓度明显增加。Mn^{2+} 处于高自旋八面体中介场时,激发态都远离基态,基态和激发态之间只有很小的自旋—轨道偶合,易产生六条 Mn^{2+} 的 ESR 信号。Mn^{2+} 处于四面体强场时,由于此时零场分裂很大(D≫hγ),只能观察到 $\left|\frac{1}{2}>\leftrightarrow\right|-\frac{1}{2}>$ 跃迁,所以只有一条较宽的单线[8]。因此,我们推断:10％MnO$_x$/SiO$_2$ 催化剂经两小时反应后,催化剂中 Mn^{2+} 浓度增加,而且 Mn^{2+} 配位环境从反应前的八面体中介场转变成四面体强场。可见 Mn^{2+} 浓度提高有利于甲烷氧化偶联反应,但还不清楚 Mn^{2+} 从八面体中介场转变成四面体强场是否更有利于甲烷氧化偶联反应。

经反应几小时后的 10wt％ MnO$_x$/SiO$_2$ 催化剂再经 800℃氧气氛下处理两小时,此时样品 ESR 测试表明:Mn^{2+} 的 ESR 信号强度和峰型均无任何变化(图 4c)。可见该样品中处于四面体强场的 Mn^2 很稳

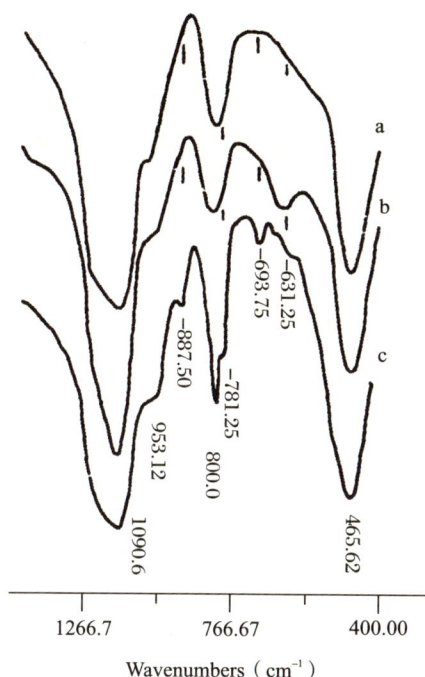

图 3　MnO_x/SiO_2 催化剂的红外光谱

Fig. 3　IR spectra of MnO_x/SiO_2 catalyst.

　　(a) SiO_2 ;(b) 10wt% MnO_x/SiO_2 before reaction;

　　(c) 10wt% MnO_x/SiO_2 after 2h reaction.

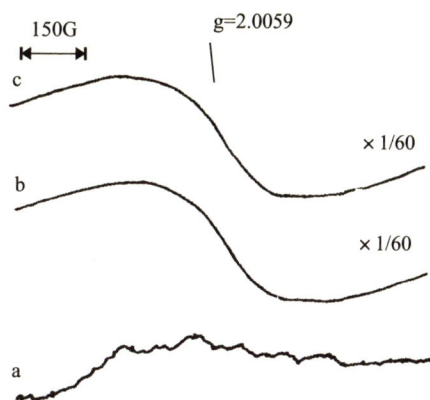

图 4　在 10wt% MnO_x/SiO_2 催化剂中 Mn^{2+} 的 ESR 信号

Fig. 4　ESR sigmals of Mn^{2+} in 10wt% MnO_x/SiO_2 catalyst.

　　(a) before reaction. (b) after 2h reaction. (c) the sample B treated in O_2 atmosphere at 1073 K

定,不易被氧化成高价锰。这样催化剂就存在两种可能作用途径:其一就是样品中具有 ESR 信号的 Mn^{2+} 活性中心在参与催化反应过程中本身没有价态变化,其作用与 MgO 催化体系相似[2]、其二就是 Mn^{2+} 参与氧化还原反应过程,即 Sofranko 等提出的 Mars－Vart Kreveden 型反应机理[9],但在我们的测试条件下 ESR 未能检测到其变化过程。10wt% Mn/SiO_2 催化剂表面基本上只观察到硅酸盐的 $O_{(1s)}$ 峰(350.8 eV),而硅酸盐化合物具有高温稳定性,因此,该催化剂表面可迁移氧物种较少。按 Carreim 等[10]的观点,催化剂表面可迁移性氧物种愈少愈有利于 C_2 选择性提高。

3.3　表面吸附态的研究

XPS 研究催化剂表面的 $C_{(1s)}$ 峰表明,反应后的催化剂表面存在 Carbide(282.5 eV)和 $CH_x(a)$(x＝0－3)(284.5 eV)(图 5),说明甲烷在表面上存在下列反应途径:

$$CH_4(g) \longrightarrow CH_3(a) \longrightarrow CH_2(a) \longrightarrow \longrightarrow Carbide \tag{1}$$

表面上没有检测到 $CH_xO(a)$(285.5 eV)和 $CO_3^{2-}(a)$,但反应尾气中检验到 CO(g)和 $CO_2(g)$(表 1),这可能是由于 CH_xO 和 $CO_3^{2-}(a)$在高温下易热分解:

$$CH_xO(a) \xrightarrow{[O]} CO_3^{2-}(a) \longrightarrow CO_2(g) + CO(g) \tag{2}$$

Lunsford 等[2]利用 ESR 研究表明,〔Li^+O〕浓度和气相中 $CH_3(g)$浓度和反应生成 C_2 的产率成正比关系,认为甲烷氧化偶联途径是:首先甲烷在催化剂表面临氧脱氢,生成的 $CH_3(a)$脱附到气相,并偶联生成乙烷,乙烷再回到表面进一步临氧脱氢生成乙烯。我们在利用 XPS,UPS,MS 等研究 Mg (0001)表面与甲烷和氧的混合气作用的结果表明[11],表面存在 $CH_x(a)$ (284.5 eV)物种,而且在气相偶联机率极小的高真空条件下检测到乙烷和乙烯的生成。我们研究 $BaCO_3$ 系模型催化剂对甲烷氧化偶联的催化作用时[12]，产物中同时检测到乙烷，乙烯和乙炔，而且反应产物的C_2不饱和度随反应温度提高而增大，利用C_2H_4化学捕获方法，检测到相当量的CH_2反应中间体。Hasenbery 和 Schmidt 等[13]在研究甲烷和氨反应生成 HCN 的结果表明，反应温度升至 1450 K 时，仍能观察到明显的表面反应动力学效应。这些结果说明，在考虑甲烷氧化偶联反应途径时，不能排除$CH_x(a)$通过表面迁移，直接偶联生成乙烯（X＝2）和乙烷（X＝3）机理的可能性[10]。

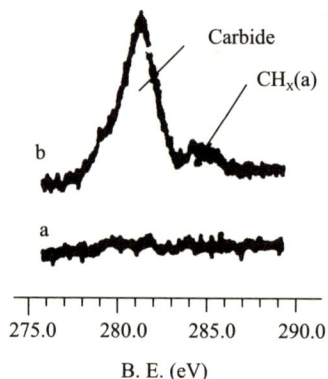

图 5　10(wt)%MnO_x/SiO_2催化剂的 C(1s)峰

Fig. 5　XPS spectra for C(1s) of 10wt% MnOx/SiO₂ catalyst. (a) before reaction；(b) after 2 h reaction.

参考文献

[1]Ross,J. A.,et al.,Catal Today,**1**(1987),133.

[2]Ito,T.,et al.,J. Am. Chem. Soc.,**107**(1985),5062.

[3]Otsuka. K.,Jinno,K. and Morikawa,A.,J. Catal.,**100**(1986),353.

[4]Jones,C. A.,et al.,U. S. P.,4499322 and 4560821(1985).

[5]王水菊和区泽棠，厦门大学学报（自然科学版），**27**(1988),70.

[6]Jones,C. A.,Leonard,J. J. and Sofranko,J. A.,J. Catal.,**103**(1987),311.

[7]Hu,H. K. and Rabalais,J. W.,Surface Science,**107**(1981),376.

[8]裘祖文编著，《电子自旋共振波谱》，科学出版社，(1980)，p.305.

[9]Sofranko,J. A.,et al.,Catal. Today,**3**(1988),127.

[10]Carreiro,J. A. S. P. and Baerns,M.,React. Kinet. Catal. Lett.,**35**(1987),349.

[11]张兆龙和区泽棠，厦门大学学报（自然科学版），(1988)待发表.

[12]Zhang Zhaolong, Huang Wensui, Au, C. T. and Tsai, K. R., Proceedings of Conference on Speciality and Petroleum-Based Chemicals in Asia-Pacific,**12**(1988),Hong Kong.

[13]Hasenberg,D. and Schmidt,L. D.,J. Catal.,**97**(1986),156.

Studies of Methane Oxidative Coupling over MnO$_x$/SiO$_2$ Catalysts

Zhao-Long Zhang，Xin-Sheng Yu，C. T. Au，K. R. Tsai

（Dept. of Chemistry，Xiamen University，Xiamen）

Abstract

Methane is the main component of natural gas. The direct oxidative conversion of methane into higher hydrocarbons was a challenge and the attention of many researchers. In this paper, the catalytic activities and the reaction mechanism for methane oxidative coupling over MnO$_x$/SiO$_2$ catalysts under continuous flow conditions were studied by GC, ESR, IR, and XRD. The experimental conditions were chosen as follow：weight of catalyst＝500 mg. particle of catalyst＝40－60 mesh, reaction temperature＝1073 K, pressure of reaction＝0.1 MPa. He：CH$_4$：O$_2$＝383.8：282.0：94.2, the total flow to the reactor＝50.0 mL/min. The catalysts used were prepared by impregnating SiO$_2$ with Mn(CH$_3$COO)$_2$ solution, drying the solution at 393 K and finally calcinating in air at 1073 K for 10 h.

The experimental results showed that the conversion of methane and C$_2$ selectivity reached maximum when the amount of manganese oxide loaded on SiO$_2$ reached 10 wt%. Further increase of manganese oxide would result in the formation of crystalline Mn$_3$O$_4$ and the decrease of methane conversion and C$_2$ selectivity. The results indicated the catalytic activity was correlated to the manganese silicate formed at low loading (＜10 wt%). During the beginning several hours of reaction over the 10 wt% MnO$_x$/SiO$_2$ catalyst, the conversion of methane decreased and C$_2$ selectivity increased slightly before becoming stable. The intensity of Mn^{2+} ESR signal in the 10 wt% MnO$_x$/SiO$_2$ catalyst after reaction (Sample B) was about 100 time bigger compared with that before reaction (Sample A), and the shape of Mn^{2+} ESR signal changed from six resolved peaks of mediate octahedral ligand field structure to one broad peak of strong tetrahedral ligand field structure. XPS studies of Mn (2p) peaks showed the typical shake—up peaks for Mn^{2+} at about 5 eV higher binding energy of Mn(2p3/2) and Mr(2p1/2) on the surface of Sample B. These results indicated the increase of Mn^{2+} on the surface of catalyst would improve the C$_2$ selectivity.

After Sample B was treated in oxygen atmosphere at 1073 K for two hours (Sample C), there was no change in shape and intensity of the Mn^{2+} ESR signal observed, implying the Mn^{2+} centers in Sample B were very stable and could not be easily reoxidized. Two possible mechanisms for catalytic recycling were proposed：(1) Mn^{2+} centers experience no valence change during the catalytic reaction, and the function of the catalyst was just to provide surface orbitals with suitable energy and symmetry for the reaction；(2) Mars-Van Krevelen type mechanism proposed by Sofranko et al., although the redox reaction of Mn^{2+} ions was not observed by ESR under our experimental conditions.

Two carbon species, carbide at 282.9 eV and CH$_x$(x＝0－3) at 284.5 eV were observed on the surface of Sample B by XPS studies of C (1s) peaks, indicating the existence of the following process：

$$CH_4(g) \longrightarrow CH_3(a) \longrightarrow CH_2(a) \rightarrow \rightarrow \rightarrow carbide$$

The possible mechanism of coupling two CH$_x$(a) groups to form ethylene (X＝2) and ethane (X＝3) on the surface was also discussed.

■ **本文原载**:《分子催化》第 4 卷第 3 期(1990 年 9 月)，第 194～199 页。

ESCA 研究 CH₄—O₂ 在铁和锰
表面上的化学行为

张兆龙　　王水菊　　区泽棠　　蔡启瑞

（厦门大学化学系，厦门）

摘　要　利用 ESCA 研究比较了 CH_4—O_2 在过渡金属铁和锰表面上的化学行为。结果表明：(1)在室温和高真空($P=10^{-5}$ Pa)下，甲烷与金属(铁和锰)表面和预先氧化的金属(Fe_2O_3 和 MnO)表面作用，均未观察到有任何化学反应。但当甲烷与氧共吸附时，金属表面上就可检测到碳物种生成(CH_x，CH_xO，Carbide 等)，说明过渡金属铁和锰表面上的过渡态氧能够使甲烷脱氢活化；(2)合理地选择反应气 CH_4/O_2 比值，对有效且有选择地进行甲烷转化十分重要。CH_4/O_2 比值太低，易使在表面生成的碳物种深度氧化；CH_4/O_2 比值太高，表面生成碳物种的速率(甲烷转化率)大为减小；(3)在设计和选择甲烷氧化偶联反应催化剂时，应考虑催化剂表面上金属离子对氧和碳的键合强度因素。

1. 引　言

甲烷是丰富的天然气中的主要成分。据估计[1]，全球已探明的天然气储存量与石油储存量大约同数量级。因此研究甲烷活化机制，探讨开发利用天然气的新途径，是催化研究中的重要课题[2-8]。将甲烷直接转化成甲醛、乙烯等反应的催化剂研究已有许多报道，但对甲烷活化反应机理研究仍进行得比较少[4,5]。最近，我们报道了利用 ESCA 方法研究 CH_4—O_2 在碱土金属镁单晶表面上的化学行为[6]。本文报道用 ESCA 研究 CH_4—O_2 在过渡金属铁和锰表面上的化学行为。

2. 实　验

采用英国 V. G. 公司 ESCA LAB MKⅡ电子能谱仪。XPS 激发源采用 AlKα 射线，UPS 使用 HeⅠ和 HeⅡ射线。XPS 测量通过能为 20 eV，UPS 为 8 eV。铁片和锰片分别为英国 Metal Research Ltd. 和 Johnson—Matthey 公司的产品，纯度均优于 99.9%。金属表面经金相砂纸打磨和硝酸处理并清洗晾干后，放入能谱仪，而后加热至 700 K，并用 5 kV、40 μA 的 Ar^+ 溅射，退火后 XPS 检测证明其表面杂质氧、碳和氩的总原子数 $<10^{13}$ atom·cm^{-2}[7,8]。甲烷为四川自贡产品，纯度优于 99.99%，并经 401* 催化剂除氧净化；氧气纯度优于 99.5%。反应气均经液氮处理；进一步除水和高碳组分之后，通过漏阀放入能谱仪反应室。样品在反应气氛($P=10^{-5}$ Pa)下，反应 5 min 后，再移入分析室进行测试。能谱仪反应室内样品台可加热，使样品在一定反应温度下与反应气反应。700 K 时空白实验证实，表面所观察到的碳物种生成不是来自样品体相碳物种向表面扩散的结果。

3. 结果与讨论

3.1 铁表面与 CH_4—O_2 反应

室温下,洁净的铁表面暴露于甲烷气氛后($P=10^{-5}$ Pa),表面上未检测到任何碳吸附物种生成。洁净的铁表面暴露于 O_2 气氛中,并经加热处理后,XPS 和 UPS 测试证明表面组成基本上是 Fe_2O_3[9]。在室温下将此表面与 CH_4 反应后,样品表面同样没有观察到任何碳物种生成。然而,当洁净的铁表面与甲烷与氧气混合作用时,在样品表面就可明显检测到碳物种生成。说明甲烷能在铁表面上的过渡态氧帮助下脱氢活化。

图 1 是 CH_4 和 O_2 混合气(CH_4:O_2=2:1)与洁净的铁表面在不同温度下反应后的 XPS 谱。当反应温度在 300～450 K 区域,表面上只检测到 CH_x($x=0\sim3$)(285.0 eV)[10],且表面 CH_x 浓度随反应温度提高而增大;进一步提高反应温度(450～550 K),表面上还可检测到有 CH_xO (285.9 eV)形成[10];但当反应温度高于 700 K 时,表面上基本检测不到任何碳物种存在。伴随反应进行,金属铁表面本身也逐渐被氧化。最后(700 K)表面层被氧化成 Fe_2O_3。

我们认为,甲烷在表面上的过渡态氧(如 $O^{\delta-}$)帮助下脱氢活化,生成表面 CH_x 物种;反应温度较高时(450～550 K),铁表面上氧物种(如表面晶格氧 O^{2-})迁移进攻表面上生成的 CH_x,形成 CH_xO 表面物种;反应温度高于 700 K 时,铁表面上氧物种足以使表面上生成的 CH_x 和 CH_xO 物种深度氧化。整个反应过程可表示为

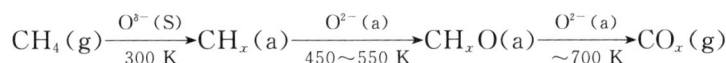

图 1 CH_4 和 O_2 混合气与洁净铁表面的相互作用

Fig. 1   The interaction of CH_4—O_2 mixture (2:1) on clean iron surface with 300 L exposure for each temperature

$$CH_4(g) \xrightarrow[300\ K]{O^{\delta-}(S)} CH_x(a) \xrightarrow[450\sim550\ K]{O^{2-}(a)} CH_xO(a) \xrightarrow[\sim700\ K]{O^{2-}(a)} CO_x(g)$$

研究反应气 CH_4/O_2 比值对铁表面上生成的碳物种及其浓度的影响(表 1),发现增大 CH_4/O_2 比值有利于抑制铁表面上碳物种的深度氧化,样品经 700 K 下反应后,样品表面仍能检测到 CH_x 和 CH_xO 物种。但当 CH_4/O_2 比值太大时($\geqslant10$),样品表面上生成脱氢碳物种的浓度大为减小。可见,合理地选择反应气 CH_4/O_2 的比值,对有效且有选择地进行甲烷转化反应十分重要。

表 1 CH_4/O_2 比值对铁表面上生成的碳物种的影响

Table 1 The influence of CH_4/O_2 ratio on the formation of adsorbed carbon species on iron surface*

Temperature(K)	CH_4/O_2		
	2.0	5.0	10.0
300	CH_2	CH_x	CH_x(trace)
450	CH_x,CH_xO	CH_x	CH_x(trace)
500	CH_x,CH_xO	CH_x,CH_2O	CH_x(trace)
700	None	CH_x,CH_xO	CH_x(trace)

* $P=1.33\times10^{-5}$ Pa with 5 min exposure time for each temperature.

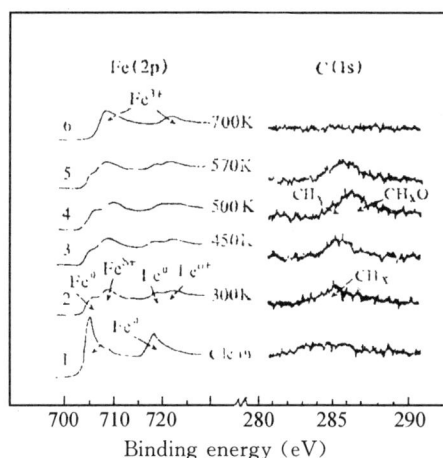

3.2 锰表面与 CH_4—O_2 反应

与 CH_4 在铁表面上的化学行为相似,在室温和高真空度下($P=10^{-5}$ Pa),洁净的锰表面和预先氧化的锰表面(MnO)[11]分别与 CH_4 作用后,样品表面上均未检测到碳物种生成。但甲烷和氧气在洁净样品表面上共吸附时,表面上就可明显检测到碳物种生成。

图 2 是含极少量氧气的甲烷反应气($CH_4/O_2>100$)与洁净的锰表面经不同温度反应后的 XPS 谱。300 K 反应后,样品表面就可检测到有 Carbide 生成(282.9 eV)和 CH_x(285.0 eV)[11]生成,且反应温度越高,表面碳物种浓度也越大;在 300~700 K 温度区域,样品表面上没有检测到其他碳物种存在。从图 2 还可知,随反应温度提高,Mn 表面逐渐被氧化,经 700 K 反应后,样品最表层被氧化成 MnO[11]。由于金属 Mn 有很强的亲碳性[12],所以较易在过渡态氧帮助下生成结合较牢的 CH_x,甚至生成深度脱氢的碳物种 Carbide。当洁净锰表面与混合气($CH_4/O_2=2$)作用时,CH_4—O_2 在锰表面上的化学行为与在铁表面上的化学行为相似(图 1)。只是在锰表面上形成 CH_xO 物种所需的温度和样品表面上的碳物种被深度氧化所需的温度均更高:

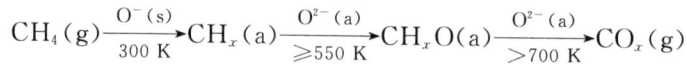

$$CH_4(g) \xrightarrow[300 \text{ K}]{O^-(s)} CH_x(a) \xrightarrow[\geqslant 550 \text{ K}]{O^{2-}(a)} CH_xO(a) \xrightarrow[>700 \text{ K}]{O^{2-}(a)} CO_x(g)$$

这可能是由于锰亲氧性极强,$E(Mn\text{-}O)>E(Fe\text{-}O)$[12],需要更高的反应温度才可能有效地使表面晶格氧迁移进攻表面碳物种。

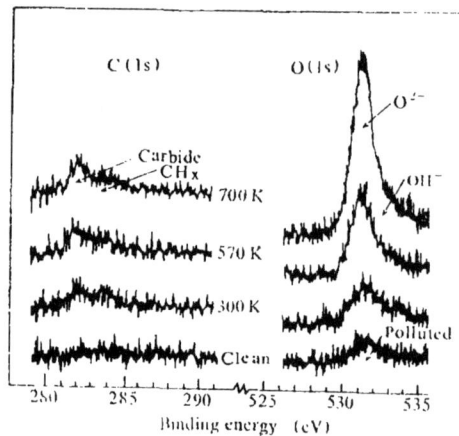

图 2 CH_4 和 O_2 混合气与洁净锰表面的相互作用

Fig. 2 XPS Spectra of C(ls) and O(Is) for the interaction of CH_4—O_2 mixture (only trace amount of oxygen) on clean manganese surface with 300 L exposure for each temperature.

3.3 讨论

我们研究 CH_4—O_2 在碱土金属 Mg(0001)表面的结果表明[6],在室温和高真空下($P=10^{-5}$ Pa),CH_4 不与洁净的镁表面和预先氧化的镁表面发生任何化学反应,但当甲烷与氧在镁表面上共吸附时,由于镁表面上的过渡态氧($O^{\delta-}$,10^{-8} S)的帮助,在镁表面上就可观察到 $CH_x(a)$ 和 $CO_3^{2-}(a)$ 生成。本文对 CH_4—O_2 在过渡金属铁和镁的化学行为的研究结果也说明过渡态氧能够帮助甲烷在较低温度下(300~700 K)脱氢活化。

在室温下,CO、CO_2 和 N_2 均可在铁、锰和镁表面上解离吸附[10-13],说明洁净的铁、锰和镁表面均有较强的断键能力。从能量角度分析断裂 C—H 键比断裂 N≡N 键、C=O 键更容易。但由于甲烷分子中的碳原子被 4 个氢原子包围,组成高度对称的正四面体类似钢球分子,其吸附空间位阻较大,而且甲烷分子的电子结构类似惰性气体氖的电子结构,其化学活性较低,因此甲烷分子不易在金属表面化学解离吸附。当甲烷与氧在金属表面共吸附时,由于脱氢活性很高的过渡态氧($O^{\delta-}$)的帮助,使甲烷分子的 C—H 键断裂(图 3)。

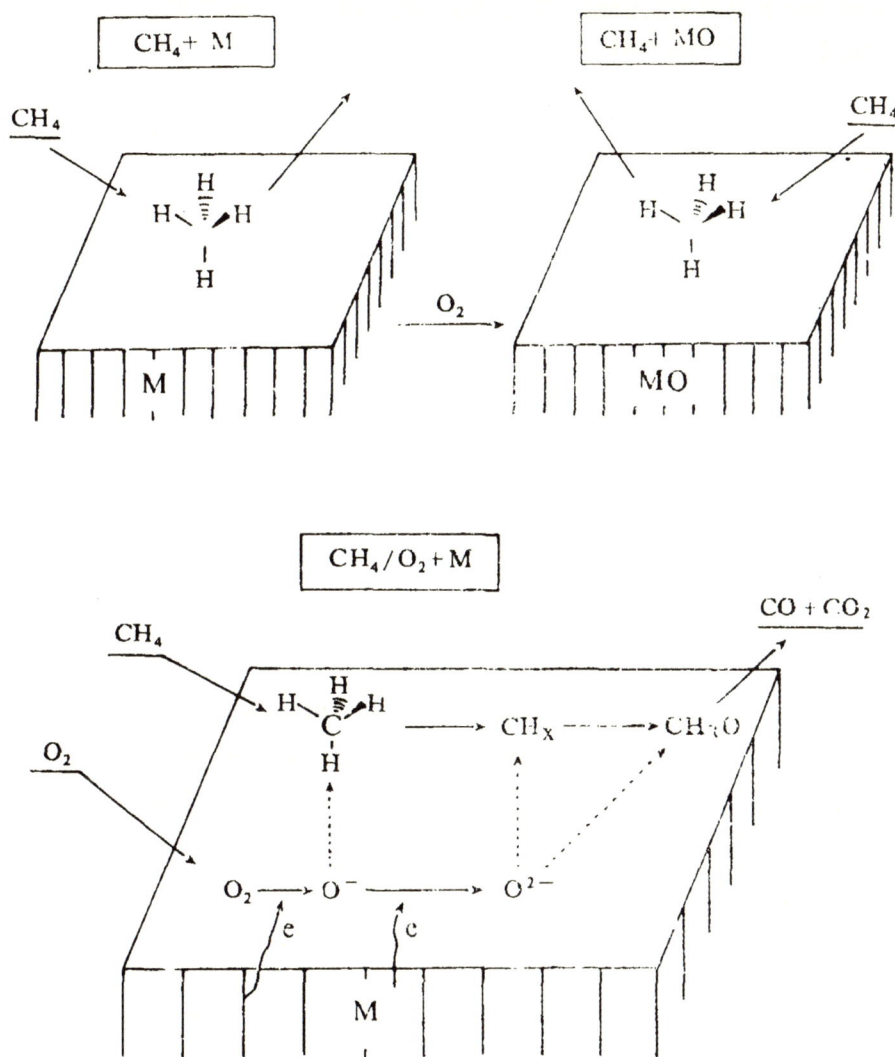

图 3　CH_4—O_2 在金属表面(铁和锰)上化学行为的示意图

Fig. 3　A schematic diagram for the interaction of CH_4—O_2 on metal(Fe and Mn)surfaces

比较 CH_4—O_2 在铁和锰表面上的化学行为可知:金属离子对氧的键合能力大(强 M—O 键),有利于抑制表面晶格氧迁移进攻在表面生成的碳物种,即抑制深度氧化;金属离子对碳的键合能力大(强 M—CH_x 键),有利于表面碳物种的生成(在过渡态氧帮助下)。然而,对甲烷氧化偶联反应而言,如果 M—CH_x 键过强,则不利于偶联步骤的进行,即不利于 CH_x 基团($x=2,3$)脱附到气相中偶联或在表面上迁移偶联,结果会增大 CH_x 被表面晶格氧或吸附态氧进攻而被深度化的机会。因此我们认为,在设计和选择甲烷氧化偶联反应的催化剂时,除了考虑催化剂表面易产生活性氧中心外,还应考虑催化剂表面金属离子对氧和碳的键合强度因素。

参考文献

[1]Mahoney，J.，Proceed. 9th ICC，Symp. on Cl Chemistry，Calgary(1988).

[2]Pitchai，R. and Klier，K.，Catal. Rev. Sci Eng.，**18**，13－88(1986).

[3]Keller，G. E. and Bhasin，M. M.，J. Catal.，**73**，9(1982).

[4]Otsuka，K.，Jinno，K. and Morikawa，A.，J. Catal.，**100**，353(1986).

[5]Zhang Zhao-long, et al.，Proceed. of Conference on Speciality and Petroleum-Based Chemicals in Asia-Pacific Hong Kong(1988).

[6]张兆龙、区泽棠,厦门大学学报(自然科学版),**28**,48(1989).

[7]Au，C. T.，Tang Jian and Roberts，M. W.，J. Xiamen University，**26**,205(1987).

[8]张兆龙等,催化学报,**10**,68(1989).

[9]张兆龙等,分子催化,**2**,56(1988).

[10]张兆龙,博士论文,厦门大学,1989.

[11]王水菊、区泽棠,厦门大学学报(自然科学版)**27**,70(1988).

[12]M. Ⅱ. 斯拉文斯基,"元素的物理化学性质",黄张添等译,冶金工业出版社,1959.

[13]Spencer，N. D.，Schoonmaker，R. C. and Somorjai，G. A.，J. Catal.，**74**,129(1982).

Photoelectron Spectroscopic Studies of CH_4—O_2 Interaction on Iron and Manganese Surfaces

Zhao-Long Zhang，Shui-Ju Wang，C. T. Au，K. R. Tsai

(*Department of Chemistry*，*Xiamen University*，*Xiamen*)

Abstract The development of a better control over the selective oxidation of methane requires an understanding of some mechanistic questions,such as how is the C—H bond of methane activated,what are the surface intermediates and what is the active oxygen species for methane actvation? The answers to the above questions will help the development of processes for selective oxidation of methane. In this paper,the chemical interactions of CH_4—O_2 on iron and manganese surfaces have been studied by Photoelectron Spectroscopy.

The chemisorption of methane was not observed at low pressure (10^{-5} Pa) and room temperature on Fe and Mn surfaces and on their preoxidised surfaces (Fe_2O_3 and MnO). However,when the atomically clean iron and manganese surfaces were exposed to the mixed—gas of methane and dioxygen,the chemical dissociative adsorption of methane was observed on the exposed—surfaces,indicating that the surface transient oxygen,most probably $O^-(s)$,produced on the metallic surfaces of Fe and Mn is responsible for the cleavage of C—H bond in methane molecule:

$$CH_4(g)+O^-(s)\longrightarrow CH_x(a)+OH^-(a) \tag{1}$$

Increasing the sample temperature would result in partial oxidation and even total oxidation of CH_x species by labile lattice oxygen O^{2-} on the surface:

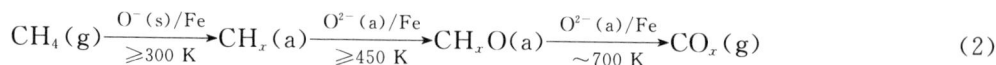

$$CH_4(g)\xrightarrow[\geqslant 300\ K]{O^-(s)/Fe}CH_x(a)\xrightarrow[\geqslant 450\ K]{O^{2-}(a)/Fe}CH_xO(a)\xrightarrow[\sim 700\ K]{O^{2-}(a)/Fe}CO_x(g) \tag{2}$$

$$CH_4(g) \xrightarrow[\geqslant 300\ K]{O^-(s)/Mn} CH_x(a) \xrightarrow[\geqslant 550\ K]{O^{2-}(a)/Mn} CH_xO(a) \xrightarrow[>700\ K]{O^{2-}(a)/Mn} CO_x(g) \tag{3}$$

It is suggested that higher temperature for partial oxidation($\geqslant$500 K) and total oxidation($>$700 K) of CH_x species on Mn surface may be releted to the property of high Mn—O bonding energy(with less labile lattice oxygen on the surface). And this implies that a selective catalyst for methane oxidative coupling should have the property of high M—O bonding energy. Increasing CH_4/O_2 ratio could result in the depression of deep oxidation of adsorbed species on the surface. However, when the ratio was too high($>$10), only trace amount of adsorbed species could be detected on the surface. Thus, the proper choice of CH_4/O_2 ratio is very important for selective and efficient methane conversion.

■ **本文原载:**《厦门大学学报》(自然科学版)第 29 卷第 5 期(1990 年 9 月)。

FeCl₂-(NH₄)₃VS₄体系催化还原乙炔为乙烯 *

林国栋　周朝晖　张鸿图　蔡启瑞

(化学系　物理化学研究所)

摘　要　在 KBH₄ 存在下,测定了 FeCl₂—(NH₄)₃VS₄ 组合体系的催化乙炔还原活性和选择性,考察了外加配体 PBu₃ 和 NEt₃ 对该体系的活性影响。比较其他 Mo—Fe 或 W—Fe 固氮模拟体系的结果,表明以钒铁为主的固氮体系和以钼铁为主的固氮体系可能具有相当多的共同点。

关键词　钒铁硫簇合物　乙炔还原　固氮

某些固氮菌含有两种不同形式的固氮酶[1]:一种是人们早已熟悉的钼酶;另一种是近年来证实有固氮活性的钒酶,后者含有同 Mo 酶相似的活性单元,同样具有高效的固氮活性。在化学模拟生物固氮研究中,国内外化学家相继提出了固氮酶活性中心的各种结构模型,它们大都含有线型 MFeS₂ 或缺口、完整型的类立方烷 MFe₃S₄ 的结构单元[2]。在研究固氮酶的活性时,通常先用乙炔代替分子氮测定活性[3],作为初步的活性评价。早先,本实验室曾报道钼的模拟体系,在 KBH₄ 中还原乙炔为乙烯的催化活性和选择性[4],将它作为 FeMo—辅基及其合成模拟物的原子簇活性中心多核活化底物分子的一种判据,也曾有人研究过 FeCl₂—K₂MoS₄ 体系的电催化还原乙炔为乙烯[5]。本文则报道二氯化铁和四硫代钒酸铵组合体系催化还原乙炔的活性和选择性,并同钼铁和钨铁体系比较。

1　实　验

(NH₄)₃VS₄,(Et₄N)₃(VFe₂S₄Cl₄)和(Me₄N)[VFe₃S₄Cl₃(DMF)₃]·2DMF 按已知方法合成[4]。这些化合物的元素分析、核磁共振谱和红外光谱同文献报道的一致。

乙炔还原活性测定的方法和条件同前文[3]。在无氧条件下,以 DMF 溶剂溶样,缓冲液为 pH＝9.6 的硼酸钠溶液。先向封闭抽空的反应瓶中注入 3.0 mL 缓冲液,再充入 1 mL 乙炔和一定量的样品,最后注入用缓冲液新配制的浓度为 1.2 mol/L 的 KBH₄ 还原剂 0.5 mL。当还原剂溶液注入一半时记作起始反应时间。25 ℃下振荡反应 30 min,产物用 103 型气相色谱仪分析,固定相为 Porapak 填料,柱长 4 m。

2　结果与讨论

2.1　FeCl₂—(NH₄)₃VS₄组合体系催化乙炔还原

将 FeCl₂ 和(NH₄)₃VS₄ 于 DMF 中配制成摩尔比不同的组合体系,按活性测试的程序,检测产物乙

---

* 1990 年 1 月 13 日收到。国家自然科学基金资助项目。

烯和乙烷的生成量,结果如 Tab.1。

对于二氯化铁和四硫代钒酸铵的组合体系,Holm 曾报道在 DMF 介质中,两者可直接反应形成线型 (VFe$_2$S$_4$Cl$_4$)$^{3-}$ 直至立方烷构型的钒铁硫簇合物 [VFe$_3$S$_4$Cl$_3$(DMF)$_3$]$^-$ 离子[4]。从 Tab.1 可以看出。(NH$_4$)$_3$VS$_4$ 具有一定的催化活性,FeCl$_2$ 没有催化还原的活性;而 (NH$_4$)$_3$VS$_4$ 与 FeCl$_2$ 组合时活性大大提高。这说明,对乙炔分子的活化不是单核中心作用,而是 V—Fe 多核协同作用的结果,其中 V 原子起的作用可能更大一些。这同固氮酶活性中心是一种 V(Mo)—Fe—S 原子簇结构是一致的。

Tab. 1　Activity of combination systems with different composition for catalytic reduction of C$_2$H$_2$ (amount of V in system:0.500 μmol)

Fe：V	Amount of Fe	T.O.N	Selectivity	
	(μmol)	μmol C$_2$H$_2$/μmol V·min	C$_2$H$_4$(%)	C$_2$H$_6$(%)
0：1	0.000	0.19	88.0	12.0
1：1	0.500	0.21	88.2	11.7
2：1	1.000	0.40	90.1	9.8
3：1	1.500	0.55	90.3	9.7
4：1	2.000	0.71	91.5	8.3
6：1	3.000	1.04	92.2	7.7
8：1	4.000	1.40	90.5	9.4
10：1	5.000	1.21	92.5	7.5
1：0	1.000	0		

在这几个组合体系中,生成乙烯的选择性皆在 90% 附近,这可能是由于乙炔分子的高度不饱和性有利于络合在以 V 为主的活性中心上,形成较稳定的中间态活性络合物。当被还原成乙烯后,因乙烯的络合能力较差,很容易被反应体系中其他乙炔分子取代,不利于生成深度还原产物乙烷。

从组合体系的 Fe/V 比同乙炔的单位时间转化数的关系可以看出,随着 Fe/V 比的增大,活性增大;经过一最高点(Fe/V≈8),活性反而下降。这一最佳比值与铁钼辅基中 Fe/Mo 比(6~8：1)是一致的,尽管目前含 V 固氮酶尚未见有 Fe—V 辅基提取的报道,可以预期,含钒固氮酶的 Fe—V 辅基将有类似的钒铁比。在 Fe/Mo 组合体系中也观察到活性随 Fe/Mo 比改变的现象[6]。

以 (Et$_4$N)$_3$(VFe$_2$S$_4$Cl$_4$) 或 (Me$_4$N)[VFe$_3$S$_4$Cl$_3$(DMF)$_3$]·2DMF 进行乙炔催化还原的活性和选择性测定实验,结果分别与 Tab.1 中 Fe/V 为 2：1 或 3：1 的组合体系相同。

2.2　外加配体对 Fe/V 体系催化还原乙炔的影响

在 Fe/V 比为 8 的 DMF 溶液中分别加入一定量的配体 L,考察外加配体对该体系中乙炔还原活性的影响。典型的配体为强的 σ 给予体三丁基膦和中等强度的 σ 给予体三乙基胺。它们对活性和选择性的影响如 Tab.2。

Tab. 2　Activity of combination system with different additional ligands for catalytic reduction of C$_2$H$_2$ (Fe：V＝8：1,V＝0.500 μmol)

Ligand	V：L	T.O.N	Selectivity
	(mol·ratio)	(μmol C$_2$H$_2$/μmol V·min)	to C$_2$H$_4$(%)
PBu$_3$	1：0	1.40	90.5
	1：1	0.29	91.2

续表

Ligand	V : L (mol · ratio)	T. O. N (μmol C_2H_2/μmol V. min)	Selectivity to C_2H_4(%)
	1 : 2	0.12	89.5
	1 : 4	0.03	
	1 : 8	0	
NEt_3	1 : 0	1.40	90.5
	1 : 1	1.34	89.6
	1 : 2	1.34	90.1
	1 : 4	1.33	90.0
	1 : 8	1.33	89.7

由 Tab. 2 可见,强的 σ 给予体能大幅度降低 Fe—V 体系的催化活性,当 PBu_3/V 比为 4 时,活性趋于零。而较弱的 σ 给予体 NEt_3 的加入对乙炔还原活性影响不大。所有这些体系的选择性仍维持在 90% 附近。

对立方烷型簇离子$[VFe_3S_4Cl_3(DMF)_3]^-$的反应性研究表明[7],PBu_3 可与簇结构上钒的配体 DMF 发生取代反应。强配体与钒的这种结合会对底物乙炔同钒的配位产生位阻,不利于底物的还原,使活性降低。而弱配位的 NEt_3 则易被底物取代。这样,尽管 NEt_3/V 比逐渐增大,乙炔还原的活性变化不明显。而选择性只与活性位种类有关,在加入 PBu_3 或 NEt_3 的前后,Fe—Vu 簇的配位微环境没有发生变化,故选择性变化不大。

2.3 $FeCl_2$ 同钒或钨的组合体系催化乙炔还原

$FeCl_2$ 同$(NH_4)_3VS_4$,$(NH_4)_2MoS_4$ 或$(NH_4)_2WS_4$ 的组合体系(Fe : M=1 : 8)的催化乙炔还原活性比较如 Tab. 3。从单组分的活性看,四硫代钒酸铵和四硫代钼酸铵都具有一定的活性,而四硫代钨酸铵和二氯化铁都没有活性。组合后,钒铁或钼铁体系活性都有大幅度提高,而钨铁体系仍然没有活性。这同钒铁蛋白或钼铁蛋白具有乙炔还原活性的事实是一致的。本文结果也暗示,以钒铁为主的固氮体系和以钼铁为主的固氮体系可能具有相当多的共同点。

Tab. 3 Comparisions of activity of V,Mo,W complexes and their combination systems for catalytic reduction of C_2H_2 (amount of M=0.500 μmol)

M	M : Fe	T. O. N (μmol C_2H_2/μmol V min)	Selectivity to C_2H_4(%)
V	1 : 0	0.19	88.0
	1 : 8	1.40	90.5
Mo	1 : 0	0.41	89.0[9]
	1 : 8	3.17	87.2
W	1 : 0	0	
	1 : 8	0	
$FeCl_2$	0 : 1	0	

参考文献

1 Robaon R L et al. Nature(London). 1986，**322**：388～390；Arber J M et al. ibid. 1987，**325**：372～376.

2 Tsai K R et al. Advance in Science of China，Chemistry（eds Tang Y. Q. ）. 1987，**2**：125～160.

3 张藩贤等. 厦门大学学报（自然科学版）. 1980，**19**：50～56.

4 Do Y K et al. Inorg Chem，1985，**24**：4 635～4 642；Kovacs J A et al. J Am Chem Soc. 1986，**108**：340～343.

5 许书楷等. 应用化学. 1987，**4**：42～45.

6 徐吉庆等. 分子催化. 1988，**2**：229～236.

7 周朝晖. 厦门大学理学博士论文摘要. 1989.

Reduction of C$_2$H$_2$ to C$_2$H$_4$ Catalyzed by FeCl$_2$—(NH$_4$)$_3$VS$_4$ System

Guo-Dong Lin, Zhao-Hui Zhou, Hong-Tu Zhang, Khi-Rui Tsai

(*Dept. of Chem. Insi. of Phys. Chem.*)

Abstract　The determination of catalytic activity of (NH$_4$)$_3$VS$_4$-FeCl$_2$ system for reduction of C$_2$H$_2$ by KBH$_4$ to C$_2$H$_4$ under anaerobic condition at 25 ℃ showed the presence of a maximum in the activity versus Fe/V ratio，with the maximum activity at a Fe/V atomic ration of 8. The catalytic activity of the system decreased rapidly with addition of strong σ-donor ligand，PBu$_3$，but is not affected by addition of NEt$_3$. The comparative study of analogous systems，such as (NH$_4$)$_2$WS$_4$-FeCl$_2$，(NH$_4$)$_2$MoS$_4$-FeCl$_2$ and (NH$_4$)$_3$VS$_4$-FeCl$_2$ indicated that there would be some similarities between V-containing and Mo-containing modelling systems for nitrogenase.

Key words　Vanadium-iron cluster　Reduction of acetylene　Nitrogen fixation.

■ **本文原载**：Elsevier Science Publishers B. V., Amsterdam—Printed in The Netherlands. Applied Catalysis, 62 (1990), pp. 29~33.

Methane Oxidative Coupling to C_2 Hydrocarbons over Lanthanum Promoted Barium Catalysts

Zhao-Long Zhang[①], C.T. Au, K.R. Tsai

(Department of Chemistry, Xiamen University, Xiamen, P. R. China)

Abstract   The existence of a new structure, most likely present as structural defect sites at the $La_2O_3/BaCO_3$ interface in La_2O_3 promoted — $BaCO_3$ catalyst, was detected by Raman, X-ray photoelectron spectroscopy and electron spin resonance studies. The improvement of the catalytic performance in methane oxidative coupling over La_2O_3 promoted-catalysts could be related to the presence of such a new structure.

Key words   methane oxidative coupling   lanthanum oxide/barium carbonate   catalyst characterization (ESR, Raman, XPS)   catalyst preparation (wet impregnation)   selectivity (C_2 hydrocarbons) ethylene ethane   carbon oxides.

1   INTRODUCTION

The direct oxidative conversion of methane to heavier hydrocarbons is an important challenge and has been studied by many researchers[1]. Recently the results obtained in our research group have shown that the catalytic performance of $BaCO_3$ catalyst could be improved by doping with K_2CO_3 or with some rare-earth oxides[2-4]. In this paper, we report the oxidative conversion of methane to C_2 hydrocarbons at relatively high yield over La_2O_3 promoted $BaCO_3$ catalyst. The relationship between the structure and catalytic performance of the catalyst as revealed by spectroscopic techniques [such as Raman, X—ray photoelectron spectroscopy (XPS) and electron spin resonance (ESR)] and activity assay are presented.

2   EXPERIMENTAL

The promoted catalysts were prepared by wet-impregnation of $BaCO_3$ with an aqueous solution of nitrate salts. The mixture was dried at 393 K and subsequently calcined in air at 1073 K for 10 h. $BaCO_3$ (La_2O_3) catalyst was prepared using pure $BaCO_3$ (La_2O_3) chemicals with 10 h calcination in air at 1073 K. The mechanically mixed La_2O_3 catalyst was obtained by well-mixing La_2O_3 and $BaCO_3$ powder

---

①   Received 6 March 1990, revised manuscript 9 May 1990.

and calcining in air at 1073 K for 10 h. Experiments were carried out in a quartz fixed-bed reactor operated at a pressure of 100 kPa. Gaseous effluent from the reactor was analysed for stable products by G. C. with GDX-502 and 5 A carbosieve columns at room temperature. ESR analyses of the catalysts were obtained on a Bruker ER-200D-ESR spectrometer. A V. G. ESCA LAB MK−II photoelectron spectrometer was also applied for the characterization of the catalysts.

3 RESULTS AND DISCUSSION

3.1 Catalytic activity

It has been suggested by Carriro and Baerns[1] that C_2 selectivity increased as the basicity of alkaline earth oxides increased, i. e. $BaO \approx SrO > CaO > MgO > BeO$. A similar catalytic activity order was observed in the present work (Table 1). Moreover, it was found that MCO_3 ($M = Ca^{2+}$ and Ba^{2+}) and MO have very similar catalytic performance. These observations agree with the fact that basic oxide (MO) reacts readily with the carbon dioxide in the gaseous products to form surface MCO_3.

$BaCO_3$ is a better choice as a base catalyst than BaO. $BaCO_3$ has similar catalytic performance and is stable under reaction conditions. But, unlike BaO, does not react with the quartz−reactor at high temperature to form barium silicate. Table 2 shows that the addition of thorium and uranium oxides to the $BaCO_3$ base-catalyst suppressed the methane oxidative coupling reaction while the addition of lanthanum oxide promoted the catalytic activity appreciably. C_2 hydrocarbons could be obtained with about 50% selectivity at a 36.6% methane conversion over $La_2O_3/BaCO_3$ catalyst; ethylene was the main C_2 component (>70%) and carbon dioxide the main by−product (>85%).

TABLE 1 Oxidative coupling of methane over alkaline earth compounds catalysts

Reaction at 1073 K, with 500 mg catalyst, mixture ratio: He : CH_4 : O_2 = 610 : 104 : 45, all the data were taken after 1 h of reaction

Catalyst	MgO	CaO	$CaCO_3$	BaO	$BaCO_3$	Quartz	Blank
Selectivity(S_2)%	34.0	42.4	39.1	42.8	43.0	41.5	44.1
Yield(Y_2)%	8.0	12.7	12.1	14.9	14.7	3.6	2.9

TABLE 2 The effect of promoters on the catalytic performance over $BaCO_3$ base

Reaction conditions as in Table 1.

Catalyst	Conversion(%)		Selectivity(%)			Yield(%)
	CH_4	O_2	C_2	CO	CO_2	C_2
$BaCO_3$	34.3	80.8	43.0	11.6	44.7	14.7
10 wt.-% Th/$BaCO_3$	25.0	62.2	41.9	13.3	44.4	10.5
10 wt.-% U/$BaCO_3$	34.2	99.9	38.0	4.3	57.8	13.0
10 wt.-% La/$BaCO_3$	36.6	99.9	50.0	2.4	48.4	18.3
La_2O_3	49.3	98.0	7.5	58.6	33.9	3.7

3.2 Effect of La_2O_3 loading

The effect of La_2O_3 loading on $BaCO_3$ catalyst has been tested with a mixture ratio He : CH_4 : O_2

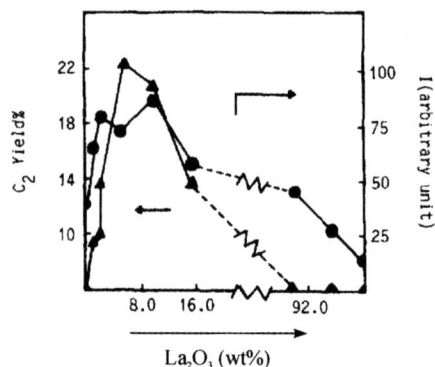

Fig. 1　The effects of La$_2$O$_3$ loading on C$_2$ yield and the intensity (I) of the ESR signal.

＝399.0 ∶ 278.9 ∶ 91.2. From the results in Fig. 1, it can be seen that C$_2$ yield increased with increasing La$_2$O$_3$ loading up to ca. 10 wt%; when the loading exceeded 15wt%, C$_2$ yield began to decrease. Methane conversion was only slightly enhanced after the addition of La$_2$O$_3$. The best result shown in Fig. 1 corresponds to a conversion of 28.3% and a selectivity of 70% achieved over 10 wt% La$_2$O$_3$/BaCO$_3$ catalyst.

3.3　Interaction of La$_2$O$_3$ and BaCO$_3$ in La$_2$O$_3$/BaCO$_3$ catalyst

Experimental results showed no significant difference in catalytic performance between BaCO$_3$ base and the catalyst prepared by mechanical mixing La$_2$O$_3$ and BaCO$_3$, both giving a C$_2$ yield of ca. 15%. However, the C$_2$ yield could reach about 20% for the La$_2$O$_3$/BaCO$_3$ catalyst prepared by chemical impregnation. This suggests that when the catalyst is produced chemically, an interaction between La$_2$O$_3$ and BaCO$_3$ may occur and new active sites which can promote methane oxidative coupling may be produced.

It is interesting to note that a set of ESR signals were regenerated after the addition of La$_2$O$_3$ (Fig. 2); such ESR signals were not detected for La$_2$O$_3$, BaCO$_3$ and the catalyst prepared by mechanical mixing of La$_2$O$_3$ and BaCO$_3$. Moreover, it is found that the intensity of such ESR signals and catalytic activity behaved in a parallel manner with respect to La$_2$O$_3$ loading(Fig. 1). This set of ESR signals can be divided into three subgroups, and each of them corresponds to the typical ESR signals obtained from the sites in a crystalline field of orthorhombic or lower symmetry[5]. Since this set of ESR signals could still be detected after helium flow treatment at temperatures up to 700 ℃, it appears that the ESR

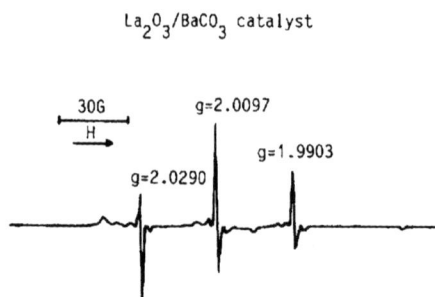

Fig. 2　ESR signal of La$_2$O$_3$/BaCO$_3$ sample detected in helium atmosphere.

signal is not represent the surface adsorbed oxygen species but represents some structural defect sites on the surface.

Raman studies of $La_2O_3/BaCO_3$ catalyst showed(Fig. 3) the characteristic peaks of La_2O_3 (at 280 cm^{-1}, 342 cm^{-1} and 446 cm^{-1}) and $BaCO_3$ (at 135 cm^{-1}, 153 cm^{-1}, 224 cm^{-1} and 692 cm^{-1}), as well as two new peaks at 179 cm^{-1} and 407 cm^{-1}, indicating the coexistence of La_2O_3 and $BaCO_3$ species formation of a new structure between La_2O_3 and $BaCO_3$.

XPS studies of the $La_2O_3/BaCO_3$ catalyst prepared by mechanical mixing showed that the observed La (3d) peaks were similar in binding energies to those of a pure La_2O_3 sample. For the $La_2O_3/BaCO_3$ catalyst prepared by chemical impregnation, two of the La (3d) peaks at 833. 3 eV and 836. 8 eV, which correspond to La (3d) of La_2O_3, can still be observed and besides these two peaks, there were two new satellite peaks at 837. 8 eV and 840. 8 eV. It appears that a new lanthanum species is formed on the surface and this new lanthanum species may correspond to the new structure observed by ESR and Raman studies.

After more than 100 h reaction the catalytic activity of $La_2O_3/BaCO_3$ catalyst prepared by chemical impregnation finally decreased to the same level as that of $La_2O_3/BaCO_3$ catalyst prepared by mechanical mixing. At this time the above mentioned ESR signals were not observed and the two new Raman peaks at 179 cm^{-1} and 407 cm^{-1} which were suggested to be related to the formation of new structure disappeared.

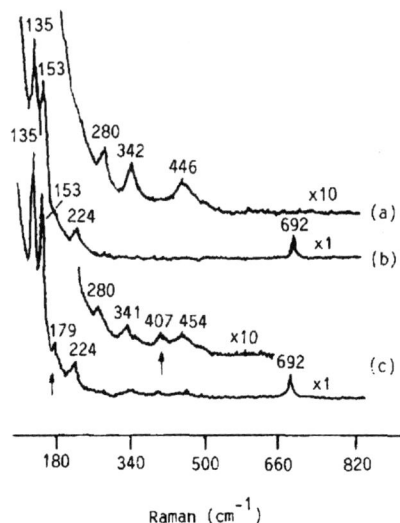

Fig. 3   Raman spectra of (a)La_2O_3; (b)$BaCO_3$ and (c)$La_2O_3/BaCO_3$ catalyst prepared by chemical impregnation.

Thus ESR, Raman, as well as XPS studies indicate the formation of the new structure, most likely present as structural defect sites at the interface of La_2O_3 and $BaCO_3$. The improvement of catalytic performance could be related to the presence of such a new structure.

ACKNOWLEDGEMENT

This work was finally supported by the National Natural Science Fundation of China.

REFERENCES

1　JASP Carreiro and M Baerns. J Catal. 1989，**117**：258.

2　ZL Zhang，CT Au and KR Tsai. Proceedings of the Conference on Speciality and Petroleum-Based Chemicals in Asia-Pacific，Hongkong. 1988，**12**.

3　ZL Zhang，WX Huang，CT Au and KR Tsai，J Catal of China. 1989，**10**：340.

4　ZL Zhang and CT Au. Proceedings of the 4th Japan-China-U. S. A. Symposium on Catalysis，Sapporo. 1989，**120**.

5　M Che and AJ Tench. Adv Catal. 1983，**32**：1.

■ **本文原载:**《厦门大学学报》(自然科学版)第 29 卷第 4 期(1990 年 7 月)。

低压铜基甲醇合成催化剂
活性表面的 XPS 和 TPD 表征*

陈鸿博　蔡俊修　张鸿斌　蔡启瑞[①]

(化学系　物理化学研究所)

摘　要　对用共沉淀法制备并经氢预还原活化的三组分 Cu—ZnO—Al$_2$O$_3$ 和四组分 Cu—ZnO—Al$_2$O$_3$—M$_2$O$_3$(M=Sc^{3+}、Cr^{3+} 或 In^{3+})铜基甲醇合成催化剂进行 XPS,XPS-Auger,TPD 谱表征及 CO 吸附量测定,研究铜基甲醇合成催化剂活性表面铜的化学态。根据原子价补偿原理及本实验结果,在温和还原条件下,催化剂活性表面存在少量 Cu$^+$,它是 CO、H$_2$ 的吸附活性位。

关键词　甲醇合成　铜基催化剂　XPS　TPD

铜基甲醇合成催化剂的活性中心本质和活性表面铜的价态至今尚存在争论[1]。根据 Klier 等[2,3]的报道,在低压甲醇合成铜基催化剂中,金属和金属氧化物之间的协合催化作用是十分明显的,在甲醇合成条件下,催化剂中 Cu$^+$ 约占总含铜量的 16%,主要是溶解于 ZnO 晶格,它是非解离吸附活化 CO 的活性位,而 H$_2$ 的异裂活化则主要发生在 ZnO 上。Olive 等[4]也提出,在合成条件下,铜基催化剂中存在 Cu$^+$,它也能吸附活化 H$_2$。Okamoto 等[5]应用 XPS-Auger 技术检测经氢预还原或使用过的铜锌催化剂,证实催化剂表面存在 Cu$^+$。而 Fleisch 和 Mieville[6]应用能谱方法观测催化剂表面铜的价态,认为没有充分的证据表明在用于 CO/H$_2$/CO$_2$(1%~2%)合成甲醇后的 Cu—ZnO—Al$_2$O$_3$ 催化剂中存在 Cu$^+$。因此,在 Cu—ZnO 界面是否存在 Cu$^+$ 以及 CO、H$_2$ 是否能在 Cu$^+$ 上吸附活化,仍然有争议。本实验中应用原子价补偿原理,在 Cu—ZnO—Al$_2$O$_3$ 催化剂中加入离子半径比 Al^{3+} 更靠近 Zn^{2+} 的 +3 价金属离子的氧化物 M$_2$O$_3$(M=Sc^{3+},Cr^{3+},In^{3+} 等),观察并比较三组分 Cu—ZnO—Al$_2$O$_3$ 和四组分 Cu—ZnO—Al$_2$O$_2$—M$_2$O$_3$ 催化剂经 H$_2$ 预还原活化后的 XPS、XPS-Auger 谱,H$_2$ 的 TPD 谱以及 CO 的吸附量,由此推断经温和条件下还原活化的催化剂活性表面 Cu$^+$ 的存在,以及 Cu$^+$ 在吸附活化 H$_2$ 和 CO 中的作用。

1　实验部分

1.1　催化剂制备

催化剂用共沉淀法制备。将分析纯铜、锌、铝等的硝酸盐混合溶液与沉淀剂 Na$_2$CO$_3$ 溶液同时滴入高速搅拌的烧杯中,温度:80~85 ℃,溶液酸度:pH 6.8~7.0。沉淀经过滤洗涤(除去 Na$^+$ 离子),在 110 ℃烘干过夜,再在 350 ℃下灼烧 3.5 h,以制成催化剂前体。

---

*　1989 年 8 月 19 日收到。国家自然科学基金资助项目。

①　邱育南、孟祥元、耿卫东参加本文部分实验工作。

1.2 催化剂活性表面的 XPS、XPS-Auger 表征

催化剂活性表面的 XPS、XPS-Auger 表征是在 VG ESCALAB MK Ⅱ 能谱仪上进行的,Alk$_\alpha$(hr= 1486.6 eV,12.5 kV)为辐射源;能量定标以 Zn2P$\frac{3}{2}$结合能 1022.2 为内标。

1.3 催化剂的 TPD 及 CO 脉冲吸附量的测定

催化剂程序升温还原后,在 230 ℃下用 He 吹扫 1.5 h,然后降至室温,令 CO 脉冲进入反应器,用热导检测吸附后余下 CO 的量,直至该催化剂不吸附 CO 为止。由此可测算出 CO 的吸附量。接着,将 He 切换为 H$_2$/N$_2$(5∶95,V/V),并升温到 230 ℃,恒温 1 h 以清除吸附的 CO,后降至室温,用 Ar 吹扫 0.5 h,然后进行吸附 H$_2$ 的程序升温脱附测量。

1.4 催化剂 CO 吸附等温线的测定

催化剂经还原后,在 250 ℃下抽空脱气,至真空度达 1×10^{-5} Torr,然后降至室温,通入 CO 进行吸附,分别测出不同压力下 CO 的吸附量,由此可测得 CO 吸附等温线。

2 结果与讨论

Fig.1 示出 1$^\#$、3$^\#$、7$^\#$ 三种催化剂在温和条件下,用 H$_2$/N$_2$(5/95,V/V)混合气还原 16 h 后的 X 射线诱导 Auger 谱(XPS-Auger)。567.5 eV 峰可合理地归属于 Cu^0(2p)的 XPS-Auger 峰[6]、569.5 eV 峰的强度随催化剂组成之异而呈明显的变化:对于 1$^\#$ 催化剂,该峰呈弱肩状;对于 3$^\#$ 和 7$^\#$ 催化剂,该峰明显增强。文献[6]上虽曾报道 Cu^0 的某些伴峰可能出现在这一能量区域,但这种指定显然不适于解释本实验中所观测到的结果。因为上述三种组成的催化剂其 Cu 组分的含量基本相同,在经由相同的还原程序和条件预处理之后,在其表层所产生的 Cu^0 浓度也大致相同,这难以解释所观测到的 569.5 eV 峰强度何以呈现比较明显之差异。因此,该峰并非产生自 Cu^0;而应归属于 Cu$^+$(2P)[5]。

催化剂表面层 Cu$^+$ 物种的存在还从 Cu(3P) 的 XPS 观测结果获得进一步的支持。如 Fig.2,所观测的 1$^\#$、3$^\#$ 试样的 XPS 谱除可归属于 Cu^0(3P)的 74.4 eV 主峰之外,76.7 eV 处的肩峰位置与 Frost 等[7]在 CuCl 和 Cu$_2$O 上观测到的 Cu$^+$(3P)XPS 峰相当一致。

以上 XPS 观测结果为预还原催化剂表面层存在 Cu$^+$ 提供了实验证据;这些结果还表明,含 Sc^{3+}、

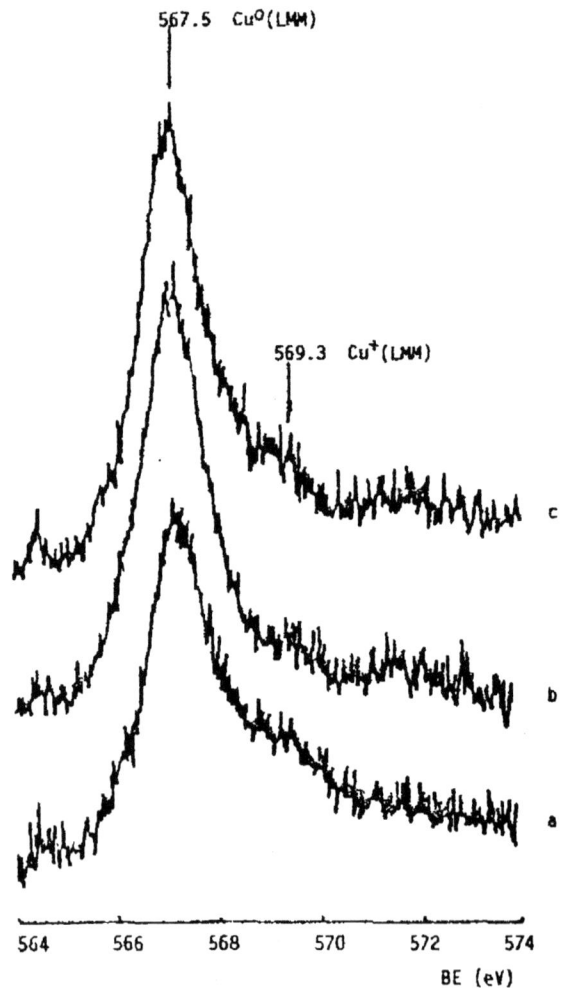

Fig. 1 XPS-Auger spectra of catalysts: a) Cu/ZnO/Al$_2$O$_3$ b) Cu/ZnO/Al$_2$O$_3$/Sc$_2$O$_3$, c) Cu/ZnO/Al$_2$O$_3$/Cr$_2$O$_3$ after reduction with H$_2$/N$_2$ (5∶95V/V).

Cr^{3+} 的催化剂($3^{\#}$,$7^{\#}$)比相应的不含 Sc^{3+}、Cr^{3+} 催化剂($1^{\#}$)显示出更强的 Cu^{+}(2P)的 XPS-Auger 蜂和 Cu^{+}(3P)XPS 峰,这就暗示,在三组分 Cu—ZnO—Al_2O_3 催化剂中添加少量的 Sc^{3+} 或 Cr^{3+},明显地提高了催化剂表面 Cu^{+} 的浓度。

Fig.3 示出几种催化剂对 CO 脉冲吸附量的测定结果。这些催化剂对 CO 吸附量的顺序是 $7^{\#}>3^{\#}>1^{\#}>10^{\#}$。有趣的是,这些催化剂的 CO 吸附量与能谱实验中所观察到的催化剂表层 Cu^{+} 的浓度以及这些催化剂的甲醇合成催化活性(Tab.1)呈平行对应关系:即 $3^{\#}$、$7^{\#}$ 催化剂的 CO 吸附量比 $1^{\#}$ 催化剂高,$3^{\#}$、$7^{\#}$ 催化剂表面 Cu^{+} 浓度及它们对甲醇合成的催化活性也相应高于 $1^{\#}$ 催化剂。从这一结果可以推断:(1)Cu^{+} 是 CO 的吸附活性位;(2)甲醇合成的催化活性与 CO 吸附量有直接的对应关系。从 Cu—ZnO,Cu—ZnO—Sc_2O_3 两种催化剂的 CO 吸附等温线也可以看到,在同一吸附温度和压力下,含 Sc^{3+} 催化剂的 CO 吸附量是不含 Sc^{3+} 的催化剂的 1.4 倍。

Tab. 1 Catalytic activities of methanol synthesis catalysts

Sample	Catalyst	composition	Catalytic activities * (μmol CH$_3$OH/gcat. h)
1	Cu—ZnO—Al$_2$O$_3$	(60 : 30 : 8)	133.0
3	Cu—2nO—Al$_2$O$_3$—Sc$_2$O$_3$	(60 : 30 : 8 : 2)	362.5
7	Cu—ZnO—AI$_2$O$_3$—Cr$_2$O$_3$	(60 : 30 : 8 : 2)	374.1
10	Cu—ZnO—Al$_2$O$_3$—In$_2$O$_3$	(60 : 30 : 8 : 2)	44.9

(* proc. 9 th ICC II—537(Canada)1989).

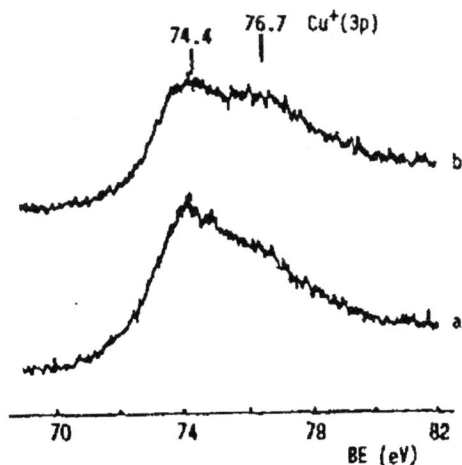

Fig. 2 XPS of catalysts: a) $1^{\#}$; b) $3^{\#}$; after reduction with H$_2$/N$_2$(5 : 95 V/V).

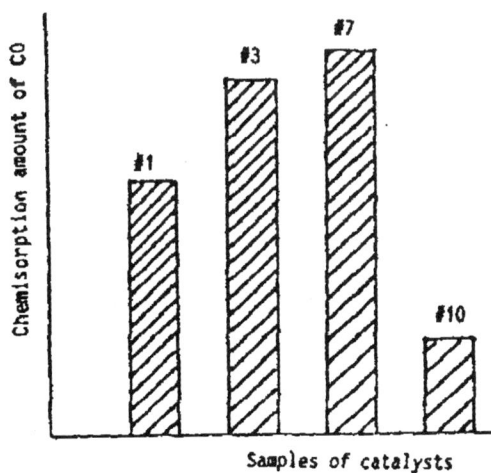

Fig. 3 Amount of CO adsorbed on catalysts: $1^{\#}$,$3^{\#}$,$7^{\#}$ and $10^{\#}$ after reduction with H$_2$/N$_2$(5 : 95 V/V).

Fig.4 是吸附在四种催化剂上氢物种的 TPD 谱。这四种催化剂在低温区($\sim$140 ℃)和高温区($\sim$360 ℃)都有两个相似的脱附峰,说明在这些催化剂的活性表面存在相似的氢吸附物种,它们的脱附活化能也相似。但这些催化剂总的氢脱附峰面积却存在着较大差别,其顺序为 $7^{\#}>3^{\#}>10^{\#}>1^{\#}$。与 CO 吸附量的大小顺序比较,所不同的是 $10^{\#}$ 和 $1^{\#}$ 催化剂在两个顺序中恰好互换位置。这一现象可作如下解释:$10^{\#}$ 催化剂是四组分 Cu—ZnO—Al_2O_3—In_2O_3 催化剂,尽管 In^{3+} 的离子半径(r=0.073 nm)很接近

Zn^{2+} 离子($r=0.074$ nm),容易进入 ZnO 晶格,取代 Zn^{2+} 的位置,从而诱导 Schottky 缺位;但 In_2O_3,在热的氢气流中容易还原为 In_2O,生成的 In^+ 可能容易与 Cu^+ 竞争占据 M^{3+} 诱导出来的表面 +1 价缺位,使表面上借助于 +1 价缺位的微环境得以稳定下来的 Cu^+ 数量减少。因此,含有 In_2O_3 的 $10^\#$ 催化剂的 CO 吸附量和甲醇合成催化活性均比 $1^\#$ 催化剂低。然而,由于 H_2 的吸附活化可在 Cu^+ 位上以均裂方式,或在 $Zn^{2+}—O^{2-}$ 和 $In^+—O^{2-}$ 位上以异裂方式同时进行,这可能就是 $10^\#$ 催化剂的 CO 吸附量比 $1^\#$ 催化剂少,而 H_2 的吸附量却比 $1^\#$ 多的缘故.

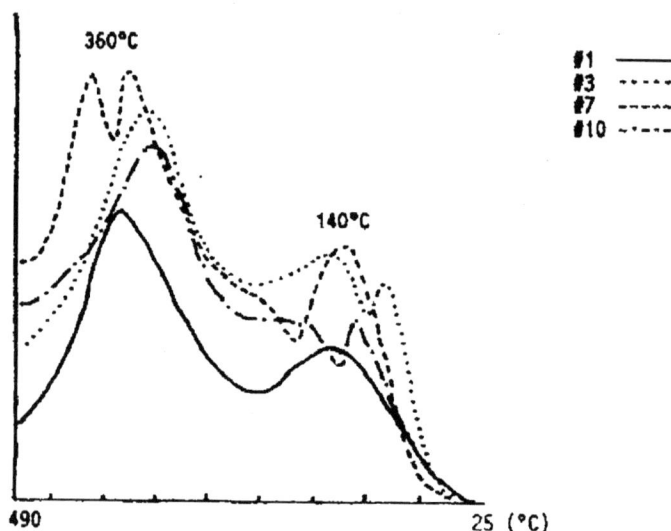

Fig. 4　TPD spectra of H_2 adsorbed on catalysts:$1^\#$,$3^\#$,$7^\#$,and $10^\#$;after adsorbing H_2 at 230 ℃ and cooling down to R. T..

以上结果表明,Sc_2O_3 和 Cr_2O_3 促进的催化剂,有较多的表面 Cu 能被稳定在 +1 价态,不致于被深度还原为 Cu^0,这可能是由于:Sc^{3+}($r=0.073$ nm)和 Cr^{3+} 的离子半径($r=0.063$ nm)比 Al^{3+}($r=0.051$ nm)更接近 Zn^{2+} 的离子半径($r=0.074$ nm),因而,前者在 ZnO 晶格中有较大的溶解度。当一定量的 M_2O_3 溶解入 ZnO 晶格时,有 n 个 M^{3+} 占据原有为 Zn^{2+} 占据的 n 个格点位置,就相应会形成 n 个 +1 价的阳离子缺位,这些缺位可以由一些 M^+ 来补偿。Cu^+ 的离子半径($r=0.096$ nm)比 Zn^{2+}($r=0.074$ nm)大得多。Cu^+ 显然难以进入 ZnO 晶格之中。这样,这些由 M^{3+} 离子诱导生成的 Schottky 缺位就可能扩散到 ZnO 晶格表面而形成 +1 价的表面阳离子缺位。这些表面阳离子缺位有利于在 Cu—ZnO 界面上的 Cu 能不致被深度还原为 Cu^0,而稳定在 Cu^+,达到电荷和价态补偿,使催化剂保持电中性。随着还原程度的加深,在富 Cu^+ 的 $Cu^+—O^{2-}—Zn^{2+}—O^{2-}$ 表面层的 Cu^+ 端面产生 Cu^0,形成 Cu^0“晶须”。Cu^+ 存在于 Cu^0 和 ZnO 两个表面层的界面之中,这种 $—Cu^+—O^{2-}—Zn^{2+}—O^{2-}$ 表面位可能是 H_2 和 CO 吸附活化的活性中心。

关于在甲醇合成条件下催化剂工作表面是否存在 Cu^+,以及 Cu^+ 的浓度与哪些因素有关等问题的进一步探讨工作在进展中。

本校测试中心王水菊在能谱测试方面给予大力支持,特此致谢!

参考文献

[1]Chinchen G C and Waugh K. C. J Catal,1986,**97**:280.

[2]Klier K. Advance in Catalysis,1982,**31**:243.

[3]Hermen R G et al. J Catal,1979,56:407;Ibid,1979,**57**:339.

[4]Olive G H and Olive S. The chemistry ofthe Catalyzed Hydrogenation of Carbon Monoxide, Springer Verbag,1984.

[5]Yasuakl Klytaka. Toshinobu et al.
JPhysChem,1983,87:3740;Ibid. 1983,**87**:3747;
J Chem Soc Chemical Commum. 1982:1405.

[6]Fleisch T H and Mieville R L. J Catal,1984,**90**:165.

[7]Frost D C et al. Mol Phys,1972,**24**:861.

Characterization of Active Cu—site of Cu—based Catalysts for Methanol Synthesis by Means of XPS and TPD

Hong-Bo Chen，Jun-Xiu Tsai，Hong-Bin Zhang，K.R.Tsai

(*Dept. of Chem., Inst. of Pkys. Chem.*)

Abstract   XPS-Auger spectroscopic studies of Cu—based catalysts for methanol synthesis have provided further evidence of existence of Cu^+ on the catalyst surface. Moreover,the experimental results have also shown that the Sc^{3+} or Cr^{3+}—contaning catalyst systems, after activation treatment with $H_2/N_2(5:95\ V/V)$,showed more pronounced $Cu^+(2p)$ XPS-Auger peak and $Cu^+(3p)$ XPS peak,as well as stronger TPD peaks of H_2 and larger amounts of chemisorption of CO,than the corresponding catalyst system containing neither Sc^{3+} nor Cr^{3+},indicating that addition of small amounts of Sc^{3+}、Cr^{3+},to the catalyst systems significantly enhanced Cu^+ abundance on the catalyst surface,probably due to the valence—compensation for a small amount of dissolved Sc^{3+} or Cr^{3+} in ZnO lattice by the formation of more Cu_2O in the ZnO surface layer.

Key words   Methanol synthesis   Cu—based catalysts   XPS   TPD

■ **本文原载**:《厦门大学学报》(自然科学版)第 29 卷第 3 期(1990 年 5 月)。

含卡宾或烯酮基铁簇合物作为乙醇
合成机理模型的研究*

周朝晖　高景星　傅锦坤　汪海有　李玉桂　蔡启瑞

（化学系　物理化学研究所）

摘　要　用含卡宾或烯酮的铁簇合物为模型,在模拟多相反应的条件下,研究了它们与 H_2, H_2/CO, $H_2/CO/CH_3OH$ 和 $H_2/CO/CD_3OD$ 的反应行为,在 95 ℃和 2.0 MPa 的条件下,$Fe_2(\mu\text{-}CH_2)(CO)_8/SiO_2$ 与含有合成气的甲醇反应可得 43％的醋酸甲酯,同时伴有甲烷、乙烷、乙烯、乙醛和乙醇等产物。与引入全氘代甲醇的合成气反应后,可得到氘代产物 DCH_2COOCD_3 和 CH_3COOCD_3。DCH_2COOCD_3 与 $AcOCD_3(=DCH_2COOCD_3+CH_3COOCD_3)$ 的相对丰度比随 CD_3OD 与 H_2 比值的减小而降低,由此可推测烯酮加成与烯酮氢化成乙酰基中间体这一对竞争反应。

关键词　乙醇合成机理　卡宾和烯酮铁簇合物　模型反应

从合成气直接制乙醇是一碳化学的重要课题之一。近年来,已发现某些氧化物 MO_x($M=Ti$, Zr, Ce, Mn)促进的负载型铑催化剂,可选择性地催化合成气直接转化为乙醇,并伴有少量的甲醇、乙醛、醋酸乙酯、低碳烷烃和烯烃。其反应机理的研究,引起了许多化学工作者的兴趣。Ichikawa 提出了半离解式机理[1];Takeuchi 和 Katzer 则认为甲酸基－卡宾－烯酮－乙醇的缔合式机理[2];蔡启瑞和刘金波等人用 $Rh-TiO_2/SiO_2$ 催化剂,以 CH_3OD 为截取剂,可捕获到由预期的中间体烯酮生成的醋酸甲酯 DCH_2COOCH_3 和 CH_3COOCH_3,提出了金属氧卡宾－烯酮－乙酰基－乙醇的缔合式机理[3]。为了进一步探明这一机理,考察 CO/H_2 直接生成乙醇的催化表面中间体及其反应性,分别采用含卡宾($\mu\text{-}CH_2$)或烯酮($\mu\text{-}C=C=O$)配位基的羰基铁簇合物,在合成气的存在下,以 CD_3OD 为截取剂考察了不同温度、压力等条件下生成氘代含氧有机物的种类和分布,为阐明上述机理提供了更直接的证据。

1　实验方法

试剂　CD_3OD 为 Sigma 化学公司产品,氘含量大于 99.5％,其他试剂均为国产分析纯试剂。

模型物的制备　含卡宾或烯酮铁簇合物 $Fe_2(\mu\text{-}CH_2)(CO)_8$ 和 $[PPN]_2\{Fe_3(\mu_3\text{-}CCO)(CO)_9$ (Fig. 1)参照文献报道的方法制备[4,5],即分别按下列反应途径制备:$Fe(CO)_5 \rightarrow Fe_2(CO)_9 \rightarrow [Et_4N]_2[Fe_2(CO)_8]$ $\rightarrow Fe_2(\mu\text{-}CH_2)(CO)_8$ 及 $Fe(CO)_5 \rightarrow Fe_3(CO)_{12} \rightarrow [PPN][Fe_3(CO)_{10}(COCOCH_3)] \rightarrow [PPN]_2[Fe_3(\mu\text{-}CCO)(CO)_9]$。其中各中间产物均得到结晶纯品,并以红外光谱和质谱表征。负载型的簇合物样品按常规的方法制备,即分别将上述两种铁簇合物的 CH_2Cl_2 溶液加至经减压热处理过的硅胶上,浸渍过夜,减压除溶剂,真空干燥后分别得到均匀的黄色和暗红色样品。

---

*　1986 年 6 月 16 日收到。

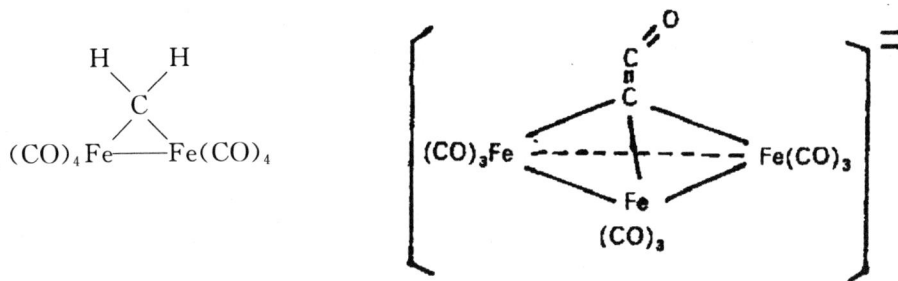

Fig. 1　Structure of Clusters $Fe_2(\mu\text{-}CH_2)(CO)_8$ and $[Fe_3(\mu_3\text{-}CCO)(CO)_9]^-$

截取反应　截取反应在常压或加压的流动装置中进行。一定比例的合成气(CO/H_2)经除水除氧处理后,流入有恒温装置的全氘代甲醇鼓泡器,由此产生的混合气 $CO/H_2/CD_3OD$ 再进入装填 $Fe_2(\mu\text{-}CH_2)(CO)_8/SiO_2$ 或$[PPN]_2[Fe_3(\mu\text{-}CCO)(CO)_9/SiO_2]$样品的微型反应器,反应 4 h。反应产物用液氮冷阱收集,经固定相为 GDX-103 的 102 型 G-D 色谱仪定时检测。收集液的组成及氘代产物的相对丰度由 Finnigan 4510 GC/MS/DS 色谱—质谱联用仪测定。

2　结果和讨论

近年来,已合成许多含桥式卡宾的簇合物 $L_xM_2(\mu\text{-}CH_2)$ 和含烯酮配位基的簇合物 $L_yM_3(\mu_3\text{-}CCO)$ $(M=Fe,Ru,Os;L=CO$ 或$-C_5H_5)^{[6]}$。前者易与 CO 反应生成金属烯酮簇合物;后者的 M_3 簇骼可作为电子库提供或接受电子,易受亲核或亲电子试剂的进攻。由于这类簇合物具有相当类似的行为,选择具有一定稳定性的铁簇合物$[Fe_2(\mu\text{-}CH_2)(CO)_8]$和$[PPN_2][Fe_3(\mu_3\text{-}CCO)(CO)_9]$作为模型化合物,研究铑催化乙醇合成机理。

2.1　红外光谱

用 170sx 型 FT-IR 光谱仪测定簇合物的红外透射光谱及负载于 SiO_2 后的漫反射光谱,其主要吸收峰列于 Tab.1。由表

Tab. 1　Infrared spectra of clusters before and after supporting

Samples	$\nu(C\text{—}O)_s(cm^{-1})$	$\nu(C\text{—}O)_b(cm^{-1})$
$Fe_2(CH_2)(CO)_8(C_6H_{14})$	2 118(w),2 058(s)	1 884(m)
	2 028(vs),2 012(s)	
$Fe_2(CH_2)(CO)_8/SiO_2^*$	2 098(w),2 057(s),2025(s)	1 884(m)
$(PPN)_2[Fe_3(CCO)(CO_9)]$	1924(s)	1 872(m)
(in CH_2Cl_2)		
$(PPN)_2[Fe_3(CCO)(CO)_9]/SiO_2^{**}$	1 998(w),1928(s)	1 884(m)

* $\nu_{(C-H)}=2916(w)$,　** $\nu_{(C=C=O)}=1\,263\ cm^{-1}$

可知,两种簇合物在负载前后的红外吸峰相类似,表明簇合物在硅胶上的状态以物理吸附为主。

2.2　模型反应

负载样品对空气敏感。但于 CO 气氛中,在 95 ℃和 2.0 Mpa 下仍然稳定。$Fe_2(\mu\text{-}CH_2)(CO)_8/SiO_2$

与合成气反应后可得到乙醇,同时伴有乙醛、甲烷和 C_2 烃类产物(Tab. 2)。当用含有甲醇蒸气的合成气 $CO/H_2/CH_3OH$ 时,除了检出少量上述的产物外,还可得到产率为 43% 的醋酸甲酯。用 $[PPN]_2^-$ $[Fe_3(\mu\text{-}CCO)(CO)_9]$ 代替 $[Fe_2(\mu\text{-}CH_2)(CO)_8]$,可得到类似的结果,但无甲烷生成。截取反应后负载样品的红外特征吸收峰已基本消失,光电子能谱检测出铁微晶的谱峰(B.E.705.7 eV),表明负载样品已分解。

Tab. 2 Products of Reaction by Supported Cluster with H_2, H_2/CO or $H_2/CO/CH_3OH$(H_2:$CO=2$:1),$P=2.0$ MPa

Supported Sample	Reactants	Products
$Fe_2(\mu\text{-}CH_2)(CO)_8/SiO_2$	H_2	CH_3CH_2OH,CH_4,C_{2-}
	H_2/CO	CH_3CH_2OH,CH_3CHO,CH_4,C_{2-}
$[PPN]_2[Fe_3(\mu\text{-}CCO)(CO)_9]^{(2)}/SiO_2$	$H_2/CO/CH_3OH$	CH_3COOCH_3 (43%), CH_4, CH_3CH_2OH, CH_3CHO,C_{2-}
	H_2/CO	CH_3CH_2OH,CH_3CHO,C_{2-}
	$H_2/CO/CH_3OH$	CH_3COOCH_3(40%),C_{2-} CH_3CH_2OH,CH_3CHO

(1)T=95 ℃,(2)T=70 ℃

用不含卡宾配位基的 $Fe_2(CO)_9/SiO_2$ 和不含烯酮配位基的 $Fe_3(CO)_{12}/SiO_2$ 进行上述类似的模型反应,均无含氧化物生成。这些实验事实表明乙醇、乙醛和酯类产物的生成与簇合物中卡宾或烯酮配位基的存在有关,并暗示了含卡宾或烯酮的铁簇合物可作为合成气生成乙醇反应中间体的模型物。

2.3 全氘代甲醇的截取实验

用 CH_3OH 作为截取剂的模型反应,醋酸甲酯的生成可通过两种途径(Fig. 2)。一种是烯酮配位基直接与 CH_3OH 发生加成反应,经重排后得到醋酸甲酯;另一种则是烯酮配位基首先经氢还原生成乙酰基,再与 CH_3OH 反应生成醋酸甲酯。用 CH_3OH 作截取剂,无法弄清这两种途径是同时并存还是单独存在。为此,采用全氘代甲醇(CD_3OD)为截取剂进行实验。

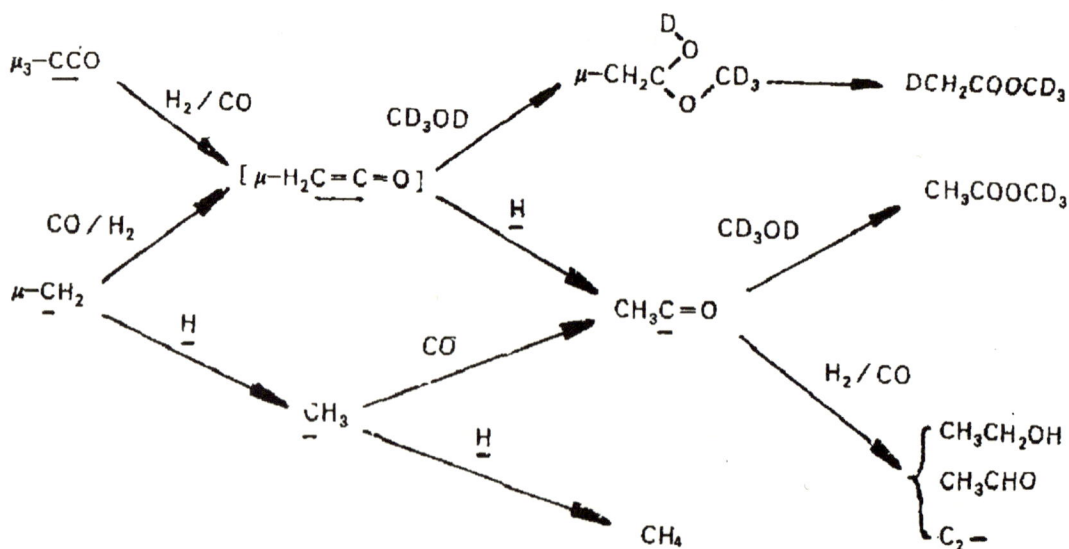

Fig. 2 Model-trapping reactions involving μ-CH_2 or μ_3-CCO ligand with d_4-methanol and syngas

Keim 等曾报道在均相中，$[Fe_2(\mu\text{-}CH_2)(CO)_8]$ 在 3.0 MPa 的氮气或一氧化碳的气氛下与 CD_3OD 反应，可得到产率为 70% 的 DCH_2COOCD_3[7]，并认为醋酸甲酯经乙烯烯酮中间体生成。本工作用 $Fe_2(\mu\text{-}CH_2)(CO)_8/SiO_2$，与 $CO/H_2/CD_3OD$ 进行截取反应，其产物经色谱－质谱联用仪分析可观测到两种分子离子峰 $m/e=77(CH_3COOCD_3^+)$ 和 $m/e=78(DCH_2COOCD_3^+)$，表明 CD_3OD 与簇合物的截取反应是通过两种途径进行的。改变 $CO/H_2/CD_3OD$ 的摩尔比，产物中 DCH_2COOCD_3 与 CH_3COOCD_3 的相对丰度也随之变化，其结果如 Tab. 3 所示。从 Tab. 3 可知，当原料气中 H_2/CD_3OD 比值最大时，主要产物是乙酰基上不出现氘标记的醋酸甲酯。这表明在此条件下主要反应途径是乙烯酮氢化生成乙酰基，然后与 CD_3OD 发生加合反应生成 CH_3COOCD_3；降低 H_2/CD_3OD 比值，氘代产物 DCH_2COOCD_3 逐渐增多，在无 H_2 存在时达到最大值 100%。这事实表明氢量减少不利于烯酮的加氢反应，有利于提高乙烯酮与 CD_3OD 的截取反应量。同样地，采用 $[PPN]_2[Fe_3(\mu_3\text{-}CCO)(CO)_9]/SiO_2$ 样品进行截取反应也得到类似的结果。这些实验事实表明负载卡宾或烯酮簇合物与含甲醇的合成气的反应过程中，乙烯酮和乙酰基两种途径并存。上述的截取反应途径如 Fig. 2。

Tab. 3　In situ Chemical-trapping reactions of intermediates $H_2C=C=O$ or $H_3CC=O$ with CD_3OD at 95 ℃ s. v $=350\ h^{-1}$

Supported sample	Pressure(MPa)	$CO/H_2/CD_3OD$	Relative Abundance(%) $DCH_2COOCD_3/AcOCD_3$
$Fe_2(\mu\text{-}CH_2)(CO)_8/SiO_2$	2.0	25/50/1	2
	0.1	25/50/8	10
	0.1	25/50/12	16
	0.1	25/50/34	29
	0.1	50/50/50	46
	0.1	25/0/3	100[7]
$[PPN]_2[Fe_3(\mu\text{-}CCO)(CO)_9]/SiO_2$	2.0	25/50/1	3

由 Fig. 2 可见，用负载卡宾或烯酮配位基的簇合物为模拟物，以 CD_3OD 为截取剂，在模拟合成气制乙醇的反应条件下，可观察到烯酮直接与 CD_3OD 加成和烯酮氢化成乙酰基中间体这一对竞争反应。前者生成 DCH_2COOCD_3，后者生成 CH_3COOCD_3，CH_3CH_2OH，CH_3CHO 和 C_{2-} 烃类化合物。这就解释了铑催化合成气制乙醇的反应，为什么总是伴有 CH_4，C_{2-} 烃，CH_3CHO 等副产物。弄清这一机理，将有助于控制生成乙醇的选择性、改善催化剂。上述实验事实也支持了铑催化合成气制乙醇经过卡宾－烯酮－乙酰基（水合醛）－乙醇（乙醛）的机理，同时也表明负载的金属簇合物可作为多相反应中预期中间体、探明反应机理的模型。

参考文献

[1]Ichikawa M. Tailored Metal Catalysts, Reidel Publ Co, Holland, 1986, 183～263.

[2]Takeuchi A, Katzer J R. J Phy Chem, 1982, **16**: 2 438～2 441.

[3]Liu Jinpo, et al. Proc 9th ICC, Calagary, 1988, **2**: 735～742.

[4]Summer C E et al. Organometallies, 1982, **1**: 1 350～1 360.

[5]Kolis J W et al. J Am Chem Soc, 1983, **105**: 7 307～7 313.

[6] Morrison E D. et al. J Am Chem Soc. 1984, **106**: 4 783～4 789.

[7] Roper M et al. J Organomet Chem. 1981, **219**: C5～C8.

Model Reaction of Supported(μ-CH$_2$) or (μ_3-CCO)—Metal—
Carbonyl Clusters for Mechanism Study of Ethanol Synthsis

Zhao-Hui Zhou，Jing-Xing Gao，Jin-Kung Fu，Hai-You Wang，Yu-Gai Li，K. R. Tsai

(*Dept. of Chem., Inst. of Phys. Chem.*)

Abstract　SiO$_2$-supported Fe$_2$(μ-CH$_2$)(CO)$_8$ and Fe$_3$(μ_3-CCO)(CO)$_9$ have been used to simulate the supported rhodium-catalysts for ethanol synthesis from syngas. Chemical trapping reaction with CH$_3$OH and syngas gave CH$_3$COOCH$_3$ in about 43% yield, accompanying with CH$_3$CHO, CH$_3$CH$_2$OH, CH$_4$ and C$_2$—hydrocarbons at 95 ℃, 2.0 MPa. CD$_3$OD was also used in place of CH$_3$OH and the reation products CH$_3$CH$_2$OH, CH$_3$CHO. CH$_3$COOCD$_3$ and CH$_2$DCOOCD$_3$ have been obtained. The relative abundance of CH$_2$DCOOCD$_3$ to CH$_3$COOCD$_3$ in the reaction products was found to decrease (from 100%, 46%, 29%, 16%, 10% to 2%) with decreasing ratio of CD$_3$OD : H$_2$ (from 3/0, 50/50, 34/50, 2/50, 8/50 to 1/50, respectively) These results strongly supported the reaction pathway of metalloxycarbene-carbene-ketene-acetyl-ethanol (acetaldehyde) for ethanol synthesis over promoted rhodium catalysts.

Key words　Mechanism of ethanol synthesis　Carbene and ketene clusters　Model reaction

■ **本文原载**：《分子催化》第 4 卷第 4 期（1990 年 12 月），第 257～260 页。

重氧水和合成气与卡宾簇合物的模型反应研究铑催化乙醇合成机理[*]

周朝晖　高景星　李玉桂　汪海有　蔡启瑞

（厦门大学化学系　物理化学研究所，厦门）

摘　要　负载在 SiO_2 载体上的卡宾簇合物 $Fe_2(CH_2)(CO)_8$ 被用于模拟负载型铑催化剂上的卡宾吸附物种，在 95 ℃和 2.0 MPa 的条件下，负载样品与含氘水的合成气作用后，得到主要产物甲烷，并伴有乙酸、乙醛、乙烯和乙烷。其中，乙酸为 DCH_2COOD 和 CH_3COOD 的混合物，这表明反应过程是经过乙烯酮和乙酰基两种中间体进行的。用重氧水（$D_2^{18}O$）为截取剂，在合成气（$CO/H_2 = 1/2$）存在下，可检测到 ^{18}O 在乙醛、乙醇和乙酸甲酯（经乙酸通甲醇吹扫酯化）的产物，说明乙酰基和乙醛与重氧水之间存在可逆的水合交换反应。根据水合醛化机制，可以解释 Katzer 等观察到的同位素杂组现象。

1　前　言

现已知道，某些氧化物 $MOx(M＝Ti,Zr,Ce,Mn)$ 促进的负载型铑催化剂，对合成气转化为乙醇的反应具有高的转化率和选择性[1]。对于该反应的机理研究，我们曾报道含卡宾（$\mu\text{-}CH_2$）配位基的羰基簇合物 $Fe_2(CH_2)(CO)_8/SiO_2$，在合成气存在下同全氘代甲醇反应，可以观察到烯酮直接与 CD_3OD 加成和烯酮氢化生成乙酰基中间体的竞争反应，前者得到 DCH_2COOCD_3；后者得到 CH_3COOCD_3，CH_3CHO，CH_3CH_2OH，CH_3CH_3 和 CH_2CH_2 等产物，从而支持了目前从多相角度认识乙醇合成反应所提出的主要反应途径：$[CH_x] \xrightarrow{CO} [CH_xCO]$ $(x＝2,3)$[2]。

有关 $[CH_xCO]$ 的进一步反应，Katzer 等用同位素组成的合成气 $^{12}C^{18}O$ 和 $^{13}C^{18}O/H_2$ 在 Rh/TiO_2 催化剂上研究乙醇的合成，得到八种同位素组成的乙醇产物：$C_xH_3C_yH_2O_zH(x＝12,13;y＝12,13;z＝16,18)$[3]。根据这些实验结果，他们认为烯酮物种除了直接加氢生成乙醇外，还迅速互变异构形成环氧乙烯物种 $HC{=\!\!\!=}CH$（上方有 O 桥）。通过这个可逆的交换反应，如氢后导致同位素碳、氧的统计杂组。按照该机理虽然可以解释乙醇的同位素分布，但难以说明烯酮吸附物种 $(CH_2{=\!\!=}C{=\!\!=}O)_{ad}$ 何以能转化为位能较高的环氧乙烯吸附物种（ $HC{=\!\!\!=}CH$ 上方有 O 桥）$_{ad}$，况且后者的存在还缺乏实验证据。1984 年，Kiennemam 等按 CO 插入 CH_3 的形成机理，考虑到水和吸附甲醛或乙醛之间可能发生的同位素交换反应，对产物乙醇的同位素组成进行理论计算，结果也可完满地解释 Katzer 等的实验，但没有用实验证明他们的假设[4]。我们曾报道在 $Rh-Ti/SiO_2$ 催化剂上进行的以 $D_2^{18}O$ 为重氧源试剂的现场同位素交换反应，表明乙酰基可通过快速

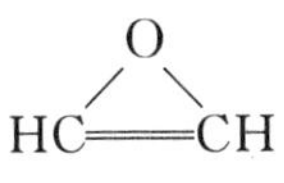

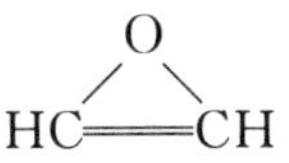

* 国家自然科学基金资助课题。

的可逆水合－脱水反应,在 C_2 含氧产物中引入 ^{18}O[5]。为了进一步认识水合醛化机制,本文以含合成气和同位素标记的 D_2O 或 $D_2^{18}O$ 为截取剂,考察它们同负载簇合物 $Fe_2(CH_2)(CO)_8/SiO_2$ 和 $Fe_2(CO)_9/SiO_2$ 的模型反应,比较分析这个反应机制的正确性。

2 实验方法

2.1 截取反应实验

簇合物 $Fe_2(CH_2)(CO)_8$ 和 $Fe_2(CO)_9$ 的合成和负载在 SiO_2 上的样品制备,参见文献[2]。$D_2^{18}O$ 从原子能研究所购得,含量 99%。

每毫升 SiO_2 的负载量为 10 μmol。截取反应在常压或加压的流动装置中进行。一定比例的合成气流径装有恒温装置的氘水或重氧水的鼓泡器。温度维持在 20 ℃。由此发生的混合气 $CO/H_2/D_2O$ 或 $D_2^{18}O$,再进入盛有 2.5 mL 黄色负载样品[$Fe_2(CH_2)(CO)_8$ 或 $Fe_2(CO)_9$]的微型反应器中。反应在 95 ℃ 和 2.0 MPa 下进行。反应过程中的产物由 102 气相色谱仪定时检测,固定相为 GDX－103,柱温 80 ℃,产物用液氮冷阱收集。反应进行 6 h 后,向鼓泡器注入 CH_3OH,将高沸点的乙酸甲酯化,通 H_2 吹扫出乙酸甲酯,继续用液氮冷阱收集,室温下,收集液中产物的同位素组成、相对丰度由 Finnigan 4510 GC/MS/DS 色质联用仪测定。

2.2 拉曼光谱和光电子能谱的测定

反应前后负载簇合物的拉曼光谱在 Spex 公司生产的 Ramalog-6 型激光拉曼分光光度计上测定,激发线波长 514.5 Å,测定范围 100～600 cm^{-1}。能谱测试在 V. G. 公司生产的 ESCA LAB MK Ⅱ 型光电子能谱仪上进行,$MgK\alpha$ 的激发源,$Si2P_{3/2}$ 的结合能(103.4 eV)为内标,测定 $Fe2P_{3/2}$ 结合能的 XPS 谱。

3 结果和讨论

3.1 $Fe_2(CH_2)(CO)_8/SiO_2$(Ⅰ)与含氘水的合成气的截取反应

在 95 ℃ 和 2.0 MPa 下,(Ⅰ)与合成气反应,在反应的前 6 h 内,色谱分析可检测到大量甲烷生成,同时伴有乙醛、乙醇和少量的乙烷和乙烯。进一步反应只检测到少量甲烷生成。当用含氘水的合成气 CO/H_2D_2O 为原料气时,除了检测到上述类似的产物外,还得到接近 40% 产率的乙酸甲酯(由乙酸酯化生成),其中单氘代酯(DCH_2COOCH_3)在乙酸甲酯中的相对丰度为 3%。这同以 CD_3OD 为截取剂的实验具有相似的结果,表明用卡宾簇合物的模型反应可以解释 Rh 催化合成乙醇反应的产物分布。反应后,负载簇合物(Ⅰ)在低波数(186 cm^{-1} 和 230 cm^{-1})下金属－金属键振动特征吸收峰已消失。比较载体 SiO_2 的拉曼振动光谱,表明簇合物在反应后已分解。分解的样品经 XPS 谱检测,出现了铁微晶的谱峰(B. E. 705.7 eV);推测分解的产物可能是羰基铁、氧化铁和一些吸附了 CO 的铁微晶。

3.2 $Fe_2(CO)_9/SiO_2$ 与合成气的模型反应

用不含卡宾配位基的负载型簇合物 $Fe_2(CO)_9/SiO_2$ 与合成气的模型反应,反应过程中检测不到含氧化合物生成,唯一的产物是微量的甲烷。这一结果表明,乙醇、乙醛和乙酸的生成与簇合物的卡宾配位基的存在相关联。

3.3　含重氧水($D_2^{18}O$)的合成气与(Ⅰ)的截取反应

在 95 ℃和 2.0 MPa 的条件下,(Ⅰ)与含 $D_2^{18}O$ 的合成气进行截取反应,收集液经色谱—质谱联用仪分析得到如表 1 所示的 ^{18}O 同位素分布。

表 1　$Fe_2(CH_2)(CO)_8$ 与 $CO/H_2/D_2^{18}O$ 的截取反应
Table 1　Trapping veactions of $Fe_2(CH_2)(CO)_8/SiO_2$ with $D_2^{18}O$ and syngas

$CO/H_2/D_2^{18}O$ (mol ratio)	Distribution of various products containing $^{18}O(\%)$		
	$CH_3CH^{18}O/CH_3CHO$	$CH_3CH_2^{18}OH/CH_3CH_2OH$	$CH_3C^{18}OOCH_3/CH_3COOCH_3$
10/20/1	47	41	24
15/15/1	45	40	19

Reaction condition:95 ℃,2.9 MPa.

从表 1 可见,(Ⅰ)与含 $D_2^{18}O$ 的合成气反应后,生成了三种含 ^{18}O 的同位素产物:乙醇、乙醛和乙酸甲酯(由乙酸经甲醇吹扫酯化)。这是由于反应中间体乙酰基与重氧水发生了可逆的交换反应,进一步加氢得到 $CH_3CH^{18}O$、$CH_3CH_2^{18}OH$ 或形成的 $CH_3C^{18}OOH$ 经 CH_3OH 酯化生成 $CH_3CO^{18}OCH_3$

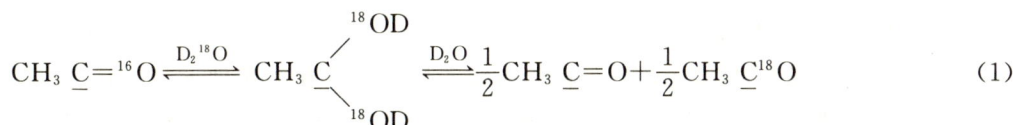

$$CH_3\underline{C}{=}{}^{16}O \underset{}{\overset{D_2^{18}O}{\rightleftharpoons}} CH_3\underline{C}\overset{{}^{18}OD}{\underset{{}^{18}OD}{\diagup\!\!\diagdown}} \overset{D_2O}{\rightleftharpoons} \frac{1}{2}CH_3\underline{C}{=}O + \frac{1}{2}CH_3\underline{C}^{18}O \tag{1}$$

与此类似,吸附的乙醛也可通过 C—O 键的断裂与重氧水发生交换反应

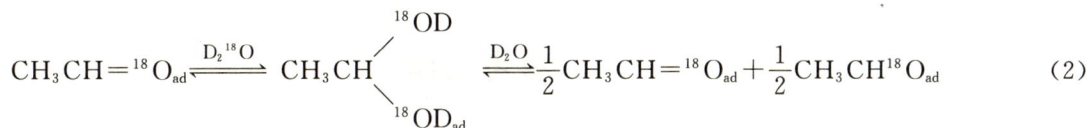

$$CH_3CH{=}{}^{18}O_{ad} \overset{D_2^{18}O}{\rightleftharpoons} CH_3CH\overset{{}^{18}OD}{\underset{{}^{18}OD_{ad}}{\diagup\!\!\diagdown}} \overset{D_2O}{\rightleftharpoons} \frac{1}{2}CH_3CH{=}{}^{18}O_{ad} + \frac{1}{2}CH_3CH^{18}O_{ad} \tag{2}$$

通过上述两种可逆的交换反应,即可得到同位素 ^{18}O 在乙醛或乙醇产物中接近 50% 的分布。

注意到在重氧水的截取反应中,乙酸甲酯的 ^{18}O 交换率只有 24% 和 19%,可见有相当一部分酸的形成并不通过快速可逆的水合交换反应,而是直接同重氧水加成。比较烯酮的截取反应和加氢竞争反应机制,可以认为烯酮中间体并不参与可逆的水合交换反应。这可能是烯酮具有较高的反应活性,使它的水合反应可逆性变得很微弱,如式(3)所示:

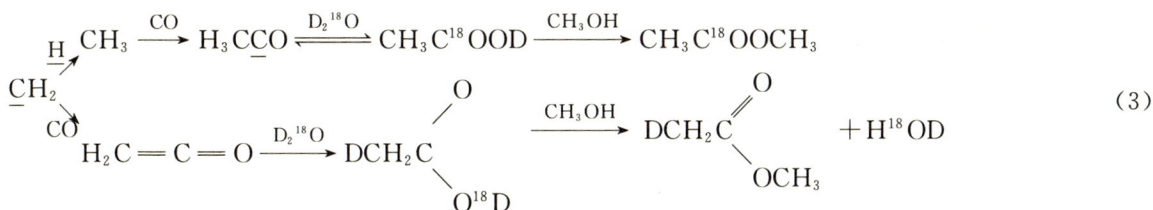

$$\begin{array}{c}\overset{H}{\underset{\underline{CH}_2}{\diagup}}\overset{CH_3}{\diagdown} \xrightarrow{CO} H_3C\underline{C}CO \xrightarrow{D_2^{18}O} CH_3C^{18}OOD \xrightarrow{CH_3OH} CH_3C^{18}OOCH_3 \\ \\ H_2C{=}C{=}O \xrightarrow{D_2^{18}O} DCH_2C\overset{O}{\underset{O^{18}D}{\diagup\!\!\diagdown}} \xrightarrow{CH_3OH} DCH_2C\overset{O}{\underset{OCH_3}{\diagup\!\!\diagdown}} + H^{18}OD \end{array} \tag{3}$$

另外,从改变氢与重氧水比例的反应结果也暗示了这个竞争途径。当 $H_2/D_2^{18}O$ 的比例从 20/1 降至 15/1 时,乙酸甲酯中 ^{18}O 的相对丰度也从 24% 降至 19%。这表明了降低氢的分量,抑制了乙酰基中间体的形成,促进烯酮直接水合生成乙酸的反应。

3.4　对 Katzer 等人实验的解释

Katzer 等人提出了乙醇的形成经环氧乙烯或环氧乙烷的机制。环氧乙烯或环氧乙烷是具有弯曲键结构的三元环分子。由于各原子轨道不能正面充分重叠,分子中存在一种张力,使之不稳定,容易开环。

环氧乙烷和乙醛两种同分异构体的燃烧热分别为[6]：

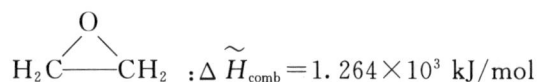

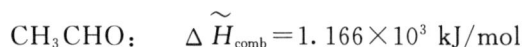

$$H_2C \overset{O}{\diagup \diagdown} CH_2 : \Delta \widetilde{H}_{comb} = 1.264 \times 10^3 \text{ kJ/mol}$$

$$CH_3CHO: \quad \Delta \widetilde{H}_{comb} = 1.166 \times 10^3 \text{ kJ/mol}$$

环氧乙烷的燃烧热比乙醛高出 97 kJ/mol，由此可以理解乙烯酮若形成环氧乙烯中间体，必定是一个高位能的中间物种。要在两者之间建立平衡，从能量上讲是不利的，况且该中间体在 Rh/TiO₂ 乙醇合成反应条件下的存在还缺乏实验证据。反之，对多数的醛酮水合平衡，在动力学上讲极易进行[7]：

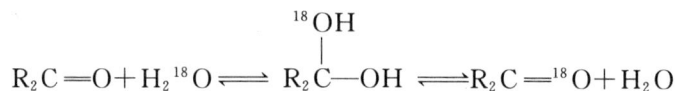

$$R_2C=O + H_2^{18}O \rightleftharpoons R_2C\overset{^{18}OH}{\underset{|}{-}}OH \rightleftharpoons R_2C=^{18}O + H_2O$$

这种交换，在中性水溶液中室温下几分钟就达到平衡，在酸或碱性介质中，氧的交换更快。从而，可以认识水合醛化机制是比环氧化机制更为有利的反应途径。利用这个机制，同样可对 Katzer 的实验结果进行解释：混合物 $^{12}C^{18}O/^{13}C^{18}O$ 与 H₂ 在 Rh/TiO₂ 催化剂的反应过程中，按卡宾机理，反应可得到四种可能的乙烯酮中间体：$^{12}CH_2=^{12}C=^{18}O$，$^{12}CH_2=^{13}C=^{16}O$，$^{13}CH_2=^{12}C=^{18}O$ 和 $^{13}CH_2=^{13}C=^{18}O$，在合成气反应过程中，水是反应产物之一。从上面的结果知道乙酰基中间体或乙醛（吸附态）能与水发生快速可逆的同位素交换反应。这样，乙烯酮加氢后得到的四种类似的乙酰基中间体或吸附乙醛，就可进行交换生成八种不同的乙酰基或乙醛。这些不同的同位素产物进一步加氢即得到八种不同同位素分布的乙醇。与 Katzer 等的机理不同，本文在没有假定环氧乙烯物种存在的条件下，利用水合酰基或水合醛交换机制，同样可以说明同位素的杂组分布。表明负载的金属簇合物可作为多相反应中可疑中间体的验证和探明反应机理的模型。

参考文献

[1] Ichikawa M. in "Tailored Metal Catalysts", Reidel Publ Co, 1986：183~263.

[2] 周朝晖，高景星等. 厦门大学学报（自然科学版）. 1990.

[3] Takeuchi A and Katzer JR. J Phys Chem. 1982, **86**：2438.

[4] Deluzarche A et al. J Phys Chem. 1984, **88**：4993.

[5] 汪海有，刘金波等. 第五届全国 C₁ 化学学术论文集. 1989, **495**.

[6] Handbook of Physics and Chemistry, 55th Ed. CRE Press, 1974.

[7] 王积涛编. 高等有机化学. 1980, 152~156.

本文原载：《物理化学学报》第 7 卷第 4 期（1991 年 8 月），第 400～403 页。

ATP 与 Fe₄S₄* 络合的 ³¹P-NMR 研究*

吴也凡*　李春芳　曾　定[①]　洪　亮　林国栋　蔡启瑞

（厦门大学生物系　厦门大学实验中心　厦门大学化学系，厦门　361005）

关键词　ATP　Fe₄S₄*簇　络合

MgATP 结合在铁蛋白的什么部位？众说纷纭，尚无定论。大多数研究者认为[1]，MgATP 不是与铁蛋白的活性中心 Fe₄S₄* 原子簇络合，而是与它的非铁部位例如巯基或者外围组织络合。在上述作用模式中，ATP 与铁蛋白键合的性质是不确定的[2]。曾主张 MgATP 与铁蛋白的非铁部位结合的 Mortenson 等[3]后来用 ³¹P-NMR 观察到，MgATP 与还原态铁蛋白的结合，引起 ATP 的 α-、β- 和 γ-³¹P 谱峰分别往低磁场漂移 8.7、9 和 7.7 ppm，这时他开始认为，这种变化可能是由于 ATP 与铁蛋白的某部位或者是与其活性中心 Fe₄S₄* 原子簇的络合引起的。铁蛋白的活性中心与其模型化合物在化学性质上是基本相似的。通过化学模拟体系的 ³¹P-NMR 研究，有助于确定铁蛋白与 MgATP 的络合方式。

1　实验部分

所有的厌氧操作都是在无氧的氮气氛下进行的。

ATP、ADP、AMP 均为 Sigma 公司产品。

$[Me_4N]_2Fe_4S_4(SPh)_4$ 按已知方法[4]制备。产物经元素分析、循环伏安法鉴定合格。

³¹P-NMR 在 VARIAN FT—80A 型波谱仪上测试。用 NaOH（溶于 D_2O）将 ATP、ADP、AMP 调至 pH 为 7.46，浓度各为 100 mmol·L⁻¹。取 1 mL 溶液加至 30 mmol·L⁻¹ 的 $[Me_4N]_2Fe_4S_4(SPh)_4$ DMF 溶液中，静置 20 分钟，离心，取上层清液 2.5 mL 至 NMR 样品管。采用质子宽带去偶技术，用 D_2O 作锁场信号。以 Na_2HPO_4 为外标。

2　结果和讨论

在 MgATP（pH 7.46）和 ATP 中分别加入等当量的 HOC_2H_4SH，没有引起其 ³¹P 谱峰的化学位移，表明 ATP 中的磷酸根部分与巯基之间不存在化学键合。该测试结果与化学常识是一致的。

过渡金属原子与配体成键时倾向于尽可能完全地使用它的九个价轨道。18 电子规则可用于预测 π 酸配体络合物的反应途径。在 $[Fe_4S_4(SPh)_4]^{2-}$ 原子簇中，铁的配位界上的形式电荷数为 16.5（配位饱和时为 18），其中的铁是配位未饱和的。簇骼中相邻的两个 $Fe^{II(III)}-Fe^{II(III)}$ 间距约为 2.7 Å。ATP 是亲

---

*　1991 年 2 月 8 日收到初稿，4 月 8 日收到修改稿。国家自然科学基金资助项目。

①　厦门大学生物系。

铁的螯形配体($P_2O_5^{4-}$ 与铁离子络合的稳定常数为 $\log\beta Fe^{II} = 9.35, \log\beta Fe^{III} = 22.2$),其中

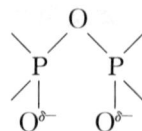

中相邻的两个氧原子间距约为 $2.9\ Å$,在电子效应和几何构型上允许存在端基络合和桥键双配位络合两种络合方式。溶剂给予数的大小可作为该溶剂分子对电子对授受能力强弱的量度之一。文献中用于溶解铁蛋白模型化合物 $(R_4N)_2Fe_4S_4(SPh)_4$ 的都是非质子性溶媒,其中只有 DMF 系列具有和蛋白质中的酰胺键相近的结构。另外,由于 ATP 等含磷酸根配体只溶于水,所以本文选用 DMF/D_2O 作为研究该模拟体系的反应介质,研究 ATP、ADP、AMP、Pi(磷酸根)、PPi(焦磷酸根)分别与原子簇络合的 ^{31}P-NMR。DMF 和 H_2O 的溶剂给予数分别为 26.6 和 18.0,其介电常数(室温)分别为 36.7 和 80.36。在 DMF/H_2O 介质中,$[Fe_4S_4(SPh)_4]^{2-}$ 的循环伏安研究表明其氧还峰比在纯 DMF 介质中有往正电位移动的趋势。由于溶剂的竞争络合,介质中水含量越多,其氧还峰正移的趋势也越大,这也可看出 DMF 具有比 H_2O 稍强的配位能力。

络合物的 ^{31}P 谱峰位移见表 1:在 $DMF/D_2O(4:1, v/v)$ 介质中,ATP(或 ADP)与 $Fe_4S_4^*$ 的络合,除了引起其 α- 和 β-PO_4(或 α-PO_4)的 ^{31}P 谱峰的低场位移外,其端基磷酸根的 ^{31}P 谱峰均趋于消失。这可能是由于 ATP(或 ADP)均以其端基磷酸根与 $Fe_4S_4^*$ 形成单配位络合,而且络合和解络都非常迅速,半衰期过短,从而导致谱峰宽至被基底噪声所掩盖。AMP 与 $[Fe_4S_4(SPh)_4]^{2-}$ 的络合,引起 AMP 的 α-^{31}P 谱峰往低磁场方向移动仅 1.3 ppm,并使谱峰大大增宽。由于 AMP 的紧靠着核糖的磷酸根部分受到较大的空间位阻,AMP 与 $[Fe_4S_4(SPh)_4]^{2-}$ 络合是一种较为疏松的结合。

表 1　$[Fe_4S_4(SPh)_4]^{2-}$-L 的 ^{31}P-NMR 的化学位移(室温)

Table 1　Shifting of the ^{31}P-NMR of $[Fe_4S_4(SPh)_4]^{2-}$-L complex at room temperature

DMF/H_2O(v/v)	L	$\Delta\alpha$(ppm)	$\Delta\beta$(ppm)	$\nabla\gamma$(ppm)
4:1	ATP	8.2	7.9	
4:1	ADP	12.7		
4:1	AMP	1.3		
3:2	ATP	13.2	8.3	28.3
3:2	ADP	15.77	2.71	
3:2	AMP	1.3		
3:2	Pi	−4.6		
3:2	PPi	2.28		

由于溶剂的竞争络合,ATP 与 $[Fe_4S_4(SPh)_4]^{2-}$ 的络合方式以及络合强度对反应介质是敏感的。在 $DMF/D_2O(3:2, v/v)$ 介质中,室温条件下 ATP 与 $[Fe_4S_4(SPh)_4]^{2-}$ 的络合,使得 ATP 中可辨认的 α-、β- 和 γ-^{31}P 谱峰分别往低磁场方向移动 13.2、8.3 和 28.3 ppm,而且谱峰大大增宽。此外还包括了一些不易指认的 ^{31}P 谱峰。表明在此介质中存在着多种不同的络合方式。由于溶剂的竞争络合能力随介质中水含量的增加而减弱,在此介质中除了部分 ATP 以端基方式络合外,还存在部分桥键双配位的络合方式,而且络合和解络都是快速可逆的,多种络合方式处在动态的平衡状态之中。在该介质中,$-10\ ℃$ 测试条件下,ATP 与 $[Fe_4S_4(3Ph)_4]^{2-}$ 的络合,引起 ATP 的 α-、β- 和 γ-^{31}P 谱峰分别往低磁场方向移动 8.67、9.11 和 9.98 ppm,谱峰明显变窄。表明低温条件下 ATP 的络合和解络不如室温那么快。铁蛋白随来源不同,中点电位波动在 $-250\ mV$ 至 $-350\ mV$ 之间,可见容纳 $Fe_4S_4^*$ 原子簇的空穴形状、疏水环境、结构

应力等都会影响铁蛋白的氧还能力以及与 MgATP 的络合能力。而在铁蛋白体系,却不存在化学模拟体系那样的来自溶剂的强烈竞争络合。在 DMF/D$_2$O(3∶2,v/v)介质中,ADP 与[Fe$_4$S$_4$(SPh)$_4$]$^{2-}$的络合,使得 ADP 的 α- 和 β-^{31}P 谱峰往低磁场方向移动 15.77 和 2.71 ppm。表明在水含量较多的 DMF/D$_2$O 介

质中,可能含有这种络合模式,即 ADP 以端基磷酸根 P（O，O 双键结构） 双配位螯合在 Fe$_4$S$_4^*$原子簇中的两个铁上。

由于 ATP、ADP、AMP 中的磷酸根部分的空间障碍以及 π 电子的共轭杂化能等不同,它们分别在与 Fe$_4$S$_4^*$原子簇络合时,其络合行为将有所不同。PPi 与[Fe$_4$S$_4$(SPh)$_4$]$^{2-}$的络合,其^{31}P 谱峰往低磁场方向移动 2.28 ppm,半峰宽高达 600 Hz,表明 PPi 与原子簇的络合是快速可逆的。Pi 与[Fe$_4$S$_4$(SPh)$_4$]$^{2-}$的络合,谱峰很窄,引起其^{31}谱峰往高磁场方向移动了 4.6 ppm。^{31}P-NMR 谱峰的线宽分析表明 Pi 与原子簇络合后,其络合和解络速率比核苷酸类配体和 PPi 要慢得多。进一步的络合证据将另文报道。

ATP 等配体与 Fe$_4$S$_4^*$原子簇络合的^{31}P-NMR 实验表明,ATP 等含磷酸根配体能与 Fe$_4$S$_4^*$原子簇络合。由于溶剂的竞争络合,其络合方式与介质有关。当介质中水含量较多时,化学模拟体系具有与铁蛋白体系相似的^{31}P-NMR 谱学特征。

参考文献

[1]曾定,固氮生物学,厦门大学出版社,厦门,1987,260.

[2]Wu Yehuan,Chen Hongbo,Lin Guodong,Tsai Khirui,Pure & Appl. Chem.,1988,**60**,1291.

[3]Mortenson,L. E.,Upchurch,R. C,In:"Current Perspectives in Nitrogen Fixation". Gibson A. H and Newton W. E,eds. Australian Academy of Science press. Canberra,1981,75.

[4]Christou G.,J. C. S. Dalton Transation.,1979,**6**,1093.

^{31}P NMR STUDIES ON COMPLEXATION OF Fe$_4$S$_4^*$ WITH ATP

Ye-Fang Wu, Ding Zeng, Chun-Fang Li, Liang Hong, Guo-Dong Lin, Qi-Rui Cai

(*Department of Biology*, *Xiamen University*, *Xiamen* 361005   *Experiment center*,
Xiamen University   *Department of Chemistry*, *Xiamen University*)

Abstract   Chemical modeling studies of ATP driven electron-transfer in Nitrogenase reaction show that adenylate compounds can complex with [Fe$_4$S$_4$(SPh)$_4$]$^{2-}$ cluster, resulting in down field shifting of the ^{31}P NMR peaks ofand α- 、β- and γ-PO$_4$ about 13.2 ppm, 8.3 ppm and 28.3 ppm,respectively (in its DMF−D$_2$O(3∶2,v/v) solution),in down-field shifting of the ^{31}P NMR peaks of α-and β-PO$_4$ of ADP by about 15.77 ppm and 2.71 ppm respectively(in DMF−D$_2$O(3∶2,v/v) solution). The above experimental results is quite similar to the observations of Mortenson et al in Fe-protein system. This may be taken as the strong evidence for supporting the view that all of the MgATP and the MgADP can coordinate to the Fe$_4$S$_4^*$ center of the Fe-protein through the PO$_4$ groups,rather than other parts of the protein.

Key words   ATP   Fe$_4$S$_4^*$ Cluster   Complexation

■ 本文原载：Chinese Chemical Letters Vol. 2，No. 12，pp. 967～970，1991.

Oxidative Coupling of Methane over Na₂CO₃ Doped Zirconium Dioxide*

Yong-Qiang Gong, Fan-Cheng Wang, Chak-Tong Au, Hui-Lin Wan, Khi-Rui Tsai

(Department of Chemistry, Xiamen University and State Key Laboratory for Physical Chemistry of the Solid Surface, Xiamen, 361005)

Abstract Na_2CO_3/ZrO_3 catalyst shows a high activity of oxidative coupling of methane. It possesses stronger electron donor ability than that of ZrO_2 catalyat. The activation of methane is supposed to relate to the O_2^- or O_2^{2-} and O^- species.

1 INTRODUCTION

Following the pioneering work of Keller and Bhasin[1], much interest has focused on the use of metal oxides as catalyats for oxidative coupling of methane. Alkali metal oxides were found to be good promoters for this process. Lunsford et al.[2] have studied Na_2CO_3 doped lanthanum oxides, and a good C_2 selectivity and C_2 yield were obtained. It was suggested that there existed equilibria between Na_2CO_3 and Na_2O, and between Na_2O and Na_2O_2, which was regarded as active species for the activation of methane[3]. In the present work, oxidative coupling of methane over ZrO_2 system was studied with respect to the catalytic activity and characterization of catalysts.

2 EXPERIMENTAL

The catalyst was prepared as follows. Crystalline ZrO_2 was impregnated with equivolume of aqueous Na_2CO_3 solution for 24 h, followed by drying at 120 ℃ for 1 h, calcining in air at 600 ℃ for 6 h, and grinding after cooling to room temperature. The catalytic reaction was performed in a fixed-bed quartz reactor at one atmosphere pressure under the following reaction condition: temperature 750 ℃, He : CH_4 : O_2 = 80.6 : 13.4 : 6.0, weight of catalyst 250 mg, and gas flow rate 50 ml/min, XPS, TPD, XRD, and TGA were used for characterization of catalysts.

3 RESULTS AND DISCUSSION

It was found that the Na_2CO_3 showed good promotive effects on the oxidative coupling of methane over ZrO_2 catalytic system after testing ZrO_2 catalysts doped with alkali and alkaline earth oxides or carbonates (Table 1). The 15 mol% Na_2CO_3/ZrO_2 catalyst had the highest activity with methane

* Supported by the National Natural Science Foundation of China.

conversion of 36.8% and C_2 yield above 16.0%. It was also found that the conversion of methane and the C_2 selectivity at the temperature below of above 750 ℃ were lower than those at 750 ℃.

Table 1. Activity and selectivity of catalysts

Catalyst*	Conversion(%)		Selectivity(%)				Yield(%)
	CH_4	O_2	CO_2	CO	C_2H_4	C_2	C_2
ZrO_2	28.2	82.2	55.3	17.3	16.1	27.4	7.7
Li_2O/ZrO_2	28.2	84.4	54.9	17.5	17.4	27.6	7.8
Na_2CO_3/ZrO_2	32.4	90.7	58.1	0.0	24.2	41.9	13.6
K_2CO_3/ZrO_2	25.8	71.0	52.7	21.5	14.2	25.8	6.5
MgO/ZrO_2	31.1	99.7	71.3	14.4	6.8	14.3	4.4
CaO/ZrO_2	33.8	97.3	55.0	23.8	11.1	21.2	7.2
SrO/ZrO_2	32.7	98.3	58.6	17.0	13.2	24.4	8.0
BaO/ZrO_2	33.9	96.0	60.1	10.4	17.5	29.5	10.0

* Doping amount＝10 mol% in doped ZrO_2 catalysts.

No Na_2CO_3 crystalline phase was detected for the powder sample by XRD, indicating good dispersion of Na_2CO_3 in ZrO_2 when the amount of Na_2CO_3 was lower than 15 mol%, but the XRD pattern of Na_2CO_3 appeared for larger amount of Na_2CO_3. Both the fresh and used 15 mol% Na_2CO_3/ZrO_2 catalyst showed no other crystalline species such as Na_2ZrO_3. The catalytic activity increased as the amount of Na_2CO_3 was increased in a well parallel manner, and reached a maximum value over 15 mol% Na_2CO_3/ZrO_2, as shown in Fig. 1.

TGA results of pure Na_2CO_3 and Na_2CO_3 doped ZrO_2 catalyst were shown in Fig. 2. It was clearly observed that the decomposing temperature of Na_2CO_3 in the Na_2CO_3/ZrO_2 catalyst was much lower(at least 100 ℃ lower) than that of pure Na_2CO_3, indicating that strong interaction might exist between Na_2CO_3 and ZrO_2. XPS characterization of the Na_2CO_3/ZrO_2 catalyst

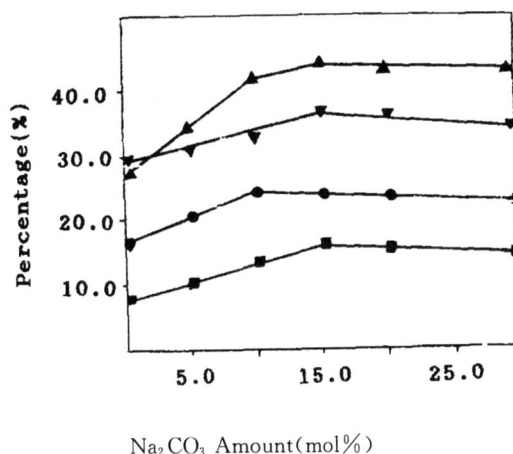

Fig. 1 Effect of added Na_2CO_3 amount on oxidative coupling of methane

▼:Conversion of methane

●:Selectivity of C_2H_4

▲:Selectivity of C_2

■:Yield of C_2

provided further evidence for the interaction between Na_2CO_3 and ZrO_2, because a negative shift about 1.2 eV of Zr 3d binding energey was observed(Fig. 3). It is possible that the electrons of CO_3^{2-} partly transfer to ZrO_2 making the electron concentration around ZrO_2 raised and the bonding between Na^+ and CO_3^{2-} weakened. As a result, ZrO_2 catalyst doped with Na_2CO_3 possesses stronger electron donor ability than that of the ZrO_2 catalyst.

On ZrO_2 catalyst TPD spectra exhibited two peaks of oxygen desorption at the temperature about

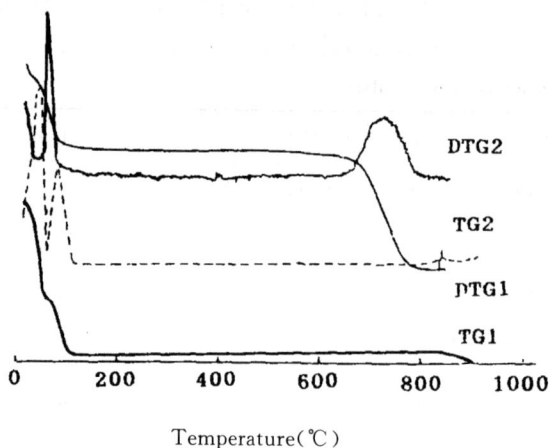

Temperature(℃)

Fig. 2 TG and DTG spectra of Na$_2$CO$_3$ (1) and Na$_2$CO$_3$/ZrO$_2$ (2)

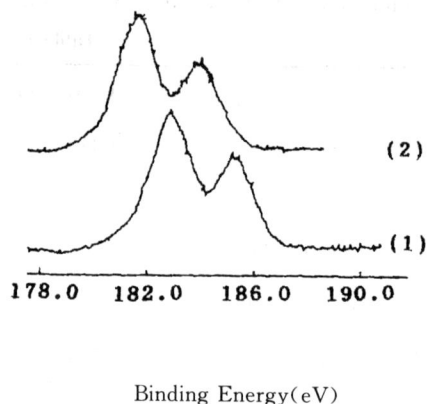

Binding Energy(eV)

Fig. 3 XPS spectra of ZrO$_2$ (1) and Na$_2$CO$_3$/ZrO$_2$ (2) catalysts

230 ℃ and 410 ℃, which might be assigned to O_2^- or O_2^{2-} and O^- species, respectively. On Na$_2$CO$_3$/ZrO$_2$ catalyst the adsorption of dioxygen may also result in O_2^- or O_2^{2-} and O^- with desorption temperature 175 ℃ and 365 ℃, and the amount or O_2^- or O_2^{2-} is much larger than that on ZrO$_2$ catalyst, as shown in Fig. 4. The reaction of O^- with methane may proceed via abstraction of a hydrogen atom from methane and gives a · CH$_3$ radical. However, it is possible that the reaction of O_2^- with methane may result in ：CH$_2$, which may directly react with methane to give C$_2$H$_6$ or two · CH$_3$. As a result, high selectivity may obtain in the latter case by lowering the reaction probability of methane with oxygen species.

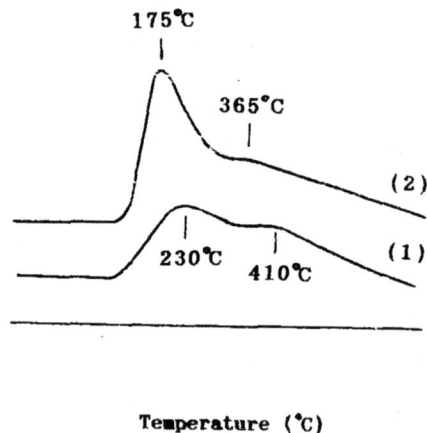

Temperature (℃)

Fig. 4 TPD spectra of ZrO$_2$ (1) and Na$_2$CO$_3$/ZrO$_2$ (2) catalysts

It was worthy mentioning that Na$_2$CO$_3$ may exist in the catalyst under the reaction atmosphere although TGA showed that pure Na$_2$CO$_3$ decomposed at about 870 ℃, since CO$_2$ was one of the by-products of the oxidative coupling of methane, it might partially inhibit the decomposition of Na$_2$CO$_3$ in the Na$_2$CO$_3$/ZrO$_2$ catalyst. This was verified by XPS characterization of used Na$_2$CO$_3$/ZrO$_2$ catalyst.

4 REFERENCE

[1]G. E. Keller and M. M. Bhasin, J. Catal., **73**(1982)9.

[2]Y. Tong, M. P. Rosynek, and J. H. Lunsford, J. Phys. Chem. **93**(1989)2896.

[3]Y. Tong, M. P. Rosynek, and J. H. Lunsford, J. Catal. **126**(1990)291. (Received 15 July 1991)

■ **本文原载:**《生物化学与生物物理进展》第 18 卷第 5 期(1991 年),第 374~375 页。

电子传递促进的 ATP 水解*

吴也凡　曾　定　林国栋　洪　亮　蔡启瑞

(厦门大学生物系　厦门大学化学系,厦门　361005)

关键词　ATP　电子传递　水解

　　铁蛋白在结合 MgATP 时,MgATP 基本上不水解,只有在与钼铁蛋白结合并传递电子给钼铁蛋白时,MgATP 才酶促水解为 MgADP 和 Pi(磷酸根),电子传递和 ATP 的水解是两个快速的偶联过程[1]。$[Fe_4S_4(SPh)_4]^{2-}$ 为铁蛋白活性中心的化学模拟物。在化学模拟体系研究 ATP 的水解与电子传递的偶联关系,不仅有助于深入理解固氮酶反应中的电子传递机理,而且也有助于解决许多生理过程的能量转换、传递和贮存机制方面的问题。

　　^{31}P-NMR 在 VARIAN FT-80A 型波谱仪上测试,采用质子宽带去偶技术,以 D_2O 作锁场信号,用 Na_2HPO_4 为外标。用修改的 Baginski 钼蓝法测 Pi[2]。

　　在不同水含量的 DMF-H_2O 介质中,在 48 h 内,$[Fe_4S_4^-(SPh)_4]^{2-}$ 与 ATP 的络合,在无电子传递时没有促进 ATP 的水解。在需要能量驱动的生化体系中,许多电子传递过程都同 ATP 中的磷酐键的水解断裂相偶合。用 H_2O_2 作氧化剂,在 $[Fe_4S_4(SPh)_4]^{2-}$(13 mmol/ L)-ATP(6.5 mmol/L)体系中,当 DMF-H_2O 介质中的水含量不同时,电子传递对 ATP 水解的促进情况如图 1 所示。在 DMF-H_2O 体积比(v/v)为 4∶1 介质中,随着电子从络合物中的输出,没有促进 ATP 的水解。随着介质中水含量的增加,在输出电子的过程中,ATP 的水解量也随之增大。$[Fe_4S_4(SPh)_4]^{2-}$ 原子族中相邻的两个铁之间的间距约为 2.7 Å,其中的铁是配位未饱和的。ATP 是亲

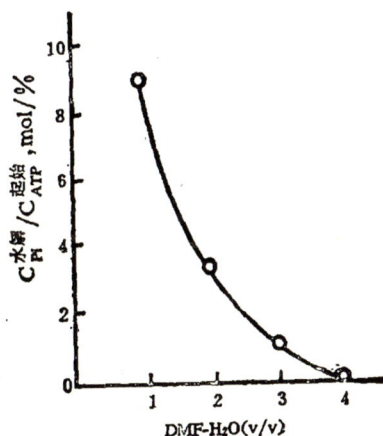

图 1　在不同体积比的 DMF-H_2O 介质中,H_2O_2 氧化 $[Fe_2S_4(SPh)_4]^{-2}$-ATP 络合物时的 ATP 水解曲线

铁的,其中的 磷酐键(结构式)中相邻的两个氧原子之间的间距约为 2.9 Å,在电子效应和几何构型上允许

ATP 中的磷酐键上的两个氧原子与原子簇中对角线上的两个铁螯合,形成桥键双配位络合方式。此外,还允许 ATP 以端基磷酸根与原子簇中的铁络合。当 ATP 以桥键双配位方式络合时,其中的磷酐键受到的极化作用比端基络合的大,随着电子从络合物中的输出,很可能只有桥键双配位络合物种才发生 ATP 的水解,而端基络合物种则不发生水解。^{31}P-NMR 测试表明,在没有发生水解的 DMF-D_2O(v/v 为 4∶1)

* 本文于 1991 年 5 月 17 日收到,7 月 13 日修回;国家自然科学基金资助项目。

459

介质中,络合物中 ATP 的 α- 和 β-^{31}P 谱峰分别往低磁场方向移动了 3.2 和 7.9 ppm,而 γ-^{31}P 谱峰趋于消失。这可能是由于 ATP 的 γ-PO_4 端基络合和解络都非常迅速,半衰期过短,从而导致其谱峰加宽并被基底噪声所掩盖。在此介质中,ATP 可能主要以其 γ-PO_4 与原子簇形成端基配位络合,因而随着电子从络合物中的输出,没有促进 ATP 的水解。DMF 具有比 H_2O 稍强的配位能力,由于溶剂的竞争络合,ATP 与 $Fe_4S_4^x$ 的络合方式以及络合程度都与介质中的水含量有关。在 DMF-D_2O(v/v 为 3:2)介质中,络合物中 ATP 的可分辨的 α-,β 和 γ-^{31}P 谱峰分别往低磁场方向移动了 13.2,8.3 和 28.3 ppm,此外还包括了一些不易辨认的 ^{31}P 谱峰。这表明在此介质中,存在着多种络合方式。除了端基络合外,还含有桥键双配位络合方式。随着介质中水含量的增加,因而在电子传递的过程中,ATP 的水解量也随之增大。

参考文献

[1]Wu Yehuan et al. Pure & Appl Chem,1988;60;1291.

[2]Baginski G S et al. Clin Chim Acia,1967;51;155.

■ **本文原载:**《科学通报》第 15 期(1991 年),第 1199 页。

ATP 与 MoFe$_3$S$_4^*$ 原子簇的络合

袁友珠　吴也凡　曾 定　洪 亮　林国栋　蔡启瑞

(厦门大学生物系　厦门大学化学系,厦门 361005)

多数研究报道指出[1],单独的钼铁蛋白不结合 MgATP。但也有些研究者对此持不同的看法,认为钼铁蛋白也能结合 MgATP[2,3]。钼铁蛋白的活性中心是由 Mo、Fe、S 组成的原子簇[4]。研究 ATP 与 MoFe$_3$S$_4^*$ 的络合,不仅有助于对固氮酶反应中 MgATP 驱动的电子传递机理的了解,而且还有助于揭示 ATP 的酶促合成的奥秘。

在 DMF/H$_2$O(3:2,v/v)介质中,簇合物(Me$_4$N)$_3$[Mo$_2$Fe$_4$S$_8$(SPh)$_6$(MeO)$_3$]与 ATP 的络合,使得 ATP 的和 α- 和 β-^{31}P NMR 谱峰分别往低磁场方向移动 13.23 和 9.02 ppm,其中的 γ-^{31}P 谱峰趋于消失。ADP 与 MoFe$_3$S$_4^*$ 原子簇的络合,使得其 α-^{31}P 谱峰往低磁场方向移动 19.43 ppm,β-^{31}P 谱峰趋于消失。以上结果表明,ATP,ADP 可能分别以其端基磷酸根与 MoFe$_3$S$_4^*$ 络合,而且络合和解络都是快速可逆的。AMP 与 MoFe$_3$S$_4^*$ 的络合,引起其 α-^{31}P 谱峰往低磁场方向移动 0.8 ppm,可见 AMP 的络合是较弱的。在 MoFe$_3$S$_4^*$ 原子簇中加入 ATP 等配体后,原子簇的电子吸收光谱分别被压低,压低的程度为 ATP＞ADP＞AMP。由于在反应体系中没有检测到游离的苯硫酚,表明 ATP、ADP 和 AMP 分别与 MoFe$_3$S$_4^*$ 的络合,仅仅是增加原子簇中铁的配位数。双立方烷簇合物与酰氯反应时,只有端基铁上的 SR 被取代,而钼的桥联 SR 则不变,这表明簇合物的端基铁容易与 ATP 等络合。从几何构型分析也可看出,在[Mo$_2$Fe$_6$S$_8$(SPh)$_6$(MeO)$_3$]$^{3-}$ 原子簇中,由于 Mo 原子已配位饱和,再加上 Mo 原子上的桥基配体的空间障碍太大,ATP、ADP 和 AMP 只可能分别以其端基磷酸根与原子簇中的铁络合。MoFe$_3$S$_4^*$ 是单电子传递体,具有多种氧化还原状态。ATP 等配体分别与 MoFe$_3$S$_4^*$ 的络合,都能加快原子簇与亚甲蓝的氧化还原速率,加快程度为 ATP＞ADP＞AMP。ATP 和 ADP 与 MoFe$_3$S$_4^*$ 的络合,对原子簇中的铁起了屏蔽作用,其屏蔽程度为 ATP＞ADP。由于络合较弱,AMP 基本上没有表现出屏蔽作用。ATP、ADP 和 AMP 中的核糖所产生的空间障碍随着磷酐键的缩短而增加,但其 π 电子的共轭杂化能各不相同,它们在与 MoFe$_3$S$_4^*$ 原子簇络合时其络合程度为 ATP＞ADP＞AMP。由化学模拟研究可以推测,只要钼铁蛋白有适宜的空间构型允许 MgATP 接近其活性中心 MoFeS 原子簇,MgATP 就有可能与其络合,并表现出活化电子和使蛋白质变构等作用。

参考文献

[1]曾定,固氮生物学,厦门大学出版社,1987,266.

[2]Biggin,D. K. et al.,Biochim. Biophys. Acta.,**205**(1970),288.

[3]Miller,R. W. et al.,Can. J. Biochem.,**85**(1980),542.

[4]Wu Yehuan et al.,Pure & Appl. Chem.,**60**(1988),1291.

■ 本文原载:《生物化学与生物物理进展》第 18 卷第 5 期(1991 年),第 375～376 页。

腺苷酸化合物与固氮酶组分结合的化学模拟*

吴也凡　曾　定　林国栋　洪　亮　蔡启瑞

(厦门大学生物系,厦门 361005)

关键词　腺苷酸化合物　原子簇　络合

固氮酶是由钼铁蛋白和铁蛋白组成的复合物,它们的活性中心分别由钼铁硫原子簇和 $Fe_4S_4^*$ 原子簇所组成。MgATP 除了与铁蛋白结合外,是否还能与钼铁蛋白结合,长期以来由于存在着相互矛盾的实验结果,而未能定论[1]。在双立方烷 $[Mo_2Fe_6S_8(SPh)_9]^{3-}$ 原子簇中,钼已配位饱和,而其中的铁是配位未饱和的,有可能与 ATP 等腺苷酸化合物中的磷酸根部分络合。$MoFe_3S_4^*$ 簇骼具有和铁蛋白活性中心 $Fe_4S_4^*$ 原子簇相似的几何结构。Mo 置换了 $Fe_4S_4^*$ 中的一个铁后,其 $MoFe_3S_4^*$ 簇骼中的铁的表现氧化态有所上升,即由 $Fe_4S_4^*$ (指 $[Fe_2S_4(SPh)_4]^{2-}$)中的 +2.5 价上升到 +2.67 价。$MoFe_3S_4^*$ 簇骼中的铁与 $Fe_4S_4^*$ 原子簇中的铁具有相似的配位环境。在化学模拟体系中研究腺苷酸化合物与 $MoFe_3S_4^*$ 的络合,有助于对固氮酶反应中 ATP 的作用机制的了解。

^{31}P-NMR 在 VARIAN FT-80A 型波谱仪上测试,IR 测试在 NICOLET 5DX-FTIR 红外光谱议上进行。

DMF 具有和蛋白质中的酰胺键相近的结构。在 DMF-D_2O (v/v 为 3：2)介质中,$[Mo_2Fe_6S_8(SPh)_9]^{3-}$ 与 ATP 的络合,使得 ATP 的 α- 和 β-^{31}P 谱峰分别往低磁场方向移动了 10 ppm(半峰宽 600 Hz)和 8 ppm(半峰宽 560 Hz),而 γ-^{31}P 谱峰趋于消失。由于 ATP 的 γ-PO_4 端基络合和解络都非常迅速,半衰期过短,从而导致 γ-^{31}P 谱峰被基底噪声所掩盖,ADP 与 $[Mo_2Fe_6S_8(SPh)_9]^{3-}$ 的络合,其 α-^{31}P 谱峰往低磁场方向移动 16 ppm(半峰宽 320 Hz),而 β-^{31}P 谱峰趋于消失,表明 ADP 的 β-PO_4 的端基络合和解络也是快速可逆的 AMP 的络合,其 α-^{31}P 谱峰基本上没有位移,但谱峰大大加宽(半峰宽 400 Hz)。分子体积较小 Pi(磷酸根)与 $[Mo_2Fe_6S_8(SPh)_9]^{3-}$ 的络合,使得其 ^{31}P 谱峰往低磁场方向仅移动 0.42 ppm(窄峰)。

亚甲蓝是较为温和的人工染料($E_{pH}^0 \approx 0.01$ V),在生化实验中常用作离体实验时的电子载体。在 DMF-H_2O 介质中,ATP,ADP,AMP 和 Pi 分别与 $[Mo_2Fe_6S_8(SPh)_9]^{z-}$ ($z=3,2,1$)的络合,都能加快其络合物与等当量的亚甲蓝之间的氧化还原反应速率,加快的程度为 ATP>Pi,ADP>AMP。表明腺苷酸化合物都能活化原子簇中的电子,驱动电子从原子簇向电子受体的输出。

在 DMF-H_2O 介质中,ATP,ADP 和 Pi 分别与 $[Mo_2Fe_6S_8(SPh)_9]^{z-}$ ($z=3,2,1$)的络合,使其与亚铁螯合剂邻菲罗林的反应变得较为迟缓,对原子簇中的铁起了屏蔽作用。其屏蔽大小为 Pi>ATP>ADP。AMP 基本上没有表现出屏蔽作用。由于 AMP 中的 α-PO_4 紧靠着核糖,具有更大的空间位阻,所以

---

* 本文于 1991 年 5 月 17 日收到,7 月 13 日修回;国家自然科学基金资助项目。

AMP 与原子簇的络合是松散的。由于络合物中的铁受到了 ATP 等配体的屏蔽,而在络合物与亚甲蓝的氧化还原反应中,ATP 等配体又分别能加快原子簇与亚甲蓝之间的反应速率,这表明其相应的络合物有可能是通过有机硫配体或共轭的磷酸根基团而传递电子的。

ATP 和 $[Mo_2Fe_6S_8(SPh)_9]^{3-}$ 的络合,使得其磷酐键的伸缩振动频率由 900 cm^{-1} 红移至 884 cm^{-1},ADP 与该原子簇的络合,使得其磷酐键的伸缩振动频率由 915 cm^{-1} 红移至 901 cm^{-1}。表明原子簇与腺苷酸化合物的络合,对其磷酐键有一定程度的活化作用。在不同水含量的 DMF-H$_2$O(pH 7.0)介质中,在 48 h 内,$[Mo_2Fe_6S_8(SPh)_9]^{z-}$($z=3,2,1$)与 ATP 的络合,在无电子传递时,没有促进 ATP 的水解。用 H$_2$O$_2$ 为氧化剂,氧化上述络合物时,也没有促进 ATP 的水解。从分子结构模型可看出,由于双立方烷原子簇中的苯硫酚配体的空间障碍,ATP 只可能以其 γ-PO$_4$ 端苯络合在原子簇中的铁上,可能由于端基络合对 ATP 的磷酐键活化不够,从而在有或者没有电子传递时都没有促进 ATP 的水解。

化学模拟研究表明,ATP 等腺苷酸化合物通过其端其磷酸根与双立方烷原子簇中的铁络合,增加其配位场和配位数,具有活化原子簇中的电子之功能。

参考文献

[1]曾定.固氮生物学.厦门:厦门大学出版社,1987:266~268.

■ **本文原载**:《厦门大学学报》(自然科学版)第 30 卷第 4 期(1991 年 7 月),第 428～434 页。

腺苷酸化合物与$[Mo_2Fe_6S_8(SPh)_6(MeO)_3]^{3-}$原子簇的络合*

吴也凡　曾　定　林国栋　洪　亮　蔡启瑞

(生物学系　化学系)

摘　要　ATP 与$[Mo_2Fe_6S_8(SPh)_6(MeO)_3]^{3-}$原子簇的络合,引起 ATP 的 α-、β-^{31}P NMR 谱峰往低磁场方向移动 13.23 和 9.02 ppm。γ-^{31}P NMR 谱峰趋于消失。ATP 与原子簇的络合,增加其配位场和配位数,促进原子簇与亚甲蓝之间的氧化还原反应并屏蔽簇中的铁,使其不易与亚铁螯合剂 phen 反应。

关键词　ATP　铁钼硫原子簇　络合物

多数研究报道指出[1],单独的钼铁蛋白不结合 MgATP。但也有些研究者对此持不同的看法,认为钼铁蛋白也能结合 MgATP[2,3]。钼铁蛋白的活性中心是由 Mo、Fe、S 组成的原子簇。在文献报道的 MoFeS 原子簇中,除了线型结构单元外,另一大类就是在簇骼结构中含有 $MoFe_3S_4^*$ 的类立方烷原子簇,就其簇骼结构而言,$MoFe_3S_4^*$ 具有和铁蛋白活性中心 $Fe_4S_4^*$ 原子簇相似的几何结构。研究 ATP 与 $MoFe_3S_4^*$ 的络合,有助于对固氮酶反应中 MgATP 驱动的电子传递作用机理的了解。

1　实验部分

所有的厌氧实验都是在无氧的氮气氛下进行。

$[R_4N]_3[Mo_2Fe_6S_8(SPh)_6(MeO)_3]$按已知方法[4]制备。产物用循环伏安法、扫描电镜能谱分析(分析 Mo、Fe、S 相对含量)鉴定合格。

电子吸收光谱用 710 记录分光光度计测定。

^{31}PNMR 在 VARIAN FT80A 型波谱仪上测试。采用质子宽带去偶技术,以 D_2O 作锁场信号,用 Na_2HPO_4(Pi)作为外标。样品制备:将 pH 7.46 的 0.1 mol/L ATP、ADP 和 AMP(D_2O 溶液)各 0.8 mL 分别加入到 1.2 mL 0.03mol/L 的原子簇(DMF 溶液)中,静止 1 h 后,离心,取上层清液 1.6 mL 至 NMR 样品管。

痕量的 PhSH 用 AgDz 法[5]测定。用正庚烷作萃取剂。其中$[Mo_2Fe_6S_8(SPh)_6(MeO)_3]^{3-}$为 0.001 mol/L,L 为 0.01 mol/L(L=ATP、ADP、AMP、Pi)。

邻菲罗啉(phen)与原子簇反应速率的测定。在密封的厚度为 0.5 cm 的比色池中注入样品后,快速加入一定量的 phen,在 $\lambda=510$ nm 处用光密度—时间读数法测定邻菲罗啉亚铁螯合物的增色速率。样品组成:$[Mo_2Fe_6S_8(SPh)_6(MeO)_3]^{z-}$(z=3,2)为 0.05 μmol,ATP、ADP、AMP、Pi 各为 5 μmol,phen 为

*　1990 年 9 月 15 日收到;国家自然科学基金资助项目。

1.0 μmol。

染料与原子簇反应速率的测定。在厚度为 1 cm 的比色池中注入 2 mL 样品后,快速加入与原子簇等 mol 的亚甲蓝(M·B),在 670 nm 处测定 M·B 的退色速率。其中$[Mo_2Fe_6S_8(SPh)_6(MeO)_3]^{z-}$($z=3$ 或 2)为 0.05 μmol,ATP、ADP、AMP、Pi 各为 5 μmol。用 $\frac{1}{2}$ mol 的 H_2O_2 或等 mol 的 M·B 氧化 $[Mo_2Fe_6S_8(SPh)_6(MeO)_3]^{3-}$,即制得$[Mo_2Fe_6S_8(SPh)_6(MeO)_3]^{2-}$。

IR 测试在 NICOLET 5DX-FTIR 红外光谱仪上进行。

ATP 水解量的测定。以等量的 ATP 或 ATP-氧化剂为参比,分别测定原子簇-ATP 以及原子簇-ATP-氧化剂中的总 Pi 量,从总 Pi 量中扣除参比液中 ATP 基底的 Pi 量,就是 ATP 在有或者没有电子传递情况下水解释出来的 Pi 量。用修改的 Baginski 钼蓝法[6]测定 Pi。

2 结果和讨论

核苷酸化合物与 $Fe_4S_4^*$ 原子簇的络合已有报道[7-10]。核苷酸化合物中的磷酸根部分是亲铁的。$[Mo_2Fe_6S_8(SPh)_6(MeO)_3]^{3-}$ 中的簇骼 $MoFe_3S_4^*$ 和$[Fe_4S_4(SPh)_4]^{2-}$ 中的 $Fe_4S_4^*$ 具有相似的几何结构。$MoFe_3S_4^*$ 中的 Mo-Fe 距离为 2.73 Å,很接近 $Fe_4S_4^*$ 中的 Fe-Fe 距离,而 Fe-S 和 Fe-S* 键长则稍短于 $Fe_4S_4^*S_4$ 中相应的键长,表明 Mo 置换了 $Fe_4S_4^*$ 中的一个 Fe 后,其 $MoFe_3S_4^*$ 簇骼结构中的 Fe 的表观氧化态有所上升,即由 $Fe_4S_4^*$ 中的 +2.5 价上升到 +2.67 价。在 $[Mo_2Fe_6S_8(SPh)_6(MeO)_3]^{3-}$ 中,Mo 已配位饱和,再加上 Mo 原子周围有较大的空间位阻,因此不可能进一步与 ATP 络合。而 $MoFe_3S_4^*$ 簇骼中的 Fe 与 $Fe_4S_4^*$ 簇骼中的 Fe 具有相似的配位环境。在 DMF-H_2O(3∶2 V/V)介质中,在 $[Mo_2Fe_6S_8(SPh)_6(MeO)_3]^{3-}$(0.00015 mol/L)中加入 mol 比为 26 的 ATP(pH7.46)后,其电子吸收光谱在 700~300 nm 光区范围内有压低的趋势,但远不如 ATP 与 $[Fe_4S_4(SPh)_4]^{2-}$ 络合时所压低的那么大[7]。在 $[Mo_2Fe_6S_8(SPh)_6(MeO)_3]^{3-}$ 中分别加入 mol 比为 26 的 ADP、AMP 和 Pi 后,其电子吸收光谱也只有轻微的压低。表明在 $Fe_4S_4^*$ 中用 Mo 置换掉一个 Fe 后,$MoFe_3S_4^*$ 与 ATP 等配体络合的能力受到很大的削弱。

在 DMF-H_2O 介质中,ATP、ADP、AMP、Pi 分别与 $[Mo_2Fe_6S_8(SPh)_6(MeO)_3]^{3-}$ 的络合可能具有以下两种方式:一种可能的方式是 ATP 等配体把原子簇中的苯硫酚配体置换下来,另一种可能的方式是 ATP 等配体分别与原子簇的络合,仅仅是增加原子簇中 $Fe^{3(2)}$ 的配位数。如果是配体交换反应,溶液中的苯硫酚含量就会增加。选择一种既可抽提 DMF-H_2O 介质中的苯硫酚而又不溶解原子簇的萃取剂,通过检测萃取剂中是否存在苯硫酚,就可确定 ATP 等配体与原子簇的络合方式,用银双硫腙作为测定苯硫酚的比色剂,用正庚烷为萃取剂,在上述反应体系中没有检测到痕量的苯硫酚。这表明 ATP 等配体与原子簇的络合,仅仅是增加原子簇中 $Fe^{3(2)}$ 的配位数。

从几何构型分析可看出,在 $[Mo_2Fe_6S_8(SPh)_6(MeO)_3]^{3-}$ 原子簇中,由于 Mo 原子上的桥基配体空间位阻太大,ATP 和 ADP 只可能分别以其端基磷酸根与原子簇中的 $Fe^{3(2)}$ 形成端基配位络合方式。在 DMF-D_2O(3∶2 V/V)介质中,$(Me_4N)_3[Mo_2Fe_6S_8(SPh)_6(MeO)_3]$ 与 ATP 的络合,使得 ATP 的 α- 和 β-^{31}P NMR 谱峰分别往低磁场方向移动了 13.23 ppm(半峰宽 559 Hz)和 9.02 ppm(半峰宽 430 Hz),γ-^{31}P NMR 谱峰趋于消失(Fig.1),这可能是由于 ATP 的 γ-PO_4 的端基络合和解络都非常迅速,半衰期过短,从而导致其谱峰被基底噪声所掩盖。ADP 与 $(Me_4N)_3[Mo_2Fe_6S_8(SPh)_6(MeO)_3]$ 的络合,其 α-^{31}P NMR 谱峰往低磁场方向移动 19.43 ppm(半峰宽 280 Hz),β-^{31}P NMR 谱峰趋于消失,表明 ADP 的

β-PO₄ 的端基络合也是快速和可逆的。AMP 与原子簇的络合,使得 AMP 的 α-^{31}P NMR 谱峰往低磁场方向仅仅移动了 0.8 ppm(半峰宽 620 Hz),可见 AMP 的络合是松散的。

$[Mo_2Fe_6S_8(SPh)_6(MeO)_3]^{3-}$ 是单电子传递体,具有多种氧化还原状态[4]。该原子簇在 DMF 溶液中具有可逆的单电子传递体的电化学循环伏安特征。由于在 DMF-H_2O 介质中,原子簇在 Pt 电极或汞膜电极上的电化学循环伏安图表现出不可逆的特征,此外核苷酸化合物在电极上的吸附使得原子簇络合物在不同的扫描速率下都不呈现出特征的氧化还原电流峰,所以本工作未能用电化学方法直接测定 ATP 等配体与原子簇结合后的氧化还原电位的位移值。亚甲蓝(M·B)是较为温和的氧化剂($E_{M·B}^{0(pH=7)}=0.01$ V),在生化实验中常用作离体实验时的电子载体。在 DMF-H_2O 介质中,ATP、ADP、AMP 和 Pi 分别与$[Mo_2Fe_6S_8(SPh)_6(MeO)_3]^{3-}$ 的络合,都能加快原子簇与 M·B 之间的氧化还原反应速率,加快的程度为 ATP > ADP,Pi > AMP(Fig.2)。ATP 等配体分别与$[Mo_2Fe_6S_8(SPh)_6(MeO)_3]^{3-}$ 的络合也能加快原子簇与 M·B 之间的氧化还原反应速率,并表现出与 -3 价的原子簇络合时类似的促进次序。表明 ATP 等配体通过与 $MoFe_3S_4^*$ 簇骼的络合,增大了原子簇上的配位场和配位数,活化其电子,驱动电子从原子簇向电子受体 M·B 的输出。

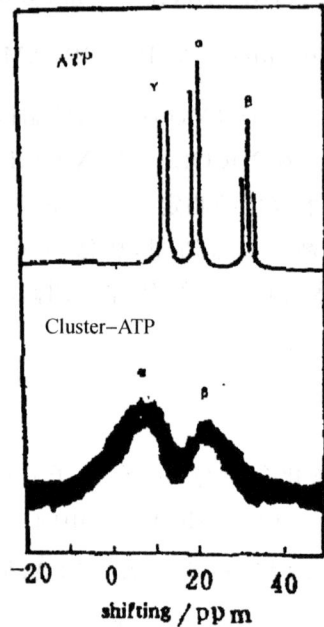

Fig. 1 Complexation of $[Mo_2Fe_6S_8(SPh)_6(MeO)_3]^{3-}$ with ATP in DMF-D_2O(3：2 V/V,pH 7.46) as shown by ^{31}P NMR signals downfield shifting

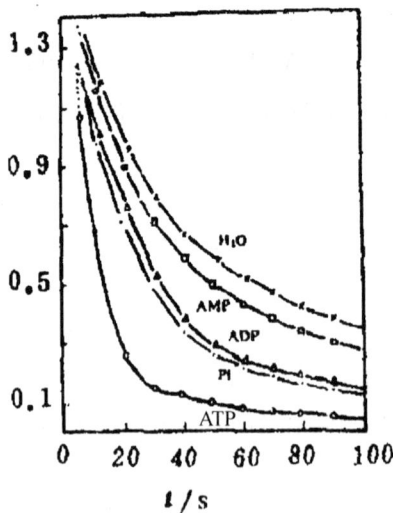

Fig. 2 Promotion of redox reaction between $[Mo_2Fe_6S_8-(SPh)_6(MeO)_3]^{3-}$ and Methylene blue by ATP(ADP,AMP,Pi)in DMF-H_2O(3：2 V/V,pH 7.5). $\lambda=$ 670 nm

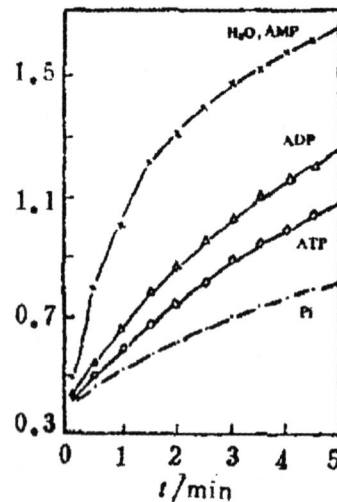

Fig. 3 Reaction of Phenanthroline with $[Mo_2Fe_6S_8(SPh)_6(MeO)_3]^{3-}$ in presence or absence of ATP (ADP,AMP of Pi)in DMF-H_2O(3：2 V/V,pH 7.5). $\lambda=510$ nm.

Mortenson 等[11]曾发现,在未变性的铁蛋白中加入亚铁螯合剂。铁蛋白中的铁对亚铁螯合剂不敏感,一旦在铁蛋白中加入 MgATP 后,铁蛋白中的铁迅速与亚铁螯合剂作用,生成相应的亚铁螯合物。在化学模拟体系中,ATP 也能加快 Fe$_4$S$_4^*$原子簇与亚铁螯合剂的反应[7],而在 DMF-H$_2$O(3:2 V/V)介质中,ATP、ADP 和 Pi 分别与[Mo$_2$Fe$_6$S$_8$(SPh)$_6$(MeO)$_3$]$^{3-}$的络合(如 Fig.3 所示),则对原子簇中的铁起了屏蔽作用。其屏蔽程度为:Pi>ATP>ADP。由于 ATP、ADP、AMP 中的核糖基团所产生的空间障碍随着磷酐键的缩短而增加以及 π 电子共轭杂化能等各不相同等原因,它们在与原子簇络合时,其络合行为也各不相同。ATP 等配体与 MoFe$_3$S$_4^*$簇骼的络合,仅仅是改变了原子簇中 Fe$^{3(2)}$的配位结构,使其由原来四配位的准四面体结构变为五配位的三角双锥结构,从而对原子簇中的铁起了屏蔽作用,分子体积较小的 HPO$_4^{2-}$ 在这里表现出最大的屏蔽作用,AMP 基本上没有表现出屏蔽作用,由于 AMP 中的磷酸根紧靠着核糖,空间位阻较大,所以 AMP 与原子簇的络合是松散的,当亲铁更强的 Phen 接近原子簇时,能把 AMP 配体顶开,从而使得 AMP 没有对原子簇中的铁表现出屏蔽作用。ATP 等配体与[Mo$_2$Fe$_6$S$_8$(SPh)$_6$(MeO)$_3$]$^{2-}$的络合,也对原子簇中的铁起了屏蔽作用,并表现出与-3 价的原子簇络合时类似的屏蔽次序。ATP 等配体与原子簇的络合,分别都能加快原子簇与 M·B 之间的氧化还原反应速率。但又屏蔽了原子簇中的铁,这表明其相应的络合物有可能是通过有机硫配体或共轭的磷酐键而传递电子的。

ATP 与 Na$_3$Mo$_2$Fe$_6$S$_8$(SPh)$_6$(MeO)$_3$ 的络合,使得 ATP 的磷酐键的伸缩振动频率由 900 cm^{-1}红移至 883 cm^{-1}。表明原子簇对 ATP 中的磷酐键具有一定程度的活化作用。在不同水含量的 DMF-H$_2$O(pH 7.46)介质中,在 48 h 内,[Mo$_2$Fe$_6$S$_8$(SPh)$_6$(MeO)$_3$]$^{z-}$(z=3,2)与 ATP 的络合,在无电子传递时,没有促进 ATP 的水解。用等当量的 H$_2$O$_2$ 或 M·B 为电子受体,在氧化[Mo$_2$Fe$_6$S$_8$(SPh)$_6$(MeO)$_3$]$^{z-}$(z=3,2)-ATP 络合物时,也没有促进 ATP 的水解。简单金属离子通过与 ATP 的三磷酸根的螯合作用,一般会活化其磷酐键,并促进 ATP 的水解,而单配位的络合方式对水解基本上没有促进作用,由于原子簇中的苯硫酚配体的空间障碍,ATP 只可能以其 γ-PO$_4$ 端基络合在原子簇上,由于这种络合方式对磷酐键极化不够,从而在有或者没有电子传递的情况下,都没有促进 ATP 的水解。在[Fe$_4$S$_4^*$(SPh)$_4$]$^{2-}$-ATP 体系中,当 ATP 以端基磷酸根络合在 Fe$_4$S$_4^*$原子簇上时,在电子传递过程中也没有促进 ATP 的水解。只有当 ATP 中的磷酐键以桥键双配位方式络合在 Fe$_4$S$_4^*$原子簇上时,在电子传递过程中才会促进 ATP 的水解[7-9]。这与 Haight 等的实验即 ATP 在与金属离子形成某种螯合形式的配合物时才容易被亲核试剂所进攻而使水解速度大为提高的实验结果是一致的[12]。

由以上化学模拟研究可以推测,只要钼铁蛋白有适宜的空间构型允许 MgATP 接近其活性中心钼铁硫原子簇,MgATP 就有可能与其络合,并表现出活化电子和使蛋白质变构等作用。

李春芳在探索选择核磁共振测试参数方面付出了艰苦的劳动,特此致谢。

参考文献

[1]曾定. 固氮生物学. 厦门大学出版社,1982:266.

[2]Biggin D K et al. Biochem. Biophys. Acla. ,1970,**205**:288~299.

[3]Miller R w et al.,Can. J. Biochem. 1980,**58**:542~548.

[4]Holm R H et al.,Inorg. Chem.,1987,**26**:702.

[5]Kunkel R K et al. Anal. Chem.,1959,**31**:1098~1102.

[6]Baginakl G S et al. Clin. Chim. Acta.,1967,**51**:155~157.

[7]Yefan Wu et al. Pure & Appl. chem.,1988,**60**:1291~1298.

[8]吴也凡等. 大自然探索,1991,**1**:49~54.

[9]吴也凡等. 物理化学学报,1991,**4**:400~403.

[10]吴也凡等. 科学通报,1991,**15**:1213.

[11]Mortenson L E et al. Ist Internall. Sym. Nitrogen Fixation,1976,**1**:117~129.

[12]Haight G P et al. J. chem. Soc. Common. chem.,1985:488.

Complexation of $[Mo_2Fe_6S_8(SPh)_6(MeO)_3]^{3-}$ Cluster with Adenlylate Compounds

Ye-Fan Wu，Ding Zeng，Guo-Dong Lin，Liang Hong，Qi-Rui Cai

(*Dept. of Biol. Dept. of chem.*)

Abstract　ATP can complex with $[Mo_2Fe_6S_8(SPh)_6(MeO)_3]^{3-}$ Cluster (without displacing any thiolate ligands and shielding the cluster from disruption by iron chelaters), resulting in downfield shifting of the ^{31}P NMR peaks of α-and β-PO_4 of ATP by about 13. 23 ppm and 9. 02 ppm respectively and the ^{31}P NMR peak of the γ-PO_4 after shifting being overshadowed by the noices in DMF-water solution,in significant enhancement of the rate of redox reaction between the cluster and methylene blue.

Key words　ATP　FeMoS cluster　Complex

■ **本文原载**:《厦门大学学报》(自然科学版)第 30 卷第 5 期(1991 年 9 月),第 486~491 页。

烯烃醛化和羰化的新催化剂[*]

高景星　区泽棠　万惠霖　蔡启瑞
(化学系)

摘　要　研究了钌簇合物 $Ru_3(CO)_{12}$,$H_4Ru_4(CO)_{12}$,$[PPN][HRu_3(CO)_{11}]$,$[PPN][H_3Ru_4(CO)_{12}]$ $(PPN=[(Ph_2P)_2N]^{\oplus})$ 和 $Ru_3(CO)_9(dpm)_3(dpm=ph_2 p-m-C_4H_4SO_3Na)$ 等催化乙烯的醛化。报道了可溶性的 $Ru_3(CO)_9(dpm)_3$ 在水溶液中催化丙烯和乙烯的醛化、羰化的性能,在反应温度 120 ℃,反应气体总压为 2.7~5.0 MPa 的条件下,丙烯和乙烯的醛化活性随反应温度、催化剂浓度和气体分压($CO/H_2=1:1$)的提高而提高。温度的变化对活性的影响最明显,溶液的酸碱性也影响催化活性,中性对反应最有利。添加无机和有机卤化物显著地影响乙烯的醛化活性和产物分布,乙烯羰化生成二乙基酮的选择性高达 52.7%。其反应前后的钌簇合物催化剂分别经 IR 和 XPS 表征,讨论了可能的催化活性物种。

关键词　醛化　羰化　新催化剂

钌羰基原子簇 $Ru_3(CO)_{12}$ 可催化某些烯烃的醛化[1,2],其活性物种是钌羰基阴离子 $[HRu_3(CO)_{11}]^{-}$[3]。添加 NaCl、KCl、KBr 和 CsCl 等卤化物有利于钌簇阴离子 $[HRu_3(CO)_{11}]^{-}$ 的形成,显著地提高了催化活性[4]。然而,钌羰基阴离子 $[HRu_3(CO)_{11}]^{-}$ 对空气敏感和在水中不稳定。$Ru_3(CO)_9(dpm)_3$ 是可溶于水并在空气中稳定的珍贵簇合物。它的这些性质引起了我们探索其催化性能的兴趣。本工作报道了在水溶液中,$Ru_3(CO)_9(dpm)_3$ 催化丙烯和乙烯的醛化、乙烯的 Reppe 反应和羰化反应的结果。

1　实　验

$Ru_3(CO)_{12}$,$H_4Ru_4(CO)_{12}$,$[PPN][HRu_3(CO)_{11}]$,$[PPN][H_3Ru_4(CO)_{12}]$ 和可溶的配位基 dpm 分别参照文献报道的方法合成。$Ru_3(CO)_9(dpm)_3$ 的制备参考了 Fontal 等人报道的程序[5],经多次试验后,采用如下简便方法:将 $Ru_9(CO)_{12}$(0.4 mmol,0.256 g)溶解于 40 mL 无水甲醇中,在 N_2 气氛下,加入可溶性配位基 dpm(1.28 mmol,0.466 g)。在回流下连续搅拌 9~10 h 后,深紫红色的溶液经减压浓缩至剩下 10 mL。冷却至室温后加入 40 mL 无水乙醚,于 0 ℃冷冻过夜,过滤除溶剂真空干燥后得紫红色固体 0.643 g,得率 89%。其红外吸收峰 $[\nu_{co}(cm^{-1}):2055(m),1991(m)$ 和 $1975(s)]$ 与文献报道的数值 $[2053(m),1992(m)$ 和 $1973(s)]$ 基本一致。

烯烃醛化的加压实验按过去报道的程序进行[4]。反应产物经 Finnigan 4510 型色谱-质谱联用仪鉴定,用气相色谱仪(Carbowax 2M,柱长 2 m)定量。反应前后钌簇合物样品用 KBr 粉末调稀压片,用 Nicolet 170 SX FTIR 谱仪测定红外光谱。在 VG ESCALAB MK Ⅱ谱仪上进行电子能谱分析。

---

[*] 1990 年 11 月 7 日收到。

2 结果和讨论

2.1 钌簇合物催化乙烯的醛化

钌簇合物的的催化作用已被广泛和比较深入地研究。近年来,作者曾用几种羰基钌簇合物作催化剂,在不同的反应溶液中考察了它们对乙烯的醛化活性,其结果列于 Tab. 1。

Tab. 1 Catalytic activity of various ruthenium cluster

No.	Catalyst[a]	Solvent	Temp. (℃)	Composition of Products(%)[b]					Turnover[c] (h^{-1})
				A	B	C	D	E	
1	$RuCl_3 \cdot 4H_2O$	THF	150	14.2	85.8	—	—	—	2
2	$Ru_3(CO)_{12}$	THF	150	86.5	10.4	3.1	—	—	14
3	$Ru_3(CO)_{12}/KOH$[d]	MeOH	150	16.0	18.9	4.9	—	60.2	25
4	$[PPN][HRu_3(CO)_{11}]$	THF	150	88.7	4.1	1.4	—	5.8	183
5	$Ru_3(CO)_9(dpm)_3$	H_2O[e]	100	59.7	13.5	5.1	21.8	—	23
6	$Ru_3(CO)_9(dpm)_3$	H_2O	120	80.6	7.7	5.4	6.3	—	61
7	$Ru_3(CO)_9(dpm)_3$	H_2O[f]	100	81.6	4.8	3.1	10.4	—	25
8	$Ru_3(CO)_9(dpm)_3$	H_2O[g]	100	46.7	6.4	10.7	20.2	16.0	11.6

(a) Reaction conditions:Catalyst, 0.05 mmol;Solvent, 10 mL;$P_{C_2N_4}/P_{CO}/P_{H_2} = 1.5/3.0/3.0$ MPa;2.5 h,(b) A = Propanal B=3-pentanone C=1-propanol D=3-pentanol E=2-methylpent-2-en-1-al,(c)Turnover = overall products · mol/ (cluster · mol · h),(d)$P_{C_2H_4}/P_{CO} = 2.0/3.5$ MPa,(e)H_2O, 25 mL,(f)H_2O, 25 mL,pH=4.66,(g)H_2O, 25 mL,pH=12.04

从 Tab. 1 可知,几种羰基钌簇合物对乙烯的醛化都显示了催化活性,其中以钌阴离子[HRu$_3$(CO)$_{11}$]$^-$的效果最佳。红外光谱研究结果表明,在一定反应条件下,Ru$_3$(CO)$_{12}$ 和 H$_4$Ru$_4$(CO)$_{12}$ 在催化反应中活性物种是其相应的阴离子[4]。因此,直接用含该阴离子的钌簇合物[PPN][HRu$_3$(CO)$_{11}$]作催化剂,其活性最高(No.4)。由 Tab. 1 可见,唯独 Ru$_3$(CO)$_9$(dpm)$_3$ 可在水溶液中,在较低的反应温度下显示出较高的活性。因此,详细考察了 Ru$_3$(CO)$_9$(dpm)$_3$ 在水溶液中的催化行为。

2.2 丙烯的醛化

丙烯的醛化结果详见文献[6]。

2.3 乙烯的 Reppe 反应

用水代替氢气,考察 Ru$_3$(CO)$_9$(dpm)$_3$ 在纯水溶液中催化乙烯的 Reppe 反应。Tab. 2 列举了 Ru$_3$(CO)$_9$(dpm)$_3$ 在不同反应条件下催化乙烯 Reppe 反应的结果。在温度 100 ℃,反应气体总压为 4.5 MPa 的条件下,不溶于水的 Ru$_3$(CO)$_{12}$ 无活性。相反地,可溶于水的 Ru$_3$(CO)$_9$(dpm)$_3$ 无论在中性或酸性(pH=4.66)的溶液中都显示了催化活性(No.5,6)。反应的主要产物是丙醛,副产物二乙基酮的选择性为 13%～27%。在强酸性的 CF$_3$COOH/H$_2$O 溶液中,二乙基酮的选择性高达 99%,但其催化转换数很低(No.8)。添加 Co$_2$(CO)$_8$,CoCl$_2$ 或 KI 对本反应无促进作用(No.3,4,5)。

Tab. 2　Reppe reaction of ethylene with CO/H₂O catalyzed by Ru₃(CO)₉(dpm)₃

No.	Catalyst[a]	Solvent	Presures C₂H₄/CO (MPa)	Composition of products(%)[b]			Turnover[c] (h⁻¹)
				A	B	C	
1	Ru₃(CO)₁₂	H₂O	1.5/3.0	trace	0	0	0
2	Ru₃(CO)₉(dpm)₃	H₂O	1.5/3.0	77.2	22.8	0	3.9
3	Ru₃(CO)₉(dpm)₃/ Co₂(CO)₈(1∶3.5)	H₂O	1.5/3.0	34.7	23.5	41.8	2.2
4	Ru₃(CO)₉(dpm)₃/ CoCl₂·6H₂O(1∶10)	H₂O	1.5/3.0	65.3	34.7	0	0.9
5	Ru₃(CO)₉(dpm)₃/KI (1∶10)	H₂O	1.5/3.0	72.9	27.1	0	1.7
6	Ru₃(CO)₉(dpm)₃	0.1 mol/L HOAc+ 0.1 mol/L NaOAc	3.0/1.5	86.9	13.1	0	6.6
7	Ru₃(CO)₉(dpm)₃	H₂O	3.0/1.5	83.4	16.6	0	7.1
8	Ru₃(CO)₉(dpm)₃	H₂O,27 mL CF₃COOH,3 mL	1.5/3.0	1.0	99.0	0	0.4

(a)Reaction conditions：Catalyst, 0.05 mmol; Solvent, 30 mL; 100 ℃, 2.5 h, (b)A=propanal　B=3-pentanone　C=1-propanal, (c)Turnover=mol·overall products/(mol·cluster·h)

2.4　乙烯的羰化

羰基钌簇合物催化乙烯和 CO/H₂ 的醛化,在通常的反应条件下,主、副产物分配如下式所列

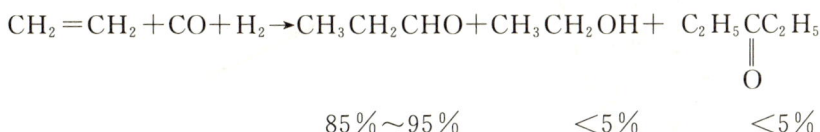

$$CH_2=CH_2+CO+H_2 \rightarrow CH_3CH_2CHO+CH_3CH_2OH+ C_2H_5CC_2H_5$$
$$\parallel$$
$$O$$

$$85\%\sim95\%　　　<5\%　　　<5\%$$

较早的研究结果表明,添加卤化物于 Ru₃(CO)₁₂ 体系,可明显地提高催化活性,但不能改变产物分布[4]。本研究用 Ru₃(CO)₉(dpm)₃ 作催化剂,并添加了一系列卤化物,不仅改变了催化活性,而且也显著地改变了产物组成,其结果列于 Tab. 3。

由表 Tab. 3 可知,添加有机卤化物 Bu₄NI 或 Bu₄NBr 降低了催化活性,这可能由于较大的有机基团妨碍了钌簇合物对乙烯的络合所致。反之,添加 NaI、LiBr、CsCl 和 KBr 等无机卤化物不仅明显提高了活性,而且促进了乙烯和一氧化碳一步偶联生成二乙基酮,其选择性一般大于 40%,最高达 52.7%。这结果表明了由 C₂ 反应物乙烯直接转化为 C₅ 产物 C₂H₅COCH₂H₅ 的可能性。上述无机卤化物的促进效应,以添加 KBr 的效果最明显(No. 3,4,5)。KBr 的添加量也影响催化活性,其结果如 Fig.1。当 Ru₃(CO)₉(dpm)₃ 与 KBr 的摩尔比为 1∶3 时,其催化活性最佳。

Tab. 3 Carbonylation of ethylene with CO/H$_2$ catalyzed by Ru$_3$(CO)$_9$(dpm)$_3$

No.	Halide additives[a]	Ru$_3$(CO)$_9$(dpm)$_3$/X (molar ratios)	Composition of products(%)[b]				Turnover[c] (h^{-1})
			A	B	C	D	
1	—	—	55.3	37.0	6.2	1.5	45.4
2	NaI	1:3	55.1	36.0	6.9	2.0	48.6
3	LiBr·H$_2$O	1:3	44.5	44.6	8.4	2.5	55.0
4	CsCl	1:3	44.8	41.8	11.7	1.7	85.8
5	KBr	1:3	40.3	44.6	13.8	13.3	102.2
6	KBr	1:9	48.0	40.8	6.4	4.8	72.3
7	KBr	1:15	39.9	52.7	5.7	1.7	55.6
8	Bu$_4$NI	1:3	58.7	29.7	3.9	7.7	25.7
9	Bu$_4$NBr	1:3	72.0	15.7	4.3	8.0	24.5
10	I$_2$	1:1	55.5	35.7	4.4	4.4	36.0

(a) Reaction conditions: Catalyst: Ru$_3$(CO)$_9$(dpm)$_3$, 0.05 mmol; Solvent: H$_2$O, 30 mL; P$_{C_2H_4}$/P$_{CO}$/P$_{H_2}$ = 3.5/0.75/0.75 MPa; 100 ℃, 2.5 h (b) A=propanal B=3-pentanone C=1-propanol D=2-methyl-pent-2-en-1-al (c) Turnover = mol·overall products/(mol·cluster·h)

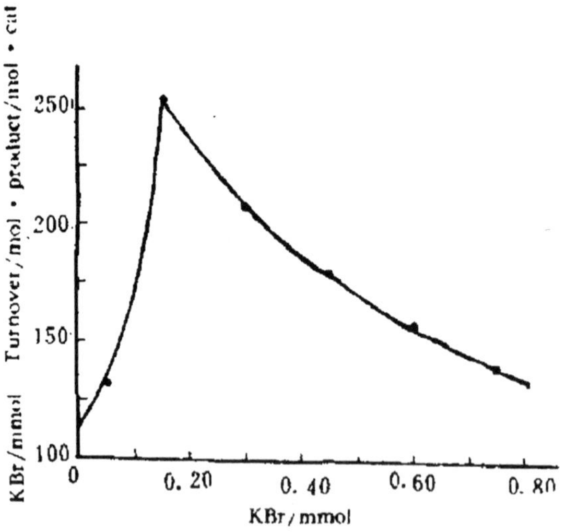

Fig. 1 Effect of addition of KBr on activity Reaction conditions: RCD, 0.05 mmol; C$_2$H$_4$/CO/H$_2$=35:5:5; H$_2$O, 30 mL; 100 ℃, 2.5 h

2.5 催化活性物种

红外光谱研究结果表明,Ru$_3$(CO)$_{12}$于碱性的介质中催化乙烯的醛化,其催化活性物种是其相应的三核钌簇阴离子[HRu$_3$(CO)$_{11}$]$^-$。从反应后的溶液可检测到这个阴离子的特征吸收峰[Fig. 2, v_∞ (cm^{-1}):2073(w),2014(s),1986(m)和1952(w)]。直接用含钌簇离子的络合物[PPN][HRu$_3$(CO)$_{11}$]和[PPN][H$_3$Ru$_4$(CO)$_{12}$]为催化剂,均显示了较高活性。反应后,四核钌阴离子[H$_3$Ru$_4$(CO)$_{12}$]$^-$转变成三核钌阴离子[HRu₃(CO)₁₁]⁻。

在用 $Ru_3(CO)_9(dpm)_3$ 催化丙烯和乙烯醛化的场合,碱性介质比酸性介质更不利于反应,反应后的溶液中也检测不到[HRu₃(CO)₁₁]⁻的红外特征吸收峰。由此推测三核钌阴离子不可能是本反应的活性物种。值得注意的是,无论丙烯或乙烯的醛化,在中性的水溶液中最有利于反应。反应后紫红色的 $Ru_3(CO)_9(dpm)_3$ 总是转变成黄色的,该溶液在空气中稳定,放置三个月后,颜色不变,经减压除水,得黄褐色的固体化合物。该物与 $Ru_3(CO)_9(dpm)_3$ 类似,可溶于水和甲醇,不溶于二氯甲烷和乙醚,仍具有催化活性。

为了进一步探明催化活性物种,我们测定了 $Ru_3(CO)_9(dpm)_3$ 在催化丙烯和乙烯醛化前后的光电子能谱。从 XPS 分析结果(Tab. 4)可知, $Ru_3(CO)_{12}$ 和 $Ru_3(CO)_9(dpm)_3$ 在反应前后的 Ru $3d_{5/2}$ 结合能相近,均在 $280 \sim 281.0$ eV。 $Ru_3(CO)_{12}$ 样品的 C_{1s} 和 O_{1s} 结合能分别为 286.8 eV 和 533.3 eV,表明该分子中存在 CO 配位基。但当 dpm 部分取代了 $Ru_3(CO)_{12}$ 分子中的羰基后,Ru $3d_{5/2}$, C_{1s} 和 O_{1s} 峰显著减弱,暗示了体积较大的 dpm 配位基处在表面,将 Ru 原子和 CO 配位基覆盖在下部。反应前后簇合物的 S_{2p}, P_{2p} 和 Na_{1s} 峰相近,分别出现在 $167.3 \sim 167.4$, $130.1 \sim 131.1$ 和 $1071.0 \sim 1071.6$ eV。这些结果似乎表明了钌簇合物 $Ru_3(CO)_9(dpm)_3$ 的金属簇骼在反应前后基本不变。

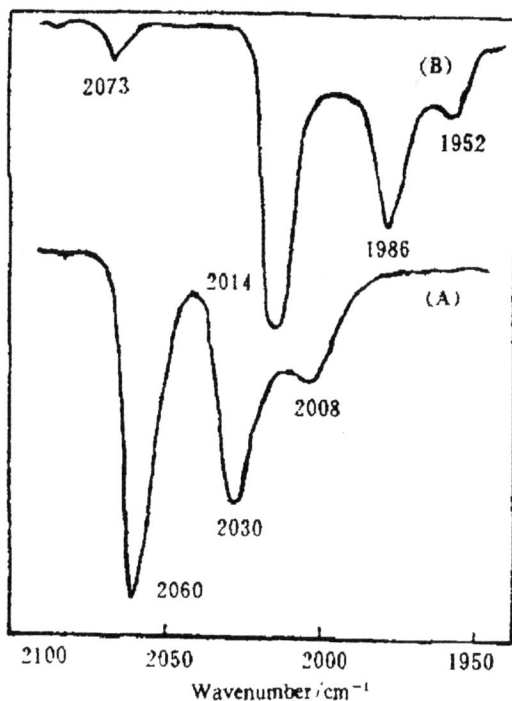

Fig. 2 IR spectrum of Ru₃(CO)₁₂ for ethylene hydroformylation in THF (A) before reaction(B)after reaction

Tab. 4 X-ray photoelectron spectroscopic studies of rutherium clusters

Complexes[a]	Peak position:in binding energy(eV)[b]						in kinetic energy(eV)[b]
	Ru $3d_{5/2}$	C_{1s}	O_{1s}	S_{2p}	P_{2p}	Na_{1s}	$NaKL_{23}L_{23}$
A	281.0	286.8	533.3	—	—	—	—
B	280.6	284.0	531.0	167.4	130.7	1071.5	990.3
C	280.6	284.0	531.0	167.4	131.1	1071.6	990.2
D	280.0	283.6	531.0	167.3	130.1	1071.0	990.8

(a)A＝$Ru_3(CO)_{12}$;B＝$Ru_3(CO)_9(dpm)_3$;C＝a yellow complex seperated from solution after hydroformylation of propylene with CO/H₂ catalyzed by $Ru_3(CO)_9(dpm)_3$;D＝a yellow complex seperated from solution after hydroformylation of ethylene with CO/H₂ catalyzed by $Ru_3(CO)_9(dpm)_3$/KBr　(b)Calibrated against the Au 4f levels(83.8 eV,87.45 eV)

$Ru_3(CO)_9(dpm)_3$ 样品在反应前后的红外光谱如 Fig. 3。反应前簇合物的羰基吸收峰[2051(m),2020(w),1991(s),1967(m)和1942(m) cm⁻¹]与反应后的吸收峰[2051(m),2019(s),1976(m)和1942(s) cm⁻¹]相近,只是吸收峰的强度发生了一些变化。由 Fig. 3 还可明显看出,反应前后,簇合物配位基 dpm 中磺酸基的红外吸收峰都非常类似。这些结果也进一步表明了反应前后 $Ru_3(CO)_9(dpm)_3$ 的金属原子簇骼基本不变,反应前后簇合物颜色的变化也许是反应过程中可溶性配位基 dpm 或羰基在金属原子簇骼中的迁移,配位结构发生了变化,或者配位基与钌金属原子间发生了电子转移所引起。

473

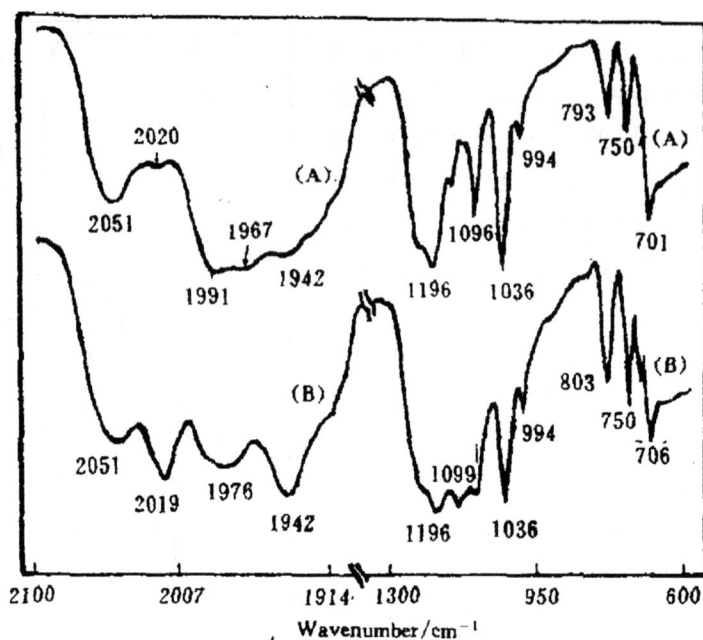

Fig. 3 IR spectrum(in KBr)of $Ru_3(CO)_9(dpm)_3$ for hydroformylation of propylene(A)before reaction (B)after reaction

参考文献

[1]Laine R M. J. Am. Chem. Soc. ,1978,**100**:6451~6454.

[2]G. Süss-Fink,J. Organomet. Chem. ,1980,**193**:C20~C24.

[3]G. Süss-Fink and J. Reiner,J. Mol. Catal.,1982,**16**:231~242.

[4]高景星,J. 伊凡斯,催化学报,1987,**8**:384~391.

[5]Fontal B et al.,Inorganic Chemistry,1986.**25**:4320~4322.

[6]高景星等,分子催化,1990,**4**:68~74.

[7]高景星,J. 伊凡斯,催化学报,1988,**9**:280~284.

New Catalyst for Hydroformylation and Carbonylation of Olefins

Jing-Xing Gao，Ze-Tang Ou，Hui-Lin Wan，Qi-Rui Cai

(*Dept. of Chem. and Inst. of Phys. Chem.*)

Abstract $Ru_3(CO)_{12}$,$H_4Ru_4(CO)_{12}$,[PPN][$HRu_3(CO)_{11}$][PPN][$H_3Ru_4(CO)_{12}$]and $Ru_3(CO)_9$ $(dpm)_3$($dpm = ph_2 p\text{-}m\text{-}C_6H_4SO_3Na$)were used as catalysts to hydroformylate ethylene. Water-soluble and air-stable $Ru_3(CO)_9(dpm)_3$ was firstly investigated as a new catalyst for hydroformylation of propylene and ethylene,Reppe reaction and carbonylation of ethylene with CO/H_2O or CO/H_2 in water. For propylene hydroformylation under milder reaction conditions,catalytic activity was found to increase with increasing of reaction temperature, catalyst concentration on partial pressures of the gaseous reagents ($CO/H_2 = 1$),and the highest n/i ratio of 15.9/1 was obtained. In the case of ethylene,Ru_3

(CO)$_9$(dpm)$_3$ was found to catalyze Reppe reaction involving C$_2$H$_4$/CO in neutral water. For ethylene hydroformylation, addition of various halide promoters greatly inhances the catalytic activity and leads to selective formation of diethyl ketone. The catalyst was also characterized before and after the reaction by IR and XPS and the results were discussed as related to the possible catalytic species.

Key words Hydroformylation Carbonylation New catalyst

■ **本文原载**:《高等学校化学学报》第 12 卷第 9 期(1991 年 9 月),第 1251～1252 页。

分子氮的电催化还原

吴也凡　王水菊　洪　亮　林国栋　袁有珠　蔡启瑞

（厦门大学生物系　厦门大学实验中心　厦门大学化学系）

关键词　修饰电极　电催化　氨

对温和条件下分子氮的络合活化已有研究,但用修饰电极法电催化固氮成氨(或肼)尚未见报道。Shilov 等[1]曾发现在 $V(OH)_2$—$Mg(OH)_2$ 的悬浮液中,V(Ⅱ)可起络合及还原作用。钒固氮酶在缺钼条件下也可活化分子氮[2],其活性中心可能与钼酶相似,也是通过有机硫配体而定位在蛋白质的肽链上。能否用含有机硫配体的钒表面配合物模拟钒酶,用电催化方法进行电子与能量的偶联从而固氮成氨? 本文对此进行了研究。

1　实验部分

化学修饰电极参照文献[3]制备,并用 XPS、IR 及酸降解析出的 CS_2 化学分析法予以表征。钒表面配合物化学修饰电极的循环伏安测定结果见图 1。在 +0.4～−1.12 V 范围内,经数次扫描,只能在 $\varphi=-0.38$ V 处观察到一稳定的氧化电流峰。表明钒表面配合物化学修饰电极的循环伏安特征是完全不可逆的。

电催化实验所用的电解池为三电极系统。用含有机硫配体的钒表面配合物化学修饰电极为研究电极,Pt 片为辅助电极,饱和甘汞电极(SCE)作参比。池内用烧结玻璃将工作电极与辅助电极室隔开。工作电极室电解液[KCl(20 mmol/L)—HOAc(pH 4.0)]为 20 mL。在反应前将高纯 N_2 鼓泡通入 0.5 mol/L H_2SO_4 中净化,以约 5 cm^3/min 的速率鼓泡进入研究电极室。从该室导出的气体鼓泡通入 0.025 mol/L H_2SO_4 溶液。电解产生的氨用奈氏比色法[4]定量测定。实验采用恒电位电解法(由 DHZ-1 型电化学综合测试仪控制电位)。

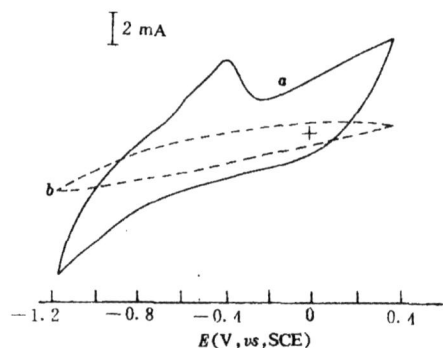

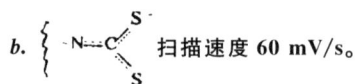

图 1　**0.02 mol/L KCl/HOAc(pH 4.0)介质中化学修饰电极的循环伏安图**

a. 钒表面配合物化学修饰电极;

b. 扫描速度 60 mV/s。

2　结果与讨论

当电解液的酸度过高时,在分子氮的电催化还原过程中,除过多地放氢外,还会导致电极表面配合物的降解。当电解液偏碱性时,由于 OH^- 基团的竞争络合,不利于分子氮在活性中心的络合。形成稳定分子氮络合物的中央离子价态多为 0、+1 和 +2 价,+3 价以上的过渡金属离子对形成稳定的分子氮络合物不利。为形成有效的 $d \rightarrow \pi$ 反馈 π 键,除考虑到中央离子的 d 电子能级外,中央离子至少应有 2 个以上的 d 电子。d 电子增多有利于 $d \rightarrow \pi^*$ 电子迁移。钒的电极电位(相对于 SCE)为:$V^{2+} + 2e = V$($E^0 = -1.4238$ V)、$V^{3+} + e = V^{2+}$($E^0 = -0.4938$ V)、$VO^{2+} + 2H^+ + e = V^{3+} + H_2O$($E^0 = 0.0702$ V)[5],已知 $V^{2+}(d^3)$ 可作为活化分子氮的中央金属离子。有机硫配体与钒离子的络合。其电极电位将往负电势方向漂移。为使表面配合物的钒离子处于 $V^{2+}(d^3)$ 状态,分别通过 $\varphi = -0.8$ V 和 $\varphi = -1.0$ V 恒电位电解考察其对分子氮的电催化活性。控制工作电极电位 $\varphi = -0.8$ V,电解 8 h。在开始电解的 6 h 内,产氨量随时间的变化基本上呈线性关系,6 h 后则随时间的延长而下降,其电流效率如 $\eta_{\varphi = -0.8 \text{ V}} = 15\%$,并可观察到电极表面产生大量的气泡,这是由于释氢所致。$\varphi = -1.0$ V,电解 8 h,其电流效率 $\eta_{\varphi = -1.0 \text{ V}} = 12\%$。在开始电解的 5 h 之内,产氨量随时间变化基本上呈线性关系,5 h 后活性有下降的趋势。经长时间电解后,用 8-羟基喹啉检测电解液,发现有部分钒离子从电极表面脱落。钒离子从电极表面的脱落,可能是引起电催化活性下降的主要原因之一。

参考文献

[1]厦门大学化学系催化教研室,化学模拟生物固氮进展,北京:科学出版社,1976:195.

[2]Rorbet L. R. el al.,Nature,1986,**322**:388.

[3]藤平正道等,电气通信学会信学技报,1978,**78**:19.

[4]Sawyer C. N.,Anal. Chem.,1953,**25**:816.

[5]朱元保等,电化学数据手册,长沙:湖南科学技术出版社,1985:210.

Electrocatalytic Reduction of Dinitrogen

Ye-Fan Wu,Shui-Ju Wang,Liang Hong,Guo-Dong Lin,You-Zhu Yuan,Qi-Rui Cai

(Department of Biology,Experiment Centre,

Department of Chemistry,Xiamen University 361005)

Abstract Dinitrogen can be reduced to ammonia under the condition of controlled potential electrolysis in the presence of the chemically modified electrode containing vanadium surface cemplex in 0.02 mol/L KCl/HOAc(pH 4.0)aqueous solution. The maximum current efficiency in the electrochemical reduction is 15% for the reduction of dinitrogen under the controlled potential electrolysis conditions(at -0.8 V *vs* SCE).

Key words Modified electrode Electrocatalysis Ammonia

■ **本文原载**:《物理化学学报》第 7 卷第 6 期(1991 年 12 月)，第 681～687 页。

合成气转化为乙醇的反应机理

汪海有① 刘金波 傅锦坤 蔡启瑞

（厦门大学化学系物理化学研究所，厦门 361005）

摘 要 本文在助剂型 Rh 催化剂上采用了以 CH_3OD，$D_2^{18}O$ 为捕获剂的原位化学捕获反应，以及以 $D_2^{18}O$ 为重氧源试剂的原位氧同位素交换反应，对合成气转化为乙醇的反应机理进行了研究。在原位捕获反应中检测到 $CH_2DCOOCH_3$、CH_3COOCH_3 和 CH_2DCOOD、CH_3COOD 的生成，表明合成乙醇反应过程中存在中间体乙烯酮和乙酰基，当 CH_3OD/H_2 比值足够大时主要捕获到 $CH_2DCOOCH_3$，说明乙酰基主要由乙烯酮的部分氢化反应生成。原位氧同位素交换反应检测到含 ^{18}O 的乙醇、乙醛、乙酸的生成，表明乙烯酮等 C_2- 含氧化合物前驱体与重氧水发生了氧同位素交换反应。借此，无须如 Katzer 等人那样假设乙烯酮互变异构为位能较高的环氧乙烯而后进行氧同位素交换，就可以得到 Katzer 等人在 $^{13}C^{16}O/^{12}C^{18}O+H_2$ 反应中观察到的产物乙醇的同位素组成结果。本文的实验结果进一步说明我们提出的"CO 缔合—卡宾—乙烯酮—乙酰基—乙醇(醛)"机理是合理的。

关键词 助剂型 Rh 催化剂 乙醇 合成气转化 原位化学捕获反应技术

1 引 言

合成气在 Rh 催化剂上以较高选择性生成以乙醇为主的 C_2- 含氧化合物。阐明乙醇生成机理有可能为制备高乙醇选择性催化剂提供科学依据，因而这是一个世界范围内感兴趣的课题。Ichikawa 等人[1,2] 采用高压原位 IR 和 $^{13}CH_3OH$ 为捕获剂的原位捕获反应，在含 Mn、Ti 等助剂的 Rh 催化剂上证明了乙酰基中间体的存在，并提出了一个半解离乙醇合成反应机理"CO 解离—乙酰基—乙醇(醛)"。Katzer 等人[3] 基于 $^{13}C^{16}O/^{12}C^{18}O+H_2$ 反应中产物乙醇的同位素分布提出了一个包含

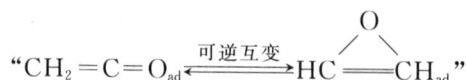

基元步骤的"CO 缔合—乙烯酮⇌环氧乙烯—乙醇"的反应机理。我们[4] 为了解释 Mn、Ti、Nb 等助剂显著地提高催化活性、乙醇生成选择性，提出了一个"CO 缔合—卡宾—乙烯酮—乙酰基—乙醇(醛)"的反应机理。在多相催化体系中，确定反应中间体是建立反应网络、说明反应机理的重要方法。本文采用以 $MeOH(Me=CH_3)$、$PrOH(Pr=CH_3CH_2CH_2)$、H_2O、CH_3OD[5]、$D_2^{18}O$ 为捕获剂的原位化学捕获反应确定合成乙醇反应过程中存在的 C_2—O(两个碳的含氧化合物)前驱中间体；以 $D_2^{18}O$ 为重氧源的原位氧同位素交换反应对捕获到的中间体在串联反应步骤中与 $D_2^{18}O$ 的氧同位素交换反应进行了探讨。文中对 Katzer 等人在 $^{13}C^{16}O/^{12}C^{18}O+H_2$ 反应中观察到的产物乙醇中同位素分布结果作了解释，并讨论了合成

① 1990 年 7 月 2 日收到初稿，1991 年 3 月 22 日收到修改稿。国家自然科学基金资助项目。

乙醇反应机埋。

2　实验方法

1. 催化剂制备　助剂型的 Rh 催化剂采用等容浸渍法制备。硅胶(青岛化工厂,30～40 目, 300 $m^2 \cdot g^{-1}$,孔容:0.9 $ml \cdot g^{-1}$),用给定量的 $Rh(NO_3)_3 \cdot 2H_2O$ 和 Mn、Ti、Fe 等的硝酸盐混合甲醇溶液浸渍,随后在室温下抽去溶剂,在 200 ℃干燥 1 小时,最后通 H_2(1000 h^{-1})、升温至 400 ℃还原 8 小时。

2. 乙醇合成反应　合成气(经 5 Å 分子筛除水和 401 脱氧剂除氧后)引入固定床微型反应器,在 220 ℃, 1 atm 下进行反应,产物由在线气相色谱进行分析。使用氢火焰离子化检测器,色谱柱为 GDX-103(2 m,80 ℃)。

3. 以 MeOH、PrOH、H_2O 为捕获剂的原位化学捕获反应　合成乙醇反应(220 ℃,1 atm,350 h^{-1}) 进行 4 小时达到稳态后,由合成气将盛在鼓泡器中的 ROH(R＝Me、Pr、H)带入反应器进行反应。反应流出物中含氧化合物用水吸收,并以丙酮作内标定量;不溶于水的烃直接引入色谱分析。分析条件同乙醇合成反应。

4. CH_3OD 为捕获剂的原位化学捕获反应　合成乙醇反应(220 ℃,1 atm,350 h^{-1})进行 4 小时达到稳态后,由合成气带入 CH_3OD 蒸汽继续进行反应。一段时间后,用液氮冷阱收集反应产物。解冻后,产物经 CCl_4 萃取浓缩,用 Finnigan MRT GC-MS 分析。以 H_2 代替合成气在反应条件下把 CH_3OD/CH_3COOCH_3(10∶1 到 30∶1 v/v)的混合蒸汽引入催化剂床层,分析流出物中 $CH_2DCOOCH_3$ 占总酯量的百分率,作为 CH_3OD 和 CH_3COOCH_3 在反应条件下催化剂床层上同位素自然交换的空白校正。

5. $D_2^{18}O$ 为试剂的原位化学捕获和氧同位素交换反应　乙醇合成反应(220 ℃,1atm,1000 h^{-1})进行 4 小时达到稳态后,由合成气将一定温度下鼓泡器中的 $D_2^{18}O$(^{18}O 原子百分含量为 90%)带入反应器进行反应。液氮冷阱收集反应流出物。为了吹扫出吸附在催化剂表面上的乙酸,在上述反应进行完毕后,切换成含甲醇 N_2 气流进行吹扫,直至流出物中检测不到乙酸甲酯为止。产物同位素组成分析同 4。

3　结　果

表 1 列出,在一些助剂型的 Rh 催化剂上进行的合成乙醇反应过程中,加入 MeOH、PrOH、H_2O 后,分别生成了 AcOMe(Ac＝CH_3CO)、AcOPr、AcOH,这些产物在空白的合成反应中并不存在。

表 1　MeOH、PrOH、H_2O 的原位化学捕获反应

Table 1　*In-situ* chemical trapping reaction with MeOH、PrOH、H_2O as trapping agent [220 ℃,1 atm.,350 h^{-1} for CO/H_2 (1/2)]

catalyst	trapping agent	trapping product %		
		AcOMe	AcOPr	AcOH
Rh—MnO/SiO_2	MeOH	7.2		
Rh—TiO_2-FeO/SiO_2	PrOH		2.2	
Rh—TiO_2/SiO_2	H_2O			3.6

表 2 表明,固定捕获剂 MeOH(H_2O)在物料中的含量,CO/H_2 比值增大,捕获产物 AcOMe(AcOH) 的百分含量随之提高。类似地我们考察了捕获剂含量对捕获反应及乙醇合成反应的影响。固定 CO/H_2 比值在 1/1,当 MeOH/H_2 之比由 0/1 增加到 0.3/1、1/1 时,捕获产物 AcOMe 的得率由 0.0017 mmol $\cdot h^{-1}$ 增加到 0.0109、0.0358 mmol $\cdot h^{-1}$,而乙醇的得率从 0.0588 mmol $\cdot h^{-1}$ 减少至 0.0413、0.0395 mmol $\cdot h^{-1}$。

表 2　合成气比例对捕获反应的影响

Table2　Effect of CO/H₂ ratio in feed on trapping reaction

(220 ℃,1 atm,350 h⁻¹ for CO/H₂)

catalyst	trapping agent	CO/H₂ (v/v)	trapping product %	
			AcOH	AeOMe
Rh—TiO₂/SiO₂	H₂O	1/2	3.6	
		1/1	6.8	
	MeOH	1/2		3.3
		1/1		6.2
		2/1		9.5

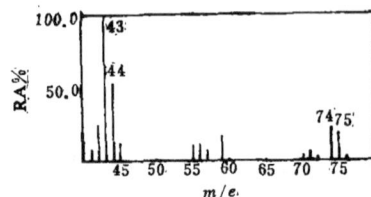

图 1　CH₃OD 的原位捕获反应产物质谱图

Fig. 1　Diagram of MS of trapping product with CH₃OD as trapping agent over Rh—MnO—Li₂O/SiO₂［200 ℃,1 atm,350 h⁻¹ for CO/H₂(2/1)］

表 3　CH₃OD 的原位化学捕获反应

Table 3　In-situ chemical trapping reaction with CH₃OD as trapping agent over Rh—TiO₂/SiO₂ (220 ℃,1 atm,350 h⁻¹)

feed composition CH₃OD/H₂/CO (mol. ratios)	% CH₂DCOOCH₃ in AcOMe
3/5/10	25.7
10/5/10	33.8
18/5/10	74.4

　　图 1 是 CH₃OD 的原位捕获反应产物的质谱图。图中质荷比为 43、44 的谱峰分别归属于基团 CH₃CO、CH₂DCO;质荷比为 74,75 的谱峰分别归属于分子 CH₃COOCH₃、CH₂DCOOCH₃。表 3 列出了以 CH₃OD 为捕获剂的原位捕获反应中生成的 CH₂DCOOCH₃ 占总 AcOMe 的百分含量(其值已扣除了乙酸甲酯和 CH₃OD 在催化剂床层上的同位素自然交换百分率)。随着物料比 CH₃OD/H₂/CO 由小到大的增加,生成的 CH₂DCOOCH₃ 的百分含量随之提高。当 CH₃OD/H₂ 之比达到 18/5 时,CH₂DCOOCH₃ 的百分含量达到了 74.4％。

　　表 4 列出,经以 D₂¹⁸O 为试剂的原位捕获和氧同位素交换反应、含甲醇 N₂ 气流吹扫后,生成了 CH₃CH₂¹⁸OH、CH₃CH¹⁸O、CH₂H(D)C¹⁸OOCH₃,其中以 CH₃CH₂¹⁸OH 为主;生成的乙酸甲酯有 4 种不同的同位素构造形式:CH₃COOCH₃(表中未列出)、CH₂DCOOCH₃、CH₃C¹⁸OOCH₃、CH₂DC¹⁸OOCH₃;含¹⁸O的乙醇、乙醛的百分含量之和远远高于含¹⁸O 的乙酸甲酯;随着物料中 D₂¹⁸O/H₂ 之比由小到大增加时,C₂—O 中总¹⁸O⁻产物、氘代乙酸甲酯的百分含量均具有相应的增加趋势。空白的实验结果显示,在 Rh-TiO₂/SiO₂ 上,与合成反应相同的条件下,CH₃CH₂OH 与 D₂¹⁸O 之间的¹⁸O 交换百分率仅为 2.8％,说明乙醇的羟基氧难以与重氧水发生氧同位素交换。

表 4　以 D₂*O 为试剂的原位化学捕获和氧同位素交换反应

Table 4　In-situ chemical trapping and isotopic exchange reaction with D₂*O over Rh—TiO₂/SiO₂ (220 ℃,1 atm.,1000 h⁻¹)

feed composition		the percentage of labelled product in C₂—O(mol.%)				
CO/H₂ (v/v)	D₂*O/H₂×10³ (mol/mol)	CH₃CH*O	CH₃CH₂*OH	CH₃C*OOCH₃ + CH₂DC*OOCH₃	CH₂DCOOCH₃ + CH₂DC*OOCH₃	total*O-product
1/2	66	0.8	39.6	0.3	0.1	40.7
1/3	100	1.8	38.9	1.1	0.4	41.8
1/2	113	1.5	42.2	1.2	0.4	44.9
1/1	151	7.6	32.3	6.2	3.0	46.1

4　讨　论

1. 合成乙醇反应中 C_2—O 前驱中间体的捕获　合成反应过程中加入 ROH（R＝Me、Pr、H）后，生成了 AcOR，而在加入之前反应产物不含上述产物，文献中也从未报导 AcOPr 是合成反应产物，因此 AcOR 产生于催化剂表面上的中间体与加入的 ROH 之间的捕获反应。除了生成 AcOR，ROH 的加入没有导致催化剂中毒、产物发生改变，表明 ROH 可作为合成反应的捕获剂。从 AcOR 的生成，可以推断被捕获的物种是一类能与醇、水生成酯、酸的中间物。固定 MeOH（H_2O）在物料中的含量，AcOMe（AcOH）的百分含量随 CO/H_2 比值的增加而增大；固定 CO/H_2 比值，随物料中 MeOH 含量的增加，AcOMe 得率跟着显著增加，表明中间体的捕获反应与其本身的氢化反应是一对竞争反应。加入 MeOH，导致合成反应产物乙醇得率的减小，说明参与捕获反应的中间体具有催化活性，是合成反应中乙醇等 C_2—O 的前驱中间体。

以 CH_3OD、$D_2^{18}O$ 为捕获剂的原位捕获反应生成了 $CH_2DCOOCH_3$、CH_3COOCH_3 和 $CH_2DC^{18(16)}OOD$、$CH_3C^{18(16)}OOD$（表 5 中用经甲醇酯化后生成的乙酸甲酯表示），说明被捕获的中间体是乙烯酮和乙酰基。捕获反应式如图 2 所示，乙烯酮、乙酰基与捕获剂反应分别生成氘代产物和非氘代产物。早些时候，Ichikawa 等人[2] 在合成反应中加入 $^{13}CH_3OH$，检测到 $CH_3COO^{18}CH_3$ 的生成，也认为乙酰基的存在，这与本文观察到乙酰基的存在是一致的。由于 Ichikawa 等人所用的甲醇的羟基氢是非同位素标志的，他们未能检测到乙烯酮中间体。在捕获反应中，随着 CH_3OD（$D_2^{18}O$）/H_2 之比的增加，氘代产物的生成量具有相应的增大趋势，表明乙烯酮的捕获反应与其加氢生成乙酰基的反应是一对竞争反应。中间体乙酰基生成有两种途径：一种是由 CO 邻位插入甲基生成；另一种是由乙烯酮的部分氢化反应生成。当捕获反应中 CH_3OD/H_2 之比足够大时，主要捕获到 $CH_2DCOOCH_3$，说明在这种反应条件下，图 2 中的捕获反应过程"卡宾—乙烯酮—氘代乙酸甲酯"占主导地位，表明乙酰基的主要生成途径是乙烯酮的部分氢化反应。

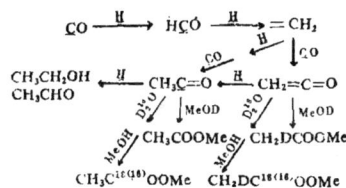

图 2　原位化学捕获反应机理示意图

Fig. 2　Scheme for the mechanism of *in situ* chemical trapping reaction with CH_3OD and $D_2^{18}O$ as trapping agents

2. 乙烯酮等 C_2—O 前驱体与重氧水的氧同位素交换反应　经 $D_2^{18}O$ 的原位捕获和氧同位素交换反应含甲醇 N_2 气流吹扫后，生成了大量的以 $CH_3CH_2^{18}OH$ 为主的 C_2—^{18}O。由于 CH_3CH_2OH 难以与 $D_2^{18}O$ 发生氧同位素交换，因此可以推断 C_2—^{18}O 的生成是 $D_2^{18}O$ 与 C_2—O 前驱体反应的结果。乙醛等羰基化合物能与 $D_2^{18}O$ 发生氧同位素交换反应，且 ^{18}O 交换百分率与羰基活性相关[6]；已经证明存在的合成气反应中间体乙烯酮、乙酰基都是不稳定的含羰基物种。因此，作者认为 $CH_3CH_2^{18}OH$、$CH_3CH^{18}O$ 的生成是 $CH_2=C=O_{ad}$、$CH_3C=O_{ad}$、CH_3CHO_{ad} 这些 C_2—O 前驱体与 $D_2^{18}O$ 发生氧同位素交换后再进一步加氢的结果。

在生成的乙酸甲酯中包含了 4 种不同同位素构造的形式，说明中间体乙烯酮和乙酰基与加入的 $D_2^{18}O$ 发生了两种类型的水合反应：一种是可逆的水合反应即发生氧同位素交换的反应；另一种是不可逆的水合反应即生成乙酸的捕获反应。反应产物中含 ^{18}O 的乙醇、乙醛的百分含量之和远远高于含 ^{18}O 的乙酸甲酯，说明乙烯酮、乙酰基与 $D_2^{18}O$ 发生氧同位素交换反应比发生生成乙酸的捕获反应要有利得多。这两种中间体与 $D_2^{18}O$ 主要发生氧同位素交换反应。按照 C_2—O 前驱体可以与重氧水发生氧同位素交换反应的结论及 Katzer 等人实验中 CO 的同位素组成数据[3]，我们统计计算了乙醇的同位素组成，结果列在表 5 中。从表 5 可见，不考虑乙烯酮与产物水之间的氧同位素交换反应，计算结果偏离实验值甚远；

而在乙烯酮与产物水发生两次氧同位素交换反应的情况下,计算结果就已基本接近实验值。因此,无须像 Katzer 等人那样借助环氧乙烯物种存在的假定,只要考虑到乙烯酮等 C_2—O 前驱体可以与水发生氧同位素交换反应就可合理解释 Katzer 等人的实验结果。

表 5 按照氧同位素交换模式计算得的乙醇同位素组成

Table 5 Calculated isotopic composition of ethanol synthesized from isotopic CO mixture according to isotopic exchange reaction of oxygen between ketene and water formed in the reaction

possible ethanol isotopes	mol. wt.	number of water-ketene exchanges*					Takeuchi and Katzer's results**
		0	1	2	3	4	
$^{12}C^{12}C^{16}O$	46	5.5	9.2	11.1	12.1	12.5	18.4±1.0
$^{12}C^{13}C^{16}O$ $^{13}C^{12}C^{16}O$	47	26.1	26.2	26.2	26.2	26.2	24.2±0.5
$^{13}C^{13}C^{16}O$ $^{12}C^{12}C^{18}O$	48	40.1	32.6	28.8	26.9	26.0	26.1±0.4
$^{12}C^{13}C^{18}O$ $^{13}C^{12}C^{18}O$	49	23.9	23.8	23.8	23.8	23.8	21.8±1.4
$^{13}C^{13}C^{18}O$	50	4.4	8.2	10.1	11	11.5	9.5±0.3

* At 48.2% CO conversion. ** Reference [3].

3. 合成气生成乙醇的反应机理 在乙醇合成反应中,乙酰基被广泛认为是 C_2—O 的前驱中间体[1,7]。Ichikawa 等人、Kiennemann 等都提出了 CO 插入 CH_x($x=2$ 或 3)生成乙酰基的途径。本文的结果显示,除乙酰基外还存在乙烯酮,且乙酰基的主要生成途径是乙烯酮的部分氢化反应。与 Katzer 等人的观点相同,作者认为乙烯酮由 CO 插入卡宾反应生成。因此,由卡宾开始,乙醇的主要生成途径可表示为"卡宾—乙烯酮—乙酰基—乙醇",其中乙烯酮的形成是有关 C_2—O 选择性的关键步骤。Keim 等人[8]在簇合物 $Fe_2(\mu$-$CH_2)(CO)_8$ 的质谱测量中观察到了质荷比为 42 的乙烯酮基峰的存在,且该簇合物与 $CH_3OH(CH_3OD)$ 在 N_2 和 CO 气氛下反应都生成了 $CH_3COOCH_3(CH_2DCOOCH_3)$;当存在路易斯酸 $AlBr_3$ 时有利于该簇合物和甲醇间的酯化反应。Wreford 等人[9]、Grubbs 等人[10]都报导了由卡宾簇合物的羰基化反应可生成乙烯酮簇合物。与这些金属有机化学反应相对应,作者认为在铑催化剂上可发生类似的 CO 插入卡宾生成乙烯酮的反应。当催化剂中含有碱金属离子助剂时,这类助剂与乙烯酮氧端发生部分键合,导致乙烯酮存在位能的降低,从而促进乙烯酮的形成,有利于乙醇等 C_2—O 的生成。Wilson、Kip 以及作者都曾观察到碱金属离子助剂具有提高 C_2—O 选择性的作用。

在 Katzer 等人提出的反应机理中,乙烯酮的存在已被我们用捕获反应证实,但其中乙烯酮异构成环氧乙烯这一基元步骤存在明显的不足,不仅能量上不利也缺乏实验证据。Katzer 等人所以假定环氧乙烯的存在是为了解释实验中观察到的乙醇的同位素组成结果。本文的结果已经证明,乙烯酮等 C_2—O 前驱体可以与重氧水发生氧同位素交换反应,并且只要考虑到乙烯酮与产物水发生氧同位素交换反应就可合理解释 Katzer 等人的实验结果,因此乙烯酮直接加氢途经乙酰基而最后生成乙醇的反应途径是合理的。

参考文献

[1] Ichikawa,M. et al,J. Chem. Soc.,Chem. Commun.,1985,729.

[2] Ichikawa,M. et al,J. Chem. Soc.,Chem. Commun.,1985,321.

[3] Takeuchi,A.,Katzer,J. R.,J. Phys. Chem.,1982,**86**,2438.

[4] 顾桂松等,物理化学学报,1985,**1**,177.

[5] Jinpo Liu et al,Proc. 9th Int. Congr. Catal.,1988,735.

[6] 汪海有等,第五届全国 C₁ 化学会议论文摘要集,1989,495.

[7] Deluzarche, A. et al,J. Mol. Catal.,1985,**31**,225.

[8] Keim, W. et al,J. Organomet. Chem.,1981,**219**,C_5.

[9] Wreford, S. S. et al,J. Am. Chem. Soc.,1983,**105**,1679.

[10] Grubbs, H. et al,J. Am. Chem. Soc.,1989,**111**,1319.

The Mechanism of Syngas Cconversion to Ethanol

Hai-You Wang[*], Jin-Po Liu, Jing-Kung Fu, Qi-Rui Cai

(Department of Chemistry and Institute of Physical Chemistry Xiamen University,

Xiamen 361005, China)

Abstract The mechanism of syngas conversion to ethanol over promoted Rhodium catalyst has been studied by *in-situ* chemical trapping reaction technique with CH_3OD as trapping agent. After trapping reaction, the products CH_3COOCH_3 and $CH_2DCOOCH_3$ were identified, which indicated the existence of ketene and acetyl intermediates in the ethanol synthesis reaction. With high CH_3OD/H_2 *ratio in the feed* (e. g., 18/5), more than 50% of $CH_2DCOOCH_3$ in total AcOMe was obtained, showing the acetyl intermediate is mainly derived from the ketene by further hydrogenation.

In order to further study ethanol formation mechanism *in-situ* chemical trapping reaction and isotopic exchange reaction of oxygen with $D_2^{18}O$ as trapping and isotopic exchange agent was conducted. As for trapping reaction with $D_2^{18}O$, after trapping reaction and scanvenging with methanol in N_2 stream four kinds of methyl acetate, i. e., $CH_2H(D)COOCH_3$, $CH_2H(D)C^{18}OOCH_3$ were detected, again proving the existence of ketene and acetyl intermediates. As for isotopec exchange reaction of oxygen with $D_2^{18}O$, after this reaction and scanvenging with methanol in N_2 stream compounds including $CH_3CH_2^{18}OH$, $CH_3CH^{18}O$, and $CH_2H(D)C^{18}OOCH_3$ were formed, in which $CH_3CH_2^{18}OH$ was the main product containing ^{18}O, indicating the occurence of isotopic exchange of oxygen between $D_2^{18}O$ and the ^{16}O-containing precursors of ethanol such as ketene, acetyl, and adsorbed acetaldehyde. Based on the mode of isotopic exchange of Ketene, with water produced in the syngas reaction, the isotopic distribution of ethanol in Takeuchi and Katzer's experiment conducted with $^{13}C^{16}O/^{12}C^{18}O$—$H_2$ could also be obtained by statistic calculation without the hypothesis proposed by Takeuchi and Katzer.

These results support the Ketene mechanism, "CO-metalloxycarbene-carbene-ketene-acetyl-ethanol;(acetaldehyde)", proposed by us previously.

Key words Promoted rhodium catalyst Ethanol Syngas conversion *In-situ* chemical trapping reaction technique

■ **本文原载:**《科学通报》第 6 期(1991 年),第 476～477 页。

雾化高温分解法铜基催化剂合成甲醇的研究

胡云行　蔡俊修　万惠霖　蔡启瑞

（厦门大学化学系,厦门 361005）

一氧化碳加氢合成甲醇是非常重要的工业化过程。到目前为止,该过程使用的铜基催化剂都是采用共沉淀法制备的。近来,我们采用雾化高温分解法（Aerosol high temperature decomposition,简称 AHTD）成功地制得了性能良好的铜基催化剂。使用这种方法,可以从金属硝酸盐的水溶液中直接制得可供使用的固体催化剂,从而简化了制备过程,缩短了制备时间。该法制备的 Cu-Zn-Al 催化剂由一氧化碳加氢合成甲醇的选择性和通常的共沉淀法催化剂一样高。活性最好的催化剂的组成为

$$Cu：Zn：Al = 8.1：0.9：1.0,$$

其活性能达到工业化沉淀法 Cu-Zn-Al 催化剂(三明化工厂提供)活性$(0.436 gCH_3OH/g \cdot J \cdot h, 260 ℃,25 atm, GHSV = 13000 h^{-1}, H_2：CO：CO_2 = 67：29：4)$的 87%。由于这种催化剂的比表面$(41 m^2/g)$小于工业化沉淀法催化剂$(51 m^2/g)$,所以其比活性比后者大约高 8%。

我们用 AHTD 法制备了一系列组成不同的 Cu-Zn 催化剂。实验结果表明,他们的比表面为 5～9 m^2/g,比相应的沉淀法催化剂的比表面$(19～59 m^2/g)$小得多。当 AHTD 法 Cu-Zn 催化剂中加有氧化铝$(10\% Al)$,其比表面可增大到 36～41 m^2/g。由此可见,对于 AHTD 法铜基催化剂,氧化铝能起提高催化剂比表面的作用。

XPS 的测试结果表明,AHTD 法 Cu-Zn 催化剂的表面组成不同,催化剂中含铜量越大,表面富锌现象越显著,而且,还原后的催化剂表面富锌比还原前更甚。虽然,沉淀法 Cu-Zn 催化剂也有这种现象,但其表面和体相组成的差异比 AHTD 法催化剂小得多。这可能是硝酸铜比硝酸锌容易热分解的结果。

AHTD 法 Cu-Zn 催化剂的 TPR 谱图与 AHTD 法 CuO 的明显不同,前者的 TPR 出现两个还原峰,而后者只有一个还原峰。这说明 CuO 与 ZnO 之间存在相互作用。而且,XPS 的结果也表明,CuO 与 ZnO 之间发生了电子转移。这种相互作用对于活性中心的形成非常重要。

■ **本文原载**:《分子催化》第 5 卷第 1 期(1991 年 3 月)，第 16～23 页。

用同位素研究合成气制乙醇的反应机理[*]

江海有[①]　刘金波　傅锦坤　李玉桂　蔡启瑞

（厦门大学化学系　物理化学研究所，厦门　361005）

摘　要　用 $D_2^{18}O$ 在 $Rh-TiO_2/SiO_2$ 催化剂上进行了原位化学截取反应及原位 ^{18}O 同位素交换反应，所得产物中含有氘代乙酸，表明乙烯酮是一种反应中间体；产物中有含 ^{18}O 的乙醇、乙醛、乙酸，表明乙烯酮等 C_2 含氧前驱中间体与重氧水发生了 ^{18}O 同位素交换反应。按照乙烯酮与水进行同位素交换的模式，只要进行 2～3 次的交换，就可以解释 Katzer 等用 $^{13}C^{16}O/^{12}C^{18}O$ 与 H_2 反应观察到的产物乙醇的同位素杂组结果，而无须假设乙烯酮异构成能量较高的环氧乙烯然后进行同位素交换，使乙烯酮机理更合理。再次肯定了我们提出的 "CO 缔合-卡宾-乙烯酮-乙酰基-乙醇（醛）" 的机理。

1　引言

关于合成气在铑系催化剂上转化为乙醇的反应机理的研究，Katzer 等[1]于 1982 年进行了一个重要的实验，他们用同位素的 $^{13}C^{16}O/^{12}C^{18}O$ 混合物与 H_2 反应，发现产物中含有八种同位素构造的乙醇（见表 1）。按照部分解离机理模型（如 CO 插入 $M-CH_3$）不能解释上述八种不同同位素构造的乙醇的生成；按照完全解离机理模型虽然可以解释，但其物理图象不合理，为此 Katzer 等提出了一个包含

$$CH_2{=}C{=}O_{ad} \xrightleftharpoons[\text{可逆互变}]{} HC{\overset{\displaystyle O}{\diagup\diagdown}}CH_{ad}$$ 基元步骤的复杂的反应机理[1]。他们对表 1 结果的解释是：由于

不稳定的 $CH_2{=}C{=}O_{ad}$ 和 $HC{\overset{\displaystyle O}{\diagup\diagdown}}CH_{ad}$ 之间的可逆互变，以及后者加氢生成的 $H_2C{\overset{\displaystyle O}{\diagup\diagdown}}CH_{ad}$ 中间体和 C_2H_4、O_2 之间的交换反应而导致产物乙醇中同位素 C，O 的统计杂组。但是，$C_2H_2{=}C{=}O_{ad}$ 何以能转

化为位能较高的 $HC{\overset{\displaystyle O}{\diagup\diagdown}}CH_{ad}$？有何证据？作者未予回答，也与环氧化合物不是合成气的反应产物这一事实相矛盾。1984 年 Kiennemann 等[2]按照部分解离模型，考虑到水和吸附的乙醛之间可发生氧同位素交换反应，对产物乙醇的同位素组成进行了计算，结果与 Katzer 等的结果相当靠近，于是作者认为 Katzer 等的包含环氧乙烯中间体的反应机理并不成立，而包含 CO 插入甲基这一基元步骤的生成乙醇的部分解离机理不能被排除。这种假设乙醛与水发生同位素交换可解释 Katzer 等的结果，但并非排除其他可能的 C_2 含氧前驱中间体与水发生同位素交换的可能性。在我们[3]进行的以 CH_3OD 为截取剂的原位截取反应中，已经证明了合成气反应过程中铑系催化剂上存在中间体乙烯酮，乙酰基，并且揭示了乙烯

---

[*]　国家自然科学基金资助课题。

[①]　通讯联系人。

酮经由乙酰基而最后加氢生成乙醇的反应途径。Katzer 等为解释他们的实验结果,假设了能量较高的乙烯酮异构体环氧乙烯的存在,显得乙烯酮机理不够理想。如何说明 Katzer 等的实验结果? 能否不要这个能量较高的环氧乙烯物种? 这对进一步证实我们提出的合成气反应机理具有重要意义。为此,本文进行了以 $D_2^{18}O$ 为试剂的原位化学截取反应和 ^{18}O 同位素交换反应。从产物中检测氘代产物,推断可能存在的反应中间体;测定 ^{18}O 产物的含量,探讨 $D_2^{18}O$ 与反应中间体进行氧同位素交换的可能性,并且粗估了中间体与 $D_2^{18}O$ 交换次数与反应产物中氧同位素含量的关系,从而提出无环氧乙烯参与的氧同位素交换反应,合理地解释了 Katzer 等的同位素实验结果,使乙烯酮机理更具说服力。

表 1 Katzer 等的实验结果

Table. 1 Isotopic composition of ethanol produced by the Rh/TiO$_2$ catalyzed hydrogenation of labeled CO 45% $^{13}C^{16}O$ ~ 52% $^{12}C^{18}O$

Ethanol	mol wt	Composition	mol%
		for 48.2% CO convern.	for 98.7% CO convern.
$^{12}CH_3^{12}CH_2^{16}OH$	46	18.4±1.0	18.6±0.8
$^{12}CH_3^{13}CH_2^{16}OH$	47	24.2±0.5	23.2±0.6
$^{13}CH_3^{12}CH_2^{16}OH$			
$^{13}CH_3^{13}CH_2^{16}OH$ $^{12}CH_3^{12}CH_2^{18}OH$	48	26.1±0.4	27.2±0.6
$^{12}CH_3^{13}CH_2^{18}OH$ $^{13}CH_3^{12}CH_2^{18}OH$	49	21.8±1.4	20.7±0.5
$^{13}CH_3^{13}CH_2^{18}OH$	50	9.5±0.3	10.3±0.2

2 实验方法

2.1 催化剂制备

将 0.5 g 硅胶用给定量的 $Rh(NO_3)_3 \cdot 2H_2O$ 和 $TiCl_4$ 的混合甲醇溶液浸渍,于室温下抽去甲醇,在 200 ℃ 下烘干 1 h,最后转移至反应器,通 H_2(1000 h^{-1}),升温至 400 ℃,恒定 8 h 即得还原后的 Rh-TiO_2/SiO_2 催化剂。

2.2 乙醛等羰基化合物与 $D_2^{18}O$ 之间的 ^{18}O 同位素交换反应

合成气转化反应(催化剂:Rh-TiO_2/SiO_2,220 ℃,1 MPa,$CO/H_2 = 1/2$,1000 h^{-1})进行 4 h 达稳态后,停止反应,通 N_2(3600 h^{-1})吹扫 30 min,然后分两路将 $D_2^{18}O$ 和一羰基化合物鼓泡带入反应器进行同位素交换反应。物料中 $D_2^{18}O$、羰基化合物的含量通过鼓泡器的气化温度控制。液氮冷阱收集反应流出物。产物同位素组成用 Finnigan MRT GC-MS(色谱柱:GDX-103,柱温 80 ℃)分析。

2.3 $D_2^{18}O$ 为试剂的原位化学截取反应和 ^{18}O 同位素交换反应

合成气转化反应(除 CO/H_2 体积比变动外,其他条件同 2.2 节)经 4 h 达稳态后,将 $D_2^{18}O$(^{18}O 丰度为 90%)注入鼓泡器由合成气鼓泡以饱和蒸汽形式(用气化温度控制其含量)带入反应器进行反应。液氮冷阱收集产物。为排带出吸附在催化剂表面上的乙酸,在上述反应完毕后,切换成另一注入过量甲醇的鼓泡器,通 N_2 吹扫,直到大部分乙酸转化为乙酸甲酯且流出物中检测不到乙酸甲酯为止。部分预先吸附的乙酸在大为过量的甲醇的作用下,也基本上转化为乙酸甲酯,因此样品的色谱分析未观察到乙酸峰的存在。样品的同位素组成分析同 2.2 节。

3 结果与讨论

3.1 乙醛等羰基化合物与 $D_2^{18}O$ 之间的 ^{18}O 同位素交换

由表 2 可见,在 Rh-TiO$_2$/SiO$_2$ 上,与合成气反应相同的条件下,乙醛、丙醛与 $D_2^{18}O$ 反应后,分别生成了 23.4%、32.9% 的相应的 ^{18}O 产物;丙酮也能与 $D_2^{18}O$ 反应,生成含 ^{18}O 的丙酮,但生成量远小于醛类物质,这与丙酮中羰基的活泼性比乙醛、丙醛中的羰基活泼性弱是一致的。以上结果表明,在与合成气反应相同的条件下,乙醛、丙醛与 $D_2^{18}O$ 发生了明显的 ^{18}O 同位素交换反应;^{18}O 交换量与羰基的活泼性相关。羰基化合物与 $D_2^{18}O$ 之间的 ^{18}O 同位素交换反应按下式进行(以乙醛为例):

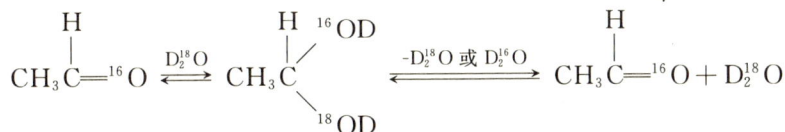

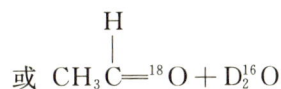

$$\underset{CH_3C={}^{16}O}{\overset{H}{|}} \rightleftharpoons \underset{CH_3C\overset{{}^{16}OD}{\underset{{}^{18}OD}{\diagdown}}}{\overset{H}{|}} \xrightarrow{-D_2^{18}O \text{ 或 } D_2^{16}O} \underset{CH_3C={}^{16}O + D_2^{18}O}{\overset{H}{|}}$$

$$\text{或 } \underset{CH_3C={}^{18}O + D_2^{16}O}{\overset{H}{|}}$$

我们[3]曾在 Rh-TiO$_2$/SiO$_2$ 上进行了以 CH$_3$OD 为截取剂的原位化学截取反应,得到了截取反应产物 CH$_2$DCOOCH$_3$、CH$_3$COOCH$_3$,证明在合成气反应过程中存在中间体乙烯酮和乙酰基;由于乙烯酮和 CH$_3$OD 之间的截取反应与其本身部分加氢生成乙酰基的反应是一对竞争反应,当物料中 CH$_3$OD 的含量增加至足够大时,主要的截取反应产物是 CH$_2$DCOOCH$_3$,说明乙烯酮的部分加氢是乙酰基的主要生成途径。乙烯酮和乙酰基都是不稳定的、极其活泼的含羰基中间体,它们可能极易与重氧水发生类似的同位素交换反应而在反应产物乙醇、乙醛等中引入 ^{18}O 同位素。

表 2　羰基化合物和 $D_2^{18}O$ 在 Rh-TiO$_2$/SiO$_2$ 上的同位素交换

Table 2　Isotopic exchange between $D_2^{18}O$ and carbonyl($:C={}^{16}O$)compounds over the Rh-TiO$_2$/SiO$_2$ catalyst*

Feed composition		The percentage of ^{18}O-product(mol. %)
Reactants	Mol. ratios	
H$_2$O/CH$_3$CHO	12/10	0.4
D$_2^{18}$O/H$_2$O/CH$_3$CHO	6/6/10	23.4
D$_2^{18}$O/H$_2$O/CH$_3$CH$_2$CHO	10/10/10	32.9
D$_2^{18}$O/H$_2$O/CH$_3$COCH$_3$	17/17/10	5.9

* The loading of Rh was 2 wt %,Rh:Ti molar ratio was 1:1.

3.2 $D_2^{18}O$ 为试剂的原位化学截取反应及 ^{18}O 同位素交换反应

由表 3 可见,在合成气反应中,加入 $D_2^{18}O$ 后都生成了含 ^{18}O 的 CH$_3$CH^{18}O、CH$_3$CH$_2^{18}$OH,CH$_2$H(D)C^{18}OOH(D)(表中以经甲醇转化后生成的 CH$_2$H(D)C^{18}OOCH$_3$ 表示)等产物,其中以 CH$_3$CH$_2^{18}$OH

为主。空白实验表明，在 $Rh-TiO_2/SiO_2$ 上，合成气反应条件下，$CH_3CH_2^{16}OH$ 和 $D_2^{18}O$ 之间的 ^{18}O 交换量仅为 2.8%。因此可以推断，加入 $D_2^{18}O$ 后，大量含 ^{18}O 的 C_2 含氧化合物的生成只能是它们的含 ^{18}O 的前驱体如 $CH_2=C=^{18}O_{ad}$，$CH_3C=^{18}O_{ad}$，$CH_3CH^{18}O_{ad}$ 进一步反应的结果，而这些含 ^{18}O 的 C_2 含氧前驱体则是通过它们相应的非重氧物种与 $D_2^{18}O$ 反应生成的。在上述三个 C_2 含氧前驱体中，乙醛能与 $D_2^{18}O$ 发生同位素交换已由表 2 的结果所证实；而乙烯酮、乙酰基都是极其活泼的、不稳定的含羰基中间体，也能与 $D_2^{18}O$ 发生类似的 ^{18}O 同位素交换反应，这可由以下分析得到证明。如表 4 所列，合成气反应中添加 $D_2^{18}O$ 后，生成了含 ^{18}O 的乙酸（表中以经甲醇转化后的乙酸甲酯表示），且其生成量与加入 $D_2^{18}O$ 的量成正比，表明含 ^{18}O 的乙酸的生成是 $D_2^{18}O$ 与催化剂表面上的乙烯酮、乙酰基中间体作用的结果。乙醛与重氧水只能发生同位素交换反应，而不能发生生成乙酸的反应。显然，只考虑乙醛与 $D_2^{18}O$ 进行同位素交换反应，不能解释表 4 中含 ^{18}O 的乙酸甲酯的生成。因此，与 Kinnemann 等人的观点不同，我们认为，除了乙醛能发生同位素交换反应外，中间体乙烯酮、乙酰基也能发生同位素交换反应。

表 3 以 $D_2^{18}O$ 为试剂的原位化学截取和 ^{18}O 同位素交换反应

Table 3 In-situ chemical trapping and isotopic exchange reaction with $D_2^{18}O$ and purging by methanol over the Rh-TiO_2/SiO_2 catalyst

Feed composition		Percentage of ^{18}O-product in total C_2-O(mol%)			
CO/H (V/V)	$D_2^{18}O(g)/H_2 \times 10^3$ (V/V)	$CH_3CH^{18}O$	$CH_3CH_2^{18}OH$	$CH_3C^{18}OOCH_3$ $+CH_2DC^{18}OOCH3$	Total ^{18}O product
1/2	66	0.8	39.6	0.3	40.7
1/3	100	1.8	38.9	1.1	41.8
1/2	113	1.5	42.2	1.2	44.9
1/1	151	7.6	32.3	6.2	46.1

表 4 原位化学截取和同位素交换反应、甲醇吹扫后生成的各种乙酸甲酯的百分含量

Table 4 The percentage of all kinds of AcOMe produced after the in-situ chemical trapping and isotopic exchange reaction with $D_2^{18}O$ and purging by methanol

Feed composition		The percentage in AcOMe			The percentage in total C_2-O	
CO/H$_2$ (V/V)	$D_2^{18}O(g)/H_2 \times 10^3$ (V/V)	$CH_3C^{18}OOCH_3$ $+CH_2DC^{18}OOCH_3$	$CH_2DC^{16}OOCH_3$ $+CH_2DC^{18}OOCH_3$	$CH_3CH^{18}OOCH_3$ $+CH_2DC^{18}OOCH_3$	$CH_2DC^{16}OOCH_3$ $+CH_2DC^{18}OOCH_3$	Total AcOMe
1/2	66	14.9	6.9	0.3	0.1	2.0
1/3	100	35.8	12.3	1.1	0.4	3.1
1/2	113	36.4	13.2	1.2	0.8	3.4
1/1	151	52.2	25.2	6.2	3.0	11.8

* Denotes the sum of $CH_3C^{16}OOCH_3$, $CH_3C^{18}OOCH_3$, $CH_2DC^{16}OOCH_3$, and $CH_2DC^{18}OOCH_3$.

由表 4 还可进一步看出，经 $D_2^{18}O$ 的原位化学截取反应、甲醇吹扫后，生成了四种不同同位素构造的乙酸甲酯：$CH_3C^{16}OOCH_3$、$CH_2DC^{16}OOCH_3$、$CH_3C^{18}OOCH_3$、$CH_2DC^{18}OOCH_3$，分别对应于截取反应中生成的四种乙酸：$CH_3C^{16}OOH(D)$、$CH_2DC^{16}OOD$、$CH_3C^{18}OOH(D)$、$CH_2DC^{18}OOD$；含 ^{18}O 的乙酸甲酯生成量总是大于含 D 的乙酸甲酯。在 $D_2^{18}O$ 的原位截取反应中，生成了氘代产物 $CH_2DC^{18}OOD$，说明存在反应中间体乙烯酮；含 ^{18}O 的产物的生成量高于含 D 的截取产物，则说明除了乙烯酮外还存在乙酰基。在截取反应中，乙烯酮和乙酰基可进行如下的反应：

$$CH_2 = C = {}^{16}O + D_2^{18}O$$

$$\nearrow CH_2DC^{18(16)}OOD$$

$$\uparrow D_2^{18}O$$

$$\searrow CH_2 = C = {}^{18}O \xrightarrow{H_2O} CH_3C^{18(16)}OOH(D)$$

$$CH_3\underline{C} = {}^{18}O + D_2^{18}O \longrightarrow$$

从上式可见,氘代产物只能由乙烯酮中间体的水合反应生成,而含 ^{18}O 的产物经由乙烯酮和乙酰基两种途径生成,因而在产物中总是观察到含 ^{18}O 的产物高于氘代产物。以上结果再次证实了我们以前用 CH_3OD 所证明的在合成气反应过程中存在中间体乙烯酮和乙酰基的结论;同时也说明合成气反应中加入 $D_2^{18}O$ 后,乙烯酮、乙酰基都参与了水合反应。在以 $D_2^{18}O$ 为试剂的原位化学截取和氧同位素交换反应过程中,乙烯酮和乙酰基可发生两种类型的水合反应:一种是可逆的水合反应即发生 ^{18}O 同位素交换的反应;另一种是不可逆的水合反应即生成乙酸的截取反应。表 3 的结果显示,在合成气反应中加入 $D_2^{18}O$ 后,生成含 ^{18}O 的乙醇、乙醛量之和远远大于乙酸的量,表明中间体乙烯酮和乙酰基与 $D_2^{18}O$ 发生 ^{18}O 同位素交换反应比它们与 $D_2^{18}O$ 发生生成乙酸的截取反应要有利得多,且大部分的水合反应是 ^{18}O 同位素交换反应。Wreford 等[4] 报道,μ-CH_2 络合物

乙烯酮络合物，乙烯酮中的两个碳分别络合在两个 Ru 上。Grubbs 等[5] 最近报道,含钛的 μ-CH_2 络合物，由于钛的强亲氧性,其

羰基化产物是 μ-(C,O)-乙烯酮络合物，乙烯酮中羰基的碳氧端分别络合在 Pt,Ti 上。按照蔡启瑞等[6] 提出的催化反应循环图,虽然高乙醇选择性的铑系催化剂中含有锰、钛、铌等强亲氧性助剂,但在形成乙烯酮、乙酰基时,活性位中的强亲氧助剂钛等处于氧饱和状态。基于此,并参照 Wreford、Grubbs 等的结果,我们认为在 Rh-TiO$_2$/SiO$_2$ 上反应中间体乙烯酮和乙酰基的吸附形式可能为 $CH_2 = C = O$、$CH_3C = O$[(Rh) 代表 (Rh$_x^o$Rh$_y'$)[6]],分别简写为 $CH_2 = C = O$、$CH_3-C = O$，由于这种吸附形式的乙烯酮、乙酰基既保持了完整的羰基、又比自由的乙烯酮、乙酰基具有较高的稳定性,因而使得它们水合后再脱水发生同位素交换成为可能,否则将迅速和水反应直接生成乙酸而不发生同位素交换反应。

图 1 显示,在原位化学截取和 ^{18}O 同位素交换反应中,当 $D_2^{18}O/H_2$ 之摩尔比逐渐增加时,C$_2$ 含氧化合物中 ^{18}O—产物的总含量、乙酸甲酯的含量均有相应增加的趋势,表明中间体乙烯酮、乙酰基和 $D_2^{18}O$ 之间的水合反应(包括可逆的产生 ^{18}O 同位素交换的水合反应和不可逆的生成乙酸的截取反应)与它们本身的氢化反应是一对竞争反应。当 $D_2^{18}O/H_2$ 之摩尔比增加时,$CH_2 = C = O$ 和 $CH_3C = O$ 与 $D_2^{18}O$ 之间的 ^{18}O 交换反应,不可逆的水合反应相对地加强,交换成 $CH_2 = C = {}^{18}O$ 和 $CH_3\underline{C} = {}^{18}O$ 的含量、生成乙酸的

含量相应增加,从而提高了 C_2 含氧化合物中 ^{18}O—产物、乙酸的含量。根据这种竞争反应以及乙烯酮,乙酰基所发生的两类水合反应,以 $D_2^{18}O$ 为试剂的原位化学截取和 ^{18}O 同位素交换反应可以图 2 描述。

3.3 对 Katzer 等实验结果的解释

混合物 $^{13}C^{16}O/^{13}C^{18}O$ 与 H_2 在 Rh/TiO_2 上的反应过程中,按 Katzer 等的乙烯酮机理可以生成四种不同同位素构造的乙烯酮中间体: $^{12}CH_2={}^{12}C={}^{18}O$、 $^{12}CH_2={}^{13}C={}^{16}O$、 $^{13}CH_2={}^{12}C={}^{18}O$、 $^{13}CH_2={}^{13}C={}^{16}O$。在合成气反应过程中,水是产物之一。本例中可产生两种同位素的水: $H_2^{16}O$ 和 $H_2^{18}O$。按前述结果,乙烯酮中间体可以与水发生氧同位素交换反应,上述四种不同的乙烯酮与 $H_2^{16}O$, $H_2^{18}O$ 交换的

图 1 产物含量与物料比的关系

Fig. 1 Relation between the percentage of product in C_2-O and feed composition

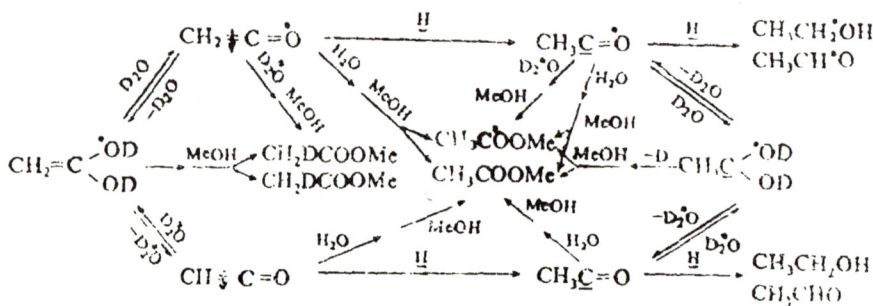

结果是生成八种不同的乙烯酮: $^{12}CH_2={}^{12}C={}^{16}O$、 $^{12}CH_2={}^{12}C={}^{18}O$、 $^{12}CH_2={}^{13}C={}^{16}O$、 $^{13}CH_2={}^{12}C={}^{16}O$、 $^{12}CH_2={}^{13}C={}^{18}O$、 $^{13}CH_3={}^{12}C={}^{18}O$、 $^{13}CH_2={}^{13}C={}^{18}O$ 和 $^{13}CH_2={}^{13}C={}^{16}O$。这些不同的乙烯酮中间

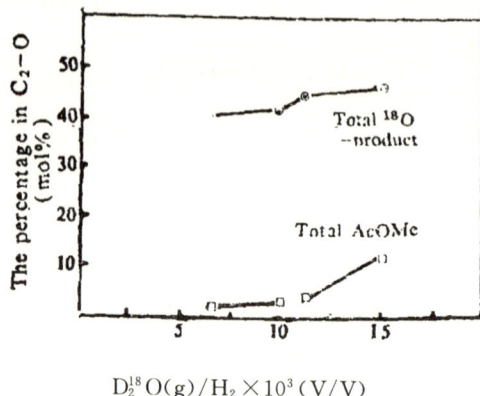

图 2 原位化学截取和同位素交换反应机理示意图

体进一步加氢即可得到表 1 中八种不同同位素构造的乙醇。Katzer 等是在全气体内循环反应器中进行合成气反应的,这种方式将使生成的乙烯酮中间体与产物水发生多次氧同位素交换成为可能。类似于 Kiennemann 等[2] 的计算方法,只要假定乙烯酮与水发生二次氧同位素交换就能计算得到与表 1 近似的乙醇同位素分布(如图 3)。由图可见,只按部分解离机理模型,Katzer 等计算得到的乙醇同位素组成与实验结果相差很远,考虑了乙烯酮与产物水发生二次氧同位素交换反应后,我们计算得到的结果与 Katzer 等实验结果基本相符。至此,我们在没有假定环氧乙烯物种存在的情况下,根据乙烯酮与水之间

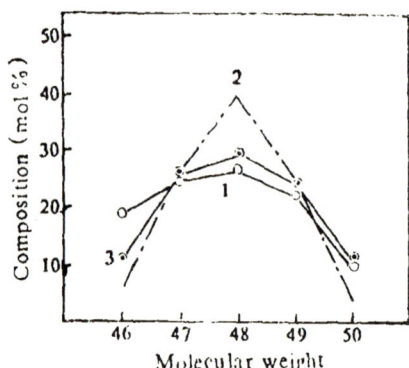

图 3 计算得到的乙醇同位素组成与实验结果相比较

Fig. 3 Comparison of isotopic composition of ethanol.

1. Katzer et al's experimental results,

2. Calculated by Katzer et al according to partially dissociative model,

3. Calculated by us considering two times of isotopic exchange between ketene and water formed during reaction.

的氧同位素交换反应,就可圆满解释 Katzer 等的实验中产物乙醇的同位素杂组结果,说明在合成气反应生成乙醇的过程中,中间体乙烯酮并无异构成能量较高的环氧乙烯物种的必要,使乙烯酮机理更为合理,支持了我们以前提出的"CO 缔合—卡宾—乙烯酮—乙酰基—乙醇(醛)"这一合成气转化生成乙醇的机理。

4 结论

1. 在 Rh-TiO$_2$/SiO$_2$ 上,与合成气反应相同的条件下,乙醛、丙醛、丙酮等羰基化合物能与 D$_2^{18}$O 发生 ^{18}O 同位素交换反应,交换百分率与羰基的活泼性相关。

2. 在 Rh-TiO$_2$/SiO$_2$ 上,合成气反应过程中,加入 D$_2^{18}$O 生成了 CH$_2$DCOOD 等四种不同的同位素构造的乙酸,再次证实了合成气反应过程中乙烯酮和乙酰基两个中间体的存在。

3. 以 D$_2^{18}$O 为重氧源的 ^{18}O 原位同位素交换反应表明,CH$_2$=C=O$_{ad}$,CH$_3$C=O$_{ad}$,CH$_3$CHO$_{ad}$ 等 C$_2$ 含氧前驱体与 D$_2^{18}$O 发生了 ^{18}O 同位素交换反应,借此不假设乙烯酮异构成能量较高的环氧乙烯物种就可合理地解释 Katzer 等用 ^{13}C^{16}O/^{12}C^{18}O 与 H$_2$ 反应观察到的产物乙醇的同位素杂组结果,使乙烯酮机理更为合理,再次证明了我们以前所提出的合成气反应机理的合理性。

参考文献

[1]Katzer,J. R.,et al.,J. Phys. Chem.,1982,**86**:2438.

[2]Kiennemann, A. et al.,J. Phys. Chem.,**1984**,**88**:4993.

[3]Jinpo Liu et al.,Proe. 9th Int. Congr. Catal.,1988,73.

[4]Wreford,S. S. et al.,J. Am. Chem. Soc.,1983,**105**:1679.

[5]Grubbs, H. et al.,J. Am Chem Soc.,1985,**1**:177.

[6]顾桂松等,物理化学学报,1985,**1**:177.

Study on the Mechanism of Syngas Conversion to Ethanol by Isotopic Method

Hai-You Wang, Jin-Po Liu, Jin-Kung Fu, Yi-Gui Li, Khi-Rui Tsai

(Department of Chemistry and Institute of Physical Chemistry, Xiamen University, Xiamen 361005)

Abstract The mechanism of syngas conversion to ethanol over Rh-TiO$_2$/SiO$_2$ catalyst was studied by adding D$_2^{18}$O to syngas as agent for trapping and ^{18}O isotopic exchange of intermediates. After reaction,products on catalyst were purged off with nitrogen containing MeOH,collected in a liquid-nitrogen cold trap,and analyzed with GC-MS. Compounds including CH$_3$CH$_2^{18}$OH, CH$_3$CH$_2$OH, CH$_3$CH^{18}O, CH$_3$CHO, CH$_2$DC^{18}OOMe, CH$_3$COOMe, CH$_2$DCOOMe, and CH$_3$C^{18}OOMe were found. The existence of the first two esters reveals CH$_2$=C=O and CH$_3$C=O to be intermediates which reacted with D$_2^{18}$O and MeOH to form respective esters,the existence of the last two esters and ^{18}O-ethanol and -acetaldehyde means the isotopic exchange of intermediates with D$_2^{18}$O. Based on the model of isotopic exchange of ketene with water produced in the reaction,the isotopic distribution of the product of

Katzer's experiment conducted with $^{13}C^{16}O/^{12}C^{18}O-H_2$ can also be obtained. This can be done by statistical calculation based on 2~3 times isotopic exchange between ketene and water without Katzet's hypothesis of existence of higher energy ketene isomer oxirene for isotopic exchange. Therefore, the ketene mechanism, "metalloxycarbene—carbene—ketene—acetyl—ethanol(acetaldehyde)", proposed by us previously appears to be reasonable.

■ **本文原载:**《燃料化学学报》第 20 卷第 2 期(1992 年 6 月),第 131～137 页。

AHTD 法铜基催化剂合成甲醇的研究
Ⅱ. 催化剂氧化态前驱体的性质

胡云行　蔡俊修　万惠霖　蔡启瑞

(厦门大学化学系　固体表面物理化学国家重点实验室,厦门　361005)

摘　要　本文采用 XRD、XPS、TPR 等手段对 AHTD(雾化高温分解)法制备的铜基甲醇合成催化剂的氧化态前驱体进行了表征,发现 CuO/ZnO 催化剂是四方结构的 CuO 和六方结构的 ZnO 组成的两相体系,但是,有部分 ZnO 溶解到 CuO 相中;催化剂的表面积为 5～10 m^2/g,远小于相应的沉淀法催化剂的表面积,氧化铝的加入有助于表面积的增大;催化剂存在表面富锌现象,随着催化剂铜含量的增加,表面富锌量增大;CuO 与 ZnO 之间存在相互作用,使 CuO 的还原性能发生明显的变化。

关键词　雾化高温分解　铜　催化剂　甲醇

人们已经证明[1-6],用不同的制备方法或用同一方法不同的制备条件所制得的氧化物前驱体是不同的,而不同的氧化物前驱体还原后的催化性能又会有所不同。所以,人们早就认为[7],催化剂的制备是决定催化剂活性的一个重要因素。过去,人们制备铜基甲醇合成催化剂普遍采用共沉淀法,先制得 Cu、Zn 复合碳酸盐[1],然后进行分解得到氧化物前驱体。近年来,我们采用了一种完全不同于共沉淀法的 AHTD 法(Aersol High Temperature Decomposition)制备了铜基甲醇合成摧化剂,并作了报道[8,9]。为了进一步研究这种催化剂的性质,本文采用 XRD、XPS 等技术对催化剂氧化态前驱体进行了表征。

1　实验

1.1　催化剂的制备

按不同组成配制成硝酸铜和硝酸锌的混合水溶液,用 1.5×10^5 Pa 的空气将其雾化到 450 ℃的分解器中分解,即可得到粉末固体催化剂。AHTD 法的基本原理见文献[8]。

1.2　程序升温还原(TPR)

催化剂装量 0.05 g,还原气(11.7% H_2/Ar)流量为 40 mL/min,升温速率 11 ℃/min。尾气用热导检测器跟踪检测,即可得到 TPR 谱。

对 TPR 后的催化剂切换成氩气(20 mL/min)并降至室温。然后切换成空气(41 mL/min)进行程序升温(11 ℃/min)氧化到 450 ℃,切换成氩气,并降至室温。然后再进行一次 TPR,即得到再氧化后的 TPR 谱。

1.3 X射线衍射（XRD）

使用日本理学 D/max-D 系列 X 射线衍射仪，管压 40 kV，管流 30 mA，以 CuKα 为 X 射线光源。石墨单色器滤波。物相定量分析采用标样求取参数的方法[10]。

1.4 比表面及孔径分布的测定

采用意大利 Carlo Erba 公司生产的 1900 吸附仪，吸附质为 N_2 气，测定前，在 200 ℃抽空处理 1 小时。

1.5 X射线光电子能谱（XPS）

采用英国 VG 公司生产的 VG ESCA LABMKⅡ型光电子能谱仪。MgKα 为阳极（10 kV，20 mA）。以 C1s 的电子结合能 285.0 eV 为内标。测定室真空度小于 5×10^{-7} Pa。

催化剂表面组成采用元素响应因子法，由 $Cu2p_{3/2}$ 和 $Zn2p_{3/2}$ 峰强度计算得到[11]。

2 结果与讨论

2.1 氧化物前驱体的相组成

由图 1 可见，AHTD 法 CuO/ZnO 催化剂氧化物前驱体只出现了四方结构的氧化铜相和六方结构的氧化锌相，而无其他相生成。这说明 AHTD 法使硝酸铜和硝酸锌分解很完全，同时，也说明氧化铜与氧化锌之间没有形成晶体化合物。

定量计算结果（图 2）表明，对于催化剂中含铜量高的前驱体，其晶体 CuO/ZnO 比明显大于总的 CuO/ZnO 比，这说明前驱体中有一部分氧化锌在 XRD 中检测不到。在沉淀法催化剂中，Y Okamoto 等人也发现有类似的现象[2]，他们认为这是因为有一部分氧化锌溶解到氧化铜晶格中所致。我们认为在 AHTD 法催化剂前驱体中出现的偏差现象也可能是因为有一部分氧化锌溶解到氧化铜晶格而引起的。不过，我们没有发现 XRD 谱线形状和位置发生明显变化，这可能是因为 Zn^{2+} 的离子半径与 Cu^{2+} 的离子半径比较相近[12]。

XRD 实验结果（图 3）还表明，Cu/Zn/Al 三组分催化剂氧化物前驱体也只有氧化铜和氧化锌相，而没有发现有任何形态的氧化铝相存在。这说明氧化铝是以高度分散的形式存在。

由 XRD 衍射线的半峰宽计算晶粒大小（表 1），从中我们可以看到，氧化锌晶粒大小与催化剂组成无明

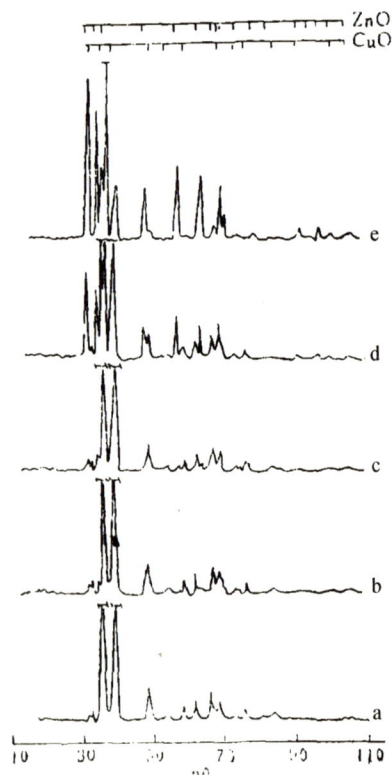

图 1　催化剂氧化态前驱体的 X 射线粉末衍射

Fig. 1　The X-ray powder diffraction of oxide precursors of catalysts

(a)CuO/ZnO(95/5)；(b)CuO/ZnO (92/8)；
(c)CuO/ZnO(90/10)；(d)CuO/ZnO(70/30)；
(e)CuO/ZnO(30/70)

显的关系,但是氧化铜晶粒大小却与催化剂组成有关,当催化剂中含有氧化铝时,其氧化铜晶粒要小于无氧化铝时的晶粒。这可能是因为氧化铝分散在氧化铜中,抑制了氧化铜的晶粒生长。与沉淀法催化剂相比[2],AHTD 法制备的纯氧化铜晶粒和纯氧化锌晶粒比沉淀法的要小得多。这可能是因为 AHTD 法中晶粒生长的时间短,不利于晶粒的生长。

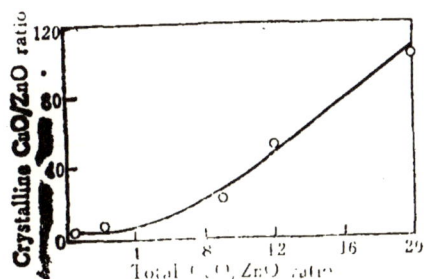

图 2 催化剂氧化态前驱体的晶体 CuO/ZnO 原子比与总 CuO/ZnO 原子比的关系

Fig. 2 Crystalline CuO/ZnO (atomic ratio) vs total CuO/ZnO for oxide precursors of AHTD CuO/ZnO catalysts

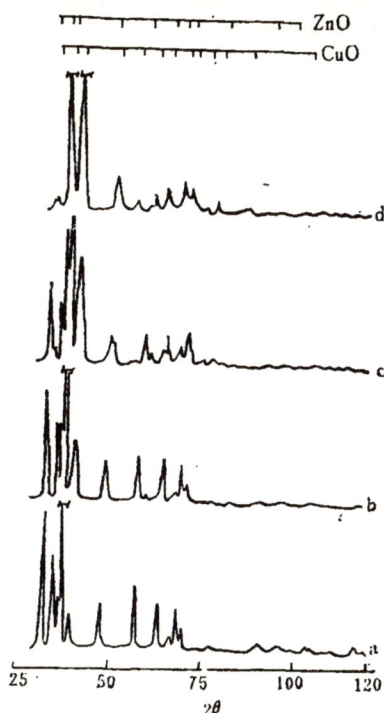

图 3 催化剂氧化态前驱体的 X 射线粉末衍射谱

Fig. 3 The X-ray powder diffraction of oxide precursors of catalysts
(a)Cu/Zn/Al(2.7/6.3/1);
(b)Cu/Zn/Al(4.5/4.5/1);
(c)Cu/Zn/Al(6/3/1);
(d)Cu/Zn/Al(8.1/0.9/1)

表 1 催化剂中 CuO 和 ZnO 的晶粒大小

Table 1 Crystallite sizes of CuO and ZnO catalysts

Catalyst composition Cu/Zn/Al mol %	D^*,nm		Catalyst composition Cu/Zn/Al mol %	D^*,nm	
	CuO	ZnO		CuO	ZnO
100/0/0	14	—	81/9/10	10	23
95/5/0	11	24	60/30/10	9	22
92/8/0	12	22	45/45/10	10	21
90/10/0	12	22	27/63/10	10	20
70/30/0	14	30	0/100/0	—	25
30/70/0	18	19			

* D:crystallite size

495

2.2　氧化态前驱体的表面积及孔分布

表 2 列出了催化剂的表面积,从数据可以看出,这种催化剂的表面积在 5～10 m²/g 范围,与相应的沉淀法催化剂相比[12],其表面积要小得多,这可能是因为沉淀法催化剂在分解复合碳酸盐时,比较缓慢,并放出 CO_2,产生较多的孔,因而使其具有较大的表面积。另外,我们还发现,AHTD 法 Cu/Zn 催化剂的表面积与组成无明显的关系。但是,当 Cu/Zn 催化剂中含有 10% Al 时,其表面积增大了几倍,达到 40 m²/g 左右,与相应的沉淀法催化剂表面积相近。这说明氧化铝起了分散的作用,这与 XRD 得到的结果是一致的。

表 2　催化剂氧化态前驱体的 BET 表面积

Table 2　BET surface areas of oxide precursors of catalysts

Catalyst composition Cu/Zn/Al mol %	Surface area m²/g	Catalyst composition Cu/Zn/Al mol %	Surface area m²/g
100/0/0	8	70/30/0	9
0/100/0	5	30/70/0	5
95/5/0	8	81/9/10	42
92/8/0	8	60/30/10	36
90/10/0	6	27/63/10	40

图 4 表明,CuO、CuO/ZnO 和 $CuO/ZnO/Al_2O_3$ 的孔径分布都很相似,孔径主要是分布在 30 Å 以下,与沉淀法催化剂有很大不同[12]。这说明 AHTD 法催化剂结合的比较紧密。

2.3　氧化态前驱体的表面状态及表面组成

本文以 C1s 的电子结合能 285.0 eV 为内标,由 XPS 求得了 $Cu2p_{3/2}$ 和 $Zn2p_{3/2}$ 的电子结合能,并将数值列于表 3 中。催化剂氧化态的 $Cu2p_{3/2}$ 电子结合能为 934.2 － 934.6 eV,$Zn2p_{3/2}$ 电子结合能为 1022.2－1022.9 eV,这些结果与人们报道的 CuO 和 ZnO 的数值基本一致[4]。由此说明催化剂的氧化态前驱体是由 CuO 和 ZnO 组成。但是 CuO/ZnO 催化剂的 $Cu2p_{3/2}$ 和 $Zn2p_{3/2}$ 电子结合能与纯 CuO 和纯的 ZnO 略有不同。$Cu2p_{3/2}$ 的结合能略有下降,而 $Zn2p_{3/2}$ 略有上升,说明 ZnO 与 CuO 之间有电子转移,这可能是因为 ZnO 是 Frenkel 缺陷晶体[10],Zn^{1+} 会以间隙离子的形式存在于 ZnO 晶体之中,当 ZnO 与 CuO 结合时,这种低价的 Zn^{1+} 会有部分电子转移到 Cu^{2+},使 $Cu2p_{3/2}$ 电子结合能下降,同时,由于 ZnO 晶体中可使 Zn^{2+} 电子结合能下降的 Zn^{1+} 有部分电子转移到 Cu^{2+},结果使 $Zn^{2+}2p_{3/2}$ 电子结合能略有升高。

由 XPS 数据,采用响应因子法,求得了催化剂氧化态的表面组成,并绘成图 5。发现当铜含量较高时,表面上有富锌现象。产生表面富锌现象有两种可能:一是由于硝酸铜与硝酸锌分解的难易程度不同,前者比后者容易分解,因此,在催化剂外层就会比内层有较多的锌;二是在高温下,氧化锌会向外层扩

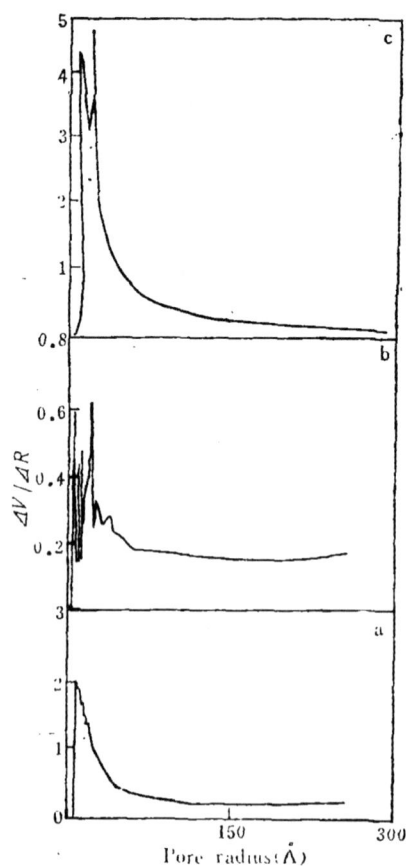

图 4　氧化态前驱体的孔分布

Fig. 4　Pore distribution of oxide precursors of catalysts (a)CuO;(b)CuO/ZnO(90/10); (c)$Cu/Zn/Al$(8.1/0.9/1)

散,使表面产生重构,结果导致了表面富锌现象。但是,由图 5 可见,对于铜含量为 30％ 的催化剂,表面并没有富锌现象,锌的表面含量甚至小于体相中的含量,这就排除了富锌是由硝酸铜与硝酸锌不同分解速度引起的。催化剂铜含量越大,表面富锌量越大。由此说明,铜含量越大,表面越不稳定,容易发生重构。同时也说明 ZnO 能起到稳定 CuO 表面结构的作用。

2.4　氧化态前驱体的还原性

对 CuO/ZnO 催化剂氧化态前驱体进行了 TPR 实验,得到图 6。从中可以发现,纯 CuO 催化剂只有一个还原峰,纯 ZnO 无还原峰,而 CuO/ZnO 催化剂却有两个还原峰。有、无 ZnO 的铜基催化剂的 TPR 谱图的明显差别说明 CuO 与 ZnO 之间存在相互作用。还原了的 AHTD 法 CuO/ZnO 催化剂经氧化后再进行 TPR,其谱图发生了明显的变化(图 7),只出现了一个还原峰,与纯 CuO 的谱图相似,并且,再氧化过的催化剂经 TPR 后呈红色,而未经再氧化过的催化剂经 TPR 后呈黑色。这些都说明,再氧化破坏了 ZnO 与 CuO 之间的相互作用,使 ZnO 与 CuO 各自分开成相。

表 3　CuO/ZnO 催化剂的 XPS 结合能

Table 3　XPS binding energies for CuO/ZnO(catalysts prepared by AHTD method)

Catalyst	Binding energy, eV	
	Cu2$p_{3/2}$	Zn2$p_{3/2}$
CuO/ZnO(100/0)	934.6	—
CuO/ZnO(95/5)	934.5	1022.5
CuO/ZnO(92/8)	934.5	1022.6
CuO/ZnO(90/10)	934.3	1022.8
CuO/ZnO(70/30)	934.2	1022.6
CuO/ZnO(30/70)	934.4	1022.9
CuO/ZnO(0/100)	—	1022.2

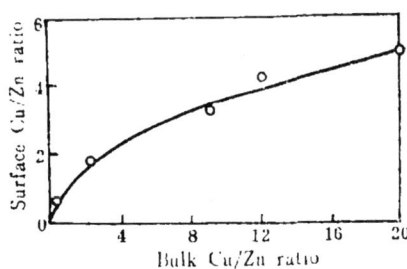

图 5　CuO/ZnO 催化剂表面 Cu/Zn 与体相 Cu/Zn 的关系

Fig. 5　Surface Cu/Zn vs bulk Cu/Zn for CuO/ZnO catalysts

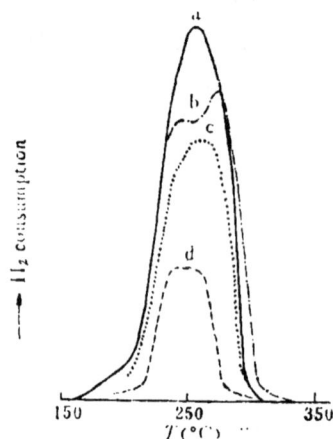

图 6　AHTD 法 CuO/ZnO 催化剂
　　的 TPR 谱图
Fig. 6　TPR spectra for AHTD CuO/ZnO catalysts
　　(a)CuO;(b)CuO/ZnO(92/8);
　　(c)CuO/ZnO(70/30);
　　(d)CuO/ZnO(30/70)

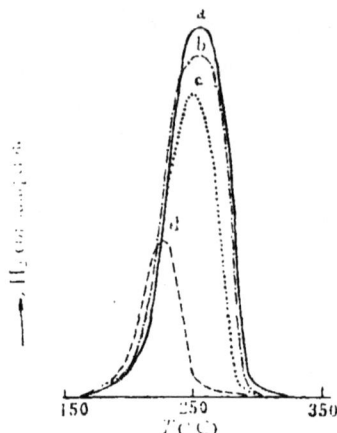

图 7　AHTD 法 CuO/ZnO 催化剂再
　　氧化后的 TPR 谱图
Fig. 7　TPR spectra for AHTD CuO/ZnO
　　catalysts after reoxidation
　　(a)CuO;(b)CuO/ZnO(92/8);
　　(c)CuO/ZnO(70/30);
　　(d)CuO/ZnO(30/70)

参考文献

[1]Bayt J C,Sneeden R P A. Catalysis Today,1987;**2**(1):1.

[2]Okamoto Y,Fukino K,Imanaka T,Teranishi S. J Phys Chem,1983;**87**(19):3740.

[3]Shiskov D S,Strarrakeva D A,Kassabova N A. Kinet Kataliz,1980;**21**(6):1559.

[4]Garbassi F,Petrfni G. J Catal,1984;**90**(1):106.

[5]Gianmello E,Fubini B,Lauro P. Appl Catal,1986;**21**(1):133.

[6]Shiskov D S,Kassabova N A,Andreer A A,Shopov D M. Proc Fourth lntl Symp on Heterogeneous Catalysis. 1979;**1**:109.

[7]Klier K. Adv Cataly,1982;**31**:243.

[8]胡云行,蔡俊修,万惠霖,蔡启瑞.燃料化学学报,1991;**19**(2):181.

[9]胡云行,蔡俊修,万惠霖,蔡启瑞.第五届全国催化学术报告会论文摘要集,B—85 1990.

[10]胡云行,厦门大学理学博士论文,1990.

[11]Brigg D,Seah M P. Practical Surface Analysis. New York:John Wioloy and Sons Ltd. 1983:196.

[12]Herman R G,Klier K,Simmons G W,Fin B F,Buiko J B,Kobylinski T P. J Catal,1979;**56**(3):407.

Study On Methanol Synthesis over Cu-Based Catalysts Prepared by AHTD

Ⅱ. Properties of Oxide Precursors of the Catalysts

Yun-Hang Hu，Jun-Xiu Cai，Hui-Lin Wan，Qi-Rui Cai

(Department of Chemistry and State Key Laboratory for Physical Chemistry of Solid Surface，Xiamen University，Xiamen)

Abstract　Xide precursors of Cu-baesd catalysts prepared by AHTD（Aerosol High Temperature Decomposition）for methanol synthesis were characterized by XRD、XPS、TPR and so on. It was found that CuO/ZnO catalysts were two-phase systems consisting of hexagonal ZnO and tetragonal CuO，and some ZnO has been dissolved in CuO phase. Surface area of the catalysts are $5-10$ m^2/g，much smaller than that of corresponding coprecipitated samples. However，small contents of alumina might increase the surface area of the catalysts. A surface enrichment of Zn was observed，Which increases with Cu contont. There exists CuO-ZnO interaction which changes the reduction behaviour of the catalysts.

Key words　Aerosol High Temperature Decomposition　copper　catalyst　methanol

■ **本文原载**:Journal of Natural Gas Chemistry,1 (1992),pp. 1～10.

Characteristic Studies of MoS$_x$/K$^+$-SiO$_2$ Catalysts for Synthesis of Mixed Alcohols from Syngas

Hong-Bin Zhang, Hao-Ping Huang, Guo-Dong Lin, Khi-Rui Tsai

(Department of Chemistry and Iustitute of Physical Chemistry Xiamen University, Xiamen, Fujian 361005)

Received February 28, 1991

Abstract   Characteristic studies,by means of XRD,XPS and TPD,of MoS$_x$/K$^+$-SiO$_2$ catalysts for the synthesis of mixed alcohols provided experimental evidence for the formation of Mo-S-K surface phase and the presence of disulfide species,(S-S)$^{2-}$,at the surface of catalysts. One of the origins of the promoter action in shifting the selectivity from hydrocarbons to alcohols is likely that the addition of alkali salt led to a decrease in concentration of(S-S)$^{2-}$ at the surface,which in turn would reduce the generation of the reactive hydrogen.

1   Introduction

The study of alkali-doped MoS$_2$-based catalysts is one of the attractive topics in syngas conversion chemistry because of their potential application as sulfur-resistant catalysts for the synthesis of mixed alcohols from CO-H$_2$[1-3]. Some of the efforts have been devoted to the clarification of basic structural and catalytic properties of these catalysts. Klier et al[4]. considered that the indispensable presence of the alkali salt promoter was due to the bifunctionality of the catalyst in which MoS$_2$ plays the role of dissociation-activation of dihydrogen, and alkali plays the dual role of activating CO and reducing availability of active hydrogen. Duang et al[5]. according to their more recent work,further inferred that a large doping level of alkali was present in form of a new phase,rather than of monolayer dispersion. However,so far there have been only limited numbers of studies concerning the synthesis of mixed alcohols over MoS$_2$-based catalysts in published literatures. The question of the nature of active site and of the mechanism of catalysis is still under discussion. Before one can make a better appraisal of the proposed different mechanistic interpretations of the known experimental facts,more research work is certainly needed.

In the present work,characteristic studies,by means of XRD,XPS and TPD,of the active site of the catalysts were carried out. The experimental results provided some new information that would shed light on the alkali promoted MoS$_2$-based systems,in particular,on the nature of the catalytically active site.

2 Experimental

2.1 *Catalyst preparation*

Precursors of the catalysts were prepared by the incipient wetness method from $(NH_4)_2MoS_4$ in DMF solution supported on K_2CO_3-doped SiO$_2$, the BET area of which reduced from 280 m^2/g to ca. 170 m^2/g after K_2CO_3 doping. The resulting materials were dried by evacuation, and then heated in a flowing stream of argon up to 473 K for 6 h, calcinated at 723 K for 2 h, and finally cooled down to room temperature in an atmosphere of argon. $(NH_4)_2MoS_4$ was prepared according to a known method. DMF was purified by drying over 3A molecular sieve, redistillatlon and deoxygenation by passing through 401 MnO-based deoxygenator. All procedures of the catalyst preparation were carried out in an atmosphere of purified argon.

2.2 *Assay of catalyst activity*

The synthesis reaction was carried out in a stainless steel tubular reactor holding 1.0 mL catalyst in a flow system. The catalyst activity was measured under the reaction conditions of 1.0 MPa, 563 K, CO/H$_2$=1(v/v), and GHSV 2700 h^{-1}. The product analysis was performed on a 102G GC equipped with hydrogen flame and thermal conductivity detectors. Before the reaction, the sample of the catalyst was prereduced by flowing hydrogen at 563 K for 4 h, and then, the feed syngas was conducted into the reaction system. The activity data were taken after a 16-h operation when steady state activity was apparent.

2.3 *Spectroscopic characterization of catalyst*

The X-ray powder diffraction measurements were performed using a Rlgaku Denki diffractometer Ru-200A with Cu K$_\alpha$ radiation. The XPS measurements were done using a VG Escalab Mark-II machine with Mg Kα radiation (1253.6 eV, 10 kV, 20 mA) and UHV (1×10^{-7} Pa), the Al(2p) of Al$_2$O$_3$ at 74.6 eV, or Si(2p) of SiO$_2$ at 103.6 eV, or S(2s) at 225.7 eV, was taken as the internal reference. All procedures of transferring samples in the spectroscopic experiments were carried out under an atmosphere of purified argon. The TPD of H$_2$, CO and CO-H$_2$ on the catalysts were carried out on a TPD GC combination. The TPD spectra were recorded up to 673 K at a heating rate of 10 K/min.

3 Results and discussion

3.1 *XRD characterization*

Figs. 1 and 2 show the XRD patterns of a series of catalysts investigated in functioning state. For the MoS$_x$/K$^+$—SiO$_2$ systems, new diffraction features appeared at 29.8 and 30.8 (degree, 2θ)(Fig. 1), the intensities of which increased with the additive amounts of K$_2$CO$_3$ from 0 to 25 wt%. For the catalyst prepared in a reverse sequence of loading, K$_2$CO$_3$/MoS$_x$/SiO$_2$ (i.e. loading MoS$_x$ at first, followed by K$_2$CO$_3$), these new features somewhat increased (Fig. 1); whereas for the unsupported system, K$_2$CO$_3$/MoS$_2$, these features seemed to be more distinct (Fig. 2). Moreover, the two diffraction peaks were also observed on the system of $MoS_x/K_2CO_3/\gamma-Al_2O_3$. From the above observation it appears that the two diffraction peaks at 29. 8 and 30. 8 (degree, 2θ) are due to neither the single component nor the binary system of $K_2CO_3-SiO_2$. These data strongly suggest that a strong interaction takes place between the supported MoS_x-component and the promoter K_2CO_3, leading to the formation of a new, probably catalytically active, Mo-S-K phase. It is this new surface phase that is most likely associated with the activity for the alcohol synthesis.

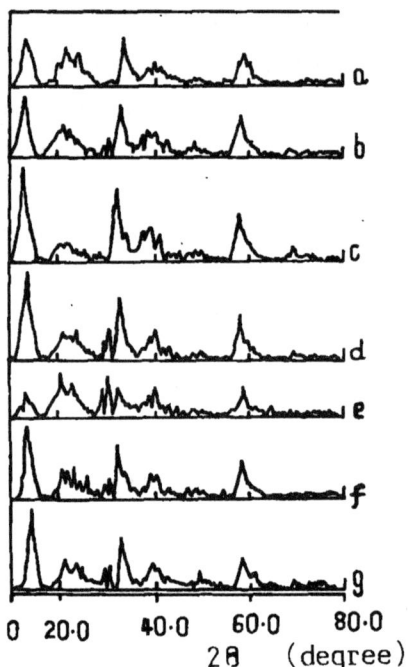

Fig. 1　XRD patterns for functioning catalysts

a-$MoS_x/K_2CO_3/SiO_2$(0. 32/0. 05/1)

b-$MoS_x/K_2CO_3/SiO_2$(0. 32/0. 10/1)

c-$MoS_x/K_2CO_3/SiO_2$(0. 45/0. 15/1)

d-$MoS_x/K_2CO_3/SiO_2$(0. 32/0. 15/1)

e-$K_2CO_3/MoS_x/SiO_2$(0. 15/0. 32/1)

f-$MoS_x/K_2CO_3/SiO_2$(0. 32/0. 20/1)

g-$MoS_x/K_2CO_3/SiO_2$(0. 32/0. 25/1)

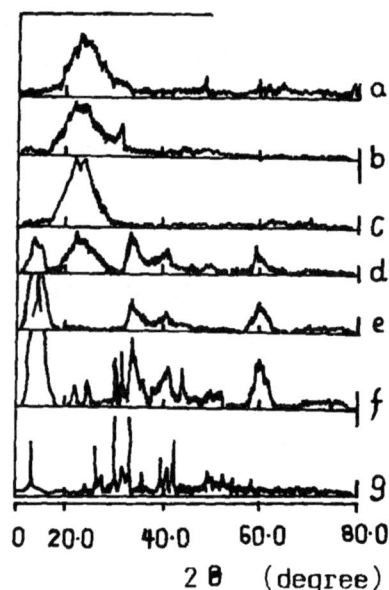

Fig. 2　XRD patterns for support, promoter and functioning catalysts

a-K_2CO_3/SiO_2(0. 15/1)

b-K_2CO_3/SiO_2(heated at 723K for 2 h)

c-SiO_2

d-MoS_2/SiO_2

e-MoS_2

f-K_2CO_3/MoS_2(0. 24/1)

g-K_2CO_3

3. 2　*XPS characterizatiom*

Fig. 3 shows the Mo(3d) XPS spectra observed upon the catalysts in functioning state. For all investigated alkali-promoted SiO_2-supported MoS_x-based catalyst systems, the Mo(3d) XPS peaks exhibited at 228. 5 and 231. 6(eV)(B. E.). According to the following conditions suggested by Abart et al[6]. that $\Delta E_b = E_b(Mo\ 3d_{3/2}) - E_b(Mo\ 3d_{5/2}) = 3. 1$ eV and the intensity ratio $I(Mo3d_{5/2})/I(Mo\ 3d_{3/2}) = 1. 5$, it can be easily found that the two peaks at 228. 5 and 231. 6(eV) are the contribution mainly of $Mo^{4+}(3d_{5/2})$ and $Mo^{4+}(3d_{3/2})$, separately. This also indicates that the Mo species present at the surface of the functioning catalysts are mainly in single-valence state, Mo^{4+}. Moreover, the results in Fig. 3 also show that the B. E. of Mo(3d) slightly increased with the addition of promoter K_2CO_3. For the unsupported system, K_2CO_3/MoS_2(0. 24/1, wt/wt), the Mo(3d) XPS involved three peaks present at 228. 5, 231. 6, and 234. 7(eV)(B. E.), implying the existence of Mo species with mixed valence states at the surface of functioning catalyst.

Detailed analysis of the S(2p) XPS spectra(shown in Fig. 4) indicates the presence of several sulfur oxidation states: S^{2-} (as sulfide) at 161.5 eV, S$^-$ (or S$_2^{2-}$)(as disulfide) at 162.6 eV, and S^{6+} (as sulfate) at 169 eV. Interestingly, the intensity of the peak of S$_2^{2-}$, i.e. (S-S)$^{2-}$, species was suppressed, even vanished, with the addition of promoter K$_2$CO$_3$. For the unsupported system, K$_2$CO$_3$/MoS$_2$(0.24/1, wt/wt), the S^{2-}(2p) peak was present at 161.4 eV, whereas the S$_2^{2-}$(2p) peak seemed to be too weak to be identified. The experimental fact that the intensity of S$_2^{2-}$(2p) XPS peak changed with the additive amounts of K$_2$CO$_3$ may be indicative of the effect of the promoter K$_2$CO$_3$ upon the concentration of (S-S)$^{2-}$ species at the surface.

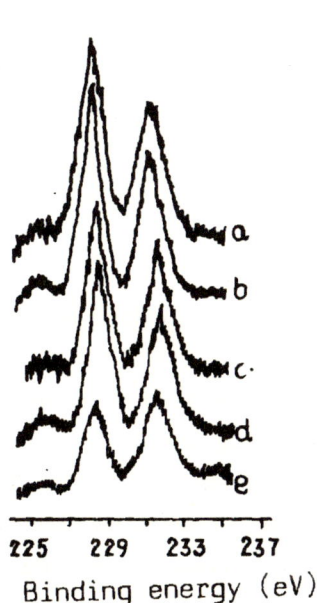

Fig. 3 XPS spectra of functioning catalysts
a-MoS$_x$/K$_2$CO$_3$/SiO$_2$ (0.32/0.05/1)
b-MoS$_x$/K$_2$CO$_3$/SiO$_2$ (0.32/0.10/1)
c-MoS$_x$/K$_2$CO$_3$/SiO$_2$ (0.32/0.20/1)
d-MoS$_x$/K$_2$CO$_3$/SiO$_2$ (0.32/0.25/1)
e-K$_2$CO$_3$/MoS$_2$/(0.24/1)

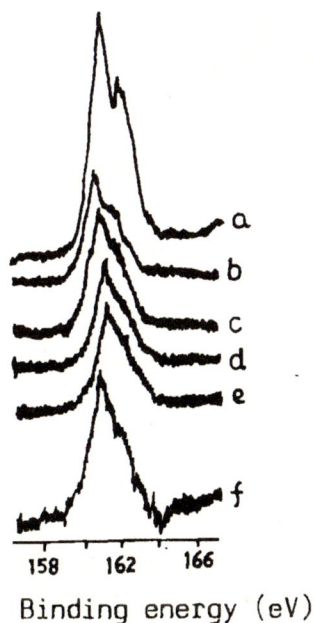

Fig. 4 XPS spectra of functioning catalysts
a-MoS$_2$
b-Co/MoS$_x$/K$_2$CO$_3$/SiO$_2$ (0.01/0.44/0.15/1)
c-MoS$_x$/K$_2$CO$_3$/SiO$_2$ (0.32/0.10/1)
d-MoS$_x$/K$_2$CO$_3$/SiO$_2$ (0.32/0.20/1)
e-MoS$_x$/K$_2$CO$_3$/SiO$_2$ (0.32/0.25/1)
f-K$_2$CO$_3$/MoS$_2$ (0.24/1)

Fig. 5 shows the C(1s)$-$K$^+$(2p) XPS spectra of several catalysts investigated in functioning state. The peak at 284.7 eV was observed upon the systems either containing or uncontaining K$_2$CO$_3$ and may be ascribed to C(1s) of CH$_x$-species present on the surface under the reaction conditions of alcohol synthesis. Both peaks at 293 and 295(eV) were absent in the XPS spectrum of the system without K$^+$, but were present in the spectra of the K$^+$-containing, including K$_2$CO$_3$ or KCl, systems, in particular, more distinct on the system with a high concentration of K$^+$ at the surface layer, e.g. K$_2$CO$_3$/MoS$_2$ (0.24/1, wt/wt). The two peaks should be ascribed to K$^+$(2p$_{3/2}$) and K$^+$(2p$_{1/2}$), respectively. The XPS peak of C(1s) of CO$_3^{2-}$-species at 290 eV was not observed under the reaction conditions. This result indicates that K$^+$ promoter present at the surface of functioning catalysts is not in the form as carbonate.

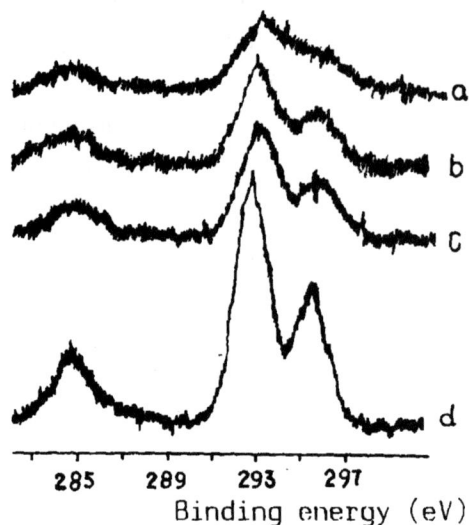

Fig. 5　XPS spectra of functioning catalysts

a-$MoS_x/K_2CO_3/SiO_2$ (0. 32/0. 15/1)

b-$MoS_x/K_2CO_3/SiO_2$ (0. 32/0. 20/1)

c-$MoS_x/K_2CO_3/SiO_2$ (0. 32/0. 25/1)

d-$K_2CO_3/MoS_2/$ (0. 24/1)

3. 3　TPD characterization

The TPD spectra of H_2, CO, and CO-H_2 mixture, on several selected catalysts have been taken. Two to four peaks for hydrogen, three peaks for CO, and three peaks for CO-H_2, were observed. These results may lead to the following conclusions: (1) Alkali promoter reduces the intensities of H_2-TPD peaks, especially of the peak at lower temperature, indicating that hydrogen adsorption is suppressed by the addition of alkali promoter; (2) The CO-TPD spectra on MoS_2/SiO_2, $MoS_x/K_2CO_3/$ SiO_2 and $MoS_x/KCl/SiO_2$ systems did not show an appreciable change either in position or in intensity of the main peaks, being likely to imply that there is no significant difference in type and in population of the sites(perhaps associated with Mo-species) for CO adsorption on these system;(3) The peaks in the TPD spectra of CO-H_2 coadsorption were quite near to those in the TPD spectra of CO in position, but considerably increased in intensity, in particuiar, the peak at 503 K, indicating that the presence of H_2 has a significant promoting effect on the adsorption of CO.

3. 4　Assay of catalyst activity

Table 1 summarizes the catalytic activity for alcohol synthesis from syngas over several MoS_x/K^+-SiO_2 catalysts at 563 K. Without K salt addition, the MoS_2 or MoS_2/SiO_2 catalyst produced dominantly hydrocarbons. The addition of alkali salt promoter shifted the selectivjty from hydrocarbons to alcohols. A catalyst derived from $(NH_4)_2 MoS_4$ and supported on K_2CO_3-doped SiO_2 with MoS_2/K_2CO_3 $=0. 45/0. 15$ (wt/wt) composition showing the highest activity for alcohol synthesis has been obtained in this study. The addition of an excess of K_2CO_3 resulted in a decrease in alcohol formation. The influence of catalyst composition and of preparation methods on the catalyst activity and selectivity will be in detail reported elsewhere[7].

Table 1 The results of activity assays of Mo-sulfide-based catalysts for synthesis of low-carbon alcohols

| Catalyst (wt/wt) | Convers. of CO (%) | Selectivity to C (%)(CO₂ free) | | | | | STY (mg/g MoS₂-h) | |
| | | Alkanes | | Alcohols | | | | |
		C_1	C_{2+}	C_1	C_2	C_{3+}	Alkanes	Alcohols
$MoS_2/K_2CO_3/SiO_2$								
0.32/0.05/1	1.6	20.2	33.1	17.2	18.0	9.0	31.2	44.1
0.32/0.10/1	0.9	14.3	11.9	34.2	26.6	13.2	9.6	46.5
0.32/0.15/1	0.7	10.9	5.7	55.4	25.1	1.5	6.1	54.6
0.32/0.20/1	0.5	4.7	1.3	71.0	23.0	0	1.3	40.4
0.45/0.15/1	1.3	9.3	3.3	58.7	25.5	1.6	5.0	65.0
0.60/0.10/1	2.2	13.0	15.9	30.1	27.2	11.0	12.4	50.5
0.60/0.15/1	1.6	11.3	5.2	47.7	28.4	6.0	6.4	49.2
0.60/0.20/1	1.4	8.0	2.5	62.3	24.2	1.9	3.9	60.4
MoS_2/SiO_2								
0.32/1	1.1	43.1	56.1	0.8	0	0	30.9	0.5
0.45/1	0.9	43.8	56.3	0	0	0	19.9	0
K_2CO_3/MoS_2								
0.20/1	3.1	10.8	3.5	43.6	37.4	3.1	4.3	44.2
0.25/1	2.9	7.2	1.5	67.4	22.4	1.4	2.3	47.5
$K_2CO_3/MoS_2/SiO_2$								
0.15/0.32/1	1.2	21.0	29.7	18.3	21.7	9.2	21.6	35.4
0.15/0.45/1	2.4	13.6	37.5	25.9	14.1	8.9	30.2	52.4

Reaction conditions: 563 K, 1.0 MPa, $CO/H_2 = 1$, GHSV $= 2700$ h^{-1}

3.5 Formation of Mo-S-K surface phase

The above results of the assay of catalyst activity demonstrated that the optimum doping level of alkali salt was greatly beyond the amount required for a monolayer of dispersion; however, on the catalyst, the XRD features of K_2CO_3-phase were not observed. Moreover, the XPS measurement indicated that the C(ls) XPS peak observed on the functioning catalyst was most probably due to CH_x-species, rather than CO_3^{2-}-species. These results seem to indicate that CO_3^{2-}-species at the surface layer had disappeared, probably due to being hydrogenolyzod in the process of hydrogen-prereduction of the catalyst precursor. It may be expected that a strong interaction takes place between the alkali salt and SiO_2, leading to the formation of an interfacial phase like pseudo-K_2SiO_3.

It has been known that the monolayer dispersion of molybdenum oxides or sulfides on a carrier of pure SiO_2 is less stable and that the interaction of the supported Mo-component with the SiO_2 surface is rather weak so that the shifting and assembling of the Mo-species on the surface are easy to take place. However, with the SiO_2 surface modified by K_2CO_3, the situation may be different: a monolayer (or near monolayer) dispersion of MoS_x may be quite even and stable. This could obtain a support from the above result of XPS observation that the Mo-species at the surface of functioning catalysts were evenly in single oxidation state. Hydrogen-prereduction led to the hydrogenolysis of CO_3^{2-}-species and, at the

505

same time, the supported MoS$_x$-component strongly interacted with the surface of alkali-modified SiO$_2$, resulting in the formation of a new, most probably catalytically active, Mo-S-K surface phase with Mo in lower oxidation state and vacancy of sulfur anion. It is such Mo-sites at the surface of Mo-S-K phase that are probably the active sites for the coordination-activation of CO followed by sequent hydrogenation to oxygenates.

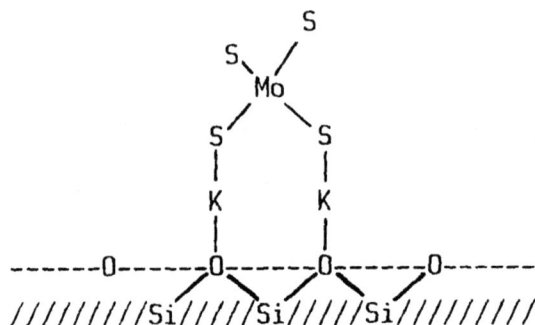

```
              S
          S \ /
           \ Mo
          S/    \ S
          |      |
          |      |
          K      K
          |      |
------O------O------O------O------
////////Si/////Si/////Si/////////
```

A pattern for such interaction of the supported MoS$_x$, component with the surface of K$_2$CO$_3$-doped SiO$_2$ may be suggested as shown in the picture. In such a model of interaction, K$^+$ with a low electron work function enables its electron to delocalize to Mo via bridged-S, which, when CO molecule was adsorbed on Mo, would facilitate the back-donation of electron from Mo to CO strengthening the Mo-C bond and simultaneously weakening the C-O bond, thus being in favor of the activation of the CO triple bond. In terms of the model suggested, the result of the CO-TPD observation that the addition of K$^+$-promoter led to an increase in CO-adspecies desorbed at higher temperature and simultaneously a decrease in a CO-adspecies desorbed at lower temperature may be reasonably rationalized.

3.6 *Presence of disulfide anion and activation of dihydrogen*

There have been examples of well-established molecular compounds in publications, e. g. triangular cluster $[Mo_3S(S_2)_6]^{2-}$, in which Mo^{4+} and S_2^{2-} coexist[8]. The presence of (S-S)$^{2-}$ anion on MoS$_2$-based catalysts has also been detected by XPS[9] and by LRS[10], and their importance for H$_2$ activation in HDS deserves close attention. These disulfide species may be involved in the coordination-activation of dihydrogen, which would provide active hydrogen for these hydrogenation reactions.

The XPS observation in the present work has also provided experimental evidence for the presence of low-valence-state sulfur species, e. g. S$^-$ or (S-S)$^{2-}$ on the functioning surface of the SiO$_2$-supported MoS$_2$-based catalysts. Under the reaction conditions of alcohol synthesis used in this investigation, there may be two routes for H$_2$ activation, i. e. the coordination-activation of H$_2$ on (S-S)$^{2-}$ species.

$$(S-S)^{2-} + H_2 = 2SH^-$$

and the heterolytic splitting of H$_2$ on Mo-S pairs.

$$Mo^{4+} - S^{2-} + H_2 = \overset{\overset{H}{|}}{Mo} - \overset{\overset{H}{|}}{S}$$

it is well known that microcrystalline MoS$_2$ and sulfided supported Mo catalysts are able to take up a considerable amount of H$_2$. However, the TPD results in the present work showed that the uptake of H$_2$ on alkali salt promoted systems, in comparison with that on unpromoted or neutral potassium salt (e. g. KCl) promoted systems, was greatly reduced. This is likely to have a close relation to the low (S-S)$^{2-}$ concentration at the surface of the alkali salt-promoted systems observed by the XPS experiment described above.

Therefore, it seems to us that there existed the low valence-state disulfide anion species at the surface of the SiO$_2$-supported MoS$_x$-based catalysts under the reaction conditions for the alcohol synthesis; besides the heterolytic splitting of H$_2$ by chemisorption on Mo^{4+}-S^{2-}, the dissociative chemisorption of H$_2$ may also take place via the coordination activation of H$_2$ on (S-S)$^{2-}$ species, which in turn would provide the reactive hydrogen for hydrogenation reactions of CO; one of the origins of the promoter effect on the selectivity to alcohols is likely that the addition of alkali salt led to a decrease in concentration of disulfide species, (S-S)$^{2-}$, on the surface, which in turn would reduce the generation of the reactive hydrogen.

References

[1]Quarderer, Q. J.; Cochran, G. A., Eur. Pat. Appl. 84102932. 5 (March 16, 1984); assigned to Dow Chemical Co.

[2]Kinkade, N. E., Eur. Pat. Appl. 84116467. 6 (Dec. 28, 1984); assigned to Union Carbide Corp.

[3]Stevens, R. R., Eur. Pat. Appl. 85109214. 8 (July 23, 1985); assigned to Dow Chemical Co.

[4]Santiesteban, J. G.; Bogdan, C. E,; Herman, R. G.; Klier, K., Proc. 9th ICC (Calgary, 1988). (eds. M. J. Phillips and M. Ternan) Vol. 2 pp. 561~568.

[5]Duan L. Y.; Zhang, O. W.; Ma, S. H.; Li; S. H.; Li, S. J; Wang, H. B.; Xie, Y. C., Book of Abstr. 5th CCS Symp. on Catal. (Lanzhou, 1990) pp. 583~584.

[6]Abart. J., Appl. Catal., 1982, 2, 155.

[7]Huang, H. P.; Yang, Y. Q.; Chen, H. P.; Lin, G. D.; Zhang, H. B., to be published.

[8]Stiefel, E. I., Proc. 4th Intern. Conf. "Chemistry and Uses of Molybdenum", (eds. H. F. Barry and P. C. H. Mitchell), Climax Molybdenum Comp. Ann Arbor, Michigan, 1982 pp. 56~66.

[9]Duchet, J. C.; E. m. van Oers, V. H. J. de Beer; Prins, R., J. Catal. 1983, 80, 386~402.

[10]Schrader, G. L.; Cheng, C. P., J. Catal., 1983, 80, 369~385.

■ 本文原载：Catalysis Letters 12 (1992) pp. 319～326.

Electron Spectroscopic Study of Adsorption of Methane on Titanium Dioxide Surfaces[*]

Fan-Cheng Wang，Hui-Lin Wan[①]，K. R. Tsai，Shui-Ju Wang[a]，Fu-Chun Xu[a]

(Department of Chemistry,[a] Analysis and Testing Center,
Xiamen University, Xiamen 361005, P. R. China)

Abstract The chemisorption of methane has been investigated on titanium surface, the polycrystalline TiO_2 film surface and the TiO_2 (100) surface with and without defects (oxygen vacancies).

It has been found that the activation of C-H bonds depends on surface oxygen species. The different adsorption behavior between methane adsorption and methane-oxygen coadsorption, together with the different adsorption results on the TiO_2 (100) surface with and without defects, shows that the electrophilic oxygen species on the surface are active species for the activation of C-H bonds of methane. The temperature dependence of adlayer provides possible evidence for electrophilic oxygen species reacting with CH_x on the surface.

Key words Chemisorption of methane titanium dioxide oxygen vacancy photoelectron spectroscopy adcarbon species adoxygen species

1 Introduction

Following the pioneering work of Keller and Bhasin[1], much interest has focused on the use of oxides as catalysts for the oxidative coupling of methane. However, very few studies have been made of the interaction of methane with oxides. Recently, several studies of interaction of methane with clean nickel surfaces have been reported[2-4]. It was found[2] that the chemisorption of methane on the nickel surface was very strong, and that oxygen adatoms can promote the dissociative chemisorption of methane on Ni (100) and Ni (111) surfaces. The results of Ullmann et al. [3,4] showed no enhancement of oxygen adatoms to the activation of methane. Pure TiO_2 and Na-doped TiO_2 showed high activity of oxidative coupling methane[5,6]. The difference in activity between anatase TiO_2 and rutile TiO_2[6] gave evidence for the dependence of the reaction on the structure of catalysts. The decomposition of methanol and ethanol on the TiO_2 (100) surface via CH_3O species has been proved by XPS and UPS[7], and the conversion of CH_3O into CH_x was also observed by Au and coworkers using XPS[7]. These results showed that CH_x may exist on the TiO_2 surface under the UHV. We expected that the adsorption of methane would give CH_x or CH_xO etc. species on TiO_2 surfaces. In the present work, the interaction of methane with titanium and titanium dioxide has been studied at room temperature using XPS to analyze the carbon and oxygen species present on these surfaces.

---

[*] Supported by the National Natural Science Foundation of China.

[①] To whom correspondence should be addressed.

2   Experimental

1. All data were recorded using a VG ESCA LAB MK II (U. K.) using a Mg $K\alpha$ X-ray source.

2. Clean Ti metal film and TiO_2 surface: The pure titanium foil was first treated with diluted HNO_3, and cleaned by cycles of argon-ion bombardment (4 kV, 50 UA) and annealing at 700 K. Sometimes the sample was exposed to dioxygen at 700 K in order to facilitate the removal of carbon contamination from the bulk of the foil. Generally, the sample was cleaned until the oxygen and carbon could not be detected by XPS. The polycrystalline TiO_2 film was obtained by exposing the clean titanium foil at 700 K to the dioxygen gas, which was treated through a liquid nitrogen cooled trap. The single crystal TiO_2(100) was cleaned by cycles of argon-ion sputtering and annealing at 700 K in situ. After such repeated treatments, more oxygen vacancies were found to exist on the TiO_2(100) surface.

3. Adsorption on the surface: The adsorption process was carried out by exposing the surface to gas through a gas-introduction needle valve to leak gas for adsorption into the preparation chamber at the desired temperature and pressure. The gas to be adsorbed was purified by passing through a liquid-nitrogen cold trap. The exposure of surface to the gas was controlled by time of exposure and gas pressure and registered in unit of Langmuir.

4. Calculation of the concentration of surface species: Determination of the concentration of surface species is based on the Roberts-Carley equation[8]:

$$\frac{n_1}{n_2} = \frac{y_1}{y_2} \cdot \frac{\mu_2}{\mu_1} \cdot \frac{(E_1)^{0.25}}{(E_2)^{0.25}},$$

where

n_i: the concentration of surface species,

y_i: the amount of photoelectron count,

μ_i: photoelectron cross section,

E_i: electron kinetic energy.

3   Results and discussion

3.1   Adsorption Of Methane And Coadsorption Of Methane And Oxygen On The Polycrystalline Titanium Surface

On titanium surfaces, the adsorption of methane results in the formation of a small amount of adcarbon with C1s binding energy (B. E.) of 282.0 eV, which was assigned to TiC, indicating strong interaction between methane and titanium. Two kinds of adcarbon species on the titanium surfaces were formed under the condition of coadsorption of methane and oxygen, as shown in fig. 1. One with C1s B. E. of 284.6 eV is assigned to CH_x, and the other with C1s B. E. of 282.0 eV to TiC. The corresponding adoxygen species have binding energy of 530.5 eV and 531.7 eV, and were assigned to O^{2-} and O^-, respectively.

There is not much change for both C1s and O1s spectra by heating the adlayer to 500 K, suggesting that the adsorbed species are stable at 500 K, as shown in fig. 2. However, after heating the adlayer at 700 K for 10 minutes the concentration of CH_x decreased sharply and that of the TiC decreased a little, and the concentration of both O^{2-} and O^- species decreased. The results suggested that surface reaction between CH_x and adoxygen or desorption and dissolution of hydrogen and oxygen might take place.

509

3.2 Adsorption Of Methane And Methane-Dioxygen Mixture On The Polycrystalline Titanium Dioxide Film Surface

The polycrystalline titanium foil was oxidized by exposing it to dioxygen at 700 K. The Ti3p$_{3/2}$

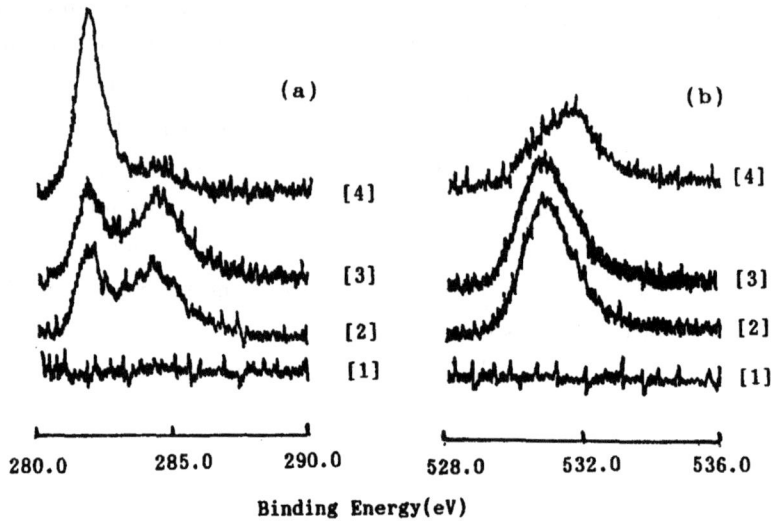

Fig. 1. (a) C1s and (b) O1s spectra for adsorption of methane and dioxygen mixture at 300 K and heated to 500 K and 700 K on titanium surface. [1] Clean, [2] 600 L, [3] 500 K, [4] 700 K.

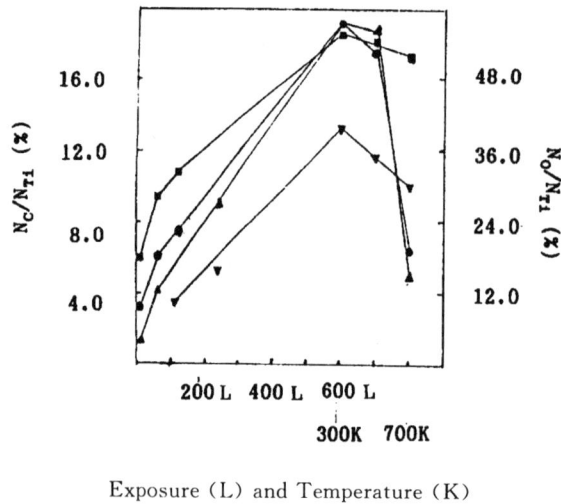

Exposure (L) and Temperature (K)

Fig. 2. Concentration of the various surface species as a function of exposure and temperature in the titanium-methane-dioxygen system. ● CH$_x$, ■ C(a), ▲ O^{2-}, ▼ O$^-$.

spectrum from the clean metal surface has a binding energy of 453. 9 eV[7], the peak shifts to 458. 9 eV with no evidence for any Ti^0, Ti^{2+}, or Ti^{3+} species after oxidation. O1s peak has a binding energy of 530. 3 eV.

The results of adsorption of methane and methane-dioxygen mixture on the polycrystalline TiO$_2$ film surfaces are shown in fig. 3. Two adcarbon species were observed. One with C1s B. E. of 284. 6 eV was assigned to CH$_x$, and the other with C1s B. E. of 286. 3 eV to CH$_x$O on the surface[7]. Larger amount of adcarbon species was obtained under the condition of coadsorption of methane and dioxygen under the same exposure as that of adsorption of methane, indicating that oxygen or adoxygen species

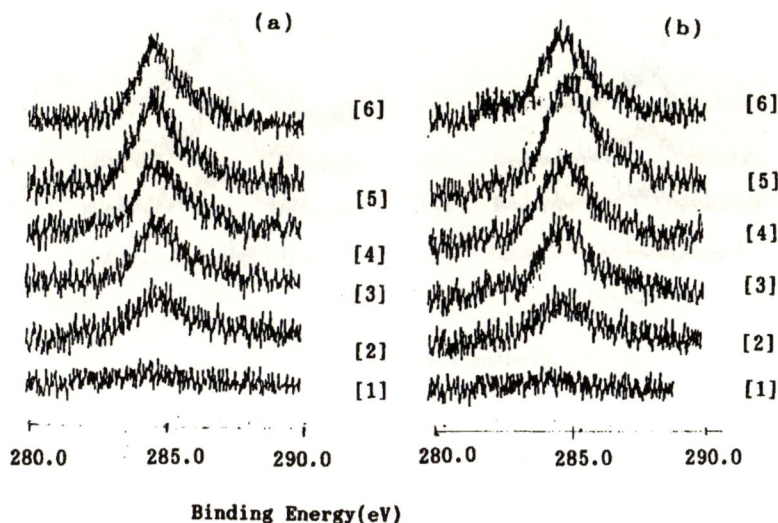

Fig. 3　C1s spectra for adsorption of methane(a) and methane-dioxygen mixture(b) at 300 K and heated to 500 K and 700 K on polycrystalline TiO₂ film. [1] Clean, [2] 10 L, [3] 60 L, [4] 600 L, [5] 500 K, [6] 700 K.

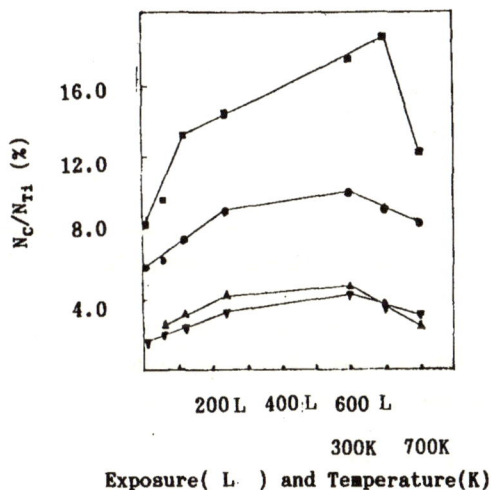

Fig. 4.　Concentration of the various surface species as a function of exposure and temperature in the TiO₂-CH₄-O₂ system. ■ CH$_x$ on polycrystalline TiO₂ film, ● CH$_x$ on TiO₂(100), ▲ CH$_x$O on polycrystalline TiO₂ film, ▼ CH$_x$O on TiO₂(100).

formed from adsorption of dioxygen on the surface play an important role in methane adsorption.

After heating the adlayer to 500 K for 10 minutes the concentration of CH$_x$O species decreased and that of CH$_x$O increased, as shown in fig. 4, showing that CH$_x$O converted into CH$_x$O, which were in good agreement with the result of Au et al.[7]. When temperature was raised to 700 K, both carbon species decreased. This gave possible evidence for the surface reaction between adcarbon species and adoxygen species or coupling of CH$_x$.

3.3　Adsorption Of Methane On The TiO₂(100) Surface

On the single crystal TiO₂(100) surface only a little amount of methane was adsorbed, as shown in fig. 5. There was no obvious difference between methane adsorption and methane-dioxygen coadsorption, indicating scarcity of active sites on the surface. However, large amount of adsorbed methane was

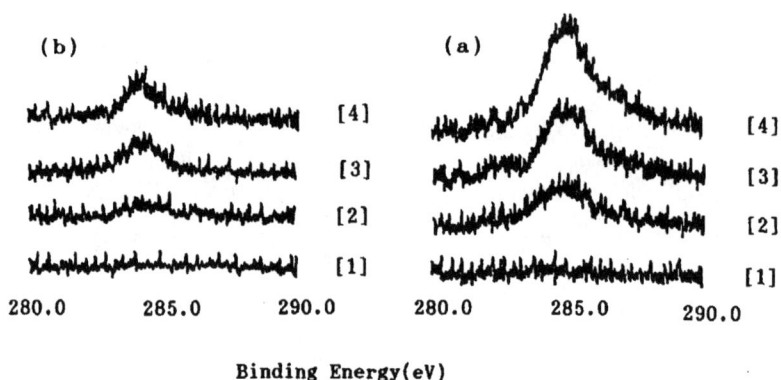

Fig. 5. C1s spectra for adsorption of methane on $TiO_2(100)$ with(a) and without(b) Ar^+ bombardment. [1] Clean, [2] 10 L, [3] 60 L, [4] 600 L.

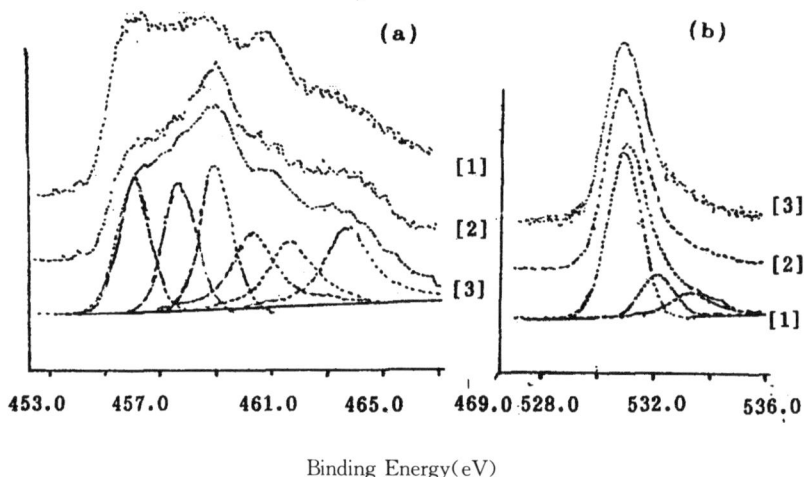

Fig. 6. Ti2p(a) and O1s(b) spectra of $TiO_2(100)$ with Ar^+ bombardment. [1] Clean, [2] exposing 600 L CH_4-O_2, [3], [2] heated to 700 K.

observed on the $TiO_2(100)$ with Ar^+ bombardment pretreatment. On the $TiO_2(100)$ surface with Ar^+ bombardment pretreatment there were two kinds of oxygen species with O1s B. E. of 530.8 eV and 532.0 eV and three kinds of titanium species with $Ti2p_{3/2}$ B. E. of 455.4 eV, 457.2 eV and 458.9 eV, as shown in fig. 6, corresponding to Ti^{2+}, Ti^{3+}, and Ti^{4+}, respectively.

The heating behavior of the adlayer on the $TiO_2(100)$ with Ar^+ bombardment was different from that on the polycrystalline TiO_2 film and titanium surface. The concentration of CH_x species remained unchanged after heating at 700 K for 10 minutes, showing strong bonds were formed between CH_x and the surface.

3.4 The Active Oxygen Species Responsible For Activation Of Methane

On titanium (Ti^0) surfaces, the C-H bonds of CH_4 may be activated via interaction with the electropositive titanium on certain surface sites, but such active sites appear to be very limited in number because only a small amount of adcarbon was formed as mentioned above. Little amount of methane was adsorbed on the $TiO_2(100)$, on which there existed practically only O^{2-} species, indicating that the interaction between O^{2-} and methane was very weak. However, on the $TiO_2(100)$ after Ar^+ bombardment, oxygen species such as O^- were formed due to Ar^+-bombardment-induced Ti-

O bond breakage, in which Ar^+ bombardment actuated the electrons transfer from O^{2-} to Ti^{4+} with consequence of reduction of TiO_2[8], while increment of oxygen vacancies observed by us on the TiO_2 (100) after Ar^+ bombardment may be favorable for the activation of gas phase oxygen and the formation of oxygen adspecies such as O^- on these vacancies. This is in agreement with experimental result of Anshits et al.[10], although the possibility that disordered surface created by Ar^+ sputtering may provide sites of different coordination for methane adsorption can not be excluded. A large amount of methane was shown to adsorb on this kind of surfaces, indicating O^- might take part in the activation of methane. In conjunction with the above results the formation of a large amount of adcarbon species on titanium surfaces under the condition of coadsorption of methane and dioxygen showed that oxygen species such as O^- might play an important role in the process of methane activation. On polycrystalline TiO_2 film surface layers, it is possible that formation of considerable amount of O^- species may be thermally induced due to the interaction between titanium in the bulk and titanium dioxide on the surface[9]. Because of the formation and promotion of the O^- species, large amount of methane was found to adsorb on this kind of surface, indicating again that O^- could activate C-H bonds of methane molecule. Thermal effects of the adlayers on the titanium and titanium dioxide also showed the possible role of O^- in the surface reaction. In conclusion, adoxygen species such as O^- etc. on titanium or TiO_2 surfaces could promote the activation of methane, but O^{2-} has little effect on the activation of methane.

References

[1] G. E. Keller and M. M. Bhasin, J. Catal. **73** (1982) 9.

[2] G. Krishnan and H. Wise, Appl. Surf. Sci. **37** (1989) 224.

[3] I. Alstrup, I. Chorkendorff and S. Ullmann, Surf. Sci. **234** (1990) 79.

[4] I. Chorkendorff, I. Alstrup and S. Ullmann, Surf. Sci. **227** (1990) 291.

[5] F. C. Wang et al., Preprints of: 3B Symposium on Methane Activation, Conversion and Utilization, Pacifichem' **89** (Honolulu, Hawaii, 1989) p. 26.

[6] F. C. Wang et al., Proc. 5th China Symposium on Catalysis, 1990, B48.

[7] C. T. Au et al., Proc. 4th China Symposium on Catalysis, 1988, 1-E-05.

[8] A. F. Carley and M. W. Roberts, Proc. Roy. Soc., London, Ser. A 263 (1978) 403.

[9] A. F. Carley and M. W. Roberts, J. C. S. Faraday Trans. I, **83** (1987) 351.

[10] A. G. Anshits et al., Catal, Lett. **6** (1990) 67.

■ **本文原载**：CHINESE SCIENCE BULLETIN，18（1990）p. 262.

Study on Methanol Synthesis over Cu-Based Catalysts by AHTD

Yun-Hang Hu, Jun-Xiu Cai, Hui-Lin Wan, Qi-Rui Cai

(Department of Chemistry, Xiamen University, Xiamen 361005, PRC)

Received June 18, 1990

Methanol synthesis from CO/H_2 is a very important industrial catalytical process. So far, the Cu-based catalysts used in the process are prepared by coprecipitation. Recently, we were successful in preparing Cu-based catalysts with good catalytic behaviours by the method of the aerosol high temperature decomposition(AHTD). Useful solid catalysts were readily prepared directly from thermal decomposition of sprayed solutions of metal nitrates. The method had simpler procedures and took shorter time of preparation. Selectivities of methanol synthesis from CO hydrogenation over AHTD Cu/Zn/Al catalysts were much higher compared with the catalyst samples prepared by the conventional coprecipitation method. The optimum composition for the highest activity of AHTD Cu/Zn/Al catalysts was found to correspond to Cu/Zn/Al＝8. 1/0. 9/1. 0. Its activity could reach 87％ that of the industrial Cu/Zn/Al catalyst provided by Sanming Chemical Factory(0. 436 g CH_3OH/gcat.·h^{-1}:260 ℃,25 atm, GHSV＝13 000 h^{-1}, $H_2/CO/CO_2$＝67/29/4). Since its specific surface area(41 m^2/g) was smaller than that of the industrial catalyst(51 m^2/g), its specific activity was 8％ higher than that of the industrial catalyst.

A series of Cu/Zn catalysts of different composition were prepared by AHTD method. Their specific surface areas were 5～9 m^2/g, much smaller than that of the corresponding Cu/Zn catalysts prepared by the coprecipitation(19～59 m^2/g). When AHTD Cu/Zn catalysts contained alumina(10％ Al), the resulting Cu/Zn/Al catalysts were found to have specific areas of 36～41 m^2/g. Thus, alumina played an important role in increasing the specific surface areas of AHTD Cu-based catalysts.

It was shown by XPS that the surface compositions of AHTD catalysts were different from the bulk compositions. A surface enrichment of Zn was observed. The higher the Cu content, the greater the surface enrichment of Zn per unit weight of Cu. Moreover, the surface enrichment of Zn for reduced catalysts was greater than that for unreduced catalysts. Although some surface enrichment of Zn was also observed in the case of coprecipitation catalysts, the extent appeared to be much less than that for AHTD catalysts. This might be due to the fact that the thermal decomposition of Cu nitrate took place more readily than that of Zn nitrate.

It has been found out that there were differences between TPR spectra of AHTD Cu/Zn catalysts and those of AHTD CuO catalysts. In the TPR spectra of Cu/Zn catalysts, there were two reduction peaks, whereas in the TPR spectra of CuO catalyst, only one reduction peak was observed, indicating that there was interaction between CuO and ZnO. Moreover, it has also been found out that there was some electron transfer between CuO and ZnO from XPS data. The interaction was very important for forming active sites.

■ 本文原载：Catalysis Letters,12 (1992) pp. 87～96.

Study on the Mechanism of Ethanol Synthesis from Syngas by In-Situ Chemical Trapping and Isotopic Exchange Reactions[*]

Hai-You Wang, Jin-Po Liu, Jin-Kung Fu, Hui-Lin Wan, Khi-Rui Tsai

(Department of Chemistry, Xiamen University, Xiamen 361005, China)

Abstract   The mechanism of ethanol synthesis from syngas over promoted rhodium catalysts has been studied by chemical trapping and isotopic exchange experiments. Mono-deuterated acetaldehyde (CH_3CDO) was formed in chemical trapping reaction with $CO+D_2$ as the syngas source and CH_3I as the trapping agent, indicating that formyl adspecies was a C_1-intermediate in the ethanol synthesis. In the experiment of in-situ chemical trapping and isotopic exchange reactions with $D_2^{18}O$ followed by purging with methanol in N_2 stream, $CH_2DC^{18(16)}OOCH_3$, $CH_3C^{18(16)}OOCH_3$ and $CH_3CH_2^{18}OH$, $CH_3CH^{18}O$ were formed, showing the existence of ketene and acetyl intermediate adspecies and the occurrence of oxygen-isotope exchange between these intermediates and $D_2^{18}O$, respectively. Based on the mode of oxygen-isotope exchange between ketene(as well as acetyl) intermediate adspecies and the water formed in reaction, the isotopic repartitioning previously observed by Takeuchi and Katzer[1] can be explained without recourse to the hypothesis of the existence of highly strained oxirene intermediate. These results give further support to the ethanol-formation mechanism proposed by us[2]. Besides these, with substitution of D_2 for H_2 in the syngas conversion reaction, noticeable deuterium inverse isotope effects both on methanol and on ethanol formation were observed.

Key words   Mechanism of ethanol synthesis   rhodium-based catalysts   chemical trapping reaction   isotopic exchange reaction

1   Introduction

Much attention has been paid to the mechanism of ethanol synthesis from syngas since the discovery that rhodium-based catalysts promoted by certain reducible metal-oxides, such as Fe_2O_3, MnO or TiO_2 can catalyze the conversion of syngas to ethanol with fairly high activity and selectivity[3,4]. Many reaction mechanisms have been proposed, but a unified view has not been reached so far. It is generally accepted that $\underline{CH}_x$ ($x=2$ or 3; an underlined chemical symbol signifies an adspecies) is among the C_1-intermediates in the formation of both hydrocarbons and oxygenates in the syngas-conversion reactions, but there are divergent views on the mechanism of $\underline{CH}_x$ formation from syngas; some investigators[4] propose that the $\underline{CH}_x$ species is derived via a dissociative mechanism from partial

* This work is supported by the National Natural Science Foundation of China, and by a grant from the State Key Laboratory for Physical Chemistry of the Solid Surface, Xiamen University.

hydrogenation of the surface "active" carbon derived from CO dissociation over Rh metal; while some others[5] suggest that it is formed via an associative mechanism from a formyl intennediate, H$\underline{C}$O, by hydrogenolysis. Thus it is desirable to confirm the presence of the formyl intermediate in order to further strengthen the argument for the proposed associative mechanism[2] of C$\underline{H}_x$ formation from syngas over the promoted rhodium catalysts.

Regarding the pathway for the conversion of ketene intermediate[1,6] into ethanol over rhodium-based catalysts, Takeuchi and Katzer[1] have performed an interesting experiment with $^{12}C^{18}O/^{13}C^{16}O$ mixtures as the CO source in the syngas for the ethanol synthesis reaction and discovered that the isotopic repartitioning of ^{13}C and ^{18}O in the product ethanol is compatible neither with the hydrocondensation mechanism nor with the mechanism in which CO is inserted into a metal-methyl bond followed by direct hydrogenation to form acetaldehyde and ethanol. This led them to propose a mechanism where ketene and oxirene adspecies were supposed to be two key intermediates. These authors' explanation for the observed isotopic composition of ethanol was based on a reversible interconversion between ketene and oxirene and the exchange reaction of oxirene. As oxirene is a highly strained species, ketene conversion to oxirene would be energetically unfavorable. Moreover, oxirene and ethyleneoxide species have not been detected experimentally in syngas-conversion to ethanol over rhodium catalysts. So it is also desirable to establish a basis for a more plausible explanation for Takeuchi and Katzer's isotopic-scrambling experimental results.

As we used $CO + D_2$ to carry out the syngas conversion reactions in the formyl trapping experiment, we also investigated the effects of deuterium isotope on both the rate of ethanol formation and that of methanol formation.

2 Experimental

2.1 Catalyst Preparation

Promoted rhodium catalysts were prepared by isovolumetric impregnation techniques. Silica gel beads(Qingdou Marine-Chemical Factory product, 30~40 meshes, 300 m^2/g, 0.9 mL/g pore volume) were impregnated with the mixed methanol solution of metal nitrates or chlorides of rhodium and promoter cations such as Mn^{2+}, Fe^{3+}, Li^+, Ti^{4+}, followed by pumping away the solvent methanol at room temperature and then drying and heating in air at 573 K for one hour. The sample thus obtained was transferred into a fixed-bed micro-reactor and reduced with hydrogen(or CO so as to obtain a hydrogen-free sample for one special experiment of chemical trapping with CH$_3$I) at 673 K for two to eight hours. The rhodium loading in the catalyst was 2% by weight in each case.

2.2 Syngas Conversion Reaction

Syngas conversion reaction was carried out in a micro-reactor at 493 K, atmospheric pressure, 1000 h^{-1} space velocity. Reaction products were analyzed by an on-line FID-GC with a GDX-103 column(2 m, 353 K).

2.3 Formyl Trapping With CH$_3$I

After running the $CO + D_2$ reaction for enough length of time(two hours), formyl intermediate was identified by chemical trapping reaction with CH$_3$I as trapping agent, according to the following equation: H$\underline{C}$O + $\underline{C}$H$_3$ = CH$_3$CHO. As acetaldehyde is one of the reaction products, the use of CO/2D$_2$

instead of $CO/2H_2$ was to avoid ambiguity when CH_3I was used as the trapping reagent. The experiment was carried out as follows: after reduction of catalyst at 673 K for two hours with D_2, the $CO/2D_2$ reaction was conducted at 493 K, atmospheric pressure and the products were also analyzed by an on-line FID-GC. Two hours later, the trapping reaction was performed with an excess of CH_3I(0.5 mL) injected onto the catalyst surface which was at the reaction temperature and the trapping-reaction products were collected in an ice-salt cold trap. Samples collected were analyzed by means of GC-MS, with the use of a Finnigan MAT4510 GC-MS spectrometer for data recording and the accompanying microprocessor for the deduction of the G. C background.

2.4 In-Situ Chemical Trapping And Oxygen-Isotope Exchange Reactions With $D_2{}^{18}O$

After the steady state of syngas conversion reaction was reached, a definite proportion of $D_2{}^{18}O$ vapor was introduced with the syngas into the catalyst bed by allowing the syngas to bubble through liquid $D_2{}^{18}O$ (the abundance of ^{18}O is 90%) maintained at definite temperature to carry out the in-situ chemical trapping and isotopic exchange reactions. Reaction products were collected in a liquid-nitrogen cold trap for four hours. In view of the strong adsorption of acetic acid, methanol in N_2 stream was introduced into the catalyst bed to convert acetic acid adspecies into methyl acetate until no more methyl acetate was detected in the gaseous effluent. The thawed condensates were analyzed by GC-MS to give the isotopic repartition of ^{18}O in acetaldehyde, ethanol, and methyl acetate.

3 Results and discussion

3.1 Formyl Trapping

Adding an alkylation reagent to convert formyl species present on the catalyst surface into the corresponding aldehyde is a common method for formyl trapping[7] and methyl iodide is a highly effective methylation reagent widely used as formyl trapping agent. The MS patterns of acetaldehyde formed in the $CO+2D_2$ reaction and formed in the trapping reaction with CH_3I are shown in fig. 1. By comparison of (b) with (a), it was obvious that there are two species of acetaldehyde formed in the trapping reaction, one is unlabelled, i. e., $CH_3CHO(m/e=44)$; the other is mono-deuterated, i. e., $CH_3CDO(m/e=45)$. The CH_3CDO was the expected product from the $D\underline{C}O$ trapping reaction, but it was unexpected that CH_3CHO was also found in an amount comparable with CH_3CDO. Since D_2 instead of H_2 was used with CO to conduct the ethanol synthesis reaction, the formation of CH_3CHO seemed to be puzzling. After the possibility of contamination from any impurities in D_2 and CH_3I and from the residual hydrogen on the SiO_2 used as catalyst carrier was excluded, it became obvious that the formation of CH_3CHO must be related to the methyl group in CH_3I. When the "blank" trapping reaction with CH_3I was carried out only in the presence of CO over the Rh-Mn(1 : 1)/SiO_2 catalyst prereduced at 523 K in flowing CO, CH_3CHO was still found, indicating that cis-insertion of CO into the $\underline{C}H_3$ from the CH_3I to form $CH_3\underline{C}O$, must have taken place, as well as dehydrogenation of some of the $\underline{C}H_3$ to give $\underline{H}$, which then reacted with the $CH_3\underline{C}O$ to give CH_3CHO. Thus this clearly indicates that, in the formyl trapping reaction following $CO+2D_2$ reaction, there are two possible pathways for the formation of CH_3CDO. One is trapping of $D\underline{C}O$ by methylation, the other is trapping of $\underline{C}O$ plus $\underline{D}$ by deuteration of $CH_3\underline{C}O$ formed by CO insertion into $\underline{C}H_3$ derived from CH_3I. In other words, CH_3I can trap $\underline{C}O+\underline{D}$ probably almost as easily as it can trap the $D\underline{C}O$ species. In order to make sure that some of CH_3CDO is actually derived from $D\underline{C}O$, the catalyst surface was purged with Ar before the trapping reaction was conducted. The effects of purging time on the percentage of CH_3CDO in total acetaldehyde formed and on the corresponding surface concentration of $\underline{D}$ were investigated and the results shown in table 1. The $CH_3CDO\%$ was found to decrease much less slowly with purging time during the initial five minutes, in comparison with the corresponding decrease in $\underline{D}$ concentration. On the other hand, the $\underline{D}$ concentration was found to change only slightly with purging time from five to thirteen minutes, while the $CH_3CDO\%$ fell much more rapidly. These results indicate that a considerable proportion of the CH_3 CDO formed in the formyl trapping reaction was actually derived from methylation of $\underline{DCO}$ and that dissociation of the $\underline{DCO}$ into $\underline{D}+\underline{CO}$ might have taken place to some extent, especially when the surface concentration of $\underline{D}$ had dropped to a low level during the purging. Note that many systematic formyl-trapping experiments with CH_3I and with $(CH_3)_2SO_4$ over a series of catalysts active for alcohol formation have been reported in the literature[8,9]; but it has not been mentioned that dehydrogenation of some of the methyl group from trapping agent might occur, and that cis-insertion of CO into $\underline{CH_3}$ followed by hydrogenation of the resulting acetyl adspecies to give acetaldehyde might also take place in the trapping experiments, in the presence of $\underline{CO}$ and $\underline{H}$. Kuznetzov et al. [5] have observed formyl species during the initial syngas conversion reaction over Rh/La_2O_3 catalyst with ^{13}C NMR. This result and the result of the present paper give further support that formyl adspecies is really a C_1-intermediate in ethanol synthesis reaction.

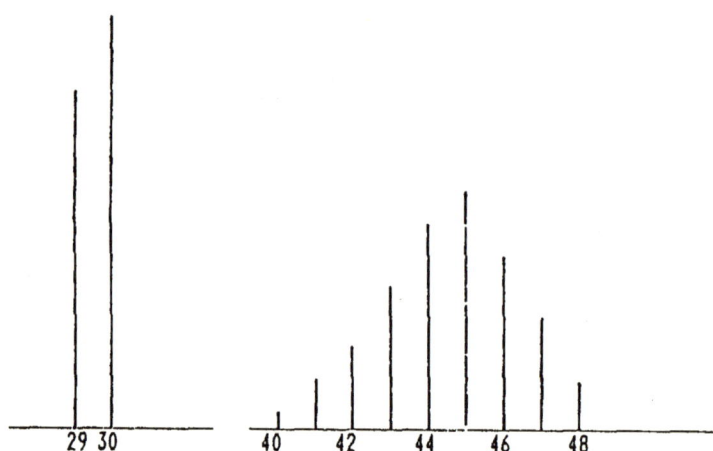

Fig. 1 MS pattern of acetaldehyde formed by trapping reaction with CH_3I after the $CO+D_2$ reaction over a Rh-Mn/SiO$_2$ catalyst.

Table 1 Effects of purging time of Ar on the amount of CH_3CDO trapped and the relative $\underline{D}$ surface concentration*

Purging time(min)	Amount of CH_3CDO trapped(mmol/mLcat. $\times10^4$)	Relative $\underline{D}$ surf. conc.
0	7.4	100.0
1	4.8	30.5
3	3.7	4.3
5	3.2	2.0
13	0.3	1.3

* The catalyst used was Rh-Mn/SiO$_2$. 1 : 1.

518

3.2 In-Situ Chemical Trapping Reaction And Oxygen-Isotope Exchange Reaction

As $D_2{}^{18}O$ is a kind of water doubly labelled by D and ^{18}O, it can be used both as trapping agent for ketene and acetyl intermediates and as the source of ^{18}O for oxygen-isotope exchange of those species containing carbonyl[10]. With this as trapping agent, $CH_2DC^{18(16)}OOCH_3$ and $CH_3C^{18(16)}OOCH_3$ are formed in the in-situ chemical trapping reaction followed by purging the catalyst with methanol-containing N_2 stream, and the relative proportions of the mon-odeuterated and the undeuterated esters vary with the relative proportions of the in-situ trapping agent and D_2 (table 2), as in the case of in-situ chemical trapping with CH_3OD previously reported by us[6], indicating once again that the in-situ chemical trapping is in competition with further hydrogenation of ketene and acetyl, and that ketene and acetyl adspecies are two C_2-inter-mediates in the ethanol synthesis reaction. With $D_2{}^{18}O$ as the source of ^{18}O in the in-situ oxygen-isotope exchange reaction, ethanol as the main C_2-oxygenate formed contains more than 40% of ^{18}O-ethanol($CH_3CH_2{}^{18}OH$), as shown in table 3. Since a blank test shows that the percentage of ^{18}O exchange between ethanol and $D_2{}^{18}O$ over Rh-TiO_2/SiO_2 catalyst is only 2.8% under the same conditions but in the absence of syngas, it can be concluded that the ^{18}O-ethanol formed in the in-situ oxygen-isotope exchange reaction is derived predominantly from hydrogenation of its ^{18}O-containing precursors, such as adspecies of ^{18}O-ketene, ^{18}O-acetyl, and ^{18}O-acetaldehyde, formed by isotopic exchange reactions of the corresponding ^{16}O organic adspecies with $D_2{}^{18}O$, most probably through reversible hydration and dehydration of the carbonyl functional groups. As acetaldehyde adspecies can not be converted into methyl acetate by a hydration reaction, the formation of four species of methyl acetate having different isotopic compositions and ^{18}O-ethanol as well as ^{18}O-acetaldehyde in the in-situ chemical trapping reaction and the oxygen-isotope exchange reaction with $D_2{}^{18}O$ reveals that ketene and acetyl intermediates can take part in two types of hydration reactions. One is irreversible, i.e., the trapping reaction, leading to the formation of acetic acid; the other is reversible hydration and dehydration, leading to isotopic exchange and the formation of ^{18}O-ethanol and ^{18}O-acetaldehyde. The experimental results(table 4) show that the sum of the ^{18}O-ethanol% and ^{18}O-acetaldehyde% in the total C_{2+}-O is much larger than the total AcOMe%, implying that the reversible hydration and dehydration reactions can actually take place faster than the trapping reaction. Based upon these experimental results, the mechanisms for the in-situ chemical trapping reaction and oxygen-isotope exchange reaction are shown in fig. 2.

Table 2 **Isotopic composition of methyl acetate produced by in-situ chemical trapping reaction with $D_2{}^{18}O$ followed by purging with methanol in N_2 stream over Rh-TiO_2/SiO_2 ($493\ K$, $1\ atm$, $1000\ h^{-1}$)**

Feed comp.	Percentage in total AcOMe*	
$D_2{}^{18}O/H_2/CO$ (mol. ratio)	$CH_3C^{18}OOCH_3+$ $CH_2DC^{18}OOCH_3$	$CH_2DC^{18}OOCH_3+$ $CH_2DC^{16}OOCH_3$
0.14/2/1	14.9	6.9
0.30/3/1	35.8	12.3
0.22/2/1	36.4	13.2
0.15/1/1	52.2	25.2

* Includes CH_3COOCH_3, $CH_3C^{18}OOCH_3$, $CH_2DCOOCH_3$, $CH_2DC^{18}OOCH_3$.

Table 3 Isotopic composition of C_2-oxygenates produced by in-situ isotopic exchange exchange reaction of oxygen over Rh-TiO_2/SiO_2 (493 K, 1 atm, 1000 h^{-1})

Feed comp. $D_2{}^{18}O/H_2/CO$	$CH_3CH_2{}^{18}O\%$ in acetaldehyde	$CH_3CH_2{}^{18}OH\%$ in ethanol
0.14/2/1	13.5	43.1
0.30/3/1	26.7	43.2
0.22/2/1	28.8	46.2
0.15/1/1	51.6	43.9

Table 4 In-situ chemical trapping reaction and isotopic exchange reaction of oxygen with $D_2{}^{18}O$ followed by purging with methanol in N_2 stream over Rh-TiO_2/SiO_2 (493 K, 1 atm, 1000 h^{-1})

Feed comp. $D_2{}^{18}O/H_2/CO$ (mol. ratio)	Percentage in C_2^+-O^* (mol%)		
	$CH_3CH_2{}^{18}O$	$CH_3CH_2{}^{18}OH$	Total AcOMe
0.14/2/1	0.8	39.6	2.0
0.30/3/1	1.8	38.9	3.1
0.22/2/1	1.5	42.2	3.4
0.15/1/1	7.6	32.3	11.8

* Includes acetaldehyde, ethanol, methyl acetate.

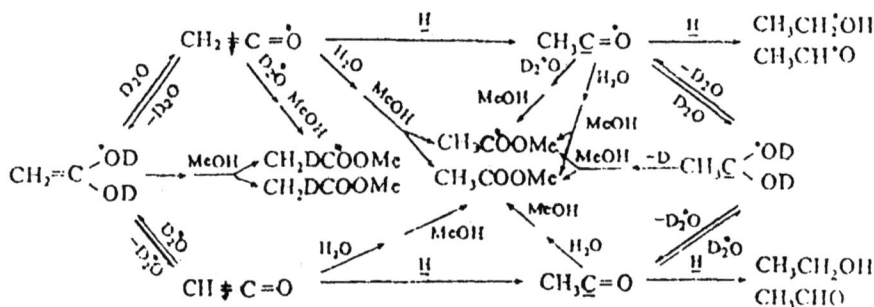

Fig. 2. Scheme for the mechanism of in-situ trapping reaction and isotopic exchange reaction of oxygen.

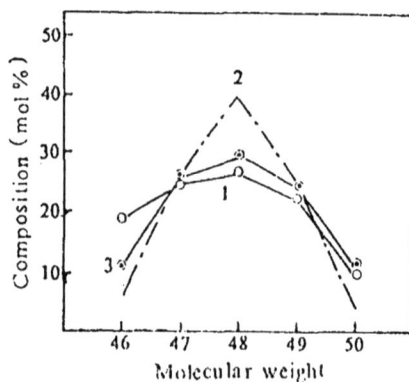

Fig. 3 Isotopic composition of ethanol; 1. experimental results, 2. calculated according to partially dissociative model, 3. calculated with two times of isotopic exchange of oxygen between ketene and water formed in reaction.

As mentioned in the introduction, Takeuchi and Katzer[1] explained the observed isotopic composition of ethanol based on the existence of the highly strained oxirene adspecies as a ketene isomer. Several authors[11,12] have raised doubts about this explanation. Deluzarche et al. [12] proposed an alternative explanation for Takeuchi and Katzer's results based on the probable reactions of reversible and repeatable oxygen-isotopes exchange between water and adsorbed formaldehyde or acetaldehyde, but they did not produce any experimental evidence. Furthermore, if all the ethanol were derived from hydrogenation of the adsorbed ^{18}O-acetaldehyde, then the ^{18}O-ethanol% in the ethanol would be the same as the ^{18}O-acetaldehyde% in the acetaldehyde; but this is not the case, as shown in table 3. Accordingly, we suggest that the oxygen-isotope exchange reaction between ketene(as well as acetyl) intermediate and water should be considered. Based on the mode of oxygen-isotope exchange of ketene (as well as acetyl) with water formed in the ethanol-synthesis reaction and the isotopic composition of CO in Takeuchi and Katzer's experiment, the isotopic composition of ethanol can also be obtained by statistical calculation, as shown in fig. 3. The experimentally determined isotopic composition is completely different from that calculated by Takeuchi and Katzer based on a half-dissociation model(e. g. CO insertion into M-CH₃ bond). But with the assumption that oxygen-isotope exchange can take place twice between ketene(as well as acetyl) and water formed in the reaction, the isotopic composition calculated by us lies very closely to the experimental data. Thus Takeuchi and Katzer's experimental results can be explained without resort to the hypothesis of the existence of highly strained oxirene intermediate. This further supports the ethanol-formation mechanism proposed by us[2].

3.3 Deuterium Inverse Isotope Effects In Methanol And Ethanol Formation

The effect of deuterium isotope on the rate of a hydrogenation reaction is often used to investigate whether hydrogen is involved in the rate-determining step or not. So far, no work concerning the effects of deuterium isotope in the syngas on the rates of ethanol synthesis and methanol synthesis over rhodium catalysts has been reported in the literature. In the present work, we carried out a series of ethanol-synthesis reactions with CO/2D₂ and with CO/2H₂ as the syngas in order to study deuterium isotope effect, and the results are summarized in table 5. Over all the catalysts, the rate of ethanol formation in CO+2D₂ reaction is 1.4~2.1 times that in CO+2H₂ reaction. Over the Rh-Mn/SiO₂ (molar ratio of Rh/Mn=1：1 or 1：2) catalyst, on which methanol is also formed, the rate of methanol formation in CO+2D₂ reaction is faster by about a factor of two than that of methanol formation in CO +2H₂ reaction. These results indicate that both methanol formation and ethanol formation show noticeable deuterium inverse isotope-effects in syngas conversion over rhodium-based catalysts. From this result it may be inferred that the rate-determining steps involved in both methanol formation and ethanol formation are, very probably, in each case a step of hydrogenation(or deuteration), though the two

Table 5 H₂/D₂ isotope effect in syngas conversion reaction(493 K,1 atm 1000 h⁻¹,CO/H₂(D₂)=1/2)

Catalyst	C^D/C^H	Y_{MeoH}^D/Y_{MeoH}^H	Y_{EtOH}^D/Y_{EtOH}^D
Rh/SiO₂	1.2	—	2.1
Rh-Mn/SiO₂ 1：1	1.3	1.9	1.5
1.8 Rh-Mn/SiO₂ 1：2	1.3	2.0	1.8
Rh-Fe/SiO₂ 1：0.3	1.2	—	1.4
Rh-Li/SiO₂ 1：0.3	1.3	—	1.8

C denotes the percentage of CO conversion, and Y the yield of product per hour.

steps are apparently not the same, for according to Ichikawa[13], the activation energies for these two reactions are different.

References

[1] A. Takeuchi and J. R. Katzer, J. Phys. Chem. **86**(1982)2438.

[2] Guishong Gu, Jinpo Liu and Khirui Tsai, J. Phys. Chem. (Chin.)**1**(1985)177.

[3] M. M. Bhasin, W. T. Bartley, P. C. Ellgen and T. P. Wilson, J. Catal. **54**(1978)120.

[4] M. Ichikawa, T. Fukushima and K. Shikakura, Proc. 8th ICC(Berlin)(1984) II -69.

[5] V. L. Kuznetzov, A. V. Romanenko, V. M. Matikhin, V. A. Shmachkov and Yu. I. Yermakov, Proc. 8th ICC(Berlin)(1984)V-3.

[6] Jinpo Liu, Haiyou Wang, Jingkung Fu, Yugui Li and Khirui Tsai, Proc. 9th ICC(Canada)(1988) 735.

[7] A. Deluzarche, J. P. Hindermann, A. Kiennemann and K. Kieffer, J. Mol. Catal. **31**(1985)225.

[8] A. Kiennemann, C. Diagne, J. P. Hindermann, P. Chaumette and P. Courty, Appl. Catal. **53** (1989)97.

[9] C. Diagne, H. Idriss, J. P. Hindermann and A. Kiennemann, Appl. Catal. **51**(1989)165.

[10] Haiyou Wang, Jinpo Liu, Jingkung Fu, Yugui Li and Khirui Tsai, J. Mol. CataL(Chin.)**5**(1) (1991)16.

[11] G. Henrici-Olive and S. Olive, J. Phys. Chem. **88**(1984)2426.

[12] A. Deluzarche, J. P. Hindermann, R. Kieffer, R. Breault and A. Kiennemann, J. Phys. Chem. **88** (1984)4993.

[13] M. Ichikawa, in: Tailored Metal Catalysts, ed: Y. Iwasawa, (Reidel Publ. Co., 1986) pp. 183~ 263.

■ 本文原载：Elsevier Science Publishers B. V., Amsterdam—*Research on Chemical Intermediates*, 17 (1992) pp. 233～242.

Study on the Method of Chemical Trapping for Formyl Intermediates

H.Y.Wang, J.P.Liu, J.K.Fu, H.B.Zhang, K.R.Tsai

The State Key Laboratory for Physical Chemistry of the Solid Surface

(Department of Chemistry Xiamen University Xiamen 361005, China)

Received 6 April 1992; accepted 6 May 1992

Abstract   The method of chemical trapping for formyl intermediates has been studied, with syngas conversion to ethanol over rhodium-based catalysts as the diagnostic reaction concerned, and CH_3I as the trapping reagent. Two species of acetaldehyde, i. e., CH_3CHO and CH_3CDO, were produced in the trapping reaction following $CO + 2D_2$ reaction. It was shown that the formation of CH_3CHO in the trapping reaction resulted from dehydrogenation of $\underline{C}H_3$ from CH_3I to give $\underline{H}$, which induced the formation of CH_3CHO in the presence of $\underline{C}O$ and $\underline{C}H_3$. So there may be two pathways for the formation of CH_3CDO in the trapping reaction: one, methylation of $D\underline{C}O$ adspecies; the other, deutemtion of $CH_3\underline{C}O$ formed by CO insertion into $\underline{C}H_3$. The catalyst surface was purged with Ar following $CO + 2D_2$ reaction before the trapping reaction was performed. By means of this modified method of chemical trapping for formyl intermediates, CH_3CDO was found to be mainly derived from the methylation of $D\underline{C}O$ adspecies. Accordingly, it could be concluded that formyl is a C_1-intermediate in the syngas conversion to ethanol over rhodium-based catalysts.

1   INTRODUCTION

The method of chemical trapping is regarded as an effective tool for identifying intermediates formed in the catalytic reaction process and has been widely applied in studying catalytic reaction mechanisms[1]. The so-called method of chemical trapping is a method of determining the chemical structure and existing state of surface intermediates by analyzing the composition and structure of trapping products formed in trapping reactions, in which an amount of trapping reagent that can selectively react with one or several surface adspecies to form stable trapping products is introduced into the catalyst bed under reaction conditions. This method is characterized by high sensitivity and convenience in gaining some information about reaction intermediates.

In C_1-chemistry, formyl is supposed to be a C_1-intermediate in syngas conversion to alcohol such as methanol over Pd-based catalysts[2] and ethanol over Rh-based catalysts[3]. As an active, unstable, and transient adspecies, formyl is ready to convert into other intermediate adspecies or reaction-products in the proceeding of reactions which in some cases makes it difficult to detect by means of IR or other spectral methods. So, the method of chemical trapping characterized by high sensitivity plays a very important role in detecting formyl adspecies in syngas conversion reactions. In formyl trapping experiments, the methylation reagents such as CH_3I and $(CH_3)_2SO_4$ were generally used as a trapping reagent and the expected trapping product was acetaldyde[1]. In the present paper, the syngas conversion to ethanol over rhodium-based catalysts was the diagnostic reaction studied, with CH_3I as the trapping reagent. The chemical trapping reaction was performed to trap the expected formyl intermediates by injecting an excess of CH_3I onto the catalyst surface following $CO+2D_2$ instead of $CO+2H_2$ reaction. It was first found that dehydrogenation of $\underline{C}H_3$ from CH_3I took place over activated rhodium catalyst to give $\underline{H}$, which could induce the occurrence of the formation reaction of acetaldehyde (CH_3CHO) in the presence of CO and $\underline{C}H_3$ from CH_3I. This complicated the explanation for the experimental results obtained in the trapping reaction. By improving the method of chemical trapping for formyl, we have succeeded in proving the existence of formyl intermediate adspecies in syngas conversion to ethanol over rhodium-based catalysts.

2 EXPERIMENTAL

2.1 Catalyst preparation

Promoted rhodium-based catalyst (Rh-Mn (1 ∶ 1)/SiO_2) was prepared by an isovolumetric impregnation technique and the detailed preparation processes were the same as these described in the reference[4].

2.2 Chemical trapping for formyl intermediates

As acetaldehyde is one of the reaction products formed in syngas conversion reaction over rhodium-based catalysts, the mixtured gas of $CO/2D_2$ instead of CO/H_2 was used as a reactant gas to avoid ambiguity when CH_3I was used as a trapping reagent. Thus, the acetaldehyde formed in syngas conversion reaction was all-deuterated, $i.e.$, CD_3CDO, and the acetaldehyde formed in trapping reaction was mono-deuterated, $i.e.$, CH_3CDO. With the help of MS, these two species of acetaldehyde having different isotopic compositions can be differentiated from each other. The detailed experimental operation steps could be described as follows:

Syngas conversion reaction with $CO/2D_2$ (1000 h^{-1}) as a reactant gas was carried out at 493 K, atmospheric pressure, over 1 ml of catalyst prereduced with D_2 (1000 h^{-1}) at 673 K for two hours and the reaction products were analyzed by an on-line FID-GC. Two hours later, the trapping reaction was performed with an excess of CH_3I(0.5 mL) injected onto the catalyst surface kept at the reaction temperature and the trapping-reaction products were collected in an ice-salt(sodium chloride) cold trap. The content of acetaldehyde included in the collected sample was determined by FID-GC, with acetone as an inner standard substance. The molar percentage of CH_3CDO in total acetaldehyde was measured by GC-MS, with the use of the Finnigan MAT 4510 GC-MS spectrometer for data recording and the accompanying microprocessor for the deduction of the GC background. The electron bombardment energy was adjusted to 70 eV in MS analysis.

Two kinds of methyl iodide were used in the trapping reactions: one was the original reagent which contains 1.3% of methanol and 0.5% of methyl ether; the other was purified by repeated washing with water, then adsorption with $CaCl_2$, and distillation. The purified reagent contains 0.3% methyl ether and almost no methanol(undetected by FID-GC).

3 RESULTS AND DISCUSSION

The MS patterns of acetaldehyde formed in the $CO+2D_2$ reaction are shown in Figure 1. The peaks at 29 and at 30 can be ascribed to the CHO and CDO fragments, respectively. The intensity of the peak at 30 is approximately one hundred times that at 29, indicating that the purity of D_2 used as a reactant gas is sufficient and the residual hydroxyl-hydrogen on the SiO_2 used as a catalyst carrier does not get involved in the reaction products in the syngas conversion reaction. Peaks at 48 and at 47 can mainly be attributed to the CD_3CDO and CD_2HCDO molecules, respectively; peaks at 46 and at 45 to the CD_3CO and CD_2HCO acetyl fragments, respectively. From Figure 1, it is evident that the intensity of the acetyl fragment peak is much weaker than that of the corresponding acetaldehyde molecule peak. MS patterns of acetaldehyde formed in the trapping reaction with unpurified CH_3I following $CO+2D_2$ reaction are shown in Figure 2. In comparison with Figure 1, the intensity of peaks at 45 and at 44 in Figure 2 is

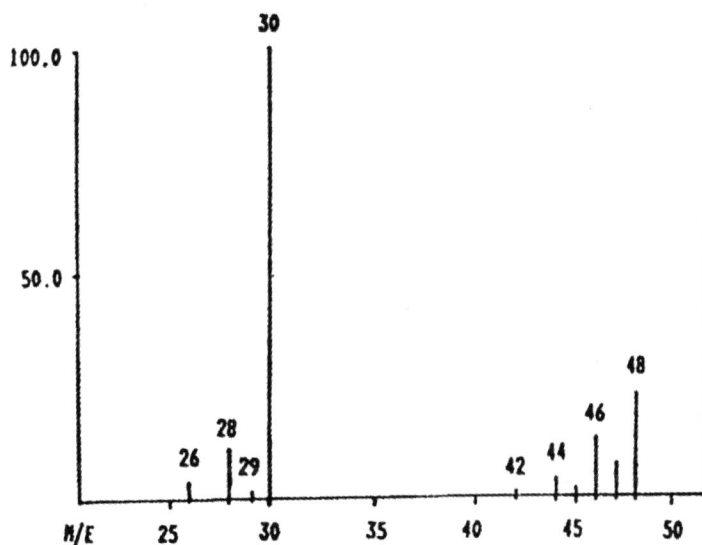

Figure 1. MS patterns of acetaldehyde formed in the $CO+2D_2$ reaction over Rh-Mn(1 : 1)/SiO$_2$ catalyst.

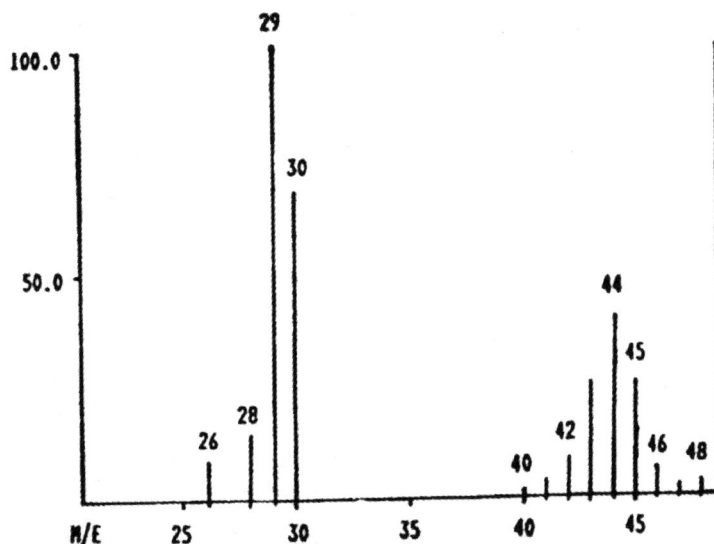

Figure 2. MS patterns of acetaldehyde formed in the trapping reaction with unpurified CH_3I following $CO+2D_2$ reaction over Rh-Mn(1 : 1)/SiO$_2$ catalyst.

much stronger than that at 48, showing the formation of two species of acetaldehyde which have a molecular weight of 44 and 45, respectively, in the trapping reaction. MS patterns of unlabelled acetaldehyde as a standard sample are shown in Figure 3, with the ratio of I_{44}/I_{29} being 0.36. In Figure 2, the ratio of I_{45}/I_{30} is equal to 0.38, and that of I_{44}/I_{29} to 0.39; both ratios are close to the corresponding ratio in Figure 1. Therefore these two species of acetaldehyde having a molecular weight of 44 and 45 which are formed in the trapping reaction can be mainly ascribed to CH_3CHO and CH_3CDO, respectively. CH_3CDO was the expected product from the $D\underline{C}O$ trapping reaction, but it was unexpected that CH_3CHO was also found at comparable level with CH_3CDO. Clearly, it is necessary to find the reason for the formation of CH_3CHO in the trapping reaction prior to ascribing the formation of CH_3CDO to the methylation of $D\underline{C}O$ adspecies.

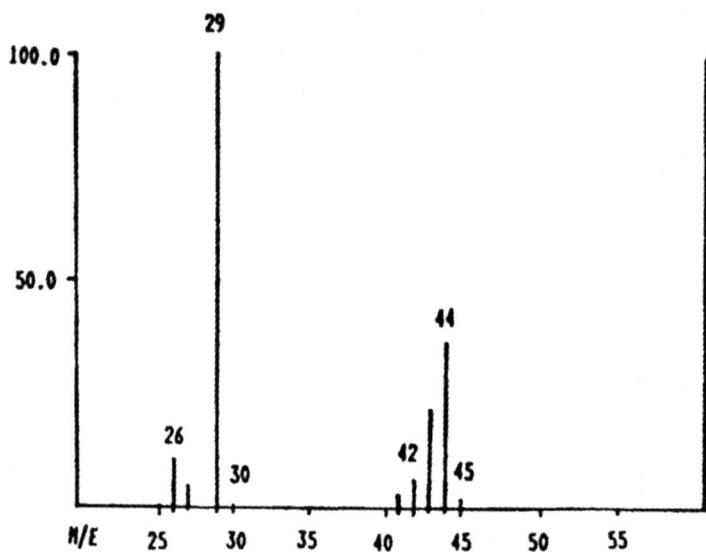

Figure 3. MS patterns of CH_3CHO as a standard sample.

Since D_2 instead of H_2 was used with CO to conduct the syngas conversion reaction, where does the formyl-hydrogen in CH_3CHO formed in the trapping reaction come from? Considering that the methyl iodide contains 1.3% of methanol, which may provide $\underline{H}$ adspecies by adsorption on the catalyst surface, the purified methyl iodide was used as a trapping reagent. However, CH_3CHO was still produced at a comparable level with CH_3CDO in the trapping reaction with the purified CH_3I following $CO+2D_2$ reaction(as shown in Figure 4). The ratio of I_{45}/I_{44} in MS patterns of acetaldehyde thus formed was equal to 0.71, being very close to the corresponding ratio(*i. e.* 0.63) in Figure 2. The formation of CH_3CHO in the trapping reaction was not related to the methanol-impurity. The other possibility is that the trapping reagent CH_3I may supply $\underline{H}$ adspecies itself. A group of experiments were performed to investigate this possibility and the results were summarized in Table I. Acetaldehyde was not found to be formed in the blank trapping reactions with CH_3I over SiO_2 pretreated with CO and over the Rh-Mn(1 : 1)/SiO_2 catalyst pretreated with H_2, but was found to be produced in the blank trapping reaction with purified CH_3I over the Rh-Mn(1 : 1)/SiO_2 pretreated with CO, showing that the formation reaction of acetaldehyde does not take place between CH_3I and CO in the gaseous phase, but proceeds over the rhodium catalyst. Thus, dehydrogenation of $\underline{C}H_3$ from CH_3I over activated rhodium catalysts must have taken place to produce $\underline{H}$-atoms, which then reacted with the $CH_3\underline{C}O$ formed by cis-insertion of CO into the $\underline{C}H_3$ from CH_3I to form CH_3CHO, or then reacted with $\underline{C}O$ to form $H\underline{C}O$,

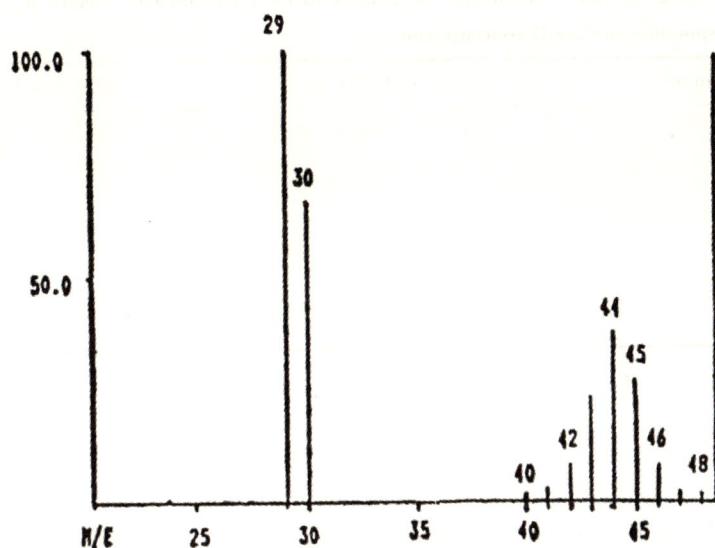

Figure 4. MS patterns of acetaldehyde formed in the trapping reaction with purified CH_3I following $CO+2D_2$ reaction over Rh-Mn(1:1)/SiO_2 catalyst.

which was converted into CH_3CHO by methylation. Since then, there may be two pathways for the formation of CH_3CDO in the trapping reaction with CH_3I following $CO+2D_2$ reaction: one is the methylation of D$\underline{C}$O, the other is the deuteration of $CH_3\underline{C}O$ formed by CO insertion into $\underline{C}H_3$. To make clear the main pathway for the formation of CH_3CDO in the trapping reaction, the method of chemical trapping for formyl adspecies was modified. We performed the trapping reaction after purging the catalyst surface with Ar(1800 h^{-1}) following $CO+2D_2$ reaction and the effects of purging time of Ar on the molar percentage of CH_3CDO formed and the corresponding $\underline{D}$ surface concentrations were summarized in Table Ⅱ. The percentage of CH_3CDO in total acetaldehyde formed in the trapping reaction was found to decrease more slowly with purging time during the initial five minutes, in comparison with the corresponding decrease in the $\underline{D}$ concentration. On the other hand, the $\underline{D}$ concentration was found to change only slightly with purging time from five to thirteen minutes, while the $CH_3CDO\%$ fell much more rapidly. These results indicate that a considerable proportion of CH_3 CDO formed in the trapping reaction was actually derived from the methylation of D$\underline{C}$O species and that partial decomposition of D$\underline{C}$O species into $\underline{C}O+\underline{D}$ may have taken place, especially when the $\underline{D}$ concentration had dropped to a low level during the purging. In comparison with Ar used as purging gas, $CH_3CDO\%$ was found to decrease less slowly with purging time when CO(1800 h^{-1}) was used as purging gas, which could be explained by partial inhibition of the D$\underline{C}$O decomposition in the presence of CO in the gaseous phase. From these results mentioned above, it could be inferred that the methylation of D$\underline{C}$O species was the major pathway for the formation of CH_3CDO in the trapping reaction and that formyl was a oxygen-containing C_1-intermediate in the syngas conversion to ethanol over rhodium-based catalysts.

TABLE I   Blank trapping reactions with CH_3I

Sample	CH_3I	Sample Treatment	CH_3CHO formed(mmol$\times10^3$)
SiO_2	unpurified	CO(573 K)1 hr	no
Rh-Mn/SiO_2 1:1	purified	CO(573 K)5 hr	1.4
	unpurified	H_2(623 K)8 hr	no

TABLE Ⅱ Effects of purging time of Ar on the CH$_3$CDO% in total acetaldehyde formed in the trapping reaction and the corresponding surface D concentration. [a]

Purging Time(min)	CH$_3$CDO%	Relative D Surface Concentration
0	36.4	100
1	28.4	36.5
3	28.1	4.3
5	23.7	2.0
13	4.5	1.3

[a] The catalyst used was Rh-Mn(1 : 1)/SiO$_2$ prereduced by H$_2$ at 673 K for 4 hours.

The authors in the references[1,5,6] have performed a series of systematic formyl trapping experiments with methylation reagents such as CH$_3$I and (CH$_3$)$_2$SO$_4$ over a series of catalysts active for alcohol formation and linearly correlated formyl adspecies concentration directly calculated according to the amount of acetaldehyde formed in the trapping reaction with catalytic activity and/or the yield of oxygen-containing products. According to the results obtained in the present paper, acetaldehyde could be formed by some reactions induced by dehydrogenation of methyl group from a trapping reagent such as CH$_3$I only in the presence of CO. The parallel correlation between the formyl adspecies concentration and catalytic activity as done by the authors in the references[1,5,6] appears to be unreasonable. Thus, the method of formyl trapping with an unlabelled metltylation reagent as a trapping reagent widely cited in the literature also seems to be unreasonable in some aspects and should be modified as shown in the present paper. Although the method of chemical trapping used for identifying surface intermediates in heterogeneous catalysis has some advantages, the explanation for experimental results may be complicated while the decomposition of the trapping reagent or other by-reaction related to the trapping reagent takes place. Accordingly, suitable reaction conditions should he chosen and well-organized experimental plans should be made prior to the performance of the chemical trapping experiment in order to gain a clear conclusion and to avoid errors and unreasonable conclusions.

ACKNOWLEDGEMENT

This work is supported by the National Natural Science Foundation of China.

REFERENCES AND NOTES

[1] A. Deluzarche, J. P. Hindermann, A. Kiennemann, and R. Kieffer, J. Mol. Catal., 31(1985)225.

[2] A. Kiennemann, J. P. Hindermann, R. Breault, and H. Idriss, ACS New York Meeting, April 13~18(1986).

[3] J. Liu, H. Wang, J. Fu, Y. Li, and K. Tsai, Proc. 9th Int. Congr. Catal., (1988)735.

[4] H. Wang, J. Liu, J. Fu, Y. Li, and K. Tsai, J. Mol. Catal. (Chinese), 5(1)(1991)16.

[5] A. Kiennemann, R. Breault, and J. P. Hindermann, Faraday Symp. Chem. Soc., 21(1986), paper 14.

[6] C. Diagne, H. Idriss, J. P. Hindermann, and A. Kiennemann, Appl. Catal., 51(1989)165.

本文原载:《厦门大学学报》(自然科学版)第 31 卷第 4 期(1992 年 7 月),第 387～391 页。

合成气制乙醇铑催化剂中助剂的作用[*]

傅锦坤　刘金波　许金来　汪海有　蔡启瑞

(化学系　固体表面物理化学国家重点实验室)

摘　要　促进型铑催化剂上,测定 CO 吸附的 IR 光谱和铑的分散度。结果表明:线吸附 CO 的谱带基本不变,桥 CO 谱带红移且变宽,变化顺序为 Rh-Mn＞Rh-Mn-Fe-Li＞Rh-Fe＞Rh-Li＞Rh。该变化归因于助剂对吸附 CO 氧端络合而形成的 η^2-CO 物种。并可作为活性中心亲氧能力强弱的相对尺度。Rh-Mn/SiO$_2$ 上,测量 CO/H$_2$ 的 IR 光谱,发现了归属于甲酰基的谱带;说明甲酰基是反应中间物。并测定各催化剂活性和选择性。基于这些结果和蔡启瑞等曾提出的氢助解离乙烯酮机理,能较合理地探讨了助剂的协合催化作用。本研究再次为上述机理提供另一重要实验证据。

关键词　CO 吸附　铑催化剂　乙醇　FTIR

促进的负载型铑系催化剂是具有应用前景的合成气制乙醇催化剂。大量研究表明:亲氧性金属 Mn、V、Ti 等显著提高活性和乙醇选择性且产物中碳二以上的醇甚少。关于助剂的作用和催化反应机理,文献[1,2]已有指出。蔡启瑞等曾提出氢助解离的乙烯酮机理[3-5]。其中由于氧端与路易斯酸络合,使热力学上不利的反应 CO+H→HCO 变为有利,从而提高活性。中间体 HCO 能否生成将决定于助剂金属离子对含氧反应中间物络合能力的强弱,而能否检测出 HCO 是检验该机理正确与否的标准,有待直接获得实验证据。

本工作用 FITR 测定 230 ℃下各催化剂上 CO 吸附态的 IR 光谱,TEM 测定铑分散度,考察不同助剂的催化剂对 CO 氧端的络合能力,用 FTIR 测定中间物 HCO。评价各催化剂的性能,并讨论助剂的协合催化作用机理。

1　实验

促进型铑催化剂各组分原料分别为 Rh、Mn、Fe、Li 硝酸盐的甲醇溶液,采用等容浸渍法制备催化剂。催化剂载体均为 SiO$_2$,比表面 300 m^2/g。

氢气经分子筛、402 脱氧剂分别除去微量水、氧。CO 气经分子筛、402 脱氧剂除微量水、氧,并进一步用氧化铝、活性炭和 400 ℃热铜管分别截取和分解 CO 中金属羰基化合物。

反应后的催化剂用 TEM-100CX Ⅰ型透射电子显微镜拍片(放大倍数 2.7×10^5),算出铑颗粒平均直径。

CO 吸附态红外光谱的研究,用 Nicolet-740 型傅里哀变换红外光谱议。分辨率 4 cm^{-1}。评价过的催化剂样品经研磨压片(直径 1 cm,约 30 mg),装入带有加热测温装置的高压红外样品池(CaF$_2$ 窗片),

---

[*] 本文 1992 年 4 月 8 日收到;国家自然科学基金资助项目。

320 ℃下通氢还原 4 h,在氢气氛中降温至 230 ℃,恒定后红外光谱作为背景谱。在此温度下以常压 CO 取代 H₂,并跟踪录谱至 CO 吸附平衡后定谱,扣除背景即得出该催化剂上 230 ℃时 CO 吸附的 IR 光谱。

催化剂评价的反应条件:230 ℃、常压、反应气($H_2:CO=2:1$),$SV=1\,500\ h^{-1}$;反应前氢还原 2 h。产物用气相色谱检测,用 PorapakQ 和 GDX-103 混合柱;以标准甲烷为外标物算出各产物含量,选择性和 CO 转化率。

2 结果与讨论

CO 吸附的 IR 光谱表明(Fig.1,Tab.1):各催化剂上线吸附的 ν_{co} 基本保持不变;桥 CO 的 ν_{co} 及低频吸附谱带视助剂种类不同而有明显差异,分别为(cm^{-1}):1 919(Rh),1 911(Rh-Li),1 905,1 773,1 592 (Rh-Mn),1 896(Rh-Fe),1 812(Rh-Mn-Fe-Li)。即 CO 吸附谱带低位移幅度视协剂种类变化顺序为 Rh-Mn>Rh-Mn-Fe-Li>Rh-Fe>Rh-Li>Rh。其中 Rh-Mn/SiO₂ 上明显地出现两个低频带 1 773、1 592 cm^{-1}。Rh-Mn-Fe-Li/SiO₂ 上出现一最宽谱带(2 000—1 600 cm^{-1}),2 000~1 800 cm^{-1} 所对应为 CO 桥吸附物种;1 800~1 600 cm^{-1} 为低频吸附物种。1 773 cm^{-1} 被宽谱带覆盖;1 592 cm^{-1} 谱带强度微弱。其他催化剂上没有观察到低频带,可能是强度太弱。

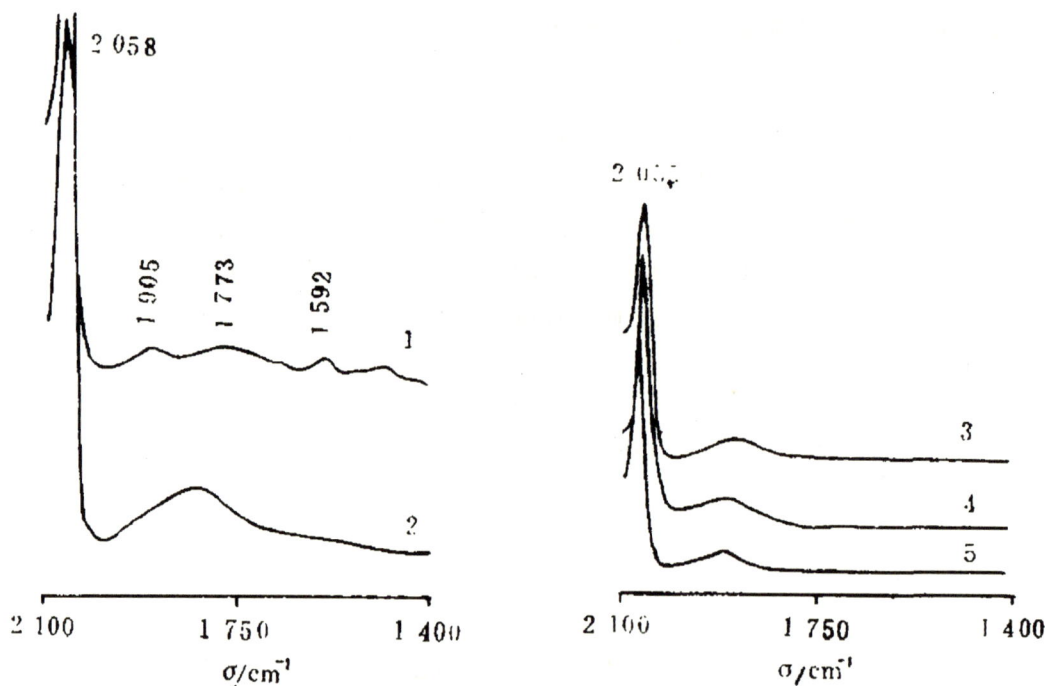

Fig. 1　Infrared spectra of CO adsorbed on Rh-M/SiO₂
1. Rh-Mn/SiO₂　2. Rh-Mn-Fe-Li/SiO₂　3. Rh-Fe/SiO₂　4. Rh-Li/SiO₂　5. Rh/SiO₂

总之在 Rh-Mn/SiO₂ 上,CO 吸附出现明显低频 IR 谱,对此现象许多研究者进行了研究和解释。福岛贵和[6]对于 Rh-Zr/SiO₂ 上,CO 吸附出现的 1 716 和 1 611 cm^{-1} 谱带认为是由 Rh-C≡O……ZrO 引起的,而且指出此吸附态可能和 CO 解离、合成气反应中含氧化合物中间体的稳定化作用有关。相应地影响了催化剂的活性和选择性。Lavalley 等[7]指出在 Rh-Ce/SiO₂ 上,CO 吸附的 1 725 cm^{-1} 谱带归属于 Rh-C≡O→~Ce~物种的特征带,但尚无法确定 C 原子是否与一个或两个 Rh 原子键合。Stevenson 等[8]也说明在 Rh-Mn/SiO₂ 上,1 715 cm^{-1} 是由 Rh-C-O-M 物种产生的。总之,尽管 Rh-C≡O……M 来源于线或桥 CO 吸附物种尚未完全明确,但其共同之处是倾斜吸附的 CO 氧端和助剂金属发生配位作用,即助剂离子和吸附的 CO 氧端络合而形成 η^2-CO 物种,并引起低频带的产生。

Tab. 1 Infrared spectra of CO adsorbed on rhodium catalysts

Catalysts M$_1$-M$_4$/SiO$_2$	Wave number cm^{-1}		New peek cm^{-1}	
	linear	bridge		
Rh	2 062	1 919		
Rh-Li(1∶1)	2 058	1 911		
Rh-Fe(1∶0.3)	2 055	1 896		
Rh-Mn-Fe-Li(1∶1∶0.3∶1)	2 059	1 812		
Rh-Mn(1∶1)	2 058	1 905	1 773	1 592

Adsorbed conditions:temp＝230 ℃,Pco＝atmospher,

Rh metal loading amount＝3wt％,reduced by H$_2$ at 320 ℃ for 4 hours

从 TEM 所测各催化剂的金属颗粒度(Tab.2)可见,除 Rh-Li/SiO$_2$ 上 Rh 颗粒 3.9 nm 外,其他的基本不变。这就排除了 Rh 颗粒分散度对 CO 吸附谱带位移影响的可能性,主要以 Rh-C≡O…M 中 O…M 键的强弱来解释。在氢还原催化剂后 CO 吸附的情况下,各助剂的价态分别为 Mn^{2+}、Fe^{3+}、Fe$^{2+[9]}$、Li$^+$。O…M 键的强度顺序为 O-Mn^{2+}＞O-Fe^{3+}、O-Fe^{2+}≫O-Li$^+$。这和上述 CO 吸附谱带位移的变化趋势一致。因 Mn^{2+} 亲氧性特别强,所以在 Rh-Mn/SiO$_2$ 上 CO 吸附出现两个强的低频带 1 773、1 592 cm^{-1};对比于无促进的,Fe 促进桥 CO 谱带低位移 23 cm^{-1} 大于 Li 的 8 cm^{-1}. Rh-Mn-Fe-Li/SiO$_2$ 兼备诸助剂的作用功能,综合效应结果使桥 CO(包括一部分低频吸附态)的 ν_{co} 低位移多达 107 cm^{-1}。

Tab. 2 Catalysis behavior of promoted Rh/SiO$_2$ catalysts

Catalysts M$_1$-M$_4$/SiO$_2$	CO Conversion %	Selectivity in carbon efficienty %							Crystallite (TEM) nm
		CH$_4$	C$_2$	C$_3$	MeOH	EtOH	AcH	C$_2$-oxy	
Rh	1.2	28.1	11.1	0.3	5.8	50.6	4.1	54.7	2.5
Rh-Mn(1∶1)	3.1	21.5	10.2	0.2	7.7	56.4	4.0	60.4	2.0
Rh-Fe(1∶0.3)	2.1	20.5	6.6	0.2	12.0	58.3	2.4	60.7	2.4
Rh-Li(1∶1)	1.0	16.9	4.3	0.9	9.4	62.8	5.7	68.5	3.9
Rh-Mn-Fe-Li (1∶1∶0.3∶1)	2.5	6.7	3.1	1.3	9.7	75.7	3.5	79.2	2.4

Reaction condition. press. ＝atmospher,temp. ＝230 ℃,CO∶H$_2$＝1∶2,sv＝1 500 h^{-1},

Rh metal loating amount＝3 wt％,reduced by H$_2$ at 400 ℃ for 2 hours.

至于在各促进的催化剂上,桥 CO 谱带变宽,这可能是助剂 M 晶状不均引起 O-M 之间距离变化所致。

根据这研究结果,我们认为可以用吸附的 CO 在 2 000～1 600 cm^{-1} 之间吸收谱带的变化来作为衡量催化剂对氧配位能力强弱的相对尺度。

这可由如下的实验证明。在 Rh-Mn/SiO$_2$ 上,于 230 ℃ 用 CO 缓慢取代 H$_2$ 的过程中,直至长时间的平衡状态下,IR 研究检测到 CO 加氢产物的特征带:2 708,2 659,1 592(cm^{-1})(Fig.2)。Lavally 等[9] 在 Cu-ZnO 上研究 CO＋H$_2$ 的吸附态 IR 光谱检测到 2 770、2 661、1 520 cm^{-1} 谱带,认为这些是甲酰基吸附

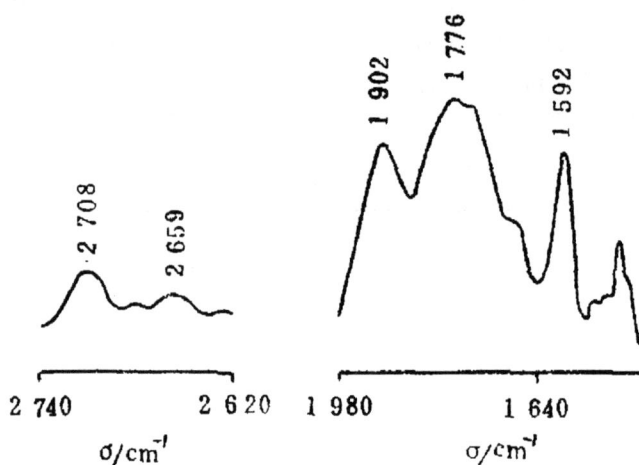

Fig. 2　Infrared spectra of CO＋H₂ on Rh-Mn/SiO₂

的特征带,其中 2 770,2 661 cm⁻¹ 为 ν(CH),1 520 cm⁻¹ 为 ν(CO),Hidel Orita 等[10]研究了 RhCl₃/SiO₂ 上 CO＋H₂(or D₂)的红外吸收光谱,认为 1 587 cm⁻¹ 很可能是甲酰基的特征带。福冈淳等[11]在 Rh-Co 上进行 CO＋H₂ 的 IR 研究,认为 1 580 cm⁻¹ 是 CO 加氢产物——甲酰基吸附物种 η^2HC ＝O 中 C ＝O 的特征谱带,而该物种为 H—C＝O（Rh———Co）。所以我们检测到上述谱带是甲酰基的特征带,这说明 CO 加氢生成甲酰基。Rh-Fe/SiO₂、Rh-Li/SiO₂ 上没有检测到这些特征带,可能是谱带强度很弱。多元的 Rh-Mn-Fe-Li/SiO₂ 上 1 592 cm⁻¹ 谱带强度微弱,甲酰基其他的特征带也同样未能检测到。

　　甲酰基的存在为前所提出的机理[3-5]提供了另一重要实验依据。这一机理简略如下:"CO$\xrightarrow{\text{H}}$HCO $\xrightarrow{\text{H}}$H₂CO $\xrightarrow{\text{H}}$H₂C $\xrightarrow{\text{CO}}$CH₂＝C＝O $\xrightarrow{\text{H}}$EtOH";Rh 和 Mn 组成复合活性中心:(Rh$_x^o$·Rh$_y^{\delta+}$)-O-Mn²⁺O—(X≫Y)。而且甲酰基(HCO)和乙烯酮(CH₂＝C＝O)两种反应中间物的存在已被证实[3-5]。其中甲酰基的生成,即 CO$\xrightarrow{\text{H}}$HCO 是提高合成气转化活性重要的基元反应。但这是热力学上不利的一步。由于 Mn²⁺ 与 HCO 氧端强键合而降低了 HCO 存在位能,(Rh)＝HC＝O…Mn²⁺,Mn²⁺ 削弱了其中的 C-O 键直至使其断裂,即氢助解离较为强烈,有利于进一步加氢生成卡宾(CH₂)。卡宾的大量生成又有利于催化剂活性的提高。Fe³⁺、Fe²⁺(在反应条件下 Fe 以 Fe⁰、Fe³⁺、Fe²⁺ 状态存在[9])也有类似 Mn²⁺ 的作用,但从谱带位移和甲酰基特征带出现的情况看,其促进 CO 的活化、氢助解离生成卡宾能力较 Mn²⁺ 差。在这方面 Li⁺ 基本上无促进作用。Rh-Mn/SiO₂、Rh-Fe/SiO₂、Rh-Li/SiO₂ 的催化活性分别为 3.1%、2.1%、1.0%(Tab.2)。含 Mn²⁺ 的 Rh-Mn-Fe-Li/SiO₂ 活性也较好,为 2.5%。这些变化趋势和上述研究和分析结果相一致。

　　乙烯酮的生成及其反应活性最近也有人研究。Fumiyuki 等[12]发现在 Ti、Pt 原子簇络合物中,配位在 Ti 原子上的 CO 邻位插入 Me-Pt 中而生成 CH₂＝C＝O。Mitchell 等[13]研究了吸附在 Pt(III)面上的 CH₂＝C＝O 能在不同温度下加氢生成乙醛基或分解成烃、CO、C 等。所以 CH₂＝C＝O 的生成和分解是一个动力学平衡过程。它是生成乙醇的主要中间物,促进其生成和使其相对稳定是提高乙醇选择性的关键。乙烯酮的生成在热力学上不太有利,但在助剂的存在下,其氧端和金属离子作用形成中间物 H₂C＝C＝O（(Rh)……(MOn)） 而相对稳定。其中 O-M 键需有适当强度,才有利于降低 CH₂＝C＝O 生成活化能并促其生成,为后续加氢为乙酰基至乙醇提供表面丰度较高的先驱物。这是提高乙醇选择性的主要原因,倘若 O-M 键过强会导致 $CH_2=C=O$ 中 C-O 甚至 C-C 键加氢断裂生成烃等副产物,降低乙醇的选择性。在这方面,Li^+ 是适度稳定乙烯酮的最合适助剂,即发挥了上述促进的最佳功能。Mn^{2+}、Fe^{3+}、Fe^{2+} 尤其是 Mn^{2+} 不如 Li^+。与之相应,$Rh-Li/SiO_2$ 比 $Rh-Mn/SiO_2$、$Rh-Fe/SiO_2$、乙醇的选择性(Tab. 2)均较好,分别为 62.8%、58.3%、56.4%。

$Rh-Mn-Fe-Li/SiO_2$ 催化剂综合各种助剂的作用功能,不但在甲酰基生成的重要一步,而且在乙烯酮生成的关键一步都起了很好的协合催化作用,使该催化剂的活性尤其是选择性均较好。乙醇的选择性达 75.7%,C_2 含氧化合物的选择性为 79.2%。

傅金印协助测量 SiO_2 比面。廖远琰、蔡俊修提供高压红外样品池。王发扬、柯耀煌协助测定金属分散度。一并表示致谢。

参考文献

[1] Ichikawa M. Chemtech. ,1982,**12**(11):674~680.

[2] J. Phys. Chem. ,1982,**86**(2):2 438~2 441.

[3] 顺桂松等. 物理化学学报,1985,**1**(2):177~185.

[4] Jinpo Liu,et al. 9th Intern. Congr. Catal.,1988,**3**:735~742.

[5] 汪海有等. 分子催化,1991,**5**(1):16~23.

[6] 福岛贵和. 表面科学,1990,**11**(1):25~30.

[7] Lavally J C et al. J. Phys. Chem. ,1990,**94**:5 941~5 947.

[8] Stevenson S A et al. J. Phys. Chem. ,1990,**94**:1 576~1 581.

[9] Ichikawa M et al. 8th Intern. Congr. Catal. ,1984,**2**:69~81.

[10] Hideo Orita et al. J. Catal.,1984,**90**:183~193.

[11] 福冈淳等. 触煤,1990,**32**(6):368~371.

[12] Fumiyuki Ozawa et al.,J. Am. Chem. Soc. ,1989,**111**:1 319~1 327.

[13] Mitchell G E et al. Surface Sci. ,1987,**183**:403~426.

Promotion of Promoted Rh Catalysts in Syngas Conversion to Ethanol

Jin-Kung Fu，Jin-Po Liu，Jin-Lia Xu，Hai-You Wang，Khi-Rui Tsai

(*Dept. of Chem.*，*State Key Lab. Phys. Chem. Solid Surf.*)

Abstract For Promoted Rh-Catalysts, IR bands of adsorbed CO and Rh dispersions were examined. Results reavel that IR bands of bridging CO shift down and broaden in the following sequence:Rh-Mn＞Rh-Mn-Fe-Li＞Rh-Fe＞Rh-Li＞Rh. This could be used as a measurement of oxophility of catalysts. A formyl adspecies was detected by IR on very oxophllic metal，Mn，promoted catalyst. By based on these results，promoted effects and mechanism of syngas conversion to ethanol were discussed.

Key words CO adsorption Rh catalyst EtOH FTIR

■ **本文原载:**《分子催化》第 6 卷第 5 期(1992 年 10 月)，第 346～351 页。

铑催化合成气转化为乙醇反应中
甲酰基中间体的化学捕获[*]

汪海有　刘金波　胡奕明　傅锦坤　蔡启瑞

（厦门大学化学系　固体表面物理化学国家重点实验室，厦门　361005）

摘　要　本文采用化学捕获法对铑基催化剂上合成气转化反应中的甲酰基中间体进行了化学捕获。在 $CO+2D_2$ 反应后，用 CH_3I 进行的化学捕获反应中生成了 CH_3CHO、CH_3CDO 两种形式的乙醛;补充的 Ar 吹扫实验显示 DCO 的甲基化反应对生成的 CH_3CDO 有重要贡献。因此,甲酰基的确是合成气反应中的 C_1 含氧中间体。根据这一结果,初步探讨了合成气反应中 CHx 物种的生成途径。

关键词　铑基催化剂　乙醇　合成气转化　甲酰基　化学捕获法

1　前　言

合成气在铑基催化剂上催化转化为乙醇是近年来日益兴起的 C_1 化学的重要课题之一。关于这一反应机理的研究,文献中已有相当多的报道。一种普遍的观点是 $CHx(x=2$ 或 $3)$ 被认为是烃及除甲醇以外的含氧产物的共同的 C_1 中间体[1-4]。然而,关于它的生成途径,却存在两种不同的观点。一种观点认为 CH_x 由 CO 解离吸附生成的表面 C 的氢化反应生成[1,2];另一种观点认为 CHx 由一种 C_1 含氧中间体（如甲酰基）的氢解反应生成[3,4]。就 CO 分子中 C—O 键的断裂方式而言,前者属于解离式机制,后者属于缔合式机制。本文利用化学捕获法对合成气反应中的甲酰基中间体进行了化学捕获,实验结果表明甲酰基是合成气反应中的 C_1 含氧中间体,同时指出,文献中普遍采用的对甲酰基的化学捕获方法[5,6,7]存在尚待商榷的地方。根据甲酰基是反应中间体的事实,本文就合成气反应中 CHx 物种生成途径进行了初步探讨。

2　实　验

2.1　催化剂制备

采用等容浸渍法。硅胶:青岛化工厂产(比表面积 300 m^2/g,30 目,孔容:0.9 mL/g),用 $Rh(NO_3)_3$ · $2H_2O$、$Mn(NO_3)_2$ 的混合甲醇溶液浸渍,然后于室温下抽去溶剂甲醇,然后在 100 ℃下加热、干燥 5 h,300 ℃下灼烧 3 h,得到黑色的氧化态样品($Rh-Mn(1:1)/SiO_2$)。

[*] 国家自然科学基金资助课题。

2.2 甲酰基中间体的化学捕获

采用碘甲烷作捕获剂,捕获反应可表示为:$H\underline{C}O + CH_3I \rightarrow CH_3CHO$。由于乙醛是铑基催化剂上合成气转化反应的产物之一,为分辨出上述捕获反应生成的乙醛,采用 D_2 代替 H_2 进行反应。这样,由预期中间体 $D\underline{C}O$ 生成的捕获产物是 CH_3CDO,而由合成气本身反应生成的乙醛是 CD_3CDO,借助质谱可区分这两种同位素构造的乙醛。具体实验过程如下:

1 mL 催化剂氧化态样品,在 D_2 气流中($1\,000\ h^{-1}$)400 ℃下还原 2 h,于 220 ℃、0.1 MPa、$1\,000\ h^{-1}$、$CO/D_2 = 1/2$ 的条件下进行合成气转化反应。2 h 后,由反应器上方向催化剂床层注入过量 0.5 mL 的碘甲烷进行化学捕获反应。反应产物用氯化钠冰盐冷阱收集。用 GC 分析样品中乙醛的含量,GC-MS 分析乙醛中单氘代乙醛(CH_3CDO)的摩尔百分含量。所用的质谱仪是 Finnigan MAT 4510 GC-MS,分析时使用的电子轰击能为 70 eV。

捕获实验中使用了两种碘甲烷:一种未经纯化处理,含 0.5% 的甲醚、1.3% 的甲醇;另一种经过氯化钙吸附、反复水洗、蒸馏等纯化处理,只含 0.3% 的甲醚,而甲醇基本除尽(用色谱检测不到)。

3 结果与讨论

3.1 甲酰基中间体的化学捕获

图 1 是 $CO + 2D_2$ 反应中生成乙醛的质谱图。峰 29、30 分别归属于碎片 CHO 和 CDO;峰 29 强度仅约为峰 30 的 1%,说明实验中使用的 D_2 纯度良好及硅胶载体上残留羟基氢不会介入合成气反应产物之中。峰 48、47 分别归属于 CD_3CDO、CD_2HCDO(小部分为 CD_3CHO);峰 46、45 分别归属于这两种乙醛分子失去一个 D 的乙酰基碎片,即 CD_3CO、CD_2HCO。由图可见,乙酰基碎片峰强度比相应乙醛分子峰强度小。图 2 是 $CO + 2D_2$ 反应后用 CH_3I 捕获生成的乙醛的质谱图。与图 1 相比,图 2 中峰 45、44 的峰强度均大于峰 48($I_{45(44)}/I_{48} = 12.5(20.0)$),说明在捕获反应中生成了质量数为 45、44 的两种乙醛。图 3 是作为标样的非同位素标志乙醛的质谱图,其中 $I_{44}/I_{29} = 0.36$。而在图 2 中,$I_{45}/I_{30} = 0.38$、$I_{44}/I_{29} = 0.39$,均接近标样乙醛中的相应比值。因此,捕获反应中生成的质量数分别为 45、44 的两种乙醛可分别主要归属于 CH_3CDO、CH_3CHO。CH_3CDO 是甲酰基存在的预期捕获反应产物,而 CH_3CHO 的大量生

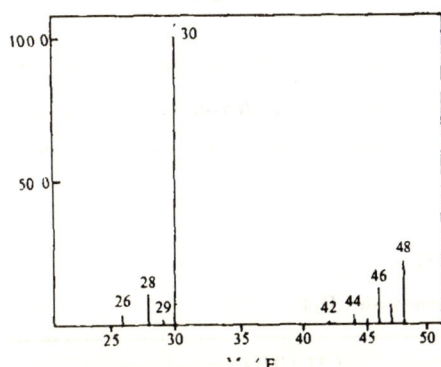

图 1　$CO + 2D_2$ 反应中生成的乙醛的质谱图
Fig. 1　MS pattern of acetaldehyde formed in $CO + 2D_2$ reactions over Rh-Mn(1∶1)/SiO₂

图 2　$CO + 2D_2$ 反应后用 CH_3I 捕获生成的乙醛的质谱图
Fig. 2　MS pattern of acetaldehyde formed in trapping reaction with CH_3I after $CO + 2D_2$ reactions over Rh-Mn(1∶1)/SiO₂

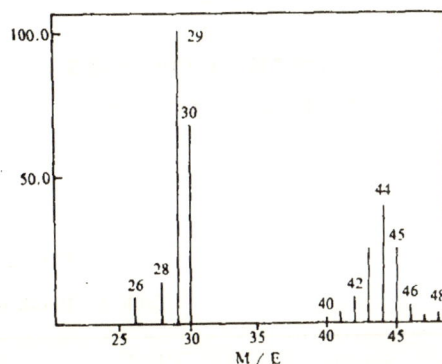

成却是意料之外的。显然,在将 CH_3CDO 的生成归因于 $D\underline{C}O$(氘代甲酰基)物种的甲基化反应之前,弄清捕获中 CH_3CHO 的生成原因是必要的。

考虑到碘甲烷试剂中含有的少量甲醇有可能提供氢源,改用经纯化处理的碘甲烷作为捕获剂,生成的乙醛的质谱图如图 4 所示。图中 I_{45}/I_{44} 比值为 0.71,与图 2 中的相应比值 0.63 相差不大。由此可以排除捕获反应中 CH_3CHO 的生成不是由碘甲烷试剂中含有的甲醇引起的。另有一种可能性是捕获剂 CH_3I 本身提供了氢源。为此,设计了一组实验进行考察,如表 1 所示,硅胶载体经 CO 处理后及铑催化剂经 H_2 活化处理后用 CH_3I 进行空白化学捕获反应,均没有乙醛生成;而铑催化剂经 CO 活化处理后用纯化过的 CH_3I 进行空白化学捕获反应则有乙醛生成。这组实验结果显示,气相中 CH_3I 和 CO 及活化的铑催化剂上不存在 CO 时,均不发生生成乙醛的反应;而在活化的铑催化剂上,只要存在 CO、CH_3I 就会发生生成乙醛的反应。表明捕获剂碘甲烷中的甲基在铑催化剂表面上发生了脱氢反应(生成 $\underline{H}$),CO 插入反应(生成 $CH_3\underline{C}O$),且生成的 $\underline{H}$ 进一步将 $CH_3\underline{C}O$ 氢化为乙醛;或者生成的 $\underline{H}$ 先于 CO 反应生成 $H\underline{C}O$,而后进一步甲基化生成乙醛。既然,捕获剂 CH_3I 中的甲基可发生上述的副反应,那么,$CO+2D_2$ 反应后用 CH_3I 进行化学捕获反应生成的 CH_3CDO 将有两种可能的生成途径:其一是 $D\underline{C}O$ 的甲基化;其二是 CO 插入 CH_3 生成 $CH_3\underline{C}O$,而后进一步氘化。为了确证 CH_3CDO 的确由 $D\underline{C}O$ 的甲基化反应生成,$CO+2D_2$ 反应后预先用 Ar(1800 h^{-1})吹扫再进行捕获反应。表 2 列出了 Ar 吹扫时间对生成 CH_3CDO 摩尔百分率及对应的 $\underline{D}$ 表面浓度的影响。如表所示,在最初的 5 min 内,随着吹扫时间的增加,捕获反应生成的乙醛中 CH_3CDO 的百分率缓慢下降,而对应 $\underline{D}$ 浓度下降速率快得多;另一方面,吹扫时间从 5 min 增加至 13 min 时,$\underline{D}$ 表面浓度仅略微减小(维持在同一数量级),而 CH_3CDO 的百分率则迅速减小。这一结果表明,大量在捕获反应中生成的 CH_3CDO 的确由 $D\underline{C}O$ 物种的甲基化反应生成;当 $\underline{D}$ 表面浓度

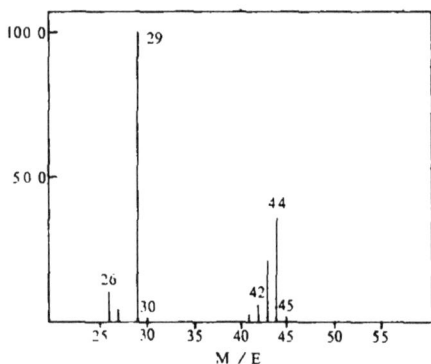

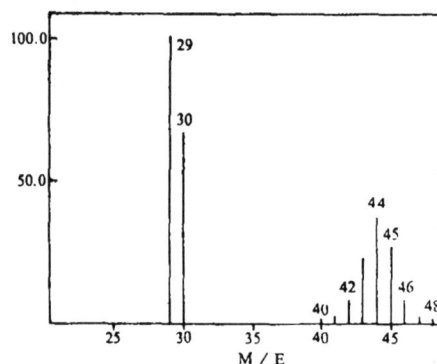

图 3　标样乙醛(CH_3CHO)的质谱图

Fig. 3　MS pattern of CH_3CHO

图 4　$CO+2D_2$ 反应后用纯化 CH_3I 捕获生成的乙醛的质谱图

Fig. 4　MS pattern of acetaldehyde formed in trapping reaction with purified CH_3I after $CO+2D_2$ reactions over Rh-Mn (1∶1)/SiO_2

表 1　空白化学捕获反应

Table 1　Blank trapping reaction with CH_3I

Sample	CH_3I	Sample treatment	CH_3CHO formed(mmol$\times 10^3$)
SiO_2	un-purified	CO(573 K)1 h	no
Rh-Mn/SiO_2 1∶1	purified	CO(573 K)5 hr	1.4
	unpurified	H_2(623 K)8 hr	no

降至较低水平时,部分 DCO 会分解成 CO+D,导致捕获反应中生成 CH_3CDO 百分率显著降低。表3考察了不同吹扫气对 CH_3CDO 生成百分率的影响。与 Ar 相比,用 CO(1800 h^{-1})吹扫时,生成 CH_3CDO 百分率的下降速度要缓慢一些,这可解释为 CO 的存在,部分抑制了 DCO 的分解反应。根据以上讨论,作者认为 DCO 物种的甲基化反应对捕获反应中生成的 CH_3CDO 有重要贡献,也就是说甲酰基是铑基催化剂上合成气转化为乙醇反应中的 C_1 含氧中间体。

表 2 Ar 气吹扫时间对 $CH_3CDO\%$ 和 D 浓度的影响作用

Table 2 Effects of purging time of Ar on the $CH_3CDO\%$ in total acetaldehyde formed in the trapping reaction and the corresponding D surface concentration*

Purging time(min)	$CH_3CDO\%$	relative D surf. conc.
0	36.4	100.0
1	28.4	30.5
3	28.1	4.3
5	23.7	2.0
13	4.5	1.3

* The catalyst used was Rh-M(1:1)/SiO_2.

表 3 不同吹扫气对 $CH_3CDO\%$ 的影响

Table 3 Effect of purging agent on $CH_3CDO\%$ in trapping reaction with CH_3I over Rh-Mn(1:1)/SiO_2

	At	CO
Purging time(min)	$CH_3CDO\%$	$CH_3CDO\%$
0	36.4	36.4
1	28.4	33.3
5	23.7	31.3

文献[5-7]作者在一系列合成醇催化剂上进行的合成气转化反应中,以 CH_3I(或 CD_3I)、$(CH_3)_2SO_4$ 等甲基化试剂作为捕获剂进行了较系统的甲酰基捕获实验,并将由直接生成的乙醛的量计算得到的甲酰基物种浓度与催化剂活性或含氧化合物生成活性进行了平行关联。根据本文前述结果,捕获剂中的甲基只要在 CO 存在的条件下,就会在活化的催化剂表面上通过脱氢等一系列反应生成乙醛,这种关联的不合理性是显而易见的。可见,文献中普遍使用的以甲基化试剂为捕获剂的甲酰基化学捕获法及其解释等方面存在尚待商榷之处。显然,如同时采用原位光谱方法(IR、固体核磁等)把甲酰基谱线强度与催化活性进行关联将更具说服力,这方面的工作正在进行之中。

3.2 CHx 物种的生成途径

Kuznetzov 等[8]在对乙醇具有活性的 Rh/La_2O_3 催化剂上,用 ^{13}C-NMR 在合成气反应初期观察到了甲酰基物种的生成。Tamaru 等[9]在铑催化剂上的合成气反应中用原位 IR 观察到一个 $\nu_{C=O}$ 为 1 580 cm^{-1} 的红外吸收峰,该峰被指认为甲酰基的羰基振动特征峰。Ichikawa 等[10]在 $RuCO_3$/SiO_2 催化剂上进行的合气反应中,也曾用 IR 观察到甲酰基物种的存在。这些结果及本文化学捕获实验的结果均表明,合成气转化反应过程中存在甲酰基中间体。甲酰基的生成发生在 CO 的第一步加氢反应中,其进一步的氢解可导致 CHx 物种的生成,这是合成气转化反应中 CHx 物种的一种生成途径. 尽管 CO+H→HCO 反应在热力学上是不利的,然而当催化剂中含有 Mn 等强亲氧性助剂时,通过处于低价态的助剂金属离子(如 Mn²⁺ 等)与甲酰基氧之间的键合作用,使甲酰基的存在位能得以降低,有利于 CO 第一步加氢生成甲酰基的反应,同时也使甲酰基中碳键得以削弱,有利于甲酰基进一步加氢并断裂 C—O 键的反应,总的结果是使铑催化活性显著提高[11]。这种先加 H 再断裂 C—O 键的方式(缔合式机制)比 CO 直接解离的方式(解离式机制)能量上可能更有利。正如 BOC(键序守恒)方法[12]所估算的,在 Pd(Ⅲ)、Pt(Ⅲ)上化学吸附 CO 解离的活化能要比相应的缔合式反应途径的活化能要高。Bell 等[13]所进行的瞬态应答实验也表明,Pd 催化剂上进行的甲烷化反应很可能按缔合式的氢助 CO 解离机制进行。此外,在文献[14]中,作者报道了当用 D₂ 代替 H₂ 与 CO 进行反应时,甲醇、乙醇生成反应均表现出显著的氘逆同位素效应,说明合成气转化为乙醇反应的速控步骤为一步加氢反应,而与 CO 的直接解离无关。综上所述,作者认为合成气反应中 CHx 物种的主要生成途径是甲酰基的氢解反应;铑基催化剂上,合成气辗化为乙醇的反应主要按缔合式机制进行。

参考文献

[1] Sachtler W M H,Proc 8th Int Congr Catal,Berlin 1984,**1**:151.

[2] Ichikawa M. CHEMTEC Ⅱ,1982,617.

[3] Kiennemann A,Hindermann J P,Breault R et al.. ACS New York Meeting,1986.

[4] 顾桂松,刘金波,蔡启瑞等. 物理化学学报,1985,**1**:177.

[5] Deluzarche A,Hindermann J P,Kiennemann A et al.. J Mot Catal,1985,**31**:225.

[6] Kiennemann A,Breault R,Hindermann J P,Faraday Symp. Chem. Soc,1986,**21**:paper 14.

[7] Diagne C,Idriss H,Hindermann J P et al.. Appl Catal,1989,**51**:165.

[8] Kuznetzov V L,Romanenko A V,Martikhin V M et al.. Proc 8th Int Congr Catal,Berlin:1984,**5**:3.

[9] Orita H,Natio S,Tamaru K. J Catal 1984,**90**:183.

[10] Fukuoka A,Xiao F,Ichikawa M. 66 th CATSJ Meeting Abstracts,No. 2 L108.

[11] Liu Jinpo,Wang Haiyou,Tsai Khirui et al.. Proc 9th Int Congr Catal,Calgery:1988,735.

[12] Shustorovich E,Bell A T,J Catal,1988,**113**:341.

[13] Winslow P,Bell A T,J Catal,1984,**86**:158;1985,**91**:142;1985,**94**:385.

[14] 汪海有,刘金波,蔡启瑞等. 分子催化,1992,**6**(2):156.

Chemical Trapping of Formyl Intermediate in Syngas Conversion to Ethanol over Rhodium-Based Catalysts

Hai-You Wang， Jin-Po Liu，Yi-Ming Hu， Jing-Kung Fu， Khi-Rui Tsai

(*State Key Laboratory for Physical Chemistry of the Solid Surface and Department of Chemistry，Xiamen University，Xiamen* 361005)

Abstract　The expected formyl intermediate was trapped in syngas conversion to ethanol over rhodium-based catalyst by chemical trapping technique. In formyl trapping experiment，CO/D_2（1/2） instead of CO/H_2 was used as the reactant gas and CH_3I as the trapping agent，and the expected trapping product would be CH_3CDO. Two species of acetaldehyde, i. e., CH_3CHO and CH_3CDO, were formed in the trapping reaction. When the blank trapping reaction with CH_3I was carried out only in the presence of CO over Rh-Mn$(1 : 1)/SiO_2$ prereduced in flowing CO, CH_3CHO was still formed. This indicates the occurrence of dehydrogenation of some of the $\underline{CH}_3$ to give $\underline{H}$, which then reacted with the $CH_3\underline{CO}$ formed by cis-insertion of CO into the $\underline{CH}_3$ from CH_3I to form CH_3CHO, or then reacted with $\underline{CO}$ to form $H\underline{CO}$, which was converted into CH_3CHO by methylation. This means that there are two possible pathways for the formation of CH_3CDO in formyl trapping reaction. One is methylation of $D\underline{CO}$, the other is deuteration of $CH_3\underline{CO}$ formed by CO insertion into $\underline{CH}_3$. By investigating the effects of purging time of Ar on the percentage of CH_3CDO in total acetaldehyde formed in the trapping reaction and on the corresponding relative concentration of $\underline{D}$, it was shown that a considerable proportion of CH_3CDO was actually derived from the methylation of $D\underline{CO}$, indicating the existence of formyl intermediate in syngas conversion to ethanol. Based on this result, the mechanism for the formation of $\underline{C}Hx(x=2 \text{ or } 3)$ adspecies in syngas conversion to ethanol over rhodium-based catalysts was discussed.

Key words　Rhodium-based catalyst　Ethanol　Syngas conversion　Formyl Chemical trapping technique

■ **本文原载**:《分子催化》第 6 卷第 2 期(1992 年 4 月)，第 156～159 页。

铑基催化剂上 CO/H₂合成甲醇及乙醇反应中的氘逆同位素效应*

江海有　刘金波　傅锦坤　蔡启瑞

（厦门大学化学系　物理化学研究所，厦门　361005）

关键词　铑基催化剂　甲醇及乙醇合成机理　氘同位素效应

1　前　言

同位素效应是研究化学反应历程的一种有效方法。当反应键被同位素取代后，产生的同位素效应对于确定反应历程中的速控步骤可提供重要信息。本文在一系列铑基催化剂上，分别用 H_2，D_2 和 CO 进行合成甲醇及乙醇反应，首次观察到该反应具有显著的氘逆同位素效应。根据这一结果，结合我们先前提出的合成气反应机理[1]，对铑基催化剂上甲醇及乙醇合成反应的可能的速控步骤作了初步探讨。

2　实　验

2.1　催化剂制备

采用等容浸渍法制备。硅胶用给定量的 $Rh(NO_3)_3 \cdot 2H_2O$ 和助剂离子硝酸盐［分别使用 $Mn(NO_3)_2$，$Fe(NO_3)_3 \cdot 9H_2O$，$LiNO_3$］的混合甲醇溶液浸渍，随后在室温下抽去甲醇，然后分别于 100 ℃，300 ℃加热 5 h 和 3 h。所得样品装入反应器，通 H_2 或 D_2（100 h^{-1}）并升温至 400 ℃还原 2 h。所有催化剂的铑负载量均为 2 wt％。

2.2　合成气反应

将除水、脱氧净化的 CO/H_2 或 CO/D_2（1/2）混合气（1 000 h^{-1}），通入反应器．于 220 ℃、常压下进行反应。产物用在线气相色谱进行分析：氢焰离子化检测器，色谱柱为 GDX-103（2 m，80 ℃）。由于氢火焰检测器对氢化产物和相应的氘化产物具有相同的灵敏度[2]，定量计算时氢化产物和相应氘化产物取相同的响应值和校正因子。

文中所用 D_2 由 D_2O（D 丰度为 98.2％）经 DCD-Ⅵ型氘发生器电解制得。

3　结果与讨论

由表 1 可见，在所有考察的催化剂上，CO/D_2 反应中的 CO 转化百分率、乙醇时空得率分别是 CO/H_2

* 国家自然科学基金资助课题。

反应中的 1.2—1.3 倍和 1.4—2.1 倍；在有可检测量甲醇生成的 Rh-Mn/SiO$_2$ 催化剂上，甲醇时空得率是 CO/H_2 反应中的 2 倍左右。图 1 是在 Rh-Mn(1:1)/SiO$_2$ 上交替进行 CO/H_2、CO/D_2 反应观察到的 CO 转化百分率、甲醇时空得率、乙醇时空得率的变化情况。每次由 CO/H_2 切换为 CO/D_2 都可观察到上述三个参数值显著提高，CO/D_2 反应中的上述三个参数值分别是 CO/H_2 反应中的 1.3，1.5，1.7 倍（均为平均值），这与表 1 的结果相接近。以上结果表明铑基催化剂上合成气转化反应中甲醇和乙醇生成反应、合成气总反应均表现出氘逆同位素效应。

表 1 H_2/D_2 同位素效应

Table 1 H_2/D_2 isotope effect in syngas conversion reaction

Catalyst	C^D/C^H	Y^D_{MeOH}/Y^H_{MeOH}	Y^D_{EtOH}/Y^H_{EtOH}
Rh/SiO$_2$	1.2	—	2.1
Rh-Mn(1:1)/SiO$_2$	1.3	1.9	1.5
Rh-Mn(1:2)/SiO$_2$	1.3	2.0	1.8
Rh-Fe(1:0.3)/SiO$_2$	1.2	—	1.4
Rh-Li(1:0.3)/SiO$_2$	1.3	—	1.8

C：Percentage of CO conversion，Y：Yield of product per hour.

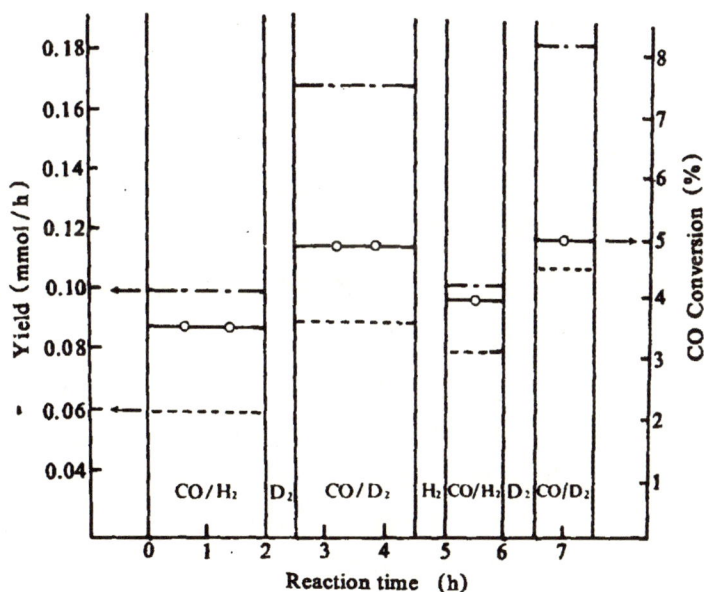

图 1 H_2/D_2 同位素效应

Fig. 1 H_2/D_2 isotope effect in syngas conversion reaction over Rh-Mn(1:1)/SiO$_2$

（—○—CO conv%，……$Y_{MeOH}\times 10$，— · —Y_{EtOH}）

Takeuchi 和 Katzer[3] 在 Rh/TiO$_2$ 上用 $^{13}C^{16}O/^{12}C^{18}O$ 和 H_2 反应，观察到产物甲醇中 C、O 同位素的分布与原料气相同，证明了甲醇是由非解离的 CO 逐步加氢生成的。因此，甲醇的生成过程可以示意为：$CO \xrightarrow{H} HCO \xrightarrow{H} H_2CO \xrightarrow{H} H_3CO \xrightarrow{H} CH_3OH$。Bell 等人[4] 曾用键序守恒方法（bond-order-conservation）计算了 Ni(111)、Pd(111)、Pt(111) 上甲醇生成反应中各个基元步骤的活化能垒，表明 CO 第一步加氢生成甲酰基的反应具有最高的活化能垒。因此，这一基元步骤很可能是甲醇生成反应的速控步骤。由于这是一步加氢反应，当用 D_2 取代 H_2 进行合成气反应时，预计甲醇生成反应将显示出本质上属于动力学的氘逆同位素效应[5]，实验结果与这一推理相符。就甲醇生成反应而言，氘同位素效应的产生有两个来源：一个是 $H_2(D_2)$ 吸附的热力学同位素效应；另一个是速控步骤的动力学同位素效应。Bell 等人[2]曾经计算了 $H_2(D_2)$ 在金属上吸附的热力学同位素效应，表明在 453 K 和 543 K 范围内，K^D/K^H 值在 0.79 和 0.62 之间，可见 $H_2(D_2)$ 吸附的热力学同位素效应，不可能导致甲醇生成反应表现为氘逆同位素效应。因此，甲醇生成反应的氘逆同位素效应，是由速控步骤的氘逆同位素效应引起的。按照动力学同位素效应主要由活化络合物与反应物之间的零点能差值变化引起的观点[6]，对 CO 第一步加氢反应表现为氘逆同位素效应可作出定性的解释。参照过渡状态理论，我们假设 CO 加氢（氘）生成甲酰基的反应式为：

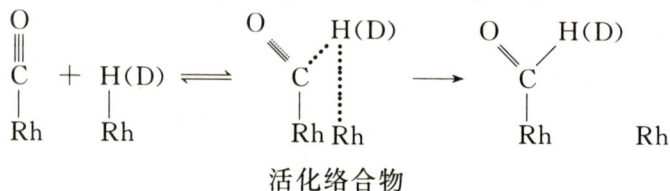

活化络合物

在活化络合物中，Rh-H(D) 部分消弱，而 C—H(D) 键部分形成，由于碳氢键强于铑氢键，在活化络合物中 C—H(D) 键的部分形成导致

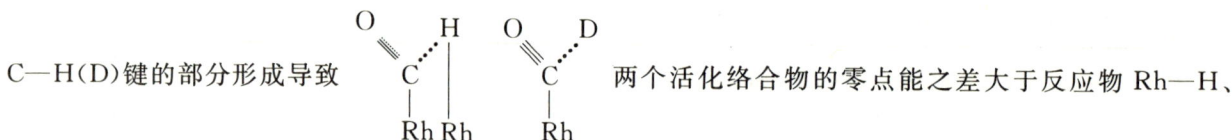

两个活化络合物的零点能之差大于反应物 Rh—H、Rh—D 之间的零点能差值，使得 CO+D 生成 DCO 的活化能比相应的氢化反应小，从而表现出氘逆同位素效应。

另文[7,8]的实验结果表明，乙醇的生成机理可示意为，$\underline{CO} \xrightarrow{H} \underline{HCO} \xrightarrow{H} \underline{CH_2} \xrightarrow{CO} CH_2 \downarrow C=O \xrightarrow{H} CH_3 \underline{CO} \xrightarrow{H} CH_3CH_2OH$。本文观察到，乙醇、甲醇生成反应同时表现为氘逆同位素效应，因而乙醇生成反应的速控步骤亦为一加氢反应。结合铑基催化剂上甲醇、乙醇具有不同的生成活化能[9]及卡宾配体易与合成气反应生成醇[10]等有关结果，作者初步认为乙醇生成反应的速控步骤可能为：$\underline{HCO} \xrightarrow{H} H_2 \underline{CO}$ 或 $H_2 \underline{CO} \xrightarrow{H} CH_2 + OH$，而后者的可能性更大。

在铑基催化剂上进行的合成气转化反应中，甲醇、乙醇的生成都经历了 $\underline{CO} + \underline{H} \longrightarrow \underline{HCO}$ 这一基元步骤，然而这是一个热力学上不利的过程。当催化剂中含有助剂锰时，经还原生成的 Mn^{2+} 是强亲氧中心，其将与甲酰基氧端发生键合作用，这种键合作用不仅降低了甲酰基物种的存在位能，从而促进了甲酰基的生成反应；而且同时削弱了甲酰基的碳氧双键，有利于其随后的进一步氢解生成卡宾的反应。助剂 Mn^{2+} 的这种作用方式与助剂锰显著提高了铑催化活性的实验事实是一致的。

参考文献

[1] 顾桂松等. 物理化学学报，1985，**1**：177.

[2] Keller C S，Bell A T. *J Catal*，1981，**67**：175.

[3] Takeuchi A，Katzer J R. *J Phys Chem*，1981，**85**：937.

[4] Shustorovich E，Bell A T. *J Catal*，1988，**113**：341.

[5] Kokes R J. *Catalysis Review*，1972，**8**(1)：1.

[6] Ozaki A. in"Isotopic Studies of Heterogeneous Catalysis" New York：Academic Press，1977.

[7] 汪海有等. 福建省物理化学年会论文摘要集，1990：AI—13.

[8] 汪海有等，物理化学学报，待发表．

[9] Ichikawa M, in "Tailored Metal Catalysis", Reidel Publ Co, 1986, 183.

[10] 周朝晖. 博士学位论文，厦门大学，1989.

Deuterium Inverse Isotope Effects for the Methanol and Ethanol Formation from Syngas over Rhodium-Based Catalysts

Hai-You Wang, Jin-Po Liu, Jing-Kung Fu, Khi-Rui Tsai

(*Department of Chemistry and Institute of Physical Chemistry, Xiamen University, Xiamen* 361005)

Abstract   A series of syngas conversion reactions with the substitution of D_2 for H_2 were carried out to study the isotope effect of deuterium. Noticable deuterium inverse isotope effects for the methanol and ethanol formation were observed for the first time, which was interpreted from the transition state theory. It is believed that the kinetic isotope effect of hydrogen/deuterium adsorption in ratedetermining step(RDS), rather than the thermodynamic one, is responsible for the overall inverse isotope effect. The possible RDS involved in methanol formation was supposed to be the first step of hydrogenation, i. e., $\underline{CO} + \underline{H} \longrightarrow \underline{H}CO$. As deuterium inverse isotope effects for the ethanol and methanol formation are displayed simultaneously, the RDS involved in ethanol formation seems to be the step of hydrogenation (or deuteration) also.

Key words   Rhodium-based catalysts   Methanol and ethanol synthesis   Deuterium isotope effects   Reaction mechanism

■ **本文原载**：《高等学校化学学报》第 13 卷第 3 期（1992 年 3 月），第 362～365 页。

若干中性配体对 Mo—Fe—S 簇合物自兜的影响[*]

张鸿图　林国栋　杨　如　宋　岩　蔡启瑞

（厦门大学化学系　物理化学研究所，厦门　361005）

摘　要　通过电子吸收光谱的变化研究了一些含 N 和含 P 中性配体对 MoS_4^{2-}-nFeCl$_2$-DMF 体系形成立方烷型 Mo—Fe—S 簇合物的可能影响。

关键词　中性配体　电子吸收光谱　Mo—Fe—S 簇合物

在化学模拟生物固氮研究的推动下，钼铁硫簇合物化学得到迅速发展。线型和立方烷型簇合物的电子吸收光谱存在着一定的规律性。线型（低维结构）或多或少显示出 MoS_4^{2-} $\pi(S) \rightarrow d(Mo^{VI})$ 荷移跃迁的特征吸收峰[1]，表明钼的价态（Mo^{VI}）未受到大的影响；立方烷型（高维结构）由于体系的电子离域程度大大增加，钼的价态降低（$Mo^{(IV)II}$，$S \rightarrow Mo^{VI}$）跃迁吸收峰逐渐削弱以致完全消失。我们在 MoS_4^{2-}-nFeCl$_2$-DMF 体系合成固氮酶铁钼辅基（FeMo-co）模拟物的反应中[2]，考察了一些含 N 和含 P 中性配体对该体系电子吸收光谱的影响，发现这些亲钼配体大多能使体系的特征谱峰下降，表明可能形成高维结构的 Mo—Fe—S 簇合物。

1　实验部分

$(NH_4)_2MoS_4$、$FeCl_2$、$(EtO)_3P$ 按文献[3-5]制备。DMF、正丁胺、二异丙胺、三乙胺、NMF、甲酰胺均经 0.4 nm 分子筛浸泡，重蒸除氧，保存在氩气氛中备用。n-Bu$_3$P、Ph$_3$P 未经进一步提纯。

电子吸收光谱采用 UV-2100 型自动记录仪（日本）测定。催化活性采用 Shah 和 Brill 测定天然 FeMo-co 催化活性的方法[6]测定，反应产物用 103 型气相色谱仪（上海分析仪器厂）分析，3390A 型积分仪记录和处理实验数据。所有实验操作均在绝氧除水氩气氛中进行。

2　结果与讨论

2.1　反应条件的选定

在 DMF 溶液中，MoS_4^{2-}-nFeCl$_2$ 体系存在下列平衡[7]：

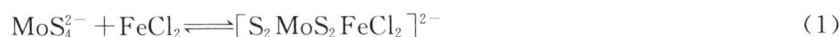

$$MoS_4^{2-} + FeCl_2 \Longrightarrow [S_2MoS_2FeCl_2]^{2-} \tag{1}$$

$$[S_2MoS_2FeCl_2]^{2-} + FeCl_2 \Longrightarrow [Cl_2FeS_2MoS_2FeCl_2]^{2-} \tag{2}$$

$[S_2MoS_2FeCl_2]^{2-}$ 可由 MoS_4^{2-} 和 $FeCl_2$ 按化学计量反应得到，298 K 时方程（2）的平衡常数 $Q = 334 \pm 10$

＊　国家自然科学基金资助课题。

$(mol/L)^{-1[8]}$。我们计算了 Mo 浓度一定 Fe/Mo 摩尔比不同和 Fe/Mo 摩尔比一定，Mo 浓度不同时，溶液中 $[Cl_2FeS_2MoS_2FeCl_2]^{2-}$ 三核络合物的百分含量。结果表明，在 $C_{Mo} \geqslant 0.01$ mol/L、Fe/Mo$\geqslant 8$ 时，三核络合物含量在 95％以上。选定的反应条件为：$C_{Mo} = 0.01$ mol/L，Fe/Mo$= 8$，室温反应，在测定光谱时，将反应液浓度稀释至 1/3（即 C_{Mo}）$= 33$ mmol/L），并使用宽 1 mm 的石英比色池。测得的 MoS_4^{2-}-8FeCl$_2$-DMF 体系的电子吸收光谱（图 1）基本上显示出三核络合物物种的特征[9]。Coucouvanis[8] 曾报道在 DMF 中 $[Cl_2FeS_2MoS_2FeCl_2]^{2-}$ 的电子光谱与 $[Cl_2FeS_2MoS_2]^{2-}$ 的相似，观察不到特征谱带。这可能由于在测定光谱时，溶液浓度太稀，又没有过量 FeCl$_2$ 存在，引起前者解离成后者之故。

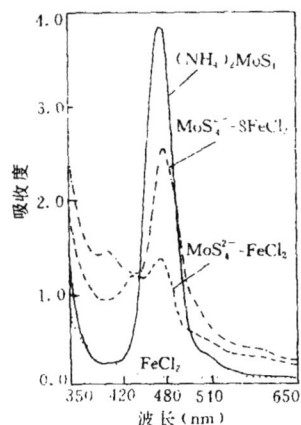

图 1　在 DMF 中的电子吸收光谱

2.2 添加含 N 配体的影响

2.2.1　胺类配体　在上述反应液中，按 L：Mo＝4：1（摩尔比）加入不同胺类配体，观察体系 UV 光谱的变化（图 2）。由图 2 可见，添加三乙胺后（添加正丁胺和二异丙胺结果类似），三核簇合物的特征峰开始逐渐下降，但完全消光约需 4 d。

在未加胺类时，溶液中虽然存在大过量的 FeCl$_2$，但仍不能与 $[Cl_2FeS_2MoS_2FeCl_2]^{2-}$ 进一步组合成高维簇骼结构，而使 $Mo^{VI} \leftarrow S$ 的电荷转移光谱峰消失。这是因为在三核簇合物中，Mo^{VI} 能通过对 4 个 S 配体的极化作用，降低自身的实际正电荷，不必从 Fe^{2+} 夺取电子，即 4 个 Mo—S 键仍各保留其部分双键性，每个 S 的一对孤单电子与 Mo^{VI} 的适当的杂化空轨道部分离域，因此只能作为 μ_2 配体，丧失其作为 μ_3 配体再络合一个 Fe^{2+} 的能力。在加入这些中性的极化率较大而原子半径又不太大的亲钼胺分子后，当它们瞬时进攻到 Mo^{VI} 的配位内界时，必然会大大削弱 Mo^{VI} 对 4 个 S 的极化作用，从而释放出 S 作为 μ_3 配体再络合一个 Fe^{2+} 的能力；同时，由于 Mo^{VI} 与上述这些配体配位的协助，也会进一步加强 S 的这种能力，因而易于形成立方烷型簇骼，电子离域程度更大，$Mo^{VI} \leftarrow S$ 跃迁削弱，导致其特征谱峰逐渐消失。

2.2.2　酰胺类配体　Shah 等以 NMF 为萃取剂从酸败的钼铁蛋白中分离出 FeMo-co，Yang 等[10] 指出甲酰胺（FA）同样是有效的萃取剂，试剂的有效性与其酸碱状态密切相关。核磁共振研究结果表明，NMF 中存在如下平衡：

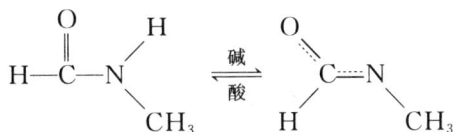

（平衡反应式图）

可以看出，FA 同样可能具有这种性质，而 DMF 显然不同：

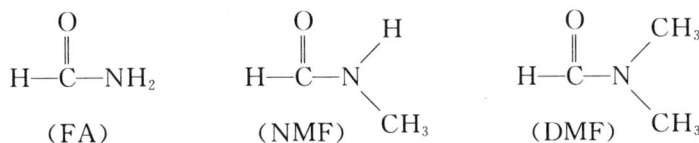

（化学结构式图：FA、NMF、DMF）

FeMo-co 的 Mo EXAFS 研究表明[11]，在 Mo 位上除 4 个 S*（无机硫）和 2 个 Fe 外，存在含 2～3 个 O(N) 的可被底物取代的活动配体。为此，我们将 FA 和 NMF 作为一种可能的亲钼配体引入上述反应体系进行考察，结果如图 3 所示。可以看出，FA 和 NMF 也可使谱峰下降，两者作用情况相似，却和 DMF 完全不同。但完全消光的时间比胺类配体长，且需较大的 L/Mo 比。这可能由于酰胺分子中含有吸电子基团 C＝O，Lewis 碱性较低，不利于它们的给电子配位。一些化学结构类似的化合物，如乙酰胺、二甲基乙酰胺、甲酸铵、乙酸铵、苯甲酸铵、邻苯二酚、安息香、联苯酰等大多未显示出明显作用。

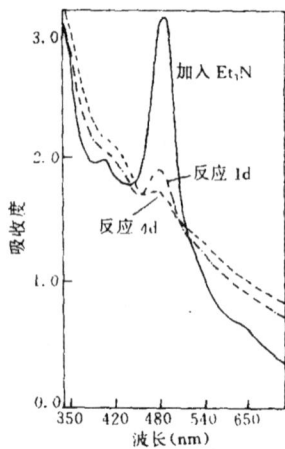

图2 MoS_4^{2-}-8FeCl_2-4Et_3N 体系
的 UV 光谱随时间的变化

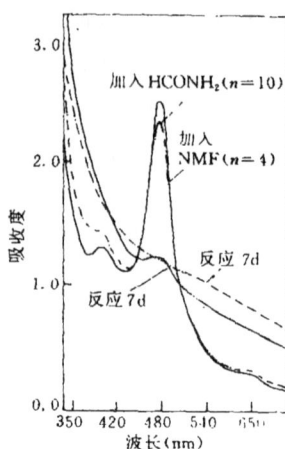

图3 MoS_4^{2-}-8FeCl_2-nL 体系的
UV 光谱随时间的变化

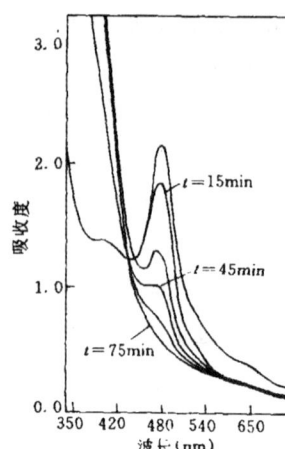

图4 MoS_4^{2-}-8FeCl_2-2nBu_3P 体系
的 UV 光谱随时间的变化

2.3 添加含 P 配体对电子光谱和催化活性的影响

2.3.1 对电子吸收光谱的影响 添加三苯基膦,谱峰下降很慢。^{31}P NMR 研究发现[12],Ph_3P 是络合在 Fe 上而不是络合在 Mo 上;在 MoS_4^{2-} 存在下,FeCl_2 极易与 Ph_3P 反应,形成(Ph_3PFeCl_3)$^-$ 络合物[13]。因此,对于谱峰的下降,我们认为可能由于该络合物的形成,溶液中游离 Fe^{2+} 的浓度降低,$[Cl_2FeS_2MoS_2FeCl_2]^{2-}$ 的含量减少之故。亚磷酸三乙酯分子中的 3 个 EtO^- 基是强的极化 P 的孤对电子的基团,不利于其与 Mo 的配位络合,电子光谱观察不到明显变化。

但三正丁基膦表现出特别明显的作用(图4),在将其加入 1 h 后即完全消光。较之 Ph_3P,无论从空间因素还是从电子因素考虑,正丁基膦都更有利于与 Mo 络合。^{31}P NMR 研究也表明[12],n-Bu_3P 直接络合在 Mo 上。Holm 在(NH_4)_3VS_4-FeCl_2-DMF 反应体系中分离出 V-Fe-S 立方烷型簇合物,也曾使用电子吸收光谱考察实验进程[14],观察到起始三核络合物$[Cl_2FeS_2VS_2FeCl_2]^{3-}$ 的电子吸收光谱随立方烷簇骼结构的形成逐渐削弱,最后也呈现如 Mo—Fe—S 立方烷型族合物的电子吸收光谱。不同的是,在合成反应中,除 DMF 外,并不需要其他 Lewis 碱配体或还原剂的帮助。这可能由于钒属第一过渡系,钼属第二过渡系,在较高氧化态时前者比后者不稳定,相应的线型三核络合物前者可直接被 Fe^{2+} 还原,在强配位溶剂 DMF 的帮助下,容易形成包含 3 个 DMF 分子的立方烷型簇合物$[VFe_3S_4Cl_3(DMF)_3]^-$。

这种在单齿配体帮助下的自兜反应,可能只形成单立方烷或桥联双立方烷结构,不能形成并联双立方烷结构。随着这类强的单齿配体对 Mo 的络合,线型三核络合物被迫采取一种三角双锥结构,只要 2 个 Mo—S 键作一微小的角度调整,即可使 3 个 S 处于同一侧,即 2 个 S 保持在赤道平面上,一个 S 移至三角双锥的一个顶点,而配体占据另一个顶点。这样,3 个 S 及 Fe^{2+} 上的一个 Cl 配体初步形成了单立方烷阴离子骨架,再逐步获得 2 个 FeCl_2,就可完成单立方烷结构。

2.3.2 对催化活性的影响 以 KBH_4 为还原剂,参照文献[6]测定体系对乙炔还原为乙烯的催化活性和选择性见表1。可以看出,Ph_3P 和(EtO)_3P 对活性影响不大,而添加 n-Bu_3P 活性急剧下降。这些结果与电子光谱的结果一致,说明 n-Bu_3P 与 Mo 的络合能力是非常强的,难以被底物乙炔分子取代,而选择性只与活性位种类有关,三者差别不大。

表 1　MoS_4^{2-}-10$FeCl_2$-nL 体系催化还原 C_2H_2 为 C_2H_4 的活性和选择性

L	n	转化率(%)	选择性(%)	转化数[*]	L	n	转化率(%)	选择性(%)	转化数[*]
$(EtO)_3P$	0	3.57	89.2	14.8	Ph_3P	2	2.47	89.9	10.4
	1	2.96	88.5	12.3		4	2.34		9.7
	2	2.43	89.4	10.1	n-Bu_3P	0	3.33	89.7	13.9
	4	2.24		9.3		1	0.75	88.8	3.1
Ph_3P	0	3.46	90.1	14.4		2	0.33	89.3	1.4
	1	2.88	89.6	12.1		4	0.06		0.3

[*] 转化数：单位时间内 n 摩尔 Mo 上生成 n 摩尔 C_2H_4。

参考文献

[1] Kebabcioglu R.,Muller A.,Chem. Phys. Lett.,1971,**8**:59.

[2] 刘敏教,张鸿图,林国栋,廖远琰,林正忠,蔡启瑞;厦门大学学报(自然科学版),1983,**22**,38.

[3] Kruss G.,Ann. Chem.,1884,**255**:29.

[4] Korasic P.,Brace N. O.,Inorg. Synt.,1960,**6**:172.

[5] Ford-Moore A. H.,Perry B. J.,Org. Syntheses Coll.,1962,**4**:955.

[6] Shah V. K.,Chisnell J. R.,Brill W. J.,B. B. R. C.,1978,**81**:232.

[7] Coucouvanis D.,Baenziger N. C.,Simhon E. D. et al.；J. Am. Chem. Soc.,1980,**102**:1730.

[8] Coucouvanis D.,Simhon E. D.,Stremplc P. et al.；Inorg. Chem.,1984,**23**:741.

[9] Coucouvanis D.,Baenziger N. C.,Simhon E. D. et al.；J. Am. Chem. Soc.,1980,**102**:1732.

[10] Yang S. S.,Pan W, H.,Friesen G. D,et al.；J. Biol. Chem.,1982,**257**:8042.

[11] Newton W. E.,Burgess B. K.,Cummings S. C. et al.；Advances in Nitrogen Fixation Research, Veeger C. and Newton W. E. Eds.,Martinus Nijhoff/Junk,The Hague,1984:160.

[12] 刘玉达,厦门大学硕士论文,1988.

[13] 周小平,厦门大学硕士论文,1989.

[14] Kovacs J. A.,Holm R. H.；J. Am. Chem. Soc.,1986,**108**:340.

Effects of Lewis Base Ligands on Self-Assembling of Mo—Fe—S Cluster Complexes

Hong-Tu Zhang，Guo-Dong Lin，Ru Yang，Yan Song，Qi-Rui Cai

(*Department of Chemistry and Institute of Physical Chemistry，Xiamen University，Xiamen*，361005)

Abstract　The effects of several neutral N-containing and P-containing ligands on the formation of Mo—Fe—S cubane-type clusters in MoS_4^{2-}-$n$$FeCl_2$-DMF systems have been studied from the changes in electronic absorption-spectral characteristics and the probable mechanism was discussed.

Key words　Neutral ligand　Electronic absorption spectra　Mo—Fe—S cluster complex

(Ed.：Y,X)

■ **本文原载**：Journal of Natural Gas Chemistry，4（1993）pp. 280～289.

Activation of O_2 and Catalytic Properties of CeO_2/CaF_2 Catalysts for Methane Oxidative Coupling

Xiao-Ping Zhou，Shui-Ju Wang，Wei-Zheng Weng，
Hui-Lin Wan，Khi-Rui Tsai

（*Department of Chemistry and State Key Laboratory for Physical Chemistry of the Solid Surface Xiamen University, Xiamen, Fujian 361005*）
Received February 22, 1993

Abstract   The investigation of the catalytic properties of the CaF_2 modified CeO_2 catalysts for the methane oxidative coupling（MOC）to prepare C_2 hydrocarbons indicated that most of the CaF_2 modified CeO_2 catalysts were efficient for the MOC reaction. Addition of CaF_2 to CeO_2 can make the C_2 selectivity increase from 2.2%（over CeO_2）to 46～63%，and the CH_4 conversion increase from 26% to 28～30%. When the CeO_2 content was decreased within a definite region, the activity and C_2 selectivity of the catalysts increased remarkably. The XRD characterization revealed that F^-—O^{2-} exchange happened between CaF_2 and CeO_2 phases. TPD，XPS，Raman and ESR experiments indicated that O^-，O_2^{2-} and O_2^- species were formed over CeO_2/CaF_2 catalysts. With the increase of CaF_2 content in the catalysts，the kinds and the surface concentrations of the above mentioned oxygen species decreased，while the C_2 selectivity increased.

1   Introduction

Since the pioneer work of Keller and Bhasin[1] on the oxidative coupling of methane，many catalyst systems，mostly based on the oxides or complex oxides of alkali metals，alkali earth metals and rear earth metals，have been developed. A number of researchers have found that the catalytic properties of metal oxides can be promoted by addition of halides，especially chlorides and bromides[2,3]，but the utilizing of fluorides，which should be more stable than the corresponding chlorides and bromides under the conditions of MOC reaction，has not been reported so far. For this reason，a novel series of metal oxide-metal fluoride catalysts were developed in our group，the work in this paper will focus on the study of the relationship between the catalytic performances and properties of the surface oxygen species over the CaF_2 modified CeO_2 catalysts.

2 Experimental

1 The preparation of catalysts

DMA:CaF_2 (1.72g, C. P.) was added to CeO_2 (1.25g, A. R.), the mixture was ground into fine powder and stirred with small amount of deionized water to a paste, which was then dried at 100 ℃ and calcined at 900 ℃ for 6 h. The resultant solid was crushed and sieved to 40—80 mesh particles.

DMB:CaF_2 (2.15 g) was added to CeO_2 (0.86 g), the other procedures were the same as the preparation of DMA.

DMC:CaF_2 (2.40 g) was added to CeO_2 (0.43 g), the other procedures were the same as the preparation of DMA.

2 The catalytic performance evaluation of catalysts

The catalytic reactions were carried out in a fixed bed quartz reactor, the ratio of CH_4 : O_2 was 3 : 1, the flow rate of reactant gas was 50 mL/min, and the amount of catalyst used in each experimental run was 0.20 mL. The effluent were analyzed on a 102 gas chromatographic instrument with 5A molecular sieve column for O_2 and CO analysis, and GDX-502 column for CH_4, C_2H_4, C_2H_6 and CO_2 analysis.

3 The XPS, Raman, ESR and TPD characterizations of the catalysts

The catalyst was first purged with He for several minutes, followed by being heated in a flow of H_2 for 30 min, purged again with He for 10 min and cooled to room temperature under He atmosphere. Part of the catalyst was then separated and sealed in a glass tube under He protection to get the sample without O_2 adsorption, rest of the catalyst was exposed to O_2 at room temperature for a while followed by purging with He and sealing in a glass tube under He protection to prepare the O_2-adsorbing sample.

The XRD measurements were carried out on a Rigaku Rotaflex D/Max-C system with Cu $K\alpha(\lambda=$ 1.5406 Å) radiation at room temperature.

The XPS measurements were carried out on an ESCALAB MK Ⅱ system with an Al $K\alpha$ radiation ($h\nu=1486.6$ eV) under 1×10^{-6} Pa at room temperature.

The Raman measurement was carried out on a JOBIN YVON U-1000 spectrometer at room temperature. The wave length of laser was 5145 Å, scanning region was 600—1500 cm^{-1}.

The ESR measurement was carried out on a BRUKER ER 200D spectrometer at room temperature.

In the oxygen TPD experiment, the glass tube containing the sample without O_2 adsorption was placed in a desorption system under O_2 atmosphere, the tube was then broken and the sample was transferred to a quartz reactor, the gas phase O_2 was removed with a flow of He, the sample was then heated from room temperature to 860 ℃ at the heating rate of 15 ℃/min, the desorption spectrum was recorded on a 103 gas chromatographic instrument.

3 Results and discussion

1 *The performance of catalysts*

From Table 1, we found that, over CeO_2, methane was almost completely burnt, the main products were CO, CO_2 and small amount of C_2 compounds; over CaF_2, 14% of CH_4 conversion with 42% of C_2 selectivity was obtained at 850 ℃; however, over the CaF_2 modified CeC_2, for instance, DMA catalyst, although the reaction temperature was relatively low (about 600 ℃), the CH_4 conversion and C_2 selectivity increased to 28% and 46%, respectively. With the increase of CaF_2 content in the order of DMA, DMB and DMC, under the condition of maintaining the same CH_4 conversion, the C_2 selectivity increased remarkably, and the amount of CO_2 in the tail gas decreased while that of CO increased.

2 *The interaction beween CaF_2 and CeO_2 phases*

Both CaF_2 and CeO_2 belong to the fluorite structure, the radius of F^- (1.33 Å) is almost equal to that of O^{2-} and the radius of Ca^{2+} (1.05 Å) is reatively close to that of Ce^{4+} (1.01 Å). So the cations or anions exchange between CaF_2 and CeO_2 lattice may happen during the catalyst preparation. The XRD spectrum of the CeO_2/CaF_2 catalyst showed that, besides the diffraction lines of CeO_2 and CaF_2 phases, there is also an unknown line (DMA, d = 3.127 Å; DMB, d = 3.149 Å; and DMC, d = 3.162 Å) with relative intensity $(I/I_0) = 100\%$, which might be attributed to a new phase produced from anions or cations exchange between CaF_2 and CeO_2 lattices. The substitution of F^- by O^{2-} in the CaF_2 lattice or the substitution of Ce^{4+} by Ca^{2+} in the CeO_2 lattice will induce the formation of O^- and anion vacancies in the catalysts, both O^- and anion vacancies will be favorable to the activation of molecular oxygen.

Table 1 Performance of catalysts

Catalyst	Temperature (℃)	CH$_4$ Conversion (%)	Selectivity to products(%)					C$_2$ Yield (%)
			CO	CO$_2$	C$_2$H$_4$	C$_2$H$_6$	Total C$_2$	
CeO$_2$	700	26.7	19.1	78.7	0.37	1.8	2.2	0.6
	650	26.0	19.2	80.1	0	0	0	0
CaF$_2$	850	14.6	41.0	17.1	29.3	12.6	41.9	6.1
	800	—	—	—	—	—	—	—
DMA	650	28.8	0	53.4	22.9	23.7	46.6	13.4
	600	28.1	0	53.9	22.3	23.8	46.1	13.0
DMB	750	28.3	3.1	46.1	29.1	21.7	50.8	14.4
	700	30.7	0	48.9	29.0	22.1	51.1	15.7
DMC	880	29.8	21.1	19.2	42.7	17.0	59.7	17.8
	850	20.8	19.6	17.7	34.8	27.9	62.7	13.0

3 *The characterization of oxygen species on the catalysts*

Fig. 1 shows the oxygen TPD spectrum of the DMA catalyst. Within the temperature range of 65 and 860 ℃, four desorption peaks were observed. The peak between 65 and 256 ℃ might be the desorption peak of O_2^- and part of O_2^{2-} species[4a]; the strong desorption peak from 256 to 642 ℃ might be the tightly adsorbed O_2^{2-} and part of O^- species; while the two weak peaks between 642 and 860 ℃ might be attributed to O^- and O^{2-} species[4b]. Since we did not detect any peak below 65 ℃, the O_3^- species, which is stable below 300K[5], may not exist on the DMA catalyst at room temperature.

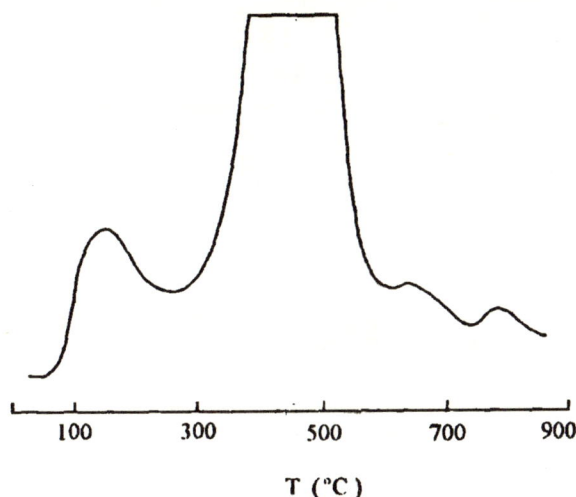

Fig. 1   TPD spectrum of O_2-adsorbing DMA

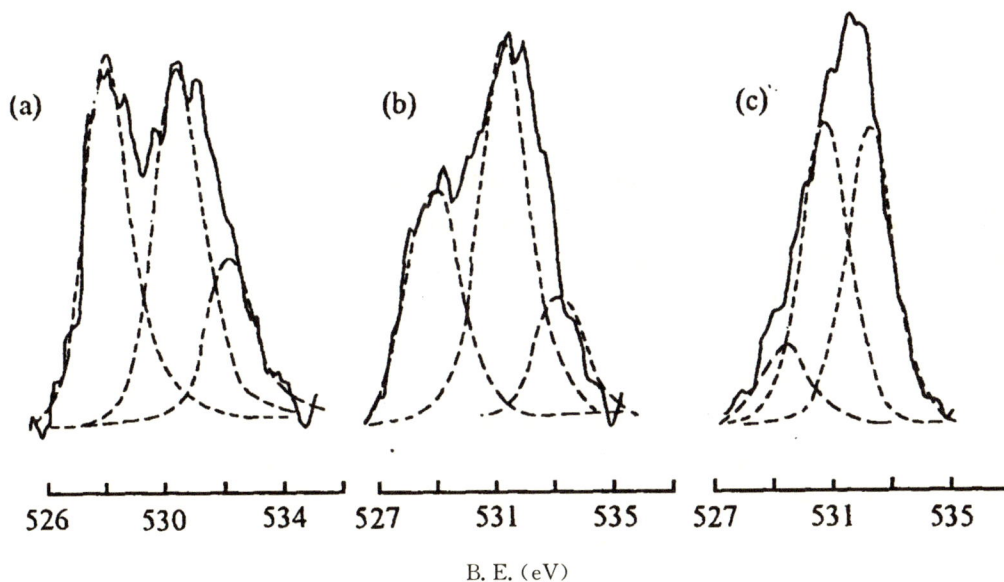

Fig. 2 O_{1s} binding energy of O_2-adsorbing DMA(a), DMB(b) and DMC(c)

Fig. 2 shows XPS spectra of the Ols binding energy of the DMA, DMB and DMC catalysts. In the order of DMA, DMB and DMC, the amount of oxygen species with lower binding energy decreased, while that with higher binding energy increased. On the DMC catalyst, the main oxygen species were the oxygen species with higher binding energy ($\geqslant$531 eV) and the amount of oxygen species with binding energy $\leqslant$529 eV were much less than that on the DMA and DMB catalysts. The peaks with binding energy at 528.4 eV for DMA, 529.2 eV for DMB and 529.1 eV for DMC could be assigned to the O^{2-} species, while the peaks with the binding energies at 530.7 and 532.1 eV for DMA, 531.3 and 532.0 eV for DMB, and 530.8 and 531.7 eV for DMC could result from the oxygen species(O_2^{2-}, O^- and O_2^-) or the oxygen of surface CO_3^{2-} species[6-10]. Since no CO_3^{2-} band was observed in the corresponding Raman spectra, the peaks with binding energies at ca. 532 eV could be assigned to the O_2^- species. With the increase of the CaF_2 content in the catalysts, the relative surface concentration of the O^{2-} species decreased, while the relative surface concentration of the O_2^{2-} or O^-, especially O_2^- species increased.

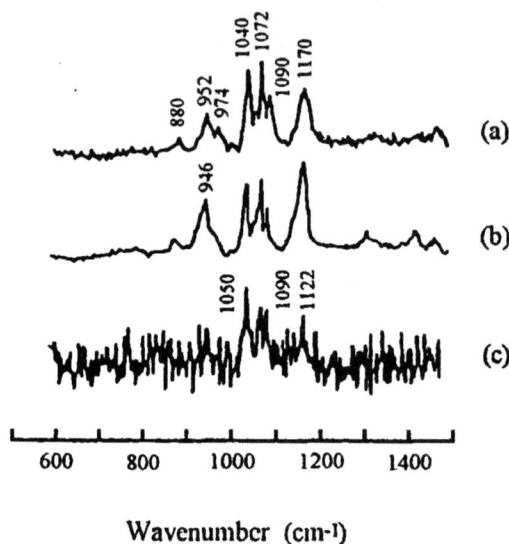

Fig. 3 Raman spectra of O_2-adsorbing DMA(a), DMB(b) and DMC(c)

The Raman experiments showed that, within the range of 600 to 1500 cm^{-1}, no peak was observed over the CaF_2 and CeO_2 samples with or without O_2 adsorption; and no peak was observed over the DMA, DMB and DMC catalysts without O_2 adsorption. These results indicated that there were no Raman active oxygen species on these samples. Over the O_2-adsorbing DMA, DMB and DMC samples, however, several peaks which were attributable to adsorbed dioxygen species were observed (Fig. 3). Among them, the peaks between 1090 and 1182 cm^{-1} may be assigned to the O_2^- species located in different chemical environments[11,12,14]; the peaks at 946, 952, 974, 1040, 1050, and 1072 cm^{-1} might be attributed to the O_2^{n-} with n between 1 and 2[15-18]; and the peak at 880 cm^{-1} can be assigned to the O_2^{2-} species[19]. With the increase of the CaF_2 content in the catalysts, although the absolute intensity of the peaks of the surface oxygen species decreased, the relative intensity of the peaks with higher wavenumber (>1000 cm^{-1}) increased, these results suggest that the catalysts with higher CaF_2 content may have lower ability of donating electrons and therefore will be unfavorable to the formation of the electron enriched oxygen species such as O_2^{2-} or O^- and O^{2-}. On the other hand, with the increase of the F^- content on the catalyst surface, the surface oxygen species will become more isolated, and the possibility of O_2^- species accepting one electron from the nearby O^{2-} species to form the O_2^{2-} and O^- species will also be reduced.

Fig. 4a is the ESR spectra of DMA catalyst without O_2 adsorption. Since no peak of the O_2^- species had been observed over the corresponding Raman spectrum, the ESR signals with the g values of 2.0794, 2.0476 and 2.0264 might result from the O^- species located in different chemical environments[20-22] (the g value of quasi electron or Ce^{3+} over CeO_2 was 1.963[23]). After the sample was exposed to O_2 at room temperature, the signals of O^- species disappeared, and a series of new signals with the g values of 2.1168, 2.0818 and 2.0578, which might result from the O_2^- species[24-27], were observed (Fig. 4b). For the DMB catalyst, one ESR signal with the g value of 2.0281 was observed on the sample without O_2 adsorption (Fig. 4c), this signal could also result from the O^- species. After the sample has been adsorbed with O_2 at room temperature, the O^- signal disappeared, and some new signals with g values at 2.0881, 2.0586, 2.0295 and 2.0050, which might be assigned to the O_2^- species located in different chemical environments[24-29], were observed (Fig. 4d). No ESR signal was observed over the DMC catalyst without O_2 adsorption, and only two weak signals with the g values of 2.0280 and 2.0050, which could be attributed to the O_2^- species, were observed (Fig. 4e) over the O_2-adsorbing sample.

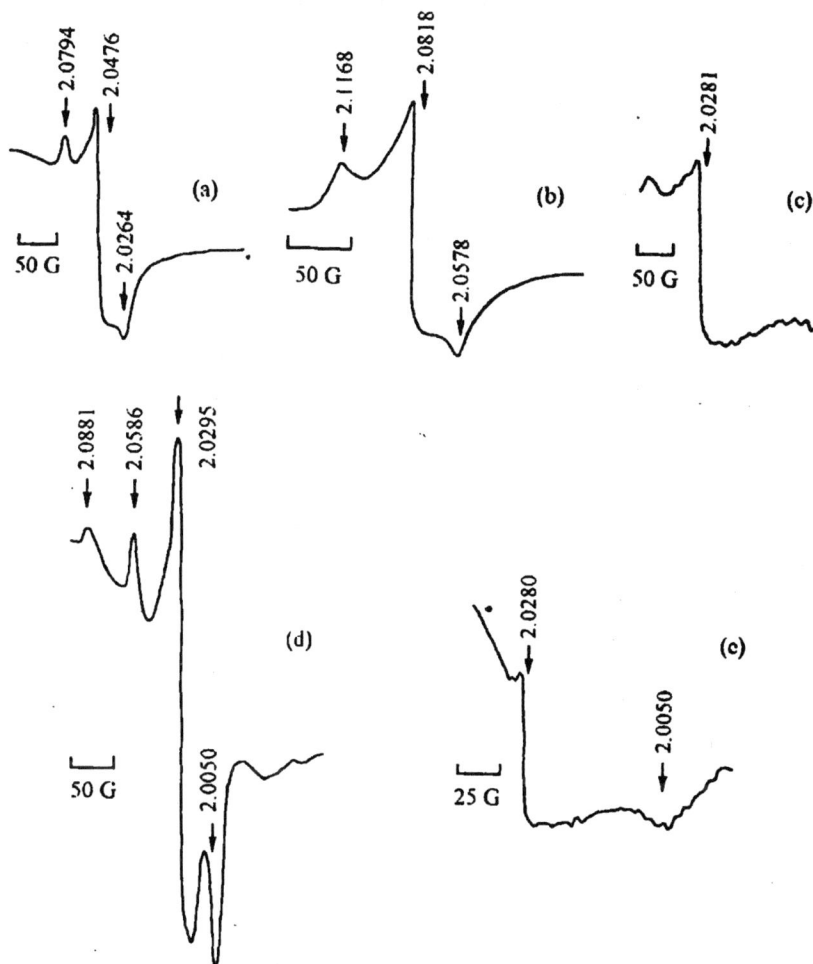

Fig. 4 ESR spectra of the catalysts

(a) DMA without O_2 adsorption; (b) O_2-adsorbing DMA; (c) DMB without O_2 adsorption;

(d) O_2-adsorbing DMB; (e) O_2-adsorbing DMC

These results are also in agreement with the results of the Raman experiments and indicate that, on the DMC catalysts, the kinds and the surface concentration of the oxygen species were less than those on DMA and DMB catalysts, and this should be responsible for the significant improvement of C_2 selectivity over the DMC catalyst. The appearance of O^- signals on the DMA and DMB catalysts without O_2 adsorption suggests that the substitution of Ce^{4+} by Ca^{2+} in the CeO_2 lattice or the substitution of F^- by O^{2-} in the CaF_2 lattice may happen, this is also in agreement with the results of XRD experiments.

4　Conclusion

The CaF_2 modified CeO_2 catalysts have stronger ability for the O_2 activation, and therefore have relatively higher activity for MOC reaction. Increase of the CaF_2 content in the CeO_2/CaF_2 catalysts within a certain range will reduce the surface concentration of the oxygen species and inhibit the formation of some oxygen species which may cause deep oxidation, both of these factors will be favorable to the improvement of the C_2 selectivity.

References

[1]Keller,G. E. ;Bhasin,M. M.,J. Catal. ,1982,**73**,9.

[2](a)Fujimoto,K. ;Hashimoto,S. ;Asami,K. ;Omata,K. ;Tominaga,H.,Appl. Catal. ,1989,**50**, 223.

(b)Fujimoto,K. ;Hashimoto,S. ;Asami,K. ;Tominaga,H.,Chem. Lett,1987,2157.

[3]Burch,R. ;Squire,G. D. ;Tsang,S. C.,Appl. Catal. 1988,**43**,105.

[4](a)Iwamoto,M. ;Yoda,Y. ;Yamazoe,N. ;Seiyama,T.,J. Phys. Chem. ,1978,**82**(24),2564.

(b)Ito,T. ;Kato,M. ;Toi,K. ;Shirakawa,T;Ikemoto,I. ;Tokuda,T.,J. Chem. Soc. Faraday Trans. ,1985,**181**,2835.

[5]Yakita,Y. ;Lunsford,J. H.,J. Phys. Chem. ,1979,**83**(6),683.

[6]Peng,X. D. Stair,P. C. ,J. Catal. ,1991,**128**,264.

[7]Poirie,M. G. ;Breault,R.,Appl. Catal. ,1991,**71**,103.

[8]Wang,F. C. ;Wan,H. ;Tsai,K. R. ;Wang,S. ;Xu,F.,Catal. Lett. ,1992,**12**,319.

[9]Badyal,J. P,S. ;Zhang,X;Lambert,R. M.,Surf. Sci. Lett. ,1990,**225**,L15.

[10]Rajumon,M. K. ;Prabhakaran,K. ;Rao,C. N. R.,Surf. Sci Lett. ,1990,**33**,L237.

[11]Vaska,L,,Acc. Chem. Rev. ,1976,**9**,175.

[12]Li,C. ;Domen,K. ;Maruya,K. ;Onishi,T,J. Am. Chem. Soc. ,1989,**111**,7683.

[13]Adrews,L. ;Hwang,J. T. ;Trindle,C.,J. Phys. Chem. ,1973,**77**,1605.

[14]Che,M;Tench,A. L.,Adv. Catal. ,1983,**32**,82.

[15]Metcalfe,A. ;Shankar,S. U.,J. Chem. Soc. Faraday Trans. ,1980,**176**,630.

[16]Gland,J. L. ;Sexten,B. A. ;Fisher,G. B.,Surf. Sci,1980,**95**,587.

[17]Al-Mashta,F. ;Sheppard,N. ;Lorenzeili,V. ;Busca,G.,J. Chem. Soc. Faraday Trans. ,1982,I **78**,979.

[18]Davydov,A,A. ;Shchekochikhin,Y. M. ;Keier,N. P. ;Zeif,A. P.,Kinet. Katal. ,1969,**10**,1125.

[19]Jones,R. D. ;Summerville,D. A. ;Basolo,F.,Chem. Rev. ,1979,**79**,139.

[20](a)Tench,A. J. ;Lawson,T.,Chem. Phys. Lett. ,1970,**7**,459.

(b)Tench,A. J. ;Lawson;Kibblewhite,J. F. J.,Trans. Faradag Soc. ,1972,**68**,1169.

[21]Segall,B,;Ludwig,G. W. ;Woodbury,H. H. ;Johnstone,D. D.,Phys. Rev.,1962,**128**,76.

[22]Abraham,M. M. ;Chn,Y. ;Boatner,L. A. ;Reynolds,R. W.,Solid State Commm. ,1975,**16**,1209.

[23](a)Dufaux,M. ;Che,M. ;Naccache,C,Compt. Rend. ,C,1969,**268**,2255.

(b)Steinberg,M.,Isr. J. Chem. ,1970,**8**,887.

[24]Breysse,M. ;Claudel,B. ;Veron,J.,Kinet. Katal,1973,**14**,102.

[25]Che,M. ;Tench,A. J. ;Coluccia,S. ;Zecchina,A. Chem. Soc. Faraday Trans.,1976,**172**,1553.

[26]Ono,T. ;Takagiwa,H. ;Fukuzumi,S. Z.,Phys. Chem. Neue Folge 1979,**115**,51.

[27]Cordischi,D. ;Indovina,V. ;Occhiuzzi,M.,J. Chem. Soc. Faraday Trans,1978,**174**,883.

[28]Giddeoni,M. ;Kaufherr,N. ;Steinberg,M.,Isr. J. Chem. ,1974,**12**,1069.

[29]Che,M. ;Kibblewhite,J. F. J. ;Tench,A. J. ;Dufaux,D. ;Naccache,C,J. Chem. Soc. Faraday Trans. ,1973,**169**,857.

■ 本文原载:Chemical Research in Chinese Universities,3 (1993) pp. 269~272.

Investigation on High Efficient Catalysts for the Oxidative Dehydrogenation of Ethane[*]

Xiao-Ping Zhou, Shui-Qin Zhou, Fu-Chun Xu, Shui-Ju Wang,
Wei-Zheng Weng, Hui-Lin Wan, K.R.Tsai

(Department of Chemistry, Analysis and Testing Center,
Xiamen University, Xiamen, 361005)
Received Jan. 12, 1993

Key words Oxidative dehydrogenation of ethane Oxygen species XPS Raman TPD

1 Introduction

Since the pioneer work of Thorsteinson[1] for the oxidative dehydrogenation of ethane, a series of V-Mo based catalysts mainly for the oxidative dehydrogenation of ethane have been patented[2]. On the surfaces of these catalysts, a C_2H_4 selectivity of 70% was achieved, but the space velocity was only about 340 h^{-1}. Lunsford, et al. [3] reported a C_2H_6 conversion of 75% and a C_2H_4 selectivity of 76% over the Dy_2O_3/Li^+-MgO-Cl^- catalysts at 570 ℃, however, the space velocity was still very low($\sim$300 h^-) and Cl^- ion would be lost slowly during the reaction. The present paper covers the studies of the catalytic properties of the LaF_3/BaF_2 catalysts which show good performance for the oxidative dehydrogenation of ethane under the feed gas space velocity of 18000 h^{-1}, and preliminary results of XPS, Raman and TPD studies of the oxygen species on the above catalysts surface.

2 Experimental

The catalysts were prepared by mixing BaF_2 with LaF_3 in different ratios, followed by stirring after small amounts of deionized water being added, the paste was allowed to be dried at 100 ℃ and calcined at 850 ℃ for 6 h, the resultant material was then crushed and sieved to 40—80 mesh particles. The contents of LaF_3 in FA, FB, FC catalysts were 20%, 50% and 80% in mole, respectively. The catalytic reactions were carried out in a fix-bed quartz reactor at 470 ℃ under atmospheric pressure. The other reaction conditions were as follows :catalyst 0. 2 mL ;reactant gas flow rate 60 mL/min;C_2H_6 : O_2 : N_2=10 : 5 : 85. Products were analyzed with a Model 102 gas chromatography instrument.

XPS spectra were recorded on a V. G. ESCALAB MK Ⅱ instrument using Al K_a as the photoresource. Raman spectra were measured on a JOBIN YVON U-1000 Raman spectrometer. In the above experiments, the catalyst was allowed to be purged by the stream of He at room temperature for

* Patent application No. CN. 92110008. 6.

several minutes, followed by H_2 at 900 ℃ for 30 min and again by He for 10 min, part of the catalyst was then separated and sealed in a glass tube under He atmosphere to make the sample free of O_2 absorbed, the rest of the sample was cooled to room temperature under O_2 atmosphere and then sealed in a glass tube under He atmosphere to prepare the sample with O_2 absorbed. In TPD experiments, similar sample treatment procedures as mentioned above were followed, the spectrum was recorded on a Model 103 gas chromatography instrument using He as the carrier gas with a heating rate of 15 ℃/min.

3 Results and Discussion

1 Catalytic Properties

The catalytic properties of the LaF_3/BaF_2 catalysts with different LaF_3/BaF_2 ratios are given in Table 1. With the increase of LaF_3 content in the catalysts, the C_2H_6 conversion increased, while the C_2H_4 selectivity decreased. The by-products were mainly CH_4, CO_2 and CO. The difference in the catalytic properties for the catalysts with different LaF_3 content may be resulted from the difference in the oxygen species on the catalyst surface.

Table 1 Catalytic properties of the LaF_3/BaF_2 catalysts at 470 ℃

Catalyst	Content of product(%)					C_2H_6 Conversion (%)	C_2H_4 Selectivity (%)	C_2H_4 Yield (%)
	CO	CO_2	CH_4	C_2H_4	C_2H_6			
FA	0	0.20	0.43	3.93	4.92	46.3	92.7	42.9
FB	0	0.17	0.71	4.01	5.05	46.8	90.2	42.2
FC	0.42	0.25	0.87	4.05	4.08	54.2	84,0	45.5

2 Surface Oxygen Species

Fig. 1 shows the XPS spectra of the oxygen species on the surfaces of FA, FB and FC catalysts. The O_{1s} peaks on FA and FC catalysts can be resolved into three kinds of oxygen species with the binding energies being 529, 531 and 532 eV, respectively; and the O_{1s} peak on FB catalyst can be resolved into two kinds of oxygen species with the individual binding energy being 531 and 532.5 eV. The peaks around 531 eV may be assigned to the O_2^{2-} or O^- species; and the peaks at 532 and 532.5 eV may be attributed to CO_3^{2-} or O_2^- species[4], since the samples for XPS analysis had been treated with H_2 and He at 900 ℃ for a long time, the CO_3^{2-} could not be the main surface species and the peaks at 532 and 532.5 eV may be due to the O_2^- species. The peak at 529 eV is attributable to the O^{2-} species, which may be resulted from the formation of MO_xF_y generated from calcining the catalysts in air containing moisture.

Fig. 2 is the Raman spectra of FA, FB and FC catalysts with O_2 adsorbed. The FA catalyst shows two peaks at 920 and 1130 cm^{-1}; the FB catalyst shows two peaks at 920 and 1188 cm^{-1}; and the FC catalyst only shows one relatively weak peak at 898 cm^{-1}. The peaks at 898 and 920 cm^{-1} are attributable to the O_2^{2-} species[6,7], and the peaks at 1130 and 1188 cm^{-1} may be assigned to the O_2^- species. No peak was observed between 600 and 1500 cm^{-1} for the catalysts free of O_2-absorbed.

Fig. 3 shows the TPD spectrum of FB catalyst with O_2 absorbed. Two apparent desorption bands were observed. The band between 33 and 263 ℃ may be referred to the O_2^- species; and the band between 263 and 600 ℃ may be assigned to the O_2^{2-} and(or) O^- species[8], these results are also in

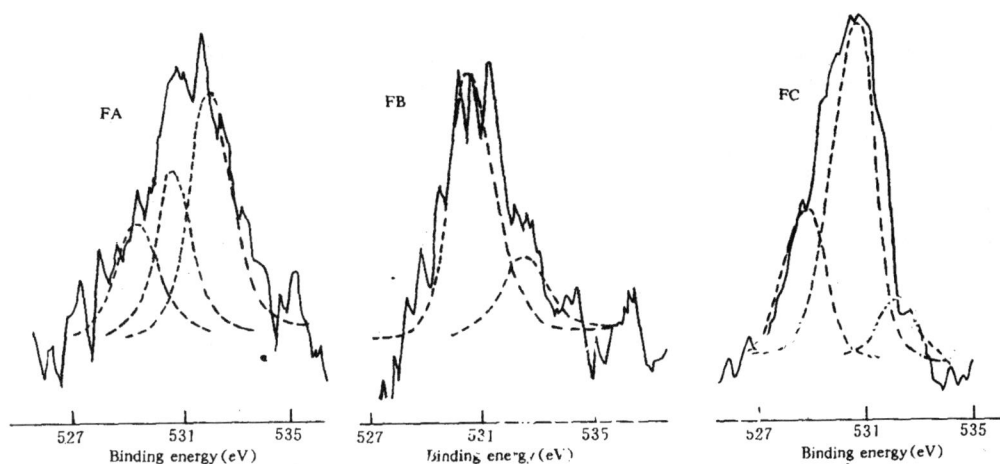

Fig. 1 O_2 binding energies of O_2-absorbed catalysts.

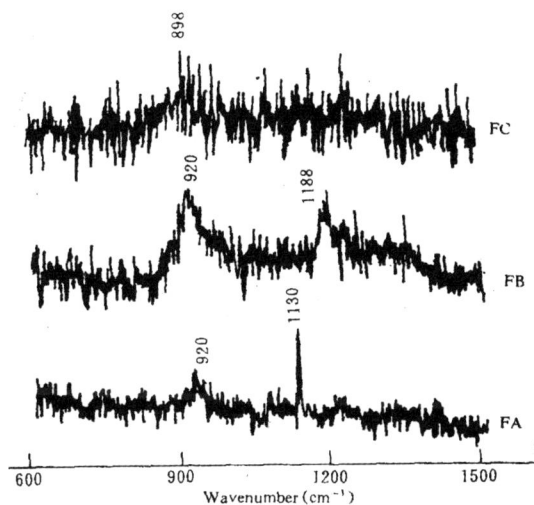

Fig. 2   Raman spectra of O_2-adsorbed catalysts.

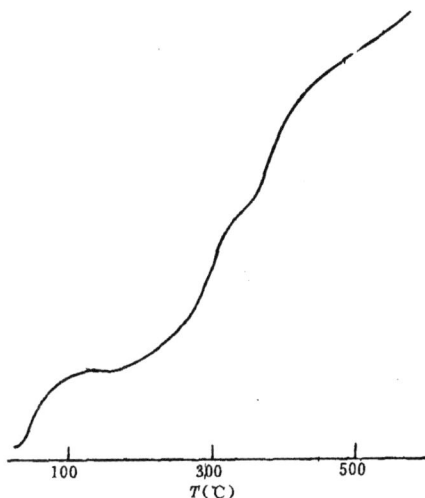

Fig. 3   TPD spectrum of FB.

agreement with the results of the XPS and Raman analyses.

XPS, Raman and the catalytic property results also show that with the increase of LaF_3/BaF_2 ratio in the catalysts, both the relative content of O_2^- species (compared with the content of O_2^{2-} or O^- species) on the catalysts surface and the catalyst selectivity of C_2H_4 decrease. These phenomena suggest that the O_2^- may be a more favorable species than the O_2^{2-} or O^- to the oxidative dehydrogenation of C_2H_6. The higher C_2H_4 selectivity in the FA catalyst could also be resulted from its higher BaF_2 content which might be favorable to the formation of $BaCO_3$ on the catalyst surface. Both $BaCO_3$ and BaF_2 on the catalyst surface will be helpful to isolate the active oxygen species and prevent the deep oxidation of C_2H_4 and the reaction intermediates.

References

[1]Thorsteinson, E. M. et al., J, Catal., **52**, 116(1978).

[2]U. S. Pat., No. 4250346; U. S. Pat., No. 4596787; CN. Pat., No. 85103650; US. Pat., No. 4524236;

EP. Pat.,No. 0160438;CN. Pat.,No. 86102492.

［3］Conway,S. J.,Wang,D. J. and Lunsford,J. H.,Appl. Catal.,A;General，**79L1**(1991).

［4］a. Baddonf,A. P.,Itchkawitz,B. S.,Surf. Sci.,**264**,73(1992);b. Badyal,J. P. S.,et al.,Surf. Sci. Lett.,**225**,L15(1990);c. Rajumon, M. K, Prabhakaran, K. and Rao, C. N. R., Surf. Sci. Lett., L237(1990);d. Dubois, J. L., Bisiaux, M., Mimoun, H. and Cameron, C. J., Chem, Lett., 967 (1990).

［5］Peng,X. D. and Stair,P. C.,J. Catal.,**128**,264(1991).

［6］a. Valentine, J. S.,Chem. Rev.,**73**,237(1973);b. Erskine, R. W. and Field,B. O.,Struct. Bond., **28**,3(1977).

［7］Al-Mashta,F.,Sheppard,N.,Lorenzelii,V. and Busca,G.,J. Chem. Soc. Faraday Trans. I,**78**,979 (1982).

［8］Ito,T.,et aL,J. Chem. Soc. Faraday Trans. I,**81**,2835(1985).

■ 本文原载:Journal of Natural Chemistry,4 (1993) pp. 344~347.

Methane Oxidative Coupling over Alkaline-Earth Fluoro-Oxide Catalysts

Xiao-Ping Zhou, Wei-De Zhang, Shui-Ju Wang,

Hui-Lin Wan, Khi-Rui Tsai

(Department of Chemistry and State Key Laboratory for Physical Chemistry of the Solid Surface, Xiamen University, Xiamen, Fujian 361005)

Received January 8, 1993

Abstract　The investigation of methane oxidative coupling(MOC) reaction over a series of alkaline-earth fluoro-oxides model catalysts indicated that the CH_4 conversion and C_2 selectivity over fluoro-oxide catalysts are apparently higher than those over pure oxide or pure fluoride catalysts. The XRD characterization of fluoro-oxide model catalysts indicated that $F^- \leftrightarrow O^{2-}$ exchange might happen.

1　Introduction

In the recent ten years, a series of alkaline-earth oxide catalysts have been developed for MOC, especially the alkali metal oxide or chloride promoted alkali earth catalysts have been extensively studied[1-4]. Most of the studies indicated that alkali metal oxides or chlorides[3,4] can improve the catalytic properties of alkaline-earth oxides. But the loss of alkali metal ions and Cl^- during the reaction process will lead to the decrease of activity and selectivity of the catalysts. In this work, a series of fluoro-oxide catalysts with higher activity, selectivity and good stability for MOC reaction was developed. The investigation of these catalysts as the model systems showed that fluorine anion can improve the catalytic performances of alkaline-earth metal oxides.

2　Experimental

The catalyst F_1 was prepared as follows : MgO and MgF_2 were mixed in the ratio of 1 : 1(mol), crushed to powder and stirred with deionized water to a paste. The paste was dried at 100 ℃ and then calcined for 6 h in air at 500 ℃. The preparation method of catalysts from F_2 to F_5 were the same as F_1. The compositions and ratios of oxide/fluoride were as follows :

F_2, $MgO/MgF_2 = 1 : 9$(mol); F_3, $CaO/CaF_2 = 1 : 1$(mol);

F_4, $CaO/CaF_2 = 1 : 9$(mol); F_5, $MgO/BaF_2 = 1 : 2$(mol).

The reaction for evaluating catalysts were carried out in a fixed-bed quartz reactor at atmospheric pressure using 0. 20 mL of catalyst under the reaction conditions:CH_4 : $O_2 = 3 : 1$,flow rate$= 50$ mL/min. The effluents were analyzed by gas chromatography.

XRD measurements of the catalysts were carried out on a Rigaku Rotaflex D/Max-C system using

$CuK\alpha(\lambda = 0.15406$ nm$)$ as resource.

3 Results and discussion

The results listed in Table 1 indicate that, after modifing the alkaline-earth oxides with alkaline-earth fluorides, the catalytic activity and C_2 selectivity increased apparently. Over MgO/MgF_2 catalysts (F_1 and F_2), CH_4 conversion was higher than that over other catalysts (F_3, F_4 and F_5), but their selectivity to C_2 was lower than that over CaO/CaF_2 (F_3 and F_4) and MgO/BaF_2 (F_5). The catalytic selectivity increased with the increase of the ratio (mol) of F^- anion to O^{2-} anion, and the increase of cation radius. From Table 1, we can also find that the content of CO_2 in products decreased in the order of F_1, F_2, F_5, F_3, F_4. These results appear to be related to the "isolation effect" of the F^- at surface for oxygen species and the basicity deference of surface oxygen species, respectively.

The XRD measurement showed that, in catalysts F_1 and F_2, only MgO and monoclinic MgF_2 were found, but the distances between planes in the crystals changed slightly. This might result from the partial exchanging of F^- and O^{2-} between MgO phase and MgF_2 phase in the preparation process.

Table 1 Performance of catalysts.

Cat.	react. T ℃	composition of products %				Conv. CH$_4$ %	Select. C$_2$ %	C$_2$ Yield %
		CO	CO$_2$	C$_2$H$_4$	C$_2$H$_6$			
MgO	750	2.29	2.08	0.37	0.70	6.5	32.90	2.14
	700				no activity			
CaO	750	4.9	19.8	3.7	2.44	34.9	33.2	11.59
	700	4.8	15.6	3.14	2.74	25.6	36.57	9.36
MgF$_2$	850	5.18	1.68	1.92	1.11	12.54	46.9	5.88
CaF$_2$	850	6.16	2.58	2.21	0.95	14.6	41.97	6.13
BaF$_2$	850	4.86	2.21	2.04	3.15	16.59	59.48	9.87
F$_1$	700	3.95	18.17	3.89	2.87	33.38	37.93	12.66
	680	4.01	17.97	3.68	3.71	34.23	40.21	13.76
F$_2$	700	7.19	15.81	4.46	2.58	34.64	37.97	13.15
	600	7.07	12.41	4.24	3.21	32.0	43.34	13.87
F$_3$	800	4.07	10.10	5.48	3.24	29.16	55.17	16.09
	770	2.72	7.96	2.99	3.18	21.68	53.61	11.62
F$_4$	850	5.37	9.07	7.18	2.24	31.2	57.88	18.06
	830	4.27	6.06	5.17	2.63	24.05	60.06	14.47
F$_5$	850	2.54	11.22	6.30	3.31	30.09	58.28	17.54
	800	3.15	10.51	5.95	3.66	30.00	58.45	17.54

In catalyst F_3, no CaO phase was found, only CaF_2 phase and some unknown phases (with XRD lines at 0.3100, 0.3028, 0.2623, 0.1793 and 0.1683 nm) were found. The CaF_2 lattice was found to be contracted as compared with the standard distances between planes in the CaF_2 crystal. This might be caused by dissolving CaO into CaF_2 lattice.

In catalyst F_4, CaO phase completely disappeared, only CaF_2 was found, but its lattice slightly contracted. In catalyst F_5, the case was similar to F_4, only BaF_2 phase was found, but the distances between planes in the BaF_2 crystal decreased by 0.0004 to 0.0011 nm.

The lattice contraction of the fluorides in F_3, F_4 and F_5 implies that, when alkaline-earth oxides dissolved into alkaline—earth fluorides, one O^{2-} ion may substitute two F^- ions, and leading to the formation of an anion vacancy. These catalysts with defective fluorite structure will have stronger ability for adsorbing and activating O_2. This result is also in agreement with that reported by Anshits et al. [5] and Wang et al. [6].

References

[1]Driscall,D. J. ;Wilson,M. ;Wang,J. X. ;Lunsford,J. H.,J. Am. Chem. Soc. ,1985,**107**,58.

[2]Ito,T. ;Lunsford,J. H.,Nature,1985,**314**,721.

[3]Kiennemann,A. ;Kieffer,R. ;Kaddouri,A.,Catal. Today,1990,**6**,409.

[4]Conway,S. J. ;Wang,D. J. ;Lunsford,J. H.,Appl. Catal. A:General,1991,**79**,L1—L5.

[5]Anshits,A. G. ;Voskresenskaya,E. N. ;Kurteeva,L. I.,Catal. Lett. ,1990,**6**,67.

[6]Wang,F. C. ;Wan,H. L. ;Tsai,K. R. ;Wang,S. J. ;Xu,F. C.,Catal. Lett. ,1992,**12**,319.

■ 本文原载：Chemical Research in Chinese Universities，3 (1993) pp. 264～268.

Methane Oxidative Coupling over Fluoride-Promoted Cerium Oxide Catalysts

Xiao-Ping Zhou, Shui-Qin Zhou, Shui-Ju Wang, Jun-Xiu Cai,
Wei-Zheng Weng, Hui-Lin Wan, K.R.Tsai

(Department of Chemistry, Xiamen University, Xiamen, 361005)

Received Jan. 12，1993

Key words Fluoride   Oxidative coupling of methane   Oxygen species   Cerium oxide

1   Introduction

Since the pioneer work of Keller and Bhasin[1] on the oxidative coupling of methane, many catalyst systems, mostly based on the oxides or complex oxides of alkali metals, alkali earth metals and rare earth metals, have been developed. In some studies[2,3], halides, especially chlorides and bromides, have been added to these oxides in order to improve the catalytic activity and selectivity, however, no work of using fluorides as the promoters has been reported. The present paper covers the studies of the catalytic properties of the CaF_2-promoted CeO_2 catalysts and some preliminary results of XPS, Raman and TPD characterization of the oxygen species on these catalyst surfaces.

2   Experimental

DMA ($CaF_2/CeO_2 = 0.30$, mole ratio), DMB($CaF_2/CeO_2 = 0.55$, mole ratio) and DMC($CaF_2/CeO_2 = 1.23$, mole ratio) catalysts were prepared by mixing CaF_2(C. P.) with CeO_2(A. R.) in small amounts of H_2O, followed by being dried at 100 ℃ and calcined at 900 ℃ for 6 h. The resultant solid was crushed and sieved to 40—80 mesh particles.

The coupling reactions were performed in a fixed-bed quartz reactor (5 mm in diameter) under the conditions of $CH_4 : O_2 = 3 : 1$ (volume ratio) without inert gas, and SV= 15000 h^{-1}. The tail gas was analyzed with a gas chromatography instrument at room temperature.

In the XPS, LRS and ESR experiments, the catalysts was first purged with He for several minutes, followed by being heated at 900 ℃ in a flow of H_2 for 30 min and purged again with He for 10 min, part of the catalyst was then separated and sealed in a glass tube under He atmosphere to make the sample free of O_2 adsorption; the rest of the catalyst was cooled to room temperature under O_2 atmosphere, and then sealed in a glasss tube under He atmosphere to prepare the sample with O_2 absorbed. XPS were recorded on an ESCALAB MK II instrument using Al K_a radiation($h\nu = 1486.6$ eV). Raman spectra were recorded on a JOBIN YVON U-1000 spectrometer. ESR spectra were recorded on a Bruker E. R. 2000 spectrometer. In the TPD experiments, similar sample treatment procedures were followed and the spectrum was measured on a Model 103 gas chromatography instrument using He as the carrier gas with a heating rate of 15 ℃/min.

3   Results and Discussion

1   Effect of CaF$_2$ on the Catalytic Properties of CeO$_2$

Table 1 shows the catalytic properties of the CaF$_2$-CeO$_2$ catalysts. As we can see, pure CeO$_2$ shows almost no selectivity to the C$_2$ hydrocarbons, the yield of C$_2$ hydrocarbons on pure CaF$_2$ is also not very high. However, the CaF$_2$ modified CeO$_2$ (DMA) catalyst can not only activate CH$_4$ at a lower temperature (600 ℃) to give a conversion of 28.1 % but also gain a selectivity of 46.1 % for the C$_2$ hydrocarbons can be obtained. With the decrease of CeO$_2$ content in catalysts (DMB, DMC), the C$_2$ hydrocarbons selectivity increased significantly.

Table 1   Catalytic properties of CaF$_2$-CeO$_2$ catalysts

Catalyst	Temperature (℃)	CH$_4$ Conversion (%)	C$_2$ Selectivity (%)	C$_2$ Yield (%)
CeO$_2$	700	26.7	2.2	0.6
	650	26.0	0	0
CaF$_2$	850	14.6	42.0	6.13
	800	0	0	0
DMA	650	28.8	46.6	13.4
	600	28.1	46.1	13.0
DMB	750	28.3	50.8	14.4
	700	30.7	51.1	15.7
DMC	880	29.8	59.6	17.7
	850	20.8	62.7	13.1

2   Surface Oxygen Species on CaF$_2$-CeO$_2$ Catalyst Surface

Fig. 1 shows the XPS spectra of the oxygen species on the surfaces of DMA, DMB and DMC catalysts. The peaks around 529 eV are ascribed to the lattice oxygen (O^{2-}) species and the peaks at about 531 and 532 eV may be assigned to O$^-$ or O$_2^{2-}$ and O$_2^-$ species, respectively[4,5]. The intensities of various oxygen species peaks are different in DMA, DMB and DMC catalysts, with the decrease of CeO$_2$ content in the catalysts, the intensity of O^{2-} peaks decreases, while those of O$_2^{2-}$ (or O$^-$) and O$_2^-$ peaks increase.

The Raman spectra of DMA, DMB and DMC catalysts are shown in Fig. 2. No band was observed on the catalysts without O$_2$ absorbed. On the catalysts with O$_2$ absorbed, however, several bands were observed. The bands at 1072 and 1090 cm^{-1} and those at 1170 and 1182 cm^{-1} may be assigned to O$_2^-$ species adsorbed on the different sites[6,7]; the bands at 1050 and 1040 cm^{-1} and those at 952, 974 and 976 cm^{-1} may be attributed to O$_2^{n-}$ with n close to 2[8,9]; the bands at 880 and 946 cm^{-1} are assigned to O$_2^{2-}$[10]. With the decrease of CeO$_2$ content in the catalyst, the bands at lower wavenumbers decreased in intensity and some bands even disappeared.

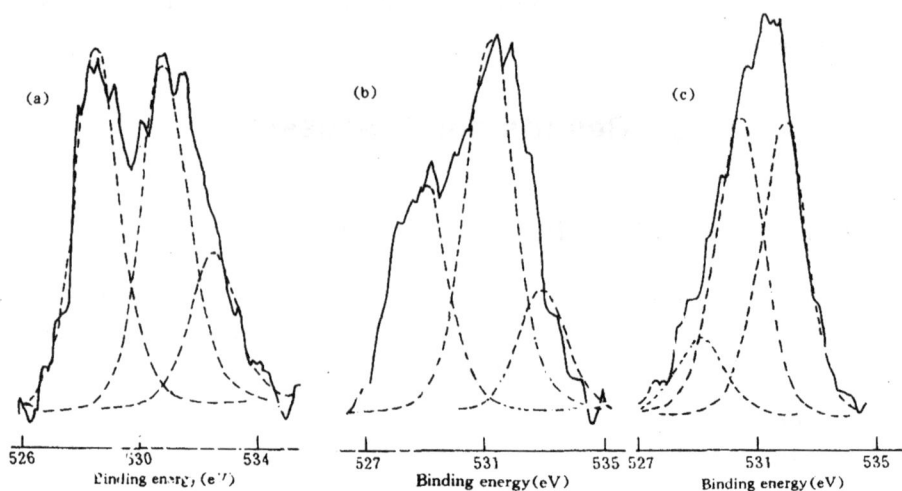

Fig. 1 O_{1s} binding energies of O_2 adsorbed catalysts.
(a) DMA; (b) DMB; (c) DMC.

Fig. 3 shows the TPD spectrum of DMA catalyst with O_2 absorbed. Four desorption peaks were detected, the peak between 65 and 256 ℃ may be assigned to O_2^- species[11]; the peak between 296 and 642 ℃ is very strong and may be attributed to the strongly adsorbed O_2^{2-} or O^- species[11]; the peaks between 642 ℃ and 860 ℃ may be assigned to O^{2-}.

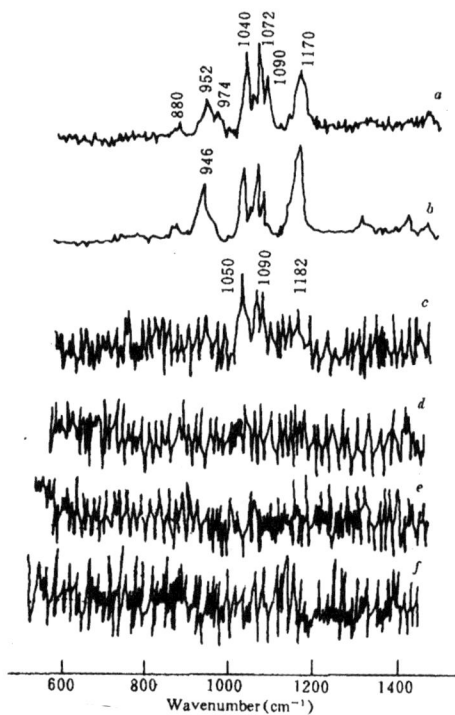

Fig. 2 Raman spectra of (a) DMA, (b) DMB and (c) DMC with O_2 absorbed, (d) DMA, (e) DMB and (f) DMC without O_2 absorbed.

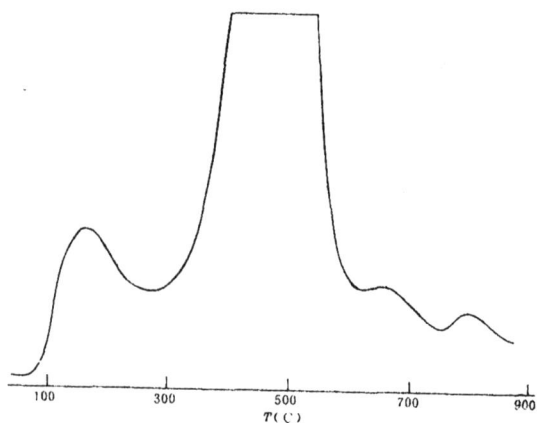

Fig. 3 TPD spectrum of DMA.

ESR spectra showed that O^- species, which may be generated by the replacement of Ca^{2+} for Ce^{4+} or O^{2-} for F^- in lattice, exists in both DMA($g_1 = 2.0679, g_2 = 2.0476$ and $g_3 = 2.0264$) and DMB($g = 2.0281$) catalysts without O_2 absorbed. For the same catalysts with O_2 absorbed, the signals of O^- species disappeared and some new signals ($g_1 = 2.1168, g_2 = 2.0818$ and $g_3 = 2.0578$ for DMA; $g_1 = 2.0881, g_2 = 2.0586, g_3 = 2.0295, g = 2.0222$ and $g = 2.0050$ for DMB) assigned to $O_2^{-[12-14]}$ were observed. For DMC catalyst, however, no ESR signal was observed on the sample without O_2 absorbed, and only two weak signals ($g_1 = 2.0280$ and $g_2 = 2.0050$) which may be attributed to O_2^- species were observed on the sample with O_2 absorbed.

4 Conclusions

Based on the results of XPS, Raman, TPD and ESR spectra, it can be concluded that O_2^{2-} or O^- and O_2^- species are the main oxygen species on the surface of DMA and DMB catalysts, and O_2^- species is the main oxygen species on the surface of DMC catalyst. These results suggest that the catalyst with higher CaF_2 content may have lower ability of donating electrons and will be unfavorable to the formation of the electron enriched oxygen species such as O^- or O_2^{2-}, with the increase of the CaF_2 content in the catalysts, both the concentration and categories of surface oxygen species decrease, we believe that these factors should be responsible for the significant improvement of the C_2 hydrocarbon selectivity on the catalysts with higher CaF_2 content. On the other hand, the dispersion of F^- ion on the catalyst surface will be beneficial to the isolation of the surface oxygen species, which will also be helpful to prevent the total oxidation of the reaction intermediates and the C_2 hydrocarbons in the reaction system.

References

[1] Keller G. E. and Bhasin, M. M., J. Catal., **73**, 9(1982).

[2] Burch, R., et al., Appl. Catal., **43**, 105(1988).

[3] Fujimoto, K., et al., Chem. Lett., 2157(1987).

[4] Peng, X. D. and Stair, P. C., J. Catal., **128**, 264(1991).

[5] Poirier, M. G., et al., Appl. Catal., **71**, 103(1991).

[6] Vaska, L., Acc. Chem. Rev., **9**, 175(1976).

[7] Li, Can, et al., J. Am. Chem. Soc., **111**, 7683(1989).

[8] Metcalfe, A. and Shankar, S. U., J. Chem. Soc. Faraday Trans., I, **76**, 630(1980).

[9] Gland, J. L., et al., Surf. Sci., **95**, 587(1980).

[10] Jones, R. D., et al., Chem. Rev., **79**, 139(1979).

[11] Ito, T., et al., J. Chem. Soc. Faraday Trans., I, **81**, 2835(1985).

[12] Breysse, M., et al., Kinet. Katal., **14**, 102(1973).

[13] Cordischi, D., et al., J. Chem. Soc. Faraday Trans., I, **74**, 883(1978).

[14] Giddeoni, M., et al., Isr. J. Chem., **12**, 1069(1974).

■ 本文原载：Chinese Chemical Letters，7 （1993），pp. 603～604.

Methane Oxidative Coupling over Metal Oxyfluoride Catalysts

Xiao-Ping Zhou, Wei-De Zhang, Hui-Lin Wan, Khi-Rui Tsai

(*Department of Chemistry, Xiamen University, Xiamen, 361005*)

Abstract   The MOC reaction over ZrO_2/LaF_3, CeO_2/LaF_3 and ThO_2/LaF_3 catalysts indicated that these catalysts had high activity and high C_2 selectivity at low temperature. In the temperature range 480 ℃ to 650 ℃. The methane conversion was 24.4% to 30.8% and the C_2 selectivity was 40.0% to 55.4%. The XRD characterization of the catalysts indicated that O^{2-} and F^- exchang happened and LaOF was formed.

1   Introduction

Since 1982 Keller and Bhasin reported their work on methane oxidative coupling (MOC)[1], almost all of the catalysts developed were metal oxide catalysts, or alkali metal ion and Cl^- promoted metal oxide catalysts[2-4]. Although higher CH_4 conversion and C_2 selectivity were obtained, for instance, over $Li_2CO_3/CaCO_3$ catalyst at 750 ℃, 23.4% of C_2 yield and 64.2% of C_2 selectivity were obtained[5], but the catalysts must be operated at high temperature, which led to gas phase nonselective oxidation. The losing of alkali metal ion or Cl^- would cause the decrease of activity and C_2 selectivity of the catalysts. In order to overcome the problems, we developed a series of metal oxyfluoride catalysts which could be operated at 480 ℃ to 650 ℃ with the higher conversion of CH_4 and higher selectivity of C_2.

2   Experiment

The catalysts were prepared from following reagents separately：

FA, 8.00 g LaF_3 and 2.46 g ZrO_2; FB, 2.00 g LaF_3 and 0.88 g CeO_2;

FC, 2.00 g LaF_3 and 0.43 g CeO_2; FD, 2.00 g LaF_3 and 1.30 g ThO_2;

FE, 2.00 g LaF_3 and 0.66 g ThO_2

The above mixtures were crushed and then stirred with deionized water to paste respectively. The pastes were dried at 100 ℃ for 1 h, then calcined at 900 ℃ for 6 h, and then crushed to 0.22～0.45 mm particle size.

The reaction was carried out in a quartz tube fixed bed reactor. 0.2 ml of catalyst was used. The feed rate of reactant($CH_4 : O_2 = 3 : 1$) was 50 ml/min. The analysis of products was carried out on 102GD Gas Chromatograph.

The structure of catalysts was identified by X-ray diffraction using Rigaku Rotaflex D/Max-C system with the $CuK\alpha$ radiation at room temperature.

3 Rusults and Discussion

From the results of table 1, we found that over CeO_2, methane was almost completely combusted. Over ZrO_2 catalyst, C_2 selectivity was better than that over CeO_2. The C_2 selectivity over ThO_2 was the highest among CeO_2, ZrO_2 and ThO_2, but the reaction must be carried out at even higher temperature. The CH_4 conversion and C_2 selectivity were low over LaF_3. But over ZrO_2/LaF_3, CeO_2/LaF_3 and ThO_2/LaF_3 catalysts, MOC reaction could be carried out at 480 ℃ to 650 ℃, and the CH_4 conversion and C_2 selectivity increased appreciably(see Table 1). From Table 1, we can find that the CH_4 conversion and C_2 selectivity of FB and FC were better than those of FA, but those of FA were better than those of FD and FE. The difference of catalytic properties of these catalysts may result from their different microstructure, different oxygen activation ability and different kinds of active oxygen species distribution.

Table 1. Characterization of catalysts

Cat.	react. T(℃)	composition of products %				Conver. of CH_4 %	Select. of C_2 %	C_2 yield %
		CO	CO_2	$C_2^=$	C_2			
ZrO_2	700	3.68	18.58	1.03	1.10	25.96	16.06	4.17
	600	3.12	17.03	0.76	0.84	23.0	13.7	3.15
	500	no activity						
CeO_2	650	2.1	18.1	0	0.3	20.7	3.9	0.8
	500	2.9	17.8	0	0.2	21.1	1.9	0.4
ThO_2	850	3.5	13.5	2.5	1.5	24.0	32.0	7.7
	800	no activity						
LaF_3	650					6.75	12.06	0.81
FA	650	0	13.92	4.46	3.14	27.07	52.2	14.13
FB	550	0	14.99	3.93	3.67	28.82	50.35	14.51
	500	0	13.86	3.80	3.75	28.17	52.14	14.70
FC	600	0.68	15.41	3.86	3.61	28.88	48.15	13.91
	500	0	11.72	3.42	3.79	24.38	55.38	13.45
FD	550	1.48	16.12	3.61	3.45	29.63	44.51	13.19
	500	1.32	15.62	2.97	3.20	28.52	40.75	11.62
FE	500	4.34	13.72	3.72	3.81	30.8	45.6	14.04
	480	3.41	13.68	3.40	3.62	28.5	45.1	12.80

XRD analysis indicated that, in catalyst FA the main phases are hexagonal LaF_3, monoclinic ZrO_2, tetragonal LaOF and rhombohedral LaOF. In FB the main phases are monoclinic LaF_3, cubic CeO_2 and tetragonal LaOF. In FC, the main phases are hexagonal LaF_3, cubic CeO_2 and tetragonal LaOF and a little amount of hexagonal LaF_3. In FE, the main phases are cubic ThO_2, monoclinic LaF_3 and tetragonal LaOF. The above results indicated that O^{2-} and F^- exchanged between solid lattices (one O^{2-} can substitute two F^-), which would probably produce anion vacancies. The anion vacancies were favourable for the activation of O_2, making the catalysts have hgiher activity at relatively lower temperature.

4 Conclusion

The investigation indicated that after LaF_3 was added into ZrO_2, CeO_2 or ThO_2, the O^{2-} and F^- exchanged between solid lattices might produce anion vacancies, which are favourable for the activation of O_2, making the catalysts have higher activity at lower temperature.

References

[1] G. E. Keller and M. M. Bhasin, J. Catal. **73**(1982)9.

[2] S. J. Conway, D. J. Wang and J. H. Lunsford, Appl. Catal. A: General, **79**(1991)L1—L5.

[3] J. G. McCarty, M. A. Quinlan and K. M. Sancier, ACS. Div. Fuel. Chem. Preps., **33**(1988)363.

[4] K. Otsuka and T. Komatsu., J. Chem. Soc., Chem. Commun., (1987)388.

[5] T. Nishiyama, T. Watanabe and K. Alka, Catalysis Today, **6**(1990)391. (Received 16 January 1993).

■ 本文原载：Journal of Natural Gas Chemistry，1 (1993)，pp. 13~18.

New Evidence for Coexistence of Ketene and Acetyl Intermediates in Syngas Conversion to Ethanol over Rhodium-Based Catalysts[*]

Hai-You Wang， Jin-Po Liu， Jing-Kung Fu，
Jun-Xiu Cai， Hong-Bin Zhang， Qi-Rui Cai

The State Key Laboratory for Physical Chemistry of the Solid Surface
(Department of Chemistry， Xiamen University， Xiamen Fujian 361005)
Received May 25， 1992

Abstract $CH_2DC^{18(16)}OOCH_3$ and $CH_3C^{18(16)}OOCH_3$ were detected simultaneously in the trapping reaction with $D_2^{18}O$ as the trapping agent followed by purging the catalyst with MeOH in N_2 stream, demonstrating the coexistence of ketene and acetyl intermediates in ethanol synthesis from syngas over rhodium catalysts. The percentage of deuterated methyl acetate in total AcOMe inerased with the ratio of $D_2^{18}O/H_2$, indicating that the trapping of ketene strongly competed with its further hydrogenation, and implying that ketene was a key C_2-intermediate.

1 Introduction

It is well known that supported rhodium catalysts promoted by certain reducible metal-oxides, such as MnO or TiO_2, can catalyze the conversion of syngas to ethanol with fairly high activity and selectivity[1,2]. On these promoted catalysts, the great deviation of the C_2 mole fraction of C_2-oxygenates from the Schulz-Flory distribution was observed, with almost abrupt termination of C-C chain growth beyond the C_2 level for oxygenated products. To make clear the mechanism of C-C chain growth in C_2-oxygenates such as ethanol and acetaldehyde, it is very important to identify the precursor intermediates of C_2-oxygenates involved in the process of syngas conversion. Ichikawa and coworkers[3] have achieved the evidence for existence of acetyl intermediate by means of high pressure IR. Takeuchi and Katzer[4] expected the existence of ketene intermediate in ethanol formation reaction based on the isotopic composition of ethanol formed in the $^{12}C^{18}O/^{13}C^{16}O + H_2$ reactions, but they did not get the experimental evidence. A "CO-formyl-metaloxycarbene-carbene-ketene-acetyl-ethanol" mechanism has been proposed in our previous work[5] and the existence of ketene and acetyl intermediates has been proved by chemical trapping technique with CH_3OD as a trapping agent[6]. Chemical trapping technique is characterized by high sensitivity and convenience in gaining information about reaction intermediates and has been widely applied in studying catalytic reaction mechanisms. In the present paper, we further present new evidence for coexistence of ketene and acetyl intermediates as obtained by the *in situ* chemical trapping

---
* This work is supported by the National Natural Science Foundation of China.

experiments with $D_2^{18}O$ as a trapping agent.

2 Experimental

Catalyst Preparation

The Rh-Ti(1 : 1)/SiO$_2$ catalyst was prepared by impregnation of silica gel beads (Qingdao Marine-Chemical Factory product, 30—40 meshes, 300 m^2/g, 0.9 ml/g pore volume) with the mixed methanol solution of TiCl$_4$ and Rh(NO$_3$)$_3$ · 2H$_2$O. After impregnation, the solvent methanol was evacuated and the sample was dried at 473 K for 1 h then reduced at 673 K for 8 h in flowing H$_2$.

In situ chemical trapping with H$_2$O

In the preliminary experiments, H$_2$O was used as the trapping agent to trap the expected ketene and/or acetyl intermediates to form acetic acid. After running the syngas conversion for 4 h to assure steady-state reaction, the H$_2$O vapor-containing syngas was introduced into the catalyst bed to carry out trapping reaction by allowing the syngas to bubble through the liquid water maintained at 327 K. The oxygenated products in the effluent were dissolved out in excess water and analyzed by GC fitted with a GDX-103 column (2 m, 353 K) with acetone as the inner standard substance. The other products in the effluent were analyzed by an on-line GC with methane as the external standard substance. The amount of trapping product was expressed as the percentage in total products based on carbon efficiency.

In situ chemical trapping with D$_2^{18}$O

After the steady-state of syngas conversion reaction was reached, a definite proportion of D$_2^{18}$O vapor was introduced with syngas into the catalyst bed by the same way as H$_2$O to conduct trapping reaction. Due to the high price of D$_2^{18}$O, only a small amount of D$_2^{18}$O was used in the trapping reaction and the proportion of D$_2^{18}$O in feed was adjusted by changing the vaporization temperature. Reaction products were collected in a liquid-nitrogen cold trap for 4 h. In view of the strong adsorption of acetic acid on catalyst, methanol in N$_2$ stream was introduced into the catalyst bed to convert acetic acid adspecies into corresponding methyl acetate until no more methyl acetate was detected in the gaseous effluent. The thawed condensates were analyzed by GC-MS to give the isotopic composition of methyl acetate, with a Finnigan MAT 4510 GC-MS spectrometer.

3 Results and discussion

As shown in Table 1, the amount of CH$_3$COOH formed in the trapping reaction with water vapor as the trapping agent increased from 3.6% to 6.8% when the CO/H$_2$ ratio of syngas was increased from 1 : 2 to 1 : 1, while in the absence of the trapping agent, no CH$_3$COOH was detected in syngas conversion products, indicating the existence of ketene and/or acetyl intermediate(s) in syngas conversion reaction and the occurrence of competition reactions between the trapping of ketene and/or acetyl and the further hydrogenation of the intermediate(s).

As unlabelled H$_2$O was used as the trapping agent in the preliminary experiments, we had no way to differentiate these two C$_2$-intermediates, i. e., ketene and acetyl, both of which were trapped to form CH$_3$COOH by H$_2$O. Thus, a series of chemical trapping experiments were conducted with D$_2^{18}$O as the

Table 1 Effect of CO/H_2 ratio in feed on trapping reaction (473 K, 0. 1 MPa, 350 h^{-1} for CO/H_2)

Catalyst	Trapping agent	CO/H_2 (v/v)	Trapping product (%)[*] CH_3COOH
Rh-Ti/SiO_2 1 ∶ 1	no	1/2	no
	H_2O	1/2	3. 6
	H_2O	1/1	6. 8

* defined as the percentage in total products based on carbon efficiency

trapping agent to convert the expected ketene intermediate into $CH_2DC^{18(16)}OOCH_3$ and the expected acetyl intermediate into $CH_3C^{18(16)}OOCH_3$ followed by purging the catalyst surface with methanol-containing N_2 stream. Typical MS patterns of methyl acetate formed in the trapping reaction with $D_2^{18}O$ followed by purging the catalyst with methanol are shown in Fig. 1. Peaks at 43,44,45,46 could be ascribed to the CH_3CO, CH_2DCO, $CH_3C^{18}O$, and $CH_2DC^{18}O$ acetyl fragments, respectively; peaks at 74,75,76,77 to the CH_3COOCH_3, $CH_2DCOOCH_3$, $CH_3C^{18}OOCH_3$, and $CH_2DC^{18}OOCH_3$ molecules, respectively. These results indicated that two types of methyl acetate formed in the trapping reactin; one was deuterated, i. e., $CH_2DCOOCH_3$ and $CH_2DC^{18}OOCH_3$; the other was undeuterated, i. e., CH_3COOCH_3 and $CH_3C^{18}OOCH_3$, and bore a resemblance to the results obtained by us previously in the trapping reaction with CH_3OD as a trapping agent, in which $CH_2DCOOCH_3$ and CH_3COOCH_3 were found to be formed simultaneously[6], proving once again the coexistence of ketene and acetyl intermediates in syngas conversion to ethanol over rhodium catalysts. Ichikawa et al[7] observed the formation of $CH_3COO^{13}CH_3$ by addition of $^{13}CH_3OH$ into syngas and suggested the existence of acetyl intermediate. As they used undeuterated methanol as trapping agent, they had no way to trap the ketene intermediate in the same time. So, it is imperative to use deuterated trapping agent (e. g. ROD, R = CH_3 or D) to trap ketene and acetyl intermediates simultaneously in trapping reactions.

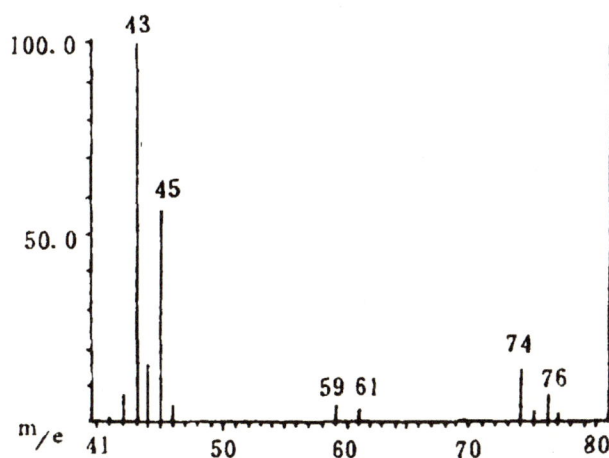

Fig. 1 Typical MS patterns of methyl acetate formed in the trapping reaction with $D_2^{18}O$ followed by purging the catalyst with MeOH in N_2 stream over Rh-Ti(1 ∶ 1)/SiO_2.

As shown in Table 2, the percentage of deuterated methyl acetate in total AcOMe increased with the inerease in the ratio of $D_2^{18}O/H_2$ in feed. This result indicates that the ketene trapping reaction strongly competed with its further hydrogenation, implying that ketene was a key intermediate in ethanol synthesis. Based on the results mentioned above, the mechanism of *in situ* chmical trapping reaction with $D_2{}^{18}O$ as a trapping agent could be depicted in Fig. 2. In our previous paper[8], it has been shed light on that acctyl intermediate was mainly derived from the hydrogenation of ketene intermediate. Since ketene intermediate was formed in syngas conversion prior to acetyl intermediate, and the ready transformation of carbene to ketene has been proved by Zhou et al[9]. using the model reactions of SiO_2-supported $Fe(\mu\text{-}CH_2)(CO)_8$ with the mixture of $CO/H_2/CD_3OD$, it might be inferred that the insertion of CO into carbene adspecies was the main pathway for the C-C chain growth in C_2-oxygenates such as ethanol and acetaldehyde in syngas conversion reactions.

Table 2 Effect of $D_2{}^{18}O/H_2$ ratio on the percentage of deuterated methyl acetate formed in the trapping reaction over Rh-Ti(1 : 1)/SiO₂

Feed composition $D_2{}^{18}O/H_2/CO(mol, ratio)$	Deuterated AcOMe % in total AcOMe
0. 14/2/1	6. 9
0. 30/3/1	12. 3
0. 22/2/1	13. 2
0. 15/1/1	25. 2

(493 K, 0. 1 MPa, 1000 h^{-1} for CO/H_2)

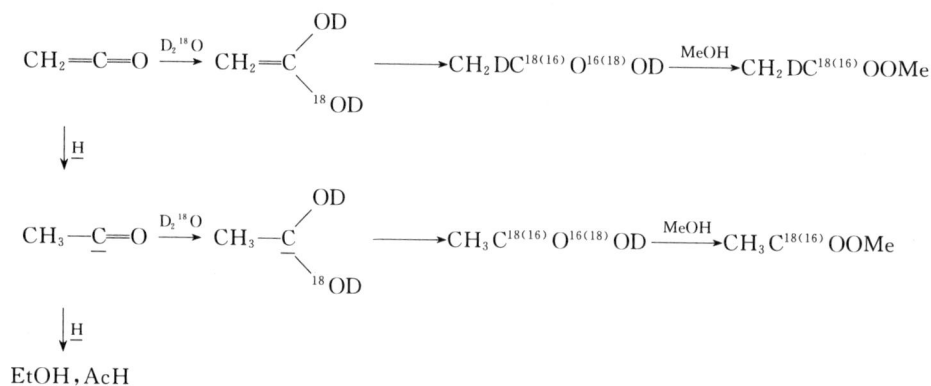

Fig. 2 Scheme for the mechanism of *in situ* chemical trapping reaction

References

[1]Wilson, T. P. ; Kasai, P. H. ; Ellgen, P. C. , J. Catal. , 1981, **69**, 193.

[2]Ichikawa, M. , Bull. Chem. Soc. Japan, 1978, **51**, 2268, 2273.

[3]Ichikawa, M. ; Fukushima, T. ; Shikakura, K. , Proc. 8th ICC (Berlin, 1984), 1984, Ⅱ, 69.

[4]Takeuchi, A. ; Katzer, J. R. , J. Phys. Chem. , 1982, **86**, 2438.

[5]Gu, G. S. ; Liu, J. P. ; Can, D. A. ; Lin, J. Y. ; Cai, Q. R. , WULI HUAXUE XUEBAO(Acta Physico-Chimica Sinica), 1985, **1**(2), 177.

[6]Liu, J. P. ; Wang, H. Y. ; Fu, J. K. ; Li, Y. G. ; Tsai, K. R. , Proc. 9th ICC(Calgary 1988), 735.

[7]Ichikawa, M. ; Fukushima, T. ; Arakawa, H. , J. Chem. Soc. , Chem. Commun. , 1985, 321.

[8]Wang, H. Y. ; Liu, J. P. ; Fu, J. K. ; Cai Q. R. , WULI HUAXUE XUEBAO (Acta Physico-Chimica Sinica), 1991, **7**(6), 681.

[9]Zhou, Z. H. ; Gao, J. X. ; Li, Y. G. ; Wang, H. Y. ; Cai, Q. R. , Xiamen Daxue Xuebao, 1990, **29**(3), 286.

■ 本文原载:J. C. Baltzer AG, Science Publishers—Catalysis Letters, 20 (1993), pp. 179~183.

Oxidative Coupling of Methane over BaF$_2$-TiO$_2$ Catalysts

Shui-Qin Zhou, Xiao-Ping Zhou, Hui-Lin Wan, K.R.Tsai

(Department of Chemistry, Xiamen University, Xiamen 361005, P.R. China)

Received 27 January 1993; accepted 30 April 1993

Abstract The addition of F$^-$ to Ba-Ti mixed oxide catalysts significantly improves the catalytic performances for the oxidative coupling of methane (MOC), which can achieve high C$_2$ yields at wide feed composition range and high GHSV. The effect is particularly marked for the BaF$_2$-TiO$_2$ catalysts containing more than 50 mol% BaF$_2$. The C$_2$ yield of 17% and the C$_2$ selectivity of $>60\%$ were achieved over these catalysts at 700 ℃. After being on stream for 31 h, the $\geqslant$50 mol% BaF$_2$-TiO$_2$ catalysts showed only a 1—1.5% decrease in the C$_2$ yields. Results obtained by XRD show that various Ba-Ti oxyfluoride phases were formed due to the substitution of F$^-$ to O^{2-}.

Key words Methane oxidative coupling barium-titanium oxides oxyfluorides

1 Introduction

Most of the active catalysts for MOC are reducible metal oxides, rare earth metal oxides, or the oxides of alkali and alkaline earth metals[1-3]. Comparatively, the modification of anions in catalysts has not been studied widely. Lunsford et al.[4] pay particular attention to the Li-MgO catalysts promoted with Cl$^-$, which exhibited good activity and selectivity for MOC. Due to the volatilization loss of alkali metal and chloride ions at high temperature, such catalysts suffer from deactivation in time. To overcome these disadvantages, it is significant to develop stable, active and selective catalysts for MOC at lower temperatures. Considering the similarity in size of F$^-$ and O^{2-}, the stronger electronegativity of F compared to O and the virtually isolating effect of F$^-$ dispersed on the surface of catalysts for oxygen species, we select fluorides as anion modifier of the oxide catalysts for MOC. A series of alkaline earth oxides, rare earth oxides, transition metal oxide catalysts modified by fluorides have been developed in our laboratory, which showed good properties (activity, selectivity and stability) for MOC at lower temperature. The objective of the present work is to study the effect of fluoride promoter on the Ba-Ti mixed oxides and the relation of catalytic performances with the catalyst structure, and to examine the influences of reaction conditions.

2 Experimental

Catalysts were prepared by mechanical mixing BaF$_2$ or BaO with TiO$_2$ with a small amount of water. The catalyst paste was dried for 4 h 120 ℃ and calcined in air for 6 h at 900 ℃. The material was then crushed and sieved to 40~60 mesh.

The catalytic reactions were carried out in a fixed bed quartz reactor 5 mm i. d. with heated length of 20 cm. A typical set of operating conditions was as follows: atmospheric pressure, 0.2 ml catalyst loading, methane/oxygen ratio of 4, no inert gas for dilution, and flow rate of 50 ml/min. Effluent gases were analyzed by gas chromatograph (5A carbosieve column for O_2, CO and GDX 502 column for CH_4, C_2H_4, C_2H_6 and CO_2) at room temperature.

XRD were recorded with a Rigaku D/max-RC diffractometer using Cu $K\alpha$ radiation (40 kV, 30 mA).

3 Results and discussion

3.1 Effect Of Fluoride On The Ba-Ti Mixed Oxides

Table 1 shows the catalytic performances of BaO-TiO_2 and BaF_2-TiO_2 catalysts for MOC. The substitution of part of F^- for O^{2-} resulted in a drastic increase of the methane conversion and C_2 selectivity. For the case of barium/titanium mole ratios of 1, 2 and 3, C_2 yields of 11.1, 17.1 and 16.6% were achieved over the BaF_2-TiO_2 system at 650, 700 and 720 ℃, respectively. Correspondingly, the BaO-TiO_2 mixed oxides only gained C_2 yields of 1.8 and 4.6% at identical conditions. All the data in tables 1 and 2 of BaF_2-TiO_2 catalysts were obtained over 20—40 h time-on-stream, but the data of BaO-TiO_2 catalysts were obtained over 3~9 h time-on-stream. The ≥50 mol% BaF_2-TiO_2 catalysts showed only a 1%~1.5% decrease of C_2 yields after 31 h on stream.

Table 1 Comparison of the oxidative coupling of methane over BaO-TiO_2 and BaF_2-TiO_2 catalysts

Ba/Ti	Catalyst	Temp. (℃)	CH_4 conv. (%)	Selectivity (%)					C_2 yield (%)
				C_2H_4	C_2H_6	CO	CO_2	C_2	
1	BaO-TiO_2	650	8.6	3.7	17.3	14.9	64.1	21.0	1.8
1	BaF_2-TiO_2	650	20.9	26.4	26.5	5.7	41.4	52.9	11.1
2	BaO-TiO_2	700	7.8	13.5	45.4	7.4	33.7	58.9	4.6
2	BaF_2-TiO_2	700	28.1	36.7	24.0	7.7	31.7	60.7	17.1
3	BaO-TiO_2	720	7.7	15.8	43.6	23.5	17.0	59.4	4.6
3	BaF_2-TiO_2	720	27.3	34.3	26.5	9.3	29.8	60.8	16.6

3.2 Effect Of BaF_2 Concentration On Oxidative Coupling Of Methane Over BaF_2-TiO_2 Catalysts

To investigate the effect of BaF_2 concentration on catalytic performances, the BaF_2-TiO_2 catalysts containing 0~100 mol% BaF_2 were examined. The variation of catalytic performances at 700 ℃ with different BaF_2 concentration is shown in table 2. Pure TiO_2 and BaF_2 are rather inactive for MOC. When BaF_2 content was lower than 50%, the conversion of CH_4 and C_2 selectivity increased slowly with the increase of BaF_2 content, and the BaF_2-TiO_2 catalysts did not show high C_2 yields. After the BaF_2 content reached 60%, the catalytic activity and selectivity increased dramatically. The catalysts containing 60%~75% BaF_2 exhibited C_2 yields of about 17% and C_2 selectivity of >60%. Clearly, a new phase favorable to activating methane may be produced in these catalysts.

3.3 Catalyst Structure

The crystalline phases of the bulk of BaF_2-TiO_2 catalysts of various BaF_2 contents are shown in table 3. Due to the substitution of part of F^- for O^{2-}, all BaF_2-TiO_2 systems produced Ba-Ti oxyfluorides. At the meantime, various Ba-Ti complex oxides with different structures existed in all BaO-TiO_2 or BaF_2-TiO_2 systems. Apparently, these Ba-Ti complex oxides were not very active for the selective oxidation of methane. When the BaF_2 content reached $20\% \sim 50\%$, $BaTiOF_4$ phase was observed, which is likely to promote the C_2 yields of MOC limitedly and lower the activation temperature of methane. When the BaF_2 content reached over 60%, the orthorhombic $Ba_3Ti_2O_2F_{10}$ was observed. In fact, it is a distorted cubic structure ($a = 10.32, b = 10.07, c = 9.70$). All Ti^{4+} coordinated with $5F^-$ and O^{2-} averagely form the octahedral sharing two vertices. The coordination environments of three Ba^{2+} are different, with coordination numbers of $10, 10+3$ and $11+2$, respectively[5]. This special structure might be favorable to the activation of methane, so the BaF_2-TiO_2 catalysts containing over 60% BaF_2 gained good C_2 selectivity and C_2 yields.

Table 2　Catalytic performances of BaF_2-TiO_2 catalysts with different BaF_2 concentration at 700 ℃

Catalyst[a]	CH₄ conv. (%)	Selectivity (%)					C_2 yield (%)
		C_2H_4	C_2H_6	CO	CO_2	C_2	
TiO_2	1.9	0	13.7	49.5	36.8	13.7	0.3
$20\%BaF_2$-TiO_2	2.9	8.8	35.1	13.9	42.2	43.9	1.3
$50\%BaF_2$-TiO_2	21.3	25.4	23.8	7.0	43.8	49.2	10.5
$60\%BaF_2$-TiO_2	28.5	38.0	22.2	4.6	35.2	60.2	17.2
$66.7\%BaF_2$-TiO_2	28.1	36.7	24.0	7.7	31.7	60.7	17.1
$75\%BaF_2$-TiO_2[b]	28.1	38.0	24.2	7.0	30.8	62.2	17.5
BaF_2	0	0	0	0	0	0	0

[a] Composition is on mol% basis.

[b] Temperature = 750 ℃.

Table 3　Chemical species identified by XRD of series of catalysts

Catalyst	Identified species[a]
raw material	cubic BaF_2; tetragonal anatase TiO_2
$20\%BaF_2$-TiO_2	monoclinic $BaTi_5O_{11}$(s), $BaTiO_4$(m), $BaTi_2O_5$(w); $BaTiOF_4$(m); hexagonal $BaTiO_3$(m)
$50\%BaF_2$-TiO_2	$BaTiOF_4$(s); hexagonal $BaTiO_3$(w)
$60\% \sim 75\%$ BaF_2-TiO_2	cubic BaF_2(s); orthorhombic $Ba_3Ti_2O_2F_{10}$(m); tetragonal $BaTiO_3$(m)
$50\%BaO$-TiO_2	tetragonal $BaTiO_3$(s)
$66.7\%BaO$-TiO_2	orthorhombic Ba_2TiO_4(s); monoclinic Ba_2TiO_4(m); tetragonal $BaTiO_3$(m)
$75\%BaO$-TiO_2	monoclinic Ba_2TiO_4(s); orthorhombic Ba_2TiO_4(s); tetragonal BaO(w)

[a] s:strong; m:medium; w:weak.

3.4 Influences Of Reaction Factors On Catalytic Performances

Table 4 gives the catalytic performances in methane/oxygen ratio of $1.8 \sim 7.9$ over 75% BaF_2-TiO_2

catalyst. An increase in methane/oxygen ratio resulted in a decrease of the conversion of CH_4 (from 44. 4 to 17. 5%) and an increase of the C_2 selectivity (from 41. 6 to 78%). The ratio of C_2H_4 to C_2H_6 also decreased with the increase of methane/oxygen ratio, indicating that there was a higher rate of oxidative dehydrogenation of C_2H_6 to C_2H_4 at higher oxygen concentration.

The effect of the variation of GHSV at 750 ℃ is also given in table 4. When GHSV increased from 5000 to 10000 h^{-1}, both the conversion of CH_4 and the C_2 selectivity increased. At GHSV ranging from 10000 to 20000 h^{-1}, the conversion of CH_4 and the C_2 selectivity are almost invariable and the best C_2 yield of 18. 8% was obtained. When GHSV reached 30000 h^{-1}, the C_2 selectivity increased, but the conversion of CH_4 and C_2 yields decreased dramatically. Viewing the effect of GHSV as a whole, the 75% BaF_2-TiO_2 catalyst can convert CH_4 to C_2 hydrocarbon effectively at higher GHSV.

Table 4 Influence of reaction conditions on the catalytic performances over 75% BaF_2-TiO_2 catalyst at 750 ℃

CH_4/O_2	GHSV (h^{-1})	CH_4 conv. (%)	Selectivity (%)					C_2 yield (%)
			C_2H_4	C_2H_6	CO	CO_2	C_2	
1. 8	15000	44. 4	30. 3	11. 3	8. 8	49. 6	41. 6	18. 5
2. 8	15000	33. 8	36. 7	16. 6	6. 3	40. 3	53. 3	18. 0
3. 9	15000	27. 4	39. 5	22. 8	4. 4	33. 3	62. 3	17. 1
5. 0	15000	23. 4	40. 4	27. 8	3. 7	28. 0	68. 2	16. 0
7. 9	15000	17. 5	38. 3	39. 7	2. 2	19. 8	78. 0	13. 7
3. 0	5000	30. 3	31. 6	14. 2	11. 8	42. 4	45. 8	13. 9
3. 0	10000	33. 0	40. 0	17. 1	6. 9	35. 9	57. 1	18. 8
3. 0	20000	33. 7	39. 2	16. 5	8. 4	35. 9	55. 7	18. 8
3. 0	30000	10. 9	24. 0	45. 9	0	30. 1	69. 9	7. 6

4 Conclusions

The improved catalytic performances of Ba-Ti mixed oxides for MOC can be achieved by addition of F^-. The promotion of fluorides for BaF_2-TiO_2 catalysts containing over 60 mol% BaF_2 is especially remarkable because the orthorhombic $Ba_3Ti_2O_2F_{10}$ phase is formed, which may be responsible for the good catalytic properties for MOC. These catalysts containing $Ba_3Ti_2O_2F_{10}$ can activate and convert methane to C_2 hydrocarbon effectively at wider range of methane/oxygen and higher GHSV.

References

[1]T. Ito, J. X. Wang, C. H. Lin and J. H. Lunsford, J. Am. Chem. Soc. 107 (1985) 5062.

[2]B. Yingli, Z. Kaiji et al., Appl. Catal. 39 (1988) 185.

[3]Z. Kalenik and E. E. Wolf, in: Natural Gas Conversion, Studies in Surface Science and Catalysis, Vol. 61, eds. A. Holmen, K. -J. Jens and S. Kolboe (Elsevier, Amsterdam, 1991) p. 97.

[4]S. J. Conway, J. H. Lunsford et al., Appl. Catal. 79 (1991) L1~L5.

[5]R. Domesle and Hoppe, Z. Anorg. Allg. Chem. 495 (1982) 27.

■ 本文原载:Chinese Chemical Letters,5 (1993),pp. 457~458.

Raman Spectra of Hydrogen Adspecies on Ammonia Synthesis Iron Catalyst[*]

Hong-Bo Chen, Yuan-Yan Liao, Hong-Bin Zhang[①], K. R. Tsai

(Department of Chemistry, Xiamen University, Xiamen 361005)

Abxtract   Raman peaks at 1951 and 2165 cm^{-1} can be confirmed further by H_2/D_2 isotope exchange as H-adspecies on the doubly promoted iron catalyst for ammonia synthesis and are probably ascribed to two terminally adsorbed H-species.

1   Introduction

Raman spectra of chemisorbed hydrogen species on the doubly promoted iron catalyst(A1103) have been reported. Liao et al[1] and Zhang et al[2-4] observed the Raman peaks at 1951 and 2165 cm^{-1} on the functioning catalyst and ascribed the former to H-Fe stretching of a terminal H-species;the Raman peak at 2165 cm^{-1} was not observed at 450 ℃.

In order to confirm that the Raman peaks at 1951 and 2165 cm^{-1} are due to the H-Fe adspecies,the Raman spectroscopic experiments have been proceeded with H_2/D_2 isotope exchange.

2   Experimental

A110-3 doubly promoted fused iron catalyst,one of typical industrial ammonia synthesis catalysts (the products of the Industrial Chemical Plant,Fuzhou) was used in this investigation. The samples were reduced in a quartz spectroscopic cell by a flow of purified H_2 at 400 ℃ for 2 h,420 ℃ for 14 h, 450 ℃ for 45 h and sealed up after cooling slowly to room temperature.

In H_2/D_2 isotope exchange experiment the samples were pre-reduced by purified H_2 at 450 ℃ and then reduced by purified D_2 at 450 ℃ for 24 h and sealed up after cooling slowly to room temperature. Gaseous D_2 was generated by electrolysis of D_2O(99. 99%) in D_2 generator(DCH IV, Chemical Institute,Beijing).

Raman spectra were recorded with a JY U-1000 Raman Spectrometer. The 514. 5 nm line from a spectra physics Model 164 argon ion laser was used as the excitation source with an intensity of approximately 300 mW measured at the source. Slit width settings correspond to a resolution of 5 cm^{-1}. Up to 10 or 15 scans were accumulated to obtain an acceptable signal-to-noise ratio.

---

* Supported from the state key Laboratory for physical Chemistry of the solid surface of Xiamen University.

① To whom correspondence should be addressed.

3   Experimental results

Raman spectrum of the fused iron catalyst after reduction by H_2 at 450 ℃ for 48 h and cooling to room temperature is showed in Fig. 1. Two Raman peaks are present at 1951 and 2165 cm^{-1}. After H_2/D_2 isotope exchange, these two peaks shifted to 1376 and 1536 cm^{-1} respectively.

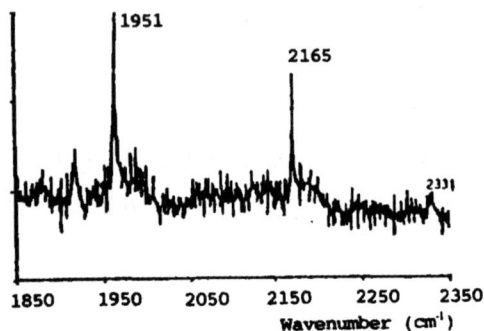

Fig. 1   Raman spectra of chemisorbed species on the irom catalyst A110-3 after H_2 reduction.

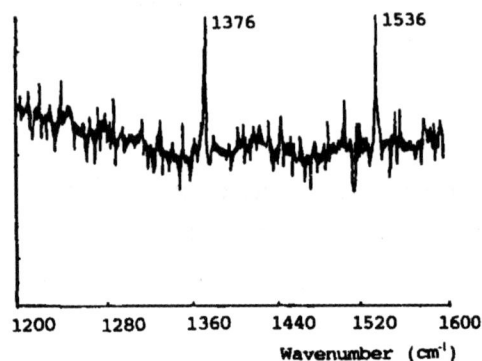

Fig. 2   Raman spectra of chemisorbed species on the iron catalyst A110-3 after H_2/D_2 exchange.

In the light of the calculation (as shown in the following equations) based on the model of harmonic vibrator (here ν, the vibration frequency for harmonic vibrator, μ, reduced mass for biatomic molecular and k, the force constant for the molecular system), it can be inferred that Raman bands of D-Fe harmonic vibration would be present at 1379 and 1531 cm^{-1} after H_2/D_2 isotope exchange if Raman peaks at 1951 and 2165 cm^{-1} were due to H-Fe stretching vibrations. As shown in Fig. 2, after H_2/D_2 exchange, two obvious Raman peaks, 1376 and 1536 cm^{-1}, in the region of 1200－1600 cm^{-1} were observed in company with the disappearance of Raman peaks at 1951 and 2165 cm^{-1}.

$$\nu_{\text{H-Fe}} = \frac{1}{2\pi}\sqrt{\frac{K}{\mu_{\text{H-Fe}}}}, \nu_{\text{D-Fe}} = \frac{1}{2\pi}\sqrt{\frac{K}{\mu_{\text{D-Fe}}}}, \nu_{\text{D-Fe}} = \frac{\nu_{\text{H-Fe}}}{\sqrt{2}}$$

The results obtained in this experiment agree with that of theoretical calculation within experimental error(5 cm^{-1}). So these results showed that assignment of the Raman peaks at 1951 and 2165 cm^{-1} to H-adsorbed species on surface of the iron catalyst by Zhang et al. are reasonable. The chemisorbed species corresponding to peaks at 1951 and 2165 cm^{-1} may be H(a)-species adsorbed atomically and terminally on two sites with different micro-environments.

Reference

[1]Liao DW, Zhang HB, Wang ZQ, Tsai K. R. Sci. Sinica B(Eng. Ed). 1987, **30**: 246; Sci. Sinica B (Chinese). 1986, 673.

[2]Zhang Hongbin and Schrader G. L. J. Catal. 1985, **95**: 325.

[3]Zhang Hongbin and Schrader G. L. J. Catal. 1986, **99**: 461.

[4]Cai Qirui, Zhang Hongbin and Lin Guodong. Advances in Science of China Chemistry. 1987, **2**: 125-160.

(Received 16 September 1992)

■ **本文原载**：《分子催化》第 7 卷第 6 期（1993 年 12 月），第 439～445 页。

SiO₂负载的磺化三苯膦铑配合物催化高碳烯氢甲酰化及反应中的氘逆同位素效应*

袁友珠[①]　刘爱民　杨意泉　许金来　张鸿斌　蔡启瑞

（厦门大学化学系　物理化学研究所，厦门 361005）

摘　要　水溶性磺化三苯膦铑配合物担载在 SiO₂ 表面制得的负载化水溶性 Wilkinson 催化剂具较大的比表面积，当 1-己烯、1-辛烯、1-庚烯和十一烯酸甲酯等液态高碳烯烃在这种催化剂上于固定床加压流动态反应器中连续进行氢甲酰化催化反应时，产物醛的选择性 98%～100%，并可在适当过量配体存在下保持较高的催化活性。在这种催化剂上分别于 CO/H₂ 和 CO/D₂ 气氛下进行烯烃氢甲酰化反应，可观察到显著的氘逆同位素效应。根据分析，初步认为酰基物中间体氢解反应可能是 SiO₂ 负载的磺化三苯膦铑配合物催化剂上高碳烯氢甲酰化的速控步骤。

关键词　负载型催化剂　磺化三苯基膦铑配合物　氢甲酰化　氘同位素效应

1. 前言

水溶性过渡金属配合物负载在亲水性及高比表面的载体上，用于有机油相催化反应，这种均相配位催化多相化的研究，近年在国际上得到了一定的重视[1-3]。特别是 Davis 等人[1,2]将 HRh(CO)(TPPTS)₃ 溶解在水中[TPPS 为 (P(m-C₅H₄SO₃N)₃ 的简称]，吸附于大孔玻璃珠上，并保持一定的含水量而形成催化剂液膜，制成负载水相催化剂（Supported Aqueous-Phase Catalyst，简称 SAPC）。此催化剂在高压釜中用于多种烯烃的氢甲酰化反应时取得了较好的结果。我们曾把水溶性三苯膦间-三磺酸钠盐与铑形成配合物 HRh(CO)[P(m-C₆H₄SO₃Na)₃]₃负载在 SiO₂ 上，在固定床加压反应系统中作为高碳数端烯烃十一烯酸甲酯氢甲酰化反应的催化剂，取得了良好的进展[4-6]。但目前文献中对这类型催化剂的制备、性能及其催化作用本质与均相催化剂的差异等研究尚不充分。本文在 SiO₂ 负载的水溶性磺化三苯膦铑配合物催化剂上对 1-己烯、1-辛烯、1-庚烯和十一烯酸甲酯等进行氢甲酰化反应，考察催化剂性能及对反应活性和选择性的影响；并分别于 CO/H₂、CO/D₂ 气氛进行一系列烯烃的氢/氘甲酰化反应，由此对这种催化剂上高碳烯氢甲酰化反应的可能的速控步骤作初步探讨。

2. 实验

三苯膦间-三磺酸钠盐（TPPTS）配体按文献[7]合成，所得 TPPTS 在水中的溶解度约为 0.5g/g；Rh(acac)(CO)₂ 按文献[8]制备，IR(cm⁻¹)：2066(vs)，2006(vs)，1599(vs)，1526(s)，1382(s)，1350(s)，762(w)。

---

* 中国石油化工总公司基础研究基金和福建省自然科学基金资助项目。

① 通讯联系人。

负载型催化剂用浸渍法制备[9]。先将 Rh(acac)(CO)$_2$ 溶在环己烷中，负载于 SiO$_2$ 上，抽干；再把计量的 TPPTS 溶于水中，作负载操作，抽干后记作 SPAC03。所制得催化剂在 CO/H$_2$ 气氛下保存。载体 SiO$_2$ 粒度为 80～100 目，比表面积 203 m^2/g。控制铑负载量为 2 wt‰。做同位素交换实验时，为使低压下的反应结果能被色谱检测，提高铑负载量至 4 wt‰。

催化剂 IR 表征在 Nicolet 170-FT-IR 仪上进行。

在固定床加压流动态反应器进行催化剂活性评价，每次催化剂填装量为 2.0 g，反应温度下通入除水、脱氧净化的 CO/H$_2$ 气 2 h，由泵压入液体烯烃或烯/正癸烷(20/80,wt/wt)，体系稳定后取得活性数据。氘甲酰化时反应压力为 0.1MPa(D$_2$/CO=1/1,V/V)。产物经 Finnigan MAT 4500 型气-质联用仪定性，用气相色谱仪(十一烯酸甲酯氢甲酰化：固定相为 5％XE-60,1 m；其他烯烃氢甲酰化：固定相为 10％聚乙二醇癸二酸酯,3 m)定量。由于氢焰检测器对氢甲酰化和氘甲酰化产物具有相同的灵敏度[10]，各烯烃的反应产物定量计算时氢甲酰化和氘甲酰化产物取其相同的响应值和校正因子。

本文所用 D$_2$ 由 D$_2$O(D 丰度为 98.2％)经 DCD-Ⅵ型氘发生器电解制得。

3. 结果与讨论

3.1 几种烯烃的氢甲酰化

表 1 示出，在 SAPC03 型催化剂上，1-己烯、1-辛烯、1-庚烯和十二烯酸甲酯等高碳烯氢甲酰化产物中醛的选择性为 98％～100％。催化活性随烯烃碳数增加而下降，表现出反应转化数(Turnover Frequency，简称 TOF)和时空产率(简称 STY)随烯烃碳数增加而相应下降，另外，从 SAPC03 催化剂和水/油二相的铑催化剂对十一烯酸甲酯氢甲酰化的 TOF 看，前者催化剂活性似高于后者。这种结果可能多半应归结于 SiO$_2$ 负载的磺化三苯膦铑配合物催化剂的大的比表面积(如控制 0.02 mmol Rh/g-SiO$_2$，P/Rh 15 mol/mol，负载量约为 18 wt％，催化剂的比表面积为 136 m^2/g)。实验结果指出，载体 SiO$_2$ 经铑膦配合物修饰后比表面积有所减小，说明膦铑配合物不是以单层展布形式存在于 SiO$_2$ 表面，即要构成有效的负载型催化剂，在 SiO$_2$ 载体表面将有数层的配合物和(或)配体。因此，在微观上可能是通过 SiO$_2$ 表面大量的羟基将水溶性配合物吸附，有机相反应底物扩散到催化剂的微孔中，于液固界面进行反应。

表 1　几种烯烃在 SAPC03 型催化剂上的氢甲酰化反应结果(a)

Table 1　Hydroformylation of several olefins over SAPC03 catalyst

Substrate	Liquid feed (ml/min)	Conversion (wt％)	Selectivity Aldehyde(％)	$n-/iso-$	TOF mol/(h·mol-Rh)	STY g/(l·h)
1-hexene	0.030	90.2	99.0	2.6	204.4	314.1
1-heptene	0.033	86.4	98.4	2.8	117.2	189.3
1-octene	0.032	82.0	100.0	2.85	71.7	113.8
methyl 10-undecenoate	0.036	91.9	99.9	4.8	32.2	93.1
methyl 10-undecenoate(b)	—	95.0	93.0	3.7	11.9	—
methyl 10-undecenoate(c)	—	97.1	94.7	2.8	12.4	—

(a) Reaction condition：fixed bed reactor，T＝100 ℃；CO/H$_2$(1∶1,V/V) 4.0MPa。

(b) Biphase system with water-organic solvent：T＝90 ℃，TPPTS/RhCl$_3$＝6(mol/mol)，olefin/Rh＝50(mol/mol)，Time＝4 h，CO/H$_2$(1∶1,V/V) 4.0 MPa。

(c) Biphase system with water-organic solvent：T＝100 ℃，TPPTS/RhCl$_3$＝6(mol/mol)，olefin/Rh＝50(mol/mol)，Time＝4 h，CO/H$_2$(1∶1,V/V) 4.0 MPa。

3.2 催化剂 P/Rh 比对反应的影响

所研究催化剂的 P/Rh 比（mol/mol）对产物 n-/iso-比和反应速率（转化数）有较大影响（图 1 和 2）。尽管影响因素很多，可能主要受催化剂的空间效应和电子效应以及固载化催化剂本身特点等的作用。以图 1 为例，当 P/Rh<5 时，由于配合物担载在 SiO₂ 上，配体无流动性，一部分配体与 Rh 原子配位机会较均相时少，空间效应和电子效应均不明显，产物 n-/iso-较低，仅为～2。当 P/Rh＝5～10 时，虽配体已过量，却因配体不流动，过量的配体不足以把活性中心原子"中毒"，此时配体与 Rh 原子配位机会增多使得 Rh 上电子云密度增加[11]，促进活性中心对烯烃的配位能力，使得反应转化数有所提高；另一方面，Rh 附近配体多，烯烃插入 Rh-H 键生成支链烷基对配位界空间位阻比按"马氏"规则插入而生成直链烷基强烈，所以产物的 n-/iso-比值也提高，为 3～4。当 P/Rh>10，特别是当 P/Rh>15 时，固载化配合物周围存在大大过量的配体，无论按解离式机理还是按缔合式机理完成催化循环，都将影响速率，使反应的转化数大为减小。上述结果虽与一般的 Wilkinson 均相催化剂有相似之处，但实验结果证实，即使 P/Rh 比很高时，n-/iso-值也基本维持在 4～5。因而推测，SAPC03 催化剂中 P/Rh 比达到一定值后，过量配体表现出催化剂的空间效应有一定的限度，此时配体将较多地表现为催化剂的电子效应。这种情况与均相催化过程有较大的差别，其原因尚待进一步研究。

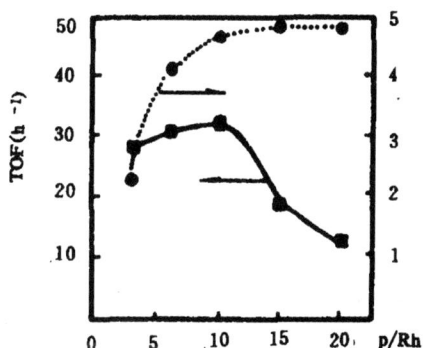

图 1　负载在 SiO₂ 上 HRh(CO)(TPPTS)₃ 催化剂 P/Rh
比对十一烯酸甲酯氢甲酰化反应的影响

**Fig. 1　Hydroformyiation of methyl 10-undencenoate
over SiO₂ supported HRh(CO)(TPPTS)₃ catalyst,
influence of P/Rh**

—■— TOF(h^{-1});…●…$n-/iso-$.

**Reaction condition：T＝100 ℃；CO/H₂＝1/1
4.0 MPa，flow rate 10 mL/min；
olefin/1-decane (20/80，wt/wt) feed 2.0 mL/h.**

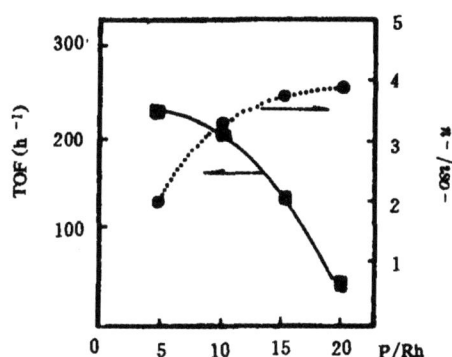

图 2　负载在 SiO₂ 上 HRh(CO)(TPPTS)₃ 催化剂 P/Rh
比对 1-己烯氢甲酰化反应的影响

**Fig. 2　Hydroformyiation of 1-hexene over SiO₂
supported HRh(CO)(TPPTS)₃ catalyst，influence
of P/Rh**

—■— TOF(h^{-1});…●…$n-/iso-$.

Reaction conditions are the same as in Fig. 1.

3.3 SAPC03 催化剂上烯烃氢甲酰化反应的氘逆同位素效应

由表 2 可见，所考察的催化剂上，在 CO/D₂ 反应气氛中，几种稀烃的氢甲酰化反应的转化百分率、产物醛的时空得率均为 CO/H₂ 气氛中的 1.2～1.4 倍；而 CO/D₂ 气氛中产物中正构醛则为 CO/H₂ 气氛中的～1.0 倍。图 3 是 1-辛烯在 SAPC03 催化剂上交替进行 CO/H₂、CO/D₂ 反应观察到的反应转化率、壬醛时空得率、产物正异醛比值的变化情况。以上结果表明：

SAPC03 催化剂上烯烃氢甲酰化反应中反应转化率、醛时空得率均表现为不同程度的氘逆同位素效应，而产物正构醛百分比的同位素效应则不明显。

表 2 H₂/D₂ 同位素效应

表 2 H₂/D₂ 同位素效应

Table 2 H₂/D₂ isotope effect in olefin hydroformylation

Substrate	C^D/C^H	$Y^D_{Aldehyde}/Y^H_{Aldehyito}$	n^D/n^H
1-hexene	1.36	1.30	1.01
1-heptene	1.31	1.3	1.0
1-octene	1.33	1.30	1.03

C:Conversion(%);Y:STY(h⁻¹);n:normal aldehyde(%).

Reaction condition:CO/H₂(D₂)(V/V,1/1)0.1MPa,flow rate

10.0 mL/min;Olefin/n-decane(20/80,wt/wt)feed 2.0 mL/h.

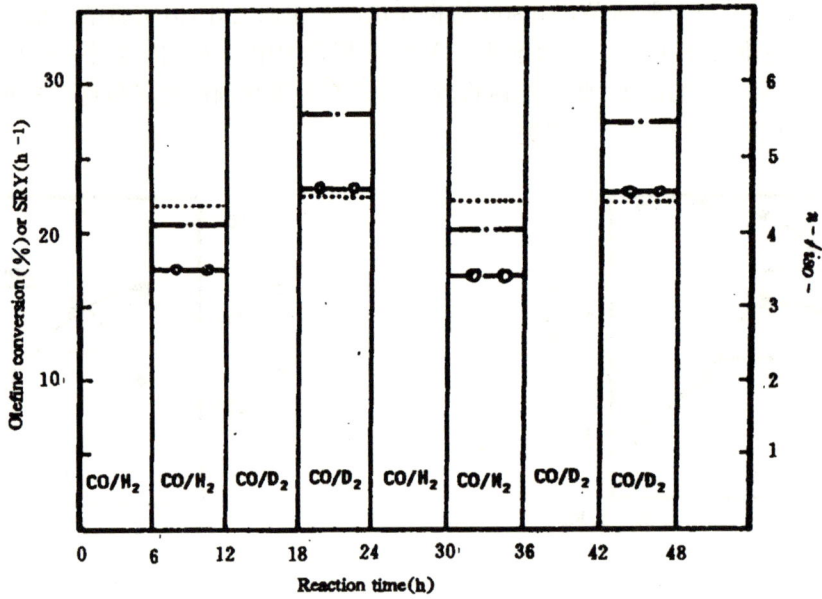

图 3 H₂/D₂ 同位素效应

Fig. 3 H₂/D₂ isotope effect in hydroformylation of 1-octene over SiO₂ supported HRh(CO)(TPPTS)₃ catalyst

—○—STY(g/h.1);— · — Conversion (%);······n-/iso-.

Reaction conditions are the same as Tab. 2.

3.4 SAPC03 催化剂上烯烃氢甲酰化反应的速控步骤

在均相氢甲酰化的 Rh 催化剂中,普遍接受的是 CO 插入烯烃比酰基物中间体氢解速度要快,即氢解是速控步骤[12]。负载型金属 Rh 催化剂体系中[13,14],也已从不同角度观察到乙烯、丙烯氢甲酰化反应时的逆氘同位素效应,证明 Rh 基催化剂上氢解为速控步骤。Rh 催化氢甲酰化反应的氘同位素效应的产生来源是反应速控步骤的动力学同位素效应;同样,在本文所研究的 SiO₂ 负载化磺化三苯膦铑配合物催化剂上高碳烯氢甲酰化反应中所观察到的氘逆同位素效应,也是由速控步骤的动力学同位素效应引起的。

烯烃氢甲酰化反应的解离式机理和缔合式机理中[15],均含氢转移形成烷基物及其 CO 插入和酰基物氢解过程:$HRh(CO)_2(TPPTS)_x$($x=1$,解离式机理;$x=2$,缔合式机理)$\xrightarrow{OL}$ $HRh(OL)(CO)_2(TPPTS)_x$、

$$\xrightarrow{\text{(TPPTS)}} R-Rh(CO)_2(TPPTS)_2 \xrightarrow{} RCO-Rh(CO)(TPPTS)_2 \xrightarrow{H_2} RCO-Rh(H_2)(CO)(TPPTS)_2 \cdots$$

$RCHO+HRh(CO)(TPPTS)_2$。从上述推测的反应机理可知，氢转移形成烷基物过程决定着产物正异构醛的比例。在 CO/H_2 气氛中，SAPC03 催化高碳烯烃氢甲酰化产物的 $n/iso>1$。假若氢转移为反应的速控步骤，n^D/n^H 比值应与 C^D/C^H 比值相近。但实验仅观察到 $n^D/n^H \sim 1.0$，说明 CO/H_2 和 CO/D_2 不同气氛对正构醛选择性的影响甚小，因而氢转移过程为反应速控步骤可能性较小。另外，从本文实验观察到反应转化率、醛时空得率表现出的氘逆同位素效应，可推测 CO 插入反应也不可能为整个反应的速控步骤。

按照动力学同位素效应主要由活化络合物与反应物之间的零点能差变化引起的观点，对酰化物氢解反应将表现为氘逆同位素效应可作定性的解释。我们假设酰基物中间体加氢(氘)生成醛的反应式为：

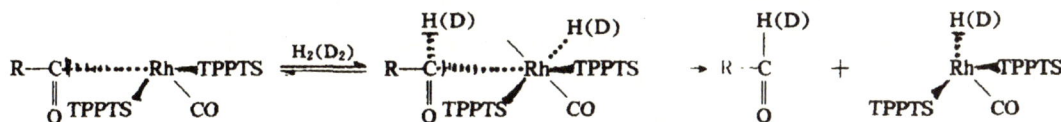

$$R-C \cdots Rh-TPPTS \xrightarrow{H_2(D_2)} R-C \cdots Rh-TPPTS \longrightarrow R-C + Rh-TPPTS$$

Rh—H(D)部分削弱，而 C—H(D)键部分形成发生邻位插入得到醛。由于碳氢键强于铑氢键，在活化络合物中 C—H(D)键的部分形成导致

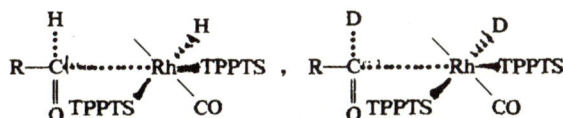

两个活化络合物的零点能之差大于反应物 Rh—H、Rh—D 之间的零点能差值，使得 RCO＋D 生成 RDCO 的活化能比相应的氢化反应小，从而表现出氘逆同位素效应，本文观察到的 SiO₂ 负载磺化三苯膦铑配合物催化剂上高碳烯氢甲酰化反应中的氘逆同位素效应，作者初步认为是由酰基物中间体氢解过程所致。这一推测虽需进一步的实验证据，却与均相氢甲酰化 H₂ 对酰基物加成可能是整个催化循环的研究结果相吻合[16]。

3.5 SAPC03 催化剂的 IR 研究

图 4 表明，SiO₂ 担载 HRh(CO)(TPPTS)₃ 后，在 1985 cm⁻¹ 处保持一强而较宽的吸收峰，并在其附近约 1883 cm⁻¹ 处新增一吸收峰，但新增谱峰的位置与 Rh 负载量有关。总体结果是，担载型催化剂使母体组分各峰形有所弥散，可能暗示了 SiO₂ 载体对活性组分的影响，关于该催化剂体系较详细的 IR 研究将另文报道。

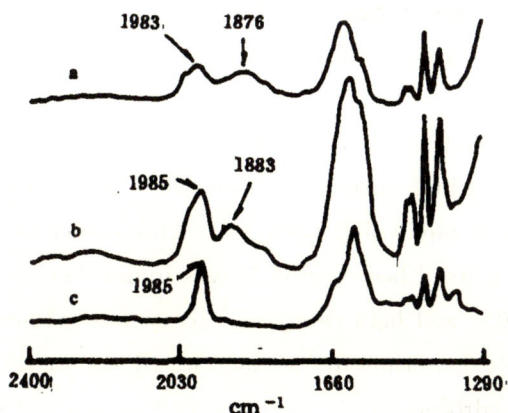

图 4　HRh(CO)(TPPTS)₃ 和负载在 SiO₂ 上的
　　　HRh(CO)(TPPTS)₃ 的红外光谱图。

Fig. 4　IR spectra of HRh(CO)(TPPTS)₃ and
　　　HRh(CO)(TPPTS)₃ supported on SiO₂

a) HRh(CO)(TPPTS)₃ supported on SiO₂ (2 wt% Rh, P/Rh＝10 mol/mol)；

b) HRh(CO)(TPPTS)₃ supported on SiO₂ (4 wt% Rh, P/Rh＝10 mol/mol)；

c) HRh(CO)(TPPTS)₃.

参考文献

[1]Horvath I T. Catal Lett. 1990,**6**:43.

[2]Arhancet J P,Davis M E,Meola J S, et al. . Nature. 1989,**339**:454;Arhancet J P,Davis M E, Meola J S, et al. . J Catal. 1990,**121**:327;Arhancet J P,Davis M E,Hanson B E. J Catal. 1991, **129**:94 ; Arhancet J P,Davis M E,Hanson B E. J Catal. 1991,**129**:100.

[3]Harvat I T. 10th ICC Preprint and Abstract Book,Budapest. 1992,p. 89.

[4]袁友珠,张鸿斌,蔡启瑞. 全国第六届催化会议论文摘要集,上海. 1992,p. 372~373.

[5]袁友珠,张鸿斌,蔡启瑞. 高等学校化学学报. 1993,**14**(6):863.

[6]袁友珠,陈鸿博,蔡启瑞. 第二届全国青年化学学者学术交流会议论文集,武汉. 1992,p. 27~30.

[7](a)Varre C,Debois M. Nouvel J. ER. 1985,**2**:561,650.

　　(b)Jenck J Morel D. EP. 1985,**133**:410.

[8]解文娟,陈玉清,莺撷云等. 分子催化. 1987,**1**(2):87~91.

[9]袁友珠,陈鸿博,蔡启瑞. 应用化学. 1993,**10**(4):13.

[10]Hjortkjaer J. J Mol Catal. 1979,**5**:377.

[11]Keller C S,Bell A T. J Catal. 1981,**87**:175.

[12]Cornils B;Fable J（Ed）in《New Synthesis with Carbon Monoxide》,Berlin/NewYork: Springer-Verlag. 1988:1~181.

[13]Natio S,Tanimoto M. J Catal. 1991,**103**:106~115;Izumi Y,Asakuia K,Iwasawa Y. J Catal. 1991,**127**:631~644.

[14]Ozaki A. in《Isotopic Studies of Heterogeneous Catalysis》,New York:Academic Press. 1977.

[15]Yagupsky G,Brown C,Wilkinson G. J Chem Soc. A,1970,**1392**:2750.

[16]潘伟雄,刘金尧,刘殿求. 分子催化. 1989,**3**(1):41.

Higher Olefin Hydroformylation Catalyzed by SiO_2 Supported Sulfonated-Triphenylphosphine-Rhodium-Complexes and Deuterium Inverse Isotope Effects for the Reaction

You-Zhu Yuan， Ai-Ming Liu， Yi-Quan Yang， Jin-Lai Xu， Hong-Bin Zhang， Qi-Rui Cai

（*Department of Chemistry Institute of Physical Chemistry， Xiamen University， Xiamen* 361005）

Abstract　Supported water-soluble Wilkinson catalysts were prepared by means of immobilizing sulfonated-triphenyjphosphine-rhodium-complexes on a high surface area support of SiO_2. They show an excenllent catalytic activity for the hydroformylation of liquid olefins （higher olefins）,such as 1-hexene, 1-heptene,1-octene and methyl 10-undencenoate,in a fixed bed reactor. It was found that the aldehyde selectivity was stabilized in the range of 98%～100% and high catalytic activity was maintained even when the ligands were present in excees. Appreciable deuterium inverse isotope effects for the aldehyde formation were observed when a series of olefine hydrofomylation upon the substitution of CO/D_2 for CO/H_2 was carried out to study the isotope effect of deuterium. It was believed that the kinetic isotope effect of H_2/D_2 coordination in the rate-determining step (RDS) was responsible for the overall inverse isotope effect. The possible RDS invovled in aldehyde formation was proposed to be the last step of formyl species hydrogenolysis.

Key word Supported catalyst Sulfonated-triphenylphosphine-rhodium complexes Hydroformylation Deuterium isotope effects

■ 本文原载：Chinese Chemical Letters Vol. 4，No. 2，pp. 163～166，1993.

Sulfonated Polyphenylene-Sulfide as Ligands in Rh-Complexes Catalyzed Hydroformylation[*]

You-Zhu Yuan， Hong-Tu Zhang， Hong-Bin Zhang， K. R. Tsai

(Deparment of Chemistry & Institute of Physical Chemistry,
Xiamen University Xiamen 361005)

Abstract   Sulfonated polyphenylene-sulfide（SPPS）was used as ligands in place of Phosphine in Rh-complexes to yield a water-soluble catalyst for hydroformylation of higher olefins in two phasic system. The decreasing catalytic activities and increasing n/b ratios（normal to branch aldehyde ratios）have been found respectively with increasing molar ratios of SPPS to rhodium, and with lowering of reaction temperature, indicating more or less coordinations between thioether sulfides and Rh species in SPPS-Rh compounds. The coordinations were also evidenced by a weak Raman band observation of the SPPS-Rh compounds at 264 cm^{-1}.

Key words   Sulfonated polyphenylene-sulfide（spps） hydroformy-lation of higher olefins

Rhodium-phosphine complexes (the Wilkinson catalysts) are known to be effective catalysts for the hydroformylation of olefins, but there are certain limitations for the use of phosphine ligands and homogeneous catalyst systems. Alkyl and aryl thioethers are structurally related to the corresponding phosphines；they are conceivably weaker σ-donors as compared with the corresponding aryl phosphines, but less susceptible to oxidation and more easily obtainable, as well as more easily sulfonated to form water-soluble ligands. The literature on the use of thioether as ligands is still very scanty, although polydentate thioether ligands have recently been used as ligands in place of phosphine in molybdenum complexes for the coordination-activation of N_2[1]. This study aims at exploring the possibility of using water-soluble sulfonated-polyphenylene-sulfide（SPPS）in place of aryl phosphines as ligands, in rhodium-complex catalyzed hydroformylation of higher olefins, the actual substrate used in this study being methyl 10-undecenoate. The possibility of using the water-soluble SPPS ligands in preparation of supported-aqueous-phase-catalysts（SAPC）for this reaction will also be tested.

Water-soluble SPPS was prepared by sulfonation of polyphenylene-sulfide with 20% fuming sulfuric acid under N_2 atmosphere. Water-soluble SPPS-rhodium comfounds（SPPS-Rh）was synthesized according to the literature using $Rh_2(CO)_4Cl_2$ as rhodium precursor[2]. Elemental ratios in SPPS and SPPS-Rh were estimated from XPS and found to be C：O：S=1：2.82：0.63 and C：O：S：Rh=1：2.22：0.50：0.45, respectively. SAPC was prepared by impregnating SPPS-Rh on a silica-gel carrier with high surface area（200 m^2/g）[3]. Hydroformylation of higher olefins was performed in a 250 mL

---

* Work suypported by the Postdoctoral Foundation of National Education Commission of China and thd Natural Science Foundation of Fujian Province.

stirred high-pressure stainless steel autoclave in biphasic system. Liquid products were analyzed qualitatively by a 102G-GC (Shanghai Fenxi, 5% XE-60, 1 m, fitted with FID) and quantitatively by GC-MS (Finnigan MAT4510). Laser Raman sectra for SPPS and SPPS-Rh were taken at room temperature using a Ramanor U-1000 spectrcneter with a resolution of 4 cm^{-1}, with argon laser (514.5 nm, 160 mW) as the excitation source. IR spectra were recorded with a Nicolet 170 FTIR spectrometer fitted with a KBr disc. UV spectra were obtained with Shimadzu UV-2100. XPS binding energies were measured with an ESCA LAB MKII photoelectron spectrometer using Mg Kα radiation (E=1253.6 eV) as the photon source. Rhodium concentration in complexes and products was analyzed by FAAS with PERKIN-ELMER 3030B (wavelength 343.5 nm, slit 0.2 nm).

The SPPS-Rh have been used for the hydroformylation of methyl 10-undecenoate in biphasic system under mild conditions (Tal. 1). For the same temperature and pressure, the catalytic activities and n/b aldehyde ratios were respectively found to decrease and increase with increasing molar ratios of SPPS to rhodium(L/Rh), and with lowering of reaction temperature. Moreover, it was found that the reaction can be promoted by ruthenium ion, probably with a bimetallic interaction mechanism[4]. We also have run the experiments by using SAPC system, and found that the reaction have been significantly improved with >50% reaction conversion of the substrate at 60 ℃ and rhodium-leaching was alleviated considerably in comparison with the unsupported catalysts.

Table 1　Reaction results of hydrofornylation of methyl 10-undecenoate catalyzed by water-soluble SPPS-Rh[1]

Catalyst system SPPS[2]/Rh(mol/mol)	Temp. (℃)	Time (h)	Pressure (CO/H$_2$)MPa	Conversion (%)	Selectivity Aldehyde(%)	n/b
RhCl$_3$	100	5	2.0/2.0	90.0	69.2	0.6
6	60	4	2.0/2.0	38.6	94.3	1.8
12	60	4	2.0/2.0	31.3	96.2	1.9
20	60	4	2.0/2.0	20.6	98.0	2.1
30	60	6	2.0/2.0	31.7	94.0	2.7
6	60	10	2.0/2.0	76.9	98.3	1.9
5	80	4	2.0/2.0	87.7	85.4	0.9
5[3]	60	5	1.0/3.0	60.0	99.8	2.1
30[3]	60	5	2.0/2.0	43.3	92.0	2.2
5[4]	60	5	1.0/3.0	23.8	98.5	3.1

1) hydrofornylation was carried out in the following conditions: methyl 10-undecenaote 2.0 mL. Rh(I) 0.02 mmol, EtOH 1.0 mL, water 20.0 mL;

2) SPPS: per group unit of sulfonated-polyphenylene-sulfide;

3) Ru(III) as promoter, Rh/Ru=2(mol/mol);

4) Cu(I) as promoter, Rh/Cu=2(mol/mol).

For all investigation, no oxidation was detected in the thioether sulfide of the SPPS by XPS (Tab. 2). The S(2p) XPS peak at 164.0 eV of SPPS-Rh$_2$(CO)$_4$Cl$_2$ compounds is slightly higher than that of SPPS, may be assigned to SO-H(2p), The O(1s) XPS peak of sulfonate-group appeared as a single peak at 531.3 eV in the case of SPPS, and in form of two or three peaks at a range of 531.5~532.4 eV in case of SPPS-Rh. The rhodium XPS peaks appeared at 308~309 eV, indicated that rhodium species have been reduced to Rh$^+$ or/and Rh^{2+} states in SPPS-Rh compounds during preparation.

Table 2　Binding energies of S(2s),O(1s) and Rh(3d$_{5/2}$) of SPPS and the corresponding rhodium complexes

Sample	S^{2-}(2s) (eV)	S^{6+}(2s) (eV)	O^{2-}(1S) (eV)	Rh(3d$_{5/2}$) (eV)
PPS*	163.5			
SPPS	163.6	166.9	531.7	
[Rh(CO)$_2$Cl]$_2$/SPPS	164.0	168.2	532.4(531.5,531.9)	309.2
RhCl$_3$/SPPS	163.8	167.6	532.4(531.6)	308.9,309.7
Rh(OH)$_3$/SPPS	163.8	167.8	531.6	308.0,309.1
[Rh(CO)$_2$Cl]$_2$				310.0

* PPS：Polyphenylene-sulfide.

The IR spectra showed the (Ar) C-S of PPS in 1092 cm^{-1} and sulfonate-group of SPPS in 1225, 1203 and 1031 cm^{-1},respectively. The sulfonate-group in corresponding SPPS-Rh was shifted to higher band regions at 1226,1204 and 1038 cm^{-1} with sharper peaks. However,it is difficult to make definite band assignment of (Ar) C-S bond in SPPS and SPPS-Rh compounds because of overlapping by the very strong IR absorption bands of SO$_4^{2-}$ among 1030~1226 cm^{-1}.

Though the coordination of thioether sulfide and rhodium species in the SPPS-Rh compounds cannot be definitely inferred from the XPS and IR spectroscopic data,the weak Raman band at 264 cm^{-1} of the SPPS-Rh compounds taken at room temperature may be assigned to υRh-S(aryl) of the SPPS-Rh^{n+}(n＝1,2 or 3) compounds, probably with square planar structure with the references to the literature (for example,υEt$_3$P-Ni^{2+}/Co^{2+}~270 cm^{-1},$\upsilon\Phi_3$P-Pd^{2+}/Pt^{2+}~189.6 cm^{-1},υ(CH$_3$)$_2$S-Pd^{2+}/Pt^{2+} 350~300 cm^{-1},all with square planar structures)[5,6].

From the observed Raman band of the SPPS-Rh compounds at 264 cm^{-1},and the relations between n/b and L/Rh ratio in the hydroformylation results of methyl 10-undecenoate catalyzed by SPPS-Rh compounds,it can be concluded that the SPPS can coordinate the rhodium species,functioning more or less like the phosphines,but the coordinations appears to be much less complete as compared with the corresponding phosphines. Since Rh$^+$(or/and Rh^{2+}) appears to be partially reduced to Rh^0 under the hydroformylation condition,its ionic-link coordination to sulfonate-group of SPPS would be broken down,leading to more extensive rhodium-leaching by the organic phase,although the leaching may be depressed by the use of SAPC system. Therefore,the possibility of using SPPS-Rh complexes in non-redox reaction systens,and the extensions of above studies to other transition-metal-complex systems and related catalytic reactions are being explored under way.

REFERENCES

[1]R Fisher et al.,in "Nitrogen Fixation Achievements and Objectives"(Eds. Greshoff et al.). New York,London：Chapman and Hall. 1990,p.153.

[2]Mague J T,Mitchener J P. Inorg. Chem. 1969,**8**(1)：119.

[3]Arhancet J P,Davis M E, Hanson B E. J. Catal. 1991,**129**：94-99.

[4]Andeson J A, Rochester C H. J. Chem Soc,Faraday Trans. 1991,**87**：1479.

[5]Allkins J R, Hendra P J. Spectrochimica Acta. 1968, **24**A：1305.

[6]Alikins J R,Hendra P J,J Chem Soc. 1967,A：132b.

（Received 3 July 1992）

■ **本文原载**:《分子催化》第 7 卷第 5 期(1993 年 10 月),第 399~346 页。

丙烯选择氧化铋钼铁复氧化物催化剂组成、结构及性能的研究*

翁维正　万惠霖　戴深峻　蔡俊修　蔡启瑞

(厦门大学化学系,厦门 361005)

摘　要　采用 XRD、Raman、XPS 及催化剂性能评价等手段,考察了 $Bi_3(FeO_4)(MoO_4)_2$ 和 $Fe_2(MoO_4)_3$ 分别存在及两者共存时对 Bi-Mo 复氧化物体系催化性能的影响。结果表明,这两种含 Fe 物种的存在都有助于改善 Bi-Mo 系复氧化物催化剂对丙烯选择氧化反应的催化性能,但两者在作用机理上有所不同,$Fe_2(MoO_4)_3$ 本身无催化活性,但在反应条件下可部分还原为 $FeMoO_4$ 形成 Fe^{3+}/Fe^{2+} 氧化还原对;且其在结构上与 $\alpha\text{-}Bi_2(MoO_4)_3$ 相匹配,这些因素都有助于促进催化体系中电子和氧物种的传递及催化剂表面活性中心的再生,从而提高催化性能。$Bi_3(FeO_4)(MoO_4)_2$ 在反应条件下也可形成 Fe^{3+}/Fe^{2+} 氧化还原对,但由于其 Fe^{3+} 所处的化学环境与 $Fe_2(MoO_4)_3$ 很不相同,且 Fe 的含量也不及 $Fe_2(MoO_4)_3$,因此它在促进催化体系中电子和氧物种的传递及催化剂表面活性中心的再生等方面的性能较差,但它对提高催化剂表面的活性中心(Bi—Mo 对)数目有贡献。

关键词　丙烯选择氧化　铋钼系催化剂　含铁组分作用机理

1　前言

Bi-Mo 系复氧化物催化剂广泛用于烯烃的选择(氨)氧化和氧化脱氢反应,Fe 是该催化剂中最重要的添加组分之一,对改善体系的催化性能起着很大的作用。从目前的报道来看,$Bi_3(FeO_4)(MoO_4)_2$ 和 $Fe_2(MoO_4)_3$ 是 Bi-Mo-Fe 复氧化物催化剂体系中最主要的两种含 Fe 化合物,文献上关于这两种含 Fe 化合物对烯烃选择氧化性能的影响有着不同的看法,Sleight[1-3]、Batist[4] 和 Keulks[5-7] 等人认为 Bi-Mo-Fe 复氧化物体系中形成的 $Bi_3(FeO_4)(MoO_4)_2$ 与催化剂性能的改善有着密切的关系;另一方面,Villa 和 Trifiro 等人[8,9]认为催化剂的活性相是由 Bi^{3+} 掺杂的 $Fe_2(MoO_4)_3$ 组成(即少量 $Bi^{[3+]}$ 进入 $Fe_2(MoO_4)_3$ 晶格的间隙位)。催化剂性能的改善与 $Bi_3(FeO_4)(MoO_4)_2$ 的存在无直接关系;也有人发现,当 $Bi_3(FeO_4)(MoO_4)_2$ 与 $Fe_2(MoO_4)_3$ 共存时,催化性能最佳,故提出两种化合物之间的相互作用可能有利于催化剂性能的改善[10]。鉴此,很有必要对 $Bi_3(FeO_4)(MoO_4)_2$ 和 $Fe_2(MoO_4)_3$ 在 Bi-Mo 复氧化物体系中的作用作进一步考察。综观前人对含 Fe 的 Bi-Mo 系复氧化物体系的研究工作不难发现,他们所制备的催化剂体系大都同时含有多种含 Fe 组分,如 Fe_2O_3、$Bi_3(FeO_4)(MoO_4)_2$、$Fe_2(MoO_4)_3$ 等,这就不利于很好地区分催化剂性能的改变是由于某种含 Fe 组分的作用还是多种含 Fe 组分协同作用的结果,只有制备出组分相对简单的 Bi-Mo-Fe 复氧化物体系,才能更进一步探明各种含 Fe 组分的影响。为此,我们制备了下列三组组分相对简单的催化剂:(1)$Bi_{2+x}Fe_xMo_{3-x}O_{12}$($x=0\sim1$),(2)$Bi_2Fe_{6+x}Mo_{12}O_{48+1.5x}$($x=0\sim$

---

* 国家自然科学基金资助项目。

3),(3)$Bi_x Fe_8 Mo_{12} O_{48+1.5x}$($x=0.025\sim1$)。在按上述各组配比制备催化剂的基础上,采用 XRD、Raman 光谱和 XPS 等谱学手段,对催化剂的体相、表相的组成、结构分别进行了表征,并结合催化剂性能评价结果,对上述各体系中 Fe 的存在形式及其对催化性能的可能影响进行了初步研究和讨论。

2 实验部分

2.1 催化剂的制备

催化剂制备所用试剂除注明外均为 AR 级。

α-$Bi_2(MoO_4)_3$(Cat. 1)的制备参见文献[11];$Bi_{2+x} Fe_x Mo_{3-x} O_{12}$($x=0.1\sim1$)的制备方法与 α-$Bi_2(MoO_4)_3$ 类似;$Bi_2 Fe_{6+x} Mo_{12} O_{48+1.5x}$($x=0\sim3$)和 $Bi_x Fe_8 Mo_{12} O_{48+1.5x}$($x=0.025\sim1$)的制备方法如下:(1)称取一定量$(NH_4)_6 Mo_7 O_{24}\cdot4H_2O$ 溶于一定量热水中(60~70 ℃)。(2)称取一定量 $Bi(NO_3)_3\cdot5H_2O$(CP 或 AR)和 $Fe(NO_3)_3\cdot9H_2O$ 溶于一定量加热(约 60 ℃)的稀硝酸中制成混盐溶液。(3)在不断搅拌下将(2)所得溶液快速加入(1)所得溶液中,并升温至 100 ℃,将沉淀老化 1 h。(4)沉淀用薄膜法烘干,200 ℃下分解,在 500 ℃下焙烧 4 h。

2.2 仪器测试

XRD 谱由 Rigaku Rotaflcx D/max-c 型 X-射线粉末衍射仪测试;Raman 光谱由 Spex Ramanlog 6 型 Raman 光谱仪测试;XPS 表面元素比例分析由 V. G. ESCALAB-Mark-Ⅱ型 X-射线光电子能谱仪测试;比表面测定采用低温 N_2 吸附单点法,在 ST-03-Apple Ⅱ联机比表面测定仪上测定。

2.3 催化剂性能评价

催化剂性能评价采用固定床反应器在 375 ℃下进行,催化剂用量为 1.0 mL,原料气组成为丙烯∶氧∶氮≈1∶2∶13.5,接触时间为 4~5 秒。产物由 102GD 型气相色谱仪分析,色谱固定相为 GDX 101(3M)和 5A 分子筛(2M),色谱数据由 GCP-1 型色谱数据处理机处理。

3. 结果与讨论

3.1 催化剂体相和表面组成分析

有关的催化剂及其 XRD 物相分析的结果列于表1。有趣的是,对本实验所考察的三组含 Fe 的 Bi-Mo 复氧化物体系,XRD 均未检出催化剂中有 Fe_2O_3 生成。

采用 Raman 光谱对上述催化剂表相组成进行分析,所得结果与 XRD 相组成分析的结果基本一致。

催化剂的 XPS 表面元素相对含量分析结果列于表 1(B)。分析结果表明,对含 Fe 的三元体系,Bi、Mo、Fe 三种元素均存在于催化剂表面,但除了 Cat. 4 外,Bi^{3+} 在催化剂表面的浓度大于体相,而 Fe^{3+} 在催化剂表面的浓度相对较低。$Bi_{2+x} Fe_x Mo_{3-x} O_{12}$ 体系与 $Bi_2 Fe_{6+x} Mo_{12} O_{48+1.5x}$ 或 $Bi_x Fe_8 Mo_{12} O_{48+1.5x}$ 体系表面 Bi、Mo 元素比的差别较大。前者表面 Bi/Mo 比较高,而后者较低。对 $Bi_2 Fe_{6+x} Mo_{12} O_{48+1.5x}$ 体系,随着 Fe^{3+} 添加量的增大,催化剂表面 Bi/Mo 比也随之增大,说明 Fe^{3+} 促进了 Bi^{3+} 在催化剂表面的富集。

这些结果为研究催化剂的组成、结构与其催化性能之间的关系以及 Fe 的助催机理提供了基础。

表 1　催化剂的 XRD(A)、XPS(B)和比表面(C)分析结果

Table 1　Results of XRD(A), XPS(B) and the specific surface (C) analysis of the catalysts

No.	Catalyst	(A) XRD Result	(B) XPS Result (Atomic Ratio) Bi/Mo	Fe/Mo	O/Mo	(C) Specific surface area (m^2/g)
Cat. 1	$Bi_2Mo_3O_{12}$	a	0.60	0	3.4	3.2
Cat. 2	$Bi_{2.4}Fe_{0.1}Mo_{2.9}O_{12}$	a;b	0.80	0.08	3.6	
Cat. 3	$Bi_{2.5}Fe_{0.5}Mo_{2.5}O_{12}$	a;b	1.2	0.16	4.3	4.7
Cat. 4	$Bi_3Fe_1Mo_2O_{12}$	b	1.3	0.23	4.9	2.8
Cat. 5	$Bi_2Fe_6Mo_{12}O_{48}$	a;c	0.19	0.19	3.4	2.1
Cat. 6	$Bi_2Fe_{6.5}Mo_{12}O_{48.75}$	a;b;c				
Cat. 7	$Bi_2Fe_7Mo_{12}O_{49.5}$	a;b;c	0.25	0.21	3.4	3.5
Cat. 8	$Bi_2Fe_{7.5}Mo_{12}O_{50.25}$	a;b;c				
Cat. 9	$Bi_2Fe_8Mo_{12}O_{51}$	b;c	0.34	0.30	3.8	2.6
Cat. 10	$Bi_2Fe_9Mo_{12}O_{52.5}$	b;c				
Cat. 11	$Bi_{0.025}Fe_8Mo_{12}O_{48.0375}$	c	0.022	0.25	3.2	
Cat. 12	$Bi_{0.05}Fe_8Mo_{12}O_{48.075}$	c	0.038	0.25	3.2	3.5
Cat. 13	$Bi_{0.1}Fe_8Mo_{12}O_{48.15}$	a;c	0.047	0.29	3.4	—
Cat. 14	$Bi_{0.2}Fe_8Mo_{12}O_{48.3}$	a;b(trace),C	0.061	0.32	3.3	3.7
Cat. 15	$Bi_{0.6}Fe_8Mo_{12}O_{48.9}$	a;b;c	—	—		
Cat. 16	$Bi_1Fe_8Mo_{12}O_{49.5}$	a;b;c	0.14	0.37	3.5	
Cat. 17	$Bi_2Mo_3O_{12}$	a	0.62	0	4.1	2.7
Cat. 18	$Fe_2Mo_3O_{12}$	c				3.6

$a = \alpha\text{-}Bi_2(MoO_4)_3$；$b = Bi_3(FeO_4)(MoO_4)_2$；$c = Fe_2(MoO_4)_3$

3.2　催化剂性能评价和 Bi-Mo-Fe 复氧化物体系中各含 Fe 组分作用机理的初步探讨

表 2 列出了各催化剂在 375 ℃下对丙烯选择氧化生成丙烯醛反应的性能评价结果。

对于 $Bi_{2-x}Fe_xMo_{3-x}O_{12}$ 体系，根据表 2 所列数据，结合催化剂组成的 XRD 和 Raman 分析结果可发现，未添加 Fe 时，催化剂的组成为 $\alpha\text{-}Bi_2(MoO_4)_3$，随着 Fe 的加入，部分 $\alpha\text{-}Bi_2(MoO_4)_3$ 转变为 $Bi_3(FeO_4)(MoO_4)_2$ 同时催化剂的的比表面有所增加，其选择性和活性均显著提高，显然 $Bi_3(FeO_4)(MoO_4)_2$ 促进了体系催化性能的改善。

对于 $Bi_2Fe_{6+x}Mo_{12}O_{48+1.5x}$ 体系，当 $x=0$(Cat. 5)时，XRD 和 Raman 谱均表明催化剂的组成为 $\alpha\text{-}Bi_2(MoO_4)_3$ 和 $Fe_2(MO_4)_3$，这为考察 $Fe_2(MoO_4)_3$ 对 $\alpha\text{-}Bi_2(MoO_4)_3$ 催化性能的影响提供了一个理想的体系，但由于该催化剂的制备方法与前面所提到的 $\alpha\text{-}Bi_2(MoO_4)$ 的制备方法很不相同，因而不能用于直接比较。为此我们又按制备 Cat. 5—Cat. 16 的方法采用 $\alpha\text{-}Bi_2(MoO_4)_3$ 的配比制备了 Cat. 17,测试证实其组成为 $\alpha\text{-}Bi_2(MoO_4)_3$。通过与 Cat. 17 催化性能的比较可以清楚地看出，$Bi_2Fe_6Mo_{12}O_{48}$ 中的 $Fe_2(MoO_4)_3$ 在不降低选择性的情况下较大幅度地提高了丙烯的转化率，这与 $Bi_3(FeO_4)(MoO_4)_2$ 对 $\alpha\text{-}Bi_2$

表2　催化剂性能评价结果

Table 2　Results of the catalytic performance evaluation

No.	Catalyst	Product distribution						Conversion of propylene (%)	Selectivity of acrolein (%)	Yield of acrolein (%)
		Acrolein	Propylene	CO ($\times 1/3$)	CO_2 ($\times 1/3$)	CH_3CHO ($\times 2/3$)	CH_2CH_2 ($\times 2/3$)			
Cat. 1	$Bi_{12}Mo_3O_{12}$	1.52×10^{-2}	2.01×10^{-2}	9.68×10^{-3}	1.08×10^{-2}	0.69×10^{-3}	0.70×10^{-3}	66.3	38.6	25.6
Cat. 2	$Bi_{2.1}Fe_{0.1}Mo_{2.9}O_{12}$	1.82×10^{-2}	1.46×10^{-2}	9.39×10^{-3}	1.42×10^{-2}	1.20×10^{-3}	0.84×10^{-3}	75.4	40.5	30.6
Cat. 3	$Bi_{2.5}Fe_{0.5}Mo_{2.5}O_{12}$	2.29×10^{-2}	7.88×10^{-3}	9.84×10^{-3}	1.65×10^{-2}	1.70×10^{-3}	1.07×10^{-3}	86.8	44.3	38.4
Cat. 4	$Bi_3Fe_1Mo_2O_{12}$	1.52×10^{-2}	1.51×10^{-2}	6.25×10^{-3}	1.90×10^{-2}	1.33×10^{-3}	0.81×10^{-3}	74.6	34.2	25.5
Cat. 5	$Bi_2Fe_6Mo_{12}O_{48}$	6.99×10^{-3}	4.94×10^{-2}	2.31×10^{-3}	1.03×10^{-2}	—	—	18.2	63.9	11.6
Cat. 6	$Bi_2Fe_{6.5}Mo_{12}O_{48.75}$	1.57×10^{-2}	3.26×10^{-2}	6.27×10^{-3}	4.05×10^{-3}	—	—	44.3	60.2	26.7
Cat. 7	$Bi_2Fe_7Mo_{12}O_{49.5}$	1.68×10^{-2}	3.18×10^{-2}	5.21×10^{-3}	4.66×10^{-3}	—	—	46.2	61.6	28.5
Cat. 8	$Bi_2Fe_{7.5}Mo_{12}O_{50.25}$	1.37×10^{-2}	1.86×10^{-2}	1.57×10^{-2}	1.20×10^{-2}	—	—	68.4	34.1	23.3
Cat. 9	$Bi_2Fe_8Mo_{12}O_{51}$	1.00×10^{-2}	1.86×10^{-2}	1.47×10^{-2}	1.47×10^{-2}	—	—	68.7	27.2	18.7
Cat. 10	$Bi_2Fe_9Mo_{12}O_{52.5}$	9.17×10^{-3}	1.45×10^{-2}	1.64×10^{-2}	1.62×10^{-2}	Trace	—	75.6	20.3	15.4
Cat. 11	$Bi_{0.025}Fe_8Mo_{12}O_{48.0375}$	7.10×10^{-3}	2.68×10^{-2}	1.80×10^{-2}	9.43×10^{-3}	—	—	55.5	21.3	11.8
Cat. 12	$Bi_{0.05}Fe_8Mo_{12}O_{48.075}$	1.39×10^{-2}	2.38×10^{-2}	1.69×10^{-2}	8.23×10^{-3}	—	—	59.7	39.6	23.6
Cat. 13	$Bi_{0.1}Fe_8Mo_{12}O_{48.15}$	1.81×10^{-2}	2.14×10^{-2}	1.39×10^{-2}	6.93×10^{-3}	—	—	63.3	49.2	31.1
Cat. 14	$Bi_{0.2}Fe_8Mo_{12}O_{48.3}$	1.90×10^{-2}	2.56×10^{-2}	1.04×10^{-2}	5.43×10^{-3}	—	—	57.7	54.2	31.3
Cat. 15	$Bi_{0.6}Fe_8Mo_{12}O_{48.9}$	1.51×10^{-2}	2.02×10^{-2}	1.49×10^{-2}	1.13×10^{-3}	—	—	66.3	38.0	25.2
Cat. 16	$Bi_1Fe_8Mo_{12}O_{49.5}$	1.42×10^{-2}	1.95×10^{-2}	1.56×10^{-2}	1.21×10^{-2}	—	—	66.9	35.9	24.0
Cat. 17	$Bi_2Mo_3O_{12}$	3.48×10^{-3}	5.25×10^{-2}	8.13×10^{-2}	4.96×10^{-4}	—	—	9.74	61.5	5.99
Cat. 18	$Fe_2Mo_3O_{12}$	0	4.20×10^{-2}	1.06×10^{-2}	6.72×10^{-3}	—	—	29.2	—	—

$(MoO_4)_3$(Cat. 1)的影响是类似的。

对 $Bi_2Fe_{6+x}Mo_{12}O_{48+1.5x}$ 或 $Bi_xFe_8Mo_{12}O_{48+1.5x}$ 体系,当 Fe^{3+} 或 Bi^{3+} 的添加量较大时,体系中出现了 α-$Bi_2(MoO_4)_3$、$Fe_2(MoO_4)_3$ 和 $Bi_3(FeO_4)(MoO_4)_2$ 共存的情况,从催化剂性能评价结果可以看出,这时催化剂的性能比体系中仅含 α-$Bi_2(MoO_4)_3$ 时有更明显改善,丙烯醛的得率大幅度提高。当 Fe^{3+} 或 Bi^{3+} 的含量太大时,催化剂中的 α-$Bi_2(MoO_4)_3$ 几乎完全转化为 $Bi_3(FeO_4)(MoO_4)_2$,这时催化性能,特别是选择性,开始下降,使丙烯醛的得率降低。回顾 $Bi_{2+x}Fe_xMo_{3-x}O_{12}$ 体系的情况,催化性能最好时,催化剂也同时含有 α-$Bi_2(MoO_4)_3$ 和 $Bi_3(FeO_4)(MoO_4)_2$,说明两者所组成的复合体可能对 Bi-Mo 系催化剂催化性能的改善起着重要的作用。

通过比较不难看出,$Bi_{2+x}Fe_xMo_{3-x}O_{12}$ 体系和 $Bi_2Fe_{6+x}Mo_{12}O_{48+1.5x}$ 或 $Bi_xFe_8Mo_{12}O_{48+1.5x}$ 体系在催化剂的 Bi^{3+} 含量和表面 Bi/Mo 比方面存在着较大的差别。对于前者,体相 Bi^{3+} 含量较高,催化剂表面 Bi/Mo 比接近 1;而在后两组催化剂中,体相 Bi^{3+} 含量较低,表面 Bi/Mo 比远小于 1。与表面 Bi/Mo 比的差别相比,这三组催化剂比表面的差别不算大,三组催化剂的丙烯醛最大得率也相差不大,说明上述两类催化剂表面每个"Bi-Mo 对"活性中心的内禀活性(intrinsic activity)大小有着较大差别。在 $Bi_{2+x}Fe_xMo_{3-x}O_{12}$ 体系中,催化剂表面的"Bi-Mo 对"虽多,但平均起来每个"Bi-Mo 对"的活性较低;而在 $Bi_2Fe_{6+x}Mo_{12}O_{48+1.5x}$ 和 $Bi_xFe_8Mo_{12}O_{48+1.5x}$ 体系中,虽然催化剂表面的"Bi-Mo 对"较少,但每个"Bi-Mo 对"均有较高的催化效率。纯的 $Fe_2(MoO_4)_3$ 对丙烯选择氧化生成丙烯醛虽无活性,但它与 Bi-Mo 复氧化物共存时,对提高其催化性能却起着重要的作用。Wolf 等人[12]根据对多相组分催化剂的 XPS 深度分析结果,提出所谓的"壳层模型",即催化剂的核心部分由二、三价过渡金属离子的钼酸盐组成,外层则包裹着一层钼酸铋。由于两相之间在结构上的匹配,可能形成"准单相的结构"[13],这样,两相间的电子和氧物种的传递仍可快速进行,有利于包裹在钼酸盐表面的钼酸铋催化性能的改善。本工作的 XRD 和 Raman 光谱测试已清楚表明,$Bi_2Fe_{6+x}Mo_{12}O_{48+1.5x}$ 和 $Bi_xFeO_8Mo_{12}O_{48+1.5x}$ 均为多相体系;XPS 分析表明,Bi、Mo、Fe 三种元素都出现在催化剂表面,从而与"壳层模型"相悖,但这并不能排除 $Fe_2(MoO_4)_3$ 通过与 α-$Bi_2(MoO_4)_3$ 或 $Bi_3(FeO_4)(MoO_4)_2$ 形成紧密结合的界面相,以改善体系催化性能的可能性。特别是 Fe 具有变价能力,可形成 Fe^{3+}/Fe^{2+} 氧化还原对,促进体系中的电子和晶格氧的传递。可以设想,体系中的 $Fe_2(MoO_4)_3$ 可使催化剂表面被还原而暂时失活的 Bi-Mo 活性中心快速再氧化,减少其失活时间,从而提高 Bi-Mo 活性中心的作用效率;$Fe_2(MoO_4)_3$ 从 Bi-Mo 活性中心接受电子后被还原为 $FeMoO_4$(在反应条件下 $FeMoO_4$ 的存在已为实验证实[14,15]),后者也可能充当催化体系中吸附活化气相氧的中心,由 Fe^{2+} 将电子送给氧分子使其还原并逐步转化为晶格氧,这样就完成了如 Mars-Van Krevelen 机理[16]所示的氧化还原循环。$Bi_3(FeO_4)(MoO_4)_2$ 中的 Fe 虽然也能形成 Fe^{3+}/Fe^{2+} 氧化还原对[17]以促进催化剂体系中电子和晶格氧的传递,但它在这方面的作用可能不如 $Fe_2(MoO_4)_3$,这固然与 $Bi_3(FeO_4)(MoO_4)_2$ 中 Fe 的含量较低有一定关系,但更重要的可能是其 Fe^{3+} 所处的化学环境与 $Fe_2(MoO_4)_3$ 不同,这使得在反应过程的某一瞬间 $Bi_{2+x}Fe_xMo_{3-x}O_{12}$ 系列催化剂表面只有部分"Bi-Mo 对"是有活性的,但由于其表面"Bi-Mo 对"数目较多,从而弥补了活性中心作用效率较低的缺陷。根据以上分析,当 α-$Bi_2(MoO_4)_3$、$Bi_3(FeO_4)(MoO_4)_2$ 和 $Fe_2(MoO_4)_3$ 共存时,催化性能将更好,从表 2 看出情况正是如此。

$Bi_{2+x}Fe_xMo_{3-x}O_{12}$ 体系和 $Bi_2Fe_{6+x}Mo_{12}O_{48+1.5x}$ 或 $Bi_xFe_8Mo_{12}O_{48+1.5x}$ 体系在催化性能上的另一个显著差别在于反应副产物的分布。从表 2 可以看出,在 $Bi_2Fe_{6+x}Mo_{12}O_{48+1.5x}$ 和 $Bi_xFe_8Mo_{12}O_{18+1.5x}$ 体系上,丙烯反应所生成的副产物为一氧化碳、二氧化碳等,而在 $Bi_{2+x}Fe_xMo_{3+x}O_{12}$ 体系上,反应尾气中除一氧化碳、二氧化碳外,还含有一定量的乙烯、乙醛、一氧化碳、二氧化碳、乙烯、乙醛等都是来源于丙烯选择氧化过程中所生成的表面物种,包括吸附的丙烯受到催化剂表面活性氧物种的进攻和 C—C 键的断裂,其碳链碎片化程度主要与催化剂表面钼离子中心的配位情况、性质、分离程度和表面氧物种的活泼性有关,同时也与体系中 Fe 的含量及其配位状况有关。在含 Fe 的 Bi-Mo 系催化剂中,部分 Fe^{3+} 在反应条件下被还原为 Fe^{2+},成为催化剂中吸附活化气相氧的中心之一。已有不少实验证据表明[18],氧分子在氧化物表面转变为晶格氧的过程不是一步完成的,而是要经过 O_2^-、O_2^{2-}、O^- 等吸附态。人们在研究 O_2^-、O^- 等氧物种对丙烯氧化反应的影响时发现[18-20],这些氧物种主要导致非选择氧化产物的形成,根据 Harber[20] 的观点,这些自由基亲电氧物种易进攻烯烃的双键部分。当催化剂体系中含有较多 Fe 时(如 $Bi_2Fe_{6+x}Mo_{12}O_{18+1.5x}$ 和 $Bi_xFe_8Mo_{12}O_{48+1.5x}$ 体系),在反应条件下易产生较多的 Fe^{2+},使催化剂表面上 O_2^-、O^- 等氧物种增多;另一方面,由于 Fe^{3+}/Fe^{2+} 氧化还原对多,载流子(电子、晶格氧)等传递效率高,催化剂表面晶格氧也很可能较多。因而 O^{2-}(晶格)对吸附的丙烯或有关表面物种进行多次氧插入的可能性增加。相比之下,$Bi_{2+x}Fe_xMo_{3+x}O_{12}$ 体系中 Fe 含量较少,催化剂表面活性中心的作用效率也较低,丙烯发生深度氧化的机会相对较少,但其他副反应,如丙烯醛的脱羰(生成乙烯)等发生的可能性较大。

4 结论

通过对以上三组 Bi-Mo-Fe 复氧化物体系的组成、结构及催化性能的研究,可得出以下结论:$Bi_3(FeO_4)(MoO_4)_2$ 和 $Fe_2(MoO_4)_3$ 的存在都有助于改善 Bi-Mo 系复氧化物催化剂对丙烯选择氧化反应的催化性能。但两者在作用机理上有所不同。$Fe_2(MoO_4)_3$ 本身无催化活性,但在反应条件下可部分还原为 $FeMoO_4$ 形成 Fe^{3+}/Fe^{2-} 氧化还原对;且其结构与 $\alpha\text{-}Bi_2(MoO_4)_3$ 相匹配,这些因素都有助于促进催化体系中电子和氧物种的传递及催化剂表面活性中心的再生,从而提高催化性能。$Bi_3(FeO_4)(MoO_4)_2$ 在反应条件下也可形成 Fe^{3+}/Fe^{2+} 氧化还原对。但由于其 Fe^{3+} 所处的化学环境与 $Fe_2(MoO_4)_3$ 很不相同且 Fe 的含量也不及 $Fe_2(MoO_4)_3$。因此它在促进催化体系中电子和氧物种的传递及催化剂表面活性中心的再生等方面的性能较差,但它有助于提高催化剂表面的活性中心(Bi-Mo 对)的数目。

参考文献

[1]Linn W J,Sleight A W. J Catal,1976,**41**:134.

[2]Sleight A W,Jeitschko W. Mat Bes Bull,1974,**9**:951.

[3]Jeitschko W,Moclellan W R,Sleight A W. Acta Cryst,1976,**B 32**:1163.

[4]Batist Ph A,Van de Moesdijk C G M,Matsuura I et al.. J Catal,1971,**20**:40.

[5]Daniel C,Keulks G W. J Catal,1973,**29**:475.

[6]Notermann T. Keulks G W,Skliarov A. et al.. J Catal. 1975,**39**:286.

[7]LoJacono M,Notermann T,Keulks G W. J Catal,1975,**40**:19.

[8]Villa P L,Szabo A,Trifiro F et al.,J Catal,1977,**47**:122.

[9]Forzatti P,Villa P L,Ferlazzo N et al.. J Catal,1982,**76**:188.

[10]Prasada Rao T S R,Krishnamurthy K R J. J Catal,1985,**95**:209.

[11]Keulks G W Hall J L,Daniel C et al.. J Catal,1974,**34**:79.

[12]Matsuura I,Wolf M W J. J Catal,1975,**37**:174.

[13]Brazdil J F,Glaescr L C,Grasselli R K. J Phys Chem,1983,**87**:5485.

[14]Prasada Rao T S R,Menon P G J. J Catal,1978,**51**:64.

[15]Carbucicchio M,Trifiro F. J Catal,1976,**45**:77.

[16]Mars P,Van Krevelen D W. Chem Eng Sci Suppl,1954,**3**:41.

[17]Brazdil J F, Suresh D D, Grasselli R K. J Catal, 1980, **86**: 347.

[18]Bielanski A, Harber J. Catal Rev Sci Eng, 1979, **19**(1): 1.

[19]Harber J. Proc 8th Int Cangr Catal, Berlin: 1984, **1**: 85.

[20]Harber J, Serwicka E M. React Kinet Catal Lett, 1987, **35**(1−2): 369.

The Investigation of Composition, Structure and Catalytic Performance of Bi-Mo-Fe Complex Oxide Catalysts for the Selective Oxidation of Propylene

Wei-Zheng Weng, Hui-Lin Wan, Shen-Jun Dai, Jun-Xiu Cai, Qi-Rui Cai

(*Department of Chemstry, Xiamen University, Xiamen 361005*)

Abstract   Three groups of Bi-MO-Fe complex oxide catalysts [1. $Bi_{2+x}Fe_xMo_{3-x}O_{12}$ ($x = 0 \sim 1$), 2. $Bi_2Fe_{6+x}Mo_{12}O_{48+1.5x}$ ($x = 0 \sim 3$), 3. $Bi_xFe_8Mo_{12}O_{48+1.5x}$ ($x = 0.025 \sim 1$)] were prepared and characterized by XRD, Raman, XPS and catalytic performance evaluation to study the influences of $Fe_2(MoO_4)_3$ and $Bi_3(FeO_4)(MoO_4)_2$ on the catalytic behavior of Bi-Mo complex oxide catalyst for the selective oxidation of propylene. The results show that both $Fe_2(MoO_4)_3$ and $Bi_3(FeO_4)(MoO_4)_2$ have contribution to the improvement of catalytic behavior, however, their promoting mechanisms may be different. $Fe_2(MoO_4)_3$ itself has no catalytic activity, but under the reaction condition, it can be partially reduced to $FeMoO_4$ to generat Fe^{3+}/Fe^{2+} redox couple in the catalytic system. In addition, the close structural similarity between $Fe_2(MoO_4)_3$ and α-$Bi_2(MoO_4)_3$ will permit formation of a "pseudo-single-phase" structure in the catalyst. Both of these factors will facilitate the electron and lattice oxygen transportation in the catalytic system as well as enhance the rate of the active center regeneration on the catalyst surface. The Fe^{3+} in $Bi_3(FeO_4)(MoO_4)_2$ can also form Fe^{3+}/Fe^{2+} redox couple under the reaction condition, however, compared to the Fe^{3+} in the $Fe_2(MoO_4)_3$, it seems less effective in promoting electron and lattice oxygen transportation in the catalytic system. This could be attributable to the chemical environment of the Fe^{3+} in $Bi_3(FeO_4)(MoO_4)_2$ being different from that in $Fe_2(MoO_4)_3$, and the Fe^{3+} contcnt in $Bi_3(FeO_4)(MoO_4)_2$ is lower compared to that in $Fe_2(MoO_4)_3$, The major role of the Fe^{3+} in $Bi_3(FeO_4)(MoO_4)_2$ could be viewed as enhancing the concentration of active centers (Bi-Mo pairs) on the catalyst surface.

Key words   Selective oxidation   Propylene   Bismuth molybdate catalyst   Promoting mechanism of iron-containing species

本文原载:《分子催化》第 7 卷第 4 期（1993 年 8 月），第 252～260 页。

催化合成气合成乙醇的铑基催化剂中
助剂锰的作用本质研究*

江海有　　刘金波　　傅锦坤　　蔡启瑞

（厦门大学固体表面物理化学国家重点实验室　化学系，厦门　361005）

摘　要　催化剂活性测试表明，助剂 Mn 显著提高了铑的催化活性。通过考察 H_2/D_2 同位素效应发现在 Mn 促进的及非促进的铑催化剂上进行的合成气反应中，乙醇生成反应均表现出显著的氘位素效应。结合 CO 化学吸附、XRD、CO 吸附 IR、XPS、EPR 等物化表征手段对催化剂的表征结果，讨论了助剂 Mn 的作用本质，提出助剂 Mn^{2+} 通过与反应中间体甲酰基氧端的亲合作用，促进了 CO 加氢生成甲酰基的反应及其随后的氢解生成卡宾物种的反应，从而显著提高铑催化活性的观点。

关键词　铑催化剂　助剂锰　乙醇　合成气转化

1　前　言

由于理论和实践的重要性，铑基催化剂用于催化合成气转化为乙醇在世界范围内引起了广泛的兴趣。已有的研究结果表明，助剂 Mn 可显著提高铑催化剂对 CO 的转化率，而同时维持了乙醇等 C_2—含氧化合物的生成选择性[1-3]，文献中，关于助剂作用本质的常见模型有：助剂影响担载金属的电子性质[4]，助剂修饰金属颗粒的大小和形貌[5]，助剂稳定 Rh^{3+} 活性中心的存在[3]，助剂加速 CO 的解离和插入[2]，助剂参与反应中间体的形成或强烈地修饰了中间体的形成[6]等等。本文在已经证实合成气转化为乙醇反应中存在甲酰基、乙烯酮、乙酰基等关键中间体的基础上，采用活性测试法考察助剂 Mn 对乙醇合成反应的影响；H_2/D_2 同位素效应，定性揭示反应的速控步骤；CO 化学吸附、XRD、CO 吸附 IR、XPS、EPR 等物化手段对催化剂进行表征，根据获得的实验结果，逐一讨论了文献中常见的几种助剂作用模型。提出助剂 Mn 的主要作用在于通过与甲酰基氧端的亲合作用，促进了甲酰基中间体的生成反应及其随后的氢解生成卡宾的反应，从而使铑催化活性得以显著提高。

2　实　验

2.1　催化剂制备

催化剂均采用等浸渍法制备，具体制备步骤同文献[7]。

2.2　合成气转化反应及 H_2/D_2 同位素效应

将合成气（经 5 Å 分子筛除水和 401 脱氧剂除氧后）引入固定床微型反应器中，在 493 K、0.1 MPa

---

*　1992 年 5 月 11 日收到初稿，1992 年 11 月 25 日收到修改稿。

的条件下进行反应,产物由在线气相色谱进行分析,使用氢火焰离子化检测器,色谱柱为 GDX-103(2 m,353 K)。H_2/D_2 同位素效应用两个 CO/D_2、CO/H_2 反应中 CO 转化百分率、乙醇时空得率的相对比值表示。

2.3 H_2、CO 化学吸附

使用气体脉冲法,催化剂在 673 下用 H_2(1000 h^{-1})还原 3 h 后,切换成 Ar 气(60 ml/min)在 673 K 下吹扫 3 h,降至室温,逐次脉冲一定体积(1.04 ml)的 H_2 使其吸附,用热导检测剩余的 H_2 量,直至氢色谱峰面积不变为止。H_2 吸附完毕后,升温至 673 K 用 Ar 气吹扫 1 h,降至室温,进行 CO 脉冲吸附,方法同 H_2 吸附。

2.4 XRD 实验

所用仪器为日本理学 D/max-D 系列 X-射线衍射仪,以 $CuK\alpha$ 为 X 射线源,石墨单色器滤波,测试时管压 40 kV,管流 30 mA。

2.5 CO 吸附 IR 实验

所用仪器为 Nicolet-740 型傅里叶变换红外光谱仪,磨成粉状的催化剂样品压成自撑片,装入红外池,通 H_2 还原(523 K,5 h)后录背景谱。将 H_2 气流切换为 N_2 气流吹扫数小时,降至 323 K,引入 CO 气进行吸附,然后在不同温度下录样品谱。CO 吸附的红外光谱由样品谱、背景谱之间的差谱获得。

2.6 XPS 实验

所用仪器为 ESCA LAB MK Ⅱ 型光电子能谱仪,以 $MgK\alpha$ 作为 X-射线源,电流 20mA,加速电压 10 kV,分析室残余气体压力为 1.5×10^{-4} Pa。选取 Si2p(103.7 eV)为内标以校正样品的荷电效应,除氧化态样品外,其他厌氧样品封存在样品管中,测试时装入能谱仪,两次抽空补氮后,用机械手打破样品管,样品落在附双面胶带的样品台上,然后送至样品腔进行测试录谱。

2.7 EPR 实验

所用仪器为 ER2000 型顺磁共振波谱仪,样品测试条件为:室温 v=9.7GH,微波功率为 6 dB。扫描场范围 1500~3500 G,样品经处理后封存在玻璃管内进行测试。

3 结 果

3.1 助剂 Mn 的作用,H_2/D_2 同位素效应

表 1 列出了助剂 Mn 对铑催化剂上合成气转化反应的影响,与 Rh/SiO_2 相比,催化剂中含有助剂 Mn 时,CO 转化率约提高了 3 倍,而乙醇的选择性提高了 8.5%。这与文献[1-3]中报道的助剂 Mn 显著提高铑催化活性而同时维持乙醇等 C_2 含氧化合物选择性的结果略有不同。由表 1 还可看到,在 Rh/SiO_2、$Rh-Mn(1:1)/SiO_2$ 两个催化剂上,$CO+2D_2$ 反应中 CO 的转化率,乙醇的单位时间得率分别是 $CO+2H_2$ 反应中的 1.2—1.3、1.5—2.0 倍,表明在促进的、非促进的铑基催化剂上合成气总转化反应、乙醇生成反应均表现出氘逆同位素效应。

3.2 助剂对 Rh 分散度的影响

表 2 列出了几种不同助剂对铑催化剂上 H_2、CO 吸附量的影响。Mn、Fe、Li 单独促进时,催化剂上 H_2、CO 的吸附量均有不同程度的提高,其中以 Fe 促进时提高最显著,说明上述助剂均使催化剂中铑分散度有不同程度的提高。这一点从按 CO 吸附量计算得到的金属 Rh 的分散度、Rh 表面积的数据可以观察得更清楚。图 1 是一系列样品的 XRD 图,在 2%Rh/SiO_2 样品中可清楚看到 $2\theta=41°$ 的 Rh 晶衍射峰,而在 Mn、Fe、Li 促进的催化剂样品中,Rh 晶衍射峰几乎消失,基于 Mn、Fe、Li 三种助剂都有使铑催化剂上的 CO 吸附量增加的作用,含 Mn、Fe、Li 助剂样品中观察不到 Rh 晶衍射峰,可以认为与 Rh 分散度的提高相关[8]。需要强调的是,助剂 Mn 尽管也有提高 Rh 分散度的作用,但并不显著。

表 1 助剂作用及氢/氘同位素效应

Table 1 Effects of promoters and H_2/D_2 isotope effects in syngas conversion reactions(493 K,0.1 MPa,1000 h^{-1},CO/H_2(D_2)=1/2)

Catalyst	CO conv. (%)	Carbon basis selectivity ($C_1/\sum iC_1 \times 100\%$)						H/D isotope effect*	
		CH_4	C_{2+}	MeOH	AcH	EtOH	C_2-O	C^D/C^H	$(Y^D/Y^H)_{FIOH}$
Rh/SiO_2	0.6	28.6	7.0	/	12.4	52.1	64.5	1.2	2.1
Rh-Mn(1∶1)/SiO_2	2.5	16.2	5.9	6.3	10.9	60.6	71.5	1.3	1.5
Rh-Fe(1∶0.3)/SiO_2	1.8	15.6	2.3	4.0	9.1	68.9	78.0	1.2	1.4
Rh-Li(1∶0.3)/SiO_2	0.8	18.1	6.1	/	12.2	63.6	75.8	1.3	1.8

* C denotes the percentage of CO conversion,and Y denotes the yield of EtOH.

表 2 H_2 和 CO 的化学吸附

Table 2 Hydrogen and carbon monoxide chemisorption at room temp.

Catalyst*	H_A ml/g Rh	CO_A ml/g Rh	D** Rh_s/Rh	S** m^2/g Rh
Rh/SiO_2	83.5	139.0	0.64	295.8
Rh-Mn(1∶1)/SiO_2	89.9	151.6	0.70	323.5
Rh-Fe(1∶0.3)/SiO_2	163.2	202.7	0.93	429.8
Rh-Li(1∶0.3)/SiO_2	101.9	168.1	0.77	355.9

* Reduced by H_2 at 673 K for 3 h.

** Calculated according to the CO_A.

3.3 助剂 Mn 对 CO 吸附形式的影响

图 2(a)是 Rh/SiO_2 催化剂上 CO 吸附的红外光谱图,图中振动波数为 2062、1919 cm^{-1} 的两个特征 IR 吸收峰可分别指认为线式 CO、桥式 CO 吸附物种。与 Rh/SiO_2 相比,含有助剂 Mn 时(图 2(b)),线式 CO 吸附峰位几乎未变(2061 cm^{-1}),而桥式 CO 吸附峰显著向低波数位移(1782 cm^{-1})。这一结果与 Ichikawa[2] 报道的结果相似,从吸附峰强度看,Mn 促进的、非促进的铑催化剂上线式 CO 吸附峰远高于桥式 CO 吸附峰,说明铑催化剂上线式 CO 是 CO 的主要吸附形式。图 3 是 Rh/SiO_2、Rh—Mn(1∶1)/SiO_2 两个催化剂经 H_2 还原处理后测得的 Rh 的价带结构。由图可见,助剂 Mn 的添加没有导致 Rh 价带结构的明显变化,说明助剂 Mn 不存在显著影响催化剂中金属 Rh 电子性质的作用,这与红外光谱揭示

的,主要的 CO 线式吸附物种几乎不受助剂 Mn 加入的影响的结果是一致的。桥式 CO 吸附物种因助剂 Mn 加入向低波数显著位移可能是桥式 CO 氧端受 Mn^{2+} 的亲合作用,导致碳氧双键部分削弱的缘故,Sachtler[9]、Iachikawa[10] 较早提出了这种观点。

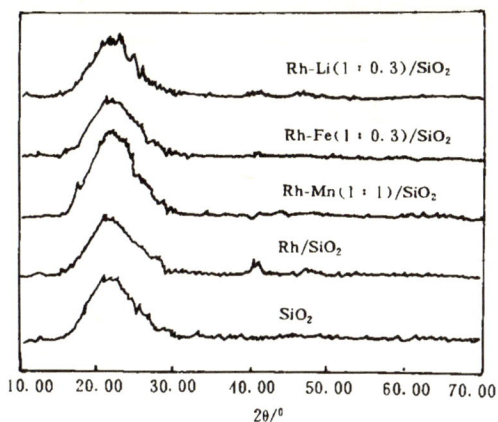

图 1 一系列样品的 XRD 图

Fig. 1 XRD patterns of a series of samples

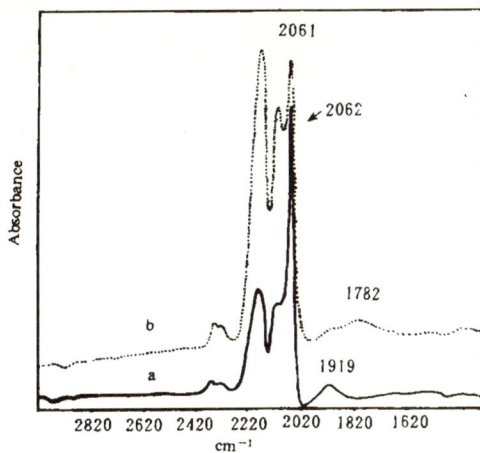

图 2 CO 吸附的红外光谱图

Fig. 2 Infrared spectra of CO adsorbed on rhodium catalysts (473 K,0.1 MPa)

(a) Rh/SiO_2 ,(b) $Rh-Mn(1:1)/SiO_2$.

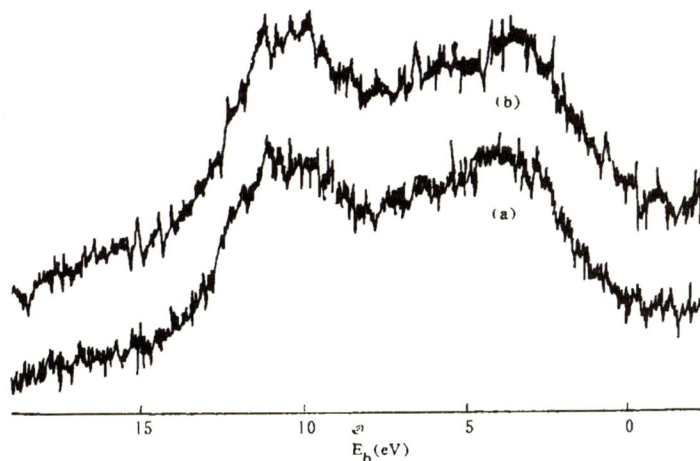

图 3 还原催化剂的价带结构

Fig. 3 Valence band structure of reduced catalysts

(a) Rh/SiO_2 ,(b) $Rh-Mn(1:1)/SiO_2$.

3.4 催化剂表面 Rh 的价态及 Rh 与 Mn 之间的相互作用

表 3 列出了一系列样品中各组分的光电子结合能值,Rh/SiO_2 在反应后,Rh3d5/2 结合能 307.0 eV,与标准谱图中金属铑的 Rh3d5/2 的值一致,可见 Rh 处零价,反应后的 $Rh-Mn(1:1)/SiO_2$ 中,Rh3d5/2 结合能为 307.3 eV,与 Rh/SiO_2 中的 Rh3d5/2 相比,向高位移了 0.3 eV。考虑到实验误差的影响,可以认为 Rh 3d5/2 结合能的这种变化并不显著,由于 XPS 获得的是催化剂亚表面层(5-20 Å)的原子态的信息,并不能得到对催化活性负责的表面原子态的信息。因此,只凭 Rh 3d5/2 结合能的少量正移并不能断

定部分表面铑以 Rh⁺（或 Rh²⁺）形式存在。一般认为，孪生 CO 吸附在 Rh⁺ 位上，而本文及 Ichikawa[2] 的 CO 吸附 IR 研究中均未观察到孪生 CO 吸附物种。因此，作者认为助剂 Mn 促进的铑催化剂中表面铑主要以 Rh° 形式存在，但也不排除少量处在与助剂 Mn 交界面上的 Rh 以 Rh⁺ 形式存在。

表3 光电子结合能

Table 3 Photoelectron binding energy E_b (cV)

Sample	E_b			
	Si2p	Ols	Rh3d5/2	Mn2p3/2
SiO₂	103.7			
Rh			307.0	
MnO₂				642.0
Rh/SiO₂ (reacted)		533.1	307.0	
Rh-Mn(1:1)/SiO₂ (oxidized)		5333.0	309.6	612.1
Rh-Mn(1:1)/SiO₂ (reacted)		533.0	307.3	642.1

图4 是 0.6%Mn/SiO₂ 在各种条件处理后的 EPR 谱图，负载后自然烘干的样品显示出 Mn²⁺ 特征的六重峰且峰形规整(a)，说明 Mn(NO₃)₂ 浸渍后均匀分散在载体上。空气中 473 K 加热处理后仍显示六重峰，但峰形不如(a)规整且峰强度大大减小(b)，可理解为加热使大部分锰氧化，剩余 Mn²⁺ 不再具有对称的微环境。623 K 下 H₂ 还原后，六重峰消失，出现一包峰(c)，表明还原使 Mn²⁺ 离子浓度增加并可能使 MnO 以聚集态形式散布在载体上，从而 Mn²⁺ 离子之间存在较强的偶合作用。为考察 Mn²⁺ 离子之间

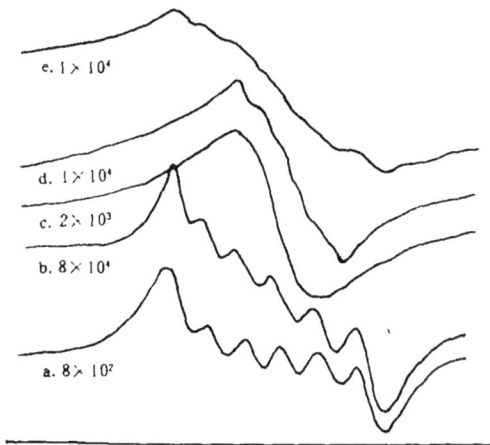

图4 0.6% Mn/SiO₂ 的 EPR 谱图

Fig. 4 EPR spectra of 0.6% Mn/SiO₂

(a)Dried at room temp(b)Heated at 473K;
(c)Reduced by H₂ at 623 K;
(d)Exposed to H₂O vapor at room temp;
(e)Treated with CO at room temp.

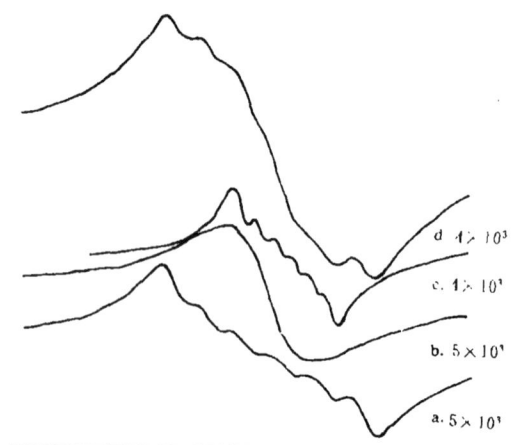

图5 2% Rh—0.6% Mn/SiO₂ 的 EPR 谱图

Fig. 5 EPR spectra of 2% Rh—0.6% Mn/SiO₂

(a)Heated at 473 K；(b)Reduced by H₂ at 623 K;
(c)Exposed to H₂O vapor at room temp;
(d)Treated with CO at room temp.

偶合作用的强弱,还原样品在室温下暴露于水汽,这时包峰转变成不大规整的六重峰(d),表明部分偶合的 Mn^{2+} 水解成分立的 Mn^{2+}—OH 离子对而去偶。样品进一步在室温下用 CO 处理,谱图形状及强度均没有发生明显变化(e),2%Rh—0.6% Mn/SiO_2 样品在各种处理条件下的 EPR 谱图如图 5 所示,负载样品在 473 K 加热、623 K 下 H_2 还原,还原样品暴露于水汽中处理后的谱图,与 0.6% Mn/SiO_2 对应处理后的谱图相似。值得注意的是,经水汽处理的样品进一步用 CO 处理后,Mn^{2+} 的特征六重峰不再清晰(向包峰趋近)而峰强度则提高了一倍左右(d),0.6% Mn/SiO_2 样品作相同处理时,无论峰形还是峰强度均没有发生显著变化,这一结果与早些时侯 Wilson[11] 观察到的结果相一致。因此,与 Wilson 看法一样,作者认为在 Rh-Mn/SiO_2 催化剂中,除了助剂 Mn 本身之间的相互作用,Mn 与 Rh 之间通过形成 Rh—O—Mn 物种也发生强烈的相互作用,鉴于助剂 Mn 加入后 Rh3d5/2 结合能并未发生显著的正位移,Rh—O—Mn 物种可能主要存在于 Rh 颗粒与助剂 Mn 氧化物(MnO)的界面上,由于氧桥(O^{2-})的极化作用,上述物种中界面 Rh 有可能带部分正电荷。当然,在大量 $Rh°$ 存在的条件下,这种 $Rh^{\delta+}$(或 Rh^+)用 XPS 是测不出来的,根据 XPS、EPR 的表征结果,Rh、Mn 组成的复合活性中心可示意为:

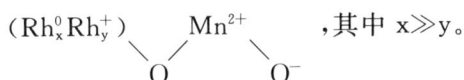

$$(Rh_x^° Rh_y^+) \quad Mn^{2+}$$
$$\diagdown O \diagup \quad \diagdown O^- \diagup$$

,其中 x≫y。

4 讨 论

活性测试结果表明助剂 Mn 具有显著提高 Rh 催化活性的作用,同时对乙醇的选择性也有提高,如前言所述,文献中对助剂作用本质的解释存在着多种模型,下面根据 H_2/D_2 同位素效应、催化剂物化表征获得的结果,结合本课题组前阶段的实验结果及文献中的有关结果,对助剂 Mn 的作用本质进行探讨。

根据价带测量的结果,助剂 Mn 存在与否,催化剂中 Rh 的价带结构几乎不变;以及 CO 吸附红外研究的结果,主要的 CO 线式吸附物种的红外振动频率几乎不受添加助剂 Mn 的影响,这样就排除了助剂 Mn 通过改变金属 Rh 的电子性质而发生作用的可能性。

CO 吸附量测定,XRD 测试表明,助剂 Mn 的添加使 Rh 分散度有轻微的提高。然而,用这种 Rh 分散度的轻微提高来解释助剂 Mn 的作用也是行不通的。因为,Fe 促进的 Rh 催化剂中 Rh 分散度比 Mn 促进的要高得多,而其催化活性却比 Mn 促进的低(见表 1)。可见,助剂 Mn 主要不是通过改变 Rh 分散度起作用的。换言之,助剂 Mn 的作用不是一种几何效应。

Van den Berg[3]、Wilson[11] 基于 Rh^+ 是 C_2 含氧化合物中 CO 插入反应活性位的观点,提出助剂 Mn 的作用在于通过与 Rh 形成混合氧化物从而稳定金属表面上 Rh^+ 存在的观点。然而,Rh^+ 是 CO 插入反应活性位的说法尚存疑问。Van der Lee[12] 的研究结果表明 Rh 催化剂中 Rh^+ 的数量与乙醇生成活性成反比。Kuznetzov[13] 也曾报道检测到 Rh^+ 的 Rh/Al_2O_3 催化剂对乙醇生成反应没有活性,而检测不到 Rh^+ 的 Rh/La_2O_3 对乙醇生成却有较高的活性。况且,本文 CO 吸附 IR、XPS 的研究结果表明,Mn 促进的 Rh 催化剂中表面 Rh 主要以 $Rh°$ 形式存在,表面 Rh^+ 的存在缺乏实验证据。再者,如果催化剂中 Rh^+ 过多,Rh 氧化物还原不彻底,对 H_2 的活化能力就差,也不利于其催化活性。根据以上讨论,助剂 Mn 的主要作用也不太可能是稳定 Rh^+ 的存在。

Sachtler[9]、Ichikawa[10] 基于助剂 Mn^{2+} 的存在使 Rh 催化剂上桥式 CO 吸附物种的 IR 振动频率显著红移的实验结果,提出助剂 Mn^{2+} 的作用本质是通过其与桥式 CO 氧端之间的电荷-偶极相互作用,削弱了 CO 中的碳氧键,促进了其解离,从而使 Rh 催化活性得以提高。然而,合成气转化为乙醇反应的主要途径有否经过 CO 的直接解离步骤尚须进一步验证。作者[14] 曾用化学捕获法检测到合成气转化反应中的甲酰基中间体,显示合成气反应的主要途径更可能按缔合式机理进行。还必须指出的是,Ichikawa

的 CO 吸附红外实验是在非真实的反应条件(298 K,0.7—2.7 kPa)下进行的,且并没有同时观察到线式 CO 吸附峰向低波数移动。本文的 CO 吸附 IR 研究也表明,助剂 Mn^{2+} 对 CO 线式吸附物种几乎不产生影响。而有实验证据表明铑基催化剂上的合成气反应中线式 CO 吸附物种是反应的活性物种[15]。本文在 Rh/SiO_2、Rh-Mn(1:1)/SiO_2 上进行的合成气反应中,均观察到乙醇生成反应表现出显著的氘逆同位素效应,定性揭示了合成气转化为乙醇的速控步骤为一步加氢(氘)反应,而不是 CO 的直接解离步骤。换言之,CO 在铑基催化剂上的解离并不是乙醇生成反应的关键步骤。因此,这种用促进 CO 的解离来解释助剂 Mn 的作用的观点也是欠妥的。

根据汪海有等[7,14]用化学捕获法检测到 $H\underline{C}O$、$H_2C \dot{=} C=O$、$CH_3—\underline{C}\dot{=}$ 这些关键中间体的结果,乙醇的生成反应途径可以示意为:$\underline{C}O \xrightarrow{H} H\underline{C}O \xrightarrow{H} \underline{C}H_2 \xrightarrow{CO} \underline{C}H_2=C=O \xrightarrow{H} CH_3—\underline{C}=O \xrightarrow{H} CH_3CH_2OH$。周朝晖[16]的模型反应显示,负载在硅胶上的 $Fe_2(\mu-CH_2)(CO)_8$ 与 CO/H_2 在常压、353 K 的条件下反应即可生成乙醇,说明卡宾配体在没有助剂存在的情况下就可通过 CO 插入、加氢等反应转化成乙醇;而同时没有甲醇生成,说明在没有助剂存在的条件下,CO 配体的直接加氢反应难以进行。与这一模型反应相对照,作者认为铑基催化剂上的乙醇生成反应途径中,卡宾中间体以后的反应步骤无需助剂的促进就可比较容易进行;卡宾中间体之前的反应步骤中包含较难进行的反应步骤,需要助剂的促进。基于前文[14]通过化学捕获法证实合成气反应中存在甲酰基中间体及助剂 Mn^{2+} 具有显著促进甲酰基物种生成作用的结果,并考虑到 $CO+H \rightarrow HCO$ 是一个热力学不利的步骤[17],作者提出助剂 Mn 的主要作用在于通过与甲酰基氧端的亲合作用,促进了甲酰基物种的生成反应及其随后的氢解反应。其详细作用机理描述如下:

根据 XPS、EPR 的表征结果,Rh 与 Mn 组成的复合活性中心为:

$$\left(Rh_x^\circ Rh_y^+\right) \quad Mn^{2+}$$

,其中 x

$\gg$y。当吸附在(Rh)位上的 $\underline{C}O$ 加 $\underline{H}$ 形成 $H\underline{C}O$ 时,邻近的强亲氧中心—Mn^{2+} 便与甲酰基氧端发生键合作用形成:

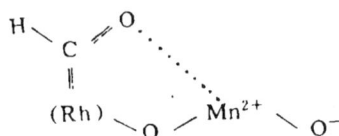

这种金属氧卡宾结构的形成降低了甲酰基物种的存在位能,也就降低了甲酰基这一高位能中间体的生成活化能,从而促进了合成气反应中 CO 的第一步加氢反应。此外,Mn^{2+} 对甲酰基氧端的键合作用使甲酰基中的羰基双键向单键趋近,有利于其随后氢解断裂 C—O 键形成卡宾物种的反应。助剂 Mn^{2+} 与 Rh 的这种协同作用使 Rh 催化剂的催化活性得以显著提高。与 Sachtler、Ichikawa 强调助剂 Mn^{2+} 与桥式 CO 氧端之间的亲合作用不同,由于 $H\underline{C}=O$ 的偶极矩比 $\underline{C}\equiv O$ 大 20—30 倍[18],作者更强调 Mn^{2+} 对甲酰基氧端的亲合作用。这里的亲合作用已不只是电荷—偶极相互作用,而是低价的 Mn^{2+} 与甲酰基氧的键合,使羰基的键级显著降低。Vannice[19]也曾提出 Ti^{3+} 通过与羰基化合物的羰基氧原子之间的相互作用使羰基化合物在第Ⅷ族金属催化剂上的吸附成为"di-σ-bond form",从而促进羰基键活化的观点,这与作者提出的观点是一致的。

参考文献

[1]Bhasin M M,Bartley W T,Ellegen P C et al. . J Catal,1978,**54**:120.

[2]Ichikawa M,Fukushima T,Shikakura K. Proc 8th Int Congr Catal,1984,**2**:69.

[3]Van den Berg F G A,Glezer J H E,Sachtler W M H. J Catal,1985,**93**:340.

[4]Katzer T R et al.. Faraday Discuss Chem Soc,1981,**72**:121.

[5]Kowalski J. Appl Catal,1985,**19**:423.

[6]Van Santen R. Proc 8th Int Congr Catal,1984,**2**:97.

[7]汪海有,刘金波,傅锦坤等.分子催化,1991,**5**(1):16.

[8]Arakawa H,Fukushima T,Ichikawa M. Chem Lett,1985,881.

[9]Sachtler W M H. Proc 8th Int Congr Catal,1984,**1**:151.

[10]Ichikawa M,Fukushima T. J Phys Chem,1985,**89**:1564.

[11]Wilson T P,Kasai P H,Ellegen P C. J Catal,1981,**69**:193.

[12]Van der Lee G,Schuller B,Post H et al.. J Catal,1986,**98**:522.

[13]Kuznetzov V L,Romanenko A V,Matinkin V M et al.. Proc 8th Int Congr Catal,1984,**5**:3.

[14]汪海有,刘金波,傅锦坤等. 分子催化,1992,**8**(5):346.

[15]Anderson J A,Mcquire M W,Rochester C H et al.. Catalysis Today,1991,**9**:23.

[16]周朝晖.厦门大学博士学位论文,1989.

[17]Halpern J. Acc Chem Res,1982,**15**:238.

[18]Handbook of Physics and Chemistry(55th Ed.),CRC Press,1974:E64,E66.

[19]Vannic M A. J Mot Catal,1990,**59**:165.

The Manganese Promoter Action and Its Nature in Syngas
Conversion to Ethanol over Rhodium-Based Catalysts

Hai-You Wang, Jin-Po Liu, Jing-Kung Fu, Khi-Rui Tsai

(The State Key Laboratory for Physical Chemistry of the Solid Surface,

Xiamen University, Department of Chemistry, Xiamen 361005)

Abstract The manganese promoter action and its mechanism have been studied in syngas conversion to ethanol over rhodium catalysts with the use of activity measurement, H_2/D_2 isotope effects, H_2 and CO chemisorption, XRD, IR, XPS and EPR.

The catalytic data indicated that the addition of a manganese promoter to Rh/SiO_2 catalysts led to a three-to fourfold increase in the catalytic activity. A noticeable inverse deuterium isotope effect for the ethanol formation reaction was observed by the isotopic substitution of D_2 for H_2 during syngas conversion both on the unpromoted Rh/SiO_2 catalysts and on the Mn-promoted Rh/SiO_2 catalysts. This implied that the rate-determining step involved in the ethanol formation was a step of hydrogenation rather than the direct cleavage of C—O bond of adsorbed CO. The results of H_2 and CO chemisorption and XRD revealed that the Rh dispersion was slightly enhanced by the manganese promotion, but this slight enhancement of Rh dispersion was not responsible for the increase in the catalytic activity. The infrared spectroscopy at 503 K showed that the addition of a manganese promoter to Rh/SiO_2 catalysts exerted almost no influence on the linear CO band and simultaneously shifted the bridge CO band from 1919 cm^{-1} to 1782 cm^{-1}, and that the linear CO adspecies was the main adspecies of CO on the rhodium catalysts. The valance band structure of Rh on the $Rh-Mn/SiO_2$ catalysts was almost the same as that on the Rh/SiO$_2$ catalysts. These results indicated that the electronic property of Rh on catalysts was not influenced by the manganese promotion. According to the results of XPS and EPR, the composite active-site of the Rh-Mn/SiO$_2$ catalysts could be depicted as $(Rh^{\circ}_x Rh^+_y)$—O—Mn^{2+}, where $x \gg y$. Based on the existence of the formyl intermediates in syngas conversion to ethanol and the promotion effect of manganese on formyl adspecies formation, it was inferred that the strong oxyphilic center Mn^{2+} greatly promoted the formation reaction of formyl intermediates and the subsequent hydrogenolysis of formyl intermediates by binding the resulting formyl oxygen to result in the formation of a metaloxycarbene adspecies, which lowered the barrier for the formation of the formyl intermediates and weakened the formyl carbonyl double bond. The double promotion effects of manganese mentioned above were supposed to be responsible for the increase in the catalytic activity.

Key words　Rhodium catalyst　Manganese promoter　Promoter action　Syngas conversion Ethanol synthesis

■ **本文原载:**《高等学校化学学报》第 14 卷第 6 期(1993 年 6 月),第 863～865 页。

担载型水溶性膦铑配合物催化剂研究*

袁友珠　杨意泉　张鸿斌　蔡启瑞

(厦门大学化学系　物理化学研究所,厦门　361005)

关键词　担载型水溶性催化剂　氢甲酰化　铑配合物

烯类氢甲酰化反应包括了均相催化的某些重要应用。含贵金属和贵重配体的均相催化剂与产物的分离及制备高活性、高选择性、高稳定性催化剂,是均相催化及其多相化最活跃的研究领域之一。对于氢甲酰化催化剂多相化,在基础研究和技术上都仍存在如何解决好催化活性、反应选择性变化和金属流失等问题。将 $HRh(CO)[P(m-C_6H_4SO_3Na)_3]_3$ 担载在亲水性 SiO_2 上制得担载型水溶性膦铑配合物催化剂,用于与之互不相溶的有机油相催化反应引起了人们的重视[1-3]。但这类催化剂的制备、性能及对反应底物的适应性等研究尚不充分。本文以高碳数带官能团烯烃——十一烯酸甲酯的氢甲酰化反应为对象,考察了不同制备方法对催化剂性能及对反应活性和选择性的影响,为制备具有实用意义的催化剂提供了依据。

1　实验部分

1.1　催化剂制备　担载型催化剂均采用浸渍法制备。载体 SiO_2 为 80～100 目,比表面 203 m^2/g,控制铑负载量为 $0.02mmol/g\ SiO_2$。用环己烷溶解 $Rh(acac)(CO)_2$,负载于 SiO_2 上,常温真空抽干,再将计量的三磺化三苯膦(TPPTS)溶于水进行负载操作,抽干后记为 SAPC03,而把 $RhCl_3$ 和 TPPTS 直接负载到 SiO_2 的催化剂及按文献[4]制备的催化剂分别记为 SAPC01 和 SAPC02。所有催化剂均在 CO/H_2 气氛下保存。

1.2　催化剂表征　IR 及 XRD 表征分别在 Nicolet 170-FTIR 和 Rigaku Ru-200A 上进行,并进行了 H_2、CO 和 H_2-CO 混合气的 TPD 实验。

1.3　催化剂评价　采用固定床加压流动态反应器进行催化剂活性评价。催化剂装量为 1.0 g,在反应条件下用 $CO/H_2(1/1,V/V)$ 预还原 1 h。反应原料和产物在 102-GC(5% XE-60,1 m)上分析。

2　结果与讨论

十一烯酸甲酯氢甲酰化反应结果表明,以 SAPC03 为催化剂可获得较好的反应活性和选择性及产物的正/异构比(*n/iso*)。在制备这种催化剂时,当 TPPTS 水溶液加入已负载 $Rh(acac)(CO)_2$ 的 SiO_2 上时,可观察到 SiO_2 表面从紫红色变为金黄色的配体交换反应过程。SiO_2 负载水溶性膦铑配合物液膜催化

* 国家教委博士后基金资助课题。

剂的初始含水量将影响催化反应结果。较合适的水含量上限为 10%～20%。

不同 P/Rh 比 SAPC 催化剂对十一烯酸甲酯氢甲酰化反应活性和产物分布的实验结果见表 1。由表 1 可知，在固定床反应器上进行十一烯酸甲酯氢甲酰化反应，催化剂中的 P/Rh 比对催化活性和产物的 n/iso 比影响较大。P/Rh＝3～15 时，产物的 n/iso 比从 2.3 变到 4.8，反应速率（TOF）也有较大幅度的变化。这可用空间效应和电子效应及所研究的担载型催化剂的特点作初步解释。当 P/Rh＝3 时，由于配体担载在 SiO_2 上，无流动性，与 Rh 原子配位机会较均相时少，产物 n/iso 低。当 P/Rh＝6 或 10 时，虽配体已过量，却因配体不流动，过量的配体不足以使活性中心原子"中毒"，此时配体与 Rh 原子配位机会多，使 Rh 上电子密度增加[5]，促进活性中心对烯烃的配位能力，TOF 值略有提高；另一方面，烯烃插入 Rh—H 键生成支链烷基对配位界空间位阻比按"马氏"规则插入而生成直链烷基强烈，所以产物的 n/iso 比值也有提高。当 P/Rh＝15 时，固载化的配体大大过量，无论按解离式机理还是按缔合式机理完成催化循环，都将影响速率，TOF 大为减小。另外，考虑到载体 SiO_2 经铑膦配合物修饰后表面有所坍塌（如控制 0.02 mmol Rh/g-SiO_2，P/Rh＝15，负载量约为 18 wt%，催化剂的比表面 136 m^2/g），说明膦铑配合物不是以单层展布形式存在。根据表 1 的结果，在 P/Rh＝6～10 内，有较高的反应活性，即构成有效的负载型催化剂，在 SiO_2 表面需有数层的配合物和（或）配体。可见，SAPC 催化剂的 P/Rh 比在一定范围内适当过量，仍有良好的催化性能，这对于稳定中心金属原子可能是有益的。

Table 1　The results of activity assays for hydroformylation of methyl 10-undecenoate over SAPC*

Catalyst system SAPC03	Liquid feed (mL/min)	Conversion (%)	Selectivity		TOF×10^3 (s^{-1})
			Aldehydes(%)	n/iso	
P/Rh＝3	0.036	88.9	98.5	2.3	6.8
P/Rh＝6	0.036	90.7	99.8	1.2	7.4
P/Rh＝10	0.037	91.9	99.9	4.8	7.7
P/Rh＝15	0.090	14.7	98.0	4.8	3.5

* CO/H_2:4.0 MPa,Flow rate:10 mL/min,Reaction temp.:100 ℃,Liquid:Otefine/Cyclohexane＝1/4(wt%).

对于 SAPC 催化剂，当 P/Rh＝10～15 时，在固定床加压流动反应器中运转 7～10 h，其催化活性仍可保持一定水平。对新鲜催化剂和从反应器上卸下来的未失活催化剂进行 IR 及含水量分析表明，催化剂的含水量将随反应进程逐渐减少，但几乎不影响催化活性和对反应的选择性。结合催化剂初始含水量过高或过低对反应结果均不利的实验事实，可认为反应初期，SAPC 催化剂中将发生配体在活性中心离子间的重新分配过程，适当量水的存在有利于配体的流动，可使反应活性物种在载体 SiO_2 表面易于形成并使配体分布容易趋于合理；反应进入稳态后，催化剂中的水分随反应进行而流失，但配合物或配体在催化剂表面已占据有利位置，水含量多少对反应结果并不产生影响。因此，进一步推测磺化三苯基膦铑配合物在 SiO_2 上的负载形式主要以磺化三苯基膦的磺酸根与 SiO_2 上的—OH 基形成氢键[3]，再络合中心铑原子。催化剂的 XRD 分析表明，SiO_2 担载磺化三苯基膦铑配合物后，无晶相产生，表面呈无定形态。H_2、CO 及 CO-H_2 混合气在上述催化剂上的 TPD 实验表明，P/Rh 低时，吸 H_2 及 CO 量较大，P/Rh 比大于 6 时吸 H_2 及 CO 相对较小，但前者脱附温度高出后者近 10～15 ℃，说明 P/Rh 比对催化剂表面吸附性质有较大的影响。

以上分析表明，SiO_2 负载的水溶性磺化三苯基膦铑配合物催化剂性能虽受诸多因素制约，但 P/Rh 比由于与其对 CO/H_2 的吸附并且与催化剂的电子效应和空间效应有关，因而对氢甲酰化反应结果影响很大。由于有机油相反应底物与亲水性的担载型配合物催化剂互不相溶，配合物不易流失，而载体 SiO_2 提供了大的表面积，使反应在液固界面间进行。因此，该思路不失为均相催化剂多相化研究中值得深入探讨的一个方面。

参考文献

[1]Arhancet J. P. et al. ; Nature,1989,**339**:454.

[2]Arhancet J. P. et al. ;J. Catal.,1991,**129**:94.

[3]Horvath I. T. ;Catal. Lett.,1990,**8**:43.

[4]Arhancet J. P. et al. ;J Catal.,1990,**121**:327.

[5]Hjortkjaer J. ;J. Mol. Catal.,1979,**5**:377.

Studies on Supported-Water-Soluble Phosphine Rhodium Complex Catalyst

You-Zhu Yuan* , Yi-Quan Yang, Hong-Bin Zhang, Qi-Rui Cai

(Department of Chemistry, Institute of Physical Chemistry, Xiamen University, Xiamen, 361005)

Abstract   Much attention has been paid to the heterogenization of homogeneous rhodium complexes responsible for olefine hydroformylation catalysts in the literature. Many methods have been proposed, but no heterogeneous hydroformylation catalysts are commercially used so far for liquid-phase conversion, primarily because of problems arising from catalyst loss to the product-containing phase. The supported water-soluble phosphine-rhodium complex has been designed to facilitate hydroformylation at interface of two liquids. Immobilization of the catalyst is accomplished by means of the insolubility of the rhodium complex in the organic media. SiO_2 supported water-soluble sulfonated-triphenylphos-phine-rhodium complex shows an excellent catalytic activity for the hydroformylation of higher olefine of methyl 10-undeceoate. The reaction can be easily carried out in a fixed bed reaction system and it is found that the selectivity stabilized in the range of 98%—99% and n-/iso- ratios over 4.0 when P/Rh molecular ratios in 10—15 under the testing period. This immobilized catalyst also shows significant water loss during the reaction based on IR data of the catalyst, but non-effect on the catalytic activity has been observed. It is proposed that the ligands and central metal may be redistributed at the initial stage of the reaction to form active species with suitable water content in the fresh catalyst, and then the hydrophilic support holds the water-soluble phosphines by hydrogen bonding of the hydrated sodium-sulfonate group of the surface.

Key words   Supported-water-soluble catalyst   Hydroformylation   Rhodium-complexes

■ **本文原载:**《高等学校化学学报》第 14 卷第 8 期(1993 年 8 月),第 1157～1158 页。

钒促铑基催化剂上合成气反应中的 H_2/D_2 同位素效应[*]

汪海有　刘金波　傅锦坤　蔡启瑞

(厦门大学化学系　固体表面物理化学国家重点实验室,厦门　361005)

关键词　钒助剂　铑　合成气　H_2/D_2 同位素效应

铑基催化剂可催化合成气生成甲烷、乙醇等,CO 中 C—O 键断裂是该反应的关键步骤。V 助剂可显著提高 Rh 的催化活性,其作用本质被认为是促进了 CO 的直接解离[1]。本文考察了 V 助剂对 Rh 催化性能的影响及 Rh/SiO_2、$Rh\text{-}V(1:1)/SiO_2$ 上合成气反应的 H_2/D_2 同位素效应,根据实验结果及键级守恒-Morse 势法的计算结果初步探讨了 V 助剂的作用本质。

1　实验部分

Rh/SiO_2 催化剂采用等容浸渍法制备[2],$Rh\text{-}V(1:1)/SiO_2$ 采用分步浸渍法制备。硅胶用 0.07 mol/L NH_4VO_3 水溶液浸渍,经蒸干处理后再用 0.35 mol/L $Rh(NO_3)_3 \cdot 2H_2O$ 甲醇溶液浸渍。抽去溶剂甲醇,100 ℃烘干、300 ℃灼烧处理后用 H_2(1000 h^{-1})于 400 ℃还原 4 h 得还原态活化催化剂。催化剂 Rh 负载量均为 4 wt%。经脱氧、除水的 $CO/2H_2$(1000 h^{-1})通入反应器,于 230 ℃、0.1 MPa 下进行反应,产物用在线气相色谱(氢火焰离子化检测器,GDX-103 柱)分析。反应 1 h 后切换成 D_2 吹扫 0.5 h,然后通入 $CO/2D_2$(1000 h^{-1})。如此交替进行 $CO+H_2$、$CO+D_2$ 反应以考察 H_2/D_2 同位素效应。由于氢火焰检测器对氢化产物和相应的氘化产物有相同的灵敏度[3],定量计算时两者取相同的色谱响应值。

2　结果与讨论

表 1 比较了 Rh/SiO_2、$Rh\text{-}V(1:1)/SiO_2$ 的催化反应性能。添加 V 助剂显著提高了 CO 转化率及 C_2 含氧物的选择性,而同时显著降低了甲烷的选择性,对 C_{2+} 烃的选择性则影响较小。图 1 是在 $Rh\text{-}V(1:1)/SiO_2$ 上交替进行 $CO+H_2$、$CO+D_2$ 反应时 CO 总转化率、甲烷、乙醇时空得率的变化情况。每次由 $CO+H_2$ 转成 $CO+D_2$ 反应时,上述参数值均显著上升。其他 C_2、C_3、C_1 烃及甲醇、乙醛等的时空得率也表现出类似的变化趋势。在 Rh/SiO_2 上进行交替反应,也观察到相似的结果。表 2 列出了这两个催化剂上合成气反应的 H_2/D_2 同位素效应值(取两个循环反应的平均值)。由表 2 可见,合成气总转化反应及各产物的生成反应均表现出显著的氘逆同位素效应,且含氧产物的氘逆同位素效应比烃产物的更显著。

---

* 国家自然科学基金资助课题。

Table 1　Effects of V promoter on the reaction

Catalyst	CO conv. (%)	Carbon basis selectivity $iC_i/\sum_iC_i\times100\%$					
		CH_4	C_{2+}	MeOH	AcH	EtOH	C_2-O
Rh/SiO_2	3.2	40.7	50.6	—	8.7	—	8.7
$Rh-V/SiO_2$	9.4	19.9	49.3	0.6	2.6	27.9	29.5

* Reac. conds. :230 ℃,0.1MPa,$CO/H_2=1:2,1000\ h^{-1}$.

Table 2　Magnitude of H_2/D_2 isotope effects

Catalyst	C_D/C_H^0	Y_D/Y_H^b						
		CH_4	C_2	C_3	C_1	MeOH	AcH	EtOH
Rh/SiO_2	1.4	1.5	1.4	1.3	1.3	—	2.1	—
$Rh-V/SiO_2$	1.5	1.3	1.3	1.3	1.6	1.9	1.7	1.8

a. CO conv. (%);b. Yield of product(mmol/h・mL cat).

前文[2]曾用化学捕获法证明了铑基催化剂上合成气反应过程中存在甲酰基中间体,说明合成气反应按缔合式机理进行。表 3 用键级守恒-Morse 势方法计算得到的结果也表明,CO 经 C_1 含氧种(H$\underline{C}$O,$H_2\underline{C}$O)的氢解反应断裂 C—O 键比 CO 直接解离断键在能量上更有利。本文观察到 Rh/SiO_2、Rh-V(1:1)/SiO_2 上的合成气各转化反应均表现出显著的氘逆同位素效应,进一步说明各产物生成反应的速控步骤都是一步加氢反应,即 CO 中 C—O 键的断裂是一步氢助解离步骤,而不是 CO 的直接解离。V 助剂的作用本质是通过与甲酰基氧端的键合作用,一方面降低了甲酰基物种的存在位能,促进了 CO 第一步加氢反应;另一方面削弱了甲酰基物种的羰基双键,促进了其随后的氢助解离反应。V 助剂的这种双重作用使 Rh 催化活性显著提高。

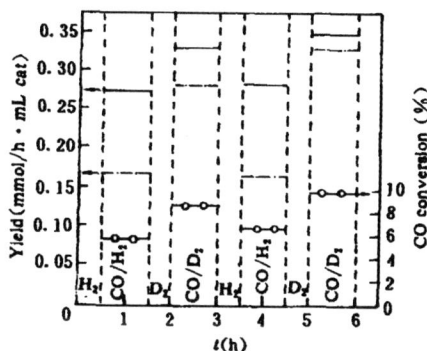

Fig. 1　H_2/D_2 isotope effects in syngas conversion reactiong over Rh-V(1:1)/SiO_2
—○—CO conv. ;——Yicld of methane;
—・—Yield of ethanol.

Table 3　Activation barriers for forward ($\Delta E_t^{\neq}$) and reverse ($\Delta E^{\neq}$) elementary reactions for CO conversion on Rh (111)(KJ/mol)*

Dissociative mechaism	$\Delta E_t^{\neq}$	$\Delta E_t^{\neq}$	Associative mechanism	$\Delta E_t^{\neq}$	$\Delta E_t^{\neq}$
(1)$CO_2 \rightleftharpoons C_2+O_2$	161	106	(1)$CO_2+H_2 \rightleftharpoons HCO_2$	97	0
(2)$C_2+H_2 \rightleftharpoons CH_2$	167	21	(2)$HCO_2+H_2 \rightleftharpoons H_2CO_2$	74	40
(3)$CH_2+H_2 \rightleftharpoons CH_2$	68	100	(3)$H_2CO_2+H_2 \rightleftharpoons CH_2+OH_2$	106	27

* The details on the Bond Order Conservation-Morse Potential approach are described in Ref.[4]。

参考文献

[1]Ichikawa M,Shikakura K. Proc. 7th ICC,Tokyo. 1980,B:925.

[2]Wang Hai-You, Liu Jin-Po et al.. Catalysis Letters. 1992,**12**:87.

[3]Keller C S,Bell A T. J. Catal. 1981,**67**:175.

[4]Shustorovich E. Adv. in Catal. 1990,**37**:101.

H$_2$/D$_2$ Isotope Effects in Syngas Conversion Reactions over Vanadium-promoted Rhodium Catalyst

Hai-You Wang*, Jin-Po Liu, Jin-Kun Fu, Khi-Rui Tsai

(Department of Chemistry, State Key laboratory for Physical Chemistry
of the Solid Surface, Xiamen University, Xiamen, 361005)

Abstract　H$_2$/D$_2$ isotope effects in syngas conversion reactions over V-promoted rhodium catalyst were investigated by performing CO＋H$_2$ and CO＋D$_2$ reaction alternatively. Noticeable deuterium inverse isotope effects on hydrocarbons (including CH$_4$, C$_2$, C$_3$ and C$_4$) formation and on oxygenates (including CH$_3$OH,CH$_3$CH$_2$OH,CH$_3$CHO) formation were simultaneously observed.

Key words　Vanadium promoter　Rh　Syngas　H$_2$/D$_2$ isotope effects

■ **本文原载:**《高等学校化学学报》第 14 卷第 7 期(1993 年 7 月)，第 996～999 页。

固氮酶活性中心结构模型的 EHMO 研究[*]

刘爱民[①]　周泰锦　万惠霖　蔡启瑞

（厦门大学化学系，厦门　361005）

摘　要　应用群分解 EHMO 程序，研究了基于 MoFe-蛋白 X 射线衍射结果的固氮酶活性中心结构模型。对比和分析了该模型中尚未确定的配体 Y 分别为 S、O、N、C、H 和 H…H 时的总能量和电荷分布等。结果表明 Y＝O 最为有利。本文进一步提出了 Y＝O 的模型在底物活化过程中 Y(O) 的邻位加氢后作为活性中心吞吐底物与产物窗口的可能作用方式。

关键词　固氮酶　活性中心　模型化合物　EHMO 量子化学方法

固氮酶活性中心 FeMo-辅基化学结构的研究是固氮酶催化作用及其化学模拟的焦点之一。Rees 等报道了 0.28 nm[1] 和 0.22 nm[2] 分辨率下固氮酶 MoFe-蛋白的晶体结构分析结果，提出了 M-簇(体外时称 FeMoCo)和 P-簇的结构模型。前者是由两个缺(活)口立方烷，即 Fe_4S_3 和 $MoFe_3S_3$ 簇靠两个硫和一个 Y 配体桥联形成的具有近似 C_{3v} 对称性的笼状原子簇结构，Mo 原子处于一端的角落位置。该模型可表示为 $[L_3MoFe_3S_3](\mu_2-S)_2(\mu_2-Y)[Fe_4S_3L']$。但 Rees 模型尚未给出完整的结构参数，并且配体 Y 的种类尚未确定。本文在 Rees 模型基础上，运用 EHMO 法研究了固氮酶活性中心 FeMoCo 中 Y 原子的归属问题，并结合络合催化原理讨论了以 Y 位为底物进出活口的可能机制。

1　计算模型、参数和方法

采用自编程序 EHG-II 的改进版，执行程序系统经 IBM-Forturn V3.31 编译。在 Intel 80386DX33 和浮点运算协处理器(80387)、4MB 内存、MS-DOS 5.0 的环境下运行。计算用的轨道指数及能量参数取自 ICON8 程序和引进了 Anderson 排斥能修正项的 EHG-II 程序[3]参数。

为计算方便，对 Rees 模型作了稍许简化，设计的固氮酶铁钼辅基模型见图 1，计算了 Y＝S、C、O、N、

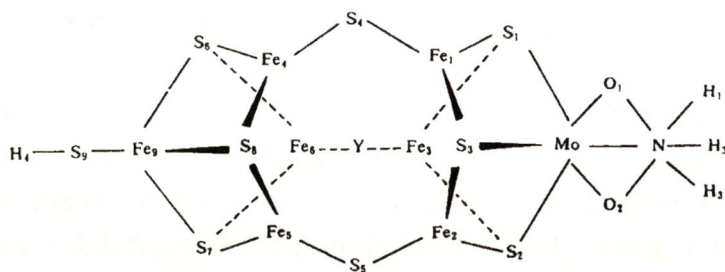

Fig. 1　Models of nitrogenase active-center analoges used in the calculations

＊　国家基础性研究重大关键项目(攀登计划)及国家教育委员会博士后基金资助课题。

①　收稿日期:1993 年 4 月 5 日。修改稿收到日期:1993 年 6 月 3 日。联系人:刘爱民。第一作者,男,29 岁,博士,博士后。

H、**H**…**H**(分别称模型 I_S、I_C、I_O、I_N、I_H 和 $I_{H…H}$，$Y=O$ 时模型内含 $H…H$ 的模型 X)及 $Y=O$ 时该位置作为吞吐底物、产物活(窗)口的两种可能加氢模型 L 和 L'[图 2(a)、(b)]。表 1 给出了经分子力学优化后模型的原子坐标，成键参数取自 EXAFS 和 X 射线衍射数据[4]。

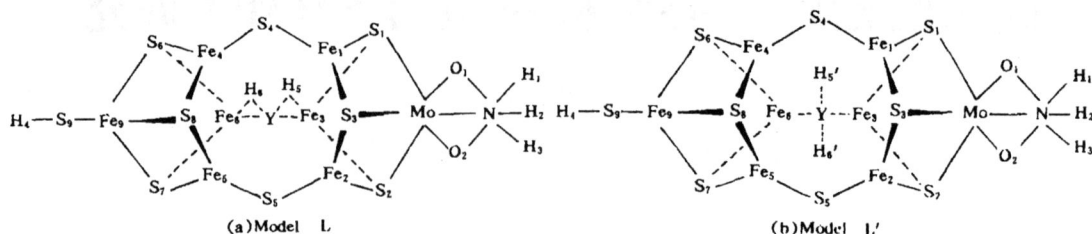

Fig. 2 A possible ortho-position hydrogenation of ligand $Y(Y=O)$ (a) and
the external hydrogenation of ligand $Y(Y=O)$ (b)

Table 1 Coordination of atoms for Fig. 1.

Atom	x	y	z	Atom	x	y	z	Atom	x	y	z
S_1	1.09	1.84	−1.06	M_O	0.00	0.00	0.00	Y^*	3.71	0.00	−3.28
S_2	1.09	−1.84	−1.06	Fe_1	2.28	1.33	0.77	O_1	−1.34	1.14	0.81
S_3	1.08	0.00	2.11	Fe_2	2.28	−1.33	0.77	O_2	−1.34	−1.14	0.81
S_4	3.71	3.07	1.64	Fe_3	2.29	0.00	−1.54	H_1	−2.52	0.00	−2.48
S_5	3.71	−3.07	1.64	Fe_4	5.12	1.33	0.77	H_2	−2.10	0.81	−1.19
S_6	6.59	1.84	−1.06	Fe_5	5.12	−1.33	0.77	H_3	−2.10	−0.81	−1.19
S_7	6.59	−1.84	−1.06	Fe_6	5.11	0.00	−1.54	H_4	12.0	0.00	0.00
S_8	6.60	0.00	2.11	Fe_7	7.40	0.00	0.00				
S_9	9.63	0.00	0.00	N	−1.34	0.00	−1.62				

* $Y=S,O,N,C,H$ or $H…H$.

2 结果和讨论

1 $Y=O$ 模型

单从能量分析(表 2)，C 与 O 在能量上最有利。但因计算 I_C 时引入了有关 C 的参数，而其他模型却用相同(不含 C)参数，因而 I_C 与其他模型的计算结果不具有直接可比性。且在原子坐标与其他模型相同的情况下 $Y=C$ 模型的收敛因子在 0.106 和 0.169 之间振动，与 I_O、I_S 相差 5 个数量级。相比之下，$Y=O$ 时不仅总能量较低，而且收敛也特别好；$Y=S$ 时总能量比 $Y=O$ 时高 20.7388 eV。在完全相同的参数下，Y 为 N、S、H 和 H…H 时均比 $Y=O$ 的能量高(～20 eV)，显然，$Y=O$ 模型在能量上最为有利，当里面有 2 个 H 时(模型 X)更稳定。Rees 模型发表后，国内外多数研究者认为未知配体 Y 可能为 S[5,6]，本文的结果预测 Y 为 O 最好，使 Y 的归属产生了争议。

Table 2 The energies and denoms (factors of convergence) of models produced from EHMO calculations

Model	Denom	Energy (eV)	Model	Denom	Energy (eV)
I_S	1.0×10^{-6}	-2122.9059	$I_{H \cdots H}$	1.00×10^{-6}	-2133.9593
I_O	2.7×10^{-6}	-2143.6447	X	1.20×10^{-6}	-2189.7653
I_C	$(1.06 \sim 1.69) \times 10^{-1}$	-2229.4115	L	4.40×10^{-2}	-2160.0358
I_N	$(1.73 \sim 1.95) \times 10^{-1}$	-2121.9863	L'	5.70×10^{-2}	-2150.7470
I_H	$(9.40 \sim 18.00) \times 10^{-2}$	-2072.4814			

净电荷分布的计算结果(表 3)表明,Rees 模型中 Mo 处在一端时,不论配体 Y 为 O、S、N 还是 C,电荷分布情况均较合理。由于 EHMO 在设计时只考虑了单电子积分,故其电荷分布结果只是一种近似。

Table 3 The distribution of net charges*

	Y=S		Y=O		Y=C		Y=N
Atom	Net charge	Mom	Net charge	Atom	Net charge	Atom	Net Charge
Fe	0.28257	Fe	0.28930	Fe	0.34124	Fe	0.15677
Fe	0.29082	Fe	0.32835	Fe	0.32853	Fe	0.20061
Fe	0.28763	Fe	0.29458	Fe	0.33392	Fe	0.23349
Fe	0.29118	Fe	0.33158	Fe	0.30313	Fe	0.22669
Fe	0.23899	Fe	0.24687	Fe	0.20449	Fe	0.29903
Mo	0.31583	Mo	0.33101	Mo	0.45213	Mo	0.34872
S	0.07725	S	0.08771	S	0.13039	S	0.07937
S	0.05985	S	0.06969	S	0.11294	S	0.06692
S	-0.07026	S	-0.05708	S	-0.07105	S	-0.04127
S	-0.02620	S	0.05020	S	0.04949	S	0.05643
S	0.03740	S	0.05097	S	-0.14593	S	0.04469
S	0.04039	S	-0.05764	s	-0.23874	S	0.06816
S	-0.6892	O	-0.34972	o	-0.14938	0	-0.14803
O	-0.18070	O	-0.17117	N	-0.043^-2	N	-0.06540
N	-0.06317	N	-0.05412	C	-0.62724	N	0.00046
H	-0.97670	H	-0.97628	H	-0.95744	H	-0.93244
H	-0.94847	H	-0.94051	H	-0.94829	H	-0.94297
H	-0.01068	H	0.01637	H	-0.00056	H	0.00603

* Atom coordination does not completely correspond to that in Fig. 1. The atoms with the same net charges appear only once.

2 Y 位可以成为活性中心吞吐底物、产物的窗口

尽管在活性中心(M-簇)模型中有一个直径约为 0.4 nm 的空洞,但若无可供底物进出的活口,即使体积较小且能进入活性中心内部的底物(如 N_2)加氢还原后仍很难脱离酶的活性位。但当 Y=O 时,因

Y(O)可与毗邻 Fe 上的 H 实现邻位加氢,使 Y(O)变成 H_2O 放出,M-簇瞬时成为 2 个活口的单立方烷,在体内底物、产物吞吐后,2 个活口的立方烷又可容易地由两个 μ_2-S 和一个 μ-O 桥联起来恢复到原先的状态。

为验证这个设想,对此进行了 EHMO 计算。模型 L 是邻位加氢的情形,与表 2 中 I_0 比较能量又降低了 16.3911 eV(表 3)。L' 是外源的 H 垂直方向加入的模型,与 L 比较能量高出 10 eV。显然这种情形在总能量方面较为不利,因而其可能性小得多。另外,从表 4 可以看出,当邻位加氢时(Model L),$Fe_3 - H_5$、$Fe_6 - H_6$、$Y(O) - H_5$、$Y(O) - H_6$ 和 $Fe_3 - Y(O) - Fe_6$ 间均可成键;而在模型 L' 时 Fe_3、Fe_6 与 H_5'、H_6' 间不可能存在化学键,这时 2 个 H 需由外源提供。

Table 4 The bonding character of H···H on the ligand Y(O)

L				L'			
$Fe_3 - H_5$	0.500	$Fe_6 - H_6$	0.500	$Fe_3 - H_5'$	-0.190	$Fe_6 - H_6'$	-0.180
$Fe_3 - Y(O)$	0.203	$Fe_6 - Y(O)$	0.212	$Fe_3 - Y(O)$	0.228	$Fe_6 - Y(O)$	0.235
$Y(O) - H_5$	0.421	$Y(O) - H_6$	0.420	$Y(O) - H_5'$	0.463	$Y(O) - H_6'$	0.462

固氮酶的所有其他底物都是带端三重键或潜在三重键的化合物。万惠霖等[7]曾通过量子化学计算和络合催化原理推测出 N_2 与 FeMoCo 的络合是单端基(端基与 Mo 络合)加双侧基。将 Rees 的结果与本工作结合起来看,相对于固氮酶各种底物而言,唯有 N_2 和抑制剂 CO 可采用这种端基加双侧基甚至更可能是三侧基的方式与 FeMoCo 络合;而 $CH \equiv CH$ 等因端基 H 的阻碍而不能同时以单端基加双侧基的方式活化,由此可能解释 N_2 为何比 C_2H_2 络合得牢固。CO 结合得虽比 N_2 牢固,但不能被还原,因 $\underline{C \equiv O}$ 与 $\underline{N \equiv N}$ 很可能是单端(C-端,N-端)络合在 Mo^{IV} 上,三重键被 3 个 $Fe^{II(III)}$ 牢牢夹住(Fe—C,Fe—O 及 Fe—N 约 $0.17 \sim 0.18$ nm)。但 $\underline{N \equiv N}$ 可先从外 N-端逐步加在 $\underline{H}$ 成 NH_3 而脱出,而 $\underline{C \equiv O}$ 加 $\underline{H}$ 从价键和能量的角度来看只能加在四价的 C 原子上,而不大可能加在二价的 O 原子上。如果这样的话,C 上的 sp 轨道将变成 sp^2 杂化,产生一个张角使得体积变大,生成类甲酰基过渡态化合物,这在活性中心内部相当困难,因 CO 已经被 3 个 $Fe^{II(III)}$ 牢牢束缚。

在 Rees 模型中,Mo 处在一端,N_2 的络合是单端基加多侧基络合方式,比其他任何底物都更有利,表明以 EHMO 法算出的分子氮络合活化既有端基络合又有侧基络合的多核协同作用的合理性。从十几种模型计算的总能量、净电荷分布和重叠集居数据初步判断固氮酶 FeMo-辅基模型中未知原子 Y 的物种很可能是氧,且当 Y=O 时它可受邻位 Fe 上 H^+ 的进攻而变成 H_2O 脱去,成为底物进出的活口。除 I_C 外,计算这些模型的量化参数完全一致,计算结果具有很强的可比性。但配体 Y 为氧的模型尚有待 MoFe-蛋白或 FeMo-辅基的晶体结构分析验证。

参考文献

[1]Kim J, Rees O J. Science. 1992,**257**:1677.

[2]Chan M K, Kim J, Rees D J. Science. in press.

[3]ZHOU Tai-Jin(周泰锦), WANG Nan-Qin(王南钦). J Xiamen Univ, Natural Science Ed(厦门大学学报,自然科学版). 1985,**24**(3):345.

[4]Burgess B K. Chem Rev. 1990,**90**(8):1377.

[5]Orme-. shnson W H. Science. 1992,**257**:1639.

[6]CHENG Ming-Dan(陈明旦), LAI Wu-Jiang(赖伍江), HU Sheng-Zhi(胡盛志). J Xiamen Univ,

Natural Science Ed.（厦门大学学报，自然科学版）.1993,**32**:4.

[7]WAN Hui-Lin(万惠霖),TSAI K. R.（蔡启瑞）.J Xiamen Univ,Natural Science Ed.（厦门大学学报，自然科学版）.1981,**20**(1):62.

Structural Information of Nitrogenase Active-Center Clusters Deduced from EHMO Study

Ai-Min Liu[*] , Tai-Jin Zhou, Hui-Lin Wan, Khi-Rui Tsai

(Department of Chemistry，Xiamen University，Xiamen，361005)

Abstract　Structural models for the nitrogenase FeMo-cofactor based upon the crystallographic analysis of the nitrogenase MoFe-protein were studied by means of the improved method of EHMO calculations，where the interest was focused on the unknown ligand Y of the Ree's model. The results gained from cases of Y＝S, N,O, C, H and H⋯H suggested that the ligand Y was very like O (model I_O and model X). A probable hydrogenation mechanism (model L) was eventually proposed and discussed in the present paper.

Key words　Nitrogenase　Activity center　Model compounds　EHMO Quantum chemistry approach

■ **本文原载**:《燃料化学学报》第 21 卷第 4 期(1993 年 12 月)，第 337～343 页。

合成气制乙醇的铑基催化剂中助剂铁、锂的作用本质研究*

汪海有　刘金波　傅锦坤　蔡启瑞

（厦门大学固体表面物理化学国家重点实验室　化学系，厦门　361005）

摘　要　催化活性测试表明，助剂 Fe 具有显著提高乙醇生成选择性及铑催化活性的双重作用；助剂 Li 具有显著提高乙醇选择性的作用，对铑催化活性影响不大。基于 H_2/D_2 同位素效应结果及 CO 化学吸附、IR、XRD、XPS 等的表征结果，认为助剂 Fe 经活化处理后大部分与 Rh 形成 RhFe 合金，使 Rh 分散度显著提高，从而提高了乙醇的选择性；Rh 分散度的提高以及小部分以 Fe^{2+}（Fe^{3+}）形式存在的助剂 Fe 促进甲酰基的生成及随后的氢解断 C-O 键反应是助剂 Fe 促使铑催化活性提高的两个因素。Li 的主要作用在于通过与 C_2 含氧中间体乙烯酮氧端的弱亲合作用，促进了乙醇前驱体的生成，从而使乙醇生成选择性提高。

关键词　铑催化剂　铁助剂　锂助剂　助剂作用　乙醇合成

合成气在铑基催化剂上催化转化为乙醇是 C_1 化学的重要课题之一。助剂对这一催化反应的活性、产物分布有着重要的影响。在许多高性能的多组分铑基催化剂中都含有 Mn、Fe、Li 这三种助剂。关于助剂 Mn 的作用及本质已另文[1]讨论，本文进一步讨论助剂 Fe、Li 的作用本质。

Wilson[2]、Ichikawa[3]曾报道助剂 Fe 通过转化乙醛、酯类产物为乙醇而提高了催化剂对乙醇的选择性，而对催化活性则影响不大。关于其作用本质，Wilson[2]认为 Fe 可能通过与载体的相互作用形成了独立的乙醛加氢活性位，但缺乏实验证据。Ichikawa[3]认为助剂 Fe 的两种存在形式 Fe^0、Fe^{3+} 各起不同的作用：Fe^0 通过抑制 CO 在金属 Rh 上的多位吸附而抑制了 CO 的解离；Fe^{3+} 则提高了铑催化剂的加氢能力。Arakawa[4]的观点是 Fe 通过与 Rh 形成合金，提高了 Rh 的分散度，从而使乙醇选择性提高。

Wilson[5]、Chuang[6]、Kip[7]曾报道 Li 等碱金属离子助剂具有抑制烃类产物生成而提高乙醇选择性的作用。而关于碱金属离子助剂的作用本质，McClory[8]认为其覆盖了部分活性位使烃生成受抑制的程度大于乙醇等含氧化合物，使含氧化合物的选择性相对提高。Kiennemann[9]则认为碱金属离子通过稳定反应中间体（如甲酰基）而使含氧化合物选择性提高。本文旨在通过活性测试，H_2/D_2 同位素效应以及 CO 化学吸附、IR、XRD、XPS 等物化表征手段对助剂铁、锂的作用本质进行深入研究。

---

* 1992 年 5 月 10 日收到。

国家自然科学基金资助课题。

1 实验

1.1 催化剂制备

催化剂均采用等容浸渍法制备，具体步骤同前文[1]。催化剂的铑负载量为 2W％。

1.2 合成气转化反应及 H_2/D_2 同位素效应

经 5 Å 分子筛脱水和 401 脱氧剂去氧的合成气引入固定床微型反应器，在 493 K、0.1 MPa 的条件下进行乙醇合成反应。反应产物由在线气相色谱分析，使用氢火焰离子化检测器，色谱柱为 GDX-103（2m，353 K）。H_2/D_2 同位素效应用两个 CO/D_2、CO/H_2 反应中 CO 转化百分率和乙醇得率的相对比值表示。

1.3 H_2、CO 化学吸附

使用气体脉冲法，催化剂在 673 K 下 H_2 气（$1000\ h^{-1}$）还原 3 h 后，切换成 Ar 气（60 mL/min），在相同温度下吹扫 3 h，降至室温，逐次脉冲一定体积（1.04 mL）的 H_2 气吸附，用热导检测剩余的 H_2 量，直至 H_2 色谱峰面积不变为止。H_2 吸附完毕后，升温至 673 K 用 Ar 气吹扫 1 h，降至室温，用相同方式进行 CO 脉冲吸附。

1.4 XRD 测定

所用仪器为日本理学 D/max-D 系列 X 射线衍射仪，以 $CuK\alpha$ 为 X 射线源，石墨单色器滤波。

1.5 CO 吸附 IR

所用仪器为 Nicolet 740 型傅里叶变换红外光谱仪。磨成粉状的催化剂样品压成自撑片，装入红外池中，通 H_2 升温至 523K 还原 5 h，录背景谱。H_2 气流切换成 N_2 气吹扫 4 h，降至 323 K，引入 CO 气进行吸附，然后在不同温度下录样品谱。CO 吸附 IR 谱由样品谱、背景谱之间的差谱获得。

1.6 XPS 分析

所用仪器为 ESCA LAB MK Ⅱ 型光电子能谱仪，以 $MgK\alpha$ 作为 X 射线源。选取 Si_{2p}（103.7 eV）为内标以校正样品的荷电效应。除氧化态样品外，其他厌氧样品经反应后封存在样品管中，测试时装入能谱仪，抽空补氮两次后，操作机械手打破样品管，样品即散落在附双面胶带的样品台上，然后送至样品腔进行测试录谱。

2 结果

2.1 助剂 Fe、Li 对合成气反应的影响及 H_2/D_2 同位素效应

如表 1 所示，与 Rh/SiO_2 相比，添加助剂 Fe 使铑催化活性约提高 2 倍、乙醇选择性提高了 16.8％，而乙醛的选择性仅下降 3.3％，这与 Wilson[2]、Ichikawa[3] 报道的结果有所不同；添加助剂 Li，对铑催化活性影响较小，而乙醇选择性提高了 11.5％。此外，表 1 中同时列出的 H_2/D_2 同位素效应测试结果表明，

在 Fe、Li 促进的及非促进的铑催化剂上合成气总转化反应、乙醇生成反应均表现出显著的氘逆同位素效应。

表 1 助剂作用及 H_2/D_2 同位素效应

Table 1 Effects of promoters and H_2/D_2 isotope effects in syngas conversion reactions

(493 K, 0.1 MPa, 1000 h^{-1}, $CO/H_2(D_2)=1/2$)

Catalyst	CO conv. /%	Carbon basis selectivity mol/%						H_2/D_2 isotope effects*	
		CH_4	C_{2+}	MeOH	AcH	EtOH	C_2-O	C^D/C^H	$(Y^D/Y^H)_{EtOH}$
Rh/SiO$_2$	0.6	28.6	7.0	/	12.4	52.1	64.5	1.2	2.1
Rh-Fe/SiO$_2$ 1:0.3	1.8	15.6	2.3	4.0	9.1	68.9	78.0	1.2	1.4
Rh-Li/SiO$_2$ 1:0.3	0.8	18.1	6.1	/	12.2	63.6	75.8	1.3	1.8

* denotes the percentage of CO conversion, and Y denotes the yield of EtOH

2.2 助剂 Fe、Li 对 Rh 分散度的影响

如表 2 所示,与 Rh/SiO$_2$ 相比,添加助剂 Fe、Li 后,催化剂的 H_2、CO 化学吸附量均有提高,其中添加 Fe 时提高显著,说明 Fe、Li 助剂尤其是 Fe 具有使铑催化剂中铑分散度提高的作用。按照半球模型[10]计算的 Rh 分散度也列在表 2。与 Rh/SiO$_2$ 相比,添加助剂 Fe、Li 使 Rh 分散度从无助剂时的 0.64 分别提高到 0.93,0.77,图 1 是经还原处理后催化剂样品的 XRD 图。在 2% Rh/SiO$_2$ 样品中,可清楚地看到 $2\theta=41°$ 的铑晶衍射峰。而在 Fe、Li 促进的催化剂样品中,铑晶衍射峰几乎消失。既然助剂 Fe、Li 具有提高铑催化剂的 H_2、CO 化学吸附量的作用,含 Fe、Li 助剂样品中观察不到清晰的铑晶衍射峰,可以认为与 Rh 分散度提高有关[4]。

表 2 H_2、CO 化学吸附

Table 2 Hydrogen and carbon monoxide chemisorption at room temp.

Catalyst*	H$_{2A}$	CO$_A$	D**	S**
	/[mL(gRh)$^{-1}$]		Rh$_5$/Rh	/[m^2(gRh)$^{-1}$]
Rh/SiO$_2$	83.5	139.0	0.64	295.8
Rh-Fe/SiO$_2$ 1:0.3	163.2	202.7	0.93	429.8
Rh-Li/SiO$_2$ 1:0.3	101.9	168.1	0.77	355.9

* reduced by H_2 at 673 K for 3 h

** calculated according to the CO$_A$ based on a semisphere model

2.3 助剂 Fe、Li 对 CO 吸附型式的影响

图 2(a)是 Rh/SiO$_2$ 催化剂上 CO 吸附的红外光谱图。图中振动波数为 2062 cm^{-1}、1919 cm^{-1} 的两个特征吸收峰分别归属于线式 CO、桥式 CO 吸附物种。添加助剂 Fe(b),线式 CO 吸附峰稍向低波数移动(2055 cm^{-1}),桥式 CO 吸附峰发生较显著红移(1884 cm^{-1})。添加助剂 Li(c),线式 CO 吸附峰几乎不受

影响(2059 cm^{-1}),而桥式 CO 吸附峰稍向低波数移动(1908 cm^{-1})。比较图 2 中线式 CO、桥式 CO 的吸附峰强度可知,线式 CO 是铑催化剂上 CO 的主要吸附物种。此外,所有研究的铑催化剂上都没有观察到孪生 CO 吸附物种的存在。

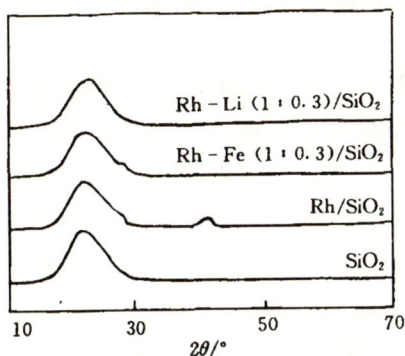

图 1 样品的 XRD 图

Fig. 1 XRD patterng of a series of samples

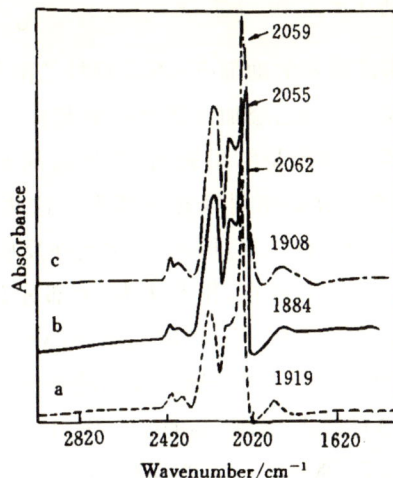

图 2 CO 吸收红外光谱图

Fig. 2 IR spectra of CO adsorbed on rhodium catalysts (503K,0.1 MPa)

(a)Rh/SiO$_2$;(b)Rh-Fe(1:0.3)/SiO$_2$;

(c)Rh-Li(1:0.3)/SiO$_2$

2.4 反应状态下催化剂中 Rh、Fe 的存在价态

如表 3 所示,Rh/SiO$_2$ 催化剂在反应后,Rh$_{3d5/2}$ 结合能为 307.0 eV,与标准谱图中金属铑的 Rh$_{3d5/2}$ 结合能值一致,可见 Rh 处零价。Fe、Li 促进的铑催化剂在反应后,Rh$_{3d5/2}$ 结合能均为 307.1 eV,考虑到实验误差的影响,也可以认为与零价铑的 Rh$_{3d5/2}$ 结合能一致。结合红外光谱中没有观察到孪生 CO 吸附峰的事实,作者认为 Fe、Li 促进的铑催化剂中表面铑以 Rh^0 形式存在。在含 Fe 催化剂中,Fe$_{2p3/2}$ 结合能为 707.6 eV,介于 706.7 eV(零价 Fe)与 710.3 eV(+2 价 Fe)之间,表明助剂 Fe 主要以 Fe 形式存在,另有小部分以 Fe^{2+}(Fe^{3+})形式存在。

表 3 催化剂的光电子结合能

Table 3 Photoelectron binding energy of catalysts

Sample	E$_b$			
	Si$_{2p}$	O$_{ls}$	Rh$_{3d5/2}$	Fe$_{2p3/2}$
SiO$_2$	103.7			
Rh			307.0	
Fe				706.7
FeO				710.3
Rh/SiO$_2$ (reacted)		533.1	307.0	
Rh-Fe/SiO$_2$ 1:0.3 (reacted)		533.1	307.1	707.6
Rh-Li/SiO$_2$ 1:0.3 (reacted)		533.1	307.1	

3　讨论

3.1　助剂 Fe 的作用本质

催化活性测试揭示的助剂 Fe 不以牺牲乙醛的生成而显著提高了乙醇的选择性,表明助剂 Fe 并不是通过与载体形成独立的乙醛加氢活性位而起作用的。

H_2、CO 化学吸附测量结果表明,添加助剂 Fe 使铑催化剂的 H_2、CO 化学吸附量显著增加;XRD 观察到 Fe 促催化剂中铑晶衍射峰几乎消失。这两方面的结果都说明助剂 Fe 具有显著提高 Rh 分散度的作用。根据 XPS 的表征结果,Fe 铑催化剂在反应态下,Rh 以 Rh^0 形式存在,Fe 主要以 Fe^0 形式存在,小部分以 Fe^{2+}(Fe^{3+})形式存在,作者认为,大部分 Fe 与 Rh 可能形成了 RhFe 合金,这使得 Rh 分散度显著提高。Phillip[11] 曾报道 Rh-Fe/C 经高温(673K)H_2 气还原后,用 Mössbauer、XRD 观察到了 RhFe 合金的生成。小部分以 Fe^{2+}(Fe^{3+})形式存在的助剂 Fe,有可能象助剂 Mn^{2+} 一样[1],与 Rh 组成复合活性位,通过 Fe^{2+}(Fe^{3+})对桥式 CO 氧端的亲合作用,使桥式 CO 振动频率向低波数位移,CO 吸附红外光谱的确观察到添加助剂 Fe 使桥式 CO 红移了 35 cm^{-1}

由于铑基催化剂上烃类产物的生成需要较大的"铑集团"[12],Rh 分散度的提高显然对烃生成反应不利。Arakawa[4] 的实验结果表明,乙醇等 C_2 含氧物的生成选择性随 Rh 分散度的提高而提高。因此,作者认为助剂 Fe 与 Rh 形成 RhFe 合金是使 Rh 分散度显著提高的主要原因。而 Rh 分散度的提高及少部分 Fe^{2+}(Fe^{3+})与 Rh 形成复合高效活性位可能是导致助剂 Fe 显著提高铑催化活性的两个因素。本文观察到非促进的、Fe 促进的铑催化剂上的合成气总转化反应、乙醇生成反应均表现出显著的氘逆同位素效应,由此可推知,乙醇生成反应的速控步骤是一步加氢反应,换言之,Rh 催化活性的提高与某一加氢基元步骤速率的提高相关。作者在前文[10] 曾报道,铑催化剂上合成气制乙醇反应中存在甲酰基中间体且助剂 Fe 显著促进了甲酰基中间体的生成。基于这一实验事实及本文的结果,作者认为助剂 Fe 通过对甲酰基氧端的亲合作用,一方面降低了甲酰基的存在位能,促进其生成;另一方面,这种亲合作用削弱了甲酰基的羰基键,促进了其氢解断 C-O 键的反应。助剂 Fe^{2+}(Fe^{3+})与 Rh 的这种协同作用使铑催化活性显著提高。

3.2　助剂 Li 的作用本质

CO 吸附 IR 研究表明,Rh/SiO_2 中添加助剂 Li 对线式 CO、桥式 CO 吸附峰均没有显著影响;XPS 的研究结果表明添加 Li 后,$Rh_{3d5/2}$ 结合能并没有大的位移。因此,助剂 Li 不可能通过改变催化剂中 Rh 的电子性质、吸附性能起作用。H_2、CO 化学吸附量测定表明,Li 使 Rh 分散度有所提高,这可能是导致乙醇生成选择性提高的一个因素,但作者认为这并不是唯一的因素。作者在前文[13] 报道的合成气制乙醇反应中,乙烯酮是一个与 C_2 含氧物选择性密切相关的中间体。而乙烯酮的生成反应是一个更偏向 CH_2 一边的可逆反应:$CH_2+CO \Longleftrightarrow CH_2=C=O$。当铑催化剂中含有助剂 Li 时,位于铑颗粒周围的 Li 是弱亲氧中心,会与乙烯酮氧端发生部分亲合作用,有利于乙烯酮的稳定存在,使上述可逆反应向乙烯酮一边移动。Li^+ 的这种作用,减少了 CH_2 加氢与发生烃链增长的机会,而乙烯酮有较多的机会进一步加氢生成乙醇,从而使乙醇的选择性显著提高。

尽管作者在前文[10] 观察到 Li^+ 也有促进甲酰基的生成作用,但由于其亲氧性较弱,不能显著削弱甲酰基的羰基键,也就不能很好地促进甲酰基氢解断 C-O 键的反应,因而助剂 Li 对铑催化剂活性的影响并不显著。

参考文献

[1]汪海有,刘金波,傅锦坤,蔡启瑞.分子催化.1993,7(4):42.

[2]Bhasin M M,Bartley W J,EllGen P C,Wilson T P. J Catal.1978,54(2):120.

[3]Ickikawa M,Fukushima T,Shikakura K. Proc 8th ICC.1984,2:69.

[4]Arakawa H, Fukushima T,Ichikawa M. Chem Lett.1985 163(7):881.

[5]Wilson T P,Bartley W J,EllGen P C. in Heterogeneous Catalysis Related to Energy Problems, Proc Symp in Dalian,China.1982,A 27U.

[6]Chuang S C,Goodwin Jr J G,Wender I. J Catal.1985,92(2):416.

[7]Kip B J, Hermans E G T,Prins P. Appl Catal.1987,35(1):141.

[8]McClory M M,Gonzalez R D. J Catal.1984,89(2):392.

[9]Diagne C,Idriss H,Hindermann J P,Kiennemann A. Appl Catal.1989,51(2):165.

[10]汪海有.厦门大学博士学位论文.1991.

[11]Gatte R R,Phillips J. J Phys Chem.1987,91(23):5961.

[12]Araki M,Ponec V. J Catal.1976,44(3):439.

[13]汪海有,刘金波,傅锦坤,蔡启瑞.物理化学学报.1991,7(6):681.

The Promotion Effects
of Iron and Lithium on Ethanol Synthesis
From syngas over Rhodium—Based Catalysts

Hai-You Wang， Jin-Po Liu， Jin-Kun Fu， Qi-Rui Cai

(State Key Laboratory for Physical Chemistry of Solid Surface,

Department of Chemistry， Xiamen University)

Abstract　The promoting action of iron and lithium in syngas conversion to ethanol over rhodium catalysts and the nature of the action have been studied by means of catalytic activity testing, H_2/D_2 isotope effects, H_2 and CO chemisorption, XRD, IR, and XPS. The results indicated that the addition of iron to Rh/SiO_2 catalysts led to an approximately twofold increase in catalytic activity and 16.8% increase in ethanol selectivity without decreasing acetaldehyde selectivity, indicating that there were no isolated active sites for the hydrogenation of acetaldehyde on the Fe-promoted Rh/SiO_2 catalysts. The result of CO chemisorption showed that Rh dispersion increased from 0.64 to 0.93 with addition of iron and XPS revealed that most of the iron existed in the form of Fe^0 on the reacted Rh-Fe $(1:0.3)/SiO_2$ catalysts, along with small amounts of Fe^{2+} and Fe^{3+}. From these results, it may be inferred that RhFe alloy was formed on the Fe-promoted Rh/SiO_2 catalysts after reduction with H_2, and this resulted in the noticeable increase in Rh dispersion, which was supposed to be responsible for the increase in ethanol selectivity. Two factors responsible for the promotion of catalytic activity by iron were suggested to be: the increase in Rh dispersion, and the promotion effects of Fe^{2+} or Fe^{3+} on the formation of formyl intermediate and its subsequent hydrogenolysis.

The addition of lithium to Rh/SiO$_2$ catalysts did not exert a noticeable influence on the catalytic activity but resulted in 11.5% increase in ethanol selectivity. IR and XPS revealed that the adsorptive and electric properties of Rh were almost not influenced by lithium promotion. The increase in ethanol selectivity was attributed to the promotion effects of Li$^+$ on the formation of ketene, the precursor of ethanol, by partially lowering the potential energy of the C$_2$-intermediate through the interaction between Li$^+$ and the oxygen end of ketene intermediate.

Key words   rhodium catalyst, iron promoter, lithium promoter, promoter action, ethanol synthesis

■ **本文原载:**《厦门大学学报》第 32 卷第 3 期(1993 年 5 月),第 312～316 页。

甲烷氧化偶联制 C₂ 烃 La₂O₃ 基催化剂的研究*

林国栋　王泉明　苏巧娟　刘玉达　张鸿斌　蔡启瑞

（化学系　物理化学研究所）

摘　要　本文的实验结果表明,具有开放型本征构型的 La₂O₃ 对甲烷氧化偶联反应有相当好的活性和选择性。在 750 ℃、原料气空速 6.0×10^4 mL·g⁻¹·h⁻¹,$CH_4 : O_2 : N_2 = 3.7 : 1.0 : 9.0$ (v/v)的反应条件下,氧接近全部转化,甲烷转化率达 25.4%,C₂ 烃选择性为 43.6%,添加碱土金属 (Ca、Sr、Ba)氧化物或碳酸盐能显著地改善催化剂的性能。在上述反应条件下,60 mol% Ba-La₂O₃ 催化剂的 C₂ 烃选择性达到 58%。

关键词　甲烷氧化偶联　氧化镧　C₂ 烃

甲烷通过氧化偶联反应转化为 C₂ 烃(特别是乙烯)是一个涉及有效利用天然气资源的新过程。自 1982 年 Keller 和 Bhasin[1]的工作发表以来,这一新催化过程引起各国研究者的极大兴趣。开发具有实用意义的高效催化剂一直是研究工作的焦点。在具有明显活性和选择性的碱性金属氧化物中,稀土金属氧化物,Sm₂O₃ 和 La₂O₃,尤其引人注目。本室张兆龙等[2]和国内的若干研究组[3]关于稀土金属氧化物催化剂的研究结果表明,Ba-La₂O₃ 体系有相当好的开发应用前景。本文注意到制备甲烷氧化偶联催化剂有如下关键因素:催化剂活性相的选择、催化剂表面氧物种的控制、活性位浓度和表面孔结构的控制,以及尽可能好的热稳定性。鉴于 La₂O₃ 特定的本征结构,其甲烷氧化偶联活性和选择性已相当不错;而选择价态较高,热稳定性好的碱土金属氧化物或碳酸盐作为掺杂客体,可望制得性能更好的甲烷氧化偶联催化剂。

1　实验

催化剂由共沉淀法制备。$(NH_4)_2CO_3 - NH_4OH$ 溶液和含不同克分子比的 $La(NO_3)_3$-$M(NO_3)_2$ 溶液,在强烈搅拌下混合,其中 M=Ca、Sr 或 Ba。所得到的沉淀经洗涤、并在 110 ℃下烘干 4 h,最后在 900 ℃下灼烧 6 h 备用。

催化剂活性评价在流动式固定床石英反应器-GC 组合系统上进行。反应器内径为 6 mm,内有一烧结石英隔板,装以催化剂试洋(～0.1 mL),并使之处于加热炉下端的三分之一处。加热炉高度 20 cm。原料气和反应器流出物的组成由气相色谱议(上海分析仪器厂 103 型)热导检测器检测,HP-3390A 积分仪记录谱峰数据。5A 分子筛和 Poraprk-Q 柱分别用于分离 O₂、N₂、CH₄、CO 和 CH₄、C₂H₆、C₂H₄、C₃₊ 烃和 CO₂ 等。N₂ 作为内标物以计算气体各组分的含量,含碳产物(C₂H₄、C₂H₆、C₃₊烃、CO、CO₂ 等)的选

---

* 本文 1992 年 7 月 18 日收到;国家自然科学基金资助项目并得到厦门大学固体表面物理化学国家重点实验室的支持。

择性由其对转化了的甲烷碳数百分比表示。碳平衡在95%±2%。C_3 烃选择性（一般为1.5%）未包括在下文所列数据中。

催化剂比表面由脉冲色谱特征法（双脉冲法）测定。

2 结果与讨论

正如 Wolf 等[4]所报道，采用低反应物分压和高烷氧比，以及尽量短的接触时间，可减少气相氧化反应。本文催化剂评价条件选定为：反应温度750 ℃，较高的烷氧比（4:1），以及尽可能短的停留时间（空速高达 $6.0 \times 10^4 \sim 18.0 \times 10^4$ mL·g^{-1}·h^{-1}），实测结果表明空管甲烷转化率低于0.5%。

图1和表1的数据显示，纯 La_2O_3 催化剂（即当 $BaCO_3$ 加入量为零时）在上述反应条件下，O_2 接近全部转化（98%），CH_4 转化率达 25.4%，C_2 烃选择性为43.6%。单程 C_2 烃收率 11.0%，即 C_2 烃的时空产率达到 2.1 g·g^{-1}·h^{-1}。比单纯的碱土金属氧化物或碳酸盐高一个数量级以上。La_2O_3 是一种热稳定性高的金属氧化物。它对甲烷氧化偶联反应所表现的催化作用，看来与其待定的本征结构有关。在2 000 ℃以下，它是一种六方晶系 A-型倍半氧化物，其晶体结构可以看作是由氧阴离子层和共价键合的"金属-氧"阳离子(LaO)$^+$层所构成的层状结构[5]。这种层状结构的体相及表面有较多的氧离子缺位，可以吸附活化 O_2 生成甲烷活化所需的氧物种。而具有岩盐结构的碱土金属氧化物（如 MgO、CaO），其本征晶体结构不具有晶格氧空位，因而表现为较低的甲烷氧化偶联活性。

以 La_2O_3 为基础，添加碱金属氧化物以提高催化剂的 C_2 烃选择性已有报道[6]。反应初期

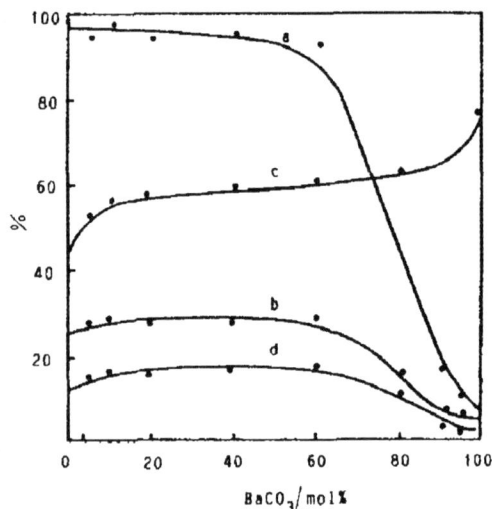

图1 碳酸钡加入量对 $Ba-La_2O_3$ 系催化剂性能的影响
a)O_2 转化率；b)CH_4 转化率；c)C_2 选择性；d)C_2 得率。
反应条件：750 ℃；60,000 mL·g^{-1}·h^{-1}；
CH_4 : O_2 = 3.7 : 1.0 : 9.0(V/V)。

Fig. 1 The effect of $BaCO_3$ addition on the Ba-La_2O_3 Catalyst Performance

的助催效应大小顺序为 $Cs^+ > Rb^+ > K^+ > Na^+ > Li^+$，但活性难以持久。倘若采用价态较高且热稳定性好的ⅡA族金属氧化物或碳酸盐作掺杂客体，则可望避免ⅠA族金属氧化物易挥发的弱点。

表1数据示出三种碱土金属氧化物或碳酸盐对 La_2O_3 基催化剂活性和选择性的影响。添加5 mol%的ⅡA族金属，特别是 Sr、Ba，能明显地抑制 CO_2 的生成，选择性氧化产物乙烯和乙烷明显增多，单程 C_2 烃收率提高约5个百分点。三种金属离子的助催效应大小顺序为 $Ba^{2+} > Sr^{2+} > Ca^{2+}$，即随碱土金属阳离子半径和极化率的增大而增大。这很可能暗示着 C_2 烃选择性的提高同半径较大的阳离子有利于稳定负责选择性氧化的氧阴离子物种（很可能是 O_2^-）有关。图1示出 $BaCO_3$ 加入量对催化剂活性和选择性的影响。由单程 C_2 烃收率曲线可见，Ba^{2+} 添加量在 5~60mol% 范围内，催比剂的单程 C_2 烃收率几乎不变（16.5~17.4）。进一步增加 $BaCO_3$ 加入量（>70%），活性明显下降；虽然 Ba 含量增加有助于提高 C_2 烃的选择性（达到65%），但其净结果单程 C_2 烃收率只有3%~5%。显然这与催化剂表面主要活性组分浓度急剧减小有关。这与文献[2,3]所报道的情形有所不同：在文献[2,3]所报道的低原料气空速反应条件

下,少量的 La$_2$O$_3$(如 10％左右)可能足以使原料气中的 O$_2$ 绝大部份转化,大量的 Ba^{2+} 的存在有利于提高 C$_2$ 烃的选择性,但因原料气空速低,其净结果使催化剂单程 C$_2$ 烃时空产率下降好几倍。根据 BaCO$_3$ 加入量对 La$_2$O$_3$ 催化剂活性影响的考察结果,本文认为,BaCO$_3$ 的加入可能不单起掺杂客体的作用,它同时还有利于稳定既活泼又有选择性的氧物种、调节催化剂表面活性相浓度、抑制气相深度氧化的进行。有关这些方面的问题我们将另文详细报道和讨论。

表 1　添加碱土金属氧化物(或碳酸盐)对 La$_2$O$_3$ 基催化剂性能的影响

Tab. 1　Effect of addition of alkaline earth metal oxides (or carbonate) on performance of La$_2$O$_3$-based catalysts

催化剂	比表面	转化率(％)		选择性(％)					C$_2$ 得率
	m$^2 \cdot$ g^{-1}	CH$_4$	O$_2$	CO	C$_2$H$_5$	C$_2$H$_6$	C$_2$H$_4$	C$_2$	(％)
5 mol％ Ca-La$_2$O$_3$	6.5	28.5	98.4	3.9	40.8	23.0	22.3	45.3	12.9
5 mol％ Sr-La$_2$O$_3$	5.3	30.4	98.6	4.0	35.0	26.6	25.7	52.3	16.0
5 mol％ Ba-La$_2$O$_3$	5.7	30.7	91.7	6.1	26.2	30.4	23.4	53.8	16.5
60 mol％ Ca-La$_2$O$_3$	6.4	29.7	98.6	5.9	37.1	24.7	23.9	48.6	14.4
60 mol％ Sr-La$_2$O$_3$	3.7	30.2	95.2	4.5	33.7	25.2	24.3	49.5	14.9
60 mol％ Ba-La$_2$O$_3$	3.7	29.6	91.7	5.0	32.6	33.2	25.6	58.8	17.4
La$_2$O$_3$	5.2	25.4	97.05	12.0	42.7	21.9	21.4	43.6	11.0

反应条件:750 ℃,60 000 mL $\cdot$ g^{-1} $\cdot$ h^{-1},CH$_4$:O$_2$:N$_2$＝3.7:1.0:9.0;

催化剂 100mg:BaCO$_3$ 比表面:2.4 m$^2 \cdot$ g^{-1}

图 2 和表 2、3 表示出反应条件,温度、原料气空速以及烷氧比,对催化剂活性和选择性的影响。由图 2 可见,在 60 mol％ 的 Ba-La$_2$O$_3$ 催化剂上,650 ℃ 起即有明显的甲烷氧化偶联活性,单程 C$_2$ 烃收率约 4％,在 750～850 ℃ 范围内,虽然 O$_2$ 的转化率随温度升高呈升高之势,但 CH$_4$ 转化率、C$_2$ 烃选择性和单程 C$_2$ 烃收率变化很小。选择 750 ℃ 作为反应温度看来是适宜的。表 2 数据表明,在相当宽的原料气空速范围(0.6×10^4～12.0×10^4 mL $\cdot$ g^{-1} $\cdot$ h^{-1} 内,单程 C$_2$ 烃收率维持在 15.6％～17.4％ 之间。烷氧比实

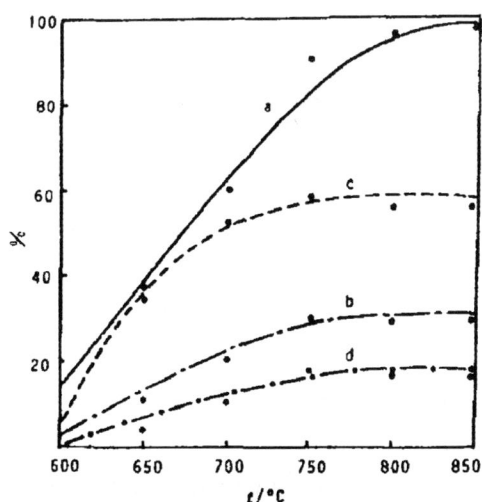

图 2　反应温度对催化剂活性的影响

(a) O$_2$ 转化率;(b)CH$_4$ 转化率;(c)C$_2$ 选择性;d)C$_2$ 得率。

反应条件:60 000 mL $\cdot$ g^{-1} $\cdot$ h^{-1};CH$_4$:O$_2$:N$_2$＝3.7:1.0:9.0(V/V)

Fig. 2　The effect of temperature on the Catalyst performance

验结果(表3)表明,不添加稀释气(N_2)时,选择 CH_4：$O_2 \approx 5$：1 是适宜的。上述三个反应条件实验结果表明,La_2O_3 基催化剂可容许反应条件在较宽范围波动,长期使用的操作稳定性较好,是一种具有实用前景的催化剂。

表2　空速对 60 mol% $Ba-La_2O_3$ 催化剂性能的影响

Tab 2　Effect of gas hour apace velocity on performance of $Ba-La_2O_3$ catalysts

空速×10^{-4} mL·g^{-1}·h^{-1}	转化率(%)		选择性(%)					C_2 得率 (%)
	CH_4	O_2	CO	CO_2	C_2H_6	C_2H_4	C_2	
0.6	29.9	98.6	4.5	38.1	24.8	27.4	52.2	15.6
1.2	30.3	98.0	4.5	35.3	26.7	26.1	52.8	16.0
3.0	30.1	94.7	5.7	33.5	28.2	26.0	54.2	16.3
6.0	29.6	91.7	5.0	32.6	33.2	25.6	58.8	17.4
12.0	29.3	94.7	4.1	34.6	29.9	26.3	56.2	16.5
18.0	24.8	82.0	4.7	35.2	30.3	25.0	55.3	13.7

反应条件:750 ℃,CH_4：O_2：N_2=3.7：1.0：9.0;催化剂 100mg

表3　原料气组成对 60 mol%$Ba-La_2O_3$ 催化剂性能的影响

Tab. 3　Effect of feed composition on performance of $Ba-La_2O_3$ catalysts

原料气组成 CH_4：O_2	转化率(%)	选择性(%)					C_2 得率 (%)
	CH_4	CO	CO_2	C_2H_6	C_2H_4	C_2	
2.9：1	25.1	5.2	47.6	27.1	19.5	47.2	11.9
4.8：1	19.3	6.0	31.7	33.0	29.3	62.2	12.0
7.1：1	14.0	5.7	26.6	40.6	27.1	67.7	9.4
9.8：1	10.2	5.7	19.9	50.6	23.8	74.4	7.6

反应条件:750 ℃,60 000 mL·g^{-1}·h^{-1};催化剂 100 mg;原料气未加惰性气稀释。

参考文献

[1]Keller G E,Bhasin M M. Synthesis of ethylene via oxidation of methane. *J Catal*. 1982,**73**:9.

[2]Zhan Z L et al. Methane oxidative coupling to C_2 hydrocarbons over lanthanum promoted barium catalysts. *Appl Catal*. 1990,**62**:29~33.

[3](a) 余振强等. La_2O_3/$BaCO_3$ 催化剂对于甲烷氧化偶联反应的催化作用. 分子催化. 1989,**3**(3): 181~188.

　　(b)Wang Lianchi. Oxidative couping of methane over La-B-O mixed oxide catalysts. *Journal of Nature Ga*;*Chemistry*. 1992,**1**(1):88.

[4]Lane G S,Wolf E E,Methane utilization by Oxidative Coupling. *J Catal*. 1988,**113**:144~163.

[5](a) Boulestcix C. *Handbook on the Physics and Cheminry of Rare Earth*. Edited by Gschneidner Jr. K A Eyring L. North-Holtand Publishing Company,1982, 332;(b)Jean-Luc Dubois,Charles T Cameron. Common Features of oxidative coupling of methane cofeed catalysts *Appl Catal*. 1990,**67**:49~71.

[6](a) Deboy J M, Hicks B F. The oxidative coupling of methane over alkali, alkaline earth, and rare earth oxides. *lnd Eng Chem Res*. 1988, **27**: 1577～1582; (b) Liu Yuda et al. Oxidative coupling of metliane over rare-earth-based nonreducible composite-oxides catalysts. *Preprints of papers Presented*. at the 203rd *ACS National Meeting* San Frncisco, CA, 1992, **37**(1): 356～361.

Study of Lanthania-Based Catalysts for Oxidative Coupling of Methane to C₂-Hydrocarbons

Guo-Dong Lin，Quan-Ming Wang，Qiao-Juan Su,

Yu-Da Liu，Hong-Bin Zhang，K. R. Tsai

(Dept. of Chem., Inst. of Phys. Chem.)

Abstract   The experimental results of the present work indicated that lanthania(La_2O_3) with layer-type structure, which is extremely open to oxygen chemisorption, showed considerable efficacy for catalyzing the methane-oxidative-coupling (MOC) reaction. Under the reaction conditions of 750 ℃, $CH_4/O_2/N_2 = 3.7/1.0/9.0(V/V)$ and $GHSV = 6 \times 10^4$ mL · g^{-1} · h^{-1}, nearly 100% O_2-conversion, 25.4% CH_4-conversion, 43.6% C_2-selectivity and 11.0% C_2-yield were reached. Addition of alkaline—earth oxides of carbonates improved markedty the MOC performance of the catalysts, with 58% C_2-selectivity and 17.4% C_2- yield being reached for 60 mol % Ba-La_2O_3 catalyst. The promoter effects were found to increase with increasing cationic sizes, i. e., $Ca^{2+} < Sr^{2+} < Ba^{2+}$. This may be correlated to the increasing tendencies towards the formation of the corresponding metal-superoxides and, in turn, to the increasing cationic polarizabilities.

Key words   Methane oxidative couplings   Lanthania   C₂-Hydrocarbons

■ **本文原载**:《厦门大学学报》(自然科学版)第 32 卷第 5 期(1993 年 9 月),第 604～608 页。

铑催化剂上 CO 的吸附态及其加氢反应[*]

傅锦坤　许金来　刘金波　汪海有　蔡启瑞

(化学系　固体表面物理化学国家重点实验室)

摘　要　用红外光谱法测定表明:各种硅胶负载促进型铑催化剂上,线 CO/桥 CO 红外吸收强度比值与金属助剂(M)的关系变化顺序为(50：1)(Rh-Mn)＞(22：1)(Rh-Li)＞(9.1：1)(Rh-Mn-Fe-Li)＞(3.5：1)(Rh-Fe)＞(2.8：1)(Rh).在各种 Rh-M/SiO₂ 催化剂上,线、桥 CO 吸附态的加氢原位 FTIR 跟踪实验表明:随着加氢的进行,线 CO/桥 CO 吸收强度比值均逐渐减少,说明线 CO 是加氢反应的主要活性物种.同时讨论了线和桥 CO 吸附态在催化加氢反应过程中的作用和反应机理。

关键词　CO 吸附　铑催化剂　CO 加氢　FTIR

负载型铑催化剂上,CO 加氢反应的关键一步在无促进剂时是热力学上不利的基元反应:CO＋H→HCO;当有促进时,助剂与 HCO 形成 Rh—CHO⋯M 中间物,从而降低其生成活化能,促进加氢反应[1-3]。其中加氢反应主要活性物种来源于线或桥 CO 有待进一步证实。

Steven 等[4]研究了常温 CO 吸附和 CO 加氢反应红外光谱(IR 谱)指出:线/桥 CO 吸附态强度比值增加有利于加氢活性和选择性的提高。但在反应温度下 CO 加氢过程中,他们未发现线 CO 强度明显减少。James 等[5]在 Rh/SiO₂ 上,CO 加氢现场 FTIR 研究说明:随着反应的进行,线 CO 强度逐渐减少,但他们不但未说明是否排除了线(桥)CO 脱附速率和彼此互相转变的影响因素,而且均未深入探讨线、桥 CO 吸附强度相对变化的原因及加氢反应机理。本工作旨在通过原位 IR 谱考察助剂对线、桥 CO 分布的影响;从加氢反应中线、桥 CO IR 谱强度的相对变化探索 CO 吸附态的主要加氢活性物种;较深入地阐明 CO 加氢的反应机理。

1　实验

铑催化剂各组分原料分别为 Rh、Mn、Fe、Li 硝酸盐的甲醇溶液,载体均为 SiO₂(比表面 300 m²/g),等容浸渍法制备催化剂。Rh 和 M 调以不同的原子比。

氢和 CO 均经分子筛、402 脱氧剂分别除去微量水、氧。其中 CO 进一步用氧化铝、活性炭及经 400 C 紫铜管分别截取和分解 CO 中的金属羰基化合物。采用 Nicolet-740 型付里哀变换红外光谱仪。MCT-B 检测器,分辨率为 4 cm⁻¹,评价过的催化剂经研磨压片(直径 1 cm,40 mg),装入带有加热测温装置的高压红外样品池(CaF₂ 窗片)。320 ℃通氢还原 4 h。

催化剂在氢气氛中降温至 230 ℃,恒定的 IR 谱作为背景。以常压 CO 取代 H₂,跟踪至 CO 吸附平衡

---

* 本文 1993 年 3 月 4 日收到;国家自然科学基金资助项目。

后定谱。接着缓慢通入常压 H_2，随之跟踪记录 CO 吸附的 IR 谱；至无气相 CO，只保留 CO 吸附态时，关闭样品池出口，继续跟踪录谱。

以上所得 IR 谱扣除背景及气相 CO IR 谱即为该催化剂上 230 ℃ 时，CO 和 CO＋H_2 的 IR 谱。利用有基线校正的积分程序计算各 IR 谱峰面积。线、桥 CO 的 ν_{co} 范围均分别取（2 090～2 015）cm^{-1} 和（1 940～1 800）cm^{-1}。

2 结果与讨论

2.1 CO 吸附态的红外吸收光谱

各 Rh-M/SiO$_2$ 上，230 ℃ CO 吸附红外光谱（图1、表1）表明：线/桥 CO 强度比值（按助剂）变化顺序：（50：1）(Rh-Mn)＞（22：1）(Rh-Li)＞（9.1：1）(Rh-Mn-Fe-Li)＞（3.5：1）(Rh-Fe)＞（2.8：1）(Rh). 各催化剂上的线 CO IR 谱带范围均为（2 062～2 055）cm^{-1}；桥 CO 吸收谱带分别为（cm^{-1}）：1 919(Rh)、1 911(Rh-Li)、1 896(Rh-Fe)、1 812(Rh-Mn-Fe-Li)、1905(Rh-Mn)。

表 1　230 ℃ Rh-M/SiO$_2$ 上 CO IR 谱强度比值

Tab. 1　Infrared spectra intensity ratios of CO adsorbed over Rh-M/SiO$_2$ at 230 ℃

Rh-M/SiO$_2$	IR 谱强度比值 线/桥
Rh-Mn(1：1)	50/1
Rh-Li(1：1)	22/1
Rh-Mn-Fe-Li(1：1：0.3：1)	9.1/1
Rh-Fe(1：0.3)	3.5/1
Rh	2.8/1

线 CO 吸收谱带取（2 090～2 015）cm^{-1}

桥 CO 吸收谱带取（1 940～1 800）cm^{-1}

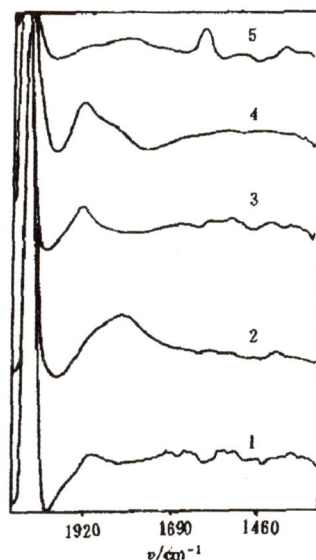

图 1　Rh-M/SiO$_2$ 上 CO 吸附的红外吸收光谱（230 ℃）

Fig. 1　Infrared spectra of CO adsorbed over Rhodium catalysts at 230 ℃

1. Rh-Fe/SiO$_2$　2. Rb-Mn-Fe-Li/SiO$_2$

3. Rh/SiO$_2$　4. Rh-Li/SiO$_2$

5. Rh-Mn/SiO$_2$

上述变化趋势以催化剂上铑和助剂之间的电子效应作为主要因素来解释似不尽可行。因为如发生较强的 Rh-M 电子效应，线和桥 CO 的 ν_{co} 理应同时发生明显的位移。但实验表明：各 Rh-M/SiO$_2$ 上，线 CO 的 ν_{co} 基本相同（2 062～2058 cm^{-1}），其中只有 Rh-Fe/SiO$_2$ 上的线 CO 的 ν_{co} 为 2 055 cm^{-1}，较 Rh/SiO$_2$ 的低 7 cm^{-1}。至于桥 CO 谱带变宽，一重要原因是由于部分线 CO 的氧端受 M 的配位环境影响（强弱不同）使其 ν_{co} 降至桥 CO 的 ν_{co} 范围。因此视助剂不同以催化剂上 Rh 晶粒的几何因素及 CO 吸态氧端的 O-M 配位环境综合来解释上述实验结果较为合理。

Rh-Li/SiO$_2$ 上由于加入对吸附 CO 无活性的 Li$^+$ 部分复盖了 CO 吸附活性位，造成邻位双中心铑比单原子铑活性位数目相对减少得更显著。所以对比于 Rh/SiO$_2$，线/桥 CO 强度比值较高。本实验中 Rh-Li 之间的电子作用是次要的。这类同于 Steven[4] 所研究的 Ag-Rh/SiO$_2$，对 CO 无吸附活性的 Ag 堵塞了 Rh 晶粒表面活性位，引起线 CO 强度相对提高。Li$^+$ 对于 CO 中氧的配位作用很弱，在此 Li 的配位影响就少考虑。

Rh-Mn/SiO$_2$ 上铑晶粒的周边和 SiO$_2$ 交界处存在复合活性中心 (Rh$_x$·Rh$_y^{\delta-}$)-O-Mn^{2+}O($x \gg y$)。由于 Mn^{2+} 是很强的亲氧离子,对单端基线、桥 CO 吸附态氧端都有可能产生 O-Mn 强相互作用,引起这两种吸附态部分地转化为对应的两种倾斜式的吸附态:Rh-C≡O···Mn^{2+} 和 (Rh)$_2$=C=O···Mn^{2+},实验测到 1 773、1 592 cm^{-1} 特征峰的物种属于 C̲O 倾斜式的 η^2-CO 吸附态。我们认为由于桥比线 CO 中 C—O 键能弱,几乎靠近双键,偶极矩较 C≡O 大得多,因此受配位金属离子尤其是 Mn^{2+} 的作用就更大。这使桥 CO 更容易和 Mn^{2+} 作用生成新的吸附物种 (Rh)$_2$=C=O···Mn^{2+},相应地减少了单端基桥 CO 的表面浓度。以上可能是此催化剂上,线/桥 CO 强度比值(50:1)最高的主要原因。当然如同 Steveson 等[6]所指出 MnO$_2$ 覆盖 Rh 晶粒表面,也是引起上述结果的一种因素。但对比于其他助剂,几何因素的影响是次要的。

Rh-Fe/SiO$_2$ 的 Rh 晶粒表面上形成 Rh-Fe 含金[7]。大部分研究者发现,该体系的催化剂铑分散度较高。所以 CO 吸附行为也与不含 Fe 的铑晶粒表面上的稍有不同,桥 CO 被抑制。这因素有利于线/桥 CO 强度比值的提高。另一方面有别于对 CO 无吸附活性的 Ag,Fe^0 和 Rh^0 组成混合双金属中心,对单端基桥 CO 的吸附起了小部分补偿作用,生成 (Rh、Fe)=C=O···Mn 吸附态。这些综合作用的结果,使得 Rh-Fe/SiO$_2$ 上线/桥 CO 吸收强度比值(3.5/1)低于(50/1)(Rh-Mn)及(22/1)(Rh-Li),而略高于无促进的 Rh/SiO$_2$ 上的比值(2.8/1)。

2.2 CO 吸附态加氢的红外吸收光谱

设计了 230 ℃ 下各种 Rh-M/SiO$_2$ 上 CO 吸附态加氢过程中原位(现场)红外光谱跟踪实验。采用封闭红外样品池考察 Rh-M/SiO$_2$ 上 CO 吸附态的加氢过程中线、桥 CO 红外强度的变化趋势;又因红外样品池死空间很小,即气相部分的体积甚小。所以 CO 不大可能发生脱附。再则从 Stevenson 等[6]的研究结果看,255 ℃ Rh/SiO$_2$ 上仍有线、桥 CO 的吸附态存在,说明 CO 吸附态的脱附是难的。Gupta 等[8]采用 FTIR 检测 Ru-RuOx/TiO$_2$ 上 CO 和 CO+H$_2$ 吸附态发现:桥 CO 不断转化为线 CO,后者是加氢生成 CH$_2$ 的前驱物;H$_2$ 的存在对 CO 吸附的 FTIR 峰形和波数无明显影响,但能促进桥转化为线 CO。总之本实验(230 ℃)既可排除线、桥 CO 吸附态脱附速率的影响,又排除了线向桥 CO 吸附态转换的影响。实验结果就能真实地从线、桥吸附态加氢过程中,红外吸收强度相对变化反映出相应的加氢活性的高低。

从图 2 和表 2 可见,在 Rh-Mn-Fe-Li/SiO$_2$ 上,230 ℃ 当 CO 吸附平衡而气相 CO 又不复存在时,随着加氢过程的进行,线/桥 CO 吸收强度比值均相应地逐渐减少(其他

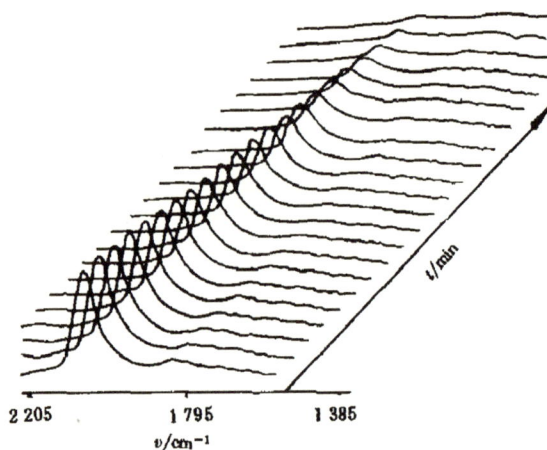

图 2 Rh-Mn-Fe-Li/SiO$_2$ 上 230 ℃ CO 吸附态加氢过程的原位红外吸收光谱

t:加氢反应进行的时间(min). 开始 10 min 间隔 30 s 录一次。后 15 min 间隔 5 min 录一次。

线桥 CO 的 υ_{co} 分别为 2 058、1 815 cm^{-1}

Fig. 2 IR spectra of CO adsorbed species during CO hydrogenation over Rh-Mn-Fe-Li/SiO$_2$ at 230 ℃

t:time for CO + H$_2$ reaction procedur time interval:30 s (first 10 min),5 min (after the first 10 min)

Rh-M/SiO₂上亦有相同规律)。该趋势和 James 等[5]的研究结果相似。但他们未说明原因。本研究以 CO 吸附态加氢中氢助解离基元反应过程中的热力学来深入探讨上述变化的本质。

当助剂相同时,无论是线 CO 直接加氢;或是桥 CO 转化为线 CO 然后再加氢[8],终态均为中间态 Rh-CHO⋯M。二者的活化加氢速率的快慢取决于各自所处的热力学状态的高低,显然位能线 CO 比桥 CO 高;那么线 CO 加氢至终态 Rh-CHO⋯M 所需活化能低于桥 CO,表现出加氢活性较高。这就较合理地解释了上述规律;说明了线 CO 是加氢反应的主要活性物种。所以可通过助剂的协合助催作用,适当降低 Rh-CHO⋯M 位能,利于适度提高线 CO 加氢的反应速率。

表2　230 ℃ Rh-Mn-Fe-Li/SiO₂ 上 CO 吸附态原位 IR 谱强度比值
Tab. 2　IR spectra intensity ratias of CO adsorbed species during hydrogenation over Rh-Mn-Fe-Li/SiO₂ at 230 ℃

加氢反应时间	IR 谱强度比值
min	线/桥
0	18.6/1
2	17.3/1
5	15.8/1
8	14.1/1
12	8.8/1
17	4.9/1
22	2.8/1

当助剂 M 不同时,Rh-CHO⋯M 所处的位能高低自然有差别,甚至悬殊,按助剂氧配位能力大小衡量,Rh-CHO⋯M 位能高低顺序为:(Rh-Mn)<(Rh-Fe)<(Rh-Li)。这和对应催化剂加氢活性成反平行关系[3],也和本实验所获得的变化没有成共同趋势。其主要原因是虽助剂不同却线、桥(特别是线)CO 位能分别基本相同,但终态 Rh-CHO⋯M 因助剂差别而所处位能不同。这就引起线、桥 CO 加氢活化能随助剂不同而变化。在 Rh-Mn/SiO₂ 上,Mn²⁺ 为强亲氧离子,对比于其他助剂,中间态 Rh-CHO⋯Mn 位能最低。这和线/桥 CO 强度比值及加氢活性最高[3]有对应关系。Rh-Li/SiO₂ 上 Li⁺ 为最弱的氧配位离子,对应的 Rh-CHO⋯Li 位能很高,甚至很难生成这中间物,CO 加氢活化能必然最高。所以尽管线/桥 CO 强度比值(22∶1)很高,但该催化剂加氢活性却很低。Li⁺ 主要不是起促进 CO 加氢反应的作用[3]。

以上研究也为蔡启瑞等提出的 CO 氢助解离乙烯酮机理提供了另一重要实验证据。再次说明:助剂的作用主要是降低高位能过渡态(HCO)的位能,从而降低 CO 加氢反应活化能;既不是降低反应物吸附态的位能,也不是促使吸附 CO 分解成 C 和 O,因为 C≡O 三重键键能太大,CO 直接解离吸附所需克服的能垒太高。

廖远琰、洪碧凤提供红外样品池,林种玉协助红外光谱测试,深表致谢。

<h1 align="center">参考文献</h1>

[1]Liu Jinpo et al. Insitu chemical trapping of ketene intermediate in syngas over conversion to ethanol over promoted Rhodium catalysts,9th Intern. Congr. Catal. ,1983,3:735~742.

[2]汪海有等. 用同位素研究合成气制乙醇的反应机理. 分子催化,1991,5(1):16~23.

[3]傅锦坤等.合成气制乙醇铑催化剂中助剂的作用. 厦门大学学报(自然科学版),1992,3(4):387~391.

631

[4] Steven S C C et al. Role of silver promter in carbon monoxide hydrogenation and ethyle hydroformylation over Rh/SiO₂ Catalysts, Journal of Catalysis, 1992, **138**:536～546.

[5] James A A et al. In situ FTIR Study of CO/H₂ reactions over Rh/SiO₂ catalysis at high pressure and temperature. Catalysis Today, 1991, **9**:23～30.

[6] Steveson S A et al. Adsorption of carbon monoxide on manganese-promoted rhodium/sillica catalysts as studied by infrared spectroscopy. J. Phys. Chem.,1990, **94**(4):1 576～1 581.

[7] Masaru Ichikawa et al. Infrared studies of metal additive effects on CO chemisorption modes on SiO₂-supported Rh-Mn,Ti and Fe catalysts, J. Phys,Chem.,1985, **89** (9):1 564～1 567.

[8] Gupta N M et al. The transient species formed over Rh-RuOx/TiO₂ catalyst in the CO and CO +H₂ interaction:FTIR spectroscopic study. Journal of Catalysis,1992, **137**(2):473～486.

CO Adsorbed Species and their Hydrogenation
Reaction over Rh Catalysts

Jin-Kung Fu, Jin-Lai Xu, Jin-Po Liu, Hai-You Wang, K. R. Tsai

(Dept,of Chem.,State Key Lab. Chem. Solid surf.)

Abstract　　The linear/bridge-adsorbed CO intensity ratios of various promoted Rh catalysts were determined by FTTR technique. It was found that they varied as follows：(50∶1)(Rh-Mn)＞(22∶1) (Rh-Li)＞(9.1∶1)(Rh-Mn-Fe-Li)＞(3.5∶1)(Rh-Fe)＞(2.8∶1)(Rh). Hydrogenation over various Rh-M/SiO₂ (M＝metal) catalysts with linear-and bridge-adsorbed CO showed that the intensities of linear-/bridged-adsorbed CO bands decreased gradually. Based on the above results, the roles in the catalytic hydrogenation and the reaction mechanism of CO species were discussed.

Key words　　CO adsorption　Rh catalyst　CO hydrogenation　FTIR

本文原载:《催化学报》第 14 卷第 6 期(1993 年 11 月),第 415～419 页。

雾化高温分解法铜基甲醇合成催化剂的活性位*

胡云行[①] 黄爱民 蔡俊修 万惠霖 蔡启瑞

(厦门大学化学系 固体表面物理化学国家重点实验室,厦门 361005)

摘 要 本文测定了雾化高温分解(AHTD)法制备的一系列 Cu/ZnO 催化剂的铜表面积,并将其与催化活性进行了关联。结果表明在含有 CO_2 的原料气中,催化剂活性位可能是由 Cu^0 组成。AHTD 法 Cu/ZnO 催化剂的 CO-TPD 显示出两个明显的脱附峰,低温脱附的 CO 可能是吸附在 Cu^+ 上的。Cu^+ 在无 CO_2 的原料气中起了催化作用。X 射线诱导 Auger 谱测定结果表明,还原活化后和反应 2 小时后催化剂表面除大量的 Cu^0 外,还有少量的 Cu^+ 存在,在 CO_2 含量不大时(1～3%),Cu^+ 量与原料气的组成无关。

关键词 雾化高温分解法 铜/氧化锌催化剂 甲醇合成 活性位

低压甲醇合成使用的 Cu/ZnO 基催化剂一直是碳一化学研究的主要对象之一[1,2]。其中的活性位问题是人们争论的焦点。通过对沉淀法催化剂的研究,人们提出了关于活性位的两种不同观点:一种是以 ICI 为代表的 Cu^0 观点,认为金属铜是低压低温甲醇合成催化剂唯一有效的组分[3,4];另一种观点认为真正起催化作用的是部分氧化的铜[4]。

近年来,我们采用了一种完全不同于通常共沉淀法制备铜基甲醇合成催化剂的 AHTD 法,成功地制得了具有良好活性和选择性的铜基甲醇合成催化剂[5]。本文采用 XPS,TPD 及铜表面积测定,研究了 AHTD 法制备的 Cu/ZnO 催化剂的活性位性质。

1 实验部分

1 催化剂的制备[5]:按不同组成配制成铜/锌硝酸盐水溶液,用压缩空气将其雾化散落到 450 ℃ 的分解器中固化分解,即可得到混合氧化物固体粉末催化剂。

2 催化剂铜表面积的测定[6]:将还原好的催化剂(还原程序同文献[5])切换成 He 气,在 240 ℃ 吹扫 1 小时,然后降到液氮温度通吸附气(5%O_2/He)进行氧吸附。15 分钟后,切换成 He 气吹扫 2.5 小时,再在室温下吹扫 1 小时,然后升温到 170 ℃,并在此温度逐次脉冲一定体积(1.043 ml)的氢气滴定催化剂表面氧,用气相色谱的热导检测器检测剩余 H_2 的量,直到每次检测到的 H_2 量不变为止。

3 CO 的程序升温脱附:将还原好的催化剂(还原程序同文献[5])切换成 He,在 240 ℃ 吹扫 1 小时,然后降到室温,并在此温度通 CO 吸附 15 分钟后,切换成 He 吹扫 1 小时。然后,进行程序升温脱附,尾气用 102GD 气相色谱仪在线检测。

---

* 1991 年 10 月 14 日收到。国家自然科学基金资助项目。

① 通讯联系人。

4 X射线光电子能谱和X射线诱导Auger谱:使用英国V.G.公司生产的V.G.ESCA LAB MK Ⅱ型光电子能谱仪。采用Mg $K\alpha$ 为阳极(10 kV,20 mA)。以C 1s的结合能285.0 eV为内标。检测室真空度不小于 5×10^{-7} Pa。催化剂经过各种条件处理后,均用现场转移的方式进行测定。

5 催化剂活性评价:采用固定床微型反应器(ϕ 5),催化剂装量为0.900g。反应前将催化剂原位还原(还原程序同[5])。反应温度为250 ℃,压力为2.53MPa。反应尾气用上海分析仪器厂102GD气相色谱仪在线分析,使用Porapak Q分离柱,热导和氢火焰检测器。

2 结果与讨论

1 催化剂表面铜的价态

由图1可见,还原后的催化剂,其 $Cu2P_{3/2}$ 能级的XPS只有一个主峰, Cu^{2+} 的 $Cu2P_{3/2}$ 特征伴峰完全消失了,并且其电子结合能向低能位移(与 Cu^{2+} 相比),说明 Cu^{2+} 被还原成了低价。由图2可见,谱图的主线动能为919.0—919.2 eV,这是 Cu^0 的特征动能[7,8],说明还原后的催化剂主要是 Cu^0 。在主线的低动能一侧,还有一个很小的伴线,其动能为917.0—917.2 eV,这是 Cu^+ 的特征动能[7,8],说明在还原态催化剂表面上,除大量的零价铜外,还有少量的一价铜。Herman等[9]和Okamoto等[4]的研究表明,还原后的沉淀法Cu/ZnO催化剂中,除大量的 Cu^0 外,也有少量的 Cu^+ 存在。他们认为, Cu^+ 是由溶解在ZnO晶格中的那部分CuO还原产生的。我们认为AHTD法催化剂还原后存在少量的 Cu^+ 也可能是这样产生的。因为 Zn^{2+} 与 Cu^+ 是等电子体,ZnO对 Cu^+ 能起到稳定作用。尽管有的催化剂中总的ZnO很少,但是,由于ZnO在表层中有富聚现象,在表层中仍有可观的ZnO存在[6]。

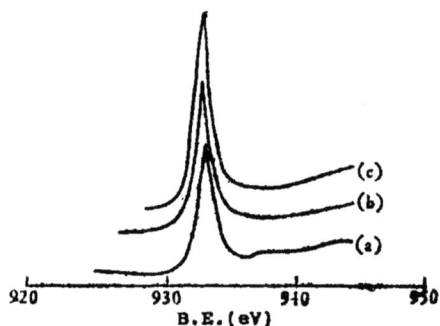

图1 还原态AHTD催化剂的 $Cu2P_{3/2}$ 光电子发射峰

Fig. 1 Cu2P$_{3/2}$ photoemission peaks of reduced AHTD (Aerosol High Temperature Decomposition method) catalysts

(a) CuO,(b) CuO/ZnO(95/5),(c) CuO/ZnO(92/8)

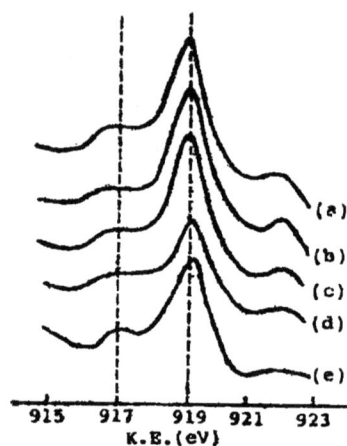

图2 还原态AHTD催化剂的Cu LMM X射线诱导Auger谱

Fig. 2 Cu LMM X-ray induced Auger spectra of reduced AHTD Cu-based catalysts

(a)95%Cu/ZnO,(b)92%Cu/ZnO,(c)90%Cu/ZnO, (d)70%Cu/ZnO,(e)30%Cu/ZnO

分别在不同原料气中反应过的催化剂的Cu(LMM)X射线诱导Auger谱(图3)表明,在无 CO_2 的原料气及含有不同量 CO_2 的原料气中反应过的催化剂与还原后的催化剂的谱图无明显差别。这说明催化剂中的 Cu^+ 对于CO/H$_2$ 原料气是稳定的。在不太长的反应对间内,未发生进一步的还原。同时,也说明原料气中的 CO_2 浓度为0~3%时,催化剂未产生新的稳定的 Cu^+ 。Monnier等[10]在研究Cu/Cr催化

剂时也注意到 CO_2 并没有使 Cu^0 转化成 Cu^+。

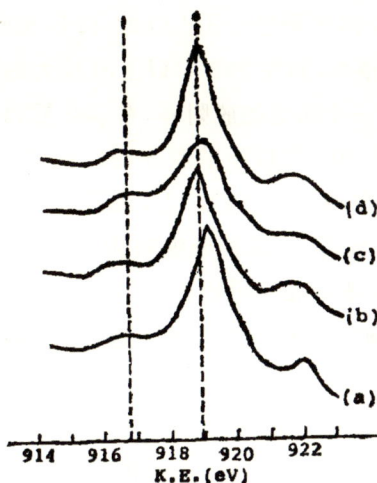

图3 还原态 AHTD 92%Cu/ZnO 催化剂 Cu LMM X 射线诱导 Auger 谱

Fig. 3　Cu LMM X-ray induced Auger spectra of AHTD 92% Cu/ZnO reduced by 5% H_2/N_2

(a) no reaction, (b) after reaction in CO/H_2 (31/69) for 2 h, (c) after reaction in $CO_2/CO/H_2$ (1/32/67) for 2 h, (d) after reaction in $CO_2/CO/H_2$ (3/30/67) for 2 h

2　铜表面积与活性的关系

我们将催化剂铜表面积分别与催化剂在 $CO_2/CO/H_2$ 和 CO/H_2 两种原料气中的活性(见表1)进行了一元线性回归,结果(表2)表明在含有 CO_2 的原料气中催化剂活性与其铜表面积有较好的相关性,并且其相关系数大于无 CO_2 的原料气中的相关系数。这说明在含 CO_2 的原料中,铜表面积起的作用大于在不含 CO_2 的原料气中所起的作用。由此,我们推测,在有 CO_2 存在的原料气中,金属铜(Cu^0)可能是一种活性组分。

表1　在 170 ℃ 和 240 ℃ 经 5% H_2/N_2 还原的 AHTD Cu/ZnO 催化剂的有关数据

Table 1　Data about AHTD Cu/ZnO catalysts reduced by 5% H_2/N_2 at 170 ℃ and 240 ℃

Catalyst Cu/Zn (mol %)	S (m^2/g)[a]	CO (μmol)[b]	Cu^+ (%)[c]	CH$_3$OH yield(g/g cat · h)	
				Feed gas CO/H_2 (31/69)	Feed gas $CO_2/CO/H_2$ (3/30/67)
100/0	2.8	0	0	0.0155	0.0274
95/5	8.9	5.65	2.7	0.1224	0.3356
92/8	12.6	11.95	4.1	0.1649	0.4169
90/10	8.5	—	—	0.1559	0.3483
70/30	7.2	4.53	5.2	0.1449	0.3027
30/70	4.9	2.20	4.0	0.0796	0.1097

a: Cu metal area, b: desorption content of CO (low temperature peak) from TPD, c: concentration of surface Cu^+ from TPD

3　CO 的程序升温脱附

我们对一系列 AHTD 法 Cu/ZnO 催化剂进行了 CO 的 TPD 实验(图4)。可见,单纯的 Cu 无脱附峰;单纯的 ZnO 在 300 ℃ 以下脱附峰很小,而在 300 ℃ 以上有较大的脱附峰(可能是几个峰的叠加);但是,Cu/ZnO 催化剂在 300 ℃ 以下都有一个明显的脱附峰,在 300 ℃ 以上都有较大的脱附峰(可能是几个峰的叠加)。这说明 Cu/ZnO 催化剂在 300 ℃ 以下的脱附峰应该归结于 Cu 与 ZnO 作用的结果。Klier 等[2]认为,CO 是以分子态不可逆吸附在缺电子的 Cu^+ 上,我们假设低温吸附的 CO 是分子态吸附,并采用 Wigner-Polangi 模型对谱峰进行了解析[8],发现低温吸附 CO 的活性位只占铜表面原子的 2.7% ~ 5.2%(见表1)。这与我们用 X 射线诱导 Auger 谱得到的定性结果是一致的。因此,我们认为 300 ℃ 以下的脱附峰是吸附在 Cu^+ 上的 CO 脱附峰。Cu^0 只能可逆地吸附 CO[1],从理论上分析,CO 在 Cu^+ 上吸附比在 Cu^0 上吸附强,因为 $3d^{10}(Cu^+) \rightarrow \pi^*(CO)$ 反馈不会受到 Cu^0 中的 4 s 电子的屏蔽作用[1]。300 ℃ 以上的脱附峰应是吸附在 ZnO 上的 CO 脱附峰,因为单纯的 ZnO 也有这个峰。这种高能 CO 吸附态可能是键合到 ZnO 阴离子上(即出现在阳离子缺位上)的结果[1]:

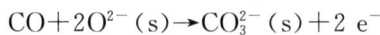

$$CO + 2O^{2-}(s) \rightarrow CO_3^{2-}(s) + 2\,e^-$$

电子转移到 ZnO 的导带上,导致了高能量的 CO 吸附态。

表2　CH_3OH 收率分别与 Cu 表面积和 CO
低温脱附量的线性回归结果

Table 2　The results relating CH_3OH yield
with Cu surface area and CO
content desorbed

Feed gas	Correlation coefficient	
	Yield *vs* Cu area	Yield *vs* CO content*
$CO/H_2(31/69)$	0.8840	0.9259
$CO_2/CO/H_2(3/30/67)$	0.9493	0.7917

* CO content desorbed (low temperature peak) from TPD

图4　AHTD Cu/ZnO 催化剂上 CO 的 TPD 谱图
Fig 4　TPD spectra of CO over AHTD Cu/ZnO catalysts
(a) ZnO,(b) Cu,(c) 30% Cu/ZnO,
(d) 70%Cu/ZnO,(e) 92%Cu/ZnO,
(f) 95% Cu/ZnO

将 CO 低温脱附量分别与催化剂在 $CO_2/CO/H_2$ 和 CO/H_2 两种原料气中的活性(见表1)进行了一元线性回归,计算结果(表2)表明脱附量与催化剂在无 CO_2 的原料气中的活性相关性较好(相关系数为 0.9259),并且优于与催化剂在含 3% CO_2 的原料气中的活性的相关性(相关系数为 0.7917)。因为低温 CO 脱附量对应于 Cu^+ 量。所以,Cu^+ 在无 CO_2 的原料气中的作用大于在 $CO_2/CO/H_2$ 原料气中的作用。这与金属 Cu^0 正好相反。由此可以推测,在 CO/H_2 原料气中,AHTD 法 Cu/ZnO 催化剂的活性位可能是 Cu^+;而在含有 CO_2 的原料气中,Cu^0 也是一种可能的活性组分。

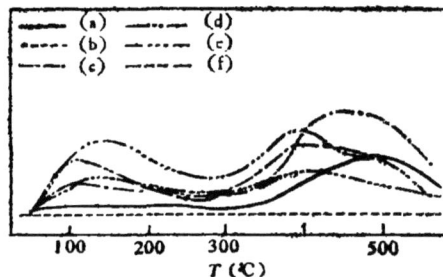

参考文献

[1]Bart J C,Sneeden R P A, Catalysis Today,1987,**2**:1.

[2]Klier K. In:Eley D D et al,eds. Advances in Catalysis. New York:Academic Press,1982. Vol **31**:243.

[3]Higgs V,Pritehard J. Appl Catal,1986,**25**:149.

[4]Okamoto Y,Fukino K,Imanaka T et al. J Phys Chem,1983,**87**:3747.

[5]胡云行,蔡俊修,万惠霖,蔡启瑞。燃料化学学报,1991,**19**:181.

[6]胡云行. 理学博士学位论文. 厦门:厦门大学,1990.

[7]Ayzai G,Monnier J R,Preuss D R. J Catal, 1986,**98**:563.

[8]Fteisch T H,Micvile R L. J Catal,1984,**90**:165.

[9]Herman R G,Klier K,Simmors G W et al. J Catal,1979,**56**:407.

[10]Monnier J R,Apai G et al. J Catal,1984,**88**:523.

Active Sites of Ahtd Cu-Based Catalysts
for Methanol Synthesis

Yun-Hang Hu，Ai-Min Huang，Jun-Xiu Cai，

Hui-Lin Wan，Khi-Rui Tsai

(Departfnent of Chemistry and State Key Laboratory for Physical Chemistry of

Solid Surface,Xiamen Univetsity,Xiamen 361005)

Abstract   Cu surface areas of AHTD (Aerosol High Temperature Decomposition) Cu/ZnO catalysts were measured. With CO/H_2(31/69) and $CO_2/CO/H_2$(3/30/67) feed gases,it was found that the activities for the feed gas containing CO_2 increased linearly with Cu surface area,indicating that the active sites for the feed gas containing CO_2 consist of Cu^0. There were two peaks in eacb of the CO-TPD curves of the Cu/ZnO catalysts,the low temperature CO-TPD peak was produced from CO adsorbed on Cu^+. It was found that the activities for the feed gas containing no CO_2 increased linearly with the amount of CO desorbed at low temperature,indicating that the active sites consist of Cu^+. X-ray induced Auger spectra showed that there were small amount of Cu^+ and larger amount of Cu^0 on the surface of the reduced and the working AHTD Cu/ZnO catalysts. When feed gas contained small amount of CO_2 (1%—3%),the content of stable Cu^+ was independent of the composition of feed gas.

Key words   aerosol high temperature decomposition   Cu/ZnO catalyst   methanol synthesis active sites

■ 本文原载：《厦门大学学报》（自然科学版）第 32 卷第 4 期（1993 年 7 月），第 453～456 页。

稀土基复合物丙烷氧化脱氢制丙烯催化剂的研究[*]

张伟德　周小平　蔡俊修　王水菊　万惠霖　蔡启瑞

（化学系　物理化学研究所）

摘　要　研制了用于丙烷氧化脱氢的稀土基含氟复合物催化剂。在反应温度为 500 ℃，6 000 h^{-1} 的空速条件下，丙烷转化率可达 45.6%，丙烯单程收率可达 34.8%。Raman 光谱和 XPS 的结果表明，O_2^- 是可能的活性氧物种。Cs_2O 的加入对于产生和稳定 O_2^- 具有重要的作用。

关键词　丙烷　氧化脱氢　稀土　氟氧化物

低碳烷烃（<C_6）广泛存在于天然气、油田气和炼厂气中，目前主要用作燃料，如液化石油气等。为了更合理地利用资源，必须把它们转化为更有用的基础有机化工原料，如烯烃或含氧有机物[1]。其中丁烷氧化制顺酐是一个成功的例子[2]。目前甲烷氧化偶联制乙烯（乙烷）的研究也空前的活跃[3]，这条路线可望部分取代目前由高温蒸汽热裂解制乙烯的生产路线。相应地，副产物丙烯的生产将减少，因而丙烷氧化脱氢制丙烯是可资利用的一条途径。丙烷一步选择氧化制丙烯醛或氨氧化制丙烯腈将更具现实意义。一般认为，丙烷氧化制丙烯醛等可能经过丙烯这一活性中间体。因此，研究丙烷氧化脱氢制丙烯又具有重要的理论意义。本文将讨论丙烷氧化脱氢制丙烯稀土基含氟复合物的新型催化剂体系。

1　实验部分

（1）所有用于制备催化剂的试剂均为化学纯。丙烷纯度为 99.5%。

（2）催化剂活性评价是在固定床反应器常压中进行。反应气配比为 C_3H_8：O_2：N_2 为 4：5：11，空速为 6 000 h^{-1}，反应温度为 450～550 ℃。

（3）电子能谱（XPS）是在英国 VG 公司产的 ESCA LAB MK Ⅱ 型谱仪上测定。Raman 光谱是在 Ramanor V-1 000 型单道拉曼光谱仪上测定。催化剂样品先在 500 ℃下通 O_2 处理 2 h，再通 O_2 下冷却至室温，通高纯氮以除去物理吸附的 O_2，封管，这样得到吸氧的样品。不吸氧的样品是在 500 ℃下通高纯氮，并在 N_2 气流下冷却至室温并封管而得到。

2　结果与讨论

2.1　催化剂的活性与选择性

表 1 是丙烷氧化脱氢催化反应的活性评价结果。采用所列纯的氧化物为催化剂。生成丙烯的选择

＊　本文 1993 年 1 月 15 日收到，国家自然科学基金和厦门大学固体表面物理化学重点实验室资助项目。

性很差,裂解反应和完全氧化很严重。加入 CeF_3 后,催化反应的选择性大大地提高了。这一现象表明,在纯氧化物中,可能因催化剂表面氧物种的浓度较高,使丙烷氧化的中间产物和目的产物丙烯中的 C-C 键断裂,并进一步氧化成 CO_2,故反应的选择性就很低,加入化合物 CeF_3 后,可以把活性中心分隔开来,从而显著地提高了反应的选择性。

表 1　稀土基丙烷氧化脱氢催化剂活性评价结果

Tab. 1　Result of propane oxidative dehydrogenation over rare earth-based catalysts

催化剂	丙烷转化率(%)	选择性(%)						丙烯产率(%)
		C_3H_6	CH_4	C_2H_6	C_2H_4	CO_2	CO	
Bi_2O_3	75.3	6.7	18.0	2.4	28.9	35.7	8.5	2.4
Sm_2O_3	33.3	6.3	30.2	3.0	19.3	34.1	7.3	2.1
CeO_2	86.7	7.9	39.8	3.1	23.9	17.8	7.0	6.85
CeF_3	<1							
CeO_2-$2CeF_3$	10.3	72.7	0	0	0	13.2	14.0	7.49
3%Cs_2O-CeO_2-$2CeF_3$	41.3	81.1	3.8	0	10.7	0.8	3.6	33.5
3%Cs_2O-$0.5Bi_2O_3$-$2CeF_3$	45.6	76.4	3.5	0	15.2	1.5	3.4	34.8
3%Cs_2O-$0.5Sm_2O_2$-$2CeF_3$	7.5	92.8	0	0	0	7.2	0	6.96

注:温度 500.0 ℃,空速 6 000 h^{-1}

表 2　温度对反应的影响

Tab. 2　Effect of temperature on the reaction

温度℃	丙烷转化率(%)	选择性(%)						丙烯产率(%)
		C_3H_6	CH_4	C_2H_6	C_2H_4	CO_2	CO	
540	87.5	8.8	42.6	4.3	21.2	8.1	14.9	7.7
520	60.7	19.3	28.1	0.8	29.1	7.2	15.7	11.7
510	51.2	60.0	8.5	0	23.6	3.0	4.8	30.7
500	45.6	76.4	3.5	0	15.2	1.5	3.4	34.8
480	17.2	93.5	0	0	0	0	6.4	16.1

表 3　空速对反应的影响

Tab. 3　Effect of space velocity on the reaction

空速(h^{-1})	丙烷转化率(%)	选择性(%)						丙烯产率(%)
		C_3H_6	CH_4	C_2H_6	C_2H_4	CO_2	CO	
12 000	14.3	75.3	0	0	13.0	0	2.0	10.8
7 400	30.1	81.6	0	0	13.4	0.8	4.2	24.6
6 000	45.6	76.4	3.5	0	15.2	1.5	3.4	34.8
3 000	81.4	56.2	8.5	0	23.9	3.9	7.4	45.7
1 200	87.7	20.5	28.2	0.8	29.2	6.1	15.2	18.0

碱金属对这一体系的催化剂具有很好的助催作用。从表1可见,CeO_2-$2CeF_3$ 催化剂在加入 3% 的

Cs_2O 后，催化活性大大提高。同一族的其他元素如 Li、K 等的助催作用则较差。

采用 $3\%Cs_2O$-$0.5Bi_2O_3$-$2CeF_3$ 催化剂来研究温度及空速对反应的影响，结果如表 2、表 3 所示。可见，提高温度，丙烷转化率增加，而选择性则降低。在 540 ℃时，生成丙烯的选择性只有 8.8%；在 480 ℃时，可达 93.5%。在 500 ℃时丙烯收率较高，丙烷转化率和生成丙烯的选择性分别达到 45.6% 和 76.4%，丙烯收率为 34.8%。空速的提高，生成丙烯的选择性也提高，而丙烷转化率相应降低。表明丙烷与催化剂接触时间过长容易导致脱氢中间体和目的产物（如丙烯）进一步氧化成 CO_x。控制空速为 3 000 h^{-1}时，可获得最高的丙烯收率为 45.7%。

2.2 催化剂表面活性氧物种的 Raman 光谱检测

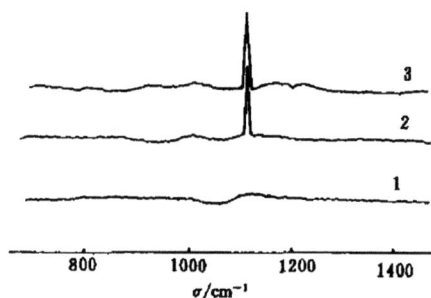

图 1 3%Cs_2O-0.5Bi_2O_3-2CeF_3 催化剂体系的拉曼光谱
1. 不吸氧 2. 吸氧 3. 反应后
Fig. 1 Raman spectra of 3% Cs_2O-0.5Bi_2O_3-2CeF_3

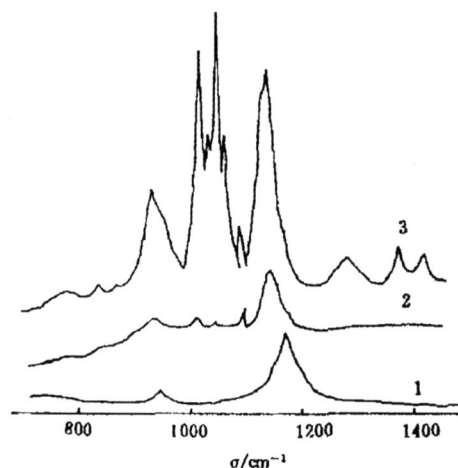

图 2 3%Cs_2O-CeO_2-2CeF_3 催化剂体系的拉曼光谱
1. 未经处理 2. 吸氧后 3. 反应后
Fig. 2 Raman spectra of 3%Cs_2O-CeO_2-2CeF_3

活性氧物种在烃类氧化中具有重要的作用。在特定的反应条件下对于某一氧化反应，有的氧物种有利于选择氧化，有的则趋向于完全氧化[4]。因此，确定和控制催化剂表面氧物种的类型和浓度是设计催化剂时必须考虑的重要因素。采用 Raman 光谱可较灵敏地检测到催化剂表面存在的各种活性氧物种。图 1 所示的是 3%Cs_2O-0.5Bi_2O_3-2CeF_3 催化剂的 Raman 光谱。可见，吸氧和反应后的催化剂都只在 1 118 cm^{-1}处有一个峰，这一吸收峰被指认为定位于 Cs^+ 上的 O_2^- 的 V_{0-0} 振动。高温下通 N_2 的样品没有这一吸收峰。对于 3%Cs_2O-CeO_2-2CeF_3 催化剂，其 Raman 谱图比较复杂些。未经处理的催化剂，只在 944 和 1 172 cm^{-1}处有两个峰，分别对应于 M=O 和 O_2^- 的 V_{0-0} 振动[5]。经高温（500 ℃）通 O_2 处理后，这两个峰略有加强。反应后的催化剂在 1 030~1 085 cm^{-1}增加了四个峰，在 1 426 和 1 470 cm^{-1}处也分别出现了新的峰。这可能是 CO_3^{2-} 所产生的峰[5]。而且 1 166 cm^{-1}的峰得到加强。我们注意到在催化剂活性评价时，刚开始反应活性较低，而随着反应的进行活性不断提高，最后达到稳定。可能是随着反应的进行，催化剂表面的活性氧物种浓度提高，因而提高了反应的活性。Raman 光谱的变化说明了这一点。基于以上的实验结果，我们认为在所制备的含氟的稀土复合物催化剂上丙烷氧化脱氢时，O_2^- 是可能的活性氧物种。Cs_2O 的明显助催作用也可能与离子半径大的 Cs^+ 稳定 O_2^- 有关。

2.3 催化剂的 XPS 表征

图 3 所示的是催化剂的 O^{1s} 的 XPS 测定结果。O^{1s} 的峰可分解为两个峰，其能量分别为 528.8 eV. 和

531.4 eV。528.8 eV 峰被认为是晶格氧的峰,531.4 eV 的峰被指认为吸附态氧的峰。表明在催化剂表面同时存在晶格氧和吸附态的氧,而且晶格氧比吸附态的氧含量高。这样的浓度分布很可能正是催化剂具有较高选择性和活性的原因。

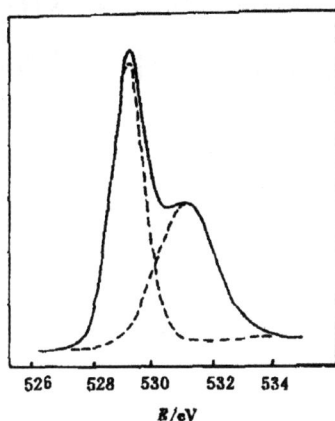

图 3 O^{1s} 的 XPS 谱

Fig. 3　O(1s) XPS of 3% Cs$_2$O-CeO$_2$-2CeF$_3$

参考文献

[1] Bell A T et al. Catalysis Looks to the Future. Washington D. C. : National Academy Press, 1992. **22**.

[2] Hodnett B K. Vanadium-phosphorus oxide catalysts for the selective oxidation of C$_4$ hydrocarbons to maleic anhydride. Catal. Rev. -Sci. Eng, 1985, **27**(3): 373~424.

[3] Amenomiya Y et al. Conversion of methane by oxidative coupling, Catal. Rev. — Sci. Eng, 1990, **32**(3): 163~227.

[4] Sokolovskii V D. Principies of oxidative catalysis on solid oxides, Catal. Rev. -Sci. Eng, 1990, **32**(1&2): 1~49.

[5] Ross S D. Inorganic Infrared and Raman Spectroscopy. Megraw-Hill Bood company (V. K.) Limited, 1972. **151**.

Propane Oxidative Dehydrogenation over Rare Earth-based Catalysts

Wei-De Zhang　Xiao-Ping Zhou　Jun-Xiu Cai　Shui-Ju Wang　Hui-Lin Wan　Khi-Rui Tsai

(Dept. of Chem. , Insti. of Phys. Chem.)

Abstract　CeF$_3$ modified rare earth-based catalysts were prepared. They were effective catalysts in propane oxidative dehydrogenation(OXD), at 500 ℃ and 6 000 h^{-1} space velocity, the conversion of propane reached to 45.6%, the propene yield was 34.8%. From Raman spectra and XPS results, we can conclude that O$_2^-$ is the active oxygen species in propane OXD. The promotion effect of Cs$_2$O was remarkable. This maybe the Cs$^+$ can stabilize the O$_2^-$ on the catalysts surface.

Key words　Propane　Oxidative dehydrogenation　Rare earth　Oxyfluoride

■ 本文原载:Chinese Chemical Letters,Vol. 5,No. 10,pp. 863~864,1994.

Enhanced C$_2$ Yield of Methane Oxidative Coupling by Means of a Double Layered Catalyst Bed

Yu-Da Liu, Hong-Bin Zhang, Qiao-Juan Su, Guo-Dong Lin, Khi-Rui Tsai

(Department of Chemistry & Institute of Physical Chemistry,
Xiamen University, Xiamen 361005)

Abstract   A double layered catalyst bed with K$^+$-ThO$_2$-BaCO$_3$ close to the reactor inlet and La$_2$O$_3$-BaCO$_3$ downflow of the upper layer of the bed has been used to catalyze methane oxidative coupling reaction. The C$_2$ yield and C$_2$ selectivity obtained on the double layered catalyst bed were found to be higher than that obtained with either of the catalyst operating separately.

During the last decade, methane-oxidative-coupting (MOC) to form ethane and ethene has been of great interest because of its potential for the utilization of natural gas[1,2]. Considerable attention has been paid to the search for catalysts exhibiting better performamce for the MOC reaction. Investigation on appropriate reactors is also underway. Various reactors such as fixed-bed, fluidized-bed, distributed-oxygen-feed-bed, radial reactor and membrane reactor have been proposed. In this work, a double layered catalyst bed, consisting of K$^+$-ThO$_2$-BaCO$_3$ followed by La$_2$O$_3$-BaCO$_3$, has been used to catalyze the MOC reaction. The results show that the C$_2$ yield obtained with double layered cataiyst is higher than that obtained with single layered catalyst.

The catalyst A, K$^+$-ThO$_2$-BaCO$_3$, was prepared by wet impregnation of the coprecipitated mixture of carbonate and hydroxide with aqueous solution of potassium carbonate, followed by drying (160 ℃, 10 h) and calcination (880 ℃, 4 h). The catalyst B, La$_2$O$_3$-BaCO$_3$, was prepared by drying and calcination of freshly coprecipitated mixture of carbonate and hydroxide. Catalytic testing was carried out in a fixed-bed continuousflow reactor. The reactor for the evaluation of < 1 ml catalyst is a 4.5 mm i.d. quartz tube; while for the evaluation of 30 mL catalyst, a 36mm i.d quartz tube. The configuration of the double layered catalyst bed is illustrated in Fig. 1(a). Catalyst A was loaded on the top of catalyst B, with feed mixture flowing from layer A to layer B. The temperature given in Table 1 is the temperature of catalyst bed that ensures the catalyst to give maximum C$_2$ yield while keeping C$_2$ selectivity no less than 59% at the same time.

Table 1 gives the result for the catalytic methane-oxidative-coupling reaction over the single and the double layered catalyst bed. The optimal operation temperature of the catalyst B, La$_2$O$_3$-BaCO$_3$, was higher than that of the catalyst A, K$^+$-ThO$_2$-BaCO$_3$. When 0.05 mL catalyst A was loaded on 0.5 mL of catalyst B to compose a double layered catalyst bed, the optimal operation temperature of the double bed became lower, while the value of C$_2$ yield and C$_2$ selectivity were higher than that obtained by either of the catalyst operating separately. The experiments were carried out while changing the volume of

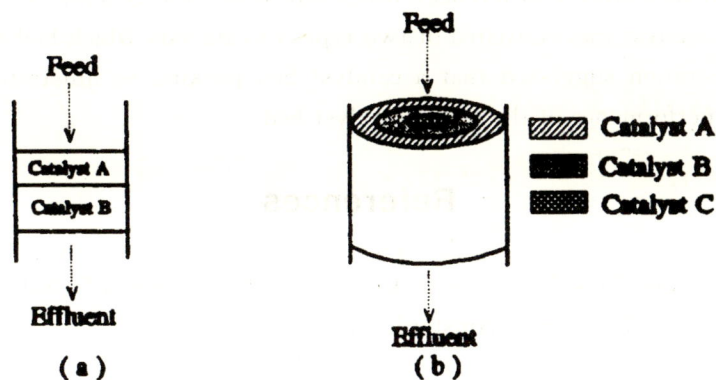

Fig. 1 The configuration of catalyst bed consisting different types of catalysts.

catalyst A loaded on 0. 5 mL catalyst B. The optimal catalytic performance of the double layered catalyst bed was obtained when volume of catalyst A was 0. 07 mL, a C$_2$ yield of 18. 4% together with a C$_2$ selectivity of 60. 5% was got. When the volume of catalyst A was 0. 15 mL, the double layered catalyst bed showed very similar catalytic properties to those of the single catalyst A bed. The facts that the C$_2$ yield obtained by double layered catalyst is higher than that obtained with single layered catalyst seem to indicate that joining up the two types of catalyst could catalyze the MOC reaction more effectively. The amplified reaction with 30 mL catalyst also proved the double layered catalyst bed can produce a promotion in the catalytic efficiency of MOC catalyst.

Table 1 MOC performances of the single and the double layered catalyst bed[α]

Catalyst[β]	T (℃)	Conversion(%) CH$_4$	Selectivity(%)			Yield (%) C$_2$
			C$_2$H$_4$	C$_2$H$_6$	C$_2$	
A: K$^+$-ThO$_2$-BaCO$_3$(1 : 10 : 20)/(0. 5 mL)	710	27. 7	33. 7	25. 6	59. 3	16. 4
B: La$_2$O$_3$-BaCO$_3$(9 : 1)/(0. 5 mL)	810	29. 4	34. 8	24. 3	59. 1	17. 4
Catalyst A/(0. 05 mL)+Catalyst B/(0. 5 mL)	770	29. 5	36. 8	23. 7	60. 5	17. 8
Catalyst A/(0. 07 mL)+Catalyst B/(0. 5 mL)	750	30. 4	39. 1	21. 4	60. 5	18. 4
Catalyst A/(0. 10 mL)+Catalyst B/(0. 5 mL)	740	30. 1	35. 8	23. 4	59. 2	17. 8
Catalyst A/(0. 15 mL)+Catalyst B/(0. 5 mL)	720	27. 9	33. 8	25. 5	59. 3	16. 5
Catalyst B/(30. 0 mL)	840	23. 7	30. 4	31. 7	62. 1	14. 7
Catalyst A/(4. 0 mL)+Calalyat B/(30. 0 mL)	805	25. 4	35. 2	29. 0	64. 2	16. 3

α. For the catalyst bed with bed volume less than 1 mL, composition of reactant gas CH$_4$/O$_2$=3. 6/1 (mole ratio), feed flow rate of CH$_4$=5. 0×10^3 mL/h. For the catalyst bed with bed volume of 30 mL, composition of reactant gas CH$_4$/O$_2$=5. 4/1 (mole ratio), feed flow rate of CH$_4$=1. 5×10^5 mL/h.

β. Catalyst composition was expressed in bracket by cation atomic ratio.

The MOC reaction is an extremely exothermic process. Temperature difference in the radial direction of the catalyst bed is usually generated in larger catalyst bed. For 30 mL of catalyst B loaded in a 36 mm i. d. reactor, temperature difference between the center and the rim of catalyst bed was found to be as high as 270 ℃, under reaction conditions of CH$_4$/O$_2$=5. 4/1(mole ratio), CH$_4$ feed flow rate= 1. 5×10^5 mL/h. It can be inferred that the radial temperature difference would increase with increasing size of catalyst bed. Only partial catalyst can work at optimal operation temperature owing to the existence of such great temperature difference, which will lower the general catalytic efficiency. Study of the double layered catalyst that consisted of two types of catalysts which had their own temperature region for optimal operation suggested that a catalyst bed packing as illustrated in Fig. 1 (b) may improve the catalytic performance of the larger catalyst bed.

References

[1] J. H. Lunsford, in New Frontiers in Catalysis, eds. L. Guczi, F. Solymosi and P. Tetenyi, Elscvier Science Publications, Amsterdam, 1993, p. 103.

[2] A. M Maitra, Appl. Catal., 1993, 104, 11.

(Received 17 June 1994)

■ 本文原载:J. CHEM. SOC., CHEM. COMMUN., 1871~1872, 1994.

In Situ Raman Spectroscopic Study of Oxygen Adspecies on a Th-La-O$_x$ Catalyst for Methane Oxidative Coupling Reaction

Yu-Da Liu, Hong-Bin Zhang, Guo-Dong Lin, Yuan-Yan Liao, K.R.Tsai
(Department of Chemistry & State Key Laboratory for
Physical Chemistry of the Solid Surface,
Xiamen University, Xiamen 361005, China)

The superoxide adspecies O_2^- is identified by *in situ* Raman spectroscopy on a functioning Th-La-O$_x$ catalyst for methane oxidative coupling reaction at 680-860 ℃.

Methane oxidative coupling (MOC) has the potential to form ethane and ethene from natural gas and a large number of catalysts for the reaction have been reported. The oxygen species such as O_2^-, O_2^{2-} and O^- involved on catalyst surfaces responsible for the initial methane activation step is of great interest[1-6]. To gain further insight into the nature of the surface oxygen species and their role in the activation of methane, *in situ* spectroscopic study at the actual reaction conditions is more helpful. Recently, peroxide adspecies O_2^{2-} was reported to be identified *in situ* on La_2O_3, Na^+-La_2O_3, Sr^{2+}-La_2O_3 and Ba^{2+}-MgO catalysts[7,8]. In the present work, *in situ* laser Raman spectroscopy has been used to characterize the surface oxygen species on a working Th-La-O$_x$ MOC catalyst at 680-860 ℃.

The Th-La-O$_x$(Th：La=10：1.5, mol ratio) catalyst was prepared by drying (160 ℃,10 h) and calcination(880 ℃,4 h) of a freshly coprecipitated mixture of carbonate and hydroxide. The Th-La-O$_x$ was a very active catalyst for the MOC reaction. Under cofeed reaction conditions of CH_4/O_2=4/1(mol ratio), GHSV=6.0×10^4 h^{-1}, atmospheric pressure and 740 ℃, a C_2-hydrocarbons yield of 14.6% with C_2-hydrocarbons selectivity of 55.8% was obtained over the catalyst. Raman spectra were recorded using a Jobin-Yvon U-1000 Raman spectrometer with argon laser (488.0 nm line,200 mW) as excitation source; slit width settings corresponded to a resolution of 4 cm^{-1} and 36 scans were accumulated. A high temperature controlled-atmosphere cell[9] was used to obtain *in situ* spectra on the working Th-La-O$_x$ catalyst; the particle size of the catalyst sample being 50-80 mesh and weight about 1.0 g.

Fig. 1(a) shows the *in situ* Raman spectrum of the Th-La-O$_x$ at 740 ℃ in a flow of O_2 taken 1 h after switching the gas flow from CH_4/O_2(4/1) mixture. A pair of bands at 1060 and 1046 cm^{-1} were clearly observed. These bands can be assigned to surface carbonate species CO_3^{2-}[10]. It is noteworthy that no band assignable to dioxygen adspecies was observed under these conditions.

CO_2 and H_2O are the products of the MOC reaction. To test whether adsorption of CO_2 and H_2O on the Th-La-O$_x$ may cause the assignment confused with the Raman band of dioxygen adspecies, a spectrum was recorded when the sample was treated in a flow of CO_2 or CO_2/H_2O(g), respectively. The results show that the adsorption of CO_2 or CO_2/H_2O(g) only cause the increasing band intensity of CO_3^{2-}.

Fig. 2 exhibits a series of *in situ* spectra of the working Th-La-O$_x$ catalyst at reaction temperatures of 860, 800, 740 and 680 ℃, respectively, under cofeed MOC reaction conditions. Raman bands which can be clearly resolved are those at 1060, 1046 and 1140 cm^{-1}. The very strong bands at 1060 and 1046 cm^{-1} together with a number of shoulders on these bands are attributed to surface carbonate species CO$_3^{2-}$ [shown only in Fig. 2 (a)]. The band observed at 1140 cm^{-1} can be ascribed to the O-O stretching mode for superoxide species O$_2^-$ on the surface of the Th-La-O$_x$ catalyst. This band position is consistent with those of superoxide adspecies observed on other oxides[11-13], and with those of the superoxide

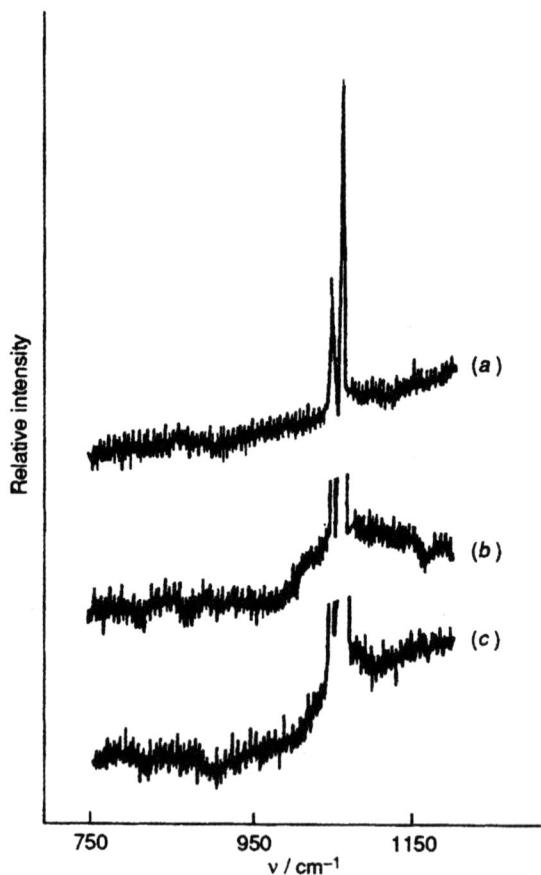

Fig. 1 *In situ* Raman spectra of the Th-La-O$_x$. catalyst at 740 ℃. (a) Spectrum taken 1 h after switching the gas flow from CH$_4$/O$_2$((4 ：1, mol ratio) to O$_2$. (b) In a gas flow of CO$_2$. (c) In a gas flow of CO$_2$/H$_2$O(g) (92 ：8 mol ratio).

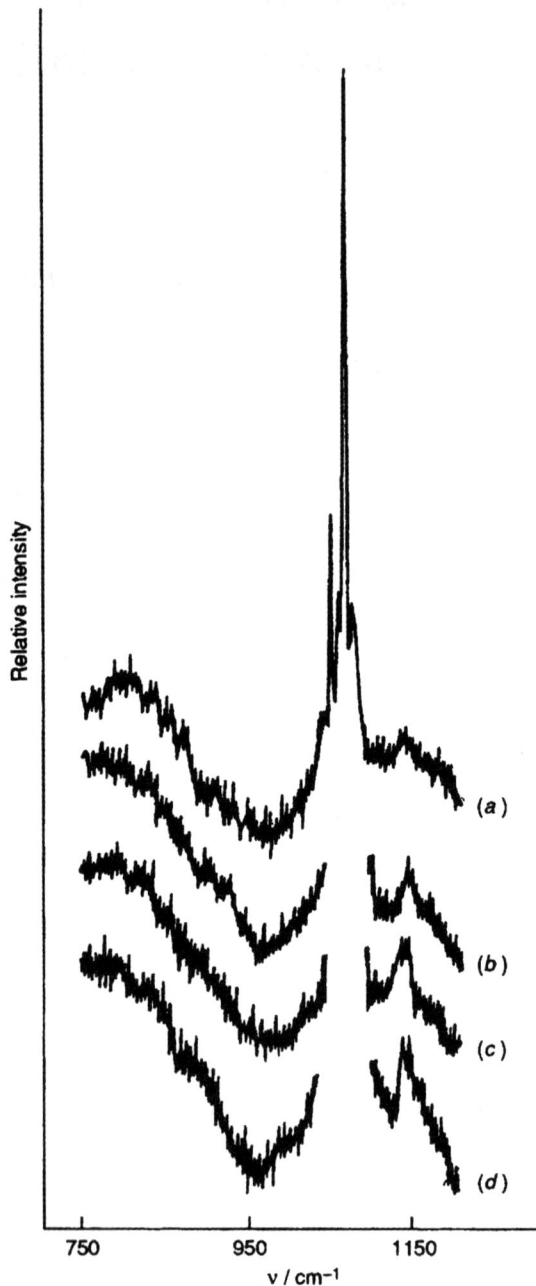

Fig. 2 *In situ* Raman spectra of the working Th-La-O$_x$ MOC catalyst in a stream of CH$_4$/O$_2$ (4 ：1, mol ratio) mixture with total gas flow rate of 150 ml min^{-1}, at 1 atm. and the reaction temperature of (a) 860 ℃, (b) 800 ℃, (c) 740 ℃ and (d) 680 ℃

ligand reported in the matrixes and complexes[14]. It can be clearly observed that the relative intensity of the Raman band at 1140 cm^{-1} increased with decreasing reaction temperature. The intensity of the 1140 cm^{-1} band was also found to enhance with increasing O$_2$ concentration in the feed.

Generally speaking, adsorbed oxygen species transform on the surface of metal oxide catalysts according to eqn. (1)[15,16].

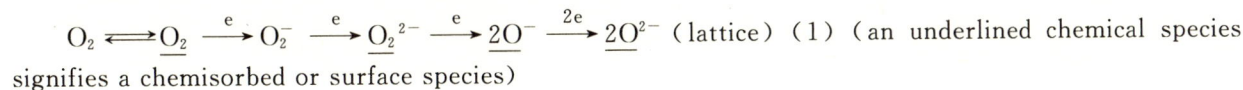

$$O_2 \Longleftrightarrow \underline{O_2} \xrightarrow{e} \underline{O_2^-} \xrightarrow{e} \underline{O_2^{2-}} \xrightarrow{e} \underline{2O^-} \xrightarrow{2e} \underline{2O^{2-}} \text{ (lattice) (1)}$$ (an underlined chemical species signifies a chemisorbed or surface species)

O$_2^-$ adspecies may form from a chemisorbed O$_2$ by acquiring an electron from the metal oxide. The reason that no Raman band of dioxygen adspecies was observed in Fig. 1(a) may be that the charged dioxygen adspecies could not be formed easily on the Th-La-O$_x$ surface due to weak electron donation of the surface under this condition—CH$_4$-free flowing O$_2$-stream. This result is consistent with the work of C. Li et al. They found that no IR signal corresponding to O$_2^{2-}$ or O$_2^-$ adspecies on cerium oxide could be detected at the temperature of 420 K under the pure O$_2$ atmosphere[13]. However, when CH$_4$ was cofed with O$_2$ to pass the catalyst, the catalyst surface may be partially reduced by CH$_4$, then adsorbed O$_2$ can gain an electron easily from the surface and transform into O$_2^-$ adspecies. It has been reported that O$_2^-$ was able to activate methane at the MOC reaction temperature[4,17]. Thus, the O$_2^-$ formed primarily may subsequently take part in methane activation step or transform further to O$_2^{2-}$ adspecies *via* gaining an electron again from the surface. The results of the present work also indicate that, under the reaction temperature between 680 and 880 ℃, the steady concentration of O$_2^{2-}$ species, whose Raman signal is usually expected to appear in the region of 750 ~ 900 cm^{-1}, on the surface of functioning Th-La-O$_x$ MOC catalyst is below the detectable limit of the Raman spectroscopy.

Received, 26th *April* 1994; *Com.* 4102475C

References

[1] D. J. Driscoll, W. Martir, J.-X. Wang and J. H. Lunsford, J. Am. Chem. Soc., 1985, **107**, 58.

[2] J.-X. Wang and J. H. Lunsford, J. Phys. Chem., 1986, **90**, 3890.

[3] J.-L. Dubois, M. Bisiaux, H. Mimoun and C. J. Cameron, Chem. Lett., 1990, 967.

[4] Y. Osada, S. Koike, T. Fukushima and S. Ogasawara, Appl. Catal., 1990, **59**, 59.

[5] C. Louis, T. L. Chang, M. Kermarec, T. L. Van, J. M. Tailbouet and M. Che, Catal. Today, 1992, **13**, 283.

[6] D. Dissanayake, J. H. Lunsford and M. J. Rosy nek, J. Catal., 1993, **143**, 286.

[7] J. H. Lunsford, in New Frontiers in Catalysis, eds. L. Guczi, F. Solymosi and P. Tetenyi, Elsevier, Amsterdam, 1993, 103.

[8] G. MestI, H. Knozinger and J. H. Lunsford, Ber. Bunsinges. Phys. Chem., 1993, **97**, 319.

[9] Y.-Y. Liao, P.-F. Hong and J.-X. Chai, Chinese J. Chem. Phys., 1992, **5**, 395.

[10] Infrared and Raman Spectra of Inorganic and Coordination Compounds, 4th edn., ed. K. Nakamoto, Wiley, New York, 1986.

[11] E. Giamello, Z. Sojka and M. Che, J. Phys. Chem., 1986, **90**, 6084.

[12] W. M. Hetherington Ⅲ, E. W. Koeing and W. M. K. P. Wijekoon, Chem. Phys. Lett., 1987, **134**, 203.

[13] C. Li, K. Domen, K. Manuya and T. Onishi, J. Am. Chem. Soc., 1989, **111**, 7683.

[14] M. Che and A. J. Tench, Adv. Catal., 1983, **32**, 1.

［15］V. A. Shevets，V. M. Vorotyntsev and V. B. Kazansky，Kinet Katal.，1969，**10**，356.

［16］V. B. Kazansky，Kinet. Katal.，1977，**18**，43.

［17］S. Shen，R. Hou，W，Ji，Z. Yan and X. Ding，in New Frontiers in Catalysis，ed. L. Guczi，F. Solymosi and P. Tetenyi，Elsevier，Amsterdam，1993，1527.

La₂O₃ 基催化剂表面的某些特征对其甲烷氧化偶联反应行为的影响*

■ 本文原载:《厦门大学学报》(自然科学版)第 33 卷增刊(1994 年 6 月),第 220～224 页。

刘玉达　张鸿斌　林国栋　蔡启瑞

(化学系　物理化学研究所)

摘　要　对于 La₂O₃-BaCO₃ 系催化剂,随着其组成的变化,其 C₂ 烃收率经历了一个火山状的变化过程。这可以认为是由催化剂表面活性相 La₂O₃ 和惰性相 BaCO₃ 浓度的变化造成的。只有当催化剂表面的活性相浓度控制在适当的范围,催化剂才表现出最佳的催化行为。用 BaCO₃、K₂SO₄、Cs₂SO₄ 对活性相 La₂O₃ 进行修饰,抑制了产物 C₂H₄ 深度氧化反应的发生,从而提高了反应的选择性。这些修饰组分是通过它们在活性相表面对气相中含氧自由基的猝灭效应发生作用的。

关键词　甲烷　活性相浓度　C₂H₄　猝灭效应

中国图书分类号　O 643.3

一般认为甲烷氧化偶联反应是一个表面-气相反应过程,催化剂表面不仅对在它上面发生的反应同时也对气相发生的反应产生影响。本工作从两个方面即(1)催化剂表面的活性相浓度的变化,(2)一些碱金属、碱土金属修饰的催化剂表面对 C₂ 烃氧化反应的影响进行考察,注意到一个好的催化剂其表面活性相浓度必须控制在适当的范围;某些碱金属和碱土金属组分对表面进行修饰可抑制反应产物 C₂H₄ 发生进一步深度氧化。

1　实验部分

La₂O₃-BaCO₃ 催化剂采用共沉淀去制备。将 La(NO₃)₃ 和 Ba(NO₃)₂ 的混合溶液与 (NH₄)₂CO₃-NH₄OH 溶液进行搅拌混合,得到的共沉淀物进行洗涤,烘干(140 ℃,6 h),最后在 850 ℃煅烧 6 h,冷却后破碎,筛分出 30～60 目颗粒的催化剂供催化性能评价。碱金属组分助催的 La₂O₃ 催化剂则采用含碱金属组分的溶液对 La₂O₃ 进行浸渍,烘干(140 ℃,6 A)和煅烧(780 ℃,4 h)制备。

催化剂的催化性能评价在一个常压固定床石英反应器上进行,反应器内径为 4.5 mm。对于考察 C₂H₄ 氧化的反应,反应器内径为 4.0 mm,催化剂床层上下的死空间用 SiC(30～60 目)填充。原料气和反应器流出物的组成由气相色谱进行分析[1]。

催化剂的 XRD 测定在日产的 Rotaflex D₂/Max-C 转靶 X 射线衍射仪上进行,采用 Cu Kₐ 作为射线源。La₂O₃-BaCO₃ 催化剂表面的 La³⁺ 与 Ba²⁺ 浓度组成分析由 VG. ESCA LAB MK Ⅱ X 光电子能谱仪分析测定,采用 Al Kₐ,作为激发源。催化剂表面 La³⁺ 与 Ba²⁺ 的元素分布状态,用配置 X 射线能谱仪

* 本文 1994 年 4 月 29 日收到;国家自然科学基金资助项目,并得到厦门大学固体表面物理化学国家重点实验室的支持。

(EDS)的电子扫描显微镜 HITACHI Model I S-520 进行观察。

2　结果与讨论

已知 La_2O_3-$BaCO_3$ 催化剂体系对甲烷氧化偶联反应有相当好的催化性能[1,2]。La_2O_3-$BaCO_3$ 的催化性能与其组成的变化关系如图1。由图可见,La_2O_3 对反应有相当高的反应活性而 $BaCO_3$ 则显示出相当的惰性。随着催化剂组成 La/(La＋Ba)原子比的改变,C_2 烃收率经历了一个火山状的变化过程。在 La/(La＋Ba)值为 0.45 时,C_2 烃收率出现一个最高值。用 XRD 对反应后的 La_2O_3-$BaCO_3$ 的物相进行分析,结果表明催化剂中 $BaCO_3$ 相与 La_2O_3 相关的相(La_2O_3 占大部分及少量的 $La(OH)_3$、$La_2O_2CO_3$ 相)共存。用 XPS 对系列催化剂的表面组成进行分析,尽管在催化剂表面出现 La 组分的富集,但表面的 La/Ba 原子比随着体相 La/Ba 原子比的变化呈现对应关系。从电子扫描显微镜-EDX 技术拍摄的催化剂表面的 La、Ba 元素分布的特征 X⁻ 射线图表明,La 相由 Ba 相分隔开来并均匀地分布在 Ba 相中。根据以上的表征结果,可以认为 La_2O_3-$BaCO_3$ 催化剂性能与其组成变化的对应关系,不是由于生成新的物相或发生 La_2O_3 或 $BaCO_3$ 结构的改变造成的,而是由于表面活性相 La_2O_3 和惰性相 $BaCO_3$ 的浓度变化造成的。

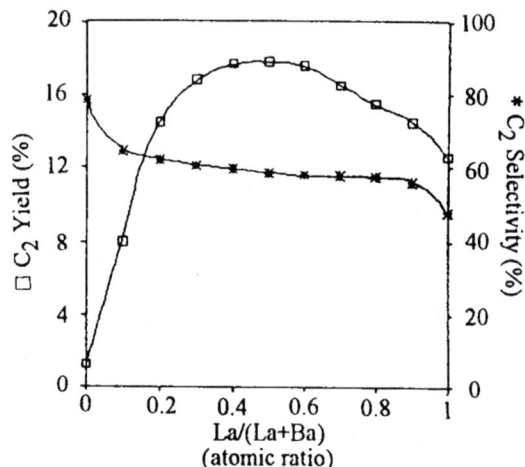

图 1　$La_2O_3/BaCO_3$ 的催化活性与其组成的对应关系 反应温度 780 ℃;反应气组成 $CH_4/O_2/N_2 =$ 28.9/7.4/63.7(体积比),空速 GHSV = 6.0 × 10^4 h^{-1}

Fig. 1　Dependence of catalytic properties on the composition of $La_2O_3/BaCO_3$ catalyst

甲基自由基 $\cdot CH_3$ 是甲烷氧化偶联反应的中间体。据估计[3],一个 $\cdot CH_3$ 在与另一个 $\cdot CH_3$ 发生偶合之前将与催化剂表面发生约 10^5 次的碰撞,显然,若这种碰撞会引起破坏性的氧化反应,则反应的 C_2 烃选择性和 C_2 烃收率将大大减小。为保持高的 CH_4 转化活性,同时减小 $\cdot CH_3$ 与表面发生的进一步氧化反应,催化剂表面的活性相浓度必须控制在一定范围之内。对于 La_2O_3-$BaCO_3$ 催化剂来说,当活性相 La_2O_3 用惰性相 $BaCO_3$ 进行修饰而组成原子比 La/(La＋Ba)＝0.45 时,催化剂表现出最佳的催化行为。当催化剂中的活性相 La_2O_3 含量增高时,催化剂表面的活性位浓度随之增高,此时 $\cdot CH_3$ 与表面碰撞从而发生破坏性氧化反应的机率增高,则 C_2 烃收率降低。若在催化剂中活性相 La_2O_3 的浓度太低,惰性相 $BaCO_3$ 的浓度太高,则催化剂表面的活性位浓度变得太低,这时虽 $\cdot CH_3$ 与表面反应的机率减小,但 CH_4 的转化率也由于活性位浓度变小而变小,因此 C_2 烃收率也是低的。总之,只有通过对催化剂表面活性相浓度进行调变,才有可能获得最佳的催化反应效果。

为研究催化剂表面的性质对甲烷氧化偶联反应的中间体 $\cdot CH_3$ 和产物 C_2H_4 进一步深度氧化生成 CO_x 在反应的影响。首先考察了 CH_4、C_2H_6、C_2H_4 在气相中对氧气的反应活性。从图 2 可知,CH_4 在 850 ℃时还没有明显的反应发生,而 C_2H_6 在 650 ℃就开始发生反应,而且随反应温度的提高反应速率迅速加快。在本实验条件下,C_2H_6 与气相 O_2 反应的产物主要是 C_2H_4(占 85%)和少量的 CO_x、CH_4 和 C_3 烃等。C_2H_4 的反应更为激烈,反应在 580 ℃就开始加快并随温度上升急骤提高反应速率。C_2H_4 与 O_2 气相反应的主产物是 CO(占 85%)和少量的 CH_4 与 CO_2,从图 2 的分析可看出,在气相氧化反应中

C$_2$H$_4$、C$_2$H$_6$ 和 CH$_4$ 对 O$_2$ 的反应活性大小为 C$_2$H$_4$＞C$_2$H$_6$＞CH$_4$。C$_2$H$_6$ 比 CH$_4$ 有更高的活性是由于 C$_2$H$_6$ 中的 C-H 键能为 98 kcal/mol 低于 CH$_4$ 中 C-H 键的键能(105 kcal/mol)。C$_2$H$_4$ 分子虽有较高的 C-H 键键能 108 kcal/mol 但却有很高的反应活性是由于 C$_2$H$_4$ 分子中的 C＝C 键空易受到氧分子的进攻。显然,甲烷氧化偶联反应的产物 C$_2$H$_4$ 在气相氧化反应中有较反应物 CH$_4$ 更高的反应活性,不利于反应选择的提高。但是,若反应是发生于催化剂表面上,C$_2$H$_4$ 中 C＝C 键与表面活性氧化物种的反应会受到催化剂表面空间障碍的限制,相对反应速率则会降低。有报导,在 LiCl/MnOx 催化剂上,几个烃类的反应顺序大小为 C$_2$H$_6$＞CH$_4$＞C$_2$H$_4$[4],这无疑对反应选择性的提高是十分有利的。因此,一个好的催化剂必须尽可能减少气相深度氧化反应的发生。

BaCO$_3$ 和其他含 La$_2$O$_3$ 催化剂作用下,C$_2$H$_4$ 与 O$_2$ 的反应速率与温度的变化关系如图 3 所示。C$_2$H$_4$ 的氧化反应在 La$_2$O$_3$ 上温度低于 500 ℃时就发生了,而在 BaCO$_3$ 上当温度达到 600 ℃时还没有明显的反应发生。值得注意的是当高活性的 La$_2$O$_3$ 经过 BaCO$_3$、K$_2$SO$_4$ 或 Cs$_2$SO$_4$ 修饰后,在所得的催化剂上 C$_2$H$_4$ 的氧化反应被大大抵制了。在这些碱金属或碱土金属组分助催的催化剂上,C$_2$H$_4$ 氧化反应被抑制的现象可主要从这些助催组分对气相含氧自由基的猝灭作用来解释。气相反应是通过自由基反应进行的,在气相氧化反应中气相中的含氧自由基如·O、·OH、·O$_2$H 的浓度的大小对反应的速率起决定性作用,降低这些含氧自由基的浓度能大大抑制气相反应的进行。表面的性质对于发生于这一表面上方的气相反应的影响在气相反应动力学中已进行了广泛的研究,并被称之为"气壁效应"。大量的研究表明[5,6],碱金属或碱土金属组分对气相中的含氧自由基具有猝灭作用,当气相含氧自由基与由这些组分构成的表面发生碰撞时会生成如 H$_2$O、O$_2$ 等较稳定的分子而猝灭,从而减小这些表面周围含氧自由基的浓度,抑制气相氧化反应的发生。正如图 3 所示,相当活泼的 La$_2$O$_3$ 催化剂经过 BaCO$_3$,K$_2$SO$_4$ 和 Cs$_2$SO$_4$ 修饰后,可能是由于这些修饰组分在催化剂表面对气相含氧自由基的猝灭作用,C$_2$H$_4$ 的氧化反应被大大抑制了。更值得注意的是,如表 1 所示,对 La$_2$O$_3$ 表面用 BaCO$_3$、K$_2$SO$_4$、Cs$_2$SO$_4$ 进行助催虽然

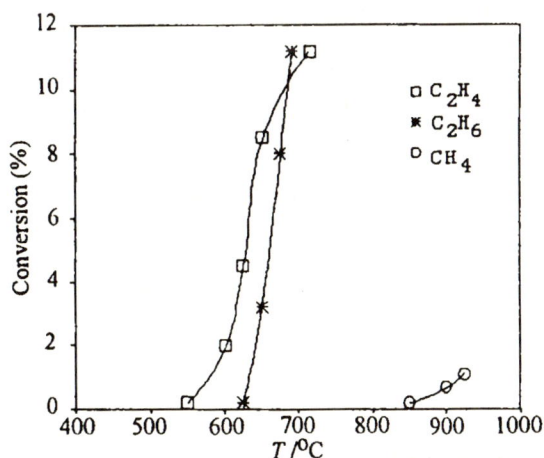

图 2　不同温度下 C$_2$H$_6$,C$_2$H$_4$ 和 CH$_4$ 与 O$_2$ 进行的气相氧化
反应反应气组成 C$_x$H$_y$/O$_2$/N$_2$＝5/1/14
(体积比);反应气总流速 120 ml/min

Fig. 2　Gas phasc oxidation reactions of gydrocarbons as a function of rcaction temperature

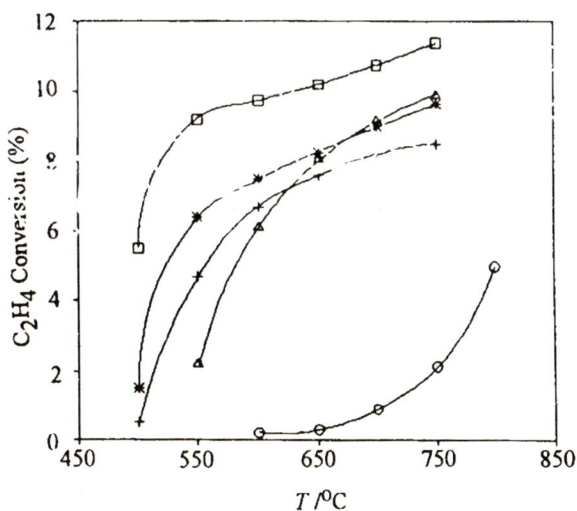

图 3　在不同催化剂上 C$_2$H$_4$ 的氧化反应与反应温度的对应关系
反应气组成 C$_2$H$_4$/O$_2$/N$_2$＝25/5/70(体积比);反应气总流速 120 ml/min;催化剂用量为的 0.1 ml,其组成由表 1 所示;
□La$_2$O$_3$,＊K$_2$SO$_4$/La$_2$O$_3$,△BaCO$_3$/La$_2$O$_3$,＋Cs$_2$SO$_4$/La$_2$O$_3$,○BaCO$_3$

Fig. 3　Ethylcne oxidation reaction at different temperatures in the presence of different catalysts

抑制了反应产物 C_2H_4 深度氧化反应的进行,但却没有抑制对 CH_4 转化活性,因此净结果是提高了催化反应的 C_2 烃收率。

表 1　碱金属和碱土金属组分对 La_2O_3 催化剂的助催作用[1]

Tab. 1　Promoting effects of alkali sulfates and alkaline earth carbonate on La_2O_3 catalysts

催化剂 (mol%)	反应温度 (℃)	GHSV (h^{-1})	转化率(%)		选择性(%) C_2[2]
			CH_4	O_2	
La_2O_3	700	1.5×10^4	28.1	99.0	46.7
$5\%K_2SO_4/La_2O_3$	700	1.5×10^4	28.8	80.3	65.5
$5\%Cs_2SO_4/La_2O_3$	700	1.5×10^4	28.7	79.0	70.0
La_2O_3	780	6.0×10^4	26.4	99.0	47.9
$45\%BaCO_3/La_2O_3$	780	6.0×10^4	30.4	96.0	57.3

(1)反应气组成 $CH_4/O_2/N_2=24.6/5.6/69.8$ vd%,催化剂(30~60 meshes)用量 0.2 ml

(2)$C_2=C_2H_4+C_2H_6$

参考文献

[1]林国栋等. 甲烷氧化偶联制 C_2 烃 La_2O_3 基催化剂的研究. 厦门大学学报(自然科学版),1993,**32**(3):312~316.

[2]Zhang Z L et al. Methane oxidative coupling to C_2 hy-drocarbons over lanthanum promoted barium catalysts. Appl. Catal. ,1990,**62**:29~33.

[3]Lunsford J H. The catalytic conversion of methane to higher hydrocarbons, in Natural Gas Conversion,Amsterdam,Elsevier,1991:3~13.

[4]Burch R,Tsang S C. Investigation of the partial oxidation of hydrocarbons on methane coupling catalysts,Appl. Catal,1990,**65**:259~280.

[5]Melville S H,Gowcnlock B G. Experimental Methods in Gas Reactions (2nd Edition),London,Macmillan,1964:358~363.

[6]Willbourn A H et al. Proceedings of the Royal Sociely of London,Scries A,1946,**185**:376~386.

The Influence of Surface Properties on the Catalytic Performances of Methane Oxidative Coupling Catalysts

Yu-Da Liu, Hong-Bin Zhang, Guo-Dong Lin,Khi-Rui Tsai

(*Dept. of Chem., Inst, of Phys. Chem.*)

Abstract　The C_2 yield of the La_2O_3-$BaCO_3$ catalysts exhibits a volcano-type behavior with the changing of the catalytic composition. This could be attributed to the changing of surface concentration of active phase La_2O_3 by the adjustment of inert phase $BaCO_3$. The optimal catalytic performance could be obtained by adjusting the surface concentration of active phase within a proper range. When the active phase La$_2$O$_3$ was modified by BaCO$_3$, K$_2$SO$_4$ and Cs$_2$SO$_4$, the deep oxidation of the reaction product C$_2$H$_4$ over the active phase is limited and the C$_2$ selectivity of the catalyst is improved. These alkali metal and alkaline earth metal compounds on the active phase surface could act as scavengers for oxygen-containing radicals in the gas phase and inhibit the gas phase oxidation of C$_2$H$_4$.

Key words Methane Concentration of active phase C$_2$H$_4$ Scavenger

■ 本文原载:J. C. Baltzer AG, Science Publishers 23 (1994) pp. 103~106.

Oxidative Dehydrogenation of Propane over Fluorine Promoted Rare Earth-Based Catalysts

Wei-De Zhang, Xiao-Ping Zhou, Ding-Liang Tang, Hui-Lin Wan, Khi-Rui Tsai

(*Department of Chemistry, Xiamen University, Xiamen 361005, PR China*)

Received 14 May 1993; accepted 9 August 1993

Abstract   Catalysts based on rare earth complexes such as $CeO_2/2CeF_3$, $Sm_2O_3/4CeF_3$, $Nd_2O_3/4CeF_3$ and $Y_2O_3/4CeF_3$ were prepared. These catalysts were active for the oxidative dehydrogenation of propane with very high selectivity to propene. At 500 ℃ and 6000 h^{-1}, using $CeO_2/2CeF_3$ as the catalyst, the conversion of propane was 41.3%, selectivity to propene reached 81.1%, propene yield was 33.5%. XRD results indicated that F^- and O^{2-} were exchanged in the lattices. Raman spectra showed that the O_2^- might be the active oxygen species in propane oxidative dehydrogenation.

Key words   Propane   propene   oxidative dehydrogenation   rare earth catalyst

1   Introduction

Increasing attention has been focused on the utilization of cheaper feedstocks, such as alkanes in industrial chemistry. Light carbon alkanes which are abundant in natural gas and liquefied petroleum gas have been used to produce alkene or oxygenated organic compounds[1]. The oxidative dehydrogenation (OXD) of alkanes to unsaturated hydrocarbons is a promising route. So far, only a few catalysts have been reported to show reasonable selectivity for this reaction, particularly under conditions of high conversion[2,3]. We report here that rare earth-based catalysts which were composed of oxides of Ce, Sm, Nd or Y and CeF_3 preserved high selectivity at higher conversion.

2   Experimental

(1) The catalysts were prepared separately from the following reagents (all ratios are in mol):
DCE: CeO_2/CeF_3(1:2); DSM: Sm_2O_3/CeF_3(1:4),
DND: Nd_2O_3/CeF_3(1:4); DY: Y_2O_3/CeF_3(1:4).
The above mixtures were crushed and then stirred with deionized water to paste respectively. The pastes were dried at 100 ℃ for 1 h, calcined at 850 ℃ for 2 h, and then crushed to 0.22~0.50 mm particle size. In this way, the catalysts DCE, DSM, DND and DY were prepared.

(2) The catalytic reaction was carried out in a fixed bed reactor using 0.5 ml of catalyst. The feed rate of reactant ($C_3H_8 : N_2 : O_2 = 4 : 11 : 5$) was 50 ml/min. The products were analyzed with gas chromatography.

(3) The XRD measurements of the fresh catalysts were carried out by using Rigaku Rotaflex D/

Mac-C system with Cu Kα radiation.

(4) The Raman spectra were recorded by using JobinYvon U-1000 Raman spectrometer. The treatment of the samples used in Raman characterization was as follows: the catalyst sample was treated in flowing N_2 at 900 ℃ for 30 min, then cooled to room temperature. Part of the sample was sealed in a glass tube in N_2 for the sample without adsorbed O_2 (background sample). Part of the sample was exposed to O_2 at room temperature, and then flushed with N_2 at room temperature before sealing, to obtain a sample with adsorbed O_2.

3　Results and discussion

Table 1 shows the results of propane OXD over the catalysts at 500 ℃. The selectivity to propene is very low over the pure oxides. Most of the converted propane was cracked to CH_4, C_2H_4 or completely oxidized to CO and CO_2. The propane conversion was very low over CeF_3 at 500 ℃. After addition of CeF_3 to CeO_2, Sm_2O_3, ND_2O_3 and Y_2O_3, the selectivity to propene greatly increased. Over the $CeO_2/2CeF_3$ catalyst, the conversion of propane was 41.3%, the selectivity to propene increased to 81.1%. Over the $Nd_2O_3/4CeF_3$ and $Y_2O_3/4CeF_3$ catalyst, the conversions of propane were 8.8% and 9.0% respectively, and the selectivities to propene were greater than 90%. From table 1, we find that over $CeO_2/2CeF_3$, the yield of propene (33.5%) was much higher than for the other catalysts (6.96% to 8.73%) at 500 ℃. Table 1 also shows that the increase of the reaction temperature can apparently increase the conversion of propane, but decreases the selectivity to propene. For example, over $Nd_2O_3/4CeF_3$ catalyst, the conversion of propane reached 32.7% at 520 ℃ (only 8.8% at 500 ℃), and the selectivity to propene was 71.3% (99.0% at 500 ℃).

Table 1　Results of propane oxidative dehydrogenation over rare earth-based catalysts [a]

Catalyst	Conv. of C_3H_8 (%)	Selectivity (%)						Yield of C_3H_6 (%)
		C_3H_6	CH_4	C_2H_6	C_2H_4	CO_2	CO	
CeO_2	86.7	7.9	39.8	3.1	23.9	17.8	7.0	6.85
Sm_2O_3	33.3	6.3	30.2	3.0	19.3	34.1	7.3	2.1
CeF_3	n. a. [b]							
$CeO_2/2CeF_3$	41.3	81.1	3.8	0	10.7	0.8	3.6	33.5
$Sm_2O_3/4CeF_3$	7.5	92.8	0	0	0	7.2	0	6.96
$Nd_2O_3/4CeF_3$	8.8	99.0	0	0	0	1.0	0	8.71
*	32.7	71.3	11.6	0	16.7	2.1	0	23.3
$Y_2O_3/4CeF_3$	9.0	97.0	0	0	0	3.0	0	8.73
*	33.3	65.4	14.2	0	16.3	4.0	0	21.8

[a] Reaction temperature: 500 ℃ (*:520 ℃), space velocity:6000/h.

[b] n. a.: no activity.

XRD results indicated that in $CeO_2/2CeF_3$, only cubic CeO_2 phase was found, but its lattice constant increased a little. This might be caused by CeF_3 melting into the CeO_2 lattice. The $Nd_2O_3/4CeF_3$ catalyst contained cubic CeO_2 and hexagonal NdF_3. In $Y_2O_3/4CeF_3$, cubic CeO_2, orthorhombic YF_3 and a small amount of hexagonal YOF were found. These results showed that in the catalysts $Nd_2O_3/4CeF_3$ and $Y_2O_3/4CeF_3$, F^- and O^{2-} exchanged in the lattice. This kind of exchange would form anion vacancies because one O^{2-} can substitute two F^-. The melting of CeF_3 into CeO_2 changed the lattice constant and the basicity of CeO_2. These affect the oxygen adspecies greatly. It is favourable for the oxidative dehydrogenation of propane.

Raman spectroscopy was used to characterize active oxygen species on the catalysts. Fig. 1 shows the Raman spectra of the $CeO_2/2CeF_3$ catalyst. With no O_2 adsorbed，there is only one band at 944 cm^{-1}，corresponding to $M=O$ vibration in CeO_2. With O_2 adsorbed, a new band appeared at 1166 cm^{-1}, corresponding to O_2^- [4], The Raman spectrum of the used catalyst was complex, showing four bands at $1030 \sim 1085$ cm^{-1}, and two bands at 1426 cm^{-1} and 1470 cm^{-1}. The last two bands correspond to CO_3^{2-} [4]. This indicated CO_3^{2-} was formed on the catalyst surface in the reaction. The Raman spectra did not show the signals of O^- and O^{2-} on the surface of the O_2 adsorbed sample, only O_2^- was checked. These results apparently showed the activity of $CeO_2/2CeF_3$ catalyst to O_2. The O_2^- might be the active oxygen species in propane OXD.

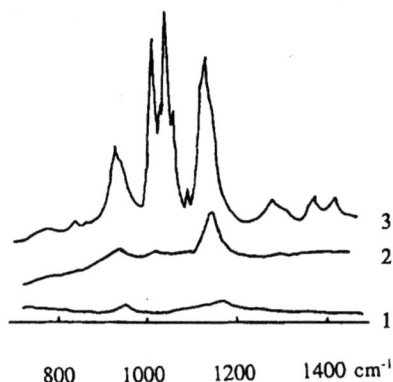

Fig. 1 Raman spectra of catalyst $CeO_2/2CeF_3$. (1) no O_2, (2) O_2 adsorbed, (3) after reaction.

4 Conclusion

The investigation indicated that after CeF_3 addition to CeO_2, Sm_2O_3, Nd_2O_3 or Y_2O_3, the F^- and O^{2-} exchange in the lattice. The "isolation effect" of F^- at the surface for oxygen adspecies and the basicity difference of surface oxygen species affect the OXD of propane, increasing the selectivity to propene.

Acknowledgement

This work was supported by the National Natural Science Foundation of China and the State Key Laboratory for Physical Chemistry of the Solid Surface, Xiamen University. The support is gratefully acknowledged.

References

[1]A. T. Bell, Catalysis looks to the Future (National Academy Press, Washington, 1992).

[2]M. A. Chaar, D. Datel and H. H. Kung, J. Catal. **109** (1988) 463.

[3]D. Siew Hew Sam, V. Soenen and J. C. Volta, J. Catal. **123** (1990) 417.

[4]S. D. Ross, Inorganic Infrared and Raman Spectroscopy (McCraw-Hill, New York, 1972).

■ 本文原载：Chinese Chemical Letters，Vol. 5，No. 4，pp. 291～294，1994.

Rate-Determining Step in Olefin Hydroformylation over Supported Aqueous-Phase Catalysts

You-Zhu Yuan, Yi-Quan Yang, Jin-Lai Xu, Hong-Bin Zhang, Khi-Rui Tsai

(Department of Chemistry, Institute of Physical Chemistry,
Xiamen University, Xiamen 361005)

Abstract   A series of olefin hydroformylations over supported aqueous-phase rhodium catalyst with the substitution of CO/D_2 for CO/H_2 were carried out to study the isotope effects of deuterium. The rate of aldehyde formation in CO/D_2 was about 1.3 times faster than that in CO/H_2, indicating that the aldehyde formation shows noticeable inverse deuterium isotope effect over SAP catalyst. The results of *in-situ* IR study of ethylene hydroformylation suggest that the reaction rate of acyl hydrogenolysis forming aldehyde is the slowest one. It may be inferred from these results that the rate-determining step involved in aldehyde formation is very probably a step of hydrogenation.

The isotope effects resulted from isotope substitution in the related reaction bonds have been a subject of extensive study in the catalytic mechanism, in which the effect of deuterium isotope on the rate of hydrogenation reaction is often used to investigate whether hydrogen is involved in the rate-determining step (RDS) or not[1,2]. In literature[3-5] and our previous papers[6,7], the supported aqueous-phase (SAP) catalysts were proved to be effective in catalyzing hydroformylation of water-insoluble olefins, because of the high activity and easy separation of products-reactants from catalysts. A variety of liquid olefins have been hydroformylated with certain SAP catalysts. However, no work concerning the effects of deuterium isotope in hydroformylation of olefins over SAP catalyst systems has been so far reported, though it is generally accepted that the hydrogenolysis of acyl intermediate forming aldehyde product is the RDS in hydroformylation of olefins on homogeneous rhodium-complexes and heterogeneously supported rhodium catalysts evidenced by noticeable inverse deuterium effects[8,9]. In the present work, we have conducted a series of olefin hydroformylations with substitution of CO/D_2 for CO/H_2 to study the isotope effect of deuterium. Besides this, an attempt at characterization of reaction intermediate in the hydroformylation of ethylene over SAP catalyst has been made under reaction conditions by means of *in-situ* IR spectroscopy to attain a better insight into the catalytic mechanism.

1   Experimental

Water-soluble ligands, $P(m\text{-}C_6H_4SO_3Na)_3$ (trisodium salt of tri-(m-sulfonphenyl)-phosphine, TPPTS) was prepared by known methods[10].

SAP catalyst was prepared by referring to the literature[11]. The solution of $Rh(acac)(CO)_2$-hexane was preimpregnated onto SiO_2 ($80 \sim 100$ meshes, 203 m^2/g) by incipient wetness technique and the organic solvent (hexane) was evaporated away in vacuum. Incipient wetness was then used to add aqueous solution with desired amount of TPPTS to the above sample. Water was removed from the solid under vacuum at room temperature. The impregnated solid was exposed to a CO/H_2 ($V/V=1$) mixture at atmospheric pressure and room temperature at least 12 h to complete the formation of rhodium-complexes. The analysis with constant weight at 383 K showed a $15\% \sim 20\%$ weight loss that was contributed to water of solvation. The rhodium loading in the SAP catalysts thus prepared was 0.04 mmol per gram of SiO_2.

Hydroformylation was carried out in a fixed bed reactor at 373 K under CO/H_2 or CO/D_2 ($V/V=1$) of 0.1 MPa pressure. The n-decane (solvent) in which liquid olefins were dissolved was constant for all experiments. The liquid reactant was fed in constant flow-rate with a SY-02A type of micro-high-pressure pump. The products were analyzed by an FLD-GC with a 10% PEGE (3 m) column.

Infrared spectra were measured on a Nicolet 740 FTIR spectrometer with a resolution of 4 cm^{-1}. The catalyst disk in the IR cell was subjected to further treatments by flowing nitrogen at room temperature or up to 373°K before the reaction studies. The reaction of ethylene hydroformylation on rhodium SAP catalyst disks in IR cell that served as a batch reactor was studied at different temperature points up to 393 °K with pressure of 0.8 MPa of reactant ($C_2H_4/CO/H_2=0.5/1/1$, V/V).

2　Results and Discussion

Table 1 summarizes the results of several olefins hydroformylated over SAP catalyst under CO/D_2 and CO/H_2 respectively. The reaction conversions and rates of aldehyde formation in CO/D_2 atmosphere are about 1.3 times faster than that in CO/H_2, while this is not the case on the selectivity of normal aldehyde. These results indicate that the aldehyde formation shows noticeable inverse isotope effect, but no isotope effects are observed on the formation rates of normal aldehyde, in olefin hydroformylation over SAP catalyst.

Table 1　H_2/D_2 isotope effect in olefin hydroformylation over SAP catalyst

Substrate	C^D/C^H	$Y^D_{Aldehyde}/Y^H_{Aldehyde}$	n^D/n^H
1-hexene	1.36	1.30	1.01
1-heptene	1.31	1.29	1.00
1-octene	1.33	1.30	1.03

C: Conversion(%); Y: STY(h^{-1}); n: normal aldehyde(%).

Reaction condition: $CO/H_2(D_2)(V/V=1)=0.1$ MPa, flow rate 10.0 ml/min; Olefin/n-decane($20/80$, wt/wt) feed 2.0 ml/h.

The results of *in-situ* IR study of ethylene hydroformylation over SAP catalyst are shown in Fig. 1. When $C_2H_4/CO/H_2$ was introduced into the SAP catalyst disk in IR cell. Carbonyl species at *ca.* 1625 cm^{-1} can be immediately detected and it was stronger in intensity than aldehyde which appeared at *ca.* 1712 cm^{-1}. The intensity of aldehyde peak was then gradually increased as the reaction proceeding.

The steps of hydride migration, CO insertion, and acyl hydrogenation are involved in the two possible catalytic mechanisms, namely the dissociative and the associative mechanism, proposed by Wilkinson[12]. From the kinetic results of deuterium isotope effect it may be inferred that the RDS involved in aldehyde formation is, very probably, the step related with hydrogen (*e. g.*, hydride migration or acyl hydrogenolysis). The evidences that the peak of acyl species appeared very quickly in the *in-situ* IR observation strongly suggest that the RDS is unlikely the step of hydride migration, but acyl hydrogenolysis.

It is believed that the kinetic isotope effect of H_2/D_2 coordination in RDS is responsible for the overall inverse isotope effect in the present system[13]. Although the mechanism of olefin hydroformylation over SAP catalyst has not been clearly revealed so far, the deuterium isotope effect that appeared in acyl hydrogenolysis may be qualitatively explained from the viewpoint of the kinetic isotope effect usually regarded as resulting from the difference of zero point potential energy between active complex and substrate[14]. We may postulate, referring to

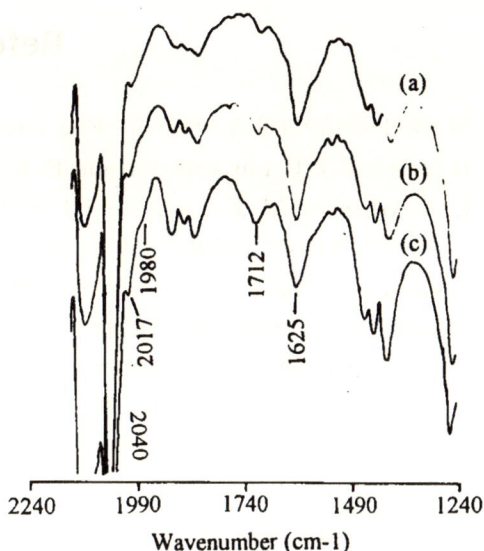

Fig. 1 *In-situ* IR spectra of ethylene hydroformylation on SAP catalyst at 393 K; $C_2H_4/CO/H_2 = 0.5/1/1(V/V)$, total pressure 0.8 MPa.
a) 3 min; b) 10 min; c) 15 min.

the transition state theory, that the reaction of acyl hydrogenolysis forming aldehyde proceed in the way shown in Fig. 2. The aldehyde is produced by ortho-position insertion due to partial elimination of Rh-H (or Rh-D) bond and partial formation of C-H (or Rh-D) bond.

The two active complexes(A) or (B) are formed in the process of partial formation of C-H and C-D bonds. Since C-H bond energy is larger than that of Rh-H, the potential energy difference between (A) and (B) active complexes is larger than that between the two "reactants" with Rh-H and Rh-D bond

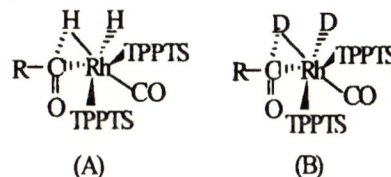

respectively, *i.e.*, a smaller active energy is needed in RCO + D reaction forming RDCO than in the corresponding RCO + H one forming RHCO. Therefore, the kinetic deuterium isotope effect for the aldehyde formation will be observed.

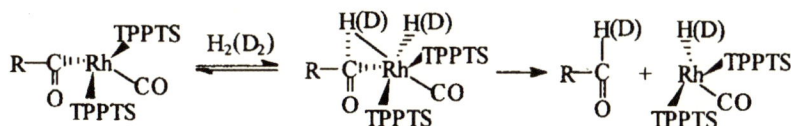

Fig. 2 Possible reaction pathway of forming aldehyde in olefin hydroformylation

Acknowledgements

The authors acknowledge financial supports from Sino-PEC, State Education Commission of China and National Natural Science Foundation of China for this and continuing research efforts.

References

［1］ M. Orchin,Catal Rev. -Sci. and Eng., 1984,**26**(1):59.

［2］ H Y Wanh,J. P. Liu,J. K. Fu,and K. R Tsai,J. Mol Catal. (China),1992,**6**(2):156.

［3］ J. P. Arhancet, M. E. Davis, and J. S. Meola, et al, Nature, 1989, 339；J. P. Arhancet, M. E. Davis,J. S. Meola,and B. E. Hanson,J. Catal.,1990,**121**:327.

［4］ I. Guo, B. E. Hanson, I. Toth, and M. E. Davis, J. Organomet. Chem, 1991, 403: 221；I. T. Horvath,Catal. Lett.,1990,**6**:43.

［5］ J Haggin,C&EN,1992,April 27.

［6］ Y. Z. Yuan, Y. Q. Yang, H. B. Zhang,and K. R Tsai,Chem. J. Chin. Univ. (Chinese Ed.),1993, **14**(6):863.

［7］ Y. Z. Yuan,H. B. Chen,and K. R Tsai,Chin. J. Appl Chem.,1993,**10**(4):13.

［8］ B. Cornils, In "New Synthesis with Carbon Monoxide"(J. Falbe, Ed.), pp. 1-181, Springer-Verlag,Berlin/ New York,1988.

［9］ S. Natio and M. Tanimoto,J. Catal.,1991,**103**:106.

［10］ E. Kuntz,US. Patent 1980,4248802.

［11］ J. P. Arhancet,M. E. Davis,and B. E. Hanson,J. Catal.,1991,129:94；ibid,1991,**129**:100.

［12］ G. Yagupsky,C. Brown,and G. Wilkinson,J. Chem. Soc. A,1970,1392；ibid,2750.

［13］ W. X. Pang,J. Lui,and D. Q. Lui,J. Mol. Catal. (China), 1989,**3**:41.

［14］ A Ozaki,in "Isotope Studies of Heterogeneous catalysis",New York,Academic Press,1977.

(Received 6 November 1993)

■ 本文原载:J. CHEM. SOC., CHEM. COMMUN.,1994.

Selective Oxidative Dehydrogenation of Isobutane over a Y_2O_3 — CeF_3 Catalyst

Wei-De Zhang, Ding-Liang Tang, Xiao-Ping Zhou, Hui-Lin Wan, K.R.Tsai

Department of Chemistry, Xiamen University, Xiamen 361005, P. R. China

The multi-valence anion modified complex catalyst Y_2O_3-CeF_3 was found to be selective for the oxidative dehydrogenation of isobutane to isobutene at a relatively high conversion.

The production of gasoline octane enhancers (*i. e.* methylene tert-butyl ether, or MTBE) has lead to new commercial developments in isobutene production. The relatively abundant liquefied petroleum gas (LPG) contains mainly propane and butane. Catalytic oxidative dehydrogenation of isobutane is a promising route to isobutene[1-4]. In this process, catalytic selectivity is the most important factor since with an alkane and oxygen mixture, the thermodynamically favoured products are CO_2 and H_2O. Thus for this process catalysts must be designed which inhibit the oxidation effectively[5]. We designed the CeF_3 promoted yttrium oxide catalyst which is active in isobutane oxidative dehydrogenation. It has a relatively high selectivity at high isobutane conversion.

The catalyst was prepared from CeF_3 and Y_2O_3 which were mixed in equal mole ratios, crushed to a powder and then stirred with deionized water to form a paste. The paste was dried at 100 ℃ for 2 h and calcined at 850 ℃ for 4 h. The catalytic activity and selectivity for the oxidative dehydrogenation were determined using a conventional flow system (fixed bed microreactor, 6 mm internal diameter) with a reaction temperature of 460-540 ℃; pressure of 1 atm; space velocity of 6000 h^{-1}; the feed was isobutane:O_2 = 1 : 1 or isobutane:O_2 : N_2 = 2 : 3 : 5. The products were analysed by on-line gas chromatography.

The catalyst was particularly active for the selective production of isobutene from the oxidation of isobutane with molecular oxygen. Isobutene selectivity was much higher than with pure or complex oxides (over a Y_2O_3 catalyst, the isobutene selectivity was only 37.1% at 34.5% isobutane conversion at 500 ℃ and space velocity of 6000 h^{-1} without N_2 feed). Fig. 1 shows the results of catalytic oxidative dehydrogenation of isobutane over the prepared catalyst. The conversion increased steadily with increasing temperature at above 460 ℃ while the selectivity dropped. The byproduct was predominantly propene, but CO and CO_2 were also formed, especially when the partial pressure of oxygen was increased. The isobutane conversion

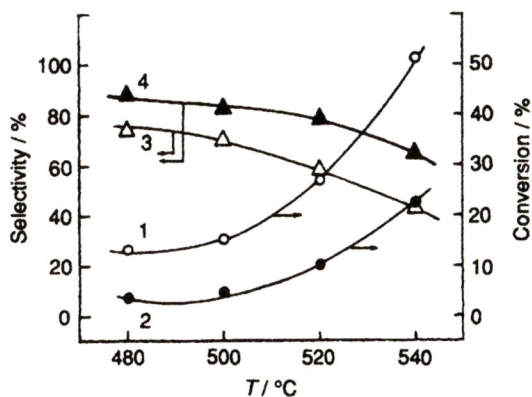

Fig. 1 Isobutane conversion and isobutene selectivity on Y_2O_3-CeF_3 catalyst. Lines 1 and 3 represent no N_2 feed, lines 2 and 4 with a N_2 feed.

increased markedly with a slight decrease in isobutene selectivity when the oxygen partial pressure increased. This reaction can be run with pure (undiluted) gases. At 500 ℃ without N_2 the isobutane conversion reached 15. 4%, the selectivity 71. 3% and the isobutene obtained 10. 9%.

These catalysts were stable under the reaction conditions and under an 84 h test the activity and selectivity remained almost constant. This implied that the composition of the catalyst did not change and F^- was not lost.

XRD results indicated that the catalyst was composed of orthorhombic YF_3, hexagonal YOF, cubic CeO_2 and (or) cubic CeOF. The XRD lines of CeO_2 and CeOF are almost the same, so it is difficult to separate them. This result clearly showed that in the preparation of the catalyst, O^{2-} and F^- exchanged places in the solid lattices. This would cause anion defects, similar to complex oxides with different valence cations[6,7]. The formation of the anion defects favours the activation and transfer of O_2 to active oxygen species, thus favouring the oxidative dehydrogenation of isobutane to isobutene.

Support of this work by the National Natural Science Foundation of China and Fujian Province Science Foundation is gratefully acknowledged.

Received, 11th November 1993; Com 3/06770J.

References

[1] A. T. Bell, M. Boudart and B. D. Ensley, Catalysis Looks to the Future, National Academy Press, Washington DC, 1992, p. 21.

[2] J. F. Roth, Abstracts of First Tokyo Conference on Advanced Science and Technology, 1990, Tokyo, p. 1.

[3] A. Guerrero-Ruiz, I. Rodriguez-Ramas and J. L. G. Fierro, in Studies in Surface Science and Catalysis, ed. P. Ruiz and B. Delmon, Elsevier, vol. 72, 1992, p. 203.

[4] R. H. H. Smits, K. Seshan and J. R. H. Ross, in Studies in Surface Science and Catalysis, ed. P. Ruiz and B. Delmon, Elsevier, vol. 72, 1992, p. 221.

[5] G. Bellussi, G. Centi, S. Perathoner and F. Trifiro, Preprints, Symposium on Catalytic Selective Oxidation, ACS, 1992, **37**(4), 1242.

[6] Y. Wu, T. Yu and B. Dou, J. Catal., 1989, **120**, 88.

[7] P. L. Gai-boyes, Catal. Rev. — Sci. Eng., 1992, **34**, 1.

■ 本文原载:J. C. Baltzer AG，Science Publishers—Catalysis Letters,29 (1994) 387～395.

The Beneficial Effect of Alkali Metal Salt on Supported Aqueous-Phase Catalysts for Olefin Hydroformylation

You-Zhu Yuan[①], Jin-Lai Xu, Hong-Bin Zhang, Khi-Rui Tsai

(Department of Chemistry and State Key Laboratory for Physical
Chemistry of Solid Surface, Xiamen University, Xiamen 361005, P.R. China)

Received 24 November 1993; accepted 23 August 1994

Abstract   Alkali metal salt modified SAP (supported aqueous-phase) rhodium catalysts prepared by coimpregnation method using alkali metal chloride were found to be active and selective for olefin hydroformylation. The salt addition promoted the formation of aldehydes with high selectivity, the aldehyde yield being increased more than 2.5 times at a proper salt/Rh ratio. Changes in stretching frequency of the carbonyl species were detected during ethene hydroformylation, which appeared at ca. 1625 cm^{-1} on the non-modifled SAP catalyst sample, while at ca. 1586 cm^{-1} on the KCl-modified one, as shown by in situ IR spectroscopy. The results of a deuterium isotope effect experiment showed that the hydroformylation rate for aldehyde formation on SAP rhodium catalyst under atmospheric pressure of CO/D_2 was about 1.3 times faster than that under CO/H_2, implying that the rate-determining step involved in aldehyde formation is most probably a step related with hydrogen. The role of the alkali metal salt is discussed in relation with the reaction mechanism.

Key words   hydroformylation   supported aqueous-phase catalyst   rhodium-complex   alkali metal salt   promoter   in situ IR

1   Introduction

The development of supported aqueous-phase catalysts (SAP catalysts) has been attracting increasing attention since 1989[1-16], because of high activity and easy separation of product-reactant from the catalyst. The SAP catalysts proved to be effective in promoting the hydroformylation of water-insoluble olefins, as indicated by the results of a variety of liquid-phase olefin hydroformylation reactions with certain SAP catalysts, such as $HRh(CO)[P(m\text{-}C_6H_4SO_3Na)_3]_3$, $Co_2(CO)_6[P(m\text{-}C_6H_4SO_3Na)_3)]_2$ or $Pt[P(m\text{-}C_6H_4SO_3Na)_3]_2$ $Cl\text{-}SnCl_3$ supported on controlled pore glass[1-11]. An example of the method is the hydroformylation of oleyl alcohol with a SAP catalyst at 100 ℃ and 51 bar of CO/H_2 (v/v=1). The catalyst was a controlled pore glass impregnated with $HRh(CO)$ $[P(m\text{-}C_6H_4SO_3Na)_3]_3$ and $P(m\text{-}C_6H_4SO_3Na)_3]_3$. Extensive experimentation demonstrated that the rhodium is not leached into the organic phase[1-9]. Since neither oleyl alcohol nor the hydroformylation products are soluble in water,

---

① To whom correspondence should be addressed.

the activity positively supports the hypothesis that the immobilization is completed due to strong interactions between the sulfonated group of the phosphine and the silanol groups on the surface of the support, such as silica or glass. The water-soluble complexes supported on a hydrophilic support may remain dissolved in the aqueous phase and works at the aqueousorganic interface during the catalytic reactions[1,3]. Horvath[4] has further proposed that the hydrophilic support holds the water soluble phosphines by hydrogen bonding of the hydrated sodium-sulfonated groups to the surface, although the exact nature of this interface is unknown.

The mechanism of olefin hydroformylation by homogeneous transition-metal complexes or heterogeneous catalysts has been studied extensively. Certain carbonyl complexes were identified as catalytically active reaction intermediates[17-19]. On the other hand, the distinct effect of alkali metal salts on catalytic activity has been demonstrated for hydroformylation over silica-supported group VIII metal catalysts[20,21] and for $CO-H_2$ reactions over $Rh^{[22,23]}$ and $Pd^{[24,25]}$ metal catalysts. However, so far investigations have never been reported about the promotion effect of alkali metal chloride on hydroformylation over SAP catalysts.

We have investigated the catalytic effects of alkali metal salt additives on SAP rhodium catalysts in liquid-phase olefin (e. g., 1-hexene, 1-heptene, 1-octene, and methyl 10-undecenoate) hydroformylation. In this article, the promoting effects of LiCl, NaCl, and KCl on the activity and selectivity of SAP rhodium catalysts for liquid-phase olefin hydroformylation are reported. The interactions of the alkali metal salt with CO and the reaction intermediates related to the catalytic mechanism are also discussed, together with the experimental results of the kinetic investigation, XRD and in situ IR studies.

2 Experimental

2.1 CATALYSTS

$P(m-C_6H_4SO_3Na)_3$ (trisodium salt of tri-(m-sulfonphenyl)-phosphine, TPPTS) was synthesized by known methods[26,27]. The results of characterization of the solid products by ^{31}P solution NMR indicated that the solid was a mixture of sodium salts of sulfonphenyl-phosphines (~91 wt%) with sulfonphenyl-phosphine oxides (~9 wt%). $Rh(acac)(CO)_2$ was prepared by the known method, with IR absorption peaks agreeing with the literature[28]: 2066(vs), 1599(vs), 1526(s), 1382(s), 1350(s) and 763(w) cm^{-1}.

Impregnated SAP rhodium catalysts were prepared according to the literature[9,10]. The rhodium loading was controlled to be 0.02 mmol per gram of SiO_2 in the case of the kinetic experiment, and 0.04 mmol per gram of SiO_2 in the case of the isotope effect experiment as well as in situ IR study, respectively. The solution of $Rh(acac)(CO)_2$-hexane was preimpregnated into SiO_2 (80~100 meshes, 203 m^2/g) by incipient wetness technique and the organic solvent (hexane) evaporated off under vacuum. Incipient wetness was then used to add an aqueous solution with TPPTS amount in the ratio TPPTS/Rh=10 (mol/mol) to the above sample. Water was removed from the solid under vacuum at room temperature. The impregnated solid was exposed to a CO/H_2 mixture at atmospheric pressure and room temperature for at least 12 h to complete the formation of rhodium-phosphine complexes. The analysis by means of constant weight at 383 K showed about 15% weight loss, which is contributed to water of solvation. An aqueous solution of LiCl, or NaCl, or KCl was coimpregnated with TPPTS in aqueous solution respectively, followed by evaporation under vacuum at room temperature. The catalysts thus obtained are denoted as modified SAP catalysts.

2. 2 HYDROFORMYLATION OF OLEFINS

Hydroformylation was carried out in a fixed bed reactor at 373 K under $CO/H_2(v/v=1)$ 4. 0 MPa pressure. The homogeneous mixture of solvent (*n*-decane) and liquid olefin was added into the reaction system by means of a SY-02A type microfeed-high-pressure pump and the flow-rate of the reactant was readjusted by selecting different output positions on the pump micrometer. The products were analyzed by an FID-GC with the following columns:5% XE-60 (1 m) and 10% polyethyleneglycolsebacate (3 m) for hydroformylation of methyl 10-undecenoate and C_6-C_8 olefins respectively.

2. 3 SPECTROSCOPIC CHARACTERIZATION OF CATALYST

^{31}P solution NMR of water-soluble ligand TPPTS was taken with a Jeol JNM-FX100 spectrometer; X-ray powder diffraction measurements were performed using a Rigaku Diffractometer Ru-200A with Cu Kα radiation.

Infrared spectra were taken with a Nicolet 740 FTIR spectrometer with a resolution of 4 cm^{-1}. The catalyst disk in the infrared (IR) cell was subjected to further treatments by flowing nitrogen at room temperature or up to 373 K prior to the adsorption and reaction studies. Each spectrum was produced by accumulating 160 scans at 4 cm^{-1} resolution. CO adsorption, the reaction of preadsorbed CO with $C_2H_4/H_2(v/v=1)$ and ethene hydroformylation on SAP rhodium catalysts were studied in an IR cell that served as a batch reactor at several temperature points up to 393 K with pressure of 0. 1~1. 0 MPa of $(C_2H_4/CO/H_2=0. 5/1/1,v/v)$. The spectra for the adsorbed species were recorded by subtracting the SiO_2 and ligands (TPPTS) backgrounds.

3 Results and discussion

3. 1 HYDROFORMYLATION OF C_6-C_{11} STRAIGHT CHAIN TERMINAL OLEFINS

The immobilization of the SAP rhodium catalysts offers advantages in product isolation and catalyst recycling. Indeed,the hydroformylation of 1-hexene,1-heptene,1-octene and methyl 10-undecenoate over SAP rhodium catalysts can be easily carried out in a fixed bed reactor under pressure of CO/H_2, as shown in fig. 1. The results of hydroformylation of these $C_6\sim C_{11}$ straight-chained terminal olefins over SAP rhodium catalysts demonstrated that the turnover frequency (TOF) decreased,whereas the ratios of normal / branched (*n*/*b*) aldehydes increased with increasing carbon number of the substrate. The selectivity towards aldehydes for a given olefin was over 99% on the present catalyst.

Table 1 shows the TOF and STY (space-time yield) for heptanal formation of 1-hexene hydroformylation on alkali metal salt modified SAP catalysts. The TOF and STY for heptanal formation in 1-hexene hydroformylation were remarkably increased over SAP rhodium catalysts modified with LiCl or NaCl or KCl respectively;analogous results were also observed in the case of other olefins such as 1-heptene, 1-octene, and methyl 10-undecenoate. As a result, the TOF and STY for aldehyde formation on the present catalyst system modified with alkali metal salt were higher than on the catalyst without alkali metal salt.

The results of 1-hexene hydroformylation on the KCl-modified SAP rhodium catalyst as a function of KCl content are shown in fig. 2. With the KCl/SAP rhodium catalyst system with KCl/Rh mole ratio in the range of 2-10,the maximum increments of TOF for heptanal formation and *n*/*b* ratio were obtained when KCl/Rh mole ratio 2 was employed,and they were larger by a factor of 2. 5 and 1. 2

respectively than those on the catalyst without KCl addition. However, the TOF and n/b were decreased, especially the TOF may be dramatically declined, as the KCl/Rh ratio in the catalyst was higher than 50.

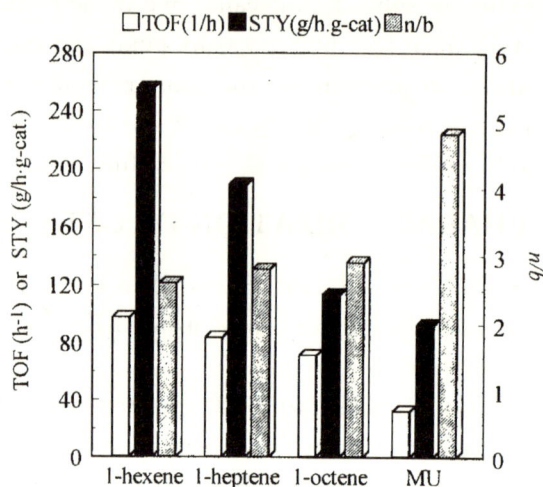

Fig. 1. Hydroformylation of several olefins over SAP rhodium catalysts; MU for methyl 10-undecenoate; reaction temperature 373 K; total pressure 4.0 MPa, CO/H_2=1/1; Rh loading 0.02 mmol/g-SiO_2.

Table 1 Hydroformylation of 1-hexene over SAP catalyst modified with alkali metal salt[a]

Catalyst	Selectivity (n/b)	TOF (h^{-1})
SAP	2.7	97.4
LiCl-SAP	3.2	254.0
NaCl-SAP	3.3	243.3
KCl-SAP	3.3	260.1

[a] The reaction condition was the same as in fig. 1.

3.2 XRD CHARACTERIZATION OF CATALYST

The powder X-ray diffraction (XRD) pattern of a series of SAP rhodium catalysts (KCl-modified and non-modified ones) revealed that the rhodium complexes or/and KCl was evenly dispersed on the surface of SiO_2 when lower KCl/Rh mole ratio (e.g., 10 or lower than 10) was employed. However, the diffraction features for KCl crystal at 28.4°, 40.5° and 66.3° (2θ) appeared in the KCl-modified SAP rhodium catalyst with excessive KCl addition (e.g., KCl/Rh=50), indicating that KCl was salted out on the surface of the catalyst in this case. As a result, the catalyst particle may become a highly hydrophilic electrolyte which inhibits the water-insoluble olefin to contact with the active center due to excessive KCl content, i.e., excessive alkali metal salt addition in SAP rhodium catalysts may result in a decrease in catalytic activity.

3.3 IN SITU FTIR STUDY OF SAP RHODIUM CATALYSTS

We have conducted the ethene hydroformylation as a probing reaction to investigate the surface species on the functioning SAP catalysts by means of in situ IR spectroscopy. The in situ IR spectra of surface species on the functioning SAP catalysts without KCl and with KCl (KCl/Rh=2) under the

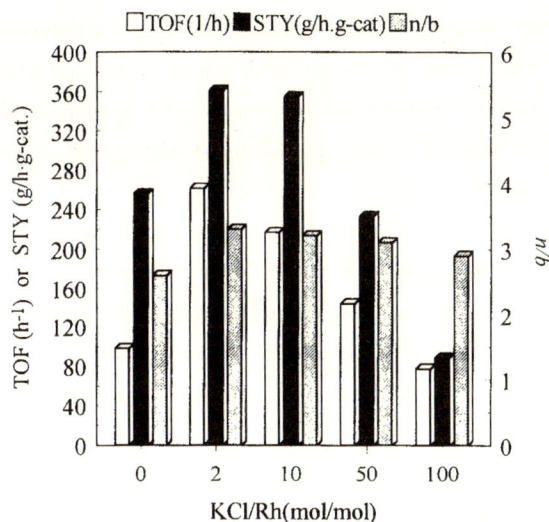

Fig. 2. Catalytic activities of the KCl-modified SAP rhodium catalysts for 1-hexene hydroformylation as a function of KCl content; the other reaction conditions were the same as fig. 1.

reaction condition for ethene hydroformylation are shown in figs. 3 and 4 respectively. In addition to the CO peaks at $1980 \sim 2040$ cm^{-1}, peaks around 1700 cm^{-1} and in the region of $1400 \sim 1600$ cm^{-1} were observed as shown both in figs. 3 and 4.

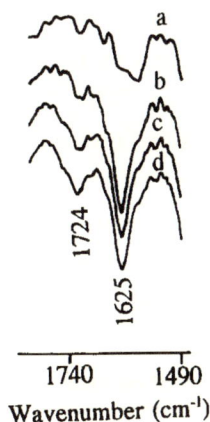

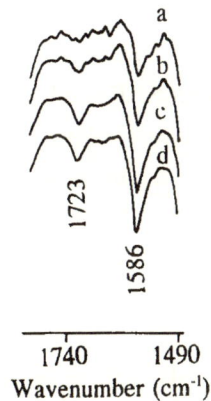

Fig. 3. In situ spectra of ethene hydroformylation on SAP rhodium catalyst; reaction temperature 393 K; total pressure 0.8 MPa; $C_2H_4/CO/H_2$ $= 0.5/1/1$ (v/v); Rh 0.04 mmol/g-SiO$_2$. (a) 1 min; (b) 3 min; (c) 10 min; (d) 20 min.

Fig. 4. In situ spectra of ethene hydroformylation on KCl-modified SAP rhodium catalyst; reaction temperature 373 K; total pressure 0.8 MPa; $C_2H_4/CO/H_2 = 0.5/1/$ 1 (v/v); Rh 0.04 mmol/g-SiO$_2$. (a) 1 min; (b) 5 min; (c) 15 min; (d) 25 min.

When CO was admitted to the catalysts surface at $373-393$ K, several IR bands at 1985, 2012, 2017 and 2049 cm^{-1} have been observed. The $v(CO) \approx 1985$ cm^{-1} band is a stable peak under flowing N$_2$ and may be assigned to CO adsorption of complex HRh(CO)(TPPTS)$_3$, whereas the other $v(CO)$ bands may be gradually purged away by flowing N$_2$ and become reversible when CO is introduced into the system again, being assignable to weak and reversible CO adsorptions due to multi-carbonyl coordination with rhodium center. No peaks around 1700 and $1400 \sim 1600$ cm^{-1} were observed during CO adsorption

667

experiments. These peaks appeared only under reaction conditions, indicating that the peaks around 1700 and 1400~1600 cm^{-1} were not related to molecular CO-derived adspecies. The intensity of the peaks around 1700 and 1400~1600 cm^{-1} was increased with proceeding hydroformylation. In order to assign the peak around 1700 cm^{-1}, N$_2$ was introduced again into the system and the peak at 1700 cm^{-1} was gradually purged away in this case. The results suggest the peak is assignable to the molecularly adsorbed propanal.

The peaks around 1400~1600 cm^{-1} may be assigned to bridge-type propionate species, judging from the peak frequencies and peak separation. The changes in stretching frequency of the bridge-type propionate species were observed in the spectra, which appeared at ca. 1625 cm^{-1} for non-modified SAP catalyst samples and at ca. 1586 cm^{-1} for KCl-modified ones, as shown by figs. 3 and 4. The in situ IR experimental results also revealed that the peaks of acyl species at ca. 1625 cm^{-1} for non-modified SAP catalyst and at 1586 cm^{-1} for KCl-modified catalyst can be immediately detected during ethene hydroformylation and the intensity of these acyl species is stronger than that of aldehyde appearing at around 1700 cm^{-1}.

3.4 DEUTERIUM INVERSE ISOTOPE EFFECT IN ALDEHYDE FORMATION OVER SAP RHODIUM CATALYST

The effect of deuterium isotope on the rate of a hydrogenation reaction is often used to ascertain whether hydrogen is involved in the rate-determining step (r. d. s.) or not. It is generally accepted that the hydrogenolysis of acyl intermediate to form aldehyde product is the r. d. s. in olefin hydroformylation on homogeneous Rh complexes and heterogeneous supported Rh catalyst systems, as evidenced by noticeable inverse deuterium isotope effects observed in several experiments[19,29]. A series of investigations of olefin hydroformylation with substitution of CO/D$_2$ for CO/H$_2$ to study the isotope effects of deuterium on SAP rhodium catalysts have been carried out by us. Table 2 shows the results of hydroformylation of several olefins over SAP rhodium catalysts under CO/D$_2$ and CO/H$_2$ respectively. The reaction conversions and rates of aldehyde formation (TOF) in CO/D$_2$ atmosphere are about 1.3 times faster than that in CO/H$_2$, whereas this is not the case for the selectivity of n/b aldehyde. These results indicate that the aldehyde formation shows a noticeable inverse isotope effect, but no isotope effects are observed on the formation rates of normal aldehyde, in olefin hydroformylation over the SAP rhodium catalysts.

Table 2 H$_2$/D$_2$ isotope effect in olefin hydroformylation over SAP catalysts [a]

Substrate	C^D/C^H	Y^D/Y^H	n^D/n^H
1-hexene	1.36	1.31	1.01
1-heptene	1.31	1.30	1.00
1-octene	1.33	1.29	1.03

[a] C: conversion (%); Y: STY (h^{-1}); n: normal aldehyde (%); reaction condition: T = 373 K; feedrate for liquid reactant 2.0 mL/h; Rh 0.04 mmol/g-SiO$_2$; CO/H$_2$ or CO/D$_2$ (v/v=1); pressure 0.1 MPa; syngas flow-rate 10.0 mL/min.

The steps of hydride migration, CO insertion and acyl hydrogenation are involved in the two possible mechanisms, namely the dissociative and the associative mechanism, proposed by Wilkinson et al. [15]. From the kinetic results of the deuterium isotope effect study it may be inferred that the r. d. s. involved in aldehyde formation is, most probably, related with hydrogen (e. g, hydride migration or acyl hydrogenolysis).

However, the evidence that the in situ IR bands of acyl species appeared very quickly and their peak intensity is stronger than that of propanal during ethene hydroformylation on SAP catalysts (figs. 3 and 4) strongly supports that the r. d. s. should be unlikely the step of hydride migration, but the acyl hydrogenolysis.

3.5 THE ROLE OF ALKALI METAL SALT

From the in situ IR spectroscopy data of ethene hydroformylation and the kinetic results of liquid-olefin hydroformylation over alkali metal salt modified SAP rhodium catalysts, it is expected that alkali metal salts in SAP rhodium catalysts may assist CO insertion into alkyl ligands and lower the potential energy of formation of acyl intermediates by stabilizing the acyl intermediate, as reflected by the changes in stretching frequency of the carbonyl species in in situ IR spectra, probably due to dipole-charge interaction and the bonding action between the carbonyl species or CO and the alkali metal cation. As a result, it is reasonable to deduce that the concentration of the acyl intermediate in the steady state may be increased with proper KCl content in the catalyst, in turn, leading to the enhancement in TOF and STY for aldehyde formation because of the mass transfer, although the hydrogenolysis of the acyl intermediate has been inferred to be the r. d. s. of hydroformylation.

In fact, the catalysts were prepared with addition of excessive ligand (L/Rh = 10, mol/mol) under the present experimental condition. However, it was found in our experiments that the hydroformylation TOF was decreased with almost no selectivity change in n/b ratio when the L/Rh mole ratio was over 10. Also, a few increments in n/b ratio in the hydroformylation product were obtained on the salt modified SAP rhodium catalyst (fig. 2), in which the salt may serve as a highly hydrophilic electrolyte to increase the interfacial tension between the oleophobic catalyst surface and oleophilic substrate. These results seem to imply that the rapid reorientation of reactant molecules at the interface should occur at the temperatures investigated.

Acknowledgement

The authors acknowledge financial support from the National Natural Science Foundation of China for this and continuing research efforts.

References

[1] J P Arhancet, M E Davis, J S Merola and B E Hanson. Nature. 1989: 339.

[2] J Haggin, C & EN, 1989.

[3] J P Arhancet, M E Davis, J S Merola and B E Hanson. J Catal. 1990, **121**: 327.

[4] I T Horvath. Catal Lett. 1990, **6**: 43.

[5] J P Arhancet, M E Davis and B E Hanson. Catal Lett. 1990, **5**: 183.

[6] M E Davis, J P Arhancet and B E Hanson, EP 0372615 (1990) and US Patent 4947003, 1990.

[7] J P Arhancet, M E Davis and B E Hanson, J Catal. 1991, **129**: 94.

[8] J P Arhancet, M E Davis and B E Hanson, J Catal. 1991, **129**: 100.

[9] I Guo, B E Hanson, I Toth and M E Davis. J Organomet Chem. 1991, **403**: 221.

[10] I Guo, B E Hanson and I Toth. J Mol Catal. 1991, **70**: 363.

[11] M E Davis, J P Arhancet and B E Hanson. US Patent 4994427. 1991.

［12］J P Arhancet，M. E. Davis and B E Hanson. Catal Lett. 1991，**11**：129.

［13］J Haggin. C&EN. 27 April 1992.

［14］I T Harvat. 10 th ICC Preprint and Abstract Book，Budapest. 1992：89.

［15］M E Davis. CHEMTECH. 1992：498.

［16］E Fache，C Mercier，N Pagnier，E Despeyroux and P Panster，J Mol Catal. 1993，**79**：117.

［17］D Edans,LA Osborn and G Wilkinson. J Chem Soc. A1968：3133.

［18］C K Brown and G Wilkinson. J Chem Soc. A1970：2753.

［19］B Cormils. in：New Synthesis with Carbon Monoxide，ed. J. Fable（Springer，Berlin. 1988：1～181.

［20］S Naito and M Tanimoto. J Chem Soc Chem Commun. 1989：1403.

［21］S Naito and M Tanimoto. J Catal. 1991，**130**：106.

［22］S Kagami,S Naito,Y Kikuzono and K Tamaru. J Chem Soc Chem Commun. 1983：256.

［23］H Orita，S Naito and K Tamaru，Chem Lett. 1983：1161.

［24］Y Kikuzono，S Kagami，S Naito and K Tamaru. Chem Lett. 1981：1249.

［25］Y Kikuzono,S Kagami,S Naito,T Onishi and K Tamaru. J Chem. Soc. 1981：135.

［26］E Kuntz. US Patent 4248802（1980）；J Jenck，DE0133410(1984).

［27］E Kuntz. CHEMTECH. 1987,**17**：570.

［28］G Wilkinson et al. J Chem Soc. 1964：3156.

［29］S Naito and M Tanimoto. J Catal. 1991，**103**：106.

［30］G Yagusky,C K Brown and G Wilkinson. J Chem Soc. A1970：1392.

■ 本文原载:J. C. Baltzer AG, Science Publishers—Catalysis Letters,29 (1994) 177~188.

The Oxidative Coupling of Methane and the Activation of Molecular O_2 on CeO_2/BaF_2 *

X. P. Zhou, Z. S. Chao, W. Z. Weng, W. D. Zhang, S. J. Wang,

H. L. Wan, K. R. Tsai

(Department of Chemistry, Xiamen University, Xiamen 361005, P. R. China)

Abstract CeO_2/BaF_2 was used as the catalyst for the oxidative coupling of methane (OCM). At 800 ℃ and $CH_4 : O_2 = 2.7 : 1$, CH_4 conversion of 34% with C_2 hydrocarbon selectivity of 54.3% was obtained. XRD measurement showed that partial anion (O^{2-}, F^-) and/or cation (Ce^{4+}, Ba^{2+}) exchange between CeO_2 and BaF_2 lattices occurred. ESR study showed that O^- species existed on degassed catalyst. XPS study revealed that, when BaF_2 was added to CeO_2, the binding energy of Be $3d_{5/2}$ was 2.2 eV lower than that in CeO_2, and the "electron-enriched lattice oxygen" species was detected. XPS, ESR and Raman study showed that, under O_2 adsorbing conditions, O_2^{2-} and O_2^- species were detected on CeO_2/BaF_2.

Key words OCM   metal oxide-fluoride   electron-enriched lattice oxygen   quasi-free electrons.

1　Introduction

In the investigation of the OCM reaction, various catalysts were developed. Most of them are composite metal oxide or metal carbonate catalysts, as well as Cl^-, Br^- promoted metal oxide catalysts[1-3]. F^- ion modified catalysts are seldom studied. In the last two years, we have developed a novel series of F^- anion promoted metal oxide-fluoride catalysts[3-6], and studied the possible mechanisms for the formation of active centers and activation of molecular oxygen on these catalysts. In this paper, we report recent studies on the OCM reaction, the formation of active centers and the activation of O_2 over CeO_2/BaF_2 catalyst.

2　Experimental

The catalysts used in our experiment were prepared by mixing CeO_2 with BaF_2 or CeO_2 with BaO according to the molar ratios listed in table 1.

＊ This work was supported by the State Key Laboratory for Physical Chemistry of the solid surface and the National Science Foundation of China.

Received 24 March 1994;accepted 3 August 1994.

Table 1 The composition of catalysts

$CeO_2 : BaF_2$	CB1	CB2	CB3	CB4	CB5	CB8
	1 : 1	1 : 2	1 : 3	1 : 4	1 : 5	1 : 8
$CeO_2 : BaO$	CBO1	CBO2	CBO3	CBO4	CBO5	
	1 : 1	1 : 2	1 : 3	1 : 4	1 : 5	

The mixtures were stirred with water. The wet mixtures were then dried at 100 ℃ for 1 h and calcined at 900 ℃ for 6 h. After the calcination, CBO1 to CBO5 became melted solid state material. The resulting solids were then crushed and sieved to 40—80 mesh particles.

The catalytic evaluation was carried out in a fixed-bed quartz reactor equipped with a gas chromatograph. All data were obtained after 6 h on stream.

The X-ray diffraction patterns were determined on a Rigaku Rotaflex D/Max-Cinstrument equipped with a wide-angle goniometer and using Cu Kα radiation.

The samples used in XPS, Raman and ESR characterization were treated in a flow of helium at 900 ℃ for 30 min, followed by H_2 at the same temperature for 30 min. After the above treatment, the sample was purged with helium under atmospheric pressure at 900 ℃ for 10 min, and cooled under helium to room temperature. Half of the catalyst was separated and sealed in a glass tube under He atmosphere to obtain the degassed sample. The rest of the sample was exposed to O_2 at room temperature, then purged with He to remove gas phase O_2 and then sealed in a glass tube in helium to obtain the O_2 adsorbed sample.

The XPS measurement of the O_2 adsorbed sample was carried out at room temperature on an ESCALAB MKII XPS instrument with Al Kα radiation ($hv=1486.6$ eV) under a pressure $P<1\times10^{-8}$ Torr. The sample tube was broken in the sample treatment chamber of the spectrometer and then transferred to the analysis chamber for spectrum recording. The spectra were referenced to the C 1s peak at 284.6 eV.

The Raman measurement was carried out on a U-1000 Raman spectrometer at room temperature. The laser wavelength was 5145 Å. The scanning region ranged from 600 to 1500 cm^{-1}.

The ESR analysis of the degassed and O_2 adsorbed samples was carried out on a Bruker ESR spectrometer at room temperature.

3 Results and discussion

From table 2, it was found that, under the reaction conditions, BaF_2 has no activity for the OCM reaction, and CeO_2 was actually a complete combustion catalyst for CH_4 oxidation. Possibly because of the reaction of BaO with H_2O to produce $Ba(OH_2)$, which melted in the calcining process at 900 ℃ leading to a decrease of surface area, the CBO1 to CBO5 catalysts had almost no activity for the OCM reaction. Comparatively, on catalysts CB1 to CB5, high catalytic activity and high C_2 hydrocarbon selectivity for OCM reaction were observed.

Table 2 shows that, when the ratios of BaF_2 to CeO_2 increased from 1 : 1 to 5 : 1, total C_2 yields of 17%~18% with C_2^+ selectivity of 51% to 55% were obtained. CH_4 conversion and the selectivities of ethylene, ethane, CO and CO_2 changed very little. When the BaF_2 to CeO_2 ratios increased from 5 : 1 to 8 : 1, CH_4 conversion decreased rapidly, and the selectivities of $C_2^=$ and CO_2 also decreased, while the ethane and total C_2 selectivities increased rapidly.

Table 2　Catalytic performance at 800 ℃ , $CH_4 : O_2 = 2.7 : 1$, GHSV=15000 h^{-1}

Catalyst	CH_4 conv.	Selectivity(%)					Yield (%)	Specific surface area(m^2/g)
		CO	CO_2	C_2H_4	C_2H_6	C_2		
BaF_2	0						0	
CeO_2	24.3	19.7	74.0	3.35	2.86	6.21	1.51	
CB1	32.76	0	48.06	31.95	19.99	51.94	17.02	3.11
CBO1	no activity							
CB2	33.69	0	46.77	32.26	20.97	53.23	17.93	1.98
CBO2	no activity							
CB3	32.93	0	45.18	33.71	21.11	54.82	18.05	2.49
CBO3	no activity							
CB4	34.01	1.42	45.12	33.57	19.89	53.46	18.18	2.41
CBO4	no activity							
CB5	32.75	1.57	46.88	31.09	20.80	51.55	16.88	3.10
CBO5	no activity							
CB8	12.01	8.96	31.84	23.38	35.82	59.20	7.11	

From the data in table 2 we found that there was no direct relationship between the specific surface area and the catalytic properties of the catalysts. Probably the change of surface area in these catalysts was too small to cause observable changes in catalytic activity and C_2 selectivity.

These results suggested that, with the increase of BaF_2/CeO_2 ratios from 5 : 1 to 8 : 1, the concentration of active centers on the surface decreased, and there were not enough active centers to activate methane and catalyze the oxidative dehydrogenation of ethane to ethylene; at the same time, the deep oxidation of hydrocarbons was also partially inhibited.

3.1　THE EFFECT OF OPERATING CONDITIONS ON CATALYTIC PROPERTIES

The influence of reaction temperature on CH_4 conversion and selectivities of C_2H_4 over CB1 is shown in fig. 1. The results indicate that, below 680 ℃, the activity and C_2 selectivity were very low (CH_4 conversion<8%, C_2 selectivity<16%), and the principal product was CO_2 (selectivity>82%). When temperature increased from 680 to 700 ℃, CH_4 conversion increased from 8 to 34.0%, C_2 selectivity increased from 16 to 54.4%, and the selectivity of CO_x decreased from 82 to 45.6%. Within the temperature region of 700~850°C, CH_4 conversion, C_2 selectivity and CO_2 selectivity slightly decreased (about 1.6%), and CO selectivity increased from 0 to 3%. At the same time, the selectivity of ethane decreased, while the selectivity of ethylene increased. This result indicated that high temperature favors the dehydrogenation of ethane to ethylene. Fig. 1 also shows that catalyst CB1 has a relatively wide operating temperature (700~850°C) region. In this temperature region, CH_4 and C_2 selectivity remained almost unchanged.

Fig. 2 shows the reaction results over CB1 at different CH_4 to O_2 ratios. With increasing CH_4 to O_2 ratio, CH_4 conversion, C_2 yield, and the selectivities of ethylene, CO_2 and carbon monoxide decreased, while the selectivity of ethane and total C_2 products increased rapidly. This result elucidated that ethane was the principal primary product of OCM, and ethylene might come mostly from the oxidative

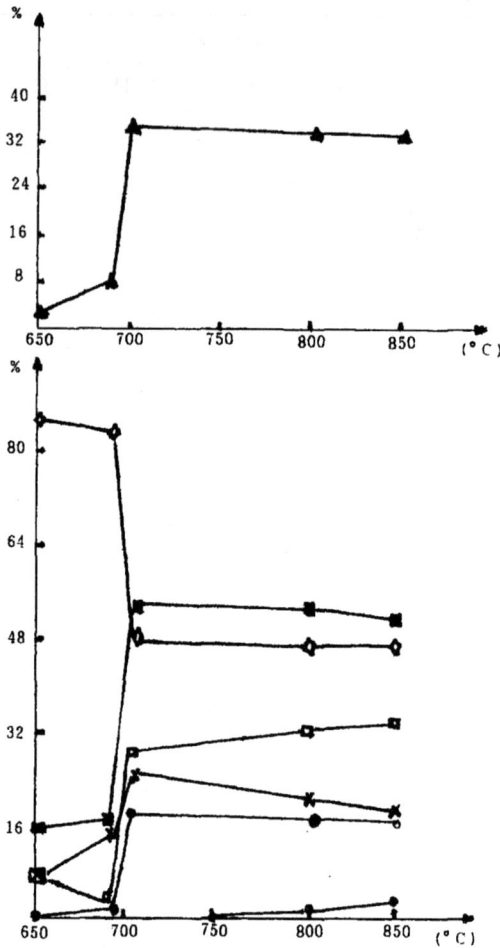

Fig. 1. The relationship between catalytic properties and reaction temperature on CeO_2/BaF_2 (1 : 1) (GHSV = 15000 h^{-1}, CH_4 : O_2 = 2. 3 : 1). (▲) CH_4 conversion, (■) C_2 selectivity, (◇) CO_2 selectivity, (●) CO selectivity, (□) ethylene selectivity, (x) ethane selectivity, (○) C_2 yield.

dehydrogenation of ethane. At high CH_4 to O_2 ratio, CH_4 was first oxidatively dimerized to ethane; since there is not enough O_2 to oxidize ethane to ethylene and deeply oxidize C_2H_4, C_2H_6 and intermediate hydrocarbon species, the total CO_x selectivity was low, and a relatively higher total C_2 selectivity could be obtained.

3. 2 STRUCTURE ANALYSIS AND IONIC EXCHANGE IN CeO_2/BaF_2

The XRD measurement showed that, when the molar ratios of CeO_2/BaF_2 changed from 1 : 1 to 1 : 5, only CeO_2 and BaF_2 phases were detected in the catalysts (tables 3 and 4). But the lattice of BaF_2 contracted (table 3), while that of CeO_2 expanded (table 4). These results indicated that partial anionic and/or cationic exchange between BaF_2 and CeO_2, lattices, in other words isomorphous substitution, occurred.

In the case when one O^{2-} substituted for one F^- in the BaF_2 lattice, there would be one more electron on the oxygen, forming an "electron-enriched lattice oxygen. "Generally, such kind of "electron-enriched lattice oxygen" easily donates an electron to form O^- species to maintain the electric neutrality of the lattice. In this case, the donated electron may be bound on Ce^{4+} centers and generate a partially

674

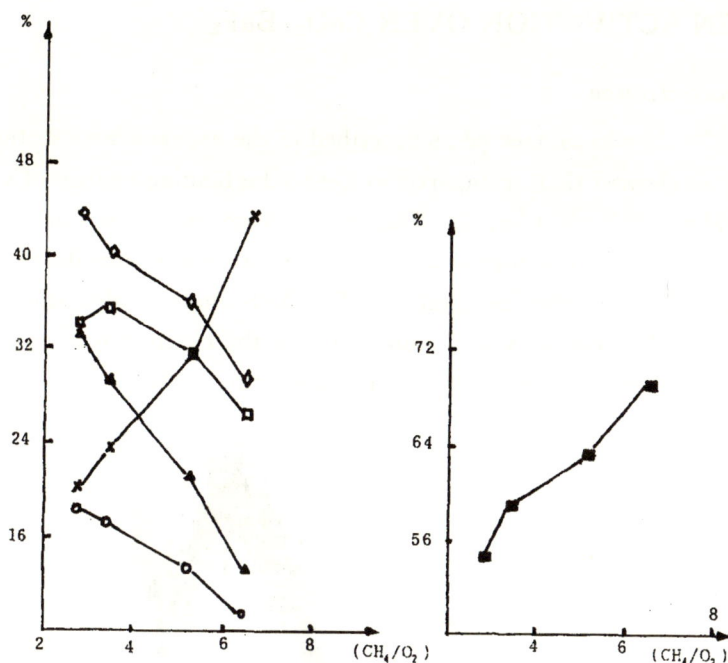

Fig. 2. The effect of CH_4 to O_2 ratio on catalytic properties on CeO_2/BaF_2 (1 : 1) (800 ℃ , GHSV=15000 h^{-1}). (▲) CH_4 conversion , (■) C_2 selectivity , (◇) CO_2 selectivity , (□) ethylene selectivity , (×)ethane selectivity , (○) C_2 yield.

reduced state of Ce^{4+}. These centers might be also formed by the substitution of one F^- for one O^{2-} in the CeO_2 lattice. On the other hand , if one O^{2-} substituted for two F^- in the BaF_2 lattice , anion vacancies might be formed. The possible formation of O^- ions (which are smaller in size than F^-) and anion vacancies would lead to the contraction of the BaF_2 lattice. In addition , the substitution of Ce^{4+} for Ba^{2+} in BaF_2 could also bring about the contraction of the BaF_2 lattice. If two F^- were substituted for one O^{2-} or Ba^{2+} for Ce^{4+} in CeO_2 lattice , the lattice of CeO_2 might expand. In the following section , more experimental evidence will be provided to verify the above suggestions.

Table 3　XRD results of BaF_2 phase in catalysts

Catalyst		(111)	(200)	(220)	(311)	(331)	(422)
CB1	$d(\overset{\circ}{A})$	3.556	3.074	2.178	1.855	1.411	1.256
	I/I_0	73	22	63	46	18	16
CB2	$d(\overset{\circ}{A})$	3.559	3.089	2.177	1.856	1.411	1.257
	I/I_0	100	44	90	60	21	22
CB3	$d(\overset{\circ}{A})$	3.582	3.097	2.188	1.863	1.415	1.257
	I/I_0	100	27	52	36	11	9
CB4	$d(\overset{\circ}{A})$	3.562	3.079	2.173	1.852	1.407	1.253
	I/I_0	100	29	54	36	10	7
CB5	$d(\overset{\circ}{A})$	3.565	3.083	2.170	1.853	1.421	1.253
	I/I_0	100	29	50	37	5	9
pure	$d(\overset{\circ}{A})$	3.579	3.100	2.193	1.870	1.423	1.266
BaF_2	I/I_0	100	27	79	51	13	14

3.3 THE OXYGEN ACTIVATION OVER CeO₂/BaF₂

3.3.1 *XPS characterization*

After CeO_2/BaF_2(1：2) was pretreated as described in the experimental section and adsorbed with oxygen，the XPS spectra showed that，compared to CeO_2，the binding energy of $Ce3d_{5/2}$ in CeO_2/BaF_2 (1：2) decreased by about 2.2 eV（fig. 3）. This result suggested that quasi－free electrons or a partially reduced state of Ce^{4+} were formed，and indicated that the introduction of CeO_2 into BaF_2 enhanced the electron donating ability of catalysts. The XPS analysis also showed that，compared to BaF_2，no change in the binding energies of F^- and Ba^{2+} in the catalyst was observed. Increase of the electron donating ability of catalysts should favor the adsorption and activation of molecular O_2.

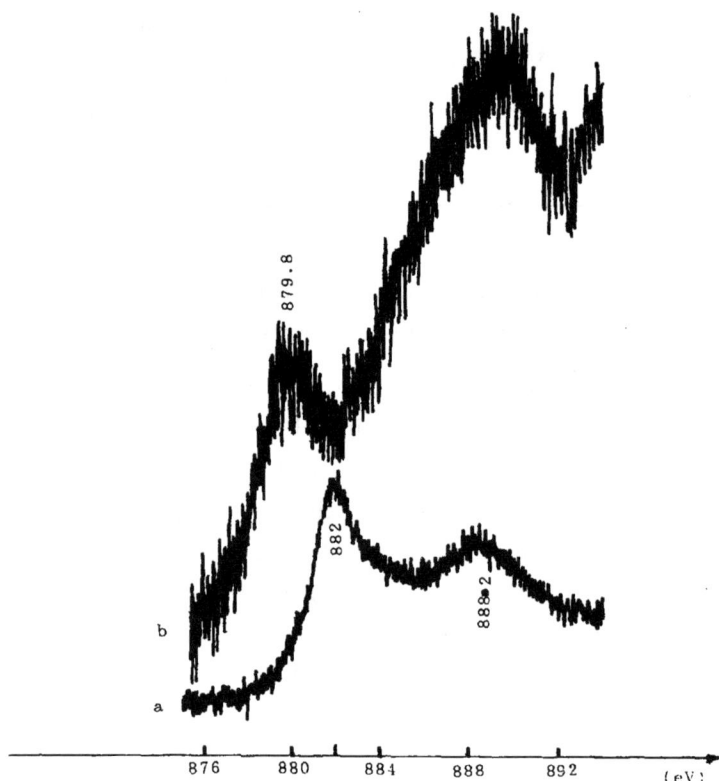

Fig. 3. XPS of Ce 3d$_{5/2}$: (a) in CeO₂ , (b) in CeO₂/BaF₂(1：2).

The O 1s spectrum（fig. 4）on O_2 adsorbed CeO_2/BaF_2(1：2) can be resolved into four peaks with BE of 527.1，528.9, 530.4 and 531.9 eV respectively，while the corresponding spectrum on pure CeO_2 showed only one peak at 529.1 eV. The peaks at 527.1，528.9，and 529.1 eV were attributed to lattice oxygen O^{2-}[7,8]. The peak at 531.9 eV might be assigned to O^-，O_2^{2-}，or/and O_2^- ions located in different chemical environments[8,9]. The peak at 530.4 eV might also arise from O^{2-} ions located in different sites[10,11]. The binding energy of O^{2-} at 527.1 eV is lower than the normal value（528∼529 eV）of lattice oxygen ions（O^{2-}），and might be attributed to the"electron-enriched lattice oxygen".

Under the reaction conditions，both the"electron-enriched lattice oxygen" and quasi-free electrons may react with O_2 to generate nonfully reduced oxygen species，as shown in scheme 1.

Table 4   XRD results of CeO_2 phase in catalysts

Catalyst		(111)	(200)	(220)	(311)	(222)	(400)	(331)
CB1	$d(\text{Å})$	3.121	2.707	1.911	1.630	1.563	1.354	1.241
	I/I_0	100	37	82	67	12	10	223
CB2	$d(\text{Å})$	3.129	2.711	1.916	1.6335	1.566	1.354	1.243
	I/I_0	71	26	53	40	7	10	20
CB3	$d(\text{Å})$	3.142	2.719	1.918	1.635			
	I/I_0	46	14	23	14			
CB4	$d(\text{Å})$	3.136	2.714	1.916	1.634	1.564		1.243
	I/I_0	18	5	9	6	2		3
CB5	$d(\text{Å})$	3.140	2.715	1.917				
	I/I_0	17	7	10				
pure	$d(\text{Å})$	3.1234	2.7056	1.9134	1.6318	1.5622	1.3531	1.2415
CeO_2	I/I_0	100	30	52	42	8	8	

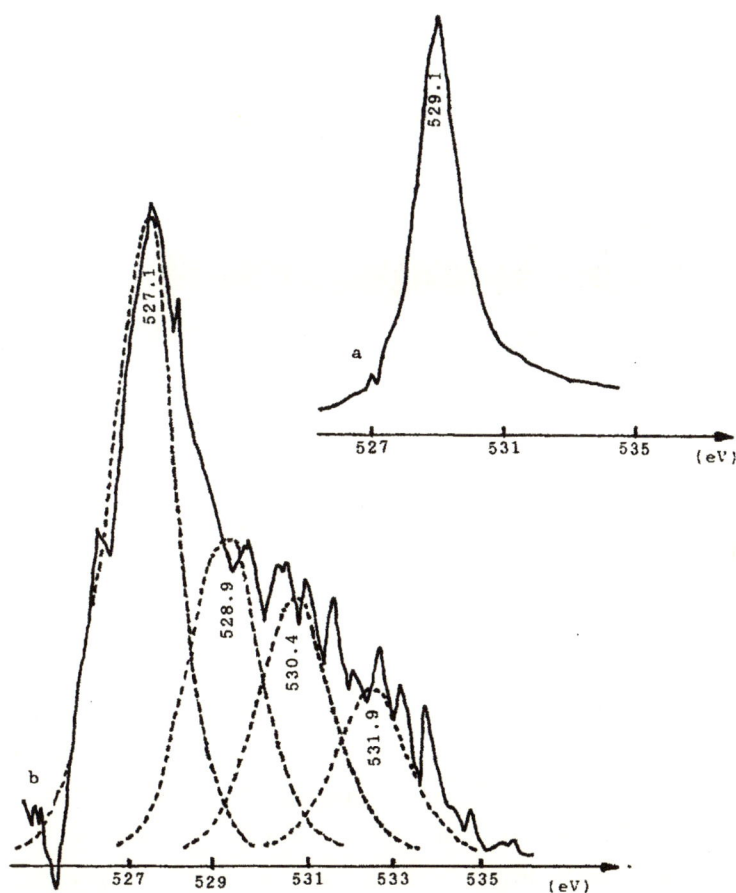

Fig. 4. XPS of O 1s: (a) O_2 adsorbed CeO_2, (b) O_2 adsorbed CeO_2/BaF_2 (1:2).

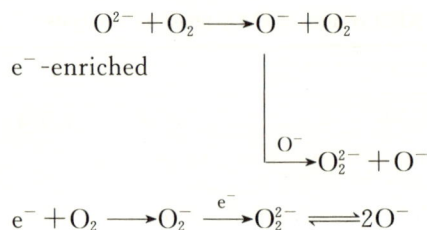

$$O^{2-} + O_2 \longrightarrow O^- + O_2^-$$

e^--enriched

$$\overset{O^-}{\longrightarrow} O_2^{2-} + O^-$$

$$e^- + O_2 \longrightarrow O_2^- \xrightarrow{e^-} O_2^{2-} \rightleftharpoons 2O^-$$

Scheme 1.

3.3.2 *Raman characterization*

On both the O_2 adsorbed and degassed CeO_2 samples, no Raman bands were observed between 600 and 1500 cm^{-1}. On degassed CeO_2/BaF_2 (1 : 2), we also did not observe any Raman peaks within the same region (fig. 5). But on O_2 adsorbed CeO_2/BaF_2 (1 : 2), Raman bands at 888, 956, 1050, 1062, 1080, 1094, 1178, 1334, 1436 and 1462 cm^{-1} were observed and assigned to dioxygen adspecies on the catalysts. The bands at 888 and 956 cm^{-1} may be assigned to O_2^{2-} ions[7,8,12,13]. The bands with wave numbers between 1050 and 1178 cm^{-1} fall in the vibration region of O_2^- ions, and are assigned to O_2^- ions[14-17]. The bands at 1334, 1436 and 1462 cm^{-1} might arise from the adsorbed oxygen molecule with less negative charge[15,18,19].

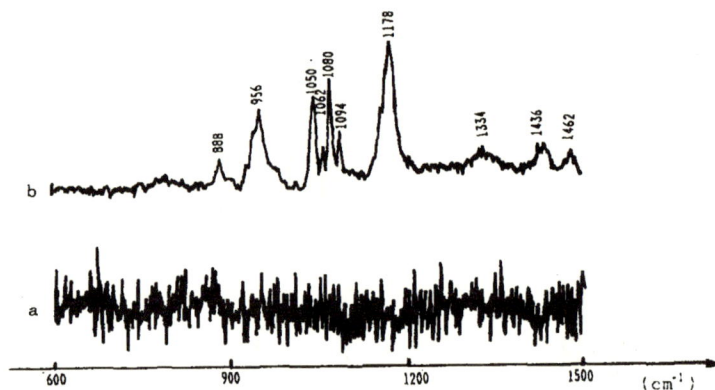

Fig. 5. Raman spectra of CeO_2/BaF_2 (1 : 2) : (a) degassed sample, (b) O_2 adsorbed sample.

The wave numbers of the bands at 888 and 956 cm^{-1} are higher than the common value 850 cm^{-1} of O_2^{2-} ions[10,21]. This might result from perturbation of O_2^{2-} ions by the strong electrostatic force of the quasi-ionic solid, which would give bands with higher wave numbers than the common values, because partial electron withdrawal from the antibonding orbitals of O_2^{2-} would enhance the $O-O$ bond, as suggested by Al-Mashta et al.[15].

The wave numbers between 1050 and 1094 cm^{-1} are lower than the general values (around 1100 cm^{-1}) of O_2^- ions[22-27]. Che and Tench have suggested that backdonating of electrons from the metal orbitals to the antibonding orbitals of oxygen will decrease the V_{oo} frequency of the dioxygen species[28]. In the co-condensation reaction of Ag with $^{16}O_2$/Ar matrix, Mcintosh et al.[26] also observed the low vibration band at 1097 cm^{-1} Tsyganenko et al.[17] observed the IR band of O_2^- ions at 1070 cm^{-1} on NiO. Zecchina et al.[28,29] detected IR bands between 1015 and 1160 cm^{-1} on MgO—CaO, and assigned them to O_2^- ions located in different chemical environments. In the case of a CeO_2/BaF_2 catalyst, the backdonating bond between partial reduced cerium ions and dioxygen adspecies might also form, and the Raman bands from 1050 to 1094 cm^{-1} can therefore be assigned to the vibrations of O_2^- ions located in different chemical environments[30].

The band at 1178 cm^{-1} is close to the IR bands around 1180 cm^{-1} observed by Davydov et al. [16] on O_2 adsorbed TiO_2, and could be assigned to O_2^- ions. However, the bands at 1334, 1436, and 1462 cm^{-1} have much higher wave numbers than that of normal O_2^- ions. The vibration band of adsorbed neutral O_2 species was known falling in the range of $1460-1700$ cm^{-1} [9,31-33]. Combining the reported work with that of Al-Mashta et al. [15], we tentatively assigned the Raman bands between 1334 and 1462 cm^{-1} to O_2^{3-} intermediates between O_2^- and O_2.

The ESR spectra of catalysts are shown in fig. 6, on degassed catalysts CeO_2/BaF_2 (1:2). ESR signals with g values of 2.0736, 2.0439 and 2.0208 were observed. These g values were assigned to O^- ions in the bulk of catalysts, since no multinuclear paramagnetic oxygen species, such as O_2^-, and O_3^- can stably exist under the sample treatment conditions described in the experimental section, and Raman bands of O_2^- and O_3^- ions were not detected on the degassed sample in the above Raman experiment.

When O_2 was passed through the degassed CeO_2/BaF_2 (1:2) sample, different ESR signals (fig. 6) with g values of 2.2377, 2.1807, 2.1544, 2.1182, 2.0832 and 2.0573 were observed. Since paramagnetic O_3^- species may be unstable at room temperature [34-36], the above ESR signals were assigned to O_2^- ions. The reason for the disappearance of the ESR signals on degassed samples under O_2 exposure might be that, when O_2 adsorbed on the catalyst, the original quasi-free electrons or "electron-enriched lattice oxygen (O^{2-})" might react with O_2 molecules, as shown in scheme 1, thereby increasing the concentration of O^- ions in the catalysts. If the distance between two O^- ions decreased to a certain value, two O^- ions might couple forming O_2^{2-} ions, leading to the disappearance of ESR signals of O^- ions.

4　Conclusion

Based on the above results, we may conclude that, with the addition of BaF_2 to CeO_2 and treatment in air at 900 ℃, anionic and/or cationic exchange between metal oxide and metal fluoride lattices took place to some extent, leading to the formation of anion vacancies, O^- ions, quasi-free electrons, "electron-enriched lattice oxygen" species, as well as expansion and contraction of the CeO_2 and BaF_2 lattices, respectively. These factors should be responsible for the significant improvement of the catalytic performance. In consideration of the stronger electronegativity of F than O, the catalyst containing F^- might be more conducive to the formation of oxygen species with less negative charge, which favors the selective conversion of CH_4 to C_2 hydrocarbons. On the other hand, the dispersion of "inert" fluorides on

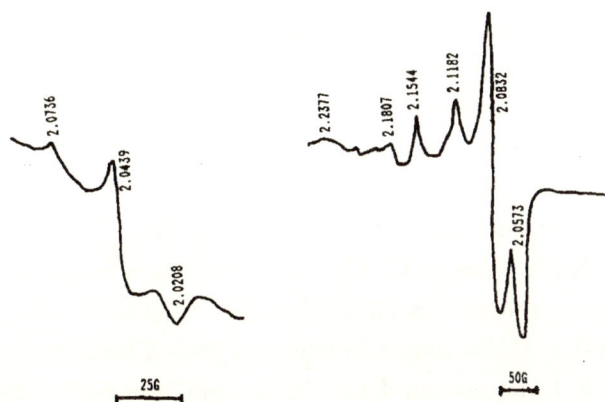

Fig. 6. ESR spectra of CeO_2/BaF_2 (1:2): (a)degassed sample, (b)O_2 adsorbed sample.

the catalyst surface will be also beneficial to the isolation of the surface active centers and decrease of CO_2 inhibition, and will therefore be favorable to the improvement of C_2 selectivity and the lowering of the activation energy.

References

[1] K Wohlfahrt, M Bergfeld and H Zengel. German Patent 3503664 (1986).

[2] T R Baldwin, R Burch, E M Crabb, G D Squire and S C Tsang. Appl Catal. 1989, **56**: 219.

[3] R Burch, G D Squire and S C Tsang. Appl Catal. 1988, **43**: 105;
R Burch, G D Squire and S C Tsang. Appl Catal. 1989, **46**: 69.

[4] X P Zhou, S Q Zhou, S J Wang, J X Cai, W Z Weng, H L Wan and K R Tsai. Chemical Research in Chinese Universities. 1993, **9**: 264.

[5] X P Zhou, W D Zhang, H L Wan and K R Tsai. Catal Lett. 1993, **21**: 113.

[6] X P Zhou, Z S Chao, S J Wang, W Z Weng, H L Wan and K R Tsai. The 4th China-Japan Bilateral Symposium on Effective Utilization of Carbon Resources, Dalian. October 1993: 37.

[7] J L Gland, B A Sexton and G B Fisher. Surf Sci. 1980, **95**: 587.

[8] B A Sexton and R J Madix. Chem Phys Lett. 1980, **76**: 294.

[9] A A Davydov. Kinet Katal. 1979, **20**: 1506.

[10] Y Inoue and I Yasumori. Bull Chem Soc. Jpn 1981, **54**: 1505.

[11] X D Peng and D C Stair. J Catal. **128** (1991) 264.

[12] A Metcalfe and S Ude Shanker. J Chem Soc. Faraday Trans. 1980, I**76**: 630.

[13] C Backx, P P M de Groot and P Biloen. Surf Sci. 1981, **104**: 300.

[14] D W L Griffiths, H E Hallam and W J Thomas. J Catal. 1970, **17**: 18.

[15] F AlMashta. N Sheppard, V Lorenzelli and G Busca. J Chem Soc. Faraday Trans. 1982, **78**: 979.

[16] A A Davydov, M P Komarova, V F Anufrienko and N G Maksimov. Kinet. Katal. 1973, **14**: 1519.

[17] A A Tsynganenko, J A Rodionova and V N Filimonov. React Kinet Catal Lett. 1979, **11**: 113.

[18] A B P Lever, G A Ozin and H B Gray. Inorg Chem. 1990, **19**: 1823.

[19] J S Valentine. Chem Rev. 1973, **73**: 237.

[20] A Metcalfe and S Ude Shankar. J Chem Soc. Faraday Trans. 1980, **176**: 630.

[21] B A Sexton and R J Madix. Chem Phys Lett. 1980, **76**: 294.

[22] C Li, K Domen, K Maruya and T Onishi. J Chem Soc Chem Commun. 1988: 1541.

[23] L Andrews, J T Hwang and C Trindle. J Phys Chem. 1973, **77**: 1065.

[24] R R Smardzewski and L Andrews. J Phys Chem. 1973, **77**: 801.

[25] R R Smardzewski and L Andrews. J Chem Phys. 1972, **57**: 1327.

[26] D Mcintosh and G A Ozin. Inorg Chem. 1977, **16**: 59.

[27] C Li, K Domen, K I Maruya and T Onishi. J Am Chem Soc. 1989, **111**: 7683.

[28] A Zecchina, G Spoto and S Coluccia. J Mol Catal. 1982, **14**: 351.

[29] E Giamello, Z Sojka, M Che and A Zecchina. J Phys Chem. 1986, **90**: 6084.

[30] C Li, K Domen, K I Maruya and T Onishi. J Am Chem Soc. 1989, **111**: 7683.

[31] A A Tsyganenko and V N Filimonov. Spectrosc Lett. 1980, **13**: 583.

[32] A A Tsyganenko, T A Rodionova and V N Filimonov. React. Kinet. Catal Lett. 1979, **11**: 113.

［33］H Forster and M Schuldt, J Chem Phys. 1977, **66**: 5237.

［34］M Iwamoto, Y Yoda, N Yamazoe and T Seiyama. J Phys Chem. 1978, **82**: 2564.

［35］T Ito, Masayokato, K Toi, T Shirakawa, I Ikemoto and T Tokuda. J Chem Soc. Faraday Trans. 1985, **181**: 2835.

［36］T Ito, M Yoshioka and T Tokuda. J Chem Soc. Faraday Trans. 1983, **179**: 2277.

■ 本文原载:Chinese Chemical Letters Vol. 5，No. 8，pp. 685～686，1994.

The Promoting Effect of Fluoride to OCM Catalyst ZrO_2-BaF_2*

Zi-Sheng Chao[①]， Xiao-Ping Zhou， Shui-Ju Wang， Fu-Chun Xu，
Hui Lin Wan，K. R. Tsai

(*Department of Chemistry, Xiamen University, Xiamen 361005*)

A number of researcher have found that the catalytic properties of metal oxides can be proaoted by adding of halides, especially metal chlorides and bromides[1−3]. But the utilizing of fluorides, which should be more stable than the corresponding chlorides and bromides under the conditions of OCM reaction, has not been reported. In this paper, the promoting effect of fluoride on OCM reaction was studied.

A series of catalysts with different ZrO_2 : BaF_2 mole ratio (from 1 : 1 to 1 : 5) have been used in the OCM reaction at the following conditions: GHSV $= 13500$ h^{-1}, CH_4 : $O_2 = 3 : 1$, and the reaction teaperature $= 1073$ K. Pure ZrO_2 has been proved to be a poor OCM catalyst, with lower C_2^+ selectivity (16.10%), lower CH_4 conversion (25.96%), but relatively higher CO_2 selectivity (84.01%). When BaF_2 was added into ZrO_2, with ZrO_2 : $BaF_2 = 1 : 1$ mole ratio, the better performance with the CO_2 selectivity of 53.96%, the C_2^+ selectivity of 46.1% and the methane conversion of 30.53% were obtained. With the contents of metal fluoride increased in the catalysts, the selectivity of C_2^+ and the conversion of methane went through an increasing followed by a decreasing, and the selectivity of CO_x acted in the opposite direction. The best result was obtained on the catalyst with ZrO_2 : $BaF_2 = 1 : 3$ (in mole), where the conversion of CH_4 was 35.65%, and the selectivities of CO_x and C_2^+ were 47.64% and 52.30%, respectively.

XRD result revealed that only BaF_2 and ZrO_2 phases existed in the catalyst and the crystal lattice of BaF_2 in the catalysts contracted. With the increase of the BaF_2 content in the catalysts, the extent of BaF_2 lattice contraction increased followed by decreasing, and reached its maximum value at the mole ratio of ZrO_2 : $BaF_2 = 1 : 3$. Meanwhile, the changes of the crystal lattice in ZrO_2 were slight and showed an irregularity. It suggested that there existed the interaction and the partial ions (anions and/or cations) exchange between ZrO_2 and BaF_2 phases, and the structure defects will be produced during this procession. In ESR and XPS measurements, the samples (pure ZrO_2 and catalyst with ZrO_2 : BaF_2 $= 1 : 1$ in mole) were pretreated to remove the impurities (absorbed O_2 and CO_2, etc.) on the catalysts surface with He stream for 0.5 h at 1173K, and then cooled to room temperature to obtain the O_2 desorbed samples. All the XPS and ESR experiments were carried out at room temperature. XPS result revealed that, for the O_2 absorbed samples, on the catalyst, the binding energy of Zr^{4+} $3d_{5/2}$ was 1.8 eV lower than that in pure ZrO_2, while, the binding energy of Ba^{2+} $3d_{5/2}$ was the same with that in pure

---

* This work was supported by the national education committee of China and the state key laboratory for physical chemistry of the solid surface of Xiamen university.

① To whom correspondence should be addressed.

BaF_2. Five oxygen O_{1s} XPS peaks with B. E. $=527.6,528.6,529.5,530.5$ and 532.4 eV were observed on the catalyst, while only one O_{1s} peak at 529.5eV was observed on pure ZrO_2. The first three peaks were assigned to the lattice oxygen ions (O^{2-}), and the latter two peaks were assigned to O^- and O_2^-, respectively [7-9]. For O_2 desorbed samples, on pure ZrO_2, two weak ESR signals with $g_1=2.051$ and $g_2=2.005$ were observed (the intensity order $g_1 \ll g_2$); on pure BaF_2, no obvious ESR signal was observed; but on the catalyst, a new ESR signal with $g_3=1.971$ was observed besides the two ESR signals ($g_1=2.051$, $g_2=2.005$) as mentioned above (the intensity order $g_1 \sim g_3 \gg g_2$). When the samples were exposed to pure oxygen, the signals on the catalyst did not change, not only for the peak position, but also for the peak intensity; however, the signal g_1 and g_2 on ZrO_2 disappeared and another widen signal with $g_4=2.011$ appeared. The signals of g_1, g_2 and g_3 may be assigned to O_2^- ions, point defects and O^-, and the signal g_4 was the combination of g_1 and g_2, respectively [4-6]. When the catalyst were exposed to the reactant gases at 1073K and then cooled to room temperature, the signals of g_1 and g_3 disappeared or decreased. This result indicated that, when metal fluoride was added into oxide, the oxygen ions O_2^- and O^- were produced and trapped by the structure defects, they were largely stabilized on the catalyst and acted as the OCM active sites.

Based upon the above results, the conclusion can be drawn that the partial exchange of ions (anions and/or cations) between ZrO_2 and BaF_2 produced O^- and O_2^- ions on the catalyst, and enhanced the electron-donating ability of the catalyst, these should be favorable to the conversion of methane and activation of oxygen molecule; F^- ions in the catalyst may also help to "dilute" the surface concentration of the active centers, and to improve the selectivity of C_2^+ hydrocarbons.

Reference

[1] K Fujimoto, S Hashimoto, K Asami, K Omata and H Tominaga. Appl Catal. 1989, **50**: 223~236.

[2] R Burch, G D Squire and S C Tsaug. Appl catal. 1988, **43**: 105.

[3] K Fujimoto, S Hashimoto, K Asaai and H Tominaga. Chem lett. 1987, 2157.

[4] J X wang and J H Lunsford, J Phys chem. 1986, **90**: 3890.

[5] Y Osada, S Koike, T Fukushima and S O Gasawara. Appl Catal. 1990, **59**: 59~74.

[6] N B Wong and J H Lunsford. J Chem phys. Vol. 55, No. 1990, **6**: 3077.

[7] D Mcintosh and G A Oziu and C Trindke. J Phys Chem. 1973, **77**: 1065.

[8] H Yamashita, Y Machida and A Tomita. Appl Catal. A: General. 1991, **79**: 203~214.

[9] J L Dubois, M Bvskaux, H Miaoun, C J Cameron. Chem Lett. 1990: 967~970.

(Received 19 January 1994)

■ **本文原载:**《厦门大学学报》(自然科学版)第 33 卷第 4 期(1994 年 7 月),第 477~480 页。

改进型铜基甲醇合成催化剂的制备研究[*]

杨意泉 张鸿斌 林国栋 陈汉忠 袁友珠 蔡启瑞

(化学系 物理化学研究所)

摘 要 在三组分铜基催化剂 Cu-Zn-Al 中添加少量第四组分金属氧化物助剂 MO_x,制得改进型四组分铜基甲醇合成催化剂 Cu-Zn-Al-M(XH402),5.0 MPa 压力下的活性评价结果表明 XH402 催化剂合成甲醇时空得率比工业甲醇合成催化剂 C301 提高 25%。催化剂的 XRD 表征显示,工作态 XH402 催化剂的活性相特征峰 $2\theta = 43.32°$ 的强度比 C301 的提高约 30%。

关键词 甲醇合成 Cu-Zn-Al 催化剂 Cu-Zn-Al-M 催化剂

迄今,Cu-Zn-Al 三组分甲醇合成催化剂是工业上广泛使用的催化剂。但该催化剂活性衰退快,稳定性差。本研究应用离子掺杂电价补尝原理,在 Cu-Zn-Al 三组分催化剂中添加少量的第四组分金属氧化物助剂 MO_x,研制出改进型铜基甲醇催化剂 XH402,并与工业甲醇合成催化剂 C301 作对比试验,为开发改进型甲醇合成催化剂提供技术基础。

1 实 验

催化剂制备 XH402 甲醇合成催化剂参照文献[1]由共沉淀法制备,其组成为 Cu:Zn:Al:M=60:30:8:2(原子比)。C301 为南京化工公司催化剂厂生产的工业甲醇合成催化剂。两种催化剂的比表面均为~50 m^2/g。催化剂经破碎、筛分 20~40 目备用。

催化剂活化 采用 $H_2/N_2 = 5/95(V/V)$ 低氢还原 16 h,最高还原温度为 240 ℃[1]。

催化剂活性评价 采用一路气体分流入两个结构相同并列的固定床 LM 微型反应器、平行地进行升温还原和反应活性评价。反应管为 $\Phi 8 \times 1$ mm 不锈钢管,催化剂装填量为 1 g。反应器的压力经由 YT－Z 压力调节阀控制。原料合成气组成为 $CO/H_2/CO_2/N_2 = 17/60/3/20(V/V)$,压力为 2.5 MPa 或 5.0 MPa,空速 1.0×10^4 h^{-1}。产物由 GD102 气相色谱氢焰检测器分析,柱长 3 m,柱担体 GDX103,CO、CO_2 由 GD102 气相色谱热导检测器分析,柱长 2 m,柱担体 TDX101。

XRD 测试 在 Rigaku RU－200A 衍射仪上进行,以 Cu Kα 为辐射源。

2 结果与讨论

图 1 示出第四组分金属氧化物 MO_x 添加量对铜基甲醇合成催化剂活性的影响。由图中可见,随着

* 本文 1993 年 10 月 4 日收到。

MO$_x$ 添加量的增加,XH402 催化剂甲醇合成时空得率先是明显提高,当 Cu：Zn：Al：M＝60：30：8：2(原子比)时,达到极大,而后有所下降;结果显示,M 的最佳添加量为～2 atom ％。

图 2 示出 XH402 改进型甲醇合成铜基催化剂在 200 ～300 ℃温度范围内的活性评价结果。从图中可看出,这种催化剂的活性温度为 220～290 ℃,最佳活性温度为 250 ℃;在 250 ℃、5.0 MPa 条件下相应甲醇时空得率为 1.18 g·h^{-1}·g$^{-1}_{cat}$,甲醇选择性大于 99％。当反应温度超过 290 ℃时,甲醇选择性大为下降,甲烷、二甲醚及 C$_4$ 等高级醇含量有所增加。

图 3 示出 C301 和 XH402 两种催化剂在 5.0 MPa, 250 ℃平行试验 120 h 的评价结果。从图中可清楚看到,两种催化剂合成甲醇的初始活性相当接近;随着反应的进行,C301 活性下降较 XH402 快;进入稳定态后,XH402 活性曲线保持平坦,而 C301 曲线则略呈下降趋势。XH402 催化剂合成甲醇活性比 C301 高出 25％以上。由此说明,改进型四组分铜基甲醇合成催化剂 XH402 比工业三组分催化剂 C301 的活性高,稳定性比较好。接着对 XH402 甲醇合成催化剂进行历时 410 h 的寿命考察,结果表明,在 250 ℃,2.5 MPa 反应条件下,甲醇时空得率一直保持在 0.62～0.68 g·h^{-1}·g$^{-1}_{cat}$ 之间,活性没有衰退。

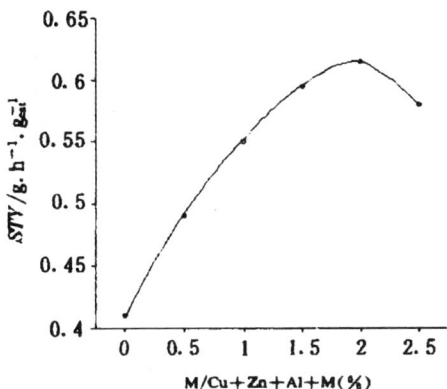

图 1　金属氧化物助剂 MO$_x$ 添加量对甲醇合成催化剂活性的影响

反应条件:2.5 MPa,250 ℃

Fig. 1　Effect of additive amount of MO$_x$ promoter on activity of the Cu-based catalyst for methanol synthesis

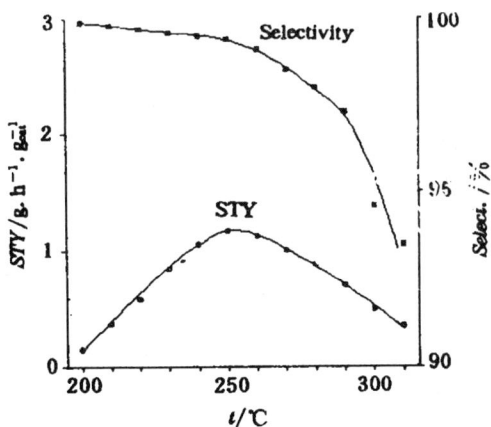

图 2　不同温度下 XH402 甲醇合成催化剂活性评价

Fig. 2　Assay of catalytic activity of XH402 Cu-based catalyst for methanol synthesis at varying temperature

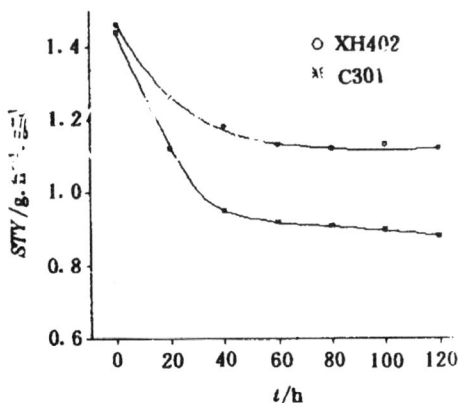

图 3　XH402 和 C301 合成甲醇催化剂性能对比试验

Fig. 3　Comparative test of performance of XH402 and C301 Cu-based methanol synthesis Catalysts

图 4 示出铜基甲醇合成催化剂的 XRD 测试结果。图 4c 和图 4e 分别为 C301 和 XH402 催化剂前驱态 XRD 谱,两者相互对应的谱峰位置基本相似。图 4c 中两个最强峰 $2\theta＝35.5°$和$38.98°$,显然系由图 4a CuO 两个特征峰 $2\theta＝35.44°$和$38.66°$,在添加 ZnO 和 Al$_2$O$_3$ 之后发生位移而来。图 4e 中这两个特征峰强度分别仅为图 4c 的 58％和 46％。同样地,图 4c 中保留图 4b ZnO 两个特征峰 $2\theta＝31.96°$和$56.54°$。

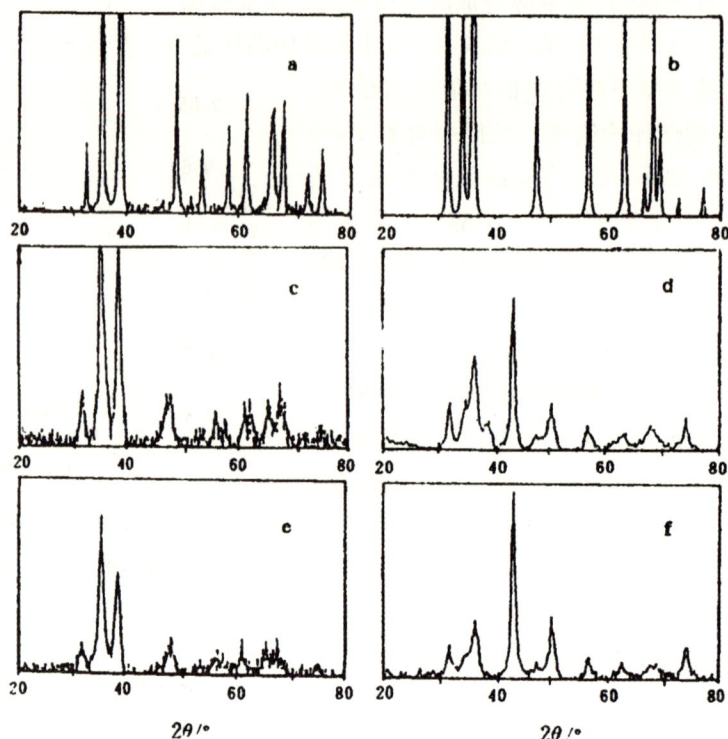

图 4　甲醇合成催化剂 XRD

(a)CuO　(b)ZnO　(c)C301 前驱态　(d)C301 工作态　(e)XH402 前驱态　(f)XH402 工作态

Fig. 4　XRD Patterns of the Cu-based methanol synthesis catalysts

然而,在图 4e 中相应这两个峰的强度分别仅为图 4c 的 56％和 76％。由此可以推断,添加第四组分金属氧化物 MO_x 后,原有 Cu∶Zn∶Al 三组分复合氧化物的特征相有所减弱。图 4d、4f 为 C301 和 XH402 两种催化剂工作态的 XRD 测试结果。由图 4d 和 4f 清楚可见,工作态的催化剂中 CuO 特征峰 35.5°和 38.98°大大减弱,与此同时出现了 $2\theta = 43.32°$ 新峰。这与文献[1,3]报道的结果一致。该峰可归属于催化剂合成甲醇的活性相,它可能是落位在 Zn-Al-O 晶格表面阳离子空位上的 Cu^+ 离子的特征峰。比较工作态催化剂的 XRD 谱图中新峰 $2\theta = 43.32°$ 和 CuO 特征峰 $2\theta = 36.28°$ 的相对强度,图 4d 中 $I_{43.32°}/I_{36.28°} = 743/452 = 1.64$,而图 4f 中 $I_{43.32°}/I_{36.28°} = 953/276 = 3.45$,后者为前者的 2.12 倍;同样地,图 4d 中 CuO 的另一特征峰强度 $I = 141$,而图 4f 中此峰却基本消失。由此进一步揭示,添加第四组分金属氧化物 MO_x 促使甲醇合成活性的提高与 Cu^+ 的浓度的相应增大密切相关。在 ZnO 表面层高浓度 Cu^+ 的生成,很可能是对少量高价金属(M)离子溶解入 ZnO 晶格所作的电价补偿。关于这个问题,我们在前文[4]已有更详细的论述。

3　参考文献

[1]Gus S et al. Catalysts for Low-temperature methanol Synthesis. J Catal,1985,**95**:120～127.

[2]佟友东等. 铜系催化剂低压合成甲醇的原位红外光谱研究. 物理化学学报,1985,(5):431～440.

[3]Tranchant A et al. Electrochemical Study of Copper-Zinc Oxide Catalysts. Appl Catal,1985,**14**:289～301.

[4] Chen Hong-po et al. Mechanism of Synergistic Catalysis by Cu-ZnO-M$_2$O$_3$ Catalysts in Methanol Synthesis. Proc. 9th ICC, Calgary Canada, 1988, Ⅱ: 537~544.

Study on Preparation of Modified Copper-based Catalysts
for Methanol Synthesis

Yi-Quan Yang，Hong-Bin Zhang，Guo-Dong Lin，

Han-Zhong Chen，You-Zhu Yuan，K. R. Tsai

(*Dept. of Chem., Inst. of phys. chem.*)

Abstract　Modified copper-based catalyst XH402(Cu : Zn : Al : M＝60 : 30 : 8 : 2, atom ratio) for methanol synthesis was prepared by adding small amount of the metal oxide MO$_x$ to an industrial catalyst(Cu : Zn : Al＝60 : 30 : 10). The experimental results showed that the catalytic activity for methanol synthesis over XH402 catalyst increased 25％ more than that over C301 under the reaction condition of 5.0 MPa and 250 ℃. XRD studies revealed that the intensity of diffraction peak of XH402 at 43.32°(2θ), being probably the active phase, enhanced about 30％ than that of C301.

Key words　Methanol synthesis　Cu-Zn-Al catalyst　Cu-Zn-Al-M catalyst

■ **本文原载**:《生物化学与生物物理进展》第 21 卷第 2 期(1994 年)，第 171～172 页。

固氮酶底物络合活化模式的量子化学计算[*]

刘爱民　周泰锦　张鸿图　万惠霖　蔡启瑞[①]

（厦门大学化学系　物理化学研究所，厦门　361005）

　　摘　要　用改进的 EHMO 方法对分子氮和乙炔作为固氮酶底物时的络合活化模式进行了总能量及电荷分布的量化近似计算。结果表明固氮酶底物活性中心(FeMo-co)对于分子氮和其他底物在络合活化时是区别对待的。

　　关键词　固氮酶　铁钼辅基　EHMO 方法　配位

　　固氮酶是一种多异核金属原子簇的复合金属酶。有关该酶底物活性中心 FeMo-辅基化学结构的研究，是固氮酶催化作用及其化学模拟的焦点问题。最近，Rees 和 Bolin 等分别独立发表了 Av 菌和 Cp 菌中固氮酶 MoFe-蛋白 0.22 nm 分辨率的晶体结构分析结果[1-4]。初步揭示了 M-簇(体外时称 FeMo-co)和 P-簇的结构图像，使固氮酶活性中心结构的研究有了重大突破。

　　一直被认为是底物活性中心的 M-簇果如十多年前人们预料到的是立方烷型簇合物。由两个缺口（或活口含 H）立方烷，Fe_4S_3 和 $MoFe_3S_3$，靠两个硫桥 $(\mu_2\text{-}S)_2$ 和一个 Y 配体（μ_2-S 或 μ_2-O, μ_2-NH）桥联形成具有近似 C_{3v} 对称的笼状原子簇结构，Mo 原子不在中心而处在一端的角落位置上（如图 1）。对 Rees 的晶体结构分析中尚未能确定的 Y 配体归属问题的量子化学研究的初步结果[5]表明，未知配体 Y 为 O= 或 HN= 的可能性最大[2,5,6]。同时量子化学计算结果结合配位化学和络合催化原理揭示了 Y(O)位底物活化过程中，邻位加氢后即可作为活性中心吞吐底物、产物的活窗口的可能作用方式。

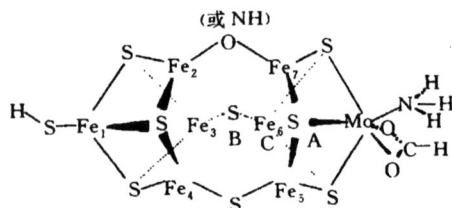

图 1　分子氮与 FeMo-辅基平躺式络合的量化计算模型

$Fe_1-Mo=0.75$ nm, $Fe_2-Fe_7=0.25$ nm,

$Fe_2-Fe_5=0.38$ nm, $Fe_4-S=0.23$ nm。

　　应用群分解 EHMO 程序 EHG-Ⅱ[7]的改进版（用 NDP Fortran-386 重新编译，无任何对称性时即可算 260 维，在 MS-DOS 6, Intel 80386DX/33CPU + Intel 80387DX25, 4MB RAM 的软硬件环境下运行；轨道指数及能量参数取自 ICON8 程序参数。模型的结构参数取自 EXAFS 和 X 射线衍射数据[8,9]），对分子氮和乙炔作为固氮酶底物的络合活化模式进行了总能量及电荷分布的量化近似计算。结果表明固氨酶的活性中心(FeMo-co)对于分子氮和其他底物在络合活化时是区别对待的。

---

　　[*]　国家基础性研究重大关键项目(攀登计划)子课题及固体表面物理化学国家重点实验室开放课题基金资助。

　　[①]　厦门大学化学系 89 级雷德斌同学参加了本工作。

a. 分子氮的络合活化模式

以分子氮在 M-簇内部靠近 Mo 原子并与之成键的络合方式称平躺式 A,按图 1 所示的最佳几何位置平躺式络合定义为平躺式 B,介于两者之间的状态称平躺式 C。图 1 中由 4 个 S(或 3 个 S 和一个 Y 配体)桥联的 Fe 构成了 0.25 nm×0.38 nm 的三个窗口。以 N_2 分子通过 Fe_3,Fe_4,Fe_5 和 Fe_6 窗口指向 Y(O)的插入方式定义为直插 A,直对 S 的另外两种情形分别称直插式 B 和直插式 C。与络合方式有关的能量计算结果列于表 1。

平躺式络合的三种情形中,N_2 靠近 Mo 原子(平躺 A)并与之成键和远离 Mo 原子而处于模型中点时(B)在能量和电荷分布上都比处于中间态的络合方式(C)有利。当 N_2 与 Mo 原子成键时,能量值几乎与平躺式(B)相近,表明 N≡N 与 Mo 以单端基(络合到 $Mo^{III/IV}$)加三侧基(络合到 3 个 $Fe^{II/III}$)模式络合的亲和力可以与络合到 6 个 $Fe^{II/III}$)(μ_6-N_2)的亲和力相比拟,并在 Mo 周围形成单盖帽的 7 配位构型。在活性中心结构参数相同的情况下,N_2 分子直插的三种情形能量相差显著。能量最有利的情形是 N_2 分子单端基对准 Y 配体的状态。显然,N≡N 若以直插方式进入 FeMo-co 中直径约为 4 Å 的空腔,最可能的前驱性络合方式是直插 A 的方式。这个结果支持了我们不久前提出的 Y(O= 或 NH=)可作为底物进出活窗口的假设[5]。

表 1 分子氮可能的络合活化方式的能量比较

络合方式	平躺 A	平躺 B	平躺 C
能量值/eV	−2187.1895	−2187.0586	−2184.9919
络合方式	直插 A	直插 B	直插 C
能量值/eV	−2191.8351	−2186.9778	−2184.2216

如单从能量上分析,N_2 分子的直插式络合(A)比平躺式要稍有利一些。即使 N_2 分子按平躺式 A 络合,其能量仍然比直插式 A 的能量要高出 4 eV 以上。之所以会出现直插式(A)在能量上比平躺式有利,可能是因为在 N_2 分子直插式 A 的情况下。N_2 分子与 6 个 Fe 采取多端基络合方式,而在平躺式 A 的情况下,N_2 的络合模式是单端基加三侧基;且前者的空间因素亦较为有利。因而在能量上要低一些。

b. 乙炔分子的络合活化模式

乙炔分子络合活化行为是否和分子氮相似呢?计算结果表明,对于乙炔分子,不论是平躺式络合还是直插式络合在能量上都是不利的。乙炔分子在腔内络合导致体系总能量高于 FeMo-co 模型与乙炔分子能量之和,即络合能为负值。乙炔分子较氮分子长,直线型的乙炔分子长达 0.3325 nm(适度活化的 C—C 键长 0.1207 nm,C—H 键长 0.1059 nm)[10];另外,为了使乙炔分子的 C 与 Mo 成键,C—H 键的取向需发生变化,键角—C≡C—H 由 180 度变为小于 180 度,即氢原子要指向腔壁。所以,乙炔如采取腔内络合方式,因空间位阻产生的排斥作用较大,导致能量上不利。但考虑到乙炔是 N_2 分子酶促还原反应的竞争性抑制剂这一实验事实,在 FeMo-co 结构发生变易的情况下,乙炔分子在腔内络合的可能性尚不能完全排除。

参考文献

[1]Kim J,Rees D C. Science,1992;257:1677.

[2]Chan M K,Kim J,Rees D C. Science,1993;260:792.

[3]Kim J,Woo D,Rees D C. Biochemistry,1993;32(28):7104.

[4]Bolin J T,Ronco A E,Morgan T V et al. Proc Natl Acad Sci USA,1993;**90**:1078.

[5]刘爱民,周泰锦,万惠霖等.高等学校化学学报,1993;**14**(7):996.

[6]Sellmann D. Angew Chem—Int Ed Engl,1993;**32**(1):64.

[7]周泰锦,王南钦.厦门大学学报(自然科学版),1985;**24**(3):345.

[8]Burgess B K. Chem Rev, 1990;**90**(8):1377.

[9]Chen J. J Am Chem Soc,1993;**115**(13):5509.

[10]万惠霖,蔡启瑞.厦门大学学报(自然科学版),1981;**20**(1):62.

■ **本文原载**:《分子催化》第 8 卷第 6 期(1994 年 12 月)，第 472～480 页。

合成气制乙醇催化反应机理述评

汪海有　刘金波　蔡启瑞

（厦门大学固体表面物理化学国家重点实验室　化学系，厦门　361005）

C_1 化学是国际上有重大应用背景的化学前沿领域。所谓 C_1 化学是指从一个碳原子的化合物（如 CO、CH_4、CH_3OH）出发合成各种化学品和液体燃料的技术。由合成气直接合成乙醇是当前迅速发展中的 C_1 化学的重要课题之一。日本在 1980—1987 年间实施了大型 C_1 化学研究计划，由合成气制乙醇是该计划旨在开发、合成的四大产品之一。在我国，"七五"期间由蔡启瑞、彭少逸主持的"C_1 化学基础研究"重大项目业已完成，合成气制乙醇也是该项目组成课题之一。合成气制乙醇的催化剂有两类：一类催化合成以乙醇为主的 C_{2+} 混合醇，如 IFP 开发的 Co-Cu-Cr-碱系催化剂；另一类是催化合成乙醇等 C_2 含氧化合物的负载型铑基催化剂，这是本文综述的对象，这类催化剂上所得的产物主要有乙醇、乙醛等 C_2 含氧物及甲烷、C_{2+} 烃，此为铑催化剂的特性。就工业应用前景来说，铑催化合成气制乙醇这一催化过程还存在二个问题：其一，活性还较低；其二，尚有 10% 以上的甲烷、C_{2+} 烃。因此应着眼于提高活性和选择性，进行相应的基础研究，如活性反应中间体和催化反应机理、活性中心本质及助剂铑的协合作用机理等。本文就作者及国内外同行的研究工作，对合成气制乙醇催化反应机理进行综述。

1 C_1 含氧中间体与 CH_x 物种的生成途径

同位素示踪实验表明[1]，乙醇中的 CH_2 及烃类产物中的 CH_x（$x=2$ 或 3）来自共同的 C_1 物种 $\underline{C}H_x$（$x=2$ 或 3），这就是说作为反应物的 CO，其中一部分必定要断裂 C—O 键。这种断裂有两种方式：(1)吸附的 $\underline{C}O$ 直接解离为 $\underline{C}$ 和 $\underline{O}$，而后解离 $\underline{C}$ 加氢为 $\underline{C}H_x$；(2)氢助 CO 解离，即 CO 先部分加氢为 C_1 含氧中间体（如 HCO、H_2CO、HCOH 等），而后进一步加氢并断裂 C—O 键生成 $\underline{C}H_x$ 物种。Ichikawa 等人[2]测定了 Rh/SiO_2、$Rh\text{-}Ti/SiO_2$、$Rh\text{-}Zr/SiO_2$、$Rh\text{-}Mn/SiO_2$ 等催化剂上 CO 开始发生歧化反应的温度，分别为 210 ℃、182 ℃，175 ℃ 和 167 ℃，认为助剂的作用之一就是促进 CO 直接解离为 $\underline{C}$ 和 $\underline{O}$，从而提高铑催化活性。该文作者在上述催化剂上于 220 ℃ 下导入 CO 使其解离为 $\underline{C}$ 和 $\underline{O}$，然后通氢气进行程序升温还原反应(TPR)并检测所产生的水和甲烷。结果显示在 85～132 ℃ 之间有一个出水峰，属于表面氧的还原产物；在 131～195 ℃ 之间的某个温度同时产生水和甲烷。虽然他们对此未作讨论，但或许可以认为，水和甲烷在同一温度下产生意味着甲烷化反应中 CO 的 C—O 键断裂是决定性步骤。由于还原时有氢存在，可能性之一是氢助解离。另一种可能是 CO 直接解离为 $\underline{C}$ 和 $\underline{O}$，但如果是这样，那预先解离的 $\underline{C}$ 应在较低温度下还原为甲烷，即应该在 TPR 过程看到二个甲烷峰生成，而实际上只有一个峰。因此，氢助解离的可能性比较大。Mori 等人[3]用脉冲表面反应速率分析法(PSRA)研究了 CO 在 Ni/SiO_2 催化剂上的加氢机理、动力学和同位素效应。当氢气流脉冲一定量的 CO，CO 即被吸附并逐步加氢为水和甲烷，且两者的生成速率相等；若以氧气代替 CO 进行脉冲，则立即产生水。这些结果表明，吸附的 CO 或者部分加氢的 CO 物种中的 C—O 键断裂是速控步骤。应用 PSRA 法还测得甲烷合成反应中的 H_2/D_2 同位素效应 $k_H/k_D = 0.75$，即甲烷生成反应表现出显著的氘逆同位素效应。由此认为 C—O 键的断裂是一个氢助解离过程,由于 HCO 的形成在能量上是不利的,他们认为 CO 的部分氢物种是 HCOH(羟基卡宾)。当然,如果考虑到亲氧的助剂离子对 HCO 中氧端的络合,那么就有可能使甲酰基的生成反应在能量上成为有利,即该中间体有可能是 H$\underline{C}$O。Bianchi 和 Benett[4] 也报道了在 Fe/Al$_2$O$_3$ 催化剂上氢对 CO 解离的促进,认为这种氢助剂解离过程类似于 Ho 和 Harriot 提出的 Ni 催化剂上的下列反应过程:CO + H $\Longleftrightarrow$ H$\underline{C}$O,H$\underline{C}$O + H$\underline{}$ $\longrightarrow$ $\underline{C}$ + H$_2$O。此外,键级守恒的计算[5] 表明,CO 先部分加氢生成 HCO 等 C$_1$ 含氧中间体,而后氢助断裂 C—O 键比 CO 直接解离断裂及生成 C$_1$ 含氧中间体后直接断键在能量上都更有利。因此,前者更有可能是断裂 C—O 键的主要途径,问题的关键是要在合成气转化反应过程中检测到甲酰基等 C$_1$ 含氧中间体。

蔡启瑞等人[6] 在一系列 Mn、Fe、Li 助剂促进的及非促进的铑催化剂上用 CO/2D$_2$ 进行合成气转化反应,用过量的 CH$_3$I 作捕获剂进行化学捕获反应,在收集到的捕获产物中,用 GC-MS 检测到了 CH$_3$CDO,结果如图 1 所示。该文排除了其他干扰的可能性,肯定了 CH$_3$CDO 的确是一种表面中间体的捕获产物,容易推断这种中间体是 D$\underline{C}$O,这就是说铑基催化剂上的合成气的反应过程中存在甲酰基中间体。Lavaliey[7] 在 ZnO 上的 CO + H$_2$ 反应中检测到甲酰基的红外特征谱带为:2770、2661 cm^{-1}(v$_{C-H}$)及 1520 cm^{-1}(v$_{C=O}$)。Orita 等人[1] 在 Rh/SiO$_2$ 催化剂上进行的合成气反应中观察到频率为 1587 cm^{-1} 的特征吸收峰,该峰经 100 ℃ 抽空或者 180 ℃ 通氢还原后即消失,而当气氛中不存在氢时该峰则不出现,因此该峰可能属于 CO 部分氢化物种 H$\underline{C}$O 的 v$_{C=O}$。由于未能同时观察到属于 v$_{C-H}$ 的特征吸收峰,该文作者认为这个结论尚未十分肯定。检测不到甲酰基的 v$_{C-H}$,可能与该文作者使用低活性的 Rh/SiO$_2$ 催化剂有关。蔡启瑞等人[8] 在 Mn 促铑催化剂上,在 230 ℃ 下缓慢取代 H$_2$ 的过程中,用

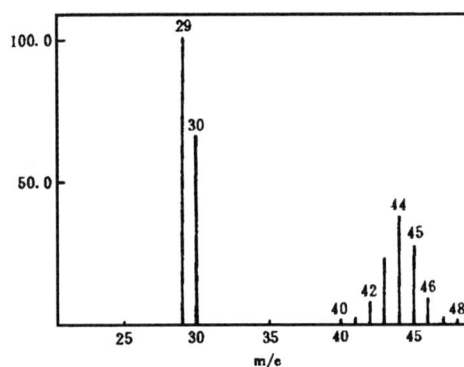

图 1 CO + 2D$_2$ 反应后用 CH$_3$I 捕获生成的乙醛的质谱图

Fig. 1 MS pattern of acetaldehyde formed in trapping reaction with CH$_3$I after CO + 2D$_2$ reactions over Rh-Mn(1∶1)/SiO$_2$

FTIR 同时观察到属于甲酰基的两个特征带 v$_{C-H}$(2708、2659 cm^{-1})及 v$_{C=O}$(1591 cm^{-12})。在 CO 吸附—程序升温表面反应(H$_2$ 气流中)—红外研究中[9],观察到的 1589 cm^{-1} 特征峰,在 D$_2$ 气流中位移至 1576 cm^{-1},即红移了 13 cm^{-1},结果见图 2、图 3。氘对 1589 cm^{-1} 峰的这种二级同位素效应进一步说明把该峰归属于 H$\underline{C}$O 的 v$_{C=O}$ 是有说服力的。福冈淳等人[10] 在一系列 Ru-Co/SiO$_2$ 催化剂上进行的原位红外研究中,观察到 1584、1377 cm^{-1} 两个特征吸收峰并根据 ^{13}C、D 标记的红外研究结果(见表 1),指认 1584

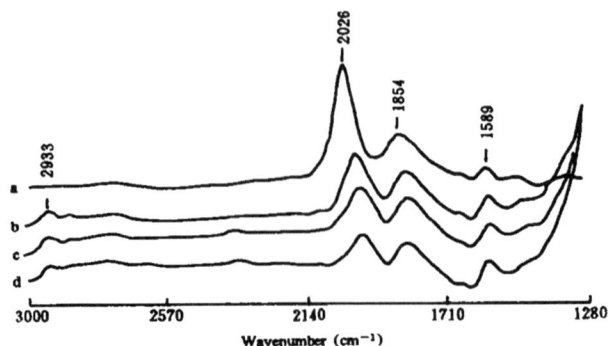

图 2 CO 吸附-TPSR(H$_2$ 气流中)动态过程记录得的 IR 光谱图

Fig. 2 IR spectra for CO adsorption-TRSR(in H$_2$ flow)dynamic process on Rh-Mn(1∶1)/SiO$_2$

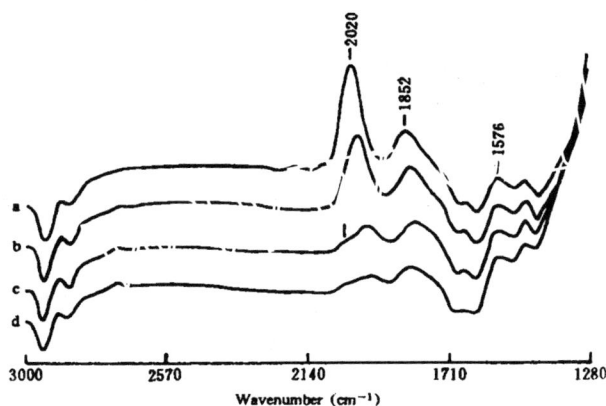

图 3　CO 吸附-TPSR(D₂ 气流中)动态过程记录得的 IR 光谱图

Fig. 3　IR spectra for CO adsorption-TPSR(in D₂ flow)dynamic process on Rh-Mn(1∶1)/SiO₂

a. 328 K, b. 428 K, c. 463 K, d. 493 K.

cm^{-1} 为 H$\underline{C}$O 中的 $v_{C=O}$、1377 cm^{-1} 为 H₂C-O 中的 v_{C-O}，并认为甲酰基具有以下结构形式：

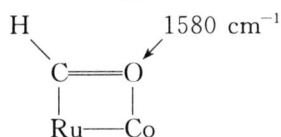

在该结构中 Co 和甲酰基氧之间存在部分的亲合络合作用。该文作者还发现 1580 cm^{-1} 峰强度与合成气反应中含氧化合物(甲醇、乙醇、丙醇等)的生成速率之间存在很好的线性关系，表明甲酰基是含氧产物的活性中间体。此外，Kuznetzov 等人[11]在对合成乙醇具有活性的 Rh/La₂O₃ 催化剂上，用 ^{13}C-NMR 观察到合成气反应初期有甲酰基物生成。应该说，化学捕获、IR、NMR 的结果是一致的，都证明了在合成气反应过程中的确存在 CO 的部分加氢物种 H$\underline{C}$O。

表 1　在 RuCo₃/SiO₂ 上进行的 CO＋H₂、^{13}CO＋H₂、CO＋D₂ 和 ^{13}CO＋D₂ 反应中观察到红外的谱带频率

Table 1　Frequencies in the reaction of CO＋H₂, ^{13}CO＋H₂, CO＋D₂ and ^{13}CO＋D₂ on RuCo₃/SiO₂

Syngas	$v_{(CH)}$ cm^{-1}	v_{CO} cm^{-1}
CO＋H₂	2930, 2880	2064, 1584, 1376
^{13}CO＋H₂	2924, 2848	2016, 1542, 1345
CO＋D₂	—, —	2062, 1575, —
^{13}CO＋D₂	2208, 2096	2014, 1539, —

* This table is taken from reference[10]。

甲酰基物种生成后，进一步的氢化反应可生成其他 C₁ 含氧中间体如 H$\underline{C}$OH[3]、H₂$\underline{C}$O[10]，而后再加氢并断裂 C—O 键生成 $\underline{C}$H$_x$ 物种：

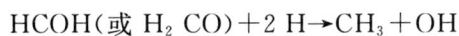

　　H$\underline{C}$O＋$\underline{H}$→H$\underline{C}$OH(或 H₂$\underline{C}$O)

　　H$\underline{C}$OH(或 H₂$\underline{C}$O＋$\underline{H}$→$\underline{C}$H₂＋$\underline{O}$H

　　H$\underline{C}$OH(或 H₂$\underline{C}$O)＋2$\underline{H}$→$\underline{C}$H₃＋$\underline{O}$H

　　$\underline{C}$H₂＋$\underline{H}$→$\underline{C}$H₃

福冈淳等人[10]对合成气反应中生成的甲酰基物种(1580 cm^{-1})引入 H₂ 并升温进行表面化学反应，当温度升至 185 ℃时即有甲烷、甲醇生成。这一结果暗示了甲酰基对氢的两种反应倾向：一是逐步加氢

并保留 C—O 键最终生成甲醇;二是加氢并断裂 C—O 键,经过 $\underline{C}H_x$ 物种,最终氢化为甲烷。甲酰基的这种反应倾向与铑基催比剂上合成气转化反应中产物的分布即既有甲醇又有甲烷、C_{2+} 烃和 C_2 含氧物生成相一致。因此,在铑基催化剂上的 $CO+H_2$ 反应中,$\underline{C}H_x$ 物种由甲酰基等 C_1 含氧中间体的氢解的反应生成可能占主导地位。

2　C_2 含氧中间体与乙醇中 C—C 键生成的途径

关于乙醇等 C_2 含氧物中 C—C 键的生成机理,文献中主要有以下两种观点:(1)通过 $\underline{C}H_x$ 物种与 HCO 之间的偶联反应生成,生成的 C_2 含氧中间体是 $CH_x\underline{C}HO$[12,13];(2)通过 CO 插入 $CH_x\underline{C}O$[14-18]。在第二种机理中,当 $x=2$ 时,生成的是 $CH_2\underline{C}O$,这种机理称为乙烯酮机理[17,18];当 $x=3$ 时,生成的是 $CH_3\underline{C}O$,称为乙酰基机理[14,15]。欲知 C—C 键的生成究竟属于哪种机理,关键在于弄清乙醇等 C_2 含氧物的前驱中间体到底是什么。

Ichikawa 等人[19,20]用原位 FTIR 检测 Mn、Ti 促进的及非促进的铑催化剂上合成气转化反应的中间体,在 $1660-1680$ cm^{-1} 范围内均观察到对氢十分敏感的 IR 特征吸收峰,认为这是 $CH_3\underline{C}O$ 的羰基伸缩振动峰。Ichikawa 和 Fukushima 并在含 $^{13}CH_3OH$ 物料的合成气反应中,检测到了分子式为 $CH_3COO^{13}CH_3$ 的乙酸甲酯,认为反应过程中存在 $CH_3\underline{C}O$。需要指出的是,即使合成气反应过程中同时存在乙烯酮中间体,用 $^{13}CH_3OH$ 作捕获剂也是无法捕获到的,因为它与 $^{13}CH_3OH$ 反应生成的乙酸甲酯也是 $CH_3COO^{13}CH_3$。

在蔡启瑞等人提出的合成气反应机理中[18],乙烯酮、乙酰基两个中间体同时存在。为了确证这两个中间体的存在,蔡启瑞等人分别采用同位素标记的 CH_3OD[22]、$D_2{}^{18}O$[23,24]作为捕获剂进行化学捕获反应,预期的捕获反应式分别为:

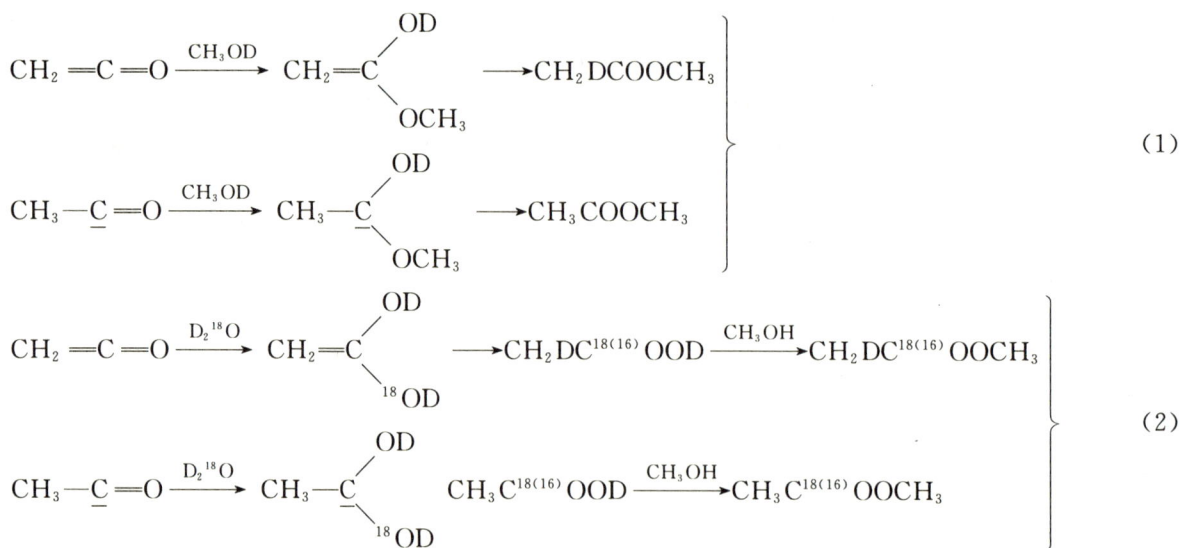

(1)

(2)

如(1)式所示,乙烯酮中间体与 CH_3OD 发生加成反应时,$D^{\delta-}$ 加在氧上,$CH_3O^{\delta-}$ 加在 α 碳上,形成烯

醇化中间体 $CH_2=C\begin{smallmatrix}OD\\OCH_3\end{smallmatrix}$,而后经重排得到 α-氘代乙酸甲酯($CH_2DCOOCH_3$);而乙酰基中间体与

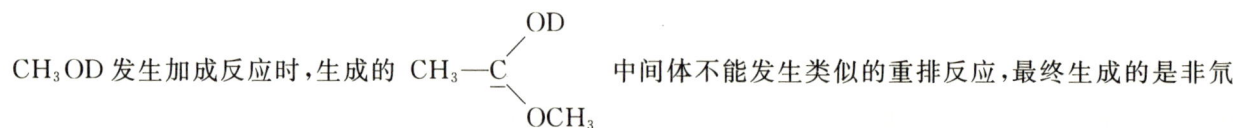

CH_3OD 发生加成反应时,生成的 $CH_3-C\begin{smallmatrix}OD\\OCH_3\end{smallmatrix}$ 中间体不能发生类似的重排反应,最终生成的是非氘

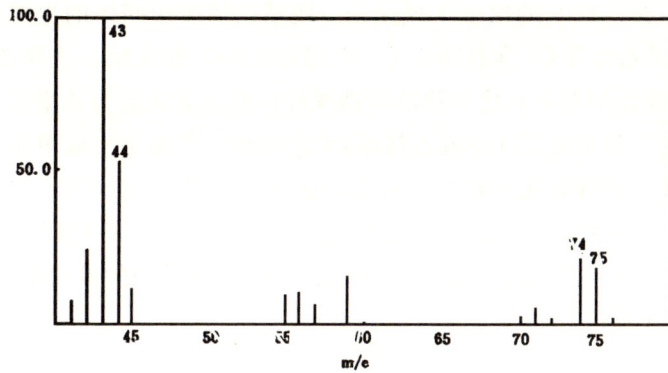

图 4 CH₃OD 的原位捕获反应产物质谱图

Fig. 4 **MS pattern of in-situ trapping-reaction product with CH₃OD as trapping agent on Rh-Mn-Li/SiO₂**

代的乙酸甲酯(CH_3COOCH_3)。借助 GC-MS 可区分这两种具有不同同位素构成的乙酸甲酯。图 4 是一张典型的以 CH_3OD 为捕获剂的化学捕获反应中产物的质谱图。峰 43、44 可分别归属于碎片 CH_3CO、CH_2DCO；峰 74、75 分别归属于 CH_3COOCH_3、$CH_2DCOOCH_3$，表明捕获反应中生成了两种分子式为 CH_3COOCH_3、$CH_2DCOOCH_3$ 的乙酸甲酯。根据反应式(1)，可以推断在合成气反应中同时存在乙烯酮、乙酰基两个 C_2 含氧中间体。以 $D_2^{18}O$ 为捕获剂进行化学捕获反应，接着用含甲醇的 N_2 气流吹扫，也检测到了按(2)式生成的四种分子式为 CH_3COOCH_3、$CH_2DCOOCH_3$、$CH_3C^{18}OOCH_3$、$CH_2DC^{18}OOCH_3$ 的乙酸甲酯，进一步证实了乙烯酮、乙酰基中间体的同时存在。由于乙烯酮中间体的存在，乙酰基中间体除了可由 CO 插入 $M-CH_3$ 反应生成外，还可由乙烯酮的部分氢化反应生成，如表 2 所示，在捕获反应中，随着 CH_3OD/H_2 之比的增加，生成的乙酸甲酯中 $CH_2DCOOCH_3$ 的百分含量相应提高，表明乙烯酮的捕获反应与其加氢生成乙酰基的反应是一对竞争反应，这暗示了乙烯酮中间体是合成气反应中的一个关键中间体。当捕获反应中 CH_3OD/H_2 之比足够大(如 18/5 时)，氘代捕获产物 $CH_2DCOOCH_3$ 的百分含量超过 50%，说明在这种反应条件下，乙烯酮的捕获反应与乙酰基的捕获反应相比占主导地位，换句话说，大部分的乙烯酮还来不及加氢就被 CH_3OD 捕获了；当 CH_3OD/H_2 之比不太高时，主要的捕获产物是 CH_3COOCH_3，这可解释为由于氢参与了竞争反应，将大部分的乙烯酮加氢转化成乙酰基。整个过程可表示如下：

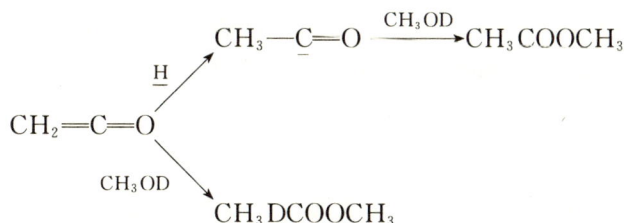

表 2 **CH₃OD 为捕获剂的原位捕获反应(220 ℃,0.1 MPa,350 h⁻¹)**

Table 2 **In-situ chemical trapping reaction with CH₃OD as trapping agent**

Catalyst	Feed composition CH₃OD/H₂/CO(mol. ratios)	%CH₂DCOOCH₃ in AcOMe
Rh(2%)−TiO₂/SiO₂	3/5/10	25.7
	10/5/10	33.8
(Rh∶Ti=1∶1)	18/5/10	74.4

因此,在通常反应条件下,乙烯酮很快加氢转化成乙酰基,即乙烯酮的部分氢化反应是乙酰基的主要生成途径,而 CO 插入甲基反应是乙酰基的次要生成途径。既然乙烯酮中间体的生成在乙酰基之前,由此可以认为 CO 插入卡宾反应是乙醇等 C_2 含氧物中 C—C 键形成的主要途径。这种链增长机理对强亲氧性金属氧化物助剂促进的铑催化剂上含氧化合物的高选择性以及含氧化合物几乎只停留在 C_2 水平上可作出合理的解释。首先,卡宾立即插入 CO 生成乙烯酮,大大减少了其加氢生成甲基、甲烷及与甲基骈联发生烃链增长的机会,使催化剂对含氧化合物具有较高的选择性。其次,乙烯酮、乙酰基生成时,强亲氧性助剂 M^{n+}(如 Mn^{2+}、Ti^{3+} 等,这类助剂对制备高活性的铑催化剂是必需的)因仍结合着羟基处于氧饱和状态而不能与乙烯酮、乙酰基的氧端发生强键合,这样乙烯酮、乙酰基中的碳氧键因难以断裂而较少发生链增长,于是主要得到 C_2 含氧物。

这样,由卡宾开始,乙醇的主要生成途径可表示为:$\underline{CH_2} \xrightarrow{CO} CH_2{=}C{=}O \xrightarrow{H} CH_3{-}\underline{C}{=}O \xrightarrow{H}$ CH_3CH_2OH,其中,乙烯酮的生成是有关 C_2 含氧物选择性的关键步骤。

蔡启瑞等人[25]进一步用负载在硅胶上的含卡宾或亚烯酮的簇合物模拟了乙醇合成反应中卡宾中间体以后的反应过程;不含卡宾或亚烯酮配体的羰基铁簇合物与 H_2、CO/H_2 反应,只有少量甲烷生成;含卡宾配体的簇合物与 H_2、H_2/CO 反应,生成了甲烷、乙烷、乙烯及乙醇、乙醛,除无甲醇生成外,其产物分布与铑基催化剂上合成气转化反应产物类似;含亚烯酮(CCO)配体的簇合物与 H_2/CO 反应也生成了甲烷、乙醇、乙醛。这些结果表明乙醇等 C_2 含氧物的生成与卡宾、亚烯酮配体直接相关,暗示了铑基催化剂上合成气制乙醇反应按照卡宾-乙烯酮机理解释是合理的。为进一步明确模型反应中乙醇生成所经历的 C_2 含氧中间体,蔡启瑞等人[26]用 CD_3OD 作捕获剂对上述模型反应中的 C_2 含氧中间体进行了化学捕获。结果表明,在捕获反应中生成了 CH_3COOCD_3、$CH_2DCOOCD_3$ 两种不同同位素构造的乙酸甲酯;且随着反应物料中 CD_3OD 含量的增加,乙酸甲酯中 $CH_2DCOOCD_3$ 的百分含量相应提高。这一结果与前面所述的铑催化剂上的以 CH_3OD 为捕获剂的捕获反应结果完全一致,表明卡宾(亚烯酮)配体至乙醇的生成过程中确实经历了乙烯酮、乙酰基两个 C_2 含氧中间体。这些模型反应说明以"卡宾-乙烯酮-乙酰基-乙醇"机理解释铑基催化剂上合成气制乙醇的反应途径是合理的。

在述评铑基催化剂上的合成气转化反应机理时,必须提及 Takeuchi 和 Katzer 的实验结果。两位研究者用同位素标记的 $^{12}C^{18}O/^{13}C^{16}O$ 与 H_2 进行合成气转化反应,期望从产物的同位素分布获得反应机理的信息。实验结果之一是产物甲醇中 C 和 O 的同位素组成与原料气相同,没有发生同位素"scrambling"现象[27]。这一结果说明在醇生成过程中,并不是所有 CO 分子中的 C—O 键都完全断裂,而后再组合起来。实验结果之二是产物乙醇中 C,O 同位素分布不同于原料气[17],且统计计算表明实验结果与按全解离模型计算得到的结果相符,而与按部分解离模型(如 CO 插入 $M{-}CH_3$)计算得的结果不符。上面已经指出全解离模型的物理图象是不合理的,为此,Takeuchi 和 Katzer[7]提出合成气反应过程中存在乙烯酮中间体及其异构体环氧乙烯,并且彼此互变:$CH_2{=}C{=}O_{ad}{=}HC\overset{O}{\overbrace{\qquad}}CH_{ad}$ 。通过这种互变可使 $*CH_2{=}C{=}O$ 变成 $CH_2{=}*C{=}O$。此外,环氧乙烯还通过类似于下面的两个反应发生同位素交换:

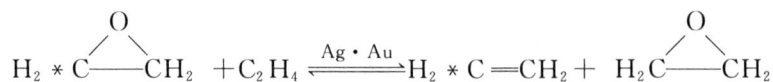

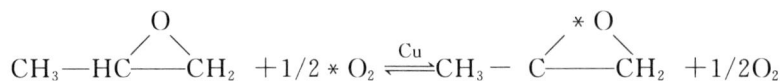

$$H_2*C\overset{O}{\overbrace{\qquad}}CH_2 + C_2H_4 \rightleftharpoons H_2*C{=}CH_2 + H_2C\overset{O}{\overbrace{\qquad}}CH_2$$

$$CH_3{-}HC\overset{O}{\overbrace{\qquad}}CH_2 + 1/2*O_2 \overset{Cu}{\rightleftharpoons} CH_3{-}C\overset{*O}{\overbrace{\qquad}}CH_2 + 1/2O_2$$

由于这些同位素交换,使得实验中测得的乙醇同位素组成与全解离模型相符。但是,这种解释存在以下问题:(1)$CH_3{=}C{=}O$ 转化为位能较高的 $HC\overset{O}{\overbrace{\qquad}}CH$ 并不易进行,况且也没有证据表明合成气反应中

存在 $HC{=}CH$ 物种；(2)后面两个同位素交换仅仅是类比，没有直接证据。这样，Takeuchi 和 Katzer 的解释及乙烯酮机理的正确性似乎有待进一步商讨。Deluzarche 等人[28]基于乙酰基的氢化物乙醛与产物水之间的氧同位素交换反应，根据部分解离模型(CO 插入 M—CH_3 及 Takeuchi 和 Katzer 实验中 CO 的同位素组成、转化百分率，统计计算了产物乙醇的同位素组成，所得结果与实验基本相符。由此认为，CO 插入 M—CH_3 机理即乙酰基机理并不与 Takeuchi 和 Katzer 实验结果不相容。蔡启瑞等人[23,24]从实验上观察到在 Rh-TiO_2/SiO_2 催化剂上，乙醛、丙醛和丙酮等含羰基化合物能与 $D_2^{18}O$ 发生氧同位素交换，且交换程度与羰基活泼性相关，羰基越活泼交换程度就越高。如表3所示，以 $D_2^{18}O$ 为重氧源试剂的原位氧同位素交换反应进一步表明，乙烯酮、乙酰基等含羰基中间体与引入的 $D_2^{18}O$ 发生了氧同位素交换，导致 ^{18}O-乙醇、^{18}O-乙醛等含 ^{18}O 产物的生成。这个结果说明，在合成气转化反应中，乙烯酮、乙酰基这些 C_2 含氧中间体会与副生的水发生氧同位素交换反应。基于这种氧同位素交换反应及 Takeuchi 和 Katzer 实验中 CO 的同位素组成、转化百分率，按照乙稀酮机理，用统计方法计算得到的乙醇同位素结果如表4所示。只要考虑到乙烯酮中间体与副生水发生二次同位素交换反应，所计算的结果即与实验结果基本符合，说明乙烯酮机理也能合理解释 Takeuchi 和 Katzer 的实验结果。这样不管乙烯酮机理还是乙酰基机理都能解释 Takeuchi 和 Katzer 的实验结果，单凭他们的实验无法肯定哪个机理更为合理。看来，要说明反应机理、建立反应网络，更重要的是要确认反应过程中存在的活性中间体及其生成途径。

表3　$D_2^{18}O$ 为重氧源的原位氧同位素交换反应

Table 3　In-situ isotopic exchange reaction of oxygen with $D_2^{18}O$ as the source of ^{18}O over Rh-TiO_2/SiO_2

Feed composition $D_2^{18}O/H_2/CO$	$CH_3CH^{18}O\%$ in acetaldehyde	$CH_3CH_2^{18}OH\%$ in ethanol
0.14/2/1	13.5	43.1
0.30/3/1	26.7	43.2
0.22/2/1	28.8	46.2
0.15/1/1	51.6	43.9

表4　按照氧同位素交换模式计算得到的乙醇同位素组成

Table 4　Isotopic composition of ethanol calculated according to the mode of isotopic exchange of oxygen

Possible ethanol isotopes	mol. wt.	Number of water-ketene exchanges*					Takeuchi and Katzer's results**
		0	1	2	3	4	
$^{12}C^{12}C^{16}O$	46	5.5	9.2	11.1	12.1	12.5	18.4±1.0
$^{12}C^{13}C^{16}O$ $^{13}C^{12}C^{16}O$	47	26.1	26.2	26.2	26.2	26.2	24.2±0.5
$^{13}C^{13}C^{16}O$ $^{12}C^{12}C^{18}O$	48	40.1	32.6	28.8	26.9	26.0	26.1±0.4
$^{12}C^{13}C^{18}O$ $^{13}C^{12}C^{18}O$	49	23.8	23.8	23.8	23.8	21.8±1.4	
$^{13}C^{13}C^{18}O$	50	4.4	8.2	10.1	11.0	11.5	9.5±0.3

* At 48.2% CO conversion，** Reference[17]

综上所述,在铑基催化剂上,合成气转化为乙醇的优势反应途径可以示意为:

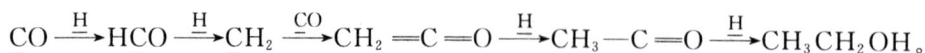

$$\underline{C}O \xrightarrow{H} H\underline{C}O \xrightarrow{H} \underline{C}H_2 \xrightarrow{CO} \underline{C}H_2=C=O \xrightarrow{H} CH_3-\underline{C}=O \xrightarrow{H} CH_3CH_2OH。$$

参考文献

[1] Orita H, Natio S, Tamaru K. J Catal, 1984, 90: 183.

[2] Ichikawa M, Fukushima T, Sikakura K. Proc. 8th ICC, 1984, Ⅱ: 69.

[3] Mori T, Masuda H, Imal H. J Phys Chem, 1982, **86**: 2753.

[4] Bianchi D, Benneff C O. J Catal, 1984, **86**: 433.

[5] 汪海有, 刘金波, 蔡启瑞等. 高等学校化学学报, 1993, **14**(8): 1157.

[6] Wang Haiyou, Liu Jinpo, Tsai Khirui et al., Catal Lett, 1992, 12: 87.

[7] Lavalley J C, Sanssey J, Rais T, J Mol Catal, 1982, **17**: 289.

[8] 傅锦坤, 刘金波, 蔡启瑞等. 厦门大学学报 (自然科学版), 1992, **31**(4): 387.

[9] 汪海有, 刘金波, 蔡启瑞等. 分子催化, 1994, **8**(2): 51.

[10] 福冈淳, 肖丰收, 市川胜等. 触媒, 1990, **32**(6): 368.

[11] Kuznetzov V L, Romanenko A V, Matikhin V M. et al. Proc. 8th ICC, 1984, V: 3.

[12] Kiennemann A, Breault R, Hindermann J P. Faraday Symp Chem Soc, 1986, **21**, Paper 14.

[13] Hackenbruch J, Keim W, Roper M et al. J Mol Catal, 1984, **26**: 139.

[14] Bell A T. Catal Rev Sci Eng, 1981, **23**: 203.

[15] Sachtler W M H. Proc. 8th ICC, 1984, Ⅰ: 151.

[16] Ichikawa M. CHEMTECH, 1982, 647.

[17] Takeuchi A, Katzer J R. J Phys Chem, 1982, **86**: 2438.

[18] 顾桂松, 刘金波, 蔡启瑞等. 物理化学学报, 1985, **1**: 177.

[19] 福岛贵和, 荒川裕则, 市川胜. 触媒, 1986, **28**(2): 60.

[20] Fukushima T, Arakawa H, Ichikawa M. J Chem Soc, Chem Commun, 1985, 729.

[21] Ichikawa M, Fukushima T. J Chem Soc, Chem Commum, 1985, 321.

[22] Liu Jinpo, Wang Haiyou, Tsai Khirui et al. Proc 8th ICC, 1988, 735.

[23] 汪海有, 刘金波, 蔡启瑞等. 物理化学学报, 1991, **7**(6): 681.

[24] 汪海有, 刘金波, 蔡启瑞等. 分子催化, 1990, **5**(1): 16.

[25] 周朝晖, 高景星, 蔡启瑞等. 厦门大学学报 (自然科学版), 1990, **29**(3): 286.

[26] 周朝晖, 高景星, 蔡启瑞等. 分子催化, 1990, **4**(4): 257.

[27] Takeuchi A, Katzer J R. J Phys Chem, 1981, **85**: 937.

[28] Deluzarche A, Hindermann J P, Kieffer R et al. J Phys Chem, 1984, **88**: 4493.

■ **本文原载**:《厦门大学学报》(自然科学版)第 33 卷第 1 期(1994 年 1 月),第 58~62 页。

合成气转化为甲醇和乙醇反应
的速控步骤研究*

汪海有　夏文生　刘金波　张鸿斌　蔡启瑞

(固体表面物理化学国家重点实验室　化学系)

摘　要　根据提出的合成气反应机理,用键级守恒-Morse 势方法计算了 Rh(111)面上合成气转化为甲醇、乙醇过程中各基元反应的活化能,结果表明 $COs+Hs \rightarrow HCOs$、H_2COs(或 $HCOHs$)+$Hs \rightarrow CH_2,s+OHs$ 分别是甲醇、乙醇生成反应中活化能最大的基元反应。通过考察 H_2/D_2 同位素效应,发现在高活性 Rh 基催化剂上,甲醇、乙醇生成反应同时表现出显著的氘逆同位素效应,表明这两个反应的速控步骤均为一步加氢反应,这与键级守恒的计算结果相符。

关键词　铑基催化剂　合成气　速控步骤　键级守恒-Morse 势方法　H_2/D_2 同位素效应

中国图书分类号　O 643.11

键级守恒-Morse 势(Bond Order Conservation-Morse Potential,以下简写为 BOC-MP),可用来估算金属表面上基元反应网络中活化能最高的步骤,预言可能的速控步骤[1]。考察同位素效应是研究化学反应机理的常用手段。当反应物中反应键原子被其同位素取代后,产生的同位素效应对于确定反应机理中的速控步骤可提供重要的信息。

合成气在 Rh 基催化剂催化下以高选择性生成乙醇,并同时生成少量甲醇。关于甲醇、乙醇的生成机理,文献中已有相当多的报道[2-5],但均未涉及到这两个反应的速控步骤。本文在深入研究反应机理,建立甲醇及乙醇生气过程的基元反应网络的基础上,用 Rh(111)面上极低覆盖度(0<0.3)情况下的反应模拟 Rh 催化剂上的基元反应并用 BOC-MP 方法计算各基元反应的活化能,预言可能的速控步骤;然后通过考察 H_2/D_2 同位素效应,对所预言的速控步骤的合理性作进一步说明。

1　实验

催化剂制备　Rh-V(1:1)/SiO_2 催化剂采用分步浸渍法制备。硅胶用 0.07 mol/L 的 NH_4VO_3 水溶液浸渍,经蒸干后再用 0.35 mol/L 的 $Rh(NO_3)_3 \cdot 2H_2O$ 甲醇溶液浸渍。经真空抽去甲醇、373 K 烘干、573 K 灼烧处理后,用 H_2(1000 h^{-1})于 673 K 下还原 4 h。催化剂的铑负载量为 4 wt%。

Rh(111)面上基元反应活化能计算　用 Rh(111)面上极低覆盖度(0<0.3)情况下的反应模拟 Rh 催化剂上的基元反应,甲醇、乙醇生成反应中所包含的各基元反应的建立根据文献[2,5~7]。基元反应的活化能用 BOC-MP 方法计算,计算所需的原子吸附热数据,CO、HCO、CH_2 等物种的气相解离能及化学吸附热数据均列于表 1。以基元反应 $H_2COs+Hs \rightarrow CH_2,s+OHs$ 为例,正向反应活化能可表示为 $\triangle E_f^* =$

---

*　本文 1993 年 3 月 18 日收到;国家自然科学基金资助项目。

$$\frac{1}{2}\left[DD+\frac{Q_{CH_2} \cdot Q_{OH}}{Q_{CH_2}+Q_{OH}}+Q_{H_2CO}+Q_H-Q_{CH_2}-Q_{OH}\right], 式中 DD=D'_{H_2CO}+D'_H-D'_{CH_2}-D'_{OH}=317 \text{ kJ/mol},$$

代入有关数据,求得 $\triangle E_f^*=106$ kJ/mol。

表 1 化学吸附热(Q)和气相总键能

Tab. 1 Heats of Chemisorption(Q)on Rh(111)surface and total bond energies in gas(D')(unit:kJ/mol)

物种	Coord,type	$D^{[8]}$	$Q^{[9]}$
C			715
H			255
O			427
OH	η'	427	214
CO	$\eta'\mu_1$	1 075	122
CH_2	η'	766	345
CH_3	$\eta'\mu_3$	1 226	199
HCO	$\eta'\mu_3$	1 146	209
H_2CO	$\eta'\mu_1$	1 510	66
HCOH	$\eta'\mu_3$	1 268	329
H_3CO	$\eta'\mu_3$	1 602	227
CH_3OH	$\eta'\mu_1$	2 038	61
CH_2CO	$\eta'\mu_2$	2 177	104
CH_3CO	$\eta'\mu_3$	2 354	211
CH_3CHO	$\eta'\mu_1$	2 711	65
C_2H_5OH	$\eta'\mu_1$	3 218	62

H_2/D_2 同位素效应 将经除水、脱氧处理的 CO/H_2(1/2)混合气通入反应器,于 503 K、0.1 MPa、1000 h^{-1} 的条件下反应,产物用在线气相色谱氢火焰离子化检测器和 GDX-103 色谱柱(2 m、353 K)分析。1 h 后,CO/H_2 切换成 D_2 吹扫 0.5 h,然后通入 CO/D_2(1/2)进行反应。如此交替进行 CO+H_2、CO+D_2 反应以考察 H_2/D_2 同位素效应。由于氢火焰检测器对氢化产物和相应的氘化产物具有相同的灵敏度[10],定量计算时两者取相同的色谱响应值。

文中所用 D_2 由 D_2O(D 丰度为 98.2%)经 DCD-Ⅵ型氘发生器电解制得。

2 结果与讨论

2.1 甲醇、乙醇生成过程中各基元反应的活化能

根据文献[2,5],Rh 催化剂上甲醇是由分子吸附态的 CO 逐步加氢生成的,其生成过程可示意为 COs $\xrightarrow{Hs}$ HCOs $\xrightarrow{Hs}$ H_2COs $\xrightarrow{Hs}$ H_3COs $\xrightarrow{Hs}$ CH_3OH。而关于乙醇的生成机理,文献中还没有达成一致的看法。基于合成气反应中 HCOs、H_2CO_5、CH_3COs 等关键中间体的存在[5-7],作者认为 Rh 催化剂上乙醇生

成的主要途径为

$$COs \xrightarrow{Hs} HCOs \xrightarrow{Hs} CH_{2,s} \xrightarrow{COs} CH_2COs \xrightarrow{Hs} CH_3CO_3 \xrightarrow{Hs} CH_3CH_2OH \xrightarrow{Hs} CH_{3,s} \xrightarrow{COs}$$ 本文中根据上述反应机理讨论甲醇、乙醇生成反应可能的速控步骤。表 2 详细列出了甲醇、乙醇生成过程的基元反应及用 BOC-MP 方法计算得到的反应活化能。由表可见,在甲醇生成过程的四步加氢反应中,第一步加氢反应 COs+Hs→HCOs 的活化能最高;在乙醇生成过程的基元反应中,C_1 含氧物种的氢助断 C—O 键反应 H_2COs(或 HCOHs)+Hs→$CH_{2,s}$+OHs 的活化能最高。

表 2 Rh(111)面上甲醇、乙醇生成反应中各基元反应的正向反应活化能

Tab. 2 Activation barriers for forward($\triangle E_j$)elementary reactions for methanol and ethanol formation on Rh(111)(unit:kJ/mol)

MeOH formation	$\triangle E_j$	EtOH formation	$\triangle E_j$
COs+Hs→HCOs	97	COs+Hs→HCOs	97
HCOs+Hs→H_2COs	74	HCOs+Hs→H_2COs(HCOHs)	74(64)
H_2COs+Hs→H_3COs	27	H_2COs(HCOHs)+Hs→CH_{2s}+OHs	106(116)
H_3COs+Hs→CH_3OHs	5	CH_{2s}+COs→CH_2=C=Os	59
		CH_{2s}+Hs→CH_{3s}	44
		CH_2=C=Os+Hs→CH_3C=Os	22
		CH_{3s}+COs→CH_3C=Os	66
		CH_3C=Os+Hs→CH_3CHOs	80
		CH_3CHOs+Hs→CH_3CH_2Os	36
		CH_3CH_2Os+Hs→CH_3CH_2OHs	53

2.2 甲醇、乙醇生成反应中的氘逆同位素效应

图 1 是在 Rh-V(1∶1)/SiO_2 催化剂上交替进行 CO+H_2、CO+D_2 反应,甲醇、乙醇平均时空得率的变化情况。每次由 CO+H_2 转成 CO+D_2 反应时,甲醇、乙醇得率均显著上升,计算得到的甲醇、乙醇生成反应的 H_2/D_2 同位素效应值(以平均时空得率之比 YD/YH 表示)分别为 1.9、1.9,这就是说,甲醇、乙醇生成反应,均表现出显著的氘逆同位素效应。前文[11] 在一系列 Mn、Fe、Li 促进的及非促进的 Rh/SiO_2 催化剂上,通过考察 H_2/D_2 同位素效应,观察到所有催化剂上的乙醇生成反应都表现出显著的氘逆同位素效应;在有显著量甲醇生成的高活性的 Mn 促催化剂上,甲醇、乙醇生成反应同时表现出氘逆同位效应。可见,Rh 基催化剂上的醇合成反应存在氘逆同位素效应。

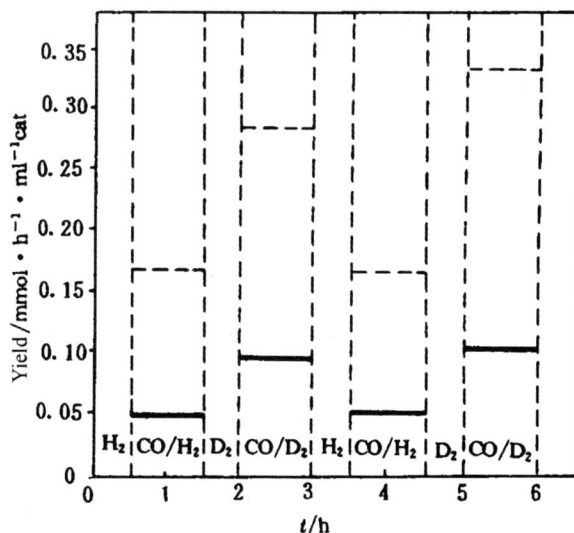

图 1 合成气转化反应中的 H_2/D_2 同位素效应

Fig. 2 isotope effects in syngas conversion reactions over Rh-V(1∶1)/SiO_2

(——Ymethanol X10,……Yethanol)

2.3 甲醇、乙醇生成反应的速控步骤

如 BOC-MP 方法所计算的,COs+Hs→HCOs

是甲醇生成过程中活化能最高的基元反应,根据反应能量学的观点,该基元反应可能是甲醇生成反应的速控步骤。在高活性的 Rh 催化剂上,甲醇生成反应表现出显著的氘逆同位素效应与该反应的速控步骤为一步加氢反应是相符的,详细分析如下:

就甲醇生成反应而言,氘同位素效应有两个来源:一个是 $H_2(D_2)$ 吸附的热力学同位素效应;另一个是反应速控步骤的动力学同位素效应。Bell 等人[10]曾计算过 $H_2(D_2)$ 在金属上吸附的热力学同位素效应,表明在 453~543 K 范围内,氘、氢吸附平衡常数之比(K_D/K_H)在 0.79~0.62 之间。曹更玉[12]报道,Pd 催化的合成气制甲烷反应中,$H_2(D_2)$ 吸附的热力学同位素效应对甲烷生成反应的影响很小。可见,$H_2(D_2)$ 吸附的热力学同位素效应不可能引起甲醇生成反应表现出显著的氘逆同位素效应,换言之,这种氘逆同位素效应是由反应速控步骤的动力学氘逆同位素效应引起的。根据动力学同位素效应主要由活化络合物与反应物之间的零点能变化引起的观点[13],对 $COs + Hs \rightarrow HCOs$ 这一基元反应表现出氘逆同位素效应可作出定性解释。按照过渡态理论,CO 加氢(氘)生成甲酰基的反应过程可示意为

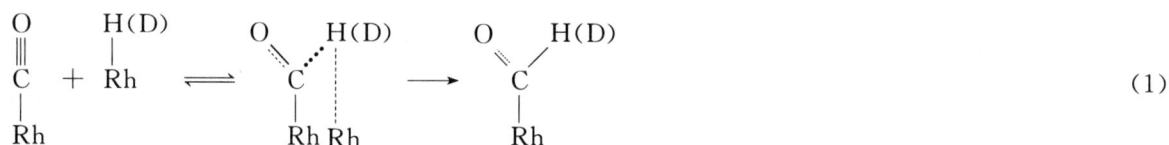

$$
\begin{array}{c}
O \\ \parallel \\ C \\ | \\ Rh
\end{array}
+
\begin{array}{c}
H(D) \\ | \\ Rh
\end{array}
\rightleftharpoons
\begin{array}{c}
O \quad H(D) \\ \diagdown \quad \diagup \\ C \\ Rh \quad Rh
\end{array}
\rightarrow
\begin{array}{c}
O \quad H(D) \\ \diagdown \diagup \\ C \\ | \\ Rh
\end{array}
\tag{1}
$$

图 2 是反应(1)的势能曲线示意图. 由图可知,

$$\triangle E^D - \triangle E^H = (E_0^{D\neq} - E_0^D) - (E_0^{H\neq} - E_0^H) = (E_0^{D\neq} - E_0^{H\neq}) - (E_0^D - E_0^H) = -[(E_0^{H\neq} - E_0^{D\neq}) - (E_0^H - E_0^D)]$$

由于 C—H(D)键强于 Rh—H(D)键,当活化络合物中 Rh—H(D)削弱。C—H(D)部分形成时,上式中 $(E_0^{H\neq} - E_0^{D\neq}) > (E_0^H - E_0^D)$,于是 $\triangle E^D - \triangle E^H < 0$,即 $\triangle E^D < \triangle E^H$。可见,氘取代氢反应因活化能较小而表现出氘逆同位素效应。

在乙醇生成过程的基元反应中,BOC-MP 的计算结果表明 H_2COs(或 $HCOHs$)$+ Hs \rightarrow CH_{2,s} + OHs$ 这一基元反应的活化能最高,因此,该反应可能是乙醇生成反应的速控步骤。在高活性的 V 促、Mn 促 Rh 催化剂上,用 D_2 代替 H_2 与 CO 反应,甲醇、乙醇生成反应同时表现出显著的氘逆同位素效应,说明与甲醇生成反应相同,乙醇生成反应的速控步骤也是一步加氢反应,这与键级守恒的计算结果

图 2 反应一维势能图

Fig. 2 One dimensional potential profile of reactions, $COs + Hs(Ds) \rightarrow H(D)COs$

相符。周朝晖等人[4]曾报道,簇合物 $Fe_2(\mu\text{-}CH_2)(CO)_8$ 中的卡宾配体在温和条件下(368 K)即可与 CO/H_2 混合反应生成乙醇、暗示了乙醇生成反应机理中卡宾中间体以后的反应容易进行,而 CO 至卡宾过程中包含了反应的速控步骤。本文的结果表明卡宾中间体的生成反应可能是乙醇生成反应的速控步骤。

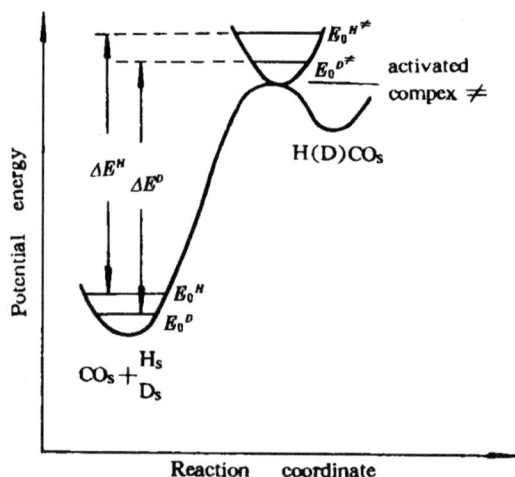

参考文献

[1] Shustorovich Z, Bell A T. Analysis of CO hydrogenation pathways using the Bond-Order-Conservation method. J Catal, 1988, **113**: 341~352.

[2] Takeuchi A, Katzer J R. Mechanism of methanol formation. J Phys Chem, 1981, **85**: 937~939.

［3］Ichikawa M. Cluster-derived supported catalysts and their use. CHEMTECH 1982,**12**(11)：674～680.

［4］Takeuchi A,Katzer JR. Ethanol formation mechanism from CO＋H₂. J. Phys Chem,1982,**86**:2 438～2 441.

［5］顾桂松等.合成气制乙醇 Rh-Nb₂O₅/SiO₂ 催化剂中的 SMPI 和助催剂作用本质的研究.物理化学学报,1985,**1**:177～185.

［6］汪海有等.铑催化合成气转化为乙醇反应中甲酰基中间体的化学捕获.分子催化,1992,**6**(5)：346～351.

［7］汪海有等.合成气转化为乙醇的反应机理.物理化学学报,1991,**7**:681～687.

［8］Shustovovich E. The Bond-Order Conservation approach to chemisorption and heterogeneous catalysis:application and implications. Adv. in Catal,1991,**37**:101～163.

［9］姚元斌等.物理化学手册.上海:上海科技出版社,1985. 113～118;838～1 029.

［10］Keller C S,Bell A. T. Evidence for H₂/D₂ isotope effects on Fisher-Tropsch synthesis over supported ruthenium catalysts. J Catal,1981,**67**:175～185.

［11］汪海有等.铑基催化剂上 CO/H₂ 合成甲醇及乙醇反应中的氘逆同位素效应.分子催化,1992,**6**(2):156～159.

［12］曹更玉等.Pd/Al₂O₃ 催化剂表面上甲烷反应动力学的统计力学研究.化学物理学报,1991,**4**:85～91.

［13］Ozaki A. Isotopic studies of heterogeneous catalysis. New York:Academic Press,1977.

［14］周朝晖等.含卡宾或烯酮基铁簇合物作为乙醇合成机理模型的研究,厦门大学学报(自然科学版),1990,**29**:286～290.

Rate-Determining Steps in Syngas Conversion to Methanol and Ethanol

Hai-You Wang，Wen-Sheng Xia，Jin-Po Liu，Hong-Bin Zhang，Qi-Rui Cai

(State Key Lab，Phys，Chem. Solid Surf.，Dept，of Chem.)

Abstract The BOC-MP(Bond Order Conservation-More Potential) approach has been used to identify the energetics associated with methanol and ethanol formation from syngas on Rh(111)surface. The BOC-MP calculation indicates that COs＋Hs→HCOs and H₂COs(or HCOHs)＋Hs→HC₂,s＋OHs are probably the rate-determining steps of methanol formation reaction and of ethanol formation reaction,respectively. On the other hand,H₂/D₂ isotope effects in syngas conversion reactions have been investigated over V-promoted rhodium catalyst by performing CO＋H₂ reaction and CO＋D₂ reaction alternatively. Noticeable deuterium inverse isotope effects both on methanol formation and on ethanol formation are simultaneously observed,implying that the rate-determining steps involved in both methanol formation and ethanol formation are very probably,in each case,a step of hydrogenation. This result is in acccordance with that predicted by BOC-MP approach.

Key words Rhodium catalyst Syngas Rate-determining step BOC-MP approach H₂/D₂ isotope effect

■ **本文原载:**《厦门大学学报》(自然科学版)第 33 卷增刊(1994 年 6 月),第 214～219 页。

几种具有缺陷 CaF₂ 型结构催化剂
在甲烷氧化偶联反应中的行为*

刘玉达　张鸿斌　林国栋　蔡启瑞

（化学系　物理化学研究所）

摘　要　对几种含有 Bi_2O_3 或 ThO_2 的催化剂的结构和它们在甲烷氧化偶联反应中的催化行为进行考察。具有缺陷 CaF_2 结构的催化剂比其他结构类型的催化剂有更高的甲烷转化率和 C_2 烃选择性,这可能与这种结构类型的催化剂有较强的转化气相 O_2 为表面活性氧物种的能力有关。由 La_2O_3 对 ThO_2 进行掺杂可构成催化剂性能好、热稳定性高的具有缺陷 CaF_2 结构的催化剂。应用原位激光拉曼光谱,首次在工作态的甲烷氧化偶联催化剂上检测到超氧物种 O_2^-。

关键词　甲烷　氧化铋　氧化钍　超氧物种

中国图书分类号　O643.3

近十年来,为甲烷氧化偶联制取乙烯、乙烷反应设计和研制高效催化剂的工作十分活跃。实验表明,金属氧化物催化剂的本征结构特征是决定其在甲烷氧化偶联反应中催化行为的重要因素之一。诸如 MgO,CaO 等岩盐结构类型的氧化物,其本征晶体结构不具有晶格氧空位,反映出较低的催化活性,但经 Li^+,Na^+ 等低价阳离子掺杂形成阴离子缺位后,却有较好的活性及 C_2 烃选择性[1,2]。本征结构是开放型的某些镧系氧化物催化剂如 Sm_2O_3、La_2O_3 等,有较高的催化反应活性[3]。本工作从结构特征和催化行为两方面对几个含 Bi_2O_3 或 ThO_2 催化剂进行考察分析,并应用原位光谱技术对工作态的 $Th-La-O_x$ 催化剂进行表征。

1　实验部分

催化剂由硝酸盐混合溶液与碳酸铵-氨水混合溶液共沉淀,沉淀物洗净后干燥(140 ℃,16 h),煅烧(850 ℃,4 h;对于含 Bi_2O_3 的催化剂为 780 ℃,2 h)制得。所得到催化剂进行破碎,筛分出 30～60 目的催化剂,用于催化性能评价。

催化剂的催化性能评价在一个常压固定床石英反应器上进行,反应器内径为 4.5 mm。原料气和反应器流出物的组成由气相色谱进行分析[4]。

催化剂结构的 XRD 测定在日产的 Rotaflex D/Max-C 转靶 X 射线衍射仪上进行,以 CuKa 为 X 射线源。催化剂比表面由脉冲色谱特征法测定。工作态催化剂的原位拉曼光谱表征在配置有原位高温反应样品池[5]的 Jobin-Yvon U-1 000 激光拉曼谱议上进行,Ar⁺ 激光器产生的 488.0 mn 线为激发线,其强度

---

* 本文 1994 年 4 月 29 日收到;国家自然科学基金资助项目,并得到厦门大学固体表面物理化学国家重点实验室的支持。

约为 200 mW。每条光谱扫描记录次数一般不少于 36 次,样品池内催化剂颗粒度为 50～80 目,重量为 1.0 g。

2 结果与讨论

表 1 给出 Bi_2O_3 与 Nb_2O_5-Bi_2O_3 对甲烷氧化偶联反应的催化性能与反应温度的关系。从表中可见,在反应温度为 700 ℃ 时,Nb_2O_5-Bi_2O_3 的甲烷转化活性与 C_2 烃选择性都比 Bi_2O_3 的高出许多,计算可知 Nb_2O_5-Bi_2O_3 的 C_2 烃收率是 Bi_2O_3 的 2 倍多。但当反应温度升高至 760 ℃ 时,两个催化剂的催化性能变得十分近似,二者的 C_2 烃收率近乎相等。以上现象可主要归因于在不同温度下催化剂结构特征的异同。Bi_2O_3 可以具有两种晶体结构类型[6]。在温度低于 729 ℃ 的条件下,Bi_2O_3 具有单斜晶系结构,而当温度升高至 729 ℃ 时,其晶体结构发生可逆的转变,从单斜构造转变成立方构造。值得注意的是,通过某些金属氧化物对 Bi_2O_3 进行掺杂,Bi_2O_3 的立方结构可被稳定在较低的温度之下[7]。我们通过 XRD 表征证实,用 1.6 mol% 的 Nb_2O_5 掺杂的 Bi_2O_3(即 Nb_2O_5:Bi_2O_3=1:61,原子比)在室温下以立方的晶体结构而不是以单斜的晶体结构存在。在反应温度为 700 ℃ 时,Bi_2O_3 具有单斜结构,而 Nb_2O_5-Bi_2O_3 具有立方结构,因此二者之间的催化行为存在着明显差别。当反应温度为 760 ℃ 时,由于 Bi_2O_3 在 729 ℃ 时晶体结构发生了从单斜向立方结构的转变,Bi_2O_3 和 Nb_2O_5-Bi_2O_3 都具有了相同的晶体结构——立方结构,因此,在这个温度下二者有非常相似的催化行为。

表 1 Bi_2O_3 系氧化物在甲烷氧化偶联反应中的催化活性[a]

Tab. 1 Catalytic properties of Bi-containing system in MOC reaction

催化剂[β]	反应温度(℃)	晶相结构	转化率(%)		选择性(%)
			CH_4	O_2	C_2[δ]
Bi_2O_3	700	单斜	5.7	24.2	23.9
Nb_2O_5	700	正交	1.3	5.9	～0
Nb_2O_5-Bi_2O_3(1:61)	700	立方	9.7	42.8	38.8
Bi_2O_3	760	立方	15.5	54.4	52.3
Nb_2O_5	760	正交	2.7	9.1	～0
Nb_2O_5-Bi_2O_3(1:61)	760	交方	16.3	59.4	53.1

α. 反应气组成 CH_4:O_2:N_2=24:6.3:69.4 vol%,反应气空速 GHSV=6000 h^{-1}。催化剂(30～60 meshes)用量 0.5 mL

β. 催化剂组成由括号中的阳离子摩尔比表示

δ. C_2=C_2H_4+C_2H_6

立方构型的 Bi_2O_3 呈现缺陷 CaF_2 型晶体结构[6]。在 CaF_2 构型的氧化物 MO_2 中(图 1(a)),阳离子 M^{4+} 呈面心立方排列,在图 1(a) 所示的晶胞中,由 M^{4+} 组成八个四面体空隙和四个八面体空隙,八个四面体空隙全部为阴离子 O^{2-} 所占据,而四个八面体空隙则是空的。缺陷 CaF_2 结构(图 1(b)) 即在上述构造(图 1(a)) 中,本来应为 O^{2-} 占据的部位出现了 O^{2-} 的空缺。具有缺陷 CaF_2 构造的催化剂在甲烷氧化偶联反应中往往表现出优于其他晶体构造催化剂的催化性能。在镧系氧化物催化剂中,具有缺陷 CaF_2 构造的 Sm_2O_3 有优越的催化性能[3]。但这一构型的 Sm_2O_3 特别是经过添加碱金属或碱土金属组分助催后,在反应条件下很容易发生晶型结构的转变,生成单斜构造的 Sm_2O_3,从而丧失了由于具有缺陷 CaF_2 型结构的卓越催化性能[8]。从表 1 的结果,我们可知具有缺陷 CaF_2 结构的 Bi_2O_3 较单斜构造的 Bi_2O_3

有更好的催化性能,但由于 Bi_2O_3 有较低的熔点温度 824 ℃,含有 Bi_2O_3 的催化剂在反应条件下容易发生 Bi_2O_3 组分的流失与烧结,因此这类催化剂的稳定性较差。

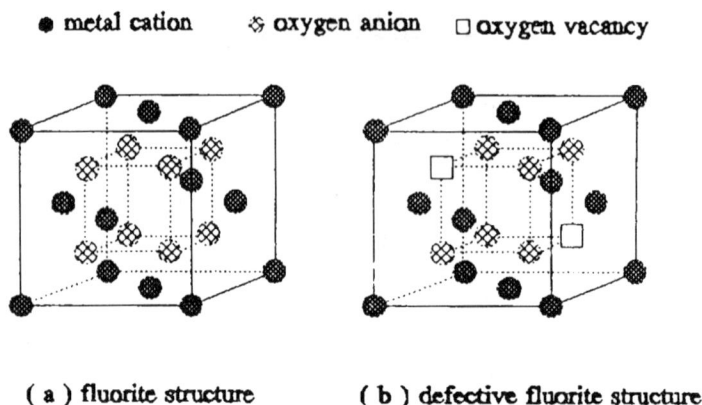

● metal cation　◈ oxygen anion　□ oxygen vacancy

(a) fluorite structure　　(b) defective fluorite structure

图 1　具有 CaF_2 构造(a)或缺陷 CaF_2 构造(b)的金属氧化物的晶体结构示意图

Fig. 1　The unit cell of(b)CaF_2 structure type meta oxide,(b)defect CaF_2 : structure type metal oxide

氧化钍(ThO_2)具有 CaF_2 结构构型[9]。已知 ThO_2 可以和一些低价态的金属氧化物,如 La_2O_3、CaO 和 SrO 等,形成具有缺陷 CaF_2 结构的固溶体[10]。我们制备了一系列组成不同的 ThO_2 La_2O_3 催化剂,并对它们的甲烷氧化偶联反应催化行为进行考察。催化剂的 CH_4 转化活性与 C_2 烃选择性对应于催化剂组成 La/(La+Th)原子比的变化关系如图 2。在 La/(La+Th)值小于 0.2 时,催化剂的活性和选择性都处于较低值。当 La/(La+Th)值在 0.30~0.65 时,催化剂显出较好的催化行为。XRD 测定表明,当 La/(La+Th)值≤0.5 时,催化剂的 XRD 衍射谱上仅出现稍变宽的对应于 ThO_2 的谱峰,这说明这时 La_2O_3 通过与 ThO_2 形成了一种阳离子替代型固溶体 Th-La-O_x 而均匀地分散于 ThO_2 中。在这些 Th-La-O_x 固溶体中,La^{3+} 取代了部分 Th^{4+} 在晶体中的位置,根据电中性原则,在 ThO_2 的 O^{2-} 晶格

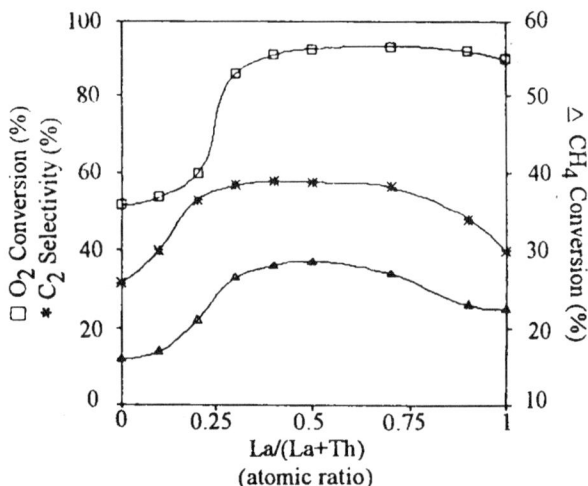

图 2　ThO_2-La_2O_3 的催化活性与其组成的对应关系

反应温度 700 ℃,反应气组成 CH_4/O_2/N_2=28.9/7.4/63.7(体积比),空速 GHSV=$1.2×10^5$ h^{-1}

Fig. 2　Dependence of catalytic properties on the composition of ThO_2-La_2O_3 catalyst

上必然出现氧离子空缺,以匹配由于 La^{3+} 对 Th^{4+} 进行取代所造成的正电荷减少,这样就形成了具有缺陷 CaF_2 构型的 Th-La-O_x 固溶体。值得注意的是在一定的范围内通过改变 La_2O_3 的添加量,可控制 Th-La-O_x 固溶体中氧离子缺位的浓度。当 La/(La+Th)<0.2 时,Th-La-O_x 的催化性能较差,这可能与此时 Th-La-O_x 中的氧离子缺位浓度较低有关,当再添加适量的 La_2O_3 后,Th-La-O_x 的催化性能大大提高了。XRD 表征还显示当 La/(La+Th)值>0.6 时,Th-La-O_x 固溶体相与 La_2O_3 相共存于催化剂中。

表2　催化剂 O₂ 的活化能力比较ᵃ

Tab. 2　The oxygen activation abilities of catalysts

催化剂ᵝ	比表面 (m²/g)	转化率		选择性(%) C₂
		CH₄	O₂	
ThO₂	3.0	5.9	20.1	10.4
La₂O₃	4.5	15.7	54.9	27.3
Th-La-Oₓ(7.3)	3.9	27.8	92.1	48.1

α. 反应温度 640 ℃,反应气组成 CH₂/O₂/N₂＝28.9/63.7/63.7 vol%,反应气流速 6000 mL/h,催化剂用量 0.025 g

β. 催化剂组成由括号中的阳离子摩尔比表示

具有缺陷 CaF₂ 结构的催化剂对甲烷氧化偶联反应有较好的催化性能,我们认为这可能与它们有较强的将气相 O₂ 转化为催化剂表面的活化甲烷所必须的活性氧物种有关。催化剂 ThO₂,La₂O₃ 和 Th-La-Oₓ(Th/La＝7/3,原子比)对 O₂ 的活化能力的比较及其 C₂ 烃选择性的变化如表2。具有缺陷 CaF₂ 结构的 Th-La-Oₓ 对 O₂ 有最强的活化能力,ThO₂ 对氧的活化能力最差。因 Th-La-Oₓ 能很快地将气相中的 O₂ 分子转化为表面活性氧化物种,接着参与 CH₄ 的活化,所以在反应气下游中气相 O₂ 的浓度保持在较低水平,这就大大减少了气相 O₂ 与反应产物 C₂H₄ 等进一步发生深度氧化反应生成 CO₂ 的机率,因此有较高的 C₂ 烃选择性。缺陷 CaF₂ 结构的催化剂对 O₂ 的强的活化能力与它们本身的开放型结构和 O²⁻ 在体相中具有快速迁移的性能有关。开放型的结构[11]有利于 O₂ 分子在催化剂表面活性位的吸附活化,而 O²⁻ 在体相中的快速迁移则有利于表面活性位的再生。上述的 Th-La-Oₓ,Nb₂O₅-Bi₂O₃ 都是具有 O²⁻ 快速迁移性能的固溶体[7]。

由 La₂O₃ 对 ThO₂ 进行掺杂所形成的 Th-La-Oₓ 催化剂能保持其缺陷 CaF₂ 结构至它的熔点(＞2 000 ℃),因此这类催化剂在甲烷氧化偶联反应中的稳定性也是高的。正如 Dubois 和 Cameron 指出的含 ThO₂ 催化剂系有很大的发展潜力[12]。

对 Th-La-Oₓ(Th/La＝7/3,原子比)催化剂,我们进行了原位激光拉曼光谱表征。图3示出在 CH₄/O₂ 共进料反应温度分别为 860,800,740 和 680 ℃时,工作态的 Th-La-Oₓ 甲烷氧化偶联催化剂的原位拉曼光谱。在这些谱图中可清晰辨认的

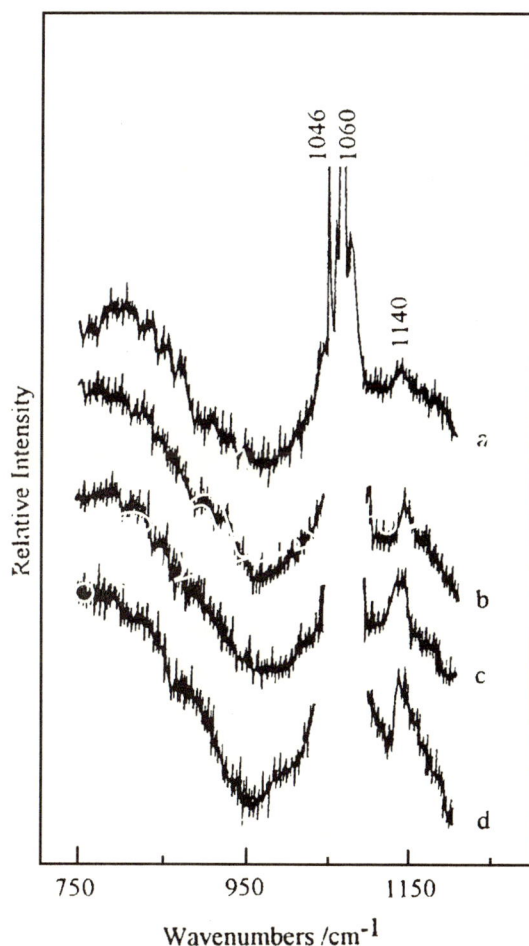

图3　工作态 Th-La-Oₓ 甲烷氧化偶联催化剂的现场拉曼光谱
反应气组成 CH₄/O₂＝4:1(体积比),反应气总流速 150 mL/min,反应温度分别为 (a)860 ℃,(b)800 ℃,(c)740 ℃ 和 (d)680 ℃

Fig. 3　*In silu* Raman spectra of the working Th-La-Oₓ methane oxidative coupling catalyst

谱峰出现在 1 060,1 046 和 1 140 cm^{-1}处。在 1 060 和 1 046 cm^{-1}的两个强峰显然可指认为催化剂上的碳酸根物种 CO_3^{2-} 的振动谱带[13],而 1140 cm^{-1} 谱峰则很可能应于表面超氧物种 O_2^- 的 O-O 伸缩振动模。这一指认与已知的一些氧化物上吸附 O_2^- 物种、体相或络合物中的 O_2^- 的 O-O 的振动谱峰的指认[14,15]是一致的。比较不同反应温度下该谱峰(1 140 cm^{-1})的相对强度可以发现,随着反应温度的降低,该峰的强度相应有所增大。是什么类型的氧物种参与甲烷氧化偶联反应中甲烷活化的步骤是反应机理研究中争论最为激烈的问题。对工作态的催化剂进行现场谱学表征,无疑能提供最直接和有说服力的证据。据文献检索,这是首次在工作态的甲烷氧化偶联催化剂上现场检测到超氧物种 O_2^-,详细工作将另文报道。

参考文献

[1] Ito T et al. Oxidative dimerization of methane over a lithium-promoted magnesium oxide catalyst. J. Am. Chem. Soc.,1985,**107**:5 062～5 068.

[2] Lin C H et al. Oxidative dimetization of metiane over sodlum-promoted calcium oxjde. J. Calal. ,1988,**111**:302～316.

[3] Otsuka K et al. The catalysts active and scletive in oxidative coupling of methane. Chem. Lett., 1985:499～500.

[4] 林国栋等. 甲烷氧化偶联制 C_2 烃 La_2O_3 基催化剂的研究. 厦门大学学报(自然科学版),1993,**32** (3):312～316.

[5] 廖远琰等. 激光 Raman 多相催化原位光谱样品池. 化学物理学报,1992,**5**(5):395～398.

[6] Wells A F. Structural Inorganic Chemisiry(5th Edition). Oxford:Clarendon Press,1984:889～890.

[7] Subbarao E C,Maiti H S. Solid electrolytes with oxygen ion conduction. Solid State Ionic,1984, **11**:317～338.

[8] Korf S J et al. The selective oxidative of methane to ethane and ethylene over doped and un-doped rare earth oxides. Catal. Today,1989,**4**:279～292.

[9] Weils A F. Structural Inorganic Chemisiry(5th Edition). Oxford,Clarendon Press,1984:540.

[10] Keller C Lanthanide and actinide mixed oxide systems of face-centred cubic symmetry,in "Inorganic Chemistry,Series Two,Vol 7",London:Butterworths,1975:1～39.

[11] Boulesteix C. Handbook on the physics and Chemistry of Rare Earth. North-Holland Publishing Company,1982:332.

[12] Dubois J L,Cameron C J. Common feactures of oxidative coupling of methane cofeed catalysts. AypL. Catal.,1990,**67**:49～71.

[13] Nakamoto K. Infrared and Raman Spectra of Inorganic and Coordination Compounds(4th edn). New York,John Wiley & Sons Publication,1986:252～255.

[14] Che M,Tench A J. Charactcrization and Reactivity of Molecular Oxygen Species on Oxides Surface. Adv. Catal. ,1983,**32**:1～148.

[15] Li C et al. Dioxygen Adsorption on Well Outgassed and Partially Rcduccd Cerium Oxide Studied by Ft-IR. J. Am Chem. Soc. 1989,**111**:7 683～7 687.

Catalytic Performances of Bi$_2$O$_3$-and ThO$_2$-containing Oxides with Defective Fluorite Structure in Methane Oxidation Coupling Reaction

Yu-Da Liu，Hong-Bin Zhang，Cuo-Dong Lin，Khi-Rui Tsai

（*Dept，of Chem.，InsL of Phys. Chem.*）

Abstract　Catalytic and structural properties of Bi$_2$O$_3$ and ThO$_2$-containing catalyst systems are investigated. The catalysts with defective fluorite structure are proved to have better activity and O$_2$ selectivity than that of catalysts with other structural types，owing to their strong ability to activate O$_2$ and to regenerate active oxygen species responsible for CH$_4$ activation. A thermally stable catalyst with defective fluorite structure an be created by doping of ThO$_2$ with La$_2$O$_3$. Superoxide adspecies O$_2^-$ has been identified by *in situ* Raman spectrascopy on a functioning Th-La-O$_x$ catalyst for methane oxidative coupling reaction at temperatures between 680 and 860 ℃.

Key words　Methane　Bi$_2$O$_3$　ThO$_2$　Superoxide adspecies

■ **本文原载**:《厦门大学学报》(自然科学版)第 33 卷第 1 期(1994 年 1 月),第 51～57 页。

甲烷氧化偶联 Ba-ZrO₂ 催化剂的研究*

王泉明　林国栋　刘玉达　苏巧娟　张鸿斌　蔡启瑞

（化学系　物理化学研究所）

摘　要　发现掺有碱土金属组分的 ZrO_2 样品形成 $AZrO_3$ 相,其对甲烷氧化偶联反应显示出相当好的催化活性和选择性(其中 A=Ca,Sr,Ba,尤以 Ba 为佳)。大量 $BaCO_3$ 相的存在有利于进一步提高催化剂的选择性;对于 90 mol%Ba-ZrO₂ 催化剂在 750 ℃,60 000 mL·g⁻¹·h⁻¹,CH₄∶O₂∶N₂=3.8∶1.0∶9.0(摩尔比)的条件下,C₂ 烃选择性为 56.9%,C₂ 烃得率达 17.2%。讨论了 $BaCO_3$ 对几种催化剂的促进作用。

关键词　甲烷氧化偶联　BaCO₃　ZrO₂　催化剂

中国图书分类号　O　643.3

作为甲烷氧化偶联(MOC)催化剂的各种氧化物或复氧化物多具有一定的碱性。碱金属,碱土金属组分常作为掺杂的客体。例如 Li-MgO,由于 Li 的加入,明显地提高催化剂的 MOC 选择性。我们曾经报道[1],开放型结构的 La₂O₃ 显示出相当好的甲烷转化活性(25.2%),中等水平的 C₂ 烃选择性(49.2%)和 C₂ 烃得率(11%)。添加 Ba 组分可使 C₂ 烃得率提高 6 个百分点(达到 17.2%);经 1 000 h 的评价实验,活性和选择性基本上维持不变。缺陷 CaF₂ 型的 La₂O₃-ThO₂ 复氧化物的 C₂ 烃得率为 16.5%,添加 Ba 组分可使 C₂ 烃得率提高到 20.4%[2]。本文报道的 Ba-ZrO₂ 催化剂同上述两体系有所不同,单一 ZrO₂ 的 MOC 活性和选择性均很低(10.3%,11.5%),加入 Ba 组分使得 MOC 活性和选择性大幅度提高(分别达 30.0% 和 56.9%)。XRD 实验证实,加入的 Ba 组分与 ZrO₂ 形成钙钛矿类型的 ABO₃ 型复氧化物。过量的 Ba 组分起着与上述两种催化剂(Ba-La₂O₃ 和 Ba-La₂O₃-ThO₂)中的 Ba 组分相类似的作用。

1　实验部分

催化剂制备　两种催化剂采用共沉淀方法制备。锆(或铈)的硝酸盐溶液和碱土金属硝酸盐溶液按一定的比例混合后,注入强烈搅拌着的(NH₄)₂CO₃-NH₄OH(1∶1摩尔比)溶液;沉淀经熟化、洗涤、烘干后于 850～900 ℃煅烧 4～6 h,冷却后筛取一定粒度备用。

催化剂活性评价　催化剂的活性评价是在一个流动式固定床石英微型反应器-色谱组合系统上进行;评价装置、原料气和产物的分析以及催化剂活性、选择性的表达方法在先前发表的论文已有详细的描述[1]。

催化剂的 XRD 测定　系在日本产的 Rigaku-D/max-Rc 转靶 X 射线衍射分析仪上进行。以 CuKα 为 X 射线源,管压 40 kV,管流 30 mA,石墨单色器滤波。

*　本文 1993 年 4 月 29 日收到;国家自然科学基金项目,并得到厦门大学固体表面物理化学国家重点实验室支持。

2 结果与讨论

2.1 碱土金属组分对甲烷氧化偶联 ZrO_2 基催化剂的影响

单纯的 ZrO_2 作为甲烷氧化偶联催化剂的效果并不好,其催化功能更多地表现为使烃分子在氧存在下深度氧化(燃烧)。在本文评价条件下($750\ ℃$,$60000\ h^{-1}$,$CH_4:O_2:N_2=3.8:1.0:9.0$摩尔比)ZrO_2 的甲烷转化率10.3%,C_2 烃得率1.2%,主要产物是 CO_x。表1列出添加碱土金属组分对 ZrO_2 催化剂活性选择性的影响。

表1 碱土金属组分对 ZrO_2 基催化剂的促进作用

Tab. 1 The alkaline earth promotion to ZrO_2-Based catalysts

催化剂	转化率(%)		选择性(%)					得率
	CH_4	O_2	CO	CO_2	C_2H_4	C_2H_4	C_2	C_2(%)
ZrO_2	10.3	45.8	32.1	45.0	7.7	3.8	11.5	1.2
Ca-Zr(1∶1)	27.6	98.2	6.9	44.9	22.0	24.5	46.5	12.8
Sr-Zr(1∶1)	27.4	96.8	10.2	43.3	23.0	22.1	45.1	12.4
Ba-Zr(1∶1)	28.3	94.9	5.9	39.4	26.5	25.7	52.2	14.8
Ca-Zr(9∶1)	28.4	95.7	12.7	38.8	22.2	25.0	47.2	13.4
Sr-Zr(1∶1)	28.5	93.4	6.0	38.1	25.4	26.6	52.0	14.8
Ba-Zr(9∶1)	30.3	95.8	3.1	35.6	28.1	28.8	56.9	17.2
$BaCO_3$	2.7	5.5		18.2	65.5	12.9	78.4	2.1

条件:$750\ ℃$,$60\ 000\ h^{-1}$,$CH_4:O_2:N_2=3.9:9.0$(摩尔比)

这种影响同我们先前报道[1]的碱土金属组分对 La_2O_3 基催化剂影响的情形相类似。添加碱土金属组分显著地提高了催化剂的活性和选择性,C_2 烃的得率大约提高一个数量级以上,达到$13\%\sim17\%$,其中以 Ba 组分的促进最为显著。

图1示出 Ba-ZrO_2 催化剂的活性选择性随 Ba 组分加入量变化的情况。随着 Ba-Zr 比的增大,CH_4 和 O_2 的转化率均明显上升,C_2 烃选择性也呈上升趋势。在 Ba∶Zr=$(1\sim9):1$ 区间,C_2 烃的得率维持在$\sim17\%$,达到 Ba-La_2O_3 催化剂的水平[1]。当 Ba-Zr 比继续增大时,C_2 烃选择性虽继续上升,直至纯 $BaCO_3$ 的 C_2 烃选择性达78.4%,但 Zr 组分含量过低,CH_4 和 O_2 的转化率急剧下降。

2.2 反应条件对 Ba-ZrO_2(9∶1)催化剂性能的影响

图2显示反应温度对 Ba-ZrO_2(9∶1)催化剂活性选择性的影响。反应温度低于$630\ ℃$时,大部分产物是深度氧化产物 CO_x;$630\ ℃$时,除 CO_x 外,开始有少量 C_2H_6 生成,但检验不到 C_2H_4;反应温度高于$650\ ℃$开始出现 C_2H_4。看来上述行为再次支持乙烯是甲烷氧化偶联二次反应产物的观点。随着温度的升高,催化剂活性和选择性继续升高,但高于$800\ ℃$时,效果反而不好。过高的反应温度导致深度氧化的比例提高,$850\ ℃$时 C_2 烃选择性降为51.3%,C_2 烃的得率由$750\ ℃$的17.2%降为14.9%。图3示出原料气空速对催化剂性能的影响。在 $6\times10^4\sim12\times10^4\ h^{-1}$ 范围内,C_2 烃得率维持在$16.7\%\sim17.25\%$之

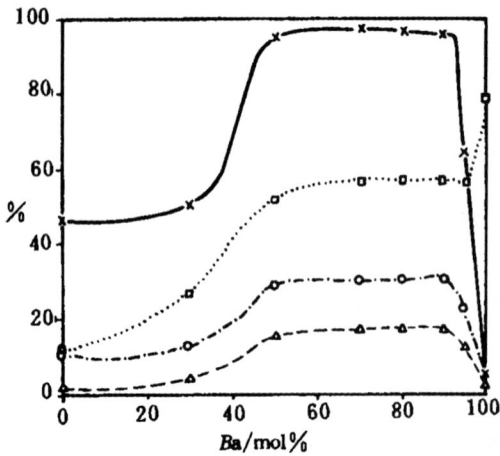

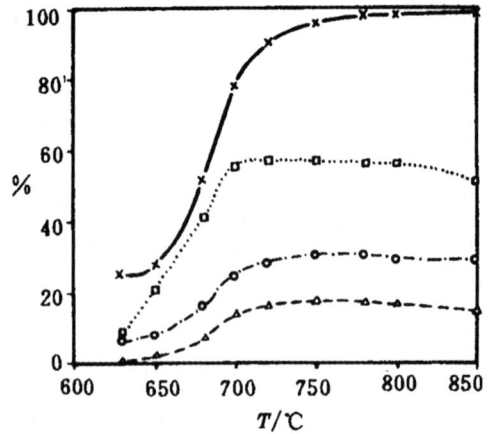

图 1　Ba 的加入量对催化剂性能的影响

＊O₂ 转化率,○CH₄ 转化率,□C₂ 选择性,△C₂ 收率

Fig. 1　The effect of addition of Ba on catalyst performance

图 2　反应温度对催化剂性能的影响

＊O₂ 转化率,○CH₄ 转化率,□C₂ 选择性,△C₂ 收率

Fig. 2　The effect of temperature on catalyst performance

间,C_2 烃的选择性基本不变,据此估算催化剂的生产能力与 $Ba-La_2O_3$ 催化剂的生产能力相近,达 $2\ g \cdot g^{-1} \cdot h^{-1}$ 水平。图 4 示出原料气在没有惰性气体稀释情况下烷氧比对催化剂活性选择性的影响。一般的规律是提高烷氧比有利于提高催化剂的 C_2 选择性。在烷氧化为 10∶1 时,C_2 烃的选择性可达 75.3%,而 CH_4 转化率为 15%。在所测定的烷氧比变化范围内,C_2 烃得率维持在 $12.0 \pm 1.0\%$。从上述三个反应条件参数的考察实验中可以看出,$Ba-ZrO_2$ 催化剂可容许反应条件在较宽的变化范围运作。

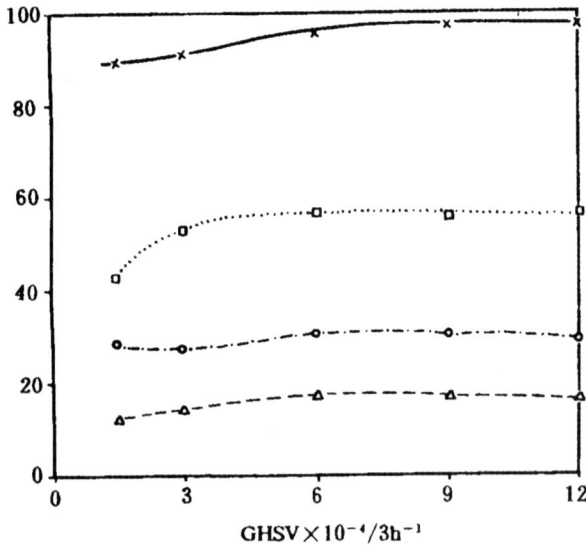

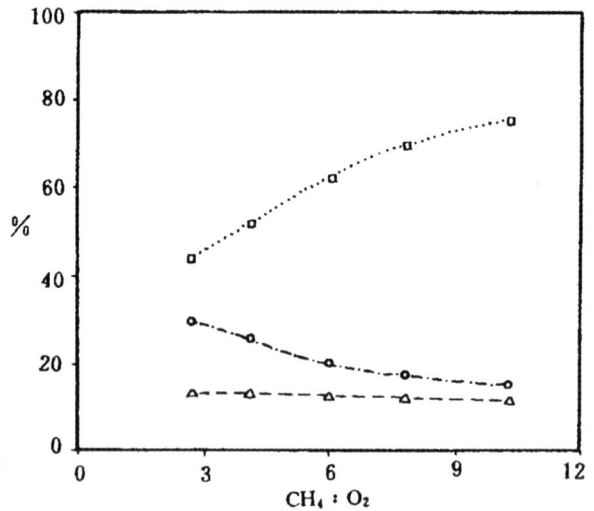

图 3　原料气空速对催化剂性能的影响

＊O₂ 转化率,○CH₄ 转化率,□C₂ 选择性,△C₂ 收率

Fig. 3　The effect of GHSV on catalyst performance

图 4　原料气中烷氧比对催化剂性能的影响

＊O₂ 转化率,○CH₄ 转化率,□C₂ 选择性,△C₂ 收率

Fig. 4　The effect of ratio of CH_4 ∶ O_2 on catalyst performance

2.3　Ba-ZrO₂ 催化剂的物相表证

从 Ba 组分加入量对催化剂活性、选择性的影响以及 Zr,Ba 两种氧化物固有的酸碱性质来考察,可以推测 Ba 和 Zr 二组分之间很可能发生强的相互作用,生成某种新相;正是这种新相的形成与掺了 Ba 组分

后催化剂的 MOC 活性、选择性的显著提高相联系。XRD 的表征结果支持了这一推断。

Ba-ZrO$_2$ 催化剂的 XRD 相分析结果列于表 2。当 Zr/(Zr＋Ba)＝0 时,只出现斜方 BaCO$_3$ 相的特征衍射条纹;Zr/(Zr＋Ba)＝1 时则只检测到单斜 ZrO$_2$ 的晶相;当 Zr/(Zr＋Ba)＝0.5,即 Zr/Ba＝1 时,出现的 XRD 衍射峰均归属于立方晶系的 BaZrO$_3$ 相;在 0＜Zr/(Zr＋Ba)＜0.5 的范围内可观察到 BaCO$_3$ 和 BaZrO$_3$ 两相共存,(如表 2 中的 Ba：Zr＝9：1);而在 0.5＜Zr/(Zr＋Ba)＜1 范围内观察到 ZrO$_2$ 和 BaZrO$_3$ 两相共存,(如表 2 中的 Ba：Zr＝3：7)。XRD 实验的这些结果同图 1 显示的催化剂活性和选择性随 Ba-ZrO$_2$ 催化剂中 Ba 组分含量变化趋势相对照,则显而易见地得出钙钛矿型的 BaZrO$_3$ 是 Ba-ZrO$_2$ 催化剂负责 MOC 反应的活性相的结论。这与 Ba-La$_2$O$_3$ 体系有所不同;单纯的 La$_2$O$_3$ 本身已显示出相当高的 CH$_4$ 转化活性(转化率达 26％)和 C$_2$ 烃选择性(~48％),Ba 组分的加入使 C$_2$ 烃得率由 11％提高到 17％,但 XRD 研究表明 Ba 和 La 二组分之间并没有形成新的物相。对照 Ba：Zr＝1：1,9：1,3：7 三种催化剂的活性数据和相组成容易看出,ZrO$_2$ 相的存在对甲烷氧化偶联反应并非有利,而 Ba-CO$_3$ 的存在则有利于进一步提高 C$_2$ 烃的选择性。

表 2　Ba-ZrO$_2$ 催化剂的 XRD 数据及其物相归属
Tab. 2　X-ray diffraction data of Ba-ZrO$_2$ and their assignments

d(面间距)(0.1 nm)（相对强度)					物相归属
BaCO$_3$	ZrO$_2$	Ba：Zr＝1：1	Ba：Zr＝9：1	Ba：Zr＝3：7	
3.72(89)			3.72(100)		BaCO$_3$
	3.68(20)			3.68(3)	ZrO$_2$
3.66(62)			3.66(55)		BaCO$_3$
3.22(100)			3.22(26)		BaCO$_3$
	3.16(100)			3.17(5)	ZrO$_2$
3.03(11)			3.03(8)		BaCO$_3$
		2.97(100)	2.96(3)	2.97(100)	BaZrO$_3$
	2.84(67)			2.85(5)	ZrO$_2$
2.63(29)			2.63(25)		BaCO$_3$
2.61(25)			2.61(16)		BaCO$_3$
	2.54(18)			2.55(3)	ZrO$_2$
2.15(26)			2.15(23)		BaCO$_3$
2.10(12)		2.10(30)	2.10(15)	2.10(25)	BaZrO$_3$
					BaCO$_3$
		1.71(30)	1.71(4)	1.71(27)	BaZrO$_3$
		1.48(13)	1.48(3)	1.48(14)	BaZrO$_3$
		1.33(10)	1.33(3)	1.33(9)	BaZrO$_3$
		1.12(9)	1.12(4)	1.12(9)	BaZrO$_3$

粉末衍射文件号 No.5-378,36-420,6-399

表3　MO-ZrO₂ 复氧物的相组成

Tab. 3　Crystal phase of alkaline earth-ZrO₂ Complexe oxides

催化剂	相组成	催化剂	相组成
Ca：Zr(1：1)	CaZrO₉,CaZr₄O₉,CaO	Ca-Zr(9：1)	CaZrO₃,CaZr₄O₉,CaO
Sr-Zr(1：1)	SrZrO₃,SrCO₃,ZrO₂	Sr-Zr(9：1)	SrZrO₃,SrCO₃
Ba-Zr(1：1)	BaZrO₃	Ba-Zr(9：1)	BaZrO₃,BaCO₃

M＝Ca,Sr,Ba

表4　Ba-CeO₂ 催化性能及其相组成

Tab. 4　Ba-CeO₂ Catalysts performance and their crystal phase

催化剂 Ba：Ce	转化率%		选择性%			C₂ 得率 %	催化剂相组成
	CH₄	O₂	C₂H₆	C₂H₄	C₂		
0：1	14.2	96.3	6.3		6.3	0.9	立方 CeO₂
95：5	26.1	96.5	30.9	31.3	62.2	16.2	斜方 BaCO₃,四方 BaCeO₃
9：1	26.3	96.6	31.3	30.9	62.2	16.4	BaCO₃,BaCeO₃,CeO₂
8：2	25.5	96.8	30.6	30.3	60.9	15.5	BaCO₃,BaCeO₃,CeO₂
7：3	25.7	96.6	31.3	30.3	61.6	15.8	BaCO₃,BaCeO₃,CeO₂
5：5	23.8	97.1	27.9	25.8	53.7	12.8	BaCO₃,BaCeO₃,CeO₂
3：7	20.1	96.6	20.6	17.8	38.4	7.7	BaCO₃,BaCeO₃,CeO₂
1：0	2.7	5.5	65.5	12.9	78.4	2.1	BaCO₃

条件：750 ℃,60 000 h⁻¹,CH₄：O₂：N₂＝4.7：1.0：10.16

2.4　碱土金属组分对 ZrO₂,CeO₂ 基催化剂的促进作用

ABO₃ 型结构的复氧化物常用作为烃类氨氧化或完全氧化催化剂,近年来也有作为 MOC 催化剂的报道[3-5]。具体催化体系是深度氧化(如燃烧)类型的,抑或选择(控制)氧化(如甲烷氧化偶联)的,与其组成和结构(A,B 阳离子的种别及相对含量)有关。本文比较系统地考察碱土金属组分对 ZrO₂ 和 CeO₂ 的影响。发现掺入碱土金属组分之后的体系在不同程度上生成 ABO₃ 复氧化物相(其中 A＝Ba,Sr,或 Ca;B＝Zr,或 Ce),其 MOC 催化性能均比掺入前的单组分氧化物(ZrO₂ 或 CeO₂)有明显改进、提高(参见表1~4),ZrO₂ 或 CeO₂ 体系中碱土金属组分的作用表现在如下两个主要方面:(1)主客两种金属氧化物通过相互作用生成 ABO₃ 型结构的新催化活性相。表1和表4的数据表明,就 CH₄ 的转化率而言,Ba-Zr(1：1)(主要为 BaZrO₃ 相)是纯 ZrO₂ 的 2.7 倍(由 10.3% 增至 28.3%),Ba-Ce(1：1)(部分生成 BaCO₃ 相)为纯 CeO₂ 的 1.7 倍(由 14.2% 提高到 23.8%)。这些结果显然暗示掺入碱土金属组分新生成的 ABO₃ 相(分别为 BaZrO₃ 和 BaCeO₃)较之单组分物相 ZrO₂ 和 CeO₂(均为类萤石型结构),具有更强的活化甲烷的能力,从而促进 CH₄ 转化率的提高。(2)作为既活泼又没有破坏性氧化性能的选择性氧物种(尤其是 O₂⁻)的稳定剂。吸附氧在氧化物催化剂表面的转化一般可表示为:O₂(a)→O₂⁻(a)→O₂²⁻(a)↔O⁻(a)→O²⁻(晶格)。在不同的体系或不同条件下,上式某一步转变可快可慢。我们前已根据 La₂O₃ 基和 ThO₂ 基[6]MOC 催化剂的研究结果,推断 O₂⁻(a)很可能是负责 MOC 反应活性和 C₂⁺ 选择性的氧物种,并指出

碱金属簇或碱土簇阳离子促进作用的重要方面之一是有利于稳定 O$_2^-$（a）物种。对碱土簇促进的 ZrO$_2$ 基和 CeO$_2$ 基催化剂的考察结果与碱土簇促进的 La$_2$O$_3$ 基和 ThO$_2$ 基催化剂的变化规律相一致，即助催效率随阳离子半径及极化率增大而增大：Ba^{2+}＞Sr^{2+}＞Ca^{2+}，这就再次为有关碱土簇金属阳离子（尤其是 Ba^{2+}）可作为 O$_2^-$ 的稳定剂的推断提供实验证据。

对于碱土大大过量的体系｛Ba-Zr(9∶1)，Ba-Ce(9∶1)｝，过量碱土碳酸盐的掺入还可能有利于表面活性氧化物浓度的调整和破坏性氧化的气相含氧自由基的猝灭，从而对 C$_2$ 选择性的提高作出贡献[6]。

参考文献

［1］林国栋等. 甲烷氧化偶联 La$_2$O$_3$ 基催化剂的研究，厦门大学学报（自然科学版），1993，**32**(3)：312～316.

［2］Liu yuda et al. oxidative Coupling of Methane over Rare-Earth-Nonrtducible Composite-Metal-oxides Catulysts，1992 ACS spring meeting(San，Francisca)CATL 058.

［3］Hidetoshi Nagamoto et al. Methane oxidation over peroskite-type oxide containing alkaline-earth metal. Chemistry Letter. 1988. 237～240.

［4］Vermeiren W J M et al. Peroskite-type complex oxides at catalysts for the the oxidative coupling of methane，in Nature Gas Converston. Holmen A et al. Editors，33～40.

［5］Zheng Kaiji et al. Catalytic oxidative coupling of methane over alkaline earth metal substrituted peroskite oxides. Nature Gus Comversivn，Holmen A. et al(Editors)，33～40.

［6］刘玉达. Catalyst Design and preparation for Methane Oxidative Coupling(MOC)Reactions［厦门大学理学博士学位论文］，1992.12.

Investigation of Methane Oxidative
Coupling Catalysts Ba-ZrO$_2$

Quan-Ming Wang，Guo-Dong Lin，Yu-Da Liu，

Qiao-Juan Su，Hong-Bin Zhang，K. R. Tsai

(Dept，of Chem.，Inst. of Phys. Chem.)

Abstract　New phases AZrO$_3$ formed on doping ZrO$_2$ with alkaline earth metals displayed fairly good activity and selectivity for methane oxidative coupling reaction(A＝Ca，Sr，Ba，especially for Ba). Large quantity of BaCO$_3$ phase favored further improvement of C$_2$ selectivity；for 90mol％ Ba-ZrO$_2$ catalyst，56.9％ C$_2$ selectivity and 17.2％ C$_2$ yield were obtained under conditions of 750 ℃，60 000 mL · g^{-1} · h^{-1} (GHSV) and CH$_4$∶O$_2$∶N$_2$＝3.8∶1.0∶9.0(mole ratio). Promotion effects of BaCO$_3$ in several catalysts discussed.

Key words　Methane-oxidative-coupling　BaCO$_3$　ZrO$_2$ catalyst

■ **本文原载**：《分子催化》第 8 卷第 2 期(1994 年 4 月)，第 111～116 页。

铑催化合成气制乙醇反应中 CO 断键途径的研究*

汪海有　刘金波　许金来　傅锦坤　林种玉　张鸿斌　蔡启瑞

（厦门大学固体表面物理化学国家重点实验室，化学系，厦门 361005）

摘　要　利用程序升温表面反应—红外(TPSR-IR)动态技术考察 CO 吸附物种对氢的反应性能并检验表面反应生成的中间物，结果表明线式 CO 对氢的反应性能高于桥式 CO，即线式 CO 更可能是活性吸附态；表面反应生成 HCO、CH$_2$ 等中间物。用键级守恒(BOC)-Morse 势方法计算比较了 CO→CH$_2$ 过程中各可能基元步骤在 Rh(111) 面上的反应活化能和反应热，结果表明 CO 经其部分氢化物种（如 H$_2$CO、HCOH）的氢解反应断裂 C—O 键在能量上最有利。根据这些实验结果，提出铑基催化剂上合成气转化反应主要按缔合式机理进行；CO 的优势断键途径为先部分氢化，而后氢助断键。

关键词　铑　合成气　乙醇　CO 断键

负载型铑催化剂催化合成气以高选择性生成乙醇等 C$_2$ 含氧化合物，并生成少量甲醇及甲烷等烃类产物。Tamaru 等人[1] 的同位素示踪实验表明乙醇中的 CH$_3$、烃产物中的 CH$_{2(3)}$ 来自共同的 C$_1$ 物种 CH$_x$ ($x=2$ 或 3)。这就是说，在生成一个乙醇分子的两个 CO 分子中，其中的一个在发生链增长反应（如 CO 插入）之前必须断裂 C—O 键。关于断键途径，文献中有两种观点：(1)通过 CO 的直接解离断裂[2,3]；(2)通过 CO 的部分氢化物种（如 HCO、H$_2$CO 等）的进一步反应断键[4,5]。前者称为解离式机理，后者称缔合式机理。究竟属于哪种机理尚有待澄清。

本文采用 CO 吸附-TPSR-IR 动态技术考察 CO 吸附物种对氢的反应性能并检测可能生成的甲酰基等关键 C$_1$ 氧中间体；用 Rh(111) 面上极低覆盖度情况下的反应模拟 Rh 催化剂上的基元反应并用键级守恒—Morse 势方法计算 CO→CH$_x$ 过程中各可能基元步骤的活化垒及反应热焓，从热力学和动力学两方面来定性描述铑上各基元反应的能量学。通过这些研究初步探讨铑催化剂上合成气反应中 CO 的优势断键途径。

1　实验方法

1.1　催化剂制备

采用等容浸渍法制备，具体步骤同文献[6]。

1.2　红外光谱实验

仪器为 Nicolet-740 型单光束 FT-IR 光谱仪。压成自撑片的催化剂装入红外池，通 H$_2$(10 mL/min)

---

* 国家自然科学基金资助课题。

于 523 K 还原 4 h,录背景谱。H_2 切换成 N_2(10 mL/min)于相同温度下吹扫 1.5 h。然后降至 328 K,引入 CO(10 mL/min)排代 N_2 并进行吸附,历时 30 min,随后切换成 H_2(或 D_2)吹扫 15 min,以 10 K/min 的速率从 328 K 升至 523 K,其间取不同温度点录谱。差谱后,即可观察 CO 吸附物种对氢反应的动态情况。

1.3 基元反应活化能计算

用键级守恒—Morse 势方法计算 Rh(111)面上 CO→CH_x 过程中各可能基元反应的活化能垒及反应热焓。该方法的基本假设及计算公式参见文献[7],计算中所用的原子吸附热数据及 CO、HCO、CH_2 等基团的气相解离能数据分别取自文献[7]及[8]。

2 结果与讨论

2.1 吸附态 CO 对氢的反应性能及生成的 C_1 物种

图 1 是 Rh-Mn(1:1)/SiO_2 上 H_2 气流中进行 CO 吸附-TRSR 记录下来的红外光谱图。(a)中峰 2026 cm^{-1}、1854 cm^{-1} 分别归属于线式 CO、桥式 CO 吸附物种。与无 H_2 存在条件下线式 CO、桥式 CO 的振动频率相比,两者均有较显著的红移,这可解释为 H 在 Rh 上的吸附,增强了 Rh 的 σ-π 反馈键的给电子能力,使 Rh 上吸附态 CO 的碳氧键进一步削弱,从而发生红移。随着温度的升高,线式 CO 峰强度的下降速率较桥式 CO 要快得多。类似的变化趋势也在 Rh/SiO_2 上观察到,见图 2。CO 吸附物种峰强度随温度而逐渐下降有两种可能原因:一种是发生脱附;另一种是发生反应。若只由脱附引起峰强度减弱,那么在 D_2 气流中进行 CO 吸附-TRSR 动态过程应观察到与图 1 相类似的结果。然而,如图 3 所示,D_2 气流中线式 CO(2020 cm^{-1})峰强度的下降速率比为 H_2 气流中

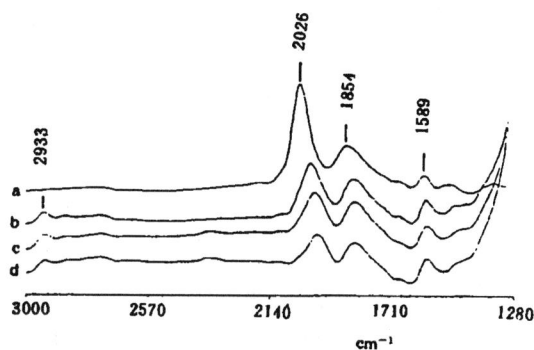

图 1 Rh-Mn(1:1)/SiO_2 上 CO 吸附-TPSR (H_2 气流中)动态过程红外光谱

Fig. 1 IR spectra for CO adsorption-TPSR(in H_2 flow) dynamic process on Rh-Mn(1:1)/SiO_2
A. 328 K;b. 428 K;c. 463 K;d. 493 K

更快。而且,与图 1 中线式 CO 峰强度升至 493 K 时,线式 CO 峰强度就已低于桥式 CO。可见,在升温过程中,CO 吸附物种与氢(氘)发生了反应。由于线式 CO 在 H_2(D_2)气流中比桥式 CO 对温度更敏感,表明线式 CO 对氢(氘)具有更活泼的反应性,即线式 CO 有可能是反应物 CO 的活性吸附态。D_2 气流中,线式 CO 峰强度随温度升高的下降速率比在 H_2 气流中更快,这与用 CO+D_2 进行合成气转化反应观察到的氘逆同位素效应结果[6]是一致的,说明 CO 吸附物种与氢(氘)反应也存在氘逆同位素效应。

由图 1 还可以看到,当温度从 328 K 升高至 428 K 时,高频区 2933 cm^{-1} 处产生一个特征吸收峰,与—CH_2—的特征振动频率一致,也与 Anderson 等人[9]在 Rh/SiO_2 上 CO+H_2 反应中观察到的亚甲基(卡宾)基团的振动频率相一致;低频区峰 1589 cm^{-1} 强度有所增强,该峰峰位与福冈淳等人[10]在 Ru-Co/SiO_2 催化剂上 CO+H_2 反应中观察到的 1584 cm^{-1} 特征峰(被指认为 HCO 的 $v_{C=O}$)相近。关于这两个峰的归属由图 3 可作进一步说明。如图 3(c)所示,当温度升至 463 K 时,线式 CO 吸收峰左侧约 2028 cm^{-1} 处出现一个肩峰,该峰位与 CD_2/CH_2(2933 cm^{-1})同位素位移的理论计算值基本一致,说明峰 2933

cm^{-1} 归属于 $\underline{C}H_2$ 是有说服力的。至于与 H_2 气流中 1589 cm^{-1} 相对应的峰,在 D_2 气流中出现在 1576 cm^{-1} 处,向低位移了 13 cm^{-1},这说明 1589 cm^{-1} 物种含有氢。由于仅有 13 cm^{-1} 的位移,故 1589 cm^{-1} 不能指认为为 δ_{C-H} 的振动峰。考虑到许多含甲酰基配体的金属有机化合物中甲酰基的 $\nu_{C=O}$ 在 1610—1555 cm^{-1} 之间[11],作者认为 1589 cm^{-1} 峰可归属于甲酰基的 $\nu_{C=O}$ 特征振动峰。在 D_2 气流中,由于生成的是 D$\underline{C}$O,D 的二级同位素效应使甲酰基中 $\nu_{C=O}$ 略向低波数位移,这就合理地解释了 1589 cm^{-1} 峰在 D_2 气流中发生红移的实验现象。因此,指认 1589 cm^{-1} 为 H$\underline{C}$O 的 $\nu_{C=O}$ 振动峰是有说服力的,也与前文[12]用化学捕获实验检测到甲酰基中间体的结果相一致。综上,在程序升温表面反应过程中,IR 检测到了甲酰基、卡宾两种 C_1 物种。

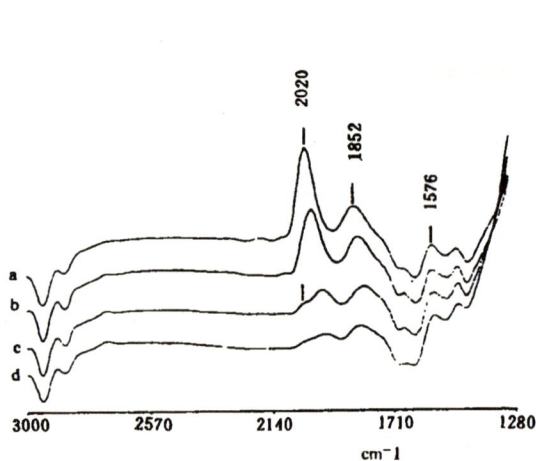

图 2 Rh/SiO₂ 上 CO 吸附-TPSR(H₂ 气流中)
动态过程红外光谱

Fig. 2 IR spectra for CO adsorption-TPSR(in H₂ flow)
dynamic process on Rh/SiO₂
a. 328 K,b. 428 K,c. 463 K,d. 493 K.

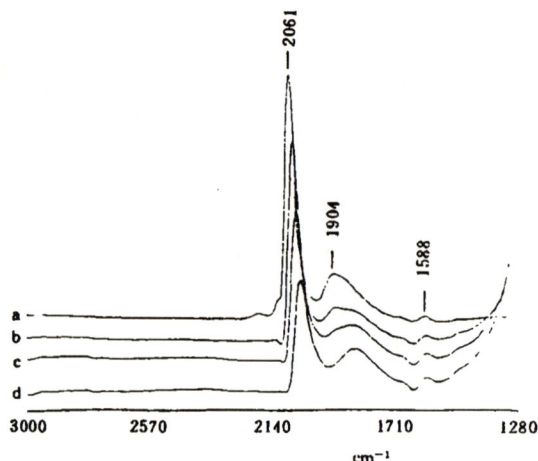

图 3 Rh-Mn(1∶1)/SiO₂ 上 CO 吸附-TPSR
(D₂ 气流中)动态过程红外光谱

Fig. 3 IR spectra for CO adsorption-TPSR(in D₂
flow)dynamic process on Rh-Mn(1∶1)/SiO₂
a. 328 K,b. 428 K,c. 463 K,d. 493 K.

比较图 1、图 2 还可看到,在 Rh/SiO₂ 上,甲酰基峰(1588 cm^{-1})与线式 CO 峰(2061 cm^{-1})的强度比远小于 Rh-Mn(1∶1)/SiO₂ 上的相应比值,这与 Rh/SiO₂ 的催化活性远低于 Rh-Mn(1∶1)/SiO₂ 的结果相平行,暗示了甲酰基是合成气转化反应的活性中间体。福冈淳等人[10]对合成气反应中生成的甲酰基物种引入 H₂ 并升温进行表面化学反应,温度升至 458 K 时即有甲烷、甲醇生成,这一结果显示了甲酰基对氢的两种反应倾向:一是逐步加氢并保留 C—O 键最终生成甲醇;二是加氢并断裂 C—O 键,经由 $\underline{C}H_x$ 物种,最终氢化为甲烷。甲酰基的这种反应倾向与铑基催化剂上合成气转化反应中产物的分布既有甲醇又有甲烷、C_2^+ 烃和 C_2 含氧物生成相一致。此外,与 Rh-Mn(1∶1)/SiO₂ 上可观察到明显的 $\underline{C}H_2$ 的特征振动峰相对照,在 Rh/SiO₂ 上未能观察到,说明 $\underline{C}H_2$ 物种在无助剂促进的情况下并不易形成,暗示了 $\underline{C}H_2$ 物种的生成反应有可能是铑催化剂上合成气转化反应的关键步骤。

2.2 CO 的断键途径

CO 吸附-TPSR-IR 动态实验表明线式 CO 是活性吸附物种;CO 吸附物种与氢反应生成了 H$\underline{C}$O、$\underline{C}H_2$ 等 C_1 物种。在前文[13,14]中,作者用 CH₃OD、D₂¹⁸O 作化学捕获剂证明合成气制乙醇反应中同时存在乙烯酮、乙酰基两个 C_2 含氧中间体,且后者主要由前者的氢化反应生成,由此可以认为反应态下催化剂表面上 $\underline{C}H_2$ 物种较 $\underline{C}H_3$ 更丰。根据这些结果,可以认为 CO 断键发生在 CO→$\underline{C}H_2$ 过程中。表 1 列出了该过程的各可能基元反应及在 Rh(111)面上的反应活化能和反应热。

作为第一步反应,线式 CO 有三种反应可能性:CO＝C＋O、CO＋H＝C＋OH、CO＋H＝HCO。由表 1 可见,在动力学上 CO 部分氢化反应比其直接解离及氢助解离反应都更有利。热力学上虽较直接断键反应不利,但若考虑到 Rh 本体及强亲氧性助剂如 Mn^{2+} 等对甲酰基氧端的亲合作用,则可获得一定程度的弥补。况且,程序升温表面反应也表明 CO 吸附物种与氢反应有 HCO 生成,因此,合成气反应更可能按缔合式机理进行。

表 1　Rh(111)表面上 $CO_2 \rightarrow CH_{2,s}$ 过程中各基元反应的活化能和反应热

Table 1　Activation barriers and enthalpies for elementary reactions for CO conversion to CH_2 species on Rh(111) surface(kJ/mol)

Reaction	ΔE_f^*	ΔH_f^*	ΔH
$CO_s = C_s + O_s$	161	106	55
$CO_s + H_s = C_s + OH_s$	142	46	96
$CO_s + H_s = HCO_s$	97	0	97
$HCO_s = CH_s + O_s$	166	62	104
$HCO_s + H_s = CH_s + OH_s$	147	2	145
$HCO_s + H_s = CH_{2,s} + O_s$	131	59	72
$HCO_s + H_s = H_2CO_s$	74	40	34
$HCO_s + H_s = HCOH_s$	64	51	13
$H_2CO_s = CH_{2,s} + O_s$	114	76	38
$HCOH_s = CH_s + OH_s$	140	8	132
$H_2CO_s + H_s = CH_{2,s} + OH_s$	106	27	79
$HCOH_s + H_s = CH_{2,s} + OH_s$	116	16	100

HCO 有可能发生三种类型的后续反应:(1)直接断键 C—O;(2)氢助断 C—O 键;(3)进一步加 H。如表 1 所示,无论从动力学还是从热力学的角度看,第(3)种类型反应比其他二种都更有利。HCO 加 H 有两种方式:H 进攻 C 生成的是 H_2CO[10];进攻 O 则生成 HCOH[15]。从活化能和反应热看,两者相差不大。因此,这两种物种是同时存在还是只存在其中的一种,尚有待进一步验证。

H_2CO(或 HCOH)要么发生直接断键反应,要么发生氢助断键反应并生成 CH_2 物种,如表 1 所示,发生氢助断键反应在动力学上更有利。作者[6]通过考察合成气反应中的 H_2/D_2 同位素效应,观察到铑基催化剂上乙醇生成反应表现出显著的氘逆同位素效应,说明 C—O 键的断裂发生在一步加氢反应中。因此,有理由认为 H_2CO(或 HCOH)通过氢助方式断裂 C—O 键。

综上,$CO \rightarrow CH_2$ 过程中各基元步骤可以表示为:CO＋H→HCO,HCO＋H→H_2CO(或 HCOH)＋H→CH_2＋OH。

3　结　论

3.1　铑基催化剂上合成气转化反应更能按缔合式机理进行。

3.2 CO 的优势断键途径是先部分氢化为 C_1 含氧物种（HCO、H_2CO 或 HCOH），而后氢解断裂 C—O 键并同时生成 CH$_2$ 物种。

参考文献

[1] Orita H，Natio S，Tamaru K. J Catal，1984，**90**：183.

[2] Sachtler W M H. Proc 8th Int Congr Catal，1984，**1**：152.

[3] Ichikawa M. CHEMTECH，1982，647.

[4] 顾桂松，刘金波，蔡启瑞等. 物理化学学报，1985；**1**：177.

[5] Kuznetzov V L，Romanenko A V，Matikhin V M. Proc 8th Int Congr Catal，1984，**5**：3.

[6] 汪海有，刘金波，蔡启瑞等；分子催化，1991，**9**(2)：156.

[7] Shustorovich E，Adv in Catal，1991，**37**：101.

[8] 姚元武，解涛，高英敏；物理化学手册，上海科技出版社，1985：113.

[9] Anderson J A，McQuire M W，Rochester C H et al.，Catal Today，1991，**9**：29.

[10] 福岗淳，肖丰收，市川胜等. 触媒，1990，**32**(6)：368.

[11] Collman J P，Winter S R. J An Chem Soc，1973，**95**：4089.

[12] 汪海有，刘金波，蔡启瑞等. 分子催化，1992，**8**(5)：346.

[13] Liu Jinpo，Wang Haiyou，Tsai Khirui et al.. Proc 9th Int Congr Catal，1988：735.

[14] 汪海有，刘金波，蔡启瑞等. 物理化学学报，1991，**7**：681.

[15] Mori T，Miyamto A，Takahashi N et al.. J Pkys Chem，1986，**90**：5197.

The Pathway for Cleavage of C—O Bond of CO in Syngas Conversion to Ethanol over Rhodium Catalysts

Hai-You Wang，Jin-Po Liu，Jin-Lai Xu，Jing-Kung Fu，Zhong-Yu Lin，Hong-Bin Zhang，Khi-Rui Tsai

(*The State Key Laboratory for Physical Chemistry of the Solid Surface*，

Department of Chemistry，*Xiamen University*，*Xiamen* 361005)

Abstract   The main pathway for C—O bond cleavage in ethanol formation reaction has been studied by using TPSR-IR dynamic method and Bond-Order-Conservation (BOC)-Morse potential approach.

The partially hydrogenated CO species, HCO (1589 cm^{-1}), and CH$_2$ species (2933 cm^{-1}) are simultaneously detected by IR in CO adsorption-TPSR(in H_2 flow)dynamic process over Rh-Mn(1：1)/ SiO$_2$ catalyst，and a good correlation between the detected surface formyl intensity and the ethanol activity is also observed，implying that formyl species is a key intermediate in the ethanol synthesis and that C—O bond cleavage occurs from a partially hydrogenated CO species. BOC-Morse potential approach predicts the activation energies for C—O bond cleavage on Rh(111) surface according to dissociation mechanisms (including direct and hydrogen assisted dissociation of adsorbed CO) and association mechanisms (including direct and hydrogen assisted dissociation of partially hydrogenated

CO such as H$\underline{\text{CO}}$，H$_2\underline{\text{CO}}$，H$\underline{\text{COH}}$），showing that the activation energy for hydrogen assisted dissociation of H$_2\underline{\text{CO}}$(or H$\underline{\text{COH}}$)is the lowest. Based on the results of IR study and BOC calculation，it may be concluded that C—O bond cleavage occurs via hydrogen assisted dissociation of partially hydrogenated CO species.

Key words Rhodium Syngas Ethanol C—O bond cleavage.

■ **本文原载**:《厦门大学学报》(自然科学版)第 33 卷第 6 期(1994 年 11 月),第 809～813 页。

双齿配体 DPPE 和 DPPM 对 Mo-Fe-S 簇合物自兜合成的影响*

刘爱民　袁友珠　张鸿图　周明玉　杨　如　万惠霖　蔡启瑞

(化学系　物理化学研究所)

摘　要　通过线型三核络合物特征电子吸收光谱的变化,研究新发现的、对固氮酶活力有特殊作用的某些双齿配体对 MoS_4^{2-}-nFeCl$_2$-DMF 体系形成立方烷型 Mo-Fe-S 簇合物的可能影响。

关键词　Mo-Fe-S 簇合物　1,2-双(二苯基膦)-乙烷　电子吸收光谱

中国图书分类号　O 611.622

在化学模拟生物固氮研究的推动下,钼铁硫簇合物化学得到迅速发展。然而,要按照设计来定向合成新型原子簇化合物仍不容易实现;至今仅有少数簇合物依设计而合成,大量的簇合物则是将简单的无机盐和有机配体加合在一起,使其在一定条件下自兜而成的。配体协助下的自兜(spontaneous self-assembly)合成反应已经成为立方烷型簇合物合成的几个有效手段之一。尤其是近一二十年来,人们已运用自兜法成功地合成了许多新的 Mo-Fe-S 立方烷和类立方烷型簇合物[1]。对自兜反应机理的研究,将有助于设计合成那些已经提出、但迄今仍无法获得的簇合物。

最近,Bolin 和 Rees 等分别利用 X 光衍射分析固氮酶 MoFe-蛋白晶体结构,给出了 0.22～0.28 nm 分辨率下固氮酶活性中心的最新结构模型[2-8],果如人们所料是含 Mo-Fe-S 的高维结构簇合物构型。于是,如何合成这种模型化合物及其同类物,已经引起化学家们的极大兴趣。本工作重点考察了某些双齿配体,尤其是我们新近发现的、对天然固氮酶乙炔还原活力分别表现出抑制与促进的含磷配体、在 MoS_4^{2-}-nFeCl$_2$ 体系自兜过程中的可能作用;并运用现场电子吸收光谱跟踪了自兜反应进程。结合最新文献讨论了形成高维结构簇合物的可能途径。并将结果与我们以前报道的单齿配体情形[9]作了对比。

1　实验

(NH$_4$)$_2$MoS$_4$、FeCl$_2$、双-(二苯基膦)-甲烷(DPPM)、1,2-双(二苯基膦)-乙烷(DPPE)晶体均按文献方法制备[10,11],DMF 经 0.4 nm 分子筛浸泡,重蒸除氧,保存在氩气氛中备用。邻苯二甲醛和邻苯二酚未经进一步提纯,使用前均经除氧处理。

所有实验操作均在绝氧除水氩气氛中进行。将 DPPM、DPPE 和邻苯二甲醛、邻苯二酚等双齿有机配体分别按摩尔比 L:Mo=1.1:1.0 加入到 MoS_4^{2-}-8FeCl$_2$-DMF 体系中,(其中 $C_{Mo}\approx10^{-3}$ mol/L);室温下搅拌反应。UV-2100 型自动记录仪跟踪反应进程并记录电子吸收光谱。

---

*　本文 1993 年 10 月 23 日收到;固体表面物理化学国家重点实验室开放课题及国家基础性研究重大关键项目子课题资助项目。

2 实验结果

首先考察了一系列可能作为双齿配体的有机化合物对固氮酶活力的影响。发现双齿配体 DPPE 可促进固氮酶催化乙炔还原活力。DPPE 与 Mo 分子比为 1∶1 时,铁蛋白,钼铁蛋白与反应系统的乙炔还原活性提高约为 23%,与此同时,固氮酶对其内源底物 H^+ 还原放氢反应却受到抑制。在同样条件下,DPPM 对固氮酶活力影响很小(乙炔还原活性变化<10%),放 H_2 反应亦受到抑制[12]。作为对比,一个已知的固氮酶抑制剂邻苯二甲醛[13]则可完全抑制固氮酶全酶(MoFe-蛋白+Fe-蛋白)体系的乙炔还原活力。

在上述结果的基础上,进一步研究了这些双齿配体对 MoS_4^{2-}-8FeCl$_2$-DMF 体系自兜成簇的影响及电子吸收光谱中线型三核特征谱的消化行为。

DPPE 使 MoS_4^{2-}-8FeCl$_2$-DMF 稳定体系的颜色由棕色变为棕红色,线型三核络合物 1Mo2Fe 的特征吸收谱(图 1)迅速消失。图 2 给出了添加 DPPE 后该体系吸收谱随时间的变化。DPPM 使体系的电子吸收光谱特征谱峰消失缓慢,跟踪至第 7 天线型络合物的特征吸收谱仍未充分消失(图 3)。

3 讨论

线型和立方烷型簇合物的电子吸收谱存在着一定的规律性[9]。线型(低维)结构的三核络合物显示出 MoS_4^{2-} π(S)→d(Mo^{VI}) 荷移跃迁的特征吸收峰(图 1),表明其中钼的价态(Mo^{VI})未受到大的影响。且当 Mo 浓度≥0.01 mol/L,Fe/Mo≥8 时,三核络合物 $[Cl_2FeS_2MoS_2FeCl_2]^{2-}$ 含量在 95% 以上并具有特征吸收光谱[9]。该体系在厌氧条件下即使搅拌达一周以上,三核络合物 $[Cl_2FeS_2MoS_2FeCl_2]^{2-}$ 的特征电子吸收峰也不会随着时间的延长而变化,表明该体系尚未具备自兜反应的条件。Coucouvams 等曾报道[14],在 DMF 溶液中 MoS_4^{2-}-nFeCl$_2$ 体系存在下列平衡:

$$MoS_4^{2-} + FeCl_2 \leftrightarrows [S_2MoS_2FeCl_2]^{2-} \tag{1}$$

$$[S_2MoS_2FeCl_2]^{2-} + FeCl_2 \leftrightarrows [Cl_2FeS_2FeCl_2]^{2-} \tag{2}$$

在未加任何双齿配体的情况下,虽然上述溶液中存在着过量很多的 FeCl$_2$,但仍不能与 $[Cl_2FeS_2MoS_2FeCl_2]^{2-}$ 进一步组合成高维簇骼结构的簇合物,而使 Mo^{VI}←S 的电荷转移光谱峰消失。这是因为在三核络合物中,Mo^{VI} 能通过对 4 个 S 配体的极化作用,降低自身的实际正电荷,而不必从 Fe^{2+} 夺取电子,即 4 个 Mo-S 键仍各保留其部分双键性,每个 S 的一对孤单电子与 Mo^{VI} 的杂化空轨道成键而使电子部分离域,因此只能作为 μ_2 配体,而没有作为 μ_3 配体再络合一个 Fe^{2+} 的能力。

在加入有机配体 DPPE 后,上述体系发生自兜合成反应并形成高维结构簇合物,由于体系的电子离域程度大为增加,钼的价态降低(Mo^{IV} 或 Mo^{II}),S→Mo^{VI} 跃迁吸收峰逐渐削弱以至完全消失。所以观察到体系中线型三核络合物特征谱完全消失的结果。那么,DPPE 是否可能与 Fe 发生作用而导致上述结果?如前所述,体系中 FeCl$_2$ 过量很多,在 DPPE 与 Fe 摩尔比约 1∶8 的情形下,DPPE 与 Fe 作用不可能使 1Mo2Fe 三核络合物含量大幅度下降且使其线型特征光谱迅速消失。显然,配体 DPPE 只可能与 Mo 而不是与 Fe 形成了较为稳定的配合物结构。当它瞬时进攻到 Mo^{VI} 的配位内界时,削弱了 Mo^{VI} 对 4 个 S 的极化作用,从而使 S 具有作为 μ_3 配体再络合一个 Fe^{2+} 的能力;同时,由于 Mo^{VI} 与 DPPE 配位的协助,也会进一步加强 S 的这种配位能力,因而易于形成立方烷型簇骼,电子离域程度变得更大,Mo^{VI}←S 跃迁削弱,导致线性三核络合物特征吸收光谱很快下降。

Holm 等的研究结果[15]可作为上述推论的最好旁证。他们在 $(NH_4)_3VS_4$-FeCl$_2$-DMF 反应体系中分离出 V-Fe-S 立方烷簇合物时,也曾使用电子吸收光谱考察实验进程,观察到起始三核络合物 $[Cl_2FeS_2VS_2FeCl_2]^{3-}$ 的特征吸收谱随着立方烷簇骼结构的形成逐渐削弱,最后呈现立方烷型簇合物单调下降的电子吸收光谱谱形。不同的是,除 DMF 外,钼体系合成反应中尚需其他 Lewis 碱配体或还原剂的帮助;而钒体系合成反应并不需要其他配体参与。产生这种差别的根源可能是由于钒属第一过渡系,钼属第二过渡系,在较高氧化态时前者比后者稳定,前者的相应线型三核络合物可直接被 Fe^{2+} 还原,在强配位溶剂 DMF 的帮助下,容易形成包含了 3 个 DMF 分子的立方烷型簇合物 $[VFe_3S_4Cl_3(DMF)_3]^-$。

随着双齿配体对 Mo 的络合,线型三核络合物被迫采取一种三角双锥结构,只要 2 个 Mo-S 键作一微小的角度调整,即可使 3 个 S 处于同一侧,即 2 个 S 保持在赤道平面上,一个 S 移至三角双锥的一个顶点,而配体占据另一个顶点,这样 3 个 S 及 Fe^{2+} 上的一个 Cl 配体初步形成了单立方烷阴离子骨架,再逐步获得 2 个 $FeCl_2$,就可完成单立方烷结构。所以这种在配体帮助下的自兜反应,可能只形成单立方烷或桥联双立方烷结构,不能形成并联双立方烷结构。但是,为什么 DPPE 与 DPPM 只差一个碳链,但消光行为差异却十分显著呢?前已分析,DPPE 极可能与 Mo 而不是与 Fe 形成较稳定的多元环结构,从而协助形成了簇骼结构的立方烷。在 Mo 原子周围,4 个 S 和 2 个 P 与其他离子(Cl⁻ 等)组成了六配位或七配位的环境,与 FeMo-co 的结构模型有相似之处。五元环本身的稳定性成了兜住整个骨架的基

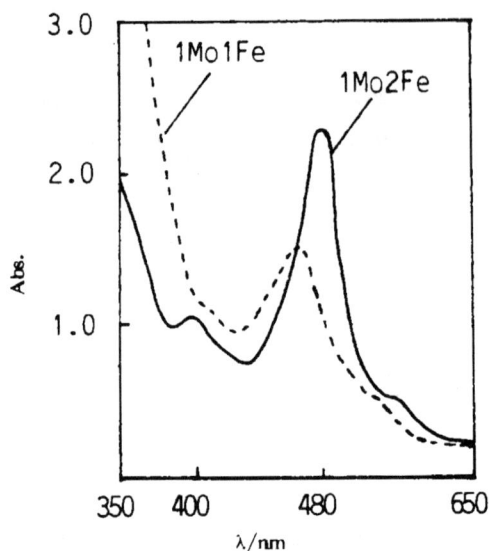

图 1　MoS_4^{2-}-8FeCl_2-DMF 体系的电子吸收光谱
Fig. 1　The electronic absorption spectra of MoS_4^{2-}-8FeCl_2-DMF system

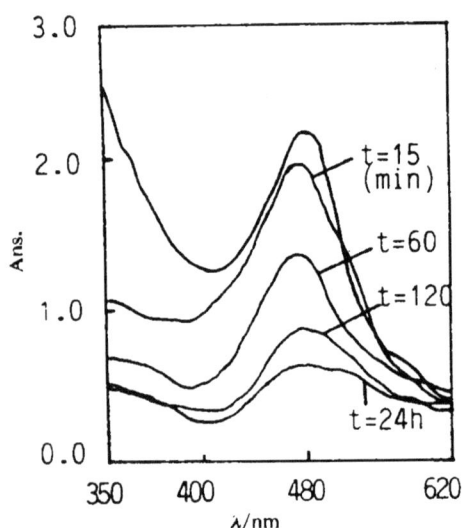

图 2　添加 DPPE 后的电子吸收光谱
Fig. 2　Changes of the electronic absorption spectra in quick response to addition of DPPE in MoS_4^{2-}-8FeCl_2-DMF system

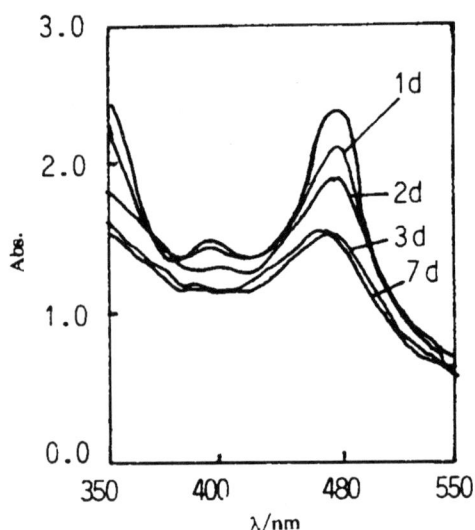

图 3　添加 DPPE 后的电子吸收光谱
Fig. 3　Visible spectral changes for the intereactions of DPPM with MoS_4^{2-}-8FeCl_2-DMF system

石。对于少了一个碳的 DPPM 的情况,配体虽然也能通过双齿 P 与 Mo 络合,但因其即使形成了四元环也是很不稳定的(四元环比五元环的稳定性存在着数量级的差别),所以形成簇骼结构的可能性急剧降低,在线性三核络合物特征谱峰的消光方面和加入 DPPE 后的消光结果也就迥然不同。或许,这也是 DPPE 促进固氮酶活力而 DPPM 却对固氮酶活力影响很小的原因之一。

本工作同时表明,寻找能与固氮酶过渡金属中心在近于生理条件下发生螯合的适宜有机配体,然后用光谱等方法现场跟踪在这些配体协助下由无机盐定向自兜出在过渡金属邻位上含一个(单齿)或二个(双齿)配体簇合物的过程,是一种有助于深入理解自兜合成机理的新方法。同时本文报道的结果也为固氮酶活性中心化学结构及其催化作用的化学模拟研究提供了新信息。

参考文献

[1]Eaton P E. Cubanes-Starting materials for the chemistry of the 1930s and the New Century, Angewandte Chime-International Edition in English,1992,**31**(11):1 421~1 436.

[2]Bolin J T et al. In:Nitrogen Fixation:Achievements and Objectives(Eds.:Grashoff P. M,Roth L E,Stacey G,Newton W E.),Chapman and Hall,New York:1990:117~122.

[3]Bolin J T et al. The unusual metal clusters of nitrogenase:Structures revealed by X-ray anomalous diffraction studied of the MoFe-protein from Clostridium Pasteurianum,Proc. Natl. Acad. Sci. ,1993,**90**:1 078~1 082.

[4]Bolin J T et al. The crystal structure of the nitrogenase MoFe protein from Clostridium pasteurianm,In:New Horizons in Nitrogen Fixation(Palacios R et al eds.),Kluwer Academic Publishers,1993:89~94.

[5]Kim J and Rees D C. Structural models for the metal centers in the nitrogenase molybdenumiron protein,Science,1992,**257**:1 677~1 682.

[6]Kim J and Rees D C. Crystallographic structure and functional implications of the nitrogenase molybdenum iron protein from Azotohacter vinelandii,Nature,1992,**360**(6404):553~560.

[7]Chan M K,Kim J,Rees D J. The Nitrogenase FeMo-Cofactor and P-Cluster pair:2.2 Å resolution structures,Science,1993,**260**:792~794.

[8]Rees D C et al. Structures and functions of the nitrogenase proteins,In:New Horizons in Nitrogen Fixation(Palacios R et al eds.),Kluwer Academic Publishers,Dordrecht/Boston/London,1993:83~88.

[9]张鸿图等.若干中性配体对 Mo-Fe-S 簇合物自兜的影响,高等学校化学学报,1992,**13**(3):362~365.

[10]Albright J Q et al. Ligand exchange in Tax(η^4-naphthalene)($Me_2PC_2H_4PMe_2$)^2. The pentagonal bipyramid to monocapped trigonal prism traverse. J. Am. Chem. Soc.,1979,**101**(3):611~619.

[11]Girolami G S,Salt J E,Wilkinson G. Alkyl,hydride,and dinitrogen 1,2-bis(dimethylphosphino) ethane complexes of chromium,crystal structure of $Cr(CH_3)_2(dmpe)_2$,$CrH_4(dmpe)_2$,and Cr $(N_2)_2(dmpe)_2$,J. Am. Chem. Soc.,1983,**105**(18):5 954~5 956.

[12]刘爱民等.固氮酶催化作用的化学模拟—双齿配体 DPPE 和 DPPM 对固氮酶促反应的影响,分子催化,1994,**8**(2):81~85.

[13]张凤章等.邻苯二甲醛作为固氮酶活性中心双齿配体的研究,厦门大学学报(自然科学版),

1993,**32**(6):722～725.

[14] Coucouvanis D et al. Heterodinuclear Di-μ-sulfido bridged dimers containing iron and molybdenum or tungsten,structures of(Ph$_4$P)$_2$(FeMS$_9$)complexes,J. Am,Chem. Soc.,1980, **102**:1 730～1 732.

[15] Kovacs J A and Holm R H. Assembly of vanadium-iron-sulfur cubane clusters from mononuclear and linear trinuclear reactants,J. Am. Chem. Soc. ,1986,**108**:340～341.

Effects of Bidentate Ligands DPPE and DPPM on
Spontaneous Self-Assembly of Mo-Fe-S Cluster Compunds

Ai-Min Liu，You-Zhu Yuan，Hong-Tu Zhang，Ming-Yu Zhou
Ru Yang，Hui-Lin Wan,Khi-Rui Tsai
(*Dept, of Chem., Inst, of Phys, Chem.*)

Abstract　For attempted syhnthesis of nitrogenase active-center cluster and their analogs, the effects of a variety of Lewis-basic ligands on self-assembling procedures, or MoS_4^{2-}-nFeCl$_2$-DMF systems had been investigated. With the aid of cerrain suitably chosen bidentate and monodentate Lewis bases which inhibit or promote *in vitro* nitrogenase activities as neutral ligands,the labile-ligand-assisted assembling of (NR$_4$)$_2$ MoS$_4^-$(FeCl$_2$)$_2$ linear trinuclear compound with an excess of FeCl$_2$ in DMF might carry out at room temperature,which could be judged by in situ electronic absorption measurement. It was found that the characteristic electronic absorption peaks of the linear trinuclear complex were only observed in MoS_4^{2-}-8FeCl$_2$-DMF($C_{Mo}>10^{-3}$M)without the addition of any extra labile ligands at the beginning of the reaction. The addition of(C$_6$H$_6$)$_2$PCH$_2$CH$_2$P(C$_6$H$_6$)$_2$(DPPE)to the reaction system could bring about practically complete disappearance of the electronic absorption peaks of the linear trinuclear cluster in a few hours,resulting in a feature-less electronic absorption curve,similar to that of FeMo-co or a monocubane MoFe$_3$S$_4$Ln cluster. Whereas the addition of (C$_6$H$_6$)$_2$PCH$_2$P(C$_6$H$_6$)$_2$ (DPPM)presented a striking contrast,it showed little effect on the characteristic absorption peaks of trinuclear complex.

Key words　Mo-Fe-S cluster　1,2-Bis(diphenylphosphino)ethane　Electronic absorption spectra

■ **本文原载**:《高等学校化学学报》第 15 卷第 10 期(1994 年 10 月),第 1550~1552 页。

铜基甲醇合成催化剂 TPR 导数谱[*]

胡云行　万惠霖　蔡启瑞

(厦门大学化学系　固体表面物理化学国家重要实验室,厦门　361005)

关键词　TPR　导数谱　铜基催化剂

TPR 是非稳态条件下研究催化剂的有效方法。该法具有设备简单、快速和信息量大等特点,已成为常用的催化剂表征技术[1-3]。TPR 虽然可给出相当丰富的信息,但由于其谱图复杂、解析困难,使数据利用率不高。因此,利用微机实现 TPR 数据的实时采集和定量处理可大大提高对 TPR 谱图的解析能力。

由于实际研究中常遇到 TPR 重叠峰,因此,提高 TPR 谱的分辨率已成为人们非常关心的问题。本文提出了 TPR 导数谱(DTPR),并在微机辅助下实现了 TPF 数据的实时采集,成功地获得了铜基甲醇合成催化剂的 TPR 导数谱。

1　实验

1.1　**TPR 导数谱的定义**　通常将催化剂的还原速率与温度的关系曲线称为 TPR 谱线,因此,本文将催化剂还原速率的导数与还原温度的关系曲线称为 TPR 导数谱(DTPR)。

1.2　**TPR 实验系统及实验条件**　微机化的系统装置包括气体部分、反应部分、信号检测和数据采集。气体部分主要由还原气(惰性气体中配有 5% H_2)、气体净化系统(脱氧和脱水)和管路组成。反应部分由反应器、加热器、控温仪及测温热电偶组成。催化剂还原信号检测由热导池检测器完成。数据采集如下:

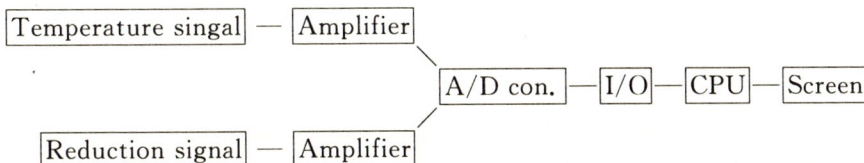

```
Temperature singal — Amplifier
                                  A/D con. — I/O — CPU — Screen
Reduction signal — Amplifier
```

本系统的应用软件使用 6502 汇编语言和 APPLE SOFT BASIC 语言混合编写。6502 汇编语言用于 I/O 接口的控制转换、数据的采集和高分辨图形处理等的编程,APPLE SOFT BASIC 语言用于实验程序的流程控制、实验数据的处理等编程,具有谱图的平滑、图形的放大、导数谱的求算等功能。

催化剂用量 0.0020 g,还原气为 5% H_2/N_2(流速 32 mL/min),升温速率 10 K/min。

2　结果与讨论

Cu/Zn/Al 催化剂氧化态前体的性质对其催化性能影响极大[4]。我们采用 TPR 和 DTPR 方法分别

＊ 国家自然科学基金资助课题。

对 MK-101 型 Cu/Zn/Al 催化剂(C-1,Topose)和国产 Cu/Zn/Al 催化剂(C-2,三明化工厂)进行了研究,结果见图 1 和图 2。

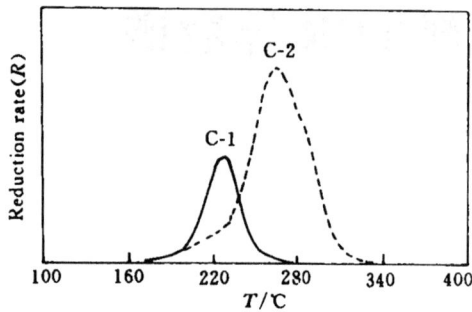

Fig. 1   TPR spectra of Cu/Zn/Al catalysts

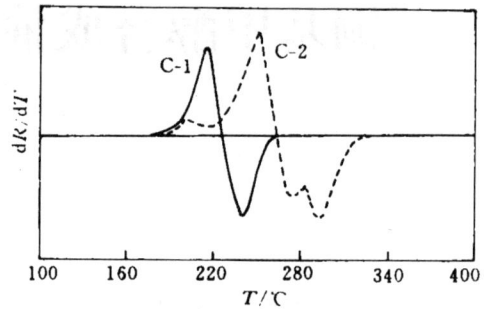

Fig. 2   DTPR spectra of Cu/Zn/Al catalysts

由图 1 可见,尽管两种催化剂的起始还原温度相同(185 ℃),但还原结束温度却相差很大,C-1 催化剂为 270 ℃,而 C-2 则为 328 ℃,而且二者的峰温(峰巅温度)相差较大(C-1 为 227 ℃,C-2 为 264 ℃),说明 C-2 催化剂较 C-1 难还原。在相应的 DTPR 谱中(图 2),C-1 催化剂只出现一对峰,峰温分别为 215 ℃ 和 241 ℃;而 C-2 出现了 3 对峰,峰温分别为 202、217、252、278、282、295 ℃,与 DTPD 相似,TPR 谱经求导后得到的 DTPR 谱会使原来的单峰变成一对正反峰[5],即一种氧化态在 DTPR 谱中出现一对正反峰。因此,DTPR 谱表明 C-1 催化剂只有一种氧化铜物种,这与 XRD 结果一致[6,7],而在 C-2 催化剂中则有 3 种氧化铜物种,由此说明 C-1 催化剂的均匀性优于 C-2 催化剂。

比较图 1、2 可见,DTPR 谱的分辨率明显优于 TPR 谱,这是因为 DTRP 谱中原来(TPR)的单峰变成了一对峰,谱峰明显变尖,从而使分辨率得到提高。

Table 1   Peak temperature of TPR spectra

Catalyst	Peak temperature of TPR	
	Calcd. [a]	Exp. [b]
C-1	228	227
C-2	210	—[c]
	265	264
	289	—[d]

a. Average value of temp, of positive and negative peaks of DTPR spectra; *b*. Temperature from TPR experiment; *c*. Not to estimate peak temp, because of peak overlapping.

在 TPR 谱中,峰温的大小是判断氧气化物物种还原难易程度的重要数据。在 DTRP 谱中,尽管这一数据不能直观地看出,但可将 DTPR 谱中一对相邻正、反峰峰温的平均值作为 TPR 谱峰峰温的近似值(表1)。由表 1 可见,计算值非常接近实验值,而且对于那些 TPR 很难确定峰温的重叠峰仍可由这种近似方法获得 TPR 重叠峰各峰峰温。将 C-2 催化剂 TPR 3 个峰温的近似计算值与 C-1 催化剂峰温相比较可知,C-2 催化剂的低温峰(210 ℃)比较接近 C-1 催化剂还原峰。由此可推测 C-2 催化剂除主要含有两种较难还原的氧化铜物种外,还可能含有少量与 C-1 催化剂相同的氧化铜物种。

以上结果和讨论表明,DTPR 谱在实验上是可行的,将 DTPR 谱与 TPR 谱相给合,可以提高对氧化物催化剂的表征能力。

参考文献

[1]Hurst N. W.,Gentry S. J.,Jones A. ;Catal. Rev. -Sci. Eng.,1982,**24**(2):233.

[2]Haber J. ;J. Less-Common. Met.,1977,**54**:243.

[3]Ruchenstein E.,Pulvermacher B. ;J. Catal.,1973,**29**:224.

[4]Okamoto Y.,Fukino K.,Imanaka T.,Teranishi S. ;J. Phy. Chem.,1983,**87**:3740.

[5]HU Yun-Hang(胡云行),WAN Hui-Lin(万惠霖),TSAI Khirui(蔡启瑞);Chem. J. Chinese Univ. (高等学校化学学报),1993,**14**(2):238.

[6]Klier M. ;Adv. Catal.,1982,**31**:243.

[7]Bart J. C. J.,Sneeden R. P. A. ;Catal. Today,1987,**2**:1.

Derivative Temperature-Programmed Reduction Spectra of Cu-Based Catalysts for Methanol Synthesis

Yun-Hang Hu*, Hui-Lin Wan, Qi-Rui Cai(Khi-Rui Tsai)

(*Department of Chemistry*, *State Key Laboratory for Physical Chemistry of Solid Surface*, *Xiamen University*, *Xiamen*, 361005)

Abstract Derivative temperature-programmed reduction spectra(DTPR) were first proposed. In order to obtain DTPR spectra from experiments, a series of computer programs was edited in ASSEMBLE and SOFT BASIC languages. With the aid of computer, the DTPR spectra of Cu-based catalysts for methanol synthesis were successfully obtained. Although it was very difficult to know how many kinds of of Cu oxide species there are in the Cu/Zn/Al catalyst(Sanming Chemical Factory)from TPR spectrum. The DTPR spectra showed obviously that there were three kinds of Cu oxide species in the catalyst. Both TPR and DTPR showed there was one kind of Cu oxide species in MK-101 Cu/Zn/Al catalyst(Topose). The results indicated that MK-101 was easier to be reduced and more homogeneous than the catalyst of Samning Chernical Factory. It has been found that the resolving power of DTPR is better than that of TPR.

Key words TPR Derivative spectrum Copper-based catalyst

■ **本文原载**:《分子催化》第 8 卷第 2 期(1994 年 4 月)，第 81～85 页。

优化固氮活性模型信息研究*——双齿配体 DPPE 和 DPPM 对固氮酶促反应的影响

刘爱民[a,①]　张凤章[b]　张鸿图[a]　袁友珠[a]　许良树[b]　万惠霖[a,c,②]　蔡启瑞[b,c]

（厦门大学化学系[a]　生物系[b]　固体表面物理化学国家重点实验室[c]，厦门　361005）

摘　要　报道了某些双齿配体对固氮酶促反应影响的研究结果。发现 1,2-双(二苯基磷)-乙烷 (DPPE)对固氮酶酶促乙炔还原反应有促进作用。但同时又抑制了固氮酶的放氢反应。而比 DPPE 少一个—CH_2—链的双(二苯基磷)-甲烷(DPPM)却不能表现出对固氮酶促乙炔还原活力的促进作用。对照固氮酶 MoFe-蛋白 X-光衍射结构分析结果和量子化学近似计算所导出的固氮酶活性中心结构模型提出了 DPPE 促进酶促乙炔还原反应的一种可能的解释。

关键词　固氮酶　双齿配体　促进剂　抑制剂

1　前言

天然固氮酶催化还原 N_2 为 NH_3 的过程长期受到人们关注。最近，Bolin 和 Rees 等分别独立采用 X-光衍射分析固氮酶 MoFe-蛋白，给出了 0.28 nm～0.22 nm 分辨率的 M-簇(体外时称 FeMo-cofactor 或 FeMo-co)和 P-簇的结构模型[1-6]，前者是由两个缺(活)口立方烷，Fe_4S_3 和 $MoFe_3S_3$ 簇，靠两个硫和一个 Y 配体(氧、氮或硫)桥连形成的具有近似 C_{3V} 对称性的笼状原子簇结构，Mo 原子处在一端的角落位置上。该模型可表示为 $[L_3MoFe_3S_3](\mu_2-S)_2(\mu_2-Y)[Fe_4S_3L']$；P-簇则主要是由两个 $[Fe_4S_4]$ 组成。MoFe-蛋白晶体结构分析结果使得固氮酶活性中心结构的研究又上了新的台阶[7]。但是，问题并没有彻底解决，在该模型中，配体(Y)的种类尚未最终确定[8]，完整的结构参数也有待给出。

对于固氮酶底物活性中心 M-簇而言，酶的十几种底物及抑制剂是揭示和检验其化学结构与功能关系的有力工具。本工作在以前化学探针方法研究固氮酶活性中心结构工作的基础上[9-11]，考察了一系列具有双齿结构的有机配体对固氮酶促反应的影响，从中寻找出固氮酶的新抑制剂和促进剂并以其作为揭示酶活性中心结构与功能的新探针。本文报道了双齿含磷有机化合物改变固氮酶促底物还原行为(促进或抑制)的研究结果，并以化学探针的思路对实验结果提出了初步解释。

2　材料与方法

双(二苯基磷)-甲烷和 1,2-双(二苯基磷)-乙烷晶体由本实验室合成。邻苯二甲醛为市售分析纯。反应系统 Cp、Ck、ATP 和连二亚硫酸钠等都经无氧处理并保存于氩气氛中备用。固氮酶铁蛋白、钼铁蛋

　*　国家基础性研究重大关键项目(攀登计划)子课题及人事部专家司博士后经费资助项目。

　①　黄静伟、扬如、周明玉同志参加了本工作。

　②　通讯联系人。

白依文献[12-14]的分离纯化方法从 Av. 230 菌(沈阳应用生态研究所发酵)中得到,所有实验均在绝氧条件下操作完成。反应时,分别取一定量(约 0.05 mL,蛋白浓度为 10.0 mg/mL)的固氮酶铁蛋白、钼铁蛋白和固氮酶全酶(Fe-Protein＋MoFe-Protein)于严格无氧条件下按摩尔比 Mo：L＝1.0：1.1 加双齿配体 DPPE 或 DPPM、邻苯二甲醛。30 ℃水溶液中振荡反应 0.5 h;然后加入固氮酶其余的组分蛋白和反应系统(ATP,Cp,Ck,MgCl₂,Na₂S₂O₄)及底物乙炔,重新置于温浴中振荡反应。采用乙炔还原气相色谱法(103 型气相色谱仪,氢火焰离子检测器)测定固氮活性;以 102G 型色谱仪及热导池检测器测量固氮酶放氢活性。

3　实验结果

双齿含磷配体 DPPE、DPPM 和双齿配体邻苯二甲醛对固氮酶乙炔还原比活力影响的结果列于表 1。

表 1　双齿配体对固氮酶活性影响

Table 1　The effects of some bidentate ligands on nitrogenase activity

	Enzymatic reaction	Contrast	o-Phthalaldehyde		DPPM		DPPE	
			Activity	%	Activity	%*	Activity	%*
Ligands mixed with	$C_2H_2 \rightarrow C_2H_4$	58.8	12.6	−78.6	53.2	−9.5	72.8	+23.8
MoFe-Protein solution	H_2 evolution	8.3	1.8	−78.3	5.4	−34.9	3.4	−59.0
Ligands mixed with	$C_2H_2 \rightarrow C_2H_4$	42.0	11.1	−73.6	39.5	−6.0	50.2	+19.5
Fe-protein solution	H_2 evolution	9.5	3.3	−65.3	5.8	−38.9	4.4	−53.7
Ligands mixed with	$C_2H_2 \rightarrow C_2H_6$	56.7	24.4	−57.0	49.8	−12.2	70.4	+24.2
nitrogenase** solution	H_2 evolution	4.8	2.7	−43.8	3.9	−18.8	3.1	−35.4

Activity：(nmol C_2H_4 formed/mg protein · min)；Reaction time：40 min(C_2H_2), 2 h(H_2 evolution).

＊ Activity/Contrast　　＊＊ Fe-protein＋MoFe-protein

在测定放 H_2 量时,各组(包括对照组)都观察到一定时间(～4 h)以后放 H_2 量剧增的情况。经分析认为是在反应系统中因长时间厌氧促使杂菌(野生厌氧菌)繁殖造成的。单独 Fe-蛋白,单独 MoFe-蛋白加反应系统的空白试验证实了上述推测。所以,在测放 H_2 量时,反应时间控制在 2 小时之内。从表 1 可以看出,DPPE 可使固氮酶的乙炔还原活力提高约 20％,而且不论配体是先与固氮酶组分蛋白预作用还是直接与固氮酶全酶作用结果皆相近。可见 DPPE 是新发现的固氮酶乙炔还原活力的促进剂,同时它又使固氮酶放 H_2 受到很强的抑制。与此同时,仅比 DPPE 少一个—CH_2—链的 DPPM 对固氮酶乙炔还原活力在同样条件下几乎没有明显影响(△≈−5％),但 DPPM 对固氮酶放 H_2 也呈现出一定抑制作用。作为对比,一个已知的固氮酶抑制剂邻苯二甲醛则同时强烈抑制固氮酶的乙炔还原和放 H_2 活力。这三种双齿有机配体对固氮酶还原 N_2 成 NH_3 能力的影响尚待研究。

表 2　固氮酶的新促进剂与抑制剂

Table 2　New promotor and inhibitors of nitrogenase activity

	o-Phthalaldehyde	$Ph_2PCH_2PPh_2$	$Ph_2PCH_2CH_2PPh_2$
$C_2H_2 \rightarrow C_2H_4$	↓(1)	↘(1)	↑(P)
H_2 evolution	↓(1)	↓(1)	↓(1)

4 讨论

分子氮和乙炔在固氮酶上的配位方式可能并非相同。文献中已有分子氮素的还原必需 P-簇的协同作用,而乙炔分子的络合活化则仅在 M-簇上即可完成的报道[15]。Bolin 和 Rees 等发表了固氮酶 MoFe-蛋白 X-光衍射结构分析结果[1-6]以后,陈明旦等交替使用分子图形学软件和分子力学计算对其进行了分子模型设计[16],得出了 FeMo-co 模型的结构参数,刘爱民等采用群分解 EHMO 量子化学方法[17]对 FeMo-co 模型进行了近似计算[9,10],提出 Rees 模型中未知配体(Y)应为 O= 或 NH=(图 1a)的推论[8],与 Sellmann 几乎同时发表的经验性假设[7]相似。

(a)

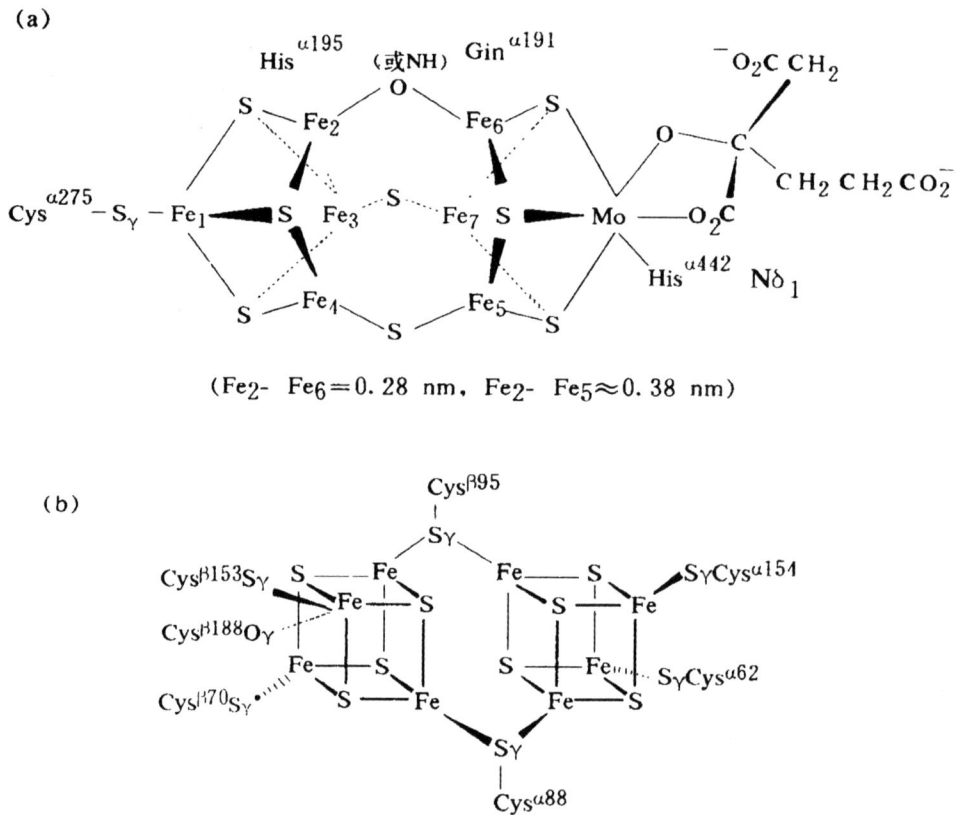

(Fe2- Fe6=0.28 nm,Fe2- Fe5≈0.38 nm)

(b)

图 1   (a)固氮酶 M-簇模型;(b)固氮酶 P-簇模型
Fig. 1   (a)Model of the nitrogenase M-cluster(FeMo-co);(b)Structure of the nitrogenase P-cluster pair.

从图 1a 可以看出,DPPE 分子既难以直接与 Mo 络合,又没有合适的位置可挂在 M-簇上面;但它的分子尺度与 P-簇(图 1b)却较接近,一个可能的解释是 DPPE 抑制了依赖 P-簇的某个放 H_2 中心,使得 ATP-驱动的电子传递在分配上发生变化,即 M-簇可以获得更多的电子,所以在 M-簇上呈现出乙炔还原活力的提高。与此同时,DPPM 因少了一个碳链,作用则明显不同。DPPM 对与 P-簇有关的放 H_2 中心的抑制较 DPPE 弱,且因其双齿间距与 M-簇靠硫(或氧)配体桥联的双铁间距(0.35~0.38 nm)相近(图 1a),所以它更可能抑制了固氮酶 M-簇的放氢位,从而对固氮酶乙炔还原活力显示出弱抑制作用。

多数研究人员曾认为,每还原 1 摩尔 N_2 成为 2 摩尔 NH_3 的同时要出 1 摩尔 H_2,即 75% 的电子(能量)用于生成 NH_3,25% 的电子(能量)用于放 H_2,如式 1 所示

$$N_2+8H^++8e^-+16MgATP \xrightarrow[Na_2S_2O_4]{Nitrogenase} 2NH_3+H_2+16MgADP+16PO_4^{3-} \tag{1}$$

但更深入的研究发现,纯固氮酶在正常条件下催化内源底物 H^+ 还原放 H_2 所消耗的电子,却总是大于 25%。即使在 50 大气压的 P_{N_2} 下,仍有 27% 的电子用于放 H_2。在不同 N_2 分压条件下,催化 N_2 还原和 H_2 释放反应动力学的定量分析[19,20]都说明固氮酶除了在 M-簇上固氮并同时放出 H_2 以外,还应有另外的放氢位和放 H_2 中心。这个假设便成为产生上述解释的基础;换言之,本文报道的研究结果也可理解为支持了固氮酶双位放氢假设。

参考文献

[1]Bolin J T,Ronco A E,Morgan T V et al. . Proc Natl Acad Set,1993,**90**:1078.

[2]Bolin J T,Ronco A E,Mortenson L E et al;Grashoff P M,Roth L E et al. (Eds.),;"Nitrogen Fixation:Achievements and Objectives":Chapman and Hall,New York,1990,117-122.

[3]Kim J,Rees D C. Science,1992,257:1677.

[4]Kim J,Rees D C. Nature,1992,360,553.

[5]Georgiadis M M,Komiya H,Chakrabarti P et al. . Science,1992,257:1653.

[6]Chan M K,Kim J,Rees D J. Science,1993,260:792.

[7]Sellmann D. Angew Chem Int Ed Engl,1993,**32**(1):64.

[8]刘爱民,周泰锦,万惠霖等.高等学校化学学报,1993,**14**(7):996.

[9]Tsai K R,Zhang H B,Lin G D. Adv in Sci of China-Chen,1987,**2**:125.

[10]Tsai K R,Wan H L,Zhang H T et al.,In"The Nitrogen Fixation and its Research in China",Springer-Verlag,Heidelberg,1991,87.

[11]张鸿图,扬如,林国栋等.高等学校化学学报,1992.**13**(3):362.

[12]曾定,许良树,张凤章.厦门大学学报(自然科学版),1980,**19**(4):78.

[13]Newton W E,Burgess B K,Stiefel E I. Newton W E,Ostuka S(Eds),In:"Molybdenum Chemistry of Biological Siginificanes". Plenum Press,N. Y.,1979,191.

[14]Burgess B K. Chem Rev, 1990,90:1377;Huang H Q,Kofford M,Simpson F B. Watt G D. J Inorg Bwchem,1993,**52**(1):59.

[15]黄巨富,骆爱玲,解雪梅等.植物学报,1990,**32**:112.

[16]陈明旦,赖伍江,胡盛志.厦门大学学报(自然科学版),1993,**32**(5):599.

[17]刘爱民,周泰锦,张鸿图等.生物化学与生物物理进展,1994,**21**(2).

[18]周泰锦,王南钦.厦门大学学报(自然科学版),1985,**24**(3):345.

[19]Simpson R V,Burris R H. Science,1984,**224**:1095.

[20]张振水,吴柏和、李季伦.固氮酶催化的放 H_2 反应,微生物学报,1993,**33**(5):320.

Studies on Rationalization of Nitrogenase Active Center Models——Novel Nitrogenase Inhibitors and Promoters as Chemical Probes

Ai-Min Liu[†], Feng-Zhang Zhang[‡], Hong-Tu Zhang[†], Yu-Zhou Yuan[†],

Liang-Shu Xu[‡], Hui-Lin Wan[§†], Khi-Rui Tasi[§†]

(† Department of Chemistry, ‡ Department of Biology, § State Key Laboratory for Physical Chemistry of the Solid Surface, Xiamen University, Xiamen 361005)

Abstract In previous work from this laboratory, nitrogenase substrates of about a dozen known types were regarded as chemical probes, and multinuclear coordination activation of the exogenous substrates by cubane-like, or twin-cubane-like cluster structural active-center was inferred. Recent publications of models of nitrogenase M-cluster and P-clusters by Bolin and Rees *et al.*, based upon single-crystal Xray diffraction data with 0.28 and 0.22 nm resolution, have shed new light on the structure of nitrogenase active center. In the present work, we aim to gain information from new chemical probes which alter the substrate specificities (N_2, acetylene, or proton reduction etc.) of nitrogenase. It will be very useful in examining and understanding the structure and function of the latest proposed model of nitrogenase active center.

The behaviors of 1,2-bis(diphenylphosphino)ethane, a promoter of in vitro nitrogenase catalyzed acetylene reductive hydrogenation, but an inhibitor of hydrogen evolution reaction, as a new chemical probe of nitrogenase active center are reported, together with more detailed study on the behaviors of o-phthalaldehyde as a potent inhibitor of nitrogenase activity.

The preliminary data we had acquired are consistent with the hypothesis of the two-site model of H_2 evolution in nitrogenase MoFe-protein. Furthermore, in addition to the M-cluster, P-cluster is probably involved in the second site of H_2 evolution. Further information provided by this work indicate that the functions of M-& P-clusters in nitrogenase catalyzed N_2 reduction reactivity may be different from that of acetylene reduction, for example, N_2 redution to NH_3 needs assistance of Mo, whereas acetylene reduction does not.

Key words Nitrogenase Bidentate ligands Promoter Inhibitor.

■■■■■■■■■■■■■■■■■■■■■■■■■■■■■■■

■ 本文原载:《分子催化》第 9 卷第 6 期(1995 年 12 月),第 401~410 页。

Biphasic Synergy Catalysis of the Oxidative Dehydrogenation of Propane over VMgO Catalysts

Zhi-Min Fang, Wei-Zheng Weng, Hui-Lin Wan, Khi-Rui Tsai

(Department of Chemistry and State Key Laboratory for Physical Chemistry of the Solid Surface, Xiamen University, Xiamen 361005)

Abstract　The oxidative dehydrogenation of propane(ODP) was studied at 500 ℃ over 582VMgO catalysts prepared by impregnation of heavy MgO with aqueous solution of NH_4VO_3. The catalysts were more active and selective than the corresponding catalysts reported in literature and pure Mg vanadates prepared by the citrate method. XRD characterization indicated the coexistence of $Mg_3V_2O_8$ and $\alpha\text{-}Mg_2V_2O_7$ phases in the catalysts. In order to study the possible biphasic synergy catalysis between $Mg_3V_2O_8$ and $\alpha\text{-}Mg_2V_2O_7$, three pure Mg vanadate were prepared by the citrate method. With this method, the formation of desired Mg vanadate can be easily achieved by controlling the Mg/V mole ratio in the solution. The corresponding biphasic catalysts with $Mg_3V_2O_8/\alpha\text{-}Mg_2V_2O_7$ mole ratios equal to 3/1, 1/1 and 1/3 were also prepared by the citrate method as well as by mechanical mixing of pure $Mg_3V_2O_8$ and $\alpha\text{-}Mg_2V_2O_7$. The results of the catalytic performance evaluation of the above catalysts indicated that the active phases of the VMgO catalysts are Mg vanadates with Mg/V=3/2, 1/1 and 1/2. The propene selectivity over the active phases followed the order: $\alpha\text{-}Mg_2V_2O_7 > Mg_3V_2O_8 > \beta\text{-}MgV_2O_6$. The propene selectivities of the corresponding biphasic VMgO cataiysts are higher than those of single $Mg_3V_2O_8$ or $\alpha\text{-}Mg_2V_2O_7$. These results suggest that the biphasic synergy catalysis between $Mg_3V_2O_8$ and $\alpha\text{-}Mg_2V_2O_7$ exists in the VMgO catalysts for ODP to propene.

Key words　Propane　Oxidative dehydrogenation　VMgO catalyst　Active phases　Biphasic synergy catalysis

1　INTRODUCTION

The selective conversion of light alkanes is a potentially important process for the effective utilization of alkanes. The oxidative dehydrogenation of propane(ODP) to propene is a very attractive alternative to steam cracking. The VMgO catalysts have been proposed to be the most active and seletive for ODP[1,2]. It was suggested that the reaction proceeds primarily with the breaking of a methylene C—H bond of propane to form an adsorbed propyl radical, which can either remain on the surface or desorb into the gas phase to react further[3].

Different points of view exist for the active phase and reaction mechanism. Kung and co-workers[1] proposed that the active phase is magnesium orthovanadate $Mg_3V_2O_8$, and that the higher selectivity of this phase is due to the low density of V=O groups which is responsible for total oxidation. However, Volta and co-workers[4] suggested that magnesium pyrovanadate α-Mg$_2$V$_2$O$_7$ is the active phase, which is favored by (a) the presence of the V=O short bond that could initiate a hydrogen abstraction of propane, (b) the presence of the corner-sharing VO$_4$ tetrahedra of the V$_2$O$_7^{4-}$ unit for the simultaneous formation of water, and (c) the higher stability of propene in contact with it, whereas magnesium orthovanadate is responsible for total oxidation. Delmon and co-workers[5] suggested that the selectivity of Mg$_3$V$_2$O$_8$ can be promoted by α-Mg$_2$V$_2$O$_7$ prepared by the citrate method with controlled phase formation. It was found in our experiments that the magnesium orthovanadate and pyrovanadate are beneficial to the activation of propane and the selective formation of propene respectively, and that the biphasic synergy catalysis exists between Mg$_3$V$_2$O$_8$ and α-Mg$_2$V$_2$O$_7$ on VMgO catalysts for ODP to propene.

2   EXPERIMENTAL

1 Catalyst Preparation

VMgO-I catalysts were prepared by the impregnation method. Samples with the weight percentages of vanadia varying from 5 to 82 wt% were prepared. The percentage of vanadia in the catalyst can be identified by the number appeared before VMgO, e. g. a VMgO catalyst with 20wt% of vanadia will be expressed as 20VMgO. A transparent aqueous solution of NH$_4$VO$_3$ (AR) was prepared at 80 ℃, followed by the addition of an appropriate amount of heavy MgO(AR) powder. The suspension was evaporated to dryness while being stirred, and then dried at 120 ℃ for 1 h. The resulting solid was ground into a fine powder and calcined in air at 550 ℃ for 6 h.

VMgO-C catalysts were prepared by the citrate method. This mehod provides the following advantages: (a) the expected oxide compounds can be obtained from very homogeneous citrate precursors, (b) lower calcination temperature 550 ℃ can be used, and (c) no contamination from other residual elements is observed. A transparent solution of magnesium nitrate (AR) and ammonium metavanadate(AR) with a vanadia content equal to that of the resulting catalyst was prepared, followed by the addition of citric acid (AR). The citrate solution was evaporated in a Rotavapor to obtain amorphous organic precursor, which was then decomposed at 380 ℃ for 18 h and finally calcined in air at 550 ℃ for 6 h.

Mechanical mixtures of Mg$_3$V$_2$O$_8$ and α-Mg$_2$V$_2$O$_7$ with the mole ratios of 3/1, 1/1 and 1/3, denoted by 62, 64, 67 VMgO-M respectively, have been made. Certain moles of corresponding powders were dispersed and mixed in n-pentane(AR) with the help of a supersonic device. The organic solvent was then removed by evaporating under reduced pressure. The resulting solid was finally dried at 80 ℃ overnight. The mixtures were used without further treatment.

2 Catalyst Evaluation

The catalyst evaluation was performed in a fixed bed quartz microreactor in a flow system. Normally, the flow rate of feed was 40 ml/min with the ratio of C$_3$H$_8$: O$_2$ being 2 : 1, the volume of catalyst was 0.20 mL with particle fractions between 60 to 100 meshes, and the reaction temperature was 500 ℃. The propene selectivity versus propane conversion was studied by changing the C$_3$H$_8$: O$_2$ mole ratio from 4 : 1 to 1 : 1. The reaction products were analyzed by an on-line 102-GD gas chromatognaph with squalane/active alumina column for C$_3$H$_8$, C$_3$H$_6$, C$_2$H$_4$, C$_2$H$_6$ analysis, and 601 carbon moiecular sieve for O_2, CO, CO_2, CH_4 analysis.

3 Catalyst Characterization

The XRD was performed on a Rigaku Rotaflex D/Max-C using Cukα radiation with $\lambda = 1.5406\text{Å}$, The target/filter(monochro) was Cu. The voltage was 40 kV, and the current was 30 mA.

3　RESULTS

1 Catalytic Performance Evaluation of VMgO-I Catalysts

The results of the catalyst evaluation(500 ℃) of a series of VMgO-I catalysts with different vanadia contents prepared by impregnation method are presented in Table 1. Oxidative dehydrogenation and combustion are the major reactions. Heavy MgO is of very low activity for the reaction. compared to the empty quartz reactor, the propane conversion over heavy MgO increases by 0.6%, but selectivity to CO_x increases significantly, resulting in the decrease of propene selectivity, so that the propene yield remains 1.4%. V_2O_5 is of worse catalytic performance. Although the propane conversion is 15.8%, the propene selectivity and yield are only 34.8% and 5.5%, respectively. This result is in good agreement with that reported by Kung et al. [1] The catalytic performance of V_2O_5 can be improved remarkably by supporting V_2O_5 on heavy MgO. At low vanadia contents, the catalytic performance of VMgO-I increases gradually with the increase of vanadia content. On the catalyst with 20 wt% V_2O_5 content, the propane conversion(26.2%), propene selectivity(56.1%) and yield(14.7%) reach the maxima. The selectivity of deep oxidation products, CO_x, decreases to the lowest point. The best catalytic performance of this series of VMgO-I catalysts is achieved. Moreover, the maximum propene yield of 14.7% over 20VMgO-I is 40—50% higher than that of 9.9% reported by Kung et al. [1] at 500 ℃ over 40VMgO prepared by impregnation of MgO(from $Mg(NO_3)_2$) with the aqueous solution of NH_4VO_3, and that of 8.8% reported by Volta et al. [4] obtained at 500 ℃ over 20VMgO prepared by impregnation of $Mg(OH)_2$(from $MgCl_2$) with the aqueous solution of NH_4VO_3. On the catalysts with vanadia contents higher than 20wt%, the catalytic performance of VMgO-I decreases gradually with the increase of vanadia content. The catalytic performance follows the order: 60VMgO-I(with the same Mg/V mole ratio as $Mg_3V_2O_8$)＞69VMgO-I(with the same Mg/V mole ratio as α-$Mg_2V_2O_7$)＞82VMgO-I(with the same Mg/V mole ratio as β-MgV_2O_6). From the plots of selectivity versus conversion of the catalysts shown in Figure 3A, the propene selectivities under the same propane conversion follow the sequence: 20VMgO-I＞60VMgO-I＞69VMgO-I＞82VMgO-I. It seems from these results that $Mg_3V_2O_8$ is the more selective phase than α-$Mg_2V_2O_7$, however, a different conclusion can be drawn from the following XRD characterization of the catalysts.

Table 1　Catalytic performance and phase identification of VMgO-I catalysts
by impregnation method for oxidative dehydrogenation of propane

Catalyst	Conversion (%) C_3H_8	Selectivity(%)					Yield(%) C_3H_6	Phases Identified
		C_3H_6	Crack	CO	CO_2	CO_x		
EQR	1.6	89.0	8.2	1.5	1.3	2.8	1.4	
MgO	2.2	64.3	0.1	17.4	18.2	35.6	1.4	MgO
5VMgO	24.8	55.2	11.0	16.6	17.2	33.8	13.7	O+P+MgO

续表

Catalyst	Conversion (%) C_3H_8	Selectivity(%)					Yield(%) C_3H_6	Phases Identified
		C_3H_6	Crack	CO	CO_2	CO_x		
VMgO	25.5	55.6	11.7	15.9	16.8	32.7	14.2	O+P+MgO
20VMgO	26.2	56.1	12.3	15.6	16.0	31.6	14.7	O+P+MgO
40VMgO	26.0	54.2	10.2	16.5	19.1	35.6	14.1	O+P+MgO
60VMgO	25.8	53.0	5.1	20.1	21.8	41.9	13.7	O+P+M
69VMgO	22.0	51.0	3.0	21.7	24.3	46.0	11.2	P+M
82VMgO	18.9	49.4	1.3	22.4	26.9	49.3	9.3	M
V_2O_5	15.8	34.8	1.0	39.9	24.3	64.2	5.5	V_2O_5

500 ℃；GHSV＝12000 h^{-1}；C_3H_8 ∶ O_2＝2 ∶ 1，Crack＝$CH_4+C_2H_4+C_2H_6$；CO_x＝$CO+CO_2$；EQR：Empty quartz reactor；O：Mg orthorvanadate，P：Mg pyrovanadate，M：Mg metavanadate

2 XRD Characterization of VMgO-I Catalysts

The XRD characterization results of VMgO-I catalysts are shown in Figure 1. The phase analysis results are summarized in Table 1. The 5-40VMgO-I catalysts contain $Mg_3V_2O_8$，α-$Mg_2V_2O_7$ and MgO phases，and 60VMgO-I contains principally α-$Mg_2V_2O_7$ phase with a small amount of $Mg_3V_2O_8$ and β-MgV_2O_6 which may result from the incomplete solid-state reaction during catalyst calcination. Similarly，69VMgO contains mainly β-MgV_2O_6 with traces of α-$Mg_2V_2O_7$. XRD pattern of 82VMgO-I shows only the characteristic lines of β-MgV_2O_6. It follows from the catalytic performance evaluation and XRD results that α-$Mg_2V_2O_7$ should be the more selective phase than $Mg_3V_2O_8$，and that the biphasic synergy catalysis between these two phases probably exists in the ODP to propene over VMgO catalysts.

3 XRD Characterization of VMgO-C Catalysts

In order to investigate the active phases of VMgO catalysts and the possible biphasic synergy catalysis between the different Mg vanadates，pure $Mg_3V_2O_8$（60VMgO-C），α-$Mg_2V_2O_7$（69VMgO-C） and β-MgV_2O_6（82VMgO-C）were prepared by citrate method. The corresponding biphasic catalysts with $Mg_2V_2O_8$/α-$Mg_2V_2O_7$ mole ratios equal to 3/1（62VMgO-C），1/1（64VMgO-C）and 1/3（67VMgO-C）were also prepared by the citrate method as well as by mechanical mixing of $Mg_3V_2O_8$（60VMgO-C） and α-$Mg_2V_2O_7$（69VMgO-C）.

The XRD characterization results of VMgO-C catalysts are shown in Figure 2. The phase analysis results are summarized in Table 2. As expected，three pure phases，$Mg_3V_2O_8$，α-$Mg_2V_2O_7$，and β-MgV_2O_6，and mixtures of $Mg_3V_2O_8$ and α-$Mg_2V_2O_7$ are obtained. The XRD patterns of 60VMgO-C，69VMgO-C and 82VMgO-C are in good agreementwith the standard spectra of $Mg_3V_2O_8$，α-$Mg_2V_2O_7$，and β-MgV_2O_6，respectively. For 62，64，67VMgO-C and 62，64，67VMgO-CM，the XRD patterns are constituted with the strong diffraction lines of $Mg_3V_2O_8$ and α-$Mg_2V_2O_7$ phases. For 20 VMgO-C，only $Mg_3V_2O_8$ and MgO phases are detected.

4 Catalytic Performance Evaluation of VMgO-C Catalysts

The results of catalyst evaluation（500 ℃）of a series of VMgO-C catalysts with different vanadia contents are presented in Table 2. Oxidative dehydrogenation and combustion are also the major reactions. As can be seen, all of these catalysts containing either pure $Mg_3V_2O_8$, α-$Mg_2V_2O_7$ and β-MgV_2O_6 or the combination of $Mg_3V_2O_8$ and α-$Mg_2V_2O_7$ show satisfactorily catalytic properties for the reaction of ODP, indicating that the active phasses of the VMgO catalysts are the Mg vanadates with $Mg/V=3/2$, $1/1$ and $1/2$ respectively. Under the same reaction conditions(500 ℃, GHSV=12000 h^{-1}, $C_3H_8 : O_2 = 2 : 1$), $Mg_3V_2O_8$ (C25.1%, S47.6%) is more active but less selective than α-$Mg_2V_2O_7$ (C22.8%, S55.4%), indicating that $Mg_3V_2O_8$ is beneficial for the activacion of propane while α-$Mg_2V_2O_7$ is favorable for the selective production of propene. The higher selectivities are observed over 20.62,64,67,69VMgO-C as well as over the mechanical mixtures 62,64,67 VMgO-CM. In these cases, the selectivities of the samples are above 52%.

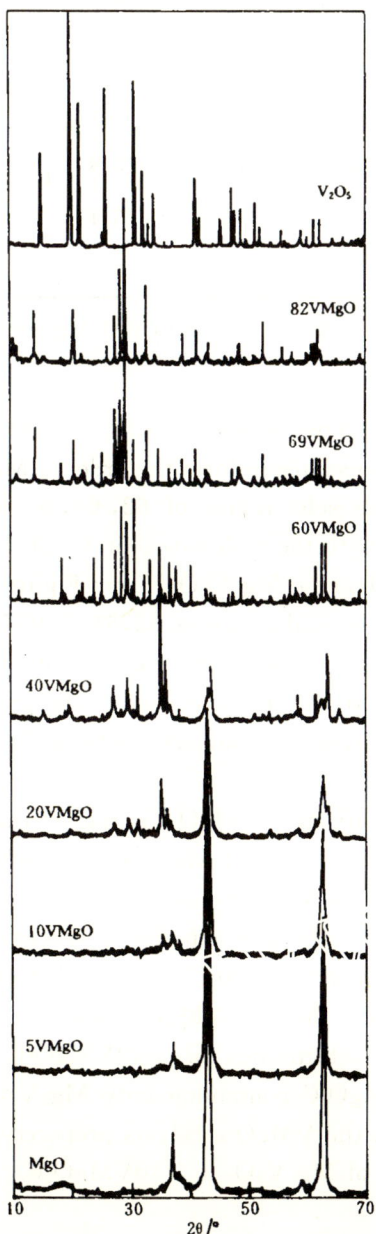

Fig. 1　X-ray diffraction patterns of VMgO-I

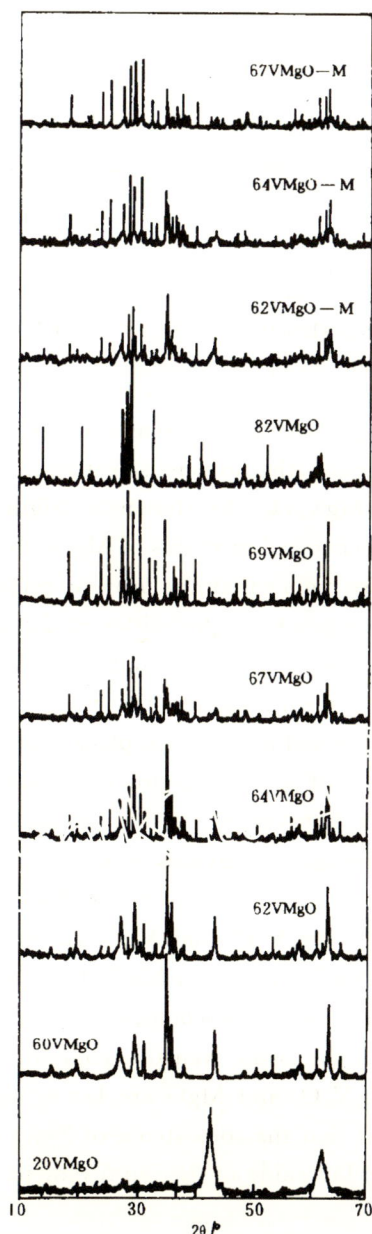

Fig. 2　X-ray diffraction patterns of VMgO-C

Table 2 Catalytic performance and phase identification of VMgO-C catalysts
by citrate method for oxidative dehydrogenation of propane

Catalyst	Conversion of C_3H_8(%)	Selectivity(%)					Yield of C_3H_6(%)	Phases Identified
		C_3H_6	Crack	CO	CO_2	CO_x		
20VMgO	26.9	52.3	13.1	16.6	18.0	34.6	14.1	O+MgO
60VMgO	25.1	47.6	5.1	20.0	27.3	47.3	11.9	O
62VMgO	29.1	53.3	8.5	16.1	22.1	38.2	15.5	3O+P
64VMgO	25.7	54.2	8.3	15.1	22.4	37.5	13.9	O+P
67VMgO	22.9	56.3	4.8	16.8	22.1	38.9	12.9	O+3P
69VMgO	22.8	55.4	3.5	18.4	22.7	41.1	12.6	P
82VMgO	20.3	49.6	1.4	21.4	27.6	49.0	10.1	M
62VMgO-M	26.5	52.0	8.7	15.7	23.6	39.3	13.8	3O+P
64VMgO-M	25.1	53.2	8.2	15.3	23.3	38.6	13.4	O+P
67VMgO-M	24.4	54.5	5.8	16.0	23.7	39.7	13.3	O+3P

500 ℃;GHSV=12000 h^{-1},C_3H_8∶O_2=2∶1;Crack=$CH_4+C_2H_4+C_2H_6$;CO_x=$CO+CO_2$;O∶Mg orthorvanadate, P∶Mg pyrovanadate,M∶Mg metavanadate.

The plots of selectivity versus conversion of VMgO-C are shown in Figure 3 B,C,D. At the given propane conversion,the propene selectivity of three pure Mg vanadates follows the order:α-$Mg_2V_2O_7$> $Mg_3V_2O_8$>β-MgV_2O_6. As shown in Figure 3B, the propene selectivities of 62,64,67 VMgO-C, containing the chemical mixtures of $Mg_3V_2O_8$ and α-$Mg_2V_2O_7$ with the mole ratios of 3/1、1/1 and 1/2, respectively,are higher than the propene selectivity of $Mg_3V_2O_8$ and α-$Mg_2V_2O_7$. From Figure 3C,it can be seen that the propene selectivities of the corresponding mechanical mixtures 62,64,67VMgO-M are higher than those of $Mg_3V_2O_8$ and α-$Mg_2V_2O_7$,but lower than those of the corresponding chemical mixtures. These results suggest that the propene selectivity of $Mg_3V_2O_8$ phase can also be promoted by a mechanically mixed α-$Mg_2V_2O_7$ phase,and that the biphasic synergy catalysis exists in the oxidative dehydrogenation of propane to propene VMgO catalysts.

Figure 3D shows that at the given conversion,the selectivity of 20VMgO-I is higher than that of 20VMgO-C,and the selectivities of both catalysts are higher than those of $Mg_3V_2O_8$ and α-$Mg_2V_2O_7$. XRD analysis results indicate that 20VMgO-I contains $Mg_3V_2O_8$,α-$Mg_2V_2O_7$ and MgO,while 20VMgO-C contains only $Mg_3V_2O_8$ and MgO. As mentioned above,since there is a biphasic synergy catalysis between the $Mg_3V_2O_8$ and α-$Mg_2V_2O_7$,the catalytic performance of 20VMgO-I is better than of 20VMgO-C. The similarphenomena are also observed beteen the 5-60VMgO-I and 5-60VMgO-C catalysts with the same vanadia content. In addition,the selectivities of 5-40VMgO-C catalysts containing $Mg_3V_2O_8$ and MgO are better than that of 60VMgO-C containing only $Mg_3V_2O_8$. These results suggest that the coexistence of MgO with $Mg_3V_2O_8$ in the VMgO catalysts prepared by citrate method is also favorable to the improvement of the selectivity of $Mg_3V_2O_8$ in 5-40VMgO-C.

4 DISCUSSION

From the above results it may be concluded that $Mg_3V_2O_8$ and α-$Mg_2V_2O_7$ are beneficial for the

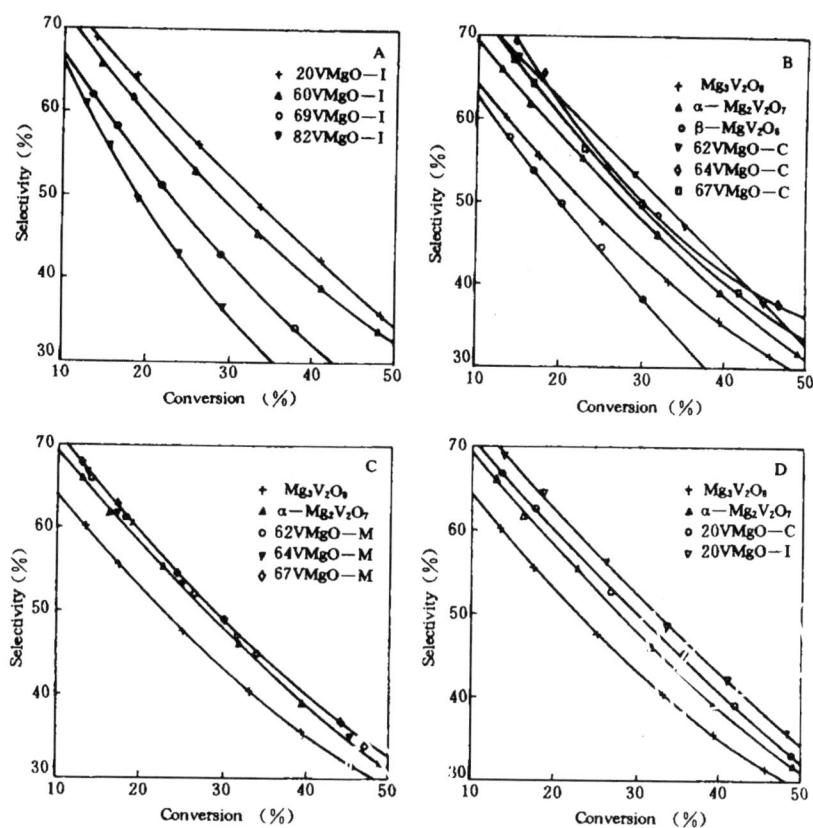

Fig. 3 Propene selectivity as a function of propane conversion

activation of propane and the selective production of propene, respectively. The biphasic synergy catalysis between $Mg_3V_2O_8$ and $\alpha\text{-}Mg_2V_2O_7$ exists in the oxidative dehydrogenation of propane to propene over VMgO catalysts. It seems that the abstraction of the first hydrogen of propane to form an active adsorbed propyl radical will be favorable over the more active $Mg_3V_2O_8$ phase. The adsorbed propyl radical may either undergo the second hydrogen abstraction on the surface of $Mg_3V_2O_8$ phase or desorb into the gas phase as a propyl radical, which may either undergo the gas-phase radical reaction with the oxygen in the gas phase, or readsorb on $Mg_3V_2O_8$ or $\alpha\text{-}Mg_2V_2O_7$ phase to abstract the second hydrogen. The reactions of the gas-phase radicals and of second hydrogen abstraction over $Mg_3V_2O_8$ phase will decrease the propene selectivity, whereas the second hydrogen abstraction over the more selective $\alpha\text{-}Mg_2V_2O_7$ phase will increase the propene selectivity due to the higher stability of propene in contact with it[4]. Although both $Mg_3V_2O_8$ and $\alpha\text{-}Mg_2V_2O_7$ can dehydrogenate propane oxidatively, the increase of the propene selectivity at the given propane conversion over the catalysts containing the two phases suggests that the biphasic synergy catalysis makes a certain contribution to the oxidative dehydrogenation of propane to propene over VMgO catalysts.

5 CONCLUSION

The VMgO catalysts prepared by impregnation of heavy MgO with aqueous solution of NH_4VO_3 are more active and selective than the corresponding catalysts reported in the literature and the pure Mg vanadates prepared by the citrate method. The improvemennt of the catalytic performance is attributable to the biphasic synergy catalysis between $Mg_3V_2O_8$ and $\alpha\text{-}Mg_2V_2O_7$ phases. The results of catalytic performance evaluation of three pure Mg vanadates show that the active phases of the binary VMgO catalysts are Mg vanadates with Mg/V = 3/2, 1/1 and 1/2 respectively, and the propene selectivity follows the order: $\alpha\text{-}Mg_2V_2O_7 > Mg_3V_2O_8 > \beta\text{-}MgV_2O_6$. The propene selectivities of the corresponding biphasic catalysts with $Mg_3V_2O_8/\alpha\text{-}Mg_2V_2O_7$ mole ratios equal to 3/1, 1/1 and 1/3, prepared by the citrate method as well as by mechanical mixing of pure $Mg_3V_2O_8$ and $\alpha\text{-}Mg_2V_2O_7$, are higher than those of pure $Mg_3V_2O_8$ or $\alpha\text{-}Mg_2V_2O_7$. These results suggest that the biphasic synergy catalysis exists in ODP to propene over VMgO catalysts.

REFERENCES

[1] Chaar M A, Patel D, Kung H H. J Catal, 1988, **109**: 463~467.

[2] Guerrero-Ruiz A, Rodriguez-Ramos I, Fierro J L G et al.. Stud Surf Sci Catal, 1992, **72**: 203~212.

[3] Nguyen K T, Kung H H. J Catal, 1990, **122**: 415~428.

[4] Sam D S H, Soenen V, Volta J C. J Catal, 1990, **123**: 417~435.

[5] Gao X T, Ruiz P, Xin Q, Guo X X, Delmon B et al.. J Catal, 1994, **148**: 56~67.

丙烷氧化脱氢 VMgO 催化剂双相协同催化作用

方智敏　翁维正　万惠霖　蔡启瑞

（厦门大学化学系　固体表面物理化学国家重点实验室　厦门　361005）

摘　要

　　研究了以重质氧化镁载体浸渍偏钒酸铵水溶液制备的 5-82VMgO 系列催化剂在 500℃下的丙烷氧化脱氢反应。该系列催化剂的活性和选择性比柠檬酸盐法制备的纯钒酸镁和文献报道的相应催化剂好。XRD 表征结果表明,该系列催化剂有正钒酸镁 $Mg_3V_2O_8$ 和焦钒酸镁 $\alpha\text{-}Mg_2V_2O_7$ 两相共存。为了研究正焦钒酸镁之间可能存在的双相协同催化作用,以柠檬酸盐法制备了三个纯的钒酸镁相和 $Mg_3V_2O_8/\alpha\text{-}Mg_2V_2O_7$ 摩尔比分别为 3/1、1/1 和 1/3 的双相催化剂,该法通过控制溶液中 Mg/V 摩尔比可以容易地制得所要的钒酸镁。还以机械混合 $Mg_3V_2O_8$ 和 $\alpha\text{-}Mg_2V_2O_7$ 制得相应的双相催化剂。上述催化剂性能评价结果表明,VMgO 二元催化剂的活性相为 Mg/V = 3/2、2/2 和 1/2 的钒酸镁;在相同丙烷转化率下,丙烯选择性顺序为: $\alpha\text{-}Mg_2V_2O_7 > Mg_3V_2O_8 > \beta\text{-}MgV_2O_6$;且相应的双相催化剂的丙烯选择性均高于纯的 $Mg_3V_2O_8$ 和 $\alpha\text{-}Mg_2V_2O_7$。这些结果表明丙烷氧化脱氢 VMgO 催化剂可能存在着双相协同催化作用。

关键词　丙烷　氧化脱氢　VMgO 催化剂　活性相　双相协同催化作用

■ 本文原载：SCIENCE IN CHINA(Series B)Vol. 38 No. 8，pp. 903～911，1995.

Effects of Surface Migration of Adsorbed Species on Desorption[*]

Yun-Hang Hu, Hui-Lin Wan, Qi-Rui Cai

(*Department of Chemistry and State Key Laboratory for Physical Chemistry of the Solid Surface, Xiamen University, Xiamen 361005, China*)

Received May 17，1994; revised November 29，1994

Abstract　The TPD equation with surface migration of adsorbed species on two kinds of adsorbing sites being put into consideration was derived. According to the equation, a series of theoretical TPD curves were simulated by computer. From the results, one can see that surface migration of adsorbed species affects greatly the shape and position of the TPD peaks as well as the resolution power of TPD spectra.

Key words　temperature-programmed desorption　adsorbed species　surface migration　simulation

Desorption is an effective method for studying the properties of surfaces and the interaction between adsorbed species and the surface[1,2]. The invention of temperature-programmed desorption (TPD) technique is one of the most important developments in the field of chemisorption. So far, the technique has been widely used in the fields of surface science and catalysis. It is logical to study the TPD theory in order to quantify the TPD results obtained in acidity and basicity measurements as well as in the studies of surface uniformity[3-8]. The simulation of kinetic and dynamic processes by computer is a forward branch of physical chemistry[9-11].

The migration of adsorbed species on surface is a universal phenomenon and a key step in desorption and bifunctional catalysis. Studies show that the migration of adsorbed species is much easier than desorption, i. e. the activation energy for surface migration varies typically within $10\% \sim 20\%$ of the activation energy of desorption[12-14]. Therefore, the migration of adsorbed species between different kinds of sites must affect the TPD spectra when more than one kind of adsorbing sites are involved. So far, however, in the theoretical study and application of TPD, none has considered the effect of migration on TPD spectra involving various kinds of adsorbing sites. In this work, from theoretical analysis, the TPD equation with surface migration of adsorbed species was derived and such an effect of surface migration of adsorbed species has been revealed by computer simulation of TPD spectra.

* Project supported by the National Natural Science Foundation of China.

1　Theoretical model

1. 1　Basic proposal

It is known that if the activation energy of migration of adsorbed species $E_m \ll RT$, the adsorbed species can move freely on the surface two-dimensionally. Such a situation may occur in the case of physisorption. On the other hand, if $E_m \gg RT$, the adsorbed species will spend most of their time on localized vibrational states on the equilibrium sites. A typical example of such highly localized behavior is the ordered chemisorbed overlayer. It should be noted, however, that once a chemisorbed species receives sufficient energy to surmount the activation barrier for surface migration, it may migrate[12]. Fig. 1 shows the adsorption-desorption potential curve of two kinds of sites. It has been known that the activation energy for surface migration is about $10\% - 20\%$ of that for desorption[12-14], i. e.

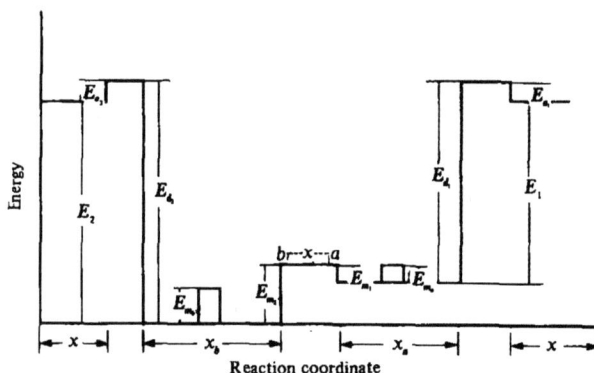

Fig. 1　Adsorption-desorption potential curve of two kinds of sites a and b. E_{d1} and E_{d2} are activation energies of desorption of adsorbed species (x_a and x_b) on sites a and b, respectively; E_{a1} and E_{a2} are activation energies for adsorption of x to sites a and b, respectively; E_{ma} and E_{mb} are activation energies for migration of adsorbed species(x_a and x_b) on sites a and b, respectively; E_{m1} and E_{m2} are activation energies for migration of x_a from site a to site b and x_b from site b to site a, respectively.

$$E_{m_a} \approx 10\% \sim 20\% E_{d_1} \tag{1}$$

and

$$E_{m_b} \approx 10\% \sim 20\% E_{d_2} \tag{2}$$

When the adsorbed species on a high potential energy site a migrate to low potential energy site b, the activation energy for surface migration must be lower than or equal to E_{m_a}, i. e.

$$E_{m_1} \leqslant E_{m_a} \tag{3}$$

From eqs. (1) and(3),

$$E_{m_1} \leqslant 20\% E_{d_i} \tag{4}$$

According ot the nature of microreversibility, the migration activation energy of adsorbed species from site b to site a can be expressed as

$$E_{m_2} = (E_2 - E_1) + E_{m_1}. \tag{5}$$

Because the activation energy of adsorption is very much smaller than that of desorption,

$$E_{m_2} \approx (E_{d_2} - E_{d_1}) + E_{m1}. \tag{6}$$

From eqs. (4) and(6),

$$E_{m_2} \leqslant E_{d_2} - 80\% E_{d_1}, \tag{7}$$

where E_1 and E_2 are adsorption energies on site a and site b respectively.

Table 1 Ratio of desorption activation energies and migration activation energies

E_{d_1}/E_{d_2}	0.90	0.80	0.70	0.60	0.50	0.40	0.30	0.20	0.10
E_{m_1}/E_{d_1}	$\leqslant$0.20	$\leqslant$0.20	$\leqslant$0.02	$\leqslant$0.20	$\leqslant$0.20	$\leqslant$0.20	$\leqslant$0.20	$\leqslant$0.20	$\leqslant$0.20
E_{m_2}/E_{d_2}	$\leqslant$0.28	$\leqslant$0.36	$\leqslant$0.44	$\leqslant$0.52	$\leqslant$0.60	$\leqslant$0.68	$\leqslant$0.76	$\leqslant$0.84	$\leqslant$0.92

Accordign to eqs. (4) and (7), the activation energies for surface migration are estimated and the results are shown in table 1. When the differences between E_{d_1} and E_{d_2} are not too big ($E_{d_1}/E_{d_2} \geqslant 0.5$), the activation energies for surface migration from one site to another are very much smaller than the activation energies for desorption. Generally, for two kinds of sites, the activation energies for surface migration from one site to another are very much smaller than the activation energies for desorption. Therefore, during TPD processes, the adsorbed species could have obtained enough energy to overcome the activation energy for migration and migrate between two kinds of adsorbing sites before their desorption. In order to derive the desorption kinetic equations for surface migration, the following reasonable assumptions are made:

(i) There are two kinds of adsorbing sites, i. e. a and b. Their concentrations are expressed as θ_{0a} and θ_{0b}, respectively. x_a and x_b are respectively adsorbed species on site a and site b and their concentrations are expressed as θ_1 and θ_2, respectively.

(ii) Because the activation energy for surface migration from one site to another is very much smaller than the activation energies for desorption, surface migration from one site to another is suggested to be in equilibrium during desorption, i. e.

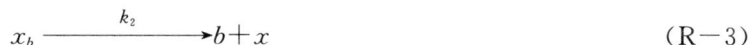

$$x_a \xrightarrow{\quad k_1 \quad} a + x \tag{R-1}$$

$$x_b + a \xrightleftharpoons{\quad\quad} x_a + b \tag{R-2}$$

$$x_b \xrightarrow{\quad k_2 \quad} b + x \tag{R-3}$$

where k_1 and k_2 are rate constants for desorption of adsorbed species from site a and site b, respectively.

1.2 Migration rate

For single adsorbed species, the migration line rate is expressed as[14]

$$V = L/t = 2(Dt)^{1/2}/t = 2(D/t)^{1/2}, \tag{8}$$

where V is the migration line rate of single species, L, the line distance, t, the time, and D, the migration coefficient.

Because the migration rate of all species between two kinds of adsorbing sites is dependent on the migration line rate of single species and the coverages of X on site a and site b, as well as on the concentration of site a and site b uncovered by X, the migration rate of all species from site a to site b can be expressed as

$$R_1 = V_1 \theta_1 \theta_b \tag{9}$$

and the migration rate for all species from site b to site a can be expressed as

$$R_2 = V_2 \theta_2 \theta_a, \tag{10}$$

where θ_a and θ_b are respectively the concentrations of site a and b uncovered by X, V_1 and V_2 are the migration line rates of single species from site a to site b and from site b to site a, R_1 and R_2 are the migration rates of total species from site a to site b and from site b to site a.

1.3 Desorption model

Based on the above discussion, during the desorption process, the migration of species can be considered as in equilibrium, i. e. $R_1 = R_2$. Therefore, from eqs. (9) and (10), one can obtain

$$V_1\theta_1\theta_b = V_2\theta_2\theta_a. \tag{11}$$

Equation (11) can be modified to

$$\frac{\theta_1\theta_b}{\theta_2\theta_a} = \frac{V_2}{V_1} \tag{12}$$

From eq. (8), one can obtain

$$\frac{V_2}{V_1} = \frac{(D_2)^{1/2}}{(D_1)^{1/2}}, \tag{13}$$

where D_1 and D_2 are the migration coefficients of species from site a to site b and from site b to site a.

Because[14]

$$D = \alpha^2\gamma exp\left[-\frac{E_m}{RT}\right], \tag{14}$$

where α is the jump distance (~ 0.3nm); γ is the jump frequency ($\sim 10^{12}$s^{-1}); and E_m is the migration activation energy, eq. (13) can be modified to

$$\frac{V_2}{V_1} = \exp\left[-\frac{E_{m_2}-E_{m_1}}{2RT}\right]. \tag{15}$$

From eq. (6), one can obtain

$$E_{m_2}-E_{m_1} \approx E_{d_2}-E_{d_1} \tag{16}$$

From eqs. (15) and (16), one can obtain

$$\frac{V_2}{V_1} = \exp\left[-\frac{E_{d_2}-E_{d_1}}{2RT}\right]. \tag{17}$$

Let

$$K = \exp\left[-\frac{E_{d_2}-E_{d_1}}{2RT}\right], \tag{18}$$

i. e.

$$\frac{\theta_1\theta_b}{\theta_2\theta_a} = K. \tag{19}$$

Because

$$\theta_a + \theta_b + \theta_1 + \theta_2 = 1, \tag{20}$$

$$\theta_a + \theta_1 = \theta_{0a} \tag{21}$$

and

$$\theta_b + \theta_2 = \theta_{0b}. \tag{22}$$

Let

$$\theta = \theta_1 + \theta_2. \tag{23}$$

From eqs. (19)—(23), one can obtain

$$\frac{\theta_1[\theta_{0b}+\theta_1-\theta]}{[\theta-\theta_1][\theta_{0a}-\theta_1]} = K. \tag{24}$$

Equation (24) can be modified to

$$(1-K)\theta_1^2 + (\theta_{0b}-\theta+K\theta_{0a}+K\theta)\theta_1 - K\theta\theta_{0a} = 0. \tag{25}$$

The solution of eq. (25) is

$$\theta_1 = \frac{-(\theta_{0b}-\theta+K\theta_{0a}+K\theta) \pm [(\theta_{0b}-\theta+K\theta_{0a}+K\theta)^2+4(1-K)K\theta\theta_{0a}]^{1/2}}{2(1-K)}. \tag{26}$$

Because $\theta_1 > 0$, one can obtain

$$\theta_1 = \frac{[(\theta_{0b}-\theta+K\theta_{0a}+K\theta)^2+4(1-K)K\theta\theta_{0a}]^{1/2}-(\theta_{0b}-\theta+K\theta_{0a}+K\theta)}{2(1-K)}. \tag{27}$$

Let

$$f(\theta, T) = \theta_1 , \tag{28}$$

i. e.

$$f(\theta, T) = \frac{[(\theta_{0B} - \theta + K\theta_{0a} + K\theta)^2 + 4(1-K)K\theta\theta_{0a}]^{1/2} - (\theta_{0b} - \theta + K\theta_{0a} + K\theta)}{2(1-K)} . \tag{29}$$

Because

$$-\frac{d\theta}{dt} = \left(-\frac{d\theta_1}{dt}\right) + \left(-\frac{d\theta_2}{dt}\right) , \tag{30}$$

for linear heating rate ($dT/dt = \beta$), according to Polangi-Wagner model, one can obtain

$$-\frac{d\theta}{dT} = (k_1/\beta)\theta_1^n + (k_2/\beta)(\theta - \theta_1)^n . \tag{31}$$

Therefore,

$$-\frac{d\theta}{dT} = (k_1/\beta)f(\theta, T)^n + (k_2/\beta)[\theta - f(\theta, T)]^n . \tag{32}$$

When k_1 and k_2 are expressed by Arrhenius equation, eq. (32) can be modified to

$$-\frac{d\theta}{dT} = \frac{A_1}{\beta}\exp\left(-\frac{E_{d_1}}{RT}\right)f(\theta, T)^n + \frac{A_2}{\beta}\exp\left(-\frac{E_{d_2}}{RT}\right)[\theta - f(\theta, T)]^n , \tag{33}$$

where A_1 and A_2 are pre-exponential factors of desorption kinetics for adsorbed species on site a and site b, respectively; T is the the temperature; β is the heating rate, n is the desorption order.

Equation (33) is the TPD equation with the effect of surface migration of adsorbed species on the two kinds of sites being put into consideration, and is very different from the usual TPD equation[2] According to the equation, the effect of surface migration of adsorbed species on desorption process can be revealed by theoretical computer simulation. Moreover, practical TPD spectra can be resolved with the TPD equation.

2 Theoretical simulation

Nonlinear differential equation (33) was solved by numerical method. Based on the above equations, computer programes were written and run on an IBM 486 computer. A series of theoretical TPD spectra for migration of adsorbed species were simulated by computer (figs. 2 and 3).

Curves 1 (solid line and dotted line) and 2 (solid line and dotted line) in fig. 2 are simulated TPD curves involving two kinds of adsorbing sites with differences in activation energies of 8. 368 kJ/mol (i. e. 10%) and 12. 552 kJ/mol (i. e. 15%), respectively. From the curves, one can see that the TPD curves (dotted line) without migration show two partially overlapping peaks, whereas the TPD curves (solid line) with the effect of migration being considered show strongly overlapping peaks. Curve 3 (solid line and dotted line) in fig. 2 is the TPD curve of the two kinds of sites with the difference in activation energies of 16. 736 kJ/mol. The curve (dotted line) without migration shows two peaks almost without overlapping, whereas the curve (solid line) with the effect of migration shows two seriously overlapping peaks. The results illustrate that the surface migration of adsorbed species affects the resolution power seriously. Through theoretical analysis, Carter[15] proposed the criterion of resolution of two conjunctive peaks, i. e. "If $E_{d_1}/(E_{d_2} - E_{d_1}) \leqslant 20$, two desorption peaks can be resolved." For curve 2 in fig. 2, $E_{d_1}/(E_{d_2} - E_{d_1}) = 6. 7 < 20$, the curve (dotted line) without migration is distinguishable, whereas the curve (solid line) with the effect of migration cannot be distinguished. For curve 3 in fig. 2, $E_{d_1}/(E_{d_2} - E_{d_1}) = 5 < 20$, the curve (dotted line) without migration gives two almost separate peaks, whereas the curve (solid line) with migration effect gives two seriously overlapping peaks which are difficult to

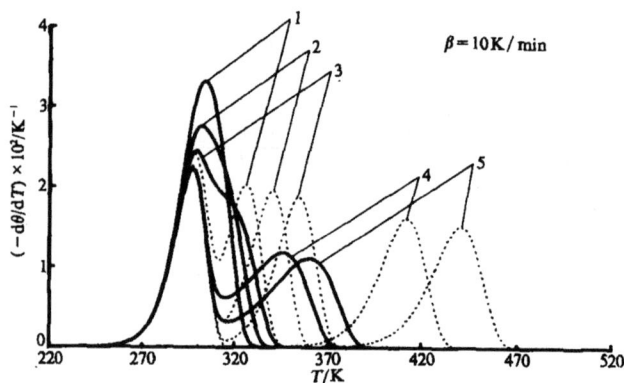

Fig. 2　Theoretical 1st TPD spectra of the two kinds of sites with surface migration of adsorbed species. ——, Involving migration of adsorbed species; ……, no migration of adsorbed species. $1: A_1 = 10^{13} s^{-1}, E_{d_1} = 83.680$ kJ/mol$; A_2 = 10^{13} s^{-1}, E_{d_2} = 92.048$ kJ/mol$; 2: A_1 = 10^{13} s^{-1}, E_{d_1} = 83.680$ kJ/mol$; A_2 = 10^{13} s^{-1}, E_{d_2} = 96.232$ kJ/mol$; 3: A_1 = 10^{13} s^{-1}, E_{d_1} = 83.680$ kJ/mol$; A_2 = 10^{13} s^{-1}. E_{d_2} = 100.416$ kJ/mol$; 4: A_1 = 10^{13} s^{-1}, E_{d_1} = 83.680$ kJ/mol$; A_2 = 10^{13} s^{-1}, E_{d_2} = 117.152$ kJ/mol$; 5: A_1 = 10^{13} s^{-1}, E_{d_1} = 83.680$ kJ/mol$; A_2 = 10^{13} s^{-1}, E_{d2} = 125.520$ kJ/mol.

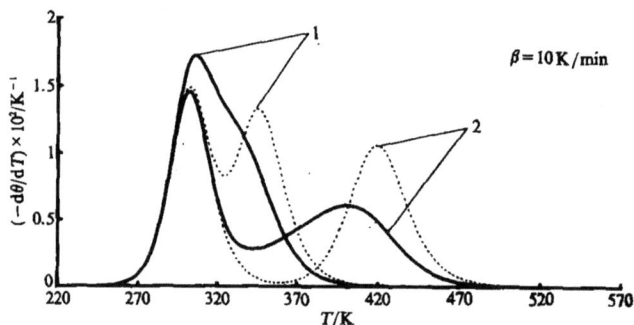

Fig. 3　Theoretical 2nd TPD spectra of the two kinds of sites with surface migration of adsorbed species. ——, Involving migration of adsorbed species; ……, no migration of adsorbed species. $1: A_1 = 10^{13} s^{-1}, E_{d_1} = 83.680$ kJ/mol$; A_2 = 10^{13} s^{-1}, E_{d2} = 96.232$ kJ/mol$; 2: A_1 = 10^{13} s^{-1}, E_{d_1} = 83.680$ kJ/mol$; A_2 = 10^{13} s^{-1}, E_{d_2} = 117.152$ kJ/mol.

distinguish. Therefore, Carter's criterion is only suitable for TPD spectra without the effect of migration, but not for TPD spectra with the effect of migration. In the above section of theoretical analysis, it is shown that the surface migration is the inevitable behavior in TPD processes. Therefore, resolution power of practical TPD curve is very much lower than the one proposed by Carter; in other words, Carter's criterion is not suitable for practical TPD spectra.

It can be seen from curves 4(solid line and dotted line) and 5(solid line and dotted line) in fig. 2 that although when the differences in activation energies of desorption between two states are big (33.472 kJ/mol, i. e. 40% and 41.840 kJ/mol, i. e. 50%) and the curves(dotted line) without migration show two very separate peaks, the curves(solid line)with the effect of migration show two overlapping peaks. This is because the migration of adsorbed species makes the high temperature peak broaden and shift toward the low temperature peak, resulting in peak overlapping. This also explains why practical TPD often shows overlapping peaks[5-8]. Therefore, it is deduced that the activation energy of desorption calculated by the usual TPD equation without the effect of migration being put into consideration must be smaller than the actual value from high temperature peak.

Comparing fig. 3 with fig. 2, one can see the similar effect of migration on the 2nd order TPD curves as well.

3　Conclusion

The migration of adsorbed species between different kinds of sites can affect the profiles of TPD spectra seriously: the high temperature peak broadens and shifts toward the low temperature one, resulting in shape change and peak overlapping. The migration of adsorbed species decreases resolution power of the TPD spectra and makes it difficult to analyze the TPD spectra quantitatively and qualitatively. Therefore, surface migration is an important factor to be considered in analysis of TPD spectrum involving various kinds of sites.

References

[1] Cretanovic, R. J., Amenomiya, Y., Application of a temperature-programmed desorption technique to catalyst studies, Adv. Catal., 1967, **17**:103.

[2] Malet, P., Thermal desorption spectrum, in Studies in Surface Science and Catalysis(ed. Fierro, J. L. G.), Vol. 75B, Amsterdam-Oxford-NewYork-Tokyo: Elsevier Science Pubishers, 1990, B333.

[3] Hu, Y. H., Wan, H. L., Tsai, K. R., Derivative temperature-programmed desorption, Chem. J. Chin. Univ. (in Chinese), 1993, **14**:238.

[4] Hu, Y. H., Huang, A. M., Cai, J. X. et al., Resolution of TPD spectra by simplex method, Chem. J. Chin. Univ. (in Chinese), 1992, **13**:953.

[5] Tokoro, Y., Uchijima, T., Yoneda, Y., Analysis of thermal desorption curve for heterogeneous surfaces(11): Nonlinear variations of activation energy of desorption, J. Catal., 1979, **56**:110.

[6] Muhler, M., Nielsen, L, P., Tornqvist, E. et al., Temperature-programmed desorption of H-2 as a tool to determine metal-surface areas of Cu Catalysts, Catal. Lett., 1992, **14**:241.

[7] Amand, Y. P., Surface coordination-number and surface redox couples on catalyst oxides, a new approach of the interpretation of activity and selectivity, I. Interpretation of oxygen thermal-desorption spectra, Applied Surface Science 1992, **62**:21.

[8] Stuchly, V., Klusacek, K., Unsteady-state carbon-monoxide methanation on a Ni/SiO_2 catalyst, J. Catal., 1993, **139**:62.

[9] Levy, A. S., Avnir, D., Kinetics of diffusion-limited adsorption on fractal surfaces, J. Phys. Chem., 1993, **97**:10 380.

[10] Kawczynski, A, L., Gorecki, J., Molecular-dynamics simulations of a thermochemical system in an excitable regime, J. Phys. Chem., 1993, **97**:10358.

[11] Beniere, F. M., Boutin, A., Simon, J. M. et al., Molecular-dynamics study of the phase-transitions in sulfurhexafluoride clusters of various sizes, J. Phys. Chem., 1993, **97**:10 472.

[12] Muetterties, E. L., Rhodin, T. N., Band, E. et al., Clusters and surfaces, Chem. Rev., 1979, **79**:91.

[13] Gomer, R., Surface-diffusion, Vacuum, 1983, **33**:537.

[14] Gomer, R., Chemisorption on metals, Solid State Phys., 1975, **30**:93.

[15] Carter, G., Thermal resolution of desorption energy spectra, Vacuum, 1962, **12**:245.

■ 本文原载：Chemical Research in Chinese Universities Vol. 11 No. 1，pp. 50～57，1995.

EHMO Studies of Chemisorbed Dioxygen Species on Na$_2$O and K$_2$O and of Their Interaction with CH$_4$ and CH$_3$-Radical[*]

Qiao-Juan Su，Hong-Bin Zhang[①]，Tai-Jin Zhou，
Yu-Da Liu，Guo-Dong Lin，Khi-Rui Tsai

(Dept. of Chemistry & State Key Laboratory for Phys.
Chemistry of the Solid Surface，Xiamen Univ.，Xiamen，361005)
Received June 14，1994

Abstract   With an improved EHMO method, three modes (flat-lying, vertical, and inclined insertion) for adsorption and activation of dioxygen on (100), (110) and (111) surfaces of Na$_2$O and of K$_2$O have been examined, and the interaction of these dioxygen adspecies with CH$_4$ and with CH$_3$ · (radical) from gas phase has been investigated. The results indicate that both oxides tend to form less charged adspecies of dioxygen, with the flat-lying adsorption on (110) surface most favorable energetically. All these chemisorbed dioxygen species are capable of interacting effectively with CH$_4$ and abstracting one hydrogen atom from the CH$_4$ molecule and their tendencies to reassociate with CH$_3$ · , which would easily lead to deep oxidation of the fragments of hydrocarbons, are enhanced with increasing negative charges on them. In comparison with Na$_2$O, K$_2$O has a little stronger tendency to stabilize less charged dioxygen adspecies; this has a close relation with the known experimental fact that K$^+$ showed better promoting effect than Na$^+$ in improving C$_2$-selectivity in methane oxidative coupling (MOC).

Key words   Chemisorbed dioxygen species   Methane oxidative coupling   EHMO approach

1   Introduction

It is generally accepted that oxidative coupling of methane undergoes two processes: the first is a heterogeneous catalytic process on the catalyst surface during which the methane molecule is activated and dehydrogenated to form methyl radical CH$_3$ · ; the second is a homogeneous process in gas phase in which two methyl radicals couple to form C$_2$-hydrocarbons. Oxygen-assisted activation and dehydrogenation of methane are the key step of the overall reaction. Nonetheless, there is considerable controversy concerning the chemisorption and activation of dioxygen on catalyst surface and the nature of active oxygen adspecies. Under MOC reaction conditions, the intermediate CH$_3$ · and the products

---

* Supported by the National Natural Science Foundation of China.

① To whom correspondence should be addressed.

C_2H_6 and C_2H_4 are susceptible of being further oxidized to CO_x, therefore it is essential to inhibit effectively the deep oxidation of methyl radical *etc*, for acquiring high C_2-selectivity. A series of experiments[1] showed that the addition of alkali metal cations to catalysts significantly improved C_2-selectivity. In order to examine the effect of doping with the alkali metal on the distribution of various chemisorbed oxygen species on the surface of catalyst as well as their relative concentration and stability, besides *in-situ* and *ex-situ* spectroscopic characterization experiments, we want to make an attempt using quantum chemical approach to calculate theoretically the chemisorption of molecular oxygen on model compounds. Such theoretical calculations about MOC catalyst systems were reported in literatures, but most of them were based on model systems of MgO or Li/MgO. Borve *et al.* [2,3] calculated and compared activation energies of methane dehydrogenation on (100) surfaces of MgO and Li/MgO. Anchell *et al.* [4] calculated the interactions of MgO and Li/MgO systems with H_2 and CH_4, respectively. These discussions were focused on difference between O^{2-} and O^- in their capability to activate CH_4. In this study, several modes for chemisorption and activation of molecular oxygen on surfaces of model compounds, Na₂O and K₂O, as well as the interactions of these chemisorbed dioxygen species with CH_4 and $CH_3 \cdot$ were examined, which would be helpful to deepen the understanding of factors affecting the formation and stabilization of various surface dioxygen species as well as their contributions to the MOC reaction. The calculation results may provide reasonable explanation for the nature of promoting effect of the alkali metal cation in MOC reaction.

2　Calculation Method

The group decomposition EHMO program-EHG software written by Zhou *et al.* [5] was used in the calculation. This software is an improvement on the basis of Icon-8 designed by Hoffmann. A method of group representation and reduction was introduced to generate irreducible representation bases for any molecule system so as to block-diagonalize the secular equation. hence calculations for fairly large molecule or cluster systems would be possible with a microcomputer. The repulsion correction term proposed by Anderson was considered in this software, therefore calculations for bond length, bond force constant and bond energy would be more accurate.

It has been known that both oxides Na₂O and K₂O possess structure of antifluorite type[6]. The systems for calculation were selected from clusters at the three surface planes with lower Miller indices, (100), (110) and (111), and, according to their local symmetries, different numbers of lattice ions were chosen to form clusters, which are illustrated in Figure 1. (100) planes, composed of alternate sheets of cation layer and anion layer, belong to Group C_{4v}; the selected cluster $M_{16}O_8$ on (100) surface consists of an oxygen ion vacancy at the center surrounded by 4 closest O^{2-} on the first layer, 4 closest M^+ and 8 second-closest M^+ on the second layer, 4 closest O^{2-} on the third layer, and 4 second-closest M^+ on the fourth layer. (110) planes, composed of staggered arranging sheets of cation and anion coexisting layer, belong to Group C_{2v}; the selected cluster $[M_{14}O_6]^{2+}$ on (110) surface consists of an oxygen ion vacancy at the center surrounded by 2 closest O^{2-}, 4 closest M^+ and 4 second-closest M^+ on the first layer, 4 closest O^{2-}, 2 closest M^+ and 4 second-closest M^+ on the second layer. (111) planes belong to Group C_{3v}; the selected cluster $[M_4O_3]^{2-}$ on (111) surface consists of 3 quasi-colayer M^+ and 3 O^{2-}, and a M^+ at the center of the next layer.

Suppose that an oxygen molecule from gas phase gradually approaches the anion vacancy of the surface cluster along normal direction, then the optimum adsorption site would be at the minimum point of energy of adsorption system of O_2 on the surface cluster. This optimization of adsorption site was

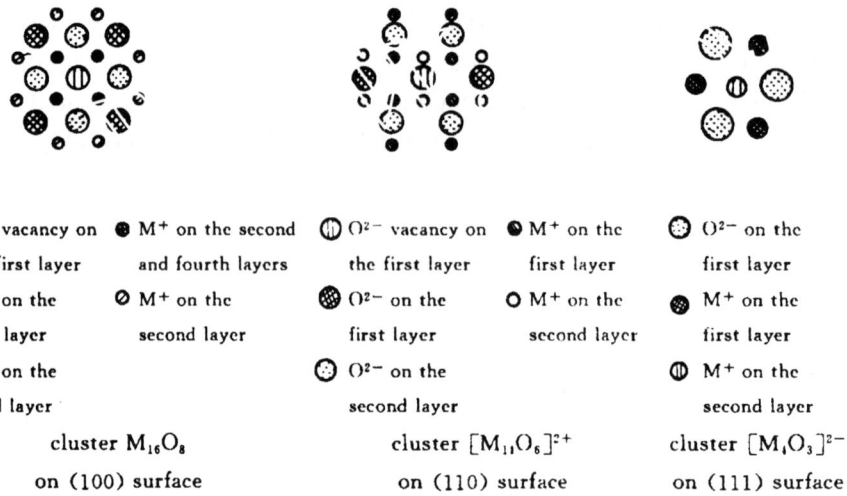

⦶ O²⁻ vacancy on the first layer	● M⁺ on the second and fourth layers	⦶ O²⁻ vacancy on the first layer	◕ M⁺ on the first layer	⊙ O²⁻ on the first layer
● O²⁻ on the first layer	⦸ M⁺ on the second layer	⦸ O²⁻ on the first layer	○ M⁺ on the second layer	⦚ M⁺ on the first layer
○ O²⁻ on the third layer		⊙ O²⁻ on the second layer		⦶ M⁺ on the second layer

cluster $M_{16}O_8$ on (100) surface
cluster $[M_{11}O_6]^{2+}$ on (110) surface
cluster $[M_4O_3]^{2-}$ on (111) surface

Fig. 1 Selected clusters on (100),(110)and(111)surfaces.

carried out by searching the valley point of the curve of energy versus distance between O_2 and the cluster in adsorption system (O_2/Cluster). The vertical dioxygen is perpendicular to the selected surface,with O—O connection line through the surface anion vacancy; the flat-lying dioxygen is parallel to the selected surface,with the projection of O—O center at the surface anion vacancy. At the optimized adsorption site, the O—O bond lengths of the adsorbed dioxygen with different charges were also optimized so as to determine the geometry of various chemisorbed dioxygen species on the given surface clusters. The optimized chemisorption modes of dioxygen species were then used to look into their interaction with CH_4 and with $CH_3 \cdot$,respectively,and to analyze their ability to activate CH_4 molecule and the tendency to reassociate with $CH_3 \cdot$ radical.

3 Results and Discussion

1 Optimization of Adsorption Sites

The optimum adsorption sites for vertical mode on (100),(110) and (111) surfaces,and for flat-lying mode on(110) surface,as well as for inclined mode on (111) surface,are summarized in Table 1. The energy of O_2/cluster adsorption system increases monotonically with flat-lying O_2 approaching (100) surface,indicating that flat-lying mode is unfavorable for the adsorption on (100) surface. This is probably due to the strong repulsion toward flat-lying O_2 from(100) surface,a close-packing-plane of O^{2-}. For flat-lying mode on (110) surface t energy curves of adsorption systems with three types of arrangement of O_2,i. e.,parallel to close-packing-line of O^{2-},perpendicular to close-packing-line of O^{2-} and along the diagonal connection line of $M^+—M^+$,were calculated respectively,and those with lowest valley point were chosen as the optimum modes. The vertically inserting O_2 on (111) surface approaches the cluster along the body diagonal line of the cubic lattice,therefore the adsorption site is represented in its distance from the body center. Both inserting angle and relative position were optimized for inclined mode on (111) surface.

Table 1 Optimized sites for O_2 chemisorption on (100), (110) and (111) surfaces of M_2O

Adsorption mode	Na₂O	K₂O
(100) Vertical	Lower end of O_2 at 0.010 nm below surface	Lower end of O_2 at 0.005 nm above surface
(110) Vertical	Lower end of O_2 on surface	Lower end of O_2 on surface
(110) Flat-lying	$O_2 \perp O^{2-}$ close-packing-line, on surface	$O_2 /\!/ O^{2-}$ close-packing-line, at 0.02 nm above surface
(111) Vertical	Lower end of O_2 at 0.1 nm below body center	Lower end of O_2 at 0.09 nm below body center
(111) Inclined	$\angle O_1 O_2 O_3 = 120°$, $O_1 O_2 = O_2 O_3 = 0.155$ nm where $O_1 O_2$ are adsorbed oxygens, and O_3 is the closest lattice oxygen anion	$\angle O_1 O_2 O_3 = 120°$, $O_1 O_2 = O_2 O_3 = 0.125$ nm where $O_1 O_2$ are adsorbed oxygens, and O_3 is the closest lattice oxygen anion

By comparing calculation results of O_2 chemisorption in the same mode on the same surface of the two oxides, it is shown that the optimum site on the surface of K_2O is generally a little higher above the surface than that on the surface of Na_2O. In other words, the O_2 from gas phase tends to form chemisorbed species at the site slightly farther away from the surface of K_2O. This is consistent with the weaker positive electric field generated by larger cation K^+. Thus the difference between optimum dioxygen adsorption sites caused by the difference of the electric nature of K^+ and Na^+ would still produce an effect on the geometry of chemisorbed dioxygen species.

2 Optimization of O—O Bond Length for Chemisorbed Dioxygen Species

At the optimized sites, O—O bond lengths for three chemisorbed dioxygen species with charges of $0, -1, -2$ were optimized. All the chemisorbed dioxygen species on the three surfaces are activated, with O—O bond length stretched to somewhat longer than that of free oxygen molecule, 0.1208 nm. The calculation results, such as O—O bond length, O—O overlap population, cluster energy before adsorption, adsorption system(O_2/cluster) energy and the adsorption energy(i. e., adsorption system (O_2/cluster) energy-free O_2 energy-surface cluster energy), are summarized in Table 2. For the same adsorption site, the more negative charges the chemisorbed dioxygen possesses, the longer the corresponding O—O bond length is, and the less the O—O overlap population is, therefore the more the oxygen molecule is activated. It is interesting that the inclined insertion dioxygen on (111) surface actually interacts strongly with the closest surface lattice anion O^{2-} to form trioxygen species $O_3^{\delta-}$ ($\delta <$ $= 2$), with the overlap population between the two oxygen atoms of the adsorbed dioxygen approximately equal to that between one of the two oxygen atoms and the closest surface lattice anion O^{2-}. Owing to the limited accuracy of EHMO method and the calculation models based on limited size of clusters, the adsorption energies obtained are negative. Nevertheless, this systematic deviation of absolute value does not impact the discussion emphasized on the relative stability and different extent of activation among various modes of chemisorbed dioxygen species at several different adsorption sites. Examining the adsorption energies, it is found that for both K_2O and Na_2O, (110) surface is most favorable for the formation of chemisorbed dioxygen species among the three surfaces in discussion. Both oxides favor the flat-lying mode adsorption on (110) surface and tend to form dioxygen species with less negative charges. For the same adsorption mode on (110) surface, dioxygen chemisorption on

K_2O is more favorable energetically than that on Na_2O. On (111) surface, chemisorbed oxygen species with inclined mode, which form actually trioxygen species, have lower energies than vertical ones, but they are much more unstable in comparison with the chemisorbed dioxygen species on (110) surface, which seems to indicate that trioxygen species $O_3^{\delta-}$ ($\delta < = 2$) is unlikely to be among the dominant chemisorbed oxygen species.

Table 2 Calculation results for optimized chemisorbed dioxygen species

Adsorption mode	Charge at adsorption site	Oxide	Cluster energy (eV)	O_2/Cluster energy (eV)	Adsorption energy (eV)	O—O Bond length ($\times 10^{-1}$ nm)	O—O Overlap population
(111)	0	Na_2O	−214.4028	−409.2089	−48.3091	1.550	0.068 0.063*
Inclined		K_2O	−197.9545	−384.3104	−56.7593	1.250	0.286 0.289*
(111)	0	Na_2O	−214.4028	−406.8854	−50.6326	1.550	0.103
Vertical		K_2O	−197.9545	−381.7108	−59.3589	1.507	0.112
(110)	0	Na_2O	−607.9581	−814.7170	−36.3563	1.236	0.365
Flat-lying		K_2O	−482.4723	−720.975	−4.6105	1.224	0.374
	−1	Na_2O	−582.8190	−783.1991	−42.7351	1.354	0.242
		K_2O	−461.1254	−695.7606	−8.4800	1.398	0.200
	−2	Na_2O	−558.3021	−753.4327	−47.9846	1.544	0.127
		K_2O	−439.5913	−668.2785	−14.4280	1.531	0.135
(110)	0	Na_2O	−607.9581	−813.0603	−38.0130	1.218	0.454
Vertical		K_2O	−482.4728	−719.3420	−6.2460	1.221	0.452
	−1	Na_2O	−582.8190	−781.4166	−44.5176	1.401	0.177
		K_2O	−461.1254	−693.7702	−10.4704	1.358	0.205
	−2	Na_2O	−558.3021	−751.2293	−50.1880	1.541	0.107
		K_2O	−439.5913	−666.4447	−16.2618	1.544	0.105
(100)	0	Na_2O	−736.3285	−926.1650	−53.3762	1.215	0.411
Vertical		K_2O	−637.3285	−817.1984	−63.2453	1.218	0.327
	−1	Na_2O	−708.6233	−893.9344	−57.8041	1.401	0.171
		K_2O	−614.0308	−788.9357	−68.2103	1.358	0.180
	−2	Na_2O	−680.3235	−861.7103	−61.7284	1.538	0.115
		K_2O	−590.1877	−762.7176	−70.5853	1.544	0.111

* Overlap population between one oxygen atom of chemisorbed oxygen molecule and the closest lattice anion O^{2-}.

By comparing the same type of chemisorbed dioxygen on the surfaces of Na_2O with that on K_2O, it is found that those on the surface of K_2O possess slightly shorter O—O bond lengths and slightly larger O—O overlap populations, namely, the oxygen molecules are less activated on the surface of K_2O. This result is consistent with Raman spectra observed by us[1] on the two oxides: O_2^{2-} peaks on NaO$_x$ lie at 734 cm^{-1} and 788 cm^{-1}, while O_2^{2-} peak on KO$_x$ is located at 798 cm^{-1}; peaks which can be assigned to O_2^- lie at 1134 cm^{-1} and 1140 cm^{-1} on NaO$_x$ and on KO$_x$ respectively. The stretching vibration frequency of either O_2^{2-} or O_2^- on KO$_x$ is a little higher.

Generally, transformation processes of chemisorbed dioxygen species with the participation of electrons on the surface of oxides can be described in the following equation:

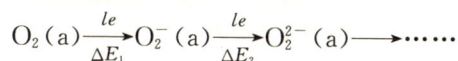

$$O_2(a) \xrightarrow[\Delta E_1]{1e} O_2^-(a) \xrightarrow[\Delta E_2]{1e} O_2^{2-}(a) \longrightarrow \cdots\cdots$$

According to the calculation results on (110) surface of M$_2$O, the activation energies for the two steps in the above equation could be estimated and are listed in Table 3. For Na$_2$O, ΔE_1 is higher than ΔE_2, implying that the first step conversion is more difficult than the second. Once $O_2(a)$ transforms to $O_2^-(a)$ on the surface of Na$_2$O, it would be easier for the $O_2^-(a)$ to transform to $O_2^{2-}(a)$. Thus the probability for the dioxygen adspecies to stay at the stage of $O_2^-(a)$ is smaller on Na$_2$O. As for K$_2$O, ΔE_1 is lower than ΔE_2, implying that the first step is easier to carry out than the second step and there would be larger probability for the dioxygen adspecies to stay at the stage of $O_2^-(a)$. This is consistent with the results of temperature programmed decomposition experiments carried out by us[1]: the ratio for the decomposition peak areas of the two dioxygen species O_2^-/O_2^{2-} was 37/63 for NaO$_x$; whereas 90/10 for KO$_x$. That is, for NaO$_x$, the concentration of $O_2^-(a)$ was only 59% of that of $O_2^{2-}(a)$; while for KO$_x$, the concentration of $O_2^-(a)$ was 9 times that of $O_2^{2-}(a)$.

Table 3   The estimated activation energies for the transformation of chemivsorbed dioxygen species

Adsorption mode	ΔE_1 (eV)	ΔE_2 (eV)
Na$_2$O(110) flat-lying	6. 3788	5. 2495
K$_2$O(110) flat-lying	3. 8695	5. 9480
Na$_2$O(110) vertical	6. 5046	5. 6704
K$_2$O(110) vertical	4. 2244	5. 7914

3   Interaction of Chemisorbed Dioxygen Species with CH$_4$ and CH$_3$ •

With CH$_4$ molecule from gas phase approaching O_2/cluster, the overlap population between chemisorbed oxygen and one hydrogen atom in CH$_4$ increases; in the meantime, the bonding between the latter and carbon atom at the center of CH$_4$ is weakened, with C—H distance stretched. The total energy of the interacting system decreases in the process. The calculation results for flat-lying chemisorbed dioxygen species with different charges on (110) surface of Na$_2$O and of K$_2$O show similar trends, which indicates that all the dioxygen adspecies with different charges are able to activate CH$_4$ molecule and abstract one hydrogen atom from it to form methyl radical CH$_3$ •.

In order to look into the tendencies of various dioxygen adspecies to reassociate themselves with the intermediate CH$_3$ •, the interaction between O_2/cluster and CH$_3$ • was also calculated. In view that the structure of CH$_3$ • group retains almost unchanged either in the transition state or as the intermediate[4], the structure data of CH$_3$ • in CH$_4$ was adopted in the calculation. For all interacting models, 0. 135 nm was selected as the C—O distance. The overlap populations of C—O for H$_3$C···O_2/cluster models are summarized in Table 4. On (110) surface of K$_2$O, the more charged dioxygen adspecies show a stronger interaction with CH$_3$ •, indicating that the more charged dioxygen adspecies have a stronger tendency to reassociate with $CH_3 \cdot$ and to lead to the deep oxidation of the fragments of hydrocarbons to product CO_x. The trend on Na_2O is similar to that on K_2O, with the exception of dioxygen adspecies with charges of -2. For the dioxygen adspecies carrying the equal charges, those on the surface of K_2O exhibit weaker reassociation with $CH_3 \cdot$ and smaller tendency to lead to deep oxidation of methyl radical in comparison with those on Na_2O.

Table 4 Calculation results for $H_3C\cdots O_2$/cluster on(110) surface

Charge at adsorption site	C—O Overlap population on Na_2O	C—O Overlap population on K_2O
0	0. 509	0. 493
−1	0. 511	0. 509
−2	0. 505	0. 511

4 Conclusions

Dioxygen and trioxygen chemisorbed species carrying different negative charges can be formed on the surfaces on the surfaces of Na_2O or K_2O. The more negative charges the dioxygen adspecies carried, the more its O—O bond was weakened. All the chemisorbed dioxygen species examined in the present work are able to activate CH_4 and detach one hydrogen from CH_4 to generate $CH_3 \cdot$; their tendency to reassociate with $CH_3 \cdot$ increases with increasing negative charges they carry. For the dioxygen species with the same chemisorption mode, the O—O bond is less activated on the surface of K_2O than on that of Na_2O. The surface of K_2O is more favorable to stabilization of O_2^-. Both Na_2O and K_2O tend to form less activated dioxygen adspecies with less negative charges, which can effectively activate the CH_4 molecule, but exhibit weaker reassociation with $CH_3 \cdot$ and therefore are less to lead to destructive oxidation. This explains why the addition of Na^+ or K^+ to most MOC catalysts can significantly improve the catalytic performance, especially C_2-selectivity. In comparison with Na_2O, K_2O shows an even stronger tendency to form less activated chemisorbed dioxygen species on its surface, which favors not only the formation of $CH_3 \cdot$, but also the depression of destructive oxidation of $CH_3 \cdot$, a crucial intermediate. This provides reasonable explanation to better promoting effect of K^+ than that of Na^+.

References

[1]Liu Yuda, Catalyst Design and Preparation for Methane Oxidative Coupling(MOC)Reactions, Doctorate Dissertation, Xiamen University, November, 1992.

[2]Kaut J. Borve and Lars G. M. Petterssont Gas-Phase Hydrogen Abstraction from Methane Using Metal Oxides. Theoretical Study, J. Phys. Chem., **95**, 3214(1991).

[3]Kau J. Borve and Lars G. M. Pettersson, Hydrogen Abstraction from Methane on MgO(001) Surface, J. Phys. Chem., **95**, 7401(1991).

[4] James L. Anchell and Keiji Morokuma, An Electronic Structure Study of H_2 and CH_4 Interactions with MgO and Li-doped MgO clusters, J. Chem. Phys., **99**, 6004(1993).

[5]Zhou Taijin, Wang Nanqin, The EHMO Calculation Method of Group Decomposition and Its Program for Microcomputer, J. Xiamen University(Natural Science Edition), **24**, 345(1985).

[6]Crystal Data Determinative Table Third Edition.

■ **本文原载**:《厦门大学学报》(自然科学版)第 34 卷第 5 期(1995 年 9 月),第 737～740 页。

Fe$_4$S$_4$ 簇合物中 μ$_3$-S 的酸不稳定性研究[*]

黄静伟　张鸿图　周明玉　杨　如　万惠霖　蔡启瑞

（化学系）

摘　要　在室温下,用 UV-2100 型紫外可见分光光度计考察各种 pH 值的缓冲液对 Fe$_4$S$_4$ 簇合物中 μ$_3$-S 的破坏程度,借此考察 FeMo-co 中 μ$_3$-S 的酸不稳定性。结果表明 Fe$_4$S$_4$ 簇合物中的 μ$_3$-S 在 pH2～3 时最不稳定,极易受酸破坏;pH3～4 时,Fe$_4$S$_4$ 簇中的 μ$_3$-S 受酸影响较 pH2～3 时小; pH4～5 时,Fe$_4$S$_4$ 簇基本稳定,其中的 μ$_3$-S 基本不受破坏。结合蛋白环境对金属中心有巨大保护作用,在生物提取 FeMo-co 的过程中酸解对蛋白键合的 FeMo-co 骨架的 μ$_3$-S 的破坏是很微弱的,但对裸露的或外围蛋白受到破坏的 FeMo-co 骨架 μ$_3$-S 的破坏却是相当大的。

关键词　Fe$_4$S$_4$　μ$_3$-S　酸不稳定性　FeMo-co　簇合物

中国图书分类号　O641.3

FeMo-co 的提取虽然早在 1977 年就已获得成功[1],但迄今仍未见 FeMo-co 单晶的晶体结构报道,因此我们怀疑可能是在 FeMo-co 的提取过程中,FeMo-co 的结构,特别是骨架硫(μ$_3$-S 和 μ$_3$-S)受到了破坏。目前已发展了几种 FeMo-co 的提取方法[2],但在各实验室一般仍采用酸处理来提取 FeMo-co。这种提取法是在 0～4 ℃ 的冰水浴中,往 MoFe 蛋白的 Tris-HCl 缓冲液(pH 7.36)中加入柠檬酸,控制体系的 pH 在 2.7～3.0,处理 2.5 min 后,用 0.5 mol/L 的 Na$_2$HPO$_4$ 中和至 pH5 左右,用 DMF 洗涤沉淀的蛋白团,再用 NMF 来萃取 FeMo-co。本工作是在室温下,以生物提取 FeMo-co 过程中所用的一些缓冲液及其他缓冲液对 Fe$_4$S$_4$ 簇合物进行不同 pH 的酸处理,探讨 Fe$_4$S$_4$ 簇合物中 μ$_3$-S 的酸不稳定性,借此考察 FeMo-co 中 μ$_3$-S 的酸不稳定性。

1　实验与方法

(Bu$_4$N)$_2$[Fe$_4$S$_4$(SPh)$_4$]晶体按文献[3]合成,用 DMF 溶解,配成 1.4×10^{-3} mol/L 的溶液。

配制各种 pH 值(表 1)的缓冲液:1.0 mol/L 柠檬酸(CA)、0.1 mol/L 盐酸、Tris-HCl、柠檬酸三钠-HCl、CA-Tris-HCl. Tris 是生化试剂,其余试剂皆为 A.R 级。

在氮气氛下,往(Bu$_4$N)$_2$[Fe$_4$S$_4$(SPh)$_4$]的 DMF 溶液中注射入各种缓冲液,摇匀,得到各种缓冲溶液体系,立即用于测定(预先用 PHS-2 型酸度计测定上述各种缓冲溶液体系不含 Fe$_4$S$_4$ 簇合物时的 pH 值,酸度计用 pH 值为 4.003 或 9.182 的标准溶液来校正,结果列于表 1)。测定用的石英比色池需加盖密封并经抽空补 N$_2$,测定溶液用经 N$_2$ 洗过的针筒注射进比色池中。测定时,选用 Fe$_4$S$_4$ 簇合物特征峰处的波长(457.6 nm)为固定波长,温度为 20 ℃,在岛津 UV-2100 型紫外可见分光光度计上,以 DMF 为参比,

---

* 本文 1994 年 7 月 1 日收到;国家基础性研究重大关键项目(攀登计划)子课题。

用时间扫描模式记录不同体系中 Fe_4S_4 簇特征吸收谱峰随时间的变化如图 1。

表 1　几种缓冲液体系的 pH 值
Tab. 1　The apparent pH of several buffer systems

缓冲液	pH
0.1 mol/L HCl	1.04
1 mol/L CA	1.35
S1：0.5 mL HCl＋1.6 mL DMF	1.94
S2：0.5 mL CA＋2 mL DMF＋0.28 mL Tris-HCl	2.80
CA-Tris-HCl	2.96
Na_3CA-HCl	2.97
S3：0.5 mL CA＋1.6 mL DMF	3.00
S4：12.5 μL HCl＋10 mL DMF	3.24
S5：0.2 mL Tris-HCl＋0.2 mL CA＋1.6 mL DMF	3.50
S6：0.18 mL CA＋1.6 mL DMF	3.88
S7：0.2 mL Tris-HCl＋0.1 mL CA＋1.6 mL DMF	3.90
S8：0.5 mL Tris-HCl-CA＋1.6 mL DMF	4.62
S9：0.5 mL Na_3CA-HCl＋1.6 mL DMF	4.63
Tris-HCl	7.36

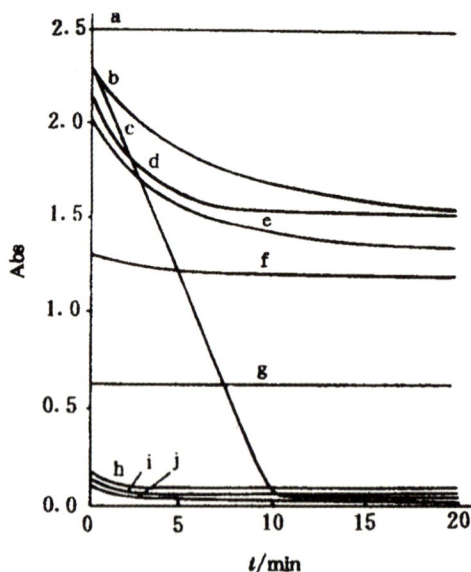

图 1　Fe_4S_4 簇合物在各种缓冲溶液体系中的特征可见吸收谱峰随时间的变化

缓冲溶液体系：a. DMF，b. S6，c. S4，d. S5，e. S7，f. S9，g. S8，h. S2，i. S1，j. S3

Fig. 1　The characteristic visible absorption of Fe_4S_4 cluster varied with time in several buffer systems

2　实验结果与讨论

2.1　Fe$_4$S$_4$ 簇合物中 μ_3-S 的酸不稳定性

图 1 表明,在 $(Bu_4N)_2[Fe_4S_4(SPh)_4]$ 的 DMF 溶液中,Fe$_4$S$_4$ 簇特征吸收谱峰不随时间而变化。Fe$_4$S$_4$ 簇起始特征吸收的不同,是由于各种缓冲液加入瞬间 Fe$_4$S$_4$ 簇合物浓度及摩尔吸光系数的变化所致。在表观 pH2~3 的体系中,有 Tris-HCl 缓冲液存下,Fe$_4$S$_4$ 簇的特征吸收只在最初的 2.5 min 内发生急剧减弱,2.5 min 后基本保持恒定;而对未加 Tris-HCl 缓冲液的体系,Fe$_4$S$_4$ 簇的特征吸收除了在最初 2.5 min 内的急剧减少之外,2.5 min 之后仍会有缓慢减少。从朗伯—比耳定律可以导出:

$$\Delta C/C_0 = \Delta A/A_0 \tag{1}$$

由方程(1)可以估算图 1 中,Fe$_4$S$_4$ 簇在最初 2.5 min 内分别分解了原来的 47.1%(表观 pH 为 1.94)、48.3%(表观 pH 为 2.8)和 51.2%(表观 pH 为 3.0)。

在表观 pH3~4 的体系中。Fe$_4$S$_4$ 簇特征吸收的相对初始变化率 $(\Delta A/t)/A_0$ 比在表观 pH3~4 体系中的相对初始变化率来得低,Fe$_4$S$_4$ 簇的特征吸收主要发生在最初的 10 mm 内,由方程(1)也可估算,Fe$_4$S$_4$ 簇在 2.5 min 内分别分解了原来的 28.0%(表观 pH 为 3.24)、21.3%(表观 pH 为 3.50)、13.9%(表观 pH 为 3.88)和 14.5%(表观 pH 为 3.90)。

在 pH4~5 的体系中,Fe$_4$S$_4$ 簇的特征吸收在 20 min 内,只有微弱的减小,依方程(1)估算,在表观 pH 为 4.62 和 4.63 的溶液中,Fe$_4$S$_4$ 簇在 2.5 min 内分别分解了原来的 2.07% 和 3.89% 左右。

量子化学计算结果表明:Fe$_4$S$_4$ 簇在 450 nm 处的特征可见吸收谱峰反映了 4Fe-4S 骨架 Fe-S 之间的电荷迁移。因此从 Fe$_4$S$_4$ 簇特征吸收的减小即可反映出 Fe$_4$S$_4$ 簇骨架中 μ_3-S 的破坏程度。

综上所述,Fe$_4$S$_4$ 簇合物中的 μ_3-S 在 pH2~3 时最不稳定,极易受酸破坏而导致 Fe$_4$S$_4$ 簇骨架的破坏;pH3~4 时,Fe$_4$S$_4$ 簇中的 μ_3-S 受酸影响较 pH2~3 时小;pH4~5 时,Fe$_4$S$_4$ 簇基本稳定,其中的 μ_3-S 基本不受破坏。

2.2　蛋白环境对金属簇合物中心 μ_3-S 的保护作用

据 Maskiewicz 等[5]报道,在 pH2 时,高电位铁蛋白(HIPIP)的 Fe$_4$S$_4$(S-Cys)$_4^{2-}$ 核的水解速率常数 Ka 为 2.51×10^{-6} s^{-1},而 Fe$_4$S$_4$(SCH$_2$CH(CH$_3$)$_2$)$_4^{2-}$ 的水解速率常数 K_b 为 7.85×10^{-3} s^{-1},其速率常数之比 (K_a/K_b) 约为 3.2×10^{-4},由此可以估算,若裸露的 Fe$_4$S$_4$ 簇有 50% 被分解,则 HIPIP 中 Fe$_4$S$_4$ 簇在同样的酸性介质中(pH2)也只分解不到 1.56×10^{-3}%,可见 Fe$_4$S$_4$ 簇外围的蛋白环境对其具有极大的屏蔽和保护作用。从 Rees 等[6]所报道的 MoFe 蛋白晶体结构可以看出,FeMo-co 正好处在四个亚基的包围之中,而 P 簇合物则处于较外层,在 2.5 min 的酸解 MoFe 蛋白、提取 FeMo-co 的过程中,P 簇合物中的骨架 μ_3-S 显然受到酸处理的破坏,而 FeMo-co 中的骨架 μ_3-S 所受到破坏较小,这同 FeMo-co 提取过程所观察到的 MoFe 蛋白在酸处理解链过程中,P 簇合物会发生分解,放出 H$_2$S 和柠檬酸铁[2]以及 FeMo-co 提取产率可高达 90%[7]相一致。

另外,我们分别用柠檬酸和盐酸来调节整个体系的表观 PH 值,对 Fe$_4$S$_4$ 簇进行处理,结果表明只要控制体系具有同样的表观 pH,Fe$_4$S$_4$ 簇在最初的 2.5 min 内的分解情况基本相似。这说明在生物提取 FeMo-co 的过程中,主要是体系表观 pH 的控制,而不是酸种类的选择。

总之,根据我们的实验结果和已知的事实,可以推断虽然在生物提取 FeMo-co 的过程中 酸解对 M 簇合物(蛋白键合的 FeMo-co)骨架 μ_3-S 的破坏是很微弱的,但对裸露的 FeMo-co 或外围蛋白受到破坏的 M 簇合物骨架 μ_3-S 的破坏却是相当大的,本实验结果也有助于对酸解提取 FeMo-co 过程中酸度的控制(包括 pH 值和时间等)作出合理的解释。

<h1 style="text-align:center">参考文献</h1>

[1]Shah V K,Brill W J. Isolation of an iron-molybdenum cofactor from nitrogenase. Proc. Natl. Acad. Sci,USA,977,**74**:3 249~3 253.

[2]Burgess B K. The FeMo-co of nitrogenase. Chem,Rev.,1990,**90**:1 377~1 406.

[3]Averill B A,Herskovitz T,Holm R. Synthetic analogs of the active sites of iron-sulfur proteins (2):Synthesis and structure of the tetra[mercapto-μ_3-sulfid-iron]clusters,[$Fe_4S_4(SR)_4$]$^{2-}$.]J. Am. Chem. Soc.,1973,**95**:3 523~3 534.

[4]Yang C Y,Johnson K H,Holm R H et al. Jr. Theoretical model for the 4-Fe active sites in oxidized ferredoxin and reduced "High-Potential" proteins. Electronic structure of the analogue [$Fe_4S_4^*(SCH_3)_4$]$^{2-}$. J. Am. Chem. Soc.,1975,**97**(22):6 596~6 598.

[5]Maskiewicz R,Bruice T C. Kinetic study of the dissolution of [Fe_4S_4]$^{2-}$ cluster core ions of ferredoxins and high potential iron protein. Biochemistry,1977,**16**(13):3 024~3 029.

[6]Kim J,Rees D C. Structural modls for the metal centers in the nitrogenase molybdenum-iron protein. Science,1992,**257**:1 677~1 682.

[7]Mclean P A,Wink D A,Chapman S K et al. A new method for extraction of iron-molybdenum cofactor(FeMo-co) from nitrogenase adsorbed to DEAE-cellulose. Biochemistry,1989,**28**:9 402 ~9 406.

<h2 style="text-align:center">The Study on Acid Lability of μ_3-S of Fe_4S_4 Cluster</h2>

Jing-Wei Huang，Hon-Tu Zhang，Ru Yang，Ming-Yu Zhou，Hui-Lin Wan，Qi-Rui Cai

(Dept. of Chem.)

Abstract The acid lability of μ_3-S of Fe_4S_4 cluster was observed by Shimadzu UV-2100 type spectrophotometer,when the buffers with different pH were added into Fe_4S_4-DMF solution at room temperature. The experiments suggested that μ_3-S of Fe_4S_4 cluster was the most unstable and easy to be destroyed at pH 2~3；at pH 3~4,the acid lability of μ_3-S is lower than the formers；at pH 4~5,the Fe_4S_4 cluster is almost stable and its μ_3-S is almost not to be destroyed. Related to the large protection protein,it is evident that μ_3-S of the protein-bonded FeMo-co is slightly destroyed during the isolation of FeMo-co from MoFe-protein；but when FeMo-co is exposed or its protein has been destroyed,the decomposition of μ_3-S of FeMo-co is very large.

Key words Fe_4S_4 μ_3-S   Acid lability   FeMo-co   Cluster

■ 本文原载：Chinese Chemical Letters Vol. 6，No. 8，pp. 727～730，1995.

In Situ FTIR Spectral Study of the Oxygen Adspecies on SrF$_2$/La$_2$O$_3$ Catalyst During the Oxidative Coupling of Methane[*]

Rui-Qiang Long[①], Shui-Qin Zhou, Ya-Ping Huang,

Hai-You Wang, Hui-Lin Wan, Khi-Rui Tsai

(Department of Chemistry and State Key Laboratory for Physical Chemisty
of the Solid Surface, Xiamen University, Xiamen, 361005)

Abstract In situ FTIR spectra have been used to characterize surface oxygen adspecies on 20% SrF$_2$/La$_2$O$_3$ catalyst used for the oxidative coupling of methane(OCM). The O$_2^-$ surface superoxide with characteristic vibration frequency at 1113—1123 cm^{-1} was formed on the sample after treatment with H$_2$ at 700 ℃ following exposure to O$_2$ at temperatures between 650 ℃ and 25 ℃. The O$_2^-$ adspecies could also be detected on the working sample at 650 ℃ and might play an important role in the OCM reaction leading to the production of C$_2$H$_4$ from CH$_4$. These results provide evidence that superoxide ions may be the active oxygen on 20% SrF$_2$/La$_2$O$_3$ catalyst during the oxidative coupling of methane.

1 INTRODUCTION

The oxidative coupling of methane (OCM) to produce C$_2$ hydrocarbons has been extensively investigated during the past decade[1], but the nature of the active and C$_2$ selective oxygen species responsible for the activation of CH$_4$ has not been clarified. Mono-and diatomic anionic species O$^-$, O$_2^-$, O$_2^{2-}$ as well as O^{2-} at low coordination sites, have been proposed as the OCM active oxygen species based on *ex situ* spectroscopic evidence[2−4]. Recently, O$_2^{2-}$ species on working La$_2$O$_3$, Na$^+$/La$_2$O$_3$ and Sr^{2+}/La$_2$O$_3$ catalysts has been reported as the active oxygen species for OCM by Lunsford et al[5], while O$_2^-$ species on Th-La-O$_x$ catalyst by Liu et al[6] both based on *in situ* Raman spectra taken under OCM reaction conditions, Zhou et al[7] have reported that the good C$_2$ yield(about 20%) was obtained with 20% SrF$_2$/La$_2$O$_3$ OCM catalyst at 650 ℃. In this paper, we report the study on oxygen adspecies on the surface of 20% SrF$_2$/La$_2$O$_3$ catalyst and its roles in the oxidative coupling of methane at 650 ℃ by means of *in situ FTIR* spectra.

---

* Supported by the National Science Foundation of China.

① To whom correspondence should be addressed.

2 EXPERIMENTAL

The experiments were carried out on a Nicolet 740 FTIR spectrophotometer with 160 scans at 4 cm^{-1} resolution, and a quartz IR cell with BaF_2 windows. The sample disk was treated with H_2 at 700 ℃ for about 20 minutes, followed successively by purging with He, treatment with O_2 at 650 ℃, then cooling down to room temperature in O_2, and the spectra were recorded at 700、650、500、300、100 and 25 ℃.

3 RESULTS AND DISCUSSION

Fig. 1 a shows the IR spectrum of $20\%SrF_2/La_2O_3$ after 20 minutes treatment with H_2 at 700 ℃. The broad band located at 900 cm^{-1} was observed on the sample, which may be accounted for by overtone and combination of La-O fundamental modes[8]. When the catalyst was exposed to O_2 at 650 ℃, a new band at 1113 cm^{-1} appeared. This may assigned to O-O stretching vibration of adsorbed superoxide species(O_2^-)[9,10]. Known to be a by-product of OCM, CO_2 was injected into the cell along with flowing O_2 at 650 ℃, the IR band intensity of O_2^- species was slightly decreased and three bands attrbuted to free CO_2(2354 cm^{-1})[13] and CO_3^{2-} species(1451,856 cm^{-1})on the surface of La_2O_3[11] were found (not show). Since no other oxygen adspecies were observed on the surface of $20\%SrF_2/La_2O_3$ at the reaction temperature O_2^- adspecies may be the active oxygen species for the oxidative coupling of methane. While the sample was being gradually cooled down from 650 ℃ to 25 ℃ under an O_2 atmosphere, the bands at 1113 and 900 cm^{-1} shifted to higher wavenumbers(1123 cm^{-1} and 917 cm^{-1}), and two new bands at 1483, 1402 cm^{-1} and a shoulder peak at 863 cm^{-1} assigned to surface CO_3^{2-} species[11] were detected, resulting from the reaction of oxygen with surface carbonaceous impurity. The shoulder peak at 863 cm^{-1} might also be assigned to O_2^{2-} adspecies[12], which has been supported by XPS results of O_2-preadsorbed sample taken at room temperature.

After the treatment of O_2-preadsorbed $20\%SrF_2/La_2O_3$ sample with a stream of $CH_4/O_2(3:1)$ at

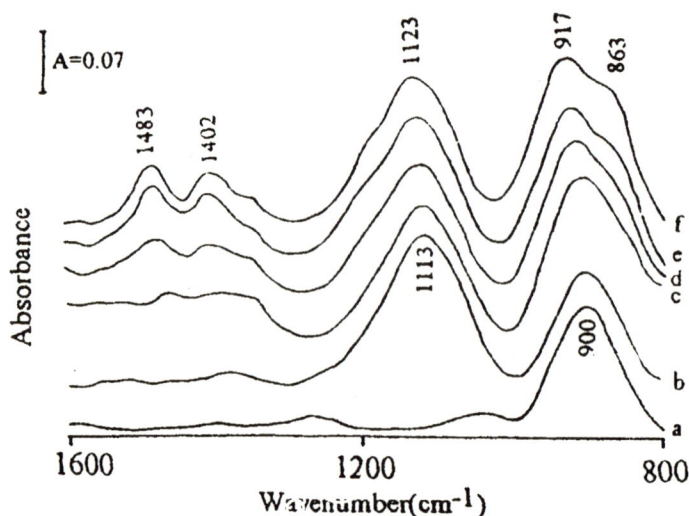

Fig. 1 IR spectra of 20% SrF₂/La₂O₃ catalyst. (a)after treatment with H₂ at 700 ℃. (b—f)after exposure to O₂ at 650 ℃ and cooling down successively in O₂ to 500,300,100,25 ℃ respectively

650 ℃ for 45 minutes, the spectrum recorded is shown in fig. 2. The superoxide $\underline{O_2^-}$ band became weaker and shifted to 1122 cm^{-1}, at the same time, the absorbance bands of free CO_2 (2353 cm^{-1})[13], adsorbed H_2O (1643 cm^{-1}), gaseous CH_4 (1294 cm^{-1})[14] and CO_3^{2-} (868 cm^{-1})[11] were observed, indicating that the reaction between CH_4 and O_2 had happened at 650 ℃ on the catalyst. The broad band centering around 1375 cm^{-1} might have resulted from the overlapping peaks of CH_4 (1349 cm^{-1})[14] and CO_3^{2-} (1437 cm^{-1})[11]. The peaks assigned to adsorbed CH_4 on the sample were not detected, suggesting that under the reaction conditions, the adsorption of CH_4 on the catalyst surface must be very weak. It is interesting to note that a weak peak at 949 cm^{-1} assignable to gaseous C_2H_4[15] was observed on the working 20% SrF_2/La_2O_3 catalyst. The bands attributed to C_2H_6 were not detected due to the lower yield of C_2H_6 (7.5%) than that of C_2H_4 (12.5%)[7]. After purging the above sample with He at 650 ℃ for 5 minutes, the IR spectrum only showed the peaks of surface CO_3^{2-} species(854,1437 cm^{-1})[11].

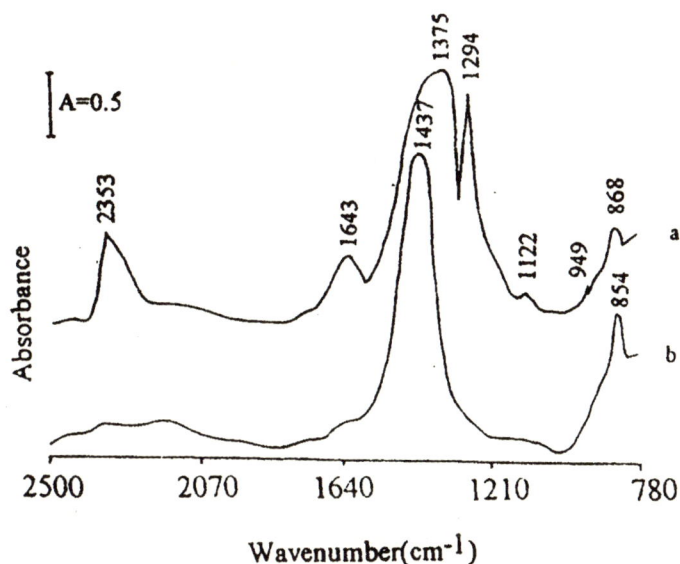

Fig. 2　IR spectra of O_2-adsorbed 20% SrF_2/La_2O_3 (a) in CH_4/O_2 (3/1) at 650℃. (b) after purging with He at 650℃.

Based on above results, it may be concluded that with flowing feed CH_4/O_2 (3 : 1) at the reaction temperature(650 ℃), O_2 was adsorbed on the surface of 20% SrF_2/La_2O_3 catalyst with the formation of superoxide species $\underline{O_2^-}$ which may be the active oxygen species for OCM.

Reference

[1]A. M. Maitra. Appl. Catal. A;General,1993,**104**;11.

[2]J. X. Wang and J. H. Lunsford J. Phys. Chem. 1986,**90**;5883;J. Phys,Chem. 1986,**90**;3890.

[3]H. Yamashita,Y. Machida,and A Tomita. Appl. Catal. A;General,1991,**79**;203.

[4]Y. Oada S. Koike, T. Fukushima. and S. Ogasawara. Appl. Catal,1990,**59**;59.

[5]G. Mesd,H. Knozinger. and J. H. Lunsford,Ber. Bunsenges. Phys. Chem. 97,1993,**3**;319.

[6]Y. D. Lju,H. B. Zhang,G. D. Lin. Y, Y. liao. and K. R. Tsai. J. Chem. Soc. Chem. Commun., 1994,1871.

[7]S. Q Zhou, X. P Zhou, W. Z. Weng, Y. P. Huang, H. L, Wan and K. R. Teal. The third ChinaFrance symposium on catalysis(Dalian. China),A40,1993.

[8]J. H. Denning,and S. D. Ross,J. Phys. C;Solid State Phys. 1972,**5**;1123.

[9]L. Vaska. Acc. Chem. Res. . 1976,**9**;175.

［10］A. B. P. Lever, G. A. Ozin, H B Gray. Inorg Chem. 1980, **19**: 1823.

［11］T. L. Van, M Che J. M. Tatibouet, and M. Kermarec. J. Catal 1993, **142**: 18.

［12］F. Al-Mashta, N. Sheppard. V Lorenzelli and G Busea, J. Chem. Soc. Faraday Trans I. 1982, **78**: 979.

［13］S. C. Bhumkar, and L. L. Lobban. Ind. Eng. Chem. Res., 1992, **31**: 1856.

［14］"Standard Infrared Grating Spectra", published by Sadtler Research Laboratories, Inc., 1974, **V43-44**, 42923P.

［15］C. Brecher. and R. S. Halford J. Chem. Phys., 1961, **35**: 1109.

（Received 5 December 1994）

本文原载:Chinese Chemical letters Vol. 6,No. 3,pp. 239~242,1995.

In Situ Raman Study of Oxygen Spectes on BaF$_2$-LaOF Catalysts[*]

Zi-Sheng Chao[①], Xiao-Ping Zhou, Hui-Lin Wan, K.R.Tsai

(Department of Chemistry, Xiamen university, Xiamen 361005)

Abstract The dioxygen species was characterized and their thermostability was investigated on BaF$_2$-LaOF catalyst by means of in situ Raman spectroscopy in the temperature range of 298 K to 1023 K. It is found that there exist mainly the O$_2^{2-}$ ions and a little amount of O$_2^{n-}$ ($1 < n < 2$) ions at the temperature for OCM(1023 K) on BaF$_2$-LaOF catalyst in O$_2$ stream. These dioxygen species can be expected to be the active sites for OCM.

1 INTEODCTION

Rare earth based metal oxides have been thought to be the most effective catalysts for the oxidative coupling of methane(OCM)[1], and their active oxygen species were studied by several researchers[2-4]. Diatomic oxygen species, such as O$_2^{2-}$, O$_2^-$ and chemisorbed O$_2$ were suggested to be responsible for the activation of methane on the catalyst[5]. But the registration and investigation of the oxygen species in electron-rich form were usually carried out at a temperature significantly lower than that for OCM, therefore the question of their participation in OCM remains as yet unclear. In our previous work, BaF$_2$-LaOF catalyst had been proved to be very effective and selective for OCM at the temperature of above 973K, so it is important to study the thermostability of oxygen species at the temperature for OCM. In this paper, dioxygen species were characterized by means of in situ Raman spectroscopy, which has been seldom reported in the literatures.

2 EXPERIMENTAL

LaOF was prepared by mixing LaF$_3$(A. R.) and La$_2$O$_3$(A. R.) with 1 : 1 molar ratio and then calcined at 1123K. The BaF$_2$-LaOF catalyst was prepared with BaF$_2$(A. R.) and LaOF by the method as above for LaOF. The content of BaF$_2$ in the catalyst was 10 mol%. Raman spectra was recorded with a JYU-1000 Raman spectrometer equipped with a temperature and atmosphere controllable sample cell. The sample was excited by 150 mw of radiation from an Argon ion laser (Spectra-physics 161,

* This work was supported by the national natural science foundation of China and the state key laboratory for physical chemistry of solid surface of xiamen university.

① To whom correspondence should be addressed.

wavclength 5145 Å). The spectra was scanned from 700cm^{-1} to 1500cm^{-1} at 1cm^{-1} step with collection times of 2. 5 minutes. Typicallly 4 scans were accumulated for a figure.

3 RESULTS AND DISCUSSION

The catalyst was treated with H_2 for 2 hours and He for 0. 5 hours at 1023 K, then cooled to 298K to be recorded the spectra in He stream. No Raman band was observed. After passing O_2 through the H_2 and He pretreated catalyst for 0. 5 hours, the strong peaks of wavenumbers 714, 732, 778, 814, 863, 888, 940, 1010, 1064, 1084, 1186, 1196, 1266, 1320, 1384 and 1452 cm^{-1} appeared. Raising the temperature to 623k in O_2 stream, the peaks of wavenumbers <980 cm^{-1} became relatively strong, and the other peaks became relatively weak. Raising the temperature to 823 K in O_2 stream again, the peaks of wavenumbers <1242 cm^{-1} weakened, especially the peaks with wavenumbers <1042 cm^{-1} weakened largely comparing to that at 623K. Meanwhile the peaks with wavenumbers >1242 cm^{-1} disappeared. At this temperature the intensities of all the peaks were almost equal. When raising the temperature to 1023 K in O_2 stream, all the peaks reduced greatly, and the peaks of wavenumbers >1086 cm^{-1} disappeared. At 1023K the peaks of wavenumbers 790, 796, 808, 828, 836, 886, 896, 926, 946, 974, 1024, 1042, 1074 and 1086cm^{-1} were observed. It is found that most of the peaks fall in the region of wavenumbers <980 cm^{-1}. The peaks all above (from 293 K to 1023 K) are thought to be caused by the vibration of oxygen-oxygen bond, and relate to the dioxygen species in the electron-rich form on the catalyst surface. The adsorbed dioxygen species are know to have the vibration wavenumbers of 1552 cm^{-1} (O_2), 1140 cm^{-1} (O_2^-) and 850 cm^{-1} (O_2^{2-})[6-8]. And these wavenumbers relate to formal bond orders of 2, 1. 5 and 1, respectively, but the intermediate situations are also possible[9]. Because of the characteristics of the different solids surface, the vibration wavenumbers of the adsorbed dioxygen species can be different and fall in a region. For O_2^{2-} ions, the O-O stretching vibration wavenumbers were in the range of 640—980 cm^{-1}[10-12]; For O_2^- ions, in the range of 1090—1280 cm^{-1}[10,13,14]; and the vibration wave numbers of 980—1090 cm^{-1} were related to O_2^{2-} ions disturbed in the direction of O_2^-[11,15,16], while the wavenumbers of 1280—1150 cm^{-1} were thought to be caused by O_2^- ions disturbed in the direction of O_2[11]. It must be pointed out that the vibration wavenumbers of La$=$O (about 858 cm^{-1}) also fall into the range of O_2^{2-} ions. But in our experiment, when the catalyst was treated with H_2 and He, no vibration bands was observed (see fig(a)). So we have detected on the BaF$_2$/LaOF catalyst various oxygen species at the temperature range of 298 K to 1023 K, and assigned them to O_2^{2-} ions (wavenumbers <980 cm^{-1}), O_2^{n-} inos (wavenumbers between 980 to 1090 cm^{-1}, $1<n<2$), O_2^- ions (wavenumgers between 1090 and 1280 cm^{-1}) and $O_2^{\delta-}$ ions (wavenumbers >1280 cm^{-1}).

It can be seen that, with the temperature increase (from 293 K to 623 K), the adsorbed dioxygen species are changed to the ones on which there are more negative charge. At the higher temperature (823 K), the O_2^{2-} and O_2^{n-} ($1<n<2$) ions are decomposed. These results are very coincident with that obtained by I. I to et. al.[17,18], where the thermostability of the absorbed dioxygen species on MgO was studied by TPD and ESR, and it was found that O_2^- was changed to O_2^{2-} at 300—673 K and O_2^{2-} was decomposed to O^{2-} and O_2 at the temperature range of 673—1123 K.

The above results indicate that the thermostability order of the absorbed dioxygen species on BaF$_2$/LaOF catalyst is: $O_2^{2-}>O_2^{n-}>O_2^->O_2^{\delta-}$ ($1<n<2, 0<\delta<1$), and the stably existing oxygen species are mainly O_2^{2-} ions and a little amount of O_2^{n-} ions ($1<n<2$) at the temperature for OCM (1023 K). So it is reasonable to expected that the oxygen species of O_2^{2-} and O_2^{n-} ($1<n<2$) may take part in the OCM

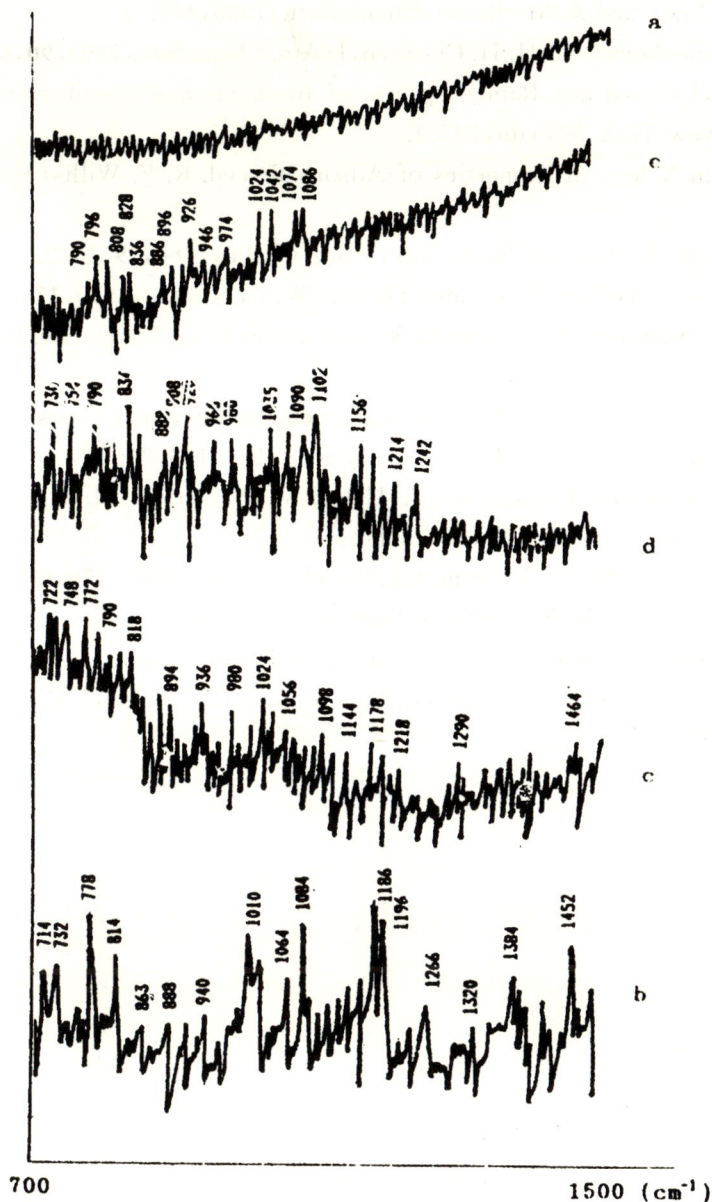

Figure: In situ Raman spectra for BaF$_2$/LaOF catalyst; The catalyst was treated with H$_2$ for 2 hours and He for 0.5 hours at 1023 K, and recorded (a) at 298 K in He stream. After (a), the catalyst was treated with O$_2$ for 0.5 hours and recorded in O$_2$ stream at (b) 298 K, (c) 823 K, (d) 823 K, (e) 1023 K respectively.

reaction and act a principle role under the OCM conditions.

REFERENCES

[1] J. M. Deboy and R. F. Hicks, Ind. Eng. Chem. Res., 1986, **27**, 1577.

[2] J-X Wang and J. H. Lunsford, J. Phys. Chem., 1986, **90**, 3690.

[3] Hiromi Yamaswhita, Yoshihiro Machida and Akria Tomita, Appl. Catal., A: Geneal, 1991, **79**, 203.

[4] Jean-The Dubots, Michel Bislaux, Hubert. Mimoun and Charles J. Cameron, Chem. Lett., 1990, 967.

[5]K. Ostuka,K. Jinno and A. Morikawa,Chem. Lett.,1985,489.

[6]J. Shamir,J. Binenboym and H. H. Claassen,J. Am. Chem. Soc.,1968,**90**,6223.

[7]K. Nakamoto,Infrared and Raman spectra of Inorganic and Coordination Compounds（Wiley Interscience,New York,3rd edn,1978）.

[8]N. Sheppard,in Vibration Properties of Adsorbates,ed. R. F. Willis（Springer Verlag,Berlin,1980.）

[9]A. B. P. Lever,G. A. Ozin and H. B. Gray,Inorg. Chem.,1980,**19**,1823.

[10]Griffiths D. W. L.,Hallam H. E. and Thomas W. J.,J,Catal.,1970,**17**,18.

[11]Al-mashta F.,Sheppard N.,Lorenzelli V. and Busca G.,J. Chem. Soc. Faraday Trans. J,1982,**78**,979.

[12]Howe R. F.,Liddy J. P. and Metcalfe A.,J. chem. Soc. Faraday Trans. I,1972,**68**,1595.

[13]Kozuka M. and Nakamoto K.,J. Am. Chem. Soc.,1981,**103**,2162.

[14]Nakamoto K.,Nonaka Y.,Ishiguro T.,Urban M. W.,Suzuki M.,Kozuka M.,Nishida Y. and Kida S.,J. Am. Chem. Soc.,1982,**104**,3386.

[15]Metcalfe A.,Shankar S. U.,J. Chem. Soc. Faraday Trans.,1980,**176**,630.

[16]Gland J. L.,Sexten B. A.,Fisher G. B.,Surf. Sci.,1980,**95**,587.

[17]T. Ito,M. Yoshioka and T. Tokuda,J. Chem. Soc Faraday Trans. I,1983,**79**,2277.

[18]T. Ito,M. Kato,K. Toi,T. Shirakawa,I. Ikemoto and T. Tokuda,J. Chem. Soc. Faraday Trans. I,1985,**81**,2835.

(Received 28 July 1994)

■ 本文原载：Journal of Chemical Crystallography Vol. 25, No. 12, pp. 807~811, 1995.

Metal-Hydroxycarboxylate Interactions: Syntheses and Structures of K₂[VO₂(C₆H₆O₇)]₂ · 4H₂O and (NH₄)₂[VO₂(C₆H₆O₇)]₂ · 2H₂O

Zhao-Hui Zhou[①,②], Wen-Bin Yan[①], Hui-Lin Wan[①], Khi-Rui Tsai[①],
Jin-Zhi Wang[①], Sheng-Zhi Hu[①]

Abstract Potassium and ammonium dimeric (citrato) dioxovanadium (V) hydrate K₂[VO₂(H₂cit)]₂ · 4H₂O **1** and (NH₄)₂[VO₂(H₂cit)]₂ · 2H₂O **2** (H₄cit = citric acid) have been prepared and characterized by X-ray structure analyses. Vanadate **1** crystallizes in the monoclinic space group $P2_1/n$ (No. 14) with unit cell parameters: $a = 9.304(2), b = 11.756(2), c = 11.911(2)$ Å, $\beta = 111.72(3)°$, and $D_c = 1.911$ g/cm³, $Z = 2$; Vanadate **2** also crystallizes in the monoclinic space group $P2_1/n$ with unit cell parameters: $a = 9.719(2), b = 11.111(3), c = 11.294(2)$ Å, $\beta = 109.03(2)°$, and $D_c = 1.781$ g/cm³, $Z = 2$. Each dimer contains a centro-symmetric planar four-member V_2O_2 ring with two exocyclic citrate entities coordinated by the oxygen atoms of the hydroxy and α-carboxylate ligands, while the other two β-carboxylate groups remain uncomplexed. Principal dimensions of the V-O bonds are 1.986(4)ₐᵥ (hydroxy) and 1.980(3) Å (α-carboxyl) for vanadate **1**, 1.988(2)ₐᵥ (hydroxy) and 1.974(3) Å (α-carboxyl) for vanadate **2**.

Key Words Citric acid   citrate complex   oxovanadium(V) complex   vanadate   molecular structure.

1   Introduction

Citric acid is an important compound in the biological process[1]. It has been found to usually act as polydentate ligands, generally involving the central hydroxy and carboxyl groups[2-5]. Of the four ionizable protons, three or four usually dissociate upon coordination, and a citrate with the charge −2 is less common. The sodium salt of citrato vanadate(V) was firstly reported as NaH₂[-VO₂(cit)] · H₂O[6], and the potassium salt of oxovanadium(V) with citric acid was prepared from the reaction of vanadium (V) oxide and potassium hydroxide with citric acid in 50% yield, which was described as K[VO₂(H₂cit)] · H₂O[5,7]. The complex was screened for its toxicity and antitumour activity against L1210 murine leukemia and showed a marginal activity and toxicity at a relatively high dose. Our interest in the syntheses and molecule structures of vanadocitrate was stimulated by the fact that

① Department of Chemistry and State Key Laboratory for Physical Chemistry of Solid Surface, Xiamen University, Xiamen 361005, China.

② To whom correspondence should be addressed.

homocitric acid is an integral component of the FeMo-CO[8], alternative polycarboxylic acid including citric, malic and citramalic by in *vitro* syntheses of the FeMo-co displayed N_2 reduction activity well above the background limits,[9] and the vanadium K-edge EXAFS spectrum shows that FeV-cofactor in vanadium nitrogenase appears to be analogous to the FeMo-co[10]. In this paper, the X-ray analysis of the above complex confirmed that the potassium salt of oxovanadium(V) with citric acid is a dimeric vanadate $K_2[VO_2(H_2cit)]_2 \cdot 4H_2O$ **1**. Moreover, citric acid also reacts stoichiometrically with ammonium metavanadate to give a similar ammonium dimeric (citrato) dioxovanadium $(NH_4)_2[VO_2(H_2cit)]_2 \cdot 2H_2O$ **2**, in which vanadium(V) is coordinated bidentately by the oxygen atoms of the hydroxyand carboxylate ligands in the citrate anion.

2　Experimental section

Preparation of $K_2[VO_2(H_2cit)]_2 \cdot 4H_2O$ 1

Complex **1** was prepared from V_2O_5 as described[5]. The light green crystals were washed with 50% ethanol solution and sealed in a glass tube, Yield: ~50%.

Preparation of $(NH_4)_2[VO_2(H_2cit)]_2 \cdot 2H_2O$ 2

Ammonium metavanadate(10 mmol) was added to the solution of an equimolar citric acid(1.0 M, 10 mL). The vanadium salt was gradually dissolved and the solution turned to red, green, and finally to dark green. The mixture was filtered and evaporated, the precipitate was collected and washed with 50% ethanol solution to give a light green solid(2.8 g, 91%). Anal. calcd. for $C_{12}H_{24}N_2O_{20}V_2$ (%): C, 23.3; H, 3.9; N, 4.5; Found(%): C, 22.9; H, 3.7; N, 4.3.

X-ray structure determination

Crystals of suitable quality for the subsequent X-ray diffraction study were obtained as transparent light green plates by slow evaporation of solutions of the above complexes in vacuum. The resulting crystals were sealed to prevent loss of water molecules. Infrared spectra were recorded as Nujol mulls between KBr plates using Nicolet 740 FT-IR spectrometer. The routine crystallographic data and refinement parameters are given in Table 1. Table 2 shows the final positional parameters and equivalent isotropic thermal parameters of complexes **1** and **2**. The selected bond lengths and angles are in Table 3.

Table 1　Crystal data and summary of intensity data collection and structure refinement.

Compound	$K_2[VO_2(H_2cit)]_2 \cdot 4H_2O$	$(NH_4)_2[VO_2(H_2cit)]_2 \cdot 2H_2O$
Color/shape	Light green	Light green
Formula weight	696.36	618.21
Space group	$P2_1/n$	$P2_1/n$
Temp, ℃	23	23
Cell constants^a		
a, Å	9.304(2)	9.719(2)
b, Å	11.756(2)	11.111(3)
c, Å	11.911(2)	11.294(2)
β, deg	111.72(3)	109.03(2)
Cell volume, Å^3	1210.3(7)	1152.9(6)

续表

Formula units/unit cell	2	2
D_{calc},g cm^{-3}	1.91	1.78
μ_{calc},cm^{-1}	11.9	8.8
Diffractometer/scan	Enraf-Nonius CAD-4/$\omega-2\theta$	Enraf-Nonius CAD-4/ω-2θ
Radiation,graphite monochromator	Mo$K\alpha(\lambda=0.71073Å)$	Mo$K\alpha(\lambda=0.71073Å)$
Max. crystal dimension,mm^3	0.40×0.40×0.20	0.10×0.10×0.15
Scan width	0.50+0.35 tan θ	0.38+0.35 tan θ
Standard reflections	371;466	221;438
Decay of standards	±2%	±2%
Reflections measured	2384	2504
2θ range,deg	$2 \leqslant 2\theta \leqslant 50$	$2 \leqslant 2\theta \leqslant 52$
Range of h,k,l	+11,+13,±14	±12,+13,+13
Reflections observed $[F_o \geqslant 3\sigma(F_o)]^b$	1940	1836
Computer programs^c	MoLEN	MoLEN
Structure solution	MoLEN	MoLEN
No. of parameters varied	204	179
Weights	1	$[\sigma(F_o)^2+0.0001F_o^2+1]^{-1}$
GOF	1.37	0.68
$R=\sum||F_o|-|F_c||/\sum|F_o|$	0.043	0.040
R_w	0.046	0.044
Largest feature final diff. map	0.6e$^-$ Å^{-3}	0.5e$^-$ Å^{-3}

^{a} Least-squares refinement of $[(\sin \theta)/\lambda]^2$ values for 25 reflection $\theta > 20°$.

^{b} Corrections:Lorentz-polarization.

^{c} Neutral scattering factors and anomalous dispersion corrections.

Table 2　Atomic coordinates and equivalent isotropic temperature factors($\times Å^2)^a$ of complex 1 and 2.

Atom	$K_2[VO_2(H_2cit)]_2 \cdot 4H_2O$ 1				$(NH_4)_2[VO_2(H_2cit)]_2 \cdot 2H_2O$ 2			
	x	y	z	Ueq^a	x	y	z	Ueq
V(1)	0.62518(8)	0.09086(6)	0.07922(6)	1.71(1)	−0.10755(6)	0.09719(5)	−0.08987(5)	1.492(9)
O(1)	0.4306(3)	0.0070(2)	0.0639(2)	1.52(6)	0.0787(2)	0.0044(2)	−0.0586(2)	1.43(4)
O(2)	0.5858(3)	0.1430(3)	0.2232(3)	2.00(6)	−0.0510(2)	0.1389(2)	0.2375(2)	2.07(5)
O(3)	0.8058(4)	0.0548(3)	0.1470(3)	2.94(8)	−0.2789(3)	0.0674(2)	−0.1643(2)	2.56(5)
O(4)	0.6257(4)	0.2144(3)	0.0205(3)	3.36(8)	−0.1006(3)	0.2292(2)	−0.0302(2)	2.64(5)
O(5)	0.4532(4)	0.1212(3)	0.3428(3)	2.83(7)	0.0912(3)	0.1037(3)	−0.3516(2)	2.62(5)
O(6)	0.2759(4)	0.2512(3)	0.0827(4)	3.69(9)	0.2385(3)	0.2516(2)	−0.0631(3)	3.27(6)
O(7)	0.0575(4)	0.1829(3)	−0.0525(3)	3.09(8)	0.4648(3)	0.1880(3)	0.0312(3)	3.83(7)
O(8)	0.6398(4)	−0.1232(4)	0.2653(4)	4.9(1)	−0.1048(3)	−0.1294(3)	−0.2803(3)	3.99(7)
O(9)	0.4948(5)	−0.2581(4)	0.3088(5)	8.0(1)	0.0192(3)	−0.3019(2)	−0.2491(3)	2.75(6)
C(1)	0.3695(4)	0.0156(4)	0.1569(3)	1.48(8)	0.1503(3)	0.0044(3)	−0.1501(3)	1.40(6)
C(2)	0.4755(5)	0.0994(4)	0.2490(4)	1.84(9)	0.0597(3)	0.0877(3)	−0.2555(3)	1.80(6)
C(3)	0.2021(5)	0.0591(4)	0.1044(4)	1.86(9)	0.3068(3)	0.0479(3)	−0.0940(3)	1.81(6)
C(4)	0.1858(5)	0.1746(4)	0.0446(4)	2.14(9)	0.3280(3)	0.1730(3)	−0.0405(3)	1.96(7)
C(5)	0.3664(5)	−0.0994(4)	0.2165(4)	1.96(9)	0.1559(3)	−0.1226(3)	−0.2000(3)	1.74(6)
C(6)	0.5209(5)	−0.1583(4)	0.2666(4)	2.9(1)	0.0093(4)	−0.1832(3)	−0.2476(3)	2.08(7)
K(1)	0.9565(1)	−0.1114(1)	0.3266(1)	3.41(3)				

续表

Atom	$K_2[VO_2(H_2cit)]_2 \cdot 4H_2O$ 1				$(NH_4)_2[VO_2(H_2cit)]_2 \cdot 2H_2O$ 2			
	x	y	z	Ueq^a	x	y	z	Ueq
O(w1)	0.8830(6)	0.0883(5)	0.4208(4)	6.6(1)	−0.0180(3)	0.4190(3)	−0.1782(4)	5.42(9)
O(w2)	1.2008(6)	0.0509(5)	0.4094(5)	6.6(1)				
N(1)					0.2164(4)	0.5254(3)	−0.0069(3)	3.72(8)

^{a}U_{eq} defined as one third of the trace of the orthogonalized U tensor.

Table 3   Bond lengths(Å) and angles(°) of $K_2[VO_2(H_2cit)]_2 \cdot 4H_2O$ 1 and$(NH_4)_2[VO_2(H_2cit)]_2 \cdot 2H_2O$ 2. ^{a}

	Complex 1	Complex 2		Complex 1	Complex 2
V(1)−V(1a)	3.209(1)	3.2231(7)	O(6)−C(4)	1.200(6)	1.200(4)
V(1)−O(1)	2.010(4)	2.012(2)	O(7)−C(4)	1.324(5)	1.322(4)
V(1)−V(1a)	1.961(3)	1.964(2)	O(8)−C(6)	1.185(7)	1.207(4)
V(1)−O(2)	1.980(3)	1.974(3)	O(9)−C(6)	1.336(7)	1.323(4)
V(1)−O(3)	1.622(4)	1.636(2)	C(1)−C(2)	1.532(5)	1.538(4)
V(1)−O(4)	1.612(4)	1.607(3)	C(1)−C(3)	1.536(6)	1.523(4)
O(1)−C(1)	1.423(6)	1.422(4)	C(1)−C(5)	1.533(6)	1.527(5)
O(2)−C(2)	1.282(6)	1.290(4)	C(3)−C(4)	1.513(6)	1.503(5)
O(5)−C(2)	1.236(6)	1.234(4)	C(5)−C(6)	1.505(6)	1.508(5)
O(1)−V(1)−O(1a)	72.1(1)	71.71(9)	O(1)−C(1)−C(5)	112.3(4)	110.6(3)
O(1)−V(1)−O(2)	77.3(1)	77.64(9)	C(2)−C(1)−C(3)	111.4(4)	111.9(3)
O(1)−V(1)−O(3)	130.2(2)	133.9(1)	C(2)−C(1)−C(5)	110.7(4)	110.6(2)
O(1)−V(1)−O(4)	123.4(2)	118.8(1)	C(3)−C(1)−C(5)	107.0(4)	107.25(3)
O(1a)−V(1)−O(2)	149.4(1)	148.7(1)	O(2)−C(2)−C(1)	116.5(4)	116.1(3)
O(1a)−V(1)−O(3)	100.0(2)	99.2(1)	O(2)−C(2)−O(5)	123.5(4)	122.3(3)
O(1a)−V(1)−O(4)	101.3(2)	101.1(1)	O(5)−C(2)−C(1)	120.1(4)	121.6(3)
O(2)−V(1)−O(3)	97.9(1)	97.5(1)	C(1)−C(3)−C(4)	113.6(4)	116.6(3)
O(2)−V(1)−O(4)	97.4(2)	98.9(1)	O(6)−C(4)−C(7)	123.7(4)	123.7(3)
O(3)−V(1)−O(4)	106.5(2)	107.3(1)	O(6)−C(4)−C(3)	124.1(4)	126.4(3)
V(1)−O(1)−V(1a)	107.9(2)	108.3(1)	O(7)−C(4)−C(3)	112.3(4)	110.0(3)
V(1)−O(1)−V(1)	120.0(2)	119.4(2)	C(1)−C(5)−C(6)	114.2(4)	113.6(3)
V(1a)−O(1)−C(1)	131.6(2)	130.8(2)	O(8)−C(6)−O(9)	127.6(5)	123.6(3)
V(1)−O(2)−C(2)	120.4(3)	120.4(3)	O(8)−C(6)−O(5)	126.5(5)	123.7(3)
O(1)−C(1)−C(3)	110.1(4)	110.9(2)			

K$^+$ environment and hydrogen bonding

K(1)···O(2b)	2.945(3)	K(1)···O(3)	2.854(4)	K(1)···O(4b)	3.021(4)	K(1)···O(6b)	2.826(4)
K(1)···O(8)	2.765(4)	K(1)···O(w1)	2.794(6)	K(1)···O(wlc)	2.834(5)	K(1)···O(w2)	2.849(5)
O(w1)···O(2)	2.964(5)	O(w1)···O(3)	3.093(6)	O(w1)···O(w2)	3.042(8)	O(w1)···O(w2c)	2.922(8)
O(w2)···O(5d)	2.865(7)	O(7)···O(5e)	2.628(5)	O(9)···O(3f)	2.803(6)		

NH$_4^+$ environment and hydrogen bonding

N(1)···O(4b)	3.031(5)	N(1)···O(5c)	2.959(5)	N(1)···O(6)	3.129(5)	N(1)···O(8c)	2.829(4)
N(1)···O(w1)	2.730(5)	O(w1)···O(3d)	2.736(4)	O(w1)···O(4)	2.960(5)	O(7)···O(5c)	2.806(4)
O(9)···O(3e)	2.652(3)						

^{a} Symmetry transformation:complex **1**,$a(1-x,-y,-z)$,$b(3/2-x,-1/2+y,1/2-z)$,$c(2-x,-y,1-z)$,$d(1+x,$ $y,z)$,$e(-3/2+x,-1/2-y,-3/2+z)$,$f(3/2-x,-1/2+y,1/2-z)$;*Complex* **2**,$a(1-x,-y,-z)$,$b(1-x,1-y,-z)$,$c(-3/2+x,-1/2-y,-3/2+z)$,$d(3/2-x,1/2+y,1/2-z)$,$e(3/2-x,-1/2+y,1/2-z)$.

3 Results and discussion

Citric acid usually reacts with sodium tungstate or potassium molybdate to give tridentate or terdentate complex[2-4], and the formation of molybdate was found to be influenced by the availability of reactant base M^{+}[11]. It was anticipated that potassium or ammonium metavanadate would behave likewise. However, X-ray structural investigations of $K_2[VO_2(H_2cit)]_2 \cdot 4H_2O$ and $(NH_4)_2[VO_2(H_2cit)]_2 \cdot 2H_2O$ show the citrate entities are coordinated by the oxygen atoms of hydroxy-and α-carboxylate ligands, while the other two β-car-boxylate groups remain uncomplexed as the previously structure of $NaH_2[VO_2(cit)] \cdot H_2O$[6]. The quantitative reaction of ammonium metavanadate with citric acid and the loss of two protons in the ligand suggest the following equation :

$$2VO_3^- + H_4cit \rightarrow [V_2O_4(H_2cit)_2]^{2-} + 2H_2O$$

The crystal structures of the two vanadates are quasiisostructure. It was found that each complex is comprised of potassium or ammonium cations, dimeric anions, and water molecules. The molecular structure of the dimeric anion is illustrated in Figs. 1 which shows the numbering schemes employed. The dimeric(citrato)dioxovanadium(V) anion has a center of symmetry, and $V(1)\cdots V(1a)$ separations of 3.209(1)(complex **1**) and 3.2231(7)Å(complex **2**) are out of the range for metal-metal single bond in vanadium clusters. The core geometry of the anion consists of a centrosymmetric planar four-member V_2O_2 ring, and the two exocyclic citrate entities connected by the bridging $O(1,1a)$ hydroxy group and α-carboxylate ligand in the monodentate mode. This basic feature is reserved during the processes of oxidation,deprotonation and reduction[5,12,13].

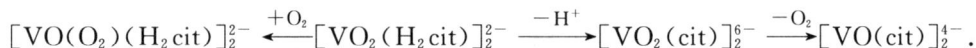

$$[VO(O_2)(H_2cit)]_2^{2-} \xleftarrow{+O_2} [VO_2(H_2cit)]_2^{2-} \xrightarrow{-H^+} [VO_2(cit)]_2^{6-} \xrightarrow{-O_2} [VO(cit)]_2^{4-}.$$

The $V(1)-O(2)$(α-carboxy) distances of 1.980(3) or 1.974(3)Å are the shortest among the similar hydroxy-carboxylate complexes indicated in Table 4. The short $O(5)-C(2)$ bond lengths of 1.236(6) or 1.234(4)Å are consistent with a similar $C-O$ bond reported for corresponding nonbridging carboxyl group in the citrate complexes of oxoperoxovanadium (V) $K_2[VO(O_2)(C_6H_6O_7)]2 \cdot 2H_2O$[5]. Moreover,the conclusion that two uncomplexed β-carboxyl groups of citrate remain two protons in the acetate can be drawn from the observed C-O bond distances of β-carboxyl groups which are different(1.324(5),1.336(7) and 1.200(6),1.185(7)Å for complex **1**,1.322(4),1.323(4) and 1.200(4),1.207(4) Å for complex **2**). This is also supported by i. r. bands in 1704_{vs}(**1**) and 1703_{vs} cm^{-1}(**2**) corresponding to $v_{as}(CO_2H)$(free carboxylic acid or unidentately coordinated carboxylate groups). No i. r. band between $1660-1540$ cm^{-1} is observed in accordance with the absence of free dissociated carboxylic group. The coordination of citrate as $C_6H_6O_7^{2-}$ with loss of only the central carboxyl and the hydroxy protons has hitherto been observed only in the case of peroxo citrate complex(Table 4). This deprotonation of the hydroxy group is likely to occur as a result of the formation of a strong V-O bond. The coordination mode of citrate anion is similar to that of homocitrate in FeMo-cofactor,which has one more carbon atom and its complex has determined coordinated structure model at 2.2 and 2.7Å resolution[8,17]. The oxovanadium groups are in the *cis* configuration with O-V-O angles of 106.5(2) or 107.3(1)°;the V-O distances of 1.622(4) and 1.612(4)Å(for complex **1**) or 1.636(2) and 1.607(3)Å(for complex **2**) imply substantial double bonding. The V atoms in the dimer are five-coordinate and exist in an intermediate geometry between an ideal square pyramid and trigonal bipyramid according to the dihedral data[18].

Table 4   comparisons of M-O lengths(Å) in the hydroxycarboxylate complexes.

Complex	M-O (hydroxy)	M-O (α-carboxyl)	M-O (β-carboxyl)	Ref.
$NaH_2[VO_2(cit)]\cdot H_2O$	1.96~2.01	1.96~2.01		[6]
$K_2[VO(O_2)(H_2cit)]_2\cdot 2H_2O$	1.991(1),2.039(1)	2.013(1)	2.561(1)	[5]
$(NH_4)_2[VO_2(OCH_2CO_2)]_2$	1.997(4),2.008(5)	1.988(6),1.998(6)		[14]
$Na_4(NH_4)_2[VO_2(cit)_2]\cdot 6H_2O$	1.961(2),2.015(3)	1.981(3)		[12]
$K_4(NH_4)_2[VO_2(cit)_2]\cdot 6H_2O$	1.961(2),2.005(2)	1.981(3)		[13]
$Na_4[VO(cit)]_2\cdot 6H_2O$	1.971(2),2.206(2)	2.038(2)		[13]
$K_2[VO_2(H_2cit)]_2\cdot 4H_2O$	1.961(3),2.010(3)	1.980(3)		This work
$(NH_4)_2[VO_2(H_2cit)]_2\cdot 2H_2O$	1.964(2),2.012(2)	1.974(3)		This work
$K_2[MoO(O_2)_2(H_2cit)]\cdot 1/2H_2O_2\cdot 3H_2O$	2.011(7)	2.220(8)		[15]
$[Me_3N(CH_2)_6NMe_3]_2[Mo_4O_{11}(Hcit)_2]\cdot 12H_2O$	1.976(5),1.968(5)	2.185(5),2.211(5)	2.318(5)$_{av}$	[16]
$K_4[Mo_4O_{11}(Hcit)_2]\cdot 6H_2O$				[2]
$Na_6[W_2O_5(cit)_2]\cdot 10H_2O$	1.958(2)	2.195(3)	2.289(2)	[3,4]

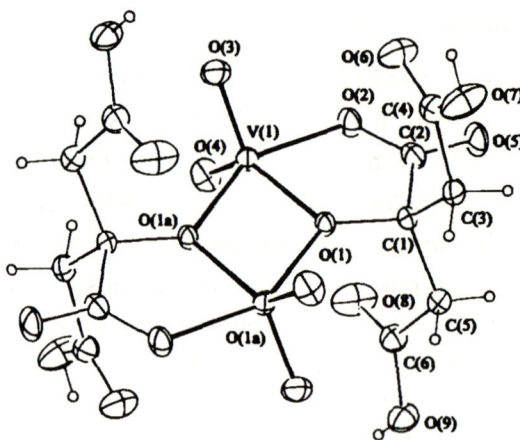

Fig. 1. Perspective view of $[VO_2(H_2cit)]_2^{2-}$ anion.

The crystal structure comprises discrete $[V_2O_4(H_2cit)_2]^{2-}$ anions, potassium or ammonium cations and water molecules. Each water molecule is attached to the oxygen of the oxo-and uncomplexed carboxylate groups by O—H···O hydrogen bonds. (Table 3) The two vanadates exhibit similar infrared absorption bands, **1**, ν_{as} (C=O): 1704$_{vs}$, ν_s (C=O): 1401$_s$, and ν(V=O): 955$_s$ cm^{-1}; **2**, ν_{as} (C=O): 1703$_{vs}$, ν_s (C=O): 1401$_s$, and ν(V=O): 950$_s$ cm^{-1}. The separations(Δ) between ν_{asym} and ν_{sym} 303 and 302 cm^{-1}, which are significantly greater than the value of 210 cm^{-1} for uncomplexed sodium citrate salt, implying the presence of free or unidentately coordinated carboxylate groups[19], which have been confirmed by X-ray structural analyses.

4 Acknowledgment

This work was supported by the National Natural Science Foundation of China.

References

[1]Glusker,J. P. Acc. Chem. Res. 1980,**13**,345.

[2]Alcock,N. W. ;Dudek,M. ;Grybos,R. ;Hodorowicz,E. ;Kanas,A. ;Samotus,A. J. Chem. Soc. Dalton Trans. 1990,707.

[3]Cruywagen,J. J. ;Saayman,L. J. ;Niven,M. L. J. Crystallogr. Spectrosc. Res. 1992,**22**,737.

[4]Llopis,E. ;Ramirez,J. A. ;Domenech,A. ;Cervilla,A. J. Chem. Soc. Dalton Trans. 1993,1121.

[5]Djordjevic,C. ;Lee,M. ;Sinn,E. Inorg. Chem. 1989,**28**,719.

[6]Filin G. I. ;Markin V. N. Deposited Doc, VINITI 3475 — 3479 1975,162~164(in Russian); Chem,Abstr. 1976,**88**,57252e.

[7]Djordjevic,C. ;Wampler,G. L. J. Inorg. Biochem. 1985,**25**,51.

[8]Kim,J. ;Ree,D. C. Science 1992,**257**,1677.

[9]Madden M. S. ;Paustian T. D. ;Ludden P. W. ;Shah V. K. J. Bacteriol. 1991,**173**,5403.

[10]Burgess B. K. Chem. Rev. 1990,**90**,1377.

[11]Carolyn B. K. ;Arran J. W. ;Wilson R. N. H. ;Ian W. J. ;Bruce R. P. ;Ward T. R. ;Cuthbert J. W. J. Chem. Soc. Dalton Trans. 1983,1209.

[12]Zhou,Z. H. ;Wan,H. L. ;Tsai,K. R. Chinese Sci. Bull. 1995,**40**,749.

[13]Zhou,Z. H. ;Wan,H. L. ;Hu S,Z. ;Tsai,K. R. Inorg. Chim. Acta,1995,**237**,193.

[14]Zhou,Z. H. ;Wang,J. Z. ;Wan,H. L. ;Tsai,K. R. Chem. Res. Chinese Univ. 1994,**10**,102.

[15]Flanagan,J. ;Griffith, W. P. ;Shapski, A. C. ;Wiggins, R. W. Inorg. Chim. Acta 1985,**96**, L23—L24.

[16]Nassimbeni,L. R. ;Niven,M. L. ;Cruywagen,J. J. ;Heyns,J. B. B. J. Crystallogr. Spectrosc. Res. 1987,**17**,373.

[17]Chan,M. K. ;Kim,J. ;Ree,D. C. Science 1993,**260**. 792.

[18]Muetterties,E. L. ;Guggenberger,L. J. J. Am. Chem. Soc. 1974,**96**,1748~1755.

[19]Zhou,Z. H. ;Wang,R. J,;Mak,T. C. W. ;Che;C. -M. Inorg. Chim. Acta 1991,**180**,1.

(Received 16 May 1994)

■ **本文原载**：Applied Catalysis A：General 130，pp. 127～133，1995.

Methane Oxidative Coupling on BaF$_2$/LaOF Catalyst

Zi-Sheng Chao[①]，Xiao-Ping Zhou，Hui-Lin Wan，Khi-Rui Tsai

(Department of Chemistry and the State Key Laboratory for Physical Chemistry of the Solid Surface，Xiamen University Xiamen 361005，China)

Received 6 December 1994；revised 24 April 1995；accepted 11 May 1995

Abstract   The oxidative coupling of methane（OCM）was studied on BaF$_2$/LaOF and good catalytic results were obtained. Under the conditions of GHSV=15 000 h^{-1} and a reaction temperature of 1043 K, a C$_2$ yield of 20. 66% with a CH$_4$ conversion of 33. 08% and a C$_2$ selectivity of 62. 47% was achieved at CH$_4$：O$_2$=3：1, and high C$_2$ selectivities of 81. 20% and 84. 55% with a CH$_4$ conversion of 19. 53% and 16. 54% were obtained at CH$_4$：O$_2$ ratios of 6：1 and 9：1, respectively. X-ray diffraction results showed that only tetragonal LaOF existed in the BaF$_2$/LaOF catalysts with BaF$_2$ content below 18 mol-%, but a contracted BaF$_2$ phase was also observed at higher BaF$_2$ content （above 18 mol-%）.

Key words   Methane oxidative coupling   Metal oxyfluoride   Anion vacancies   Trapped electrons

1   Introduction

The oxidative coupling of methane（OCM）to produce C$_2$ hydrocarbons has been attracting extensive attention throughout the world, and much attention has been paid on mechanistic studies of oxygen activation and on the development of better catalysts. Among these OCM catalysts, rare earth metal oxide catalysts promoted by other metal oxides were thought to be the most promising industrial ones[1]. Otsuka et al.[2] have systematically studied the OCM reaction on various rare earth metal oxides. Generally, the catalytic performance of metal oxides can be effectively promoted by alkali metal ions[3-5] or metal halides[6-8]. Chao et al. reported metal fluoride promoted OCM catalysts[9-13] and found that they had better catalytic performance for OCM. The results obtained by X-ray diffraction （XRD）showed that oxyfluorides MOF（M=rare earth metal）such as tetrahedral or cubic LaOF, which shows ionic conductivity and is the superstructure of fluorite, were formed in some catalysts. In order to improve the performance of fluoride containing catalysts further, a LaOF-based type of catalysts with high selectivity at CH$_4$ conversion＞16% for OCM are reported in this paper as well as their structural characterization.

[①]   Corresponding author.

2 Experimental

LaOF was prepared by grinding equal molar ratios of La_2O_3(A. R.) and LaF_3(A. R.), the mixture was then pressed into pellets under a pressure of 300 kg/cm^2 and calcined at 1123 K for 4 h.

All of the $BaF_2/LaOF$, BaF_2/La_2O_3 and BaO/La_2O_3 series catalysts were prepared by mixing appropriate amounts of BaF_2(A. R.) and LaOF, BaF_2(A. R.) and La_2O_3(A. R.), or BaO(A. R.) and La_2O_3(A. R.), followed by calcination according to the same procedure as above for LaOF preparation. The compositions of the prepared catalysts are listed in Table 1.

Table 1   composition of the catalysts

Catalyst	compositionᵃ						
$BaF_2/LaOF$	5%BaF_2	7%BaF_2	10%BaF_2	15%BaF_2	18%BaF_2	20%BaF_2	30%BaF_2
BaF_2/La_2O_3	10%BaF_2,	30%BaF_2					
BaO/La_2O_3	10%BaO	30%BaO					

ᵃ The composition is in mol-%.

The OCM reaction was carried out in a fixed-bed flow-type quartz reactor at atmospheric pressure. No diluent gas was used in the feed gas. A 102GD gas chromatograph with thermal conductivity detector was employed to analyze the gaseous effluent. A 5A molecular sieve column was used for the separation of O_2 and CO, while a Porapak Q column was used for the separation of CH_4, CO_2, C_2H_4 and C_2H_6. The XRD measurements were carried out on a Rigaku Rotaflex D/Max-C system. The BET specific surface area was determined with nitrogen adsorbate at 77 K on a 1900-adsorption automatic instrument(Carlo Erba Instruments, Italy).

3 Results and discussion

3.1 Effect of the composition of catalysts on OCM

The performances of the catalysts $BaF_2/LaOF$, BaF_2/La_2O_3 and BaO/La_2O_3 for OCM are shown in Table 2. It was found that, for BaF_2/La_2O_3 and BaO/La_2O_3 catalysts with the same barium content, CH_4 conversion and C_2 selectivity were higher on BaF_2/La_2O_3 than on BaO/La_2O_3. This also confirmed that F^- has a promoting effect on oxide catalysts for OCM. For $BaF_2/LaOF$ and BaF_2/La_2O_3 catalysts with the same BaF_2 content, CH_4 was more selectively converted to C_2 hydrocarbons on $BaF_2/LaOF$, and at relatively low BaF_2 content, $BaF_2/LaOF$ was more active for OCM than BaF_2/La_2O_3. This indicates that for BaF_2 as dopant, LaOF is a better host constituent for the OCM catalyst than La_2O_3.

Table 2   The OCM performance of various catalystsᵃ

Catalyst	conversion of CH_4(%)	Selectivity(%)					Yield of C_2(%)
		CO	CO_2	C_2H_4	C_2H_6	C_2	
10%$BaF_2/LaOF$	28.73	3.11	29.61	44.64	22.63	67.27	19.33
30%$BaF_2/LaOF$	23.84	12.83	27.99	38.99	20.19	59.18	14.11
10%BaF_2/La_2O_3	26.52	5.73	40.74	35.59	17.94	53.53	14.20
30%BaF_2/La_2O_3	29.03	8.05	37.03	37.92	16.99	54.91	15.94
10%BaO/La_2O_3	22.76	2.94	51.19	33.28	16.28	49.56	11.28
30%BaO/La_2O_3	25.79	8.01	41.80	27.85	22.34	50.19	12.94

ᵃ Reaction conditions: feed gas=CH_4 : O_2=4 : 1(mol/mol), reaction temperature=1053 K and GHSV=15 000 h^{-1}

3.2　Effect of BaF₂ content on the OCM performance of BaF₂/LaOF

The catalytic performance of the LaOF-based catalysts for OCM are listed in Table 3. On LaOF, C_2 selectivity and C_2 yield were lower than those on BaF₂/LaOF. When 5 mol-% of BaF₂ was added into LaOF, the catalytic performance was improved, C_2 selectivity and C_2 yield reached 56.70 and 14.95%, respectively. With the increase of BaF₂ content in the catalysts, CH_4 conversion, C_2 selectivity and C_2 yield all showed the common trend of increase followed by decrease. The best results were obtained with a BaF₂ content of 10 mol-%. A C_2 yield of 19.33% was obtained at the CH_4 conversion of 28.73%.

Table 3　The effect of BaF₂ content in BaF₂/LaOF catalysts on OCM performance[a]

Content of BaF₂ (mol-%)	Conversion of CH_4 (%)	Selectivity (%)					Yield of C_2 (%)
		CO	CO_2	C_2H_4	C_2H_6	C_2	
0	25.02	12.64	40.76	27.17	19.42	46.59	11.66
5	26.37	4.67	38.63	31.93	24.77	56.70	14.95
7	26.82	9.00	32.73	35.52	22.75	58.27	15.63
10	28.73	3.11	29.61	44.64	22.63	67.27	19.33
15	27.92	2.95	29.15	43.71	24.19	67.90	18.96
18	27.44	8.24	27.86	40.29	23.60	63.90	17.53
20	26.90	9.90	26.97	41.63	21.50	63.13	16.98
30	23.84	12.83	27.99	38.99	20.19	59.18	14.11

[a] Reaction conditions: GHSV=15 000 h⁻¹, feed ratio=CH_4 : O_2 = 4 : 1 and reaction temperature = 1053 K.

Table 4　The effect of CH_4 : O_2 molar ratio on OCM reaction[a]

CH_4 : O_2 (mol)	Conversion of CH_4 (%)	Selectivity (%)					Yield of C_2 (%)
		CO	CO_2	C_2H_4	C_2H_6	C_2	
3 : 1	33.08	6.90	30.63	34.67	27.62	62.47	20.66
4 : 1	27.92	2.95	29.15	43.71	24.19	67.90	18.96
6 : 1	19.53	0	18.80	41.22	39.98	81.20	15.86
9 : 1	16.54	0	15.54	23.48	61.07	84.55	13.98

[a] Reaction conditions: GHSV=15 000 h⁻¹, reaction temperature=1043 K, on 10 mol-% BaF₂/LaOF catalyst.

3.3　Effect of CH_4 : O_2 molar ratio on OCM

OCM is a strong exothermic reaction, and managing the large amounts of reaction heat released has also attracted the attention of researchers. Generally, it may be well acceptable carrying out the reaction at low conversion of CH_4 and high C_2 selectivity[14]. From Table 4, we can see that, the CH_4 conversion and C_2 selectivity could be controlled by changing the CH_4 : O_2 ratio over BaF₂/LaOF catalyst. Relatively high C_2 selectivities can be obtained with low O_2 contents. When the CH_4 : O_2 molar ratio changed from 3 : 1 to 6 : 1 and 9 : 1, C_2 selectivity increased from 62.47 to 81.20 and 84.55% with

CH_4 conversions from 33.08 to 19.53 and 16.54%, respectively, and the sum of the conversion and selectivity exceeded 100 in the latter two cases.

3.4 XRD and BET specific surface area measurement

The phase composition of LaOF and BaF_2/LaOF with different BaF_2 content were determined by XRD, and the results are listed in Table 5. It can be seen that only tetragonal LaOF was detected by XRD in both pure LaOF and in BaF_2/LaOF with BaF_2 a content lower than 18%. When the BaF_2 content exceeded 18%, an obviously lattice contracted cubic BaF_2 phase was detected, besides the tetragonal LaOF phase. This shows that BaF_2 may be dissolved in the lattice of LaOF when the content of BaF_2 in BaF_2/LaOF is less than 18 mol-%.

BaF_2/LaOF catalysts can run for about 100 h maintaining C_2 yields of about 18 to 19% in the case of $CH_4 : O_2 = 3 : 1$. After LaOF and BaF_2/LaOF were on line for 12 h, we did not find obvious differences between fresh samples and used samples in XRD characterization.

Table 5 The phase composition of the catalysts[a]

Fresh catalyst	$d(\text{Å})(I/I_0)$								
BaF₂ standard	3.579(100)		3.100(27)		2.193(79)		1.870(51)		
LaOF standard		3.35(100)	2.90(25)		2.06(60) 2.05(33)			1.76(22) 1.75(44)	
LaOF prepared		3.348(100)	2.892(18)		2.051(33) 2.044(24)			1.756(10) 1.743(34)	
5%BaF₂/LaOF	3.534(5)	3.341(100)	2.84(16)		2.048(35)			1.752(11) 1.742(29)	
10%BaF₂/LaOF	3.537(8)	3.346(99)	2.890(21)		2.051(39) 2.044(25)			1.755(10) 1.743(34)	
15%BaF₂/LaOF	3.537(12)	3.346(100)	2.890(19)		2.051(38) 2.043(22)			1.753(9) 1.743(27)	
18%BaF₂/LaOF	3.562(21)	3.346(99)	2.888(19) 2.178(12)	2.051(36) 2.044(23)		1.856(100)	1.755(9) 1.743(27)		
20%BaF₂/LaOF	3.559(29)	3.348(100) 3.081(10)	2.890(20) 2.178(18)	2.052(35) 2.044(23)	1.857(11)	1.753(9) 1.743(26)			
30%BaF₂/LaOF	3.565(45)	3.346(100) 3.087(11)	2.888(21) 2.182(27)	2.052(38) 2.044(23)	1.860(19)	1.753(10) 1.743(27)			
Used catalyst									
LaOF		3.343(99)	2.886(19)		2.050(38) 2.041(20)			1.754(13) 1.742(29)	
10%BaF₂/LaOF	3.558(3)	3.346(100)	2.893(18)		2.048(44)			1.753(8) 1.743(27)	

[a] The composition is in mol-%.

Table 6 The BET specific surface area of BaF₂/LaOF catalysts

BaF₂ content(mol-%)	0.0[a]	5.0	10.0	15.0	18.0	20.0	30.0	100[b]
Specific area(m²/g)	2.85	10.97	6.53	7.53	6.30	5.05	4.26	2.68

[a] Data for LaOF.

[b] Data for BaF₂.

In Table 5, it can be seen that the crystal lattice of LaOF both in pure LaOF and in BaF_2/LaOF (BaF_2 content from 5 to 30%) slightly contracted, as compared to the standard lattice of LaOF. In the calcination process of the preparation of LaOF, a possible partially and slow hydrolysis of LaOF might have occurred and F^- anions have been partially substituted by O^{2-} anions. So the F^- anions in the prepared LaOF might be less than that in normal LaOF lattice. In this case, one O^{2-} can substitute two F^- anions in LaOF and this kind of substitution might lead to the lattice contraction of LaOF and the formation of anion vacancies in LaOF to maintain electric neutrality. In $BaF_2/LaOF$, part of BaF_2 can be dissolved in the LaOF lattice. If Ba^{2+} occupied lattice points of the original La^{3+} ions, to maintain electric neutrality, O^{2-} ions might lose electrons to form O^- and trapped electrons. On the other hand, if La^{3+} substituted Ba^{2+} in the BaF_2 lattice, positive charge centers might be formed. These kinds of centers can trap electrons. If one O^{2-} substituted two F^- in the lattice of BaF_2, anion vacancies might be formed; and these two kinds of substitution might lead to the contraction of the BaF_2 lattice. The possibilities about the formation of trapped electrons, O^- species, and anion vacancies over $BaF_2/LaOF$ catalysts are only speculation here, the verification of which is being undertaken, but in our previous work[10-13], the suggestions about trapped electrons(or quasi free electrons), O^- species, and anion vacancies received some experimental support through XRD, XPS, and ESR measurements over the catalysts ZrO_2/LaF_3, CeO_2/LaF_3, ThO_2/LaF_3[10], CeO_2/BaF_2[12], and CeO_2/CaF_2[13]. The active oxygen species responsible for the activation of methane might be formed on anion vacancy sites and the trapped electron sites.

The results of specific surface area show that, when BaF_2 was added into LaOF, the specific surface areas of $BaF_2/LaOF$ catalysts were all bigger than those of LaOF and BaF_2 (see Table 6). As we have seen in the above section, the highest C_2 selectivities were obtained over $BaF_2/LaOF$ with BaF_2 content in the region of 10 to 15 mol-%, rather than on LaOF or on $BaF_2/LaOF$ catalysts with high BaF_2 content. This result indicates that C_2 selectivity does not depend on the specific surface area of $BaF_2/LaOF$ catalysts, and that BaF_2 containing LaOF phase is more selective for OCM than other Ba-La compound catalysts.

4　conclusions

The addition of BaF_2 into LaOF has remarkably improved the catalytic properties of LaOF. BaF_2/La_2O_3 is more selective than BaO/La_2O_3 for the OCM reaction to yield C_2 hydrocarbons, and $BaF_2/LaOF$ is a better OCM catalyst than BaF_2/La_2O_3.

The best OCM reaction results were obtained over $BaF_2/LaOF$ with a BaF_2 content in 10 to 18 mol-%. The BaF_2 containing LaOF phase might be the active phase.

Acknowledgements

This work was supported by the National Natural Science Foundation and the patent has been applied in P. R. China.

References

[1]G. E. Keller and M. M. Bhasin, J. Catal., **9**(1982) 73.

[2]K. Otsuka, K. Jinno and A. Morikawa, J. Catal., **100**(1986) 353.

[3]A. M. Gaffney, C. A. Jones, J. J. Leonard and J. A. Sofranko, J. Catal., **114**(1988) 422.

[4]H. Yamashita, Y. Machida and A. Tomoita, Appl. Catal. A, **79**(1991) 203.

[5]S. Becker and M. Baems, J. Catal., **128**(1991) 512.

[6]K. Fujimoto, S. Hashimoto, K. Asami, K. Omata and H. Tominaga, Appl. Catal., **50**(1989) 288.

[7] R. Burch, G. D. Squire and S. C. Tsang, Appl. Catal., **43**(1988) 105.

[8] K. Fujimoto, S. Hashimoto, K. Asami and H. Tominaga, Chem. Lett., (1987) 2157.

[9] Z. S. Chao, X. P. Zhou, W. Z. Weng, S. J. Wang, H. L. Wan and K. R. Tsai, The Fourth China-Japan Bilateral Symposium On Effective Utilization Of Carbon Resources, October 1993, Dalian, China, p. 129.

[10] X. P. Zhou, W. D. Zhang, H. L. Wan and K. R. Tsai, Catal. Lett, **21**(1993) 113.

[11] X. P. Zhou, S. Q. Zhou, S. J. Wang, H. L. Wan and K. R. Tsai, Proc. 34th IUPAC congress, August 1993, Beijing, China, p. 67.

[12] X. P. Zhou, Z. S. Chao, W. Z. Weng, W. D. Zhang, S. J. Wang, H. L. Wan and K. R. Tsai, Catal. Lett., **29**(1994) 177.

[13] X. P. Zhou, S. J. Wang, W. Z. Weng, H. L. Wan and K. R. Tsai, J. Natural Gas Chem. (in English, P. R. China), **2**(4)(1993) 208.

[14] J. H. Lunsford, Stud. Surf. Sci. Catal., **81**(1994) 1.

■ 本文原载:Fased Journal 1995,9(6),A1460.

Molecular Recognition in Nitrogenase Catalysis

K. R. Tsai, H. L. Wan, J. W. Huang, H. Z. Zhang, L. S. Xu, H. T. Zhang

(Nitrogen Fixation Research Unit. Institute of Physical Chemistry & Department of Chemistry. Xiamen University, Xiamen 361005, China)

From the known substrates-binding-affinities, products-selectivities & inhibitors-susceptibilities of N_2-ase, it is inferred that: (1) the μ-"Y" in Kim-Rees Model of FeMo-cofactor (M-cluster) must be a labilizable ligand (e. g. μ-$\underline{O}$, μ-$\underline{s}$, or μ-SH with microenvironment much more spacious than that around the two μ-$\underline{S}$) when N_2-ase starts pumping H^+ (& e^-); (2) M-cluster cage can exert shape-selective molecular-sieve effects in molecular recognition of substrates & inhibitors, providing entry to $N\equiv N$ (CN^*, CO) & partial entry to $HC\equiv CH$, cyclopropene, & N_2O, with the (R)-homocitrate-bound Mo-site (the [Mo-3Fe]-site) available only to $N\equiv N$ & H^+ reduction; (3) a homocitrate terminalcarboxylate is just in position to protect a H_2-evolution site on the P-cluster pair from CO inhibition, and in conjunction with imidazole of His[a442], to mediate a P-cluster-to-Mo-site H^+-transport relay system specifically needed for N_2 reduction; (4) while $HC\equiv CH$ may be reduced predominately at the [6Fe]-site inside the cage, $CH_3C\equiv CH$, like $CH_3N\equiv C(C\equiv N^*)$, $CH_3C\equiv N$ can only be bound & reduced at the [2Fe]-site left by "Y". Crucial experimental support: competitive inhibition by N_2 of the [6Fe]-site for C_2H_2 reductive-deuteration in D_2O while leaving the [2Fe]-site non-inhibited is found to decrease the cis/trans ratio of ethene-1,2-d_2 from ～99.4/0.6 in argon to ～98/2 & ～96/4 in C_2H_2/N_2 mixtures (1/107 & 1/214, respectively).

■ 本文原载：Journal of Cluster Science, Vol. 6, No. 4, pp. 485~501, 1995.

On the Structure-Function Relationship of Nitrogenase M-Cluster and P-Cluster Pairs[*]

K. R. Tsai[①,②], H. L. Wan[①]

Abstract　It is proposed that the M-cluster cage(Kim-Rees model) in active N_2-ase can exert shape-selective "molecular-sieve" effects in molecular recognition of exogenous substrates, by providing multinuclear active-sites inside the cavity for N_2, C_2H_2, cyclopropene, and N_2O reduction, with [Mo-3Fe]-site available only for N_2 reduction; on the other hand n-RC≡CH, n-RC≡N, n-RN≡C, C≡N$^-$ and N_3^- are bound outside the cavity at the [2Fe]-site left by the labilizable ligand "Y". A terminal carboxylate of the Mo-bound(R)-homocitrate is just in position to protect a H_2-evolution site on the P-cluster pair from CO inhibition, and also to take part in mediating a P-cluster-to-Mo-site H^+-relay system (involving two hydrogen-bonded H_2O) specifically required for N_2 reduction. The nonreducibiliy of CO at the [Mo-3Fe]-site is also explained. Experimental support for molecular-sieve effects of M-cluster cage has been obtained from the observed decrease in ethene-cis-d_2 selectivity by competitive inhibition of HC≡CH reduction in D_2O by N≡N.

Key Words　Nitrogenase MoFe-protein　M-cluster cage　molecular-sieve effects　substrates binding modes　homocitraie-mediated proton-transport relay

1　INTRODUCTION

　　Native nitrogenase is known[1] to be a two-component metallo-enzyme which catalyzes the reduction of N_2 to $2NH_3$ at room temperature with concurrent evolution of at least one H_2 and hydrolysis of at least 16 ATP. Component **1** is the $\alpha_2\beta_2$ tetrameric MoFe-protein(molecular mass~230 kD) with ca. 30 Fe and ca. 30 acid-labile S; component **2** is the γ_2 dimeric Fe-protein(molecular mass ca. 65 kD) with just one [4Fe-4S]cubane-like cluster, serving as a one-electron carrier. In MoFe-protein, there are two widely separated M-clusters(namely, two protein-bound FeMo-cofactors), each of composition 1Mo/~7Fe/~9S(plus a Mo-bound(R)-homocitratc) carrying substrate-binding sites for N≡N, H^+ and about a dozen types of nonphysiological, exogenous substrates. There are also P-clusters in the form of either four [4Fe-4S] cubane-like clusters, or two [8Fe-8S] double-cubane-like cluster pairs, each of which appears to be in the all-ferrous state when the free MoFe-protein is in contact with dithionite. There are also two apparently more deeply-seated M-clusters, that remain in the EPR-active, semi-reduced state. In each

---

　　* Dedicated to Jiaxi Lu on the occasion of his 80th birthday.

　　①Nitrogen Fixation Research Unit, Institute of Physical Chemistry and Department of Chemistry, Xiamen University, Xiamen 361005, China.

　　②To whom correspondence all should be addressed.

cycle of the enzyme catalysis, the Fe-protein is reduced by one electron from a physiological reductant, or from dithionite($S_2O_4^{2-}$) to produce the EPR-active state; this is bound with 2 MgATP and associated with the MoFe-protein to form the active enzyme complex. This transformation brings about a conformational change in both components and the hydrolysis of the 2 MgATP into 2 MgADP plus 2 Pi (inorganic phosphates, HPO_4^{2-} and $H_2PO_4^-$) the exact location of these species in the enzyme complex being still unknown), drives the transport of a proton and an electron from the Fe-protein to the MoFe-protein, resulting in the formation of the fully reduced, EPR-silent MoFe-protein and the oxidized, EPR-silent Fe-protein. The dissociation of the enzyme complex appears to be the rate determining step, so that under steady-state conditions of the enzyme turnover, about 80% of component **1** and about 60% of component **2** are in an EPR-silent state as observed by Smith *et al.*[2]. After replacement of the 2 MgADT and 2 Pi by 2 MgATP and replenishment with one electron, the Fe-protein is again in the reduced state bound with 2 MgATP, and is ready to complex again with the MoFe-protein for another cycle of ATP-driven electron and proton transports. The reduction of N_2 is accompanied by evolution of at least one H_2 and hydrolysis of at least 16 ATP(ATP/$2e^- \geqslant 4$): thus the overall reaction may be expressed as

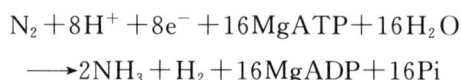

$$N_2 + 8H^+ + 8e^- + 16MgATP + 16H_2O$$
$$\longrightarrow 2NH_3 + H_2 + 16MgADP + 16Pi$$

Recent success in the work on X-ray crystal structures of nitrogenase proteins (Avl, Cpl, and Av2)[3-7], with the proposed Kim and Rees model(K-R model)[3] for the M-cluster, represents a major breakthrough in nitrogenase studies. This has stimulated intensive research efforts in many laboratories around the world to understand how the metal-sulfur clusters of this enzyme perform their functions. Though at the present stage there are still unresolved problems, it can be shown, however, that some reasonable inferences about the structure-function relationship of the M-cluster and P-cluster pair, including the structures of active centers and the modes of coordination activation of various reducible substrates of nitrogenase, can now be made, based upon the principles of catalysis by coordination activation[8] and the chemical probe approach[9]. All the known substrates and inhibitors of nitrogenase[10-12], as well as the various homocitrate analogs that can be separately incorporated into the enzyme systems via *in vitro* biosynthesis[13-15] of FeMo-cofactors are regarded as chemical probes.

Most of the previously proposed models(e. g., Fig. 1) of nitrogenase active-center focus attention on Mo as a key atom of the substrate-binding site for N_2 and other exogenous substrates of nitrogenase. The molybdenum atom lies, not at the center of the M-cluster, but at the bottom of a cage-like cluster framework consisting of two open cubanes (MoS_3Fe_3 plus FeS_3Fe_3, or MoS_3Fe_3H plus FeS_3Fe_3H) triply-bridged by 2 μ-S plus μ-"Y" just outside the three prism-edges of the [6 Fe]-equilateral-triangular prism with the dimensions of each prism-face ca. 2.7Å×2.7Å. The Mo-site is ligated outside the cage by (R)-homocitrate as a hydroxy-carboxylate bidentate-ligand and by imidazole of His$^{\alpha442}$ both of which may serve as mediators of proton and electron tunneling to the Mo-site. Structurally, this seems to relagate the molybdenum to an unimportant site with regard to the coordination and activation of N_2, even though Mo is known to be much more effective than Fe in binding N[16] and N_2[10], and Mo-nitrogenase much more effective than V-nitrogenase and Fe-nitro-genase in binding N_2[1,17]. However, as presented below, in this structural setting, N_2-ase may be able to give a special treat to its physiological substrate N_2.

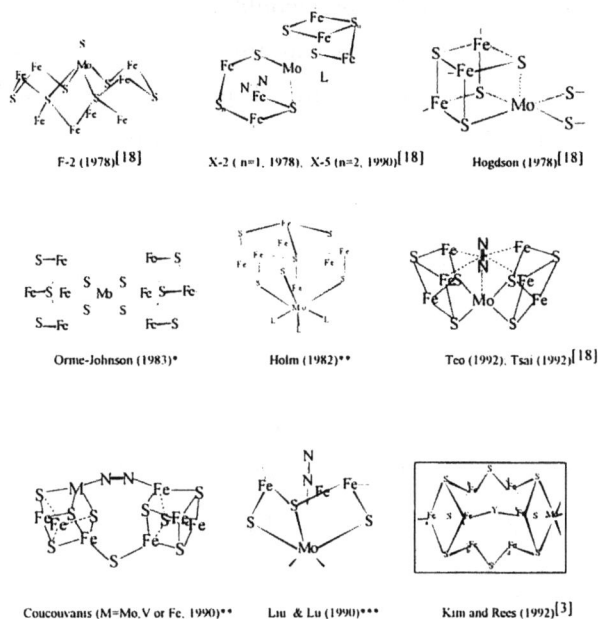

Fig. 1. Some of the cluster-structural models of FeMo-co proposed by different investigators.

STRUCTURES AND FUNCTIONS OF M-CLUSTERS AND P-CLUSTER PAIR

In the Functioning Enzyme, "Y" must be a Labile, or Labilizable Ligand

It has been suggested[8,9,18] from bioinorganic coordination chemistry that multinuclear coordination of N_2 and other exogenous substrates that the active-sites of certain labile cubane-like Mo-Fe-S clusters of nitrogenase MoFe-protein offer a plausible explanation for the known substrate specificities, product selectivities, and the relative magnitudes of substrate-binding constants, K_b ($\approx K_M^{-1}$, in mM^{-1} unit, for enzyme reactions obeying Michaelis-Menten kinetics:[11]): $N\equiv N(K_b=8.3\sim17$, inhibition by H_2 or D_2) $\geqslant (CH_2)(CH\!=\!CH)$ and $(CH_2)(N\!=\!N)(K_b\approx10)\geqslant HC\equiv CH(K_2^{-1}\approx2.5\sim7.2$; product selectivity: ca. $100\%\,cis$-$CHD\!=\!CHD$ in $D_2O)\geqslant CH_3N\!\equiv\!C(K_b\approx1.0\sim5.0;C_2H_4$ etc. as side products$)\gg C\equiv N^-$ ($HC\equiv N$) $(K_b\approx1.0\sim2.5;C_2H_4$ etc. as side-products$)>N_2O,N_3^-$ and $HN_3(K_b\approx0.9\sim1.0)\geqslant CH_3C\equiv CH(K_b\approx 0.033$; very low cis-$CH_3CD\!=\!CDH$ product selectivity in $D_2O^{[12a]})\gg CH_3C\equiv N,C_2H_5C\equiv N(K_b\approx 0.002)$.

Mononuclear sites are regarded as inadequate for explaining the known experimental facts, including the formation of HD in presence of D_2 in the reduction(i. e., reductive hydrogenation) of N_2 in $H_2O^{[1]}$, the strong binding of cyclopropene[12,9], and the large difference in binding strengths and in cis-dideuteration selectivities of $HC\equiv CH$ and $CH_3C\equiv CH$. Thus when the active enzyme starts pumping H^+ and e^- to the M-cluster, μ-"Y" must be a labilizable ligand, such as μ-O, or μ-SH, or μ-S(labilizable as H_2O, or H_2S), with a micro-environment much more spacious(and hence greater thermal vibration amplitude of "Y" and lower X-ray scattering factor) than that around either of the other two μ-S(which may not be able to form μ-SH because of less spacious microenvironment). This can also account for the

ENDOR results[20] indicating the existence of at least five sets of Fe-sites with different microenvironments, With a non-labile "Y", there would be neither adequate bond angles, nor other adequate structural parameters for binuclear or multinuclear coordination of exogenous substrates outside the cavity(as can be easily demonstrated with adequate molecular models, with the relevant v. d. W. radii taken into consideration), and neither route for entry into the cavity even for N≡N(the cavity diameter would be about 0.5Å, too small[3]) even with the M-cluster in the slightly expanded(by ≤ 0.1Å, judging from the known dimensions of $[4Fe-4S]^{1+/2+}$ fameworks), reduced state, nor route of exit from the cavity for the product C_2H_4 from C_2H_2 reduction. If this reduction should take place on a multinuclear active-site inside the cavity, the product C_2H_4 could only exit through the expanded gap left by "Y".

With the M-Cluster Cage in the Proper Position, the Cavity Should Be Accessible to N≡N, CN⁻, and CO, with the [Mo-3Fe]-Site Available Only to N≡N Reduction, and Partially Accessible to HC≡CH, Cyclopropene, and N_2O for Multinuclear Coordination and Reduction at the [6Fe]-Site

Though the equilibrium internuclear distance of the [2Fe]-site at the gap left by "Y" is only about 2.5−2.8Å, the gap should be able to expand significantly by stretching of the cationic Fe-Fe intermetallic-bond, which would also release some angular Fe-S-Fe bond-strain(the equilibrium bond-angle being only about 72°). Thus the gap between the [2Fe]-site with the two adjoining prism-faces should be able to serve as the entry route for N≡N(as well as CN⁻ and CO), and partial entry for HC≡CH and $(CH_2)(HC═CH)$(and diazirine) if these substrate molecules can approach the expanded gap endwise, or more probably sidewise, probably by first weakly coordinating double-side-on at the [2Fe]-site left by "Y" and then partially moving into the expanded cluster cage. Conceivably, this could require that the gap be held in some orientation relative to the polypeptide micro-environment to allow for addition, elimination, and interdiffusion(to and away from the gap) of substrate(which may be as large as cyclopropene or acrylnitrile) and product molecules. It has been reported[11,12] that N_2 is a competitive inhibitor of acetylene reduction; and cyclopropene and N_2O are competitive inhibitors of N_2 reduction. Thus, the binding sites of these strongly-binding substrates must be at least partially overlapped. Inside the cavity, each of these substrate molecules and the O from N_2O may be coordinated to the [6Fe]-site(in $\mu_6(\eta^2, \epsilon_4)$ mode for HC≡CH and $(CH_2)(HC═CH)$ as shown in Fig. 2e and f), but N≡N may get through a prism-face of the expanded cage and coordinate single-end-on to the Mo-site plus triple-side-on to the neighboring [3Fe]-site in a $\mu_4(\eta^2, \epsilon_1)$ mode of coordination(Fig. 2a). Thus, this would change the octahedral coordination of the Mo-site into a mono-capped-octahedral coordination (C. N. =7, which is not unusual for Mo(Ⅲ/Ⅳ) with d^3/d^2 electronic configuration[21]). In view of the large difference(∼159kcal vs. ∼140 kcal) in atomic heats of adsorption of N on Mo(100) and on Fe (100)[16], end-on binding of N≡N to the Mo-site plus side-on binding to the [3Fe]-site should be more effective than double-end-on coordination to the [6Fe]-site, which, incidentally, does not provide enough space inside the cage to split the NN bond by reductive hydrogenation, with the relevant v. d. W. radii taken into consideration. This would explain the unusually high K_b value of N_2 at the [Mo-3Fe]-site. This [Mo-3Fe]-site will also be more effective in lowering the energy of the transition states, NNH(the

Mo-NNH bond-order may be higher than that of a single-bond because of bond resonance, i. e., partial electron-delocalization to the Mo-site) and NNH$_2$ (Fig. 2b). One of the best arguments for this mode of N≡N coordination is that it provides enough space for the exo-N of N≡N to take up 3H(i. e., 3H$^+$ + 3e$^-$), probably in three cycles, to remove the exo-N as NH$_3$. Note particularly that, in this position, the 2H of the reaction-intermediate NNH$_2$ lie in the middle of the cage(Fig. 2c) and could react with a D$_2$ (or H$_2$) molecule weakly coordinated to the [2Fe]-site with the formation of 2HD(or 2H$_2$), which is known to be promoted by N$_2$ at low pN$_2$ and inhibited by N$_2$ (by effective competition with D$_2$ for the [2Fe]-site) at high pN$_2$[22]. This 2HD(or 2H$_2$) evolution reaction will be completed by further reductive-hydrogenation of the hydrazido-2 intermediate to ammonia(Fig. 2d). With higher electron and proton flux density, less HD/or H$_2$ is liberated by this mechanism in the nitrogenase catalyzed reduction of N$_2$[1,22].

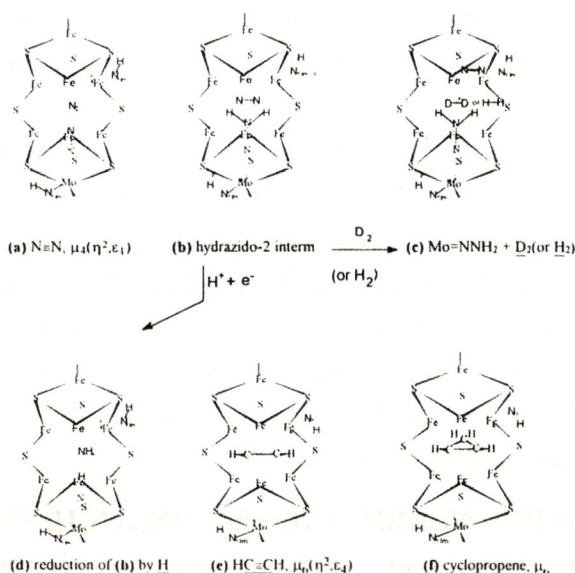

(a) N≡N, μ$_4$(η^2,ε$_{1[Mo]}$)   (b) hydrazido-2 interm $\xrightarrow{D_2}$ (c) Mo=NNH$_2$ + D$_2$(or H$_2$)

H$^+$ + e$^-$ (or H$_2$)

(d) reduction of (b) by H   (e) HC≡CH, μ$_6$(η^2,ε$_4$)   (f) cyclopropene, μ$_6$

Fig. 2   (a) μ$_4$ (η^2, ε$_{1[Mo]}$) coordination activation of N≡N at [Mo-3Fe]-site, (b) reduction of N≡N to hydrazido-2 intermediate, (c) reaction of hydrazido-2 intermediate with D$_2$ or H$_2$ to form 2HD or 2H$_2$, and inhibition by N$_2$ at high pN$_2$, (d) further reduction of hydrazido-2 intermediate(in competition with 2HD formation) to form NH$_3$ and Mo:NH; (e) and (f) μ$_6$ (η^2, ε$_4$) mode of coordination for HC≡CH and (CH$_2$)(HC=CH) at the [6Fe]-site in M-cluster cavity.

It is known[1] that, homocitrate-nitrogenase(e. g., Av or Cp) is active in the reductive hydrogenation of N$_2$ and acetylene, as well as in the H$_2$-evolution reaction, which is not susceptible to CO inhibition; and that the citrate-nitrogenase from nifV$^-$-mutant is fairly active in the reductive hydrogenation of acetylene and in the H$_2$-evolution reaction, but is ineffective in the reductive hydrogenation of N$_2$, and the H$_2$-evolution reaction is susceptible to CO inhibition. Before providing a more detailed explanation (see below), a simple explanation of these known experimental facts may be suggested here. In the case of homocitrate-nitrogenase, the terminal γ-carboxylate(referred to the C* of the hydroxy-carboxylate bidentate-ligand as the alpha-C), which, according to Rees et al. [3], is oriented toward the P-cluster pair, may be just long enough(with the nucleus of a γ-carboxylate oxygen about 7.5 Å away from the Mo nucleus, as can be demonstrated by means of molecular models) to reach out to a position to protect

787

a H_2-evolution site presumably on the P-cluster pair of the functioning enzyme complex from inhibition by CO end-on coordination, in which the oxygen nucleus of CO would be ca. 3.0A away from the coordination site, presumably a nearby Fe atom of the P-cluster pair, and about 2.8 to 3.0A away from a γ-carboxylate-O, with the v. d. W. radius taken into consideration). At the same time, the other γ-carboxylate-O could serve as a link or mediator in a P-cluster-to-Mo-site proton/electron-transport relay-pathway specifically needed for the reductive hydrogenation of N_2, but not needed for the reductive hydrogenation of acetylene and other exogenous substrates. On the other hand, the β-carboxylate chains (also referred to the OH-carrying C as alpha-C) of citrate-nitrogenase may be too short (by one CH_2 link) to protect the H_2-evolution site presumably on the P-cluster pair, or to serve as a mediator of the proton/electron-transport relay-pathway. Obviously, there is at least an additional proton (and electron)-transport pathway for the reductive hydrogenation of acetylene and other exogenous substrates; and in the absence of these exogenous substrates, this additional proton/electron-transport pathway may lead to evolution of H_2 at some H_2-evolution site(s) not involving Mo-site. Incidentally, a two-sites model for H_2-evolution have recently been proposed by Li *et al.*[23] based upon kinetic analysis of the interrelationship between N_2-reduction and H_2-evolution reactions. N_2O is also known to be a competitive inhibitor of N_2 reduction. $N≡N—O$ may enter the cavity through a prism face by its O-end and leave the O with liberation of N_2 and formation of H_2O. $C≡N^-$ could also enter the cavity and coordinate C-end-on to the [Mo-3Fe] site, but in the presence of a proton/electron flux, it is easily converted into HCN, a substrate with very low binding affinity. All other substrates are too large to get into the cavity through the gap. Thus the cage-like M-cluster could be regarded as an exquisite example of the principle of shape-selective, inside-the-cage "molecular sieve" catalysis, long before catalysis scientists recognized this principle in zeolites!

$CH_3C≡CH(n\text{-}RC≡CH)$, $n\text{-}RC≡N$, $n\text{-}RN≡C$, $C≡N^-$, HN_3, (N_2H_4, C_2H_4, and $H_2C=C=CH_2$) May Coordinate and Be Reductively Hydrogenated at the [2Fe]-site; CO is Not a Substrate, But a Potent Inhibitor Inside and Outside the Cage

$CH_3C≡CH$ and other small terminal alkenes can not get into the cage; they may, however, coordinate as a very weakly bound di-σ-type $μ_2(η^2, ε_2)$-ligand just outside the cage on the [2Fe-site] at the gap left by "Y, there $CH_3C≡CH$ has a very small binding constant (K_b about two orders of magnitude smaller than that of $HC≡CH$)[10,11] and a very low (ca. 28%[12a]) $cis\text{-}CH_3CD=CDH$ product selectivity in the reductive-deuteration of $CH_3C≡CH$ in D_2O[12a], in contrast with the very high $cis\text{-}d_2$ selectivity in the reductive deuteration of the strongly bound $μ_6\text{-}HC≡CH$ and of cyclopropene (to $cis\text{-}d_2$-cyclopropane[12a] as one of the products). This can be explained if the addition of 2D (i. e., $2D^+ + 2e^-$) takes place one at a time with some extent of free rotation of the monodentate vinyl intermediate coordinated at an Fe of the [2Fe]-site outside the cavity, but no free rotation with the vinyl double-bond coordinated to multinuclear site inside the cavity. Since N_2-ase substrates, $n\text{-}RC≡CH$, $n\text{-}RC≡N$, and $n\text{-}RN≡C$ have about the same chain-length restriction ($n\text{-}R$ being about $C_2\text{-}C_3$ in chain length, and unbranched at the alpha position[10]), it has been proposed[8,9,18] that these substrates are probably coordinated in similar modes and alignments at the same active-site (Fig, 3a). It is known[11] that CH_3NC, CN^-, and N_3^- (HN_3) are mutually competitive inhibitors, indicating overlapping of their active site(s). These three substrates may also assume a $\mu_2(\eta^2, \epsilon_2)$ mode of coordination on the 2Fe-site, similar di-σ-type $\mu_2(\eta^2, \epsilon_2)$ mode of coordination for t-BuN$\equiv$C being known in the cluster-complex, (t-BuNC-Ni)$_4(\mu_2$-t-BuNC)$_3$ [24]. The negatively charged C$\equiv$N$^-$ may be more easily retained by the [2Fe]-site and be protonated first to form μ-CNH ligand(Fig. 3b). Further reduction to form 2-e$^-$, 4-e$^-$, and 6 $-$e$^-$ reduction products, CH$_2$=NH[25](Fig. 3c), CH$_3$NH$_2$[10], and CH$_4$ plus NH$_3$[10] have been reported, as well as small amounts of C$_2$ side-products most probably coming from cis-insertion of CH$_2$ intermediate with CN$^-$ or CNH(Fig. 3d). This certainly cannot take place inside the cavity because of the limited space. HCN is a much weaker substrate than CN$^-$, as in the case of CH$_3$C$\equiv$N vs CH$_3$N$\equiv$C. Therefore, HCN may serve mainly as a source of CN$^-$ by fast ionization. In the absence of proton-relay to the Mo-site, as in the case of $citrate$-nitrogenase, any CN$^-$ getting into the cavity and coordinated on the Mo-site may be reductively hydrogenated to C-NH$_2$ as a dead end(Fig. 3e, to be explained later) by a proton/electron transport pathway involving some of the Fe sites.

Likewise, at the [Mo-3Fe]-site there is no space for the Mo-bound CO to be reductively hydrogenated to form the angular intermediate HCO as a starting step of CO reduction, since a CO end-on coordinated on the Mo-site would be tightly squeezed at the middle of the molecule by the neighboring [3Fe]-site. CO can also block the gap by C-end-on bridging the [2Fe]-site. This offers an explanation for the fact that CO is not a substrate of nitrogenase, but instead is a potent inhibitor to the reduction of the all the exogenous substrates(Fig. 3f).

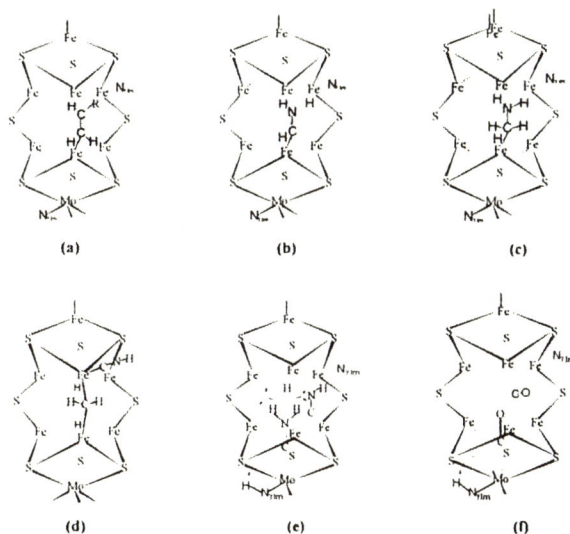

(a)   (b)   (c)

(d)   (e)   (f)

Fig. 3.   (a)Generalized mode of n-RC$\equiv$C(H) and (n-RC$\equiv$N, n-RN$\equiv$C)coordination at the [2Fe]-site with H;(H$^+$+e$^-$) tunneling into cavity from Im-His^{a62}-bound Fe-site, (b)formation of μ_2-C$\equiv$NH via reaction of C$\equiv$N$^-$ with H$^+$, (c)in the formation of 2-e$^-$(4-e$^-$ and 6-e$^-$) reduction products of C$\equiv$N$^-$, (d)HN$\equiv$C ready for cis-insertion into CH$_2$ to account for C-C bond formation in C$_2$ side-products, (e)with citrate nitrogenase, self-inhibition of CN$^-$ reduction by formation of C=NH , or C-NH$_2$ bound to the [Mo-3Fe]-site as dead-end poison of the cavity, hindering H ligand formation and migration inside the cavity due to v. d. W. repulsion(indicated by ✗)between H ligand and the η-hydrazido-H, (f)C$\equiv$O as inhibitors of the μ_4-site and μ_2-site.

Further Support of the Above Arguments from *in-Vitro* Biosynthesis and Properties of FeMo-Cofactors or Enzyme Systems Separately Incorporated with Various Homocitrate-Analogs[13-15]

The important results of *in vitro* synthesis of FeMo-cofactors or enzyme systems incorporated separately with various homocitrate analogs and other organic acids reported in the literature[13-15] is summarized in Table 1. It has been demonstrated that (R)-homocitrate and (R) citroylformate are much more effective than the corresponding(L) isomers for incorporating ^{99}Mo into the enzyme systems, and with diastereo isomers of the hydroxy-polycarboxylates, the erythro isomers are much more effective than the corresponding threo isomers. It also appears that the homocitrate analogs with C_6 chain-length are much more effective than the citrate and malate analogs with C_5 and C_4 chain-lengths(Table 1). With the α-hydroxycitrates, the terminal α-hydroxycitrate chelate group may be preferentially incorporated into the enzyme system, rather than the "internal α-hydroxycitrate group".

In this paper, the hydroxycarboxylate bidentate group that appears to be effective in incorporating Mo will be assumed to be bound to the Mo-site as a bidentate ligand, as in the well-characterized homocitrate-M-cluster. This will be referred to as the coordinated *α-hydroxycitrate group*, no matter whether it is a terminal or an internal bidentate hydroxycarboxylate group. Although the FeMo-cofactors incorporated with various organic acids besides homocitrate have not been characterized *before* incubation with *UW*45 or other FeMo-co defective apo proteins, and the activities of the resulting enzyme systems have not been expressed in terms of turnover number for each Mo, the *in vitro* biosynthesis of nitrogenases have yielded results of great significance. For example, the compositional and functional differences between homocitrate-FeMo-co of wild-type nitrogenase and citrate-FeMo-co of nifV$^-$ mutant nitrogenase have been identified. They have also shown some important patterns with respect to substrate-specificities and inhibitor(CO)-susceptibilitles(Table 1). An electronic factor has been proposed to interpret the results[13-15]. However, it seems to us that here in most cases a steric factor may be dominant. For example:

(1)Nitrogenase systems incorporated separately with homocitrate(I),citroylformate(II),erythro-fluorohomocitrate(III), threo-fluoro-homocitrate (IV), erythro-homoisocitrate (V), erythro-isocitrate (VI),erythro-1-OH-citrate(IX),and(R)-α-methylmalate (X) are all active for H_2-evolution reaction. The lower activities of nitrogenase systems incorporated separately with citrate(VI) and threo-isocitrate (VIII) might be due to incomplete incorporation of Mo,in spite of the 100-fold excess of the two organic acids used as compared with I . It is especially noteworthy that the H_2-evolution reaction is practically nonsusceptible to inhibition by CO for nitrogenase systems incorporated separately with I , II , III , V , VII ,and IX ,each of which carries a longer(i. e.,γ- or δ-)carboxylate chain known to be pointing toward the P-cluster pair in the case of homo-citrate-M-cluster[3,5]. The same reaction is susceptible to CO inhibition with those nitrogenase systems incorporated separately with threo-flurohomocitrate(IV) and threo-isocitrate(VIII),which may be due to deviations in orientation of their γ-carboxylate chains as compared to those containing erythro isomers(III and VI ,or those incorporated with VI and X ,which do not carry any carboxylate chains longer than β-carboxylate. This strongly indicates that the properly oriented γ-carboxylate(or δ-carboxylate) chain may be just long enough to reach out to protect a H_2-

evolution site on the P-cluster pair in the *functioning* enzyme complex.

Table 1 Substrate Specificities and Inhibitor Susceptibilities of Altered Nitrogenase Systems or Various FeMo-Cofactors Incorporated Separately with Homocitrate Analogs[13-15]a

	H. C. analog(mM)									
	I	II	III	IV	V	VI	VII	VIII	IX	X
	G	G	G	G	G	G	G	G	G	G
	HCH	HCH	FCH	HCF	HCOH	HCH	HCOH	HCOH	HOCH	HCH
	GCOH	GCOH	GCOH	GCOH	GCH	GCOH	GCH	GCH	COH	GCOH
	HCH	HCH	HCH	HCH	HCH	HCH	HCH	HCH	HCH	HCH
	HCH	CO	HCH	HCH	HCH	G	G	G	G	H
	G	G	G	G	G					
Reaction activity	(R)	(R)	(ery.)	(thr.)	(ery.)		(ery.)	(thr.)	(ery.)	(R)
CO inhib.(%)	[0.08]	[0.16]	[0.16]	[0.16]	[0.80]	[8.00]b	[4.00]	[8.00]b	[4.00]	[2.00]
$N_2 \rightarrow NH_3$	100	46	28	3	ND	6.5b	ND	ND	ND	ND
						3[11]			4[11]	7[11]
$H^+ \rightarrow H_2$	100	71	78	87	83	40b	87	29b	85	53
CO inhib.(%)	0	0	5	59	0	59b	0	53b	0	64
$C_2H_2 \rightarrow C_2H_4$	100	63	60	50	8.5	37b	23	36b	31	42
$CN^- \rightarrow CH_4$	100	ND	100	114	81	19b	67	24b	48	ND
CO inhib.(%)	89	ND	99	100	24	85	9	87	16	ND

a Notations: G≡-COOH; GCOH≡α-hydroxycarboxylate group; [xxx] in mM.

b Low activities partly due to inefficient Mo incorporation? Data for citroylformate (II) take from Ref. 15; the rest from[13-14].

(2) The presence of a β-carboxylate chain in an organic acid (a homocitrate or citrate analog) incorporated in a nitrogenase system is essential to the activity of the system for the reductive hydrogenation of both N_2 and acetylene. This is in line with the suggestion[3] that the β-carboxylate group may interact with Gln^{a191} residue to help keep the cage and the gap in a proper polypeptide microenvironment. Here it is suggested that the gap can thus serve, in conjunction with the two adjoining prism-faces, as an entry point for N≡N and partial entry for HC≡CH (and cyclopropene).

(3) The presence of a terminal γ-carboxylate chain pointing toward the P-cluster pair in an incorporated organic acid is also essential to the activity of the corresponding nitrogenase system for the reductive hydrogenation of N_2, but not essential to the activity for reductive hydrogenation of acetylene. For this latter reaction, even α-methyl-malate (X)-incorporated enzyme system showed fairly good activity[14a], whereas for the former reaction, only the enzyme systems incorporated separately with organic acids I, II, III were active[14,15], in decreasing order, indicating that, for the reductive hydrogenation of N_2, the structural requirement is the most stringent. This is in line with the suggestion

that N≡N and HC≡CH are probably coordinated and reduced on active-sites inside the cage, but in different modes of multinuclear coordination and activation. This also strongly suggests that a proton/electron transport pathway is specifically required for the reductive hydrogenation of N_2. A plausible explanation for this specific requirement may be suggested as follows. After the exo-N of the $\mu_4(\eta^2,\varepsilon_1)$-coordinated N≡N is reductively hydrogenated and removed as NH_3, the remaining endo-N or NH is still buried under the [3Fe]-sites and directly bound to the Mo-site with no space for the formation of an NH_2 ligand. Thus, for further reductive hydrogenation of the Mo-bound NH, a special proton/electron-transport pathway consisting of a proton relay and tunneling system involving two H_2O molecules (hydrogen-bonded to polypeptide environment), and mediated by the γ-carboxylate group in conjunction with Im-His^{a442} ligand(Fig. 4), may be needed to transport a proton from the protonated thiolate ligand ($HS_\gamma Cys^{a62}$) to the Mo-site. Simultaneously, an electron may be transported through certain polypeptide α-helixes to the attached imidazole ligand[26] to form a hydrido ligand on the Mo-site and directly underneath the NH. The NH ligand might thus be pushed up onto the 3Fe-sites to be further reduced to NH_3; and the Mo-bound H might subsequently unite with a H^+ and an e^- to form H_2. Thus the overall N_2/H_2 ratio is close to 1∶1, as observed at high pN_2[22] if H_2 evolution at the Fe3p-site(Fig. 4c), as well as the reaction of H_2 at the [2Fe]-site with NNH_2 at the [Mo-3Fe]-site(Fig. 2c), is suppressed by N≡N(side-on coordination) at high pN_2. Note that the—H-O—H-bond angle is about 105°, and the linear O-H—O(or N) bond-length ca. 3.0 Å[27]; and thus one of the γ-carboxylate-oxygens may be ca. 4.8Å from $S_\gamma Cys^{a62}$ on one side(where one H_2O may be hydrogen-bonded), and ca. 4.8Å from the imidazole-N_α of His^{a442} from the other side(where a second H_2O may be hydrogen-bonded). These are in position to mediate the proton-relay system; proton αβγ-shift from ImN$_\alpha$ to Im-N$_\gamma$ is fast, and H^+-tunneling from Im-N$_\gamma$ through the bulky 3S outskirt of the M-cluster cage to the directly ligated Mo-site should also be

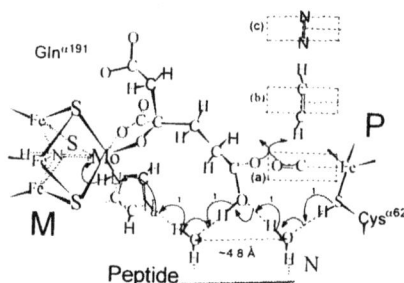

Fig. 4　(a) Proton transport from P-cluster pair Fe3(P)-S$_\gamma$Cys^{a62} to Mo-site(ligated by NH) through H^+-relay and tunneling system involving two H_2O mediated by the γ-carboxylate and by Im-His^{a442}. Curved arrows denote linear shufflings(marked by Arabic numeral 1, indicating simultaneous, linear moments of the protons, each by about 1.0°) and subsequent angular shufflings(unmarked) of protons, (a) dotted rectangle with enclosed C≡O indicating protection of Fe3(P) site from C≡O end-on coordination by the γ-carboxylate(due to v.d.W. repulsion, as indicated by); (b) and (c) dotted rectangles with enclosed acetylenic and N≡N bonds indicating non-inhibition of HC≡CH and N≡N side-on coordination by γ-carboxylate.

fast since proton is an elementary particle with negligible size compared with H°(v.d.W. radius≈1.0Å[28]), or H^-(r^-≈1.8Å). This would be an interesting example of a proton-transport pathway involving a proton relay and tunneling system in a biological system.

(4) For the reductive hydrogenation of CN^- in the absence of CO, the structural requirements of the incorporated organic acids were found to be much less stringent than that for the reductive hydrogenation of acetylene. For this reaction, however, the pattern of susceptibilities to CO inhibition of the enzyme systems incorporated separately with the ten organic acids is quite different from that for the

H_2-evolution reaction, the activity appears to be unaffected by the presence or absence of a γ-car-boxylate(or δ-carboxylate) chain near the P-cluster pair. The strong inhibition of the reductive hydrogenation of CN^- by CO with nitrogenase systems incorporated with Ⅰ,Ⅱ,and Ⅲ,in spite of the presence of a γ-car-boxylate chain oriented toward the P-cluster pair in each case,may each be due to the presence of a β-carboxylate,which can help keep the cage and the gap in a proper micro-environment to allow the entry of CO and inhibition of active-site(s) inside the cavity;and the blockage of the gap and inhibition of the [2Fe]-site by a bridging CO $\mu(\mu^1,\varepsilon_1)$ ligand. The low susceptibilities of this reaction to CO inhibition with nitrogenase systems incorporated with Ⅴ,Ⅶ,and Ⅸ may be due to the presence of an α-H in each case,which is too small to keep the neighboring polypeptide chain at a distance. Thus, there may not be enough space at the [2Fe]-site for the formation of C-end-on bridging CO at the [2Fe]-site,and mononuclear coordination of CO may not be effective enough to inhibit the [2Fe]-site against binuclear coordination of the CN^- substrate. In the absence of CO, the low activity of the nitrogenase system for the reductive hydrogenation of CN^- may be due to incomplete incorporation of Mo in view of the poor activity of this enzyme system for the H_2-evolution reaction.

The low activity of the enzyme system incorporated with citrate (Ⅵ) for the reductive hydrogenation of CN^- may be explained on the basis of self poisoning by CN^- as follows. After the addition of 2H successively to CN^- at the [Mo-3Fe]-site to form $C-NH_2$,there is no space for the Mo-bound C of $C-NH_2$ to bind an H,also it is energetically unfavorable to break the $C-NH_2$ bond by further reductive hydrogenation at the N,leaving the C atom behind in the cationic micro-environment of the [Mo-3Fe]-site. Thus,a $C-NH_2$ group inside the cavity may become a dead-end poison as illustrated in Fig. 3e,since it will also hinder the formation of a hydrido ligand inside the cavity for cis-insertion to a substrate coordinated at the [2Fe]-site. Here,a proton and electron could probably tunnel through His^{a195}-imidazole ligand to the $Fe2_M$-site,and then migrate to the $Fe3_M$ of the [2Fe]-site. In the functioning nitrogenase, His^{a195}-Im is believed to be bound to the M-cluster[3,4], most probably coordinated to the nearby $Fe2_M$-site. This offers a plausible explanation for the unusually low activity of CN^- reductive hydrogenation with citrate-nitrogenase (ca. 19% or below 50% of the activity of homocitrate-nitrogenase)[14b].

Some Important Experimental Supports

The above-mentioned structure-function relationship arguments are strongly supported by experimental results recently obtained by Drs. A. M. Liu[29],Y,-Z. Yuan,Z.-H. Zhou,and J.-W. Huang in collaboration with our colleagues at the biochemical laboratory of the Biology Department at Xiamen University. The results obtained by Huang et al.[30] are especially significant:it was observed that partial inhibition of $HC{\equiv}CH$ reductive deuteration in D_2O by $N{\equiv}N$ decreased the cis-selectivity of $HDC{\equiv}CDH$;ca 4.8%,3.2%,and 5.0% trans-d_2 HDC=CHD were observed from FT-IR spectra of the ethenes-1,2—d_2 obtained,respectively,with mixtures of $HC{\equiv}CH$ and $N{\equiv}N$ in the ratios of 1 : 108 and 1 : 217 v/v,as compared with ca. 0.7%,1.6%,and 1.9% trans isomer observed with $HC{\equiv}CH$ in argon(1 : 108 and 1 : 217 v/v) in the absence of $N{\equiv}N$. These were just about the expected magnitudes if the reductive hydrogenation of acetylene took place predominately at the [6Fe]-site inside the M-cluster cavity and was competitively inhibited by $N{\equiv}N$ to the extents of about 70% and 90%,while the reductive hydrogenation of a small proportion of $HC{\equiv}CH$ on the [2Fe]-site(with very low binding affinity for $HC{\equiv}CH$ as for $CH_3C{\equiv}CH$) remained practically non-inhibited by $N{\equiv}N$,and produced about the same amounts of cis- and trans-ethylene-d_2 as in the presence of argon without $N{\equiv}N$. Experimental confirmation of the results by means of ^{1}H-NMR spectroscopy is in progress. The results obtained by Liu *et al*.[29] on inhibition of nitrogenase active-sites by DPPE($Ph_2PCH_2CH_2PPh_2$) showed that this chelating agent inhibited H_2-evolution by about 30% while slightly *promoted* (ca. 10%) acetylene reduction, indicating that it might inhibit a H_2-evolution site of the P-cluster pair. All these observations are in line with our arguments about the structure-function relationship of MoFe-protein M-cluster and P-cluster pair.

ACKNOWLEDGMENTS

This work is supported by a national key research project on symbiotic nitrogen fixation and by the National Natural Science Foundation of China. The authors gratefully acknowledge their thanks to Professors Jiaxi Lu and Ao-qing Tang for helpful discussions and constant encouragement, and wish both of them happy 80th birthdays. This work would not have been completed without the close collaboration of the Chemistry Department and the Biochemical Laboratory of the Biology Department at Xiamen University, and a group of capable postdoctoral associates and our former graduate students, Drs. A. -M. Liu, H. -B. Chen, Z. -H. Zhou, Y. -Z. Yuan, and, in particular, Dr. J. -W. Huang, who just received his PhD degree after actively participating in this project. To all of them our thanks are due.

REFERENCES

[1] B. K. Burgess(1990), Chem. Rer. **90**, 1377~1406.

[2] B. E. Smith et al. (1973), Biochem, J. **135**, 371~441.

[3] (a) J. Kim and D. C. Rees(1992), Science **257**. 1677-1682; (b) M, K. Chan et al(1993), Science **260**, 792~794.

[4] (a) D. C. Rees et al., in E. I. Stiefel et al. (eds.), Molybdenum Enzymes, Cofactors, and Model Systems, (Am. Chem. Soc., Washington, D. C., 1993), pp. 170~185; (b) M. K. Chan et al., in Adv. Inorg, Chem., (Vol. 40) (Academic Press, New York, 1993), pp. 89~119.

[5] J. Kim and D. C. Rees(1993), Biochemistry **32**, 7104~7115; (1994), ibid. **33**. 389~397.

[6] J. T. Bolin et al., in E. I. Stiefel et al. (eds.). Molybdenum Enzymes, Cofactors, and Model Systems(Am. Chem. Soc. Washington, D. C, 1993), pp. 186~195.

[7] M. M. Georgiadis et al. (1992), **257**, 1653~1659.

[8] (a) K. R. Tsai and H. L. Wan, in M. Tsutsui et al. (eds.), Fund. Res. in Organomct. Chem. (University Park Press, Baltimore, 1982), pp. 1~12; (b) K, R, Tsai(1964), J. of Xianmen Univ, (Nat. Sci. Ed.) **11**(2/3), 23.

[9] (a) K. R. Tsai et al. (1987). in Y. Q. Tang(ed.) Advances in Science of China-Chemistry **2**, 125 (1987); (b) K. R. Tsai, in W. E. Newton and W. H. Johnson(eds.) Nitrogen Fixation, Vol. 1 (Univ. Park Press, Baltimore, 1980), pp. 373~387, (c) Xiamn Univ, Nif Res, Group(K. R. Tsai) (1976), Schuia Sinica **19**, 460~474.

[10] (a) R. W. F. Hardy, in R. W. F. Hardy et al. (eds.) A Treatise on Dinilrogen Fixation, Sect. I and II (John Wiley, 1979), Chap. 4; (b) R. W. F. Hardy et al. (1971), Advan. in Chem. Ser. **100** (Am. Chem. Soc.), pp. 219~247.

[11] R. H. Burris, in R. W. F. Hardy et al. (eds.), A Treatise on Dinitrogen Fixation, Sect. I and II (John Wiley, 1979), Chap. 5.

[12] (a) C. E. McKenna et al. (1976), Proc. Natl. Acad. Sci, USA **76**, 4773; (b) C. E. McKenna et al.

in W. E. Newton and W. H. Johnson (eds.), Nitrogen Fixation, Vol. 1 (Univ. Park Press, Baltimore,1980),pp. 223~235.

[13](a) V. K. Shah et al. (1986) Proc,Natl. Acad. Sci., USA,**83**,1636;(b) T. R. Hoover et al. (1987),Nature(London) **329**,855,(c)T. R. Hoover et al. (1989),Biochemistry **28**,2768;(d) V. K. Shah et al., in P. M. Gresshoff et al. (eds.), Nitrogen Fixation: Achievements and Objectives(Chapman and Hall,1990),pp. 87/92.

[14](a) J. Imperial et al. (1989),Biochemistry **28**,7796~7799;(b) M. S. Madden et al. (1990), Proc,Nall. Acad Sci. USA **87**,6517~6521.

[15]P. W. Ludden et al. in E. I. Stiefel et al. (eds.),Molybdenum Enzymes,Cofactors,and Model Systems(Am. Chem,Soc.,Washington,D. C.,1993),pp. 196~215.

[16]G. Ertl,in T. N. Rhodin and G,Ertl(eds.) The Surface Chemical Bond(North-Holland,1979), Chapt. 5.

[17]W. E. Newton,in R. Palacios et al. (eds.)New Horizons in Nitrogen Fixation(Kluwer Acad. Pub.,1992),pp. 5~18.

[18]K. R. Tsai et aI.,in G. F. Hong(ed.),Nitrogen Fixation and Its Research in China(Springer-Verlag,1992),pp. 87~117.

[19]H. -L. Wan and K. R. Tsai(1981),J. Xiamen Univ. (Nat. Sci.) **20**,62~73.

[20](a) B. M. Hoffman et al. (1982),J. Am. Chem. Soc. **104**,860,4711;(b) R. A. Venters et al. (1986),ibid. **108**,3487.

[21]D. L. Kepert,Inorganic Stereochemistry(Springer-Verlag,Berlin,1982),Chap. 12.

[22](a) J. L. Li and R. H,Burris(1983),Biochemistry **22**,4472~4480;(b)B. B. Jensen and R. H. Burris(1985),ibid. **24**,1141.

[23]Z-S. Zhang et al. (1993),Acta. Microbiol. Sinica **33**,320~330.

[24]E. L. Muetterties el at. (1977),J. Am. Chem. Soc. **99**,743;A. L. Thomas et al. (1976),ibid. **98**,7260.

[25]J. G. Li et al. (1982),Biochemistry **21**,4393~4402.

[26]D. S. Wottke et al. (1992),Science **256**,1007~1009.

[27]H. Umeyama and K. Morokuma (1977),J. Am. Chem. Soc. **99**,1316.

[28]W. H. Bau(1992),Acta Cryst **B48**,745.

[29]A. -M. Liu et al. (1994),J. Mol. Catal,(China)**8**,81~84.

[30]J. -W. Huang et al. (1994),Submitted for presentation at the 10th Int. Congress on Nitrogen Fixation.

■ 本文原载：Applied Catalysis A：General 133(1995)，pp. 263～268.

Oxidative Dehydrogenation of Ethane over BaF$_2$-LaOF Catalysts

X. P. Zhou，Z. S. Chao，J. Z. Luo，H. L. Wan*，K. R. Tsai

(Department of Chemistry, Xiamen University, Xiamen 361005,

People's Republic of China)

Received 25 November 1994； revised 29 June 1995； accepted 19 July 1995

Abstract The oxidative dehydrogenation of ethane was investigated on LaOF and BaF$_2$-LaOF catalysts. It was found that BaF$_2$-LaOF was more effective than LaOF for the catalytic conversion of ethane to ethylene. A selectivity of 74% for ethylene was obtained at 55% ethane conversion over 8mol-%BaF$_2$-LaOF compared with a selectivity of 58.5% for ethylene at 44.6% ethane conversion over LaOF under the same conditions：reaction temperature 660℃，C$_2$H$_6$：O$_2$ = 67.7：32.3 and a feed gas flow-rate of 90 mL/min. It was also found that part of the ethylene in the products was produced by the thermal cracking of ethane. X-ray diffraction results showed that，when the molar percentage of BaF$_2$ in BaF$_2$-LaOF was less than 18%，only tetragonal LaOF was observed，and when the molar percent of BaF$_2$ in BaF$_2$-LaOF increased from 18% to 50%，tetragonal LaOF and lattice-contracted BaF$_2$ were observed.

Key words BaF$_2$-LaOF catalyst Oxidative dehydrogenation of ethane Ethane

1. Introduction

The catalytic oxidative dehydrogenation of alkanes to alkene is important both in industry and for fundamental study. In the last decades，highly selective oxidative processes for the production of butadiene[1]，isoprene[1,2]，and acrolein[3] from mono-alkenes have been developed. But the oxidative dehydrogenation of alkanes to the corresponding alkenes，including the catalytic oxidative dehydrogenation of ethane(ODE) to ethylene has not been developed successfully. Since Thorsteinson et al.[4] reported the oxidative dehydrogenation of ethane over Mo-V-O catalysts，only a few papers have been published in this area. Catalysts developed were generally Mo-O，V-O，Mo-V-O or other metal oxide promoted Mo-V-O catalysts[4-7] and alkali metal oxide promoted MgO catalyst[8]. A relatively more efficient lithium-promoted magnesium oxide catalyst and Li$^+$- MgO-Cl$^-$ catalyst have been reported by Lunsford and co-workers[8,9]. However，due to the loss of Li$^+$ or Cl$^-$，the catalytic activity

---

* Corresponding author. Tel. (+86-592) 2086405,fax. (+86-592) 2086116.

decreased faster. In the present paper, an account of the oxidative dehydrogenation of ethane over BaF$_2$ promoted LaOF is given.

2. Experimental

LaOF was prepared by grinding an equal molar ratio of LaF$_3$ and La$_2$O$_3$ in a mortar. The mixture was then pressed into pellets under a pressure of 300 kg/cm^2, and calcined at 900℃ for 4 h. The X-ray diffraction(XRD) measurement proved that the resulting material was tetragonal LaOF. BaF$_2$/LaOF catalysts were prepared by using appropriate amounts of BaF$_2$ and LaOF according to the same procedure as above for LaOF preparation. After calcination, the pellets of LaOF and BaF$_2$-LaOF were crushed and sieved to a grain size of 40—80 mesh before use.

The reactions were performed in a fixed-bed quartz reactor (I. D. 0. 8 cm) under atmospheric pressure. 0. 5 mL of catalysts were loaded in the middle part of the reactor. The rest of the reactor was filled with quartz sand of grain size 20 to 40 mesh.

A 102G-D gas chromatograph equipped with a thermal conductivity detector was employed to analyze the gaseous effluent. A 5 molecular sieve column was used to analyze O$_2$ and CO, and a Porapok Q column to analyze CH$_4$, CO$_2$, C$_2$H$_4$ and C$_2$H$_6$.

The specific surface area of the catalysts was measured on a Sorptomatic-1900 using N$_2$ as the adsorbate by the BET method at liquid nitrogen temperature. Before the measurement, the samples were treated at 300℃ for at least 3 h at a pressure $P < 8$ Pa.

The phase analysis of the catalysts was carried out on a Rigaku Rotaflex D/max-C XRD system using Cu Kα($\lambda = 1. 5406$Å) radiation.

3. Results and discussion

In the catalytic performance evaluation, no dilute gas was used in any of the reactions. All the data were collected after 6 h on stream. Table 1 shows the promotion of BaF$_2$ to LaOF, and the effect of BaF$_2$ content on catalytic activity and selectivity of the catalysts. When the reactor was filled with quartz sand alone, ethane conversion was below 5. 5% at 720 ℃. This result indicates that the gas-phase reaction of ethane with molecular oxygen may be inhibited by using quartz sand and that, below 700 ℃, the noncatalytic gas-phase reaction between ethane and molecular oxygen was basically negligible. It can be seen that LaOF is an active ODE catalyst at 660℃, but its selectivity for ethylene formation is limited to 58. 52%. When BaF$_2$ was added to LaOF, both ethane conversion and ethylene selectivity increased significantly. BaF$_2$ contents from 6 mol-% to 18 mol-%, give the highest ethane conversions and ethylene selectivities. A life-span test with a 14 mol-% BaF$_2$-LaOF catalyst showed no decrease in catalytic activity and ethylene selectivity during 26 h on stream. The catalytic performance evaluation also indicates that the reaction over LaOF or BaF$_2$-LaOF is an oxygen-limited reaction.

Table 2 shows the ODE results for 6 mol-% BaF$_2$-LaOF at different reaction temperatures. As can be seen, when the reaction temperature was increased from 580℃ to 640℃, ethane conversion increased from 34. 85% to 50. 65%, and the selectivities of CO, CH$_4$ and C$_2$H$_4$ changed slightly, while CO$_2$

selectivity decreased from 21.13% to 18.46%; Meanwhile the percentage content of O_2 in the effluent decreased. When the reaction temperature reached 660℃, all the oxygen was consumed. With further increase of temperature from 660℃ to 700℃, the conversion of ethane increased from 54.70% to 62.64%, suggesting that 7.94% of the ethane conversion may have resulted from thermal cracking of ethane. No measurements were made to determine if coke was formed under these conditions.

Table 1 ODE performance of BaF_2-LaOF with different BaF_2 content[a]

Catalyst	T(℃)	X_{O2}[b](%)	Selectivity(%)				Conversion of ethane(%)	Yield of ethylene(%)
			CO	CH_4	CO_2	C_2H_4		
Quartz sand	700	31.69	0	0	25.81	74.18	2.95	2.19
	720	31.21	0	0	20.64	79.30	5.22	4.14
LaOF	660	0	13.29	4.01	24.19	58.52	44.63	26.11
6% BaF_2-LaOF	660	0	10.28	3.57	17.16	68.99	54.70	37.74
	680	0	9.67	4.02	16.41	69.89	57.29	40.04
8% BaF_2-LaOF	660	0	2.88	3.79	19.29	74.04	55.20	40.87
	680	0	8.24	5.86	17.58	68.30	57.31	39.14
10% BaF_2-LaOF	660	0	8.28	4.18	17.63	70.65	57.79	40.83
	680	0	10.18	5.10	15.78	68.94	63.64	43.87
12% BaF_2-LaOF	660	0	8.08	3.12	20.33	68.48	50.16	34.35
	680	0	8.06	3.61	17.69	70.63	56.16	39.67
14% BaF_2-LaOF	680	0	9.84	3.59	19.68	66.89	58.42	35.73
18% BaF_2-LaOF	680	0	7.16	3.66	17.56	71.63	57.63	41.28
22% BaF_2-LaOF	680	0	10.12	2.46	20.46	67.36	51.17	34.47
26% BaF_2-LaOF	660	0	9.29	3.47	20.81	66.43	52.37	34.79
	680	0	10.33	4.88	19.04	65.75	55.79	36.68
30% BaF_2-LaOF	660	0	7.94	3.53	24.52	64.01	46.18	29.56
50% BaF_2-LaOF	680	0	8.23	2.98	22.07	66.72	51.47	34.34

[a] Reaction conditions: C_2H_6 : O_2 = 67.7 : 32.2; flow rate of feed gas = 90 mL/min.

[b] X_{O2}: the molar percentage concentration of O_2 in the effluent.

Table 2 Effect of reaction temperature on ODE performance[a]

T(℃)	X_{o2}[b](%)	Selectivity(%)				conversion of ethane(%)	Yield of ethylene(%)
		CO	CH_4	CO_2	C_2H_4		
580	14.20	8.08	2.77	21.13	68.03	34.85	23.71
600	9.97	7.22	2.96	20.12	69.69	40.41	28.16
620	4.43	8.19	3.11	19.05	69.65	45.50	31.69
640	2.39	8.62	3.38	18.46	69.54	50.65	35.22
660	0	10.28	3.57	17.16	68.99	54.70	37.34
680	0	9.67	4.02	16.41	69.89	57.29	40.04
700	0	13.93	4.70	14.05	67.33	62.64	42.17

[a] Reaction conditions: C_2H_6 : O_2 = 67.4 : 32.6 : 6% BaF_2-LaOF catalyst; the flow-rate of feed gas = 90 mL/min.

[b] See Table 1.

From the data in Table 3, it can be seen that within the gas flow-rate range used, higher ethane conversions can be obtained at higher gas hourly space velocity(GHSV). However there is no simple correlation between the ethylene selectivity and the GHSV, which may indicate that a hot spot existed in the reactor, especially at the higher GHSV. At the hot spot of the catalyst layer, the temperature may be 100℃ to 150℃ higher than elsewhere in the catalyst bed. At such high temperature, when oxygen was used up, some of the residual ethane might be easily cracked to methane, ethylene and hydrogen in a catalytic or non-catalytic way.

From Table 1 and Table 4, it can be seen that when BaF$_2$ was added to LaOF, both the catalytic activity and the specific surface area of catalysts increased. Thus the enhancement of catalytic activity might be at least partially related to surface area increases. As shown in Table 1, the selectivity to ethylene over BaF$_2$-LaOF catalysts was also higher than that over LaOF, while the specific surface area of the BaF$_2$-LaOF catalyst was larger than that of LaOF as mentioned above. Thus the increase in ethylene selectivity over BaF$_2$-LaOF catalysts can not be attributed to a reduction in surface area. The higher activity for ethane conversion and selectivity for ethylene on BaF$_3$-LaOF than on LaOF may be caused by the dispersion and/or the formation of the BaF$_2$ phase as well as the relative abundances of O_2^{2-} and O^- in BaF$_2$-LaOF systems compared to LaOF systems, for which preliminary in situ Raman and EPR spectra have been obtained[10].

Table 3 Catalytic performance at different gas hourly space velocity(GHSV) over some of BaF$_2$-LaOF[n]

Catalysti	R_x^b (mL/min)	X_{O2}^c(%)	Selectivity (%)				Conversion of ethane(%)	Yield of ethylene(%)
			CO	CH$_4$	CO$_2$	C$_2$H$_4$		
14%BaF$_2$-LaOF	90	0	10.24	3.11	22.87	63.78	47.29	30.16
	200	0	7.82	4.03	15.23	72.92	59.20	43.17
18%BaF$_2$-LaOF	90	0	7.44	2.76	19.94	69.86	51.39	35.90
	200	0	11.35	7.88	12.36	68.41	74.54	50.99
22%BaF$_2$-LaOF	90	0	12.92	2.54	19.20	65.33	48.48	31.67
	200	0	10.09	6.54	12.73	70.65	69.82	49.33
26%BaF$_2$-LaOF	90	0	9.25	2.62	21.34	66.79	47.96	32.03
	200	0	11.91	6.64	14.76	66.68	67.21	44.82
30%BaF$_2$-LaOF	200	0	9.46	4.52	14.15	71.87	65.46	47.04
	387	0	8.68	8.77	11.73	70.83	80.82	57.24
50%BaF$_2$-LaOF	90	0	9.09	2.38	23.84	64.69	46.35	29.98
	200	0	8.28	5.71	13.03	72.98	65.61	47.88

[a] Reaction conditions: reaction temperature=640℃, C$_2$H$_6$ ∶ O$_2$=67.4 ∶ 32.6.

[b] R_x: flow-rate of feed gas, mL/min.

[c] See Table 1 footnote b.

Table 4 BET specific surface area of catalyst

Catalyst	Specific surface area (m^2/g)	Catalyst	Specific surface area (m^2/g)
LaOF	2.94	18%BaF$_2$/LaOF	6.30
6%BaF$_2$/LaOF	9.13	22%BaF$_2$/LaOF	6.12
8%BaF$_2$/LaOF	5.20	26%BaF$_2$/LaOF	4.36
10%BaF$_2$/LaOF	6.53	50%BaF$_2$/LaOF	3.61
12%BaF$_2$/LaOF	4.71	BaF$_2$	2.67
14%BaF$_2$-LaOF	5.05		

The XRD results(see Table 5) reveal only the tetragonal LaOF phase, for BaF_2 contents from 6 mol-% to 14 mol-%. With BaF_2 contents from 18% to 50%, in addition to tetragonal LaOF, there was also lattice contracted cubic BaF_2. These results suggest that when the BaF_2 content is lower than 18 mol-%, all of the BaF_2 may be dispersed in LaOF, with the formation of a BaF_2-containing LaOF phase (BCLP). In the BCLP, some of La^{3+} lattice points might be replaced by Ba^{2+} ions, leading to the formation of anion vacancies or O^- species as described by Zhou et al.[11]. On the other hand, when the content of BaF_2 is above 18%, the LaOF lattice can not accommodate all the BaF_2, and thus a separate BaF_2 phase forms. In this kind of BaF_2 lattice, some of Ba^{2+} may be substituted by La^{3+} ions, with a lattice contraction of the BaF_2 phase, in consideration of the more positive charges and a smaller ionic size of La^{3+} than Ba^{2+}.

Table 5   XRD results of fresh and used catalysts

Catalyst	Phase		t(h)^c
	Fresh catalysts	Used catalysts	
LaOF	(T)^a LaOF	(T) LaOF	
6% BaF_2/LaOF	(T) LaOF	(T) LaOF	10
8% BaF_2/LaOF	(T) LaOF	(T) LaOF	10
10% BaF_2/LaOF	(T) LaOF	(T) LaOF	12
12% BaF_2/LaOF	(T) LaOF	(T) LaOF	10
14% BaF_2/LaOF	(T) LaOF	(T) LaOF	26
18% BaF_2/LaOF	(T) LaOF (C) BaF_2 ($I/I_0 < 21$)^b		
22% BaF_2/LaOF	(T) LaOF (C) BaF_2 ($I/I_0 < 21$)	(T) LaOF (C) BaF_2 ($I/I_0 < 17$)	13
26% BaF_2/LaOF	(T) LaOF (C) BaF_2 ($I/I_0 < 42$)	(T) LaOF (C) BaF_2 ($I/I_0 < 30$)	10
30% BaF_2/LaOF	(T) LaOF (C) BaF_2 ($I/I_0 < 45$)	(T) LaOF (C) BaF_2 ($I/I_0 < 29$)	11
50% BaF_2/LaOF	(T) LaOF (C) BaF_2 ($I/I_0 < 45$)		12

^{a} T: tetragonal; C: lattice contracted cubic; t: time on stream.

^{b} I/I_0: the relative diffraction intensity of the(111) crystal face of cubic BaF_2 in BaF_2-LaOF which has a value of 100% in JCPDS.

^{c} Time catalysts are used for ODE on stream.

The XRD results also show that after the catalysts were used for 10 to 26 h, their structure changed only slightly, except when the BaF_2 molar percentage concentration was higher than 18%, the peak intensity of the BaF_2 phase became weaker after reaction. These results also indicate the stability of the BaF_2-LaOF catalyst for these periods on stream.

4. conclusion

The addition of BaF_2 to LaOF substantially improves the catalytic properties of LaOF for ODE, and leads to the formation of a BaF_2-containing LaOF phase and a lattice-contracted cubic BaF_2 phase. The enhancement of activity of the BaF_2-LaOF systems for ODE may be due to increases in the specific surface area and the number of anionic vacancies, while the selectivity improvement may be related to the dispersion of BaF_2 in BaF_2-LaOF systems, the isolation of surface active center and, possibly, more adsorbed O_2^{2-} and O^- species in the BaF_2-LaOF systems.

Acknowledgements

This work was supported by the National Natural Science Foundation and the State Education commission of China. The catalysts used in this paper have been patented in China.

References

[1]H. H. Voge, W. E. Armstrong and L. B. Ryland, US Patent 3 110 746(12 November 1963).

[2]J. L. Callahan, B. Gertisser and R. Grasselli, US Patent 3 260 768(12 July 1966).

[3]F. Veath, J. L. Callahan, E. C. Milberger and R. W, Foreman, in Actes du Deuxieme Congress International de Catalyse, Paris, 1960, Vol. 2, 1961, p. 2647.

[4]E. M. Thorsteinson, T. P. Wilson, F. G. Young and P. H. Kasai, J. Catal., 52(1978) 116.

[5]T. J. Yang and J. H. Lunsford, J. Catal., **63**(1980) 505.

[6]A. Erodhelyi and F. Solymosi, J. Catal., **123**(1990) 31.

[7]R. Burch and R. Swamakar, Appl. Catal., **70**(1990) 129.

[8]E. Morales and J. H. Lunsford, J. Catal., **118**(1989) 255.

[9]S. J. Conway and J. H. Lunsford, J. Catal., **131**(1991) 513.

[10]Z-S. Chao, Ph. D. Thesis, Xiamen University of China, 1995, Ch. 5~6.

[11]X. P. Zhou, Z. S. Chao, W. Z, Weng, W. D. Zhang, S. J. Wang, H. L, Wan and K. R. Tsai, Catal. Lett., **29**(1994) 177.

■ 本文原载：Chinese Chemical Letters Vol. 6，No. 4，pp. 347～348，1995.

Oxidative Dehydrogenation of Ethane (ODE) over LaOF Catalyst Promoted with BaF$_2$*

Xiao-Ping Zhou[①], Zi-Sheng Chao, Hui-Lin Wan, Khi-Rui Tsai

(Department of Chemistry, Xiamen University, Xiamen 361005)

Abstract   The addition of BaF$_2$ into LaOF catalyst significantly improves the catalytic properties of LaOF for the ODE reaction.

In the study of ODE reaction, a series of catalysts have been found. Most of them are metal oxide catalysts, for example, the V-Mo-O and Li$^+$-MgO based catalysts[1,2]. Authers have also studied catalysts promoted with Cl$^-$ and Br$^-$ ions[3]. But for these catalysts, the gas hourly space velocity (GHSV) is usually lower than 500 h^{-1}, and the life time of the catalysts promoted with Cl$^-$ or Br$^-$ is usually short. In the present study, we found that BaF$_2$/LaOF catalyst is efficient and stable for ODE reaction.

Table 1   The reaction result of C$_2$H$_6$ with O$_2$ under different conditions

Catalyst	T (℃)	time (hour)	GHSV (h^{-1})	C$_2$H$_6$/O$_2$ (molar)	C$_2$H$_6$ conv. %	selectivity(%)				C$_2$H$_4$ yield%
						C$_2$H$_4$	CO	CH$_4$	CO$_2$	
LaOF	660	2.5	2700	2∶1	44.6	58.5	13.3	4.0	24.2	26.1
	620	3	2700	2∶1	37.5	58.7	5.8	4.2	31.3	22.0
	580	3.5	2700	2∶1	33.0	54.4	4.1	4.3	37.2	18.0
In the above reaction temperature, O$_2$ was exhausted										
10%BaF$_2$/LaOF	660	2.5	2700	2∶1	57.8	70.6	8.3	4.2	17.6	40.8
	620	3	2700	2∶1	52.4	69.0	7.8	3.3	19.9	36.1
	580	3.5	2700	2∶1	40.6	69.3	3.1	3.1	24.4	28.1
Quartz sand	720	3	2700	2∶1	5.2	79.3	0.0	0.0	20.6	4.1
	700	3.5	2700	2∶1	2.9	74.2	0	0	25.8	2.2
10%BaF$_2$/LaOF	680	11	6000	70.9∶29.1	65.5	73.2	9.2	6.0	11.6	48.0
	700	200	6000	68.9∶31.1	72.8	72.5	6.2	8.6	12.7	52.8

*   The catalysts in this work have been patented in China.

①   This work was supported by National Natural Science Foundation and State Key Laboratory for Physical Chemistry of Solid Surface.

The catalysts LaOF and 10%BaF₂/LaOF were prepared by calcining LaOF and the mixture of BaF₂ and LaOF respectively at 900℃ for 4 hours. The catalyst was loaded in the middle part of the reactor, while the rest parts of the reactor was filled with quartz sand to reduce gas phase reaction.

The results of ODE reaction over LaOF and 10%BaF₂/LaOF are given in Table 1. The addition of BaF₂ into LaOF had a remarkable effect in increasing the conversion of ethane and the selectivity to C_2H_4. From the data in Table 1, we can also find that at the ratio 2 : 1 of C_2H_6 to O_2, part of the ethylene in products was produced by thermo-cracking of ethane.

The catalyst 10%BaF₂/LaOF has a long life time on stream(see table 1). The XRD study revealed that the fresh catalyst LaOF has a tetragonal structure. When BaF₂ was added into LaOF, the catalyst 10%BaF₂/LaOF still has a tetragonal LaOF structure with its lattice expanded, and no other phase has been found. After reaction, catalyst, 10%BaF₂/BaOF has tetragonal LaOF and cubic LaOF structure (super fluorite structure). These results indicated that the exchange between constituent ions happened, and that the amount of F^- ions lost in the course of catalytic reaction was small.

In Raman measurement, we found that the addition of BaF₂ into LaOF inhibited the formation of O_2^{2-} species, but the two catalysts(LaOF and 10%BaF₂/LaOF)have almost the same ability to convert O_2 into O_2^- species in O_2 (1 atm) over clean surface of the catalysts at 650℃. In the atmosphere of reactant gas($C_2H_6/O_2=2:1$)at 650℃, we observed almost the same peak intensity of O_2^- species for the two catalysts, but the intensity of the peak for O_2^{2-} is over four times for LaOF than 10%BaF₂/LaOF. In the condition of feeding C_2H_6/O_2 gas to LaOF, the intensity of the peak for O_2^{2-} species is about two times more than that of feeding O_2 only at 650℃. These results indicated that the addition of BaF₂ into LaOF inhibited the formation of O_2^{2-} species in the atmosphere of C_2H_6/O_2 gas. It means that over LaOF, O_2 molecule can be converted into O_2^{2-} species rapidly, and at the same time, C_2H_6 might be oxidized to C_2H_4 and CO_2. Because of the existence of large amounts of surface O_2^{2-} species over LaOF, C_2H_4 might be oxidized to CO_2, and therefore leads to low selectivity for C_2H_4; on the other hand, the formation of O_2^{2-} species is inhibited over 10%BaF₂/LaOF, so that the deep oxidation of hydrocarbons by O_2^{2-} species is partially avoided. The catalysts have high ethylene selectivity.

REFERENCES

[1]E. M. Thorsteinson, T. P. Wilson, F. G. Young and P. H. Kaai J. Catal, 52, 116—132(1978).

[2]J. H. Kolts, J. H., Eur. Pat. Appl. EP0205765A2.

[3]S. J. Conway, D. J. Wang and J. H. Lunsford, Applied Catalysis A：General, 79, L1—L15(1991).

(Received 17 October 1994)

■ 本文原载：Applied Catalysis A：General 133(1995)，pp. 269～280.

Promoting Effect of F⁻ on Sr/La Oxide Catalysts for the Oxidative Coupling of Methane

Rui-Qiang Long，Shui-Qin Zhou，Ya-Ping Huang，

Wei-Zheng Weng，Hui-Lin Wan①，Khi-Rui Tsai

(Department of Chemistry and State Key Laboratory for Physical
Chemistry of the Solid Surface, Xiamen University, Xiamen, 361005, China)

Received 24 January 1995；revised 10 July 1995；accepted 28 August 1995

Abstract　The catalytic performance evaluation results showed that the CH_4 conversion, C_2 selectivity and ethylene to ethane ratio were significantly higher over LaF_3/SrO and SrF_2/La_2O_3 than those over SrO/La_2O_3 and the maximum C_2 yields of 18~20% were achieved over the LaF_3/SrO and SrF_2/La_2O_3 catalysts at 650 — 750 ℃. XRD analysis of the fresh catalysts indicated that, with the addition of LaF_3 to SrO and treatment in air at high temperature, anionic and/or cationic exchange between oxides and fluorides lattices took place to some extent, leading to the formation of SrF_2 and LaOF. The UV spectra of pyridine adsorption and the temperature-programmed desorption spectra of CO_2 adsorption on SrF_2/La_2O_3 and SrO/La_2O_3 showed that surface of the catalyst containing fluoride was more acidic and less basic than that of the corresponding oxide system. The XPS characterizations of O_2-adsorbed catalysts revealed that the catalysts containing F⁻ were more conducive to the formation of the oxygen species with fewer negative charges. The results of in situ IR characterization of the surface oxygen species at 650 ℃ suggested that O_2^- might be the active oxygen adspecies for the oxidative coupling of methane reaction.

Key words　Methane oxidative coupling　Fluoride　Oxygen adspecies　In situ IR spectra

1. Introduction

The methane oxidative coupling (MOC) to C_2 hydrocarbons has become of importance for its potential utilization of the world's abundant natural gas resource. Alkaline earth-, rare earth-and reducible transition metal-based oxides or complex oxides have been reported to be the effective catalysts for this reaction. In some studies[1-5], halides, especially chlorides and bromides, have been added to the oxides in order to improve the catalytic activity and selectivity. Since MOC reaction is

---

①　Corresponding author. Tel. (+86−592) 2083127,fax. (+86 592)2086116.

usually carried out at a high temperature (ca. 750 ℃), the thermal stability of the catalyst is often considered to be an important factor, in consideration of the fact that the fluorides are usually more stable than the corresponding chlorides and bromides, and that F^- and O^{2-} have the similar ionic radii, we have developed a new series of fluoride promoted metal oxide MOC catalysts[6-9]. The work in this paper will focus on the studies of the catalytic performance, composition, acid-base property and surface oxygen species of the La/Sr/O/F system.

2. Experimental

2.1　Preparation of catalysts

Different ratios of $LaF_3/Sr(NO_3)_2$, SrF_2/La_2O_3 or $La_2O_3/Sr(NO_3)_2$ were mixed and carefully ground into fine powder, the mixture was then stirred with a certain amount of deionized water to a paste followed by drying at 120 ℃ for 4 h and calcining at 900 ℃ for 6 h, the resultant solid was then crushed and sieved to 40~60 mesh particles. All the catalysts were prepared using Analytical reagents.

2.2　Catalytic performance evaluation of the catalysts

The catalytic reactions were carried out in a fixed bed quartz reactor (5.0 mm in diameter) under the conditions of GHSV = 15 000 h^{-1} and $CH_4/O_2 = 3$ (mole ratio, no inert gas for dilution). CH_4 (99.99%) and O_2 (99.5%) were used without further purification. 0.20 ml of catalyst was used in each experimental run, the effluent gas was analyzed by a gas chromatography instrument at room temperature with 5Å molecular sieve column for O_2 and CO, and GDX 502 column for CH_4, C_2H_4, C_2H_6 and CO_2. The conversion of alkane($C_{methane}$) and selectivity of the products (S_i) were calculated from the equations: $C_{methane} = (\sum A_i \times F_i)/[\sum (A_i \times F_i) + A_{methane} \times F_{methane}]$ and $S_i = (A_i \times F_i)/\sum (A_i \times F_i)$, respectively, where A = peak area and F = correction factor.

2.3　Instrumentation

The specific surface areas of the samples were measured by the BET method with N_2 adsorption at 77 K on a Sorptomatic 1900 instrument. 5.00 g of catalyst was used in each experiment in order to decrease the measurement error.

The XRD measurements were carried out at room temperature on a Rigaku Rotaflex D/Max-C system with CuKα ($\lambda = 1.5406$ Å) radiation and the phases were assigned according to Ref. [10].

The surface acid property of catalyst was determined on a Shimadzu UV 2100 spectrophotometer by the method described by Kageyama et al. in Ref. [11].

The basicity of the catalyst was determined by temperature-programmed desorption of CO_2 (adsorbed at 30 ℃) in a quartz reactor from 30 to 1075 ℃ at a linear heating rate of 20 ℃/min in a flow of helium (30 mL/min). Before the TPD experiments, the catalysts (0.2 g) packed in the quartz reactor were treated in a flow of helium (30 mL/min) at 1075 ℃ for 30 min. The CO_2 desorbed was detected by thermal conductivity detector in the gas chromatography instrument.

XPS was recorded on a V. G. ESCALAB MK II instrument at room temperature under 1×10^{-8}

Torr（1 Torr $= 133.3$ Nm^{-2}）with Al Kα as photo source and C 1s peak at 284.7 eV for internal reference, and with the VG 1000 program for deconvolution of the experimental spectra. The sample treatment procedures for the XPS experiment were as follows. The catalyst was first treated in a flow of O$_2$ at 850 ℃ for 30 min and cooled to room temperature under O$_2$ atmosphere. The sample was then purged with He for 20 min to remove the gas phase and weakly adsorbed oxygen species and sealed in a glass tube under He protection. The sealed glass tube containing the sample was then held in the preparation chamber of XPS instrument. When the pressure of the chamber is lower than 10^{-3} Torr, the tube was broken with a mechanical arm, and the sample was dropped to the sample holder which was then transferred to the analytical chamber for spectra recording.

The IR spectra were recorded on a Nicolet 740 FTIR spectroscopy at the resolution of 4 cm^{-1}, the number of the scan was 160. A quartz in situ IR cell which can be heated up to 700 ℃ was designed. BaF$_2$ was used as cell windows and the length of the cell was 15 cm. The temperature of the cell was measured by a thermocouple mounted close to the sample wafer. In the experiments, a self-supported sample wafer was thermally treated at 700 ℃ under H$_2$ for 20 min to remove the surface carbonate residue, followed successively by purging with He at 700 ℃ and treatment with O$_2$ or CH$_4$/O$_2$ (3/1) at 650 ℃. The O$_2$-adsorbed sample was then cooling down gradually under a O$_2$ atmosphere from 650 to 25 ℃ within a period of 3 h and the IR spectra were recorded at specified temperature, i.e., 650, 500, 300, 100 and 25 ℃, respectively during the cooling period. At each specified temperature point, the temperature of the IR cell was maintained constant for about 10 min to insure that the IR measurement was conducted under thermostatic condition. The spectra of the CH$_4$/O$_2$ (3/1) treated sample was recorded after 45 min on stream at 650 ℃.

3. Results and discussion

3.1 Catalytic performance evaluation

The catalytic performances of three series of Sr/La catalysts are shown in Table 1. These data were taken after 30 min on stream and the activity and the selectivity remained pretty stable within a period of ca. 24 h. From the Table 1, we can find that, pure LaF$_3$, SrO and SrF$_2$ have almost no activity for methane oxidative coupling at 750 ℃ and La$_2$O$_3$ is only of medium active within the temperature range of ca. $550-700$ ℃. When certain amount of SrO was added to La$_2$O$_3$, the C$_2$ yield increased by ca. $1-5\%$, but the maximum value was still less than 15.4%. Comparatively, the catalytic behaviors of fluoride/oxide (SrO/LaF$_3$ and SrF$_2$/La$_2$O$_3$) catalyst were apparently better than those of the oxide catalysts under the comparable condition, within the temperature region of ca. $650-750$ ℃, the maximum CH$_4$ conversion, C$_2$ selectivity and C$_2$H$_4$/C$_2$H$_6$ ratio over SrO/LaF$_3$ and SrF$_2$/La$_2$O$_3$ were apparently higher than those over SrO/La$_2$O$_3$, La$_2$O$_3$ and SrO, and the C$_2$ yields of about $18-20\%$ were obtained over the SrO/LaF$_3$ and SrF$_2$/La$_2$O$_3$ catalysts. These results indicated that the addition of F$^-$ played a promoting role for the methane oxidative coupling reaction. On the SrF$_2$/La$_2$O$_3$ catalysts, the optimum reaction temperature, i.e., the temperature at which maximum C$_2$ yield was achieved, increased with the increase of SrF$_2$ content, this phenomenon can be well explained if we consider that, in this catalyst system, SrF_2 will not react with La_2O_3 to form a new fluoride or oxyfluoride compound, as proved by XRD analysis shown in the subsequent section of this work, and that SrF_2 itself has almost no activity for methane oxidative coupling. With the increase of SrF_2 content in the catalyst, the content of SrF_2 on the catalyst surface also increase and the concentration of the surface oxygen species will therefore be diluted, this, of course, will be helpful to the improvement of the selectivity, but at the same time will also affect the activity. The similar phenomenon was not observed on the SrO/LaF_3 catalyst system since the interaction between LaF_3 and SrO was much more complicated, and the new fluoride and oxyfluoride compounds were formed during the process of catalyst preparation. Details will be discussed in the latter sections.

Table 1 Catalytic performance of catalysts for the methane oxidative coupling

Catalyst	Temperature (℃)	CH_4 conversion (%)	Selectivity (%)				C_2 Yield %
			CO	CO_2	C_2H_4	C_2H	
La_2O_3	750	27.1	15.9	53.7	19.0	11.4	8.2
	700	28.4	11.7	51.4	21.5	15.4	10.5
	650	29.3	9.0	47.3	24.6	19.2	12.8
	600	29.1	9.2	45.9	24.6	20.2	13.1
	550	27.8	9.7	45.7	23.4	21.2	12.4
LaF_3	750	2.1	0	46.2	0	53.8	1.1
SrO	750	0.9	0	48.8	0	51.2	0.5
SrF_2^a	750	0.7	0	46.0	0	54.0	0.4
20% SrO/La_2O_3	750	25.4	6.3	57.6	20.8	15.3	9.2
	700	27.0	3.9	50.6	25.4	20.1	12.3
	650	27.3	0	49.2	28.1	22.7	13.9
	600	28.4	5.0	45.2	27.2	22.6	14.1
	550	27.6	6.6	45.4	25.6	22.3	13.2
50% SrO/La_2O_3	750	29.5	7.1	44.2	29.4	19.3	14.4
	700	30.2	8.2	40.9	29.2	21.7	15.4
20% SrO/LaF_3	750	31.8	10.2	35.8	37.8	16.2	17.2
	700	32.0	11.9	31.0	35.7	21.4	18.2
33% SrO/LaF_3	700	33.1	11.8	31.4	36.4	20.5	18.8
50% SrO/LaF_3	750	33.8	16.0	30.1	40.0	13.9	18.2
	700	33.7	13.6	29.7	36.2	19.4	19.1
20% SrF_2/La_2O_3	750	30.5	4.7	44.3	33.2	17.8	15.6
	700	32.5	4.8	40.8	34.0	20.4	17.7
	650	34.7	5.7	36.8	35.8	21.7	19.9
	600	33.8	7.2	37.4	31.7	23.7	18.7
50% SrF_2/La_2O_3	750	33.9	9.5	33.5	37.9	19.1	19.3
	700	31.9	11.1	31.2	33.4	24.3	18.4
60% SrF_2/La_2O_3	800	34.2	9.5	35.5	39.7	15.4	18.8
	750	34.0	9.7	32.4	38.8	19.1	19.7

Feed$=CH_4 : O_2 = 3 : 1$, GHSV$=15\ 000\ h^{-1}$, ^{a} GHSV$=20\ 000\ h^{-1}$.

3.2 Specific surface area and surface acidity/basicity of catalyst

The specific surface areas of some of the catalyst were listed in Table 2, as we can see, the data are between 3 and 4 m^2/g, which is in consistency with the general opinion that the specific surface area for most methane oxidative coupling catalysts was usually very small[12], some people believed that this would be favorable to prevent the secondary oxidation reaction of methyl radicals and increase C_2 selectivity and yield[13]. Carefully comparing of the data in Table 2, we can also find that, specific surface areas of the fluoride/oxide catalysts were a little smaller than those of the oxide/oxide catalysts, this might be the another beneficial effect to the improvement of catalyst's methane oxidative coupling behavior as a result of the addition of fluoride compounds.

Table 2 Specific surface area of the Sr/La catalysts

Catalyst	Surface area (m^2/g)
20% SrO/La_2O_3	3.9
50% SrO/La_2O_3	3.3
50% SrO/LaF_3	2.8
20% SrF_2/La_2O_3	2.9
50% SrF_2/La_2O_3	2.8

The ultraviolet spectra of pyridine adsorption has been used to detect the acid sites of solids because of its large extinction coefficient of the π-π^* band, the shift of the position of the π-π^* band of adsorbed pyridine is related to the acidity of the sample[11]. Fig. 1 showes the ultraviolet spectra of pyridine adsorbed on 50% SrO/La_2O_3 and 50% SrF_2/La_2O_3. The π-π^* band of pyridine adsorbed on SrO/La_2O_3 appeared at 244.5 nm which was the same as that of the pyridine vapor[11]; comparatively, the band of adsorbed pyridine on 50% SrF_2/La_2O_3 shifted slightly to the longer wavelength and two bands appeared at 250.4 and 248.1 nm, indicating that, as expected, the surface acidity of SrF_2/La_2O_3 system was relatively stronger than that of SrO/La_2O_3 system, this may be related to the formation of oxygen adspecies with fewer negative charges and less carbonate on the catalyst surface.

The basic strength distribution on the surface of catalysts was studied by the TPD of CO_2-adsorbed

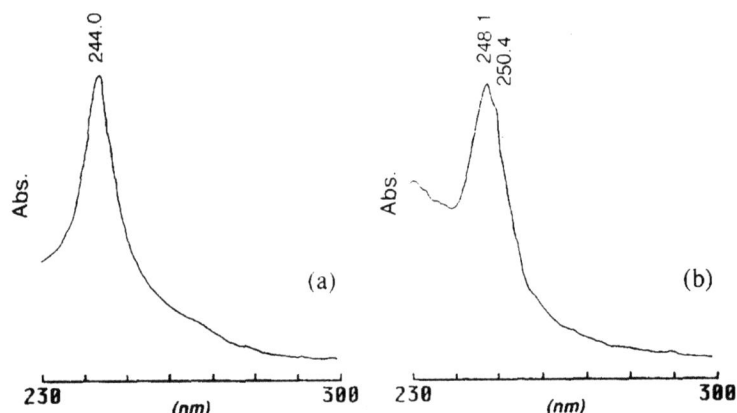

Fig. 1 Diffuse reflectance UV spectra of pyridine adsorbed catalysts, (a) 50% SrO/La_2O_3 and (b) 50% SrF_2/La_2O_3.

samples from 30 to 1075℃ at a heating rate of 20℃/min in He(Fig. 2). Two weak peaks at 122℃ and 510℃ as well as a strong band centering at 1015℃ were observed on the 50% SrO/La_2O_3 catalyst, which may be ascribed to the weak, intermediate and strong basic sites, respectively, while on the 50% SrF_2/La_2O_3 catalyst only a weak peak at 122℃ and an intermediate strength band at 820℃ were found. These results revealed that the presence of fluoride ions caused not only a decrease in the amount of adsorbed CO_2, but also a shift in the desorption peak to lower temperatures, suggesting that the presence of fluoride ions decreased both the basicity and the basic strength on the surface of the catalyst.

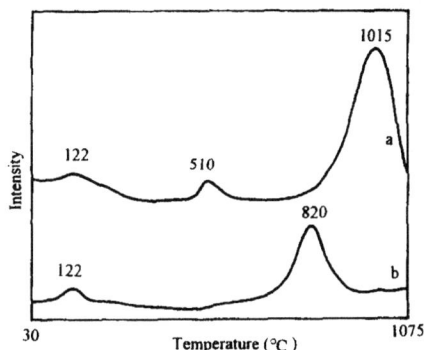

Fig. 2　The TPD spectra of CO_2-adsorbed(a) 50% SrO/La_2O_3 and(b) 50% SrF_2/La_2O_3 catalyst.

The relationship between surface acidity/basicity and the catalytic activity/selectivity is very complex[14]. Some people thought that most oxidative coupling catalysts were strong basic oxides[15]. However, Choudhary and Rane[16] reported that surface basicity alone could not control the catalytic properties, surface acidity also played a very significant role for the lanthanide oxide catalysts. For example, the La_2O_3 with the highest basicity and acidity showed the highest methane conversion and C_2 yield comparing with the other rare earth oxides under the same conditions. Recently, Lunsford et al.[17] reported that the less basic $Li^+/MgO/Cl$ catalyst was more effective than Li^+/MgO(basic complex oxide) for the reaction of methane oxidative coupling. For the SrF_2/La_2O_3 catalyst, the presence of surface fluoride ions decreased both the basicity and the basic strength, and thus decreased the formation of carbonate on the catalyst during the oxidative coupling of methane. This may be beneficial for preventing the poisoning of the catalyst by CO_2 and increasing the C_2 yield, which is similar to the catalysts containing chloride ions[17].

3.3　XRD Characterization

The XRD measurements(Table 3) indicated that new phases such as SrF_2, tetragonal, cubic and rhombohedral LaOF were formed in the fresh 20% ～ 50% SrO/LaF_3 catalysts. This result suggested that, during the process of catalyst preparation, part of the F^- ($r=1.33$ Å) in LaF_3 and O^{2-} ($r=1.32$ Å) in SrO were substituted by O^{2-} and F^-, respectively, leading to the formation of new phases, such as tetragonal and cubic LaOF (superstructure of fluorite), which are solid electrolytes with ionic conductivity[18] and might be favorable to promoting the transfer of the charge carrier in the catalytic system. In the ca. 20% ～ 60% SrF_2/La_2O_3, only the SrF_2, cubic and hexagonal La_2O_3 phases, the latter is considered to be consisted of O^{2-} and $(LaO)_2^{2+}$ layers[19] were found. However, partial ionic exchange between SrF_2 and La_2O_3 might also happen in this catalyst system as evidenced by the observation of expansion of cubic La_2O_3 lattice in the catalysts(e. g., cubic La_2O_3 in the catalyst, $d=3.30$ [222], 2.870 [400], 2.042 [440], 1.726 [622] vs. pure cubic La_2O_3, $d=3.27$ [222], 2.832 [400], 2.003 [440], 1.702

[622]) probably owing to the fact that one Sr^{2+} ($r=1.11$ Å) substituted for one La^{3+} ($r=1.06$ Å) in the La_2O_3 lattice. In this case, anion vacancies in the lattice or O^- would be formed to maintain electroneutrality. These anion vacancies would adsorb O_2 and form O_2^- and O_2^{2-} adspecies, when the catalyst exposed to O_2, as supported by XPS and in situ FTIR spectroscopy characterization in the subsequent part of this work. On the other hand, taking into consideration the fact that cubic La_2O_3 contains 1/4 of intrinsic oxygen vacancy and that many fluorite-type structure compounds such as alkaline earth halides, ZrO_2, etc. have anion Frenkel defects and anion vacancies[20], the intrinsic oxygen vacancies in cubic La_2O_3 and the possible existence of oxygen vacancies in the fluorite-like tetragonal LaOF would also be favorable to the adsorption and activation of molecular oxygen and enhancement of catalyst activity for MOC reaction under the reaction condition. In addition, for both of SrO/LaF_3 and SrF_2/La_2O_3 systems, the dispersion of F^- on the surface of catalysts will also be helpful to the isolation of the surface active center and to the decrease of CO_2 inhibition. All of the these factors will be beneficial to the improvement of catalytic performance of the MOC catalyst.

Table 3   Results of XRD analysis of the La/Sr/O/F catalysts

Catalyst	Composition and Structure[a]
20% SrO/LaF_3	tetragonal LaOF(s); cubic SrF_2(w); LaF_3(w)
33% SrO/LaF_3	rhombohedral LaOF(m); tetragonal LaOF(s); SrF_2(m); LaF_3(w)
50% SrO/LaF_3	SrF_2(s); tetragonal LaOF(s); cubic LaOF(m)
20% SrF_2/La_2O_3	cubic La_2O_3(s) SrF_2(w); hexagonal La_2O_3(s)
50% SrF_2/La_2O_3	hexagonal La_2O_3(vs); cubic La_2O_3(m); SrF_2(m)
60% SrF_2/La_2O_3	SrF_2(vs); cubic La_2O_3(w); hexagonal La_2O_3(m)

[a] s = strong; m = medium; w = weak.

3.4   XPS characterization

The O 1s XPS of O_2-adsorbed 50% SrO/La_2O_3 (Fig. 3a) can be resolved into three peaks with BE at 529.5, 530.7 and 532.4 eV, and that of O_2-adsorbed 50% SrF_2/La_2O_3 (Fig. 3b) can also be resolved into three peaks with BE at 529.9, 531.5 and 533.3 eV. The peaks at 529.5 and 529.9 eV can be assigned to lattice oxygen(O^{2-}) and those at 530.7 and 531.5 eV may be assigned to O_2^{2-} or O^- species. The peaks at 532.4 and 533.3 eV may be attributed to O_2^- or CO_3^{2-} species[21]. However, in the corresponding C 1s spectra, no C 1s peak around 290 eV was observed, and thus the O 1s peaks at 532.4 and 533.3 eV can therefore be assigned to O_2^- species. Table 4 shows the relative content of the different oxygen species

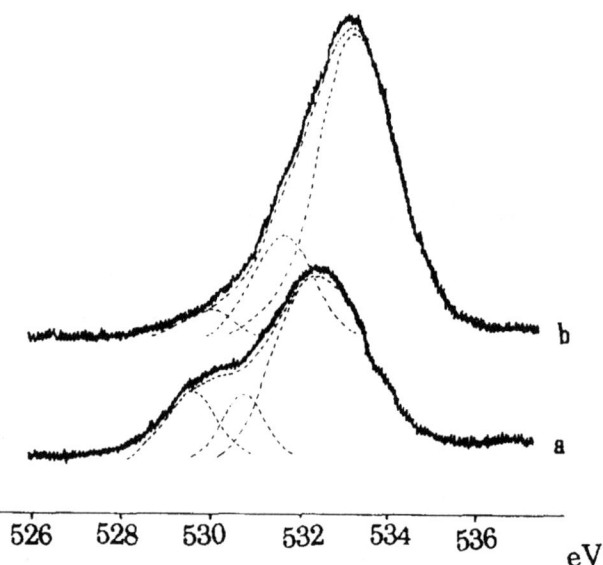

Fig. 3   O 1s XPS of O_2-adsorbed(a) 50% SrO/La_2O_3 and (b) 50% SrF_2/La_2O_3.

over O$_2$ adsorbed 50% SrO/La$_2$O$_3$ and 50% SrF$_2$/La$_2$O$_3$. Comparatively, the relative content(compared with that of O^{2-}) of O$_2^{2-}$(or O$^-$) and O$_2^-$ over 50% SrF$_2$/La$_2$O$_3$ were apparently higher than that over 50% SrO/La$_2$O$_3$, and the binding energies of corresponding oxygen species over 50% SrF$_2$/La$_2$O$_3$ were also higher than those over 50% SrO/La$_2$O$_3$, these results indicated that the SrF$_2$/La$_2$O$_3$ system was favorable to the formation of oxygen species with fewer negative charges.

Table 4 XPS analysis results of the La/Sr/O/F catalysts

Sample	O 1s					
	BE(eV)	Relative content(%)	BE(eV)	Relative content(%)	BE(eV)	Relative content(%)
50% SrO/La$_2$O$_3$	529.5	15	530.7	12	532.4	73
50% SrF$_2$/La$_2$O$_3$	529.9	4	531.5	20	533.3	76

3.5 In situ FTIR spectroscopy characterization

Fig. 4a shows the IR spectrum of 20% SrF$_2$/La$_2$O$_3$. After 20 min of treatment with H$_2$ at 700℃, a broad band centering at 900 cm^{-1} was observed, which could be accounted for by overtone and combination of La—O fundamental modes[22]. When the above sample was exposed to O$_2$ at 650℃, a new band at 1113 cm^{-1} appeared. This may be assigned to O—O stretching vibration of adsorbed superoxide species(O$_2^-$)[23,24]. Injection of 20 ml of CO$_2$ into the cell with the flow of O$_2$ at 650℃, resulted in slight decrease of the IR band intensity of O$_2^-$ species and three intense bands attributable to gas phase CO$_2$(2354 cm^{-1})[25] and CO$_3^{2-}$ species(1451, 856 cm^{-1}) on the surface of La$_2$O$_3$[26] were detected. Since no other oxygen

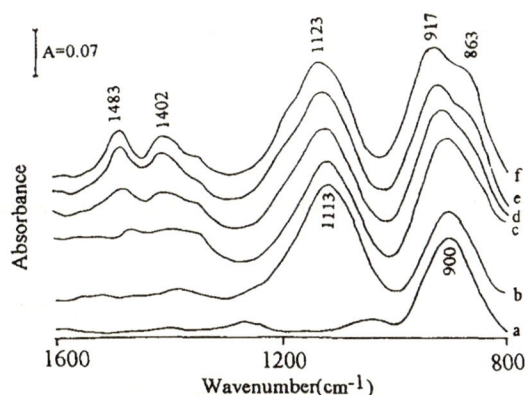

Fig. 4 IR spectra of 20% SrF$_2$/La$_2$O$_3$ catalyst, (a) after treatment with H$_2$ at 700℃, (b—f) after exposure to O$_2$ at 650℃ and cooling down successively in O$_2$ to 500, 300, 100, 25℃, respectively.

adspecies were observed on the surface of 20% SrF$_2$/La$_2$O$_3$ at the reaction temperature, O$_2^-$ adspecies may consider to be the active oxygen species for the oxidative coupling of methane. When the temperature of above O$_2$-adsorbed sample was gradually cooling down from 650 to 25℃ under O$_2$ atmosphere(Fig. 4b-e), the bands at 1113 and 900 cm^{-1} shifted to higher wave numbers(1123 cm^{-1} and 917 cm^{-1}), and two new bands at 1483, 1402 cm^{-1} and a shoulder peak at 863 cm^{-1} due to surface CO$_3^{2-}$ species[26], resulting from the reaction of oxygen with surface carbonaceous impurity, were detected.

After the treatment of O$_2$-preadsorbed 20% SrF$_2$/La$_2$O$_3$ sample with a stream of CH$_4$/O$_2$(3∶1) at 650℃ for 45 min, the IR spectrum recorded is shown in Fig. 5a. The superoxide O$_2^-$ band became weaker and shifted to 1122 cm^{-1}, at the same time, the absorption bands of gas phase CO$_2$(2353 cm^{-1})[25], adsorbed H$_2$O(1643 cm^{-1}), gaseous CH$_4$(1294 cm^{-1})[27] and surface CO$_3^{2-}$(868 cm^{-1})[26] were observed. It was also interesting to note that a weak peak at 949 cm^{-1}, which was assignable to gaseous C$_2$H$_4$[28], was observed on the working 20% SrF$_2$/La$_2$O$_3$ catalyst. These observations indicated that, under the spectra recording conditions, the methane oxidative coupling reaction did happen on the 20% SrF$_2$/La$_2$O$_3$ catalyst in the IR cell. The bands attributable to C$_2$H$_6$ were not detected, probably due to the lower yield of C_2H_6 (7.5%) than that of C_2H_4 (12.5%) under above reaction conditions. The broad band with maximum at about 1375 cm^{-1} might have resulted from the overlapping peaks of CH_4 (1349 cm^{-1})[27] and CO_3^{2-} (1437 cm^{-1})[26], and the band at 900 cm^{-1} might have been buried under the intense CO_3^{2-} band at 868 cm^{-1}. The peaks due to adsorbed CH_4 on the sample were not detected, suggesting that under the reaction conditions, the adsorption of CH_4 on the catalyst surface must be very weak. After purging the above sample with He at 650℃ for 5 min, only the peaks of surface CO_3^{2-} species (854, 1437 cm^{-1})[26] were shown in the IR spectrum (Fig. 5b).

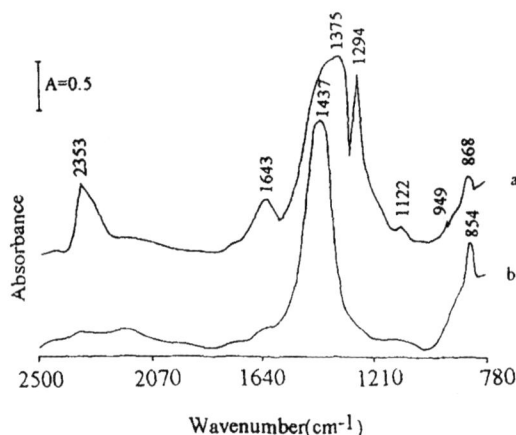

Fig. 5   IR spectra of O_2-adsorbed 20% SrF_2/La_2O_3 (a) in CH_4/O_2 (3/1) at 650℃ and (b) after purging with He at 650℃.

4. conclusions

Based on above results we may conclude that, with the addition of LaF_3 to SrO or SrF_2 to La_2O_3 and treatment in air at high temperature, anionic and/or cationicexchange between oxides and fluorides lattices take place to some extent, leading to the formation of SrF_2 and LaOF with possible existence of oxygen vacancies or O$^-$, and the catalyst containing F$^-$ is more conducive to the formation of some oxygen species with fewer negative charges, These factors should be responsible to the significant improvement of the catalytic performance of the La/Sr/O catalysts for the MOC reaction. In addition, the dispersion of inert fluorides on the catalyst surface will be also beneficial to the isolation of the surface active center and the decrease of CO_2-inhibition, and will therefore be favorable to the improvement of selectivity and the lowering of the "light-off" temperature. The observation of O_2^- species over the O_2 adsorbed SrF_2/La_2O_3 catalyst at 650℃ by in situ IR spectroscopy suggested that O_2^- might be the active oxygen adspecies for MOC reaction.

Acknowledgements

This work has been supported by the National Natural Science Foundation of China.

References

[1]R. Burch, G. D. Squire and S. C. Tsang, Appl. Catal., **43**(1988) 105.

[2]S. J. Conway, D. J. Wang and J. H. Lunsford, Appl. Catal. A, **79**(1991) L1.

[3] V. D. Sokolovskii, and E. A. Mamedov, Catal. Today, **14**(3−4)(1992) 415.

[4] J. H. Lunsford, P. G. Hinson, M. P. Rosynek, C. Shi, M. Xu and X. Yang, J. Catal., **147**(1994) 301.

[5] E. Ruckenstein and A. Z. Khan, Catal. Lett., **18**(1993) 27.

[6] X. P. Zhou, W. D. Zhang, H. L. Wan and K. R. Tsai, Catal. Lett., **21**(1993) 113.

[7] X. P. Zhou, S. Q. Zhou, S. J. Wang, J. X. Cai, W. Z. Weng, H. L. Wan and K. R. Tsai, Chem. Res. Chinese Universities, **9**(3)(1993) 264.

[8] X. P. Zhou, S. Q. Zhou, F. C. Xu, S. J. Wang, W. Z. Weng, H. L. Wan and K. R. Tsai, Chem. Res. Chinese Universities, **9**(3)(1993) 269.

[9] X. P. Zhou, S. Q. Zhou, W. D. Zhang, Z. S. Chao, W. Z. Weng, R. Q. Long, D. L. Tang, H. Y. Wang, S. J. Wang, J. X. Cai, H. L. Wan and K. R. Tsai, Preprints, Div. Petrol. Chem., ACS, **39**(2)(1994) 222.

[10] W. F. McClune, in B. Post (Editor), Inorganic Volume, Int. Centre Diffraction Data, Swarthmore, 1988.

[11] Y. Kageyama, T. Yotsuyanagi and K. Aomura, J. Catal., **36**(1975) 1

[12] Y. Amenomiya, V. I. Birss, M. Goledzinowski, J. Galuszka and A. R. Sanger, Catal. Rev. Sci. Eng., **32**(3)(1990)163.

[13] O. V. Krylov, Kinet. Catal., **2**(34)(1993) 219.

[14] J. H. Lunsford, Stud. Surf. Sci. Catal., **81**(1994) 1.

[15] A. M. Maitra, Appl. Catal. A, **104**(1993) 11.

[16] V. R. Choudhary and V. H. Rane, J. Catal., **130**(1991) 411.

[17] J. H. Lunsford, P. G. Hinson, M. P. Rosynek, C. Shi, M. Xu and X. Yang, J. Catal., **147**(1994) 301.

[18] A. Sher, R. Solomon, K. Lee and M. W. Muller, Phys. Rev., **144**(1966) 593.

[19] K. A. Gschneidner Jr. and L. R. Eyring Eds., Handbook on the Physics and Chemistry of Rare Earths, Vol. 3, North-Holland, Amsterdam, 1979, p. 337.

[20] Z. Zhang, X. E. Verykios and M. Baems, Catal. Rev. Sci. Eng., **36**(3)(1994) 507.

[21] H. Yamashita, Y. Machida and A. Tomita, Appl. Catal. A, **79**(1991) 203.

[22] J. H. Denning and S. D. Ross, J. Phys. C: Solid State Phys., **5**(1972) 1123.

[23] L. Vaska, Acc. Chem. Res., **9**(1976) 175.

[24] A. B. P. Lever, G. A. Ozin and H. B. Gray, Inorg. Chem., **19**(1980) 1823.

[25] S. C. Bhumkarand L. L. Lobban, Ind. Eng. Chem. Res., **31**(1992) 1856.

[26] T. L. Van, M. Che, J. M. Tatibouet and M. Kermarec, J. Catal., **142**(1993) 18.

[27] Standard Infrared Grating Spectra, Vol. 43−44, Sadtler Res. Lab., Inc, Philadelphia, 1974, p. 42923p.

[28] C. Brecher and R. S. Halford, J. Chem. Phys., **35**(1961) 109.

■ 本文原载：Chemical Research in Chinese Universities Vol. 11 No. 4(1995), pp. 323～335.

Studies of Catalysis in Partial Oxidation of Methane to Syngas(II) *

——Chemisorbed Species, Energetics and Mechanism

Ping Chen, Hong-Bin Zhang①, Guo-Dong Lin, Khi-Rui Tsai

（Department of Chemistry &. State Key Laboratory for Physical Chemistry of the Solid Surface, Xiamen University, Xiamen 361005）

Received Feb. 27, 1995

Abstract　The characteristic study, by means of *in-situ* IR spectroscopy, of chemisorbed species on the Ni-catalysts for the partial oxidation of methane(POM) to syngas demonstrated the existence of $CH_x(a)$ and $H_xCO(a)$ adspecies on the functioning Ni-catalysts. Several designed experimental investigations on the reactivities of methane with CO_2 and with O_2, respectively, over the Ni-catalysts, and of CO_2 with the prereduced Ni-catalyst, as well as of the deposited carbon with CO_2 and with O_2, respectively, have been carried out and the results were unfavorable to the two-step mechanistic interpretation proposed for the POM reaction. By means of the BOC-MP Approach, energetics of a set of elementary reactions, which may be involved in the POM process, on the clean(111) surface of Ni, Fe, Cu and Pd, respectively, has been studied. The results of the experiments and the calculation of the present work favor the direct catalytic dissociation-plus-surface oxidation-plus-further dehydrogenation mechanism as the dominant pathway making major contribution to the POM reaction.

Key words　Partial oxidation of methane　Syngas　Chemisorbed species　Energetics Mechanism

1　Introduction

Since the early work of Prettre et al[1], it has been accepted by many researchers that the catalytic partial oxidation of methane(POM) to syngas proceeds via a two-step reaction mechanism, i. e., an initial combustion of a part of methane to CO_2 and H_2O with complete conversion of oxygen followed by methane-steam, and -CO_2 reforming and reverse shift reactions, leading to the equilibrium product distributions[1-5]. Various data have been advanced in support of this contention; one of the proofs proposed is that each reaction involved in the two-step mechanism can take place over the same POM catalysts.

---

* Supported by the National Natural Science Foundation of China.

① To whom correspondence should be addressed.

Another viewpoint is that H_2 and CO are directly formed as primary products in methane oxidation, because any secondary reactions, such as methane steam reforming or water-gas shift are too slow[6,7]; these researchers considered that the surface reactions which produced H_2 and CO occurred in an oxygen-depleted environment, and the major surface species were probably C or CH_x and H adsorbed on the surface. One of the experimental facts supporting this mechanistic interpretation is that CH_x adspecies were detected on the surface of Pd-catalysts[8].

So far, a rather limited number of studies about the nature of the active site and the reaction mechanism has been reported. For better appraisal of the different mechanistic interpretations proposed, more detailed knowledge is needed about the nature of chemisorbed species and intermediates on the surface of the functioning catalysts as well as about the energetics of the surface reactions involved in the POM process.

Our recent investigations[9] on the catalytic performance of Ni, Co, and the other members in the first series of transition-metals for the POM reaction reveal that there is a correlation between the POM activity and the transition-metal sites with rapidly changeable valence, M^0/M^{2+} (e. g., Ni^0/Ni^{2+}) on the surface of the functioning catalysts; the zero-valence transition-metal sites seem to be responsible for activation and dehydrogenation of methane and the nature of rapidly changeable valence of the active sites is requisite for activation and rapid conversion of dioxygen.

In the present work, chemisorbed species on the surface of the functioning Ni-catalysts have been characterized using in-situ IR and Raman spectroscopies; the performances of tht catalysts for O_2-reforming and for CO_2-reforming of methane were examined respectively; the interactions of CO_2 with the surface of the reduced catalyst and of deposited carbon on the surface of the functioning catalyst with CO_2 and with O_2 were investigated, respectively; and energetics of a set of elementary reactions, which may be involved in the POM process, on clean (111) surface of Ni, Fe, Cu, and Pd, has been studied by using the Bond Order Conservation-Morse Potential(BOC—MP) Approach[10,11] The results would provide significant implications concerning the general understanding of the dominant reaction pathway of the POM to syngas over the catalysts.

2 Experimental

1 Preparation and Evaluation of Catalysts

The supported catalysts were prepared by impregnating with the solutions of the corresponding nitrate. The mixed metal oxides catalysts were prepared by thoroughly mixing, and finely grinding the corresponding nitrates. Both types of catalysts were calcined in air at 1073 K for at least 5 hours. The evaluation experiment was performed in a fixed-bed continuous flow reactor-GC combination system operating under atmospheric pressure. The catalytic POM-to-syngas reaction over the catalysts was carried out at stationary state and under the following reaction conditions; the feed gas was a mixture of $2CH_4/1O_2$; gas hourly space velocity(GHSV) at STP 10^5 mL/h $\cdot$ g $\cdot$ catal. ; temperature 973—1173 K. The detailed procedure of preparation and evaluation of the catalysts were described in our previous paper[9].

2 Spectroscopic Characterization

2.1 FTIR

IR spectra were taken *in-situ* under the POM reaction conditions as well as *ex-situ* at room temperature using a Nicolet 740 FTIR spectrometer. Each spectrum was obtained by accumulation of 160 scans at a resolution of 4 cm^{-1}.

2.2 LRS

Laser Raman spectra were taken *in-situ* under the reaction conditions of 973 K and feedstream of $2CH_4/1O_2$, using a JY U-1000 Ramanor spectrometer with argon laser(488.0 nm, 200 mW) as the excitation source. Slit width settings corresponded to a resolution of 4 cm^{-1}. Spectral accumulation was necessary; up to 50 scans were accumulated to obtain an acceptable signal-to-noise ratio.

2.3 XPS

XPS measurements were done using a VG ESCA LAB MK-2 machine with Al-$K\alpha$ radiation(1487 eV) and UHV(1×10^{-7} Pa), taking the Zr($4p$)(B.E.) of ZrO_2 at 182.3 eV or deposited carbon C(1s)(B.E.) at 284.6 eV, as the internal standard.

3 Results and Discussion

1 *In-situ* IR and LR Spectra of Chemisorbed Species on the Surface of Catalysts

In-situ FTIR and LR spectroscopies have been applied to the investigation of the chemisorbed species on 4 wt% Ni/ZrO_2 and Ni—Mg—O catalysts under the reaction conditions. Fig. 1 shows the IR transmittance spectra of NiO/ZrO_2 during hydrogen prereduction. The absorption band appeared at 1020 cm^{-1}, which may be ascribed to the vibration of the Ni—O bond. The intensity of this band decreased gradually in the process of reduction and finally vanished, indicating that the Ni^0-site was developed. It is evident from the result of Fig. 1 that the IR absorption by the reduced catalyst is relatively simple and weak, so that the background is quite low in the frequencies region for the IR observation.

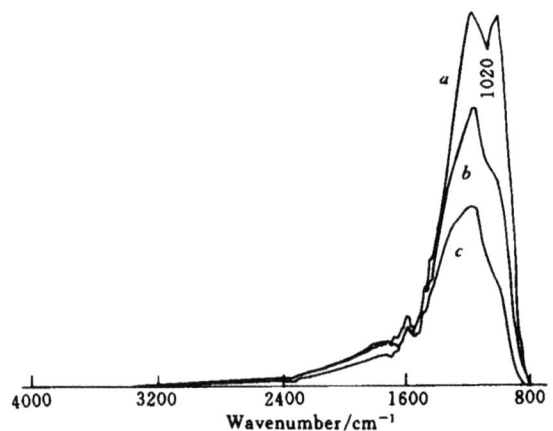

Fig. 1 IR transmittance spectra of 4 wt% Ni/ZrO_2 during temperature-programmed-hydrogen-reduction taken at *a*. 298 K, *b*. 573 K, *c*. 973 K.

As methane was introduced to the sample cell mounted with the prereduced 4 wt% Ni/ZrO_2 catalyst, a series of new bands appeared soon, and subsequently, the infrared transmittance of the sample was rapidly getting poor due to carbon deposition on the surface of the reduced catalyst, most probably originating from decompositon of methane. Fig. 2*a* shows the IR spectrum recorded in the initial two to three minutes in the region of 790−3350 cm^{-1}. This result of spectroscopic measurement revealed activation and dehydrogenation of methane molecules on the surface of the prereduced 4 wt% Ni/ZrO₂ catalyst, perhaps on the Ni⁰-site, to fragments of hydrocarbon, mostly including such chemisorbed species as metal-methyl (2936, 2873, 1350 cm⁻¹), metal-carbene (3100 cm⁻¹), and metal-carbide(3206—3256 cm⁻¹).

To gain information about adsorbed species which may exist on the 4 wt% Ni/ZrO₂ catalyst under reaction conditions associated with the POM, a sample of the H₂-prereduced(973 K for 0.5 h) 4 wt% Ni/ZrO₂ catalyst was exposed at 973 K to a flowing gaseous mixture of 2CH₄/1O₂. After 1 minute of exposure, the IR spectrum of the functioning catalyst was recorded *in situ*. Fig. 2*b* shows the result of accumulation of 160 scans. Bands are present at 3005 cm⁻¹(m),3065 — 3193 cm⁻¹ region(m),3256 cm⁻¹(s),2936 cm⁻¹(mw),2873 cm⁻¹ (mw) 2773 cm⁻¹(mw),2182 cm⁻¹(w),2112 cm⁻¹(w),1650 cm⁻¹(m), 1350 cm⁻¹(ms), and 1291 (s) cm⁻¹. Surface adspecies, which may be tentatively assigned, in clude CH₃ (2936,2873,and 1350 cm⁻¹),CH₂(3100 cm⁻¹),CH(3206 — 3256 cm⁻¹),H₂CO(2773,and 1650 cm⁻¹),CO(g)(2182,and 2112 cm⁻¹).

Fig. 2*d* is the background of IR absorption of the prereduced Ni—Mg—O catalyst under atmosphere of helium, and Fig. 2*c* is the spectrum taken *in-situ* under the reaction conditions of 973 K, atmospheric pressure, and 2CH₄/1O₂

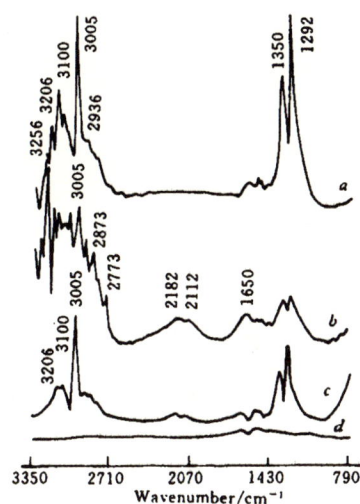

Fig. 2 IR absorption spectra of adsorption of methane on the prereduced 4 wt% Ni/ZrO₂ catalyst (*a*); chemisorbed species on the 4 wt% Ni/ZrO₂ catalyst after exposure to a flowing gaseous mixture of 2CH₄/1O₂ at 973 K (*b*); chemisorbed species on the Ni—Mg—O catalyst after its exposure to a flowing gaseous mixture of 2CH₄/1O₂ at 973 K (*c*); background of IR absorption of the prereduced Ni—Mg—O catalyst under atmosphere of helium(*d*).

feedstream and in the two to three minutes after introduction of the feedstream. Fig. 3 shows IR spectra taken *in situ* under atmospheric pressure, and at 823, 873, 923, 973 K, respectively, on the prereduced Ni—Mg—O catalyst in the two to three minutes after introduction of feedstream of 2CH₄/1O₂/4N₂, Information provided by these IR spectra about surface adspecies on the Ni—Mg—O catalyst is almost the same as that obtained on the 4 wt% Ni/ZrO₂ catalyst. The assignment of IR bands for adsorbed species associated with the POM reaction on the 4 wt% Ni/ZrO₂ and the Ni—Mg—O catalysts are summarized in Table 1. It is worthy of noting that the IR band at 3730 cm⁻¹ due to the surface hydroxyl was quite weak, implying low stationary state concentration of hydroxyl-adspecies OH on the surface of functioning Ni-catalysts.

Laser Raman spectroscopy(LRS) was applied to the observation of vibrational spectra of adspecies on the catalysts in the wavenumber region below 1200 cm⁻¹. Fig. 4 shows the Raman spectra taken on the functioning 4wt%Ni/ZrO₂ and Ni—Mg—O catalysts *in situ* under the conditions associated with the POM reaction, i. e., 973K, atmospheric pressure, and 2CH₄/1O₂/4N₂ feedstream. Raman peaks are present at 1060 cm⁻¹ and 1046 cm⁻¹, which are most probably originated from carbonate species adsorbed on the surface, perhaps at two kinds of adsorption sites with different micro-environments. Except the two peaks, no peak assignable to O—O vibrations of dioxygen adspecies was detected,

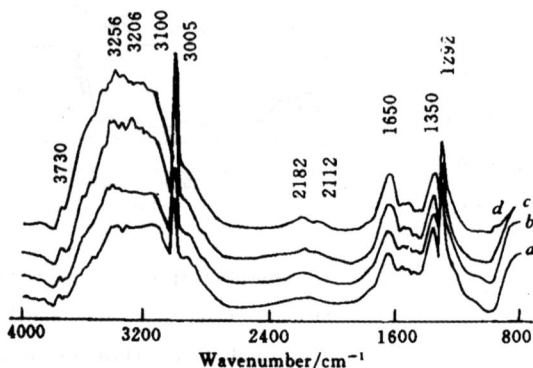

Fig. 3 *In-situ* IR spectra of the POM reaction system over the Ni—Mg—O catalyst under the reaction conditions of atomospheric pressure. Feedstreamt: $2CH_4/1O_2/4N_2$; temperature: *a*. 823 K, *b*. 873 K, *c*. 923 K *d*. 973 K.

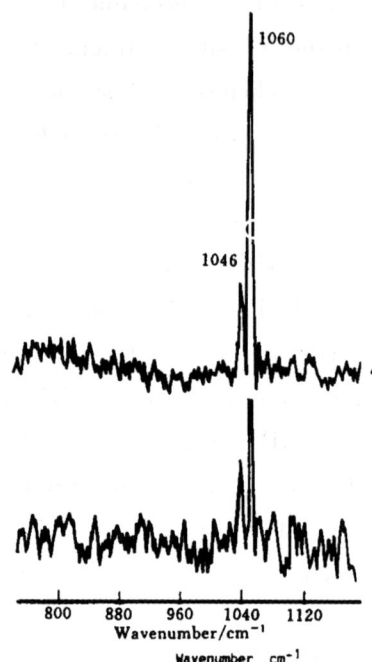

Fig. 4 *In-situ* Raman spectra taken on the functioning 4 wt% Ni/ZrO_2 catalyst (*a*) and the functioning Ni—Mg—O catalyst(*b*).
The reaction conditions: 973 K, atmospheric pressure, and $2CH_4/1O_2/4N_2$ feedstream; scanning number at 52 and 18, repetively.

implying that the activation and dissociation of dioxygen is quite fast on the surface of the functioning catalysts.

Table 1   Assignment of IR bands for adsorbed species associated
with the POM reaction on the 4wt%Ni/ZrO_2 and Ni—Mg—O catalysts

Band position(cm^{-1})	Assignment	Reference
3730	O—H stretch of surface hydroxyl OH	[12]
3206—3256	O—H stretch of metal-carbide Ni≡CH	[12,13]
3100	C—H asym. stretch of metal-carbene Ni=CH_2	[12,13,14]
3005	C—H asym. stretch of CH. (g)	[15]
2936	C—H asym. stretch of suface methyl CH_3	[12,13]
2873	C—H sym. stretch of surface methyl CH_3	[12,13]
2773	C—H stretch of H_2CO	[16]
2182,2112	C—O vib. -rot. combination bands of CO(g)	[17]
1650	C—O stretch of H_2CO	[18]
1350	C—H scissors of surface methyl CH_3	[12,13]
1292	C—H scissors of CH_4 (g)	[15]
1020	Ni—O stretch of surface Ni=O bond	

Absence of O_2^- and O^- in the observable concentrations was also identified by the EPR measurements. The EPR spectra obtained (unshown) were mainly characteristic and considerably complex absorption of d-electrons of nickel; no EPR signal assignable to O_2^- or O^- was detected.

2　Studies of Problems Associated with the Mechanism of the POM Reaction

So far, there has been no unified theory of mechanism, by which all the known important experimental facts can be adequately correlated and elucidated, and quite a few problems still remain to be solved. In order to get further information of the reaction-chemistry of the relevant reactant molecules and chemisorbed species on the Ni-based catalysts so as to appraise and distinguish various mechanistic interpretations proposed for the POM reaction, the following problems have been investigated by several designed experiments.

2.1　Reactivities of Methane with CO_2 and with O_2 over the Ni-based Catalysts

The performances of the two catalysts, Ni—Mg—O and $4wt\% Ni/ZrO_2$, for the O_2-and CO_2-reforming reactions of methane have been evaluated, respectively, and the results are presented in Table 2. It can be found that the difference in the reaction activities existed between the two processes over either catalyst: on the Ni—Mg—O catalyst, both reactions of O_2-reforming and CO_2-reforming proceeded in a considerably high rate——methane conversion being 96% for O_2-reforming and 89% for CO_2-reforming; whereas over the $4wt\% Ni/ZrO_2$ catalyst, methane conversion reached 93% for O_2-reforming and less than 50% for CO_2-reforming. Another significant finding is that for CO_2-reforming reaction of methane, when the reaction proceeded for a few minutes, an apparent pressure drop in catalyst bed was observed due to heavy deposition of carbon on the surface of the catalyst. If the POM reaction proceeds *via* the two-step mechanism(*i. e.*, a part of methane was first combusted to CO_2 and H_2O with complete conversion of O_2, and then, both combusted products reacted with methane to produce CO and H_2), it is difficult to rationalize that a poor catalyst for CO_2-reforming reaction such as $4wt\% Ni/ZrO_2$ may be a good one for the POM reaction; furthermore, there could not be much less deposition of carbon on the surface of catalysts in the O_2-reforming in comparison with that in the CO_2-reforming.

Table 2　Results of activity assays of Ni—Mg—O and $4wt\% Ni/ZrO_2$

catalysts for O_2-reforming and CO_2-reforming of methane reaction(data taken at 10 min of reaction)

Catalysts	O_2-reforming[a]		CO_2-reforming[b]	
	C_{CH_4} (%)	S_{CO} (C%)	C_{CH_4} (%)	C_{CO_2} (%)
Ni—Mg—O	96	94	89	92
$4wt\% Ni/ZrO_2$[c]	93	97	<50	<50

a. Reaction conditions: Feed gases, $2CH_4/1O_2$ Temp., 1050 K.

b. Reaction conditions: Feed gases, $1CH_4/1CO_2$; Temp., 1050 K.

c. Deactivated in 70 minutes for CO_2-reforming reaction.

2.2　Reactivity of CO_2 with the Prereduced Ni-catalyst

A sample of Ni—Ca—O catalyst was prereduced by a flow of hydrogen at 1050K for 1 hour, followed by cleaning the surface with a flow of pure nitrogen for a few minutes, and then followed by switching the gas-supply to CO_2. The change in composition of gases in the exit of reactor with time was monitored by GC analyzer. Table 3 shows the results.

As shown in Table 3, during the time of testing, there was only a very little of CO detected in the products, and it disappeared after 50 minutes of time-on CO_2 stream. The formation of CO indicated that an interaction must have occurred between CO_2 and the reduced catalyst, but in comparison with the interaction of O_2 with the reduced catalyst, it was considerably slow; in contrast, when O_2 contacted with the reduced catalyst, the latter would be very easy to be oxidized completely in a few minutes. Therefore, there was an obvious difference between CO_2 and O_2 in their reactivities with the reduced catalyst. Although in some cases, e. g. , on Ni—Mg—O catalyst, both reactions of CO_2-reforming and O_2-reforming of methane may proceed in a comparable speed(see Table 2), it is doubtful that the oxygen source in CO_2-reforming reaction is furnished by the redox of CO_2 with the surface of catalyst in reduction state.

Table 3　The change with time in composition of products for interaction of CO_2 with the prereduced Ni—Ca—O catalyst at 1050K

Time-on-CO_2 stream (min)	Composition of gases in the exit of reactor		Time-on-CO_2 stream (min)	Composition of gases in the exit of reactor	
	CO(%)	CO_2(%)		CO(%)	CO_2(%)
2.0	0.39	99.61	4.0	0.31	99.69
10.0	0.37	99.63	16.0	0.27	99.73
22.0	0,28	99.72	29.0	0.20	99.80
36.0	0.11	99.89	44.0	0.08	99.92
50.0	0.0	100			

XRD measurement provided further information about interaction of the prereduced Ni—Ca—O catalyst with CO_2 and with O_2, respectively. Fig. 5 shows the XRD patterns taken on three different samples: (a) the precursor (oxidation state); (b) the H_2-prereduced catalyst, follwed by a O_2 treatment for 10 minutes at 1050K; (c) the H_2-prereduced catalyst, followed by treatment with CO_2 for 60 minutes at 1050K. It is evident from the results that the patterns a and b are almost coincident, which demonstrate that the two samples possess the same composition of phase, NiO and CaO, In pattern b, no XRD peak assignable to Ni^0 was observed, indicating that the interaction of oxygen with the reduced catalyst is very easy to occur under the condition of 1050K. However, the appearance of pattern c is obviously different. Even though the time-on-CO_2 stream was as long as 60 minutes, the Ni^0-phase still existed as one of the substantial components; the peak intensity ratio of

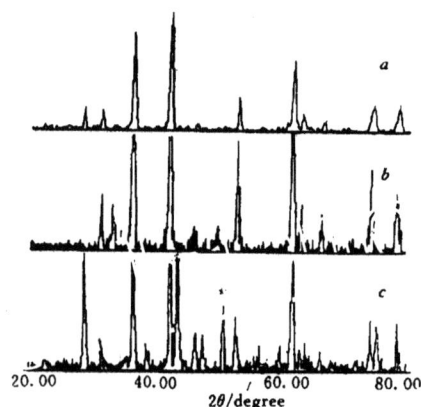

Fig. 5　XRD patterns taken on the precursor of Ni—Ca—O catalyst (oxidation state) (a), the H_2-prereduced Ni—Ca—O catalyst, followed by a O_2 treatment for 10 minutes at 1050K(b), and the H_2-prereduced Ni—Ca—O catalyst, followed by a CO_2 treatment for 60 minutes at 1050K(c).

Ni^0/Ni^{2+} remained about 73/100. These XRD results are in close agreement with the above results of reactivity evaluation, and give a further support to the inference, i. e. , the dissociation of CO_2 on the prereduced Ni-catalyst in company with Ni^0-site being oxidized, namely, $CO_2 + Ni^0 = CO + NiO$, proceeds much more slowly than the interaction of O_2 with Ni^0-sites does, and therefore, it is unlikely to be a necessary step in O_2-reforming reaction of methane.

2.3 Reactivity of CO_2 with Deposited Carbon on the Surface of Catalyst

A sample of Ni—Ca—O catalyst was reduced by hydrogen at 1050K for 60 minutes, followed by switching the gas supply to methane-stream for 120 minutes and then followed by switching to a flow of purified nitrogen for a few minutes to clean the methane remaining in the reactor, and finally CO_2 feedstream was introduced. The change in composition of products with time was monitored using GC detector. Table 4 shows the results obtained.

As shown in Table 4, in the initial period of 6.6 minutes, the conversion of CO_2 kept above 70% and, during most of the time for testing, CO was the major product till the deposited carbon was depleted. These results indicate that the reaction of CO_2 with deposited carbon on the surface of catalyst is quite easy to occur under the condition associated with the CO_2-reforming reaction, and the observed reaction rate may be comparable to overall rate of CO_2-reforming under the same conditions. Therefore, this elementary step is probably involved in the reaction of CO_2-reforming, as well as O_2-reforming, of methane.

Table 4　The change with time in composition of products for interaction

of CO_2 with deposited carbon on the Ni—Ca—O catalyst at 1050K

Time-on-CO_2 stream (min)	Composition of gases in the exit of reactor		Time-on-CO_2 stream (min)	Composition of gases in the exit of reactor	
	CO(%)	CO_2(%)		CO(%)	CO_2(%)
0.8	71.2	28.8	2.4	79.00	21.0
6.6	71.1	28.9	12.7	65.5	33.4
21.7	56.3	43.7	35.6	2.7	97.3

2.4 Reactivity of Deposited Carbon with O_2

After a sample of prereduced Ni—Ca—O catalyst underwent a treatment by a flow of methane at 1050K for 1 hour, the feedstream was switched from methane to purified nitrogen so as to clean the testing system till no methane survived, followed by introducing a flow of pure oxygen and monitoring the change in the composition of products by GC. The results are shown in Fig. 6.

It can be seen from the results that at the initial stage of the reaction, the only product was carbon dioxide in a small amount. As time passed, conversion of oxygen and selectivity to carbon monoxide enhanced dramatically and both reached near to 100% at about 10 minutes, and afterwards, gradually dropped, whereas selectivity to CO_2 enhanced simultaneously, and finally, there was only CO_2 involved in the product but conversion of oxygen was getting less.

This experiment revealed the necessity of the activation of dioxygen on the surface of catalyst in the reaction of oxygen with deposited carbon(perhaps also in the POM reaction). It is conceivable that when the reaction began, the surface of catalyst was highly covered by deposited carbon, hampering the contact of oxygen with the surface of catalyst and resulting in the poor activity of reaction. As reaction proceeded, a portion of the deposited carbon was consumed, and the chance of getting oxygen in touch with the catalyst surface and being activated would increase, thus, leading to the enhancement of O_2-conversion. When most of deposited carbon was depleted, the catalyst was deeply oxidized, and the conversion of oxygen dropped, till completely stopped.

3 Reaction Energetics of the POM Process

We proposed[9] that there may exist two pathways for activation of methane on Ni-catalysts in the POM reaction, i. e. , dehydrogenation by homolytic splitting of the C—H bond on reduced Ni-sites (Ni^0-sites) and oxygen-assisted dehydrogenation by heterolytic splitting of the C—H bond on oxidized Ni-sites, namely, Ni^{2+}-O^{2-} pair sites, and that under the conditions of rich-in-methane/poor-in-oxygen (e. g. , $2CH_4/1O_2$) and high temperature (about 1000K), the former is probably the major pathway for the activation and conversion of methane with syngas as the dominant products. In order to gain the knowledge of the thermochemistry of the POM reaction, which can be applied to determine the most energetically favorable pathway for the reaction to proceed, the energetics of a set of elementary steps, which may be involved in the POM

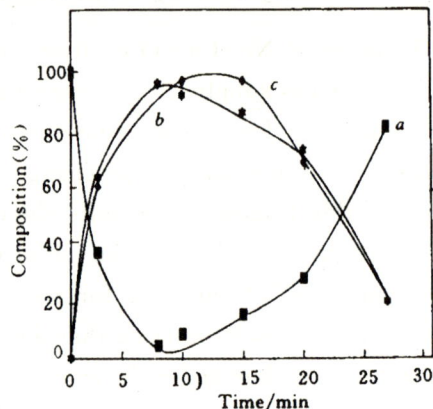

Fig. 6 The variance with time in the composition of products for interaction of O_2 with deposited carbon on the Ni—Ca—O catalyst at 1050K.

a. Selectivity to CO_2; b. selectivity to CO; c. conversion of O_2.

reaction, on the (111) surface of Ni, Fe, Cu and Pd single crystals have been examined by us. The heats of adsorption of all relevant adspecies and the activation barriers for all relevant elementary steps have been calculated by means of the BOC-MP Approach[10,11]. The results of these calculations are presented in Table 5 and Table 6. From these results, the following interesting inferences can be drawn.

On Cu(111) surface, the activation barrier for the dissociative chemisorption of methane is as high as 133.76 kJ/mol, and is higher than those for the surface-oxidation reaction of CH_x(a) and the further dehydrogenation of the subsequent intermediates, H_xCO(a), so that this step is most probably the rate-determining-step (r. d. s) of the POM reaction; the rate of the overall reaction (conversion of methane) may expected to be comparatively low.

On the Fe(111) surface, the dissociative chemisorption of methane is expectable to be fast (with an activation barrier of 45.98 kJ/mol for the first dehydrogenation), but the subsequent oxidation of CH_x(a) would be slow due to the high activation barrier of at least 133.76 kJ/mol, so that the reaction, CH_x(a)+O(a)=H_xCO(a), would become the rate-determining-step of the POM reaction. On the other hand, due to the low consuming rate of O_2 and the larger negative potential of metallic iron, the surface of the functioning Fe-catalysts would be substantially oxidized under the POM reaction conditions, with the result that the major Fe-species on the surface of the functioning catalysts is Fe^{n+}, rather than Fe^0, as has been evidenced by our previous experimental results[9].

On Ni(111) surface, the activation barriers for the dissociative chemisorption of methane and the surface-oxidation-reaction of CH_x(a), and for the further dehydrogenation of the subsequent intermediates, H_xCO(a), are all moderate, and, thus, the rate of the overall reaction may be expected to be much higher than that on Fe(111) or Cu(111) surface under the same reaction conditions, as has been evidenced by the results of our previous comparative study about the POM catalytic performance of the first series of transition-metals[9]. The activation barrier of the surface-oxidation of CH_x(a) species, in comparison with that of the dissociative chemisorption of methane, is somewhat higher, making it probably to be the rate-determining-step of the overall reaction; on the other hand, not high enough rate of consumption of O_2 would result in the co-existence of Ni^0 with Ni^{n+} on the surface of functioning catalyst. Furthermore, the high activation barrier(146. 30 kJ/mol) for the reaction, $C(a) + O(a) = CO$ (a), would easily lead to deposition of carbon on the surface of functioning catalyst.

Table 5 Heats of chemisorption(Q) and total bond energies in the gas-phase(D) and chemisorption states(D+Q) for species involved in the partial oxidation of methane to syngas on Ni(111),Fe(111),Cu(111),and Pd(111)surface*

Adsorbate	D	Ni		Fe		Cu		Pd	
		Q	D+Q	Q	D+Q	Q	D+Q	Q	D+Q
H	—	63	63	64	64	56	56	62	62
O	—	115	115	120	120	103	103	87	87
C	—	171	171	200	200	120	120	160	160
CH	81	116	197	142	223	72	153	106	187
CH_2	183	83	266	104	287	48	231	75	258
CH_3	293	48	341	60	353	25	318	42	335
CH_4	398	9	407	10	408	8	406	9	407
OH	102	61	163	64	166	52	154	40	142
CO	257	27	284	32	289	12	269	34	291
HCO	274	50	324	65	339	27	301	44	318
H_2CO	361	19	380	20	381	16	377	12	373
H_3CO	383	65	448	67	450	55	438	43	426
CO_2	384	6	390	8	392	5	389	4	388
H_2O	220	17	237	19	239	14	234	10	230
H_2	104	7	111	7	111	5	109	7	111

* All energies in ×4. 18 kJ/mol.

Table 6 Calculated activation barriers for forward(E_f^*) and reverse(E_r^*) directions of elementary reactions involved in partial oxidation of methane to syngas on Ni(111),Fe(111),Cu(111),and Pd(111) surface*

Reaction	Ni		Fe		Cu		Pd	
	E_f^*	E_r^*	E_f^*	E_r^*	E_f^*	E_r^*	E_f^*	E_r^*
$CH_4(a) = CH_3(a) + H(a)$	14	14	11	21	32	0	18	7
$CH_3(a) = CH_2(a) + H(a)$	24	12	22	19	31	0	25	9
$CH_2(a) = CH(a) + H(a)$	23	17	22	22	27	5	24	15
$CH(a) = C(a) + H(a)$	5	42	4	45	8	31	5	40
$CH_3(a) + O(a) = H_3CO(a)$	21	13	32	9	2	18	12	16
$CH_2(a) + O(a) = H_2CO(a)$	24	23	40	15	0	42	6	34
$CH(a) + O(a) = HCO(a)$	23	35	34	31	0	44	2	46
$C(a) + O(a) = CO(a)$	35	33	52	22	5	51	6	50
$CO(a) = CO(g)$	27	0	32	0	12	0	34	0
$H_3CO(a) = H_2CO(a)H + H(a)$	10	5	10	5	9	4	1	10
$H_2CO(a) = HCO(a) + H(a)$	26	33	5	27	20	0	9	17
$HCO(a) = CO(a) + H(a)$	0	23	4	18	0	24	0	34
$HCO(a) = C(a) + OH(a)$	18	28	10	37	31	5	24	8
$CO(a) + H(a) = C(a) + OH(a)$	29	16	18	31	51	0	51	0
$CO_2(a) = CO(a) + O(a)$	6	15	1	27	28	11	34	24

* All energies in ×4. 18 kJ/mol.

On Pd(111) surface, the rate-determining-step of the POM reaction may be the dissociative chemisorption of methane, and the subsequent surface-oxidation of $CH_x(a)$ would be quite fast, and, thus, heavy coking was expectable to be avoided to a great extent. In a general way. Pd may be expected to have the best catalytic performance for the POM reaction among the four transition-metals investigated in the present work.

Based upon our results of the experiment and calculation, as well as upon known facts reported in literature, it can be inferred that the POM-to-syngas reaction over Ni-based catalysts may involve the following elementary processes:

(1)Dissociative chemisorption of methane by homolytic splitting of the C—H bond on the reduced Ni-sites, $i. e.$, Ni^0-sites:

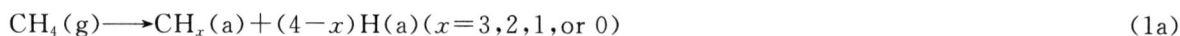

$$CH_4(g) \longrightarrow CH_x(a) + (4-x)H(a)\ (x=3,2,1,\text{or }0) \tag{1a}$$

(2)Combination and desorption of adsorbed H atoms:

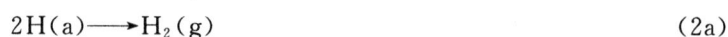

$$2H(a) \longrightarrow H_2(g) \tag{2a}$$

(3) Activation and dissociation of dioxygen on Ni^0-sites in company with the Ni^0-sites being oxidized:

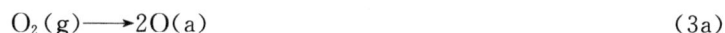

$$O_2(g) \longrightarrow 2O(a) \tag{3a}$$

(4)Surface-oxidation-reaction of $CH_x(a)$ with $O(a)$ in company with the oxidized Ni-sites, $i. e.$, Ni^{2+}-sites, being reduced:

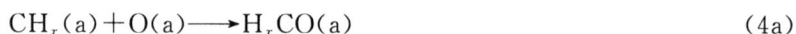

$$CH_x(a) + O(a) \longrightarrow H_xCO(a) \tag{4a}$$

(5)Further dehydrogenation of the oxygenate-intermediates, $H_xCO(a)$, and desorption of adsorbed CO and H:

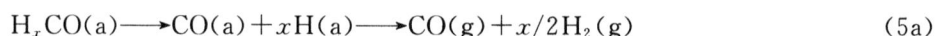

$$H_xCO(a) \longrightarrow CO(a) + xH(a) \longrightarrow CO(g) + x/2H_2(g) \tag{5a}$$

and the most energetically favorable pathway(also the dominant pathway making the major contribution to the POM reaction) over Ni-based catalysts was probably as follows:

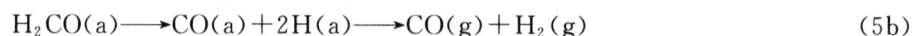

$$CH_4(g) \longrightarrow CH_3(a) + H(a) \tag{1b}$$
$$2H(a) \longrightarrow H_2(g) \tag{2b}$$
$$O_2(g) \longrightarrow 2O(a) \tag{3b}$$
$$CH_3(a) + O(a) \longrightarrow [H_3CO(a)] \longrightarrow H_2CO(a) + H(a) \tag{4b}$$
$$H_2CO(a) \longrightarrow CO(a) + 2H(a) \longrightarrow CO(g) + H_2(g) \tag{5b}$$

Under the reaction conditions of poor-in-oxygen, the deposition of carbon was getting heavy:

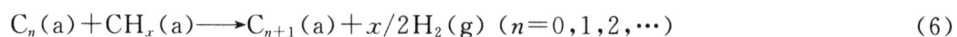

$$C_n(a) + CH_x(a) \longrightarrow C_{n+1}(a) + x/2H_2(g)\ (n=0,1,2,\cdots) \tag{6}$$

and under the reaction conditions of rich-in-oxygen or low temperature, the products of deep-oxidation of methane(CO_2 and H_2O) would dramatically increase:

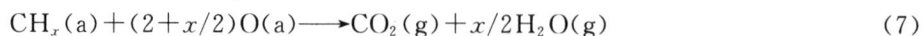

$$CH_x(a) + (2+x/2)O(a) \longrightarrow CO_2(g) + x/2H_2O(g) \tag{7}$$

Indeed, this is a preliminary suggestion. For the resolution of the mechanistic controversies, further work is needed.

References

[1]Prettre, M., Eichner, C., Perrin, M., Trans. Faraday Soc., **43**, 335(1946).

[2]Ashcroft, A. T., Cheetham. A. K., Foord, J. S., et al., Nature, **344**, 319(1990).

[3]Jones, R. H., Ashcroft, A. T., Walier, D., et al., Catal Lett., **8**, 169(1991).

[4]Dissanayak, D., Rosynek, M. F., Kharas, R. C, C., et al., J. Catal., **132**, 117(1991).

[5]Choudhary, V. R., Rane, V. H., J. Catal., **130**, 411(1991).

[6]Hickman,D. A. and Schmidt,L. D.,J. Catal.,**138**,267(1992).

[7]Hickman,D. A.,Haupfear,E. A. and Schmidt,L. D.,Catal. Lett.,**17**,223(1993).

[8]Lapszewicz,J. A. and Jiang,X. Z.,Prepr. Am. Chem. Soc.,Div. Pet. Chem.,**37**(1),252(1992).

[9]Chen,P.,Zhang,H. B.,Lin,G. D. and Tsai. K. R.,Proc. 7th NCC(Dalian,1994) p. 618.

[10]Shustorovich,E.,Acc. Chem. Res.,**21**,183(1988).

[11]Shustorovich,E. and Bell,A. T.,J. Catal.,**113**,341(1988).

[12]Galuszka, J. and Amenomiya, Y., Proc. 9th ICC (Calgary, 1988), Eds. Phillips, M. J. and Ternan,M.,1988:697.

[13]Yates,D. J. C. and Lucchesi,P. J.,J. Chem. Phys.,**35**,243(1961).

[14]Kazansky,V. B.,Shelimov,B. N.,Vikulov,K. A.,New Frontiers in Catalysis,Proc. 10th ICC (Budapest,1992),Eds. Guczi,L.,et al. ,Elsevier,1993:515.

[15]Nakamoto, K., Infrared and Raman Spectra of Inorganic and Coordination Compounds (3rd Ed.),New York. John Wiley & Sons,1978:135.

[16] Tang Hui-tong, Spectroscopic Identification of Organic Compounds, Beijing, Perking University Press,1992,147.

[17]Drago, R. S., Physical Methods in Chemistry, Philadephia-London-Toronto, W. B. Saunders Company,1977,169.

[18]Collman, J. P. and Hegedus, L. S., Principles and Applications of Organotransition Metal Chemistry,Mill Valley,California,Univ. Sci. Books,1980,80.

■ 本文原载:Inrganica Chimica Acta 237(1995),pp. 193～197.

Syntheses and Structures of the Potassium-Ammonium Dioxocitratovanadate(V) and Sodium Oxocitratovanadate(IV) Dimers

Zhao-Hui Zhou[①], Hui-Lin Wan, Sheng-Zhi Hu, Khi-Rui Tsai

(Department of Chemistry, Xiamen University, Xiamen 361005, China)

Received 6 December 1994; revised 6 April 1995

Abstract   The two dimers potassium-ammonium dioxocitratovanadate(V), $K_2(NH_4)_4[VO_2(cit)]_2 \cdot 6H_2O(\mathbf{1})$ and sodium oxocitratovanadate(IV), $Na_4[VO(cit)]_2 \cdot 6H_2O(\mathbf{2})$ have been prepared by the reactions of citric acid and metavanadate in neutral solution. Complex **1** crystallizes in the triclinic space group $P\bar{1}$ with unit cell parameters: $a = 8.894(1)$, $b = 9.783(1)$, $c = 9.930(2)$ Å, $\alpha = 70.00(1)$, $\beta = 88.09(1)$, $\gamma = 68.42(1)°$, $V = 750.8$ Å^3, $Z = 1$, $R = 0.035$ for 2622 observed reflections. The dimeric anion contains a centrosymmetric planar four-member V_2O_2 ring with the bridging hydroxyl oxygens. The citrate ion is coordinated via oxygen atoms of the hydroxyl and α-carboxylato groups, and the two acetato branches are not coordinated to vanadium. The principal V-O dimensions are: V-O (hydroxy), 1.961(2), 2.005(2) Å; V-O (α-carboxy), 1.981(3) Å. Complex **2** crystallizes in the monoclinic space group $P2_1/n$ with unit cell parameters: $a = 10.120(2)$, $b = 10.822(4)$, $c = 11.934(4)$Å, $\beta = 111.57(2)°$, $V = 1215.4$ Å^3, $Z = 2$, $R = 0.035$ for 2255 observed reflections. The dimer contains a similar planar V_2O_2 ring with bridging hydroxyl oxygens. The tetradentate citrato ligands coordinate via hydroxyl and α-carboxylato oxygens to one vanadium, and via two acetato branches to the two vanadiums in the dimer. The principal V-O dimensions are: V-O(hydroxy), 1.971(2), 2.206(2) Å; V-O(α-carboxy), 2.038(2) Å; V-O(β-carboxy), 2.017(2), 2.032(2) Å. The coordination number of the vanadium ions in complex **1** and complex **2** is therefore five and six, respectively.

Key words   Crystal structures   Citric acid complexes   Vanadyl citrate complexes   Vanadate (V) complexes

1. Introduction

Current interest in citrato complexes of vanadium is mainly due to two events in vanadium chemistry. Firstly, recent crystallographic analyses of the MoFe protein in nitrogenase have revealed the structure of the metal center(FeMo cofactor) as a cage-like cluster, in which molybdenum is bidentately chelated by the hydroxy and carboxylato ligand of the homocitrate, and the vanadium K-edge EXAFS spectrum shows that the FeV cofactor in vanadium nitrogenase appears to be analogous to the FeMo

---

① Corresponding author.

cofactor[1,2]. It is deduced that citrate or homocitrate may be important in the functioning of nitrogenase of molybdenum or vanadium. Somewhat earlier it had been found that mixed oxides of the type V-Mg-O are of particular interest as selective oxidation catalysts, which can be prepared by adequate thermal treatment of citrato vanadate[3]; this method is also useful for the preparation of many kinds of composite oxides[4]. It is noted that $V(V)/V(IV), d^0/d^1$, interplay is an essential feature of vanadium chemistry in most solvents and aqueous solution where $V(V)$ acts as a mild oxidant, strongly dependent upon the environment. In biochemistry or catalysis, this property of vanadium probably plays the central role in the mechanism of a specific reactivity. The present study focuses on the syntheses, IR and structural characterization of dioxocitratovanadate(V) and oxocitratovanadate(IV) dimers, of which the latter represented the first isolated vanadyl citrate.

Citric acid is an important compound in biological processes[5]. Its complexes with oxovanadium in solid and solution have been studied by UV, IR, EPR, potentiometric and ^{51}V NMR measurements[6-12]. The sodium salt of the citrato complex was first reported as $NaH_2[VO_2(cit)] \cdot H_2O$[13], and the potassium vanadate was prepared from the reaction of vanadium(V) oxide with citric acid in 50% yield, and described as $K[VO_2(H_2cit)] \cdot H_2O$. The complex was screened for its toxicity and antitumor activity against L1210 murine leukemia, and showed a marginal activity and toxicity at a relatively high dose[14]. The present X-ray analyses of the title compounds show that citric acid reacts with ammonium metavanadate in neutral solution to give the potassiumammonium dioxocitratovanadate(V) dimer, $Na_2(NH_4)_4[VO_2(cit)]_2 \cdot 6H_2O(1)$, Similarly, in neutral solutions, from a mixture of sodium metavanadate and excess citric acid, the vanadyl citrate, $Na_4[VO(cit)]_2 \cdot 6H_2O(2)$, is obtained by a slow reduction.

2. Experimental

2.1 Preparation of $K_2(NH_4)_4[VO_2(cit)]_2 \cdot 6H_2O(1)$

Ammonium metavanadate(10 mmol) was added to an equimolar solution of citric acid(1.0M, 10 mL); the solution was adjusted to neutral by 10% potassium hydroxide and stirred for 12 h. The dark green mixture was filtered and evaporated, and the precipitate was collected and recrystallized to give a light green solid(2.1 g, 53%). *Anal.* Calc, for $C_{12}H_{36}N_4O_{24}K_2V_2$: C, 18.0; H, 4.5; N, 7.0. Found: C, 18.4; H, 4.2; N, 6.8%. Nicolet 740 FT-IR spectra(KBr plate): $\nu_{as}(COO)$, 1633vs, 1590vs; $\nu_s(COO)$, 1425s, 1361s; $\nu_s(VO_2)$, 939s; $\nu_{as}(VO_2)$, 868m cm^{-1}.

2.2 Preparation of $Na_4[VO(cit)]_2 \cdot 6H_2O(2)$

Sodium metavanadate(10 mmol) was added to the solution of an excess amount of citric acid(1.5 M, 10 ml); the solution was warmed and adjusted to neutral by 10% sodium hydroxide and stirred for 48 h. The dark blue mixture was filtered and evaporated, and the precipitate was collected and recrystallized to give a blue solid(2.4 g, 60%). *Anal.* Calc, for $C_{12}H_{20}O_{22}Na_4V_2$: C, 20.3; H, 2.8. Found: C, 20.8; H, 3.0%. Nicolet 740 FT-IR spectra(KBr plate): $\nu_{as}(COO)$, 1619s, 1594vs; $\nu_s(COO)$, 1438s, 1399s; $\nu_s(VO_2)$, 935s; $\nu_{as}(VO_2)$, 868m cm^{-1}.

2.3 X-ray crystallography

Crystals **1** and **2** of suitable quality for the subsequent X-ray diffraction study were obtained as transparent light green or blue plates by slow evaporation of the solution of the above complexes in vacuum. The resulting crystals were sealed into capillaries to prevent loss of water molecules. The unit cell and crystal system were determined on the diffractometer, and the same crystal was then used for data collection. The ω-2θ scan mode was used. There was no significant intensity variation for two standard reflections measured every 2 h. Intensity data were reduced by routine procedures and all calculations were performed using the commercial package SDP on a micro VAX-II computer. The structure was solved by Patterson and all non-hydrogen atoms were refined anisotropically. Hydrogen atoms were inserted at calculated positions with fixed isotropic U. The routine crystallographic data and refinement parameters are given in Table 1. Tables 2-5 show the final positional parameters and the selected bond lengths and angles of complex **1** and **2**.

Table 1 Crystal data, collection data and details of refinement of 1 and 2

	1	2
Chemical formula	$C_{12}H_{36}N_4O_{24}K_2V_2$	$C_{12}H_{20}O_{22}Na_4V_2$
Formula weight	800.52	710.12
Crystal size(mm)	$0.25 \times 0.25 \times 0.40$	$0.40 \times 0.50 \times 0.30$
Crystal system	triclinic	monoclinic
Space group	$P\bar{1}$	$P2_1/n$
$a(\text{Å})$	8.894(1)	10.120(2)
$b(\text{Å})$	9.783(1)	10.822(4)
$c(\text{Å})$	9.930(2)	11.934(4)
$\alpha(°)$	70.00(1)	
$\beta(°)$	88.09(1)	111.57(2)
$\gamma(°)$	68.42(1)	
$V(\text{Å}^3)$	750.8	1215.4
Z	1	2
$D_{calc}(\text{g cm}^{-3})$	1.771	1.940
Diffractometer	Enraf-Nonius CAD-4	Enraf-Nonius CAD-4
Radiation, $\lambda(\text{Å})$	Mo Kα, 0.71073	Mo Kα, 0.71073
$F(000)$	824	708
$\mu_{calc}(\text{cm}^{-1})$	9.76	7.04
Temperature(℃)	22	22
Scan range, $2\theta(°)$	2—50	2—52
Scan width(°)	$0.50+0.35\tan\theta$	$0.60+0.35\tan\theta$
Structure solution	Patterson method	Patterson method
No. variables	253	211
No. unique reflections	2836	2371
No. observed reflections($I>3\sigma(I)$)	2622	2255
Range of h,k,l	$+10, \pm11, \pm11$	$\pm12, +13, +14$
R	0.035	0.035
R_w	0.040	0.035
Weighting scheme	unit weights	unit weights
Goodness of fit	0.892	1.061
Largest feature final difference map($e\text{Å}^{-3}$)	0.53	1.37

Table 2 Atomic coordinates and thermal parameters of $K_2(NH_4)_4[VO_2(cit)]_2 \cdot 6H_2O$

Atom	x	y	z	$B_{eq}(\text{Å}^2)$	Atom	x	y	z	$B_{eq}(\text{Å}^2)$
V(1)	0.15786(6)	0.3244(5)	0.53101(5)	1.31(1)	O(8)	0.3341(3)	0.6805(3)	0.4757(3)	3.15(6)
K(1)	0.42335(9)	0.26507(8)	0.42060(8)	2.52(2)	O(9)	0.2083(3)	−0.4586(2)	0.4287(2)	2.30(5)
N(1)	0.7098(3)	0.6352(3)	0.8589(3)	2.05(6)	O(w1)	0.5560(3)	0.2205(3)	0.0147(2)	2.55(5)
N(2)	0.0748(3)	0.4634(3)	0.6919(3)	1.89(6)	O(w2)	0.2993(3)	0.1327(3)	0.8150(3)	3.76(7)
O(1)	0.0429(2)	−0.0144(2)	0.3924(2)	1.41(4)	O(w3)	0.5884(4)	0.5069(3)	0.2360(3)	4.57(8)
O(2)	0.3122(2)	0.0169(2)	0.3833(2)	1.62(4)	C(1)	0.1165(4)	−0.0341(3)	0.2669(3)	1.35(6)
O(3)	0.1338(3)	0.2069(2)	0.5249(2)	2.59(5)	C(2)	0.2778(4)	−0.0147(3)	0.2742(3)	1.58(6)
O(4)	0.2893(3)	−0.0909(3)	0.6690(2)	2.57(6)	C(3)	0.0065(4)	0.0878(3)	0.1292(3)	1.80(7)
O(5)	0.3680(3)	−0.0294(3)	0.1791(2)	2.55(5)	C(4)	−0.0687(4)	0.2558(3)	0.1262(3)	1.91(7)
O(6)	0.0134(3)	0.3059(2)	0.1810(3)	2.99(6)	C(5)	0.1441(4)	−0.1979(3)	0.2654(3)	1.70(6)
O(7)	−0.2118(3)	0.3359(3)	0.0640(3)	2.92(6)	C(6)	0.2365(4)	−0.3348(3)	0.4009(4)	1.84(7)

Table 3 Selected bond lengths(Å) and angles(°) of $K_2(NH_4)_4[VO_2(cit)]_2 \cdot 6H_2O$

V(1)−V(1a)	3.219(1)	V(1)−O(1)	2.005(2)	V(1)−O(1a)	1.961(2)	V(1)−O(2)	1.981(3)	V(1)−O(3)	1.620(2)
V(1)−O(4)	1.625(2)	O(1)−C(1)	1.427(3)	O(2)−C(2)	1.297(4)	O(5)−C(2)	1.231(4)	O(6)−C(4)	1.242(6)
O(7)−C(4)	1.266(4)	O(8)−C(6)	1.242(5)	O(9)−C(6)	1.264(4)	C(1)−C(20	1.522(5)	C(1)−C(3)	1.538(3)
C(1)−C(5)	1.534(4)	C(3)−C(4)	1.519(4)	C(5)−C(6)	1.521(3)				

O(1)−V(1)−O(1a)	71.50(9)	O(1)−V(1)−O(2)	78.39(9)	O(1)−V(1)−O(3)	125.11(9)	O(1)−V(1)−O(4)	128.3(1)
O(1a)−V(1)−O(2)	149.8(2)	O(1a)−V(1)−O(3)	101.4(2)	O(1a)−V(1)−O(4)	100.2(1)	O(2)−V(1)−O(3)	97.9(2)
O(2)−V(1)−O(4)	96.4(1)	O(3)−V(1)−O(4)	106.6(1)	V(1)−O(1)−V(1a)	108.50(9)	V(1)−O(1)−C(1)	119.2(2)
V(1)−O(2)−C(2)	119.3(3)	O(1)−C(1)−C(2)	106.4(3)	O(1)−C(1)−C(3)	110.9(3)	O(1)−C(1)−C(5)	110.2(2)
C(2)−C(1)−C(3)	111.1(2)	C(2)−C(1)−C(5)	110.6(2)	C(3)−C(1)−C(5)	107.7(3)	O(2)−C(2)−C(1)	116.8(3)
O(2)−C(2)−O(5)	123.6(3)	O(5)−C(2)−C(1)	119.7(4)	C(1)−C(3)−C(4)	115.9(3)	O(6)−C(4)−O(7)	124.7(3)
O(6)−C(4)−C(3)	118.9(3)	O(7)−C(4)−C(3)	116.4(3)	C(1)−C(5)−C(6)	115.5(3)	O(8)−C(6)−O(9)	124.7(2)
O(8)−C(6)−C(5)	119.1(3)	O(9)−C(6)−C(5)	116.2(4)				

Symmetry transformation: a = 1−x, −y, −z.

Table 4 Atomic coordinates and thermal parameters of $Na_4[VO(cit)]_2 \cdot 6H_2O$

Atom	x	y	z	$B_{eq}(\text{Å}^2)$	Atom	x	y	z	$B_{eq}(\text{Å}^2)$
V(1)	0.90254(4)	0.12183(4)	1.00409(3)	1.147(7)	O(8)	0.4359(2)	0.3242(2)	0.8353(2)	2.76(4)
Na(1)	0.6942(1)	0.1352(1)	1.2826(1)	2.66(2)	O(w1)	0.5935(2)	0.2992(2)	1.1420(2)	2.77(4)
Na(2)	0.4848(1)	0.1671(1)	0.97456(9)	2.06(2)	O(w2)	0.7317(2)	−0.0277(2)	1.4238(2)	3.15(5)
O(1)	0.8986(2)	−0.0651(2)	0.9290(1)	1.09(3)	O(w3)	0.2481(2)	0.2278(3)	0.9599(2)	4.39(6)
O(2)	0.9158(2)	0.1508(2)	0.8398(1)	1.63(4)	C(1)	0.8273(2)	−0.0562(2)	0.8021(2)	1.13(4)
O(3)	0.6898(2)	0.0912(2)	0.9282(2)	1.58(3)	C(2)	0.8637(2)	0.0687(2)	0.7601(2)	1.36(4)
O(4)	1.1126(2)	−0.0777(2)	0.8368(2)	1.74(3)	C(3)	0.6138(2)	0.0083(2)	0.8581(22)	1.31(4)
O(5)	0.9088(2)	0.2689(2)	1.0257(2)	2.10(4)	C(4)	0.6666(2)	−0.0636(2)	0.7738(2)	1.51(5)
O(6)	0.8427(2)	0.0854(2)	0.6516(2)	2.38(4)	C(5)	1.0264(3)	−0.1374(2)	0.7447(2)	1.56(5)
O(7)	0.4921(2)	−0.0151(2)	0.8554(2)	1.89(4)	C(6)	0.8750(2)	−0.1585(2)	0.7375(2)	1.44(5)

829

3. Results and discussion

Preparations of the title compounds depend on the pH control and the ratio of reactants, which are described by the potentiometric and ^{51}V NMR measurements of the $(H^+)_p (H_2WO_4^-)_q (C_6H_5O_7^{3-})_r$ system[9]. The (p, q, r) values of the dominant species are $(2, 2, 1)$ and $(1, 2, 1)$ in neutral solution. In this experiment, the solids separated from the products of metavanadate and citric acid have the $1 : 1$ mole ratio of V : citrate. Figs. 1 and 2 show stereoviews of the two dimeric anions.

The crystal structures of **1** and **2** comprise the discrete ammonium, potassium or sodium cations, water molecules and centrosymmetric dimeric anions. The V(1)—V(1a) distances (3.219(1) and 3.316(1) Å) of the anions are out of the range for a metal-metal single bond in a vanadium cluster. The core geometry of the dimer consists of a centrosymmetric planar four-member V_2O_2 ring with the bridging hydroxyl oxygen atoms O(1, 1a). In complex **1**, the citrate ion is coordinated via oxygen atoms of hydroxyl and α-carboxylato groups, and the two acetato branches are not coordinated to vanadium. The coordination mode of the citrate anion is similar to that of homocitrate in the FeMo cofactor, which has one more carbon atom and its complex has a determined structure model at 2.2 Å resolution. The oxovanadium groups are in the *cis* configuration with the O(3)—V(1)—O(4) angle of 106.6(1)° and V(1)—O(3, 4) distances of 1.620(2) and 1.625(2) Å implying substantial double bonding. The V atoms in the dimer are five-coordinate and exist in a geometry between the ideal square pyramid and trigonal bipyramid[15].

Table 5　Selected bond lengths(Å) and angles(°) of $Na_4[VO(cit)]_2 \cdot 6H_2O$

V(1)—V(1a)	3.316(1)	V(1)—O(1)	2.206(2)	V(1)—O(1a)	1.971(2)	V(1)—O(2)	2.038(2)	V(1)—O(3)	2.032(2)
V(1)—O(4a)	2.017(2)	V(1)—O(5)	1.610(2)	O(1)—C(1)	1.421(2)	O(2)—C(2)	1.266(3)	O(3)—C(3)	1.275(3)
O(4)—C(5)	1.297(3)	O(6)—C(2)	1.247(4)	O(7)—C(3)	1.247(3)	O(8)—C(5)	1.223(4)	C(1)—C(2)	1.533(4)
C(1)—C(4)	1.537(3)	C(1)—C(6)	1.525(4)	C(3)—C(4)	1.516(4)	C(5)—C(6)	1.521(4)		
O(1)—V(1)—O(1a)	75.05(6)	O(1)—V(1)—O(2)	75.43(7)	O(1)—V(1)—O(3)	79.13(7)	O(1)—V(1)—O(4a)	99.72(7)
O(1)—V(1)—O(5)	164.81(9)	O(1a)—V(1)—O(2)	91.07(8)	O(1a)—V(1)—O(3)	152.41(7)	O(1)—V(1a)—O(4)	87.96(7)
O(1a)—V(1)—O(5)	105.60(8)	O(2)—V(1)—O(3)	91.73(7)	O(2)—V(1)—O(4a)	175.15(8)	O(2)—V(1)—O(5)	89.38(9)
O(3)—V(1)—O(4a)	86.95(7)	O(3)—V(1)—O(5)	101.87(8)	O(4a)—V(1)—O(5)	95.5(1)	V(1)—O(1)—V(1a)	104.96(6)
V(1)—O(1)—C(1)	107.3(1)	V(1)—O(2)—C(2)	117.2(2)	V(1)—O(3)—C(3)	133.8(2)	V(1a)—O(4)—C(5)	114.9(2)
O(1)—C(1)—C(2)	108.6(2)	O(1)—C(1)—C(4)	108.2(3)	O(1)—C(1)—C(6)	111.1(2)	C(2)—C(1)—C(4)	109.6(2)
C(2)—C(1)—C(6)	108.4(2)	C(4)—C(1)—C(6)	110.9(2)	O(2)—C(2)—C(1)	117.2(3)	O(2)—C(2)—O(6)	122.9(2)
O(6)—C(2)—C(1)	119.9(3)	C(1)—C(4)—C(3)	115.5(2)	O(3)—C(3)—O(7)	120.9(2)	O(3)—C(3)—C(4)	121.5(2)
O(7)—C(3)—C(4)	117.7(3)	C(1)—C(6)—C(5)	111.3(2)	O(4)—C(5)—O(8)	121.7(2)	O(4)—C(5)—C(6)	118.1(2)
O(8)—C(5)—C(6)	120.1(3)						

Symmetry transformation: a = 2−x, −y, 2−z.

Table 6   Comparison of M-O lengths(Å) in different hydroxycarboxylato complexes

Complex	M-O(hydroxy)	M-O(α-carboxy)	M-O(β-carboxy)	Ref.
NaH$_2$[VO$_2$(cit)] · H$_2$O	1.96—2.01	1.96—2.01		[13]
K$_2$[VO(O$_2$)(H$_2$cit)]$_2$ · 2H$_2$O	1.991(1),2.039(1)	2.013(1)	2.561(1)	[14]
K$_2$(NH$_4$)$_4$[VO$_2$(cit)]$_2$ · 6H$_2$O(**1**)	1.961(2),2.005(2)	1.981(3)		this work
Na$_4$[VO(cit)]$_2$ · 6H$_2$O(**2**)	1.971(2),2.206(2)	2.038(2)	2.017(2),2.032(2)	this work
(NH$_4$)$_2$[VO$_2$(OCH$_2$CO$_2$)]$_2$	1.932(5),1.976(5), 1.997(4),2.008(5)	1.988(6),1.998(6)		[16]
Na$_4$[VO(dl-tart)]$_2$ · 12H$_2$O	1.917(6),1.902(6)	1.994(6),2.004(6)		[17]
(NH$_4$)$_4$[VO(d-tart)]$_2$ · 2H$_2$O	1.79(2),1.93(2)	2.01(2),2.03(2)		[18]
Ca$_2$[VO(dl-tart)]$_2$ · 8H$_2$O	1.906(1),1.918(1)	1.980(1),2.007(1)		[19]
Ba$_2$[VO(dl-tart)]$_2$ · 8H$_2$O	1.913(3),1.927(3)	1.990(3),1.995(3)		[20]
Na(Et$_{14}$N)[VO(benzilate)$_2$] · 2C$_3$H$_7$OH	1.900(8),1.933(9)	1.970(9),1.971(8)		[21]
K$_4$[(MoO$_2$)$_4$O$_3$(Hcit)$_2$] · 6H$_2$O	1.968(5),1.976(5)	2.185(5),2.211(5)	2.318(5)av.	[22]
Na$_6$[(WO$_2$)$_2$O(cit)$_2$] · 10H$_2$O	1.958(2)	2.195(3)	2.289(2)	[23,24]

In the vanadyl citrate **2**, the dimeric anion has terminal oxo groups and two citrato ligands coordinated via oxygens of the hydroxyl and the three carboxylato groups. Vanadium(Ⅳ) exists in a distorted octahedral geometry, in which two deprotonated hydroxy(V(1)—O(1,1a),1.971(2) and 2.206 (2) Å) and the deprotonated β-carboxy(V(1)—O(3),2.032 (2) Å) and V(1)=O(5)(1.610(2) Å) form the octahedral equatorial plane. The axial positions are occupied by the deprotonated α-carboxy(V(1)—O(2),2.038(2) Å) and an oxygen atom from the deprotonated β-carboxy V(1)—O(4a) (2.017(2) Å) in the other citrato anion. The tetradentate citrates form a stable configuration with vanadium(Ⅳ).

A complex network of hydrogen bonds of the type OH··· O involves water molecules of solvation and some of the oxygen atoms of the two complex anions.

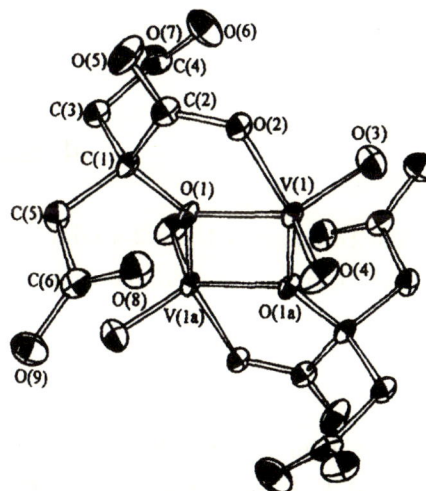

Fig. 1   Stereoview of the dimeric anion
[VO$_2$(cit)]$_2^{6-}$

Table 6 shows the influences of different hydroxycarboxylato ligands on VO and VO$_2$ structures, including glycolato, d-tartrato, dl-tartrato, benzilato and citrato vanadate. It can be seen that vanadyl citrate possesses the longest V—O(hydroxy) bond in all the complexes. This is probably due to the coordination of the two β-carboxylato branches between two vanadiums. Moreover, a comparison of the different metal citrato complexes like vanadate, molybdate and tungstate shows that the shortest V—O (α-carboxyl) bond(1.981(3)Å) is observed in the vanadate(V) **1** in accord with the shorter vanadium (V) ion radius.

The conclusion that deprotonation(required for charge balance) has occurred at oxygens of terminal β-carboxyl groups(O(3) and O(4)) can be drawn from the observed carbon-oxygen bond distances which are equivalent(1.266(4),1.242(6) and 1.264(4),1.242(5) Å) in citrate **1** and(1.275(3),1.247

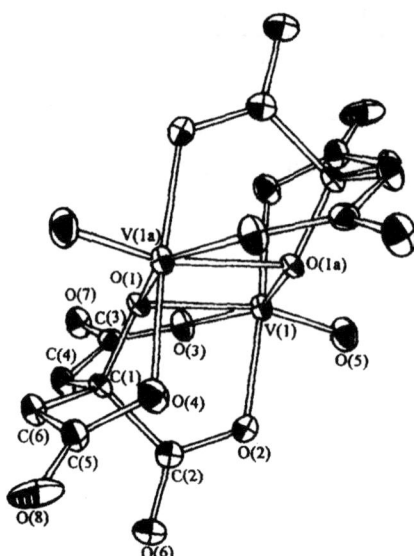

Fig. 2   Stereoview of the dimeric anion $[VO(cit)]_2^{4-}$

(3) and 1. 297(3),1. 223(4)Å) in citrate **2** as,for example,in $Na_6[(WO_2)_2O(cit)_2] \cdot 10H_2O^{[23,24]}$. This is also supported by IR bands found at 1633vs,1590vs and 1425s,1361s cm^{-1}(complex **1**) or 1619s, 1594vs and 1438s,1399s cm^{-1}(complex **2**) corresponding to ν_{as} and $\nu_s(CO_2M)$(bound carboxyl group), respectively,and the absence of IR bands between 1740 and 1700 cm^{-1},indicating the presence of deprotonated carboxylato groups.

4. Supplementary material

For compounds **1** and **2** a table of the torsion angles,as well as listings of observed and calculated structure factors,are available from the authors upon request.

References

[1]J. Kim and D. C. Rees,Biochemistry,**33**(1994) 389.

[2]B. K. Burgess,Chem. Rev.,**90**(1990) 1377.

[3]Ph. Courty,H. Ajot,Ch. Marcilly and B. Delmon,Powder Technol.,**7**(1973) 21.

[4]X. T. Gao,D. Ruitz,X. X. Guo and B. Delmon,Catal. Lett.,**23**(1994) 321.

[5]J. P. Glusker,Acc. Chem. Res.,**13**(1980) 345.

[6]B. M. Nikolova and G. St. Nikolov,J. Inorg. Nucl Chem.,**29**(1967) 1013.

[7]R. H. Dunhill and T. D. Smith,J. Chem. Soc. A,(1968) 2189.

[8]Yu. K. Tselinskii,L. V. Shevcheko and I. I. Kusel'man,Ukr. Khim. Zh.,**46**(1980) 656.

[9]P. M. Ehde,1. Anderson and L. Pettersson,Acta Chem. Scand.,**143**(1989) 136.

[10]S. G. Vul'fson,A. N. Glebov,O. Yu. Tarasov and Yu. I. Sal'nikov,Dokl. Akad. Nauk. SSSR, **314**(1990) 386.

[11]S. P. Arya and P. K. Sharma,J. Indian Chem. Soc.,**69**(1992) 793.

[12]T. A. Dyachkova,R. S. Safin,A. N. Glebov and G. K. Budnikov,Zh. Neorg. Khim.,**38**(1993) 482.

[13]G. I. Filin and V. N. Markin, Deposited Doc. VINITI*3475 — 3479*（1975）162 — 164（in Russian）;Chem. Abstr.,**88**(1976) 57252e.

[14]C. Djordjevic,M. Lee and E. Sinn,Inorg. Chem.,**28**(1989) 719.

[15]E. L. Muetterties and L. J. Guggenberger,J. Am. Chem. Soc.,**96**(1974) 1748.

[16]Z. H. Zhou,J. Z. Wang,H. L. Wan and K. R. Tsai,Chem. Res. Chin. Univ.,**10**(1994) 102.

[17]R. E. Tapscott,R. L. Belford and I. C. Paul,Inorg. Chem.,**7**(1968) 356.

[18]J. G. Forrest and C. K. Prout,J. Chem. Soc. A,(1967) 1312.

[19]J. Garcia-Jaca, T. Rojo, J. L. Pizarro, A. Goni and M. I. Arriortua,J. Coord. Chem.,**30**(1993) 327.

[20]J. Garcia-Jaca,M. Insausti,R. Cortes and T. Rojo,Polyhedron,**13**(1994) 357.

[21]N. D. Chasteen,R. L. Belford and I. C. Paul,Inorg. Chem.,**8**(1969) 408.

[22]N. W. Alcock,M. Dudek,R. Grybos,E. Hodorowicz,A. Kanas and A. Samotus,J. Chem. Soc., Dalton Trans. ,(1990) 707.

[23]E. Llopis,J. A. Ramirez,A. Domenech and A. Cervilla,J. Chem. Soc.,Dalton Trans. ,(1993) 1121.

[24]J. J. Cruywagen,L. J. Saayman and M. L. Niven,J. Crystallogr. Spectrosc. Res.,**22**(1992) 737.

■ **本文原载**:CHINESE SCIENCE BULLETIN Vol. 40 No. 9,pp. 749~752,1995.

Synthesis and Crystal Structure of Sodium Ammonium Dimeric (Citrato) Dioxovanadium(V) $Na_2(NH_4)_4[VO_2(cit)]_2 \cdot 6H_2O$ *

Zhao-Hui Zhou, Hui-Lin Wan, Qi-Rui Cai

(Department of Chemistry, Xiamen University, Xiamen 361005, China)

Received October 18, 1994

Key words citric acid   citrate   oxovanadium(V)   vanadate(V).

Recent crystallographic analysis[1] of the metal centers in the nitrogenase molybdenum-iron protein with 0. 22 and 0. 27 nm resolution revealed the structural model of FeMo-cofactor as a cage-like cluster,in which molybdenum is chelated by hydroxy- and carboxylate ligands of homocitrate. It is deduced that the homocitrate may be important for the substrate reduction mechanism. Considering that the central molybdenum of nitrogenase can be replaced by vanadium,for better understanding the importance of homocitrate to the substrate mechanism,here the authors report the synthesis,spectra and crystal structure of a dimeric (citrato)oxovanadium(V) complex,in which vanadium is coordinated bidentately by the oxygen atoms of hydroxy-and carboxylate ligand in citrate anion.

Citric acid(H_4cit=citric acid) is an important compound in the biological process[2]. Its complexes with oxovanadium in solution have been studied by potentiometric and ^{51}V NMR measurements[3]. The sodium salt of citrato complex was first reported as $NaH_2[VO_2(cit)] \cdot H_2O$[4],and potassium vanadate was prepared from the reaction of vanadium(V) oxide with citric acid in 50% yield,which was described as $K[VO_2(H_2cit)] \cdot H_2O$. The complex was screened for its toxicity and antitumour activity against L1 210 murine leukemia and showed a marginal activity and toxicity at a relatively high dose[5]. The present X-ray analysis of the title compound shows that citric acid reacts with ammonium metavanadate in neutral solution to give a sodium ammonium dimeric(citrato)dioxovanadium,$Na_2(NH_4)_4[VO_2(cit)]_2 \cdot 6H_2O$.

1 Experimental

1.1 Preparation of the title compound

Ammonium metavanadate(10 mmol) was added to the solution of equimolar citric acid(1. 0 mol/L,

* Project supported by the State Science and Technology Committee and the National Education Committee.

10 mL). The solution was adjusted to neutral by 10% sodium hydroxide and stirred for 12 h. The dark green mixture was filtered and evaporated, and the precipitate was collected and recrystallized to give a light green solid (1. 9 g, 49%). Anal, calcd. for $C_{12}H_{36}N_4O_{24}Na_2V_2$ (%): C, 18. 8; H, 4. 7; N, 7. 3; Found (%): C, 18. 3; H, 4. 7; N, 7. 0. Nicolet 740 FT-IR spectra (KBr plate), v_{as} (COO), 1 641$_{vs}$, 1 561$_{vs}$; v_s (COO), 1 423$_{vs}$; v_s (VO$_2$), 939$_s$; v_{as} (VO$_2$), 868$_m$ cm^{-1}.

Crystal date are as follows: $C_{12}H_{36}N_4O_{24}Na_2V_2$, $M_r = 768. 29$, monoclinic, space group $P2_1/c$, $a = 0. 8994(3)$, $b = 1. 7506(4)$, $c = 0. 9618(3)$ nm, $\beta = 104. 84(3)°$, $V = 1. 463 8$ nm^3, $Z = 2$, $F(000) = 792$, $D_c = 1. 743$ g $\cdot$ cm^{-3}, $\lambda = 0. 071 073$ nm, μ(MoKα) $= 7. 40$ cm^{-1}.

1.2   X-ray data collection, structure solution and refinement

Crystals of suitable quality for a subsequent X-ray diffraction study were obtained as transparent light-green plates by slow evaporation of a solution of the title compound in vacuum. The result crystals were stored in sealed tube to prevent losing of water molecules. A crystal in capillary with a dimension of 0. 25 mm $\times$ 0. 37 mm $\times$ 0. 37 mm was mounted on an Enraf-Nonius CAD-4 diffractometer for data collection. A total of 2 861 independent reflections were collected in the range of $1° \leqslant \theta \leqslant 25°$ by $\omega\text{-}2\theta$ scan technique at room temperature, of which 2 494 reflections with $I \geqslant 3\sigma(I)$ were considered to have been observed and were used in structure analysis. The corrections for Lp factors and absorption were applied. The structure was solved by Pattersson method and refined with anisotropic temperature factors for all non-hydrogen atoms. Final R, R_w and $\Delta\rho_{max}$ are 0. 051, 0. 057 and 4. 6 $\times$ 10^2 e $\cdot$ nm^{-3}. Computations were performed using SDP software package on a micro VAX-II computer. The final position parameters and equivalent isotropic thermal parameters are listed in table 1, and selected bond lengths and angles in table 2.

2   Results and discussion

Preparation of the title compound depends on the pH control and the ratio of reactants, which are described by the potentiometric and ^{51}V NMR measurements of $(H^+)_p (H_2VO_4^-)_q (C_6H_5O_7^{3-})_r$, system[3]. The (p, q, r) values of the dominant species are (2, 2, 1) and (1, 2, 1) in neutral solution. In this experiment, the solid separated from the product of ammonium metavandate and citric acid has the 1 : 1 mole ratio of V : citrate. Fig. 1 shows the perspective view of the dimeric anion.

Table 1   Atomic coordinates and equivalent isotropic temperature factors ($\times 10^{-2}$ nm)

Atom	x	y	z	B_{eq}	Atom	x	y	z	B_{eq}
V(1)	0. 64704(7)	−0. 00180(4)	0. 13694(6)	1. 12(1)	O(8)	0. 4998(4)	0. 1633(2)	0. 2354(3)	2. 26(6)
Na(1)	0. 0625(2)	0. 1415(1)	0. 9731(2)	2. 75(4)	O(9)	0. 2677(3)	0. 2108(2)	0. 1314(3)	2. 49(6)
N(1)	0. 8257(5)	0. 1434(2)	0. 4573(4)	2. 59(8)	O(w1)	0. 9187(4)	−0. 0600(2)	−0. 1741(4)	3. 48(8)
N(2)	0. 6264(4)	0. 5812(2)	0. 0747(4)	2. 49(8)	O(w2)	0. 0432(5)	0. 2487(2)	0. 8122(4)	3. 96(9)
O(1)	0. 5229(3)	0. 0636(1)	−0. 0236(3)	1. 23(5)	O(w3)	0. 1533(4)	0. 3595(2)	0. 0758(3)	3. 06(7)
O(2)	0. 7681(3)	0. 0939(2)	0. 1570(3)	1. 49(5)	C(1)	0. 5666(4)	0. 1409(2)	−0. 0380(4)	1. 23(7)
O(3)	0. 7886(3)	−0. 0611(2)	0. 1417(3)	2. 33(6)	C(2)	0. 7192(4)	0. 1521(2)	0. 0749(4)	1. 52(7)

续表

Atom	x	y	z	B_{eq}	Atom	x	y	z	B_{eq}
O(4)	0.6173(4)	−0.0031(2)	0.2954(3)	2.38(6)	C(3)	0.5858(4)	0.1552(2)	−0.1910(4)	1.57(7)
O(5)	0.7892(4)	0.2123(2)	0.0854(3)	2.61(6)	C(4)	0.7027(4)	0.1031(2)	−0.2332(4)	1.72(7)
O(6)	0.8248(4)	0.0890(2)	−0.1434(3)	2.90(7)	C(5)	0.4459(5)	0.1978(2)	−0.0131(4)	1.65(7)
O(7)	0.6670(3)	0.0787(2)	−0.3622(3)	2.17(6)	C(6)	0.4013(5)	0.1892(2)	0.1302(4)	1.65(7)

Table 2　Selected bond lengths(0.1 nm) and bond angle(*)

V(1)—V(1a)	3.224(1)	V(1)—O(1)	1.961(2)	V(1)—O(1a)	2.015(3)	V(1)—O(2)	1.981(3)	V(1)—O(3)	1.635(3)
V(1)—O(4)	1.613(3)	O(1)—C(1)	1.426(5)	O(2)—C(2)	1.296(5)	O(5)—C(2)	1.219(6)	O(6)—C(4)	1.236(4)
O(7)—C(4)	1.273(5)	O(8)—C(6)	1.246(4)	O(9)—C(6)	1.263(5)	C(1)—C(2)	1.529(5)	C(1)—C(3)	1.544(5)
C(1)—C(5)	1.536(6)	C(3)—C(4)	1.523(7)	C(5)—C(6)	1.538(6)				
O(1)—V(1)—O(1a)	71.8(1)	O(1)—V(1)—O(2)	77.2(1)	O(1)—V(1)—O(3)	131.1(1)	O(1)—V(1)—O(4)	122.6(1)
O(2)—V(1)—O(3)	97.4(1)	O(2)—V(1)—O(4)	98.0(1)	O(3)—V(1)—O(4)	106.3(2)	V(1)—O(1)—V(1a)	108.2(1)
V(1)—O(1)—C(1)	131.7(2)	V(1)—O(2)—C(2)	120.9(2)				
O(1)—C(1)—C(2)	105.8(3)	O(1)—C(1)—C(3)	110.3(3)	O(1)—C(1)—C(5)	112.2(3)	C(2)—C(1)—C(3)	110.9(3)
C(2)—C(1)—C(5)	110.3(3)	C(3)—C(1)—C(5)	107.4(3)	O(2)—C(2)—C(1)	115.8(3)	O(2)—C(2)—O(5)	122.9(3)
O(5)—C(2)—C(1)	121.4(3)	C(1)—C(3)—C(4)	114.2(4)	O(6)—C(4)—O(7)	124.8(5)	O(6)—C(4)—C(3)	118.9(3)
O(7)—C(4)—C(3)	116.2(4)	C(1)—C(5)—C(6)	115.7(4)	O(8)—C(6)—O(9)	125.5(4)	O(8)—C(6)—C(5)	117.9(4)
O(9)—C(6)—C(5)	116.5(3)						

Symmetry transformation: $a(−x, −y, −z)$.

The crystal structure comprises the discrete ammonium and sodium cations, water molecules and dimeric anions, of which the latter has a symmetric center. The V—V distance 0.3224(1) nm of this anion is out of the range for metal-metal single bond in vanadium cluster. The core geometry consists of the dimer of a centrosymmetric planar four-member V_2O_2 ring with two exocyclic citrate entities connected to the bridging O(1, 1a) atoms by monodentate α-carboxyl group, while the other two acetate groups do not participate in the coordination. Thus the coordination of citrate anion is similar to that of homocitrate in FeMo-cofactor, which has one more carbon atom and its complex has determined structure model at 0.22 nm resolution. The oxovanadium groups are in the *cis* configuration with O—V—O angle of 106.3(2)*; the V —O distances of 0.1635(3) and 0.1613(3) nm imply

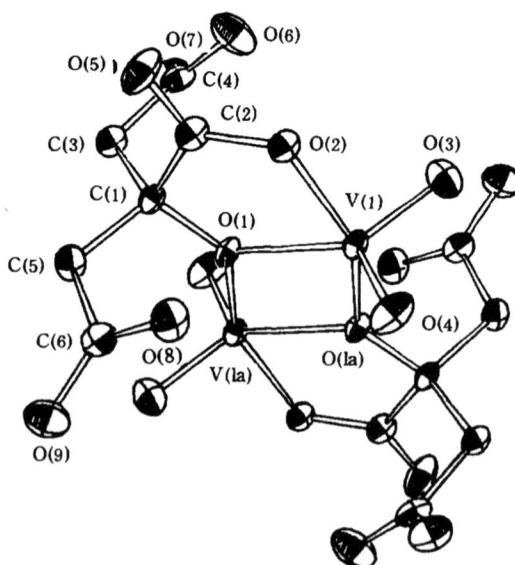

Fig. 1　Perspective view of dimeric anion [V₂O₄(cit)₂]⁶⁻

substantial double bonding. The V atoms in the dimmer are five-coordinate and exist in geometry between the ideal square and trigonal bipyramid[6].

Table 3 shows the influence of different metal ions on the structure of citrate complexes. It can be seen that the M-O(hydroxy) bonds remain almost invariant in all complexes. However, the shortest V-O (α-carboxy) bond [0.1981(3) nm] is observed in the present vanadate(V) in accordance with the shorter vanadium(V) ion radius.

The conclusion that deprotonation(required for charge balance) has occurred at oxygens of terminal β-carboxyl groups(O(8) and O(9)) can be drawn from the observed carbon-oxygen bond distances of β-carboxyl groups which are equivalent(0.1273(5) and 0.1236(4),0.1263(5) and 0.1246(4)nm) as e. g. in $Na_6[(WO_2)_2O(cit)_2] \cdot 10H_2O^{[8,9]}$. This is also supported by i. r. bands between 1660—1540 and 1440—1390 cm^{-1} corresponding to v_{as}- and $v_s(CO_2M)$(bound carboxyl group), respectively. No i. r. band between 1 740 — 1 700 cm^{-1} is observed in accordance with the absence of nonbonded and undissociated carboxylic group. It is deduced deduced further that sodium(citrato)vanadate(V) reported previously should actually be with the formulation of $Na_2[VO_2(H_2cit)]_2 \cdot 2H_2O$, in which the two β-carboxyl groups protonated as $K_2[VO(O_2)(H_2cit)_2]_2 \cdot 2H_2O^{[5]}$. The protonation and deprotonation of the two uncomplexed β-carboxyl groups seem to be typical for the complexation of citric acid, which imply a pathway of proton and electron transfer in citrate vanadate(V).

Table 3　Comparisons of M-O length(0. 1 nm) in the citrate complexes

Complex	M-O (hydroxy)	M-O (α-carboxy)	M-O (β-carboxy)	Reference
$NaH_2[VO_2(cit)] \cdot H_2O$	1.96—2.01	1.96—2.01		[4]
$K_2[VO(O_2)(H_2cit)_2]_2 \cdot 2H_2O$	1.991(1),2.039(1)	2.013(1)	2.561(1)	[5]
$Na_2(NH_4)_4[VO_2(cit)]_2 \cdot 6H_2O$	1.961(2),2.015(2)	1.981(3)		this work
$K_4[(MoO_2)_4O_3(Hcit)_2] \cdot 6H_2O$	1.968(5),1.976(5)	2.185(5),2.211(5)	2.318(5)av	[7]
$Na_6[(WO_2)_2O(cit)_2] \cdot 10H_2O$	1.958(2)	2.195(3)	2.289(2)	[8]

References

[1]Kim,J.,Rees,D. C.,Nitrogenase and biological nitrogen fixation,Biochemistry,1994,**33**(2): 389.

[2]Glusker,J. P.,Citrate conformation and chelation: enzymatic implications,Acc. Chem. Res. , 1980,**13**:345.

[3]Ehde,P. M.,Anderson,I.,Pettersson,L.,Multicomponent polyanions,43,A study of aqueous equilibria in the vanadocitrate system,Acta Chem. Scand. ,1989,**43**:136.

[4]Filin,G. I.,Markin,V. N.,Crystal and molecular structure of a vanadiiun(V) complex with citric acid $NaH_2[VO_2(cit)] \cdot H_2O$,Deposited Doc. (in Russian),VINITI 3475—3479,1975,162—164;Chem. Abstr. ,**88**:57252e.

[5] Djordjevic, C., Lee, M., Sinn, E., Oxoperoxo (citrato)-and dioxo (citrato) vanadates (V): synthesis,spectra,and structure of a hydroxyl oxygen bridged dimer, $K_2[VO(O_2)(C_6H_6O_7)]_2 \cdot 2H_2O$,Inorg. Chem.,1989,**28**:719.

[6]Muetterties,E. L.,Guggenberger,L. J.,Idealized polytonal forms. Description of real molecules referenced to idealized polygons or polyhedral in geometric reaction path form,J. Am. Chem. Soc. ,1974,**96**:1 748,

[7]Alcock, N. W., Dudek, M., Grybos, R. et al. , Complexation between molybdenum (VI) and

citrate:structural characterization of a tetrameric complex, $K_4[(MoO_2)_4O_3(Hcit)_2] \cdot 6H_2O$, J. Chem. Soc.,Dalton Trans. ,1990,707.

[8]Llopis,E.,Ramirez,J. A.,Domenech,A,et al. ,Tungsten(VI) complexes with citric acid(H_4cit)-structural characterization of $Na_6[(WO_2)_2O(cit)_2] \cdot 10H_2O$, J. Chem. Soc., Dalton Trans. , 1993,1 121.

[9] Cruywagen, J. J., Saayman, L. J., Niven, M. L., Complexation between tungsten(VI) and citrate—the crystal and molecular structure of a dinuclear complex, $Na_6[W_2O_5(Cit)_2] \cdot 10H_2O$,J. Crystallo. Spectrosc. Res. ,1992,**22**:737.

■ 本文原载：Chinese Chemical Letters Vol. 6, No. 8, pp. 715～718, 1995.

The Invkstigation of Methane Oxidative Coupling on BaF$_2$-LaOF Catalyst[*]

Zi-Sheng Chao[①], Xiao-Ping Zhou, Hui-Lin Wan, Khi-Ri Tsai

(Department of Chemistry and the State Key Laboratory for Physical Chemistry of Solid Surface of Xiamen University, Xiamen 361005)

Abstract   The OCM reaction was studied on BaF$_2$-LaOF catalyst and the results show that CH$_4$ can be effectively activated and selectively converted to C$_2^+$. Under the reaction conditions of GHSV = 15000 h^{-1} and reaction temperature 1044 K, the high C$_2^+$ yield of 20.66% with CH$_4$ conversion of 33.08% and C$_2^+$ selectivity of 62.47% was obtained at CH$_4$: O$_2$ = 3 : 1, and the high C$_2^+$ selectivity of 84.55% with CH$_4$ conversion of 16.54% was obtsined at CH$_4$: O$_2$ = 3 : 1. XRD results suggest that tetragonal LaoF is the active phase in BaF$_2$-LaOF catalyst.

Key words   Methane oxidative cbupling   BaF$_2$-LaOF   catalyst

INTRODUCTION

Methane oxidative coupling(OCM%)to C$_2^+$ hydrocarbon has been attracting extensive attention of chemists all over the world, and a great deal of studies has dealt. with the reaction mechanism and catalyst preparation. Among various kinds of the OCM catalysts, rare earth based metal oxides were thought to be the most promising ones[1]. Generally, the catalytic performance of metal oxides can be effectively promoted by alkaline metal ions[2,3] or metal halides[4,5]. Chao and Zhou et al. [6,7] have reported the fluoride promoted OCM catalysts and found that they were effective in the activation of methane. Furthermore, the new phase of MOF (M = rare earth metal, O = oxygen, F = fluorine) possessing the ionic conductivity and the CaF$_2$-type superstructure were detected in some catalysts. In order to seek the catalytic nature of the catalysts containing fluorides, this paper has studied the OCM reaction on the model catalyst LaOF and the BaF$_2$ promoted BaF$_2$-LaOF catalysts, and characterized the phase composition of the catalysts.

EXPERIMENTAL

LaOF was prepared by mixing La$_2$O$_3$ (A. R.)and LaF$_3$ (A. R.)with 1 : 1 molar ratio and grinding

---

* This work was supported by the National Natural Science Foundation and the catalyst used in this work has been applied for patent.

①   To whom correspondence should be addressed.

into powder, then calcining at 1123 K for 4 hours. BaF_2-LaoF catalysts were prepared with the appropriate amounts of BaF_2(A. R.) and LaOF according to the above method. The OCM reaction was performed in a CO-feed mode using a fixed-bed quarts reactor at atmospheric pressure. No dilute gas was used in the feed gases. A 102-GD gas chromatograph using a thermal conductivity detector(MS 5Å and Porapak Q as column) was employed to analyse the gaseous effluent. The phase composition of the catalysts were determined with X-ray diffraction(Rigaku Rotaflex, D/Max-C).

RESULTS AND DISCUSSION

Table 1 shows that, on LaOF, the selectivity and yield of C_2^+ hydrocarbon are relatively lower, which are 45. 29% and 11. 64% with CH_4 conversion of 25. 69%. When BaF_2 in added into LaOF to produce BaF_2-LaOF catalyst with BaF_2 content of 10mol% (BLOF, see Table 1), the catalytic performance is improved greatly, C_2^+ selectivity and C_2^+ yield reach 66. 84% and 16. 90% respectively at nearly the same CH_4 conversion(25. 29%) as that on LaOF(25. 59%). However, when adding BaF_2 to La_2O_3 to produce BaF_2-La_2O_3 catalyst with BaF_2 content of 10mol%(BLO, see Table 1). C_2^+ selectivity and C_2^+ yield are about 13 and 2 percent points respectively lower than that on BaF_2-LaOF catalyst.

Table 1　The OCM results on various catalysts[1]

Catalysts	Conversion of CH_4(%)	Selectivity(%)					Yield of C_2^+ (%)
		CO	CO_2	C_2H_4	C_2H_6	C_2^+	
LaOF	25. 69	12. 28	42. 43	25. 65	19. 64	45. 29	11. 64
BLOF[2]	25. 29	7. 46	25. 70	41. 06	25. 78	66. 84	16. 90
BLO	26. 52	5. 73	40. 74	35. 59	17. 94	53. 53	14. 20

　　(1)Reaction conditions: GHSV=15000 h^{-1}, reaction temperature=1033 K, feed gases: CH_4 ：O_2 =4：1 in mole
　　(2)BLOF: 10mol% BaF_2 +90mol% LaOF; BLO: 10mol% BaF_2 +90mol% La_2O_3

The BaF_2-LaOF catalysts with BaF_2 content from 5% to 50% were used in the OCM reaction and the results are listed in Table 2. It can be found that, with the increase of BaF_2 content in the BaF_2-LaOF catalyst, CH_4 conversion, C_2^+ selectivity and C_2^+ yield all show the regularity of increase followed by decrease. The better catalytic performance is obtained on the BaF_2-LaOF catalyst with 10 mol% BaF_2 under the reaction conditions in Table 2: CH_4 conversion 28. 73%, C_2^+ selectivity 67. 27% and C_2^+ yield 19. 39%. This suggests that the BaF_2 content in BaF_2-LaOF catalyst has an optimal value, which is about 10mol%.

Recently the extremely exothermic problem of OCM has been paid extensive attention by the chemists all over the world. It is thought that one of the ways to resolve this problem of heat resoval is to maximise C_2^+-selectivity at some reasonable level of CH_4 conversion[8,9], and the criteria of C_2^+ selectivity $\geqslant$80% at CH_4 conversion $\geqslant$15% abould be achieved for a promising OCM catalyst in engineering[9]. From Table 3. it can be seen that, on BaF_2-LaOF catalyst, when CH_4 ：O_2 molar ratio changes from 3：1 to 9：1, C_2^+ selectivity increases from 62. 47% to 84. 55%, CH_4 conversion decreases from 33. 08% to 16. 54%, and C_2^+ yield decreases from 20. 66% to 13. 98% respectively. The results of selectivity 81. 02% at CH_4 conversion 19. 53% and selectivity 84. 55% at CH_4 conversion 16. 54% are better than those obtained on the catalysts reviewed in ref. 11, which were the few new catalysts capable of achieving the criteria of C$_2^+$ selectivity $\geqslant 80\%$ with CH$_4$ conversion $\geqslant 15\%$ at 1 atm in an undiluted reagent stream operating in the co-feed mode.

Table 2   The effect of BaF$_2$ content on OCM[1]

Content of BaF$_2$ (mol%)[2]	Conversion of CH$_4$ (%)	Selectivity(%)					Yield of C$_2^+$ (%)
		CO	CO$_2$	C$_2$H$_4$	C$_2$H$_6$	C$_2^+$	
5	26.37	4.67	38.63	31.93	24.77	56.70	14.95
7	26.82	9.00	32.73	35.52	22.75	58.27	15.63
10	28.73	3.11	29.61	44.64	22.63	67.37	19.33
15	27.92	2.95	29.15	43.71	24.19	67.90	18.96
20	26.90	9.90	26.97	41.63	21.50	63.13	16.98
50	23.84	12.83	27.99	38.99	20.19	59.18	14.11

(1) Reaction conditions: GHSV $=15000$ h^{-1}, reaction temperature $=1053$ K, feed gas: CH$_4$: O$_2$ $=4$: 1 in mole

(2) BaF$_2$ coatent(mol%) $= \dfrac{\text{molar numbers of BaF}_2}{\text{molar numbers of BaF}_2 + \text{molar numbers of LaOF}}$

Table 3   The effect of CH$_4$: O$_2$ molar ratio*

CH$_4$: O$_2$ (mole)	Conversion of CH$_4$ (%)	Selectivity(%)					Yield of C$_2^+$ (%)
		CO	CO$_2$	C$_2$H$_4$	C$_2$H$_6$	C$_2^+$	
3 : 1	33.08	6.90	30.63	34.67	27.62	62.47	20.66
4 : 1	27.92	2.95	29.15	43.71	24.19	67.90	18.96
6 : 1	19.53	0	18.80	41.22	39.98	81.20	15.86
9 : 1	16.54	0	15.54	23.48	61.07	84.55	13.98

* Reaction conditions: GHSV $=15000$ h^{-1}, reaction temperature $=1043$ K, on 10mol% BaF$_2$-LaOF catalyst

The phase compositions of LaOF and BaF$_2$-LaOF catalysts were characterised by XRD and the results show that LaOF exists in tetragonal form. When the BaF$_2$ content was lower than 20 mol% in BaF$_2$-LaOF catalyst, only tetragonal LaOF phase but no BaF$_2$ phase was detected. It indicates that BaF$_2$ has been well accommodated in the LaOF lattice. But when the BaF$_2$ content was higher than 20mol% in BaF$_2$-LaOF catalyst, the lattice contracted BaF$_2$ phase was detected besides tetragonal LaOF phase. This suggests that the capacity of BaF$_2$ accommodated in LaOF lattice is no more than 20mol% in the BaF$_2$-LaOF catalyst. The BaF$_2$-LaOF catalyst. The BaF$_2$-LaOF catalysts had been found to have the life-span of above 100 hours. After the LaOF and BaF$_2$-LaOF catalysts had been used in OCM for 12 hours, the phase compositions were characterised by XRD and only tetragonal LaOF phase both in LaOF and BaF$_2$-LaOF were detected. It hints that tetragonal LaOF is the OCM active phase.

The nature of the promoting effect of BaF$_2$ may be explained in the view point of structure. LaOF was found to be an ionic conductor in which the ionic current was carried by mobile F$^-$ vacancies[10]. When O$_2$ adsorbed on the F$^-$ vacancies, the active oxygen species would be produced which acted as the active sites under the OCM conditions. On the other hand, both BaF$_2$ and LaOF are known to have the superstructure of fluorite. There is an excess of F$^-$ over the amount which can be accommodated in the superstructure of fluorite and a part of the excess F^- occupies the position of some O^{2-} in the LaOF lattice, but the rest excess F^- enters into the interstices bound to La^{3+}[11]. Hence for the BaF_2-LaOF catalyst, it is reasonable to expect that a part of excess F^- coming from BaF_2 would separate the active sites in LaOF, which improves largely the C_2^+ selectivity. Meanwhile, the partial displacement of O^{2-} by the other excess F^- coming from BaF_2 would produce the new active siten O^-[12], which give the slightly higher CH_4 conversion on BaF_2-LaOF than that on LaOF.

REFERENCES

[1] G. E. Reller and M. M. Bhasin, J. Catal., 1982, 9, 73.

[2] H. Yamashita, Y. Machida and A. Tomoita, Appl. Catal., 1991, 79, 203.

[3] S. Becker and M. Baners, J. Catal., 1991, 128, 512.

[4] R. Burch, G. D. Squire, S. C. Tsangg, Appl. Catal., 1988, 43, 105.

[5] K. Fujimoto, S. Hashimoto, K. Asami and H. Tominaga, Chem. Lett., 1987, 2157.

[6] Z. S. Chao, X. P. Zhou, W. Z. Weng, S. J. Wang, H. L. Wan and K. R. Tsai, "The Fourth China-Japan Bilateral Symposium On Rffective Utilization of Carbon Resources", October 1993, Dalian, China, P129.

[7] Z. S. Chao, X. P. Zhou, H. L. Wan and K. R. Tsai. J. Natural Gas Chem., 1995, 2, 202.

[8] F. M. Dautzenberg. J. C. Schlatter. J. M. Fox, J. R. R. Neilsen and L. J. Christiansen, Catal. Today, 1992, 13, 503.

[9] J. H. Lunsford, Natural Gas Conversion II, H. E. Curry-Hyde and R. F. Howe (ed.), Elsevier Science B. V., 19947, P1.

[10] A. Sher, R. Solomon. K. Lee and M. W. Muller, Phys. Rev., 1966, 144, 593.

[11] A. F. Wells, Structural Inorganic Chemistry, 5th Edn., Oxford Univ. Press, Oxford, 1984, P482.

[12] X. P. Zhou, Z. S. Chao, W. Z. Weng, S. J. Wang, H. L. Wang and K. R. Tsai, Catal. Lett., 1994, 29, 177.

(Received 24 June 1994)

■ 本文原载：Chemical Research in Chinese Universities Vol. 11 No. 1, pp. 84～86, 1995.

The Investigation of Oxygen Absorption over LaOF by Means of Raman Spectroscopy

Xiao-Ping Zhou, Zi-Sheng Chao, Shui-Ju Wang, Hui-Lin Wan, Khi-Rui Tsai

(Department of Chemistry, The National Key Laboratory of
Solid Surface Physics Chemistry, Xiamen University, Xiamen, 361005)

Received Sept. 2, 1994

Key words Oxygen species Perturbed oxygen species O_2 absorption

Introduction

In the selective oxidation of methane and ethane, the activation of dioxygen over the surface of catalysts is a crucial step. Lunsford et al.[1] studied the procedure of O_2 activation over Li^+/MgO catalyst, and studied the reactions of oxygen species with hydrocarbons. Wan et al.[2] based on the promoting effect of anion F^-, studied the absorption procedure of O_2 over F^--promoted metal oxyfluoride catalysts at room temperature. But up to now, the studies of O_2 absorption over catalysts near reaction temperature or at reaction temperature have seldom been carried out. This work is the study of O_2 absorption over LaOF from room temperature to 550℃ by means of Raman spectroscopy.

Experimental

LaOF was prepared by mixing equal molar amount of La_2O_3 and LaF_3, then calcined at 900℃ for 4 hours. The XRD characterization confirmed that it is LaOF(super fluorite structure).

Raman measurement was carried out on a U1000 Raman spectral meter from room temperature to 700℃ in a temperature changeable cell in which reaction gas can pass through.

Results and Discussion

The sample was treated in H_2 at 700℃ for 2 hours, then plugged with He at 700℃ for 30 minutes, and the spectrum was recorded at room temperature, no Raman bands within 700 to 1500 cm^{-1} were observed. When O_2(1 atm) was absorbed onto the above treated sample at room temperature, the strong peaks at 735.0, 1014.0, 1072.0, 1146.0, 1188.0, 1384.0, 1420.0 and 1452.0 cm^{-1} were observed. In O_2 stream, when the temperature of the reactor(in Raman cell) increased from room temperature to 150℃, the peak at 736. 0 cm^{-1} became stronger and widened towards high wave number direction to 860. 0 cm^{-1}, the intensity of other peaks reduced. When temperature was raised to 250℃, the peak at 736. 0 cm^{-1} widened to 868. 0 cm^{-1}, the rest peaks became even more weaker, and the peaks at 1384. 0, 1420. 0 and 1452. 0 cm^{-1} almost disappeared. At 550℃, the peak at 735. 0 cm^{-1} became even more stronger, and widened to 892. 0 cm^{-1}; the peak at 1014. 0 cm^{-1} became very weaker, while the peaks at 1072. 0, 1146. 0 and 1188. 0 cm^{-1} disappeared.

In the above Raman measurement (as shown in Figure), the peak from 700. 0 to 892. 0 cm^{-1} fell in the wave number region of O_2^{-2}, which is close to that observed by Evans $et\ al.$ [3]. Especially at high temperatures (150℃ to 550℃), the peak widened to 892 cm^{-1} and became stronger, which indicated that more O_2^{-2} species were formed on the surface of catalyst. But because of the different chemical micro-environment in which O_2^{-2} species located, peaks in the region of 700. 0 to 892. 0 cm^{-1} overlapped each other, and a wide peak was formed. The peak is not similar to those caused by M=O, For that, on the one hand, the wide peak from 700 to 892. 0 cm^{-1} did not exist after the treatment of H_2 and He over LaOF; on the other hand, La^{3+} is difficult to form La^{3+}=O bond. The peaks from 1014. 0 to 1188. 0 cm^{-1} are more different from that at 1121 cm^{-1} observed on KO_2, but they are very close to those observed over other solid surface by other authors, for example, Zecchina $et\ al.$ [4] observed peaks at 1015, 1160 cm^{-1} and assigned them to O_2^- over MgO—CoO. Valentine $et\ al.$ and Erskine $et\ al.$ [5] assigned Raman peaks with vibration

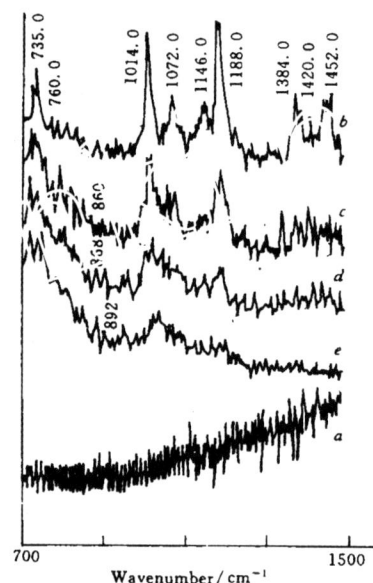

Fig. 1 **Raman spectra in O_2 atmosphere.**

a. Treated in H_2 for 2 hours at 100℃, then in He at 700℃ for 30 minutes recorded at room temperature; b. in O_2 at 25℃; c. in O_2 at 150℃; d. in O_2 at 250℃; e. in O_2 at 550℃.

numbers between 900 to 1100 cm^{-1} to perturbed O_2^{-2} species, intermediate between O_2^- and O_2^{-2}. So peaks at 1014. 0, 1072. 0 cm^{-1} might be attributed to $O_2^{-2+\delta}$ ($0<\delta<1$); Davydov $et\ al.$ [6] have reported a band at 1180 cm^{-1} on TiO_2, which they assigned to a molecular species such as O_2^-. Blunt $et\ al.$ and Bates $et\ al.$ [7] reported Raman bands between 1137 and 1164 cm^{-1} and assigned them to O_2^- species. So the peaks at 1146. 0 and 1188. 0 cm^{-1} might be assigned to O_2^- species which have different electron cloud density. The wave numbers of the peaks at 1384. 0, 1420. 0 and 1452. 0 cm^{-1} are higher than the normal value of O_2^-, and lower than that of molecular oxygen (1550 cm^{-1}). These peaks might be raised from perturbed $O_2^{-\delta}$ species (intermediate between O_2^- and adsorbed O_2) suggested by Al-Mashta $et\ al.$ [8].

Oxygen species with different electron cloud density have different thermostability. At room temperature, in the atmosphere of O_2 there are O_2^{-2} ions (735. 0 to 892. 0 cm^{-1}), $O_2^{-2+\delta}$ (1014. 0, 1072. 0 cm^{-1}), O_2^- (1146. 0, 1188. 0 cm^{-1}), and $O_2^{-\delta}$ (1384. 0 to 1452. 0 cm^{-1}). When temperature was raised to 250℃, $O_2^{-\delta}$ disappeared. At 550℃, O_2^- species almost disappeared, while $O_2^{-2+\delta}$ species was still stable. In the whole temperature raising procedure from room temperature to 550℃, the amount of O_2^{-2} species increased. These facts indicate that there might be the following equilibrium over the surface of LaOF.

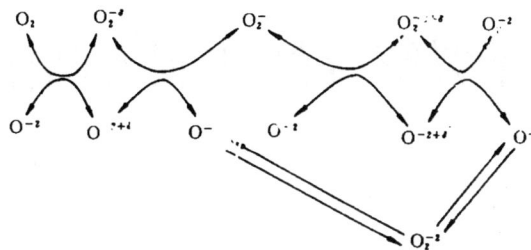

$$O_2 \quad O_2^{-\cdot} \qquad O_2^- \qquad O_2^{-\cdot} \quad O^{-2}$$

$$O^{-2} \quad O^{\cdot+i} \quad O^- \qquad O^{\cdot i} \qquad O^{-2+i} \quad O^-$$

$$O_2^{-i}$$

When the temperature increased, the equilibrium shifted towards the direction of the formation of O_2^{-2} species.

References

[1]Driscolli, D. J., Willson, M., Wang, J-X and Lunsford, J. H., J. Am. Chem. Soc., **107**, 58(1985).

[2]Zhou, X. P., Zhang, W. D., Wan, H. L. and Tsai, K. R., Catalysis Letters, **21**, 113(1993).

[3]Evans, J. C., Chem. Commun., 1969:682.

[4]Zecchina, A., Sppoto, G. and Coluccia, S., J. Mol. Catal., **14**, 351(1982).

[5]Valentine, J. S., Chem. Rev., **73**, 237(1973); Erskine, R. W. and Field, B. O., Struct. Bond., **28**, 3 (1977).

[6]Davydov, A. A., Komarova, M. P., Anufrienko, V. F. and Maksimov, N. G., Kinet. Katal, **14**, 1519 (1973).

[7]a. Blunt, F. J., Hendra, P. J. and Mackenzie, J. R., Chem. Commun., 1969:278.

b. Bates, J. B., Brooker, M. H. and Boyd, G. E., Chem. Phys. Lett., **16**, 391(1972).

[8]Mashta, F. Al., Sheppard, N., Lorenzelli, V. and Busca, G., J. Chem. Soc. Faraday Trans. 1, **78**, 979(1982).

■ **本文原载**:《高等学校化学学报》(1995 年 11 月),第 1783～1784 页。

低温催化裂解烷烃法制备碳纳米管[*]

陈　萍　　王培峰　　林国栋　　张鸿斌　　蔡启瑞[①]

（厦门大学化学系,固体表面物理化学国家重点实验室,厦门,361005）

关键词　碳纳米管　催化裂解　甲烷

　　碳纳米管的制备与研究是国际上新材料领域的探索热点[1]。由于具有纳米级的管径,碳纳米管的量子限域很明显,其物理化学性质独特;又由于其管壁结构类似于石墨,并具有异常大的比表面,因而亦具有作为功能材料的巨大潜力。

　　碳纳米管的实验室制备方法主要有两种:(1)通过烃类在 Fe、Co,Ni 等催化剂上裂解(最佳条件:600 ℃,乙炔在 Ni-Cu 合金上分解)[2,3];(2)在碳上电弧放电制备[4]。前者的产率高,但含管状结构的产物比例不高,管径不整齐,形状较不规则;后者产物管直,结晶性好,但产率低,且分离纯化较为困难。国内在此方面的研究开展较少,且多采用高温(1000 ℃)热裂方法制备,所得产物同样面临分离纯化问题。本文采用特定方法制备的 Ni 催化剂可在较低温度(约 450 ℃)下裂解甲烷并生成管径比较均匀的纳米级管状碳纤维,且纯化方法简单。

1　实验部分

1.1　催化剂制备

　　将一定量的 $Ni(NO_3)_2$ 与相应的载体依特定方法充分混合、烘干,于 800 ℃、空气气氛中灼烧 5 h 制得相应的 Ni 催化剂。

1.2　碳纳米管的制备与表征

　　取少量催化剂,于固定床常压连续流动反应器中 600 ℃、H_2 气氛下预还原 0.5 h,迅速转换到反应所需温度,导入纯 CH_4 气,反应 0.5 h 后渐冷,收集产品。在 JEM-100CX 型透射电镜下观测所得产物,最大放大倍率为 10 万倍。程序升温反应中以 CH_4 为载气,升温速率 10 ℃/min。

2　结果与讨论

　　TPR 测试结果(图 1)表明:在预还原催化剂上,400 ℃时即可发生 CH_4 裂解反应,在 450～650 ℃范围内反应可持续进行,但当温度升至～700 ℃时,催化剂活性明显下降。这可能是温度升至

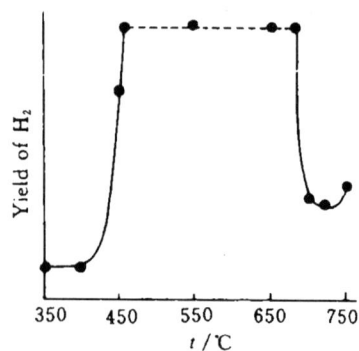

Fig. 1　TPR curve of CH_4 on Ni catalyst

　　[*]　国家自然科学基金资助课题。
　　[①]　收稿日期:1995 年 5 月 29 日。联系人:张鸿斌。第一作者:陈萍,女,26 岁,博士研究生。

700℃后,CH₄分解过快,导致催化剂表面被无定形碳覆盖所致。收集400℃以上样品作TEM观测表明,此催化剂上高于450℃均生成具有明显管状结构的碳纤维3(图2),当温度分别为450、600、700℃时,管状物外管径分别约为14、17、24 nm,即反应温度升高,管径变大。

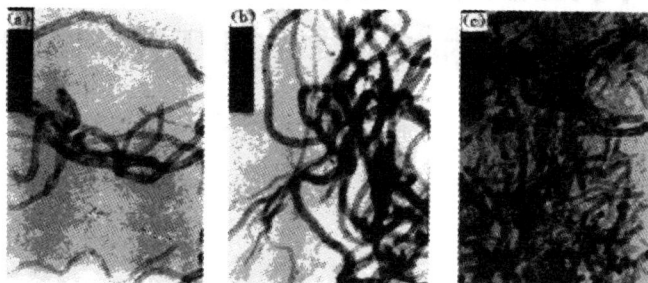

Fig. 2　TEM of carbon nanotubes produced at different temperatures
(a)700℃;(b)400℃;(c)450℃.

产物纯化可用一定浓度的硝酸加热浸泡,洗净后烘干即可。纯化后产物中催化剂颗粒已完全消失,所得碳纳米管相当纯净。因部分样品管内被溶剂占据,电子透过率降低,故TEM图中管状空腔结构不明显。若将样品于200℃、情性气体气氛下再烘干,溶剂可完全除去。

碳纳管生成机理尚待深入研究,但由实验结果可初步推测,温度、催化剂性能及其颗粒度大小均会影响碳纳米管的生成。

参考文献

[1]Rodtigucz N. M. . J. Mater. Res.,1993;8(12):3233.

[2]Aiuidiicr M. . Oberlin A.,Oberlin M. *et al.*;Carbon,1981. 19. 217.

[3]Tinbenns G. G.,J. Gryst. Growth. 1984. 66. 632.

[4]Tijims. S.,Nature. 1991. 354. 56.

Carbon Nanotube Prepared by Catalytic Pyrolysis of Methane

Ping Chen，Pei-Feng Wang，Guo-Dong Lin，Hong-Bin* Zhang，Khi-Rui Tsai

(Department of Chemistry，State Key Laboratory for physical Chemistry of the Solid Surface，Xiamen Uninasity，Xiamen，361005)

Abstract　Carbon nanotube can be produced by the catalytic pyrolysis of merhane on Ni catalyst at 450℃. TEM observation reveals that almost all the carbon filament produced by this method was in the form of tubular structure. Outer-diameter, length of the carbon nanotube as well as their productivity are governed by reaction temperature and the performance of the catalyst. The separarion and purification of the carbon nanotube produced from the catalyst powder are easily performed by washing with aqueous solution of nitric acid followed by oven-drying at 200℃;nearly all powder of the catalyst can be removed away and comparatively pure carbon nanotube can be obtained.

Key words　Carbon nanotube　Catalytic pyrolysis　Methane

(Ed.:Y,X)

■ 本文原载:《高等学校化学学报》(1995 年 11 月),第 1796～1797 页。

氟化锶/氧化钕催化剂的甲烷氧化偶联性能及其吸附氧物种的原位 FTIR 光谱研究[*]

龙瑞强　万惠霖　赖华龙　蔡启瑞[①]

(厦门大学化学系　固体表面物理化学国家重点实验室,厦门　361005)

关键词　甲烷氧化偶联　氟化锶/氧化钕　吸附氧物种

近年来,甲烷氧化偶联(OCM)的研究一直十分活跃。我们研究发现,在 Nd_2O_3 催化剂中添加 SrF_2 有明显的助催化作用,并用原位 FTIR 光谱考察了催化剂上的活性氧物种。

1　实验部分

催化剂制备与文献[1]相似,原位红外实验在 Nicolet 740 FTIR 光谱仪上进行。

2　结果与讨论

2.1　催化剂性能评价

由 SrF_2 含量对催化性能的影响(图 1)可见,750 ℃时 SrF_2 几乎没有催化活性。而未加 SrF_2 的 Nd_2O_3 催化性能也较差,甲烷转化率和 C_2 烃选择性分别仅为 27.2%和 39.3%。随着 SrF_2 的加入,甲烷转化率和 C_2 烃选择性明显提高,并随 SrF_2 的含量不同而变化,在 33%～50%(摩尔比)SrF_2/Nd_2O_3 催化剂上达到最大值,分别为 32.8%和 57.5%左右。

2.2　原位 FTIR 研究

50%SrF_2/Nd_2O_3 催化剂于 700 ℃用 H_2 处理 40 min 后,表面上未检测到吸附氧物种的谱峰。用 He 气吹扫一段时间后转通 O_2 后,则在 1114 cm^{-1} 处出现吸附态 O_2^- 的特征峰[2](图 2),表明反应温度(700 ℃时 C_2 烃收率为 18.3%)下 O_2^- 能存在于催化剂表面上。转通 He 气吹扫 15 min 后,O_2^- 的吸收峰强度稍有降低,接着通入 CH_4,同时扫描,以其所得谱图为背景。图 3a-c 分别为通入 CH_4 5 min、15 min、30 min 后测

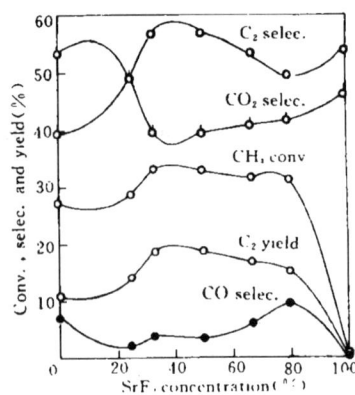

Fig. 1　Catalytic performances of SrF_2/Nd_2O_3 with different SrF_2 concentrations

$t=750$ ℃,$CH_2/O_2=3/1$, GHSV$=20000$ h^{-1}.

　*　国家自然科学基金资助课题。

　①　收稿日期:1994 年 12 月 7 日。修改稿收到日期:1995 年 5 月 22 日。联系人及第一作者:龙瑞强,男,24 岁,博士研究生。

谱并扣去该背景后所得谱图。由图 3a 可见,通入 CH_4 5 min 后,在 1351、1281 cm^{-1} 处观察到可归属为气相甲烷的两个倒峰[3],表明 CH_4 已开始发生反应。相应地,在 2358、2313、1440 cm^{-1} 处出现了 3 个吸收峰,可分别指认为气相和弱吸附态 CO_2 及表面碳酸盐物种。随着时间的增长,上述谱峰强度相应增大,另外,通入 CH_4 15 min 后,在 949 cm^{-1} 处出现一锐峰,表明气相乙烯已经生成[4]。由于反应温度下催化剂表面上未检测到其他吸附氧物种,暗示了 O_2^- 可能为活性氧物种。从以上的有关谱峰出现的时序推测,作为可能的反应途径之一,在反应温度下 O_2^- 物种活化 CH_4 并使其脱去一个氢,生成的 CH_3·未脱附就在表面某些部位(表面可能存在少量活性更高的氧物种,如 O_2^{2-}、O^-)被深度氧化为碳酸盐物种,其中部分碳酸盐由于高温下不能稳定存在而分解出 CO_2。当一些表面深度氧化位被碳酸盐覆盖后,CH_3·从催化剂表面脱附,在气相偶合成 C_2H_6,并进一步脱氢生成 C_2H_4。

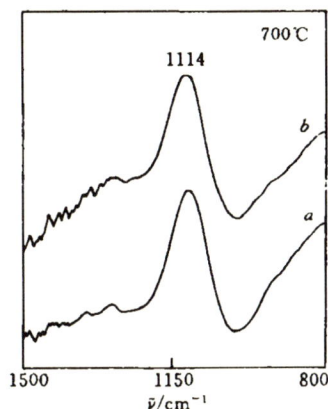

Fig. 2 FITR spectra of 50% SrF_2/Nd_2O_3

a. After adsorbing O_2;

b. After purging with He for 15 min.

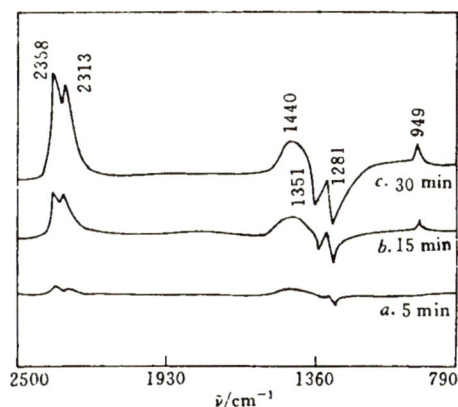

Fig. 3 Difference FTIR spectra recorded during the reaction of CH_4 with O_2-adsorbed 50% SrF_2/Nd_2O_3

参考文献

[1]Zhou S Q,Zhou X P,Wan H L, et al. Catal Lett,1993,**20**:179.

[2]Smardzcwski R R,Andrews L,J Chem Phys,1972,**57**(3):1327.

[3]Standard Infrared Grating Spectra,Philadelphia:Sadtler Research Laboratories,lnc,1974,**43~44**:42923.

[4]Brecher C,Halford R S,J Chem Phys,1961,**53**(3):1109.

Oxidative Coupling of Methane and *in situ* FTIR Spectra Study of Oxygen Adspecies over SrF_2/Nd_2O_3 Catalysts

Rui-Qiang Long，Hui-Lin Wan，Hua-Long Lai，Khi-Rui Tsai

(Department of Chemistry，State Key Laboratory for physical Chemistry of the Solid Surface，Xiamen Uniueristy，Xiamen，361005)

Abstract For oxidative coupling of methane(OCM) at 750 ℃,the C_2 selectivity and yield over SrF_2/Nd_2O_3 catalyst system were found to be obviously higher than those over Nd_2O_3. The *in situ*

FTIR spectra were taken at OCM reaction temperature（700 ℃）and showed that O_2^- adspecies was observed on $50\%\,SrF_2/Nd_2O_3$ catalyst，which might be the active and C_2 selective oxygen species.

Key words　Oxidative coupling of methane　SrF_2/Nd_2O_3　Oxygen adspecies

■ **本文原载**:《高等学校化学学报》(1995 年 6 月)，第 920～923 页。

固氮酶及合成氨 Fe 催化剂中 N_2 的络合位[*]

黄静伟　张凤章[†]　许良树[†]　张鸿图　万惠霖　蔡启瑞^①

（厦门大学化学系　生物学系[†]，厦门　361005）

摘　要　用乙烯为探针研究了固氮酶中 N_2 的键合位。结果表明,乙烯不能与 N_2 在固氮酶体系中相竞争。提出 N_2 在固氮酶中的键合位很可能是蛋白键合 FeMo-co 笼内 6Fe 位的 $\mu_6(\eta^2,\varepsilon_4)$ 和 3Fe+1Mo 位的 $\mu_4(\eta^3,\varepsilon_1)$ 方式,而不是笼口 2Fe 位的 $\mu_2(\eta^2)$ 方式,在合成氨 Fe 催化剂中 N_2 的络合方式可能是 $\mu_6(\eta^2,\varepsilon_3)$。

关键词　乙烯探针　N_2 键合位　固氮酶　合成氨　Fe 催化剂

固氮酶是由 MoFe 蛋白（$\alpha_2\beta_2$ 四聚体,分子重量约为 3.8×10^{-19} g）和 Fe 蛋白（γ_2 二聚体,分子重量约为 1.08×10^{-19} g）构成,已证明 MoFe 蛋白中含有 N_2 和其他外源底物的络合活性位[1]。Shah 和 Brill[2] 成功地从棕色固氮菌中分离出铁钼辅因子（FeMo-co）,使有关 N_2 和其他外源底物在固氮酶中的络合活性位研究从 MoFe 蛋白缩小到 FeMo-co 小分子（分子重量 $<1.66\times10^{-21}$ g）上。Kim 和 Rees[3] 解析了固氮酶 MoFe 蛋白单晶 X 射线衍射的电子密度图,提出了 MoFe 蛋白中 M-簇合物（蛋白键合的 FeMo-co）的 K-R 结构模型。该模型指出 M-族合物是由 2 个缺口的类立方烷型簇合物 MoS_3Fe_3 和 FeS_3Fe_3 通过 3 个非蛋白配体（2 个 S 和 1 个比 S 轻的"Y"）桥联而成,在这两个簇合物之间构成一个直径为 0.4 nm 的笼,其中桥联 Fe 间距 0.27～0.28 nm,非桥联 Fe 间距 0.38 nm。

根据 FeMo-co 的这种直观结构,N_2 在 M-簇合物里的络合可能有笼内和笼口两种情况。本文用乙烯为探针研究了 N_2 在固氮酶中的键合位,并讨论其可能的络合方式及与固氮酶活性中心研究密切相关的合成氨铁催化剂上 N_2 络合的活性中心模型。

1　实验方法

从棕色固氮菌 OP 中可分离出 MoFe 蛋白和 Fe 蛋白两个组分[2],并存于液氮中备用。

所用试剂 $MgCl_2\cdot6H_2O$（30.5 mg/mL）、ATP-Na（50 mg/mL）、肌酸磷酸（175 mg/mL）、肌酸激酶（15 mg/mL）均以等摩尔量混合配成反应系统并抽空补氩。

将 25 μL MoFe 蛋白和 0.3mL Fe 蛋白放入 8 mL 预先抽空补氩的牛痘瓶内,然后注入到 0.5 mL 的反应系统,再注入不同比例的氩气、氮气和乙烯,分别在 30 ℃ 的水浴下振摇反应 40 min 和 25 min,并用 0.1 mL 的三氯乙酸（30％）终止反应。

N_2 还原和放 H_2 的测量均采用文献[4]方法。

---

* 国家基础性研究重大关键项目（攀登计划）资助课题。

① 收稿日期:1994 年 12 月 7 日。修改稿收到日期:1995 年 3 月 5 日。联系人及第一作者:黄静伟,男,28 岁,博士,讲师。

2　结果与讨论

2.1　乙烯作为 N_2 键合位的探针

表 1 列出了反应 40 min(例 1)及 25 min(例 2)后的结果。由表 1 可见,无论乙烯存在与否,生成的氨量基本一致。例 1 中乙烯存在时氨生成量为 126 nmol NH_3/min · mg prot.,而无乙烯时氨生成量为 117 nmol NH_3/min · mg prot.,两种条件下氨生成量相差 7.4%。而例 2 中两种条件下的氨生成量分别为 158 和 148 nmol NH_3/min · mg prot.,相差 6.2%,显然,乙烯不影响 N_2 的还原。

Table 1　NH_3 formed, H_2 evolution and TEN (total electron number) in the different reaction systems[a]

Stsyte	Case 1			Case 2		
	H_2	NH_3	TEN	H_2	NH_3	TEN
8 mL Ar + 1 mL Ar	616		1232	806[b]		1612[b]
8 mL Ar + 1 mL C_2H_4	539		1078	660		1320
8 mL Ar + 1 mL N_2 + 1 mL Ar	402	117	1155	532	148	1508
8 mL Ar + 1 mL N_2 + 1 mL C_2H_4	413	126	1204	496	158	1466

a. TEN in system: the electron number used by N_2 reduction and used by H_2 evolution＝mole number of NH_3 formed ×3＋the mole number of H_2 evolution×2; The units of NH_3 formed, H_2 evolution and TEN are nmol NH_3/min · mg protein, nmol H_2/min · mg protein and nmol c⁻/min · mg protein, respectively; *b*. The reaction system was 8 mL Ar + 2mL Ar。

N_2 存在和乙烯与 N_2 同时存在的条件下放 H_2 量基本相近,例 1 中分别为 402 和 413 nmol H_2/min · mg prot.,相差 2.7%;例 2 中分别为 532 和 496 nmol H_2/min · mg prot.,相差 7.0%。乙烯在含 Mo 固氮酶中不会被继续还原[5],它只是占据了固氮酶中的一些放 H_2 活性位。这些放 H_2 活性位中有些也是 N_2 还原活性位,当乙烯和 N_2 同时存在时,可能由于乙烯被 N_2 取代,使得在 N_2 存在和乙烯与 N_2 同时存在下的放 H_2 量基本相近。

从体系的总电子数也可以看出,单有乙烯存在下的总电子数比纯氩下的总电子数低,说明乙烯可能占据固氮酶中的一些放 H_2 活性位而阻碍电子的传递,使得放 H_2 量降低。N_2 存在和 N_2 与乙烯共存下的体系总电子数比纯氩下的总电子数低,且这两种情况下的体系总电子数基本一致,说明乙烯并不影响有 N_2 存在时体系的总电子数,即 N_2 的还原不受乙烯的影响。

若 N_2 是以 $\mu_2(\eta^2)$ 的模式络合在蛋白键合的 FeMo-co 笼口的 2Fe 位上[6](图 1),则从配位化学可以知道,络合在双过渡金属上的 N_2 容易被乙烯所取代而形成双金属的乙烯络合物[7,8],乙烯将与 N_2 竞争固氮酶中的还原活性位,这与我们的实验结果相矛盾。若 N_2 是以多核络合模式在笼内络合,乙烯因体积太大而不能进入笼内,使得乙烯不能与 N_2 相竞争。我们的实验结果支持了这种 N_2 的多核笼内络合模式。

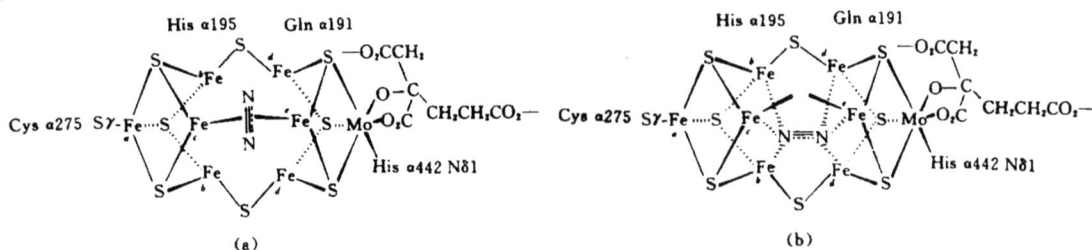

Fig. 1　The mode of N_2 binding to FeMo-co of nitrogenase

(a) $\mu_2(\eta^2)$ mode; (b) $\mu_6(\eta^2, \epsilon_4)$。

2.2　N₂ 在固氮酶中的络合方式

表 2 列出了含 Mo[9]、含 V[10] 和只含 Fe[11] 固氮酶体系的一些主要底物还原性质。从表 2 可以看出，随着不同固氮酶体系的组分由 MoFe 蛋白变为 VFe 蛋白，再变为 FeFe 蛋白，体系中 H⁺ 的还原活性逐渐降低。对于 N₂ 还原反应，含 Mo 固氮酶体系用了 70% 的电子流，含 V 固氮酶用了 40% 的电子流，而只含 Fe 的固氮酶却只用了 20% 的电子流。在这 3 种固氮酶体系中，用于 C_2H_2 还原的电子流分配与用于 H⁺ 还原的电子流分配变化趋势一致。对于 C_2H_2 还原，在含 V 和只含 Fe 固氮酶体系中除得到一般的二电子产物 C_2H_4 外，还有极少量的四电子产物 C_2H_6。在 N₂ 还原成 NH_3 的过程中，含 V 固氮酶体系也产生极少量（<1%）的四电子产物 N_2H_4。所以从含 Mo、V 和只含 Fe 的固氮酶体系中一些主要底物还原活性和专一性上的差异可以推断，含 Mo 固氮酶体系具有 N₂ 还原成氨的最高活性，即 Mo 应是固氮酶体系的最佳选择。Rees 等[12] 提出 N₂ 是以 $\mu_6(\eta^2,\varepsilon_4)$ 方式络合在 M-簇合物上（图 1），这种络合方式只用到 M-簇合物笼内的 6 个 Fe 离子，而 Mo 在 N₂ 的络合中几乎不起作用，因此也就很难理解含 Mo、V 和只含 Fe 的这 3 种固氮酶体系中 N₂ 还原活性上的差异。

从化学键的角度上看，Mo-N 键比 Fe-N 键强，在 M-簇合物笼内的 N₂ 很可能单端络合到 Mo 上，再与邻近的 3 个 Fe 形成三侧基络合，即以 $\mu_4(\eta^3,\varepsilon_1)$ 方式络合。但从 K-R 模型来看，Mo 离子仅处于笼的外层，N₂ 在笼内的络合很可能是先采取笼内 6Fe 位的 $\mu_6(\eta^3,\varepsilon_1)$ 络合方式，再选择地形成 1 Mo＋3 Fe 位的 $\mu_4(\eta^3,\varepsilon_1)$ 方式。

Table 2　Comparison of activity date for Azotobacter nitrogenases

Protein	MoFe	VFe	FeFe	Protein	MoFe	VFe	FeFe
Activitics(Ar) nmol H_2/min·mg prot.	2000	1400	250	Activities (Ar) nmol H_2/min·mg prot.	2000	1400	250
Electron flux of Ar	70% NH_3	40% NH_3	20% NH_3	Electron flux of C_2H_2	90% C_2H_4	40% C_2H_4	15% C_2H_4
	30% H_2	60% H_2	80% H_2		10% H_2	60% H_2	85% H_2
	No N_2H_4	N_2H_4	?		No C_2H_6	C_2H_6	C_2H_6

2.3　N₂ 在合成氨 Fe 催化剂上的络合位

合成氨 Fe 催化剂是以反尖晶石型的 Fe_3O_4 为主催剂，Al_2O_3、K_2O、CaO 和 MgO 等为助催化剂在电熔炉中焙融，并在水温下冷却制成[13]。在 N₂ 的络合和还原过程中，起主要作用的是主催化剂还原后得到的 α-Fe，它是一种体心立方结构（$a=0.28604$ nm），助剂只起调变主催剂的结构和电子输出功的作用。根据合成氨 Fe 催化剂与固氮酶 MoFe 蛋白中 M-簇合物在结构上的一些相似性，我们提出了 6Fe 原子簇活性中心模型（图 2）。图 2 中 A、B、C 为 α-Fe 单晶表面上的空位，N₂ 在 "1"、"2"、"3"、"4"、"5"、"6" 这 6 个 Fe 位上形成 $\mu_6(\eta^3,\varepsilon_3)$ 的络合方式，S_{234} 为（111）晶面。由于 Fe1 到 S_{234} 的距离为 0.185 nm，到体心 C 的距离为 0.248 nm，而 Fe-N 键长约为 0.187 nm，活化了的 N-N 键长约为 0.12～0.13 nm，因此垂直吸附在（111）晶面上的 N₂ 分子一端几乎落在 S_{234} 面上，N₂ 分子中

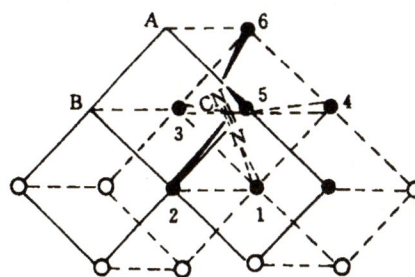

Fig. 2　**The lattice structure of α-Fe (111) plane and the mode $\mu_6(\eta^3,\varepsilon_3)$ of N₂ coordination**

心基本上是落在 α-Fe 的体心原子空位 C 上，Fe2、Fe3 和 Fe4 与 N₂ 分子中心的距离都是 0.248 nm，有利于它们与 N₂ 形成三侧基络合物并充分发挥侧基络合活化的作用。N₂ 除了一端与 Fe1 络合外，另一端可能与 α-Fe 表面最上层的 Fe5 和 Fe6 进行双端基络合，充分利用了催化剂表面剩余轨道对 N₂ 分子的 π^* 进行反馈。另外，由于 N₂ 分子两端受到不同的作用，使得 N₂ 分子的活化不对称，大大地削弱了 N≡N 三重键，促进了 N₂ 的络合活化。从结构上看，开口的 4 个 Fe 原子的排布使得 N₂ 的活动区域较大，有利于 N₂ 分子的络合和还原产物的离去，除了开口这一面外，相邻 Fe 的间距为 0.286 nm，不相邻 Fe 的间距

为 0.404 nm，结构尺寸与 K-R 模型相近。

参考文献

[1]Smith B E,Lowe D J,Bray R C. Biochem. J.,1973,**135**:331.

[2]Shah V K,Brill W J. Proc. Natl. Acad. Sci. USA,1977,**74**:3249.

[3]Kim J,Rees D C. Science,1992,**257**:1677.

[4]Li J L,Burris R H,Biochemistry,1983,**22**:4472.

[5]Newton W E. New Horizons Nitrogen Fixation,Dordrecht/Boston/London:Klumwer Academic Publishers,1993:5.

[6]Orme-Johnson W H. Science,1992,**257**:1639.

[7]Kruger C,Tsay Y H. Angew. Chem. (Internat. Edn.),1973,**12**:998.

[8]Jonas K. Angew. Chem. (Internat. Edn.),1973,**12**(12):997.

[9]Burgess B K,Jacobs D B,Stiefel E I,Biochem. Biophys. Acte,1980,**614**:196.

[10]Hales B J,Case E E,Morningstar J E et al. ; Biochemistry,1986,**25**:7251.

[11]Chisnell J R,Premakuar R,Bishop P E,J. Bacteriol,1988,**170**:27.

[12]Chan M K,Kim J,Rees D C,Science,1993,**260**:792.

[13]Huang Kai-Hui,Wan Hui-Lin. Catalytic Principle,Beijing:Science Press,1983:451.

N_2-Binding Site in Nitrogenase and Ammonia Synthesis with Iron Catalysts

Jing-Wei Huang[①], Feng-Zhang Zhang[②], Liang-Shu Xu[②], Hong-Tu Zhuang, Hui-Lin Wan, Qi-Rui Cai

(Department of Chemistry, Department of Biology[②],

Xiamen University, Xiamen, 361005)

Abstract Ethylene was used as a probe to detect the N_2-binding site in nitrogenase. It was found that ethylene couldn't compete with N_2 in the nitrogenase system. So the N_2-binding site in nitrogenase might probably be the mode of $6Fe\left[\mu_6(\eta^2,\varepsilon_4)\right]$ and the mode of $3Fe+1Mo\left[\mu_4(\eta^3,\varepsilon_1)\right]$ in the cage of the protein-bonded FeMo-co,but not be the mode of dinuclear coordination occurred on the 2Fe-sites at the gap of FeMo-co. In ammonia synthesis with iron catalysts,the N_2-binding site might probably be the mode of $6Fe\left[\mu_6(\eta^3,\varepsilon_3)\right]$.

Key words Ethylene probe N_2-binding site Nitrogenase Ammonia synthesis Iron catalysts

本文原载：《厦门大学学报》（自然科学版）第 34 卷第 3 期（1995 年 5 月），第 378～381 页。

固氮酶中 N₂ 键合位的研究*

黄静伟[①]　张凤章[②]　许良树[②]　张鸿图[①]　万惠霖[①]　蔡启瑞[①]

（[①]化学系　[②]生物学系）

摘　要　用乙烯作为探针，从 N₂ 还原、放 H₂ 和体系的总电子数可以看出，乙烯不能与 N₂ 在固氮酶体系中相竞争。表明 N₂ 在固氮酶中的键合位很可能是蛋白键合 FeMo-co 笼内的 $6Fe[\mu_6(\eta^2, \varepsilon_4)]$ 模式和 $3Fe+1Mo[\mu_4(\eta^3, \varepsilon_1)]$ 模式。而不是笼口的 2Fe 模式。

关键词　乙烯　探针 N₂ 键合位　固氮酶

1992 年 Kim 和 Rees[1] 成功地解析了 MoFe 蛋白单晶的晶体结构并提出蛋白键合的 FeMo-co 的 K-R 模型。根据蛋白键合 FeMo-co 的直观结构，人们对于固氮酶中 N₂ 键合位有了新的看法，Orme-Johson[2] 和 Rees 等[3] 分别提出 N₂ 是以 $\mu_2(\eta^2)$ 和 $\mu_6(\eta^2, \varepsilon_4)$ 模式（图 1）络合到固氮酶活性中心上。K-R 模型指出蛋白键合的 FeMo-co 具有一个直径为 0.4 nm 的笼，其中桥联 Fe 之间的距离为 0.27～0.28 nm，非桥联 Fe 之间的距离为 0.38 nm. FeMo-co 的这种结构使得只有像 N_2、CO、CN^- 等较小体积的双原子分子或离子才能进入笼内。本文用乙烯作为探针来研究 N₂ 在固氮酶中的键合位。

1　实验方法

（1）从棕色固氮菌 OP 中分离出 MoFe 蛋白和 Fe 蛋白两个组分[4]，存于液氮中备用。

（2）试剂溶液配制：$MgCl_2 \cdot 6H_2O$（30.5 g/L）、ATP-Na（50 g/L）、肌酸磷酸（175 g/L）、肌酸激酶（15 g/L）。然后以等量的 $MgCl_2$、ATP-Na、肌酸磷酸和肌酸激酶混合配制成反应系统并抽空补氩。

（3）25 μL 的 MoFe 蛋白和 0.3 mL 的 Fe 蛋白加到 8 mL 的预先抽空补氩的牛痘瓶，然后注入 0.5 mL 的反应系统，再注入不同比例的氩气、氮气和乙烯，分别在 30 ℃的水浴下振摇反应 40 min（例 1）和 25 min（例 2），并用 0.1 mL 的三氯乙酸（30%）终止反应。

（4）N₂ 还原和放 H₂ 的测量均采用李季伦等[5] 报道的方法。

2　结果与讨论

2.1　从 N₂ 还原情况来看乙烯对 N₂ 的影响

实验结果列于表 1。从表 1 可见，在例 1 和例 2 中，不管乙烯存在与否，生成氨量基本一致，例 1 中有乙稀存在时氨生成为 126 μmol $NH_3/min \cdot g^{-1}$ prot.，而无乙烯时，氨生成为 117 μmol $NH_3/min \cdot g^{-1}$ prot.，两种条件下氨生成相差 7.4%。同样地，在例 2 中两种条件下氨生成量分别为 158 和 148 μmol

---

* 本文 1994 年 7 月 1 日收到；国家基础性研究重大关键项目（攀登计划）资助课题。

(a) Orme-Johnson (1992)

(b) Kim & Rees (1992)

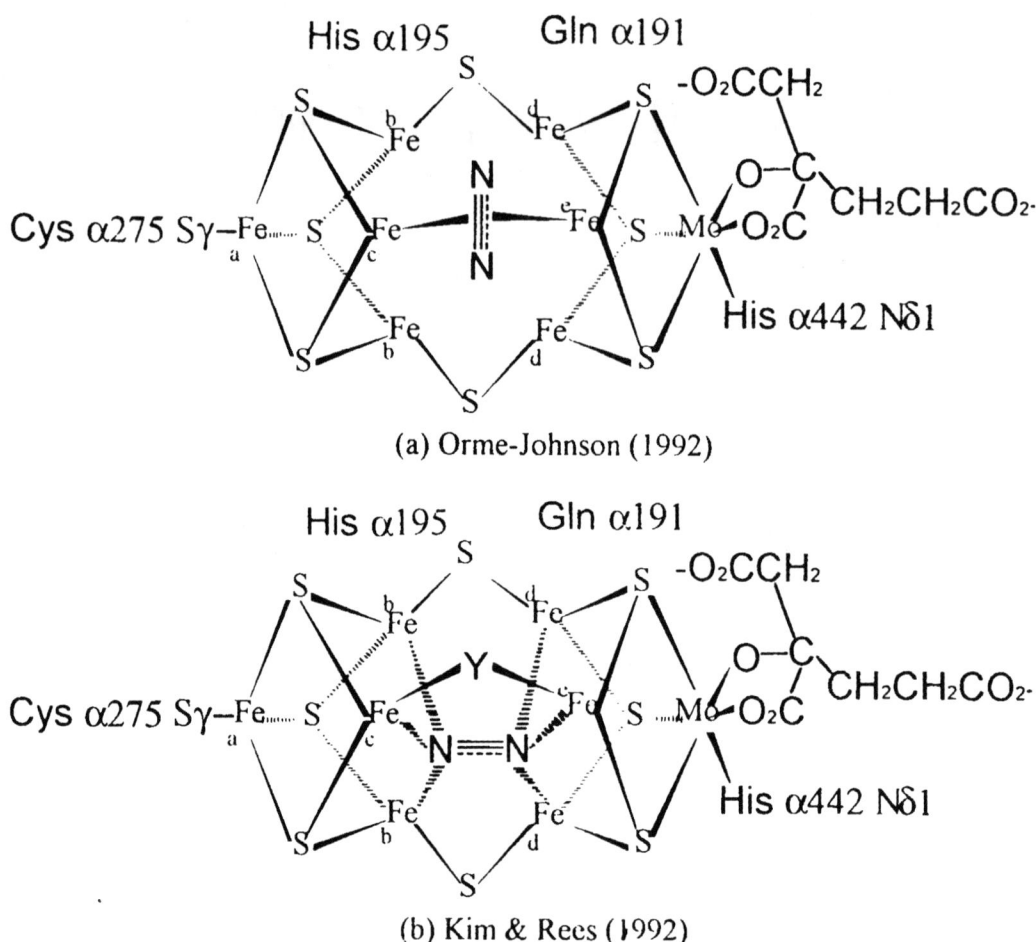

图 1　N₂ 在固氮酶的 FeMo-co 上的键合模式

a. Orme-Johnson 提出的 $\mu_2(\eta^2)$ 模式；b. Kim&Rees 提出的 $\mu_6(\eta^2,\varepsilon_3)$ 模式

Fig. 1　The mode of N₂ binding to FeMo-co of nitrogenase

$NH_3/min \cdot g^{-1} prot.$，相差 6.2％。显然，实验结果表明乙烯不影响 N₂ 的还原。

2.2　从放 H₂ 和体系的总电子数来看乙烯对 N₂ 的影响

从表 1 可见，在例 1 和例 2 中，有 N₂ 存在与有乙烯和 N₂ 同时存在的条件下放 H₂ 量基本相近。例 1 中分别为 402 和 413 $\mu mol/min \cdot g^{-1} prot.$，相差 2.7％；例 2 中分别为 532 和 496 $\mu mol/min \cdot g^{-1} prot.$，相差 7.0％，乙烯在含 Mo 固氮酶中不会被继续还原[6]，它对放 H₂ 的影响只是占据固氮酶中的一些放 H₂ 活性位，这些放 H₂ 活性位中有些也是 N₂ 还原活性位、当乙烯和 N₂ 同时存在时，可能由于乙烯被 N₂ 取代，使得在 N₂ 存在与乙烯和 N₂ 同时存在这两种条件下的放 H₂ 量基本相近，这也可以从体系的总电子数看出，在例 1 和例 2 中，有 N₂ 或 N₂ 和乙烯存在下的体系总电子数比纯氩下的总电子数低，但比单有乙烯存在下的总电子数高，这就说明 N₂ 的还原不会受到乙烯存在的影响。

表 1　不同反应体系的氨生成和放 H_2 量及体系的总电子数

Tab. 1　NH_3 formed, H_2 evolution and the total electron number in the different reaction systems

反应体系	例 1		
	放 H_2 量	生成氨量	总电子数
	($\mu mol/min \cdot g^{-1}$ prot.)	($\mu mol/min \cdot g^{-1}$ prot.)	($\mu mol/min \cdot g^{-1}$ prot.)
8 mL Ar+1 mL Ar	616		1 232
8 mL Ar+1 mL C_2H_4	539		1 078
8 mL Ar+1 mL N_2+1 mL Ar	402	117	1 155
8 mL Ar+1 mL N_2+1 mL C_2H_4	413	126	1 204
反应体系	例 2		
	放 H_2 量	生成氨量	总电子数
	($\mu mol/min \cdot g^{-1}$ prot.)	($\mu mol/min \cdot g^{-1}$ prot.)	($\mu mol/min \cdot g^{-1}$ prot.)
8 mL Ar+2 mL Ar	806		1 612
8 mL Ar+1 mL C_2H_4	660		1 320
8 mL Ar+1 mL N_2+1 mL Ar	532	148	1 508
8 mL Ar+1 mL N_2+1 mL C_2H_4	496	158	1 466

注:体系的总电子数=用于 N_2 还原的电子数+用于放 H_2 的电子数

　　　　　　　=生成氨摩尔数×3+放 H_2 摩尔数×2

3　结　语

　　本实验结果表明:乙烯不与 N_2 竞争固氮酶中的 N_2 还原活性位。若 N_2 是以 $\mu_2(\eta^2)$ 的模式络合在蛋白键合的 FeMo-co 笼口的 2Fe 位,从配位化学可以知道,络合在双过渡金属上的 N_2 容易被乙烯所取代而形成双金属的乙烯络合物[7,8],乙烯将与 N_2 竞争固氮酶中的还原活性位,这同我们的实验结果相矛盾。若 N_2 是以多核络合模式在笼内络合,乙烯因体积太大而不能进笼,这样乙烯不能与 N_2 相竞争。我们的实验结果支持了这种 N_2 的多核笼内络合模式,根据含 Mo、含 V 和只含 Fe 的这三种固氮酶体系在还原各种外源底物(特别是 N_2)能力上的差异[6],我们认为固氮酶中的 Mo 原子在 K-R 模型中虽是被摆在边上,但在 N_2 的还原上仍起着重要的作用, N_2 在蛋白键合的 FeMo-CO 笼内的络合很可能是既有 6Fe 位的 $\mu_6(\eta^2, \varepsilon_4)$ 模式又有 3Fe+1Mo 位的 $\mu_4(\eta^3, \varepsilon_1)$ 模式,这些 N_2 络合模式的优化将用量子化学计算继续进行研究。

参考文献

[1] Kim J, Rees D C. Structural models for the metal centers in the nitrogenase molybdenum-iron protein. Science, 1992, **257**: 1677~1682.

[2] Orme-Johnson W H. Nitrogenase Structure: Where to Now?. Science. 1992, **257**: 1639~1640.

[3] Chan M K, Kim J, Rees D C. The nitrogenase FeMo-cofactor and P-cluster pair: 2.2 Å resolution structures. Science, 1993, **260**: 792~794.

[4] Shah V K, Brill W J. Isolation of an iron-molybdenum cofactor from nitrogenase. Proc. Natl. Acad. Sci, USA, 1977, **74**: 3 249~3 253.

[5] Li J L, Burris R H. Influence of pN_2 and pD_2 on HD formation by various nitrogenases. Biochemistry, 1983, **22**: 4472~4480.

[6] Newton W E. New Horizons in Nitrogen Fixatlom. Dordrechi, Boston, London: Klumwer

Academic Publishers. 1993:5~18.

[7] Kruger C, Tsay Y H. Molecular structure of a π-dinitrogen-nickel-lithium complex, Angew. Chem. (Internat. Edn.),1973,**12**:998~999.

[8] Jonas K. π-bonded nitrogen in a crystalline nickel-lithium complex. Angew. Chem. (Internal. Edn.),1973,**12** (12):997~998.

Studies on the N_2-binding Site on Nitrogenase

Jing-Wei Huang[1] , Feng-Zhang Zhang[2] , Liang-Shu Xu[2] , Hong-Tu Zhang[1] , Hui-Lin Wan[1] , Qi-Rui Cai[1]

([1]Dept. of Chem. [2]Dept. of Biol.)

Abstract Ethylene was used as a probe to detect the N_2-binding site on nitrogenase. It was found that ethylene couldn't compete with N_2 from the experimental results of N_2 reduction、H_2 evolution and the total electron number of the nitrogenase system. So the N_2-binding site on nitrogenase might probably be the mode of $6Fe[\mu_6(\eta^2,\varepsilon_4)]$ and the mode of $3Fe+1Mo[\mu_4(\eta^3,\varepsilon_1)]$ in the cage of the protein-bonded FeMo-co, but not be the mode of dinuclear coordination occurred on the 2Fe-sites at the gap of FeMo-co.

Key words Ethylene　Probe　N_2-binding site　Nitrogenase

■ 本文原载:《高等学校化学学报》第 16 卷第 2 期(1995 年 2 月),第 290～292 页。

甲烷氧化偶联 CaF_2/Sm_2O_3 催化剂的研究*

周水琴　龙瑞强　黄亚萍　万惠霖　蔡启瑞[①]

(厦门大学化学系　固体表面物理化学国家重点实验室,厦门　361005)

关键词　甲烷氧化偶联　氟化钙　三氧化二钐　离子交换　氧物种

甲烷氧化偶联制乙烯是催化领域中最活跃的研究课题之一。许多金属氧化物,如碱金属促进的碱土金属氧化物及碱土-稀土金属复合氧化物具有较好的乙烷和乙烯收率。考虑到碱土金属氟化物和稀土金属氧化物具有较高的熔点,且稀土氧化物一般具有较好的催化活性,我们研究了 CaF_2 促进的 Sm_2O_3 催化剂对甲烷氧化偶联反应的催化性能,并且用 XRD、XPS 和原位红外光谱考察了催化剂的相组成和氧在催化剂表面的吸附行为。

1　实验部分

1.1　催化剂制备及活性评价　将一定摩尔量的 CaF_2 和 Sm_2O_3 混合研磨,在 900℃下煅烧 6 h,压碎后筛选 40～60 目备用。CaF_2 含量为 20%、40%,60%、80% 的催化剂分别简称为 SC2、SC4、SC6 及 SC8。

催化剂的活性评价在石英管式固定床反应器中进行,甲烷与氧的摩尔比为 3:1,无稀释气;空速 15000 h^{-1}。

1.2　催化剂和吸附氧物种表征　XRD 测定在 Rigaku Rotaflex D/Max-C 型衍射仪上完成,Cu $K\alpha$ 作辐射源。XPS 分析采用 VG ESCA LAB MK Ⅱ型光电子能谱仪,Al $K\alpha$ 激发源。样品于 850℃在 O_2 中灼烧 30 min 后自然降至室温,用氮气吹扫气相氧后封管,在常温下进行 XPS 分析。

样品先于 700℃用氢处理 20 min,经氮气吹扫后转通氧气,并在氧气中降至室温。然后逐渐升温,分别在 100、300、500℃下恒定 10 min 后于 Nicolet 740 FTIR 光谱仪上摄谱。氧气吸附前先通过 NaOH 纯化,以除去 CO_2 杂质。

2　结果与讨论

2.1　催化剂性能评价结果　从表 1 可以看出,在 800℃及其以下温度时,CaF_2 没有催化活性;而未加 CaF_2 的 Sm_2O_3 活性也较低。随着 CaF_2 的加入,明显提高了甲烷的转化率和 C_2 的选择性,并使 CO_2 的选择性降低,从而提高了 C_2 收率。但 CaF_2 含量增加到 60% 和 80% 时,催化剂最佳活性温度也相应提高,这可能是因在 Ca^{2+} 含量较高时,表面碳酸盐较易生成,因而主反应活化能[1]和"起燃"温度也随着升高;与此同时,气相非选择性氧化可能占相对优势,表现为 CO_x(特别是 CO_2)的大量生成;另一方面,CaF_2

---

* 国家自然科学基金资助课题。

① 收稿日期:1994 年 3 月 10 日。修改稿收到日期:1994 年 7 月 1 日。联系人:万惠霖。第一作者:周水琴,女,28 岁,博士研究生。

含量升高时,表面氧物种浓度相应降低,这都会导致催化剂活性和选择性的降低。

Table 1 Effect of CaF₂ content on the performance of CaF₂/Sm₂O₃ catalysts

Catalyst	Tempt.	CH₄ conv.	Selectivity(%)				C₂ yield
	/℃	(%)	CO	CO₂	C₂H₄	C₂H₆	(%)
Sm₂O₃	700	28.2	11.2	50.3	21.7	16.8	10.9
	650	28.8	9.2	49.4	22.2	19.2	11.9
SC2	700	30.1	10.7	39.2	22.9	22.2	15.1
	650	28.9	11.1	39.5	26.7	22.7	14.3
SC4	700	31.8	13.9	36.6	29.4	20.1	15.8
	650	30.0	13.9	36.4	27.9	21.8	14.9
SC6	800	31.3	14.1	39.0	30.4	17.6	15.0
	700	12.4	18.5	49.1	9.3	23.0	4.0
SC8	850	33.9	16.9	29.7	38.0	15.3	18.1
	800	33.8	16.3	31.9	34.3	17.5	17.5
	700	17.9	18.5	44.8	12.1	24.6	6.6
CaF₂	850	14.6	40.9	7.1	29.4	12.6	6.1
	800	0	0	0	0	0	0

2.2 催化剂的结构表征 XRD 分析结果表明,纯 Sm_2O_3 为立方型。在 CaF_2/Sm_2O_3 催化剂中,当 CaF_2 含量较低时,XRD 只检测到单斜、立方 Sm_2O_3 和六方 SmOF 晶相,而没有检测到 CaF_2 晶相,可能是由于 CaF_2 高度分散于 Sm_2O_3 中的缘故。六方 SmOF 衍射峰的强度随着 CaF_2 含量的增加而增大,在 60% CaF_2/Sm_2O_3 中达到最大值,随后又减小。新相 SmOF 的存在说明在催化剂的制备过程中由于 F^- ($r=0.133$ nm)和 O^{2-} ($r=0.135$ nm)离子半径相近而发生部分交换;在 CaF_2 含量较高时,$CaSm_2O_4$ 物相的形成也表明阴离子间的部分相互取代。由于 F 的电负性比 O 大,它的吸电子效应使得吸附氧物种从催化剂上获得的电荷较少,活性较低,减少了 CH_4 及其临氧转化中间体的深度氧化和 CO_2 的生成,提高了 C_2 产物的选择性。并且氟分散于催化剂表面,使催化剂活性中心得到分散,也即对表面氧物种起到分离作用。

2.3 氧物种表征 Sm_2O_3 和 CaF_2/Sm_2O_3 系列催化剂的 XPS 测试结果表明,无论在纯 Sm_2O_3 上,还是在含 CaF_2 的 Sm_2O_3 上,都存在 3 种不同的氧物种,其 O_{1s} 结合能分别位于 528.8、530.5 和 532.0 eV 左右,可分别指认为晶格氧 O^{2-}、O_2^{2-}(或 O^-)和 O_2^- 物种[2,3]。与纯 Sm_2O_3 相比,CaF_2/Sm_2O_3 催化剂上的 O_2^{2-}(或 O^-)物种峰向高结合能方向移动 0.5 eV。随着 CaF_2 的加入,晶格氧在氧物种中的相对含量减少,而吸附氧物种,特别是 O_2^- 的含量明显增加,这一结果与从表 1 中所看到的相应 CaF_2/Sm_2O_3 催化剂对 C_2 烃选择性的提高是定性对应的,并隐含着 O_2^- 是活性氧物种的可能性。

图 1 为 Sm_2O_3 上吸附氧物种随温度变化的 FTIR 谱图。从图中可以看出,常温时,在 890、1103、1408 和 1509 cm⁻¹ 处出现 4 个吸附峰,其中 1103 cm⁻¹ 处的峰锐而强,是吸附 O_2^- 的特征峰,而 893 cm⁻¹ 处的峰可指认为 O_2^{2-}[3-5],由于实验排除了 CO_2 的干扰,因而 1408、1509 cm⁻¹ 两处的吸收峰可能为处于不同吸附位的弱吸附 O_2^{2-} 吸收峰[5]。随着温度升高,表征为吸附氧物种的峰强度逐渐变低。当温度上升到 500℃ 时,Sm_2O_3 表面已经看不到吸附氧物种谱峰的存在,这可能是由于立方 Sm_2O_3 是含 1/4 氧缺位的 CaF_2 型结构,O_2 吸附在这种缺位上时,因结构的规整性,特别是温度的升高可能形成电荷分布对称而其简正振动无红外活性的双氧物种。

图 2 为 20% CaF_2/Sm_2O_3 上吸附氧物种峰随温度变化的 FTIR 谱图。在常温时,该催化剂上也存在着 O_2^{2-} 和 O_2^- 吸附态氧的吸收峰,分别位于 932 和 1100 cm⁻¹。与 Sm_2O_3 的 IR 谱图相比,O_2^{2-} 的吸收峰位置蓝移约 40 cm⁻¹,这与其 O_{1s} 结合能比 Sm_2O_3 的约高 0.5 eV 的 XPS 结果一致。当温度升高到

500℃时,只有在 1100 cm^{-1} 处存在一个吸收峰,说明在该温度下,催化剂表面仅存在 O$_2^-$ 物种,这可能与 CaF$_2$/Sm$_2$O$_3$ 比 Sm$_2$O$_3$ 的催化性能好有关。关于在反应温度下未观测到吸附氧物种谱峰的研究工作正在进行中。

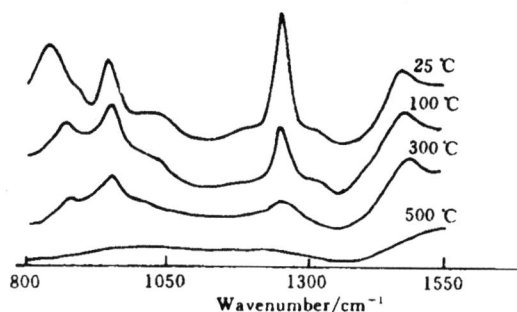

Fig. 1 *in situ* FTIR spectra of oxygen species on Sm$_2$O$_3$ at different temperatures

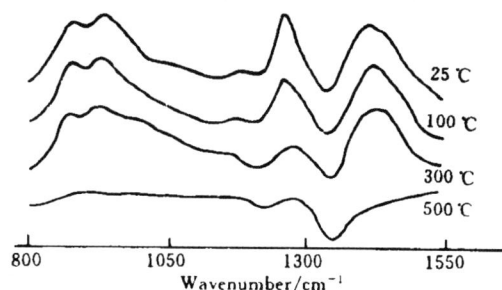

Fig. 2 *in situ* FTIR spectra of oxygen species on CaF$_2$/Sm$_2$O$_3$ at different temperatures

参考文献

[1]Coulter. K.,Goodman D. W. ;Catal. Lett.,1993,**20**:169.

[2]Dubois J. L.,Bisianx M.,Cameron C. J. ;Natural Gas Conversion,1991:109.

[3]Baddorf A. P.,Itchkawitz B. S. ;Surf. Sci.,1992,**264**:73.

[4]Dubois J. L.,Bisiaux M.,Mimoun H.,Cameron C. J. ;Chcm. Lett,1990:967.

[5]Fcrdos A. M.,Norman S.,J. Chem. Soc.,Faraday Trans. 1,1982,**78**:986.

Oxidative Coupling of Methane over CaF$_2$/Sm$_2$O$_3$ Catalysts

Shui-Qin Zhou, Rui-Qiang Long, Ya-Ping Huang, Hui-Lin Wan*, Khi-Rui Tsai

(Department of chemistry, State Key Laboratory for Physical Chemistry of the Solid Surface, Xiamen Univeristy, Xiamen, 361005)

Abstract The results showed that,with the addition of CaF$_2$ to Sm$_2$O$_3$,the catalytic properties for OCM were apparently improved. XRD analysis of the fresh catalysts revealed the existence of SmOF in 20%−80% CaF$_2$/Sm$_2$O$_3$. XPS and IR spectra of O$_2$-pre adsorbed CaF$_2$/Sm$_2$O$_3$ samples taken at room temperature indicated the presence of O$_2^{2-}$ and O$_2^-$ species. O$_2^-$ species could also be detected over 20% CaF$_2$/Sm$_2$O$_3$ at 500℃ *in situ* IR spectroscopy,but it vanished over the Sm$_2$O$_3$ at the same temperature.

Key words Methane oxidative coupling CaF$_2$ Sm$_2$O$_3$ Ionic exchange Oxygen species

■ **本文原载**：《高等学校学化学学报》第 16 卷第 4 期（1995 年 4 月），第 632～634 页。

模拟固氮酶中 Mo 微环境的化学探测*

黄静伟　张鸿图　杨　如　周明玉　万惠霖　蔡启瑞①

（厦门大学化学系，厦门　361005）

关键词　固氮酶　Mo 微环境　Mo-Fe-S 簇合物　氧化降解

自发现不同来源的固氮酶中均含有 Mo 原子以来，Mo 一直被当成固氮酶中 N_2 与其他外源底物键合的关键性原子。对于固氮酶 FeMo-co 中 Mo 的环境已用各种光谱进行了研究，特别是 Mo 的 EXAFS 研究[1]表明，在 Mo 的配位球中距 Mo 原子 2.35 nm 处有 3～4 个硫原子。为进一步确证 FeMo-co 中 Mo 周围的 S 原子数，本文通过对含有 MoS_4 核的线性 Mo-Fe-S 簇合物 $[Cl_2FeS_2MoS_2FeCl_2]^{2-}$ 氧化降解产物的分析考察了 FeMo-co 中 Mo 的微环境。

1　实验部分

1.1　**样品的制备**　$(NH_4)_2MoS_4$、$(NH_4)_2MoOS_3$、$[Cl_2FeS_2MoS_2FeCl_2]^{2-}$ 分别按文献[2-4]制备，DMF 经 4A 分子筛浸泡，重蒸除氧保存在氩气氛中备用。

1.2　**氧化降解实验**　在岛津 UV-2100 型自动记录仪上测定 $(NH_4)_2MoS_4$、$(NH_4)_2MoOS_3$ 及 $[Cl_2FeS_2MoS_2FeCl_2]^{2-}$ 的紫外-可见光谱，以 DMF 为参比。2 mm 的样品比色池需加盖密封，并经抽空补氮。每隔 10 min 用经氮气洗过的针筒向 $[Cl_2FeS_2MoS_2FeCl_2]^{2-}$ 的 DMF 溶液中注入纯氧 0.1 mL，最后让样品暴露在空气中，10 min 后再进行测定。

2　结果与讨论

2.1　$[Cl_2FeS_2MoS_2FeCl_2]^{2-}$ **的氧化降解**　$[Cl_2FeS_2MoS_2FeCl_2]^{2-}$ 氧化降解过程的紫外-可见光谱变化见图 1. Coucouvanis 等[5]观察到 $[Cl_2FeS_2MoS_2FeCl_2]^{2-}$ 在 DMF 中除了 475、432 和 314 nm 有谱峰外，在 600 和 522 nm 处分别有肩峰，整个谱图同在双核簇合物 $[Cl_2FeS_2MoS_2]^{2-}$ 的 DMF 溶液中所观测到的一样；而 $[Cl_2FeS_2MoS_2FeCl_2]^{2-}$ 在 CH_2Cl_2 中则测得 475、398 和 319 nm 3 个谱峰及在 600 和 566 nm 处的两个肩峰。对于这种现象，Coucouvanis 等[6]认为，由于 $[Cl_2FeS_2MoS_2FeCl_2]^{2-}$ 在 DMF 中的溶解度太大，且浓度太稀，因此发生簇合物的离解，使得其紫外-可见光谱同在 DMF 中测得的谱图一致；而在 CH_2Cl_2 中，由于 $[Cl_2FeS_2MoS_2FeCl_2]^{2-}$ 的溶解度很低且过饱和，因此不会引起解离。张鸿图等[4]提出使用过量 $FeCl_2$ 来减少簇合物的分解，并得到 DMF 溶液中的真实紫外-可见光谱（图 1）。由图 1 可

---

*　国家基础性研究重大关键项目（攀登计划）资助课题。

①　收稿日期：1994 年 7 月 20 日。修改稿收到日期：1994 年 11 月 25 日。联系人及第一作者：黄静伟，男，29 岁，博士，讲师。

见,$[Cl_2FeS_2MoS_2FeCl_2]^{2-}$ 的紫外-可见光谱在 400($\varepsilon=2583$)和 475 nm($\varepsilon=5849$)分别有两个特征峰,而在 600 和 520 nm 处则各有一个肩峰。

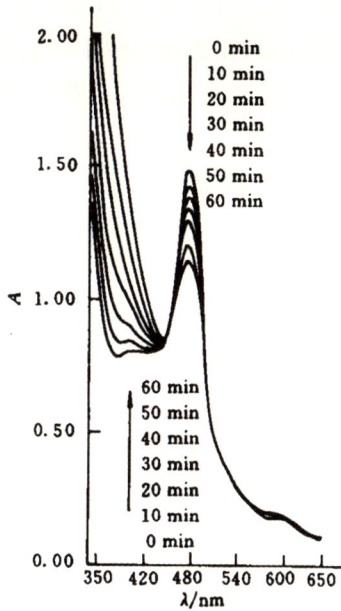

Fig. 1 UV spectrum change with time during the oxidative degradation of $[Cl_2FeS_2MoS_2FeCl_2]^{2-}$

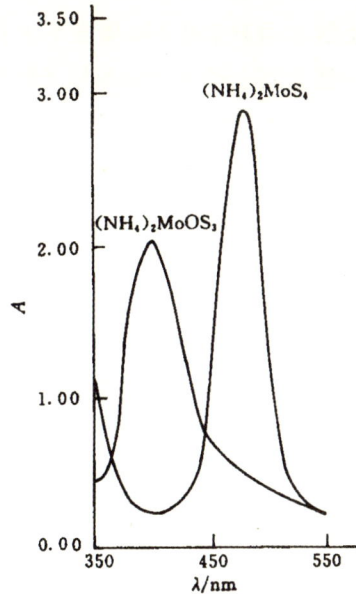

Fig. 2 UV spectra of $(NH_4)_2MoS_4$ and $(NH_4)_2MoOS_3$ in DMF

比较图 1、2 可以发现,在 350～550 nm 范围内,$(NH_4)_2MoS_4$ 只有 475 nm($\varepsilon=11500$)特征峰,而 $(NH_4)_2MoOS_3$ 则主要在 400 nm($\varepsilon=8500$)处有一个特征峰。图 1 表明,$[Cl_2FeS_2MoS_2FeCl_2]^{2-}$ 氧化降解时主要是在 475 和 400 nm 处发生变化,因此可设想该降解过程中可能涉及到 MoS_4^{2-} 和 $MoOS_3^{2-}$ 浓度的变化。

2.2 降解产物比值的计算

假设 $[Cl_2FeS_2MoS_2FeCl_2]^{2-}$ 的氧化降解过程中 400 nm 处吸收峰的变化主要由 $[Cl_2FeS_2MoS_2FeCl_2]^{2-}$ 浓度的减少和降解产物 $MoOS_3^{2-}$ 浓度的增加所引起的,即

$$\Delta A_{400}=\Delta A_{MoFe_2(400)}+\Delta A_{MoOS_3^{2-}} \tag{1}$$

在 475 nm 处的特征峰变化则主要是 $[Cl_2FeS_2MoS_2FeCl_2]^{2-}$ 和 MoS_4^{2-} 综合变化的结果。即:

$$\Delta A_{475}=\Delta A_{MoFe_2(475)}+\Delta A_{MoS_4^{2-}} \tag{2}$$

若

$$\Delta C_{MoOS_3^{2-}}/\Delta C_{MoS_4^{2-}}=x \tag{3}$$

则根据质量守恒定律:

$$\Delta C_{MoFe_2}+\Delta C_{MoS_4^{2-}}+\Delta C_{MoOS_3^{2-}}=0 \tag{4}$$

综合式(1)～(4)有:

$$x=\frac{(\Delta A_{400}/\Delta A_{475})\cdot(\varepsilon_{MoS_4^{2-}}-\varepsilon_{MoFe_2(475)})+\varepsilon_{MoFe_2(400)}}{(\Delta A_{400}/\Delta A_{475})\cdot\varepsilon_{MoFe_2(475)}+\varepsilon_{MoOS_3^{2-}}-\varepsilon_{MoFe_2(400)}} \tag{5}$$

从图 1 得到不同时间测得的 ΔA_{400} 和 ΔA_{475},并用 $[Cl_2FeS_2MoS_2FeCl_2]^{2-}$、$MoS_4^{2-}$ 和 $MoOS_3^{2-}$ 的摩尔消光系数代入方程(5)解得 10、20、30、40、50、60 min 时的 x 值分别为 1.36、1.18、1.59、1.35、1.51 和 1.39。

2.3 FeMo-co 中 Mo 周围可能的硫原子数 x 的变化从 1.35 到 1.81,平均为 1.50,即簇合物 $[Cl_2FeS_2MoS_2FeCl_2]^{2-}$ 氧化降解时产生的 $MoOS_3^{2-}$ 和 MoS_4^{2-} 的浓度比平均为 1.50:1;而 FeMo-co 氧

化降解也会产生 $MoOS_3^{2-}$ 和 MoS_4^{2-}，产物的比值为 $\Delta C_{MoOS_3^{2-}}/\Delta C_{MoS_4^{2-}}=3/1$[7]。若 FeMo-co 中 Mo 周围有 4 个硫原子，那么当 FeMo-co 进行氧化降解时，产生的 $MoOS_3^{2-}$ 和 MoS_4^{2-} 之比正如 MoS_4 核族合物的降解一样明显地低于 3，这种结果就与真实 FeMo-co 的氧化降解结果不符，说明 FeMo-co 中 Mo 周围的 S 原子数不可能是 4，而对于在 Mo 周围不含有 4 个硫原子的 FeMo-co，在氧化降解中产生的 MoS_4^{2-} 可能是由于被破坏的簇合物上掉下来的硫原子配位到 Mo 原子上的缘故。Kim 和 Rees 等[8]曾成功地解析了 MoFe 蛋白单晶的晶体结构，并提出蛋白键合的 FeMo-co 的结构模型（K-R 模型），其中 Mo 原子周围含有 3 个硫原子。显然，我们对 FeMo-co 中 Mo 的微环境的结论同 K-R 模型一致。

参考文献

[1]Conradson S. D.,Burgess B. K.,Newton W. E. et al. ; J. Am. Chem. Soc.,1987,**109**:7507.

[2]Kruss G. ; Ann. Chem. . 1984,**255**:29.

[3]McDonald J. W.,Friesen G. D.,Rosenhein L. D. et al. ; Inorg. Chim. Acta,1983,**72**:205.

[4]ZHANG Hong-Tu（张鸿图）,LIN Guo-Dong（林国栋）,YANG Ru（杨　如）et al. ;Chem. J. Chinese Univ.（高等学校化学学报）,1992,**13**(3):362.

[5]Coucouvanis D.,Baenziger N. C.,Simhon E. D. et al. ; J. Am. Chem. Soc.,1980,**102**(5):1732.

[6]Coucouvanis D.,Simhon E. D. . Stremple P. et al. ;Inorg. Chem.,1984,**23**:741.

[7]Newton W. E.,Burgess K.,Cummings S. C. et al. ;Advances in Nitrogen Fixation Research,Ed. by Veeger C.,Newton W. E. ;Martiuns Nijhlff/Junk,The Hague,1984:160.

[8]Kim J.,Rees D. C. ;Science,1992,**257**:1677.

The Chemical Probe of Molybdenum-Micro-Surrounding on Nitrogenase

Jing-Wei Huang[①]，Hong-Tu Zhang，Ru Yang，Ming-Yu Zhou

Hui-Lin Wan，Qi-Rui Cai

(Department of Chemistry，Xiamen University，Xiamen，361005)

Abstract Aerial oxidation of solution of chemically synthesized Mo-Fe-S cluster $[Cl_2FeS_2MoS_2FeCl_2]^{2-}$ has been shown to yield a 1.50：1 mixture of $MoOS_3^{2-}$ and MoS_4^{2-}. It is evident that the ratio of the concentration of $MoOS_3^{2-}$ and MoS_4^{2-} is lower than that produced by the oxidative degradation of natural FeMo-co ($\Delta C_{MoOS_3^{2-}}/\Delta C_{MoS_4^{2-}}=3：1$), so it can be inferred that the oxidative degradation of the cluster containing MoS_4 core can not give the same result with the oxidative degradation of natural FeMo-co, and there should be three sulfur atoms in molybdenum-micro-surrounding on nitrogenase

Key words Nitrogenase Molybdenum-micro-surronding Mo-Fe-S cluster Oxidative degradation

（Ed. ;Y,X）

本文原载:《中国科学》(B 辑)第 25 卷第 5 期(1995 年 5 月)，第 465～471 页。

脱附过程中表面物种的迁移效应*

胡云行　万惠霖　蔡启瑞

（厦门大学化学系　固体表面物理化学国家重点实验室，厦门　361005）

摘　要　提出了含有吸附物种表面迁移效应的双吸附位 TPD 方程式，并以此为模型，采用计算机理论模拟 TPD 谱，揭示了吸附物种表面迁移行为对复杂 TPD 谱线的峰位、峰型及分辨率产生的极大影响。

关键词　程序升温脱附　吸附物种　表面迁移　模拟

脱附是研究表面物种与表面相互作用以及表面性质的有效方法[1,2]，而 TPD 方法（Temperature-Programmed Desorption）的出现，则是自 Langmuir 以来，化学吸附领域中最重要的发展之一，也是目前表面科学和催化科学研究中，最有效和应用最广泛的研究方法。发展 TPD 理论，使它成为研究催化剂表面吸附性能、表面酸碱性以及表面均匀性的一种准确的定量方法，是 TPD 的发展方向[3-8]。采用计算机理论模拟化学动力学和化学动态学过程，则是物理化学领域中一个前沿性学科[9-11]。

吸附物种的表面迁移是一种普遍现象，也是双分子脱附和双功能催化剂催化反应的重要步骤。研究表明[12-14]，吸附物种的表面迁移比其脱附要容易的多，吸附物种表面迁移活化能一般只相当于脱附活化能的 10%～20%。因此，在多吸附位表面吸附物种的程序升温脱附（TPD）过程中，各种吸附位上吸附物种的相互迁移，必然会对 TPD 谱图产生影响。但是，到目前为止，在 TPD 谱的理论研究和应用中，还没有人考虑到吸附物种表面迁移这一重要行为对多吸附位表面 TPD 所产生的效应。为此，本文通过理论分析，提出了含有吸附物种表面迁移效应的多吸附位 TPD 方程式，并采用计算机理论模拟 TPD 谱图，揭示了吸附物种的表面迁移对 TPD 谱线产生的影响。

1　理论模型

1.1　基本假设

人们已经知道：当表面吸附物种的迁移活化能（E_m）很小于 RT 时，吸附物种将可在二维表面上发生自由迁移（如物理吸附）；当 $E_m \gg RT$ 时，吸附物种主要在平衡位上发生定位振动（即化学吸附），不过，如果以某种方式使吸附物种得到足够的能量克服迁移活化能，化学吸附物种就可发生明显的表面迁移[12]。图 1 为气体分子（X）在双吸附位（a 和 b）表面上的吸、脱附位能图，研究表明[12-14]，吸附物种在同种吸附位之间的迁移活化能一般只相当于其脱附活化参的 10%～20%，即

$$E_{ma} \approx 10\% \sim 20\% E_{d1} \tag{1}$$

和

$$E_{mb} \approx 10\% \sim 20\% E_{d2} \tag{2}$$

* 国家自然科学基金资助课题。

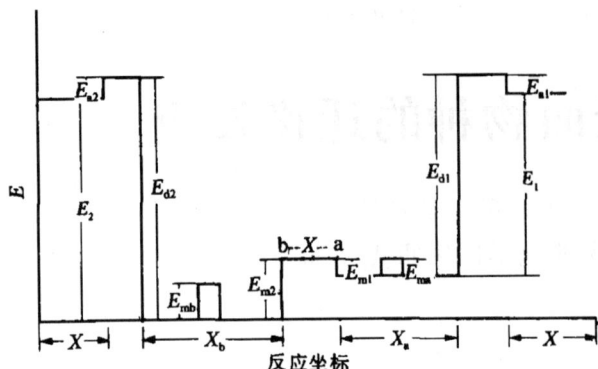

图 1　气体分子(X)在双吸附位(a和b)表面上的吸、脱附位能图

E_{d1}, E_{d2} 分别为吸附位 a 和 b 上吸附物种(X_a 和 X_b)的脱附活化能；E_{a1}, E_{a2}, 分别为气体分子(X)吸附到 a 和 b 位上的吸附活化能；E_{ma}, E_{mb} 分别为吸附位 a 和 b 上吸附物种(X_a 和 X_b)在同种吸附位上的迁移活化能；E_{m1}, E_{m2} 分别为 a 位物种(X_a)向 b 位迁移和 b 位物种(X_b)向 a 位迁移的活化能

表 1　脱附活化能与表面物种迁移活化能的相对数值

E_{d1}/E_{d2}	E_{m1}/E_{d1}	E_{m2}/E_{d2}
0.90	≤0.20	≤0.28
0.80	≤0.20	≤0.36
0.70	≤0.20	≤0.44
0.60	≤0.20	≤0.52
0.50	≤0.20	≤0.60
0.40	≤0.20	≤0.68
0.30	≤0.20	≤0.76
0.20	≤0.20	≤0.84
0.10	≤0.20	≤0.92

当高位能吸附位(a)上的吸附物种(X_a)向低位能吸附位(b)迁移时，其迁移活化能应该小于或等于 E_{ma}，即

$$E_{m1} \leqslant E_{ma}, \tag{3}$$

由(1)和(3)式，得

$$E_{m1} \leqslant 20\% E_{d1}, \tag{4}$$

根据反应的微观可逆性原理，可知吸附位(b)上的物种(X_b)向吸附位(a)迁移的活化能为

$$E_{m2} = (E_2 - E_1) + E_{m1}, \tag{5}$$

因为吸附活化能远小于脱附活化能，所以

$$E_{m2} \approx (E_{d2} - E_{d1}) + E_{m1}, \tag{6}$$

由(4)和(6)式，得

$$E_{m2} \leqslant E_{d2} - 80\% E_{d1}, \tag{7}$$

其中，E_1, E_2 分别为 X 在 a，b 位上的吸附能。

根据(4)和(7)式，我们对表面物种迁移活化能进行了估算，结果列于表 1 之中。当 E_{d1} 与 E_{d2} 相差不太大($E_{d1}/E_{d2} \geqslant 0.5$)时，物种在两种吸附位间迁移的活化能比其脱附活化能要小的多。因此，在一般的情况下，双吸附位表面吸附物种在两种吸附位之间迁移的活化能比其脱附活化能小的多。所以，在程序升温脱附过程中，表面吸附物种在脱附之前可获得足够的能量克服迁移活化能，而发生吸附物种在两种吸附位之间的迁移。为推导含有表面吸附物种在不同吸附位之间迁移的脱附动力学方程，我们做如下合理的基本假设：

(1)表面上存在双吸附位，即 a 和 b，其表面浓度(即摩尔分数)分别为 θ_{0a} 和 θ_{0b}；分子 X 吸附在 a，b 上的表面物种分别为 X_a 和 X_b，其表面浓度(即摩尔分数)分别为 θ_1 和 θ_2。

(2)因为吸附物种在不同吸附位之间迁移的活化能一般都很小于其脱附活化能，所以，在脱附过程中，不同吸附位上吸附物种间的相互迁移相对于脱附步骤，可看成是平衡的，即脱附过程可表示为

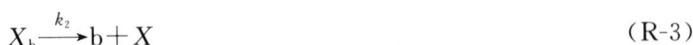

$$X_a \xrightarrow{k_1} a + X \tag{R-1}$$

$$X_b + a \Longleftrightarrow X_a + b \tag{R-2}$$

$$X_b \xrightarrow{k_2} b + X \tag{R-3}$$

其中 k_1 和 k_2 分别为吸附位 a 和 b 上吸附物种脱附的速率常数。

1.2 迁移速率

吸附物种在表面上迁移的线速度可表示为[14]

$$V = L/t = 2(Dt)^{1/2}/t = 2(D/t)^{1/2}, \tag{8}$$

其中 V, L, r 和 D 分别为迁移线速度、线性距离、时间和迁移系数。

因为吸附物种(X)在 a,b 间的相互迁移不仅与物种的迁移线速度有关,而且与其在 a,b 上的覆盖度(θ_1, θ_2)以及 a,b 未被覆盖的表面浓度也有关,因此,X 由 a 吸附位向 b 吸附位迁移的速率可表示为

$$R_1 = V_1 \theta_1 \theta_b \tag{9}$$

和 X 由 b 吸附位向 a 吸附位迁移的速率可表示为

$$R_2 = V_2 \theta_2 \theta_a, \tag{10}$$

其中 θ_a, θ_b 分别为 a,b 未被覆盖的表面浓度;V_1, V_2 分别为单个 X 从 a 迁移到 b 和从 b 迁移到 a 的线速度,R_1, R_2 分别为 X 在单位时间内从 a 迁移到 b 和从 b 迁移到 a 的量(即迁移速率)。

1.3 脱附模型

根据以上假设,在脱附过程中,迁移可看成是平衡的,即,$R_1 = R_2$,因此,由(9)和(10)式可

$$V_1 \theta_1 \theta_b = V_2 \theta_2 \theta_a, \tag{11}$$

上式整理,得

$$\frac{\theta_1 \theta_b}{\theta_2 \theta_a} = \frac{V_2}{V_1}, \tag{12}$$

由(8)式可得

$$\frac{V_2}{V_1} = \frac{(D_2)^{1/2}}{(D_1)^{1/2}}, \tag{13}$$

其中 D_1 和 D_2 分别为 X 由 a 迁移到 b 和由 b 迁移到 a 的迁移系数。
因为[14]

$$D = \alpha^2 \gamma \exp[-E_m/RT], \tag{14}$$

其中 α 为跳跃距离(≈ 0.3 nm),γ 为跳跃频率($\approx 10^{12} s^{-1}$),E_m 为迁移活化能。所以

$$V_2/V_1 = \exp[-(E_{m2} - E_{m1})/2RT], \tag{15}$$

由(6)式可知

$$E_{m2} - E_{m1} \approx E_{d2} - E_{d1}, \tag{16}$$

代入(15)式,得

$$V_2/V_1 = \exp[-(E_{d2} - E_{d1})/2RT], \tag{17}$$

令

$$K = \exp[-(E_{d2} - E_{d1})/2RT], \tag{18}$$

即

$$\theta_1 \theta_b / \theta_2 \theta_a = K, \tag{19}$$

因为

$$\theta_a + \theta_b + \theta_1 + \theta_2 = 1, \tag{20}$$

$$\theta_a + \theta_1 = \theta_{0a}, \tag{21}$$

$$\theta_b + \theta_2 = \theta_{0b}, \tag{22}$$

令

$$\theta = \theta_1 + \theta_2, \tag{23}$$

由(19)～(23)式可得

$$\frac{\theta_1(\theta_{0b}+\theta_1-\theta)}{(\theta-\theta_1)(\theta_{0a}-\theta_1)}=K,\tag{24}$$

展开,得

$$(1-K)\theta_1^2+(\theta_{0b}-\theta+K\theta_{0a}+K\theta)\theta_1-K\theta\theta_{0a}=0,\tag{25}$$

解方程,得

$$\theta_1=\frac{-(\theta_{0b}-\theta+K\theta_{0a}+K\theta)\pm[(\theta_{0b}-\theta+K\theta_{0a}+K\theta)^2+4(1-K)K\theta\theta_{0a}]^{1/2}}{2(1-K)}.\tag{26}$$

因为 $\theta_1>0$,所以

$$\theta_1=\frac{[(\theta_{0b}-\theta+K\theta_{0a}+K\theta)^2+4(1-K)K\theta\theta_{0a}]^{1/2}-(\theta_{0b}-\theta+K\theta_{0a}+K\theta)}{2(1-K)}.\tag{27}$$

令

$$f(\theta,T)=\theta_1,\tag{28}$$

即

$$f(\theta,T)=\frac{[(\theta_{0b}-\theta+K\theta_{0a}+K\theta)^2+4(1-K)K\theta\theta_{0a}]^{1/2}-(\theta_{0b}-\theta+K\theta_{0a}+K\theta)}{2(1-K)}.\tag{29}$$

因为

$$-\frac{d\theta}{dt}=\left(-\frac{d\theta_1}{dt}\right)+\left(-\frac{d\theta_2}{dt}\right),\tag{30}$$

对于线性升温,$dt/dt=\beta$,根据 Polangi-Wagner 方程,上式可变为

$$-\frac{d\theta}{dT}=(k_1/\beta)\theta_1^n+(k_2/\beta)(\theta-\theta_1)^n,\tag{31}$$

所以

$$-\frac{d\theta}{dT}=(k_1/\beta)f(\theta,T)^n+(k_2/\beta)[\theta-f(\theta,T)]^n.\tag{32}$$

将 k_1 和 k_2 用 Arrhenius 方程代人,得

$$-\frac{d\theta}{dT}=\frac{A_1}{\beta}\exp\left(-\frac{E_{d1}}{RT}\right)f(\theta,T)^n+\frac{A_2}{\beta}\exp\left(-\frac{E_{d2}}{RT}\right)[\theta-f(\theta,T)]^n.\tag{33}$$

其中,A_1,A_2 分别为 a,b 位吸附物种的脱附动力学方程的指数前因子,T 为温度,β 为升温速率,n 为脱附级数。

方程(33)为含有吸附物种表面迁移效应的双吸附位 TPD 方程,与人们通常使用的 TPD 方程有很大不同[2]。以该方程为模型,并通过理论模拟,可描述吸附物种在不同吸附位之间表面迁移对脱附过程产生的效应,而且,也能解析实际的 TPD 谱图,获得脱附动力学参数。

2　理论模拟

我们采用数值方法解析(33)式的非线性微分方程式,并以此为理论基础,编写在 IBM-486 上运行的计算机程序,对存在吸附物种表面迁移效应的脱附过程进行理论模拟。获得了含有吸附物种表面迁移效应的理论 TPD 谱图(图 2 和图 3)。

图 2 中的曲线 1 和 2 分别为脱附活化能相差 8.368 kJ/mol(即 10%)和 12.552 kJ/mol(即 15%)的双吸附位模拟 TPD 谱线,从中可以看出,当不考虑表面迁移时,谱线明显表现为部分重叠的两个峰;而考虑表面迁移时,两个峰完全重叠为一个峰。图 2 的曲线 3 为脱附活化能相差 16.736 kJ/mol(即 20%)的双吸附位 TPD 谱,不考虑表面迁移的谱线为几乎完全不重叠的两个峰;而考虑表面迁移的谱线,则表现

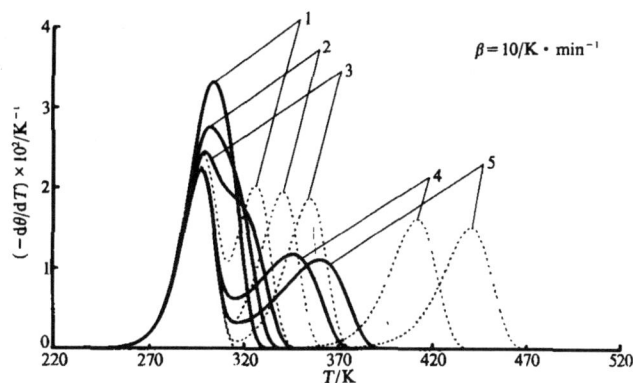

图 2　含有吸附物种表面迁移效应的双吸附位一级 TPD 理论谱图

——为含有吸附物种表面迁移效应，……为不考虑吸附物种表面迁移效应；$1——A_1 = 10^{13} \cdot s^{-1}, E_{d1} = 83.680$ kJ/mol, $A_2 = 10^{13} \cdot s^{-1}, E_{d2} = 92.048$ kJ/mol；$2——A_1 = 10^{13} \cdot s^{-1}, E_{d1} = 83.680$ kJ/mol, $A_2 = 10^{13} \cdot s^{-1}, E_{d2} = 96.232$ kJ/mol；$3——A_1 = 10^{13} \cdot s^{-1}, E_{d1} = 83.680$ kJ/mol, $A_2 = 10^{13} \cdot s^{-1}, E_{d2} = 100.416$ kJ/mol；$4——A_1 = 10^{13} \cdot s^{-1}, E_{d1} = 83.680$ kJ/mol, $A_2 = 10^{13} \cdot s^{-1}, E_{d2} = 117.152$ kJ/mol；$5——A_1 = 10^{13} \cdot s^{-1}, E_{d1} = 83.680$ kJ/mol, $A_2 —— = 10^{13} \cdot s^{-1}, E_{d2} = 125.520$ kJ/mol

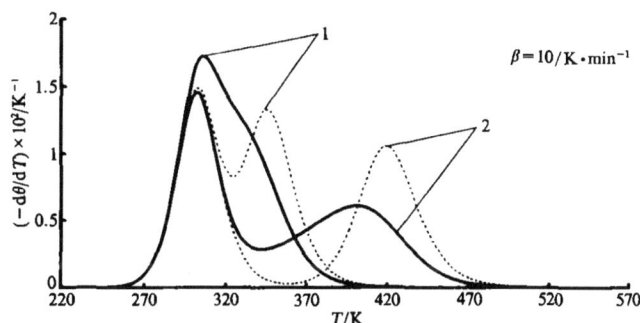

图 3　含有吸附物种表面迁移效应的双吸附位二级 TPD 理论谱图

——为含有吸附物种表面迁移效应，……为不考虑吸附物种表面迁移效应；$1——A_{d1} = 10^{13} \cdot s^{-1}, E_{d1} = 83.680$ kJ/mol, $A_2 = 10^{13} \cdot s^{-1}, E_{d2} = 96.232$ kJ/mol；$2——A_1 = 10^{13} \cdot s^{-1}, E_{d1} = 83.680$ kJ/mol, $A_2 = 10^{13} \cdot s^{-1}, E_{d2} = 117.152$ kJ/mol

为重叠很大的两个峰。这表明吸附物种表面迁移对 TPD 谱峰的分辨产生了很大影响。Carter 通过理论分析[15]，曾提出 TPD 谱相邻谱峰能否分辨的判据："如果两脱附活化能满足 $E_{d1}/(E_{d2} - E_{d1}) \leqslant 20$，那么这两脱附峰能分辨"。对于图 2 的曲线 2，$E_{d1}/(E_{d2} - E_{d1}) = 6.7 < 20$，不考虑表面迁移的谱峰基本上是能分辨的，但是，考虑表面迁移的谱峰则是完全重叠的，不能分辨；对于图 2 的曲线 3，$E_{d1}/(E_{d2} - E_{d1}) = 5 < 20$，不考虑表面迁移的谱峰是完全分开的，而考虑表面迁移的谱峰则基本上是重叠的，难于分辨。由此可见，Carter 的判据只实用于不含有吸附物种表面迁移行为的 TPD 谱，不实用于含有吸附物种表面迁移行为的 TPD 谱。在前面的理论分析中，我们已经表明，吸附物种表面迁移是升温脱附过程中必然发生的现象，因此，实际的 TPD 谱由于存在吸附物种表面相互迁移而使其分辨率比 Carter 提出的要小得多，换句话说，Carter 的判据对于实际 TPD 谱是不正确的。

由图 2 中的曲线 4 和 5 可见，尽管脱附活化能相差较大（分别为 33.472kJ/mol，即 40% 和 41.840kJ/mol，即 50%），并且，其不考虑表面迁移的谱线为分离很开的两个峰，但考虑表面迁移的谱线仍然表现为重叠峰。这是由于物种的表面迁移使高温峰发生前移和宽化，从而导致了谱峰的重叠，同时也说明了为什么实际的 TPD 谱图往往表现为重叠峰[5-8]。由此可以推测,如果用通常的无表面迁移效应 TPD 方程去解析实际双峰 TPD 谱图,由高温峰求得的脱附活化能必然会小于其实际值。

由图 3 与图 2 比较可以看出,吸附物种表面迁移对二级脱附的影响与一级脱附相似。

3 结论

表面物种的相互迁移对多吸附位表面 TPD 谱产生了很大影响,主要表现为高温峰的前移和宽化,从而导致 TPD 谱峰的变形和重叠,这不仅使 TPD 谱的分辨率大幅度下降,而且,也会给人们定性和定量分析 TPD 谱增加困难。因此,表面物种的相互迁移是研究和应用 TPD 谱时必须加以考虑的一个重要因素。

参考文献

[1]Cvtanovic R J,Amenomiya Y. Application of a temperature-programmed desovption technique to catalyst studies. Adv Catal,1967,**17**:103~149.

[2]Malet P. Thermal desorption methods. In:Fierro J L G ed. Studies in Surface and Catalysis, Vol. 57. Amsterdan-Oxford-New York-Tokyo:Elsevier Science Publishers,1990. B333~382.

[3]胡云行,万惠霖,蔡启瑞. 程序升温脱附导数谱. 高等学校化学学报,1993,**14**:238~243.

[4]胡云行,黄爱民,蔡俊修等. 单纯形加速法解析 TPD 谱图. 高等学校化学学报,1992,**13**:953~955.

[5]Tokero Y,Uchijima T,Yoneda Y. Analysis of thermal desorption curve for heterogeneous surfaces II. Nonlinear variations of activation energy of desorption. J Catal,1979,**56**:110~118.

[6]Muhler M,Nielsen L P,Tornqvist E et al. Temperature-programmed desorption of H_2 as a tool to determine metal surface areas of Cu catalysts. Catal Lett,1992,**14**:241~249.

[7]Arnand Y P. Surface coordination number and surface redox couples on catalyst oxides,a new approach of the interpretation of activity and selectivity. Applied Surface Science,1992,**62**:21~35.

[8]Stuchlu, V,Klusace K. Unsteady-state carbon monoxide methanation on an Ni/SiO_2 catalyst. J Catal,1993,**139**:62~71.

[9]Levy A S,Avnir D. Kinetics of diffusion-limited adsorption on fractal surfaces. J Phys Chem, 1993,**97**:10 380~10 384.

[10]Kawczynski A L,Gorecki J. Molecular dynamics simulations of a thermochemical system in an excitable regime. J Phys Chem,1993,**97**:10 358.

[11]Beniere F M,Boutin A,Simon J M et al. Molecular dynamics study of the phase transitions in sulfur hexafluoride clusters of various size. J Phys Chem,1993,**97**:10 472~10 477.

[12]Muetterties E L,Rhodin T N,Band E et al. Clusters and surface. Chem Rev,1979,**79**:91~137.

[13]Gomer R. Surface diffusion. Vacuum,1983,**33**:537~542.

[14]Gomer R. Chemisorption on metals. Solid State Phys,1975,**30**:93~225.

[15]Carter G. Thermal resolution of desorption energy spectra. Vacuum,1962,**12**:245~254.